FAMEN ZHIZAO
GONGYI SHOUCE

阀门制造工艺手册

张清双　汤　伟　刘晓英　主编

FAMEN ZHIZAO

GONGYI SHOUCE

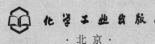
化学工业出版社
·北京·

本书由国内知名阀门制造企业的工程技术人员合力编写，全书共 25 章，内容涵盖了阀门制造的全过程：既包含了铸造、锻造、热处理、焊接、表面处理及无损检测等特殊过程，也包含了各类阀门零部件的机械加工工艺及成品装配工艺过程，例如阀体类零件的加工、阀盖类零件加工、关闭件加工、阀杆加工以及阀门其他零件加工。另外，对一些常用或特殊的阀门的制造工艺单独进行了详细讲解，例如球阀制造工艺，蝶阀制造工艺，阀门密封面研磨、滚动珩磨及抛光，橡胶衬里阀门制造工艺，氟塑料衬里阀门制造工艺，陶瓷阀门制造工艺等；对阀门的配合精度和表面粗糙度，阀门的无损检测，阀门装配，阀门的试验，阀门的涂漆，阀门的安装、维护及常见故障等其他重要问题也进行了详细介绍。

　　该书内容十分丰富，实用性、可操作性强，可供阀门行业各制造厂（公司）、大专院校师生学习和查阅参考。同时，对于阀门终端用户和设计院所了解阀门的生产加工过程也具有一定的参考价值。

图书在版编目（CIP）数据

　　阀门制造工艺手册/张清双，汤伟，刘晓英主编. —北京：化学工业出版社，2017.1
　　ISBN 978-7-122-28386-3

　　Ⅰ.①阀⋯　Ⅱ.①张⋯　②汤⋯　③刘⋯　Ⅲ.①阀门-生产工艺-手册　Ⅳ.①TH134-62

　　中国版本图书馆 CIP 数据核字（2016）第 255795 号

责任编辑：张兴辉　曾　越　　　　　　　　　装帧设计：王晓宇
责任校对：李　爽

出版发行：化学工业出版社（北京市东城区青年湖南街 13 号　邮政编码 100011）
印　　装：北京盛通数码印刷有限公司
787mm×1092mm　1/16　印张 52　字数 1398 千字　2017 年 1 月北京第 1 版第 1 次印刷

购书咨询：010-64518888　　　　　　　　　售后服务：010-64519661
网　　址：http://www.cip.com.cn
凡购买本书，如有缺损质量问题，本社销售中心负责调换。

定　　价：198.00 元

《阀门制造工艺手册》编委会

《阀门制造工艺手册》编写人员

主　编　张清双　汤　伟　刘晓英

副主编　乐精华　胡远银　程　璐　肖　朋　许建东　牛小欧　刘根节
　　　　　胡　勇

其他编写人员（以姓氏笔画为序）

王永山　王　进　仇锋凯　石乾冲　刘　军　闫红梅　孙东洋

李小茹　余　巍　沈　惟　陈锡武　竺社华　金成波　赵文成

胡冬军　胥　川　秦国华　夏明锋　徐文娴　高连儒　高　捷

盛广波　阎昌福　董　昕　蒋　波　程红晖　储胜尧　游云峰

裴耀贵　樊彦军　潘　林

主　审　张清双

前言 | FOREWORD |

随着机械数字化制造技术的日新月异，传统制造工艺和加工模式正在产生着突飞猛进地变革。阀门制造业作为传统制造行业，近年来工艺技术和工艺形式也在发生着翻天覆地的变化，技术水平有了质的飞跃。同时，近年来新增和修订了大量涉及制造工艺的相关标准，也为阀门制造工艺提出了诸多亟待解决的技术问题。

"工匠精神"，在2016年的全国两会上，第一次出现在政府工作报告中。中国阀门行业要想独秀于世界阀门之林，就必须培养和积累"工匠精神"。基于此，为客观反映国内外现代工艺水平及发展方向，适应我国阀门制造业工艺发展的新形势、新要求；更为方便阀门技术工作者和工艺人员能够在生产中进行学习、借鉴和参考，不断提高阀门制造工艺技术水平，我们特组织行业内各专业的技术力量，编写了《阀门制造工艺手册》一书。

古人云："工欲善其事，必先利其器"。制造工艺的提升，正是阀门从业者"利器"的过程。对比国内外阀门产品的质量性能，一定程度上反映出了本行业对制造工艺的重视程度。重大工程或重点阀位对进口阀门产品的依赖，"以国代进"的步履维艰，时时鞭策着我们——"临渊羡鱼，不如退而结网"。《阀门制造工艺手册》的编撰，正是"退而结网"的开篇。

作为一本综合性单行本的技术资料，本书既包含了铸造、锻造、热处理、焊接、表面处理及无损检测等特殊过程，又包含了各类阀门零部件的机械加工工艺及成品装配工艺过程。将阀门的机加工过程按照阀体类、阀盖类、关闭件类及阀杆类进行分组，其目的在于批量化生产时运用成组技术，不仅为形状复杂、结构特殊的零件提供了优化的工艺解决方案，同时为类似产品的加工工艺提供了借鉴案例。另外，针对金属密封球阀及双向金属密封三偏心蝶阀应用越来越广的现状，本书特将球阀和蝶阀单独列出章节，并重点介绍了金属密封球阀及双向金属密封三偏心蝶阀的制造工艺。

"阀门"作为流体控制的重要承压元件，其壳体的铸造质量对于阀门的可靠、安全运行起着决定性作用。为此，本书在编著时特别邀请行业权威专家——兰州高压阀门有限公司乐精华前辈及中船重工第725研究所余巍高级工程师，为本书撰写了铸钢及铸造高合金阀门铸造工艺章节。此外，为了保持全书的系统性，对有关工艺学的基础知识也作了简要介绍。

本书内容十分丰富，可供阀门行业各制造厂（公司）、大专院校师生更好地了解和掌握阀门的制造工艺。同时，对于阀门终端用户和设计院所了解阀门的生产加工过程也具有一定的参考价值。本书的出版发行，为阀门设计提供了具有最新内容的技术参考资料，突出特点是实用性和可操作性，不失为阀门设计者及阀门工艺人员的重要参考书籍。

《阀门制造工艺手册》得以与读者见面，我们首先要感谢1984年机工版《阀门制造工艺》及2011年化工版《阀门制造工艺》的所有编写人员，正是他们对阀门制造技术的文字传承，才奠定了本书的基础。

为感谢行业内诸多文献提供的参考价值，我们特意将"参考文献"分列注明在各章节之后，可方便读者直接查阅、核对。

在本书的编写过程中，得到了江苏神通阀门股份有限公司、江苏竹簧阀业有限公司、上海华通阀门有限公司、保一集团有限公司、上海东方威尔阀门有限公司、浙江瓯明流体铸业有限公司、浙江正工阀门有限公司、浙江超宇阀门有限公司、浙江斯帕克阀门有限公司、中阀控股（集团）有限公司、浙江超群阀门有限公司、浙江天特阀门有限公司等单位的大力支持，为本书的编写创造了条件；龙江军、杨元平及杨海军等为本书绘制了大量样图、插图；另外，在编写出版过程中得到了化学工业出版社有关领导及专家的指导和帮助，化学工业出版社的资深编辑在审稿过程中提出了很多宝贵意见，在此一并表示衷心的感谢！

　　阀门制造工艺，必然离不开机床设备。纵使编者夜以继日、笔耕不辍，也难以让笔尖的文字跟上机床制造业飞速发展的步伐，尽管在编写过程中尽可能地收集了大量这方面的信息，但由于加工工艺涉及到的知识产权问题和出版时间的限制，以及编者水平所限，遗憾之处在所难免，敬请海涵。读者开卷有益，将是对编者最大的鼓励。

张清双

目录 | CONTENTS |

第 24 章　阀门的涂漆 ··· 787

第 25 章　阀门的安装、维护及常见故障··································· 806

第 **1** 章

Chapter 1

阀门制造工艺综述

阀门作为流体输送系统中的重要控制装置，其产品的性能对装置的安全、可靠运行起着决定性的作用。而阀门产品的性能与工艺息息相关，这些工艺既包括特殊过程的热加工工艺（如铸造工艺、锻造工艺、热处理工艺、焊接工艺）及无损检测工艺，也包括冷加工工艺（如车、镗、铣、钻、磨）。特殊过程的热加工工艺决定了承压壳体的压力边界的安全性和可靠性，冷加工工艺决定了阀门的密封性能。

很多重要领域及苛刻工况对阀门的质量提出了极高的要求，而阀门质量最终取决于阀门的制造工艺。

1.1　阀门制造工艺的特点

阀门是一种通用机械产品，虽然零部件不多、结构简单、精度等级一般，制造工艺在机械行业中也属于比较简单的，但是由于阀门的核心密封零部件的加工精度要求很高，装配后密封副必须完全吻合，多数情况都需要进行配研；而且阀门种类繁多，使用工况复杂，密封面形式多样，所以阀门制造工艺有其特殊性及技术难度。与其他机械制造工艺相比，阀门制造工艺有如下特点。

(1) 阀门毛坯的制造工艺及检验比较复杂

阀门使用在流体管路上，承受各种不同温度、不同压力的介质的冲刷和腐蚀，即使毛坯存在极小的缺陷也会发生渗漏，从而造成介质的损失和浪费。当输送有毒有害、易燃易爆或放射性介质时，阀门渗漏往往会引起中毒、火灾、爆炸或污染等重大事故，并迫使系统或工厂停产。

为了确保阀门的安全可靠性，除在出厂前以公称压力的 1.25～1.5 倍压力对阀门进行强度试验外，对毛坯的外部质量和内部质量要求也很严格。

阀门的铸件毛坯是结构较复杂的薄壁壳体件，铸件要求表面光洁、铸字清晰，特别是要有致密的组织，不得有气孔、缩孔、疏松、裂纹和包砂等缺陷。为了满足上述要求，铸造时需采取一系列工艺措施，如选用高耐火度的造型材料并控制型砂水分，造型时应分层打实以保证砂型硬度,采用合理的浇冒口系统及严格控制浇注速度和温度等。总之,由于技术要求较高,阀门毛坯的铸造工艺比一般铸件复杂。

阀门毛坯除进行尺寸、位置精度及外观检查外,有的还要做金相组织、机械性能、耐腐蚀性能和无损探伤等多项检验,以排除可能导致阀门壳体渗漏的缺陷。

(2) 材料种类繁多,机械加工难度大

阀门材料的种类很多,除各种铸铁、碳素钢、合金结构钢及有色金属外,还采用铬不锈钢、铬镍不锈钢、铬钼铝渗氮钢、沉淀硬化钢、铬钼钢、铬钼钒钢、铬锰氮耐酸钢、低温钢、钛及钛合金、钴基硬质合金及尼龙、塑料等非金属材料。

上述大部分高强、耐蚀和高硬材料的切削性能不好。如不锈钢,由于其韧性大、热强度高、导热率低、切屑黏附性大及加工硬化趋势强等原因,刀具极易磨损,很难达到规定的零件加工精度和表面粗糙度。而阀门密封面的几何形状精度和表面粗糙度要求很高,因此更加增大了机械加工的难度。

材料的切削性能差,给零件的加工方法、刀具角度和几何形状、刀具材料、切削用量及工艺装备等方面带来了很多新的课题。

(3) 阀门零件在机床上装夹比较困难

阀门主要零件的结构、形状比较复杂,有些零件属薄壁、细长件,刚性差,在机床加工时,零件的定位和装夹都比较困难,因此需要较为复杂的专用工装夹具。

有的阀门零件(如阀体、闸板等)定位基面的精度和粗糙度较低,有时甚至采用非加工表面定位,而被加工的密封面等部位的精度和粗糙度要求却很高,很难保证加工质量。为此,为满足工艺上的需要,往往须提高定位基面的精度和粗糙度,或在非加工表面上加工出定位基面,这就增加了阀门制造工艺的复杂性。

1.2 我国阀门制造工艺发展方向

近年来,我国阀门制造工艺水平虽然有了很大提高,但与世界先进水平相比仍存在一定的差距。我国在阀门铸造、锻造以及机械加工、装配、试验、包装等方面的机械化和自动化水平还较低,机械加工的自动化水平还须进一步提高。

我国组合机床、自动线的应用比较普遍。但是由于可调可变性不好,只适于加工几种型号和规格的阀门;再加上刀具和管理方面还存在一定的缺陷,因而设备利用率不高。国外对批量较大的阀门产品,已从采用组合机床加工逐步发展到使用多种可调可变自动线。在自动线上使用机械装夹不重磨的硬质合金刀具,硬质合金刀片上还涂敷碳化钛或氮化钛,刀具的寿命提高 3 倍以上。

国内大多数阀门厂的生产类型属于多品种、单件小批量、轮番生产。制造工艺取决于工艺手段和工艺设备。这种情况下使用组合机床、自动线等高效设备是不经济的,因此不得不采用低效率的普通万能机床来完成阀门的机械加工。采用数控机床或由普通万能机床改装的简易数控机床来加工阀门,是大幅度提高生产效率和保证加工质量的有效途径之一。

近年来数控加工中心、专用多工位机床组成的自动线,采用计算机控制系统,能灵活适应多品种的中、小批量生产。一些先进、精密和高自动化程度的阀门加工设备,如数控仿形铣床、数控加工中心、精密坐标磨床、连续轨迹数控坐标磨床、高精度低损耗数控电火花成形加工机床、慢走丝精密电火花线切割机床、精密电解加工机床、三坐标测量仪、挤压研磨机等阀门加工和测量用的精密高效设备,由过去依靠进口到逐步自行设计制造,使阀门加工工艺手段上了一个新台阶,同时为先进加工工艺的推广奠定了物质基础。特别是阀门成形表面的特种加工工艺的研究和发展,使阀门加工的精度和表面粗糙度都有很大的改善。特种加工工艺设备的改进和提高，使阀门加工的自动化程度和效率都大大提高。

在数控机床上普遍采用机夹可转位刀具、硬质合金带涂层刀片，刀具寿命可提高数倍以上。利用数控机床加工，产品精度高，质量稳定。通用调整夹具、标准夹具及组合夹具逐渐被广泛采用。而最为重要的一点，拥有数控机床的阀门企业，市场响应能力强，产品升级换代迅速。对阀门上最为关键的密封件而言，采用数控磨床、数控研磨机也是阀门工艺的发展方向。

由于计算机、现代化工业机床的发展，逐步形成以模具标准化为基础的、阀门设计与制造一体化的现代阀门生产体系，普及了阀门 CAD/CAM/CAE 系统，建立起了数万个阀门厂或与之相关、相配的材料、标准件、机床等工业体系。阀门 CAD/CAM/CAE 技术得到了相当广泛地应用，并开发出了自主版权的阀门 CAD/CAE 软件。电加工、数控加工在阀门制造技术发展上发挥了重要作用。阀门加工机床品种增多，加工水平明显提高。快速经济制模技术得到了进一步发展，尤其这一领域的高新技术快速原型制造技术进展很快，国内已有多家自行开发出达到国际水平的相关设备。随着各种新技术的迅速发展，国外已出现了阀门自动加工系统，这也是我国长远发展的目标。阀门自动加工系统应有多台机床合理组合、配有随行定位夹具或定位盘、有完整的机具和刀具数控库、有完整的数控柔性同步系统和有质量监测控制系统等特征。阀门制造工艺发展的特点是现代化高新技术的综合利用，其趋势是四化，即柔性化、敏捷化、智能化和信息化。

密封面的精整加工是影响阀门质量的关键工序，由于滚动珩磨具有装具简单、效率高等优点，为越来越多的阀门厂所采用。

阀门装配长期以来都是由人工用简单的工具来完成的，是不容易实现自动化的工序。国外阀门制造业装配机、装配生产线和装配自动线的应用较为广泛，机械手和机器人亦有采用。我国在发展阀门清洗机械和装配机械方面已做了大量工作，取得了很大成绩，并准备建立阀门装配生产线，以减轻工人的体力劳动、提高装配效率。

涂漆工序是影响阀门外观质量和抗环境腐蚀，特别是海洋性盐雾腐蚀的重要环节。目前国内已有阀门制造厂建立了静电喷漆自动线，这是阀门涂漆工艺的一个新发展。

在开发阀门新产品的同时，应重视阀门制造新工艺技术的推广应用。例如，开发高温高压电站和核电站阀门采用锻焊结构时应用真空电子束焊接新工艺和剪切挤压技术，开发长输管线大口径全焊接球阀应用整体焊接技术等。

目前国外阀门制造企业一般都配备独立的阀门装配生产线，专业的装配工位，以减轻工人的体力劳动并提高装配效率，所以大多数国内阀门厂的装配车间配置仍需改进。另外，阀门清洗、装配机械及装配工艺工装等都有很大的提升空间。

1.3　阀门制造的工艺路线和基本设备配置

1.3.1　工艺路线

阀门在生产制造中经过原材料、毛坯制造、机械加工、热处理及焊接、装配与试验等过程成为阀门产品。它通过的整个路线称为工艺路线，也叫工艺流程。

工艺路线是制定工艺规程的最主要依据，其主要任务是加工方法的选择、加工阶段的划分、工序的集中与分散及加工顺序的安排等。

1.3.2　设备配置

在设计新厂（车间）或扩建、改建旧厂（车间）时，需要根据阀门企业的生产纲领、产品结构、发展趋势，特别是需要根据工艺路线制定的阀门产品全套工艺规程作为决定车间规模、工艺设备、面积和厂房结构的形式、跨度、高度、起重能力、基本设备配置、人员、工艺设备及投资额度等。具体内容包括编制工艺过程，计算劳动量，选择机床设备并确定其相对位置，划分车间内部区域，确定车间生产组织人员，计算车间动力（包括电力、蒸汽、供水、供气）供应的参数和数量，计算设备投资和技术经济指标等。

机械加工车间和装配车间的生产性质和类型取决于既定的阀门产品类型及其年产量。根据车间所生产零件的重量，可将机械加工车间分为轻型、中型和重型3种；按产量，机械加工车间又可分为单件生产、小批量生产、中批量生产和大批量生产4种。在产量大、产品单一的情况下，可单独设立流水生产或自动生产线。按照车间内安装的金属切削机床数量，又可分为大型、中型、小型3类规模的车间。

车间所采用的设备，按用途可分为生产设备、辅助设备及起重运输设备3类。

生产设备是阀门产品零件机械加工和装配与试验所必需的设备。在阀门加工车间中，生产设备又分为主要生产设备（如卧式车床、立式车床、铣床、磨床、镗床、钻床等计算负荷的金属切削机床）及其他生产设备和辅助设备。

对设备数量的计算，可分为详细计算和概略计算两种方法。详细计算设备数量有各种公式，在进行机械加工车间的主要生产设备配置时，依据公式进行设备负荷计算，按工段或工步求得。

按工艺过程详细计算的方法，所得的机床数量从理论上讲，应该是准确的。但在实践中，由于各企业生产性质、主导产品结构的差异，不同的工艺路线，掌握资料的情况以及劳动量计算方法的不同，有时也不完全准确，甚至适得其反。而详细机床数量计算的方法较复杂，花费的时间过多，而且要有整套的产品图纸等资料，故一般应用在大批量的生产中。

一般中小型阀门企业，可采用概略计算方法计算机床数量。根据车间全年劳动总量，或参考企业自身每一类阀门按台时劳动量中各种机床组成的百分比进行概略的机床配置计算。

常用的概略计算方法有按每吨产品劳动量指标计算设备数量和按每台产品劳动量指标计算设备数量两种。

(1) 按每吨产品劳动量指标计算

按每吨产品劳动量指标计算的设备数量 C_a 为

$$C_a = \frac{QT_a}{FK}$$

式中　　Q——按年产纲领加工零件的总质量，t；

T_a——加工产品每吨所需的劳动量，台时/t；

F——根据工作班制所确定的设备年时基数，台时；

K——设备负荷率。设备负荷率的参考值一般情况下<1，批量生产时为 0.65～0.75，大批量时为 0.6，单件小批量时为 0.85～0.9。

(2) 按每台产品劳动量指标计算

按每台产品劳动量指标计算的设备数量 C_b 为

$$C_b = \frac{NT_b}{FK}$$

式中　　T_b——加工产品每台所需的劳动量，台时/台；

N——按年产纲领加工产品的数量，台。

1.3.3　设备类型及规格

设备类型及规格是在编制工艺规程时，根据生产性质和产品零件要求决定的。合理选择设备是一个复杂的经济技术问题。在技术上要先进，在经济上要合理。技术上先进是相对的，它由生产性质决定。例如在单件小批量生产中采用的万能设备加工方法，可以称为先进的、合理的加工方法，而在大批量生产情况下则是落后的，需要考虑用自动车床和数控设备等加工。相反的，有些设备用在大批量生产中是先进的，但用在单件小批量生产中则不一定是合理的，甚至是浪费的。有些机床可以明显地分辨出来，选用何种机床更为合适。但有些机床便难以肯定，要从生产率的高低、成本的高低和企业自身等因素综合考虑分析决定。

正确地选择机床的类型和规格及各种机床之间的比例，是一项重要的工作。设备不成套或精度过高过低，型号过大过小，都会造成各种机床负荷极不平衡，出现薄弱环节，使某些机床负荷很低，而某些机床则完不成任务，甚至有些零件因缺乏合适的设备而难以加工，影响生产。因此，应综合考虑设备类型和规格及各种机床之间的比例。如一家主要生产电站阀门企业的机械加工车间，按小批量生产，各种机床配置比例见表1-1（供参考）。

表1-1　小批量电站阀门加工车间中各类机床配置比例　　　　　　　　　　%

机床名称	占机床总数比例
普通车床或多刀车床	24.08
六角车床	11.11
立式车床	12.96
镗床	11.11
龙门刨床、龙门铣床	—
铣床及牛头刨床	12.96
插床及拉床	3.71
转床	14.81
内外圆磨床	1.85
平面磨床	1.85
切齿机床	—
螺纹机床	1.85
珩磨机床	—
各种专用机床	3.71
其他	
合计	100

此外，对于机械加工车间的极少数生产设备（金属切削机床或非金属切削机床），负荷虽然不高，但却是工艺上所必需，采用时就不必进行负荷率的计算，这种设备为不计负荷设备。

装配等车间的生产性质是与机械加工车间的生产性质相适应的，基本设备配置参照机械加工车间基本设备配置方法进行。

1.3.4　车间组成

机械加工车间和装配车间的类型和生产性质，对于毛坯性质、工艺过程、机床设备的采用和布置、装配组织型式、车间生产组织和厂房建筑等有直接影响。机械加工和装配可以分别成立单独的车间，亦可合并成为按阀门产品类型划分的综合生产（包括机械加工、装配及试验）车间。综合生产车间可根据车间的生产性质、生产类别、产品零部件特点等划分成若干个生产工部或生产工段。

总之，机械加工车间的设备配置根据企业生产性质、产品结构等特点而有所不同。由于目前阀门市场特点，多数阀门企业仍为单件小批量生产企业，机床配置的万能机床所占百分比较高。对于阀门制造的工艺路线的拟定及基本设备配置，应该说没有一套普遍完整的方法适用于不同的阀门企业。因此，在制定阀门制造的工艺路线及车间基本设备配置时，不可生搬硬套，要根据本企业的规模、产品的结构、企业人员素质，结合生产实际，分析具体条件进行。

1.4 阀门零件工艺规程编制的原则及方法

阀门生产制造工艺过程的全部内容，按一定的格式用文件的形式固定下来，便成为工艺规程。

工艺规程在阀门生产制造过程中有下面几种作用：在阀门新产品试制中，根据制定的工艺规程进行刀具、夹具、量具的设计和制造，采购原材料、半成品、外购件的供应和人员的配备等。根据阀门企业的不同，先进的工艺规程可起到交流和推广先进经验的作用，缩短其他企业摸索和试制的过程。

1.4.1 基本概念

(1) 生产过程

阀门的生产过程是指由原材料或半成品到成品之间的各种劳动过程的总和。阀门的生产过程可以划分为生产技术准备、材料准备、阀门零部件加工和装配调试等阶段。具体包括阀门图样设计、工艺技术文件编制、材料定额和加工工时定额制定、阀门成本估价、原材料或半成品运输和保存、生产准备工作、毛坯制造及机械加工、焊接、热处理、装配、试验、涂漆和包装等。

生产过程是由主要过程和辅助过程两部分组成。与原材料变为成品直接有关的过程为主要过程，或称工艺过程，如毛坯制造、机械加工、热处理及装配等。辅助过程是与原材料变为成品间接有关的过程，如运输、刃磨、编制工艺、设计与制造工装、计划与统计等。

零件的机械加工工艺过程是指用机械加工方法直接改变毛坯的形状和尺寸，使之变为成品的生产过程。把较合理的机械加工工艺过程确定下来，编制为指导生产的技术文件，称之为零件的机械加工工艺规程。

(2) 工艺过程的组成

机械加工工艺过程由一个或若干个顺序排列的工序组成，毛坯依次经过这些工序而变为成品。

① 工序　一个（或一组）工人在一台机床（或固定的工作地点）对一个或几个工件所连续完成的工艺过程的一部分，称为工序。

② 安装　工件在机床上每装夹一次所完成的工序称为安装。一道工序可以包括一次或几次安装。

③ 工位　工件装夹在回转工作台上，使工件在一次安装中先后处于几个不同的位置进行加工。此时，每一个位置上所完成的那部分工序称为工位。

④ 工步　工序可细分为工步，当加工表面、切削刀具和切削用量中的转速和进给量都保持不变时，所完成的工序称为工步。一道工序包括一个或几个工步。

1.4.2 阀门零件工艺规程编制的原则

工艺规程是组织各种生产活动和计划的主要依据。按照工艺规程进行生产，可以保证产品质量，并获得较高的生产效率和较好的经济效益。因此，编制工艺规程就成为阀门制造厂生产技术准备工作的一个重要环节。

工艺规程的编制原则是：在一定的生产条件下，以最少的生产费用及最高的劳动生产率，可靠地加工出符合图纸要求的零件。

编制工艺规程时，首先应选择能够可靠地保证零件加工质量的工艺方案。要尽可能地采用新工艺、新技术，依靠机床设备和工艺装备，而较少依靠工人的技术来保证零件的质量，以减少废品率、提高加工质量的稳定性。

在保证加工质量的前提下，应选择最经济的加工方案。一般来说，高效率的加工方法是比较经济的，但也不能盲目地追求高效率。当生产批量很小时，选用昂贵的高效率机床和采用复杂的高效夹具在经济上并不合理。在这种情况下，选用普通万能机床和简单的工装反而会降低成本。通常是以几个工艺方案进行经济性分析、对比的办法来选择经济上最合理的方案。

编制的工艺规程还应保证工人具有良好的、安全的劳动条件，要注意采用机械化、自动化等措施，减轻工人体力劳动，逐步提高某些生产过程的机械化水平。

1.4.3 阀门零件工艺规程的编制方法

(1) 进行零件的工艺分析

不同结构和不同技术要求的阀门零件，其工艺过程是不同的。即使是同一个零件，由于生产条件和生产类型不同，其工艺过程也不一定相同。因此，在编制工艺规程时，首先必须对零件的结构和技术要求进行分析，并结合工厂具体的生产条件（机床的类型和精度、车间的面积、工人的技术水平以及毛坯的制造能力等）和零件的生产类型来选择零件的毛坯类型、拟定各加工表面的加工方法和加工顺序，并确定零件的装夹方法等。这些过程的总和亦称为零件的工艺分析。

进行工艺分析时，不仅要选择毛坯和制定工艺路线，以便于确定工序具体内容和填写工艺文件，而且要提出工艺分析单和工装设计任务书，以作为编制零件铸、锻、热处理及焊接工艺和编制材料消耗定额的依据，并作为设计工装的依据。

为了缩短生产技术准备工作的周期，编制零件冷、热加工工艺文件和材料定额以及设计工装的过程应尽可能同时进行。而工艺分析正是与这些过程密切联系，并协调其正常进行的。因此，工艺分析不仅是制定机械加工工艺规程的重要阶段，而且是整个工艺准备工作中的首要环节。

① 毛坯的选择　在制定工艺规程时，毛坯选择的正确与否有着重大的技术经济意义。机械加工常用的毛坯有铸件、锻件、焊接件、各种型材及工程塑料等。选择不同的毛坯种类及毛坯的精度、粗糙度和硬度等对机械加工工艺过程有着直接的影响，同时对设备及制造费用，零件机械加工工艺的工序数量、设备工具的消耗以及工时定额也都有着很大的影响。另外在确定毛坯时要充分注意到利用新工艺、新技术、新材料的可能性。选择毛坯时应考虑如下的一些因素。

a. 零件的材料及对材料的组织和性能要求。设计图上规定的零件材料，大致上就决定了毛坯的种类。例如，零件材料为铸铁或青铜的，就必须用铸造的方法来制造毛坯。对于钢制零件，在选择毛坯时应考虑对材料的机械性能要求。例如，钢制高压阀门的零件一般应尽量选用锻件或焊接件，以保证材料具有良好的机械性能。

b. 零件的结构形状和外形尺寸。零件的结构形状是影响毛坯选择的重要因素。例如，结构形状复杂的阀体一般选用铸件，在满足 ASME B16.34 关于铸造工艺要求前提下，尺寸大的阀体可选用砂型铸造，尺寸小的阀体则采用熔模铸造。

c. 生产纲领的大小。零件的生产纲领愈大，采用高精度和高效率的毛坯制造方法经济效果愈好。当零件年产量较大时，采用精度与生产效率都比较高的毛坯制造方法，这样用于毛坯制造的较高的设备及装备费用可以由材料消耗的减少来补偿。如今，已建立的专业铸锻件生产企业，为扩大批量和采用先进的毛坯制造工艺创造了更有利的条件。

d. 毛坯制造的条件。应根据现场的设备状况和工艺水平来选择毛坯，并考虑发展前景而逐步采用先进的毛坯制造方法。

② 拟定阀门零件加工工艺路线　拟定阀门零件加工工艺路线是制定工艺规程中关键的一步，因此应该多提出一些方案，根据质量、经济性及生产率等要求进行全面的对比分析，从而确定合理的工艺方案。在拟定零件的机械加工工艺路线时，首先应根据该零件各表面的形状、尺寸和精度要求选用合适的加工方法，然后再确定零件的加工顺序。

a. 加工方法的选择。一个表面可以由几种不同的加工方法获得。正确的加工方法应能保证加工表面的精度和质量，并满足零件产量的要求和具有良好的经济性。

选择加工方法时，除应考虑现有的生产条件外，还必须根据表面的精度要求，结合零件的形状、尺寸以及材料和热处理的种类等，采用与零件精度相适应的经济的加工方法。其次，选择的加工方法应与零件的生产类型相适应。单件小批量生产时，尽量采用通用设备加工方法；大批量生产时可采用高效率的加工方法。这样不仅能满足零件产量的要求，还可收到良好的经济效果。

加工方法的选择还必须考虑到现有加工的改进和发展、新加工方法的推广使用、毛坯制造技术的新发展等。

b. 加工顺序的确定。在确定零件各表面的加工顺序时，首先应根据工件变形对精度的影响程度来考虑零件的工艺过程是否需要划分阶段，以及划分的严格程度。然后采用工序集中或工序分散的原则来划分工序数目，并安排热处理等工序在工艺路线中的位置。

为了保证零件的加工质量和合理地使用设备，通常将较复杂零件的加工过程划分为粗加工、精加工和光整加工 3 个阶段。粗加工阶段的切削余量、切削力和切削热均较大，由于内应力的重新分布等因素，使工件变形较大，故一般在大功率和精度不高的机床上进行。精加工的余量较小，工件变形也小，可以得到较高的加工精度，通常使用较精密的机床。光整加工是在高精度的机床上进行的，可以获得很高的精度和表面粗糙度。在阀门生产中，除阀体和阀瓣等零件外，大多数阀门零件由于精度和表面粗糙度要求不高因而不采用光整加工。

工序集中就是将零件的加工集中在少数的工序内来完成。反之，则为工序分散。工序集中时，由于减少了工件的装夹次数，不仅可以缩短辅助时间及减少夹具的数量，而且易于保证在一次安装中加工的各表面的相对位置精度。工序分散时，使用的设备与工艺比较简单，调整方便，对工人的技术水平要求也较低。在拟订工艺路线时，必须根据零件的生产类型、结构特点及技术要求，并结合现场的生产条件来决定采用哪种原则。

在安排热处理等工序在工艺路线中的位置时，应考虑热处理的目的。一般退火工序安排在粗加工之前或焊接工序之后，调质工序安排在粗加工之前，淬火通常安排在粗加工之后，零件的氮化、电镀、发蓝以及沉淀硬化钢的冷处理等一般均安排在工艺过程的最后。

③ 确定零件的装夹方法　确定零件的装夹方法时，应根据零件的精度要求和生产类型选定零件的定位方式和定位基准。

a. 零件定位方式的选择。零件的定位有直接按零件的某些表面找正、按划线找正以及采用夹具定位等方式。

选择零件的定位方式时，首先应考虑零件的精度要求。单件小批量生产时多采用直接找正和按划线找正的定位方式，成批及大量生产时广泛使用定位夹具。根据不同生产时类型来选择不同的定位方式，可以获得较好的经济效果。

b. 定位基准的选择。选择粗基准时应注意使加工表面对不加工表面具有一定的位置精度，并使各加工表面具有合理的加工余量。

在选择精基准时，为了避免基准不重合误差，应选择加工表面的设计基准作为定位基准（基准重合原则）。当零件上有几个相互位置精度要求较高的表面，而这些表面又不能在一次安装中加工出来时，为了保证其精度要求，在加工过程的各工序安装中应采用同一个定位基准（基准统一原则）。此外，所选的定位基准应便于工件的装夹与加工，并使夹具的结构简单。

④ 填写工艺分析单和工装设计任务书

a. 工艺分析单。工艺分析单是编制铸、锻、热处理及焊接工艺文件和编制材料技术消耗定额的根据。工艺分析单除了要注明零件的毛坯种类和周转路线外，还应反映出对毛坯的工艺要求，如对铸件要求铸出工艺用凸台，对锻件要求连锻，对型材要求留夹头等，以及对热加工的工艺要求，如机械加工前退火的硬度等。

b. 工装设计任务书。工装设计任务书是设计专用工艺装备的依据。工装设计任务书应注明零件的定位面、夹紧面和加工表面。量具应注明其测量基面，必要时应绘制工装草图。此外，对工装的其他要求，如对夹具的夹紧方式及平衡要求等也需注明。

（2）确定工序的具体内容

经工艺分析后，零件的机械加工工艺路线已确定下来，这时必须具体确定零件在每道工序中使用的机床、夹具、刀具和量具，确定各工序的加工尺寸及公差，并填写工艺文件。

① 机床与工艺装备的选择

a. 机床的选择。机床的规格尺寸应与工件的轮廓尺寸相适应。小型零件选用小机床，大型零件选用大机床，要避免"大马拉小车"的现象，做到设备的合理使用。加工阀体、阀盖等回转直径大、长度短的零件，应优先选择立式车床。即使采用普通车床，也应安排在床身短的机床上加工。此外，夹具的回转直径往往比工件的回转直径大，选择机床时应予以注意，否则将破坏机床的精度。

机床的生产效率要与工件的生产类型相适应。单件小批量生产时，可选用普通万能机床；中、大批生产时选用高效率的自动、半自动或数控加工中心机床。

b. 工艺装备的选择。单件小批量生产时，在保证加工精度要求的前提下，要尽量选用机床备有的夹具，如卡盘、虎钳、回转台等通用夹具或组合夹具；要尽量采用标准刀具，只有在不能使用标准刀具和为了提高生产效率时才使用专用刀具；量具的精度应与工件的加工精度相适应。在单件小批量生产时应采用游标卡尺和千分尺等通用量具，在大批量生产中，可使用极限量规和一些高效率的专用量具。

② 确定工序尺寸及其公差 工序尺寸是工件在加工过程中各个工序应保证的加工尺寸。确定工序尺寸首先要确定加工余量。工序加工余量的大小，应能使被加工表面经过此工序加工后，不再留有上一道工序的加工痕迹和缺陷。此外还要考虑前一工序的工序尺寸公差、形状位置误差及本工序的安装误差。

阀门生产厂通常采用估计法或查表法确定工序加工余量。估计法应由具有丰富生产经验的人员进行才比较可靠，但有时亦会为经验所限，使确定的余量不够精确。这种方法仅在单件、小批量生产中运用。查表法是以手册或工厂标准中推荐的加工余量数据为基础，并结合具体的加工情况修改后得出余量数值。这种方法得出的余量数值比较可靠，在成批生产中应用较广。

工序尺寸及其公差的确定与工序余量的大小、工序尺寸的标注方法以及定位基准的选择有关。当零件在加工过程中出现工艺基准与设计基准不重合的情况时，可运用尺寸链的基本理论分析计算各加工表面的工序尺寸及公差。

（3）填写工艺文件

① 工艺文件的种类和用途 阀门厂常用的工艺文件有零件周转路线单、工艺过程卡片、工序卡片、工艺卡片和工装综合明细表5种。

a. 零件周转路线单。零件周转路线单是编制生产作业计划和组织生产的依据，也是制定工艺过程中关键性的一步。零件周转路线单给出一种阀门产品的所有自制零件从毛坯到加工完成所经过的路线（包括毛坯制造、热处理、机械加工、检验、工序外协等），并反映产品的外协零件及外购零件。

无论生产规模的大小，所有的阀门产品一般均需填写零件周转路线单。

b. 工艺过程卡片。工艺过程卡片也称工艺路线卡，是制定工序卡片的基础。在单件小批量生产中，一般不做详细的工序卡，就以工艺过程卡片指导生产。因此，工艺过程卡片是帮助车间管理人员掌握零件加工过程的主要文件。工艺过程卡片列出了零件机械加工所经过的路线并注明毛坯种类、按工艺路线排列的工序（包括中间热处理等工序）、各工序的工序内容、每一工序使用的机床设备、夹具、刀具、量具、辅具及工装等。

工艺过程卡片是组织生产、进行生产准备工作、安排生产计划的依据，由于对各工序的说明不够具体，因此一般不能直接生产，而只起生产管理作用。但在单件或小批量生产企业中，常用来指导生产操作。

c. 工序卡片。工序卡片或称操作卡，根据工艺过程卡片对零件的每一个工序进行编制，是用来具体指导工人进行生产的一种工艺文件。工序卡片上一般都绘有工序简图和加工技术要求，标明零件的定位面和加工表面。工序卡片中详细记载了该工序加工时所需要的资料，如定位基准选择、工件安装方法、夹具、工序尺寸及公差以及机床、刀具、量具、切削用量的选择、工时定额的确定及辅具等。

在大批量生产中，零件除编制过程卡片外，尚需编制工序卡片，每个零件的各加工工序都要有工序卡片。一般批量生产中，只有主要零件才有，而一般零件仅关键工序才有工序卡片。

d. 工艺卡片。工艺卡片是表示产品的某一零件在一个车间的某一工种或几个工种的工艺过程，以工序为单位详细说明整个工艺过程的工艺文件。工艺卡片中详细地说明了各道工序的具体内容和技术要求，并注明了零件的工艺特性（材料、重量、加工表面及其精度和粗糙度要求等）。为了便于说明工序的具体内容，在工艺卡片上附有零件草图，并将各加工表面及零件的定位面等标注在草图上。

工艺卡片主要用来指导工人进行生产，是帮助车间管理人员和技术人员掌握整个零件加工过程的最主要的文件。成批生产时，对重要的零件需编制工艺卡片。

e. 工装综合明细表。工装综合明细表列出一种阀门产品所有自制零件加工时所需的全部工装，包括专用工具、通用及标准工具、外购工具等。

工装综合明细表是生产准备工作的重要依据之一。工具准备人员根据工装综合明细表提出外购工具计划、专用工装制作计划以及查核库存通用及标准工装。每种阀门产品均需编制工装综合明细表。

② 填写工艺文件的要求　工艺文件是指导生产和进行生产准备工作的依据。为了避免产生误解而造成生产上的损失，应文字工整，语言准确，语句通顺、简洁、明确，不可使用含糊不清或易产生歧义的词句。文件中的产品型号、名称、零件号、材料牌号等应与产品图纸一致。设备和工装的名称可以简化，以简化后的名称能表达清楚为原则。但设备型号和工装的编号不能简化。

为了统一工艺文件中的工装名称和工艺术语，对通用工装名称（如花盘、弯板、划针盘、千斤顶等）、零件各部位的名称（如法兰、导向筋、密封面、止口、开裆、水线等）以及常用的工艺术语（如划线、锪平面、攻螺塞孔、剔油槽、套螺纹等）可制定推荐名称和典型术语的标准，以作为工艺人员填写工艺文件的依据。

1.5　阀门零件工艺规程的典型化

1.5.1　阀门零件工艺规程典型化的意义

阀门的品种繁多，规格大小相差很大，公称尺寸小至 1 毫米，大至几米，零件材料的种类也较多，加之各阀门厂的生产条件和工艺人员的经验和习惯的不同，在同样能满足被加工零件的加工精度和表面质量的要求下，可以有不同的几种加工方案来实现，其中有些方案可能具有很高的生产效率，但设备和工装夹具方面投资较大，另一些方案则可能投资较节省，但生产效率较低。因此，阀门零件的加工过程也千差万别。即使是同一个阀门零件，在生产条件大体相同的两个工厂里的工艺过程往往也有较大的差别，所花费的劳动量和取得的技术经济效果也不一样，这里就存在着一个合理的工艺过程问题。

合理的工艺过程不仅能保证产品的质量，还能提高劳动生产率并降低成本。编制合理的工艺规程是一项较复杂的工作。因为除了要在满足产品图纸要求的前提下确定毛坯种类、加工方法及选用设备和工装外，还要做多种工艺方案的对比分析。此外，编制的工艺规程是否合理往往取决于工艺人员的技术水平和经验。

由于阀门零件的结构、形状及其工艺过程具有明显的相似性，一般通用阀门零件的数量也不多（一台阀门的主要零件不过十余种），这是实现阀门零件工艺规程典型化的有利条件。

我国阀门制造业在长期的生产实践中积累了丰富的经验。现代生产技术的飞跃发展创造了许多高效率的加工方法、专用设备及工艺装备。因此，全面地分析各种阀门零件的工艺过程，系统地总结其共同性，把广大工人及工人技师的宝贵经验及现代生产技术包括进去，可获得最佳的技术经济效果。

工艺规程的典型化是将阀门零件依其工艺过程的相似性、形状、尺寸和毛坯种类进行分类、分组、分型，然后对每一类、组、型的零件编制典型的工艺规程。

同型零件具有基本相似的工艺过程，即有着基本相同的加工方法、工序顺序和采用同一类型和规格的设备和夹具。同型零件可以在零件细小的结构上有某些差异，因此也可增加或减少某些工序，但同型零件的工艺过程特征则应该是一致的。例如：有些框梁式阀盖的小端有油杯孔，则可增加钻、攻油杯孔的工序。但是所有同类型的框梁式阀盖主要工序的顺序、采用的设备和工装的类型是一致的。

典型工艺规程可以为工艺人员编制具体零件的工艺规程提供依据，从而缩短生产技术准备工作的周期和保证工艺规程的质量。此外，工艺规程的典型化还可以为工艺装备的通用化、标准化以及组织同类型零件的加工流水线、采用专用高效设备等创造有利条件。实践证明，在单件小批量生产时，典型工艺规程也能直接运用于生产现场起指导生产的作用。

1.5.2　阀门零件的分类

编制典型工艺规程必须事先对阀门零件进行分类。

(1) 零件分类的原则

为了合理地进行零件分类，首先应分析决定零件工艺过程的因素究竟有哪些。除去生产批量等因素外，决定零件工艺过程的还有如下一些因素：零件的几何形状；零件的外形尺寸；需要加工的表面及加工表面的形状；被加工表面的精度和表面粗糙度要求；零件的功用；零件的材料和热处理要求。

上述因素决定了零件的毛坯种类、工序顺序、工序内容以及使用的设备和工装等。

假如把这几种特征相似的零件组合在一起，那么，这些零件的毛坯种类和工艺过程也应该是相似的。这就可把解决某一具体零件的工艺问题的方法推广到组合中的其他零件。也就是说，如果零件的这些特征具有共同性，则可采用同一种工艺规程——典型工艺规程进行加工。同类零件要具有相似的几何形状。零件的几何形状是选择毛坯种类和加工方法的主要依据，并往往决定了零件的工艺路线。按照零件的几何形状特征进行分类以后，再根据别的零件特征把同类零件划分为组及型。

综上所述，"类"是那些主要工艺问题具有共同特性的零件的组合。零件的几何形状和由其所决定的工艺过程的特征是零件的分类原则。

(2) 阀门零件类、组、型的划分

阀门零件中有的是阀门产品专用零件，如阀体、阀盖、阀杆等，有的是一般的机械零件，如齿轮、销轴、螺栓等。这里仅介绍阀门专用零件的分类。

阀门零件可以分为 8 类，分别是阀体类、阀盖类、阀瓣类、盘类、轴类、套类、柄杆类和其他零件类，见表 1-2。

表 1-2　阀门零件分类表

序号	类别	结构特点	主要加工表面及工艺问题	几何形状
1	阀体类	薄壁壳体零件，结构形状比较复杂。一般为管状，多为三通。通道端部有法兰、焊接连接端或螺纹，内腔有阀座孔或密封面，其加工表面大部分为旋转表面	加工表面：通道端部的法兰外圆、端面或螺纹，内腔的圆柱孔、端面或锥面　工艺问题：三端法兰或螺纹的相互位置精度，阀座孔或密封面的位置精度及加工精度，两侧法兰螺栓孔的错位度	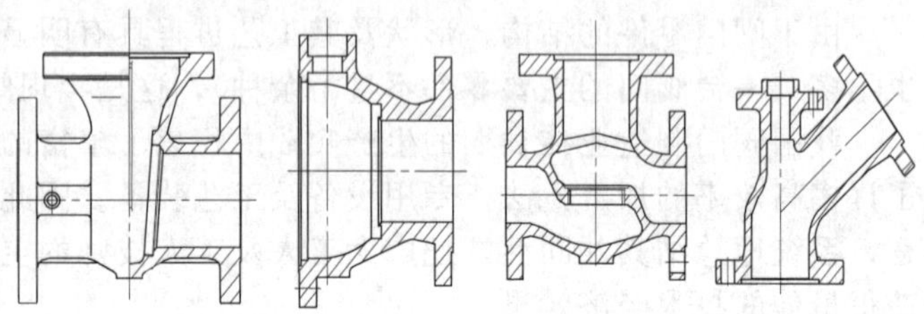
2	阀盖类	多为旋转体零件，下端有止口法兰或螺纹与阀体连接，中部有通孔及填料孔。小尺寸的阀盖上有框梁，并有与阀杆螺母相连接的螺纹孔	加工表面：法兰外圆、端面或螺纹孔，圆柱孔及斜孔　工艺问题：螺纹孔、填料孔与下法兰止口（或螺纹）的同轴度要求，上密封的位置精度及加工精度	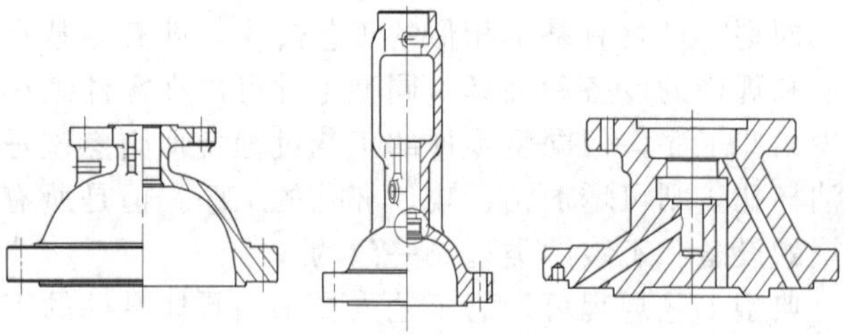
3	阀瓣类	旋转体零件，下端有密封面，上端有圆柱孔（盲孔）及螺纹孔与阀杆连接	加工表面：外圆柱面，端面或圆锥面，圆柱孔及螺纹孔　工艺问题：密封面与圆柱孔、螺纹孔的位置精度及密封面的加工精度	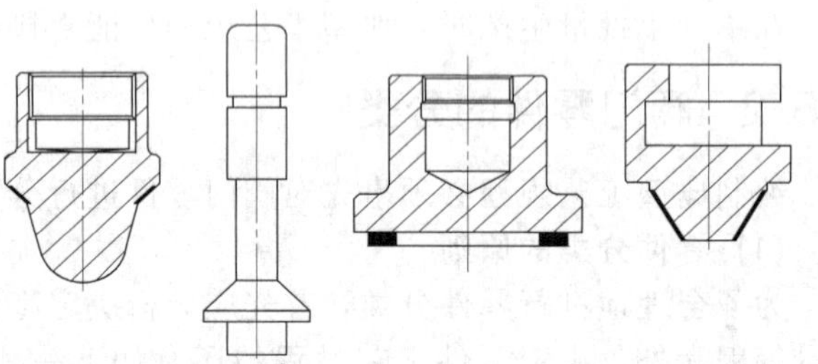
4	盘类	旋转体零件，刚性较好，其厚度小于直径。有的端面为密封面，有的中部有圆柱孔或螺纹孔	加工表面：端面、外圆柱面、外圆锥面、圆柱孔或螺纹孔　工艺问题：两端面位置精度，密封面与圆柱孔或螺纹孔位置精度，密封面角度，形状误差及密封面的加工精度	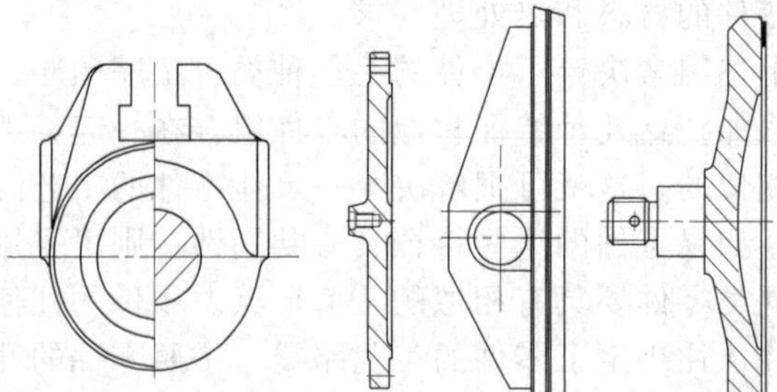

序号	类别	结构特点	主要加工表面及工艺问题	几何形状
5	长轴类	旋转体零件,长度大于直径,有圆柱面或外螺纹,有的带有密封锥面	加工表面:外圆柱面、外螺纹、圆锥面、圆柱孔或螺纹孔 工艺问题:阀杆上密封的位置精度及加工精度,阀杆光杆部分的几何形状及加工精度,梯形螺纹部分的位置精度及加工精度	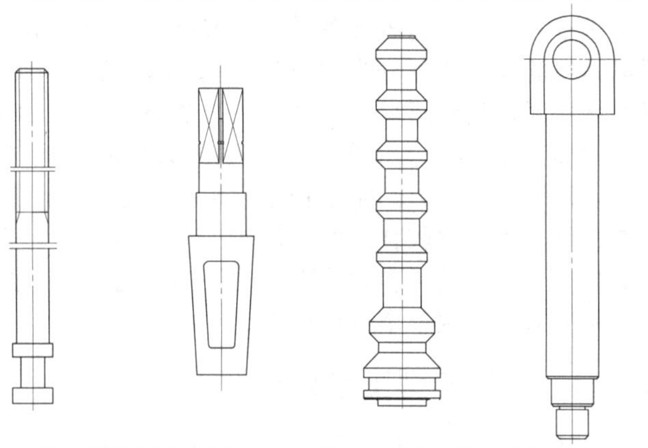
6	套类	具有内、外旋转表面的薄壁零件,零件长度通常大于直径	加工表面:外圆柱面或外螺纹,圆柱孔或螺纹孔 工艺问题:内、外旋转表面的同轴度,阀杆螺母光杆部分的几何形状及加工精度,梯形螺纹部分的位置精度及加工精度	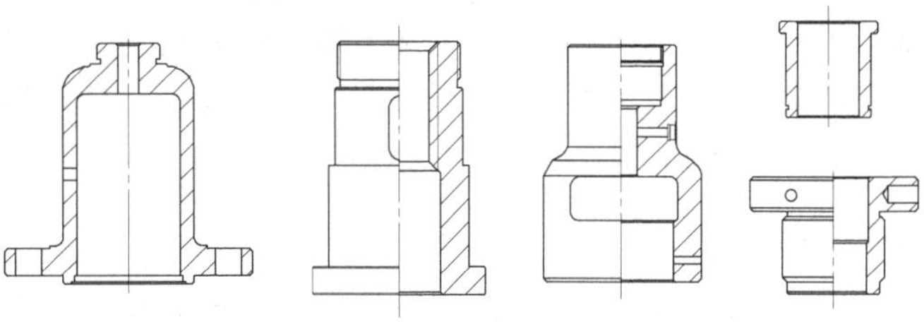
7	柄杆类	一般为细长杆结构,刚性较差,其上有1～2个圆柱孔或四方孔,与阀杆或阀瓣连接	加工表面:圆柱孔或四方孔 工艺问题:端面两个圆柱孔的相互位置精度	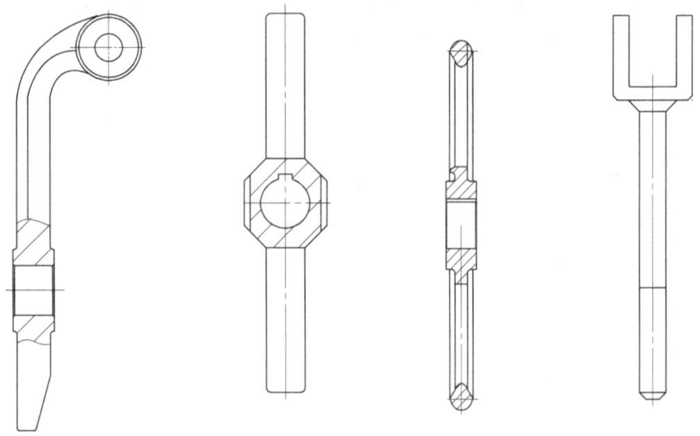
8	其他零件类	结构复杂,形状比较特殊。球体、平行闸板加工精度高,其他精度要求不高	球体、平行闸板等精度要求高的零件,确保几何形状及加工精度	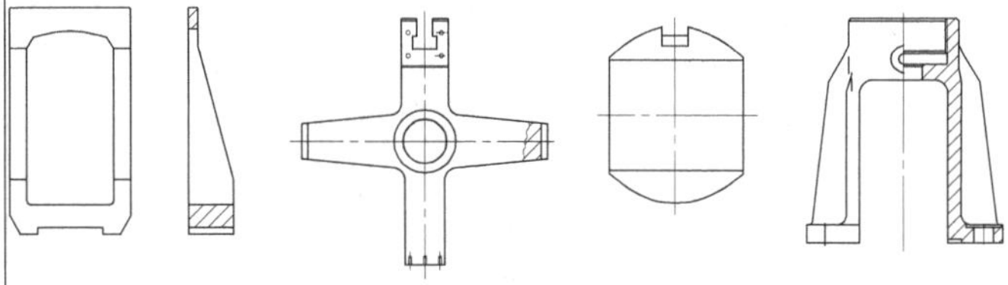

"类"是阀门零件粗略的组合。同类零件的几何形状、加工表面的形状及由其所决定的工艺过程特征仍然有相当的差异,故难以编制典型工艺过程。这样,就必要把同类零件再划分成"组"。

"组"是几何形状、加工表面形状及其工艺过程特征具有更大的共性的零件的组合。例如，阀体类零件的第一组为法兰直通式阀体，该组零件具有法兰盘结构。无论是闸阀、截止阀、止回阀或减压阀阀体，其几何形状都很相似，需要加工的表面及加工表面的形状大致相同，它们的工艺过程也具有很大的相似性。

对于大多数阀门零件来说，要编制它们的典型工艺规程，划分成"组"是不够的，还必须把同组的零件再划分为"型"。同型零件的毛坯种类、主要表面的加工精度和表面粗糙度等大体相同，其外形尺寸也要在一定范围之内。这个尺寸范围是由使用的设备规格所决定的。例如，$DN50\sim100$ 的法兰直通式铸钢闸阀阀体是同型零件，均可在 $C630$ 普通车床上加工，而 $DN125$ 以上的阀体就不能在该机床上加工。总之，阀门零件按上述分类原则来划分类、组、型是比较合理的。任何一种阀门零件将很快地划分到它所归属的类、组或型中，而不会产生模棱两可和划分不清的情况。划分同型的零件具有基本相似的工艺过程，并可以使用典型的工艺规程来进行加工。

1.5.3 编制典型工艺规程

零件分类后可对同型零件编制典型工艺规程。典型工艺规程是为同型零件编制的，不是为某一具体零件编制的。同型零件的毛坯种类、加工方法、工序顺序、采用的设备和工装等基本上是相同的，但有一些工装专用量规和尺寸刀具等则是不同的，在典型工艺规程上必须反映清楚。阀门厂常用的典型工艺规程为零件典型过程卡片。在单件小批量生产时，这种卡片可直接用来指导工人进行生产。

参考文献

[1] 沈阳高中压阀门厂. 阀门制造工艺. 北京：机械工业出版社，1984.
[2] 苏志东等. 阀门制造工艺. 北京：化学工业出版社，2011.
[3] 陈宏钧. 实用机械加工工艺手册. 3版. 北京：机械工业出版社，2009.
[4] JB/T 9165.2—1998 工艺规程格式.

第**2**章　Chapter 2
铸铁阀门铸造工艺

2.1　工艺造型材料

2.1.1　硅砂

(1) 来源及分类

硅砂来源皆为岩石。岩石经自然风化破碎，再经水流或风力搬运迁移以及在此过程中的摩擦、撞击、沉积而成砂矿，称天然砂矿。直接由天然砂矿采集，经过水洗、擦洗、擦磨、浮选、分级，去除砂粒表面黏附的泥和其他杂物，得到总含泥量较低、含杂物较少、砂粒表面状态良好的铸造用砂，称为天然硅砂。这是阀门制造行业应用最广泛的铸造用砂种。

自然界的石英石或石英砂石，经人工破碎、筛选得到的称为人工砂。一般人工砂的二氧化硅含量比天然砂高，为与天然砂区分，常称石英砂。其耐火度比较高，铸造有所采用，但因制备费用高，粒形多为尖角，应用越来越少。

(2) 矿物组成及特性

硅砂的主要矿物组成为石英（SiO_2），常含有的杂质有长石、云母、铁氧化物、碳酸盐及碱金属和碱土金属氧化物。

硅砂的主要特性首先取决于主要组成石英（SiO_2）的特性，其含量越高，特性越显著。

纯石英的熔点为 1713℃，属高硬度、高耐温、耐火材料。石英有多种同质异构结晶结构，在加温和冷却过程中会发生同质异构变化，如图 2-1 所示。同质异构变化中伴有体积变化，升温至 573℃时 β 石英向 α 石英转变，体积膨胀 0.45%；升温至 870℃时，α 石英向 α 鳞石英转化，体积膨胀 5.1%。冷却过程中，变化反向进行，体积收缩。这是铸造使用中应注意的问题。

硅砂中的杂质会降低硅砂的耐火度和耐用度，铸造常用规定 SiO_2 含量来限制杂质含量。

图 2-1　SiO₂ 的同质异构结构

（3）铸造硅砂的技术指标及分类

铸造硅砂技术条件执行国家标准 GB/T 9442—2010《铸造用硅砂》的规定。

① 按二氧化硅含量分级　铸造用硅砂按二氧化硅含量分级标准见表 2-1。铸造上推荐 SiO_2 含量大于或等于 80% 的硅砂，其含量越高，耐火度越高。

表 2-1　铸造用硅砂按二氧化硅含量分级

分级代号	98	96	93	90	85	80
SiO_2 质量分数/%	≥98	≥96	≥93	≥90	≥85	≥80

② 按含泥量分级　铸造用硅砂按含泥量分级标准见表 2-2。

表 2-2　铸造用硅砂按含泥量分级

分级代号	0.2	0.3	0.5	1.0	2.0
最大含泥量质量分数/%	0.2	0.3	0.5	1.0	2.0

铸造硅砂中粒径≤0.02mm 的微粒称泥分，在砂子总重中的质量分数称为含泥量。作为砂型铸造用砂。含泥量愈少，总分散度愈小，黏结剂用量可减少，并保证有较好的型砂透气率。精选砂、擦洗砂、水洗砂中泥的质量分数分别在 0.2%、0.3%、1.0% 以下。袋装烘干硅砂水的质量分数不大于 0.3%。从含泥量及生产成本等角度综合分析，阀门类制造企业推荐使用擦洗砂。一方面是因为擦洗砂相较水洗砂含泥量较低，透气性较好；另一方面在自硬树脂砂造型中使用擦洗砂可以降低树脂的使用量从而起到降低成本的作用。

③ 铸造用硅砂粒度　粒度是衡量砂粒直径大小的指标，通常是用标准筛筛分测试，对残留在各号筛上的砂用其对应的筛号表示。例如：残留在 50 号筛上的砂称为 50 目砂；同样，残留在 70 号筛上的砂称为 70 目砂，其余以此类推。但筛目为非法定计量单位。GB/T 9442—2010 规定了筛号与筛孔的基本尺寸对照表，见表 2-3。

表 2-3　铸造用硅砂筛号与筛孔的基本尺寸对照表

筛号	6	12	20	30	40	50	70	100	140	200	270	底盘
筛孔尺寸/mm	3.35	1.70	0.85	0.60	0.425	0.300	0.212	0.150	0.106	0.075	0.053	—

实际生产中，都不单独用某一目砂作铸造原砂，通常用残留量最多的相邻的三筛的前后两筛号表示或相邻的四筛的前后两筛号表示并分组，分别称为三筛砂或四筛砂。如 40/70 表示该砂集中残留在 40、50、70 三个筛号上；40/100 表示该砂集中残留在 40、50、70、100 四个筛号上。其中斜线前面筛号上的残留量多于斜线后面筛号上的残留量。如后筛号上残留量多于前筛号上的残留量，应分别表示为 70/40 或 100/40。最集中的相邻三筛号或四筛号上残留砂量总和占砂子总量的百分数称为主含量。主含量表示这一砂组粒度的集中情况，主含量高表示粒度均匀情况好。铸造用砂粒度主含量对于三筛砂应≥75%，对于四筛砂应≥85%。

④ 铸造用硅砂砂粒形貌及形状　铸造用硅砂砂粒形貌及形状可用放大镜作一般观察。用立体显微镜观察鉴别，表面应光滑、洁净、无裂纹，形状最好是圆形或椭圆形。标准规定

用原砂的比表面积与理想比表面积（与砂子粒径相当的球形体的比表面积）之比来定量地表示颗粒形状好坏的指标，称为角形因数。表 2-4 是铸造用硅砂按角形因数分级的标准。

表 2-4　铸造用硅砂按角形因数分级

砂粒形状	圆形	椭圆形	钝角形	方角形	尖角形
分类代号	○	○—□	□	□—△	△
角形系数	≤0.15	≤1.30	≤1.45	≤1.63	>1.63

⑤ 牌号　铸造用硅砂的牌号表示方法如下：

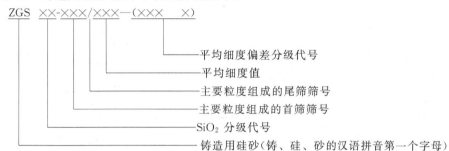

ZGS　XX-XXX/XXX—(XXX　X)

平均细度偏差分级代号
平均细度值
主要粒度组成的尾筛筛号
主要粒度组成的首筛筛号
SiO₂ 分级代号
铸造用硅砂（铸、硅、砂的汉语拼音第一个字母）

(4) 阀门制造企业硅砂的选用

铸铁阀门浇注温度一般为 1340～1420℃，对硅砂的二氧化硅含量及耐火度要求相对较低，建议二氧化硅含量一般≥90%，含泥量≤0.3%，角形系数≤1.30，推荐目数 50/100、70/140。在选用中，以内蒙大林砂、河北围场砂、福建平潭砂、江西湖口砂、湖南湘潭砂和江苏阜宁砂为主。

2.1.2　黏结材料

(1) 黏土

铸造生产中用的黏土主要有两种。

① 膨润土　膨润土的主要矿物组成是蒙脱石，此外为伴生的杂质。膨润土吸水能力很强，吸水后体积膨胀也较多。

天然膨润土矿产以钙膨润土为多，钠膨润土较少。由于钠膨润土有许多优良的性能，一般认为钠膨润土比钙膨润土好。实际上，任何一种物质都不可能绝对地优于另一种物质，要根据使用条件作具体分析。从黏土湿型砂的方面分析，两种膨润土的比较见表 2-5。

表 2-5　钠膨润土与钙膨润土工艺性能比较

性能	钠膨润土	钙膨润土
吸水后的体积膨胀	较大	较小
配制型砂时所需的混砂时间	较长	较短
配成的型砂的湿压强度	较低	较高
配成的型砂的流动性	较差	好
配成的型砂的干压强度	高	较低
型砂抗膨胀缺陷的能力	强	较差
受热后的稳定性	较好	较差
配成的型砂的落砂性能	较差	好

钠膨润土有不少优良的性能，主要的有膨润值高，配成的型砂抗膨胀缺陷的能力强；热稳定性好，铸型浇注后型砂中的膨润土受热失效而成为死黏土（指完全失去结构水，丧失黏接能力的膨润土）的部分较少，即耐用性较好。这些都是钙膨润土所不及的。但是，与钠膨润土相比，钙膨润土也有不少长处，如，配制型砂时所需的混砂时间较短，对于大批量生产的条件，这是重要的优点；配制的型砂湿压强度较好，对于无箱造型的条件，这是值得重视

的；配制的型砂流动性较好，浇注后落砂性能也较好，对于高速、高压造型线的型砂，显然也是比较适宜的。所以，不能笼统地说钠膨润土比钙膨润土好，应该有分析地选用。即使在钠膨润土资源丰富的美国，采用湿砂造型工艺的铸造厂，一般也不全用钠膨润土，通常多同时采用两种膨润土，适当地配合使用，以各取所长。

在我国目前尚缺乏钠膨润土的条件下，建议选用品质良好、性能稳定的钙膨润土。对膨润土的质量要求见表2-6。

表 2-6　对膨润土的质量要求

项目	指标
蒙脱石含量	≥70%
水分	≤12.0%，冬季允许≤15.0%
100g膨润土吸附亚甲基蓝的量	≥20g，且应稳定
通过10号铸造试验筛(0.075mm)的量	按质(重)量应≥95%
膨润值(或胶质价)	数值稳定
工艺试样的湿压强度	数值稳定

JB/T 9227—2013《铸造用膨润土》将铸造用膨润土按其主要交换性阳离子分为4类（表2-7），并按工艺试样的湿压强度分为4级（表2-8），按工艺试样的热湿拉强度也分为4级（表2-9）。

表 2-7　铸造用膨润土的分类

代号	类别
PNa	钠膨润土
PCa	钙膨润土
PNaCa	钠钙膨润土
PCaNa	钙钠膨润土

表 2-8　铸造用膨润土的湿压强度分级

等级代号	湿压强度/kPa
11	>110
9	>90~110
7	>70~90
5	>50~70

表 2-9　铸造用膨润土的热湿拉强度分级

等级代号	热湿拉强度/kPa
35	>3.5
25	>2.5~3.5
15	>1.5~2.5
5	0.5~1.5

铸造用膨润土的牌号表示方法如下：

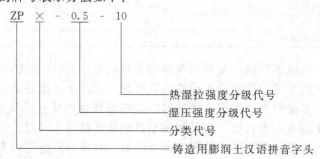

② 耐火黏土　这里所说的耐火黏土即 JB/T 9227—2013 中的黏土，因黏土是这类矿物的总称，所以用"耐火黏土"以区别于总称。作为黏土湿型砂的黏结材料，耐火黏土已逐步让位于膨润土，目前主要用于黏土干型砂，而且使用的范围越来越小。耐火黏土的主要矿物组成是高岭石。高岭石的 Al_2O_3/SiO_2 的比值较蒙脱石高，其软化点和熔点因而较高，所以称之为耐火黏土，主要用于制造耐火材料。JB/T 9227—2013 将耐火黏土按耐火度分为两级（表 2-10），按工艺试样的湿压强度分为 3 级（表 2-11），按工艺试样的干压强度分为 3 级（表 2-12）。

表 2-10　耐火黏土按耐火度分级

等级	等级代号	耐火度/℃
高耐火度	G	>1580
低耐火度	D	1350~1580

表 2-11　耐火黏土按工艺试样的湿压强度分级

等级代号	工艺试样的湿压强度/kPa
5	>50
3	>30~50
2	20~30

表 2-12　耐火黏土按工艺试样的干压强度分级

等级代号	工艺试样的干压强度/kPa
50	>500
30	>300~500
20	200~300

(2) 水玻璃

水玻璃亦称硅酸盐黏结剂，俗称泡花碱。硅酸盐的品种繁多，能溶于水的有钠系硅酸盐、钾系硅酸盐、锂系硅酸盐和季铵系硅酸盐。后两种价格昂贵，目前尚不可能作为型砂的黏结剂。钾系硅酸盐虽在一定的程度上有实用价值，但也比钠系硅酸盐贵得多。因此，铸造工业中用作黏结剂的水玻璃，如无特别说明，都是钠系硅酸盐，即钠水玻璃。

① 水玻璃的组成　钠水玻璃是由 Na_2O 和 SiO_2 为主要组成物的多种化合物的水溶液，是非常复杂的混合物。常用的水玻璃中，固体含量在 30%~60% 之间，其余为水。固体物质中 SiO_2 与 Na_2O 的质量比在 2.0~3.5 之间，并含有少量杂质。水玻璃呈碱性，pH 值在 10~14 之间。

水玻璃的黏结强度会因存放时间延长而降低，这就是水玻璃的"老化"。水玻璃发生老化后，可以通过使多硅酸分解为单硅酸而得到"恢复"。具体做法是用超声波处理或加入 NaOH 溶液。

② 模数和硅碱比　水玻璃中 SiO_2 含量与 Na_2O 含量的比是影响水玻璃性能的最重要的因素。到目前为止，我们仍习惯于用"模数"来描述水玻璃的这一特性，并以字母 m 来代表。模数是水玻璃中 SiO_2 的摩尔数与 Na_2O 的摩尔数之比。引入模数之后，就有人将水玻璃用分子式表示为 $Na_2O \cdot mSiO_2$。

水玻璃是非常复杂的混合物，而混合物是不能用分子式表示的。引入模数这一概念，并用分子式表示水玻璃，没有任何实际的好处，只能起误导作用，主要有两点：

a. 使人们误认为水玻璃是匀质化合物，从而不能正确地掌握水玻璃的特点；

b. 使人们误认为不论 m 为何值，都有那样的硅酸钠，有的书上就说有所谓"三硅酸二钠（$Na_2O \cdot 3SiO_2$）"和"四硅酸二钠（$Na_2O \cdot 4SiO_2$）"。由表 2-13 可知，虽然 SiO_2 和 Na_2O 可以构成多种硅酸钠，但只能有摩尔比为某几个特定值的 4 种，并不存在什么"三硅酸二钠"和"四硅酸二钠"。

名称	分子式	SiO₂/Na₂O	熔点/℃
正硅酸钠	$2Na_2O \cdot SiO_2$ 或 Na_4SiO_4	0.48	1128
焦硅酸钠	$3Na_2O \cdot 2SiO_2$ 或 $Na_6Si_2O_7$	0.65	1122
偏硅酸钠	$Na_2O \cdot SiO_2$ 或 Na_2SiO_3	0.97	1089
α-二偏硅酸钠			874
β-二偏硅酸钠	$Na_2O \cdot 2SiO_2$ 或 $Na_8Si_2O_5$	1.94	707
γ-二偏硅酸钠			678

表 2-13 　几种无水硅酸钠

在多年使用模数之后，改用硅碱比（$Na_2O : SiO_2$），主要是概念上的转变。对于钾水玻璃，硅碱比和模数在数值上差别相当大；对于广泛采用的钠水玻璃，两者正好非常接近。SiO_2 和 Na_2O 的相对分子质量分别为 60.1 和 62。

$$模数\ m = \frac{SiO_2\ 的质量分数(\%)}{60.1} \div \frac{Na_2O\ 的质量分数(\%)}{62}$$

$$= \frac{SiO_2\ 的质量分数}{Na_2O\ 的质量分数} \times \frac{62}{60.1}$$

$$= 硅碱比 \times 1.03$$

由于 1.03 和 1 很接近，实际应用中可粗略地认为硅碱比在数值上与模数相同，而两者所代表的概念则大不相同。

③ 水分和密度　水分是水玻璃的另一要素，对水玻璃的性能有很大的影响。测定水玻璃中的水分是不太容易的。水玻璃中的水，并不都是在 100℃ 就能汽化的自由水，其中一部分与硅酸钠形成水合物，还有一部分则束缚在硅胶的网架之间。在 125℃ 烘干，大约还有 5%～11% 的水分不能脱除，这部分水要加热到 650℃ 左右才能脱除。

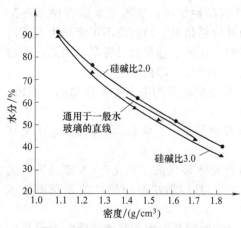

图 2-2　水玻璃水分与其密度的关系

测定密度是简便易行的，所以通常将密度作为水玻璃的验收指标之一。由密度也可以判定其水分。从理论上讲，水玻璃的密度与其硅碱比和水分有关。所以，有的书上介绍一种相当复杂的线图，反映水玻璃的模数、SiO_2 含量、Na_2O 含量和水分 4 个参数之间的关系。由模数和密度可查得 SiO_2 和 Na_2O 的含量，进而可求得水分。但是，这种线图用起来不方便。为求得更简便的方法，在分析许多数据的基础上作出了图 2-2。由图可以看出，硅碱比为 2.0 和 3.0 的两条曲线实际上是很接近的，如不考虑熔模铸造用的水玻璃，几乎可以不计硅碱比的影响。这种简化所导致的水分值误差，一般不超过 2%（水分），对现场要求的条件是允许的。

④ 规格　我国专业标准 JB/T 8835—2013《砂型铸造用水玻璃》，对于加热硬化、吹 CO_2 硬化及自硬等工艺用的水玻璃，规定了 3 个牌号，具体要求见表 2-14。

表 2-14　铸造用水玻璃的技术要求

项目	ZS-2.8	ZS-2.4	ZS-2.0
模数 m	2.5～2.8	2.1～2.4	1.7～2.0
密度(20℃)/g・cm⁻³	1.42～1.50	1.46～1.56	1.39～1.50
黏度(20℃)/mPa・s	≤800	≤1000	≤600
铁(Fe)(质量分数)/%		≤0.05	
水不溶物(质量分数)/%		≤0.5	

注：ZS-2.0 为改性水玻璃。

(3) 树脂黏结剂

树脂黏结剂目前用于不同的铸造合金，有不同的树脂。就同一种铸造合金而言，可根据铸件的大小和铸造厂的具体条件选用不同的树脂，还可按采用的工艺方法选用树脂。所以，铸造用的树脂黏结剂品种繁多。最常用的树脂主要有3大类，即酚醛树脂、呋喃树脂和尿烷树脂。但是，能用型砂黏结剂的绝不只限于这3类，不饱和聚酯树脂、环氧树脂和其他高分子材料也作为型砂黏结剂进入铸造行业。现就最常用的3种树脂介绍如下。

① 酚醛树脂　酚醛树脂是最早开发的人工合成树脂。酚醛树脂可分为甲阶酚醛树脂和壳型（芯）用酚醛树脂。

甲阶酚醛树脂是苯酚和甲醛的缩聚反应，可分为三个阶段。在甲阶段得到的是线性、支链少的树脂，可熔并可溶，称为甲阶酚醛树脂。当前，一些工业国的热芯盒法，主要采用甲阶酚醛树脂，很少采用呋喃树脂。热芯盒用的甲阶酚醛树脂，甲醛对苯酚的摩尔比还要更高一些。

壳型（芯）用的是诺沃腊克型酚醛树脂，其制取的条件与甲阶酚醛树脂不同。诺沃腊克型酚醛树脂是黄色固体，其结构中对位不含羟甲基，本身不能自行缩聚，不会发生交联反应。所以，这种树脂具有可熔、可溶性，长时间加热也不会硬化，是热塑性线性树脂。因为它用作壳型覆膜砂的黏结剂，不少人说它是热固性树脂，这是不正确的。覆膜砂受热后硬化，是因为制覆膜砂时加入了潜硬化剂六亚甲基四胺，它受热后产生亚甲基，使线性树脂发生交联反应，成为不熔不溶的丙阶段树脂。

② 呋喃树脂　呋喃树脂是铸造行业应用最广的树脂，可用于自硬工艺、热芯盒工艺、温芯盒工艺和冷芯盒工艺。呋喃树脂以糠醇为基础，并因其结构上特有的呋喃环而得名。糠醇以农业副产品为主要原料。先从玉米芯、稻壳、棉子壳或甘蔗渣中提取糠醛，再在一定的温度和压力条件下加氢，即制得糠醇。呋喃树脂，就其基本构成而言，主要有糠醇树脂、酚醛呋喃树脂、脲醛呋喃树脂和甲醛呋喃树脂等。实际上，由于综合考虑成本、性能等因素，通常多采用多组分的共聚树脂。

a. 糠醇树脂。糠醇单体在酸的催化作用下，可缩聚而得到线性糠醇树脂。糠醇树脂的性能并不理想，且价格昂贵，实际上几乎不单独使用。

b. 脲醛呋喃树脂。脲醛呋喃树脂也称为糠醇改性的脲醛树脂，由糠醇、尿素和甲醛合成。此种树脂的性能好，价格便宜，硬化也易于控制。其中，脲醛的含量可在很大的范围内变动，以适应不同的条件。要求含氮量低时，树脂中脲醛含量可低到10%左右，用于铝合金铸件，则可高达75%。

c. 酚醛呋喃树脂。酚醛呋喃树脂由苯酚、甲醛和糠醇合成，其反应相当复杂。酚醛呋喃树脂不含氮，不会因氮而使铸件产生气孔。其缺点是型砂轻脆，综合性能不够好。

d. 甲醛呋喃树脂。甲醛呋喃树脂是糖醇与甲醛在酸性催化剂的作用下，先发生脱水反应，再通过与链状的亚甲基结合，变成由呋喃环连接起来的树脂。这种树脂的糠醇含量通常在90%以上，储存稳定性好。用其配制的型砂，常温及高温强度均好，适用于大型铸件及高合金钢铸件。由于糠醇含量高，价格较贵。

e. 脲醛、酚醛共聚呋喃树脂。脲醛呋喃树脂有价格便宜和强度高的特点，酚醛呋喃树脂有不含氮和高温强度好的优点。为得到较好的综合性能，通常广泛采用由尿素、苯酚、甲醛和糠醇四组分缩聚而成的呋喃树脂，简称为共聚树脂。其中，各组分所占的分量均可在相当大的范围内调整。具体选定时，应综合考虑表2-15中所列的各因素。

③ 尿烷树脂　尿烷树脂由两个组分构成，混砂时分别加入，然后在硬化剂的作用下发生聚合反应。这与缩聚树脂（酚醛树脂和呋喃树脂）在加入型砂之前就已部分聚合的情况不同，所以有人称之为分段聚合树脂。

第一组分是含羟基的树脂。用于钢、铁铸件时，本组分为含羟基的酚醛树脂，因其有醚键，也称聚苄醚酚醛树脂。用于铝合金铸件时，为使型砂有较好的溃散性，本组分为多元醇。

表 2-15 选定共聚呋喃树脂各组分时应综合考虑的因素

因素	糠醇	脲醛	酚醛
成本	最高	最低	适中
树脂的含氮量	不含氮	尿素含氮46.6%	不含氮
树脂砂的硬透能力	中等	最佳	最弱
树脂砂的强度	高	高	低
树脂砂的脆性	脆性中等	脆性最低	脆
对使用条件(如环境温度和原砂质量)略有变化的适应性	最佳	甚好	较差

第二组分是聚异氰酸酯。作铸造黏结剂时，常用 4,4'-二苯基甲烷二异氰酸酯（MDI）或多苯基多次甲基多异氰酸酯（PAPI）。

以上两组分在胺的催化作用下发生尿烷反应而聚合，故称为尿烷树脂，也称为聚氨酯树脂。尿烷树脂体系的硬化剂为胺。用于自硬砂时，通常用液态的叔胺，为方便现场应用，树脂制造厂预先将适用的胺加入第一组分中，铸造厂就不必另加硬化剂了。

用于吹气硬化工艺的树脂，第一组分中不加胺。铸造厂在制成铸型或芯子之后吹入胺蒸气使其硬化，所用的胺为三乙胺（TEA）或二甲基乙胺（DMEA）。

④ 树脂的规格 JB/T 7526—2008《铸造用自硬呋喃树脂》规定了 4 种自硬砂用呋喃树脂的要求，见表 2-16。

表 2-16 自硬砂用呋喃树脂的技术要求

指标		W(无氮)	D(低氮)	Z(中氮)	G(高氮)
含氮量/%		≤0.5	>0.5~2.0	>2.0~5.0	>5.0~10.0
黏度(20℃)/mPa·s		≤60			≤150
密度(20℃)/g·cm⁻³		1.15~1.25			
试样常温抗拉强度/MPa	一级	≥1.2	≥1.5	≥1.8	≥1.4
	二级	≥1.0	≥1.3	≥1.5	≥1.2
游离甲醛量/%	一级	≤0.1(等级代号01)			
	二级	≤0.3(等级代号03)			
储存期		不少于 180 天			

(4) 油类黏结剂

用油类黏结剂的型砂流动性好、烘干后的强度高、铸件浇注后易于落砂，适于制造各种复杂程度不同的芯子。尽管目前在大量生产的条件下广泛采用壳芯、热芯盒和冷芯盒工艺，树脂取代油类黏结剂的趋势不可避免，但用油类作黏结剂的制芯工艺仍然有广泛的用途。此处简单介绍一些常用的油类黏结剂。

① 植物油 植物油的硬化反应是通过氧化聚合使线性分子逐步转变为体型网状高分子结构。按发生氧化聚合反应的容易程度，通常将植物油分为干性油、半干性油和不干性油 3 类。

油类黏结剂的主要品质（质量）指标有碘值、酸值和皂化值。碘值是每 100g 油所能吸收碘的克数。碘值越高，表示油的不饱和程度越高，越容易发生氧化聚合反应。一般认为：碘值>150 的油为干性油；碘值为 100~150 的为半干性油；碘值<100 的为不干性油。酸值是中和 1g 植物油中的游离脂肪酸所需的 KOH 的毫克数。酸值越低，油中游离脂肪酸的含量越少，油的品质越好。酸值这一指标也可用于其他油类黏结剂。皂化值是 1g 植物油水解后生成的脂肪酸总量所需的 KOH 的毫克数，表示油的纯度。

干性油最适于作铸造用黏结剂，最常用的有桐油和亚麻油。

半干性油如豆油、菜籽油等也曾在铸造行业中用作黏结剂，因其性能较差，且大都为食用油，采用者很少。

不干性油并不能从字面理解为不能硬化，在较高的烘干温度下也可以硬化。我国南方一些地区，将由米糠榨取的糠油加以处理，制成改性米糠油。虽然按碘值属于不干性油，但也可用以制造相当复杂的芯子。

② 合脂　合脂是"合成脂肪酸残渣"的简称，是将石蜡氧化制取皂用脂肪酸时的副产品。合脂的组成很复杂，且与所用的原料石蜡有关，可以粗略地区分为3部分。

a. 不溶物。不溶物是黑色黏稠物质，其中主要是羟基酸和分子量较大的缩聚物。不溶物加热时会硬化，是合脂中起黏结作用的主要成分。

b. 脂肪酸混合物。脂肪酸混合物主要由高碳脂肪酸和一些酯类组成，硬化温度较不溶物高，所需的硬化时间也较长，对型砂强度所起的作用较小。

c. 不皂化物。不皂化物主要由中性氧化物和未氧化的石蜡组成，很难硬化。制取皂用脂肪酸所用的原料石蜡，对合脂的性能有很大的影响。用低熔点（$30\sim44℃$）石蜡得到的合蜡也叫软蜡合脂。用高熔点（$52℃$以上）石蜡得到的称硬蜡合脂。两者的性能差别很大，作为铸造用的黏结剂，以软蜡合脂为好。

合成脂肪酸时分馏得到的残渣很稠，不能直接使用，通常供应的合脂都是用煤油稀释过的，其中煤油占$45\%\sim50\%$。

(5) 其他黏结剂

① 纸浆废液黏结剂　采用亚硫酸-钙基法生产纸浆时，木材或芦苇等原料经亚硫酸钙盐处理，提取木质纤维素以后的废液，经浓缩到密度大于$1.27g/cm^3$，就是铸造用的纸浆废液，其中含有木质素磺酸钙、树脂和糖分。

将纸浆废液发酵，使其中的糖分变为酒精而予以提取，剩余残液为亚硫酸盐酒糟废液，简称酒糟废液。

纸浆废液和酒糟废液都可以作铸造用的黏结剂，两者的外观和一些性能指标相近，但工艺试样的干强度前者为后者的二倍。过去，在名称上未予区分，都称为纸浆废液，是不妥当的。

木浆废液和芦苇浆废液的外观和一些指标也相近，但工艺试样的干强度方面，前者也大致是后者的二倍，过去也未明确区分，采用时也应注意。

纸浆废液的黏结强度，是由脱水硬化而得到的。这一硬化过程是可逆的，吸湿后黏结强度下降。而且，纸浆废液中的主要成分木质素磺酸钙的吸湿能力强。在潮湿的条件下采用时，对此应有考虑。

纸浆废液常在油砂中和黏土配用，以提高油砂的湿强度，并可减轻黏土对油砂干强度的影响。

② 淀粉类黏结剂　淀粉是传统的黏结材料，早就用于铸造行业。淀粉的品种很多，因制取的原料不同而有不同的性质。淀粉还可以加工处理，制成性能更好的产品。

淀粉是天然的高分子化合物，按其结构可分为直链淀粉（可溶于水，相对分子质量在$20000\sim200000$之间）、支链淀粉（不溶于水，在热水中膨胀为浆糊，相对分子质量在$100000\sim600000$之间）和普通淀粉（直链淀粉占$10\%\sim30\%$，支链淀粉占$70\%\sim90\%$。支链淀粉的含量越多，黏粉的黏性越强）。

a. 普通淀粉（β淀粉）。根据其原料的品种，可分为玉米淀粉、小麦淀粉、马铃薯淀粉、甘薯淀粉、木薯淀粉和菱粉等许多种。

b. α淀粉。普通淀粉（β淀粉）大都为圆形或多角形有复粒的微晶结构。加水混合后，在一定的温度和压力下处理，使淀粉体积膨胀、分子断裂、微晶结构破坏，膨胀后的颗粒再相互缠绕，即成为 α 淀粉。α 淀粉颗粒较大，多呈片状，经烘干、粉碎后，即得到细粒 α 淀粉。

c. 糊精。将玉米淀粉或马铃薯淀粉与稀盐酸或稀硝酸混合，在加热的条件下产生水解反应，即可制得糊精。糊精因处理的温度和加热时间不同而有黄色和白色两种。黄糊精在水中的溶解度比白糊精大，强度也比较高。铸造生产中多用黄糊精。

2.1.3 辅助材料

所谓辅助材料指的是制造砂型、砂芯过程中所用的各种材料中除了原砂、黏结剂（例如黏土、树脂、水玻璃等）、水之外的材料。

(1) 煤粉及其复合添加剂

湿型用煤粉是以烟煤为原料经粉碎制成的产品，外观为黑色或黑褐色细粉。煤粉的作用是利用煤在高温的分解及分解后包覆在砂粒表面的碳膜以防止铸铁件产生黏砂和夹砂，同时也起到提高型砂溃散性的作用。因此煤粉中挥发物的含量是质量分级的主要依据。煤的挥发物包括气体和液体两部分，因此在控制湿型用煤粉的质量方面，除了挥发物的含量外，对煤粉的胶质层厚度及焦渣特性也应加以控制。目前普遍认为适合湿型砂应用的优质煤粉在浇注过程中的作用如下。

a. 在铁液的高温作用下，煤粉产生大量还原性气体，防止铁液被氧化，并可使铁液表面的氧化铁还原，减少金属氧化物和型砂进行化学反应的可能性。型腔中还原性气体主要来自煤粉热解生成的挥发分，也包括碳与型砂中水分在高温下反应生成的氢气。

b. 煤粉受热后开始软化，具有可塑性。如果由开始软化至固化之间的温度范围比较宽，时间比较长，则可缓冲石英颗粒在该温度区间受热而形成的膨胀应力，从而可以减少因砂型受热膨胀而产生的铸件夹砂缺陷。

c. 煤粉受热后产生气、液、固三相的胶质体，胶质体的体积膨胀可部分地堵塞砂型表面砂粒间的孔隙，使铁液不易渗入。国家标准 GB/T 212—2008 中将煤的"焦渣特征"分为 8 级，能够区分煤粉受热时是否生成起黏结作用的液相，以及是否发生膨胀。

d. 煤粉在受热时产生的碳氢化物（主要为芳烃类）的挥发分在 $650 \sim 1000℃$ 的高温下，于还原性气氛中发生气相热解，而在金属液和铸型的界面上析出一层带有光泽的微细结晶碳，称为"光亮碳"或"光泽碳"。这层光亮碳使砂型不受铁液润湿和难以向砂粒孔隙中渗透，从而得到表面光洁的铸件。

① 湿型用煤粉的质量要求

a. 挥发分。煤粉的挥发分高低取决于原煤的品种和煤粉中杂质含量的多少。煤粉应具有足够的挥发分，这是在铸型内形成还原性气氛，以及产生光亮碳所必要的。通常认为挥发分的质量分数不应少于 28%，但并非越高越好，重要的是煤粉应有良好的形成胶质体和分解沉积出光亮碳的能力。长焰煤和气煤的挥发分较高，一般都大于 38%（质量分数），这两种煤粉受热分解后形成大量不稳定的低沸点胶质体，这些物质又受热分解成气态产物逸出。胶质体形成的温度间隔小，滞留时间短，而且不利于在砂型表面形成光亮碳层。所以长焰煤和气煤可用来生产煤气，而不适合用做湿型砂的抗黏砂材料。单从挥发分的数值难以判断煤粉的质量好坏。例如有的煤粉用高挥发分和含大量矸石的原煤加工制成，挥发分的质量分数可能在 30% 以上，但是这种煤粉不适用于湿型砂。

b. 焦渣特征。焦渣特征反映煤在干馏过程中软化、熔融形成胶质体，并固化黏结成焦的特性。测定煤粉发气性后，不锈钢舟中残留物的状态与测定煤粉挥发分后瓷舟中的残留物焦渣特征非常相似。因为两者的试验条件都是煤粉在干馏条件下熔融、析气、固化。因此，用发气性测定仪也能够完成焦渣特征的测定。

c. 浇注阶梯铸铁试块。用所要评价的煤粉配制成专门的型砂来造型和浇注标准阶梯试块（图2-3），比较试块表面状况可以直接说明煤粉的质量。

d. 技术指标。根据 JB/T 9222—2008《湿型铸造用煤粉》的规定，煤粉性能应符合表2-17的要求。

表 2-17　煤粉的技术指标

牌号	SMF-Ⅰ	SMF-Ⅱ	SMF-Ⅲ
光亮碳/%	≥12	≥10	≥7
挥发分/%	≥30	≥30	≥25
硫含量/%	≤0.6	≤0.8	≤1.0
焦渣特性/%	4~6级		
灰分/%	≤7		
水分/%	≤4		
粒度	100%通过 0.150mm 筛孔,95%以上通过 0.106mm 的筛孔		

② 煤粉的代用品

煤粉代用品是指在湿型砂中可以完全替代或部分替代煤粉的材料。在混砂时与煤粉共同加入，相互配合使用。作为湿型铸造的煤粉代用品种类繁多，分类介绍如下。

a. 油类。主要是石油炼制过程中的油状产品或副产品，这些产品的光亮碳形成能力约为 40%。如果油类的黏度不高，可以在混砂时直接加入。例如用废机油代替部分煤粉，面砂中加入煤粉的质量分数为 2%~3%，废机油的质量分数为 0.6%~1%，使铸件的表面黏砂有所改善，提高起模性，气孔类缺陷下降。但是废机油的来源有限，不适合大量生产中应用，常用渣油代替。

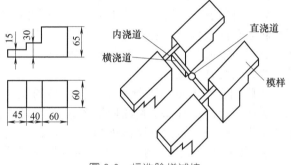

图 2-3　标准阶梯试块

b. 合成树脂及聚合物。合成树脂及聚合物可以是粉状的聚苯乙烯、聚丙烯酸胺、聚乙烯、聚丙烯和聚酯等。其中常以聚苯乙烯作为煤粉代用品。聚苯乙烯的光亮碳形成能力高达 80%~85%，挥发分质量分数接近 100%，平均粒度 0.15mm，型砂中加入量仅为煤粉质量的 1/6~1/9。由煤粉更换成聚苯乙烯粉以后，型砂的需水量可降低 20%，透气性提高，气孔缺陷减少。型砂紧实流动性提高，砂型紧实度增加，铸件尺寸更精确。车间空气中 CO 含量降低，浇注时产生的苯乙烯单体含量未超过允许含量。用煤粉时，车间粉尘中煤粉残留物的质量分数约为 50%，而聚苯乙烯不存在这种残留物，对环境和工作场地的污染最小。但是在各种煤粉代用品中聚苯乙烯的价格最贵。

c. 植物类产品。植物类产品有粉状淀粉（普通淀粉、淀粉和面粉）、植物树脂、植物纤维粉等材料。虽然淀粉并不形成光亮碳，但能有效地防止铸件黏砂。例如在手工造型的湿型砂中加入质量分数为 1%的面粉可以大大改善铸铁件表面质量。我国有两家静压造型的铸造工厂，按照日本汽车铸造工厂的技术，在灰铸铁型砂中不加煤粉，改为加入 α 淀粉。其中一家工厂的型砂中泥的质量分数降为 8%~9%，紧实率 35%~40%时，型砂中水的质量分数只有 2.4%~2.7%，透气率高达 200~240。另一家工厂型砂中泥的质量分数降为 7%~11%，型砂中水的质量分数为 2.7%~3.2%，透气率为 160~200。由于型砂中不加煤粉就可以减少型砂的有效膨润土含量，并使含水量降低。不加煤粉还可以使型砂的流动性好、起模容易、对环境污染少。但在较大规模铸造生产中，使用淀粉完全替代煤粉会使铸件生产成本提高。因此只在混制面砂时加入淀粉，也可以按一定比例同时加入淀粉和煤粉，以降低淀粉的消耗。

市场上还有多种"抗黏砂添加剂""光亮剂""湿型覆膜剂"等商品销售。但出于商业考虑，都不曾明确说明产品的有效成分，也给不出与铸件质量有关的检验指标（如光亮碳形成能力、焦渣特征、灰分、挥发分等）。建议阀门制造厂在选用任何煤粉代用品之前，应该持慎重态度，一定先进行试验，例如用同样铁液一次浇出四块阶梯试块进行比较。或是先用该产品小规模使用一段时间（例如一年），再根据铸件质量和型砂性能的变化决定是否继续长期扩大应用该种产品。

③ 复合添加剂

a. 增效煤粉（合成煤粉、高光亮碳煤粉、高效煤粉）。从 20 世纪 70 年代起，欧洲煤粉供应厂商考虑到天然煤粉的不足，研制出"增效煤粉"供应铸造厂使用，采用的商品名称为"合成煤粉"。实际上它是煤粉中掺有一定比例的沥青的混合物。典型的配比是煤粉 80～60，沥青 20～40。配比中的沥青过去曾用煤焦油沥青，现已改用特制的石油沥青。增效煤粉的两种成分可以取长补短。与天然煤粉相比，增效煤粉的挥发分和光亮碳形成能力较强，软化区间较宽，灰分和硫分降低，加入量下降，浇注时烟气减少。增效煤粉的光亮碳形成能力为 $12\%～20\%$，在型砂中的加入量大约为天然煤粉的一半。

b. 膨润土-有机物复合添加剂。在机械化大批量生产的铸造厂中，各造型线的铸件种类单一，而且都有独自的砂处理工部，混砂时各种原材料的配比也是固定的。因此，供应厂商可以将各种附加物（包括煤粉、膨润土、淀粉和其他材料）按比例预先混合后向铸造厂销售。这样可以简化材料的储存，又可防止煤粉自燃。用户在混砂加料时，只加入一种物料，使生产控制更加方便。

将膨润土与有机物进行混配制成砂型的复合添加剂在美国和欧洲的铸造企业已广泛应用。美国每年的这种添加剂的用量多达 80 万吨，占膨润土市场的较大份额。混配的有机物多达十来种，一般由两种膨润土和 2～3 种的有机物混配而成。

④ 煤粉及复合添加剂的选购　煤粉是我国铸铁厂湿型应用最为普遍的附加物。应用的关键是煤粉质量的好坏，用量要恰当。长期使用劣质煤粉不但不能防止黏砂和改善铸件光洁程度，而且还会给铸造生产带来灾难性后果。劣质煤粉使型砂的性能变脆，湿强度虽高而湿抗剪强度和湿拉强度降低，起模性能变差，型砂含泥量提高，含水量居高不下，透气性下降。由于煤粉的质量低劣，不得不增大加入量，又导致不得不多加膨润土，使型砂的含水量增加，从而使铸件气孔、砂孔缺陷猛增。因此，对于生产要求表面光洁、无气孔和砂孔缺陷的重要铸件，一定要选用质量好的煤粉或增效煤粉。煤粉的适宜加入量取决于多种因素，如铸件壁厚、浇注温度、浇注速度、铁液压头、造型方法、型砂透气性、砂型硬度、铸件清理方法等，必须根据实际使用效果调整煤粉的加入量。

（2）重油和渣油

重油也称燃料油，有石油工业产物和煤焦油工业产物两种，铸造中常用的是石油工业在提取汽油、煤油和柴油后的塔底油。重油仍可进一步减压分馏，所得塔底油为渣油。重油和适当稀释的渣油可用做铸造型砂的添加材料，对防止铸件黏砂有良好作用。

重油的光亮碳析出量质量分数可达 20% 左右，为煤粉的 1～6 倍。湿型砂中加入适量的重油不但可以减少煤粉的加入量，还可减少型砂中水的加入量，使型砂具有更好的造型性能。

渣油除稀释后做抗黏砂材料外还可做砂芯黏结剂。

（3）淀粉类材料

淀粉是外观为白色或灰白色的颗粒或粉状材料，主要取自玉米、马铃薯、甘薯、木薯等农作物。淀粉经过处理可以获得多种产品，如淀粉、糊精、糖浆和氢化淀粉水解液（山梨醇）等。淀粉类材料作为黏结剂在前面已有介绍，此处只介绍淀粉作为添加剂材料的应用。作为添加剂，它可提高油砂的湿强度而不降低干强度，提高水玻璃砂的溃散性和湿型砂的韧性。一般作为添加材料的淀粉都是经过处理的，如在油砂中加入占原砂质量分数 0.5% 的 α 淀粉可使型砂的湿压强度提高一倍。而在潮模砂中加入占原砂质量分数 0.5% 的 α 淀粉可使型砂韧性得到显著改善。α 淀粉及糊精等的性能及制取方法在前面黏结剂部分已进行过介绍，下面对淀粉水解加氢的产物——山梨醇的制法及性能作简单介绍。

淀粉在酸作用下加热水解，或在酶作用下水解生成葡萄糖，在氢化催化剂存在的条件下进行加氢反应，使水解物中的葡萄糖共聚物变为在碱性介质中不活泼的六元醇的衍生物，而后再经离子交换去除重金属盐得到己六醇［山梨醇 $HOCH_2(CHOH)_4CH_2OH$］，也称 α 山梨糖醇。

山梨醇的纯品为白色或无色、无臭结晶粉末，溶于水、甘油、丙二醇，微溶于甲醇、乙醇、醋酸，几乎不溶于其他有机溶剂，可燃、无毒。密度为 $1.489g/cm^3$，熔点为 $93\sim97.5℃$（水合物）或 $100\sim112℃$（无水物）。山梨醇质量分数为 50% 的水溶液呈黏稠状透明液体，有旋光性。

山梨醇（氢化淀粉水解液）是一种不与水玻璃起化学反应的稳定的碳水化合物，能与水玻璃形成互溶体，具有较高的黏结能力，可减少水玻璃砂中的水玻璃加入量，并使水玻璃砂具有较好的工艺强度和溃散性，不像蔗糖制品那样易吸湿，使砂芯存放性也大为改善。国外一些改性水玻璃商品，如英国福士科公司的 Solosil-433 就是这类产品。

（4）石墨粉

石墨有鳞片石墨和无定形（土状）石墨两种。鳞片石墨外观为黑色鳞片状，有金属光泽，无定形石墨外观为黑色粉状。石墨质软，莫氏硬度 $1\sim2$ 级，密度为 $2.2\sim2.3g/cm^3$，堆密度为 $1.5\sim1.8g/cm^3$。石墨具有良好的耐高温性能和良好的化学稳定性，石墨还具有良好的导电、导热和润滑性能。我国的石墨矿藏储量丰富，价格低廉。

石墨在铸造生产中广泛用做铸铁件的砂型和砂芯的涂料、敷料或用于制作石墨铸型。还可以在湿型黏土砂中应用石墨粉代替煤粉，利用石墨粉受热形成还原气氛起防黏砂作用。石墨粉的耐火度高，在浇注过程中只有砂型表层的石墨粉受热氧化分解，而内层的石墨粉不起反应，所以补加量很少。虽然石墨并不形成光亮碳，但我国很多铸造厂将石墨粉抖或刷在湿砂型的表面，用来防止铸铁件表面黏砂。清华大学的研究表明，石墨粉的发气量极小，不易产生气孔类缺陷。石墨粉有良好的润滑作用，使型砂的流动性提高，透气性下降，试样顶出阻力减少，改善型砂的起模性能。

（5）氧化铁粉

氧化铁粉是用矿石或轧钢屑经粉碎加工而成的粉状材料。用赤铁矿或亚铁盐经氧化（湿法）或高温焙烧（干法）加工制得的氧化铁粉为红色，俗称氧化铁红，主要成分为 Fe_2O_3。用轧钢屑加工而成的氧化铁粉为黑色，主要成分为 Fe_2O_3，铸造常用氧化铁红。选用氧化铁粉时除了应注意氧化物的形式外，还应注意其酸碱性，以便正确使用。热芯盒树脂砂中常加入一定量的氧化铁粉，其目的是防止铸件黏砂和产生气孔类缺陷。此外氧化铁粉一般用做小型铸钢件的型砂附加物，可提高型砂热导率，减少型砂孔隙，提高型砂高温塑性，防止铸件产生夹砂、黏砂、脉纹（树脂砂）等缺陷。

（6）滑石粉

滑石粉的化学式为 $3MgO \cdot SiO_2 \cdot H_2O$。它是由滑石经机械加工细碎而成。滑石外观呈淡绿或白色带浅黄、淡褐色的细片状结构，有油脂光泽，莫氏硬度 1 级，密度为 $2.7\sim2.8g/cm^3$，耐火度 $1200\sim1300℃$。

滑石粉在铸造生产中主要用做非铁合金或小型铸铁件的型砂、芯砂涂料。有时也用做脱模剂，如一汽铸造有限公司铸造一厂采用滑石粉加亚麻油经烘干粉碎后做手工制芯脱模剂，比以前使用的石松子粉效果更好。

（7）脱模剂

脱模剂种类繁多，如用于手工造型、制芯的粉状脱模材料，像石松子粉、滑石粉及其处理后的材料，氧化铝粉经处理后的材料等，有用于机械造型的煤油、全损耗系统油和用于壳芯、热芯盒的硅油乳化液等。一般木质模样和芯盒都要涂模样漆以防止型芯砂的黏附。下面对各种脱模剂作简单介绍。

① 紫胶漆　紫胶漆是紫胶片的酒精溶液，紫胶片的质量分数为 40％～42％，一般都是使用者自行配制。紫胶漆耐酸性和耐碱性稍差，大都用于涂刷黏土砂用的木模和芯盒，合脂砂、油砂的木模也可使用。紫胶也叫虫胶，是虫胶树上紫胶虫吸食和消化树汁后，分泌在树枝上凝结干燥而形成的一种天然树脂及其加工产品的总称。紫胶原胶经过洗色、加工后制成紫胶片，其主要成分为光桐酸（9,10,16-三羟基软脂酸）的酯类。

② 硝基外用磁漆　硝基外用磁漆是由硝化棉、油、改性糠醇树脂（或另加适量的三聚氰胺甲醛树脂）、各色颜料、增韧剂和混合溶剂等调制而成。这种漆耐水、耐强碱性较好，价格较聚氨酯漆便宜，适用于碱性强的水泥沙、水玻璃砂的模样和芯盒用漆。

③ 过氯乙烯外用磁漆　过氯乙烯外用磁漆是由过氯乙烯树脂、油改性糠醇树脂、各色颜料、增韧剂和酯、酮、苯等混合溶剂调制而成。这种磁漆有较好的耐候性和耐化学腐蚀性，适用于做呋喃自硬树脂砂模样和芯盒的涂漆。

④ 聚氨酯漆　聚氨酯漆是由三羟甲基丙烷、多元酸等加热反应生成含羟甲基的聚酯树脂，再与有机溶剂调和而成。使用时与聚氨酯固化剂按比例配合，可室温固化。附着力强，光亮，有优良的耐化学腐蚀性、耐磨性和耐久性，适用于各类树脂砂的模样和芯盒涂漆。

⑤ 石松子粉　石松子粉是一种淡黄色的细粉，是由石松花苞加工而成。石松是一种野生植物，多产于四川、福建、吉林等地的高山上。石松子粉的质量很轻，不易被水、油等液体所润湿，是造型制芯的理想分型剂。

⑥ 氧化铝粉脱模剂　由于石松子粉采自天然植物的花粉，因产量少而供货困难，为使手工制芯脱模容易，市场上出现一些石松子粉的代用品。一汽铸造有限公司所研制的氧化铝粉脱模剂即属此类产品。它是由氧化铝粉表面覆膜一层蜡质材料而得到的。

⑦ 重质碳酸钙粉脱模剂　重质碳酸钙粉是由石灰石粉碎，经旋风分离器分离而得，有单飞粉、双飞粉、三飞粉和四飞粉。白色粉末，无臭无味，密度为 $2.71g/cm^3$，在空气中稳定，几乎不溶于水。加热到 898℃ 开始分解为氧化钙和二氧化碳。重质碳酸钙粉用油处理后也可代替石松子粉用做脱模剂。

⑧ MF-9501 型木模分型剂　木模由于材料问题，加工表面光滑程度不如合金材料，加之易吸水，造型制芯时易黏模。为使造型制芯易于脱模，可在木模表面刷涂 MF-9501 木模分型剂，其特点是干燥较快。

⑨ 全损耗系统用油和煤油　全损耗系统用油过去称机械油，其来源可以是矿物油，如石油重质馏分经减压蒸馏而得；也可以是植物油，如蓖麻油或动物油（如鲸鱼油）。以石油重质馏分经减压蒸馏而得的润滑油最为重要。主要质量指标是黏度、闪点、凝固点等。全损耗系统用油和煤油经喷涂等方法使其附在模型表面，有利于造型、制芯时的脱模。煤油也是石油的主要馏分之一，其沸点为 180～270℃，有的可高到 310℃。其组成为各种烃类的混合物。铸造生产中常用做合脂、渣油等黏结剂的稀释剂，也常用做脱模剂。

⑩ 甲基硅油及其乳液　201 甲基硅油是饱和的线型聚二甲基硅氧烷，具有较好的耐热性和耐水性，可在 −50～180℃ 范围内长期使用。它的表面张力仅为水表面张力的 1/3，植物油表面张力的 1/2，故脱模性能优异。甲基硅油又可配成乳液使用，配制方法是先将甲基

硅油和溶剂油混合均匀，使其完全溶解。同时将太古油在不断搅拌下缓缓加入到质量分数为20％～30％的 NaOH 溶液中，形成黄色的黏稠液，呈碱性。最后将已溶解的甲基硅油缓慢加到皂化的太古油中，不断搅拌使呈黏稠的半透明的胶状，再在不断搅拌下加入剩余的水，即成为均匀的乳白色甲基硅油乳状液。

(8) **砂芯黏合剂**

铸造用主要黏结剂在前面黏结材料中已进行了详细介绍，此处仅对砂芯与砂芯之间黏合所用的黏结剂及其他黏合用辅助材料做简单介绍。

① 传统黏合剂 传统黏合剂是指非适用于快速黏合方法的砂芯黏合剂。这种黏合剂是采用膨润土、纸浆废液、糊精、糖浆等材料制成。用这种黏合剂所黏合的砂芯需要自然干燥4～8h 才能用于浇注，生产效率较低，但是由于制法简单，价格便宜，仍有许多工厂在自行制作和应用。

② 热态黏合剂 通常砂芯黏合是在常温下进行，但有时需热黏合，如一汽铸造有限公司、上海大众汽车集团公司采用壳型方法生产发动机曲轴和凸轮轴，型壳在顶出后马上在黏结点涂胶，然后压合，冷却后壳型即被黏合在一起。

还有一种比较简单的热态黏合剂可以采用如下配比：水玻璃100，复合强化填料23，复合促凝剂3.5，表面活性剂适量。

③ 快干胶 随着热芯盒、冷芯盒制芯工艺的出现，制芯效率大为提高，许多制芯机往往和造型机生产能力相匹配，这就需要及时装配、及时下芯。传统黏合剂不能满足生产需要，国内外发展了快干黏合剂。为使黏合时定位准确、黏合牢固又不浪费，许多待黏合的砂芯常在黏合面预制出一些锥销、销座，黏合时将快干胶挤在销座内，压合后短时间内即可黏牢。

这些黏合剂一般包括三部分，即树脂、溶剂和填料。其强度主要取决于所选用的树脂胶的种类及其加入量，干燥速度则取决于溶剂的类别，这类胶大多以化工商品供应。

这种快干胶的干燥时间如欲进一步缩短，可增加二氯甲烷的含量而减少酒精的含量。使用中如果黏度变大可随时加溶剂调节。

水玻璃快干黏合剂不能存放，需现配现用。

现在国内外均有用软管装的快干黏合剂出售，如上海市机械制造工艺研究所生产的 SJ-1型砂芯黏合剂，它是由无机复合物组成，适用于水玻璃自硬砂、油砂芯、树脂砂芯的黏合与修补。常州有机化工厂引进了美国亚什兰公司的 ZIPSTIK 砂芯黏合剂。

④ 热熔胶 快干黏合剂虽然比传统的砂芯黏合剂黏结速度提高许多，但是也需要待其中的溶剂挥发后才能产生最大强度。而溶剂的挥发也需要一定的时间，而且一般快干溶剂会对环境和人身健康有影响。热熔胶在砂芯黏合上的应用可以圆满地解决这些问题。热熔胶在加热时熔融变为液态，冷却时重新变为固态。使用时将加热液化的热熔胶涂在需要黏结的部位，压合后随温度的降低而固化黏合。热熔胶中无溶剂，对环境污染相对较小，而且黏合更迅速。热熔胶的种类较多，常见的有聚乙烯类、聚酯类、聚酰胺类、乙烯醋酸乙烯共聚类等，均有产品出售，可根据需要选用。

(9) **砂芯修补膏、修补砂**

① 修补膏

修补膏是用于烘干后砂芯表面粗糙、疏松及细裂纹等缺陷的修补材料，它近似胶泥，修补时用力涂抹后将表面抹光、抹平。

修补膏的配制工艺：将膨润土和液体材料放入搅拌桶内搅拌均匀，然后加入鳞片石墨或硅石粉等继续搅拌至成细腻膏状即可（约15～30min）。

② 修补砂

修补砂是用于修补烘干后的砂芯表面缺肉、掉角及堵塞工艺孔（如不应露出的气孔等）

的填补材料。这种砂黏附性和可塑性强。修补时用力按在缺损处，捏成大致形状，然后用小刀蘸水后削成所需外形即可。一般需自然干燥3～4h后方可下芯浇注。

修补砂的配制一般是先混均干料，再加纸浆废液混碾，最后再加水调至类似橡皮泥的状态。它的具体配制工艺是将新砂、膨润土、纸浆废液、氧化铁粉按顺序加入混砂机中混碾4min，然后加水再混碾9min，出碾即可使用。

修补膏和修补砂的有效存放期一般不超过3昼夜，过期应重新混制。

2.1.4 型砂、芯砂及其性能

(1) 黏土砂

黏土砂是黏土黏结砂的简称，是历史最悠久的造型材料，从青铜时代至今，已使用了几千年。今天，科学技术的发展已改变了人类的生产方式和生活条件，但是，在现代铸造工业中，黏土砂仍是使用最广泛的造型材料。

① 黏土砂的特点

a. 优点。黏土砂对造型方式的适应性强，从最原始的手工造型到现在的高压高速造型，黏土砂虽然不少改进，但没有本质的变化。黏土砂可适应各种原砂，目前用于铸造生产的各种原砂，如硅砂、锆英砂、铬铁矿砂、橄榄石砂、硅酸铝砂及碳质颗粒等均与黏土适应。黏土砂成本低，黏土是天然的产物，其储存量丰富，分布广，价格低廉，货源充足。而且，黏土砂的复用性极好，除贴近铸件的少部分型砂中的黏土烧成死黏土外，绝大部分型砂都可循环使用。黏土砂具有特殊的强度性能，黏土砂混好后，一经舂实，铸型即具有相当高的强度。脱模时，能保持模样或芯盒所赋予的形状，在搬运及合型过程中不变形，并能耐受金属液的冲刷和静压头的作用。

b. 不足之处。混制黏土砂时，所需的能量大，混砂时间也长。黏土砂的流动性不好，不易制成高紧实度的铸型。因此，造型设备不得不庞大而笨重，能耗也高。黏土砂制得的铸件尺寸精度较低，铸件的表面品质（质量）较差。

② 黏土砂的混制　要使黏土湿型砂具有最佳的性能，混砂这一环节是极为重要的。前面已经说到，在黏土砂中起黏结作用的是黏土与水调和成的黏土膏。黏土膏是极稠的膏体，类似于和好的面团，其状态是不能用黏度来描述的，因为无法测定其黏度，只能测定其针入度。为了和其他黏结剂的黏度比较，一定要测定黏度值的话，则其黏度大约是几千Pa·s，是水玻璃的几千倍，是树脂的几万倍。要使黏土膏均匀地涂布在砂粒表面上，是很困难的。所以，混制黏土砂的设备功率一般都相当大，而且需要相当长的混砂时间。

仅从混砂的角度看，旧砂经适当的处理后回收再用，并相应补加新砂、黏土和附加物，易于得到调制充分、品质（质量）优良的型砂。如果增加型砂中的水分，使黏土膏的水分增高、黏度下降，当然可以减少涂布黏土膏所需的能量，在混砂设备相同的条件下，可以减少混砂时间。但是，这将导致型砂的强度下降，而且水分也是要严格控制的，这种办法实际上是不可取的。为了减少混砂所需的能量，采用合理的加料顺序是非常重要的。有不少工厂，混砂时先加干料（砂和黏土），干混一段时间，然后加水混匀。这种工艺方法是不可取的，其主要缺点有二。其一是需要较长的混砂时间。往混匀了的干料中加水，即使水分散得很好，也是一滴一滴地落在干料中。因黏土是亲水的，加上水滴表面张力的作用，水滴附近黏土就会聚集于水滴，形成黏土球。将这些黏土球压碎并使其涂布于砂粒表面是比较困难的，需要较大的能量。如果先加砂和水混匀，后加黏土，因水已分散，没有较大的水滴，不会形成大量黏土球，混砂时间可以缩短3～4min。其二是混干料时粉尘飞扬，污染环境，有害工人的健康。

③ 对黏土湿型砂性能的要求　尽管技术的进步已经使铸造生产中的许多环节改变了面貌，但迄今为止，在黏土湿型砂的控制方面，我们还没有充分的自由。怎样控制型砂的性能

才能保证工厂在铸件品质（质量）、生产效能和环境等方面有最好的综合效益，还不可能提出必要而充分的检测项目，更不用说具体的控制指标了。在现场工作的工程师，只能通过经常分析型砂监控、造型工况、铸件品质（质量）等方面的统计数据，才能找到最适合自己的具体条件下的型砂控制目标。万应的验方是没有的，如有人说能提供，也是不足信的。

现就一般的情况，介绍型砂性能控制的目标供参考。

a. 手工造型和震压造型的型砂。手工造型工艺，目前我国尚有不少工厂采用，其砂处理条件一般较差，尤应注意型砂管理以弥补设备的不足。震压造型对型砂的要求与手工造型基本上相同。

b. 高速、高压造型的型砂。高速、高压造型包括高压造型、射压造型、气冲造型等工艺。在高速、高压造型过程中，砂粒之间的相对运动速度很高，砂粒表面上的黏结膜和黏结桥所受的剪切应力很大。黏土膏是具有显著触变性的体系，在相对运动速度很高、剪切应力很大的条件下，其黏度会大幅度地下降（很可能只有表观黏土的几分之一）。因此，对高速、高压造型所用的型砂，性能要求与常规湿型砂就有很大的差别。例如，湿抗压强度一般都高得多，水分相应下降，要求的可紧实性也较低。目前，对这种湿型砂的研究还很不充分，随着实践的增多，在测试项目、性能指标等各方面都会有所发展。以当前的认识为基础，建议型砂性能的控制目标见表 2-18。

表 2-18　对高速、高压造型用湿型砂的性能要求

型砂性能	高压造型	射压造型		气冲造型
		有箱造型	无箱造型	
湿抗压强度/kPa	90～120	120～150	170～220	170～210
湿抗拉强度/kPa	>11.0	>15.0	>20.0	>19.0
湿抗劈强度/kPa	>17.0	>23.0	>31.0	>29.0
可紧实性/%	35～45	35～45	35～45	35～43
水分	不作具体限定,应在有效膨润土符合要求条件下保证可紧实性			
透气性	>70	>50	>50	>50
含泥量/%	10～14	10～13	11～14	10～13
有效膨润土含量/%	>8	>8	>8	>8
挥发分/%	1.5～3.0	1.5～3.0	1.5～3.0	1.5～3.0
950℃灼烧减量/%	3.5～7.5	3.5～7.5	3.5～7.5	3.5～7.5

同时，由于其生产特点所决定，在高速、高压造型条件下，对型砂性能的均一性要求很高，不允许有大的波动。对各种性能都应有适当的检测频次，以确保其均一性。

④ 对一些检测项目的简要说明

a. 湿抗压强度。型砂的湿抗压强度值，除决定于黏结的强弱外，还在颇大的程度上与原砂的颗粒形状有关。试样在压应力下破断时，除砂粒之间的黏结破坏外，还有砂粒间的滑动。用多角形原砂时，由于砂粒间的镶嵌作用，砂粒间的滑动要克服相当大的摩擦，在黏结条件相同的情况下，其抗压强度比用圆形砂时高。当然，在原砂粒形特征相同的情况下，抗压强度的值仍可相对地说明黏结的强弱。

从理论上说，抗压强度的值并不能准确地反映型砂的黏结状况，但是，由于其测定简便易行，试验机对正精度及操作者的技巧稍差，均不致造成太大的误差，故实际上采用最广，是传统的检测项目。

b. 湿抗拉强度和湿抗劈强度。评定型砂的黏结状况，最直接的办法是测定其抗拉强度。抗拉强度值原则上只决定于型砂的黏结，可以综合地反映紧实状况（黏结桥的数量）、黏结剂的分布和黏结剂对砂粒的附着等因素，不受原砂粒形的影响。

但是，黏土湿型砂的抗拉强度值很低，不及其抗压强度的 1/10，测定时对操作者的要求甚高，稍一不慎，就会导致很大的误差。而且，一般的型砂强度试验机不能用来测定湿抗拉强度，需配备专用的装置。实际上，生产现场很少测定湿抗拉强度，多用于研究工作。

黏土湿型砂的抗劈强度与抗拉强度值有很好的相关性，且试验简便，因而，可以用湿抗裂强度试验代替湿抗拉强度试验。

c. 可紧实性。黏土湿型砂的可紧实性直接反映型砂的混制程度，其测定方法极为简便，可得到量化的数据以代替手感，目前已是广泛采用的控制型砂性能的重要指标之一。

在不同的造型条件下，对可紧实性的要求是不同的。用手工造型或振压造型时，可以多次填砂，而且操作者能够控制铸型的紧实度，型砂的可紧实性高一些，是可以的。

用射压造型机造型时，射砂空间的容积是固定的。有些机型，压实时压头的行程也是固定的。如果型砂的可紧实性太高，则会出现压头加压行程已经到位而铸型仍未达到预期紧实度的情况。这就会导致铸件上产生冲砂或粘砂等缺陷。

有些设备，射砂后压实的行程并不固定，而是以一定的压强压实铸型。在此种情况下，型砂的可紧实性也不可太高。否则，除使铸型厚度减少外，仍会使铸型的紧实度降低，导致铸件产生缺陷，这在砂台部位及射砂的盲区尤为明显。

所以，在高速、高压造型条件下，型砂的可紧实性应比较低，而且其数据的波动应尽可能地控制在很窄的范围内。一般说来，应该在 $40\%\sim50\%$ 的范围内。

要特别指出的是，在型砂混制不太充分的情况下，型砂自混砂机放出后，在输送及存储过程中，其可紧实性会有颇大的增高。经验表明，在铸造厂的生产条件下，型砂的混制实际上都不充分。通常，型砂自混砂机放出后，仅在用带输送器送到造型机的过程中，可紧实性的数值将因输送距离不同而增高 $6\sim10$ 个百分点。如果造型机上方的储砂斗较大，则进入造型机的型砂的可紧实性还会更高一些。

如果铸造厂在混砂机出口取砂样检测型砂的可紧实性，并控制其值为 40% 左右，则进入造型机的型砂的可紧实性实际上可能比允许的上限值高得多。这样，从记录上看型砂的可紧实性完全符合要求，实际上型砂却是不合格的。不少铸造厂对此种情况未予注意，这往往是铸件产生冲砂或黏砂的原因。

因此，铸造厂应规定在造型机上方取样测定型砂的可紧实性，并控制其值。

d. 有效膨润土含量。有效膨润土是相对于受热后失效的死黏土而言的。规定型砂中的有效膨润土含量，是为了保证型砂有必要的强度和抗夹砂能力。如只从满足强度的要求来考虑，有效膨润土含量可不必太高。前节中建议的有效膨润土含量，是为保证型砂的抗夹砂能力而确定的。因此，不可以用"型砂的强度够高"作为允许有效膨润土含量不足的借口。在高速、高压造型的条件下，因铸型的紧实度高，故有效膨润土含量应较高，必要时可采用部分钠膨润土或钙膨润土加以"活化"。

e. 水分。在控制了型砂的可紧性之后，水分随有效膨润土含量而不同。由有效膨润土含量，可大致确定所需的水分；由保证可紧实性所需的水分，也可大致推测有效膨润土含量。

手工造型和振压造型用的湿型砂，水分是主要的性能指标之一，应严加控制。所需的水分大约是有效膨润土含量的 $43\%\sim54\%$，此外还应按附加物和死黏土含量适当增加水分。

高速、高压造型的条件下，水分由保证可紧实性而定。其大致范围是：高压造型的型砂，水分为有效膨润土含量的 $37\%\sim45\%$；射压造型的型砂，水分为有效膨润土含量的 $33\%\sim41\%$。当然，也要考虑附加物和死黏土所需的水分。

⑤ 黏土湿型砂的现场控制　目前，许多铸造厂都通过 4 个参数来控制湿型砂的品质（质量），它们是：有效膨润土含量、可紧实性、湿抗压强度和水分。4 个参数之间有相依关系。有人在试验研究的基础上制成了几种型砂的性能网状图，可作为现场控制型砂品质（质

量）的参照。如果 4 个参数的关系与网状图基本一致，则可认为型砂的调制是适当的。如果已确定其中的 3 项，就可由网状图求出另外一项。这些图都是按全用新砂配砂绘制的，旧砂循环使用时，也可参考，但应以系统砂中的有效膨润土含量作为膨润土加入量。

（2）树脂砂

① 树脂自硬砂　树脂自硬砂是指用在常温下加入固化剂能够自行硬化的树脂作黏结剂的铸造型砂，其原砂的选用见表 2-19。

表 2-19　树脂自硬砂对原砂的要求

铸件类型	SiO₂ 含量/%	粒度组别	含泥量/%	含水量/%	酸耗值/mL	灼减量/%	微粒含量/%
重大及厚壁件	≥90	40/70	≤0.2	≤0.1～0.2	≤5	≤0.5	140 目筛以下 0.5～1.0
一般件	≥90	50/100	≤0.2～0.3	≤0.1～0.2	≤5	≤0.5	200 目筛以下 0.5～1.0
薄壁小件	≥90	100/200	≤0.3	≤0.1～0.2	≤5	≤0.5	270 目筛以下 0.5～1.0

② 树脂的选用　树脂自硬砂根据使用固化剂种类的不同，又分酸固化呋喃树脂、酯固化碱性酚醛树脂和酚脲烷系列树脂。目前阀门类制造以酸固化呋喃树脂为主。酸固化呋喃树脂，含氮量越低越好，但价格明显较高，铸钢和重要铸铁件选用无氮和低氮类，一般铸件都用中氮类，高氮类多用于有色金属铸造。

③ 固化剂　呋喃树脂多用磺酸类固化剂，在用高氮树脂情况下可选磷酸类。酯固化碱性酚醛树脂多用甘油醋酸等有机酯类。酚脲烷系树脂按特定三组分一起使用。

（3）覆膜砂

覆膜砂是将热塑性酚醛树脂包覆在砂粒表面制成的一种型（芯）砂。因可制成具有一定砂层厚度的薄壳砂型和型芯，具有较好的铸造工艺性能，故特别有利于薄壁件的生产。最薄壁厚，铸铁件为 1.5mm。

① 原砂　对原砂的要求见表 2-20。

表 2-20　覆膜砂用原砂应控指标

SiO₂ 含量/%	粒度组别	含泥量/%	含水量/%	pH	角形系数	说明
≥90	70/140 100/200	≤0.3	≤0.3	≤7	≤1.3	原砂应经水洗、擦洗、干燥；可用三筛砂，最好用四筛砂

② 树脂选用　覆膜砂一般用固体颗粒状热塑性酚醛树脂。因为软化点、聚合速度、流动性、抗拉强度等，都直接和覆膜砂使用对象的设备情况、型（芯）形状结构、生产率要求等有关，故尽可能针对用户要求分别控制选用。

③ 固化剂　固化剂常用乌洛托品，其化学名称为六亚甲基四胺。

④ 添加剂　添加剂常加硬脂酸钙作润滑剂。有特别要求时可另加特种添加剂以获取特种性能。

壳型（芯）砂的配方和性能壳型（芯）砂多由专业厂生产供应，铸造厂可直接选购或与生产厂协议特别配方特别供应。

2.2　铸铁阀门铸造工艺设计

2.2.1　铸造工艺方案的确定

（1）浇注位置的确定

铸件的浇注位置是指浇注时铸件在铸型中所处的位置。浇注位置是根据铸件的结构特点、尺寸、质量、技术要求、铸造合金特性、铸造方法以及生产车间的条件决定的。正确的浇注位置应能保证获得健全的铸件，并使造型、制芯和清理方便。对于具体铸件，往往不能满足所列的全部原则，这就需要在编制工艺时，根据实际情况找出主要矛盾，在解决主要矛盾的同时兼顾其他次要矛盾。尤其是在大批量生产中，往往要先进行工艺试验，然后再确定工艺方案。

确定浇注位置的一般原则如下。

① 铸件的重要加工面、主要工作面和受力面应尽量放在底部或侧面，以防止这些表面上产生砂眼、气孔和夹渣等铸造缺陷。例如：阀体铸件的一面有商标及通径字样，另一面则没有，这种情况下，我们通常将阀体有字体的一面放在底部，以保证字样的清晰。

② 浇注位置应有利于所确定的凝固顺序。对于体收缩率较大的合金，浇注位置应尽量满足顺序凝固的原则。铸件厚实部分一般应置于浇注位置上方，以利于设置冒口补缩。

③ 浇注位置应有利于砂芯的定位和稳固支撑，使排气通畅。尽量避免吊芯、悬臂砂芯。

④ 铸件上的大平面应置于下部或倾斜放置，以防止夹砂等缺陷。有时为了方便造型，采用"横做立浇""平做斜浇"的方法。

⑤ 铸件的薄壁部位应置于浇注位置的下部或侧面，以防止浇不到、冷隔等铸造缺陷。

⑥ 在大批量生产中，应使铸件的毛刺、飞翅易于清理。

⑦ 要避免厚实铸件的冒口下面的主要工作面产生偏析。

阀门零件由于结构相对简单，因此浇注位置比较好确定。图2-4为截止阀阀体铸件的浇注位置方案，由于法兰面、密封面是关键表面，不允许有任何表面缺陷，而且要求组织均匀致密，因此最理想的是将这些面朝下浇注，但针对阀体又不可能实现，故只能采取如图的方案，将其放置于侧面。

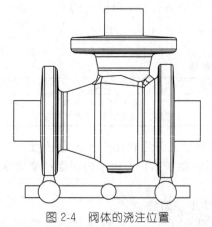

图2-4 阀体的浇注位置

（2）分型面的确定

铸造分型面是指铸型组元间的接合面。合理地选择分型面，对于简化铸造工艺、提高生产率、降低成本、提高铸件质量等都有直接关系。分型面的选择应尽量与浇注位置一致，尽量使两者协调起来，使铸造工艺简便，并易于保证铸件质量。

图2-5所示为同一铸件的5种分型方式。其中图2-5（a）所示方法可使铸件在同一箱内做出，能可靠地保证铸件的尺寸精度。在砂型铸造中，如果图中尺寸 h 较大，尺寸 D 较小，为了有较高的成形率，可以采用图2-5（e）所示的分型方法。而图2-5（b）～（d）三种分型方式不如图（a）和图（e）合理。

图2-6为某种船用截止阀阀盖铸件，在大批量生产时，为能在造型、合箱过程中操作方便，采用图2-5（e）的分型方式。

（3）砂箱中铸件数量及排列的确定

① 砂箱中铸件数量的确定原则　砂箱中的铸件数量一般要根据工艺要求和生产条件（生产批量及相关设备的相互要求和配合等）确定。例如，合理的吃砂量和浇注系统的布置，采用单一砂箱时箱带的位置与高低等都影响一箱中的铸件数量。在机械流水生产线上，为了便于机械浇注线的配合，要求所有铸件直浇道位置一致；又如在采用具有压头的造型机时，为了避免通气针与压头相碰，对所有铸件的通气针位置也有一定的要求等，都影响了一箱中铸件的数量与排列。而这种现象，在单件小批量生产中就比较灵活。因此，在工艺设计中必须根据各种条件综合考虑，以确定砂箱中铸件数量。

② 吃砂量的确定　模样与砂箱壁、箱顶（底）和箱带之间的距离称为吃砂量。吃砂量太小，砂型紧实困难，易引起胀砂、包砂、掉砂、跑火等缺陷。吃砂量太大，又不经济和合

理。而影响吃砂量的因素又是多方面的，故在设计时应综合考虑。表 2-21 和表 2-22 为吃砂量推荐值，可供参考。

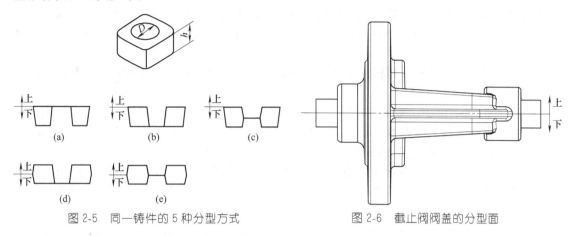

图 2-5　同一铸件的 5 种分型方式　　　　图 2-6　截止阀阀盖的分型面

在实际生产中，吃砂量的大小应根据具体生产条件（如紧实方法、加砂方式、模样几何形状等）对表中数值予以适当调整。例如，高压造型比其他造型方法的吃砂量要大一些。震击造型砂箱边缘模样高度与吃砂量的比为 1.5∶1，而静压造型为 3∶1。树脂砂型吃砂量比普通砂型小，模样与砂箱壁距离可取 20～50mm，上、下面距离取 50～100mm。此外，还必须对上箱顶面到铸件顶面的吃砂量认真核定，此距离过大则容易冲砂、跑火；过小容易产生气孔、浇不到或冷隔等缺陷。

表 2-21　按模样平均轮廓尺寸确定的吃砂量　　　　　单位：mm

模样平均轮廓尺寸	a	b 和 c	d	示意图
滑脱砂箱≤400	≥20 30～50	30～50 40～70	一箱中模样高度的一半	
400～700	50～70	70～90		
701～1000	71～100	91～120	一箱中模样高度的 0.5～1.5 倍	
1001～2000	101～150	121～150		
2001～3000	151～200	151～200		

表 2-22　按铸件质量确定的吃砂量　　　　　单位：mm

铸件重量/kg	a	b	c	d	e	f	示意图
5	40	40	30	30	30	30	
6～10	50	50	40	40	40	30	
11～20	60	60	40	50	50	30	
21～50	70	70	50	50	60	40	
51～100	90	90	50	60	70	50	
101～250	100	100	60	70	100	60	
251～500	120	120	70	80		70	
501～1000	150	150	90	90		120	
1001～2000	200	200	100	100		150	

③ 铸件在砂箱中的排列　一箱中生产多件同种铸件时，最好对称排列。这样做可使金属液作用于上砂型的抬型力均匀，也有利于浇注系统的安排，同时可充分利用砂箱面积。为了找出最合理的铸件排列方案，在做模板布置图时，可用计算机把模样的外廓投影形状在砂箱内试摆，以确定合理的铸件数量及其在模板上的位置。这种方法既适合于利用原砂箱，又适合于设计新砂箱。

在同一型内生产两种或两种以上铸件的模板，称为混合模板。在采用混合模板时，要注意以下几点。

a. 铸件的壁厚相近，高度的差异小。例如，闸阀类产品中，阀盖与阀体可以拼成一对混合模板，但闸板与阀盖或者闸板与阀体则不推荐大家采用混合模板。

b. 要满足铸件最小吃砂量的要求，不影响浇注系统的正确布置。

c. 在满足生产纲领的要求下，混合模板的几种铸件其所需的箱数应相近，以便于生产组织。因各种铸件的生产批量和废品率不同，因而常出现一种铸件不足，而另一种铸件过剩的局面。图 2-7 为某规格截止阀阀体铸件在砂箱中的排列。

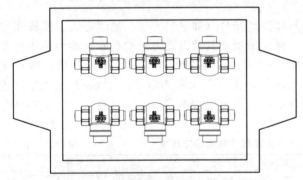

图 2-7　截止阀阀体铸件在砂箱中的排列

2.2.2　工艺参数的确定

(1) 铸件尺寸公差

铸件尺寸公差是指铸件公称尺寸的两个允许极限尺寸之差。在这两个允许极限尺寸之内铸件可满足加工、装配和使用要求。

铸件尺寸精度要求越高，对铸造工艺设计水平、造型和造芯材料的性能和质量、造型和造芯的设备和工装、热处理工艺、清理质量、铸造车间管理水平等方面的要求就越高，铸件生产成本也相应增加。

因此在确定铸件尺寸公差时既要保证铸件满足加工、装配和使用，又不过多增加生产成本。按 GB/T 6414—1999 的规定，铸件尺寸公差等级分为 16 级，代号为 CT1 至 CT16。

不同生产规模和生产方式的铸件所能达到的尺寸公差等级是不同的。表 2-23 和表 2-24 分别是大批量生产和小批量或单件生产铸件应控制的合理的尺寸公差等级。

表 2-23　大批量生产的毛坯铸件的公差等级

方法	公差等级 CT		
	灰铸铁	球墨铸铁	可锻铸铁
砂型铸造手工造型	11～14	11～14	11～14
砂型铸造机器造型和壳型	8～12	8～12	8～12

表 2-24　小批量生产或单件生产的毛坯铸件的公差等级

方法	造型材料	公差等级 CT		
		灰铸铁	球墨铸铁	可锻铸铁
砂型铸造手工造型	黏土砂	13～15	13～15	13～15

铸件基本尺寸应包括机械加工余量。铸件尺寸公差在图样上通常用公差等级代号标注，如"一般公差 GB/T 6414-CT11"。当需要进一步限制错型时，应在图样上注明最大错型值，见图 2-8，如"一般公差 GB/T 6414—1999-CT12-最大错型 1.5"。错型值应在 GB/T 6414—1999 规定的公差范围内。

公差带应相对于基本尺寸对称公布，即一半在基本尺寸之上，一半在基本尺寸之下，见

图 2-9。因特殊原因，经供需双方协商，公差带也可以不对称分布，此时需在图样上的基本尺寸后面标注个别公差。

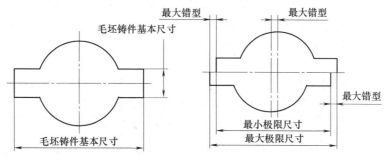

图 2-8　图样标注与最大错型

在这里尤其要注意考虑阀门壳体的壁厚公差，阀门采购企业一般对阀门壳体壁厚的要求较为严格，要求必须控制在 $-10\%\sim15\%$ 以内。

（2）铸件重量公差

铸件重量公差是以占铸件公称重量的百分率为单位的铸件重量变动的允许值。公称重量是包括机械加工余量和其他工艺余量，作为衡量被检铸件轻重的基准重量。GB/T 11351—1989《铸件重量公差》规定了重量公差等级，共分 16 级，MT1～MT16。还规定了确定铸件公称重量的 3 种方法。具体铸件重量公差数值可参考标准 GB/T 11351—1989《铸件重量公差》。

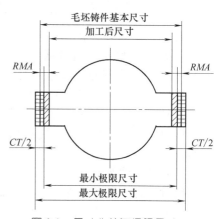

图 2-9　尺寸公差与极限尺寸

重量公差应与尺寸公差对应选取，如铸件尺寸公差选用 CT10 时，铸件重量公差应选用 MT10。

一般情况下，重量公差的下偏差和上偏差相同，下偏差也可比上偏差提高两级选用。在铸件图或技术文件中的标注分别为 GB/T 11351—1989　MT10 级、GB/T 11351—1989 MT10/8 级。其中，斜线上面的数字为重量公差的上偏差等级，斜线下面的数字为重量公差的下偏差等级。

如被检铸件的实际重量小于或等于公称重量与重量偏差的上偏差或下偏差之和时，则铸件重量公差合格。

成批、大量生产和小批、单件生产的铸件重量公差等级分别见表 2-25 和表 2-26。

表 2-25　成批和大量生产的铸件重量公差等级

工艺方法	重量公差等级 MT		
	灰铸铁	球墨铸铁	可锻铸铁
砂型手工造型	11～13	11～13	11～13
砂型机器造型及壳型	8～10	8～10	8～10

表 2-26　小批和单件生产的铸件重量公差等级

造型材料	重量公差等级 MT		
	灰铸铁	球墨铸铁	可锻铸铁
湿型砂	13～15	13～15	13～15
自硬砂	11～13	11～13	11～13

（3）机械加工余量

机械加工余量是为保证铸件加工面尺寸和零件精度，在铸件工艺设计时预先增加的，在机械加工时去除的金属层厚度。

GB/T 6414—1999 中规定，机械加工余量（代号为 RMA）有 10 个等级，分别为 A、B、C、D、E、F、G、H、J 和 K 级（具体数值参见 GB/T 6414—1999）。

除非另有规定，要求的机械加工余量适用于整个毛坯铸件，即对所有需机械加工的表面只规定一个值，且此值应根据最终机械加工后成品铸件的最大轮廓尺寸按相应的尺寸范围选取。

GB/T 6414—1999 推荐的用于各种铸造合金及铸造方法的 RMA 等级列于表 2-27。

表 2-27   毛坯铸件典型的机械加工余量等级

| 方法 | 要求的机械加工余量等级 | | |
| | 铸件材料 | | |
	灰铸铁	球墨铸铁	可锻铸铁
砂型铸造手工造型	F~H	F~H	F~H
砂型机器造型及壳型	E~G	E~G	E~G

要求的机械加工余量应按下列方式标注在图样上。

a. 用公差和要求的机械加工余量代号统一标注。例如：对于轮廓最大尺寸在 400~630mm 范围内的铸件，要求的机械加工余量等级为 H，要求的机械加工余量值为 6mm（同时铸件的一般公差为 GB/T 6414-CT12），则标注为"GB/T 6414-CT12-RMA6（H）"。

此外，也允许在图样上直接标注经计算后得出的尺寸值。

b. 如果需要个别要求的机械加工余量，则应标注在图样的特定表面上，如图 2-10 所示。

（4）铸件收缩率

铸件收缩率又称铸件线收缩率或铸造收缩率，以模样与铸件的长度差除以模样长度的百分比表示

$$\varepsilon = \frac{L_1 - L_2}{L_1} \times 100\%$$

式中 ε——铸件收缩率；

L_1——模样长度，mm；

L_2——铸件长度，mm。

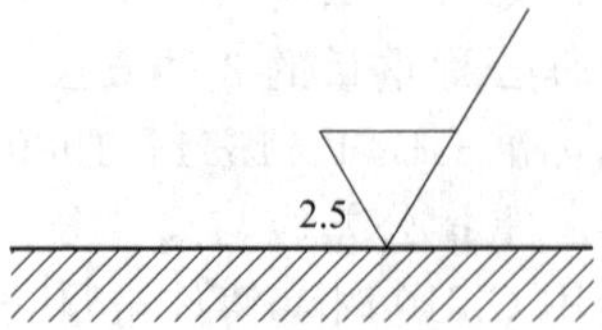

图 2-10   要求的机械加工余量在特定表面上的标注

铸件收缩率是受各种因素影响后铸件的实际线收缩率，不仅与铸造金属的收缩率和线收缩起始温度有关，还与铸件结构、铸型种类、浇冒口系统结构、铸型和型芯的退让性等有关。

为获得尺寸精度较高的铸件，必须选取符合实际的、适宜的铸造收缩率或模样缩尺。选取铸造收缩率时，一般是根据铸件的重要尺寸或大部分尺寸。当铸件生产批量较大时，应通过试生产检测铸件的实际尺寸，得出铸件各部位和各方向的实际线收缩率，据此修改模样缩尺，修正模样后再进行大批量生产。单件小批生产时，对于复杂铸件，应根据铸件在不同方向的尺寸，凭经验对不同方向选用不同的模样缩尺，或者采用同一模样缩尺。但对次要尺寸用工艺补正量或加工余量予以调整。

表 2-28 列出了阀门铸铁件的线收缩率数据，供设计铸造工艺和模样时参考。

（5）起模斜度

当零件本身没有足够的结构斜度时，应在铸件设计或铸造工艺设计时给出铸件的起模斜度以保证铸型的起模操作。起模斜度可采取增加铸件壁厚、加减铸件壁厚或减少铸件壁厚的方式形成。在铸件上加放起模斜度，原则上不应超出铸件的壁厚公差。铸件的起模斜度值参见表 2-29。

表 2-28 各种铸铁件的线收缩率 单位:%

铸件的种类		线收缩率	
		受阻收缩	自由收缩
灰铸铁	中小型铸件	0.8~1.0	0.9~1.1
	大中型铸件	0.7~0.9	0.8~1.0
	特大型铸件	0.6~0.8	0.7~0.9
球墨铸铁	珠光体球墨铸铁	0.8~1.2	1.0~1.3
	铁素体球墨铸铁	0.6~1.2	0.8~1.2
可锻铸铁	珠光体可锻铸铁	1.2~1.8	1.5~2.0
	铁素体可锻铸铁	1.0~1.3	1.2~1.5

表 2-29 起模斜度 (JB/T 5105—1991)

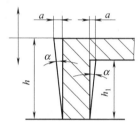

(a) 增加铸件壁厚

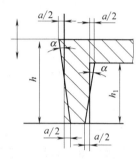

(b) 加减铸件壁厚,用于不与
其他零件配合的加工面

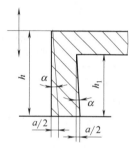

(c) 减少铸件壁厚,用于与其
他零件配合的非加工面

测量面高度 h/mm	起模斜度			
	金属模样		木模样	
	α	a/mm	α	a/mm
黏土砂造型时,模样外表面的起模斜度				
≤10	2°20′	0.4	2°55′	0.6
>10~40	1°10′	0.8	1°25′	1.0
>40~100	0°30′	1.0	0°40′	1.2
>100~160	0°25′	1.2	0°30′	1.4
>160~250	0°20′	1.6	0°25′	1.8
>250~400	0°20′	2.4	0°25′	3.0
>400~630	0°20′	3.8	0°20′	3.8
>630~1000	0°15′	4.4	0°20′	5.8
>1000~1600	—	—	0°20′	2.9
>1600~2500	—	—	0°15′	11.0
>2500	—	—	0°15′	
黏土砂造型时,模样凹处内表面的起模斜度				
≤10	4°35′	0.8	5°45′	1.0
>10~40	2°20′	1.6	2°50′	2.0
>40~100	1°05′	2.0	1°15′	2.2
>100~160	0°45′	2.2	0°55′	2.6
>160~250	0°40′	3.0	0°45′	3.4
>250~400	0°40′	4.6	0°45′	5.2
>400~630	0°35′	6.4	0°40′	7.4
>630~1000	0°30′	8.8	0°35′	10.2
>1000	—	—	0°35′	—

测量面高度 h/mm	起模斜度			
	金属模样		木模样	
	α	a/mm	α	a/mm
自硬砂造型时,模样外表面的起模斜度				
≤10	3°00′	0.6	4°00′	0.8
>10~40	1°50′	1.4	2°05′	1.6
>40~100	0°50′	1.6	0°55′	1.6
>100~160	0°35′	1.6	0°40′	2.0
>160~250	0°30′	2.2	0°35′	2.0
>250~400	0°30′	3.6	0°35′	4.2
>400~630	0°25′	4.6	0°30′	5.6
>630~1000	0°20′	5.8	0°25′	7.4
>1000~1600	—	—	0°25′	11.6
>1600~2500	—	—	0°25′	18.2
>2500	—	—	0°25′	—

注:1. 当凹处过深时,可用活块或芯子形成。
2. 自硬砂造型时,模样凹处内表面的起模斜度值允许按其外表面的斜度值增加50%。
3. 对于起模困难的模样,允许采用较大的起模斜度,但不得超过表中数值一倍。
4. 芯盒的起模斜度可参照本表。

当铸件内表面不用砂芯而是用"自来砂芯"形成时,则允许比外表面有较大的斜度,适于用"自来砂芯"铸出的铸件内腔尺寸,原则上规定如图2-11所示。

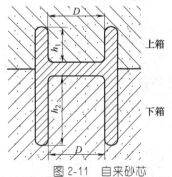

图 2-11 自来砂芯

h_1—上箱自来砂芯高度;h_2—下箱自来砂芯高度;D—自来砂芯直径或最小尺寸。对于机器造型:上箱 $h_1 \leqslant 0.3D$,下箱 $h_2 \leqslant D$。对于手工造型:上箱 $h_1 \leqslant 0.15D$,下箱 $h_2 \leqslant 0.5D$

(6) 最小铸出孔与工艺筋

① 最小铸出孔 最小铸出孔或槽的尺寸和铸件的生产批量、合金种类、铸件大小、孔处铸件壁厚、孔的长度及直径等有关。表2-30为灰铸铁件不铸出孔直径。

② 工艺筋 工艺筋又称铸筋,分两种:防止铸件产生热裂的称为收缩筋;防止铸件产生变形的称为拉筋。收缩筋要在清理时去除,拉筋在热处理后去除。

收缩筋铸件在凝固收缩时受铸型和型芯的阻碍,在受拉应力的主壁上或在接头处容易产生热裂。加收缩筋后,其凝固快,建立强度较早,能承受较大的拉应力,防止主壁及接头产生裂纹如图2-12所示。

拉筋铸件呈半环形或U形时,冷却以后常发生变形。为防止变形,常在影响变形最关键的部位设置拉筋,对于中、大型铸件,在加工余量之外另加防变形的工艺补正量。拉筋应在热处理后割去。在热处理之前,拉筋承受很大的拉应力或压应力,因此它可使铸件变形减小或完全防止铸件变形。若在热处理前去除拉筋,便失去了设置拉筋的作用。

表 2-30 灰铸铁件不铸出孔直径

生产批量	不铸出孔直径/mm
大量生产	12~15
成批生产	15~30
单价小批生产	30~50

注:有特殊要求的铸件除外。

2.2.3 砂芯设计

(1) 砂芯设计的基本原则

① 尽量减少砂芯数量　为了减少制造工时，降低铸件成本，提高尺寸精度，对于不太复杂的铸件，应尽量减少砂芯数量。例如，图 2-13 中用砂胎形成铸件内腔，不用砂芯，也可采用活块；图 2-14 中用合并砂芯的方法减少砂芯数量，提高铸件尺寸精度。

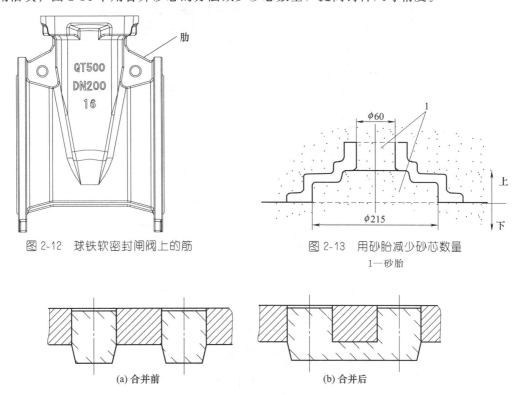

图 2-12　球铁软密封闸阀上的筋

图 2-13　用砂胎减少砂芯数量
1—砂胎

（a）合并前　　　　　　（b）合并后

图 2-14　合并砂芯减少砂芯数量

② 选择合适的砂芯形状　砂芯形状的选择，应使芯盒有宽敞的捣砂面，便于填砂、舂砂、安放芯骨和采取排气措施，特别注意要避免在填砂面上装活块，否则将影响砂芯尺寸精度。

③ 砂芯的分盒面应尽量与砂型的分型面一致　起芯与起模斜度的大小与方向应尽量一致，以保证由砂芯和砂型之间所形成的壁厚均匀，减少披缝，同时也有利于砂芯中气体的排出。图 2-15 中的阀盖砂芯，由于采用了与分型面一致的分盒面，每个砂芯的填砂画都较大，支撑面是平面，排气方便。

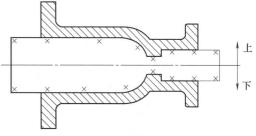

图 2-15　阀盖砂芯

④ 便于下芯、合型　图 2-16（a）将砂芯分成两块后，便于下芯时的观察，避免碰坏砂型。图 2-16（b）中的铸件，要求其下部窗口位置准确。将砂芯分成两块后，便于下芯时检验窗口型腔的尺寸，以避免整体砂芯移动的影响，从而保证窗口位置的准确。

（2）芯头的尺寸和间隙

芯头横截面的尺寸一般决定于铸件相应部位孔、槽的尺寸。为了下芯和合箱方便，芯头应留有一定的斜度，芯头与芯座之间应留有间隙，如图 2-17 所示。

垂直芯头的高度见表 2-31，芯头斜度见表 2-32，芯头与芯座间的间隙见表 2-33。水平芯头的长度见表 2-34，斜度和芯头与芯座间的间隙见表 2-35。

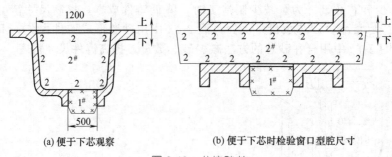

(a) 便于下芯观察　　　　　　　(b) 便于下芯时检验窗口型腔尺寸

图 2-16　分块砂芯

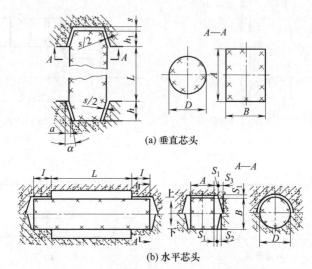

(a) 垂直芯头

(b) 水平芯头

图 2-17　芯头尺寸及芯头与芯座之间的间隙

表 2-31　垂直芯头的高度　　　　　　　　　　单位：mm

L	当 D 或 (A+B)/2 为下列数值时的高度 h									
	≤30	31~60	61~100	101~150	151~300	301~500	501~700	701~1000	1001~2000	>2000
≤30	15	15~20	—	—	—	—	—	—	—	—
31~50	20~25	20~25	—	—	—	—	—	—	—	—
51~100	25~30	25~30	25~30	25~30	20~25	30~40	40~60	—	—	—
101~150	30~35	30~35	30~35	25~30	25~30	40~60	40~60	50~70	50~70	—
151~300	35~45	35~45	35~45	30~40	30~40	40~60	50~70	50~70	60~80	60~80
301~500	—	40~60	40~60	35~55	35~55	40~60	50~70	50~70	80~100	80~100
501~700	—	60~80	60~80	45~65	45~65	50~70	60~80	60~80	80~100	80~100
701~1000	—	—	—	70~90	70~92	60~80	60~80	80~100	80~100	100~150
1001~2000	—	—	—	—	100~120	100~120	80~100	80~100	80~120	100~150
>2000	—	—	—	—	—	—	—	80~120	80~120	100~150

由 h 查 h₁

下芯头高度 h	15	20	25	30	35	40	45	50	55	60	65	70	80	90	100	120	150
上芯头高度 h₁	15	15	15	20	20	25	25	30	30	35	35	40	45	50	55	65	80

注：1. 大量生产中，等截面的柱状砂芯，上下芯头可取同样的高度。

2. 如有必要采取不同高度上下芯头，可先查出 h 值，然后根据 h 值查出 h₁ 值。

3. 对于大而矮的垂直砂芯，常不用上芯头。

4. 当砂芯长度 L 与直径 D 之比 L/D≥2.5 时，为提高砂芯稳定性，可采用加大芯头的形式。

表 2-32 垂直芯头的斜度 α   单位：mm

芯头高	15	20	25	30	35	40	50	60	70	80	90	100	120	150	α/h	α
上芯头	2	3	4	5	6	7	9	11	12	14	16	19	22	25	1/5	10°
下芯头	1	1.5	2	2.5	3	2.5	4	5	6	7	3	9	10	13	1/10	5°

表 2-33 垂直芯头与芯座之间的间隙 S   单位：mm

铸型种类	D 或 $(A+B)/2$											
	≤50	51～100	101～150	151～200	201～300	301～400	401～500	501～700	701～1000	1001～1500	1501～2000	>2000
湿型	0.5	0.5	1.0	1.0	1.5	1.5	2.0	2.0	2.5	2.5	3.0	3.0

注：影响芯头与芯座之间间隙的因素很多，如模样与芯盒的尺寸偏差，砂芯和砂型在制造、运输过程中的变形等。因此表中数据仅供参考。

表 2-34 水平芯头的长度   单位：mm

L	D 或 $(A+B)/2$											
	≤25	26～50	51～100	101～150	151～200	201～300	301～400	401～500	501～700	701～1000	1001～1500	1501～2000	>2000
≤100	20	25～35	30～40	35～45	40～50	50～70	60～80	—	—	—	—	—	—
101～200	25～35	30～40	35～45	45～55	50～70	60～80	70～90	80～100	—	—	—	—	—
201～400	—	35～45	40～60	50～70	60～80	70～90	80～100	90～100	—	—	—	—	—
401～600	—	40～60	50～70	60～80	70～90	80～100	90～110	100～120	120～140	130～160	—	—	—
601～800	—	—	60～80	70～90	80～100	90～110	100～120	110～130	130～150	140～160	150～170	—	—
801～1000	—	—	—	80～100	90～110	100～200	110～130	120～140	130～150	150～170	160～180	180～200	—
1001～1500	—	—	—	90～110	100～120	110～130	120～140	130～150	140～160	160～180	180～200	200～220	220～260
1501～2000	—	—	—	110～130	120～140	140～160	150～170	160～180	180～200	200～220	220～240	260～300
2001～2500	—	—	—	130～150	150～170	160～180	180～200	200～220	220～240	240～260	260～300	300～360
>2500	—	—	—	—	180～200	200～220	220～240	240～260	260～280	280～320	320～360	360～420

注：具有浇注系统的芯头长度可适当加大。

表 2-35 水平芯头的斜度及间隙   单位：mm

D 或 $(A+B)/2$		≤50	51～100	101～150	151～200	201～300	301～400	401～500	501～700	701～1000	1001～1500	1501～2000	>2000
湿型	S_1	0.5	0.5	1.0	1.0	1.5	1.5	2.0	2.0	2.5	2.5	3.0	3.0
	S_2	1.0	1.5	1.5	1.5	2.0	2.0	3.0	3.0	4.0	4.0	4.5	4.5
	S_3	1.5	2.0	2.0	2.0	3.0	3.0	4.0	4.0	5.0	5.0	6.0	6.0

(3) 砂芯的固定

砂芯在砂型中的位置一般是靠芯头固定，也有用芯撑或铁丝固定。图 2-18 是用螺栓钩把砂芯固定在砂箱上。对于某些要求较高的铸件，尽可能不用芯撑。对于悬臂砂芯可用加大芯头的尺寸或采用"挑担砂芯"的方法，使砂芯固定。对于细高的直立式砂芯，常将下芯头直径适当加大，以使砂芯定位稳固。

根据砂芯在砂型中安放的位置，芯头可分为垂直芯头和水平芯头两大类。

① 垂直芯头的固定 垂直芯头固定形式的例子如图 2-19 所示，其中图 2-19 (a) 的特点是上下都做出芯头，这样可以使砂芯定位准确，固定可靠，是常被采用的一种形式，而且

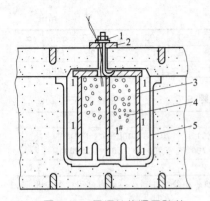

图 2-18 用螺栓钩紧固砂芯
1—螺栓钩；2—压板；3—芯骨；
4—焦炭或炉渣；5—型腔

它特别适宜高度大于直径的砂芯。图 2-19（b）中不做出上芯头而只做出下芯头，这样做有利于合型。它适宜于横截面较大而高度不大的砂芯。常用于手工制芯的砂芯。图 2-19（c）中砂芯的上、下芯头都不做出，它适用于比较稳的大砂芯。不做出芯头，有利于下芯时根据型腔尺寸来调整砂芯的位置，同时还可以减少砂箱的高度，常用于手工造型。

对于横截面小而且高度较大的砂芯，为了使砂芯在砂型中比较稳固，可以加大下芯头（图 2-20）。当 $L \geqslant 5D$ 时，取 $D_2 = (1.5 \sim 2)D$。对于只可以做上芯头而没有其他芯头的砂芯，为了使砂芯固定可靠，可以采取以下措施。

a. 加长上芯头，并且采取芯头与芯座之间不留间隙或过盈配合，砂芯下在上型中并绑紧。

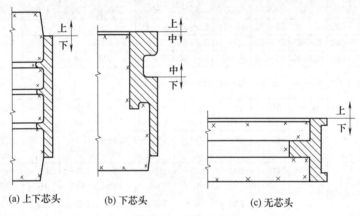

(a) 上下芯头　　(b) 下芯头　　(c) 无芯头

图 2-19　垂直芯头

b. 预埋砂芯（图 2-21）。将芯头做成上大下小的形状，造型时将砂芯预先放在模样上对应位置的备用孔内，只露出芯头。造完型后，芯头被埋在砂型中。这种方法只适用于重量不大的砂芯。

c. 吊芯（图 2-22），砂芯用铁丝或螺栓吊在上箱。吊芯有利于砂芯的排气，适用于单件小批生产。

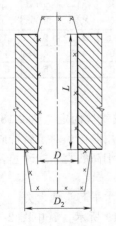

图 2-20　加大的下芯头

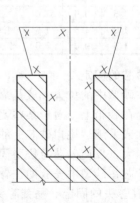

图 2-21　预埋砂芯

d. 使用芯撑（图 2-23）。对于大型复杂的铸件，砂芯较多，采用吊芯困难，必须用芯撑支撑，以保证砂芯位置的准确。对于设有出气孔的砂芯，必须采取措施防止浇注时金属液注入出气孔，而影响砂芯的排气。

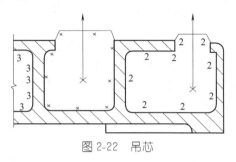
图 2-22　吊芯

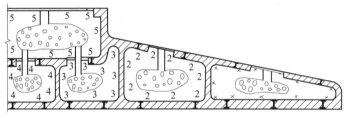
图 2-23　用芯撑支撑砂芯

② 水平芯头的固定　一般情况下，具有两个以上水平芯头的砂芯，在砂型中是能够稳固的。有些砂芯只有一个水平芯头，或者有两个水平芯头，但芯头的边线不通过砂芯的重心或砂芯所受浮力的作用线上，因而砂芯不稳固。对于这种砂芯，可以采取的措施如下。

a. 联合砂芯，如图 2-24 中的 $3^\#$ 砂芯。

b. 加大或加长芯头，将砂芯的重心移入芯头的支撑面内（图 2-25）。增设工艺孔，必要时也可安放芯撑。

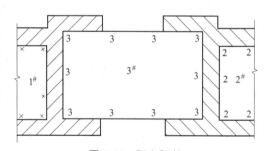
图 2-24　联合砂芯

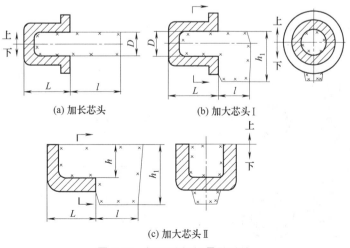
(a) 加长芯头　　(b) 加大芯头Ⅰ

(c) 加大芯头Ⅱ

图 2-25　加大或加长悬臂芯头

(4) 砂芯的定位

砂芯定位要准确,不允许沿芯头方向移动或绕芯头转动。对于形状不对称的砂芯或同一砂型中数种砂芯,其芯头形状和尺寸相同时,为了定位准确和不至于搞错方位,均应采用定位芯头。芯头需要有一定的定位结构,根据砂芯在砂型中放置的位置,定位芯头通常分为以下3种形式。

① 垂直定位芯头 图 2-26 为垂直定位芯头,图 2-26(a)中因芯头切去一部分,支承面积减少,常用于高度不大而芯头直径较大的砂芯。图 2-26(b)中只切去芯头端部的一部分,固定仍较稳固,制造简便,应用较多。图 2-26(c)中芯头加大,适用于高而粗的砂芯。图 2-26(d)和图 2-26(e)中的两种结构较复杂,适用于定位要求较高的砂芯。对于垂直定位芯头的形式选用,可参考表 2-36。

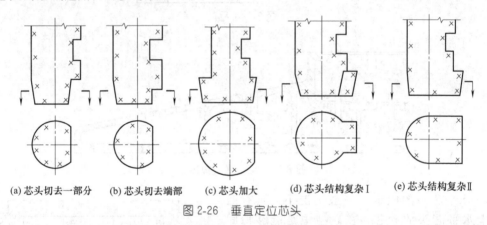

(a) 芯头切去一部分　(b) 芯头切去端部　(c) 芯头加大　(d) 芯头结构复杂Ⅰ　(e) 芯头结构复杂Ⅱ

图 2-26　垂直定位芯头

表 2-36　垂直芯头的定位参考形式

序号	定位形式	用途	适用范围
1		防止绕垂直轴旋转	芯头高度小 $D>70mm$
2		防止绕垂直轴旋转	高芯头 $D>70mm$
3		防止绕垂直轴旋转	$D>300mm$
4		防止绕垂直轴旋转 及沿垂直方向移动	$D<150mm$

序号	定位形式	用途	适用范围
5	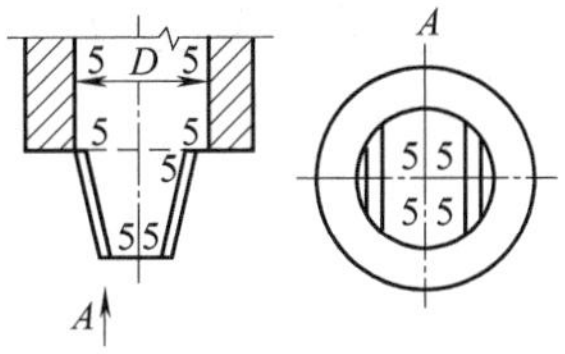	防止绕垂直轴旋转	$D>120mm$
6	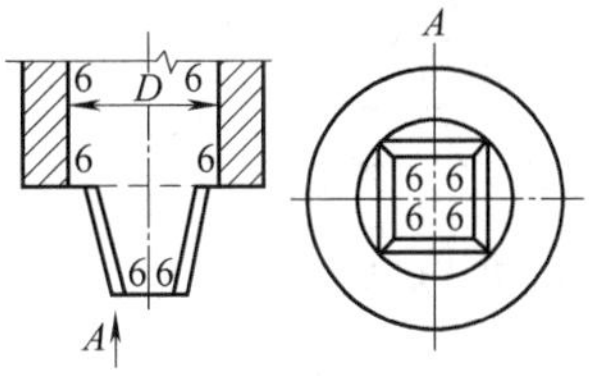	防止绕垂直轴旋转	$D>250mm$
7	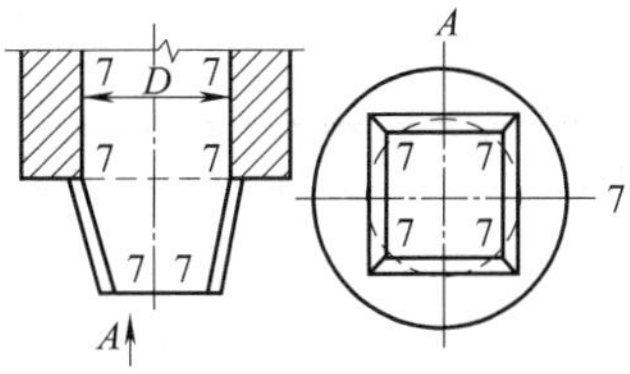	防止绕垂直轴旋转及沿垂直方向移动	$D>250mm$
8	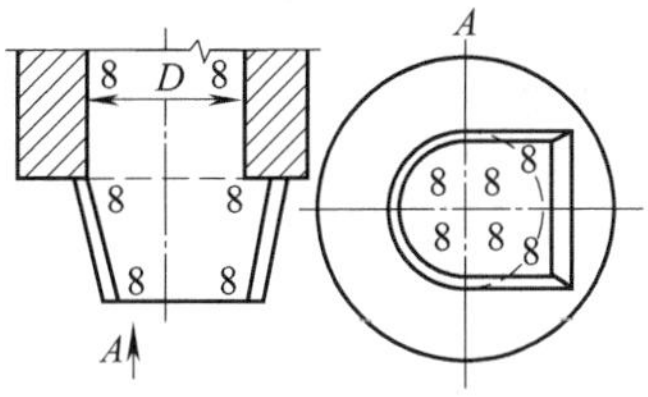	防止绕垂直轴旋转及沿垂直方向移动	$D>40mm$
9	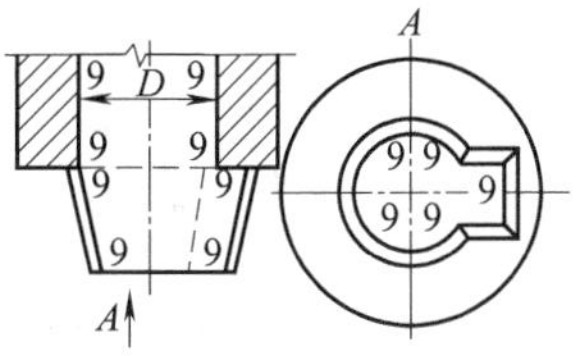	防止绕垂直轴旋转及沿垂直方向移动	$D>200mm$
10	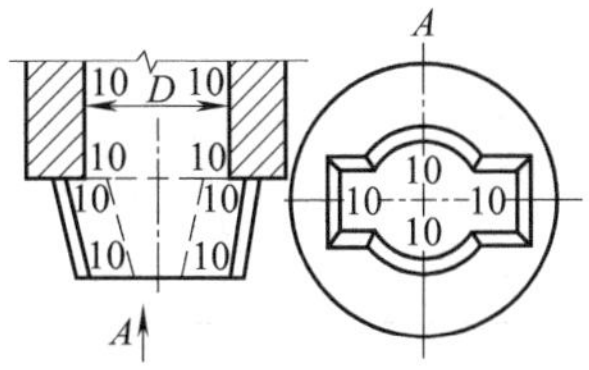	防止绕垂直轴旋转及沿垂直方向移动	$D>200mm$

② 水平定位芯头　图 2-27 为水平定位芯头，其中图 2-27（a）为加大芯头，结构较复杂，主要适用于小砂芯，断面形状可采用Ⅰ型或Ⅱ型；图 2-27（b）为芯头削去一部分，结构简单，主要用于大芯头，断面形状可采用Ⅲ型或Ⅳ型。对于水平定位芯头形式的选用，可参考表 2-37。

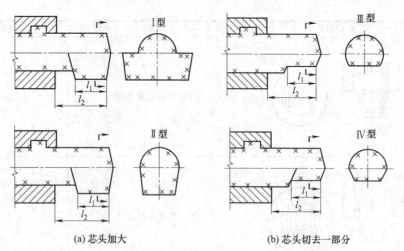

(a) 芯头加大   (b) 芯头切去一部分

图 2-27 水平定位芯头

注：当芯头 l_2 较长时，可取 $l_1 = (0.6 \sim 0.8)l_2$；当芯头 l_2 较短时，可取 $l_1 = l_2$。

表 2-37 水平定位芯头

序号		定位形式	用途	适用范围
1	1a		防止绕水平轴旋转	$D = 100 \sim 250mm$
	1b			
2	2a		防止绕水平轴旋转	$D > 300mm$
	2b			$D > 300mm$
3			防止绕水平轴旋转	$D > 150mm$

序号		定位形式	用途	适用范围
4	4a			$D=10\sim100\text{mm}$
	4b		防止绕水平轴旋转及 沿水平方向移动	$D>70\text{mm}$
	4c			$D>10\text{mm}$
5	5a		防止沿水平方向移动	$D>10\text{mm}$
	5b		防止绕水平轴旋转及沿水平方向移动	$D>10\text{mm}$

注：1. 凡有两个芯头的砂芯，只在一个芯头上考虑定位。

2. l_2 约为 $(0.6\sim0.8)\,l_1$。

③ 特殊定位芯头

有的砂芯有特殊的定位要求，如防止砂芯在型内绕轴线转动，不许轴向位移过大或下芯时容易搞错方位等，这时应用特殊定位芯头。这种芯头的结构可以自行设计。图 2-28 是特殊定位芯头的实例，其中图 2-28（d）中的水平芯头兼有防止沿轴线移动的作用。

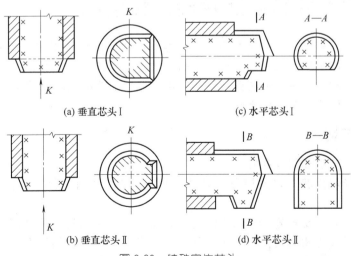

(a) 垂直芯头Ⅰ (c) 水平芯头Ⅰ

(b) 垂直芯头Ⅱ (d) 水平芯头Ⅱ

图 2-28　特殊定位芯头

(5) 芯骨

为了保证砂芯在制造、运输、装配和浇注过程中不变形、不开裂或折断，砂芯应具有足够的刚度与强度。生产中通常在砂芯中埋置芯骨，以提高其强度和刚度。对于小砂芯或砂芯的细薄部分，通常采用易弯曲成形、回弹性小的退火铁丝制作芯骨，可防止砂芯在烘干过程中变形或开裂。对于大、中型砂芯，一般采用铸铁芯骨或用型钢焊接而成的芯骨，这类芯骨由芯骨框架和芯骨齿组成，可反复使用。对于一些大型的砂芯，为了便于吊运，在芯骨上应做出吊攀。

芯骨的形状、大小及材料应与砂芯的形状相适应，并均匀分布于砂芯的断面上，其尾端应伸入芯头，同时，要防止因芯骨而阻碍铸件的收缩。

选择芯骨要满足下列要求。

a. 保证砂芯具有足够的强度和刚度，以防止产生变形和断裂，而且还要注意芯骨不能阻碍铸件的收缩，因此芯骨应有适当的吃砂量。

b. 芯骨不应妨碍在砂芯中安放冷铁、冒口和砂芯排气。

c. 在组芯及坚固砂芯需要时，应在芯骨上铸出吊攀。

d. 如果是组合砂芯，芯骨应考虑组合砂芯的连接和紧固方法。

e. 中、小砂芯用铸铁做芯骨，大型砂芯用铸钢做芯骨。对大型砂芯要在主梁上插齿，将整个砂芯连接在主梁上，插齿材料可用圆钢或盘圆，或两者结合使用（用盘圆组成格子筛网，也可组成格子筛网后再焊在主梁上）。

(6) 砂芯的排气

砂芯在高温金属液的作用下，由于水分蒸发及有机物的挥发、分解和燃烧，在浇注后很短时间内会产生大量气体。当砂芯排气不良时，这些气体会侵入到金属液中，使铸件产生气孔缺陷。因此，在砂芯的结构设计、制造方式，以及在下芯、合型操作中，都要采取必要的措施，使浇注时在砂芯中产生的气体，能顺利地通过芯头及时排出。为此，在制芯方法上应采用透气性好的芯砂制作砂芯，砂芯中应开设排气道，砂芯的芯头尺寸要足够大，以利于气体的排出。在下芯时，应注意不要堵塞芯头的出气孔，在铸型中与芯头出气孔对应的位置应开设排气通道，以便将砂芯中产生的气体引出型外。对于一些砂芯多而复杂的薄壁箱体类铸件，尤其要改善砂芯的排气条件。对于形状复杂的大砂芯，应开设纵横交叉的排气道。排气道必须通至芯头端面，不得与砂芯工作面相通，以免铁液渗入。

2.3 阀门铸件熔炼及铁液质量控制

铸铁熔炼是阀门铸件生产的重要环节。可熔炼铸铁件的炉子很多，有冲天炉、感应炉、电弧炉等。冲天炉由于生产效率高、热效率高、结构简单、操作方便、适应性强、铁液成本低等优点，目前在阀门制造企业得到广泛的应用。但是随着中频电源技术的进一步发展，用于铸铁熔炼的中频感应电炉也在不断扩大。

2.3.1 冲天炉熔炼

(1) 基本构成与主要结构参数

冲天炉属于竖炉范畴。它由炉身、炉顶、支撑、过桥和前炉等5大部分构成如图2-29所示。

炉身是冲天炉的主要部分，它位于炉底板和加料口下沿之间。炉身用6~12mm的钢板作外壳，里面由耐火砖和耐火材料形成炉膛。在外壳与耐火层之间留有15~30mm的间隙，供充填硅酸铝纤维、石棉、硅藻土或灰渣之用，起绝缘作用，同时亦为受热后的耐火砖留出膨胀的余地。加料口处由于常受炉料的冲击，一般用空心的铸铁砖砌筑。为了增加炉身的刚度和承托耐火砖，在炉壳内侧每隔一定距离焊一圈角钢。炉身上设有风箱，鼓风机由风口送入炉内。炉身分有效段和炉缸两部分，底排风口中心线至加料口下沿为有效段，底排风口中心线至炉底为炉缸。它们的高度分别称作有效高度和炉缸高度。有效高度和炉子内径（即炉膛内径）是冲天炉的两个重要结构参数。炉子内径或炉子名义直径基本决定了炉子的名义熔化率（俗称炉子吨位）。炉子有效高度基本决定了炉料预热和炉气热量利用的程度。表 2-38 给出了常用冲天炉的吨位、名义直径、熔化率、有效高度、炉缸高度的关系。

冲天炉一般都有前炉。前炉可以储存铁液，均匀化学成分和温度。由于铁液及时由后炉流入前炉，缩短了与焦炭接触的时间，减少了增碳和增硫，有利于铁液质量的提高。在前炉中，炉渣分离液较为有利。但因设前炉，铁液温度有所下降。因此，前炉用硅酸铝纤维毡保温很有必要，前炉内衬表面搪修材料中常配有相当比例的焦炭粉，亦是为了加强保温作用。含焦炭粉的搪修层不粘渣铁，剔修很方便。前炉容量一般为冲天炉熔化率的 0.5～1 倍。在出铁频繁的车间，多使用转动前炉。此时，为了不使炉渣进入前炉，可在后炉出渣或在过桥上设置分渣器。

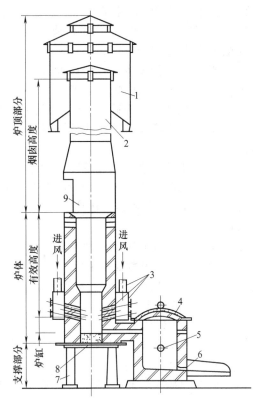

图 2-29　冲天炉主要结构

1—除尘器；2—烟囱；3—送风系统；4—前炉；
5—出渣口；6—出铁口；7—支柱；8—炉底板；
9—加料口

表 2-38　冲天炉吨位、名义直径、熔化率、有效高度、炉缸高度的关系

吨位/t	1	2	3	5	7	10	15
名义直径/mm	450	600	700	900	1100	1300	1600
名义熔化率/(t/h)	1	2	3	5	7	10	15
有效高度比	6～8			5.5～7		4.5～5.5	
炉缸高度/mm	150～200			200～250		250～350	

过桥介于后炉与前炉之间，它的断面较小，受铁液、炉渣和炉气的长期热作用、冲刷和侵蚀，是冲天炉容易损坏的地方，应使用优质耐火材料精心修筑，对于长期连续生产的冲天炉应设双过桥，其中一个过桥备用。

炉顶部分包括烟囱和除尘器。烟囱的作用是利用负压抽分的原理，引导炉气向上流动并排出炉外。烟囱直径为炉身外径的 0.7～1 倍。小型冲天炉烟囱无内衬，3t 以上的炉子则砌筑青砖或耐火砖。除尘器的作用是减少炉气中的粉尘及有害气体。

支撑部分包括炉基、支柱、炉底板和炉底门。炉底门和炉底板由铰链相连，通常作成两扇，借人工或气动、电动关闭。

(2) 对冲天炉熔炼的要求

① **化学成分**　稳定地得到化学成分合乎要求的铁液，C、Si、Mn 含量的波动均应不超过 $\pm 0.1\%$。

② **足够高的出铁温度**　低的出铁温度不但容易产生气孔、夹渣、冷隔和浇不足等缺陷，

而且对于炉况顺利、化学成分的稳定、元素烧损和去硫都有不利影响。高的出铁温度可减少炉料的不良"遗传性"，并提高铸铁的力学性能。一般而言，根据铸件的不同情况，出铁温度至少应达到 $1440\sim1480℃$。

③ 元素烧损要少　在酸性冲天炉中，一般希望硅的烧损小于 $10\%\sim15\%$，锰的烧损小于 $15\%\sim20\%$，铁的烧损小于 $2\%\sim3\%$。渣中 FeO 含量应控制在 $3\%\sim7\%$，低则更好。

④ 熔化要快　在确保铁液质量的前提下，应设法提高炉子的熔化率，充分发挥炉子的生产能力。但需指出，过快的熔化率和低的熔化率都是不正常现象，对铁液的质量是不利的。

⑤ 焦炭要合理　焦耗是冲天炉熔炼的重要工艺参数，对炉内的热工过程和冶金过程影响很大。我国焦炭紧缺，节约焦炭符合可持续发展的国策，但过分地追求节焦而牺牲铁液质量会导致铸件大量报废。因此，一定要以质量为本，根据炉子特点和铸件要求确定一个合理的焦耗。

⑥ 操作方便，劳动条件较好。

(3) 冲天炉的类型和应用

送风质量和送风方式是冲天炉熔炼中最易调节、最为活跃、影响最大的因素，也是冲天炉分类的主要依据。

按送风质量的不同，冲天炉有冷风、热风和加氧送风之分；按送风部位的不同，可分为侧送风和中央送风；按风口排数，分为单排、双排、三排和多排；按风口间排距，分为普通排距和大排距。

我国目前生产中应用的主流炉子为两排大间距冲天炉、热风冲天炉和水冷长炉龄冲天炉。

两排大间距冲天炉的排距一般为炉子内径的 $0.8\sim1.1$ 倍，比普通排距（$150\sim250\text{mm}$）大很多。这种炉子的特点是铁液温度高、元素烧损少、炉况稳定、铸件成品率高，适于生产球墨铸铁件和高牌号灰铸铁件。由于该炉增碳率大，生产高牌号灰铸铁要多配废钢。

热风温度为 $150\sim200℃$ 的冲天炉，克服了风口结渣现象，改善了炉况，铁液温度提高不多，在生产规模不大的中小企业中常有使用。风温超过 $350℃$ 的炉子，冶金能力大大加强，铁液温度高、硫分低、含氧量少，元素烧损亦少。当风温达到 $500℃$ 以后，硅量非但没有烧损，甚至还会有所增加。热风操作熔化速度快，焦耗少。开炉时间长的规模生产车间，上述优势更加明显。风温在 $350℃$ 以上的热风冲天炉是大型企业中大型冲天炉的首选。

加氧送风的作用与热风类似，但全程加氧的情况不多。为了获得第一包高温铁液，或为了排除过桥、出铁口堵塞，或多牌号生产在变更炉料改熔球墨铸铁时，加氧送风不失为一种迅速有效的提温手段。

在连续长时间熔炼的车间，常采用水冷长炉龄冲天炉（冷风或热风）。该炉炉径稳定，铁液温度及化学成分波动小，熔渣少（只有一般炉的 $1/15\sim1/10$），耐火材料消耗和修停炉工时大为减少。这种炉子的插入式水冷铜风口伸入炉内的距离可调，因此熔化率可以变化，对造型线的适应性较强。

风口在四排以上的冲天炉和中央送风冲天炉，20 世纪在焦炭质量差（块度小，固定碳含量低）的时期曾发挥过一定的作用。但由于这两类炉子存在元素烧损大、炉况不稳和铁液易氧化的缺点，如今已很少应用。

2.3.2　电炉熔炼

(1) 电炉熔炼的冶金特点

目前电炉熔炼铸铁主要指的是感应电炉熔炼，其中尤其以无芯感应电炉为主，下面简单介绍一下感应电炉熔炼铸铁的冶金特点。

① 铁液成分的变化

a. 碳硅含量的变化。感应电炉熔炼铸铁一般采用酸性炉衬。当铁液温度超过 C-Si-O 的平衡临界温度时，炉衬中的 SiO_2 将被铁液中的碳还原，使铁液脱碳增硅，从而使碳当量减少，炉衬侵蚀加剧。实践表明，当铁液温度达到 1450℃ 以上保温时，就可能出现上述现象。温度越高，保温时间越长，铁液脱碳增硅越强烈。所以工频炉熔炼球墨铸铁时，炉衬侵蚀严重。

b. 锰含量的变化。酸性炉中，锰一般是烧损的，但烧损量不大，约 5%。

c. 磷、硫含量的变化。磷、硫一般没有变化，但如果加入脱硫剂脱硫，可将铁液含硫的质量分数降至 0.01% 以下。

此外，炉内补加的合金元素一般烧损也较小。所以，感应电炉熔炼铁液的化学成分能够较精确地达到规定要求，但由于炉渣不能感应发热，渣温较低，故感应电炉的冶金性能较差。

② 铁液质量

a. 温度分布均匀。由于感应电炉熔炼时会产生强烈的电磁搅拌现象，使得铁液的成分和温度都比较均匀。但铁液中的杂质不易上浮去除，因而要求炉料要尽量洁净。

b. 铁液的白口倾向大。与冲天炉相比，感应电炉熔炼的铁液白口倾向大，易于产生过冷石墨，使得铸铁的强度与硬度较高。产生这种现象的原因，主要是电炉铁液的形核率较低的缘故。

总的来说，用感应电炉熔炼铸铁，可以准确地控制和调节铁液成分和温度，易于获得高纯度的低硫铁液，元素烧损少。近二十年来，感应电炉熔炼铸铁发展十分迅速，越来越多的中小型铸造厂开始将中频感应电炉用于铸铁熔炼，而工频感应电炉则主要用于与冲天炉配合进行双联熔炼。

(2) 无芯感应电炉熔炼

无芯感应电炉通常根据使用电流频率分为工频无芯感应电炉（50Hz）、中频无芯感应电炉（＞50~10000Hz）和高频无芯感应电炉（＞10000Hz）。

① 基本原理

a. 感应加热原理。无芯感应电炉就像一个空气芯变压器，并根据电磁感应原理工作（图 2-30），坩埚外的感应器线圈相当于变压器的一个侧绕组，坩埚内的金属炉料相当于二次绕组，当感应线圈通以交变电流时，则因交变磁场的作用使短路连接的金属炉料加热熔化，由于这种装置的漏磁大，功率因数低，所以要装大容量多相电容器作无功补偿。

b. 感应效应和电流透入深度。感应效应包括表面效应、圆环效应和邻近效应 3 个方面。表面效应主要表现在金属炉料本身，其特征是感应电流密度绝大部分集中于金属炉料表面。圆环效应主要表现在感应器本身，其特征是当交流电通过环状线圈时，最大电流密度出现在线圈导体的内侧。邻近效应主要表现在感应器和金属炉料间，其特征是在互相影响下感应器和金属炉料的电流要作重新分布。这 3 种效应的综合效应，体现在感应器和金属炉料中的电流密度分布上，如图 2-31 所示。

电流透入深度 δ 是指电流密度减少到表面电流密度的 $\frac{1}{e}$（≈ 0.368）时距离表面的距离。在深度等于 δ 的表面层范围内的能量为全部能量的 86.5%。

c. 电磁力的搅拌作用和驼峰高度。在无芯感应电炉内，被熔化金属由于受到电磁力作用产生强烈搅拌，其运动方向和驼峰见图 2-32。在熔炼时，电磁搅拌作用有助于炉料和金属元素的迅速熔化，化学成分和温度均匀，也有利于脱氧、脱气、去除夹杂物等。但由于电磁搅拌作用，金属液面易出现驼峰，过高的驼峰和剧烈运动易使金属氧化和炉衬侵蚀加剧。

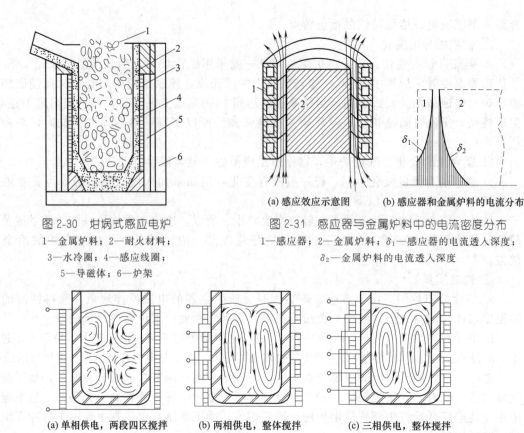

图 2-30　坩埚式感应电炉
1—金属炉料；2—耐火材料；
3—水冷圈；4—感应线圈；
5—导磁体；6—炉架

(a) 感应效应示意图　　　(b) 感应器和金属炉料的电流分布
图 2-31　感应器与金属炉料中的电流密度分布
1—感应器；2—金属炉料；δ_1—感应器的电流透入深度；
δ_2—金属炉料的电流透入深度

(a) 单相供电，两段四区搅拌　　(b) 两相供电，整体搅拌　　(c) 三相供电，整体搅拌
图 2-32　无芯感应电炉内金属液的运动方向和驼峰

d. 电源最低频率和加热物的大小。为确保无芯感应有较高的电效率，被加热金属炉料的直径（或坩埚直径）d（单位为 cm）与电源最低频率 $f_{\min}$ 存在下述关系

$$d = 10^{2\frac{1}{2}}\sqrt{\dfrac{1}{f_{\min}}}$$

② 无芯感应电炉的结构与参数

a. 无芯感应电炉的设备组成。无芯感应电炉由炉体系统、倾炉系统、水冷系统和电气系统4 部分组成。

• 炉体系统是无芯感应电炉的主要工作部分，它包括坩埚、感应器、磁轭、炉架、炉盖、冷却集水管及馈电电缆等，如图 2-33 所示。

坩埚　中小型无芯感应电炉的坩埚大多由炉衬材料打结而成，大型感应电炉的炉衬制作以炉内砌筑式为主，成型整体坩埚目前在国内使用不多，偶见于小容量感应电炉。为了达到良好的电气性能，坩埚设计成瘦长形，而壁较薄。

感应器　感应器由空心紫铜管绕制而成。中频感应电炉多采用方形管或矩形管，工频感应电炉采用异型管。大容量的炉子将感应器分成上、中、下三段，以调控功率及搅拌力度。例如：冷

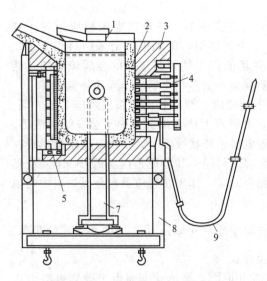

图 2-33　无芯感应电炉炉体系统
1—炉盖；2—坩埚；3—倾动炉架；4—冷却集水管；
5—磁轭；6—感应器；7—倾炉油缸；8—固定炉架；
9—馈电电缆

料熔炼时上、中、下三段都通电，以输入全功率加快熔炼；当需要脱硫或增碳时，使上、中两段以强化搅拌；而炉子处于保温阶段时，使用中、下两段或只用下段，以减少功率和熔池铁液的搅拌。

磁轭　磁轭由硅钢片叠成，分成数列均匀分布于炉体周围，起辅助导磁作用，以加强感应器对炉料的功率传递和两者间的电磁感应，约束漏磁的发散，减少炉架等金属构件的发热。磁轭与炉壳牢固连接，防止炉子工作时因电磁力引起的振动而使炉体系统产生松动。

炉盖　有无炉盖和炉盖的开闭状态对电炉的保温功率影响很大。炉盖由盖框和耐火材料组成。常用的耐火材料有耐火砖、可塑性耐火材料和耐热混凝土。大容量感应电炉的炉盖上还分设小盖，供检查炉况、添加合金料和取样之用，以减少辐射的热损失。炉盖启闭有手动和液压两种形式。现代感应电炉大多采用液压驱动的回转式炉盖启闭机构。

• 倾炉系统包括倾炉机构、油缸和油泵及各种功能阀等。

倾炉机构　常见的倾炉机构有 3 种方式，手轮-蜗轮蜗杆式、电动机-减速机式和油泵-液压缸式。其中以第三种液压倾炉方式为最佳，不仅转动平稳，调速方便，占用空间少，而且出铁口摆动小。因此，液压倾炉机构应用越来越广泛。

倾炉油缸　倾炉油缸多为柱塞油缸，炉体的下降靠其自重来完成，因此倾炉油缸结构比较简单，液压系统较为简化。油箱安置在炉体固定支架的地平面上。油箱与炉体间以砖墙相隔，以免飞溅火星引起油箱和油管着火。油箱除向倾炉油缸供油外，常兼作炉盖启闭的动力源。

• 水冷系统用于控制无芯感应电炉的温度。感应器的工作电流很大，达几千至上万安培，故自身电阻的发热量就很大，占电炉额定功率的 $20\%\sim30\%$。此外，坩埚内炉料和铁液还通过炉衬向感应器不断传递热量。这两部分热量均需通过冷却水带走，以确保感应器工作温度和电阻率的降低。铜感应器的工作温度每降低 $10℃$，电阻减少 4%，电耗可相应降低 4%。必须指出，感应器的水冷却对于炉衬结构的相对稳定，保证坩埚的安全作业和提高炉龄也是相当重要的。除了感应器外，水冷却部位还有汇流母线排、电缆、电容器、磁轭、变频器和电抗器等，视需要而定。通常规定，冷却水的进水温度应低于 $35℃$，出水温度控制在 $50\sim55℃$ 以下，冷却水的升温不超过 $25℃$，水的流速在 $1.0\sim1.5m/s$。为了节约水资源，必须设置带冷却池、冷却塔的循环水冷却系统。

• 电气系统包括主电路、控制电路和保护电路等。

工频感应电炉的功率因数很低，一般仅为 $0.10\sim0.25$。因此，必须并联电容器以补偿无功功率，提高功率因数。为了克服感应电炉单相负载对电网的影响，保持电网的三相平衡，必须配置三相功率平衡装置。三相功率平衡装置由平衡电抗器和平衡电容器组成。图 2-34 为工频感应电炉的供电系统示意。

中频感应电炉的主电路较为简单，包括炉用变压器、变频器和感应炉。中频感应电炉通常采用晶闸管变频器，它利用可控硅变频，其结构紧凑、无噪声、工作可靠、电能利用效率高达 95% 以上，已完全替代了早年应用的中频发电机组。晶闸管变频器可自动变频以适应炉料参数的变化，无需如工频感应电炉那样通过接触器增减电容来补偿功率因数，也无需三相平衡装置。

以并联谐振变频器为例，它通过晶闸管将三相交流电变换为直流电，再经平波后由逆变器中的晶闸管将直流电变换为中频交流电。负载为感应器和电容并联谐振回路。并联电容起补偿感应器功率因数和换相时提供能量关断晶闸管的双重作用。

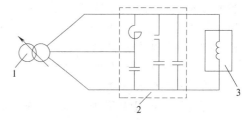

图 2-34　工频感应电炉的供电系统示意
1—炉用变压器；2—平衡装置与补偿装置；
3—感应炉

感应电炉电源的输入电压在一定范围内是可调的，以满足烘炉、熔化和保温时对不同功率的需要。

b. 无芯感应电炉的规格。部分工频无芯感应炉的型号和主要规格见表 2-39；部分熔炼用的中频无芯感应电炉的型号和主要规格见表 2-40。

表 2-39　工频无芯感应炉的型号和主要规格

型号	额定容量/t	额定电压/V	额定功率/kW	耗电量/(kW·h/t)
GW-1-360	1	500	360	650
GW-1.5-500	1.5	750	500	610
GW-3-800	3	1000	800	590

表 2-40　国内用于熔炼的中频无芯感应电炉产品系列规格

名称	GW-0.15T	GW-0.25T	GW-0.5T	GW-1T	GW-1.5T	GW-2T	GW-3T	GW-5T	GW-6T	GW-7T
额定功率/kW	150	250	400	800	1200	1500	2000	3000	3500	4000
进线电压/V	380	380	380	380~660	380~660	380~660	580~660	580~660	660	660
熔化率/t·h⁻¹	0.15	0.25	0.5	1	1.5	2	3	5	6	7
耗水量/t·h⁻¹	5	7	10	18	22	28	35	45	50	55
耗电量/kW·h⁻¹	780	760	720	650~620	630~600	610~590	600~580	600~580	600~580	600~580
额定电压/V	750	750	1400	1400~2500	1400~2500	1400~2500	2300~2500	2300~2500	2500	2500
额定容量/t	0.15	0.25	0.5	1	1.5	2	3	5	6	7
额定温度/℃	1600	1600	1600	1600	1600	1600	1600	1600	1600	1600

2.3.3　冲天炉与电炉的对比分析

(1) 冲天炉的特点

冲天炉熔炼与电炉熔炼相比具有如下特点：可连续出铁液；适合于各种批量和规模的生产需要；设备费用低；占地面积少；铁液通过高温焦炭层时，有净化作用，可提供优质的铁液；铁液品质稳定，特别是对高牌号的铸件；熔炼过程排放大量的灰尘和废气，如果处理不好，易造成环境污染；铁液吸收来自焦炭的硫，对生产球墨铸铁不利；铁液的化学成分和温度波动较大，且供应量不易改变；货物运输量较大。

(2) 冲天炉与电炉熔化的比较

① 冶金性能及铁液质量　冲天炉的冶金性能远优于感应炉，这是公认的。冲天炉内由 1700℃ 以上的高温和焦炭、熔渣、炉气构成的冶金环境对铁料和铁液的成分变化发挥着积极的作用。通过工艺控制，可实现增碳增硅、大幅度减少合金元素的烧损、降低增硫率。尤其较大容量的外热风长炉龄冲天炉，稳定和提高铁液质量的能力更强。在冲天炉内，虽然铁液的过热时间仅仅几分钟，但由于铁液呈液滴和细小的流股，有足够的表面积与焦炭、熔渣、炉气接触，实现充分的吸热升温和物质传递。铁液过热温度可达 1600℃ 以上；出炉铁液的硫含量可控制 0.06% 以下；铁液和熔渣的流动性很好，有利于金属氧化物从铁液向渣中转移；铁液在炉内的过热时间短，铁液中有 0.005% 左右的氧和 0.06% 左右的硫，它们的高熔点化合物可作为形核基底；出炉后，铁液中自生晶核较多，通过孕育处理细化晶粒的作用对于高牌号灰铸铁更显著。

感应炉的最高温度为 1600℃ 左右，不及冲天炉，在使用增碳剂时，难以高度溶解分散，结晶时易形成片块状石墨。铁液的过热时间长达一小时，又有电磁搅拌，可作为共晶结晶的外来晶核因溶解、反应而大量减少。硫含量约为 0.03%，氧含量约为 0.002%，因为形核基底过少，铁液的过冷度增大，在相同的碳当量下，比冲天炉高 40~50℃。铸件的细薄处易出现白口，切削性能差。铸件的收缩倾向大，厚壁部分易产生缩松、缩孔。采取常用的孕育手段作用不明显，须采用大剂量、强效孕育剂及多次孕育。

由于冶金能力差，电炉对炉料的适应性远不如冲天炉。必须使用洁净无锈的炉料，配料的成分应满足铁液成分的要求，而不能期望通过熔炼达到铁液的成分。用低碳炉料熔制高碳铸铁时，对增添剂的性质和增碳量均有较严格的限制，因此炉料中废钢的比例也受到限制，冲天炉却可全部用废钢作炉料熔炼高碳铸铁。感应炉配料中，原生铁的比例不能高，原生铁中的粗大石墨片在感应炉的温度条件下，难以完全溶于铁液，形成细小的石墨晶粒，在铁液结晶时，作为结晶核心形成初生石墨。这些石墨呈块片状，对铸铁的力学性能有不良影响。通常感应炉原生铁用量在 10% 左右，超过 20%，铸铁的力学性能将难以保证。

生产球铁和高牌号灰铸铁时，为避免产生遗传性，回炉料的比例也不宜过高。

② 设备投资比较　冲天炉熔炼系统的组成差别很大。以熔化率为 10t/h 为例，一套单班制常温送风冲天炉及加料机价格约为 30 万元，而一套外热风无衬长龄炉售价约为 350 万元；不同熔炼性能、不同生产条件的冲天炉，售价也不同，为企业的合理选择提供了更多、更适宜的可行性。

感应炉的冶金功能很小，因而不同结构的感应炉熔炼性能差别不大，价格的差别主要在品牌及质量，对生产条件的要求比较一致，因此不能按生产条件选择炉子，只能按炉子的要求提供生产条件，也不能根据产品和炉料状况选择感应炉。一套熔炼用的 10t 中频感应炉，如果按一小时熔炼一炉，电力装机容量需 7000kV·A，国产设备售价约 250 万元，尚未计及电力增容的费用和增容的可能性。

双联熔炼用的中频保温炉，保温在 1450℃ 时中频电源为 800kW，设备报价为 78.8 万元，15min 升温 100℃ 时，中频电源为 2000kW，设备报价为 103.7 万元。

③ 环保分析　冲天炉熔化是生铁与焦炭、石灰石等直接接触，通过焦炭燃烧产生的热能将生铁熔化，熔炼过程中会产生大量的 CO、CO_2、SO_2 气体和粉尘，如果直接排放，将造成严重的大气污染。同时，为了炉渣粒化，通常还会有废水需要排放。随着人类环保意识的逐渐增强和环保法规的不断健全，要满足达标排放，必须设置昂贵的冷却及除尘装置，处理后的废气浓度可控制在 $50mg/m^3$ 以下。另外，由于冲天炉结构的特点，打炉后一段时间内，加料口处温度通常可达 800~900℃，影响操作环境和建筑安全。冲天炉的热效率比较低，一般只能达到 40% 左右。在发达国家，冲天炉炉渣和废气的排放量一般占铸造厂废弃物排放量的 16.5% 左右。对于单一中频感应炉熔炼，由于炉料中不含焦炭、石灰石，同时加料后炉料不再受外界冲击，因此，粉尘很少，配备除尘系统后，排放标准可达 $10mg/m^3$ 以下，亦无需炉渣粒化处理，所以环保设备的投入大大减少，有利于环境保护。同时也减少了操作管理及日常的维护保养工作。

④ 熔炼设备选择　正确地选择熔炼设备，对生产的综合效益影响很大。我国是铸件生产大国，但我国的铸铁熔炼设备很落后，小容量冲天炉的数量过多造成了高能耗、高材耗、高污染、低质量、低效益的局面。尤其近年来，焦炭和炉料价格的不适当上涨，环保要求的越来越严格，给本来就效益较低的中小企业的生存造成了相当大的困难。走包括改变铸铁熔炼方式在内的改革之路，提高效益、求得生存与发展的想法无疑是正确的，问题在于如何选择铸铁熔炼方式。

表 2-41 主要从生产技术方面比较了冲天炉和感应炉的特点，可供参考。生产技术与综合效益是密切相关的，选择设备的根本依据是设备用于生产的综合效益。具体选择时，应根据生产的实际情况和预期发展从影响综合效益的各个方面分析计算，以得出最好的方案。

国内外铸铁熔炼方法的发展和大量的生产实践给我们提供了可以借鉴的经验，冲天炉作为铸铁熔炼主要设备的地位至少在今后几十年内不会改变，大容量、长炉龄、外热风、智能化操作的冲天炉将随着铸造业的发展而不断增加数量，以其低能耗、低材耗、低污染、高质量、高效益的优良性能在改变我国铸铁件生产落后面貌的过程中发挥关键的作用。在大批大量生产中，冲天炉-感应炉双联熔炼作为首选而应大力推广。在电力、炉料等生产条件能满足要求的前提下，中小规模生产附加值较高的铸铁件，采用感应炉熔化也是一种可行的选择。

表 2-41　熔炼方式比较

熔炼方式	冲天炉熔炼	感应电炉熔炼
铸铁种类	灰铸铁、球墨铸铁、可锻铸铁，某些中、低合金铸铁	合金铸铁、可锻铸铁、球墨铸铁、灰铸铁
对炉料要求	块度适当，可使用不同比例的废钢、切屑、原生铁、回炉料，配料中 C、Si 含量可与铁液有较大差别，可使用渣铁及部分球团，可不做净化处理	块度适当，不宜大量使用原生铁及回炉料，配料的成分应与铁液成分一致，应做净化处理，不宜使用低质炉料
产品批量	批量、大批量生产	批量
生产规模	大规模	中小规模
生产方式	平行工作制、连续工作制、阶段工作制	阶段工作制
造型机械化程度	高	中低
电力供应量	较小	大
操作技术要求	较高	不高
设备容量	宜大	不宜大
铁液质量	不同类型冲天炉，铁液质量及其稳定性差别较大	铁液质量不高，但稳定性易于控制

通过以上分析比较，在投资、运行成本、炉料的适应性等方面，冲天炉具有一定的优势，但在环境保护、铁水成分调整、生产组织等方面，电炉熔炼更有特点。作者认为，在电力条件允许，铁水材质满足工艺要求和铸件性能的前提下，熔化设备应优先选用电炉熔炼。但必须注意，由于熔炼方式不同，冶金条件不同，使用电炉熔炼时要将传统的冲天炉熔炼工艺做相应的变动，并制订新的熔炼工艺。同时，必须注意由于铁水在高温下长期保温，造成结晶核心的减少，会引起过冷度增加，铸件白口倾向增大，特别是对灰铁铸件。对于一个新的铸造项目，虽然产品相同，但可能由于厂址不同，分析选用的熔化设备也就不同；同样一个铸造厂，可能由于生产的产品不同，分析选用的熔化设备不同；同一个铸造厂，不同的时期选用的熔化设备也可能不同。总之，一个铸造厂究竟选用什么样的熔化设备，必须用发展的眼光进行分析，要视具体情况而定，冲天炉和熔化电炉的优缺点也会随着技术的不断发展而改变。

2.3.4　铸铁熔炼过程中的质量控制

（1）灰铸铁的炉前质量检测方法

① 三角试样法　三角试样的规格如图 2-35 所示，试样砂型可用干砂型或湿砂型。试样冷却至暗红色（600～700℃）淬水，若水强烈沸腾，则试样温度过高，下水速度过快；若水微沸腾，并有吱吱声响，则速度合适。试样冷却后打断，测量试样白口数（白口宽度）观察截面颜色和组织。

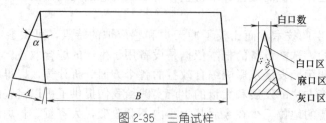

图 2-35　三角试样

一般白口宽度应为铸件薄壁处的 $1/6 \sim 1/3$。白口宽度过大，铁液应补加孕育剂，一般补加 $\omega_{FeSi75} = 0.1\%$，白口宽度可减小 $1 \sim 1.5mm$。白口宽度过小，应向包内冲入适量铁液以调整成分。根据断口颜色确定含碳量范围，由白口宽度确定（C＋Si）总量，即可知道硅的含量。此方法一般多用于检验高牌号铸铁。

② 圆柱形试样法　将铁液浇入预热至200℃的铁模（表2-42）内，试样冷却至暗红色淬水，然后打断，观察断口颜色、白口层深度、试样顶部变化情况，可判断铁液碳硅含量和铸铁牌号。若断口组织里外均匀细致，则碳当量适中，孕育良好，壁厚敏感性小。若内部粗大里外不均，则碳当量高，孕育不良，壁厚敏感性大。此方法一般都用于检验低牌号铁液。

表 2-42　圆柱试样

试样外形							
断口情况							
白口深度	11.5	23	45	68	912	13	全白口
铁水牌号	HT100	HT150	HT200	HT250	HT300	HT350	HT400

(2) 孕育铸铁的炉前质量检测方法

检验方法有三角试样法、化学分析和金相检验等。三角试样检验仍是目前工厂应用最广泛的一种简便方法。一般先根据铸件壁厚和牌号要求，确定孕育铸铁前后三角试样的白口宽度值，然后再确定孕育剂的加入量。

(3) 球墨铸铁的炉前质量检测方法

① 三角试样法　断口呈银灰色丝绒状，组织较细，中心有疏松（稀土镁球墨铸铁的中心缩松不明显），顶部和两侧有缩凹，试样有大圆角，角上有白口，敲击时有钢声，淬火后砸开有电石气味，则球化良好。断口呈银灰色，中心有分散黑点，则球化不良。断口呈暗灰色颗粒状或黑麻断面，角上无白口，表明未球化。断口呈麻口或白口，晶粒呈放射状，表面有球化而孕育不足，可补充孕育剂。

② 圆柱试样法　用处理后的铁液浇注（$\phi 20 \sim \phi 30mm$）×120mm 的圆柱形试棒，冷却至暗红色（600～700℃）淬水，打断并观察断口。试样断口呈银灰色，组织致密，中心有缩松，有电石气味，敲击有钢声，则球化良好。试样断口呈暗灰色，中心无缩松，则表示未球化。

③ 铁液表面膜观察法　球墨铸铁液表面有一层很厚的氧化膜，与灰铸铁液表面有以下区别：铁液温度低，氧化膜越明显，当温度超过 1380℃时，则难以鉴别（此法对稀土镁球墨铸铁不适用）。

球化时，铁液表面平静，覆盖一层皱皮，温度下降后出现五颜六色的浮皮；未球化时，表面翻腾严重，氧化皮极少，并集中在中央；半球化时，表面现象介于两者之间。

④ 火苗检验法　球化后在补加铁液搅拌、倒包时，铁液表面有火苗蹿出，这是镁蒸气逸出燃烧的现象。火苗越多、越蓝、越有力，球化越好。大于 40mm 的大火苗 3 个以上、小火苗多而有力或有 12 个大火苗、杂有 10 个以上的小火苗时球化良好。小于 15mm 的小火苗少而无力时球化一般（衰退快）。看不到火苗时表面未球化。在铁液温度偏高时，火苗有

萎缩现象。稀土镁球墨铸铁的火苗特征不明显。

⑤ 敲击听声法　把试片悬空敲击，利用球墨铸铁吸振性差、传音性强的特点进行鉴别。尖锐有韵如同钢声，表明有球化；尖锐有韵但响声不长，则半球化；声音闷哑，则未球化。

⑥ 快速金相分析法　以直径 $\phi20mm\times20mm$ 或 $\phi30mm\times30mm$ 试棒，凝固后淬水冷却，在砂轮上磨去表面，经粗磨和抛光后用显微镜观察，按球化标准评级。此法可在 2min 内完成，比较准确可靠，由于铸件比试棒大，试棒球化级别比铸件高一些。

⑦ 热分析法　用电子电位差计直接记录球墨铸铁试样（$\phi40mm\times60mm$）的冷却曲线。将记录的曲线与各种球化级别的标准曲线对照，确定所测定试样的球化级别和渗碳体数量，此法约需 2min 即可完成。

(4) 可锻铸铁的炉前质量检测方法

① 三角试样法　与孕育铸铁的方法类似，采用湿砂型竖浇，冷却至 750℃（呈紫红色）以下时淬水，然后打断观察其截面。要求三角试样截面呈白口或中心有少数灰点，若断口中心灰点较多，则应用该铁液浇注较薄的铸件，或往铁液中补加质量分数为 0.001% ～ 0.003% 的铋。

② 圆柱试样法　采用湿砂型浇注直径等于铸件最大壁厚的 1.5～2 倍，长度为 200～250mm 的圆棒，冷却至 750℃以下淬水，打断后观察其截面。

整个截面为白口，其中心为 5～10 个小灰点，则碳、硅总量适当。试棒顶部收缩小，淬水时有微裂现象，试棒不易敲断，截面无针状碳化物出现，呈灰黑色细密组织，则碳低、硅低。试棒顶部不缩，淬水时热裂现象严重，截面呈灰色粒状组织，试棒易于敲断，则碳高、硅高。试棒顶部收缩大，敲打时性脆，截面平直，针状碳化物从边缘伸至中心，粗大发亮，则碳低，硅高。

③ 快速分析法　浇注一 $\phi20mm\times25mm$ 的试块，冷却至 750℃以下淬水，钻取粉末分析成分。根据分析结果，鉴别铁液质量和对铁液成分进行调整。

2.4　造型与制芯

2.4.1　造型方法的分类与选择

造型方法多种多样，仅手工造型方法就有几十种，对于某一个铸件采用什么造型方法好，要根据铸件的质量要求、重量、形状结构复杂程度和尺寸、生产数量、生产条件及其技术要求等多方面因素来决定。例如一个简单的闸板铸件，当单件或少量生产时，可用手工造型；当生产数量较大时，可用机器造型。又如一个船用直角水滤器，必须使用三箱造型。如果是一个大规格阀体铸件且重量及表面质量要求比较严格，则可以考虑自硬树脂砂造型。因此，对于一定形状结构的铸件，要综合考虑各种因素才能确定其造型方法。

(1) 手工造型

① 砂箱造型　砂箱造型具有较大的灵活性和适应性，目前仍然是应用最广泛的一种造型方法，这里着重介绍几种砂箱造型方法，以及如何根据铸件的结构来选择最合理的造型方法。

a. 两箱造型。两箱造型按其模样分，又可分为整体模样、可分开模样和刮板模样造型。常用的是可分开模样的对箱造型，如图 2-36 所示。造型时，先将下砂型舂好，然后翻箱，舂制上砂型。这种方法操作简单，适用于各种批量的阀门铸件。

b. 三箱和多箱造型。对于单靠一个分型面不能起出全部模样的铸件，可采用三箱或者多箱造型。这种方法不仅适用于多分型面的铸件，也适用于高大而结构复杂的铸件。在三箱或多箱造型中，有的先春制下砂型，也有的先春制中砂型，要根据模样的结构情况区别对待。

② 脱箱造型　脱箱造型（图 2-37）方法采用组合式砂箱进行造型，造好后将砂箱取走，形成一个无砂箱的砂箱。

手工脱箱造型的砂型，为防止浇注时砂型损坏造成跑火或型漏，浇注前应加套箱，或用旧砂填实春紧。

脱箱造型适用于各种批量的湿型铸造中、小型铸件，生产效率高，操作方便灵活，适应性强，既可用于手工造型，又可用于机器造型的流水线生产。

③ 漏模造型　漏模造型是将模样固定在模底板上，春砂后，模样经漏板漏出，而贴着模样具有一定紧实度的型砂由于有漏板挡住，不会被带出。这种从春砂到起模一次完成的造型方法叫漏模造型。采用漏模造型可以提高砂型质量，保证铸件的尺寸精度，提高劳动生产率，减轻劳动强度，对操作技术要求较低，并能延长模样的使用寿命，从而降低铸件的经济成本。

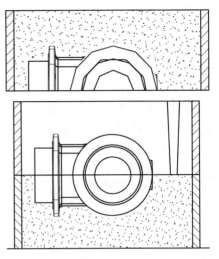

图 2-36　两箱分模造型

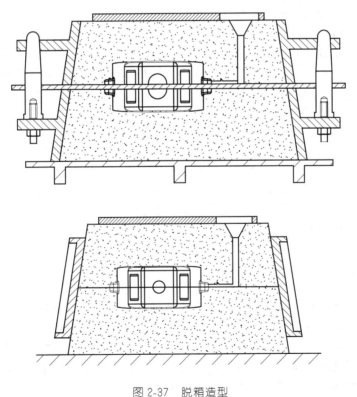

图 2-37　脱箱造型

④ 手工造型操作要领　下面就造型操作中的填砂、春砂、起模、修型的操作要领做简单介绍。

a. 填砂。型砂一般分为面砂、中间砂、背砂。贴近模样表面填面砂，面砂后面是背砂，有时在面砂和背砂之间填中间砂或特殊用途砂。填砂前要检查大型模样的起模装置是否牢固。填砂时检查冷铁、浇道模样、活块等的埋放情况。填面砂时，对于价格昂贵的型砂，须先用手工贴覆，然后放上中间砂或背砂才开始舂砂。填入的面砂和背砂应松散、不结块。面砂的厚度视铸件壁厚和型砂的种类而定，舂实后为 20～30mm，大型铸件舂实后的面砂厚度可达为 100mm 以上。手工舂砂时每次填砂厚度为 100mm，用风动捣固器舂砂时每次填砂厚度为 200～250mm。

b. 舂砂。舂砂前将模样、活块、浇冒口模样先用砂固定好位置，不要舂歪或移位。不易舂实的部位或模样凹陷处先用手塞紧或舂实，但不宜过硬，以防在起模时一起带出。活块的临时定位销要及时取出，避免起模时损坏砂型。为了防止塌型，有的部位要放入木条、铁钩、铁棍等加强。舂砂时要注意气路的设置与贯通。舂头与模样之间的砂层要保持在 20mm 以上，以免损坏模样或局部砂块舂得太硬，在起模时砂块粘在模样上或浇注后铸件产生结疤。舂砂的紧实度要均匀适当，舂砂太松易产生掉砂、塌型、胀砂现象；舂砂太紧会降低砂型透气性，使铸件产生气孔。箱带处砂型要舂紧些，以防塌型。下型要比上型舂得紧些，以防胀砂。干型要比湿型舂得紧些。总之，整个砂型紧实度要合理分布。

在舂砂过程中，若模样较高，一次用面砂全部贴覆有困难，可将面砂的贴覆与中间砂的填、舂同时进行。如果模样很高，只舂面砂和中间砂也有困难时，可分层进行填、舂。

c. 起模。起模前先将模样四周砂型稍作修整，压光浮砂。松模后找出模样重心位置，小件的起模针要放在重心位置上，大件的起模吊具的合力要通过重心。起模方向应保持垂直向上，边向上起出边敲打模样。起模动作是先缓慢上起，当模样快全部起出砂型时，应快速上升，以防模样起出型腔口面时摇摆撞坏砂型。

d. 修型。起模时带出的大块型砂，取出后仍要覆盖于原处。在覆盖前将砂型损伤处刷一薄层淡淡的黏结剂或水，覆盖后插铁钉加固。凡砂型损坏的部位，应事先刷少量的水稍加润湿，但湿型刷水一定要少，过湿会使铸件产生气孔。刷水后用面砂加插铁钉修补。大面积或较浅的损坏面，先挖深划毛，再进行修补，并插铁钉加固。对局部松软的部位，用手按实或用手锤舂实。型腔内以及浇冒口系统内的尖角、两面相交的棱角必须倒成圆角。在型腔内的转角处、凸台、浇口附近、大平面上、损坏修补处、型腔薄弱部位都要在修型时插铁钉加固。整个修型过程，是从上往下修，避免下面修好后又被上面落下的型砂弄脏。

砂型修好后要开出浇口，内浇道不要开在横浇道的尽头或上部，以便发挥横浇道的集渣作用。浇道应使金属液平稳流入型腔，以免冲坏砂型和砂芯。各浇道表面要修光滑、正确，以防金属液将砂粒冲入型腔中。最后扎出暗冒口和芯座上的出气孔，在型腔内和浇冒口内均匀地涂刷一定厚度的涂料。

(2) 机器造型

① 高压造型　压实造型就是型砂借助与压头或模样所传递的压力坚实成型，按比压大小可分为低压（0.15～0.4MPa）、中压（0.4～0.7MPa）、高压（＞0.7MPa）3 种。高压造型具有生产率高，所得铸件尺寸精度和表面质量较好。同时，由于砂型紧实度高，强度大，砂型受振动或冲击而塌落的危险性小，因而可以降低铸造缺陷。对于较大的砂型，例如，砂箱内框尺寸为 800mm×600mm 或更大时，可以用无箱带的砂箱，造型和落砂都十分方便。所以，高压造型目前应用很普遍。特别是大批和大量生产的铸造车间，多采用高压造型。在工业发达国家，高压造型已基本取代了一般压实造型。

高压造型通常采用多触头高压造型机，以使砂型紧实度均匀化。随着造型设备的不断发展，目前多触头的压力已经可以根据不同铸件（或模样的不同部位）的要求，进行调整，可以在同一砂型中得到不同的砂型紧实度。因此，其适应范围广，可以用于精度要求较高的、较复杂的铸件生产。

② 振压造型　振压造型，即振击和加压使型内砂子紧实。其砂型密度的波动范围小，可获得紧实度较高的砂型。一般应用较多的是微振压实造型方法，其振动频率 400～500Hz，

振幅小，可同时微振压实，也可先微振后压实，比单纯压实可获得较高的砂型紧实度，均匀性比较高。可用于精度要求高、较复杂铸件的成批大量生产。

由于振压造型机的振动大、噪声大，生产率低等原因，现正逐渐被高压、射压、气流紧实等高效造型机所取代。

③ 机器造型方法的选择　造型方法的选择应根据多方面因素综合考虑。

a. 铸件精度。当生产铸件尺寸精度高，表面粗糙度要求高的铸件时，应选择砂型紧实度高的造型方法。

b. 铸件材质。铸件材质不同，对砂型刚度的要求不同。一般铸铁要求高于非铁合金，球墨铸铁高于灰铁和可锻铸铁。对于砂型刚度要求高度的材质，宜选用砂型紧实度高的造型方法。

c. 铸型结构。当铸件具有狭小凹槽、高的吊砂、密集的出气孔时，应选用起模精度高、砂型紧实均匀的造型方法。

d. 铸件产品、批量和品种。产量大、批量大、品种单一的铸件宜选用生产效率高或专用的造型设备。小批量及多品种铸件宜选用工艺灵活、生产组织方便的造型设备。单件生产以手工造型为主。

e. 铸件形状、大小和重量。在条件许可时，形状相似、大小及重量差别不大的铸件应选用同一造型机。当砂箱需要设置箱带时尤其如此，以便于砂箱的统一。

f. 型砂的要求。在一条生产线上布置多组造型机时，应尽量考虑统一型砂的要求来选择造型机。

g. 造型车间的配套设备。在老车间改造时此点尤为重要，要结合原车间厂房条件、其他配套设备（如熔炼、砂处理等）的生产能力、工艺水平、运输条件、工艺流程等，用系统工程观点进行分析，确定选用哪一种造型机最为合适，以发挥投资的最大效益。

h. 工装条件。模样的尺寸精度和表面粗糙度水平应与所选用的造型机相匹配。

i. 造型设备。优先选用少、无公害（噪声低，不散发有害气体）的、能满足环境保护、工业卫生和劳动安全要求的造型设备。

j. 生产线。高效率的造型机应配备造型生产线而不单独使用。

(3) 消失模造型

消失模造型是采用泡沫模料模样（包括浇冒口）替代木模或金属模，造型后模具不取出，形成无型腔铸型，浇注时高温金属液使模样燃烧、气化、消失，金属液填充模样位置，冷却、凝固形成铸件。

消失模铸造由于没有型腔和分型面，主要具有以下特点。

• 由于突破了分型、起模的铸造工艺界限，极大地扩充了铸造工艺可行性和设计自由度，使模样可以按照铸件使用要求设计。

• 大大简化了造型工序，取消了复杂的造型材料的准备、砂处理、分型、下芯、合型等许多繁杂工序，使造型效率提高了 2～5 倍。

• 铸件的尺寸形状准确重复性好，可减少加工余量，它是一种经无余量精确成型的新工艺，尺寸精度和表面粗糙度值接近熔模精密铸造。

• 砂处理、造型及清理设备的投资减少 30%～50%，铸件成本可下降 10%～30%。造型材料废弃物少、污染少，容易实现清洁生产，劳动环境好。

① 模样材料与制模

a. 模样材料。消失模铸造模样原材料有聚苯乙烯（EPS）、聚甲基丙烯酸甲酯（PMMA）、聚丙烯（PP）和聚氯乙烯（PVC）等。其中应用最广的是聚苯乙烯泡沫塑料，它是碳的质量分数约为 92%、氢的质量分数为 8% 的碳氢化合物，具有发气量低（仅为

$105cm^3/g$）、残留物量小、密度小、气化迅速等优点。铸造用泡沫塑料的规格和牌号如表 2-43 所示，物理性能和力学性能如表 2-44 所示，化学性能如表 2-45 所示，线收缩率如表 2-46 所示。聚苯乙烯珠粒的粒度和密度决定模样的表面质量、力学性能、发气量及残留物量。因此，希望获得小粒度聚苯乙烯珠粒的同时，适当降低密度。

表 2-43　铸造用泡沫塑料的规格和牌号

型号	牌号	密度 $\rho/g \cdot cm^{-3}$	规格	
			聚苯乙烯珠粒筛号数	板材（长/mm）×（宽/mm）×（高/mm）
Zkb-18	铸-1	0.015～0.020	10～16	1500×1000×100
Zkb-18	铸-2	0.020～0.025	17～20	1500×1000×100/50
Zkb-18	铸-3	0.06～0.12	21～25	—

表 2-44　泡沫塑料的物理性能和力学性能

密度 $\rho/g \cdot cm^{-3}$	0.020	0.030	0.040	0.050
抗拉强度/kPa			300	
抗弯强度/kPa	302	380	517	527
抗压强度/kPa	122	181	243	286
冲击韧度/$J \cdot cm^{-2}$	0.046	0.049	0.056	0.082
冲击弹性/%	28	30	29	30
热变形温度/℃			75	
耐寒值/℃			−80	
吸水性/$kg \cdot m^{-3}$			<1	
线胀系数/K^{-1}			$7×10^{-5}$	

表 2-45　泡沫塑料的化学性能

性能	化学药品
稳定而不溶解	水、海水、浓盐酸、浓硝酸、浓磷酸、浓醋酸、苛性钾（质量分数50%）水溶液、乙醇、甲醇、植物油、乙酸乙酯
在溶剂中溶解	丙酮、氯化烃类、苯、甲苯、混合汽油、松节油、乙醚、香蕉水、乙酸乙酯

表 2-46　泡沫塑料的线收缩率

冷却方式	线收缩率/%	测试条件
空冷到起模温度	0.2～0.3	试样密度为 0.25g/cm³，试样尺寸为 $\phi35mm×450mm$
流水冷却至起模温度	0.3～0.5	
静水冷却至起模温度	0.5～0.8	

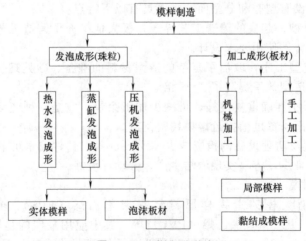

图 2-38　模样制造分类

b. 制模。消失模铸造用模样的制造方法主要根据产品数量及批量而定，大批量生产是采用发泡成形，单件、小批生产时采用与木模制造相似的加工方法，如图 2-38 所示。

• 发泡成形。聚苯乙烯珠粒在发泡成形之前，进行预发泡处理来调整所需的粒度和密度。含有发泡剂的珠粒在 80～110℃ 预处理温度下软化膨胀，使珠粒密度控制在 0.016～0.024g/cm³ 之间。为获得低密度的珠粒还可以进行两次预发泡处理。然后在空气中放置几小时，让空气渗透到珠粒泡孔内，进行熟化处理，使其状态稳定，恢复弹性和再膨胀能力。

将经过预发泡处理并熟化好的聚苯乙烯珠粒置入发泡模具中，通入蒸汽或热空气加热，使预发过程的珠粒在模具内进一步膨胀，获得组织致密、表面光洁的模样。加热时间由加热方式及模样结构、薄厚而定（见表 2-47）。压机制模用压型结构如图 2-39 所示。

表 2-47　发泡成形加热时间

加热方式	蒸汽压力/Pa	加热时间/min
压机通气成形	<200	2
蒸缸发泡成形	40～75	5～20

• 加工成形。用泡沫塑料板材，采用车、铣、刨、磨、电热丝切割及手工方法，先加工成若干个形状简单的部件，再用醋酸黏结剂将各个部件黏结组成整体。另外，模样与浇冒口系统组成模样组。目前国内黏结剂有热熔胶型、水溶型和有机溶剂型。

• 模样结构。常用模样的结构形式见表 2-48。随着计算机技术的发展，将大量采用快速成形技术制造模样，大大缩短制模的生产时间，实现铸件快捷生产。

表 2-48　常用的泡沫塑料结构

类别	应用范围	特点
塑木结构	生产批量不等、形状复杂、无法起模或修模困难部位	泡沫塑料模与木模结合，省略制芯工序、简化造型操作
空心结构	形状简单、壁厚大于 80mm 铸件	节约模样材料，减少浇注时产生大量气体
内通气结构	壁厚差较大或壁厚大于 50mm 铸件	有利于加速泡沫塑料模的气化
分块模结构	形状复杂的铸件	借助模样的分块，以解决造型填砂的困难

② 消失模铸造成形基础理论

a. 铸型的充填。在消失模铸造中，由于泡沫塑料的绝缘作用，充型过程中只有流动前沿附近的泡沫塑料发生软化、熔融、气化和燃烧。流动前沿的形貌总是从内浇道开始以放射弧状依次向前推进。加热过程中塑料模样的体积及质量变化如图 2-40 所示。模样的分解、提高涂料和铸型的透气性、提高浇注温度和真空度都有助于提高充型速度。

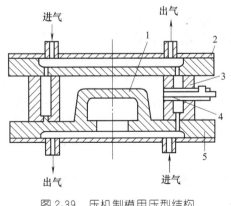

图 2-39　压机制模用压型结构
1—模芯；2—上盖板；3—模框；
4—进料口；5—下底板

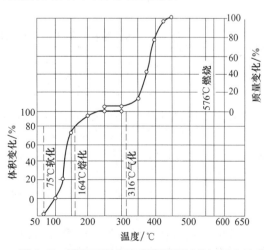

图 2-40　聚苯乙烯泡沫塑料模在加热过程中的变化

b. 模样分解过程及产物对铸件的影响。铸型中模样受高温金属液的作用，先发生软化、熔融，继而气化燃烧，模样在金属液热作用下产生大量气体，形成气隙。浇注速度快或铸型透气性差时，气隙处压力大，易发生金属液沸腾，使尚未完全气化的模样残留物卷入金属液或压向铸型表面，引起铸件缺陷。

浇注铸铁件，模样的分解物具有双重作用。一方面由于模样材料不完全分解生成的固相碳分布在铸型表面，能够防止铸件表面粘砂；另一方面，固相碳在局部堆积过多，引起铸件表面粗糙、夹渣，甚至形成波状或滴流状皱皮。

③ 消失模铸造工艺

a. 造型。

ⅰ. 型砂。消失模铸造用型砂从原来有黏结剂，发展到洁净无黏结剂的干砂。鉴于消失模铸造工艺的特点，主要考虑型砂的透气性、水分和流动性。因此，选用型砂时主要从以下几方面考虑。

• 透气性。对干砂而言，透气性主要取决于型砂粒度及粒度匹配。消失模铸造型砂粒度比普通砂型铸造的大，透气性大于 500。

• 流动性。型砂要有足够的流动能力，保证型砂在振动力作用下能均匀填充到模样的空腔内及深凹处。

• 颗粒形状。采用棱角形型砂比圆形型砂好，经振动后虽然不能达到足够高的紧实度，却具有较高的抵抗砂粒运动的能力，同时，兼有较高的透气性。

ⅱ. 造型工艺。采用无黏结剂干砂造型时，对高度不大的简单小型铸件可一次性填砂，然后振动紧实。对较高的中、大型铸件采取分批填砂，每批填砂量控制在 150～300mm 以内，逐层振动紧实。采用振动频率 50Hz，振幅 3mm 的三维振动台，时间控制在 3min 以内，可使型砂填充到模样的各个内部通道中，提高型砂紧实度，满足工艺要求。常见的干砂填充方法有柔性管加砂和雨淋式加砂法。

采用含有黏结剂的自硬砂造型时，每批填砂量宜控制在 100～150mm，自下而上逐层振实。对复杂或薄壁铸件，可借助托架、垫板及撑筋等辅助工具来提高模样刚度，防止变形。为加速排气，铸型多扎一些出气孔和安放内外排气道进行排气。

b. 浇冒口系统。

• 浇注系统类型及比例。消失模铸造宜采用开放的底注式、侧底注式或阶梯式浇注系统。浇注系统各组元截面积应比普通砂型铸造大些。通常比铸铁件各组元截面积大 20%～50%，各组元截面积比例见表 2-49。内浇道布置不宜集中，应分散多道，截面厚度不应小于 5mm。

表 2-49 消失模铸造浇注系统组元截面积比例

材质	浇注系统组元截面积比例		
	$\sum F_{直}$	$\sum F_{横}$	$\sum F_{内}$
铸铁	1	1.1～1.5	1.4～3.0

消失模铸造冒口因不受起模限制，可以设置在需要补缩和排渣的任意部位，一般采用球形暗冒口，即可提高冒口补缩率及排渣效果，又可消除浇注时的烟雾，同时还阻止泡沫塑料的裂解燃烧。浇冒口尺寸确定可按砂型铸造浇冒口计算方式进行，然后结合消失模铸造特点，适当调整。

• 浇注。消失模铸造浇注原则是先慢后快再慢。浇注温度比普通砂型铸造铸铁件高 30～80℃。

c. 涂料。消失模铸造工艺中涂料至关重要，它除有提高铸型耐火度和铸件表面质量作用外，还有提高泡沫塑料模样表面抗磨性和表面强度的作用。消失模铸造涂料分耐火涂料和表面光洁涂料两类，但通常对要求较高的铸件才使用表面光洁的涂料。

消失模铸造涂料应具有耐火度高，热稳定性好，配置方便，存放时间长，价廉无公害等基本性能。此外，还应具备以下基本性能。

• 透气性。消失模铸造工艺特点决定了涂料的透气性，特别是高温透气性，是一个非常重要的技术指标，它直接影响分解产物是否能顺利排出。透气性主要取决于耐火材料粒度匹配、黏结剂的种类及加入量。

• 涂挂性。泡沫塑料具有憎水性，一般常用的水基涂料不容易涂挂在模样的表面，通过加入表面活性剂改善涂挂性。加入表面活性剂后，涂料往往容易产生气泡，适量的气泡有利于涂料透气性的改善，但气泡过多，应加入适量消泡剂。

• 快干性。泡沫塑料热变形温度低，涂刷后只能在空气中自然干燥或低温烘干。快干性的改善可通过加入能改变涂料流变性或有减水效果的物质来实现。

涂料由耐火材料、黏结剂、载体、悬浮剂、附加物等组成。

• 耐火材料。是涂料的骨料，常用耐火材料有刚玉粉、锆英粉、硅石粉、铝矾土、镁砂粉、高岭土类熟料等。耐火材料应具有高的耐火度，适宜的粒度，且不与金属液发生化学反应。

• 溶剂载体。是用来熔解黏结剂，并携带粉料在模样表面形成涂料层。常用载体有水、乙醇等。

• 黏结剂。它将骨料颗粒相互黏结起来，干燥后使涂料层具有一定的强度。常用黏结剂有羟甲基纤维素、聚醋酸乙烯乳液、酚醛树脂等。

• 悬浮剂及附加物。常用活性膨润土、纤维素做悬浮剂。为改善涂料某方面性能往往加入表面活性剂、发泡剂、消泡剂、防腐剂等附加物。

d. 常用涂料配方及使用范围。消失模铸造常用耐火涂料见表 2-50，表面光洁涂料见表 2-51。

表 2-50 常用耐火涂料配方及使用范围 单位：%

序号	耐火材料						黏结剂		溶剂	适用范围
	硅石粉	锆砂粉	刚玉粉	镁砂粉	铝矾土	石墨粉	聚乙烯醇缩丁醛	膨润土	乙醇	
1	—	—	—	—	70～80	10～20	少量	6～8	适量	普通铸件
2	—	—	—	—	50～60	5～10	适量	—	35～40	
3	—	—	25～40	—	25～40	5～10	适量	—	35～40	厚壁及要求较高的铸件
4	—	25～40	25～40	—	—	5～10	适量	—	35～40	

表 2-51 常用表面光洁涂料配方及使用范围 单位：%

序号	硝酸纤维素	乙醇	乙二醇乙醚醋酸酯	苯二甲酸丁二酯	蓖麻油	樟脑	石蜡	硬脂酸	泡沫塑料粉末	牛油	苯	使用范围
1	25	50	12.5	3.12	3.13	6.25			—	—	—	表面粗糙度要求高的铸件
2	—	43	—	—	—	—	10	40	—	—	7	普通铸件
3	—	—	—	—	—	—	100	—	适量	—	—	普通铸件
4	—	—	—	—	—	—	20	—	适量	80	—	普通铸件

e. 落砂。消失模铸造采用无黏结剂的干砂造型，浇注后待其凝固冷却，打箱时只要将砂箱翻转，铸件与造型材料即可分离，完成落砂。

（4）自硬树脂砂造型

自硬树脂砂工艺是指在室温下，通过向型砂和芯砂加入一定量的液体树脂黏结剂及固化剂，使之在芯盒或砂箱中在一定时间内能自行硬化成形的一种造型、制芯工艺。此工艺的主要优点如下。

① 树脂砂工艺与黏土砂相比铸件的尺寸精度可提高二级，表面粗糙度值可降低 $1\sim2$ 级，铸件废品率可减少一半，从而增加了企业的产品在市场中的竞争能力。

② 型砂和芯砂能常温自硬成形，节能节材，改善工人的作业条件。

③ 型砂和芯砂在可使用时间内流动性好，能在较小紧实力作用下，较好地充填形状复杂的型、芯各个部位，明显减轻工人的劳动强度。

④ 芯砂的溃散性好，铸件落砂、清理容易。

⑤ 能明显提高车间的单位面积产量，降低车间里空气中的粉尘含量。

因此，从 20 世纪 70 年代以呋喃自硬树脂砂为代表的各种树脂黏结剂砂竞相开发，迅速推广，使我国造型、制芯方法产生重大变革。原先一些用黏土砂和水玻璃砂生产的铸件，尤其是中、大型铸件，已被自硬树脂砂工艺所取代，我国铸造车间的落后面貌正在被改变。

目前已应用于铸造生产的自硬树脂砂，按树脂的固化方法可分为 3 种：酸固化的呋喃树脂砂、酯固化的碱性酚醛树脂砂和胺固化的酚尿烷树脂砂等。由于自硬树脂砂工艺的特点是生产效率不高，比较适用于单件、小批量、多品种的中、大型铸件的型、芯生产，故在我国的机床、通用、机车、造船和重型等行业得到了广泛应用。

在上述几种自硬树脂砂工艺中，以酸固化呋喃树脂砂在我国应用最多，这是因为它所采用的原辅材料及其设备能成套供应，技术较成熟，积累的经验也最丰富。目前国内多个采用树脂砂工艺的厂家，绝大多数是采用这种工艺。不过，酸固化的呋喃树脂砂高温塑性差，固化剂中含硫，容易使铸钢件产生热裂等铸造缺陷。因此，酸固化的呋喃自硬树脂砂在铸铁件生产中得到了十分广泛的应用，而碱性酚醛树脂砂在铸钢件生产中有广泛的应用前景。表 2-52 为阀门企业主要采用的两种自硬树脂砂的配方及优缺点。

2.4.2 制芯方法的分类与选择

制造砂芯的方法有机器制芯和手工制芯，手工制芯又分为芯盒制芯和刮板制芯两类。本书主要介绍黏土砂手工制芯方法。

表 2-52 　自硬树脂砂的配方、优缺点

树脂砂种类	配方		优 缺 点
	黏结剂	固化剂	
呋喃树脂自硬砂	呋喃树脂，加入量为原砂重量的 0.9%～1.2%	对甲苯磺酸，加入量为树脂重量的 30%～50%	优点： ①常温强度高，树脂加入量少，耗砂量少； ②高温强度高，型砂耐热性好； ③树脂黏度小，便于混砂； ④树脂稳定性好，可存放 1～2 年； ⑤树脂砂硬透性好（即每间隔 5min，测得型、芯内外各部分硬度均匀一致的特性）； ⑥旧砂再生率高（>90%），新砂用量很少 缺点： ①树脂含游离甲醛高（质量分数为 0.3%～0.5%），浇注时放出有害气体，污染环境； ②树脂含氮量和发气速度高，铸件易产生气孔； ③型砂吸湿性较大，雨季铸件废品增加； ④对原砂质量要求较高； ⑤冬季硬化速度慢，固化剂易结晶； ⑥不能用于碱性原砂

树脂砂种类	配方		优 缺 点
	黏结剂	固化剂	
碱性酚醛树脂自硬砂	碱性酚醛树脂加入量为原砂重量的1.5%~2.0%	甘油醋酸酯,加入量为树脂重量的30%~40%	优点: ①树脂砂中不含硫、磷、氮等元素,防止由这些元素引起的铸造缺陷; ②树脂游离醛少,改善了劳动环境; ③对原砂要求不高,碱性原砂也可使用; ④硬化性能好,在较低温度下可固化; ⑤抗吸湿性好; ⑥溃散性好 缺点: ①树脂强度偏低,加入量较多; ②树脂黏度大,混砂难均匀; ③型砂和芯砂导热性较差; ④旧砂再生率低

(1) 芯盒制芯

制造芯盒可根据生产砂芯的数量多少采用不同材料,砂芯数量大的可采用铁质和铝质的芯盒,砂芯数量少的可采用木质的芯盒。制芯的芯盒按结构可分为整体式、对开式和脱落式3种。

① 整体式芯盒制芯 整体式芯盒适用于制造形状简单、自身斜度大的砂芯。芯盒上面有较大的敞口,且敞口多为平面。整体式芯盒制芯过程如下。

a. 首先检查芯盒有无变形或损坏,并将芯盒内的杂物清扫干净,按照铸造工艺图检查芯盒形状尺寸无误后,填入适量的芯砂并春实。

b. 黏土砂小型芯骨可在白泥浆水中浸一下,较大的芯骨可用刷子刷上泥浆水,来增强芯骨和芯砂的黏结力。

c. 按框架在上,插齿和吊环在下的原则,将芯骨安放在芯盒内,观察四周吃砂量是否合适,然后用手锤轻轻敲击芯骨至上部吃砂量合适为止。

d. 放入通气材料,如炉渣、焦炭、干砂、草绳等,再填砂春实。春砂时,注意每层填砂厚度应适量,以保证紧实度均匀。

e. 刮去高出敞口平面的芯砂,修整后刷上涂料。

f. 将芯盒翻转180°,放到烘芯板上,烘芯板上要预先垫一层纸。

g. 敲动芯盒,松动后取出芯盒,砂芯便留在烘芯板上。

h. 挖出吊环,修整砂芯,刷上涂料。

图2-41所示为整体式芯盒示意图。

② 对开式芯盒制芯 对于圆柱体、长方体等类型的砂芯,由于砂芯的长度比直径大,因此常用对开式芯盒制芯。砂芯长度较短的,可将两半芯盒合上,用卡具卡紧后再春砂,见图2-42。对于长度较长的砂芯,可在两半芯盒中分别春制,然后再合成一个整体砂芯,但应在分芯面上刷白泥水或其他黏结剂涂膏。

用对开式芯盒制粗短砂芯,其操作过程如下。

a. 首先检查芯盒定位销的配合,再看芯盒有无损坏或变形,尺寸是否准确,并清理芯盒的工作表面。

b. 合上芯盒,用夹钳夹紧放在春砂平板上,填砂和春砂。

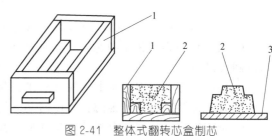

图2-41 整体式翻转芯盒制芯

1—芯盒;2—砂芯;3—烤芯板

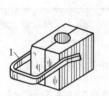
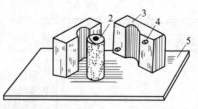

图 2-42　对开式芯盒制芯

1—夹钳；2—砂芯；3—芯盒；4—定位销；5—烘芯平板

c. 舂砂至一定高度时，敲入芯骨，继续舂砂至满。

d. 刮平上端面，沿砂芯的中心部位，用通气针扎出通气孔。

e. 取下芯盒上的夹钳，把芯盒放平并轻轻敲动，然后取去上半芯盒。

f. 取出砂芯，放在烘芯板上，刷好涂料。

③ 脱落式芯盒制芯　形状复杂的砂芯往往采用脱落式芯盒制芯。它是根据砂芯形状，选择一个较大的平面做舂砂面，并将芯盒四周妨碍起模的部分做成活块，翻转后，芯盒脱落，而活块则留在砂芯中，然后从侧面适当的方向取出活块，砂芯制作完毕，如图 2-43 所示。

脱落式芯盒制芯时应注意：

a. 舂砂前，检查活块的放置，定位是否可靠，对芯盒框要校正，防止歪扭，芯盒要紧固好，以免舂砂时尺寸胀大；

b. 舂砂时，要先将活块周围的芯砂紧实，防止活块移动；

c. 砂芯制作完毕后，活块应及时放回芯盒中并装配好，以免丢失。

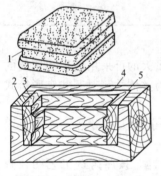
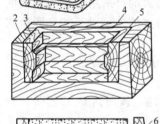

图 2-43　脱落式芯盒制芯

1—砂芯；2—芯盒框；
3～6—芯盒中的活块

（2）刮板制芯

导向刮板制芯同导向刮板造型基本一样。它也是利用刮板沿着导轨来回移动刮制砂芯。见图 2-44。

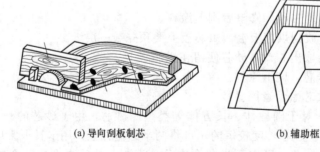

(a) 导向刮板制芯　　　　　(b) 辅助框

图 2-44　导向刮板制芯

a. 在底板上铺一层芯砂，厚度根据砂芯大小而定，一般为 20～30mm。

b. 放上浸过白泥浆水的芯骨，摆放端正，并用刮板沿导轨来回试刮一次，看芯骨有无妨碍刮板移动。

c. 根据砂芯的结构和大小，放上蜡线、草绳、焦炭等通气材料。

d. 填入芯砂并舂实，为防止舂砂时芯砂散开，可做一个辅助框将芯砂挡住。

e. 取去辅助框，用刮板刮平，制好半个砂芯。

f. 用同样方法刮制另外半个砂芯，刮制前应注意两半砂芯的弯曲方向要对称。将两半砂芯拼合起来，然后进行修整，上涂料。

2.4.3 合型

合型是造型的最后一道工序。在合型过程中，任何疏忽都会造成铸件产生气孔、砂眼、错型、偏芯等缺陷，严重时使铸件报废。对于复杂铸件，在合型时一定要把工艺图看懂，对铸型全面检查合格后再进行合型。

(1) 准备工作

① 熟悉技术资料　合型前首先熟悉该铸件的铸造工艺图、工艺卡和其他工艺文件。弄清芯撑、冷铁的放置和方法，各砂芯的相互位置关系、下芯顺序、固定方法、通气方法。

② 检查砂型和砂芯的质量　通过肉眼观察或采用样板以及其他检验工具检验砂型（芯）的形状和尺寸是否合格，检查型（芯）紧实度和烘干状况，若有烘干不良或局部烧坏等现象，应对破损处进行仔细修补和再烘干。

③ 准备合型用物品和场地　准备好芯撑、冷铁、石棉绳、浇口圈、冒口圈、吊具等。考虑好砂型（芯）吊运、翻转方案。对底部吃砂量较小的砂型，将放置下砂型的场地进行平整，并垫上一层松软的型砂或干砂，或将地坑平整好，把砂型放在地坑内浇注。

(2) 下芯操作

① 安放砂芯　按照工艺文件或考虑好的下芯方案顺序下芯，在下芯的过程中要仔细检查砂芯的相对位置，控制铸件的壁厚。安放截止阀壳体类泥芯时必须要确认泥芯的安放方向是和截止流向相同的。

② 固定砂芯　一般的砂芯是靠芯头把砂芯固定在砂型里；尺寸较大或结构特殊的砂芯，有时需要用芯撑来增加砂芯的支撑点。悬吊的砂芯常用铁丝或专用的夹具固定。合理利用芯撑、垫片，可防止砂芯位移或错芯。芯头处要用干砂或型砂和石棉绳等塞紧。

③ 检查砂型、砂芯通气状况　砂型的通气必须良好，每个砂芯的通气道要畅通。在砂芯安装过程中要认真检查砂芯与砂芯之间、砂芯与芯座之间的通气孔是否相互连通。大型铸件或烘干的砂芯要在通气孔周围或芯头处放一圈泥条或石棉绳等，防止浇注时金属液钻入芯头堵塞通气道。

(3) 合型操作

① 精整砂型　主要是将安装好的砂芯，砂芯与砂型之间以及其他空隙和裂缝用填补涂料或型砂加以填平整修。安装好的砂型，应用除尘工具仔细清除型腔中的散砂、灰尘及其他杂物，当型腔较浅时，可用皮老虎吹除；型腔较深时，可用一个Y形三通管接上压缩空气，另一端套上软管伸入型腔，当高速气流通过直管时，支管上的软管内会形成负压，将散砂吸出。

如果生产场地没有压缩空气，可在提钩头部固定一团软泥，用泥团将型腔内散砂粘出。

② 验型　验型就是合型后再打开砂型，检查砂型分型面是否严实，通气孔是否对准，砂型是否被压坏，芯撑高度是否合适等操作过程。验型是大型铸件保证质量，防止产生缺陷所必需的重要工艺操作。一般验型要在分型面上以及芯头的顶面分别放置细小的软泥条，当上型压下后，再打开上型，根据泥条被压扁程度看分型面间隙、芯头与芯座间的间隙或砂芯与上型之间的距离以及铸件壁厚是否合适。再根据泥条压扁程度，考虑合型时所围石棉绳或白泥条的厚度以及是否调整砂芯高度。

③ 合型　通过验型检查砂型合格后，对砂型进行再次烘烤。在大型铸件分型面上用细干砂、石棉绳或白泥条沿型边缘围一圈，以防跑火。合型时上砂型要吊平，按合型标志（记号）对准合型，然后将烘干的浇冒口杯安放好，并使接缝严密。合型后抹好缝隙，压上压铁或用紧固装置紧固好砂型。把浇冒口及通气孔盖好，防止掉入砂子或杂物。湿型砂容易损坏

的地方，要做出标志，防止踩踏。将金属液牌号和浇注重量用粉笔写在砂箱壁上，以便于浇注。

2.4.4　造型制芯设备

（1）黏土砂造型设备

① 振压式造型机　以 Z145 型振压式造型机为例，它是典型的以振击为主、压实为辅的小型造型机，广泛用于小型机械化铸造车间，最大砂箱尺寸为 400mm×500mm，比压为 0.125MPa，单机生产率为 60 型/h。

a. 结构。Z145 型振压式造型机的总图如图 2-45 所示，其振压气缸的结构如图 2-46 所示。机架是悬臂单立柱结构，压板架是转臂式的。机架和转臂都是箱形结构。为了适应不同高度的砂箱，打开压板机构上的防尘罩，转动手柄，可以调整压板在转臂上的高度。

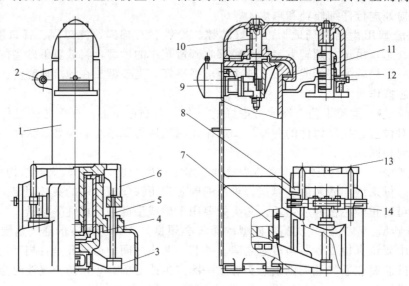

图 2-45　Z145 型振压式造型机总图

1—机身；2—按压阀；3—起模同步架；4—振压气缸；5—起模导向杆；6—起模顶杆；
7—起模液压缸；8—振动器；9—转臂动力缸；10—转臂中心轴；11—垫块；
12—压板机构；13—工作台；14—起模架

转臂可以绕转臂中心轴 10 旋转。由转臂动力缸 9 推动一齿条，带动转臂中心轴 10 上的齿轮，使转臂摇转。为了使转臂转动终了时能平稳停止，避免冲击，动力缸在行程两端都有阻尼缸缓冲。

Z145 振压造型机采用顶杆法起模。装在机身内的起模液压缸 7 带动起模同步架 3，起模同步架 3 带动装在工作台两侧的两个起模导向杆 5 在起模时同时向上顶起。起模导向杆 5 带动起模架 14 和顶杆同步上升，顶着砂箱四个角而起模。为了适应不同大小的砂箱，顶杆在起模架上的位置可以在一定的范围内调节。

为了保证起模质量，起模运动要缓慢平稳，因而用气压油驱动，起模液压缸的结构可见图 2-47。气由进气杆 3 进入起模缸，作用在缸内油液上，油液通过节流阀 2 的小孔进入下面的液压缸，推动起模缸向上，因此起模速度十分平稳，起模的速度可借节流阀调节。起模回程时，液压缸中的油液可以通过芯杆 5 的中心孔推开上面的单向阀 4，快速回流，所以回程的速度可以很快。

b. 控制系统。Z145 振压造型机是气动控制，其管路图如图 2-48 所示。造型机的所有动

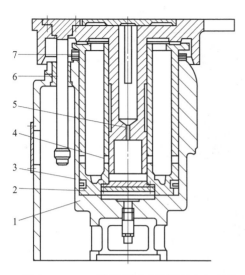

图 2-46　Z145 型振压式造型机的气缸结构
1—压实气缸；2—压实活塞及振击气缸；
3—密封圈；4—振击气缸排气；
5—振击活塞；6—导杆；7—折叠式防尘罩

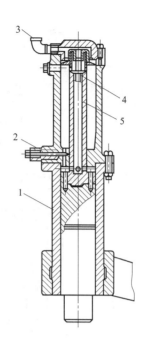

图 2-47　Z145 的起模液压缸
1—起模缸；2—节流阀；3—进气杆；4—单向阀；5—芯杆

作由分配阀 4 控制，而分配阀则由按压阀缸 7 控制。当按压阀按下时，压缩空气送至分配阀。每按一次按压阀，转换一次工序动作，阀盘转 360°依次完成以下动作：振击；转臂前转；压实；转臂旁转，压板移开；起模；起模架下落，机器恢复至原始位置。

图中梭阀 1 的作用是在压实时，通向压实缸的压缩空气分出一支，经过梭阀，把钢球推向左边，通到转臂动力缸，以防止转臂反转，保证压实的顺利进行。另外，起模缸上升时，拨杆 2 也随着上升，拨动转阀 3，使振动器开动，辅助起模顺利进行。

② 多触头高压微振造型机　高压造型机是 20 世纪 60 年代发展起来的黏土砂造型机，它具有生产率高，所得铸件尺寸精度高、表面粗糙度低等一系列优点，目前仍被广泛采用。高压造型机通常采用多触头压头，并与气动微振紧实相结合，故称为多触头高压微振造型机。典型的多触头高压微振造型机的结构如图 2-49 所示，通常由机架、微振压实机构、多触头压头、定量加砂斗、进出砂箱辊道等部分组成。

机架为四立柱式。上面横梁 10 上装有浮动式多触头压头 13 及漏底式加砂斗 8，它们装在移动小车上，由压头移动缸 9 带动可以来回移动。机体内的紧实缸可以分为两部分，上部是气动微振缸 17，下部是具有快速举升缸的压实缸 1。4 是模板穿梭机构（图 2-50），将模板框连同

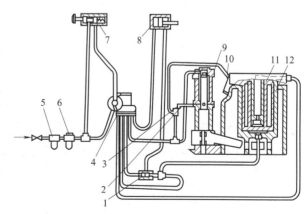

图 2-48　Z145 的控制管路
1—梭阀；2—拨杆；3—转阀；4—分配阀；5—空气过滤器；
6—油雾器；7—按压阀缸；8—转臂动力缸；9—起模缸；
10—振动器；11—振击气缸；12—压实气缸

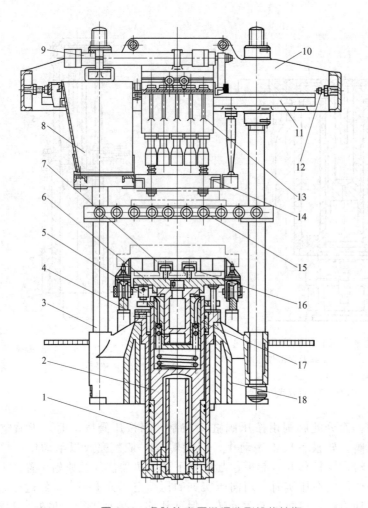

图 2-49　多触头高压微振造型机的结构

1—压实缸；2—压实活塞；3—立柱；4—模板穿梭机构；5—振动器；6—工作台；7—模板框；
8—加砂斗；9—压头移动缸；10—横梁；11—导轨；12—缓冲器；13—多触头压头；
14—辅助框；15—边辊道；16—模板夹紧器；17—气动微振缸；18—机座

模板送入造型机，定位后，在工作台 6 上由模板夹紧器 16 夹紧。

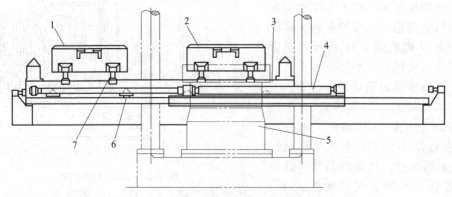

图 2-50　模板穿梭机构

1、2—模板及模板框；3—穿梭小车；4—驱动液压缸；5—高压造型机；6—车轮；7—定位销

造型时，空砂箱由边辊道 15 送入。活塞 2 先快速上升，同时，高位油箱向压实缸 1 充液。工作台上升，先托住砂箱，然后托住辅助框 14。此时压头小车移位，加砂斗向砂箱填砂。同时开动微振机构进行预振，型砂得到初步紧实。加砂及预振完毕后，压头小车再次移位，加砂头移出，多触头压头移入。在这个过程中，加砂头将砂型顶面刮平。然后，微振缸与压实缸同时工作，从压实孔通入高压油液，实施高压，进行压振，使型砂进一步紧实。紧实后，工作台 6 下降，边辊道托住砂型，实现起模。

造型机所用砂箱内尺寸为 800mm×600mm×200mm，生产率为每小时 150 箱砂型。

③ 小型气动微振造型机　小型气动微振造型机，以压缩空气为动力，具有振实、压实、微振起模三大功能，上下箱可同时完成作业，在阀门制造企业得到广泛应用。该机下型采用振实，上型采用压实，可获得硬度均匀的上下铸型。起模时由振动器给予模板轻微振动，利用安装在砂箱上的导柱进行；因为操作简单便捷且动作基本由机械完成，所以初学者也能达到高生产效率。它有两种型号，一种工作台面尺寸为 450mm×520mm，适用于单模铸件重量在 10kg 以下的砂型；另一种工作台面为 550mm×620mm，适用于单模铸件重量在 20kg 以下的砂型，是传统 Z14X 型造型机的扩展和延伸，属半自动型设备。造型机外观如图 2-51 所示。

此造型机具有以下特点。

a. 结构简单，易于操作，学一个星期便可熟练操作，生产效率可达 40～50 箱/h。

b. 模具砂箱规格集中，便于管理和组织。

c. 砂箱高度可调，可以生产不同规格的铸件，适应能力强。

d. 模具更换、调整方便，只需 10min，既适合大批量生产，也适合多品种小批量生产。

e. 运行成本低，动力介质为压缩空气，压力为 0.6MPa，用气量 0.2m³/min。

f. 维护成本低，主要损耗配件为振动器、活塞环，费用低。

g. 安装使用方便，只要地脚固定，通气即可生产。

h. 人机性能好，操作高度 1m，降低劳动强度。

i. 安全性能高，具有安全保护装置，防止活塞伤人。

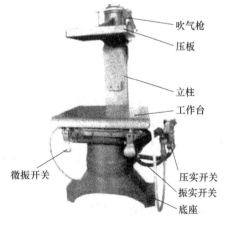

图 2-51　小型气动微振造型机

(2) 制芯设备

制芯设备的结构型式与芯砂黏结剂及造芯工艺密切相关，常用的造芯设备有：热芯盒射芯机、冷芯盒射芯机和壳芯机 3 类。

热芯盒射芯机的结构如图 2-52 所示，主要由供砂装置、射砂机构工作台及夹紧机构、立柱机座、加热板及控制系统组成，依次完成：加砂、芯盒夹紧、射砂、加热硬化、取芯等工序。

① 加砂　当振动电动机 1 工作时，砂斗振动并向射砂筒 3 加砂；振动电动机停止工作时，加砂完毕。

② 芯盒夹紧　夹紧气缸 17 推动夹紧器 16 完成芯盒的合闭，升降气缸 7 驱动工作台上升完成芯盒的夹紧。

③ 射砂　加砂完毕后，闸板伸出关闭加砂口，闸板密封圈 11 的下部进气使之贴合闸板以保证射腔的密封。射砂时，环形薄膜阀 22 上部排气，压缩空气由 b 室进入射腔 a，再通

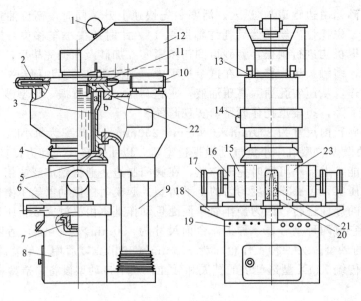

图 2-52 ZZ8612 热芯盒射芯机

1—振动电动机；2—闸板；3—射砂筒；4—射砂头；5—排气塞；6—气动托板；
7—工作台及其升降气缸；8—底座；9—立柱；10—闸板气缸；11—闸板密封圈；
12—砂斗；13—减振器；14—排气阀；15—加热板；16—夹紧器；17—夹紧气缸；
18—工作台；19—开关控制器；20—取芯杆；21—砂芯；22—环形薄膜阀；23—芯盒

过射砂筒 3 上的缝进入射砂筒，完成射砂工作。

射砂完毕后，射砂阀关闭（环形薄膜阀 22 上方充气），快速排气阀 14 打开，排除射砂筒内的余气。

④ 加热硬化　加热板 15 通电加热，砂芯受热硬化。

⑤ 开盒取芯　加热延时后，升降气缸 7 下降，夹紧气缸 17 打开，取芯。

2.4.5　造型生产线

造型生产线是根据生产铸件的工艺要求，将主机（造型机）和辅机（翻箱机、合型机、落砂机、压铁机、捅箱机、落箱机等）按照一定的工艺流程，用运输设备（铸型输送机、辊道等）联系起来，并采用一定的控制方法所组成的机械化或自动化造型生产体系。

(1) 铸型输送机

铸型输送机是造型生产线中联系造型、下芯、合型、压铁、浇注、落砂等工艺的主要运输设备，常见的铸型输送机有水平连续式铸型输送机、脉动式铸型输送机和间歇式铸型输送机等。

① 水平连续式铸型输送机　我国水平连续式铸型输送机的定型产品有 SZ-60 型连续式铸型输送机，如图 2-53 所示，它由输送小车、传动装置、张紧装置和轨道系统等部分组成。

该铸型输送机工作可靠，故障率低，可以根据工艺要求敷设成各种复杂的布置路线，因此在生产中使用非常广泛。但由于落箱、浇注、加卸压铁等工序都是在小车运动过程中进行，使实现这些工序的机械设备复杂化。为此，有些使用单位将这种输送机的传动装置改成脉动形式，可使上述工序在静态下进行。

② 脉动式铸型输送机　脉动式铸型输送机的运动是有节奏的。按工艺要求定出静止及运动的时间，每次移动是一个小车距离，且要求定位准确，以便实现下芯、合型、浇注等工序的自动化。脉动式铸型输送机大多采用液压传动。工作时，传动装置的插销缸首先动作，

把插销插入车体的圆销孔内，同时拔出定位销，驱动缸随即带动车体前进一个节距，待定装置的插销插入定位销孔后，拔出驱动装置的插销，驱动缸退回原始位置，如此有节奏地往复循环，小车即脉动地前进。脉动式铸型输送机的张紧装置和轨道系统与水平连续式铸型输送机的基本相同。脉动式铸型输送机的优点是：小车每次移动的距离不变，能在静态下实现下芯、合型、浇注等工序；但其传动装置的制造精度要求较高、成本高、维修工作量大。

③ 间歇式铸型输送机　间歇式铸型输送机的静止与移动是根据需要而定的，是非节奏性运动。其传动方式可分液压传动，机械传动及手动。间歇式铸型输送机的特点是输送小车为分离的，互不连接。与连续或脉动式输送机不同，间歇式铸型输送机的线路一般都设计成非封闭式，各条线路都有单独的传动装置，线路之间采用转动机构或辊道以实现循环运输。此种输送机结构简单，布线紧凑，能在静止状态下实现落箱、下芯、合型、浇注等工序，工作节奏可以灵活安排或随时任意改变；但动力消耗大，控制系统复杂，生产率不高，适用于多品种的批量生产。

(2) 造型生产线的辅机

在造型生产线上，为完成造型工艺过程而设置各式各样的辅机，如落砂机、去气孔机、翻箱机、合型机等。这些辅机的动作和结构大多比较简单，一般由工作机构（机械手）、驱动装置（气动、液动或机动）、定位装置（限位夹紧）和缓冲装置等组成。常见的造型生产线辅机的类型及其作用和特点见表 2-53。

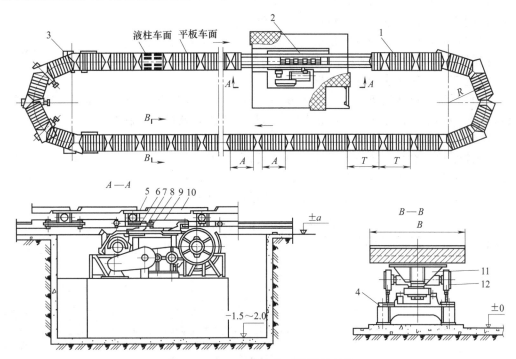

图 2-53　SZ-60 型连续式铸型输送机

1—输送小车；2—传动装置；3—张紧装置；4—轨道系统；5—链轮；6—驱动链条；7—推块；8—导轮；
9—牵引链条；10—车面；11—车体；12—走动轮

表 2-53　造型生产线辅机的类型及其作用特点

名称	作用	特点
刮砂机	刮运砂箱上的余砂	用气动(或液压)砂铲
转箱机	使砂箱绕垂直轴转	用气动(或液压)齿轮齿条机构
浇注机	浇注液体金属	用手工、机械和自动机

名称	作用	特点
捅箱机	使铸件出箱	用气动(或液压)推头
落砂机	将砂箱或铸件落砂	用振动或滚筒落砂机
推箱机	推移砂箱用	气动(或液压)推杆
下芯机	对下型下芯用	用气动(或液压)升降机械手,平移或转动机械手

2.5 浇注系统设置及浇注

2.5.1 浇注系统的设置

(1) 浇注系统的设计原则

浇注系统由浇口杯(外浇口)、直浇道、横浇道和内浇道等组成。阀门铸件的浇注系统设计与其他铸件类似,应遵循以下原则。

a. 使液态合金平稳充满铸型,不冲击型壁和型芯,不产生涡流和喷溅,不卷入气体,并利于将型腔内的空气和其他气体排出型外。

b. 阻挡夹杂物进入型腔。

c. 调节铸型及铸件各部分温差,控制铸件的凝固顺序。

d. 不阻碍铸件的收缩,减少铸件的变形和开裂倾向。

e. 起一定的补缩作用,主要是在浇道凝固前补给部分液态收缩。

f. 控制浇注时间和浇注速度,得到轮廓清晰、完整的铸件。

g. 合金液流不应冲刷冷铁和芯撑。

h. 浇注系统尽可能简单,占砂箱面积少,体积小,有利于减少冒口体积,这样可节约铁液和型砂,提高砂箱利用率,方便造型、清理和浇注系统模样的制造。

(2) 浇注系统的类型和选择

① 浇注系统的类型 浇注系统根据各组元断面的比例关系,分为封闭式、半封闭式和开放式浇注系统,见表 2-54。按内浇道在铸件上的注入位置,分为顶部注入式、中间注入式、底部注入式和分层注入式(阶梯式)浇注系统,见表 2-55。

表 2-54 浇注系统按各组元截面比例分类

类型	截面比例关系	特点及应用
封闭式	$F_杯 > F_直 > F_横 > F_内$	阻流截面在内浇道。浇注开始后,金属液容易充满浇注系统,又称"充满式"浇注系统,呈有压流动状态,挡渣能力较强,但充型液流的速度较快,冲刷力大,易产生喷溅。一般来说,金属液消耗少且清理方便,适用于铸铁小件
开放式	$F_{直上} < F_{直下} < F_横 < F_内$	阻流截面在直浇道上口(或浇口杯底孔)。当各组元开放比例较大时,金属液不易充满浇注系统,呈无压流动状态,充型平稳,对型腔冲刷力小,但挡渣能力较差。一般来说,金属液消耗多,不利于清理,常用于球墨铸铁,灰铸铁件上很少应用
半封闭式	$F_横 > F_直 > F_内$	阻流截面在内浇道,横浇道截面为最大。浇注中,浇注系统能充满,但较封闭式具有一定的挡渣能力。由于横浇道截面大,金属液在横浇道中流速减小,故又称"缓流封闭式"。故充型的平稳性及对型腔的冲刷力都好于封闭式,适用于各类灰铸铁件及球铁件
封闭-开放式	$F_杯 > F_直 < F_横 < F_内$ $F_杯 > F_直 < F_{集渣包出口}$ $F_{横后} < F_内$ $F_直 > F_阻 < F_{横后} < F_内$ $F_直 > F_阻 < F_内 > F_{横后}$	阻流截面设在直浇道下端,或在横浇道中,或在集渣包出口处,或在内浇道之前设置的阻流挡渣装置处,阻流截面之前封闭,其后开放,故既有利于挡渣,又使充型平稳,兼有封闭式与开放式的优点,适用于各类铸铁件,在中小件上应用较多,特别是在一箱多件时应用广泛。目前铸造过滤器的使用,使这种浇注系统应用更为广泛

注:表中 $F_杯$、$F_直$、$F_横$、$F_阻$、$F_内$ 等分别指浇口杯、直浇道、横浇道、阻流片、内浇道等各组元最小处的总截面积。

表 2-55 浇注系统按内浇道在铸件上的注入位置分类

类型	形式	图例	特点及应用
顶部注入	基本形式	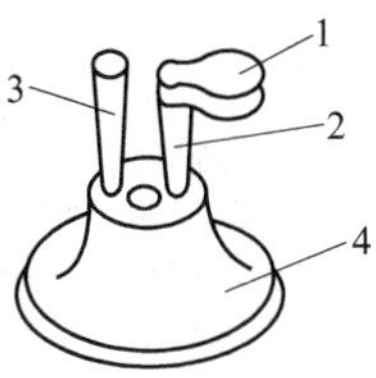 1—浇口杯;2—直浇道;3—出气口;4—铸件	内浇道设在铸件的顶部,金属液由顶面流入型腔,易于充满,有利于铸件形成自下而上的凝固顺序,补缩效果好,浇注系统简单,造型及清理方便,金属液消耗少,对砂型的冲击力较大,金属液易产生喷溅、氧化,会造成砂眼、气孔、铁豆、氧化夹渣等,适用于结构简单的小件及要求补缩的厚壁铸件
	压边式	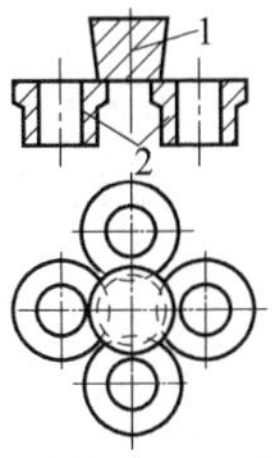 1—压边冒口;2—铸件	无横浇道和内浇道,关键在压边尺寸。结构简单,操作方便,易于清理,金属液经压边窄缝流入型腔,充型慢而平稳,对型腔冲击力小,边浇注、边补缩,有利于定向凝固,补缩效果好,一般采用封闭式,对于高牌号铸铁件,可采用封闭-开放式,适用于中、小型厚壁铸铁件
	搭边式	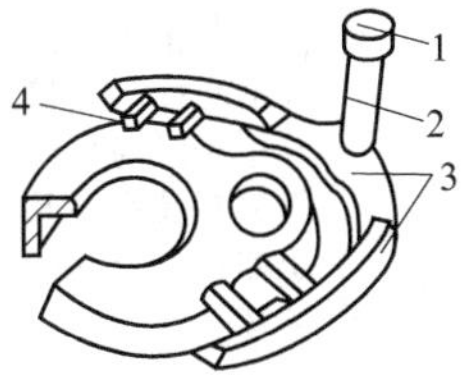 1—浇口杯;2—直浇道;3—横浇道;4—内浇道	金属液沿型壁注入,充型快而平稳,可减少冲砂,内浇道残余清理较困难,适用于薄壁中空铸件
中间注入	基本形式	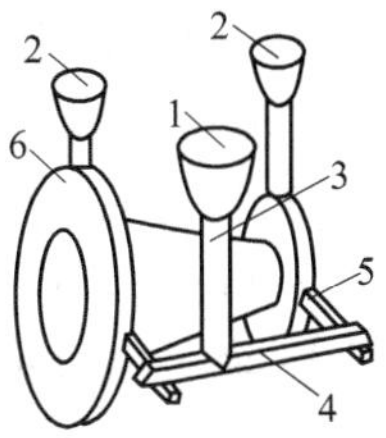 1—浇口杯;2—出气口;3—直浇道; 4—横浇道;5—内浇道;6—铸件	内浇道开设在铸件中部某一高度上,一般从分型面注入造型比较方便,兼有顶注式和底注式的优缺点,生产中应用广泛,适用于壁厚较均匀、高度不太大的各类中、小型铸件
	稳流式	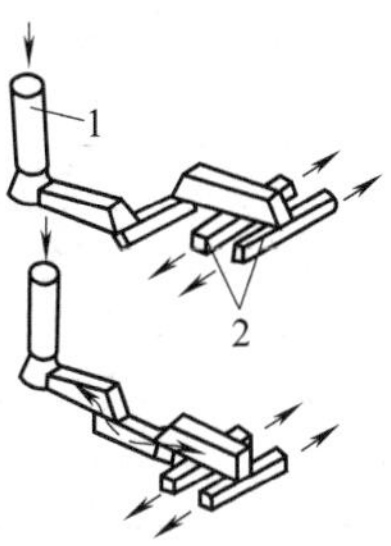 1—直浇道;2—内浇道	利用在分型面上、下安置的多级横浇道增加金属在流动过程中的阻力,使之充型平稳,$F_直 > F_内$,能挡渣。如同时使用过滤器,可增强挡渣能力。与阻流式相比,对型砂品质(质量)要求较低,适用于成批或大量生产的较重要的,复杂的中、小型铸件

类型	形式	图例	特点及应用
中间注入	集渣包式	 1—集渣包	一般做成离心式,使金属液在集渣包内做旋转运动,使熔渣聚集在集渣包中心,液流出口方向应与旋转方向相反。集渣包入口截面应大于出口截面,以满足"封闭"条件,当集渣包尺寸足够大时,可以起到暗冒口补缩作用。主要用于重要的大、中型铸件,在可锻铸铁及球墨铸铁件上应用较多
	锯齿式	 逆齿式 顺齿式 1—直浇道;2—锯齿形横浇道	有一定的挡渣作用,分顺齿和逆齿两种。在挡渣效果上,逆齿式更好些,适用于成批生产的中、小型铸件
底部注入	基本形式	 1—直浇道;2—横浇道;3—内浇道 4—冒口;5—冷铁	内浇道位于铸件底部,金属液进入型腔平稳,对型、芯冲击力小,金属氧化小,有利于型腔内气体排出。由于铸件下部温度高,不利于补缩,且金属液消耗多。如果充型时间过长,金属液在型腔上升中长时间与空气接触,表面易生成氧化皮,有利于由浇注系统及金属液带来的气体的排除,适用于非铁合金及铸钢铁,也应用于较高或形状复杂的铸铁件

② 浇注系统各组元截面比例　确定了浇注系统的类型、形式及布置以后,需要计算浇注系统各组元的尺寸。一般是先确定浇注系统的最小截面(即阻流截面)尺寸(对于封闭式浇注系统,最小截面在内浇道,对于半封闭式或开放式浇注系统,最小截面则是内浇道前的某个截面),然后以最小截面为基数,根据经验比例关系确定其他组元的截面尺寸。

浇注系统尺寸随着铸件材质、结构及具体生产条件的不同而变化,目前还没有一种能精确地适应各种合金、各种铸造方法的浇注系统的计算公式,而是根据经验确定,表 2-56 所列比例关系,只能作为选用时的参考。

表 2-56　浇注系统各组元截面比例及其应用

类型	截面比例			应用范围
	$\sum F_内$	$\sum F_横$	$\sum F_直$	
封闭式	1	1.5	2	大型灰铸铁件砂型铸造
	1	1.2	1.4	中、大型铸铁件砂型铸造
	1	1.1	1.15	中、小型铸铁件砂型铸造
	1	1.06	1.11	薄壁铸铁件砂型铸造
	1	1.1	1.5	可锻铸铁件
半封闭式或开放式	1	0.8~1	1.5	薄壁球墨铸铁件底注式
	1.5~4	2~4	1	球墨铸铁件

封闭式浇注系统的内浇道应在横浇道底部,内浇道和横浇道的底面最好在同一平面上,

见图 2-54，否则浇注之初内浇道不能很好地保持空位而过早地起作用。

开放式浇注系统内浇道开在横浇道顶部，如图 2-55，内浇道的顶面不能和横浇道顶面在同一平面上，以防止在浇注期间横浇道还未被充满时，杂质就进入内浇道而不能留在横浇道的顶部。

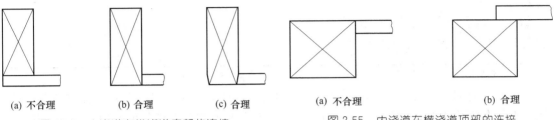

| (a) 不合理 | (b) 合理 | (c) 合理 | (a) 不合理 | (b) 合理 |

图 2-54　内浇道在横浇道底部的连接　　　　　图 2-55　内浇道在横浇道顶部的连接

(3) 浇注系统尺寸的确定

① 灰铸铁阀门浇注系统尺寸的确定　灰铸铁浇注系统尺寸的确定大致有 3 种方法：用流体力学公式计算浇注系统的尺寸；用浇注比速计算浇注系统的尺寸；用索伯列夫内浇道图表法确定浇注系统尺寸。本书主要介绍使用流体力学公式来计算浇注系统的尺寸。

计算浇注系统，主要是确定最小断面积（阻流断面），然后按经验比例确定其他组元的断面积。以伯努利方程为基础推导换算成铸铁浇注系统的近似计算公式如下

$$F_{阻} = \frac{G}{0.3\mu \cdot t \sqrt{H_p}}$$

式中　$F_{阻}$——浇注系统中的最小断面总面积，cm^2；

　　　G——流经 $F_{阻}$ 阻断面的金属液总重量，kg；

　　　μ——总流量损耗系数；

　　　t——浇注时间，s；

　　　H_p——平均静压力头，cm。

G 值可通过估算、计算、称量的方法得到，μ、t、H_p 为未知数。

a. 流量损耗系数 μ 值的确定。对铸铁件，μ 值可按表 2-57 选取，再考虑到各种影响因素，用表 2-58 中的修正值修正。

表 2-57　铸铁件的 μ 值

铸型种类	铸型阻力		
	大	中	小
湿型	0.35	0.42	0.50

表 2-58　μ 的修正值

影响 μ 值的因素	μ 的修正值
每提高浇注温度 50℃（在大于 1280℃ 的情况下）	≤0.05
有出气口和明冒口，可减少型腔内气体压力，能使 μ 值增大。当 $\frac{\sum F_{出气口} + \sum F_{明冒口}}{\sum F_{阻}} = 1 \sim 1.5$ 时	0.05～0.20
直浇道和横浇道的截面积比内浇道大得多时，可减小阻力损失，并缩短封闭前的时间，使 μ 值增大。当 $\frac{F_{直}}{F_{内}} > 1.6$，$\frac{F_{横}}{F_{内}} > 1.3$ 时	0.05～0.20
浇注系统中在狭小截面之后截面有较大的扩大，阻力减小 μ 值增加	0.05～0.20

影响 μ 值的因素	μ 的修正值
内浇道总截面积相同而数量增多时,阻力增大,μ 值减小	
二个内浇道时	-0.05
四个内浇道时	-0.10
型砂透气性差且无出气口和明冒口时,μ 值减小	$\leqslant -0.05$
顶注式(相对于中间注入式)能使 μ 值增大	$0.01 \sim 0.20$
底注式(相对于中间注入式)能使 μ 值减小	$-0.01 \sim 0.20$

注:封闭式浇注系统中 μ 的最大值为 0.75,如计算结果大于此值,仍取 $\mu = 0.75$。

b. 浇注时间 t 值的确定。合适的浇注时间与铸件的质(重)量和结构、铸型工艺条件、合金种类及选用的浇注系统等有关。近年来,普遍认识到快浇对铸件的益处,特别对灰铸铁件和球墨铸铁件更是如此。

浇注时间对铸件品质(质量)有比较重要的影响,确定浇注时间一般依据各种经验公式与图表,通常根据铸件质(重)量来确定。

对于重量小于 450kg,壁厚 2.5~15mm 形状复杂的铸件浇注时间 t 可用下式计算

$$t = S_1 \sqrt{G}$$

式中　G——型内金属液的总质量,kg;

S_1——系数,取决于铸件壁厚,可由表 2-59 查出。

表 2-59　系数 S_1 和壁厚的关系

铸件壁厚/mm	2.5~3.5	3.5~8.0	8.0~15
系数 S_1	1.63	1.85	2.2

c. 平均静压头 H_p 的确定。铁液在充满型腔的过程中,其压力头是一变值。采取不同浇注方式时 H_p 的计算公式见表 2-60。平均静压头高度 H_p 的数值分别列于表 2-61~表 2-63。

表 2-60　不同浇注方式的平均静压头高度计算公式

浇注形式	图例	公式
底部注入	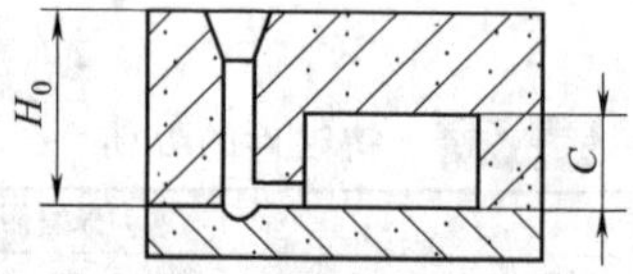	$P = C$ $H_p = H_0 - \dfrac{C}{2}$
中部注入	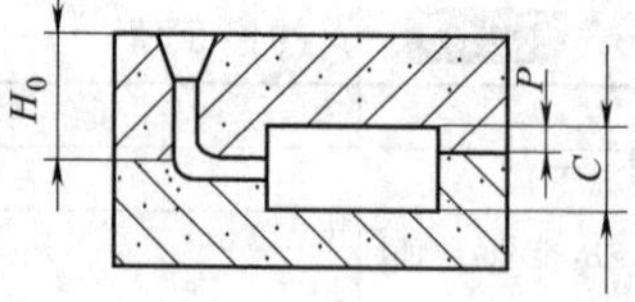	$P = \dfrac{C}{2}$ $H_p = H_0 - \dfrac{C}{8}$
顶部注入	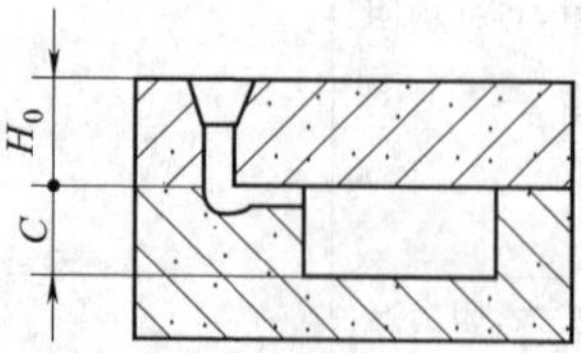	$P = 0$ $H_p = H_0$

表 2-61	铸件位于上、下型之间时的平均静压头高度 H_p 的数值

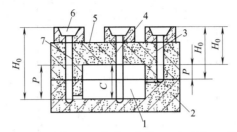

1—铸件;2—下砂型;3—中间注入浇道;4—顶部注入浇道;5—上砂型;6—浇口杯;7—底部注入浇道

铸件高度 C/mm	上砂型高度 /mm	浇口杯高度 /mm	平均静压头高度 H_p/cm		
			顶注	中注	底注
50	100	150	23	24	25
	150	150	28	29	30
100	100	150	20	24	25
	150	150	25	29	30
	200	150	30	34	35
150	150	150	23	28	30
	200	150	28	33	35
	250	150	33	38	40
200	200	150	25	33	35
	250	150	30	38	40
	300	150	35	43	45
250	250	150	28	37	40
	300	150	33	42	45
	350	150	38	47	50
300	300	150	30	41	45
	350	150	35	46	50
	400	150	40	51	55
350	300	220	35	48	52
	350	220	40	53	57
	400	220	45	58	62
400	350	220	37	52	57
	400	220	42	57	62
	450	220	47	62	67
450	350	220	35	51	57
	400	220	40	56	62
	450	220	45	61	67
500	350	250	35	54	60
	400	250	40	59	65
	450	250	45	64	70
550	400	250	38	58	65
	450	250	43	63	70
	500	250	48	68	75
600	400	250	35	58	65
	450	250	40	63	70
	500	250	45	68	75
650	450	250	38	62	70
	500	250	43	67	75
	550	250	48	72	80

铸件高度 C/mm	上砂型高度 /mm	浇口杯高度 /mm	平均静压头高度 H_p/cm		
			顶注	中注	底注
700	450	250	35	61	70
	500	250	40	66	75
	550	250	45	71	80
750	500	250	38	66	75
	550	250	43	71	80
	600	250	48	76	85
800	550	250	35	70	80
	600	250	40	75	85
	650	250	45	80	90
850	550	250	38	69	80
	600	250	43	74	85
	650	250	48	79	90
900	600	250	35	74	85
	650	250	40	79	90
950	600	250	38	73	85
	650	250	43	78	90
	700	250	48	83	95

注：1. 分型面在铸件 1/2 处的稍上或稍下，则按近似于 1/2 来处理。

2. 3 个 H_0 表示顶部注入、中间注入、底部注入 3 种浇注形式时的 H_0。（下同）。

表 2-62　铸件全部位于上型时的平均静压头高度 H_p 的数值

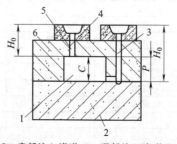

1—铸件；2—下砂型；3—底部注入浇道；4—顶部注入浇道；5—浇口杯；6—上砂型

铸件高度 C/mm	上砂型高度 /mm	浇口杯高度 /mm	平均静压头高度 H_p/cm	
			顶注	底注
50	100	150	20	23
	150	150	25	28
	200	150	30	33
100	150	150	20	25
	200	150	25	30
	250	150	30	35

铸件高度 C/mm	上砂型高度 /mm	浇口杯高度 /mm	平均静压头高度 H_p/cm	
			顶注	底注
150	200	150	20	28
	250	150	25	33
	300	150	30	38
200	300	150	25	35
	350	150	30	40
	400	150	25	45
250	400	150	30	43
	450	150	35	48
	500	150	40	53
300	450	150	30	45
	500	150	35	50
	550	150	40	55
350	500	220	37	55
	550	220	42	60
	600	220	47	65
400	550	220	37	57
	600	220	42	62
450	600	220	37	60
	650	220	42	65
	700	220	47	70
500	700	220	37	67
	750	220	42	72
	800	220	47	77
550	750	220	42	70
	800	220	47	72
	850	220	52	80
600	750	250	40	70
	800	250	45	75
	850	250	50	80
650	800	250	40	73
	850	250	45	78
	900	250	50	83
700	850	250	40	75
	900	250	45	80
	950	250	50	82
750	900	250	40	78
	950	250	45	83
	1000	250	50	88
800	950	250	40	80
	1000	250	45	85
	1050	250	50	90
850	1000	250	40	83
	1050	250	45	88
	1100	250	50	93

注：分型面在铸件1/2处的下部，距底面很近时，可按铸件全部在上箱来处理。

表 2-63 铸件全部位于下型时的平均静压头高度 H_p 的数值

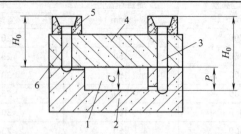

1—铸件;2—下砂型;3—底部注入浇道;4—上砂型;5—浇口杯;6—顶部注入浇道

铸件高度 C/mm	上砂型高度 /mm	浇口杯高度 /mm	平均静压头高度 H_p/cm	
			顶注	底注
50	100	150	10	13
	100	150	25	58
	150	150	15	18
	150	150	30	33
100	100	150	10	15
	100	150	25	30
	150	150	30	35
	200	150	35	40
150	150	150	30	38
	200	150	35	43
	250	150	40	48
200	150	150	30	40
	200	150	35	45
	250	150	40	50
250	150	150	30	43
	200	150	35	48
	250	150	40	53
300	200	150	35	50
	250	150	40	55
350	200	220	42	60
	250	220	47	65
400	200	220	42	62
	250	220	47	67
	300	220	52	72
450	250	220	47	70
	300	220	52	75
	350	220	57	80
500	250	220	47	72
	300	220	52	77
	350	220	57	82
550	250	250	50	78
	300	250	55	83
	350	250	60	88
600	300	250	55	85
	350	250	60	90
	400	250	65	95
650	300	250	55	88
	350	250	60	93
	400	250	65	98

注：分型面在铸件 1/2 处的上部，可按铸件全部在下型来处理。

d. 最小剩余压头 H_m 的确定（直浇道高度的确定）。为保证金属液充满全部铸型，获得结构完整的铸件，铸件最高点到浇口杯液面高度必须有一个最小剩余压头 H_m，其计算公式如下

$$H_m = L \cdot t \cdot g \cdot \alpha$$

式中　L——液体金属的流程，即直浇道中心至铸件最远最高点的水平距离，mm；

　　　t——浇注时间，s；

　　　g——重力加速度；

　　　α——压力角，(°)，由表 2-64 选取。

表 2-64　计算最小剩余压头高度用的压力角

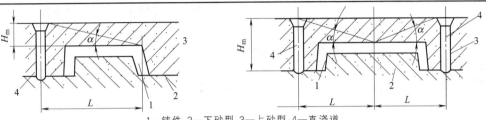

1—铸件；2—下砂型；3—上砂型；4—直浇道

L/mm	铸件壁厚/mm						使用范围
	35	58	815	1520	2025	2535	
	压力角 α/(°)						
4000	根据具体情况而定	67	56	56	56	45	用两个或更多的直浇道浇注铁液
3500		67	56	56	56	45	
3000		67	67	56	56	45	
2800		67	67	67	67	56	
2600		78	67	67	67	56	
2400		78	67	67	67	56	
2200		89	78	67	67	56	
2000		89	78	67	67	56	用一个直浇道浇注铁液
1800		89	78	78	78	67	
1600		89	78	78	78	67	
1400		89	89	78	78	67	
1200		910	910	89	78	67	
1000		910	910	910	78	67	
800		910	910	910	78	78	
600		1011	1011	910	89	78	

以上数值确定后，即可计算出浇注系统中的最小断面积 $F_{阻}$，然后根据所选浇注系统的类型，查表 2-65 确定浇注系统各组元的截面比例，从而确定其他组元的截面面积。经过计算所求得的浇注系统各组元的尺寸，还必须经过生产验证。生产中最小内浇道的断面积为 $0.4cm^2$（特殊情况可为 $0.3cm^2$），直浇道最小直径一般不小于 15mm。

表 2-65　浇注系统各组元截面比例及其应用

类型	截面比例			应用范围
	$\Sigma F_内$	$\Sigma F_横$	$\Sigma F_直$	
封闭式	1	1.5	2	大型灰铸铁件砂型铸造
	1	1.2	1.4	中、大型铸铁件砂型铸造
	1	1.1	1.15	中、小型铸铁件砂型铸造
	1	1.06	1.11	薄壁铸铁件砂型铸造
	1	1.1	1.5	可锻铸铁件
半封闭式或开放式	1	0.8~1	1.5	薄壁球墨铸铁件底注式
	1.5~4	2~4	1	球墨铸铁件

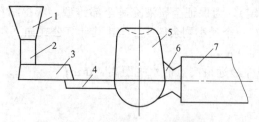

图 2-56　可锻铸铁件浇注系统的一般形式
1—浇口杯；2—直浇道；3—横浇道；4—内浇道；
5—暗冒口；6—冒口颈；7—铸件

② 可锻铸铁件浇注系统尺寸的确定　可锻铸铁件多是薄壁的中、小型铸件，其碳、硅含量低，熔点较高而流动性差，收缩量大，易产生缩孔、缩松、裂纹等缺陷。可锻铸铁件一般采用封闭式浇注系统，要求按定向凝固原则设计，常使用铁液通过冒口从厚壁处注入铸件，见图 2-56。内浇道的截面积应小于冒口颈的截面积，冒口颈要短，一般为 5～10mm，这样可保证暗冒口只对铸件补缩。远离内浇道的热节，可使用冷铁或另加侧冒口补缩。

可锻铸铁件内浇道的截面积可参考表 2-66。浇注系统的参考形式见图 2-57。

表 2-66　可锻铸铁件内浇道的截面积

铸件主要壁厚/mm	3～8	5～8	8～20
铸件重(质)量/kg	内浇道总截面积/cm²		
0.3～0.5	1.5	1	1
0.5～0.7	2	1.5	1.5
0.7～1	—	1.5	1.5
1～1.5	—	2	1.5
1.5～2	—	2	2
2～3	—	2.5	2
3～5	—	3	2.5
5～10	—	3	3
10～30	—	4	4
30～50	—		5

注：浇注系统各组元截面比例一般为 $F_内 : F_横 : F_直 = 1 : (1.5～2) : (2～2.5)$。

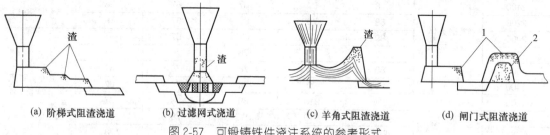

(a) 阶梯式阻渣浇道　　(b) 过滤网式浇道　　(c) 羊角式阻渣浇道　　(d) 闸门式阻渣浇道

图 2-57　可锻铸铁件浇注系统的参考形式
1—渣；2—堆砂

③ 球墨铸铁浇注系统尺寸的确定　铁液经球化、孕育处理后，温度下降很多，实际流动性比灰铸铁低，要求浇注迅速，所以球墨铸铁件的浇注系统断面积往往比灰铸铁的大 30%～100%。球墨铸铁易氧化，容易产生夹渣（包括二次氧化夹渣）和皮下气孔等缺陷，所以浇注系统应保证铁液充型平稳通畅又具有撇渣能力，为此，可采用开放式（用拔塞浇口杯、闸门浇口杯、滤网、集渣包等措施撇渣）或半封闭式浇注系统。球墨铸铁液态收缩大，且具有糊状凝固的特性，在铸件上形成缩孔的倾向性大，故多按定向凝固的原则设计浇注系统。当内浇道通过冒口浇入时，可用封闭式浇注系统，既有利挡渣，充型较快也平稳。

球墨铸铁件浇注系统各组元截面的比，可参考表 2-67 选用。

表 2-67　球墨铸铁件浇注系统各组元的截面积比

类型	截面积比 $F_内 : F_横 : F_直$	应用范围
封闭式	1 : (1.2～1.3) : (1.4～1.9)	一般球墨铸铁件
开放式	(1.5～4) : (2～4) : 1	厚壁球墨铸铁件
半封闭式	0.8 : (1.2～1.5) : 1	薄壁小型铸铁件

较简便的方法是根据铸件质（重）量，由经验数据确定球墨铸铁浇注系统各组元的尺寸。根据铸件质（重）量按表 2-68 查出浇注系统各组元的截面积、编号及个数，再按编号由表 2-69 查出各浇道尺寸。

表 2-68　常用球墨铸铁浇注系统尺寸

序号	铸件质(重)量/kg	内浇道 编号	数目	单个截面积/cm²	总截面积/cm²	横浇道 编号	截面积/cm²	直浇道 编号	直径/mm	截面积/cm²
1	2	1	1	1.0	1.0	1	3.0	1	20	3.1
2	25	1	2	1.0	2.0	1	3.0	1	20	3.1
		3	1	1.92	1.92					
3	510	1	3	1.0	3.0	2	3.6	2	23	4.2
		2	2	1.5	3.0					
		3	1	2.90	2.9					
4	1020	1	4	1.0	4.0	3	4.8	3	27	5.7
		2	3	1.5	4.5					
		3	2	1.92	3.84					
		6	1	3.8	3.8					
5	2050	1	5	1.0	5.0	4	5.4	4	29	6.3
		4	2	2.4	4.8					
		7	1	4.8	4.8					
6	50100	2	5	1.5	7.5	5	8.4	5	35	9.8
		3	4	1.92	7.6					
		4	3	2.4	7.2					
7	100200	2	6	1.5	9.0	6	11.4	6	41	13.3
		4	4	2.4	9.6					
		7	2	4.8	9.6					
8	200300	2	9	1.5	13.5	7	16.2	7	50	19.0
		4	6	2.4	14.4					
		5		2.9	14.5					
		7	3	4.8	14.4					
9	300600	4	8	2.4	19.2	8	22.0	8	57	25.5
		5	6	2.9	17.4					
		6	5	3.8	19.0					
		7	4	4.8	19.2					
10	6001000	5	9	2.9	26.1	9	32.5	7	50	38
		7	6	4.8	28.8					
		8	5	5.6	28.0			2个		
		9	4	6.7	26.8					
11	10002000	6	10	3.8	38.0	10	43	8	57	51
		7	8	1.8	38.4					
		10	5	7.5	37.5	10	43	2个		
12	20004000	7	10	4.8	48.0	11	56.5	9	64	64.4
		8	8	5.6	44.8					
		10	6	7.5	45.0			2个		
13	40007000	8	13	5.6	73.0	10	86	10	77	93
		9	11	6.7	74.0					
		10	10	7.5	75.0	2个		2个		
14	70001000	9	14	6.7	93.8	11	113	9	64	128.8
		10	12	7.5	90.0					
		11	9	10.8	97.2	2个		4个		

表 2-69　常用球墨铸铁浇注系统各组元截面尺寸

内浇道					横浇道					直浇道		
编号					编号					编号		
	a	b	c	$F_内/cm^2$		a	b	c	$F_横/cm^2$		D	$F_直/cm^2$
1	18	16	6	1.0	1	18	12	20	3.0	1	20	3.1
2	23	21	7	1.5	2	19	14	22	3.6	2	23	4.2
3	25	23	8	1.92	3	23	15	25	4.8	3	27	5.7
4	28	26	9	2.40	4	24	18	26	5.4	4	29	6.3
5	30	28	10	2.90	5	30	22	32	8.4	5	35	9.8
6	38	35	11	3.80	6	34	23	40	11.4	6	41	13.3
7	42	38	12	4.80	7	40	30	46	16.2	7	50	19.0
8	46	40	13	5.60	8	50	38	50	22.0	8	57	25.5
9	50	45	14	6.70	9	56	45	64	32.5	9	64	32.2
10	52	48	15	7.50	10	64	50	75	43.0	10	77	46.5
11	63	58	18	10.8	11	80	60	80	56.5			

2.5.2　冒口的设计

冒口的作用是补缩、排气、观察在浇注时铸型内的动态。冒口分为顶冒口和边冒口。

(1) 冒口形状

冒口的形状取决于铸件或铸件热节处的形状和尺寸。为了提高冒口的补缩效率，要求其相对散热面积越小越好，因此，球形冒口最理想，但制作麻烦。一般采用圆柱形和椭圆形冒口。

(2) 冒口的位置与数量

冒口位置需考虑合金的凝固特性。如体收缩较大的铸钢、可锻铸铁和非铁合金等铸件多采用顺序凝固原则，冒口应设在铸件最后凝固处。而灰铸铁和球墨铸铁件在凝固过程中有收缩和石墨析出产生的膨胀，冒口不应该放在铸件的热节上（以免增加几何热节），而又要靠近热节部位，有利于浇注初始阶段的外部补缩。冒口的数量通常取决于浇注位置、铸件结构和尺寸。

(3) 冒口尺寸

确定冒口尺寸的方法有比例法、模数法、形状因素法、热节圆法和缩管法等，其中以比例法应用较为广泛。计算出的冒口尺寸，通常用铸件的工艺出品率进行校核。铸铁阀门冒口尺寸见表 2-70。

2.5.3　冷铁和出气孔的设计

(1) 冷铁设计

① 冷铁的作用

a. 减小冒口尺寸，提高工艺出品率。

b. 在铸件难以设置冒口的部位，放置冷铁可防止缩孔、缩松。

c. 在局部部位使用冷铁可控制铸件的顺序凝固，增加冒口的补缩距离。

d. 消除局部热应力，防止裂纹。冷铁分内冷铁和外冷铁两种。内冷铁是留在铸件中的，有时在机械加工时去除。外冷铁则置于铸件外壁，一般在落砂时就脱离铸件。

表 2-70 冒口尺寸

形式	简图	铸铁种类	冒口尺寸	备注
明冒口		灰铸铁	$D = (1.2 \sim 2.5)T$ $H = (1.2 \sim 2.5)D$	① 碳硅含量较高的普通灰铸铁(HT200),体收缩小,一般可不设冒口 ② 随热节 T 的增加、铸铁牌号的降低以及铸件结构有利于补缩时,D/T 应取偏小值 ③ 生产上可以创造条件(如提高铸型刚度、采用金属型、内浇口设在铸铁薄壁处,保证同时凝固以及控制合金的成分等),使球墨铸铁缩前膨胀转化为铸件本身的补缩,从而实现球墨铸铁件的无冒口铸造
		球墨铸铁	$D = (1.2 \sim 3.5)T$ $H = (1.2 \sim 2.5)D$	
暗冒口		灰铸铁	$D = (1.2 \sim 2)T$ $H = (1.2 \sim 1.5)D$	
		球墨铸铁	$D = (1.2 \sim 3.5)T$ $H = (1.2 \sim 1.5)D$	① 对于壁厚较薄,但质量较大或形状较高的铸件,D/T 的数值应适当扩大,一般可取 $D = (3 \sim 5)T$ ② H 值一般应高出铸件 20 ~ 30mm,以免铸件顶部缩松
		可锻铸铁	$D = (2.2 \sim 2.8)T$	
			铸件被补缩位置	
			上型 / 下型	
			$H = 1.5D$ / $H = D$	
			$h = 0.25D$ / $h = 0.5D$	

② 外冷铁 使用外冷铁的注意事项如下。

a. 外冷铁紧贴铸件表面的部位应光洁,除去锈污等各种脏物,有时要刷涂料。

b. 对于易产生裂纹的铸造合金浇注的铸件,使用外冷铁时应带有一定的斜度(如 45°),以免型砂和冷铁分界处因冷却速度差别过大而形成裂纹。应做成图 2-58(b)和图 2-58(c)的形式。对铸铁件,图 2-58(a)~(c)均适用。

c. 外冷铁边缘与砂型相接处不宜有尖角砂,如图 2-59 中 a 所示,应设法做成图 2-59 中 b 的形式。

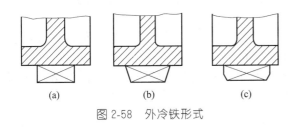

图 2-58 外冷铁形式

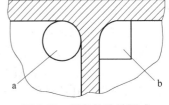

图 2-59 圆角处冷铁形式

d. 选择恰当的外冷铁厚度。太薄的外冷铁只在凝固初期发生微弱的激冷作用,甚至会与铸件熔合在一起。冷铁过厚则铸件易裂。外冷铁厚度一般为铸件壁厚的 0.5~0.7 倍或为搭子厚度的 0.8 倍左右。

③ 内冷铁 内冷铁在浇注后熔合在铸件中,故内冷铁的材质应与铸件的材质相同或相近。

内冷铁的激冷作用比外冷铁大得多，所以用量要适当。如内冷铁重量过大，则不能很好地熔合，影响铸件的机械性能，严重时引起铸件裂纹。重量过小则不能有效消除缩孔、缩松。内冷铁重量的经验估算公式为

$$G_冷 = 0.28(G_2 - G_1)$$

式中　$G_冷$——内冷铁重量，kg；

　　　G_2——铸件厚处重量，kg；

　　　G_1——铸件薄处重量，kg。

使用内冷铁的注意事项如下。

a. 使用前，内冷铁要进行喷丸或喷砂处理，去除表面锈蚀和油污，常镀锌或镀锡防氧化。

b. 砂型内放置内冷铁后应在 3~4h 内浇注，防止内冷铁上聚集水分而产生气孔。对放有较多内冷铁的铸型，浇注前最好用喷灯加热，去除内冷铁表面的水分。

c. 承受高温、高压和质量要求很高的铸件，不宜放内冷铁。

d. 放内冷铁的铸型上方应有出气孔，如上方是暗冒口，冒口上也应有较大的出气孔。

e. 采用栅状内冷铁时，单根冷铁的直径不大于 30mm。

f. 内冷铁在铸件加工后不得暴露，以免影响铸件的力学性能。

(2) 出气孔的作用及设计原则

① 出气孔的作用

a. 排出砂型中型腔、砂芯以及由金属液析出的各种气体。

b. 减小充型时型腔内气体压力，改善金属液充型能力。

c. 便于观察金属充填型腔的状态及充满程度。

d. 排出先行充填型腔的低温金属液和浮渣。

② 出气孔设置原则

a. 出气孔一般设置在铸件浇注位置的最高点，充型金属液最后到达的部位，砂芯发气和蓄气较多的部位，型腔内气体难以排出的"死角"处。

b. 出气孔的设置位置应不破坏铸件的补缩条件，通常不宜设置在铸件的热节和厚壁处，以免因出气孔冷却快导致铸件在该处产生收缩缺陷。如确实需要，可采用引出式出气孔。

c. 出气孔应尽量不与型腔直通，可采用引出过道与型腔连通，以防止因掉砂等原因导致散砂落入型腔。

d. 为防止金属液堵死砂芯出气孔，应采用密封条等填塞芯头。

e. 直接出气孔不宜过小，必要时可在出气孔上部设置溢流杯，既可排出脏的金属液，又可防止在出气孔根部产生气孔。

f. 出气孔根部的厚度，一般按所在处铸件厚度的 0.4~0.7 倍计算，凝固体收缩大的合金取偏小值，防止形成过程中接触热节导致铸件产生缩孔。

g. 一般认为，没有设置明冒口的铸件，出气孔根部总截面积最小应等于内浇道总截面积，以保证出气孔能顺畅地排出型腔中的气体。

③ 出气孔的分类、结构和尺寸

a. 出气孔的分类及结构。按是否与型外大气相通分为明出气孔及暗出气孔，见图 2-60 所示。按铸件与出气孔是否直接相通分为直出出气孔与引出式出气孔，见图 2-61 所示。

b. 出气孔的尺寸。圆形出气孔尺寸。直接出气孔截面尺寸不宜过大，其底部尺寸一般等于铸件该处壁厚的 1/2~3/4。引出出气孔尺寸可大些。对于中小型铸件，常用圆形出气孔，截面尺寸为 $\phi 8mm$、$\phi 10mm$、$\phi 12mm$ 等，对于重、大型铸件，截面尺寸为 $\phi 14~\phi 25mm$ 左右，其高度视具体情况而定。

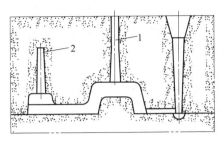

图 2-60　明出气孔与暗出气孔结构
1—明出气孔；2—暗出气孔

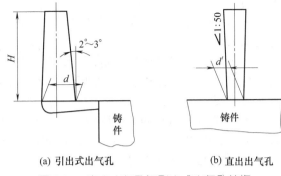

(a) 引出式出气孔　　　　(b) 直出出气孔

图 2-61　直出出气孔与引出式出气孔结构

2.5.4　浇注

将熔融的金属从浇注装置中注入铸型中的操作过程称为浇注。浇注是阀门铸件生产中的一个重要环节，浇注工艺选择是否合理，浇注工作组织得好坏，都将直接影响阀门铸件质量及工人安全。因此，充分的准备工作和浇注安全防护工作都是非常重要的。

(1) 浇注前的准备工作

铸型合型后要尽快进行浇注，停放时间越短越好。停放时间过长，砂型、型芯和冷铁都会因发生返潮现象而影响铸件质量。

浇注前需做以下准备工作。

① 熟悉浇注工艺文件。

② 掌握浇注各铸型的金属液种类、牌号、浇注温度、浇注时间等数据。

③ 检查浇包。浇包在使用前必须认真做下列检查。

a. 检查包体容积和包孔尺寸。包括容积要满足本次浇注最大铸件的要求，否则，应考虑更换大浇包或准备两个浇包。包孔尺寸由所浇铸件的浇注速度及流量来确定。对于小型铸件，在用大浇包不便浇注时，可考虑准备其他小浇包，或准备手浇包或两人抬浇包等。

b. 检查包衬质量。包衬质量包括包衬厚度和光整程度、包嘴结构形状和包衬各处结构形状。包衬太薄或凹凸不光整，使用时间过长就容易引起包壳过热，导致外壳变形，使内衬产生脱落和侵蚀现象。包嘴或包孔形状应保证浇注时金属液流呈圆柱形，流动平稳无飞溅。包嘴形状不好会产生金属液分岔或飞瀑现象。

c. 检查浇包烘干程度和保持的温度。浇包包衬要烘至呈红色或暗红色，轻轻敲击包衬发出清脆的声音，说明已烘干。内壁温度应达到 600℃ 以上，将手伸到离包口约 300mm 位置即能感觉到热浪，说明包衬温度较高。如果包衬未烘干或烘干后温度太低，还要对浇包进行再烘烤。

d. 检查浇包构件。要求浇包的吊环、包卡、转动机构等转动灵活，试用浇包时无机械故障。

e. 检查金属液运输设备。运输设备包括起重机、地面轨道车、提升装置、抬包杆等。

• 检查起重机运行情况。前后左右行走和上下起重是否灵活，刹车装置是否保险，紧急保险装置是否可靠，起重机提运浇包能否到达大型铸件边角位置的浇注口，否则需改变铸型位置或采取其他措施。

• 检查地面轨道车。行车道上及两侧有无杂物，试推轨道车检查行走情况。

• 检查手拉提升装置。上下行动是否正常，要求提升重物能在上下任何位置停住，且不下滑。

- 检查抬包杆。抬包杆要平直,两端光滑,抬包杆中间最好有浇包定位块,以免浇包打滑伤人。
- 检查常用工具的准备情况。铸型浇注时的常用工具有扒渣耙、渣勺、挡渣棒、挡渣钩、样勺、火钳、铁铲等,凡是要与金属液接触的工具都要预热,以免接触金属液时产生强烈的飞溅现象。上述工具应放置在专用铁架上。
- 检查辅助材料和试样铸型准备情况。辅助材料有添加合金、孕育剂、冒口发热剂、覆盖剂、引火用纸或刨花等。检查试样铸型是否烘干及保持的温度高低。
- 检查铸型紧固情况、抹缝和浇冒口圈高度。

(2) 浇注工艺

浇注工艺的主要内容包括浇注温度、浇注时间和浇注速度。

① 浇注温度 金属液浇入铸型时所测量到的温度为浇注温度。浇注温度的上限是防止铸件产生热裂、缩孔。浇注温度的下限是保证液态金属充满型腔的薄壁部分,并防止黏附浇包内衬。

浇注温度可根据合金种类、成分,铸件的质量、壁厚、结构复杂程度及铸型条件综合考虑。其原则是:厚实铸件及易产生热裂的铸件应采用低温浇注;铸件的表面积与体积之比较大,结构复杂的薄壁铸件应选择较高的浇注温度,以防浇不足。

灰铸铁具有良好的流动性,宜采用"高温出炉,低温浇注"。这既有利于夹杂的去除、组织的细化、力学性能的提高,又能防止高温浇注的某些缺陷。

② 浇注速度 单位时间内浇入铸型中的金属液质量称为浇注速度,用 kg/s 表示。

浇注时,要求金属液平稳地充满铸型,既要尽量避免紊流和铸型被冲坏,又不至于产生冷隔和浇不足的现象。生产中应根据铸件结构及技术要求选择浇注温度。对于薄壁铸件、形状复杂和具有大平面的铸件,应快速浇注,保证金属液在短时间内充满型腔;形状简单的厚实铸件宜慢速浇注。

③ 浇注时间 在实际生产中,常采用控制浇注时间的办法来控制浇注速度。铸件浇注的具体时间是根据铸件的质量、壁厚及其结构特点来选定的。

(3) 金属浇注前的质量检查

由于金属液质量不合格而造成的铸件缺陷是难以补救的,只能成为废品。因此在浇注前,除炉前质量检验外,还必须对浇注温度和金属液的表面质量做进一步检查。

① 浇注温度的检查 与炉前测温正好相反,浇注温度检查一般不采用仪器检测,浇注现场更多采用的是目测法,其原理是根据经验,观察铁液表面氧化膜的宽度来判断铁液温度。当铁液的表面完全被氧化膜覆盖时,表明铁液温度为1340℃左右;当铁液表面的氧化膜宽度大于10mm时,表明铁液温度为1340~1360℃;当铁液表面无氧化膜时,则说明铁液温度高于1380℃;当铁液表面无氧化膜并有火头、白烟出现时,则说明铁液温度已超过1400℃。

② 金属液表面质量的检查 浇注前金属液表面质量的检查,一是检查金属液里面的熔渣是否扒除干净,以免熔渣浇入铸型造成夹渣;二是再次通过目测确认金属液是否符合即将浇注的铸件要求。

目测铁液表面花纹。当铁液花纹清净,表面氧化膜似芝麻漂浮状时,则铁液成分相当于牌号 HT150;当铁液花纹清净,氧化物少,花纹呈龟甲状时,则铁液成分牌号相当于HT200;当铁液花纹呈粗竹叶状时,则铁液成分相当于牌号 HT250;当铁液花纹呈麦粒状且四周翻滚如平缓齿轮状时,则铁液成分相当于牌号 HT300。

目测铁液火花。铁液碳当量低,火花呈火星状,其特点是:体积小,分叉不明显,白而亮且数量多；飞出速度快而急，在空气中停留时间短，溅出的距离近。铁液碳当量高，火花呈球状，其特点是：体积大，分叉多，数量少，亮度弱，颜色呈暗红色或橙红色；飞出速度慢，距离远，有时喷溅到 $2\sim3m$ 远的地方。

2.6 型砂的处理及性能要求

2.6.1 型砂的混制

(1) 湿型砂的混制

混砂机种类繁多，结构各异。按工作方式分，有间歇式和连续式两种。按混砂装置分，有碾轮式、转子式、摆轮式等。对混砂机混制黏土砂的要求是将型砂中各成分混合均匀，使水分均匀润湿所有物料，使黏土膜均匀地包覆在砂粒表面，将混砂过程中产生的黏土团破碎，使型砂松散，便于造型。

① 几种常用混砂机的混制工艺

a. 碾轮式混砂机。碾轮式混砂机是使用历史最为悠久的混砂设备。碾轮式混砂机由碾压装置、传动系统、刮板、出砂门与机体等部分组成。传动系统带动混砂机主轴以一定转速使十字头旋转，碾轮和刮板就不断地碾压和松散型砂，达到混砂的目的。目前碾轮式混砂机在我国应用仍然较多，但大多混砂作用不够充分，存在问题。

传统的混砂加料方法是先向混砂机中加入旧砂、新砂和粉料，干混 2min 后再开始加入水分。有国外学者认为在干混过程中膨润土和煤粉会偏析聚集到混砂机周围和底盘的夹角处。当加水后此处的膨润土和煤粉遇水形成黏土团，就要花更长的混砂时间才能将黏土团碾开分布到砂粒表面。因此主张混砂时加入回用砂和新砂后应先加入适量的水湿混，混均匀后再加入膨润土和煤粉。最后补加水达到所要求的型砂湿度。我国有一些人做过对比试验，结果表明先湿混的方法比先干混的型砂强度提高较快，随混砂和时间的延长两者有接近的趋势，为达到所要求的湿态强度，先湿混的混碾时间比先干混缩短 $1/3\sim2/5$。因此，如今很多混砂机都采用先向干砂中加入所需水量的 $60\%\sim75\%$ 的水进行湿混。加水停止后必须碾混 1min 左右，然后加入粉料。以后即可边混边加水至紧实率或含水量达到要求和混砂时间足够为止。

很多铸造厂所用碾轮混砂机的混砂时间严重不足。大部分原因是原设计的技术指标是按照过去低密度造型、低强度型砂制定的。原有的设计手册上规定的混砂机生产率已不适用。混砂机生产厂商提供的产品目录上注明的生产率至多只可按一般考虑。此外，高密度造型每箱需砂量比低密度造型大约多 1/10，原来期望的供砂量不能满足生产要求。因此国内很多工厂所能采取的救急措施是缩短混砂周期。混砂周期长度严重不足，以致型砂性能逐渐恶化。有些铸造工厂使用碾轮混砂机的混砂周期比较充分。例如某公司的自动控制碾轮混砂机会在显示屏上显示出每 15s 检测出的紧实率、含水量和砂温。开始混砂以后直到 289s 时，型砂紧实率达到 40%，含水量达到 3.9%，砂温 30℃ 以后开始卸料，估计其总混砂周期是 6min。所以对于碾轮式混砂机，它的混砂的周期决不应少于 6min。

b. 摆轮式混砂机。摆轮式混砂机是由混砂机主轴驱动的转盘上两个安装高度不同的水平摆轮以及刮板组成。当主轴转动时，转盘带动刮板将型砂从底盘上铲起并抛出，形成一股砂流抛向围圈，与围圈产生摩擦后下落。在摆轮式混砂机中，由于主轴转速、刮板角度与摆轮高度的配合，使型砂受到强烈地混合、摩擦和碾压作用，混砂效率高。但摆轮式混砂机的混砂质量不如碾轮式混砂机。

摆轮式混砂机是一种高速混砂机，周期为 2min 左右。我国原来仿制的 SZ124 型摆轮混砂机的每车加料量太少（只有 0.6t），结构陈旧，缺少良好的配套装置。各厂所用的这类混砂机已趋于淘汰。但由国外引进的摆轮混砂机则为三摆轮大容量、结构较新和具有全套鼓风机、排气叶片阀、型砂湿度控制、粉料回收膨胀箱等装置。一般情况下混砂周期只需 90s，严格条件时也只要 105～110s。加料顺序较为奇特，在加入干砂以前先向混砂机中加入 75% 的水，让混砂机被水润湿。随即加砂，在混砂机中挂一层砂，可以减少刮板和底盘的磨损。时间分配为 0～5s 加水 75%，5～10s 清洗，10～15s 加入砂，15～18s 加入膨润土和煤粉，25～80s 混碾并吹风，在 50s 时根据型砂的湿度加入其余的水，80～90s 卸砂。该混砂机的鼓风机自底盘中心向型砂鼓风降温，加入粉料时有闸板关闭，暂停吹风，排风管道也有闸板暂时堵住风管，以减少粉料损失。围圈侧面有粉料膨胀管，粉料飞逸进入膨胀管后还可自行靠重力流回混砂机。

c. 转子混砂机　转子式混砂机中没有碾轮，只有转子。它是根据强烈搅拌原理设计的。这种混砂机的主要混砂机构是高速转动的混砂转子。转子上叶片迎着砂的流动方向，对型砂施以冲击力，使砂粒间彼此碰撞、混合，使黏土团破碎、分散；旋转的叶片同时对松散的砂层施以剪切力，使砂层间产生速度差，砂粒间相对运动，互相摩擦，将型砂各种成分快速地混合均匀，在砂粒表面包覆上黏土膜。转子式混砂机混出的型砂均匀而松散，湿强度高，透气性好。另外，机构重量轻，转速快，混砂周期短，生产率高。

转子混砂机加水程序与碾轮混砂机先加入大部分水量进行湿混的办法不同，采用的顺序是将回用砂、旧砂、膨润土和煤粉加入混砂机后先干混，混匀后由混砂机中的检测探头测出干材料含水量和温度，由计算机确定应加水量，然后加水进行湿混。其防止粉料偏析而致混砂时间加长的主要措施是靠与混砂机围圈和底盘密切靠近的刮砂板将该处材料完全刮起。在底盘旋转到顶点附近时，此处的材料受重力影响向下滑落，全部恰好遭遇到线速度约 16m/s 高速旋转转子叶片的冲击，而使型砂揉搓混合均匀。转子下端靠近底盘，几乎所有砂料都能受到转子打击搅拌。

企业中使用的还有几种形式的转子混砂机产品，例如 KW 公司 MW 系列转子混砂机和 DISA 公司 SAM 系列转子混砂机，以及国产 S14 系列混砂机等。它们都使采用静止底盘，靠中央设置持续旋转的大直径刮砂板将底盘上的砂料堆起，受高速旋转的转子叶片的打击而混合均匀。KW 公司规定的混砂周期时间为 135s，DISA 公司规定为 90s，我国 S1420 和 S1425 规定为 120s。研究工作表明我国厂家推荐的周期时间可能偏少，无法使膨润土的黏结充分展开，同样紧实率条件下型砂达不到湿压强度的最佳值。此外，我国尚有 S13、S16 等系列具有转子的混砂机，工厂使用较少，本书不再多述。

② 混砂效率和混砂生产率

a. 混砂机的混砂效率。混砂机的混砂效率应当是铸造工厂的常规检验项目。检验方法是先按照工艺规定时间混砂，测定工艺试样的湿态抗压强度，然后再延长混砂时间 1min，但需预先加入少量水分以保持紧实率基本不变，再一次测定型砂试样强度，强度值将有不同程度的上升。如此每次延长混砂 1min，并保持型砂紧实率稳定不变和测定强度，直到强度不再上升，即达到峰值强度为止，混砂机的混砂效率可以按下式计算

混砂机的混砂效率＝实际混砂强度/型砂峰值强度

由于强度接近平台区的升幅极为缓慢，通常认为生产实际中，型砂强度达到峰值的 85%～90% 即为最适合使用的强度。此时的混砂时间可以认为是混制该型砂的正确时间，工厂可以据此更正工艺规定的混砂时间要求。工厂混砂实际缺少时间（单位均为 min）按下式计算

混砂实际缺少时间＝达到 85%～90% 峰值强度的时间－实际混砂时间

也有工厂提出了更简便的方法，一次延长型砂混砂时间 5min，在保持紧实率或水分不变的情况下测定型砂强度，可以粗糙地计算出

混砂机的混砂效率＝实际常规混砂强度/延长混砂 5min 后强度

此法虽然简单，但是得不出工厂混砂实际缺少时间，对工厂改进生产缺少一个重要参照数据。

b. 混砂机的生产率。型砂的混合均匀和优秀的性能靠的是有足够的电能传输到型砂中，使型砂中的膨润土在巨大的能量作用下，经过搅拌、揉搓和混合作用，才能均匀、分散地包覆在砂子颗粒表面上。因此，混砂机需要安装较大功率的电动机。分析比较国内外混砂机可以看出，混砂机的电机总功率（kW）至少应当是型砂生产率（t/h）的一倍以上，否则不可能在规定周期时间内混制出良好的型砂。例如 Eirich 公司的倾斜底盘转子混砂机电动机功率与生产率之比为 2.6～2.8，DISA 公司的 SAM-3 和 SAM-6 的电机功率和生产率之比在 2.24～2.36 之间，KW 公司的 WM 混砂机的电机功率和生产率之比为 2.58～2.83，B&P 公司的摆轮混砂机的在 1.92～3.00 之间。而国产混砂机 S1116、1118、1120、1122 的比率较低，为 1.47～1.85。国产 S14 系列转子混砂机电机功率与生产率之比仅为 1.33～1.50，明显过低。铸造生产中要想提高电机功率与混砂生产率的唯一办法是降低生产率和延长混砂周期。但是大多数工厂中存在问题是混砂赶不上造型需要。如果是采取先干混后湿混方案，缩短加水后的混砂时间还会出现型砂湿干不匀，卸砂黏皮带和砂斗。要达到高密度造型用型砂强度就必须加入过量膨润土，因而型砂含泥量、含水量高于正常高质量型砂，型砂中还会出现大量豆粒般大小的"砂豆"，其主要成分是未被充分混合均匀的潜在膨润土。

不论混砂机的类型如何，较长的混砂时间才可以向型砂输入足够多的电能。由混砂机生产公司提供的生产率和电机功率可以推算出每吨型砂耗用的电能多少。而且实际生产中，铸造工厂绝大多数国产混砂机的维修情况不够理想，混砂时电流达不到额定数值，电机总容量的实际负荷率可能远低于 85%。因此，国产混砂机每吨型砂的实际耗能量估计都低于这些计算结果。铸造工厂应当十分关心混砂机耗能量，由混砂机控制室的电度表可以查阅出每吨型砂的混制能量，或者由混砂机的电流自动记录仪分辨出是否有足够电能施加到型砂中。

也有铸造工厂怕延长混砂时间会使型砂温度提高，这成为不肯延长混砂时间的借口之一。实际上将每吨型砂输入电能提高一倍左右，即提高到接近进口混砂机的型砂耗能量，型砂温度也许仅仅升高 3～5℃。考虑到混砂机有效地排风可以促使水分蒸发 1%，温度可降低 25℃左右。只要混砂机的排风管道通畅，不需担心混砂时砂温升高。但排风管最易堵塞，应勤加清理。风管外皮应当有电热装置，避免热态的水汽和粉尘沉积在风管内壁。

（2）树脂自硬砂的混制

① 树脂自硬砂的配方　树脂自硬砂的配方见表 2-71。

表 2-71　树脂自硬砂配方

配方/%				说明
新砂	旧砂	树脂	固化剂	呋喃树脂内加入硅烷，可降低用量； 固化剂用量尽量控制在≤40%
10	90	砂量的 0.8～1.5	树脂量的 25～50	

② 树脂自硬砂的混制工艺　树脂自硬砂不宜用碾轮式混砂机，大多采用以搅拌为主的连续式混砂机或球形混砂机。混制工艺如下。

③ 树脂自硬砂的旧砂再生　旧砂再生的工艺流程为旧砂→破碎→筛分→磁选→再生→风选→再生砂。

④ 连续式混砂机　常用于树脂砂的混砂机有双螺旋连续式混砂机和球形混砂机两种。

a. 双螺旋连续式混砂机。双螺旋连续式混砂机采用较先进的双砂三混工艺，即树脂（或水玻璃）及固化剂先分别与砂子在两个水平螺旋混砂装置中预混，再全部进入垂直的锥形快速混砂装置中高速混合，并直接卸入砂箱或芯盒中造型与造芯。

b. 球形混砂机。原材料从混砂机上部加入后，在叶片高速旋转的离心力作用下，向四周飞散，混合料沿球面螺旋上升，经反射叶片导向抛出，形成空间交叉砂流，使混合料之间产生强烈的碰撞和搓擦，落下后再次抛起。如此反复多次，达到混合均匀和树脂以薄膜形式包覆在砂粒表面的目的。该机的最大优点是效率高，一般只要 5～10s 即可混好，结构紧凑，球形腔内无物料停留或堆积的"死角"区，与混合料接触的零部件少，而且由于砂流的冲刷能减少黏附（或称自清洗作用），因此可以减少人工清理混砂机的工作量。

2.6.2　自动化型砂处理线

自动化型砂处理线通常包含有落砂设备、输送设备、磁分离设备、破碎设备、筛分设备、除尘设备和冷却设备等（图 2-62）。

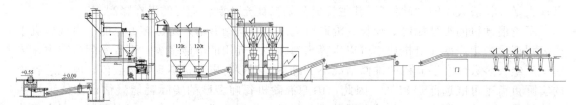

图 2-62　某企业的型砂处理线

(1) 型砂处理线的工艺流程

① 落砂、磁选　自动造型线上的铸型浇注冷却后由输送器输送到振动输送机上方，由捅箱机将铸型捅入振动输送机里，通过振动输送机将溃散后的铸型输送于振动落砂机上进行落砂。随着落砂机的振动，铸件与砂子进行分离，铸件被输送到前方落入铸件吊桶里，由单轨吊运走。砂子则落入布置在落砂机下方运行的皮带机上。再由皮带机 1 转卸到皮带机 2上。砂子在皮带机上进行两级磁选。由两级磁选选出的所有铁杂物流到废铁斗中，由废铁单轨吊定期运走。经过两级磁选后的旧砂保证了后续工艺、机械设备安全可靠的运行。

② 新砂的加入　用装载机将新砂加入到新砂斗里，当全线设备运行时，新砂斗下方的圆盘给料机定量将新砂加入载有旧砂运行的皮带机上，新砂加入量可根据工艺要求手动进行调节。静压线上散落的砂子由皮带机输送，与落砂后的旧砂一起进行回收处理。

③ 旧砂破碎筛分及排废　由提升机提升起的旧砂进入精细六角筛进行破碎和筛分。符合要求的旧砂落入其下方的调匀砂库中，杂物等废料则进入废料斗中，通过开启鄂式开关由操作人员定期排放运走。

④ 旧砂冷却及储存　调匀砂库中的旧砂由带式给料机均匀地加入到双盘搅拌冷却机里。该带式给料机上装有测温增湿装置对运行的砂子进行温度检测，当砂温高于 50℃ 时，加水系统开始对运行的砂子进行喷水，以便砂子进入双盘冷却机之前拥有较高的水分。双盘搅拌冷却机具有预混、降温、冷却及除尘等功能。处理好后的旧砂由提升机提升至砂库上方的皮带机 4 上，分别由卸料器将合格旧砂均匀输送到 3 个砂库中储存。

⑤ 二次筛分及排废　将 3 个调匀砂库中的旧砂由砂库下方的 3 台闭式圆盘给料机均匀加入到带式输送机上，再经提升机将砂子提升给运行的二级振动筛里。二级振动筛里的筛网

比较细，一些不符合造型工艺的砂块及设备运行中进入的杂物被筛分出来。符合造型要求的旧砂落入其下方的皮带机上，由皮带机将砂子均匀地输送到两台混砂机上方的砂库中，废料则进入振动筛下方的废料库中，通过开启鄂式开关由操作人员定期将废料运走。

⑥ 陶土、煤粉等进入混砂单元　袋装陶土、煤粉等辅料用车运至压送气力输送装置旁，由人工加入将粉料分别压送到混砂机上方的各个辅料仓里。

⑦ 混砂单元　该单元共布置两台高效转子混砂机，每台混砂机组成一套独立的混砂系统。每台混砂机的上方装有一台砂子定量电子秤、一台粉料电子秤。根据工艺要求按比例将砂子及粉料等原料定量加入混砂机里进行混合。加水器安放在混砂机下方，根据工艺要求给混砂机加水。混砂周期约120s，两台混砂机交叉进行工作，通过混砂机上的取样筒可随时对混合的型砂进行检测。

⑧ 型砂输送　混合好的型砂经检测合格后卸入混砂机下方的皮带机受料槽里，通过皮带机将型砂输送给造型机上方的型砂斗里储存。型砂斗下方安装一台带式给料机，由该机给自动造型线定量斗加砂。皮带机安装有两个卸料器，每个下方有一个砂库，以备手工造型用砂和不合格型砂储存之用。

⑨ 除尘系统　一般全线共分3套除尘单元。从振动输送机到落砂机为一套除尘系统，包括落砂机下方的旧砂皮带机除尘。其余两套除尘器分别由机械回转布袋除尘器、低阻旋风除尘器及离心风机组成。砂处理设备运行前应先开启除尘器。全线各个扬尘点均在除尘管路中设有蝶阀，以便现场对风量进行合理调节。除尘器里的灰尘要定期排除并及时运走。

(2) 主要设备功能介绍

① 磁分离设备　磁分离的目的是将混杂在旧砂中的浇冒口、飞翅与铁豆等铁块磁性物质除去。常用的磁分离设备按结构形式可分为磁分离滚筒、磁分离带轮和带式磁分离机3种，按磁力来源不同可分为电磁和永磁两大类。

② 破碎设备　对于高压造型、干型黏土砂、水玻璃砂和树脂砂的旧砂块，需要进行破碎。

③ 筛分设备　旧砂过筛主要是排除其中的杂物和大的砂团，同时通过除尘系统还可排除砂中的部分粉尘。旧砂过筛一般在磁分离和破碎之后进行。常用的筛砂机有滚筒筛砂机、滚筒破碎筛砂机和振动筛砂机等。

滚筒筛砂机结构简单，维护方便，但筛孔易堵塞，过筛效率低；滚筒破碎筛砂机与滚筒筛砂机结构相似，它具有筛分和破碎的双重功能，结构紧凑，使用效果好；振动筛砂机结构简单、体积小、生产率高，且工作平稳，具有筛分和输送两种功能，适应性强，目前被广泛使用。

④ 冷却设备　铸型浇注后，由于高温金属的烘烤使砂的温度增高。如用温度较高的旧砂混制型砂，因水分不断蒸发，型砂性能不稳定，易造成铸件缺陷。为此，必须对旧砂进行强制冷却。目前，普遍采用增湿冷却方法，即用雾化方式将水加入到热砂中，经过冷却装置，使水分与热砂充分接触，吸热汽化，通过抽风将砂中的热量除去。常用的旧砂冷却设备有双盘搅拌冷却、振动沸腾冷却和冷却提升等。

双盘搅拌冷却设备同时起到增湿、冷却、预混3个作用，冷却效果较好，且体积小、重量轻、工作平稳、噪声小，应用日益广泛；振动沸腾冷却设备生产效率高、冷却效果好，但噪声较大，要求振动参数的设置严格；冷却提升设备兼有提升、冷却旧砂的双重作用，占地面积小，布置方便，但冷却效果不太理想。

2.6.3　湿型砂的性能要求

(1) 紧实率和含水量

湿型砂不可太干，否则膨润土未被充分湿润，起模困难，砂型易碎，表面的耐磨强度低，铸件容易生成砂孔和冲蚀缺陷。型砂也不可太湿，过湿型砂易使铸件产生针孔、气孔、呛火、水爆炸、夹砂、粘砂等缺陷，而且型砂太黏、型砂在砂斗中搭桥、造型流动性降低、砂型的型腔表面松紧不均，还可能导致造型紧实距离过大和压头陷入砂箱边缘以内而损伤模具和砂型吃砂量过小。表明型砂干湿状态的参数有两种：紧实度和含水量。

一般厂家型砂取样地点可能都在混砂机处，但是型砂紧实率和含水量的控制应以造型处取样测定为准。从混砂机运送到造型机时紧实率和含水量下降幅度因气候温度和湿度状况、运输距离、型砂温度等因素而异。如果只根据混砂机处取样检测结果控制型砂的湿度，就要增加少许以补偿紧实率和水分的损失。

对于阀门制造企业建议手工造型和振压式机器造型最适宜干湿状态下的紧实率控制在 $34\% \sim 40\%$ 之间；高压造型和气冲造型时为 $40\% \sim 45\%$。

从减少铸件气孔缺陷的角度出发，要求最适宜干湿状态下型砂的含水量尽可能低。高强度型砂的膨润土加入量多，型砂中含有多量灰分，所购入煤粉和膨润土的品质低劣而需要增大加入量，混砂机的加料顺序不良、揉捻作用不强、刮砂板磨损、混砂时间太短，以致型砂中存在多量不起黏结作用的小黏土团块，都会提高型砂的含水量。目前，大部分阀门制造企业的型砂含水量基本都分布在 $2.5\% \sim 4.2\%$ 之间，比较理想的含水量为 $3.3\% \sim 3.6\%$。如果生产的铸件具有大量树脂泥芯，型砂含水量大多偏于下限，这是由于大量树脂砂芯溃散后混入型砂使含泥量下降和型砂吸水量降低。

（2）透气率

型砂的透气率不可过低以免浇注过程中发生呛火和铸件产生气孔缺陷。但是绝不可理解为型砂的透气性能越高越好。因为透气率过高表明砂粒间孔隙较大，金属液易于渗透入而造成铸件表面粗糙，还可能产生机械黏砂。所以湿型用面砂和单一砂的透气性能应控制在一个适当的范围内。对湿型砂透气率的要求需根据浇注金属的种类和温度、铸件的大小和厚薄、造型方法、是否分面砂与背砂、型砂的发气量大小、有无排气孔和排气冒口、是否上涂料和是否表面烘干等各种因素而异。用单一砂生产中小铸件时，型砂透气性能的选择必须兼顾防止气孔与防止表面粗糙或机械黏砂两个方面。高密度造型的砂型排气较为困难，通常要求型砂的透气率稍高些。

较为适当的型砂透气率大多在 $100 \sim 140$ 之间。如果型砂透气率在 160 以上或更高，除非在砂型表面喷涂料，否则铸件表面会出现粗糙甚至有局部机械黏砂。

（3）湿态强度

如果型砂湿态强度不足，在起模、搬运砂型、下芯、合型等过程中，砂型有可能破损和塌落；浇注时砂型可能承受不住金属液的冲刷和冲击，从而造成砂孔缺陷甚至跑火（漏铁水）；浇注铁水后石墨析出会造成形壁移动，导致铸件出现疏松和胀砂缺陷。生产较大铸件的高密度砂型所用砂箱没有箱带，高密度型砂可以避免塌箱、胀箱和漏箱。无箱造型的砂型在造型后缺少砂箱支撑，也需要具有一定的强度。挤压造型时顶出的砂型要推动其他造好的砂型向前移动，更对型砂的强度提出较高要求。但是，型砂强度也不宜过高，因为高强度的型砂需要加入更多的膨润土，不但影响型砂的水分和透气性能，还会使铸件生产成本增加，而且给混砂、紧实和落砂等工序带来困难。

一般而言，国外企业铸铁用型砂的湿压强度值要求较高。不少国外的造型机供应商推荐的湿压强度值范围在 $130 \sim 250 \text{kPa}$ 之间，集中于 $180 \sim 220 \text{kPa}$。有些日本铸造工厂对型砂湿压强度的要求偏低。很多工厂只有 $80 \sim 180 \text{kPa}$。湿压强度控制值较低的优点之一是即使所使用的振动落砂机破碎效果不好，也不致有大砂块随铸件跑掉。而且很多铸造工厂选用的膨润土品质较差，宁愿型砂的湿压强度稍低些，就无需加入大量膨润土，型砂含水量也可低些。

① 湿拉强度和湿劈强度　从材料力学角度来看，抗压强度除代表型砂黏结强度以外，也还受砂粒之间摩擦阻力的影响，而抗拉强度无此缺点。但是测定型砂的湿态抗拉强度必须使用特制的试样筒和试验机，所以很多中小铸造企业不测定型砂的抗拉强度。通常要求湿拉强度＞20kPa。有人按照混凝土试验中曾使用过的办法将圆柱形标准试样横放，使它在直径方向受压应力，就可以得出近似抗拉强度的湿态劈裂强度值。我国一些工厂要求在 30～50 范围内。DISA 公司推荐的湿劈强度是 30～34，还给出了劈裂强度估算抗拉强度的近似公式

$$湿拉强度＝湿劈强度×0.65$$

② 表面硬度　湿砂型应当具有足够高的表面强度，能够经受起模、清吹、下芯、浇注金属液等过程的擦磨作用。否则型腔表面砂粒在外力作用下容易脱落，可能造成铸件的表面粗糙、砂孔、黏砂等缺陷。在有些铸造厂中，从起模到合箱之间砂型敞开放置时间较长，以致铸型表面水分不断蒸发，可能导致表面硬度急剧下降。间隔时间长，天气干燥，型砂温度较高时，这种现象尤其严重。表面硬度和其他型砂性能不同，可以用仪器直接读出（图 2-63），从而判定表面硬度是否合格。

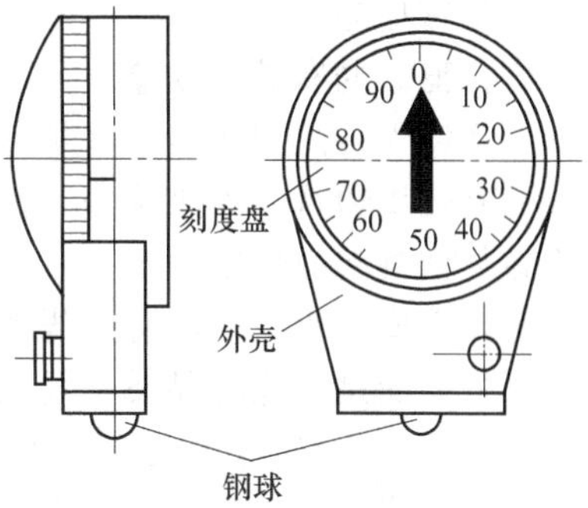

图 2-63　型砂表面硬度计

（4）型砂含泥量

型砂和旧砂的泥分是由有效的膨润土、煤粉以及无效的灰分组成。一般型砂比旧砂的泥分含量多 0.5％～3.0％。型砂的含泥量才是影响型砂的各种性能的直接因素，旧砂的含泥量只是供参考之用。所以应当以型砂含泥量的检测和控制为主。

大多数铸造厂的型砂和旧砂含泥量过高的原因是所使用的原砂、膨润土和煤粉品质不良，旧砂缺乏有效地除尘处理造成的。还有些阀门铸造工厂的型砂出现含泥量过低现象，是旧砂中混入大量溃散树脂砂芯造成的，以致型砂适宜含水量太低，透气率太高，性能难以控制。

总结各铸造厂的经验：高密度造型最理想的铸铁用型砂（含煤粉）含泥量为 10％～13％，不应≥14％和≤9％；理想的旧砂含泥量为 8％～11％，不应≥12％和≤7％。关于型砂泥分中无效的灰分含量，也有人主张应当不超过 3.5％～5％。如果含泥量过高，应当加强各种原材料的选用和检验，改善旧砂除尘装置的工作效果。如果含泥量过低，就应该将除尘系统的排出物部分地返回旧砂系统中。

（5）型砂粒度

型砂粒度直接影响透气性和铸件表面粗糙程度。原砂的粒度并不能代表型砂的粒度，因为在铸造过程中部分砂粒可能破碎成细粉，另一部分可能烧结成粗粒。而且不同粗细的砂芯溃散后也会混入旧砂。经过多次铸造过程的积累就使型砂的粗细逐渐改变。因此很多工厂将测定过含泥量的型砂用筛分法测定粒度。一般认为型砂的粒度分布不可过分集中，最好是四筛分布。还有人提出停留在 200 目、270 目和底盘的微粒含量应当为 3％～5％，以便降低型砂对水分的敏感性。

（6）有效膨润土量

一般湿型铸造生产中，都是根据型砂实测的湿态抗拉强度高低补加膨润土。如果型砂中灰分含量多而有效膨润土含量不足，也会显得湿压强度较高。这种型砂的性能变脆，起模性变坏，透气性下降，同样紧实率下的含水量提高，铸件容易产生夹砂、冲砂、砂孔、气孔等缺陷。国内外大多数工厂采用亚甲基蓝吸附量检验型砂的有效膨润土含量。

型砂中最适宜的有效膨润土含量不仅受型砂湿态强度的要求、所用膨润土的品质影响，还受型砂中的膨润土混合均匀度的影响。因此各厂型砂的有效膨润土含量有相当大的差异。例如有些设备公司要求的型砂有效膨润土含量为 6%～9%。我国使用一般品质膨润土的多为 8%～11%，而使用优质膨润土的型砂有效膨润土量可以降低为 6%～7%。我国膨润土的品质相差悬殊，测得的有效膨润土量（%）并不能直接说明型砂的黏结强度，不如改用吸蓝量表示。如有的工厂要求高密度型砂的吸蓝量为 55～65mL。

型砂的有效膨润土是指全部仍然具有黏结能力的膨润土而言。生产用型砂中有一部分膨润土自己已经积聚成团，成为对型砂不起黏结作用的潜在膨润土。主要形成原因是型砂制备时混合不够均匀。

(7) 型砂的有效煤粉量

生产铸铁件的湿型砂大多加入煤粉附加物，但是每次混砂时煤粉的补加量需要靠型砂和旧砂的有效煤粉量差值来确定。国外靠测定型砂或旧砂的灼减量、挥发分、含碳量、固定碳量等参数推测有效煤粉量。

铸铁件型砂中应有的有效煤粉量因铸件大小和厚薄、浇注温度、面砂或单一砂等因素而异，更重要的是因煤粉品质不同而异。例如，应用普通煤粉的型砂中有效煤粉量多为 5%～7%，应用较高品质煤粉的有效煤粉量可降低到 4%～5%。如果使用高效煤粉只要 3%～4% 即可。目前我国各地销售的煤粉品质差异较大，有的煤粉中杂质甚多，发气量较低。高密度造型用型砂发气量应在 14～20mL。有些型砂中还含有淀粉类材料或混有溃散芯砂，也都起抗黏砂作用和发生气体，可以和煤粉一并考虑。还应注意个别煤粉是用挥发分相当高的气煤或长焰煤制成的。配制出型砂的发气量虽高但抗黏砂能力较差，而且铸件易出气孔缺陷。因此，用发气量控制型砂和旧砂中有效煤粉量的方法最适合用于挥发分为 28%～35% 和灰分≤10%范围内的煤粉。

(8) 热湿拉强度

国内外很多铸造厂都用热湿拉强度来检验型砂的抗夹砂性能。影响型砂热湿拉强度的主要因素是膨润土所吸附阳离子的种类，其次是膨润土纯度和型砂中有效膨润土含量。天然钠土和活化土的热湿拉强度比钙基膨润土高几倍。然而用碳酸钠活化钙土超过极限活化量后热湿拉强度反而下降，而且还可能会影响型砂的抗夹砂性能。我国常用钙土的极限活化量是碳酸钠加入量为 4%～5%。对型砂热湿拉强度值的要求需根据生产条件而定。

2.7 阀门铸铁件的清理及后处理

2.7.1 铸件的落砂除芯

(1) 铸件的冷却

铸件在浇注后往往因为冷却过快而产生变形、裂纹等缺陷以及加工性能变差等，因此为了保证铸件在清砂时有足够的强度和韧性，铸件在型内应有足够的冷却时间。连续生产的铸件应设计有足够的冷却段长度，以保证铸件的冷却时间。铸件的型内冷却时间与铸件的重量、壁厚、复杂程度、合金种类、铸型性质、生产条件等多种因素有关。

铸铁件在砂型内的冷却时间是根据开箱时的温度来确定的。铸铁件开箱时的温度可参考下列数据：大部分阀门零件铸件为 300～500℃；一些易产生冷裂与变形的铸件为 200～300℃；易产生热裂的铸件为 800～900℃。

铸铁件在砂型内的冷却时间通常可参考表 2-72～表 2-74 进行选择。

表 2-72 中、小型铸件在砂型内的冷却时间

铸件重量/kg	<5	5~10	10~30	30~50	50~100	100~250	250~500	500~1000
铸件壁厚/mm	<8	<12	<18	<25	<30	<40	<50	<60
冷却时间/s	20~30	25~40	30~60	50~100	80~160	120~300	240~600	480~720

注：壁薄、重量轻、结构简单的铸件，冷却时间取小值，反之，取大值。

表 2-73 大型铸件在砂型内的冷却时间

铸件重量/t	1~5	5~10	10~15	15~20	20~30	30~50	50~70	70~100
冷却时间/h	10~36	36~54	54~72	72~90	90~126	126~198	198~270	270~378

表 2-74 中、小型铸件在生产浇注时的砂型内冷却时间

铸件重量/kg	<5	5~10	10~30	30~50	50~100	100~250	250~500
冷却时间/min	8~12	10~15	12~30	20~50	30~70	40~90	50~120

注：1. 铸件重量指每箱中的总重量。

2. 铸件在生产线上常采用通风强制冷却，冷却时间较短。

(2) 机械落砂除芯

① 选择机械落砂机的原则

a. 生产量及生产率。落砂机应与造型线上主机的生产率相适应，即与造型线的生产节拍相适应。落砂机生产率过低会使铸型积塞，过高则造成不必要的浪费。落砂效率与落砂机的长短也要相适应。效率低、落砂机长度过短，会使铸件上的砂子落不干净；效率过高、落砂机长度过长，不但会造成不必要的浪费，而且会振坏铸件。非生产线上的落砂机，应根据车间生产纲领，即铸型的年产量进行选择。它虽不像生产线上的落砂机要求严格，但也要与车间生产周期相平衡。落砂效率过低会延长生产周期；过高则会使旧砂输送及砂处理系统设备庞大，造成不必要的浪费。一般中小铸型选用 1~5min 落尽，大铸型选用 5~10min 落尽，特大铸型选用 10~20min 落尽就可以。

b. 铸型的尺寸和重量。在生产线上，由于铸件的尺寸和重量基本确定，故落砂机的台面尺寸及吨位主要根据铸件尺寸及单位时间内通过落砂机的铸型数来选择。必要时可两台串联。根据经验，大铸件的落砂机台面宽度应是铸型宽度与上或下砂箱高度之和，或比捅箱机捅出砂型的宽度大 200mm 较合适。

非生产线上的落砂机应根据最常落砂的大件砂箱的底面尺寸及重量来选用，而不能以不常落砂的大件及最大重量的铸件所采用的砂箱来选用。否则将会因所选落砂机的台面尺寸及吨位过大而造成浪费。对于最大重量的铸件，可采用分箱落砂或用桥式起重机吊着铸件不摘吊钩落砂，若配以机械手与落砂机同时使用，则更便于分离和摘放铸件。

c. 生产类型。

铸件类型——铸铁件铸件易落砂，不宜选用振幅大的落砂机，以免落砂时易振坏铸件。

型砂种类——用干型、水玻璃砂型铸造的铸件比湿型铸造的铸件难落砂，用树脂砂型铸造的铸铁件易落砂。

d. 落砂机的布置。为新设计的车间选用落砂机时，除应考虑生产要求外，还要考虑落砂机的布置情况。例如：布置在室内的落砂机应选用噪声低的落砂机，并配以良好的除尘系统；在地下水位浅的地区不宜选择基础太深的大台面组合落砂机，这样可降低造价并避免应处理地基防水层所带来的麻烦；共振型落砂机需要有很结实的基础，以防止基础与落砂机发生共振。对旧车间进行改造时，落砂机的选用除应根据生产类型满足铸件的落砂要求外，还应考虑厂房的基础、高度、起重能力、地坑深度及布置情况等因素。

② 机械振动落砂机 机械落砂用的落砂机的类型和应用特点见表 2-75。

表 2-75　落砂机类型和应用特点

类型		特点	应用
偏心振动式		振幅恒定,激振力较小,轴承受力大,寿命低	在统一落砂机上落大小和种类较多的湿砂型铸件,铸件质量小于 2.5t
惯性振动式	普通式	结构简单,激振力可调,对基础要求低	成批机械化生产线,砂箱尺寸在 800mm × 600mm 以下,铸件质量小于 1t
	固定式		手工、机械化、半机械化铸造车间,型砂强度在中等以下,铸件和铸型质量在 12t 以下
	双轴式		中等强度以下的铸铁件,干型及湿型,铸件和铸型质量在 8t 以下
	横振动式	结构简单,能耗小,对铸件破坏力小,装有定量喷水和除尘装置,减少环境污染	外形尺寸 450mm × 500mm 以下的小型铸件的无箱造型
惯性振动输送式	电机驱动式	由于弹簧减振,对基础振动小,能边落砂边输送,结构简单,落砂时对大砂团有破碎作用	机械化、半自动化造型线上的大中小型铸件
	双轴式		高生产率的造型自动线
	双激振式		自动线上大型铸件
	双质体式		自动线上小型铸件
惯性振动冲击式		载荷不是始终加在落砂机上,额定载荷可以相对提高,撞击架基础受力较大,对其要求较高	单批小批手工造型或机械化半机械化铸造车间铸件干型、湿型的落砂,铸件和铸件质量 4~12.5t
气动振动落砂			以黏结力小的油类、纸浆残液、合脂作黏结剂的砂芯,并适于重型铸件
滚筒落砂		生产率高,密封性好,但结构复杂,维修不便,不适于多品种生产	垂直分型无箱射压造型线上不怕撞击的小件

下面介绍常用的几种典型落砂机。

a. 振动电机驱动的惯性振动落砂机。这是 20 世纪 80 年代我国发展起来的一种新型结构落砂机,目前应用广泛。其技术规格见表 2-76,结构见图 2-64 及图 2-65,尺寸见表 2-77 及表 2-78。该种落砂机由固定于落砂机栅床两侧的振动电机带动栅床上下振动。它的优点是便于维修、寿命长、激振力可调、只在上下方向振动。在远共振区工作,噪声低。此落砂机振动传给基础的力小,基础设计简单。

表 2-76　振动电机驱动的惯性振动落砂机主要技术规格

型号	有效载荷/kN	台面尺寸(宽/mm)×(长/mm)	激振力/kN	功率/kW	重量/t
L121	10	1.4×1.5	2×20	2×1.52	2.8
L121A	12.5	0.63×1	2×10	2×0.75	1
L122		1.6×1.8	2×31.5	2×2.4	3.3
L122A	20	0.82×1.25	2×20	2×1.5	1.52
ZL2-12/16		1.2×1.5	2×35	2×2.2	2.045
L123、L12D3	30	1.9×2	2×49	2×3.7	3.8
ZL3-14/20		1.4×2		2×3	2.98
L124A	40~50	1.9×2.8	2×80	2×5.5	5.32
L124B	40~50	1.9×2.8	2×80	2×5.5	5.2
L12D、L12D4	40~50	1.9×2.8	2×80	2×6.5	6.5
ZL4-18/25		1.8×2.5	2×90	2×4	4.4
L126	60	1.92×7	2×98	2×6.3	5.9
L128A		2.0×2.8			6.5
L128D	60~80	2.0×2.8	2×100	2×7.5	9.5
L12D8		1.96×2.76			—

型号	有效载荷/kN	台面尺寸(宽/mm)×(长/mm)	激振力/kN	功率/kW	重量/t
L1210		2.5×3.0	2×78.4	2×5.5	15
L1210D	100	2.5×3.0	2×140	2×12	11
L12D10		2.0×3.0	2×120	2×9.5	—
L1212		2.0×3.0	2×100	2×7.5	
L1212D	100～120	2.0×3.0	2×140	2×12	11
L12D10		2.0×3.0	2×140	2×12	12
L1215		2.8×3.4	2×100	2×7.5	18.6
L1215D	150	2.5×3.0	2×150	2×13	13.5
L12D15		2.5×3.2	2×16	2×14	—
L1220		2.8×3	2×127.4	2×9.5	22
L1220D	200	3.2×3.8	4×140	4×12	23
L12D20		3.2×3.8	4×120	4×9.5	
L1225D	250	3.2×4.0	4×150	4×13	25.8
L12D25			4×140	4×12	—
L1230	300	3×4.5	4×98	4×9.5	33
L1230、L12D30		3.2×4.0	4×160	4×14	30

注：各厂生产的型号不同，技术规格也略有差异，订货时应与厂家联系。

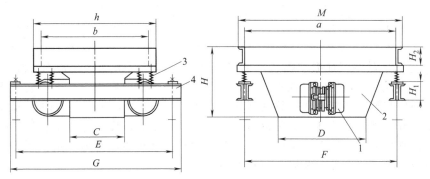

图 2-64 ZL 系列振动电机驱动的惯性振动落砂机

1—振动电机；2—栅床；3—弹簧；4—底座

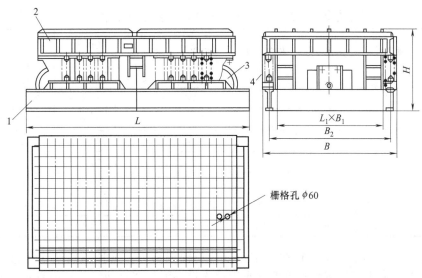

图 2-65 L12 系列振动电机驱动的惯性振动落砂机

1—底座；2—栅床；3—振动电机；4—弹簧

表 2-77 ZL 系列振动电机驱动的惯性振动落砂机尺寸　　　　单位：mm

型号	a	b	M	h	H	C	D	E	F	G	H_1	H_2
ZL2-12/16	1600	1200	1750	1350	800	500	800	1600	1600	2000	212	200
ZL3-14/20	2000	1400	2160	1560	850	700	1200	1950	2000	2200	232	220
ZL4-18/25	2500	1800	2660	1960	1150	900	1500	2400	2500	2700	290	250

表 2-78　L12 系列振动电机驱动的惯性振动落砂机尺寸　　　　单位：mm

型号	L	出砂口 $L_1 \times B_1$	B	B_2	H
L121	1530	900×1100	—	1300	850
L122	1830	1000×1300	—	1490	920
L123	2300	1100×1560	1904	1760	1060
L124A、L124B、L124D	3160	1800×1560	1904	1760	1092
L126	2730	1800×1600	—	1800	1000
L128A、L128D	3160	1800×1656	2000	1850	1293
L1210	2930	1900×1600	—	1800	1300
L1212	3460	2130×1460	1900	1720	1386
L1215	3230	2000×1900	—	2180	1420

　　b. 振动电机驱动的惯性振动输送落砂机。这是目前广泛采用的一种惯性振动输送落砂机。它是由两台或四台振动电机侧置、上置或下置在栅床上。由于惯性振动输送落砂机激振器的布置激振力与删床面成 β 角（称为激振角，$\beta=60°\sim70°$），带动铸件跳跃前进，铸件在前进过程中与栅床撞击而落砂。这种落砂机结构简单，维修方便，适合于各种铸造生产线的落砂。这类落砂机的最大缺点是噪声大，尤其在启动和停车时，更为严重。因此对此落砂机应有上下限位装置以防在停车和启动时振幅过大。

　　• 振动电机侧置。这种结构振动稳定、高度低、维修方便，适合于有高度要求的场合，应用广泛。其技术规格见表 2-79，结构见图 2-66 和图 2-67。

表 2-79　振动电机侧置的惯性振动输送落砂机的技术规格

型号	额定负荷 /kN	生产率/ 型·h⁻¹	输送速度 /m·s⁻¹	激振力 /kN	双振幅 /mm	槽体尺寸 （长/mm） ×（宽/mm）	功率 /kW	重量 /t
L2505A	5	3	—	2×49.04	—	3×0.8	2×3.7	2.6
L251A	10	3	—	2×73.55	—	4×0.9	2×5.5	3.5
L252A	20	3	—	2×78.4	—	4×1.2	2×5.5	5.7
L253	30	3	—	2×100	—	5×1.5	2×7.5	7
ZL1-8/40	7	—	0.03	2×40	6	4×0.8	2×3	3.56
ZL1-9/40	9	—	0.06	2×66	6	4×0.8	2×4	3.92
ZL1-10/40	12	—	0.06	2×66	6	4×1	2×4	—

　　• 振动电机上置。振动电机按一定角度置于栅床上方。这种结构便于维修，但高度较高，机型较少，主要用于在落砂机下方布置输送设备的生产自动线，目前只有少数铸造机械厂生产 XL8/40 型惯性振动输送落砂机，其结构见图 2-68，技术规格见表 2-80。

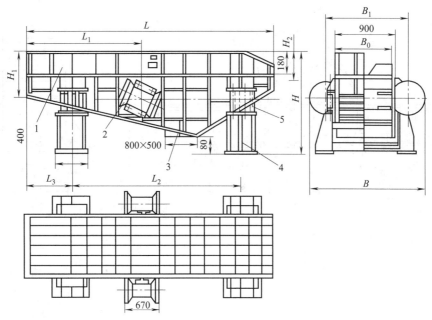

图 2-66 L25 系列振动电机侧置的惯性振动输送落砂机

1—机身；2—振动电机；3—出砂口；4—底座；5—弹簧

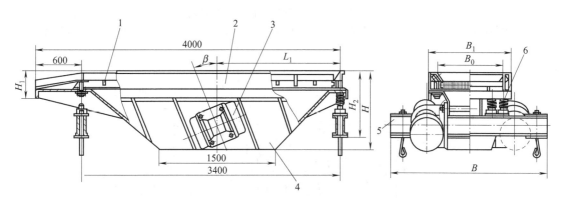

图 2-67 ZL₁ 系列振动电机侧置的惯性振动输送落砂机

1—栅格；2—机身；3—振动电机；4—出砂口；5—底座；6—弹簧

表 2-80 振动电机（上置）下置的惯性振动输送落砂机技术规格

型号	额定负荷 /kN	生产率/ 型·h⁻¹	激振力 /kN	双振幅 /mm	槽体尺寸 （长/mm）×（宽/mm）	功率 /kW	重量 /t
XL-8/40（上置）	7	0.03	2×40	6.4	4×0.8	2×4	3.56
L2505	5	3	2×49.035	—	3.0×0.8	2×3.7	2.6
L254	40	—	2×73.55	—	6.0×1.8	4×5.5	11
L253D1	30	2	2×160	67	6.0×1.6	2×14	9.1

• 振动电机下置。L25 系列振动电动机按一定角度置于栅床下方。这种结构重心在下，振动平稳，但维修麻烦。其技术规格见表 2-80，结构及尺寸见图 2-69 及图 2-70。L254 型装有 4 台振动电动机，其余型号装有 2 台振动电动机，结构上没有大的区别。

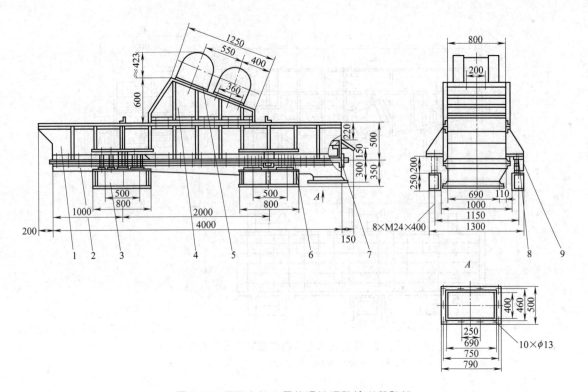

图 2-68　振动电机上置的惯性振动输送落砂机

1—槽体；2—槽底；3—底座；4—振动架；5—振动电机；6—减振弹簧；7—栅格；8—限振垫；9—调整垫

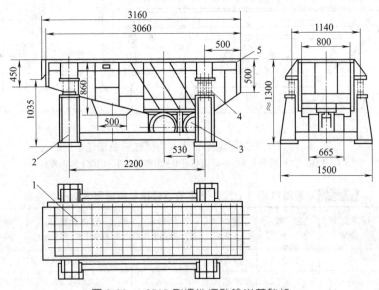

图 2-69　L2505 型惯性振动输送落砂机

1—栅床；2—支座；3—振动电机；4—弹簧；5—框体

③ 滚筒式落砂机　滚筒式落砂机的主要工作原理是：脱去砂箱的铸型进入滚筒体内随滚筒体旋转到一定的高度时，靠自重落到筒体下方，在相互间的不断撞击和摩擦作用下，砂型与铸件分离并顺着螺旋片方向到达筒体栅格部分进行落砂。滚筒落砂机主要用于垂直分型无箱射压造型线上，边输送边落砂，生产率高，密封性好，噪声低，能破碎旧砂团，还可对

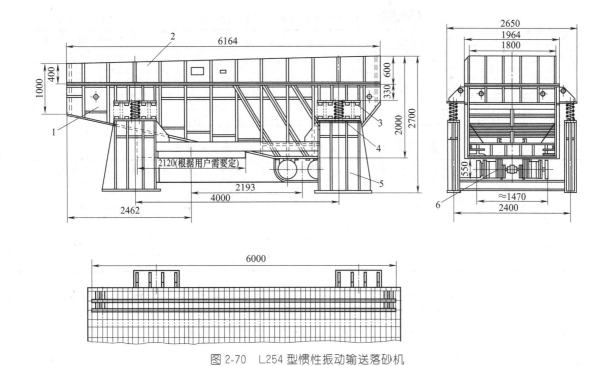

图 2-70 L254 型惯性振动输送落砂机
1—框体；2—栅床；3—定位套；4—弹簧；5—支架；6—振动电机

热砂进行增湿冷却，并能对铸件进行预清理。但由于薄壁铸件易损坏，因此，适用于不怕撞击的无箱小件落砂。对湿型砂铸件，一般除尘系统易黏砂、堵塞，因此应加强除尘系统的改造。L32 系列滚筒冷却落砂机的主要尺寸、技术规格和结构见表 2-81、表 2-82 和图 2-71。

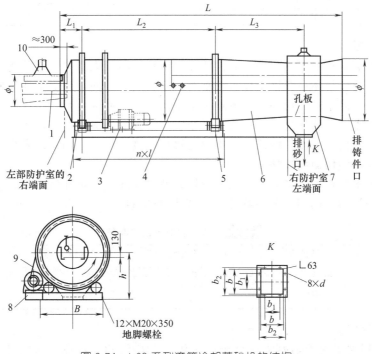

图 2-71 L32 系列滚筒冷却落砂机的结构

表 2-81　L32 系列滚筒冷却落砂机主要尺寸　　　　　　单位：mm

型号	$\phi \times L$	ϕ_1	L_1	L_2	L_3	$n \times l$	d	b	b_1	b_2	B	h
L3212	1200×6000	630	500	2800	1900	4×580	14	450	280	520	1300	95
L3216	1600×8000	840	650	3800	2550	4×1090	14	560	360	630	1700	12
L3221	2100×10000	1100	800	4700	3200	4×1324	14	700	450	770	2200	1
L3225	2500×12500	1300	10000	5900	4000	4×1324	18	850	500	920	2650	20
L3232	3200×16000	1700	1300	7500	5100	6×1400	18	1000	700	1070	3400	2

表 2-82　L32 系列滚筒冷却落砂机的主要技术规格

型号	生产率/t·h⁻¹		转数 /r·min⁻¹	功率 /kW	除尘风暴 /m³·h⁻¹	重量 /t
	旧砂	铸件				
L3212	15~20	2~3	10~15	11	4000	7
L3216	20~25	3~4	—	15	7000	10
L3221	25~30	4~5	—	22	12000	14
L3225	30~50	5~8	—	30	17000	20
L3232	50~80	8~10	—	45	23600	30

　　滚筒落砂机具有以下优点：落砂时不产生振动，尘烟在滚筒内很容易被除尘装置抽走，噪声小、防尘效果好；铸件和砂子便于分离，清砂后铸件表面较干净；对落砂后的旧砂有破碎作用；不需要地坑，便于安装；既适用于无箱造型也适用于有箱造型。

2.7.2　铸件浇冒口、毛刺的去除

　　铸件的浇冒口、飞翅和毛刺的去除方法与应用见表 2-83。

表 2-83　浇冒口、飞翅和毛刺的去除与应用范围

去除方法	应用范围
锤击敲断法	广泛应用于铸铁件
机械冲、锯、切法	主用于中小型球墨铸铁件
氧-乙炔气割法	用于中、大型球墨铸铁阀门毛坯

(1) 锤击敲断

　　对于中小型铸铁件可以直接采取此法清除浇冒口。对于大型铸铁件的浇冒口，可以先在浇冒口的根部锯槽，再用吊车锤击掉。敲击时一定要选好方向，以免损坏铸件。这种方法的优点是使用的工具简单，适用性广，缺点是手工操作，劳动强度大，生产效率低。也有部分厂家使用一种气动多向锤代替手工方法，可减轻劳动强度，提高生产效率。用锤击敲断法去掉浇冒口后，一般要用电弧气刨或砂轮机对浇冒口痕迹进行打磨和表面光饰。

(2) 锯割、砂轮切割和冲切

　　很多铸件可采用移动式多向气动锤来冲切铸件的飞翅、毛刺和浇冒口。切割中、小冒口常用的砂轮切割机的结构和工艺参数见图 2-72 和表 2-84。

表 2-84　砂轮切割机工艺参数

砂轮转速 /r·min⁻¹	电动机功率 /kW	砂轮片尺寸 (直径/mm)×(厚度/mm)	切割最大厚度 /mm	砂轮片消耗 /片·h⁻¹
800~1500	2~5.5	300×2.5 400×3	90 120	2~4

(3) 氧-乙炔气割

　　氧-乙炔气割主要用于切割大规格阀门铸铁件的浇冒口、补贴、工艺肋、飞翅和毛刺，也可用于切割球墨铸铁的冒口。

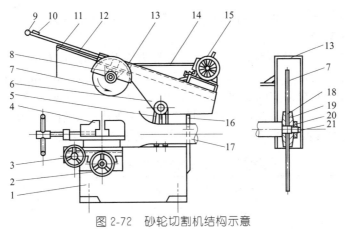

图 2-72　砂轮切割机结构示意

1—底座；2—左右操纵手轮；3—前后操作手柄；4—可转动虎钳；5—支座；6—支架；7—砂轮；
8—支座；9—手柄；10—气动按钮；11—安全围裙；12—观察窗；13—防护罩；14—传动带；
15—电动机；16—支撑器；17—吸尘罩；18—内夹片；19—外夹片；20—螺母；21—砂轮轴

① 气割前的准备工作　氧气和乙炔气的工作压力及加氧管规格见表 2-85。氧气瓶和乙炔气瓶应远离气割位置，有条件的最好采用输送管道。

表 2-85　氧气和乙炔气的工作压力及加氧管规格

冒口直径或宽度 /mm	氧气工作压力 /MPa	乙炔工作压力 /MPa	加氧管规格	
			直径/mm	数量/个
<500	>0.59	>0.029	—	—
500~800	>0.98	>0.029	8	1
800~1000	>0.98	>0.029	8	1~2
>1000	>1.18	>0.029	8	2

② 冒口切割工艺要点　冒口气割一次割完，不得中途停顿。需热割的冒口，割后应将冒口留在原位保温 24h 后才能吊走。如果冒口脱离了铸件，应将铸件进炉缓冷或热处理。如果冒口直径较小，可在气割面上覆盖干砂保温缓冷。小冒口可用单枪法切割，大冒口切割方法有单枪法和加氧法两种。采用单枪法切割冒口时，如不能依次切透，可采取分块法或推磨法进行切割。

加氧法气割冒口，先用乙炔焰将冒口切割处预热到高温，然后用内径 8mm 的铜管或阴极铜管向冒口切割处吹压力为 11.5MPa 的氧气，使冒口切割处的金属氧化燃烧，随着加氧管的移动将冒口割除。

2.7.3　铸件的表面清理

(1) 选用铸件表面清理设备的原则

a. 铸件的形状、特点、尺寸，尤其是代表性铸件的尺寸、重量、批量、产量和车间机械化程度等条件是选择清理设备的主要依据。多品种小批量生产情况，应选择对铸件大小适应性强的设备；少品种大批量生产情况，应选择高效和专用设备。

b. 选清砂设备时，从技术、经济、环境保护全面考虑，在允许条件下，应尽量采用干法清理设备。

c. 考虑到铸造工艺的特点，例如采用水玻璃砂时，应尽量改善型砂的溃散性，创造能采用干法清理设备的条件。

d. 采用干法清理设备时，选择次序是优先考虑抛丸设备，其次是以抛丸为主，喷丸为辅的设备。对于有复杂表面和内腔的铸件，可考虑采用喷丸设备。

（2）滚筒表面清理

滚筒表面清理时，滚筒内铸件的装入量通常为滚筒容量的 70%～80%，既不能太多，也不能太少；为提高清理效果，需加入 10%～20%尺寸为 20～60mm 的白口铸铁星形铁或碎白口铸铁；清理时间根据实际需要而定；清理滚筒的形状有圆形、方形、六角形和八角形的，大多数铸件可选用圆形滚筒清理机。目前常用的普通滚筒清理机有 Q11 系列圆形滚筒清理机和 Q168 型六角滚筒清理机，主要技术规格见表 2-86，结构简图见图 2-73 及图 2-74。

表 2-86　普通滚筒清理机主要技术规格

技术规格 ＼ 型号	Q116	Q118	Q118A	Q168
滚筒断面形状	圆形	圆形	圆形	六方
滚筒内径/mm	600	800	800	—
滚筒内腔对边距离/mm	—	—	—	800
滚筒有效长度/m	1.0	1.55	1.55	2.5, 3.0
滚筒转速/r·min^{-1}	39	30	31	27
铸件装入量/kg	≈560	≈1500	≈1500	≈3000
星铁装入量/kg	30～50	80～100	80～100	～200
铸件最大尺寸 （长/mm）×（宽/mm）	400×300	600×500	600×500	—
每次清理时间/h	1.5～2	1.5～2	1.5～2	≈2
每班生产率/t	2.5～3	6～8	6～8	—
除尘抽风量/m³·h^{-1}	600～800	≈1320	≈1320	—
总功率/kW	2.6	7.5	5.5	13
外形尺寸 （长/mm）×（宽/mm）×（高/mm）	2660×990×1014	4360×1505×1250	3800×1000×1220	6060×1565×1368 （内腔长 3m 时）
重量/t	1.86	4.73	4.28	6.57

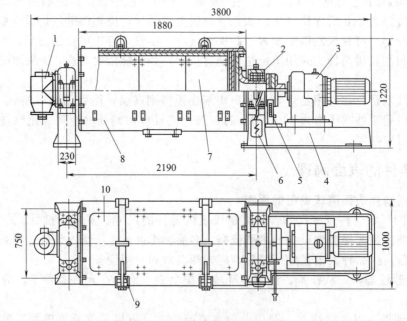

图 2-73　Q118A 型圆形滚筒清理机

1—除尘器；2—轴承；3—齿轮减速电动机；4—底座；5—手制动器；
6—磁力启动器；7—护板；8—筒体；9—闭锁器；10—滚筒盖

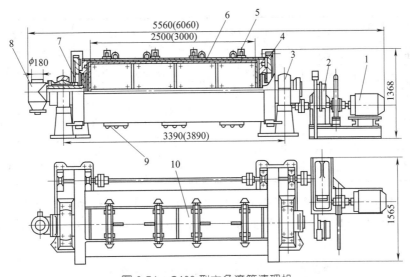

图 2-74　Q168 型六角滚筒清理机

1—电动机；2—减速器；3—支架；4—大齿圈；5—锁紧器；6—橡胶衬；

7—空心轴颈；8—除尘箱；9—平衡块；10—滚筒盖

(3) 抛丸表面清理

抛丸清理是利用抛丸器中叶轮旋转产生的离心力，将铁丸或钢丸高速抛向铸件以清除其表面黏砂和氧化皮的铸件表面清理方法。

① 抛丸清理设备的分类　抛丸清理设备种类繁多，按结构特点大致可分为：滚筒式抛丸清理机，滚筒式连续抛丸清理机，转台式抛丸清理机，履带式抛丸清理机，以及积放式、步进式、通过式、悬链式抛丸清理机和真空抛丸清理机等。此外还有用于清理复杂铸件的多功能组合抛丸清理机和鼠笼式抛丸清理机，以及转台式抛丸清理室、吊钩悬链式抛丸清理室、喷抛丸联合清理室等。

② 几种常用抛丸清理设备

a. 滚筒式抛丸清理机。滚筒式抛丸清理机以转动的圆筒作为铸件的运载装置。有水平式和倾斜式的，又有连续作业和间歇作业之分。目前国内应用最多的是间歇作业水平滚筒式清理机，其技术规格见表 2-87。

表 2-87　Q31 系列滚筒式抛丸清理机主要技术规格

技术规格 \ 型号	Q3110I	Q3110A	Q3110B	Q3110E	Q3110G	Q3113B (BI)	Q3113C	Q3113D (DI)
滚筒内尺寸（直径/mm）×（长/mm）	1000×800					1300×1200		
滚筒转速/r·min^{-1}	3				3.8	4	2.5	4
最大装载量/kg	300			320		600	700	800(600)
铸件最大长度/mm	400	650		400		1100	—	1100
单件最大重量/kg	15				18	30		40
生产率/t·h^{-1}	0.6~1.5		0.8~1.8	1~2	—	2~3	2.5~3.5	—
清理一个周期时间/min	3~20				3~8	10~24		8~15
抛丸器 数量/台	1					1		
抛丸器 单台抛丸量/kg·min^{-1}	100	150	190	200		180	160	180~200
抛丸器 单台功率/kW	7.5			11		11		11

技术规格 ＼ 型号	Q3110I	Q3110A	Q3110B	Q3110E	Q3110G	Q3113B (BI)	Q3113C	Q3113D (DI)
除尘器 抽风量/m³·h⁻¹	1000	2000	—	1000	1000	1400	2800	1400
除尘器 形式	旋风式	袋式	袋式	旋风式	旋风式	旋风式	袋式	旋风式
总功率/kW(含除尘)	9.4	11.9	10.88	13.6	13.6	16.2(14)	16.3	14
外形尺寸 (长/mm)×(宽/mm)×(高/mm)	2078×2165×1861	3400×2165×3370	2300×1955×3000	1982×1972×2093	2505×2068×2093	5090×3310×2550	2550×2341×2250	2700×2800×2300
重量/t	3.5	4.1	4.5	3.478	3.21	6.753(6.15)	6.5	7.05

b. 履带式抛丸清理机。履带式抛丸清理机是由一对圆形端盘和一条履带组成。工作时，履带转动，带动铸件不断翻动，接受上方抛丸器的抛射。目前生产中应用的，大部分为间歇式，其技术规格见表2-88。

表 2-88　Q32 系列履带式抛丸清理机主要技术规格

技术规格 ＼ 型号	Q326	Q326B	Q326C	Q326N	Q327	Q328	Q329	Q3210	Q3210A	Q3210C	Q3210D	Q3211A	Q3213
端盘直径/mm	600	600	650	600	737	800	900	1000	1000	1000	1000	1092	1250
端盘间距/mm	900	900	—	900	940	940	1050	—	1100	1100	1200	1245	1200
单件最大重量/kg	10	10	10	10	34	34 / 23	60	30	30	70	70	80	250
最大装载量/kg	200	200	200	200	480	480 / 370	480	600	600	600	800	1400	1500
生产率/t·h⁻¹	0.6~1.2	1~2.5	0.6~1.2		2.5	2.5	2.5~5	1.5~2.5	1.5~2.0	3.5~7.0	4.5~9	8~16	6~8
履带材质	橡胶	橡胶	—	—	钢	钢 / 橡胶	橡胶	—	橡胶	橡胶	高锰钢	高锰钢	
数量/台	1	1	1	1	1	1	1	1	1	1	1	1	1
单台抛丸量/kg·min⁻¹	100	100	100	200	220	220	220	250	180	270	270	480	320
单台功率/kW	5.5	7.5			11	11	11		11	15	15	30	18.5
弹丸循环处理能力/t·h⁻¹	9	9			15	15	15		15	16			
除尘抽风量/m³·h⁻¹	2200	2200	2200	2000	1800	1800	3000	5000	3500	3500	4500	5300	5200
总功率/kW	8.6	10.6	12.6	11.92	16.6	16.6	16.6	24.3	27.27	27.27	26.47	36.1	32.0
外形尺寸 (长/mm)×(宽/mm)×(高/mm)	≈1300×1020×3450	1300×1210×3450	3681×1650×5800	1750×2100×4000	3770×1810×5700	3798×1850×4108	同Q327	3972×2600×4768	5510×4100×4705	3644×2350×5000		4597×3262×5709	—
重量/t	1.97	2.0	2.34	3.5	—	—	—	5.84	6.44	6.44	8.95	12.5	8.4

c. 吊钩（吊链）转盘式抛丸清理机。该机以多个吊钩（吊链）和转盘组成的吊挂机构为铸件的运载工具。目前国内主要有 Q34 系列，其中 Q3405 型、Q341 型为吊钩转盘式，Q342A 型为吊链转盘式，主要技术规格见表2-89。

图 2-75 为 Q341 型吊钩转盘式抛丸清理机的结构简图，本机的工字状转盘等分成 5 个扇形空间，顶部各设 1 个吊钩，形成 5 个工位。通常有 3 个工位处于清理室内，2 个工位处于室外，分别用于卸料和装料，因此本机可以连续作业。清理时，吊钩在自转机构带动下自转，以改善清理效果。

表 2-89　Q34 系列吊钩（吊链）转盘式抛丸清理机主要技术规格

技术规格 \ 型号		Q341	Q3405	Q341	Q342A
铸件最大尺寸 （直径/mm）×（长度/mm）		600×1200	500×1200	500×1200	500×1200
吊钩	数量/个	5	5	5	14
	单钩承载能力/kg	100	50	100	200
生产率/钩·h⁻¹		20～40	15～30	10～20	10～20
抛丸器	数量/台	2	2	2	2
	单台最大抛丸量 /kg·min⁻¹	140	140	140	140
	单台功率/kW	7.5	7.5	7.5	7.5
分离系统处理能力/t·h⁻¹		≥20	—	—	18
总功率/kW		19.6	21.28	22.74	22.75
除尘抽风量/m³·h⁻¹		4000	3200	4500	4500
外形尺寸 （长/mm）×（宽/mm） ×（高/mm）		620×04560×6500 （含除尘地下 500）	—	4390×3373×6000	1093×4358×56000
质量/kg		≈6.0	4.5	6.625	≈16

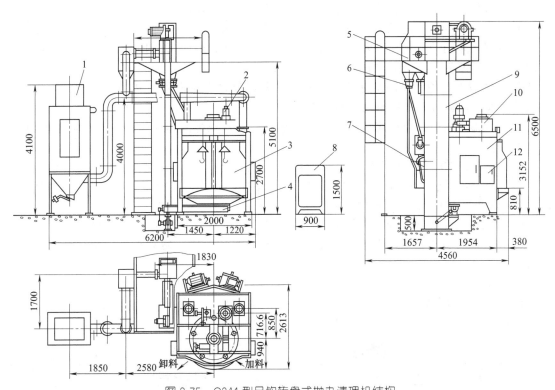

图 2-75　Q341 型吊钩转盘式抛丸清理机结构

1—除尘系统；2—吊钩自转机构；3—转盘；4—螺旋输送机；5—分离器；6—弹丸分配系统；7—抛丸器；
8—电控系统；9—斗式提升机；10—主轴机构；11—清理室；12—气孔控制系统

图 2-76 为 Q342A 型吊链转盘式抛丸清理机的结构简图。本机转盘的结构与吊钩转盘式相似，但转盘分成 4 等份，顶部不设吊钩。吊链和转盘共用 1 套驱动机构，工作时，吊链依次进入和退出转盘的扇形小清理室，连续作业。与吊钩转盘式相比，本机装、卸料的作业面积较大，时间充足，更适合于大量生产。

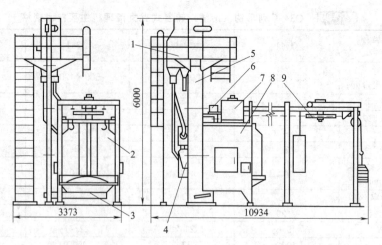

图 2-76　Q342A 型吊链转盘式抛丸清理机结构简图

1—分离器；2—转盘；3—螺旋输送机；4—抛丸器；5—斗式提升机；
6—吊链自转机构；7—转盘主轴及转动机构；8—清理室；9—吊链

③ 抛丸清理设备使用注意事项

a. 检查设备各部分是否正常，空转运行正常后，方可使用。

b. 铸件装入前，应将清理设备内积存的浮砂及杂物除净，以提高清理效率和分离效果。

c. 根据所采用的清理设备及铸件特点，选用粒度和材料合适的抛丸。抛丸应粒度均匀，表面干净，不带杂物，粒度一般为 1.0～3.5mm。

d. 抛丸清理设备要保持良好的密闭性，抛丸器叶轮未完全停止转动时，不允许打开抛丸机端盖或抛丸室门，以免抛丸飞出伤人。

e. 抛丸器运转应保持稳定，无严重振动现象，如发现抛丸器在运转中有严重振动现象，应立即检修。

f. 抛丸器内的叶片应成对布置，重量偏差不超过 3～3.5g，以保证运转平稳。运转中叶片一端磨损时，可对调使用。如叶片磨损严重应更换新叶片，更换新叶片时应保证对称安装的两个叶片的重量偏差在允许范围内。

g. 抛丸器的定向套、分配轮及护板等磨损件，应按其允许磨损程度及时更换。

h. 抛丸量可根据铸件的形状、大小和清理难易程度而定，通常是由少增多，调节至合适时为止。

i. 抛丸机的运转部件应按时加注润滑油。

（4）铸件的表面铲磨

铸件的表面铲磨方法和应用范围见表 2-90。

表 2-90　铸件的表面铲磨方法和应用范围

方法	应用范围
手工工具	多用于小型铸铁件的铲、磨、锉
气动工具	去除各种材质中、大型铸件的黏砂、飞翅、毛刺和清理孔洞
电弧气刨	中、大型铸铁件表面的刨削、消除较深较大的表面缺陷
砂轮机	各种铸件的打磨，用以获得良好的铸造表面粗糙度

砂轮机有固定式、悬挂式和手提式 3 种。常用砂轮机的规格见表 2-91～表 2-93。气动砂轮机的规格见表 2-94。气铲的规格见表 2-95。

表 2-91 固定式砂轮机规格

型号	主要技术规格					
	砂轮 (外径/mm) ×(宽度/mm)	转数 /r·min⁻¹	两轮中心距 /mm	两轮中心高度 /mm	外形尺寸 (长/mm) ×(宽/mm) ×(高/mm)	重量 /kg
M3025	φ250×25	2250	490	800	640×390×950	190
M3030	φ300×32	1910	500	800	660×410×970	210
M3035	φ350×32	1650	500	800	660×455×995	210
M3040A	φ400×40	1430	700	850	870×540×1075	320
M3060	φ600×75	1310	1030	850	1310×750×1340	830

表 2-92 手提式砂轮机规格

型号名称	主要技术规格			
	砂轮 (外径/mm)×(宽度/mm)	转数 /r·min⁻¹	外形尺寸 (长/mm)×(宽/mm)×(高/mm)	重量 /kg
S35R-100 软轴式	φ100×20		400×220×275	18
S35R-150 软轴式	φ150×20	2800	500×410×460	45
S35R-200 软轴式	φ200×20		500×410×480	50

表 2-93 悬挂式砂轮机规格

型号名称	主要技术规格			
	砂轮 (外径/mm)×(宽度/mm)	转数 /r·min⁻¹	外形尺寸 (长/mm)×(宽/mm)×(高/mm)	重量 /kg
S3140	φ400×40	1860	2500×550×560	280
S3SX-400	φ400×40	1880	2450×550×650	250

表 2-94 气动砂轮机规格

型号	最大砂轮直径/mm	工作气压/MPa	气管内径/mm	空转转速/r·min⁻¹	空转耗气量/m³·min⁻¹	负荷转速/r·min⁻¹	负荷耗气量/m³·min⁻¹	功率/kW	全长/mm	重量/kg
S100	100	0.49	13	7500~8500	0.8	4000	1	0.6	470	3.8
S150	150	0.49	16	5500~6500	1.2	3100	1.7	1.7	476	4.0
S40Z190	40 25	0.49	6.35	18500	0.35	—	—	—	181	0.6
S50Z170	50 30	0.49	9.5	16500	0.4	—	—	—	186	0.7

表 2-95 气铲规格

型号	铲重/kg	铲身长/mm	使用气压/MPa	气管内径/mm	耗气量/m³·min⁻¹	锤体			冲击次数/min⁻¹	冲击能/J
						直径/mm	行程/mm	重量/kg		
C5	5	300			0.6	28	61	0.21	2400	10.8
C6	5.6	377	0.5	13	0.6	28	99	0.40	1500	15.7
C7	6.5	477			0.6	28	139	0.54	1000	24.5
C6B	6	355			0.85	30	80	0.30	2000	19.6

2.7.4 铸件的矫形

铸件在凝固、冷却、落砂、清理、热处理、焊补、搬运和机械加工过程中，因铸件的结构或处理工艺不当，在温度、外力和内应力作用下，会发生变形，导致铸件的形状和尺寸与图样不符（见图 2-77）。细长和不规则的支架类铸件和用收缩率较大的合金铸造的铸件，变形尤为严重。铸件的变形一般可采用矫形工艺予以消除。阀门铸铁件中，需要矫形的主要为可锻铸铁件。一些可锻铸铁件退火后变形较严重，例如球阀阀体，闸阀螺帽等，需通过矫形得到矫正（图 2-78）。

图 2-77　热处理后变形铸件

图 2-78　正在做矫形的球阀壳体铸件

(1) 矫形方法

矫形方法按铸件是否加热可分为冷矫形和热矫形两类；按矫形时是否采用成形模具，可分为自由矫形和模具矫形两类。

① 冷矫形和热矫形　冷矫形采用锤击、手动压力机、千斤顶、摩擦压力机或液压机对铸件进行矫形，适用于几何形状简单、变形量小的中、小型薄壁铸件。当铸件结构复杂时，可借助胎模或矫形模进行矫形。热矫形分为局部加热矫形和进炉整体加热矫形两种。厚壁大铸件应进行整体加热矫形，矫形前测定出需要矫形的变形量，然后放于热处理炉内的垫铁上，垫上适当的垫块，在需矫形部位的上面施加适当载荷，在热处理过程中借助载荷的作用将变形量矫正过来。如果在热处理后进行矫形，则矫形后应进行消除应力回火，矫形温度及消除应力回火温度应比热处理回火温度低 20～30℃。

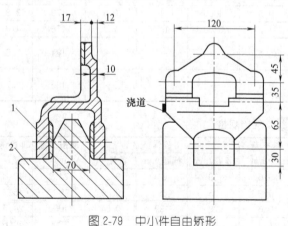

图 2-79　中小件自由矫形
1—铸件；2—简易胎模

② 自由矫形

a. 中小件的自由矫形（见图 2-79），一般是将铸件放在平板上或专用的简易胎模上，用手锤敲打一次或数次，直到尺寸符合要求。手锤大小根据需要选用。矫形前应采用样板或量具对铸件的形状和尺寸进行检查，以掌握铸件变形情况，为矫形操作提供依据。矫形后应检查铸件的形状和尺寸是否合格。

b. 大铸件的自由矫形一般在指定的矫形设备上进行。矫形前应掌握铸件的变形规律，配备必要的与铸件矫形部分几何形状和尺寸相适应的矫形模块。

③ 模具矫形

该法把铸件置于成形模具中（一般分上、下模），并在选定的矫形机上用选定的压力对铸件进行整体矫形。一般一次完成矫形，个别铸件需两次完成矫形。

（2）矫形设备的选择

① 矫形设备的特点及适用范围 阀门零件铸件的整体矫形设备通常采用液压机。液压机适用于轮廓尺寸较大、平均厚度较薄、结构复杂和易回弹变形的铸件的矫形。其优点是动作平稳，冲击力小，压力可调，可以保压，操作简单、安全，易实现机械化和自动化操作。缺点是生产率低，需经常检修以保证其密封性。

② 矫形设备压力的选择 压力选择不当，会影响矫形后铸件的质量和矫形模的寿命。矫形设备压力的选择一般采用经验类比法：参照实际生产中的类似铸件的矫形压力，选择矫形铸件所需的矫形压力，进而确定矫形设备的型号和规格。

（3）矫形模

① 矫形模用材料 矫形模在工作时需承受强烈的冲击载荷，其内腔与铸件的矫形部位接触，因此矫形模应具有足够的强度和刚度，其工作表面还需有足够的硬度和耐磨性。矫形模各部位的常用材料见表2-96。

表 2-96　矫形模常用材料

矫形模部位名称	材料牌号	热处理方式
底座	ZG310-570	人工时效
上模，下模①	T8，T10	淬火，58～62HRC
复杂镶块②	T10A，Cr12MoV	淬火，58～62HRC
斜块	T8，T10A	淬火，58～62HRC
活块	T8	淬火，58～62HRC
垫片	Q235-A	

① 上模和下模一般采用 T8。
② 易严重磨损部位采用 Cr12MoV。

② 矫形模的设计

a. 矫形模设计的依据。

• 铸件图。通过铸件图可掌握铸件的分型面位置、加工余量、起模斜度、工艺补正量、浇冒口位置及残留量、机械加工定位基准等，为矫形模结构设计提供依据。

• 有关技术文件。最重要的是铸件热处理规范。根据铸件热处理工艺曲线、装炉摆放方式和填料情况等，可掌握铸件的变形规律和大小，为确定铸件的矫形部位、矫形量、矫正压力及矫形模的结构和尺寸提供依据。

• 矫形设备的型号和规格。据此可确定矫形模的外形尺寸（尤其是用摩擦压力机矫正铸件变形时矫形模的高度）及矫形模与矫形设备的连接和固定方式。

b. 矫形模设计应遵循的原则如下。

• 除特殊情况外，铸件矫形部位的几何形状和主要尺寸应一次矫形完成，尽可能避免二次矫形。

• 确定矫形方案时，应尽可能与铸件的机械加工定位基准（定位点或面及定位夹紧点或面）相一致。合理选择矫形面或矫形点，可保证矫形后铸件主要尺寸的准确性。

• 设计矫形方案时，应注意矫形模与铸件尺寸之间的关系。通常矫形模矫形部位的几何形状和尺寸应与铸件一致。为减少矫形模的制造工时并利于矫形后铸件的取出，矫形模其余部位的几何形状和尺寸在水平方向和垂直方向上应与铸件之间留有足够的空隙。

• 矫形模的结构应有利于操作方便和安全，便于安放和取出铸件及清除矫形过程中从铸件上脱落下来并积存在模腔内的氧化皮等杂物。采用活块的矫形模，活块应尽可能设置在上模中，以便能自行去除氧化皮。当必须将活块设置在下模中时，应采取有效措施清除掉积存在活块上的氧化皮。

- 矫形模的结构应力求简单、合理、牢固，便于制造、吊运、装卸和维修。矫形模的活动部分和易磨损部位应设计成可调节和易更换结构。
- 合理确定矫形模的分模面和上、下模的结构。
- 为保证矫形模具有足够的强度、刚度和硬度，与铸件接触的矫形模工作面及活块、镶块、楔块、定位销等，均应淬火处理，硬度控制在 58～62HRC 范围内。
- 矫形模应设计有吊装工艺孔及便于安装和紧固在矫形设备上的适当结构。

2.7.5　铸件的缺陷修补

在阀门的铸造生产中，由于工艺过程的复杂性，所生产出来的铸件中不可避免地会出现一定数量的不良品。其中很大一部分不良品可通过一些方法进行挽救，其前提是必须在不影响性能的情况下，而且必须得到产品设计部门的许可，必要时还需经过检验和检定才可。

铸件缺陷修补常遵循的原则是：不降低使用性能，不影响外观，不高于重铸成本，不影响后工序操作，不影响供货周期，与铸件验收条件没有矛盾。

铸件缺陷修补常用方法有：电焊焊补、气焊焊补、工业修补剂修补和浸渗修补。其中焊补应用最广泛。

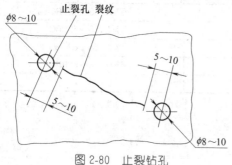

图 2-80　止裂钻孔

焊补坡口见图 2-81。

(1) 电焊焊补

① 铸铁件电焊焊补操作要点

a. 选用适用的焊条。

b. 确定合理的焊补工艺。主要内容有：冷焊、局部半热焊、热焊；预热温度；焊补用电流；防裂纹延伸措施；焊后的保温缓冷或热处理配合等。

c. 焊补前准备工作要充分。焊补处清理干净；裂纹两端止裂孔尽早钻好；开好焊补坡口；做好堆焊挡铁水围坝。止裂钻孔可参考图 2-80；

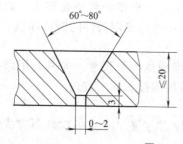 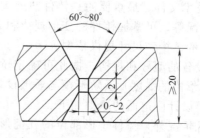

图 2-81　焊补坡口

② 铸铁件焊补用电焊条规格　铸铁件焊补用电焊条的规格见表 2-97。

表 2-97　铸铁件焊补用电焊条规格

牌号	焊条直径 ϕ/mm	焊芯材质	药皮类型	适用电源	使用特点
Z100	3.2/4.5	碳钢	氧化型	交流　直流	需预热400℃以上,后缓冷
Z116	2/2.5,3.2/4	碳钢	低氢型	交流　直流	可不预热
Z117	2/2.5,3.2/4	碳钢	低氢型	直流	可不预热
Z208	3.2/4.5	碳钢	石墨型	交流　直流	需预热400℃以上,后缓冷
Z218	3.2/4.5	碳钢	石墨型	交流　直流	需预热400℃以上,后缓冷

牌号	焊条直径 ϕ/mm	焊芯材质	药皮类型	适用电源	使用特点
Z228	3.2/4.5	碳钢	石墨型	交流　直流	需预热 400℃ 以上，后缓冷
Z238	3.2/4.5	碳钢	石墨型	交流　直流	需预热 500℃ 以上，后缓冷需经热处理(正火，退火)
Z248	4～8	灰铸铁	石墨型	交流　直流	同 Z238
Z308	2.5/3.2,4	纯镍	石墨型	交流　直流	可不预热
Z408	2.5/3.2,4	镍铁	石墨型	交流　直流	可不预热
Z508	2.5/3.2,4	镍铁	石墨型	交流　直流	可不预热
Z607	3.2/4.5	紫铜	低氢型	直流	需预热 300℃
Z616	3.2	铜芯铁皮	低氢型	交流　直流	需预热 300℃
J422	2/2.5,3,2/4,5.8	低碳钢	钛钙型	交流　直流	
J423	3.2/4,5/5.8	低碳钢	钛铁矿型	交流　直流	

③ 铸铁件焊补用电焊条的选用　铸铁件焊补用电焊条的选用可参考表 2-98。

表 2-98　铸铁件焊补用电焊条的选用

铸件材质	是否加工面	推荐用焊条牌号
灰铸铁件	非加工面	J422,Z100,Z208,Z607
	机加工面	Z116,Z117,Z248,Z308,Z408,Z508,Z616
高强铸铁件	机加工面	Z116,Z117,Z408
球墨铸铁件	机加工面	Z238,Z408,Z116,Z117

④ 焊补电流选用　冷焊电流选用见表 2-99。局部加热焊补电流选用实例见表 2-100。热焊补电流选用见表 2-101。

表 2-99　冷焊电流选用　　　　单位：A

焊条类型 ＼ 焊条直径 ϕ/mm	2	2.5	3.2	4	5	6	7	8
钢芯铸铁焊条	—	—	80～100	100～120	130～150	—	—	—
高钒铸铁焊条	—	—	80～120	120～160	—	—	—	—
含铜铸铁焊条	40～60	60～80	100～120	—	—	—	—	—
镍基铸铁焊条	—	90～100	90～110	120～150	160～190	—	—	—
铸铁芯焊条	—	70～100	—	200～280	250～350	300～420	350～490	400～560

表 2-100　Z208 焊补局部加热焊补电流

焊条直径 ϕ/mm	3.2	4	5
焊补电流/A	120～160	170～200	210～250

表 2-101　热焊补电流选用

铸铁芯直径 ϕ/mm	4	5	6	7	8	9	10
焊补电流/A	200～240	250～300	300～360	350～420	400～480	450～540	500～600

(2) 气焊焊补

① 铸铁件气焊焊补的操作要点

a. 正确选定冷焊、热焊方案。热焊需预热 600℃ 左右焊补，焊后应于 650～700℃ 保温缓冷。

b. 合理选用焊条，正确使用气焊剂。

c. 焊炬嘴孔径和氧气压力要匹配。

d. 焊补时宜控制弱还原焰或中性焰。

e. 焊件要熔透，火焰要始终盖住熔池，焰芯与熔池相距 15～20mm 为宜。焊炬和焊件平面保持一合理角度，使散焰能对已补好部分加热，适当缓冷。

f. 熔池中发现小气泡和白亮氧化夹渣时，要加气焊粉加热熔池使之浮起再用焊条挑出。

② 铸铁件气焊焊炬　铸铁件气焊焊补常用焊炬见表 2-102。

(3) 工业修补剂修补

使用工业修补剂修补是阀门类企业较常采用的修补方式，通常在阀类零件表面的一些砂孔、渣孔或者在铸件清理过程中的磕碰处使用。使用的材料有专业的修补剂，另外也有企业直接使用铁粉与 AB 胶搅拌后进行修补。

表 2-102 铸铁件气焊焊补常用焊炬

焊炬孔径 φ/mm	氧气压力/MPa	铸件壁厚/mm	焊条选用说明
2	0.39	<20	细、中粗
3	0.58	20~50	中粗、粗

① 工业修补剂修补注意要点

a. 选择合适的修补剂。选择修补剂的主要依据是铸件合金类别、铸件后加工过程、铸件的使用条件、铸件缺陷的类型、部位等。

b. 修补以孔洞类缺陷为主，裂纹类缺陷慎用，贴补类情况不宜使用。

② 修补方法　直径较小的孔洞（φ2~10mm）可用填补或镶补；直径大于 φ10mm 的孔洞宜粘镶合适的金属柱（块）修补。

2.8　阀门铸件的热处理

2.8.1　可锻铸铁件的热处理

(1) 可锻铸铁件热处理的目的和工艺

亚共晶成分的白口铸铁，其金相组织为莱氏体＋二次渗碳体＋珠光体，经过不同方法的热处理后，可以得到不同类型的可锻铸铁。由于白口铸铁中的碳是以化合状态（即渗碳体形式）存在的，因此，热处理有如下目的。

a. 使渗碳体完全分解，而从得到以铁素体为基体的组织，称之为铁素体可锻铸铁。

b. 使共晶成分的渗碳体和二次渗碳体分解，保留珠光体中化合碳的含量，从而得到以珠光体为基体的组织，称之为珠光体可锻铸铁。

c. 使白口铸铁脱碳，获得珠光体基体及少量团絮状石墨的组织，称之为脱碳可锻铸铁，或白心可锻铸铁。

可锻铸铁的铸坯组织是亚共晶成分的白口铸铁，其宏观端面呈白亮色，材质的硬度高（HB＞500），且很脆，延伸率接近于零，不能直接加工及使用。白口组织是不稳定的（亚稳定状态），通过完全石墨化退火后可以获得具有铁素体基体加上团絮状石墨的金相组织，其宏观端面成团絮状，抗拉强度 σ_b 为 350~370N/mm^2、延伸率 δ 为 10%~15%、布氏硬度为 120~163HB。由于团絮状石墨对基体组织的割裂作用比片状石墨小得多，同时热处理又消除了铸件在铸态时形成的内应力，因此，它具有良好的抗断裂及抗冲击能力，还具有良好的切削加工性能和良好的铸造工艺性。此外，通过热处理也可获得珠光体基体的可锻铸铁。

由于各个厂家生产的具体条件不同，获得铁素体可锻铸铁的加热退火曲线也不完全相同，但总的原则，即第一阶段与第二阶段的温度、时间关系与铸件状况的配合则是基本类似的。图 2-82 所示为一种铁素体可锻铸铁的常规退火曲线。

就整个退火过程来说，一般可分为加热与升温、第一阶段石墨化、中间石墨化、第二阶段石墨化和最终冷却 5 个阶段。

① 加热、升温阶段　铁素体可锻铸铁的退火处理可以在各种类型的炉子中进行，将需要退火的白口铸件按品种、形状、重量分类装入退火箱中，然后将退火箱用耐火泥或黄泥密封（也有把铸件装于框架中而不用箱子），直接放进退火炉中加热。加热的速度因炉子类型、性能、结构及所使用的燃料和加热方法等不同而异。但一般地说，加热速度对最后所获得的组织和性能影响不显著，因此快速加热是一种比较合理的操作方法，它可以缩短退火过程，

节约能源。但必须控制炉子的温差及炉温的均匀性，特别是炉温接近高温时的升温速度应缓慢些，若仍较快（超过20℃/h），则会造成上部与下部的温差较大，铸件中石墨形态容易趋向粗大而疏松，石墨分布也趋向不均匀。所以在到达高温阶段时的升温速度是保证铸件退火质量的一项重要保证，这对燃煤或煤粉的退火炉尤需注意。

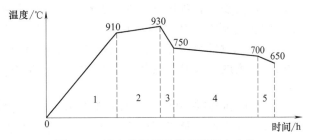

图 2-82　铁素体可锻铸铁常规退火曲线

许多工厂在升温阶段中，采用 350～450℃，保温 3～5h 的工艺（通称小保温或预温处理），以求增加石墨核心，从而加速第一阶段和第二阶段石墨化过程，缩短退火周期。一般认为这是由于白口铸件被加热到 300～400℃后，放出氢气，氢与渗碳体作用形成甲烷。

$$Fe_3C + 2H_2 \longrightarrow 3Fe + CH_4$$

形成甲烷时，会产生相当大的压力，此时铸件仍处于弹性状态，因而使渗碳体受到拉应力或压应力，造成渗碳体直接分解而形成石墨核心。石墨核心的数量则与通过这一温度范围时的加热速度及保温时间有关。

② 第一阶段石墨化（高温阶段石墨化）　将白口铸件加热到临界温度以上并保持一段时间，则珠光体和一部分游离渗碳体即会转变为奥氏体，而大部分渗碳体则直接分解为奥氏体和石墨。渗碳体的分解速度取决于退火温度，温度越高，渗碳体的分解进行得越快。

当退火温度在 1050℃时，原子扩散速度极快，此时，石墨易于汇合成鳞片状石墨，并易于过烧，这种情况将严重影响产品的机械性能，而且在生产上无法补救。

其次，在高温石墨化阶段，为了全部分解游离渗碳体而进行的保温时间超过所需的时间也是有害的。因为这样会减少石墨核心数，并使低温石墨化阶段的石墨化过程恶化，即形成脱碳粗片状珠光体。当游离渗碳体完全消除时，即得到"奥氏体-石墨"结构，这就是高温阶段石墨化结束的标志。但是在实际生产中，有时也允许在存在极少量的游离渗碳体时结束高温石墨化阶段。因为极少量渗碳体在以后的退火过程中还会继续分解。

渗碳体的分解速度还取决于很多其他因素，如铸铁的化学成分，初次结晶条件，白口铸件初次热处理方法等。

在第一阶段石墨化过程中，碳、硅、锰、硫对于渗碳体的分解均有影响，只是程度不一而已。含磷量对第一阶段石墨化实际上没有影响，铬有强烈阻止渗碳体分解的作用，铝、铜、镍、钴、钛则有促进渗碳体分解的作用。

提高铁水的过热温度和加快初次结晶时的冷却速度，会增加铸件中渗碳体的不稳定性，从而加快渗碳体的分解速度，这里包括铸铁浇注温度对第一阶段石墨化时间的影响，过热温度对于退火石墨颗粒数的影响，以及零件的厚度对石墨核心数量和第一阶段石墨化时间的影响。

铸坯经正火和淬火后，可以增加白口铸件退火时石墨核心的数量和加速第一阶段退火时渗碳体的分解速度。石墨核心的增加及石墨颗粒数的增加，相对地减少了石墨化的时间。

此外，石墨颗粒之间的距离与每一平方毫米中的石墨颗粒的数量有关，第一阶段石墨化所需的时间也和石墨核心之间的距离有直接关系。每平方毫米的石墨颗粒数目越多，则石墨颗粒之间的距离就越近，这意味着碳原子的扩散距离缩短，则所需的石墨化时间就越短。

用铝、硅钙或硅铁处理过的白口铸件，渗碳体分解的速度也会增快，这就是孕育处理。孕育处理在缩短退火周期方面有着很大的潜力。

③ 中间石墨化阶段（中间冷却）　中间冷却速度要根据炉子的特性、退火的方法、使用的燃料和炉子的工作容积及利用的程度来决定。在这过程中，随着温度的下降，奥氏体中碳

的溶解度减少，它所析出的碳，聚集在原先形成的石墨周围或形成新的石墨质点。中间冷却阶段的温度范围是从高温石墨化结束后的温度冷却到 750℃ 左右，冷却速度一般为 40～50℃/h。此时的金相组织为奥氏体＋石墨，且含有少量的铁素体。理论上认为中间冷却阶段的冷却速度过大时，会析出二次渗碳体。但在一般生产条件下，出现这种情况的可能性不大。

④ 第二阶段石墨化（低温阶段石墨化）　通过中间冷却阶段，降温到临界温度范围内进行保温，称为低温阶段石墨化。在这过程中，珠光体组织中的共析渗碳体可以在一定的保温时间内分解为铁素体＋石墨。应注意的是，决不允许在高于下临界点的温度内进行低温阶段的石墨化。因为在下临界点以上的温度进行保温，总会含有一定量的奥氏体，当它冷却时，会转变成珠光体，因此低温阶段石墨化必须在下临界点温度以下进行才能得到铁素体＋石墨的稳定组织。

第二阶段石墨化的速度取决于铸件的化学成分、初次热处理的方法以及第一阶段石墨化结束时的石墨核心数。这些因素对于第二阶段石墨化的影响，在性质上和这些因素对第一阶段石墨化的作用相似。增加含碳量和含硅量会加速第二阶段石墨化速度；增加含锰量和含硫量会减慢第二阶段的石墨化速度；铬对共析成分的渗碳体分解有着强烈的阻碍作用；铝、铜、镍可以加速第二阶段石墨化；铁水过热会增加石墨核心数和加快第二阶段的石墨化速度；在凝固结晶时，增加冷却速度（金属型浇铸等）可以使第二阶段的石墨化速度加快；退火以前，先将铸件加热到 350～450℃，在这个温度范围内保持一段时间，可使石墨颗粒变细，加速第二阶段石墨化。

目前，生产实践中，低温石墨化处理有两种方式。

一种是在略低于下临界温度 738℃ 时进行保温，此时，过冷奥氏体转变为珠光体，由于珠光体也是介稳定产物，所以在保温过程中，其中的共析渗碳体被分解成铁素体＋石墨，析出的石墨沉淀在原先的石墨团上，时间证明这种低温石墨化工艺需要较长的时间才能完成。

另一种处理工艺是在临界温度范围内以每小时 3～5℃ 的速度缓慢冷却。采用这种工艺的理论依据是奥氏体直接分解出铁素体和石墨，这种处理工艺既有利于缩短退火周期，也容易获得比较稳定的金相组织和性能。

第二阶段石墨化处理后的正常金相组织应为铁素体＋石墨，宏观断口为黑绒状。

⑤ 最终冷却阶段　第二阶段石墨化退火结束后，铸件一般随炉冷却，也有通过闸门、烟囱或抽风加速冷却的。一般情况下，它对最终所获得的金相组织没有什么大的影响。但是，在 600～700℃ 的炉冷却速度对可锻铸铁冲击韧性影响较大，特别是当硅和磷的含量偏高时，会引起脆性而降低冲击韧性；当在 550～250℃ 的范围内过慢冷却时，有时宏观断口上会出现白色端面，而其金相组织却与完全退火后的正常组织完全一样，这种现象被称为回火脆性，其冲击值大大下降。为了避免回火脆性的产生，应加快冷却速度，必要时应采用喷雾的方法来进行强制冷却。

(2) 合金元素对可锻铸铁石墨化的影响

可锻铸铁能否得到高强度、高塑性除受冲天炉的熔炼质量的影响以外，与热处理工艺也是分不开的，而热处理工艺则应随着铸件化学成分的变动而改变。

必须指出，冲天炉熔化后的铁水成分，虽然经过一系列较严格的检验、测试和控制，但有时难免会有不符合规定成分的情况。此时，就需要在热处理工艺上采取措施加以配合，以保证正常的退火过程和铸件质量。

为能拟定一个正确的热处理退火工艺，就必须了解合金元素对可锻铸铁的石墨化及其机械性能的影响。

① 硅　硅是强烈促进第一阶段和第二阶段石墨化的元素，适当提高含硅量可以使退火

周期显著缩短。但由于冲天炉炉料配比或熔炼的原因，有时铁水中的含硅量也可能偏低（低于1.4%～1.5%），而不利于石墨化的进行。此时，第一阶段及第二阶段的石墨化保温时间就需要酌情增加，退火炉的出炉温度可以稍低些。

由于硅有促使石墨核心析出的作用，所以过高的含硅量可能会导致铸件出现初析石墨（麻点），见图2-83。

高于1.8%的含硅量还容易引起回火脆性，在含磷量较高的情况下尤为明显。

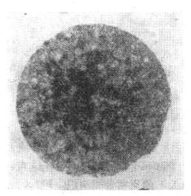

图2-83　初析石墨（麻点）的断面

② 锰　锰是阻碍石墨化的元素，也是稳定珠光体的元素，锰和碳组成Mn_3C，对渗碳体的分解起着阻碍作用，因此阻碍了第一阶段和第二阶段的石墨化，其中对第二阶段的石墨化的阻碍作用更为明显。

一般锰含量高时，可在第二阶段石墨化的同时使珠光体球化，在工艺上，可采取720～740℃保温一段时间，然后冷到680～720℃保温一段时间，最后出炉冷却，可得到粒状珠光体＋石墨的组织。

试验表明，当锰含量在1%以下时，可锻铸铁的强度随含锰量的增加而提高，而延伸率并无明显改变。

③ 硫　硫在铁水中形成FeS或富硫共晶体，它会在莱氏体的周围形成硫化铁薄膜，不仅会引起铸件的热脆性，而且强烈地阻碍了渗碳体的分解。因此，必然延长第一阶段和第二阶段的石墨化保温时间。实验表明，硫对第一阶段石墨化的阻碍作用比第二阶段石墨化更为显著。

生产上除用石灰石去硫外，更多使用的是用锰来消除硫的有害影响。从化学反应来说，锰和硫的亲和力比铁和硫的亲和力大，因此一般都形成硫化锰，除非锰量不足，才有多量的硫化铁存在。理论上1.72份的锰可以去除1份硫，但由于实际生产中铁水温度及其他因素的影响，这个比值要比理论值高，约2.5～3.5份锰才能去除1份硫。

如果出现硫、锰比严重失调现象，石墨化过程将难以完成。

通常，铁素体可锻铸铁的含锰量控制在0.5%～0.7%，珠光体可锻铸铁的含锰量可以提高到1.0%～1.2%。

④ 磷　磷大于0.15%时，对石墨化稍有利，但磷共晶的熔点很低，在高温下容易在铸件表面析出，所以第一阶段石墨化保温温度应比规定温度低10～15℃。含磷量过高，尤其在含硅量较高的情况下，很容易引起"回火脆性"，此时，要求热处理结束时的铸件出炉温度不低于700℃，并且采用高速鼓风冷却，最好是喷雾冷却，尽可能防止回火脆性的产生。含硅量超过1.5%时，含磷量应控制在0.1%以下，在可锻铸铁生产中，为了控制碳和磷的含量，炉料中只配入少量的新生铁，有时甚至不加。

⑤ 铬　铬是强烈阻碍石墨化的元素，含铬量小于0.06%时，对热处理退火没有明显影响。超过0.06%时，铬对白口铸件的石墨化就有强烈的阻碍作用，会形成各种简单的及复杂的含铬碳化物，它们在高温下具有高度的稳定性。因此，高温保温及低温保温的时间必须大幅度增加。

为了使高铬白口铸件能获得铁素体基体，也可以通过预先淬火，使其边缘颗粒产生第二次应力，引起较多的结晶核心来促进石墨化过程。

⑥ 铝　铝在铁水中能起脱氧、脱氮作用，所生成的高度弥散的产物可以作为石墨成核的基底，从而缩短退火时间。当加铝量较少时，由于改善了石墨的形状和分布，细化了组织，所以也对提高机械性能有利。但如果铝的加入量过多，则会在断口上出现灰点，恶化石墨形状，而且有可能产生枝状疏松，使机械性能急剧下降。铝的含量一般控制在0.003%～

0.006%范围内。加铝后的铸铁，在退火时，配合350~450℃保温3~6h的工艺，可以收到显著效果。加铝方法，通常以直径23mm左右的铝丝，切断为50~60mm的长度，放在包底，冲入铁水。

2.8.2　阀门球墨铸铁、灰铸铁件的热处理

(1) 去应力处理

阀门铸件在凝固和冷却过程中，由于收缩受阻，各部位冷却速度不同以及组织转变引起体积变化等原因，不可避免地会在铸件内产生内应力。铸件内应力会使铸件在存放、后序加工及试压过程中产生裂纹或变形，降低铸件的尺寸精度和使用性能，导致阀门漏水，甚至使铸件报废。因此，对于有较大铸造残留应力的铸件，尤其是形状复杂的大型铸件，应在机械加工前进行消除内应力处理。铸件在焊补时也会产生内应力，因此，焊补后的铸件也应进行消除内应力处理。

最常采用的铸件消除内应力处理方法是自然时效和人工时效。自然时效是将铸件平稳地放置在空地上，一般放置6~18个月，最好经过夏季和冬季。大型铸铁件，如闸阀体、阀盖等一般可采用这种时效方法。自然时效稳定铸件尺寸的效果比人工时效好，但周期长，因此中小铸件、甚至大铸件通常都采用人工时效方法来消除内应力。人工时效通常指对铸件进行消除内应力回火，即将铸件加热到塑性变形温度范围保持一段时间，使铸件各部位温度均匀化，从而释放铸件内应力，使铸件尺寸趋于稳定，然后让铸件在炉内缓慢冷却到弹性变形温度范围后出炉空冷。此外，振动时效作为一种消除铸件内应力的新工艺，由于其能耗和处理成本较低，且在消除内应力及保证铸件尺寸稳定性方面效果显著，也越来越受到重视。

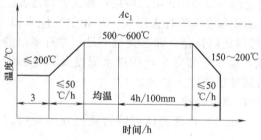

图2-84　灰铸铁件消除内应力人工时效工艺曲线

① 灰铸铁件消除内应力时效处理　灰铸铁件消除内应力人工时效工艺曲线见图2-84。

时效温度根据铸铁件的力学性能要求和可能产生的石墨化倾向来选择，一般低于Ac_1。普通灰铸铁的渗碳体分解和粒化开始温度是550℃，加入稳定渗碳体的合金元素可使该温度提高。图2-85是人工时效温度与普通灰铸铁的残留应力和变形减少程度的关系，图2-86是人工时效温度与普通灰铸铁力学性能的关系。

从以上各图可以看出，普通灰铸铁时效温度以550℃为宜，时效温度超过570℃时，会使渗碳体分解和粒化而导致灰铸铁力学性能急剧下降。

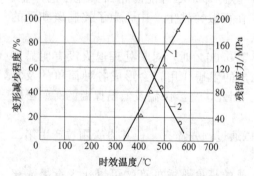

图2-85　普通灰铸铁人工时效温度与残留应力和变形减少程度的关系（保温3h）

1—变形减少程度；2—残留应力

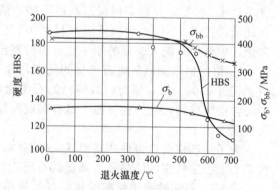

图2-86　普通灰铸铁人工时效温度与力学性能的关系（保温3h）

灰铸铁成分为$\omega(C)=3.6\%$，$\omega(Si)=3.6\%$，$\omega(Mn)=0.55\%$，$\omega(S)=0.118\%$，$\omega(P)=0.35\%$

时效时间 t 取决于时效温度及铸件的壁厚、轮廓尺寸和复杂程度。一般按下式计算

$$t=\sigma/25+t'$$

式中　t——有效时间，h；

　　　σ——铸件厚度，mm；

　　　t'——基本时效时间，在 $2\sim8h$ 范围内选取。

t' 的长短取决于时效温度、铸件结构复杂程度及消除内应力的具体要求。形状复杂和要求内应力消除彻底的铸件，可选取较大值。铸件内应力的消除在开始保温的前 $2\sim3h$ 内效果最明显，以后逐渐减弱。时效处理时，铸件一般宜在 $300℃$ 以下装炉，结构复杂和截面相差悬殊的铸件及导热性差的高合金铸件，装炉温度不得高于 $100℃$。时效处理时的升温速度应根据铸件的重量和结构复杂程度来确定。大铸件、形状复杂的铸件及高合金铸件的升温速度应小于 $60℃/h$；一般铸件应小于 $120℃/h$。升温速度过快，有可能导致结构复杂铸件产生热处理裂纹。

铸件在人工时效保温阶段后的冷却速度必须缓慢，以免在铸件中产生二次内应力。结构复杂和消除应力要求高的铸件应以小于 $30℃/h$ 的冷却速度随炉冷却到 $100℃$ 以下后再出炉空冷；一般铸件可以以小于 $80℃/h$ 的冷却速度随炉冷却到 $200℃$ 以下出炉空冷。

② 球墨铸铁件消除内应力时效处理　球墨铸铁弹性模量较高且对凝固冷却速度非常敏感，其铸件内应力一般比灰铸铁件高 $1\sim2$ 倍，与白口铸铁相近。因此，对形状复杂、壁厚差较大的球墨铸铁件，即使无特殊的热处理要求，一般也应进行消除内应力的低温时效处理。球墨铸铁件的应力松弛倾向比灰铸铁小，且与其基体组织有关，其低温时效回火的工艺要点是：将铸件加热到 Ac_1 以下温度保温一段时间后随炉缓慢冷却到弹性温度范围，于 $200\sim250℃$ 出炉空冷。但目前国内铸造厂家多采用铸态球墨铸铁工艺生产球墨铸铁件，对这类球墨铸铁件一般不需要进行消除内应力的低温时效回火处理。

时效温度越高，铸件的内应力消除得就越彻底。国内铸造厂通常将铁素体球墨铸铁件的时效温度控制在 $600\sim650℃$；对于铁素体＋珠光体基体的球墨铸铁件，由于珠光体中的共析渗碳体有可能在 $600℃$ 以上开始粒化和石墨化，因此通常将其时效温度控制在 $550\sim600℃$。图2-87是生产中普遍采用的球墨铸铁件时效处理工艺曲线。

图 2-87 中的时效保温时间 t 的计算公式为

$$t=\sigma/25+2$$

式中　t——有效保温时间，h；

　　　σ——铸件壁厚，mm。

对形状特别复杂的铸件，可适当延长保温时间。按此工艺对球墨铸铁件进行时效处理，可消除铸件中的铸造残留应力。

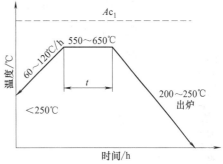

图 2-87　球墨铸铁件时效处理工艺曲线

(2) 灰铸铁件的石墨化退火

铸件在薄壁部或转角处有时会产生白口，在化学成分控制不当、孕育处理不足时会使整个铸件变成白口、麻口，使机械切屑加工难以进行。石墨化退火是一种补救措施，在高温下使白口部分的渗碳体分解达到石墨化。

其处理工艺为：低于 $200℃$ 装炉，以 $70\sim100℃/h$ 的速度升温至 $900\sim960℃$，保温 $1\sim4h$（取决于壁厚），然后炉冷至临界温度下空冷。若需得到铁素体基体，则可在 $720\sim760℃$ 保温一段时间，炉冷至 $250℃$ 以下出炉。

高温保温时间还和成分有关，碳、硅含量高可相应缩短保温时间，硫高、稳定碳化物的元素高应适当延长保温时间。

应在化学成分、孕育技术上进行严格控制，尽量减少白口或残余自由渗碳体的产生，而不应依靠石墨化热处理去消除。

2.9　阀门铸铁件主要缺陷分析

2.9.1　多肉类缺陷（表2-103）

表2-103　阀门铸铁件多肉类缺陷分析

缺陷类型	定义和特征	检验与鉴别	形成原因	防止方法	补救措施
飞翅和毛刺	a. 飞翅，又称飞边或披缝，是产生在分型面、分芯面、活块及型芯结合面等处，通常垂直于铸件表面的厚度均匀的薄片状金属突起物。 b. 毛刺，是铸件表面的刺状金属突起物，常出现在型和芯的裂缝处，形状极不规则。 c. 脉纹，呈网状或脉状分布的毛刺称为脉纹。	目视外观检查，注意区分飞翅和毛刺。飞翅出现在型、型芯、芯-芯接合面上，成连片状，系接合面间隙过大所引起；毛刺则由型、芯开裂所引起，呈连状或脉纹状，形状和分布不规则	a. 飞翅形成原因如下：分型面、分芯面、芯头间隙过大，使模样、芯盒、砂箱或金属变形；由于型、芯变形，导致分型面、分芯面、芯头与芯座贴合不严；修型、芯时，误将棱边修圆；铸型装配时芯头磨小，芯头分型边缝隙未填补修不严，和分芯面缝隙未填补修过厚；合型封泥不要正确，和紧箱操作不当，数量不够，造成抬型。 b. 毛刺形成原因如下：型、芯砂成分或混制工艺不当，使型、芯砂性能低不均；混型砂紧实度不均，局部紧实度过大或过小，使型、芯在起模、烘干、存放、搬运和浇注过程中开裂；型、芯烘干规范不正确，干干不足或过烧；型、芯开裂；干砂目硬砂型，芯在放置时开裂；型、芯在搬运潮，强度下降，浇注时受撞击和挤压力致裂；合型时烘干温度过高下型砂过硬，浇注时金属液动压力过大	a. 飞翅：改进工艺设计，合理选择参数，严格检修芯样和芯盒，使芯盒、分芯面，芯头和芯座表面光清要平整，间隙适宜，芯、芯头不要随意磨小芯头；不要把分型面、分芯面、芯座垫要修成圆角、倒角；合型缝隙要填补得过厚；至、芯烘干规范要正确，烘干时型、芯放置要垫平，防止变形；振、芯存放时要垫稳、芯变形；合型和紧箱操作要正确，防止抬型。 b. 毛刺：改进型砂配方和混制工艺，严格控制型、芯砂的水分和合泥量，均匀混砂；均匀紧实型、芯，避免过紧交叠乱高；型、芯存放时应避免振动、撞击；型放和挤压存放时间不宜过久，以免返潮使强度下降低；型、芯烘干时温度不宜过高，升温速度不宜快，防止型、芯烘干开裂；合型、搬运微振起模，防止起模开裂；有裂纹的型、芯要修补平整	飞翅和毛刺一般不会使铸件报废，但影响铸件外观质量，增加清理工作量，尤其是出现在铸件内腔的飞翅和毛刺，清理比较困难。轻微的毛刺可用滚筒清理和喷丸清理去除，飞翅和较厚的毛刺要用铲、冲切等方法去除，磨、冲切加工等削去掉多余金属
抬型（箱）	铸件在分型面部位高度增增大，并伴有厚大飞翅	肉眼外观检查。注意它与飞翅的区别。单纯飞翅厚度较薄，铸件在分型面厚度不增加	由注入铸型的金属液浮力使上型或上型盖芯上抬而引起。影响因素如下：压铁重量不足，位置不当，漏放压铁或压铁取走过早；紧箱操作不当，单面紧箱或紧箱螺栓、数量太少，分布不均，松箱过早；浇包注注高度过高，金属液动压力过大	a. 压铁重量或紧箱螺栓的强度和数量要足够，分布要均匀，紧箱时要对称同时操作。 b. 铸件完全凝固后再松箱或撤掉压铁。 c. 降低浇包浇注高度。 d. 浇注前检查是否满放压铁和漏箱	a. 单件或小批生产的铸件可采用打磨或削加工等方法去掉多余金属。 b. 大量生产时，抬型严重的铸件应报废

缺陷类型	定义和特征	检验与鉴别	形成原因	防止方法	补救措施
胀砂	铸件内、外表面局部胀大，形成不规则瘤状金属突起物，使铸件重量增大	肉眼外观检查。注意它与冲砂、掉砂、夹砂、粘砂等缺陷相区别。胀砂一般不伴生其他缺陷，缺陷内不裹含砂粒和砂块，缺陷表面易清理。冲砂和掉砂往往在铸件其他部位或在冒口中伴有砂眼，冲砂缺陷还往往与浇注系统和浇流位置及注入型腔的金属液流向有关；夹砂缺陷内裹有砂块或砂粒，有时也伴有砂眼；粘砂缺陷一层砂附着着一层，难以清除表面的金属和砂粒的混合物	由于砂型强度和刚度低，在注入铸铁件凝固过程中石墨化膨胀力作用下，型腔表面发生退移。影响因素有：型、芯紧实度低或不匀，强度低，砂箱和芯骨刚度低，混砂不匀，型、芯砂分高过高，流动性差，湿强度过高，使型、芯强度降低；浇注温度过高，型、芯未烘透或烘透返潮，强度返速度过快；石灰石砂型型壁在浇注和铸件凝固过程中，因石灰石灰分分解使型腔扩大，型金属液石墨化膨胀力及金属液静压力下退移	a. 选用合适原砂，控制型、芯砂中水分和黏土含量，提高其流动性。 b. 均匀紧实型、芯砂，提高型、芯紧实度和强度，采用刚度好的砂箱和芯骨。 c. 用树脂砂型、水玻璃砂型或干型代替湿型，提高铸型的强度和刚度。 d. 调度烘型、提高铸型高度，修改或采用液金属代替湿型，保证砂型、砂芯烘透，防止砂型、砂型返砂。 e. 降低浇注温度和速度，降低液金属浇注系统，降低浇注压力高度。 f. 厚大铸铁件尽量采用石灰石砂型灰石砂型	胀砂轻微的铸件打磨掉多余金属；胀砂严重并伴有缩沉时，应报废
冲砂	砂型或砂芯表面局部砂被冲走充型金属液流冲刷掉，在铸件表面相应部位形成粗糙的冲瘤状金属物，常位于浇道开在铸件表面附近。被冲刷掉的砂子浇注时有在铸件内形成砂眼	肉眼外观检查。注意它与胀砂、掉砂、夹砂结疤和粘砂的区别。判定冲砂时，除应区别以其外观特征以区别于夹砂结疤和粘砂外，还应注意它与浇注系统结构、内浇道开设位置，金属液在型腔内的流向和途径的关系，并注意在铸件内是否伴有砂眼，以此区别于胀砂和掉砂缺陷	a. 砂型和砂芯紧实度和强度低，涂料质量差，涂刷工艺不当。 b. 干型烘干温度过高，树脂砂、水玻璃砂成分或硬化工艺不当，硬化不足或过硬化。 c. 型、芯在存放过程中返潮，内浇道数量少。 d. 浇注系统设计不当，使金属液浇流速过大，开浇方向冲入型腔壁或子或型壁，金属液直冲型腔壁面受高度和金属液冲刷时间过长。 e. 浇注高度和金属液浇注温度过高。	a. 均匀混砂和紧实砂型，提高型、芯砂强度和紧实度。 b. 调整型、芯烘干规范，防止烘干过度，防止型、芯在存放时返潮或采用补烘措施。 c. 调整水玻璃砂或树脂砂成分和可使砂成分硬化气体浓度，吹气硬化时间，吹气速度和时间，避免型、芯硬化不足或过硬化。 d. 改进浇注系统设计，分散布置内浇道，避免金属液直冲型腔壁、芯子和型腔转角，降低金属液直入型腔时的液流速度。 e. 改进铸造耐火材料制品和抗冲刷性能，在型、芯易冲砂部位采用低烧结耐火材料配方，采用适当降低浇注高度和抗冲刷温度	打磨掉多余金属；冲砂严重难以清除时，铸件应报废；伴生砂眼的预防，补救措施见砂眼

缺陷类型	定义和特征	检验与鉴别	形成原因	防止方法	补救措施
掉砂	砂型或砂芯的局部砂块在外力作用下掉落,使铸件表面对应部位形成砂块状的金属突起物,其外形与掉落的砂块相似,在铸件其他伴有砂眼或残缺	肉眼外观检查。注意与冲砂、胀砂和夹砂的区别:冲砂、胀砂和掉砂虽都经常伴有砂眼缺陷,但冲砂一般发生在内浇道周围或型、芯直冲内浇道的部位,外形不规则,掉砂则多发生在分型面附近,铸件表面或起模困难的砂型的铸件一侧,外形与掉落的砂块相似;胀砂一般伴有铸件本体外形胀大,边缘与铸件本体平滑过渡,夹砂与铸件上表面的砂块其有砂,这时,掉砂则在铸件上表面的砂块内也藏有砂块,但其边缘与铸件本体相连,而夹砂与铸件金属边缘尖锐,一般不与铸件本体相连	a. 铸件结构复杂,带有深腔、凹槽、起模斜度小,起模时损坏或振裂砂型; b. 分型面不平整或分型负数过多、合金型时将型、芯压实; c. 下芯和合型操作不小心、挤、压、撞型、芯压实; d. 型、芯水分过多或冲砂腾现象;型、芯烘干温度不够,或水玻璃硬化,使型、芯脆化,失去强度; f. 型、芯烘干实度不匀,局部强度低。树脂砂型、芯过硬,或水玻璃砂和树脂砂型硬化后损坏砂型、芯。型、芯强度低; g. 合型后压铁过重或紧箱过度,或在紧箱、加压和运输过程中受到型砂冲击,使型、芯局部砂块被冲击掉落	a. 改进铸件结构,适当加大起模斜度,铸件深腔、凹槽部分可采用活块模,模样表面要光洁。 b. 分型面不平整要修平,分型负数要适当。 c. 造型要均匀紧实,合型、紧箱、输送铸型时要小心谨慎,避免振动、冲击和碰撞;压铁要重量或握牢箱力要适当。 d. 采用与铸件形状尺寸配合适当的砂箱,砂芯定位销应保证定位刚度。吃砂量大的砂箱和砂芯要加固,以免紧箱加压后损坏铸型。 e. 减少气性,以免型、芯水分,提高型、芯强度和透气性,干型砂芯、芯。 f. 干型应严格控制烘干温度,防止烘干过度;水玻璃砂型和树脂砂型硬化时应防止硬化过度。 g. 型、芯薄弱和修补要插钉加固	打磨掉多余金属时,打磨后发现砂块时,应清除砂块。对留下的孔洞,如不影响工作性能,可用腻子填平;否则应焊补后磨平
外渗物（外渗豆）	铸件表面的豆粒状金属渗出物,其成分往往与铸件自身有差异,一般出现在铸件的上面上。例如离心浇注的内表面。压铸件表面也时有出现	肉眼外观检查。易于识别	a. 合金熔炼时,由于炉料潮湿、锈蚀和夹杂质,油污,熔炼温度过高时间过长,熔炼气体吸入量大等质,严重吸气并合型后期,偏聚在晶界附近的低熔点成分在凝固后期及金相凝固和铸件收缩应力作用下,挤出在铸件表面,形成与铸件本体化学成分不同的豆粒状金属瘤。 b. 热处理温度过高、保温时间过长,与分布在晶界处的低熔点重熔,在析出分的低熔点下、重熔现象在铸件热处理时发生。 c. 这种化学成分不合格,使共晶温度降低,生成大量低熔点共晶,在凝固后期或相变热应力作用下,低熔点溶解气体析出铸件表面	a. 炉料应干燥、无锈、无油污、废料、切屑最好预先压实熔炼时间过长,加强精炼,熔清后造高炉护住熔池表面,减少合金液的吸气和夹杂物含量。采取其他措施,例如真空或保护气氛浇注。 b. 避免金属熔体过高的吸气量(例如合金中低熔点相成分元素,如铁中的碱、硫),加快铸件的凝固速度。 c. 减少合金中的碱、硫,加快铸件的凝固速度。 d. 严格遵守热处理规范,防止热处理温度过高	如铸件未变形且力学性能合格,可铲去或打磨掉外渗物。如铸件发生变形无法矫整或力学性能不合格,则应报废

2.9.2　孔洞类缺陷（表2-104）

表2-104　阀门铸铁件孔洞类缺陷分析

缺陷类型	定义和特征	检验与鉴别	形成原因	防止方法	补救措施
气孔、针孔	气孔是出现在铸件内部或表面，截面形状呈圆形、椭圆形、腰圆形、梨形或针头形，孤立存在或成群分布的孔洞。状如针头的气孔称为针孔，一般分散在铸件内部或成群分布在铸件表层。分布在铸件表层的针孔在机械加工或热处理后暴露出气孔，通常称为皮下气孔。气孔按形成原因一般可分为侵入气孔、反应气孔和析出气孔。 a. 卷入气孔。在浇注、冲型过程中因气体卷入金属液中而形成的气孔。多呈梨形或椭圆形，位于铸件内部，孔壁光滑，一般在铸件中上部。 b. 侵入气孔。由型、芯、涂料、芯撑、冷铁等产生的气体侵入金属液中而形成的气孔。多呈梨形或椭圆形，位于铸件表层，尺寸较大，孔壁光滑，一般在铸件中上部。 c. 析出气孔。由溶解在金属液中的气体在铸件成形过程中析出而形成的气孔。多呈群分布在铸件整个断面上或某个局部区域内，孔壁光亮，铝合金铸件的析出气孔通常表现为针孔，在铸件厚热节处较严重。 d. 反应气孔。由金属液与型壁、或由金属液内部某些成分之间发生化学反应而形成的成群分布的气孔。位于铸件上部近表面，孔壁光滑，表面常有氧化色。	气孔是铸件中最常出现且对铸件性能危害较严重的缺陷之一。对气孔的检验与正确鉴别是保证铸件质量，采取相应措施进行防止和补救的重要依据。气孔的检验，通常采用超声检验或位于铸件表层的气孔还可用渗透液或磁粉检验。各类气孔的鉴别，除应根据它们的形状、大小和分布特征外，有时还需根据它们的形成原因，辅以测定溶解在金属液内的各种气体的含量、合金化学成分和杂质含量、型、芯、涂料的成分、水分和发气性，以及检查和分析铸型的浇注系统和排气条件，方能确定。必要时，还应进行金相检验、扫描电镜和透射电镜检验，以及X射线衍射分析等，才能准确鉴别气孔的类型和成因	a. 由于炉料潮湿、锈蚀、油污，气候潮湿，坩埚、熔炼工具和浇包不干，金属液成分不当，合金液未精炼或精炼不足，使金属液中含有大量气体成分和产气物质，在铸件中形成气孔和反应气孔。 b. 型、芯不干，透气性差，通气不良，含水分和发气物质过多，涂料未烘干或发气成分过多，在铸件中形成长成气孔。 c. 浇注系统不合理，浇注速度过快，使金属液在浇注过程中产生紊流、涡流或断流，卷入气体而形成侵入气孔。 d. 型砂、芯砂和涂料成分不当，与金属液发生界面反应，形成表面针孔和皮下气孔。 e. 浇注温度过低，使溶解在金属液中的气体未及析出和上浮到冒口中去	a. 防止金属液在熔炼过程中过度氧化和吸气，加强脱氧、除气和除渣。在坩埚和浇包内金属液表面加覆盖剂，防止金属液二次氧化。吸气和有害杂质返回熔池。对球墨铸铁，应加强球化前处理，尽量减少球化剂加入量，降低铸铁的残留镁量，并加强孕育处理；熔炼易吸气的非铁合金时，可采用真空、吹惰性气体等方法加强合金液的净化处理。 b. 浇注时金属液不得断流，充型速度不宜过高，铸件浇注位置和浇注系统的设置应保证金属液平稳地充满型腔，并利于型腔内气体能畅通地排出。易氧化的合金，可采用真空浇注或在控制气氛下浇注。 c. 砂型铸造时，合型时要填补充芯头间隙，以免钻入金属液堵塞通气道；型腔最高处应设置出气冒口，大平面铸件可倾斜浇注，并在型腔最高处设置出气冒口；砂型要扎出气孔；型腔应干燥、无油污、无锈，砂芯要扎出气孔；型砂中不得混入铁豆、炉渣、煤粒、黏土等杂物，并控制水分及发质材料的含量，减少黏土含量，提高型砂的透气性；涂料要烘干。 d. 增加直浇道高度以提高金属液的静压力，保证金属液连续平稳地充型	气孔超出验收标准时应报废；单独的大气孔可进行补焊，或成群分散的气孔可采用浸渗处理方法进行填补，或用热等静压处理法予以消除

缺陷类型	定义和特征	检验与鉴别	形成原因	防止方法	补救措施
缩孔、缩松、疏松（显微缩松）	a. 缩孔。铸件在凝固过程中因补缩不良而在热节或最后凝固的局部区域形成的孔洞，孔壁粗糙，常伴有粗大树枝晶、夹杂物、气孔、裂纹、偏析等缺陷。缩孔表面有相大树枝晶等缺陷。缩孔上方或附近的铸件表面会出现缩陷。按分布特征和分散度缩孔可分为集中缩孔和分散缩孔两类。 b. 缩松。缩松是细小的分散缩孔，有时要借助放大镜才能发现。缩松铸件密封性能较差，进行液压试验时易渗漏。缩松产生在铸件冷却或热处理过程中容易产生裂纹。 c. 疏松。又称为显微缩松，是铸件凝固缓慢的区域因微观补缩通道堵塞形成而在枝晶间及枝晶的宏观表现为分散的细小孔洞，微观形貌表现为分布在晶界晶间，伴有相大树枝晶间，缩孔、缩松、疏松的铸件宏观表现为分布在晶界晶间，二者之间补缩在顺序凝固条件下不易形成，凝固温度间隔宽的合金具有糊状凝固特征，容易形成分散性的缩松和疏松	铸件内部的缩孔、缩松和疏松，一般采用超声探伤法进行检验。微观孔径即可确定。表面有缩陷；缩孔形状不规则，孔内有相大树枝晶、夹杂物，缩孔上方或附近的铸件表面有缩陷。主要发生在铸件表面会出现缩陷。缩孔与缩松和疏松的形貌、区分它们与气孔的差别，以及它们与气孔的差别，借助放大镜才能区别，表面光滑，分布在铸件或某层或通遍布整个铸件断口，常伴有热节和最后凝固的相大树枝晶部位；气孔形状规则，多呈圆形、梨形和针头状，表面光滑，缩松形状不规则，腰圆形、多呈圆形、椭圆形、腰圆形，表面较粗糙，产生在铸件热节个局部，断口不呈海绵状，通常不伴生相大铸件；缩松、疏松断口呈海绵状，常遍布在整个铸件断口或整个铸件，缩松、疏松形成原因和缩松形成原因相同，二者之间的差别只是程度差别，无严格分界，且往往互相伴生，一般不予区分，若要区分可借助金相显微镜观察是否微孔沿是否沿晶界分布	a. 合金的液态收缩和凝固收缩大于固态收缩，凝固时间过长。 b. 浇注温度不当，过高易产生缩孔，过低易产生缩松和疏松。 c. 合金凝固温度间隔过宽，糊状凝固区域宽，低温点成分最后凝固成缩松和疏松。 d. 合金中溶解的气体多，在凝固阶段析出，阻碍补缩，加重缩松和疏松。 e. 合金中没有或缺少晶粒细化元素，凝固组织晶粒相大，易形成缩松和疏松。 f. 浇注系统、冒口、冷铁、补贴等设置不当，不能保证铸件在凝固过程中获得有效补缩。 g. 铸件结构设计不合理，例如壁厚变化太突然，孤立的厚断面得不到补缩。 h. 冒口数量不足，尺寸太小、形状不当，造成补缩效果差。 i. 内浇道过厚或位置不当，造成热节。 j. 合金成分不当，杂质含量过多。例如灰铸铁中硫、磷含量间隔过多，形成低熔点共晶，使凝固温度间隔后期得不到相大共晶，在铸件内造成缩松和疏松。 k. 砂箱、砂芯、芯骨刚度差、型砂紧实度低，强度低，使铸件在产生型壁移动胀大，在内部形成缩孔或缩松，由于球墨铸铁中石墨化膨胀产生的压力作用于铸型，使铸件中石墨化膨胀的胀型、缩松和疏松缺陷更加严重	a. 改进铸型工艺设计，通过合理设置浇注系统、冒口、冷铁和补贴，保证铸件在凝固过程中获得有效补缩。 b. 改用补缩效率更高的保温冒口、发热冒口，压力冒口和电热冒口。 c. 改进铸件结构设计，减小壁厚差，尽量减少和避免孤立形成平滑过渡，在铸件壁厚部位的连接处用冷铁以加快补缩的部位，采用暗冒口或明冒口。 d. 对重要铸件，可在计算机数值模拟基础上进行良好的凝固温度区化铸件结构和铸造工艺。 e. 采用悬浮铸造技术，在浇注过程中往金属液中随流加入晶粒细化剂或微冷铁，加快合金凝固速度并细化晶粒。 f. 调整合金成分，缩小合金的凝固温度区间，提高其铸造性能。 g. 提高铸型刚度和抬型，防止型壁移动和抬型。对于球墨铸铁可采用均衡凝固工艺，充分利用球墨铸铁凝固后期石墨化膨胀抵消收缩的液态收缩和凝固收缩。 h. 降低球墨铸铁的硫、磷含量和残留镁量，用稀土镁合金处理时，应适当提高碳、硅含量。 i. 适当降低浇注温度和浇注速度	a. 焊补。挖去缺陷区金属，用与基体金属相同或相近的焊条焊补后贴平并进行焊后热处理。缩孔、缩松，或采用浸渗处理的密封容器的铸件缺陷焊补处理，焊补后修平并进行焊后热处理。 b. 承受液等静压处理，气体压力的铸件，可对缩松进行局部或整体热处理以提高铸件的密封性能。 c. 重要零件可进行热等静压处理，消除铸件内的缩松。 缩孔、缩松、疏松超过验收条件的，又无法焊补或浸渗处理的，或导致铸件在冷却或凝固过程中开裂时，应予报废。

2.9.3 裂纹、冷隔类缺陷（表2-105）

表2-105　阀门铸铁件裂纹、冷隔类缺陷分析

缺陷类型	定义和特征	检验与鉴别	形成原因	防止方法	补救措施
冷裂	冷裂是铸件凝固后冷却到弹性状态时，因局部铸造应力大于合金极限强度而引起的开裂。冷裂往往穿晶扩展到整个截面，呈穿晶状，断口有金属光泽或轻微氧化色泽	肉眼可见。可根据其宏观形貌及穿晶扩展特征，与热裂相区别。微观形貌特征	a. 铸件结构设计不当，壁厚悬殊，或浇冒口系统设计差别过大，使铸件在冷却过程中产生较大的收缩应力集中。 b. 浇注温度过高。 c. 铸造合金抗拉强度低，缩孔、气孔、缩松集中，铸铁中的硫和磷超标。 d. 铸件中的夹杂物、缩孔和相如大树枝晶和相如萌生裂纹萌生核心。 e. 浇注温度过高，砂温过高，落砂、清理、机械加工过程中受到碰撞、挤压，残留应力引起铸件开裂	a. 改进铸件结构设计，壁厚力求均匀、平滑过渡，工艺助设置要合理，尽量减少对铸件内腔圆角阻力的阻力。 b. 浇冒口系统的设置，应使铸件各部分的冷却速度趋于一致。 c. 加强对合金的精炼，控制铸件中气体、夹杂物、缩孔、缩松、粗大树枝晶等导致应力集中，萌生裂纹的缺陷。 d. 适当降低浇注温度。 e. 改善砂型、砂芯的退让性。大型铸件厚大部位的砂背，或松开芯骨，以便铸件各部分均匀冷却。 f. 延长铸件在型内冷却的时间，以免开箱过早在铸件温度不宜过高，裂纹倾向加工成较大的内应力。水爆清砂。严禁水爆清砂。 g. 铸件在落砂、清理和搬运过程中不宜过大。 h. 残留应力大或重要的铸件，在清理、机械加工时进行缓冷。机械加工和使用前，应进行热处理以降低铸件内的残留应力	如不允许焊补或无法焊补，应予报废；如允许焊补，应进行焊后消除应力处理
热裂	热裂是铸件在凝固末期或凝固后不久，铸件尚处于强度和塑性很低的状态下，因铸件固态收缩受阻而引起的裂纹。热裂纹严重氧化，无金属光泽，沿晶界产生并沿晶界扩展，晶界呈萌生并沿晶界扩展，呈曲折而不规则的曲线，裂纹扩展至晶粒粗大并最后凝固的部位，断面常有发达树枝晶。外裂纹表面宽而内部窄，呈撕裂状，内裂纹一般发生在铸件内部最后凝固的部位，断面常有发达树枝晶	外裂纹用肉眼可见，可根据外形和断口特征与冷裂相区别。超声探伤、射线探伤，可根据裂纹所发生的部位和必要时可进行断口检查并进行鉴别	a. 铸件壁厚相差悬殊，连接部位过大过多，搭接部位分叉大，转接圆角外框、助板等阻碍铸件正常收缩。 b. 浇冒口系统阻碍铸件的正常收缩，例如冒口太大靠近箱带，冒口太大或太小或太大等。 c. 冒口和芯砂的黏土含量大，型砂大、型、芯砂实度高，砂箱带太靠太密，使型、芯退让性差。 d. 合金线收缩率较大。 e. 合金中低熔点相杂质、磷含量超标，例如铸铁中硫、磷含量过高使铸件正常收缩。 f. 防裂飞翅过大过厚，阻碍铸件正常收缩。 g. 铸件开裂、落砂过早、冷却过快，或在热态下搬运铸件不慎	a. 改进铸件结构设计，避免壁厚突变和渐散性，或用有机黏结剂砂代替黏土砂，加入适量木屑，型、芯实度不宜过大，型、芯退让性差。 b. 改进浇注系统，避免浇注处要有适当圆角，避免在浇注处形状和位置尽量避免因浇注处形收缩节。 c. 改善型砂和芯砂的退让性和溃散性，例如在黏土砂中砂形过高；芯骨尺寸不宜过大，以保证型、砂紧实度，以保证型腔和芯砂的正常收缩或凝固；避免因浇注温度过高使型砂结阻碍铸件的正常收缩或迟缓。 d. 修整完整的浇注头间隙，堵塞铸件产生过高使型腔飞翅。 e. 控制浇注温度和浇注速度，避免浇注温度过高或浇注过快，或适当调整浇注温度或因冷却迟缓。 f. 适当增加孕育处理，加强孕育处理，加强对合金的含量，适当添加晶粒细化剂，防止形成粗大树枝晶，缩松对合金的线收缩变质和孕育处理，减少铸件的气孔、缩松和夹杂缺陷	热裂铸件一般应予报废，如允许焊补，应彻底挖除缺陷区的金属后，进行焊补，加强焊后，焊补后应进行消除应力处理

缺陷类型	定义和特征	检验与鉴别	形成原因	防止方法	补救措施
冷隔	冷隔是铸件上穿透或不穿透的缝隙,边缘呈圆角,由无型金属汇合不良造成。多出现在远离浇道的铸件宽大上表面或薄壁处,激冷部位,芯撑、内冷铁或镶嵌件附近。因浇注中断而在铸件某一高度形成冷隔,内冷铁或镶嵌件铸件表面形成的冷隔称为搭缘不良	肉眼外观检查。注意它与浇不到、未浇满等残缺类缺陷的区别,冷隔是浇不满的,冷隔从整体呈圆角,据此可与裂纹类缺陷相区别	a. 浇注温度和浇注速度过低,浇注中断或跑火。 b. 浇注系统设计不合理,内浇道截面积太小,直浇道高度不够或位置不当,液态金属静压力小。 c. 铸造工艺设计不合理,铸件薄壁大平面处于顶部或离内浇道太远。 d. 铸件结构不合理,壁厚太薄,铸造工艺性差。 e. 铸造合金流动性差。 f. 冒口透气性不良,排气不良,出气冒口尺寸小,数量少,位置不当。 g. 芯撑、内冷铁,镶嵌件尺寸和位置不当,或有锈斑、油污,造成搭合不良	a. 减少金属液中的气体和氧化夹渣,提高金属液的流动性。 b. 提高浇注温度和浇注速度,改进浇注操作,加强集渣,挡渣或采用底注包,茶壶包进行浇注,避免因格道堵塞浇嘴或金属液不够而造成浇注中断,浇注时不能断流。 c. 增加浇口杯和直浇道高度,增加浇道截面积和内浇道数量,提高无型速度和金属液静压头。 d. 改变铸件浇注位置和远离浇道,使铸件薄壁大平面不位于顶部和远离浇道,避免金属液在注入型腔或冷铁、镶嵌件处汇流,避免金属液流在铸入型腔内发生喷溅、涡流,必要时可采用立浇或设置倾斜浇注。 e. 改进铸件设计,适当增加铸件薄壁部位的厚度。 f. 提高铸型和芯砂的透气性,加强铸型排气,开设数量足够的出气冒口。 g. 改变芯撑、内冷铁的尺寸和安放位置,芯撑、内冷铁要无锈蚀,防止跑火规范。 h. 检查芯撑型、紧箱、放压铁操作是否稳妥,放置火铁操作规范	一般冷隔和格化不良可焊补,严重的穿透性冷隔和断流冷隔应报废
热处理裂纹	铸件在热处理过程中产生的穿透或不穿透裂纹。其断口有氧化现象。热处理裂纹出现在铸件表面和内部,可沿晶扩展或穿晶扩展,呈线状或网状	铸件内部的热处理裂纹用射线探伤或超声探伤检验。其与热处理后发现的白点的区别要通过断口检查才能鉴别	a. 热处理工艺不正确或操作不当,例如加热和冷却速度过快,淬火温度过高,淬火后没有及时回火,回火规范不合理等。 b. 铸件热处理过程中残余应力过大,在热处理前残余应力叠加超过合金的极限强度,导致铸件开裂。 c. 铸件结构不合理,壁厚差别悬殊,过渡圆角过小,造成应力集中。 d. 铸件内有气孔、缩松、夹杂、偏析或熔炼组织粗大等缺陷,降低铸件强度,造成应力集中,成为裂纹萌生核心	a. 改进热处理工艺,适当减慢加热速度,在保证淬透的前提下,适当降低淬火温度或缩短保温时间,选用冷却及时回火,回火后及时回火,回火要规范合理,应躲避回火脆性区。 b. 改进铸件结构,壁厚力求均匀,过渡圆角要足够大,消除铸件结构应力集中因素。 c. 对铸造后残余应力大的铸件,在制订热处理规范和操作时要注意防止应力叠加。必要时,在正式热处理前对铸件进行热时效处理,消除铸造残余应力。 d. 改进熔炼和铸造工艺,缩松、夹杂,编析和铸件的气孔,减少铸件的气孔、缩松、夹杂,编析和铸件晶粒粗大缺陷	一般应报废。如裂纹不严重,且允许和适于焊补的,可挖去缺陷,焊补后重新进行热处理

2.9.4 表面类缺陷（表2-106）

表2-106 阀门铸铁件表面类缺陷分析

缺陷类型	定义和特征	检验与鉴别	形成原因	防止方法	补救措施
粘砂（机械粘砂、化学粘砂、热粘砂）和表面粗糙	a. 机械粘砂。机械粘砂又称为渗透粘砂，是由液态金属或金属氧化物通过毛细管渗透或气相渗透方式钻入型腔表面砂粒间隙，在铸件表面形成的金属和砂粒机械混合的粘附层。清铲粘砂层时可看到金属光泽。机械粘砂在铸件表面多发生在砂型和砂芯受热作用最强烈的部位以及砂型紧实度最低的部位，如浇冒口附近、内角和凹槽处。 b. 化学粘砂。铸件的部分或整个表面上，牢固地粘附着一层由金属氧化物、砂子和粘土相互作用而生成的低熔点化合物。粘砂层硬度很高，与铸件表面结合十分牢固，无法用喷、抛丸清理方法去除，必须用砂轮打磨掉。化学粘砂通常发生在铸件厚大热节处。 c. 热粘砂。铸件表面粘着一层薄的型砂玻璃状的低熔点硅酸盐，只能用砂轮打磨才能去除，生在型砂受热玻璃砂在铸件表面受热严重的部位。 d. 表面粗糙。铸件表面粗糙与型砂颗粒尺寸大致相同，但铸件间隙所引起，多发生在湿砂型的上表面、干型表面无涂料或涂料层太薄的部位，常伴有砂眼、鼠尾、夹砂结疤等缺陷。	肉眼外观检查。粘砂与其他缺陷的区别比较容易识别。各种类型的粘砂之间的区别比较困难。尤其是化学粘砂和机械粘砂，它们的形成原因大多相同，且往往互为条件，互相促进，外观也很相似，清理时都有很大难度。一般来说，热粘砂中不含金属，通常表面较薄，比较软，多发生在水玻璃砂型中，表面呈海绵状，清理砂层特别困难，只能用砂轮打磨才能去除。在黏土砂型或水玻璃砂中粘砂层可发生在各种砂型中，表面呈绵状，可用喷、抛丸法清理，有时也要进行打磨。树脂砂型粘砂通常常为机械粘砂	a. 型砂和芯砂粒度太粗。 b. 砂型和砂芯的紧实度低或不均匀。 c. 型、芯的涂料质量差，涂层厚度不均匀，涂料剥落。 d. 浇注温度和浇注高度太高，金属液静压力大。 e. 上箱或浇口杯高度太高，金属液静压力大。 f. 型砂和芯砂中含黏土、耐火性差，导热性差，回用砂粒附加物多或合用砂太多、死烧砂多，形成固态粘结温度。 g. 型砂中细碎型砂粒多，死烧砂多，回用砂多，降低型砂的高熔结温度。 h. 铸件开箱落砂太晚，形成固态粘砂，尤其是厚大铸件和高熔点合金铸件。 i. 金属液熔点高，流动性好、表面张力低。 j. 树脂砂型，涂料质量差，涂层厚薄气道，形成毛细管间树脂膜气化，在毛细管作用下，液态金属或蒸气压入表面张力作用下，形成机械粘砂。 k. 型砂中氧化物与金属液发生氧化还原反应，生成低熔点化合物如硅酸亚铁、铁橄榄石等，降低金属液的表面张力并提高其流动性，促使低熔点化合物渗入砂粒间隙，不断熔化、渗入砂粒间隙，使金属液渗入砂粒间隙扩大，导致机械粘砂或化学粘砂。浇注系统和冒口设置不当，造成铸件局部过热	a. 使用耐火度高，砂粒细的原砂。 b. 采用再生砂时，去除过细的砂粒、死烧的金属、废金属氧化物、铁包砂及其他有害杂质，提高再生砂质量，定期补充一定量的新砂。 c. 水是强烈氧化剂，应严格控制湿型砂中的水分，并适量加入造型的煤粉、沥青、碳质化合物等含碳材料，在砂型中形成还原性气氛。但高压造型时应减少含碳材料的加入量，以减少发气量。 d. 黏土砂中采用优质膨润土，减少黏土含量。 e. 型砂中粘结剂含量要适当，不宜过高。提高混砂质量，保证砂粒均匀兼覆黏结剂膜，并有适度的透气性。避免砂中夹有团块。 f. 提高砂型的紧实度和紧实均匀性。 g. 浇注系统和冒口设置应避免金属直冲型壁，内浇道应避免局部过热。 h. 采用适当的防粘砂涂料，均匀涂覆，在易产生粘砂部位适当增加涂层厚度。涂料中不得含有易发气、氧化的成分，通过涂料与铸型界面形成易发生反应成分。尽量不要采用在铸型形成易剥离的玻璃体状态的办法来解决或避免砂中粘砂问题（例如在铸件砂型和芯砂中加入赤铁矿粉等）。 i. 适当降低浇注温度、浇注速度和浇注高度，以减小对铸型的热冲击和金属液动、静压力。 j. 对于大型厚壁铸件，加快铸件冷却，以防止早固态粘砂。 k. 采用表面光洁的模样和芯盒。	喷、抛丸清砂；打磨；电化学清除砂，尤其适用于清除腔和精密铸件深腔的严重粘砂

缺陷类型	定义和特征	检验与鉴别	形成原因	防止方法	补救措施
皱皮	铸件表面不规则的粗粒状或皱褶状疤痕,一般带有较深的网状沟槽(象皮状皱皮)。通常出现在富碳、硅、锰等易氧化元素的合金薄壁球墨铸铁件的上表面和立面上,厚壁球墨铸铁或离心铸管的内壁,球墨铸铁大的镁合金变化的上表面,截面变化的上表面	肉眼外观检查。易于同其他表面缺陷相区别。网状沟槽有较深的网状象皮状皱皮,是球墨铸铁特有的缺陷,一般与一般合金铸件有的缺陷。根据合金种类易与皱皮相区别	a. 镁(球墨铸铁在加镁处理时形成的化合物(氧化物、硫化物、硅酸盐等),通常以薄膜形式分散在金属液中,在浇包中上浮缓慢,浇至铸件上表面,则聚集在铸件内壁。 b. 镁合金极易氧化,在熔炼和浇注过程中如缺乏保护,就会在金属液表面形成较厚的氧化膜,随浇注金属液注入型腔。当液流在型腔内由宽变窄时,氧化膜聚集在铸件上表面形成象皮状皱皮。 c. 合金钢中的易氧化元素在浇注和充型过程中氧化。 d. 一般皱皮是由于液态金属黏度大,浇注温度过低或金属液型型温度过大,浇注过程中金属液体形成形壁型及金属液型型过低等原因引起	熔炼球墨铸铁时采用优质炉料,降低原铁液中的含硫量及气体、夹杂物含量;在保证球化前提下尽可能减少加镁量,降低球墨铸铁液中的残留镁量;适当提高球墨铸铁处理温度并加强其流动性;用提高球化效果好的浇包进行浇注,浇注前铁液在浇包中停留时间并加强挡渣。金属型铸造时适当提高型温和集渣包;浇注系统中设置过滤网和集渣包	
缩陷	铸件厚断面或断面交接处上平面塌陷。大多数缩陷都发生在铸件厚断面处,是由铸件厚断面区或也出现在内缩孔或缩松区附近的表面,或缩松的表面。缩陷与周围表面无明显区别	肉眼外观检查。注意其与散露缩孔和缩松的表面的区别。散露缩孔多呈漏斗型,形状不规则,表面粗糙,常伴有粗大树枝晶;散露缩孔有的表面气孔发生在厚断面处时,外形与缩陷极相似,或透气性差的铸型内型腔气体浮于铸件上表面,或砂型中气体及涂料发气侵入铸件表面而形成的气孔型缩陷。区别两种缺陷,往往要核查是否砂芯,有时还要透气性良好,有时还要解剖其内部是气孔还是缩孔或缩松	铸件凝固收缩过程中,厚断面或热节处金属液凝固缓慢,大气压力将有一定塑性的铸件表层凝固的凝固壳下面有时伴有缩孔或缩松	修改铸件设计,避免断面交接处增加大圆角,或在厚薄断面厚度突然变化,设置工艺凸贴,以改善顺序凝固条件;如有可能,应增加冒口,设置冷铁或辅助浇注,确保正确的凝固顺序凝固和补缩;采取防止缩孔的其他有关措施	如不影响使用性能,可用腻子填平;需要承受气密或液体压力的零件,进行浸渗处理并进行试验合格后,表面用腻子填平;处于缩松上的工作面或加工面,如处于缩松,如技术条件允许,可进行焊补

2.9.5　残缺类缺陷（表2-107）

表2-107　阀门铸铁件残缺类缺陷分析

缺陷类型	定义和特征	检验与鉴别	形成原因	防止方法	补救措施
浇不到	铸件一部分残缺或轮廓不完整，或棱、角、边虽完整，但边、棱、角呈圆钝，常出现在上型或远离浇道的部位及薄壁处。缺陷周缘光亮，其近离浇道系统是充满的	肉眼外观检查。注意其与未浇满的区别：浇不到铸件的浇注系统是充满的；未浇满是上型顶面基本上与铸件上表面齐平	a. 合金的结晶温度范围宽，浇注温度过低，浇注速度太慢，浇注过程中断流。 b. 铸件壁太薄。 c. 合金在熔炼、处理、浇注过程中氧化严重，含大量非金属夹杂物，粘度大，流动性差。 d. 浇注系统设置不当：直浇道高度低，金属液静压头小，内浇道数量少、截面积小，充型速度缓慢，铸件薄壁离内浇截面离浇道太远。 e. 型砂和芯砂中水分过高，煤粉或有机物含量过多，发气量大；砂型和砂芯紧实度过高，出气孔、冒口少或位置不当，排气通道堵塞，型腔排气不畅。 f. 金属型温度过低，排气塞和溢流流道槽数量不够或位置不当	a. 根据合金成分和铸件壁厚，确定适当的浇注温度和浇注速度。 b. 净化金属液，防止金属液氧化，除去金属液中的非金属夹杂物，提高金属液的流动性，浇注时加强集渣和挡渣，防止熔渣和脏物堵塞浇嘴或随金属液流入铸型。 c. 修改浇注系统的尺寸和布置，提高直浇道高度，增加内浇道数量，在浇道中设置过滤网或集渣包。 d. 提高型砂和芯砂的透气性，在上型多扎气孔，合理设置出气冒口，保证砂芯排气通道畅通，改善铸型的排气能力。 e. 金属型铸造时，提高型温，设计有效的溢流和集渣系统。 f. 必要时，经过设计或用户同意，适当增加铸件壁厚	轻微浇不到缺陷，如不影响铸件的使用性能或可以后续加工，可以使用；如对铸件实用性能和后续加工有影响，应进行焊补；严重浇不到缺陷，应予报废
未浇满	铸件上部残缺，残缺部分边沿呈圆形，直浇道和冒口系统未充满，冒口顶面与铸件上表面齐平	肉眼外观检查。注意与浇不到相区别	浇包中金属液不足；浇注速度过快，使金属液从直浇道或冒口溢出，停浇过早	浇包中金属液量应以足以充满铸型；加强对浇注工的训练和教育，确保浇注充满铸型；浇注后应检查浇冒口系统是否充满	无法补救，应予报废
跑火、型漏（漏箱）	a. 跑火。铸件分型部分在分型面以上残缺，有时沿型腔壁形成类似飞翅的残片，在铸型分型面上有时有飞翅。	肉眼外观检查。跑火铸件残缺部分在分型面以上，残缺表面凹陷；型漏是铸件内部的残缺，严重时型腔全空呈壳状残缺，铸件轮廓通常完整，据此区别这两种残缺，并区别于浇不到和未浇满	a. 铸型分型面不平，合型后分型面缝隙大大，砂型四周吃砂量小，封型不严，压铁重量或紧箱力不够或分布不均，造成金属液从分型面大量漏出而形成跑火。 b. 浇注时取走压铁或松型过早。 c. 金属型铸造时开型过早。 d. 模样变形翘曲，造成铸型分型面密合不严。	a. 选用尺寸合适的砂箱和芯骨，保证砂型和芯骨有足够的砂量。 b. 避免直浇道过高，或在浇注时设置缓冲装置，降低浇包浇注高度，以减少充型内金属液的动、静压力。 c. 准确计算抬箱力，增大压铁重量或紧箱力，不要过早松箱或撤去压铁。 d. 砂型和砂芯应放置平稳，有平坦的支承面，防止变形。	无法修补，应予报废

缺陷类型	定义和特征	检验与鉴别	形成原因	防止方法	补救措施
跑火、型漏(漏箱)	b. 型漏(漏箱)。铸件内有严重的空壳形状残缺。有时铸件外形虽然较完整,但内部金属已漏空,铸件完全呈壳状,铸件底部有残留金属,以及铸型底面突变薄弱部位力集中和未浇满的多余金属	肉眼外观检查。跑火铸件有残缺部分在分型面以上,残缺表面凹陷;型漏是铸件内部严重破空呈壳状残缺,据此轮廓通常完整,据区别这两种缺陷,并区别于浇不到和未浇满	e. 注温度过高或浇注速度过快,砂型紧实度过快,直浇道高度过高使金属液从裂缝出型外或漏进砂芯内部,造成型漏。 f. 浇注时碰撞砂型,造成跑火。 g. 开箱或落砂过早,未完全凝固的铸件内金属液突破铸件凝固壳层漏出。 h. 忘记合型铸型或砂芯中的装配用工艺孔封死,砂芯头与芯座间隙过大或未封死,在金属液作用下开裂或缩孔缩松金属进砂空腔或缩孔金属芯进砂空腔。 i. 金属型与金属芯之间间隙增大,磨损使间隙太大,金属型的排气不合理,使金属液由分型面、排气孔和芯子间隙或排气道漏出	e. 提高型砂、芯砂的强度和型、芯的紧实度。 f. 浇注时和浇注后避免碰撞铸型或使铸型受到剧烈振动。 g. 铸件完全凝固后再开箱、落砂。 h. 合型前要将砂型和砂芯上的装配工艺孔堵死;修补芯头间隙,保证芯头与芯座配合适当;检查模样、芯盒是否严重磨损或变形翘曲,若有应修复模样和芯盒。 j. 适当降低浇注温度和浇注速度。 k. 内浇道不要直冲中型和砂芯,适当增加内浇道数量,使金属液分散注入型腔,防止铸型局部过热而开裂	无法修补,应予报废
损伤(机械损伤)	铸件受机械撞击而破损、断裂,残缺不全。多发生在铸件的铸肋、凸台、棱角、冒口浇口连接部位,以及断面突变薄弱部位	肉眼外观检查。断口呈脆性断裂特征,有时有氧化色,由机械损伤引起,易识别	a. 铸件结构不良,如有细长凸台、叶遍、截面厚度悬殊、尖角过渡等。 b. 铸件在搬运、装卸过程中操作不慎,振动、撞击过于剧烈。 c. 铸件落砂温度过高,振动、撞击过于剧烈。 d. 清理时对铸件结构和铸材质脆性注意不够,翻滚、撞击、冲击过于剧烈。 e. 铸件在机械加工时夹紧力和切削力过大,与铸件本体连接处载面尺寸过大,无缩颈或缩颈尺寸太大,或敲除浇冒口方法不当,使铸件本体损伤缺肉。 f. 浇道、冒口、出气冒口的圆角尺寸过小,无缩颈或缩颈尺寸不当,敲除浇冒口时易损伤铸件本体。 g. 铸件强度和韧性差。 h. 铸件原来已有裂纹或较大的内应力	a. 改进铸件结构,尽量避免带有铸肋、细长凸台和尖角等薄弱环节,避免壁厚差过大和尖角,合理壁厚过渡。 b. 根据铸件连接壁厚,正确设计浇道、冒口和出气冒口与铸件等温度尺寸;对铸件等脆性材料铸件可采用砂割浇口,敲除前,可先用砂轮割出一道缺口。 c. 铸件落砂温度不宜高,振动、撞击力要适当。 d. 采用滚筒清理时,薄壁铸件不要与厚大件混装,易受损伤的铸件不宜用滚筒清理;搬运和装卸时要避免撞击。 e. 提高合金力学性能,降低铸件内应力。必要时进行热时效或振动时效处理以消除铸件内应力;消除铸件应力后再进行清理和机械加工	损伤严重的铸件应报废;损伤轻微,不影响铸件的使用时,可粘补。填补或焊补后修平

2.9.6 形状及重量差错类缺陷（表2-108）

表 2-108 阀门铸铁件形状及重量差错类缺陷分析

缺陷类型	定义和特征	检验与鉴别	形成原因	防止方法	补救措施
尺寸和重量差错	铸件的部分或全部尺寸和重量与铸件图不符，或超出铸件重量公差的规定。包括收缩率选错、收缩、模样松动过大、模样错误、超重、失重等	根据铸件图和技术条件检查铸件的形状、尺寸和重量。铸件结构复杂时，应结合铸造型砂、收缩率选择、模样强度和起模时紧实度和起模操作以及它们与胀砂的相互区别及与鉴别的区别	a. 模样缩尺选错，使铸件所有尺寸均与铸件图不符，但实际尺寸与图样尺寸比例相等。 b. 铸件结构复杂，厚薄不均，造成铸件不规则收缩，使铸件部分尺寸与图样不符。 c. 框架、箱体、凸缘类铸件在凝固过程中，因铸型壁厚选择不同的缩尺，或根据单一收缩率设计，砂芯退让性，消除各种阻碍铸件收缩的因素。 d. 手工造型起模时，模样或砂芯松动过度，造成铸件外形与图样尺寸不符或偏大或超重。 e. 模样、砂盒、芯盒漏装或装配误差，使铸件或砂型紧实不均匀或过度，使模样或砂型变形、变形。 f. 砂型和砂芯修补不当或重量较大时砂型起模斜度大小或起料过厚，检验砂型砂芯松动，变形。 g. 砂型和砂芯修补不当，密度有变化，使铸件不超重或失重。 h. 模样起模斜度大小或大大。 i. 材质配料不当，密度有变化，使铸件过度或过厚，涂料过大大。	a. 正确选择缩尺，必要时根据实测收缩率不同的缩尺，复查铸件根据收缩不同壁厚选择不同的缩尺，避免采用单一收缩率，还可根据尺寸检查用工艺补正尺来维护尺寸准确。 b. 提高砂型、砂芯设计的退让性，选用合适的砂和阻碍各种阻碍铸件收缩。 c. 提高浇冒口系统设计，消除各种阻碍铸件收缩的因素。 d. 经常检查模样、芯盒，检验样件尺寸是否与图样相符，及时修正 宰来修正模样缩尺，必要时根据实测收缩率不同壁厚选择不同的缩尺，用工艺补正	尺寸和重量差错超过技术条件规定的尺寸时，应根据尺寸超差废品进行报废。经微的尺寸差错可进行修补
变形	铸件由于模样、铸型变形或收缩受阻而引起形状变化，或在冷却过程中因变形处理或热处理而引起的形状和尺寸与图样不符。根据产生变形的原因，铸件变形可分为：模样变形、铸型变形、砂芯变形、铸造变形和热处理变形。 a. 模样变形所引起的变形与铸件相同的变形。 b. 铸型变形、砂型和砂芯变形所引起的。其特点是每个铸件都有相同的变形。 c. 铸型变形，由砂型和砂芯变形所引起。其特点是发生变形不同，各个铸件可能与铸型相同的变形。	肉眼外观检查。根据发生的阶段和变形特点，区别不同类型变形	a. 模样、铸芯形状因结构或材料不合理，或因存放时堆放不当或受潮而发生变形。 b. 造型、造芯时紧实力过大且模样和芯盒的强度和刚性不够，既防止浇冒口发生弹性变形。 c. 砂型和砂芯放置不平、吊运不当、合型后或砂型和砂芯过重或装配不当，使砂型和砂芯发生变形。 d. 铸件结构设计不合理，浇冒口系统设计不合理，阻碍铸件收缩造成铸件凝固冷却速度不均衡；砂芯和砂型残留强度高，或浇冒口和砂芯放置不当，阻碍铸件正常收缩。 e. 铸造合金收缩率大。 f. 铸件开箱、落砂过早，冷却过快，引起铸件变形或在铸件内产生较大内应力。 g. 高温铸件在搬运过程中堆叠过度，放置不当。	a. 改进铸件设计，必要时设置加强肋。 b. 易变形的反支撑肋，在模样或芯盒相应位置设置适当的反变形量，补偿铸件的变形。 c. 选择尺寸合适、强度的砂骨和砂芯，有足够的刚性，抗磨性存放，摆放要平稳，既防止浇冒口过大。 d. 提高砂型和砂芯放置的均匀，合理安置，并减少对铸件各部分均匀的溃散性，铸件凝固后，提前将浇冒口去掉，以防浇冒口阻碍铸件凝固。 e. 模样、芯盒结构合理，保证砂骨和砂芯的砂骨和防潮；砂骨、砂芯应恒温存放，摆放要平稳，模样和芯型表面应喷涂恒温防黏砂耐磨黏模涂层。表面应喷涂恒温砂型和砂型型整、浇有不规则分型面时有成型模型平底板造型；砂骨和砂芯应采用有成型底板造型；砂芯摆放要平稳，支承平稳，不得相互堆叠；砂型和砂芯吊运时，吊链跨距不得过大，以免引起砂型和砂芯变形。	进行高温矫形处理，如无法矫正，则应报废

缺陷类型	定义和特征	检验与鉴别	形成原因	防止方法	补救措施
变形	c. 铸造变形。模样、芯盒、砂型和砂芯变形无变形，铸件在凝固冷却过程中因过热而引起变形和收缩不均。通常发生在铸件截面厚度较大的部位上，并会重复出现。 d. 热处理变形。铸件在铸造后未发生变形，在热处理加热、冷却过程中因加热、冷却不均匀及应力松弛等原因，引起翘曲变形	肉眼外观检查。根据变形发生的阶段和特点，区别不同类型的变形	h. 热处理工艺规范和操作不当：铸件在热处理炉内支承和摆放不正确，加热速度过快，淬火冷却速度过快，退火温度过高使合金软化，时效时应力松弛	g. 调整合金成分，降低合金的收缩率。 h. 采用合理的热处理工艺规范，避免相互堆叠。热处理时要摆放平稳，铸件在摆放时变形较易堆叠。释放应力先进行低温时效或振动处理，释放应力后再进行高温热处理。为防止高温热时效因应力松弛导致铸件变形，可对铸件适当部位用夹具夹紧	进行高温矫形处理。如无法矫正，则应报废
错型（错箱）	铸件的一部分与另一部分在分型面处相互错开	肉眼外观检查。注意与错芯和春移的区别。错型是铸件外形沿分型面错位，一侧多肉，另一侧缺肉；错芯是铸件内形在分型面错位；春移是铸件外形在分型面附近局部突起，形成多肉，通常是单侧性多肉，另一侧不缺肉	a. 模样装配错型或定位销松动；错型模样定位当作松模敲击使用，引起模样上的模样错位或松动。 b. 砂箱合型错位，定位销作用，不起作用，一侧无定位销标记，型时定位标记没有对准。 c. 合型后砂型受键撞，上、下型错位。 d. 金属型铸造时，两半型没对准或配合松动	a. 经常检查模样、模板、砂箱的定位装置，及时维修，保证定位配合精度。 b. 合型标记要明显，合型时要严格按定位标记对准上、下型。 c. 检查并调整分型模样在运输和浇注过程中碰撞，再投入批量生产。 d. 合型后严防定位松孔当模型。 e. 严格防止模样定位，铸型变松当模样。 f. 金属型铸造时，铸型定位、导向要准确，导套和导销间隙要合适	错型引起的缺肉如不严重时，可用砂轮打磨平；若在加工面上，不超过加工余量时，可机械加工去掉。通过机械加工表面的轻微错型可打磨掉，轻微错型可打磨后再打磨平
错芯	由于砂芯在分型面处错位，使铸件内腔沿分型面错开，一侧多肉，另一侧缺肉	肉眼内观检查。注意与偏芯的区别。偏芯，一侧多肉，另一侧缺肉，但它是由整个芯腔所形成的，砂芯和铸件上无一部分相对于另一部分错开的现象	a. 用两半芯盒制造砂芯时，芯盒定位销和定位孔间隙大，使两半芯盒未能对准。 b. 由两半芯盒粘合而成错位，没有对准，造成错芯	a. 提高芯盒定位精度，减少定位销与芯套的配合间隙，经常检查，及时维修芯盒定位装置。 b. 粘合的砂芯，要加强检查，必要时应采用样板检查	错芯引起的缺肉如不严重时，可用砂轮打磨平；若在加工面上，不超过加工余量时，可机械加工去掉；若芯严重且便于焊补，可焊补后再打磨平；若芯加工面上，进行机械加工后再进行磨平；若不允许焊补或焊补困难，则应报废

缺陷类型	定义和特征	检验与鉴别	形成原因	防止方法	补救措施
偏芯（漂芯）	砂芯在金属液热作用和充型压力及浮力作用下，发生上抬、位移、漂浮甚至断裂，使铸件内孔位置偏错，形状和尺寸不符合要求。偏芯使铸件一面的壁厚减薄，另一面加厚。粘土砂湿型或干型铸造时，细而长水平砂芯由于这种缺陷，下型中的砂芯因浮力起拱断裂或上浮，使铸件上部形成不规则帽状金属凸起，铸件壁厚减薄或穿透，有时还伴有脱落砂芯碎块形成的砂眼。	肉眼外观检查。其与错芯的区别是铸件内腔形状不变，错芯铸件内腔形状有变化	a. 由于起模时敲击模样过度，使芯座尺寸增大，修削过度，尺寸变小；芯头与芯座之间的间隙过大。 b. 砂芯下偏。 c. 芯骨太细，砂芯细小；支撑面不够大；芯头处砂紧实度低，或尺寸大小，数量太少，未放稳或放置不当。 d. 砂芯耐火度和强度低，砂芯烘干程度不够。 e. 芯砂耐火度不足或烘干过度，使砂芯强度降低或开裂；砂芯返潮。 f. 吊砂或砂芯负钩或吊砂部位断裂或产生裂纹。 g. 起模不慎，使砂型或高砂型产生裂纹。 h. 浇注系统设计不当；直浇道截面积过大；浇注系统静压力过大，金属液静压力过大，直冲砂芯或砂型，使砂芯过高，位置不当，直冲金属液的热作用。 i. 浇注温度、浇注速度过高，使金属液作用过于强烈，砂芯受热，芯撑失去支撑作用。	a. 正确设计芯头尺寸，修削芯头适当，保证芯头与芯座间有适当的间隙和足够的支承面积。 b. 加大芯骨尺寸，提高砂芯的耐火度和高温强度。 c. 适当增加型砂中的粘结剂含量，提高型砂的湿强度，芯座处要有足够的紧实度。 d. 下芯位置要正确，防止偏斜。 e. 芯座磨损后要及时修复，防止偏心。 f. 正确选择芯撑材料、类型和数量，安放位置要适当，砂芯上部的芯撑要压紧。对干湿型，可在芯头下放垫片加大支撑面积。 g. 合理设计浇注系统，适当降低直浇道高度，防止内浇道直冲砂芯或砂型。 h. 起模操作要正确，不要过分敲击模样，以免使芯座尺寸变大及使砂型产生裂纹。 i. 砂型和砂芯烘干工艺要正确，烘干温度过高。 j. 提高砂合和深井砂要用使砂钩和铁钉加固。 k. 合型前，要修补好砂型，活块砂纹，并插钉加固。 l. 适当降低浇注温度和浇注速度和浇注高度	偏芯严重的铸件应报废
春移	在分型面附近，或在与分型面平行的平面处，铸件局部凸起或增厚。通常在手工造型铸件春移过度部位	肉眼外观检查。注意与错型的区别：错型意味铸件在分型面处凸出一边一边凸起多肉，另一边凹进缺肉。春移铸件通常单边凸多肉，不存在错型问题	a. 手工造型时，由于春砂过度，使已紧实的部分沿分型面受到单方向的过大挤压力，沿模样表面滑移或脱离滑离表面直面的铸件较易发生春移现象。 b. 机器造型时，由于合型机压头压实的砂型壁沿模样表面产生切向力，使紧实的砂壁沿模样面滑移、脱离模样垂直面，在型紧实后期活块移动	a. 活块要固定好，活块箱围的砂要先均匀填满。 b. 模样与砂箱之间要有足够的吃砂量。 c. 手工造型时避免单方向过紧实。 d. 振实造型机压头不能松动，振击次数不得超过工艺规定	用砂轮打磨掉

2.9.7 夹杂类缺陷（表2-109）

表2-109 阀门铸铁件夹杂类缺陷分析

缺陷类型	定义和特征	检验与鉴别	形成原因	防止方法	补救措施
金属夹杂物	铸件内有成分、结构、色泽、性能不同于基体金属,形状不规则,大小不等的金属或金属间化合物。通常由外来金属所引起	断面检查、金相检验验结合无损检验(超声探伤或射线探伤)。注意与冷豆和内渗物(内渗豆)相区别。冷豆呈珠状,形状与铸件本体相同;内渗物出现在铸件下表面,成分与铸件本体相同;内渗物出现在铸件的孔洞内,为豆粒状渗出在铸件缺陷处,由合金中低熔点成分在铸件凝固过程中析出或熔解的气体在凝固的压力下挤入缩孔或气孔中所引起	a. 金属液中混入外来金属杂质,或外来金属杂质与铸件本体金属液反应,形成金属间化合物。 b. 金属炉料或合金添加剂未完全熔化,混在金属液中。 c. 芯骨外露或芯撑漂浮,被金属液熔合,但未完全熔成一体。 d. 未完全溶解的合金组元,中间合金或意外混入的外来金属杂质在铸件凝固后形成夹杂物	a. 保证炉料清洁,防止混入外来金属。 b. 熔化和处理合金时,合金熔化和处理温度应足够高,采用块度小的中间合金或合金添加剂;加强对熔化速度的搅拌,促使合金添加剂迅速熔化和溶解。金属炉料和金属添加剂全部熔清和溶解后再进行浇注。 c. 出炉、处理包或浇包底部金属液中有未熔的金属料或沉淀物时,不进行浇注。	根据对合金的组织和性能的要求,确定报废与否。如技术条件允许,可对铸件进行补焊补
冷豆	通常位于铸件下表面或嵌入铸件表层,化学成分与铸件本体相同,完全与铸件熔合的金属球。通常有氧化现象,通常出现在内浇道下方或其前方	通常采用肉眼观检查即可识别。冷豆与内渗物和内渗物的区别是:冷豆通常成分与铸件本体相同,无类似成分特征;外渗物常出现在铸件的自由表面上,例如敞浇铸件的上表面,以及压铸件的内表面,化学成分与铸件本体不同,具有类似出汗形成的成群或分散分布特征;内渗物出现在铸件内部的孔洞类缺陷内,化学成分与铸件本体不同	金属液浇注入型腔时发生飞溅,早期溅入型腔的金属液滴迅速凝固,未能与后来注入的金属液熔合。影响因素有:浇注系统设计不合理,金属液由内浇道注入型腔时发生喷溅和飞溅;注入型腔的金属液直接冲型壁、砂芯或芯撑,发生飞溅;砂芯、砂型水分过多,涂料不干;冷铁生锈蚀或有油污,使充型金属液产生沸腾现象	a. 改进浇注系统,使金属液平稳流入型腔,防止金属液在注入型腔时发生喷溅或飞溅,内浇道不要直冲型壁和砂芯。 b. 浇注时要防止金属液从明冒口、出气冒口等敞口减溢浇型腔;浇道要减少浇注时的金属液流股直径,足够间距;谨慎浇注,浇包出嘴应对准浇口杯。 c. 控制型砂和芯砂中的水分,涂料要烘干;冷铁、芯撑要干燥,无锈,无油污,防止金属液在型内发生沸腾	冷豆缺陷可在清理过程中用清铲、打磨、抛丸或滚动清理方法去除。嵌入表面的冷豆去除后,可将凹坑填平磨平或用腻子填平

缺陷类型	定义和特征	检验与鉴别	形成原因	防止方法	补救措施
内渗物（内渗豆）	铸件孔洞类缺陷内的光滑有光泽的豆粒状金属。其化学成分与铸件本体不一致，接近于共晶成分	无损检验（射线探伤或超声探伤）与断面检查相结合进行检验。注意与冷豆的区别：内渗物如外露在冒口底部或露出铸件的表面时，一般出现在铸件表面凹处。铸件表面或内部的死角有夹群"出汗"的特征；冷豆无此特征。在化学成分上，内渗物与铸件本体相同	a. 与外渗物形成原因相同，只是出现部位和表现形式有所不同。 b. 引起内渗物（或外渗物）的铸件内部的压力有：铸件内凝固部分收缩气体产生的压力；铸件已凝固部分收缩气体引起的压力。对于铸件内部而言，还有其晶石墨化引起的压力。 c. 高磷铸铁易于内渗物，内渗物中磷的含量较高。 d. 合金中易形成低熔点相的元素含量较高（例如，铸铁中杂质硫、磷化时），易使铸件形成内渗物	消除铸件的孔洞类缺陷；采取与防止外渗物相同的措施	应根据技术条件，结合对铸件的力学性能和气孔、缩孔、变形等缺陷的要求，确定可采取报废或焊补与否。可采取报废或焊补处理对重要铸件进行时效补处理或扩散退火，防止产生较大内应力或静压力。对伴有较大内应力或静压力的铸件可进行时效处理件在热处理时伴生变形缺陷的铸件，伴生热变形缺陷的铸件，可进行热形形处理
夹渣、渣气孔	铸件表面或内部由熔渣引起的非金属夹杂物，通常称为渣孔，砂芯下表面的死角处。铸件表面或内部或内部出现的渣孔处，有夹渣孔的夹渣气孔，形式有渣内含气孔，气孔内含夹渣及夹渣及外露气孔成群分布的3种。渣气孔在铸件中出现的部位与夹渣相同。在断面上，夹渣和渣气孔均无金属光泽	出现在铸件表面或内部的夹渣和渣孔一般用渗透液或磁粉检验，有时用肉眼即可发现。铸件清理后，在铸件表面夹渣下面可能会脱落，表面夹渣留下形状不规则的孔洞。铸件内部形状不规则的孔洞。铸件内部的渣孔一般用射线或超声检验，有时暴露或超声探伤加工后才会暴露在铸件表面或工后的夹群在铸件表面上。夹渣和渣孔的区别是：前者形状不规则，无呈大片状或点状分布，无金属光泽，后者呈金属光泽。成群分布在铸件表面或成群在铸件的孔洞类缺陷内，有金属光泽及类似"出汗"的特征。光亮气孔，经常会发现非色纯的金属夹杂物颗粒。纯的SiO₂颗粒无色，切割将其误判为砂眼	a. 熔炼、精炼除气对金属液进行各种处理时加入的溶剂和形成的熔渣，在浇注时随金属液一起加入型腔。 b. 金属液在浇注过程中二次氧化，例如球墨铸铁在输运、转包、浇注过程中由于不断翻滚、飞溅，使镁、稀土、硅、锰、铁二次氧化，产生的金属氧化物、游离石墨一起上浮到铸件表面，或滞留在铸件的死角和砂芯下表面等处。 c. 铸铁由于含硫量过高，锰硫比不当，脱氧、脱硫、除渣不良，使金属液中含有大量硫化物、一次氧化物，浇注后大量硫化物、一次氧化物，游离上浮到铸件内表面而形成渣孔。 d. 夹渣和渣可能由合金中各组元（如铸铁中组元 C、Mn、Si、Al、Ti）之间，或者这些组元之间发生反应，以及金属液与炉衬、砂型、型芯及金属液之间发生反应，或金属液与涂料之间发生的复杂的界面反应而引起	a. 熔炼时，炉料要干燥、清洁，加强脱氧、脱气，净化金属液，提高金属液的出炉温度及处理温度。 b. 浇注前应加入集渣剂或球化硅的硅石粉、石灰、玻璃、冰晶石粉等，使渣增稠，便于扒除，以利于渣上浮。浇注时间，不宜过长或过短，最好采用内应浇注温度要适当，茶壶包进行浇注，底注包、茶壶包进行浇注，保证渣留在浇包内。 c. 浇注时应保证充满浇口杯和直浇道，在浇注过程中设置集渣包和过滤器，采用非紊流浇注系统，快速浇注，防止二次氧化。 d. 铸件的加工面或最大平面应尽量不要设置在铸型腔内部，包括浇、冒口的的干型腔内部冒口。 e. 对于灰铸铁和球墨铸铁，应降低原铁液的含硫量，保持合适的硅含量。限制 Al、Ti，球铁在球化前提高硅含量，尽可能少残留镁（Mn%＋0.5%），球铁在球化前提高硅含量，尽可能减少残留镁含量	如技术条件允许，可挖去缺陷后焊补。缺陷严重时应报废

缺陷类型	定义和特征	检验与鉴别	形成原因	防止方法	补救措施
砂眼	铸件内部或表面包裹砂粒或砂块的孔洞，常带有冲砂、掉砂、鼠尾、夹砂结疤、涂料结疤等缺陷	铸件表面的砂眼用肉眼外观检查即可识别。铸件内部的砂眼用超声或射线探伤进行检验。砂眼与夹渣的区别，有时要通过断面检查方能确定	a. 型腔内的浮砂在合型前未吹扫干净。 b. 合型后由浇注系统或冒口掉入砂粒或砂块。 c. 由于造型、下芯、合型操作不当，发生塌型、挤箱、掉砂、压砂膨胀或砂芯。 d. 由于合型及浇注操作不当，造成砂型（芯）砂脱落，产生冲砂、掉砂、鼠尾、型和夹砂结疤，脱落的型砂在铸件内形成砂眼。 e. 涂料不良，或砂型、涂料干、浇注时涂层脱落，在造成涂料结疤的同时，形成涂层夹砂、涂料夹杂	a. 采取防止产生冲沟槽、鼠尾、夹砂结疤、冲砂等缺陷的措施。 b. 分型负数、芯头间隙、起模斜度等要适当，防止在造型、下芯、合型时将环型砂和砂芯、合型前将型腔内浮砂吹扫入型腔。 c. 提高砂型和砂芯的表面强度，例如在黏土砂中加入糖浆或将稀释的糖浆喷砂型表面，提高抗高温的糖浆的性能。 d. 砂芯涂料及砂型的涂膏，要有足够的高温强度和黏结力，以防脱落。 e. 砂芯及滤片砂要有足够的高温强度，以免过早溃散。 f. 采用优质抗黏砂、抗冲刷性好的涂料，涂料对砂型和砂芯要有足够的渗透性和黏附力，热膨胀系数应与砂型和砂芯适配，以免涂层在金属液的冲刷和热作用下剥落	根据技术条件或合同确定报废与否。如允许修补，铸件表面的砂眼除去后，可进行焊补或用腻子填平。铸件内部的砂眼无法修补，如不影响力学性能和使用，可不予以处理

2.9.8 性能、成分、组织不合格（表2-110）

表2-110 阀门铸铁性能、成分、组织不合格类缺陷分析

缺陷类型	定义和特征	检验与鉴别	形成原因	防止方法	补救措施
反白口	石墨铸铁断口的中心部位出现白口组织或麻口组织，白口组织、外层是正常的石墨组织	断口检查，方法与检查白口的相同	铸铁中某些反石墨化元素在凝固过程中保留在液相中，被凝固前沿堆积到铸件中心或厚壁大热节的中心而富集到最后凝固成白口组织。影响这些部位包括：铁液中硫锰比过高；铁液中含氢量过高；大量使用含铬、钛、磷等强烈反石墨化的废钢和回炉料，造成组织遗传；球墨铸铁中残留镁和稀土元素含量过高；孕育不足或孕育衰退	a. 严格控制铁液的硫锰比，降低原铁液的含硫量。 b. 浇包要充分预热，避免铁液吸氢；厚大铸件采用干型或树脂砂型铸造。 c. 严格控制化回炉料成分，不用或尽量少用含有强烈反石墨化回炉料和稀土元素的回炉料和废钢。 d. 提高熔炼温度，加强孕育处理。	长时间石墨化退火。保温时间应足够长，以保证铸件中心处热透

缺陷类型	定义和特征	检验与鉴别	形成原因	防止方法	补救措施
反白口	石墨铸铁断口的中心部位出现反白口组织或麻口组织,外层是正常的石墨组织	断口检查,方法与检查白口的相同	铸铁中某些反石墨化元素在液相中保留在液相中,破凝固前沿推移到铸件中心或厚大热节的富集在液相最后凝固部位而富集固成反白口组织。因这些因素包括:铁液使用中硫盐比过高;铁液中含氢量过高;大量使用含铬、钛、碲等强烈反石墨化的废钢和回炉料;球墨铸铁中残留稀土元素含量过高;孕育不足或孕育衰退	e. 减少球化剂用量,适当降低铸铁中残留稀土元素含量。 f. 采用长效孕育剂,防止孕育衰退。必要时可在包内进行二次孕育或在浇注系统中进行内孕育处理,或在浇注时进行随流孕育处理	长时间石墨化退火。保温时间应足够长,以保证铸件中心处热透
球化不良和球化衰退	因球化剂加入量不足以使铸铁石墨球充分球化,或球化处理后铁液球化停留时间过长凝固而引起的铸铁石墨球化缺陷。其石墨多呈团块状、开花状、枝晶状、蠕虫状或厚片状。球化不良的铸件断口可见点状或块状黑斑,愈近中心愈密集	断口检查和金相检验,也可用超声波速法无损检验球化程度。球化不良与球化衰退形成原因虽有不同,但形貌特征大致相同,很难严格区分。通常采用在浇注铸件前后分别浇注一组试样,若二组试样球化率均低则判为球化不良,若后组判为球化衰退。且球化衰退或点状黑斑、球化衰退断口该断口球化不良特征不明显。球化不良的金相组织中,石墨球或变枝晶状;球化衰退的金相组织中,开花状石墨较多,只有出现较多的厚片状、蠕虫状和枝晶状石墨才有严重衰退的铸铁	a. 生铁和焦炭中含硫量过高,原铁液中含硫量高,含硫量高。 b. 铁液中含氧量过高,含硫量严重。 c. 铁液中含有较多的反球化元素。 d. 球化剂加入量不足,残留球化元素含量过低。 e. 球化元素镁和稀土金属易氧化、饱和蒸气压低,球化处理后,由于停留时间过长,浇注频繁,逐渐从铁液中析出、上浮、蒸发被氧化而散失。 f. 球化处理后未扒除铁液表面的富硫渣和球化渣,渣中的硫返回铁液中消耗球化元素,使铁液中球化元素残留量降低	a. 选用含硫量低的生铁和铸造焦熔炼铸铁,进行炉内或炉外脱硫,降低原铁液的含硫量。若原铁液含硫量高,应增加球化剂加入量,保证球化处理后铁液中有足够的球化稀土(镁和稀土)残留量。 b. 熔化时要防止液液氧化,出铁时要防止格渣混入铁液。一炉混铁号铸件时,交界时应格渣液必须分离富铁液混合,防止生产反白铁的球与球墨铸铁原铁液混在一起。 c. 包内脱硫和球化处理后要扒浮净渣,另加覆盖剂,防止回硫和球化元素发烧损。 d. 加强回炉料管理,严格控制反球化元素的废钢或回炉料的投炉量。或在镁球化处理后加入少量球化元素,抵消反球化元素的干扰。 e. 采用配比适当、成分稳定、抗衰退的球化剂,并根据球化处理铁液截面中心部分球化程度加入量。 f. 厚大球墨铸件,可加入锶、铜、锑、铋等合金元素,或采用钇重稀土合金作球化剂,在热节处设置冷铁等,以提高铁液的抗球化衰退能力和激冷性能,保证厚壁截面中心球化良好。 g. 控制球化处理温度不宜过高,球化处理后应尽快浇注,减少孕育衰退时间。 h. 加强孕育处理。 i. 采用球化、型内球化处理	若技术条件对球化率等级有要求,则不合格铸件应报废。热处理可使碳化物转变为石墨,并使当细石墨化物变,但很难改变墨形状

缺陷类型	定义和特征	检验与鉴别	形成原因	防止方法	补救措施
亮皮(珠光体层过厚)	在铁素体可锻铸铁断口上出现的,与暗灰色心部之间有清晰可辨的分界的明亮边缘层。边缘层的明亮组织为珠光体和退火碳,珠光体层外面可能还包有一层薄的铁素体外圈。当珠光体层厚度超过1mm时,即构成缺陷	断口检查。可用与铸件同炉热处理的单铸试样来进行检查	a. 铸件在潮湿炉气的热处理炉内进行石墨化退火,潮湿炉气中的氢和氧使铸件发生反应。氧使铸件表面退碳形成一层薄的铁素体外圈;氢向铸件内部扩散,对珠光体起稳定作用,并在第二阶段退火过程中阻止珠光体分解。b. 铸件在渗碳气氛中退火,由于碳渗透到铸件中而使铸件外层形成铁素体外圈时不会出现铁素体外圈	a. 始终保持退火炉炉气为中心气氛。b. 炉衬必须充分烘干。c. 装炉铸件必须干燥无锈。	调整炉气氛,再次退火
莱花头	在铸件最后凝固处或冒口表面数出现起泡、重皮的现象。截面检查和金相检验可发现密集气孔、夹杂和密度小的新相聚集	外观检查、断面检查和金相检验	a. 金属液吸气严重,在浇注厚大铸件时,气体析出上浮,聚集在铸件冒口或厚截面上部。b. 金属液夹杂氧化严重,含有大量密度低格点相的元素,在铸件凝固过程中随上浮气泡聚集在铸件厚大截面的上部或冒口中	a. 采取防止产生析出性气孔和反应性气孔的措施。b. 采取防止夹渣、渣气孔、内渗物和外渗物的措施。c. 合理设计浇冒口系统,使缺陷上浮聚集在冒口系统中	出现这种缺陷,表明金属液严重氧化,含有大量夹杂物和气孔,且合金成分有可能不合格,一般应判废。若缺陷产生在冒口中,经探伤表明铸件内无气孔和夹杂物、表面缺陷,且化学成分合格,则视为合格

参考文献

[1] 中国机械工程学会铸造分会. 铸造手册. 2 版. 北京：机械工业出版社，2010.

[2] 胡传鼎. 铸铁件生产实用技术. 北京：化学工业出版社，2006.

[3] 吴德海，钱立，胡家骢. 灰铸铁球墨铸铁及其熔炼. 北京：中国水利水电出版社，2006.

[4] ［意］加比特·格兰特，欧维迪奥·米希里，鲁杰洛·马斯佩罗. 自硬砂之理论与应用. 于震宗，谬良，译. 北京：
    机械工业出版社，2000.

[5] 陈国桢，肖柯则，姜不居. 铸件缺陷和对策手册. 北京：机械工业出版社，1996.

[6] 铸造设备选用手册编委会. 铸造设备选用手册. 北京：机械工业出版社，2000.

[7] 于顺阳. 现代铸造设计与生产实用新工艺、新技术、新标准. 北京：当代中国音像出版社，2004.

第3章

Chapter 3

铸钢及铸造高合金阀门铸造工艺

3.1 铸钢呋喃树脂砂工艺造型材料

生产高温、高压、低温、大口径铸钢阀门，目前国内外最先进的铸造工艺是呋喃树脂砂或酚醛树脂砂。采用树脂自硬砂铸造有一系列优越性，具体如下：

① 铸件尺寸精度高，加工余量小；

② 铸件外表及内腔粗糙度高，特别是树脂砂高温强度高，铸件不易产生冲砂和夹砂；

③ 树脂砂造型、制芯可流水线作业，生产效率高，工人劳动强度可大幅度减轻；

④ 树脂砂因在常温下自硬化，再配合快干涂料，可减少进炉窑干燥的时间，节省大量的能源；

⑤ 树脂砂浇注后铸件出砂性好，清砂工劳动量可大大减轻；

⑥ 树脂砂铸造旧砂回用率达85％以上，并且回用旧砂性能优良，减少了废弃铸造旧砂对环境的污染等。

但树脂自硬砂铸造也有其不足之处：树脂和固化剂及偶联剂价格较贵；造型、制芯、浇注时有些刺激气味产生；对原砂质量要求高；树脂砂铸造对环境温度和湿度的敏感性强等。

尽管树脂砂生产中还存在着上述缺点，但由于它的优点显著，所以它在世界上工业发达国家及我国得到了广泛的应用。

3.1.1 呋喃树脂

呋喃树脂在树脂砂中是作为黏结剂的。呋喃树脂是具有呋喃环类化合物聚合的树脂的总称，它是一种热固性树脂（热固性树脂是指固化了的树脂在加热时，直到开始热分解都不转变为可塑的或黏滞的流体状态）。树脂中若含氮易造成阀门铸钢件产生气孔。因此，阀门铸钢件使用的呋喃树脂应是无氮的糠醇-甲醛树脂。

(1) 糠醇

糠醇一般是由植物中的多缩戊糖经脱水缩合而成的。工业上将玉米芯、甘蔗渣、棉籽壳、燕麦壳、麦秸杆等在压力下经水蒸气处理，又用稀硫酸或盐酸处理后制成糠醛，而后氧化催化并进行高压加氢从而制成糠醇。糠醇是一种无色或浅黄色的液体。

(2) 甲醛

甲醛是无色气体，有特殊的刺激气味，对人的眼鼻等器官有刺激作用，易溶于水。甲醛含量为40%的水溶液，俗称福尔马林。甲醛是将甲醇蒸气和空气的混合物在600～630℃下，通过银催化剂，生成甲醛和未作用的甲醇，用水吸收，从溶液中蒸去一部分甲醇后，即得甲醛水溶液。

(3) 呋喃树脂的合成

阀门铸造用呋喃树脂是以糠醇为主要原料与苯酚、甲醛等原材料合成的。

① 加成反应　甲醛在碱性条件下与酚、酮等反应生成羟甲基化合物（—CH₂—OH）。树脂的性能主要取决于树脂中活性官能团羟甲基的多少，树脂中羟甲基含量愈高，树脂与砂粒的黏结力愈大，交联度愈高，固化愈完全。而羟甲基的含量又与甲醛的摩尔比有关，甲醛过量愈多，羟甲基化合物含量也愈大，树脂性能也愈好，但游离甲醛含量也愈大。

② 缩合反应　羟甲基化合物与糠醇在酸性介质中进行缩合反应。

③ 无氮糠醇树脂生产工艺流程　如图3-1所示。

树脂黏结剂的主要成分，是具有一定链节结构的不同分子量的线型分子缩聚体，其中含有一定的游离单体及水等低分子物。故树脂黏结剂的主要技术指标是：黏度、含氮量、游离单体种类和含量、含水量、pH值以及平均分子量。

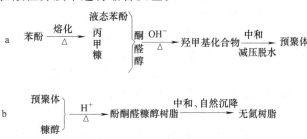

图 3-1　无氮糠醇树脂生产工艺流程

④ 树脂黏结剂的选择　由于糠醇具有富电芳环结构，稳定性大，除能进行缩聚反应外，在一定条件下还能进行加聚反应交联，故糠醇不仅可以提高耐热性能，而且可以提高树脂砂的总强度。树脂中糠醇含量增加，树脂砂的热稳定性和强度也提高，但固化初期强度增长缓慢，固化时间延长。由尿素合成的呋喃树脂其尿醛部分在固化反应中易于发生缩聚反应，但分解温度低（220～270℃），发气量大，而且有氮气。因此，呋喃树脂中尿素含量增加，树脂成本较低，其硬化速度加快，强度较低，而且铸件的气孔倾向大，故生产高品质阀门铸钢件应选用无氮树脂。呋喃树脂中糠醇、脲（素）醛和酚醛含量的变化与性能改变的综合关系见表3-1。

表 3-1　呋喃树脂中糠醇、脲（素）醛和酚醛含量的变化与性能改变的综合关系

性　能	增加糠醇	增加脲醛	增加酚醛
成本	提高	降低	降低
含氮量	减少	增加	减少
强度	提高	降低	降低
脆性	在脲醛糠醇中增 在酚醛树脂中减	减少	增加
硬透性	增加	减少	减少
硬化速度	降低	增加	降低
热稳定性	增加	降低	增加
溃散性	降低	提高	提高
夹砂倾向	增加	减少	增加
粘砂倾向	减少	增加	减少
气孔倾向	减少	增加	减少

树脂的 pH 值过低，将使树脂稠化，缩短黏结剂的储存期；pH 值过高，将消耗过多的酸催化剂，并影响硬化速度。水是生产呋喃树脂时糠醇和尿素与甲醛反应的产物，树脂中的水虽能降低树脂的黏度，但影响固化反应速度和强度。所以，无水树脂是高级优质树脂。呋喃树脂黏结剂的储存环境温度为 $-10 \sim 35℃$，并应避光保存。呋喃树脂的燃点约为 175℃。树脂保质期一般为半年，长期储存是不可取的。这是因为局部受热或长期储存时，树脂能发生活化反应生成水，导致树脂砂混合物硬化反应变慢，并且可能引起催化剂不能使树脂完全硬化，增加浇注过程中的发气量，从而使铸件产生侵入性气孔缺陷。

3.1.2 酸催化剂（固化剂）

催化剂对型砂的重要性并不次于黏结剂，而且从控制硬化过程的观点来看，还有决定意义。在推广树脂砂初期，曾使用过硫酸单酯、硫酸乙酯和磷酸作催化剂，目前呋喃树脂自硬砂主要用有机酸作催化剂。而使用最多的是对甲苯磺酸（PTSA）、苯磺酸（BSA）、二甲苯磺酸和苯酚磺酸。酸催化剂在树脂砂生产中也称之为"固化剂"。

在相同浓度、相同用量及相同的条件下，使用不同的酸催化剂，树脂砂的硬化特性不同，硬化速度顺序是：硫酸单酯＞硫酸乙酯＞苯磺酸＞对甲苯磺酸＞磷酸。其终强度则相反：硫酸单酯＜硫酸乙酯＜苯磺酸＜对甲苯磺酸＜磷酸。

催化剂要求铸造车间的环境温度在 8℃ 以上，砂子温度在 $20 \sim 40℃$，不超过 40℃。催化剂用量通常为不低于树脂加入量的 20%，但不能超过树脂加入量的 50%。因为催化剂是水溶液，用量多则水分超了，会造成铸件产生气孔等质量问题。对甲苯磺酸（PTSA）是有机酸中酸性最低的，较低的酸值能得到较高的终强度以及良好的型、芯存放性。但在室温较低或硬化速度较慢时，应改用苯硫酸（BSA），因为苯磺酸（75% 浓度）比对甲苯磺酸的催化能力大约强一倍。

用对甲苯磺酸催化的呋喃树脂的最大抗拉强度发生在硬化后 24h，而用磷酸催化的同一树脂，则发生在第 25 天。需要指出的是：型砂的硬化是一个纯催化的过程，催化剂在硬化过程中不产生化学消耗，而是机械地包含在聚合物结构中。

催化剂对衣物和皮肤有腐蚀作用，使用时应注意。

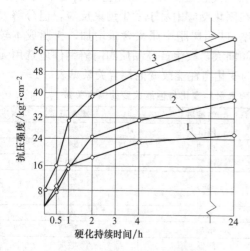

图 3-2　树脂砂的最终强度
1—无硅烷；2份（重）0φ-1（酚醛树脂）；
2—1.2份（重）0φ-1，0.2%硅烷（占黏结剂重量）；
3—2份（重）0φ-1，0.2%硅烷（占黏结剂重量）

3.1.3 偶联剂

用于树脂偶联剂的硅烷是一大类化合物，它有上千种名称。为了实现有效的强化，必须遵守至少两个表征硅烷结构的条件：其一是有烷氧基，其二是有反应能力强的末端官能团。硅烷加入树脂能显著提高树脂砂的最终强度（见图 3-2）和防潮性（型、芯从空气中吸收水分）。所以，硅烷对减少树脂黏结剂的加入量和延长型、芯存放时间是很有利的。硅烷的加入量一般为树脂加入量的 0.2%～0.5%，通常控制在 0.3%。

硅烷强化的机理是它提高了石英-树脂界面上的黏附力。根据化学黏附理论解释为一部分硅烷分子与石英组成键，另一部分与树脂黏结剂共同聚合，所以称之为"偶联剂"。树脂砂在加入硅烷时，在强化效果中起主要作用的黏附作用力加强；而树脂湿润能力的改善以及内聚强度的增加并不起重要作用。硅烷有水解倾向性，因此，硅烷偶联剂在树脂中的作用时间有限，所以最好是现用现加硅烷。

3.1.4 铸钢呋喃树脂用砂

(1) 石英砂（也称硅砂）

① 原砂的矿物成分和化学成分　原砂的主要矿物有石英、长石和云母，其他的还有铁的氧化物、碳酸盐等。石英为 SiO_2，它的莫氏硬度为 7 级，熔点为 $1713℃$，比重为 2.65。长石为铝硅酸盐，它的莫氏硬度为 6～6.5 级，熔点为 1170～1550℃，比重为 2.54～2.76。云母的莫氏硬度为 2～3 级，熔点为 1150～1400℃，比重为 2.7～3.2。

② 粒形与角形系数　阀门铸钢呋喃树脂用砂，要求砂粒形状呈圆形或椭圆形，表面光滑，没有空洞和裂纹，其表面积最小为好。为了衡量比较原砂的形状，人们采用了角形系数 (S) 的概念，即砂粒实际比表面积 (S_w) 和理论比表面积 (S_T) 之比，其公式如下

$$S = \frac{S_w}{S_T}$$

国家标准《铸造用硅砂》中对铸造用硅砂的颗粒形貌根据角形系数分类见表 3-2。

表 3-2　《铸造用硅砂》对铸造用硅砂的颗粒形貌根据角形系数分类

角形系数分类代号	角形系数
15	≤1.15
30	≤1.30
45	≤1.46
63	≤1.63
90	>1.63

③ 微粉和黏土（泥）含量　原砂中的微粉是指 150 目以下的细砂，原砂中的黏土也称为"泥"，"泥"是指 320 目以下的"细粉"。有人曾经做过试验：当外加微粉量由 0 增至 2% 时，试验烘干后的抗拉强度从 1.75MPa 下降至 1.41MPa。前苏联铸造用硅砂相关文献指出：在石英砂中加入 1% 黏土时，含 2 份（重量比）(酚醛树脂) 和 1.6 份（重量比）无水对甲苯磺酸的树脂砂的强度经过 1min 之后从 0.7MPa 下降到 0.17MPa，他们的计算表明：每 1% 的黏土与催化剂中大约 6% 的质子结合。这些数据说明了黏土的有害作用。另外，原砂中的黏土会降低树脂砂的透气性。因此，国内知名阀门公司企业铸造标准规定：阀门铸钢用石英砂的微粉含量应<0.5%，原砂中的含泥量应<0.3%。

美国铸造工程师学会（AFS）提出了用"砂子的平均粒度数——GFN"作为考核砂子粒度的重要指标，其检测方法是称 50g 砂样，将砂样放在标准筛中，开动筛子 5min，称每一层筛子上残留砂子重量，计算每一层筛子上残留砂子的重量的百分数，累积到总和100%，每一层筛网上残留重量百分数乘上对应的乘数（上一筛号），把所有残留百分数乘数的数字加起来，再将加起来的总数除以 100，得到的数字就是 GFN。美国铸造工程师学会要求树脂砂用石英砂 GFN 为 47～60。

④ 含水量　由于树脂的固化反应是缩水缩聚反应，所以原砂含水量和环境湿度都明显地影响固化速度。原砂含水量多和环境湿度大时，不仅降低了树脂交联反应速度，而且在树脂膜内会形成许多孔洞，使强度下降。表 3-3 为原砂湿度对冷硬树脂砂硬化速度的影响（配方为：100 份原砂，2 份酚醛树脂，2 份苯磺酸甲醇催化剂和数量不定的补加到砂中的水）。美国铸造工程师学会对树脂砂中含水量要求是<0.25%。

⑤ 酸碱度（pH）和需酸量（ADV）　原砂酸碱度（pH）是指原砂在水溶液中所显示的酸度。原砂的需酸量（ADV）是指使原砂的 pH 值降低至一定值时所必需的酸量。美国格

林康翠铸造公司提出，生产阀门铸钢件的石英砂的 pH 值为：6.5～7.2，ADV：48～60mL 0.1mol/L（0.1N）NaOH。

表 3-3　原砂湿度对冷硬树脂砂硬化速度的影响

加入树脂砂中的水（重量比）	催化剂溶液的浓度/%	经过下列时间(min)保持后的抗拉强度/MPa				
		1	3	5	10	60
—	90（原始浓度）	0.2	0.7	2.2	3.1	4.0
0.1	86	0.2	0.6	1.5	2.8	4.0
0.2	82	0.1	0.7	1.7	2.6	3.5
0.3	78	0	0.7	1.8	2.6	3.7
0.4	75	0	0.4	1.2	2.4	3.5
0.5	72	0	0	1.0	1.7	4.0

⑥ 金属氧化物含量　石英砂中若含有 Na_2CO_3、Na_3PO_4、$NaCl$、$CaCO_3$ 等时，能明显地妨碍呋喃树脂砂的硬化。石英砂中 FeO 和 Fe_3O_4 的含量要少，因为它们对树脂砂的硬化起阻碍作用。但 Fe_2O_3 对硬化几乎没有不好的影响。相反，含有 Fe_2O_3 的铸型经过长时间放置以后，其强度比没有加 Fe_2O_3 的还高。石英砂中的 Al_2O_3 也同 FeO 和 Fe_3O_4 一样，对树脂的硬化起阻碍作用，MgO 也是如此。故原砂中 Al_2O_3 和 MgO 的含量要少。前苏联铸造用硅砂相关文献指出：上述氧化物的总含量不应超过 0.5%。

(2) 锆砂（锆英砂）

生产大型铸钢件，特别是高合金钢大型铸钢件，必须用锆砂（也称为锆英砂）或铬铁矿砂，但锆砂抗高温和导热性能优于铬铁矿砂。兰高阀铸造几十年来一直使用锆砂，故在此仅介绍锆砂。锆砂是以硅酸锆（$ZrSiO_4$）为主的矿物，其主要化学组成为 ZrO_2 和 SiO_2 及少量的金属氧化物，如 Fe_2O_3、CaO、Al_2O_3 等杂质。$ZrSiO_4$ 结晶构造属四方晶系，呈四方锥柱形，其莫氏硬度为 7～8 级，熔点随所含杂质的不同为 2190～2420℃，比重 4.6～4.7。纯锆英石为无色，因存在铁的氧化物，所以一般呈棕色、黄褐色或淡黄色。锆砂具有非常好的化学稳定性和热稳定性。锆砂的加热分解温度很高，$ZrSiO_4$ 在 1540℃仍保持稳定。锆砂在 1540℃以上分解成单斜 ZrO_2 和 SiO_2 玻璃体。

钢水与锆砂的浸润角比石英砂大，故锆砂几乎不被液态金属或金属氧化物所浸润，从而可减少铸钢件产生粘砂的缺陷。石英砂的导热系数是 0.696W/(m·K)，锆砂的导热系数是 2.262W/(m·K)，是石英砂的 3.25 倍，并且锆砂的堆比重大，因此锆砂的冷却速度是石英砂的 4 倍。这对于厚壁及大型的铸钢件有很好的激冷作用，在某种程度上可起到冷铁的作用，使铸件加快凝固，减少铸件产生缩松缺陷，可细化铸件结晶组织，提高铸件的机械性能。锆砂受热后的膨胀率为石英砂的 18%，所以，锆砂型（芯）受热时不易开裂，这无疑对防止铸钢件粘砂有利。而且，在铸钢件冷却收缩时，因锆砂涂料层几乎不收缩，所以涂料层会自行与铸件剥离，方便铸件的清砂。

(3) 再生砂

所谓再生砂是指浇注铸件后的型、芯，经过铸件的热传导作用使靠铸件较近的树脂砂中的树脂等有机物烧损，使砂子恢复到接近原砂的特性。另一部分没有烧毁的树脂砂经过落砂，去除金属杂物、冷却、气动（或机械）破碎树脂——催化剂薄膜和除去粉尘而再生的砂子。使用再生砂，可大幅度地降低价格昂贵的新砂的加入量，减少废弃砂，从而减轻环境污染。再生砂可降低树脂和催化剂的加入量，即使用再生砂可大幅度地降低生产铸钢件的成本。再生砂应具有下列特性，即在砂子经过再生的全过程以后经过检验并在下列检验指标范围内方可使用。

• pH 值：4.2～4.7；

• LOI（烧损率）≤1.5%；

• GFN：49～55。

3.1.5 酸催化呋喃树脂自硬砂的硬化机理

(1) 酸催化呋喃树脂的固化反应

合成树脂用作铸造黏结剂的第一个条件是在硬化时空间交联和向热固性状态转变。呋喃树脂一般是由酸催化而硬化的，其硬化机理复杂。一般说来，树脂分子在酸催化剂作用下发生交联反应，线型结构转变为体型结构。但是交联反应有两种类型：即"缩合聚合反应"和"加成聚合反应"。"缩合聚合反应"简称"缩聚反应"，在生成高聚物的同时、析出简单的低分子物质如水等。"加成聚合反应"简称"加聚反应"，在整个聚合过程中不析出低分子副产物。固化反应类型与树脂分子结构密切相关。现以 KJN-1 型呋喃树脂为例。KJN-1 型呋喃树脂的分子结构大致如下

但在固化反应中参加交联的仅是其中的活性氢原子 H^+，羟甲基—CH_2OH 及呋喃环。在呋喃树脂中的糠醇，它有一个易作用的官能团和打开呋喃环中的两个不饱和键的能力。在脲醛树脂中为尿素。因此，树脂分子结构可进一步简化，示意如下

活性氢原子与羟甲基可能发生三种情况的失水缩合反应。

① 活性氢原子与羟甲基失水缩合，提供亚甲基键桥 ［—CH_2—］

$$—CH_2—\{OH+H+\}\longrightarrow CH_2—+H_2O \tag{3-1}$$

② 羟甲基与羟甲基失水缩合提出亚甲基醚键桥〔—CH_2—O—CH_2—〕

$$—CH_2OH+—CH_2OH\longrightarrow CH_2—O—CH_2+H_2O \tag{3-2}$$

③ 羟甲基与羟甲基失水脱甲醛，提供亚甲基键桥〔—CH_2—〕

$$—CH_2OH+—CH_2OH\longrightarrow CH_2+CH_2O+H_2O \tag{3-3}$$

呋喃环在一定的条件下，其中一个双键将打开参加聚合反应。这一系列的复杂反应，结果使线型结构转变为体型结构，树脂因而固化，并具有足够的机械强度，反应前后的分子结构示意如下

(固化反应前为线型结构)

(固化反应后为体型结构)

从热力学方面分析上述反应进行的情况，化合物分子之间发生化学反应，必然是这些分子中某些化学键的断裂和新的化学键的形成，从而形成新的分子。

由此可知以下内容。

① 树脂在室温下，不能自动固化。这是因为树脂固化反应中不论何种类型反应，开始的断裂缝的键能均大于室温下的分子热运动能量。所以，除酸催化作用外，系统的温度升高，将有利于固化反应的发生，反之则不利于反应的发生。

② 缩聚反应中断裂键的键能均低于加聚反应中断裂键的键能，而在缩聚反应中式(3-1)中，断裂键的键能低于反应式(3-2)和式(3-3)。因此，酸催化呋喃树脂固化时，缩聚反应特别是反应式(3-1)最容易发生，而加聚反应只有在酸催化剂较强或系统温度较高时才能发生。

③ 酸催化呋喃树脂固化反应[除缩聚反应式(3-2)外]是放热反应，缩聚反应容易发生但反应热较低，而加聚反应发生虽难但反应热较高。

所以，酸催化呋喃树脂的固化反应大致可描述如下：在酸催化剂的作用下，初期主要是呋喃树脂分子中的活性氢原子与羟甲基之间(或仅在羟甲基之间)发生脱水，脱甲醛缩合反应，并放出反应热，使系统温度升高。当系统温度达到一定程度时，呋喃环参加加聚反应，并放出较多的反应热，加速聚合反应的进行。这样分子量不大的线型结构逐渐变为体型结构，可溶的黏稠状流质逐渐变为固体，因此获得机械强度。固化过程中将析出水和甲醛并放热。因此，利于水分排出的因素(如大气湿度低)和系统温度高(如环境温度高等)均能加速固化反应的进行，缩短固化时间。反之，固化时间将延长。

(2) 酸催化呋喃树脂的黏结与破裂

① 树脂砂的黏结 采用电子扫描对树脂砂试样断口进行显微观察，从电子显微照片上可以看到砂粒表面均匀包覆着一层树脂膜，有人通过试验测定：树脂膜厚从 0.002~0.030in 变化，树脂膜在两砂接触处汇合贯通，形成"桥"，把两颗砂粒紧密地连接起来。这种"桥"通常称为"树脂桥"或"树脂缩颈"。而树脂缩颈是由于树脂砂紧实后，砂粒表面的树脂膜逐渐流向砂粒接触点形成的。用倍数较小的电子扫描显微照片可以看到断口砂粒表面树脂膜上留有形状不同、大小不一的疤痕。这就是试样在外力的作用下，树脂缩颈被拉断而留下来的痕迹。这种缩颈断口的总面积就是试样受力时的有效面积。通常把试样单位面积上受力有效面积的百分数，称之为"结合率"。"结合率"的大小可以说明树脂砂强度的大小。"结合率"的大小取决于缩颈面积和缩颈个数的积，故"结合率"大小的影响因素有以下几点。

a. 砂粒大小与紧实度。细砂缩颈个数多但缩颈截面积小；粗砂缩颈个数少，缩颈截面积大；紧实度大，缩颈个数多且缩颈截面积大。

b. 树脂加入量。树脂加入量多，缩颈加粗，结合率增大，但两者之间的比值并不是完全相对应的，而是结合率增大的速度小于树脂加入量增加的比例。黄乃瑜和 C.E. 莫比里的试验指出：树脂膜厚从 0.002~0.030in 变化，树脂膜厚的抗拉强度见表 3-4。

表 3-4 Inoset 树脂-石英砂黏结的抗拉强度和断裂形式随树脂膜厚度的变化[①]

树脂膜厚度/mm	抗拉强度/MPa	断裂形式
0.05	3.93	附着
0.28	2.43	附着
0.406	2.10	内聚
0.508	2.09	内聚
0.762	2.10	内聚

① 硬化时间为 48h。

树脂膜厚度在 0.002~0.016in (即 0.05~0.406mm) 范围内，抗拉强度随着树脂膜厚度的增加而显著降低，膜厚大于 0.406mm 时，膜厚增加，强度变化不大，保持在 2.10MPa

左右。树脂膜厚度变化对断裂形式的影响是：在树脂膜较薄时（0.05mm）附着断裂，即断裂沿着树脂与石英砂的边界发生；随着树脂膜的厚度增加到大于 0.406mm 以后，变为内聚断裂形式，即断裂发生在树脂膜内部。

c. 树脂的黏度。树脂黏度大，流动能力差，缩颈细小而且缩颈个数也可能少。树脂的黏度随型砂混制后搁置时间的增加而加大，故结合率的大小又与型砂搁置时间有关。

d. 树脂对砂粒的润湿性与表面张力。树脂表面张力小，对砂粒表面润湿性好，较易在砂粒表面扩展并汇集在砂粒接触处，砂粒表面树脂膜虽较薄但缩颈粗大，而且缩颈个数可能较多。有人试验证明：当树脂黏度在 300mPa·s 以下时，润湿性是主要因素；树脂黏度在 300mPa·s 以上时，表面张力是主要因素。

砂粒颗粒圆整，表面光洁度好则树脂容易扩展。因此，原砂表面特性是影响树脂强度的一个重要因素。表 3-5 的数据表明灰尘、吸附水和油膜影响石英砂表面并显著降低黏结强度。

表 3-5　石英砂表面状况对树脂砂的抗拉强度和断裂形式的影响[4]

石英砂表面状况	树脂砂的抗拉强度/MPa	断裂形式
清洁[1]	2.16	95%[3]内聚+5%附着
灰尘[2]	1.33	70%内聚+30%附着
水[2]	1.04	20%内聚+80%附着
油[2]	0.46	100%附着

[1] 清洁——石英砂磨光后表面用丙酮清洗。
[2] 灰尘、水、油——石英砂磨光后表面上有一薄层灰尘、水和油。
[3] 百分数——表示面积的百分数。
[4] 树脂膜厚度为 0.406mm，硬化 48h。

② 树脂砂的破裂　两种不同的树脂砂的试样 A 和 B，测定其结合率均为 1.84%，但抗拉强度 A 为 2.15MPa，而 B 仅为 1.32MPa，这说明树脂砂的抗拉强度不完全决定于结合率的大小，还和树脂缩颈的破裂形式有关。采用电子扫描对断裂的树脂颈进行显微观察，表明树脂缩颈的破裂有三种形态：附着破裂；内聚断裂；复合破裂。

复合破裂即树脂颈破裂既有附着破裂又有内聚断裂形式，这种破裂形式说明树脂的内聚力和树脂与砂粒表面的附着力都得到了较好的发挥。所以要得到较高的强度，一方面树脂膜应有较高的内聚力，即应有较好的树脂膜基体和致密的组织结构；另一方面砂粒应有较好的表面特性，使树脂膜有较高的附着力。

3.1.6　脱模剂

因树脂砂是用酸作催化剂的，所以树脂砂在未固化前是酸性的；又因树脂砂是在型、芯硬化后再起模的，并且树脂砂硬化后与模型是紧密接触的，它不具备水玻璃砂和黏土砂造型时起模可松动的条件。20 世纪 80 年代初，兰州高压阀门厂针对这一问题在研制脱模剂时受到带鱼和黄鳝身体表面滑脱性物质的启发，研制出银粉基的脱模剂，实现了很好的脱模效果。

树脂砂用脱模剂应满足以下条件。
① 耐酸性。
② 涂层薄，涂刷要均匀。一方面要保证模型不至于刷了脱模剂后影响铸件的尺寸，同时要保证模型从型腔或芯子中拔出时，各部位能很好地脱模。
③ 滑脱性要好，即要求模型和硬化后的树脂砂之间有一个滑脱性好的隔离层。
④ 刷一次能重复使用多次，一般要求能使用 20 次以上。

3.1.7　涂料

(1) 树脂砂涂料的基础知识
涂料在树脂砂生产中显得尤其重要，要想得到表面质量优良的阀门铸钢件，没有优质的涂料表面是绝对不可能的。砂型铸造的铸钢件通常有粘砂、夹砂、气孔及夹渣等表面缺陷，产生这些缺陷的主要原因是在高温环境和金属液流等作用下，金属渗入铸型、砂芯表面，金属与砂子和铸型中的气相互相作用，铸型表面软化，剥落和部分被冲走等。为了获得具有良好表面的砂型铸件，铸型和砂芯表面必须光滑，并且熔融金属和铸型之间没有物理化学的相互作用。具体来讲，为了获得没有粘砂和其他缺陷的表面光洁的铸件，涂料必须满足以下的要求：

① 保证阻塞在铸型或砂芯表面上能渗入熔融金属的孔隙；

② 铸型表面材料同金属和氧化铁不发生化学反应，以防止在接触界面上形成各种黏附于铸件表面的新相；

③ 铸型表面应具有高的热稳定性，即在铸型和熔融金属相接触期间不应发生软化和剥落；

④ 高温金属液与铸型接触时产生的各种气体应能迅速地从铸型表面和金属的接触面定向的排入铸型（砂芯）并从铸型（砂芯）导出到型（砂芯）外。否则气体会使铸型（砂芯）表面及防粘砂涂料碎成片状，从而带来各种铸造缺陷。

获得具有优质表面的铸件的主要方法是在铸型和砂芯上涂防砂涂料。为了达到这一目的，涂料必须具有良好的工艺性能，如：良好的悬浮性、涂刷性、浇注金属时与铸型和砂芯表面的良好的附着强度、不吸潮、发气量小等。有人研究了锆英石粉等水基涂料的沉降稳定性，这些涂料中使用了纤维素醚-羧甲基纤维素（CMC）、氧基纤维素（OEC）、甲基纤维素（MC）、氧丙烯纤维素（OPC）、甲基氧丙烯纤维素（MOPC）以及藻朊酸钠盐，聚乙烯醇（PVA）等作稳定剂，上述这些材料的分子中包含有腈、环酸亚胺、酰胺和羧基等。用分子中含有羟基和羟基官能团的PVA、OEC、CMC、藻朊酸钠盐等来稳定的涂料沉降稳定性提高。MOPC、MC及OPC溶液的表面张力低，相应的稳定能力也差，以致在配制时材料起泡沫，恶化了涂料的性能，因此，它们不宜用作稳定防粘砂涂料。

涂覆能力是指当铸型和砂芯涂料时形成一层有足够厚度的、牢固附着于铸型和砂芯表面的、光滑而又坚实的涂料层的能力。研究表明：涂料的涂覆能力完全以其黏度和剪切静应力（SSS）为特征。黏度决定涂料渗入铸型和砂芯表面的能力，而SSS则决定所形成的涂料层的光滑程度和厚度。

涂料的渗透能力是一重要性能，它与黏结剂一起共同决定涂料与铸件和砂芯表面的附着强度。有研究指出：涂料的渗入深度相当于填料砂粒的平均颗砂的1.3～1.6倍为最佳。

填料的含量是影响涂料的静剪切应力（SSS）的主要因素。涂料层的静剪切应力和厚度随填料含量的增大而增大。静剪切应力有一个最佳值，这是因为静剪切应力继续增大将造成涂料层凹凸不平。

触变性是铸造用涂料的又一重要性能。通过改善涂料的触变性，可以提高其涂刷性、涂挂量、在砂型表层的渗入深度以及与砂型的黏附性等，从而达到提高铸件质量的目的。

触变性在涂料上的重要意义：工艺性能优良的涂料，在涂刷时其黏度能在涂刷力（切力）的作用下变得很低，使涂刷操作感到爽滑，涂好后其黏度又能因切力的解除而恢复回升。即使垂直面上的涂料也不向下流，能保证涂料层的厚度。

涂料一般由以下4种成分组成。

① 防粘砂的耐火主体材料　对阀门铸钢件来说，耐火主体材料常采用石英粉、铝矾土、刚玉粉、锆英石粉等。要求铸件表面精糙度质量高的，主要采用锆英石粉。

② 黏结剂　黏结剂的作用是既使涂料本身能牢固地联结，又能使涂料牢固地黏附在砂型或砂芯的表面。常用的黏结剂有木质素磺酸钙、糊精、糖浆、松香、酚醛树脂、呋喃树

脂、CMC、PVA、硅溶胶、沥青、水柏油、纸浆废液等。

③ 稳定剂　稳定剂的作用是防止涂料分层或沉淀。常用的稳定剂有膨润土（包括钠基、锂基膨润土）、普通黏土等。

④ 稀释剂或溶剂　其作用是保证涂料浓度或密度，便于喷涂或涂刷。水基涂料常采用水，快干涂料常采用工业酒精、汽油等，国外还有的用异丙醇酒精（IPA）。

此外，有的涂料中还加有防腐剂（0.01%的甲醛）、香料、调色剂、消泡剂等附加物。国内外许多有关涂料方面的资料，主要是讲水基涂料，而快干涂料方面的资料甚少。但在国外树脂砂使用最普遍的是快干涂料。日本铸钢厂大多使用挥发性快干涂料，为易燃品且易挥发出有毒气体。因此，日本"国家消防法——有机溶剂中毒预防规则和有害物质管理基准"中规定：空气中 IPA 为 400ppm，甲醇为 200ppm，乙醇为 100040ppm（1ppm＝10^{-6}）。涂料使用时，必须通过搅拌机搅拌并不小于一个小时。涂料使用时其浓度宜控制在 68～70 波美度（°Be）。用剩下的涂料需过滤后返回搅拌机搅拌后才能继续使用。不管是水基涂料还是快干涂料必须完全干燥，这样对防止铸钢件产生气孔是大有好处的。

(2) 树脂砂型（芯）用醇基涂料（兰州高压阀门厂研制）

① 锆砂粉　在目前所使用的各种铸造用砂中，尚无其他类型的铸造用砂在技术性能上可以与锆砂相比的。用于涂料的锆砂粉应球磨成 350 目。

② 锂基变性膨润土　锂基变性膨润土是膨润土产品中的新品种，它与钙基膨润土、钠基膨润土、有机膨润土不同，它具有极高的物理化学活性，是醇基涂料中提高悬浮率而其他材料所不可替代的。

③ 乙醇　醇基涂料以点燃快干为特点，在推广和使用树脂自硬砂的生产中，在国内外普遍受到重视和予以广泛使用。常用于涂料的醇类主要有：甲醇、乙醇、异丙醇、正丁醇等。它们的一般物理特性见表 3-6。

表 3-6　常用醇的一般物理特性

醇类	相对密度	黏度/cP	沸点/℃	闪点/℃	燃点/℃	表面张力/(N/m)	介电常数	蒸发速度①	燃烧速度/(s/mL)
甲醇	0.791	0.55	69.51	12.0	470	22.55×10^{-3}	1.3286	370	71.8
乙醇	0.789	1.20	78.32	14.0	390～430	22.27×10^{-3}	1.3614	205	111
异丙醇	0.786	2.43	82.40	11.7	460	21.7×10^{-3}	18.3	203	126
正丁醇	0.809	2.95	117.7	35	340～420	24.6×10^{-3}	17.1	45	142

① 蒸发速度以乙醇丁酯为 100 来比较。

因为甲醇剧毒，异丙醇、正丁醇优点不突出，且货源少，价格贵。所以乙醇是比较理想的载液。

④ 水　水是极强的极性分子，兰州高压阀门厂（后简称兰高阀）在醇基涂料中加入 4% 的自来水。加入方法：先将水和锂基变性膨润土浸润调和。千万不要把水和其他材料一起加入。加水的目的是利用水分子中的羟基与锂基变性膨润土中的 Li^+ 起强烈极化反应，因而能显著地提高涂料的悬浮率（加水后使涂料的悬浮率在 2 小时可从不加水时的 74% 提高到 94% 以上）和改善涂料的涂刷性。水的加入量有一个最佳值，水加少了其优越性发挥不充分，水加多了则增大涂料中的含水率，使铸件有产生气孔的危险。

⑤ 松香　松香是天然树脂，无毒，价格便宜，能显著地提高涂料在常温下的强度并改善涂料的涂刷性能，且在高温下，松香碳化可形成还原性保护气氛。所以，兰高阀在醇基涂料中加入了较大比例的松香。

⑥ 酚醛树脂　固体酚醛树脂耐热性好，黏结力强，在醇基快干涂料中应用很普遍。但酚醛树脂价格贵，热稳定性差，在 300℃ 就开始热分解，产生气体的同时高温下黏结力降低。因此，一般情况下加入量应尽可能少。

⑦ 乌洛托品 乌洛托品学名为六次甲基四胺 $[(CH_2)_6N_4]$。加乌洛托品的作用是使热塑性酚醛树脂与其反应后硬化成不熔不溶的体型结构。但因它含有氮，若加入过量会使铸件有产生气孔的危险。一般乌洛托品加入量为酚醛树脂的 $10\%\sim20\%$。

⑧ 硅酸乙酯 硅酸乙酯水解后得到硅酸溶胶，它具有较强的高温黏结强度，因而可弥补酚醛树脂和松香等黏结剂的高温强度不足的缺陷。硅酸乙酯本身不是溶胶，不起黏结作用，只有在水解后才能成为硅酸溶胶。在水量不足时，生成的是一种不完全的水解产物——有机硅聚合物 $(C_2H_5O)_3SiOH$，容易使涂料层出现胀鼓、分层等缺陷。当采用工业乙醇作溶剂时，试验表明：硅酸乙酯可直接加入涂料中而不需要事先水解。

⑨ PVB PVB其学名为聚乙烯醇缩丁醛，它既是黏结剂又是悬浮剂。特别是与酚醛树脂一起使用效果更好。但加入PVB后涂料的点燃性变差，所以加入量要适量。

⑩ 氧化铁粉 在涂料中加入氧化铁粉主要是防止铸件表面增碳，这对于采用树脂砂浇注含碳量低的不锈耐蚀钢，特别是超低碳的不锈钢时，采用加氧化铁粉的涂料是有必要的。还有一种观点认为，加入氧化铁粉可以防止或减轻铸件产生皮下气孔。

⑪ 表面活性剂 在涂料中加入一定量的高级洗衣粉，能降低涂料的表面张力，提高涂料的渗透能力，改善涂料的涂刷性能和涂料的流平性等。

⑫ 助燃剂 为了提高涂料的燃烧性能，特别是在冬季室温较低时，需要在涂料中加入一定量的助燃剂（如汽油）。对助燃剂的要求是：其点燃性要优于工业乙醇且又不破坏涂料的性能。

3.1.8 树脂砂对模型的要求

树脂砂因为是硬化后才能起模的，所以对模型有以下要求。

① 要求外表光洁，拔模斜度为 $1°30'\sim2°$。

② 具有一定的吸水性。因为树脂砂的硬化反应时要产生水分，所以以木材为模型的材质最好。

③ 模型导热率低为好。因为树脂砂的硬化反应为放热反应，同时放热反应产生的温度越高，反应进行得越顺利，故模型以导热率低的木材模型和塑料模型为佳，而导热率高的铝合金等模型不好。

④ 铸字大、尖、深。因树脂砂型是要喷或刷涂料的，故阀体等模型上的铸字应尽可能大、尖、深，以保证铸件的铸字清晰。

⑤ 模型应有定位底板。因为树脂砂是硬化后起模，所以要求模型应有定位底板，待树脂砂硬化后敲击底板，模型和定位底板一同脱出。

3.2 铸钢阀门铸造工艺设计

3.2.1 铸钢阀门铸造工艺设计要素

(1) 铸钢阀门铸造工艺图的设计依据

① 阀门铸钢工艺设计的第一步是要看懂设计图纸、熟悉铸件的各项技术要求：包括其化学成分，特别是对碳、硫、磷及其他关键元素的特殊要求；力学性能；无损检测（射线探伤、着色探伤、磁粉探伤等）；钢中氧、氮、氢等气体含量检验；金相分析及其他特殊要求，如低温钢的冲击韧性检验、不锈钢晶间腐蚀检验、不锈钢铁素体含量检验、抗硫酸性气体检验（SSC）、抗氢开裂检验（HIC）等。这是生产高温、高压、高合金等特殊阀门必须考虑的关键因素。

② 掌握加工条件、生产批量、交货期限及原材料的来源、质量和供应等情况。

③ 分析零件的铸造特点，包括钢或合金的材质特点、铸件壁厚和铸件的大小、机加工工艺要求和铸造车间的生产条件，即工艺装备、工人生产技术水平和生产习惯及车间的设备条件等。

综合上述情况，考虑铸造工艺方案，设计制定铸造工艺。

铸造工艺通常包括以下内容：铸造工艺图、铸造工艺卡、模样图、定位模板图（带模板与砂箱间定位的装置及上、下箱铸型间合箱时的定位）、砂箱图及相关工艺守则文件等。特殊阀门还应制定相应的铸造及冶炼工厂的"内控标准"，如钢或合金冶炼时化学成分工厂"内控标准"、浇注温度及浇注工艺"内控标准"等。工厂"内控标准"要严于现行标准。兰高阀规定：画铸钢阀门的铸造工艺图，一般不允许在产品设计图纸上用红蓝铅笔画，而必须按比例在图纸上或电脑上画出详细的专业的铸造工艺图。这样可以检查出产品设计图的设计是否合理及精确测定出铸件热节圆的尺寸等。鉴于我国在1976年那时未制定铸造工艺图的标准，兰高阀早在1976年就自己制定了《铸件铸造工艺制图技术规范》的工厂标准，后来不断完善，一直实行到现在。

(2) 铸钢阀门铸造工艺图的设计规范

执行我国发布的最新的JB/T 2435《铸造工艺符号及表示方法》标准或阀门铸造车间（或公司）自行制定的优于上述部标或国家标准的工厂标准。

(3) 设计方法

铸钢件铸造工艺设计就是要求选择比较合理、先进、经济的铸造工艺方案。一般设计程序如下。

① 对产品零件图纸进行铸造工艺分析，熟悉铸件零件图、审查结构是否符合铸造工艺要求等。

② 选择铸造工艺，即选择用何种造型材料，何种方法铸造。目前铸钢阀门的铸造有砂型铸造、失蜡精密铸造等。

③ 确定浇注位置与分型面（分模面）。

④ 确定机械加工部位的加工余量、工艺补正量、分型负数、确定铸出与不铸出孔槽等。

⑤ 选择合理的拔模斜度及确定模型的"活块"。

⑥ 选择合理的铸造收缩率。

⑦ 设计铸件的浇注系统。

⑧ 设计铸件的冒口和冷铁。

⑨ 设计铸件的砂芯等。

(4) 分型面（分模面）的选择

分型面（分模面）是指铸造时，选择一个合适的将木模或芯盒分开的面来制作模型或芯盒，是两半或更多的铸型相互接触的表面。选择分型面（分模面）要注意方便工人操作，减少制作模型的成本，保证铸件尺寸精度等。在铸造工艺设计图上通常标注为"开边面"。一个零件要铸出来，可以有不同的分型、分模方案，先"分"后"合"，才能把零件铸造出来。"分"是必要的。因为目前在砂型铸造中，大多数零件不分开就无法拔模，也就无法铸造了。但"分"也带来不利影响：模样本身分开后会有偏差，造出的砂型又会有偏差，合箱时也有可能造成偏差，因而易引起铸件错箱及铸件的几何形状、尺寸的偏差，增加铸件的飞边毛刺等。所以对分型面、分模面必须从以下几个方面慎重考虑。

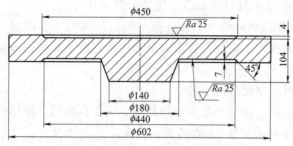

图 3-3　Z942H25-500 闸板零件图

① 尽量把零件的全部或大部分放在一个砂箱内，且最好放在下箱。以实际例子来说明此问题。

a. Z942H25-500 闸阀的闸板。图 3-3 所示的闸板铸件有两种铸造工艺分型方案，如图 3-4 和图 3-5 所示。经过分析，图 3-5 所示的铸造工艺分型方案比图 3-4 所示的好，因为操作简便且铸件不会产生错箱，我们要求闸板的设计者将 $\phi450mm \times 4mm$ 由不加工改为机械加工。

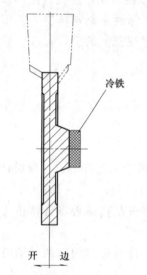

图 3-4　Z942H25-500 闸板铸造工艺分型方案Ⅰ

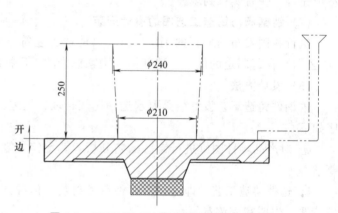

图 3-5　Z942H25-500 闸板铸造工艺分型方案Ⅱ

b. Z43J250-100 闸阀的阀体。比较 Z43J250-100 阀体工艺分型方案Ⅰ（图 3-6）和方案Ⅱ（图 3-7），工艺分型方案Ⅱ优于方案Ⅰ。因为工艺分型方案Ⅰ容易使铸件产生错箱，且上箱掉砂，造型操作不方便。所以我们采用了分型方案Ⅱ（阀体内腔下一个半圆形长芯）。

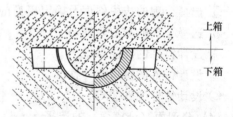

图 3-6　Z43J 250-100 阀体工艺分型方案Ⅰ

② 应尽可能地把铸件的加工面及加工定位面放在同一砂箱内。

③ 尽量减少分型面的数目、活块的数目和砂芯的数目。因为多一个分型面就多一个误差，降低了铸件的精度。活块多，要求铸造工人技术水平高、也影响造型生产率。

④ 从制模、造型简便出发。分型面尽量选择平直、简单的分型面。若不易做到这一点，则应考虑用成形模板等方式。生产止回阀的摇杆（见图 3-8）采用成形模板造型，这样克服了曲面分型或挖砂造型这一复杂的造型工艺过程，从而大大地方便了造型工生产。

⑤ 尽量把主要的砂芯放在下箱，并尽量使分型面在最大的平面上，即敞开部分最大，这样有利于砂芯的装配、检验和合箱的准确。

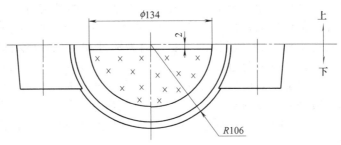

图 3-7 Z43J250-100 阀体工艺分型方案Ⅱ

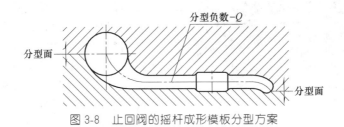

图 3-8 止回阀的摇杆成形模板分型方案

⑥ 从节约型砂及劳动量、劳动强度的角度,砂箱高度总和应尽量小。

总之,分型面选择的原则很多。但我们必须从实际出发,将各种不同的分型面方案进行分析比较,以确定其中一个最佳方案。

(5) 模型的缩尺

液态和固态金属冷却时,金属铸件的体积和线性尺寸会减小。体积减小称为体积收缩,线性尺寸的减小称为线收缩,也称"铸造收缩率"。"铸造收缩率"在制作模型叫做"缩尺"。实际上在制作模型时是按"缩尺"把模型尺寸予以放大,以保证铸件浇注冷却收缩后尺寸达到铸造工艺设计要求的尺寸。"铸造收缩率"是由模型的尺寸与铸件冷却后的尺寸之差同模型尺寸之比决定的,其值以千分比(‰)表示。各种铸钢或铸造合金的"铸造收缩率"是不同的,铸钢或铸造合金的"铸造收缩率"均用下式表示

$$线性收缩率 = \frac{L_{模} - L_{铸件}}{L_{模}} \times 1000‰$$

式中　$L_{模}$——模型的线尺寸,mm;

$\quad\quad L_{铸件}$——铸件的线尺寸,mm。

为了补偿铸件的收缩,铸造工艺人员设计模样和型芯盒时应考虑铸钢或铸造合金的线收缩率。模型工则根据铸造工艺图中给出的"缩尺"将制作的模具用模型尺(是按比例把尺寸放大了的模型工专用尺)将制作的模型和芯盒予以加大。例如,铸造工艺设计图上给定20‰的"缩尺",则模型工制作模型时,就将模型每1000mm加大20mm。一般树脂砂铸造时,碳钢和低合金钢及中合金钢的模型(外模)缩尺通常为20‰,其芯盒缩尺为15‰。树脂砂铸造时,不锈钢和高合金钢的模型(外模)缩尺通常为25‰,其芯盒缩尺为20‰。以上"缩尺"均指铸件收缩时为阻碍收缩时的"缩尺",若铸件为平板类或长条类收缩无阻碍时,铸造工程师进行工艺设计时,应将其模型缩尺放大为30‰~35‰。如果铸造工程师给出的铸件缩尺不对,将会使铸件成为尺寸不符合设计图纸要求的废品铸件,可谓是:"差之毫厘,失之千里",会造成巨大的经济损失和影响阀门的交货工期。

(6) 铸钢件的机械加工余量、工艺补正量及反变形量的确定

① 铸钢件的机械加工余量　砂型铸造的铸件表面粗糙度及尺寸精度无法达到用机械加工手段所获得的表面粗糙度及尺寸精度的要求。因此,只能是在零件上要求进行机械加工作

业的部位预留出合适的"机械加工余量"。"机械加工余量"的给定可参考 GB/T 6414。但到底阀门铸件机械加工部位的加工余量数多大为合适？实践经验表明不是照搬书本上的数据就可以的，这是对铸造工作者铸造经验的考验。因为铸件在硬化后砂型里的变形不是自由的，同时铸造时某些部位不可避免地由于流体流动的特性，会有冲砂和夹砂在那里积聚，只有靠机械加工去掉，所以那个部位加工余量要放大。哪个部位加工余量不宜放大，这需要铸造工作者有足够的实践经验才能办到。原来产品设计的零件不加工部位，从铸造工艺角度上难以做到，例如图 3-3 所示的闸板，铸造工艺设计人员与产品设计部门协商同意后改为机械加工，因而要留出加工余量。

图 3-9　阀体型腔下箱的砂孔和渣孔

高压临氢阀门、氧气阀门的阀体及要求性能高的阀门的阀体内腔能够实现机械加工的均要机加工，以提高阀门内腔的清洁度及尺寸精度，消除射线探伤检验的缺陷。阀体铸造时型腔中的下箱与砂芯接触处不可避免地由于流体流动的特性及随钢液或合金钢冲刷起来的涂料和浮砂变成黏稠的渣状物而黏附在阀体砂芯下箱部位，因而会滞留渣孔、浮砂及气孔等缺陷，如图 3-9 所示，而要加工掉这些铸造缺陷，根据多年实践经验，阀体内腔的加工余量为阀体外部平均加工余量的 1.8～2.0 倍为宜。

为满足铸造工艺上的要求，如防止挠曲变形、解决和实现金属的顺序凝固以及为铸件留加工卡头、冒口切割余量等而增加的加工面上的加工余量等，均由铸造工艺设计人员酌情决定。

② 铸钢件的工艺补正量　阀体的法兰，特别是法兰之间距离大、法兰薄或法兰直径大，往往在铸件划线检查或机械加工时发现法兰变形，尤其是上箱法兰内侧变形严重（俗称法兰瓢了），影响到上箱法兰尺寸薄而下箱法兰尺寸厚。上述现象的产生主要是由于砂型或砂箱的阻碍收缩，选择的铸造收缩率与实际不符，或型芯合箱时错箱，因而造成阀体法兰内侧垂直壁的厚度与产品设计图纸上要求的尺寸不相符。必须在设计铸造工艺时，在这些部位"加厚"一定的尺寸，即"工艺补正量"，如图 3-10 所示。

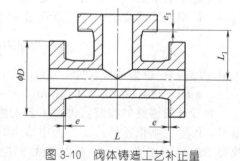

图 3-10　阀体铸造工艺补正量

图 3-10 中 e、e_1 为"工艺补正量"，L 为法兰之间距离。e 值是由 L 等因素决定的。对于阀体之类的铸钢件，根据经验，e 值和 L 值有如下的比例关系：当 $L \leqslant 500$mm 时，$e/L \approx 0.5\%$，$e_1/L_1 \approx 1.5\%$；当 $L > 500$mm 时，$e/L \approx 1.0\%$，$e_1/L_1 = 1.7\% \sim 2.0\%$。此外 e 值与法兰直径 ϕD 及法兰厚薄等也有关系，法兰直径 ϕD 大及法兰薄，e 也要增加。在设计铸造工艺时，"工艺补正量"给定合适与否，与铸造工艺设计人员的实际经验丰富与否有极大的关系。

③ 反变形量　在铸造一些壁厚不均的铸件和大平板、长条形铸件时，极易因"热内凹"现象而产生挠曲变形。例如某公司在 1971 年铸造热风阀的法兰时，对法兰铸件进行了测量，法兰铸件变形情况如图 3-11

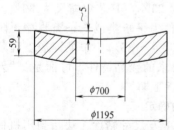

图 3-11　铸造的热风阀的法兰变形

所示。

从铸造工艺设计解决铸件挠曲变形问题，可在制造模型时，在铸件可能产生变形的部位预先改变其尺寸，做出相反方向的变形量。使铸件冷却后，变形的结果正好将其抵消，得到符合图纸要求的铸件。这种在制作模型时预先做出的变形量，叫做"反变形量"。在生产中常用开设拉筋防止支架类铸件两腿外张变形，在阀体法兰内侧不加工的时候，铸造工艺设计人员应在明冒口等收缩受阻而使其产生变形的部位，增加"反变形量"，可参考图 3-12。

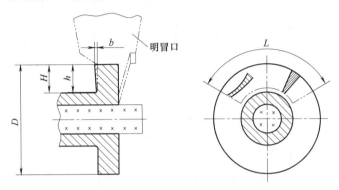

图 3-12　明冒口使阀体法兰变形时增设"反变形量"

D——法兰外径，mm；H——法兰内侧高度，mm；L——增设反变形量的长度，mm；b——反变形量厚度，mm；h——反变形量的高度，mm

L 和 h 可参考下面公式计算

$$L = \pi \cdot D / 7$$
$$h = 0.7H$$

影响铸件变形的因素很多，例如：铸件钢号、结构和尺寸大小、浇注系统的设置、冒口的设置、造型方法、使用的砂箱是否阻碍收缩、浇注温度、开箱时铸件的温度等都会影响到铸件的变形。所以反变形量要根据生产实际经验确定。

（7）铸造圆角

为了保证铸件由一个表面平稳地过渡到另一个表面，在铸件壁的转角处应采用圆角过渡。如图 3-13 所示，内直角①的型砂由于散热面积小，而被金属液强烈地加热达到很高的温度，使金属在直角上凝固得极慢，凝固层与平壁相比，就显得极薄。因此，当铸件收缩受阻时，就在内直角处产生"热裂"纹。当把内直角改变为内圆角后（如图 3-13 中②所示），由于扩大了散热面积，因此可以防止热裂纹的产生。

铸钢件的最小圆角半径 R 见表 3-7。

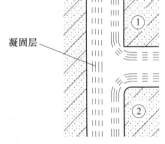

图 3-13　铸件壁内直角和内圆角对金属液凝固的影响

表 3-7　铸钢件连接壁的最小圆角半径　　　　　　　　单位：mm

$b/a < 2$	$b/a \geqslant 2$	圆角半径 R	$b/a < 2$	$b/a \geqslant 2$	圆角半径 R
5～8	4～6	6	60～80	45～56	30
8～10	6～8	8	80～100	56～65	35
10～15	8～12	10	100～120	65～80	40
15～20	12～16	12.5	120～170	80～110	50
20～30	16～23	15	170～220	110～150	60
30～40	23～34	20	220～300	150～200	80
40～60	34～45	25	>300	>200	100

注：a、b 为连接壁的壁厚。

(8) 拔模斜度

拔模斜度（拔模率）是在模型上做出一个斜度，以便在起模时，模型易于从砂型中取出，而不损坏砂型型壁。拔模斜度可以用增加铸件厚度、加减铸件厚度或减少铸件厚度 3 种方法做出，如图 3-14 所示。

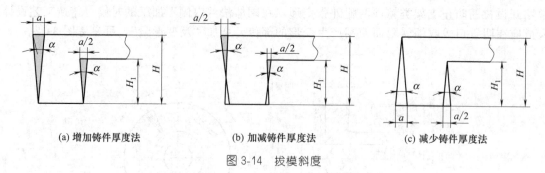

(a) 增加铸件厚度法　　　　　　(b) 加减铸件厚度法　　　　　　(c) 减少铸件厚度法

图 3-14　拔模斜度

树脂砂型铸造的拔模斜度可参考表 3-8。

表 3-8　树脂砂型铸造的拔模斜度

测量面高 H 或 H_1/mm	塑料模		木模	
	a/mm	α	a/mm	α
20 以下	0.5～1.0	1°30′～3°	0.5～1.0	1°30′～3°
20～50	0.5～1.0	0°45′～2°	0.5～1.5	1°30′～2°30′
50～100	1.0～1.5	0°45′～1°	1.5～2.0	1°～1°30′
100～200	1.5～2.0	0°30′～0°45′	2.0～2.5	0°45′～1°
200～300	2.0～3.0	0°20′～0°45′	2.5～3.5	0°30′～0°45′
300～500	2.5～4.0	0°20′～0°30′	3.5～4.5	0°30′～0°45′
500～800	3.5～6.0	0°20′～0°30′	4.4～5.5	0°20′～0°30′
800～1200	4.0～6.0	0°15′～0°20′	5.5～6.5	0°20′
1200～1600			7～8	0°20′
1600～2000			8～9	0°20′
2000～2500			9～10	0°15′
≥2500			10～11	0°15′

需要机械加工的铸件侧面的拔模斜度可用增加铸件壁厚的方法作出斜度。需要指出的是，高温阀、高压临氢阀门、抗高硫阀门、氧气阀门、强腐蚀阀门、核电站阀门、低温阀门等铸件壁厚，铸造时只能加厚不能减薄。因此，铸造时不允许用"加减法"，更不允许用"减少铸件壁厚"的方法作拔模斜度。需与其他零件相接合的非加工面（如与螺栓连接面），拔模斜度取表 3-8 所列数值的一半。拔模困难的模型，允许用较大的拔模斜度，但不得超过表 3-8 的一倍。对于模型本身在起模方向给够了斜度的，不需另增加拔模斜度。

(9) 分型负数

对于干型或表干型，由于上、下型接触面不可能很平，为防止浇注时钢水从分型面跑火，在合箱前需要在分型面上垫上密封条、硅酸铝纤维毯条等。这就使垂直于分型面方向上的铸件尺寸有可能增大，与图纸上要求的尺寸不符合。为此需要在模型上相应地减去这个尺寸，这个在做模型时被减去的尺寸，称为"分型负数"，用 a 表示。确定"分型负数"的一般原则如下。

① 若模型分为两半，分别位于上、下箱，则分型负数 a 一般取在上半模型上，而下半模型不变。如图 3-15（a）所示；如果上、下两半模是对称的，为保持对称，则分型负数在上、下模型上各取一半，如图 3-15（b）所示。

② 若模型为一整体，又全部或大部位于下箱，则分型负数是在与下箱平行的面上减去尺寸 a，如图 3-15（c）所示。

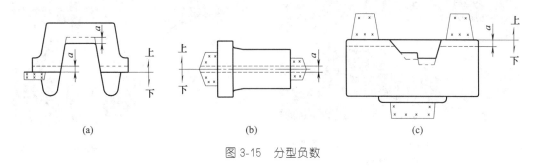

(a)　　　　　　　　(b)　　　　　　　　(c)

图 3-15　分型负数

③ 分型负数数值的大小与所用砂箱长度有关，砂箱愈长则负数愈大。模型的分型负数可参考表 3-9。

表 3-9　模型的分型负数　　　　　　　　　　　　单位：mm

砂箱长度/mm	分型负数 a	
	Ⅰ	Ⅱ
＜1000	1	2
1000～2000	2	3
2000～3500	4	4
＞3500	5	6

注：表中Ⅰ适用于工艺装备好、成批生产的树脂砂等干型，Ⅱ适用于工艺装备较差、单件生产的树脂砂等干型。

（10）砂芯的设计

① 砂芯的用途及要求。

a. 砂芯的用途。通常砂芯主要是用来形成铸件的内腔、孔洞以及铸件外形的复杂部分及凹凸不平部分。此外，为了工艺方便，为了保证铸件的质量，在铸件某些部位也需要放上砂芯。

b. 对砂芯的要求。要求砂芯透气性优良；发气性低；有足够的强度；浇注钢水后仍有足够的刚性，使砂芯不弯曲变形；同时要求容让性好，不因砂芯阻碍铸件的收缩而使铸件产生裂纹；热化学稳定性高，不与钢液或合金液起化学反应；清砂性好，浇注后便于铸件内腔的清砂等。

② 砂芯芯头的作用。所谓"芯头"，是指砂芯中伸出型腔外不与钢水接触的部位。其主要作用有：固定砂芯；定位；通气，将砂芯内的气体顺利、迅速地导出。

所以，芯头在构造上应满足以下要求：砂芯在铸型内得到牢固的支持，砂芯应尽可能便于在铸型中装配、准确定位及固定，浇注时不产生"飘芯"；砂芯在浇注过程中产生的大量气体能够顺利、迅速地导出。

③ 芯头的种类。一般来说，阀门铸造砂芯并不复杂。

a. 阀体砂芯芯头。阀体砂芯通常为三通或少量的有四通，通常为水平合箱，故砂芯在铸型内有 3 个或 4 个芯头支撑和定位。因而阀体芯通常均能获得良好的固定、定位以及排气效果。为了防止阀体芯"飘芯"，凡中压≥DN200、高压≥DN150 阀体下箱芯头两边带定位翼（图 3-16），这样上箱压住下箱芯头翼阀体浇注时就不会发生"飘芯"现象。若因砂箱尺寸限制，也可以在砂箱外固定阀体芯头而不用下箱芯头带定位翼（图 3-17）。

图 3-16 止回阀阀体砂芯定位及防飘芯的
工艺设计措施

图 3-17 铸造高压大口径 Y 型截止阀体砂芯

b. 阀盖砂芯芯头。中等口径的阀盖一般采用一箱四件或八件的砂型铸造，其阀盖芯为"挑担式的中间带定台凸台的悬臂芯"（见图 3-18），而通常阀盖为单件铸造或两个阀盖其支架板共用一个冒口"头对头"的铸造时，阀盖应采用有定位斜坡的砂芯芯头［图 3-19（b）］，在兰高阀生产初期，阀盖砂芯芯头没有采用定位斜坡的砂芯芯头［图 3-19（a）］，扣箱时阀盖芯经常错位，而造成阀盖皮薄甚至没有皮的废品。大阀盖铸造时往往是立式砂芯，阀盖在上箱，其砂芯在下箱时要设计有明显定位的砂芯芯头。阀盖内腔采用有定位斜坡的砂芯芯头［图 3-19（b）］后就解决了阀盖芯错位的问题。兰高阀的阀体、阀盖芯头尺寸见表 3-10。

c. 支架砂芯芯头。支架铸造时，通常采用"平造立浇"（图 3-20），立式砂芯芯头长度、间隙见表 3-11。当 $L/D \geqslant 5$（图 3-20）时，建议砂芯设计成图 3-21 所示的结构。因为这样的结构增大了芯头的支承面积，砂芯下得稳固而不至于造成偏芯。

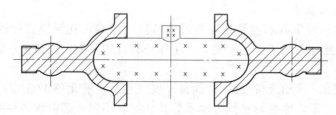

图 3-18 盖芯挑担式的中间带定台凸台的悬臂芯

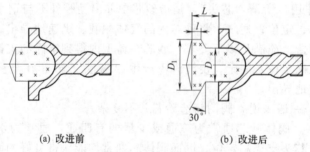

(a) 改进前   (b) 改进后

图 3-19 阀盖砂芯芯头

表 3-10　兰高阀的阀体、阀盖芯头铸造工艺设计参考尺寸　　　　单位：mm

公称尺寸 DN	阀体砂芯芯头长度等尺寸			阀盖砂芯芯头尺寸		
	L（双通）	L（中通）	芯头径向间隙 S	总长 L	大头长 l	D_1/D
50	45～50	45～50	0.5～1.0			
65	50～55	50～55	0.5～1.0			
80	60～65	60～65	1.0～1.5	60～65	40	1.15/1.0
100	70～75	70～75	1.0～1.5	70～75	40～50	1.2/1.0
150	85～100	85～100	1.5～2.0	90	50	1.2/1.0
200	100～110	100～110	1.5～2.0	150	90	1.2/1.0
250	120	120	1.5～2.0	170	100	1.2/1.0
300	130	130	～2.0	180	110	1.2/1.0
350	140	140	～2.0	50（立）	50（立）	
400	150～170	150～170	～2.5	50（立）	50（立）	
500	200～250	200～250	～3.0	60（立）	60（立）	
600	250～270	250～270	3.0～3.5	60（立）	60（立）	
700	～300	～300	3.0～3.5			
800	～350	～350	3.0～3.5			
900	～400	～400	3.5～4.0			
1000	～450	～450	4.0～4.5			
1100	～450	～450	4.0～4.5			
1200	～500	～500	4.0～4.5			

表 3-11　立式砂芯芯头长度、间隙　　　　单位：mm

砂芯直径 D	a	b	h
<100	1.0	1.0～1.5	30～40
100～200	1.0	2.0	40～50
200～300	1.5	3.0	50～60
>300	1.5	3.0	60～80

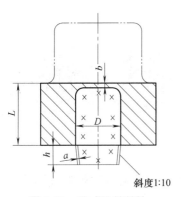

图 3-20　立式砂芯芯头

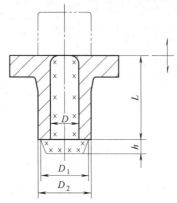

图 3-21　$L/D \geqslant 5$ 时立式砂芯的设计

　　铸造工艺设计时，可取 $D_1=1.5\sim2D$ 或 $D_1=0.75D_2$，其中下芯头的斜度和长度可参考表 3-11。

　　为了砂芯定位，可根据工艺条件在砂芯的芯头上设计出定向、定位标志。

　　d. 悬臂芯头。一般来说，悬臂芯头长度应等于悬臂长度的 1.2～1.5 倍或芯头部分重量为悬臂芯重量的 1.5 倍以上。一般悬臂芯和不易平衡的砂芯，如果工艺装备允许，可设计成两件合在一起的"挑担芯"（图 3-18），如铸造 Z942H-25-500 阀门的旁通阀弯管时，就是将两个弯管联合制芯铸造的（图 3-22）。

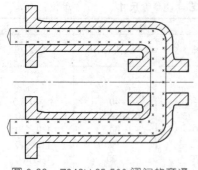

图 3-22　Z942H-25-500 阀门的旁通
阀弯管铸造工艺砂芯设计方案

为了保证下芯时砂芯不压坏砂型工作表面，采取的措施是在模型上做出外圆角。该处外圆角 R 一般为 5～10mm。由于阀体及阀盖是等承压铸件，按照铸件射线探伤检验等标准的规定，砂芯是不允许用"型芯撑"的。

3.2.2　浇注系统设计

铸钢阀门的浇注系统是指液体金属充满铸型用的通道，通常由浇口杯、直浇道、横浇道及内浇道这 4 部分组成。

(1) 阀门铸钢件浇注系统的要求

① 要求钢液上升速度快、平稳　因钢液或合金液体熔点高、易氧化、流动性差。所以浇注速度要快，即要求浇道截面积要大。若浇注速度过慢，浇注钢液的强烈热辐射易引起铸件产生夹砂，同时易引起铸件局部过热，使铸件产生裂纹和缩松等缺陷。另外，钢液上升速度过慢，钢液（特别是合金钢液）会严重氧化而造成铸件产生夹渣及气孔等缺陷。

② 注意内浇道的开设位置　因钢液或合金液体具有易产生缩孔和缩松、变形及裂纹倾向大等特点，故有可能的话，内浇道常通过冒口等处。对于薄壁易裂铸钢件，则要求内浇道开在厚壁处，且要求内浇道分散、均匀地开设。

③ 铸钢浇注系统要求坚固　由于电弧炉炼钢的钢水是采用漏包浇注，故要求铸钢浇注系统坚固、耐冲刷。并且大件阀体一定要采用成形耐火砖管联合制作成形的浇注系统（图 3-23），同时要求浇注系统不能直接冲刷阀体内腔砂芯（图 3-24）。

图 3-23　兰高阀铸造的止回阀浇注系统

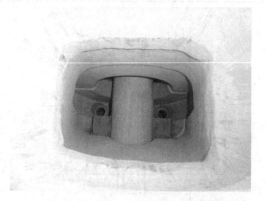

图 3-24　阀体内浇道从阀体砂芯两侧
进入，不冲击砂芯

(2) 浇注系统的分类及工艺特点

① 上注式（顶注式）　冲击力大，补缩效果好，结构简单。在阀门铸造中，主要用于支架及中等口径的闸板等形状简单的"平造立浇"等铸钢件上。

② 下注式（底注式）　常用于中型及大型厚壁铸钢件。优点：金属液体平稳地流入型腔，并能将型腔内部脏物、钢液中的氧化物返上来。缺点：容易造成铸件底部过热。

③ 分层注入（阶梯式）　对较大的铸钢件多采用此类浇注系统。其特点是：最初流入的金属液是底注式的，所以钢液充型平稳，后来注入的金属液是在上层注入的高温金属液，对铸件型腔中液面氧化膜冲击作用大，补缩效果好，并能均匀浇注系统对铸件局部过热的影响。

（3）内浇道设置部位的几个原则

① 根据铸件选择的凝固方式　视铸件是采用"同时凝固"还是"顺序凝固"工艺要求而定。若铸件工艺要求采用"同时凝固"，则要求铸件获得等强度，以防铸件变形或产生裂纹，则要求内浇道开设在铸件薄壁处。若铸件工艺要求采用"顺序凝固"，则要求内浇道开设在铸件的厚壁处或经过冒口引进金属液，以利于铸件"顺序凝固"和加强补缩能力。

② 开设浇道注意事项

a. 内浇道应开设在钢液流通最流畅的地方。

b. 开在铸件不太重要的部位。

c. 不要靠近冷铁。

d. 浇注系统的收缩不应影响铸件的质量。

e. 对于钢液流动性不好，易产生冷隔的不锈钢等，则要求浇道截面比碳钢的浇道截面大，流程尽量短，流阻尽量小，以使钢液能在最短的时间内充满铸型（图3-25）。

f. 内浇道不应直接冲击砂型和砂芯（见图3-24），对于圆形零件，内浇道宜沿切线方向开设（见图3-26）；对于尺寸较大的圆盘类零件，需要开多道内浇道，且各内浇道应朝同一方向、同一斜度切线方向进入，这样有利于型腔内气体和钢液氧化物排出（图3-27），否则，若内浇道开的方向不一样，在型腔内两股钢水流向相抵触，则会使铸件产生冷隔等缺陷。

g. 对于阀盖、阀瓣之类铸钢件（见图3-28），若内浇道开设得与阀盖或阀瓣的法兰盘一

图 3-25　CL900 NPS6 材质为 CW6MC
的阀体铸件的内浇道和直浇道

图 3-26　圆盘类铸件内浇道切线方向
引入钢液进入铸型

图 3-27　阀盖铸件3道内浇道沿同一切线
方向引入合金液进入铸型

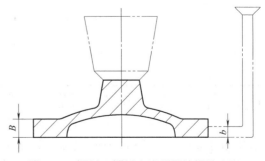

图 3-28　阀盖、阀瓣之类圆形铸钢件内浇
道厚度与法兰厚度

样厚，则会在内浇道与铸件接触处产生缩孔或缩松。我们的经验是，阀盖或阀瓣的法兰盘厚度为 B 时，内浇道开设的厚度 b 不应大于 $2B/3$，以保证内浇道与法兰接触处不会产生缩孔或缩松。

（4）浇注系统尺寸的确定

以碳钢为例，碳素铸钢阀门铸件浇注系统尺寸有许多计算公式，但都很复杂。在生产实践中，我们根据经验总结了一些行之有效的参考资料。例如：总结制定了根据铸件单重选用碳素铸钢阀门铸件直浇道尺寸表（见表 3-12）和横浇道尺寸表（见表 3-13）；内浇道一般也是采用梯形剖面，但内浇道的尺寸与铸件形状结构有关，故不宜定死；在生产小件、中件、大件铸钢件时，通常采用"封闭式""半封闭式""开放式"的浇注系统，浇注系统各组元剖面的比例尺寸，可参考以下计算公式

① 用于小型铸件（单重≤100kg）的封闭式浇注系统的各截面尺寸比例

$$\sum F_内 : \sum F_横 : \sum F_直 = 1.0 : (1.05 \sim 1.2) : (1.1 \sim 1.2)$$

② 用于中型铸件（单重在 $100 \sim 250$kg）的半封闭式浇注系统的各截面尺寸比例

$$\sum F_内 : \sum F_横 : \sum F_直 = (1.0 \sim 1.5) : 1.0 : (1.05 \sim 1.2)$$

③ 用于大型铸件（单重>250kg）的开放式浇注系统的各截面尺寸比例

$$\sum F_内 : \sum F_横 : \sum F_直 = (1.0 \sim 2.0) : (1.0 \sim 2.0) : 1.0$$

表 3-12　碳素铸钢阀门铸件直浇道尺寸选用表

铸件单重/kg	直浇道截面积及直径					
	每箱一件		每箱两件		每箱四件	
	截面积/cm²	直径 ϕ/mm	截面积/cm²	直径 ϕ/mm	截面积/cm²	直径 ϕ/mm
≤25～50			12.6	40	19.6	50
51～150			15.9	45	23.8	55
151～400	19.6	50				
401～1000	23.8	55				
1001～2000	28.3	60				
2001～4000	48.2	80				
>4000	61.6	100				

表 3-13　碳素铸钢阀门铸件横浇道尺寸选用表

铸件单重/kg	一箱一件			一箱二件			一箱四件		
	截面积/cm²	a/mm	b/mm	截面积/cm²	a/mm	b/mm	截面积/cm²	a/mm	b/mm
≤25～50				12.2	36	32	18.5	44	40
51～150				15.2	40	36	19.4	46	42
151～400	15.2	40	36						
401～1000	18.5	44	40						
1001～2000	21.3	48	44						
2001～4000	28.3	ϕ60							
>4000	48.2	ϕ80							

注：1. 阀门铸件单重≤500kg 时，横浇道截面可以选用梯形，表中：a 为梯形的底边长度，b 为梯形剖面上部长度，梯形高度尺寸 h 同 a，梯形上部两边圆角 R 为 R5。

2. 阀门铸件单重>500kg 时，横浇道则应采用成形陶瓷流钢管排置，故其截面为圆形。

铬钼合金钢、不锈钢、耐热合金及镍基耐蚀合金的阀门铸件的浇注系统，因为它们的钢液流动性比碳钢钢液流动性差，且易氧化，凝固区间窄，故其浇注系统的截面尺寸应比同规格碳钢铸件的截面尺寸大 $10\% \sim 20\%$ 为宜。

3.2.3 凝固及冒口

(1) 铸钢阀门铸件的凝固

金属从液态转变为固态的过程，叫做"凝固"，这个时期叫做"凝固时期"。铸钢件在这个时期内，是液态金属和固态金属并存的。凝固过程对铸造的重要性，主要表现在以下几个方面。

① 要获得铸件，金属必须有一个从液态转变为固态的凝固过程。控制凝固过程，是保证获得优质铸件的重要条件之一。因为很多铸造缺陷，都是在凝固时期产生的。在铸造工艺上，采用不同的浇注方法、设置冒口、冷铁等，实质上都是控制凝固过程的一些常用的措施。

② 铸件的凝固顺序对铸件的质量有着极大的影响。因为它在很大程度上决定着树枝状结晶的发展水平，而树枝状结晶又决定着铸件内缩孔、缩松、气孔、裂纹、合金元素的偏析及夹杂物等缺陷的产生的倾向。一般认为，为避免以上缺陷的产生，应设法创造有利于铸件顺序凝固的条件，使得铸件需要补缩的部位具有补缩"通道"，使液态金属可顺利地向其内进行补缩，从而保证铸件能获得致密的组织。

图 3-29 为平板铸件的平行壁凝固状况，图 3-29 中 1、2、3 说明了其缩孔的形成过程，图 3-29 中 4 楔形类铸件为没有缩孔的楔形物体内钢液凝固时并同时补缩的金属液的流动状况。图 3-29 所示的树枝状结晶从二平板壁向铸件内部生长，在刚要完全凝固之前，树枝状结晶彼此相接，切断了液体金属继续补缩的通道，因而在树枝晶的枝桠间隙的金属液凝固后缩松就不可避免地产生了。只有在角 α 能够完全满足铸件实现"顺序凝固"的楔形铸件内才可得到充分的补缩。而楔形类铸件角 α 的大小取决于金属液的种类、浇注系统的设置、造型材料及铸件的截面等。图 3-30 为管状铸件凝固过程示意图，由于管状铸件内壁散热困难，其散热表面积较小，且热量容易积聚，缩孔区移向内壁。该管状铸件类似铸造阀体的 3 个通道。

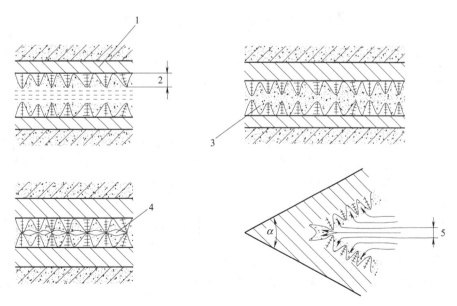

图 3-29　平板类和楔形类铸件凝固过程

1—固体外表皮；2—凝固带宽度；3—残余金属液体；4—缩松带；5—钢液流通道路的临界截面

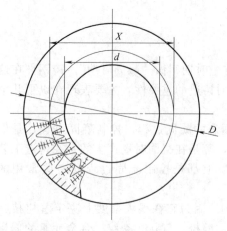

图 3-30 阀体通道等管状铸件凝固过程

铸钢是凝固收缩较大的合金。铸件在凝固时期，通常伴随着体积的收缩，从而形成缩孔。缩孔是很难消除的。设计铸造工艺时，必须认识收缩的规律和想办法调动缩孔的位置。一般来说，缩孔产生于铸件最后凝固的部位。

凝固收缩率是指液体在凝固期内因收缩而损失的体积与原有体积（刚刚开始凝固时的体积）的比值，通常用百分率表示。铸钢的凝固收缩率和它的化学成分有关。表 3-14 和表 3-15 列出了铸造常用钢种的凝固收缩率及一些合金元素对收缩率的影响。表 3-16 列出了碳素铸钢凝固收缩率与含碳量的关系。

"定向凝固"也叫"顺序凝固"原则。就是采用一些措施，保证铸件结构上各部分按照远离冒口部分最先凝固，然后是靠近冒口处，最后才是冒口本身凝固。即铸件在凝固时期，在它的纵断面上造成向着冒口温度递增的温度差，形成温度梯度，从而使铸件在凝固时始终存在着与冒口贯通的补缩通道，使冒口能进行补缩，获得无缩孔和无轴线缩松的致密件。

表 3-14 常用钢种的凝固收缩率近似值

钢　种	低碳钢	中碳钢和 低合金钢	高锰钢	Cr-Ni 系 耐蚀耐热钢	Cr-Mn 系 耐热钢
凝固收缩率/%	3	5	6	7	8

表 3-15 每 1% 的合金元素所引起的收缩率增减值

元素	W	Ni	Mn	Cr	Si	Al
增减值/%	− 0.53	− 0.035	0.059	0.12	1.03	1.7

表 3-16 碳素铸钢凝固收缩率与含碳量的关系

含碳量/%	0.10	0.35	0.45	0.70
凝固收缩率/%	2.0	3.0	4.5	5.5

"同时凝固"原则则是保证铸件结构上各个部分，不论它的尺寸和结构要同时凝固，使得各个部分之间没有温度差。因此铸件凝固后，各部分冷却均匀，减少热应力，凝固时期亦不容易产生热裂。"同时凝固"的缺点是，往往在铸件中心部分有缩松，即轴线缩松，会降低铸件的延伸率、断面收缩率及其致密度。实际铸件结构较复杂，因此往往同一铸件上既有定向凝固，又有同时凝固。高中压阀门，特别是高温、高压临氢、抗高硫、低温类阀门，不允许铸件存在缩孔也不允许存在缩松，因此铸造时必须采用"顺序凝固"原则。

(2) 冒口的用途及分类

① 冒口的用途　为了使铸件在凝固的过程中得到由冒口中储备的金属液的补缩，以免形成缩孔和缩松，故铸钢阀门设计铸造工艺时必须要设置冒口，且只有当设置的冒口能够满足下列要求时，冒口才能够起到对铸件实施补缩的作用，并表现出良好的功效。

a. 冒口在铸件上的位置，应该补缩铸件的热节点和厚壁部位，使铸件不产生缩孔和缩松。

b. 冒口应该比铸件晚凝固，使得冒口中储备的足量的液体金属能够自由地送至要求补缩的地方。

c. 不应该因冒口设置不当而造成其他的铸造缺陷（如冒口阻碍铸件收缩而产生裂纹等）。

d. 冒口还起排气、排渣作用，调整铸件冷却速度达到顺序凝固，以及起到观察浇满与否的作用，对大型阀门铸件可以从明冒口中补浇热金属液，提高冒口的温度，达到完善的补缩效果。

② 冒口的分类　根据冒口是否直接与型腔外界连接分为明冒口和暗冒口；根据冒口在铸件上设计的位置也可以分为顶冒口（设置在铸件上部）和边冒口（设置在铸件旁边）；根据是否采用保温发热冒口套又分为保温冒口和非保温冒口；根据暗冒口是否使用增压发气物质又分为大气压力冒口和增压冒口等。

(3) 阀门铸钢件冒口的设计

① 冒口位置的选择原则

a. 如果铸件上有若干个厚实部分（热节处），而厚实部分（热节处）是由较薄和凝固较快的部分连接，那么铸造工艺设计时应在每个厚实部分（热节处）都设置冒口。

b. 冒口应该设置在铸件的最厚壁部位（热节处）。

c. 在因铸型和砂芯阻碍收缩而引起最大应力的地方不宜设置冒口，否则会引起铸件产生热裂。

d. 冒口最好放在内浇道上，因为流入铸件的金属液不断地预热可使冒口凝固延缓，还能起到集渣去除夹杂物的作用。对阀体大法兰之类铸件常常在内浇道上方和明冒口之间设计"储脏槽"，既延续冒口的补缩又起储渣的作用。

e. 冒口应该尽可能放在铸件需要加工的部位。

f. 冒口应尽量放在能同时对几个铸件或一个铸件的几个热节处进行补缩。

总之，铸造工程师进行铸造工艺冒口设计时，应有利于铸件的补缩，造成顺序凝固（定向凝固），以获得质量优良的铸件。

② 冒口的设计　因为铸造生产是很复杂的生产过程，俗话说铸造生产是"明着干、扣着浇"，影响的因素甚多。特别是高温、高压及临氢等特殊阀门的铸造更复杂。铸造工程师进行铸造工艺冒口设计的计算方法虽然很多，但均系经验计算法，因而具有一定的局限性，在实际工作中可结合具体情况对确定的计算结果予以适当修正。

a. 模数法计算铸钢冒口。铸钢件的凝固时间决定于它的体积和表面积的比值，这一比值称为"凝固模数"或简称"模数"，可用下式表示

$$M = \frac{V}{S}$$

式中　M——模数，cm；

　　　V——铸件体积，cm^3；

　　　S——冷却表面积，cm^2。

"模数"是一个比较准确的计算参数。"模数"理论是 20 世纪 40 年代产生的，虽说它不是很严密，但它抓住了传热过程的总动向，并且经过几十年的考验，证明它和实际情况出入不大。

模数法的要点是将真实的铸件划分为若干个基本几何体，然后计算每个基本几何体的体积与表面积之比，其中表面积是按铸件与砂型接触的表面积算，基本几何体之间的接触面不计。模数计算似乎很复杂，但可以简化，如图 3-31 所示。图 3-32 为模数图表。

为了实现铸钢件顺序凝固的基本要求，冒口不能比铸件先凝固，从铸件到冒口的模数应符合下列关系式

$$M_{铸件} : M_{冒口颈} : M_{冒口} = 1 : 1.1 : 1.2$$

铸件的模数从理论截面算出，注意铸件毛坯与零件不同，计算出来后再加大 10%，这

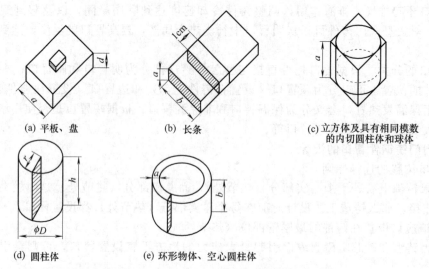

(a) 平板、盘　　(b) 长条　　(c) 立方体及具有相同模数
的内切圆柱体和球体

(d) 圆柱体　　(e) 环形物体、空心圆柱体

图 3-31　推算模数的简单基本几何形状

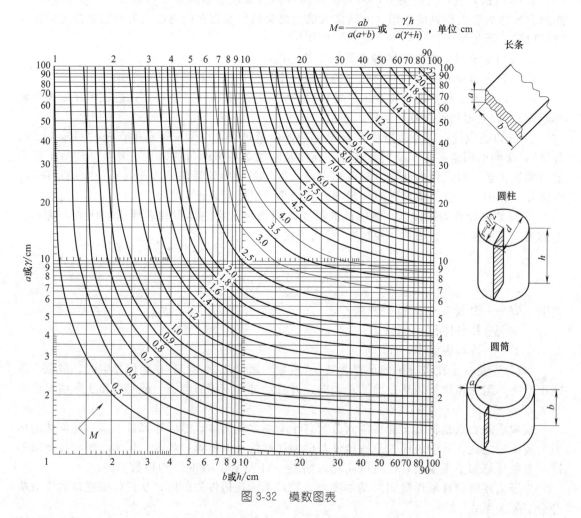

$$M = \frac{ab}{a(a+b)} \ \text{或} \ \frac{\gamma h}{a(\gamma+h)} \ , \ \text{单位 cm}$$

长条

圆柱

圆筒

图 3-32　模数图表

是为了绝对可靠，不使冒口颈过早凝固而切断冒口到铸件的补缩通道。冒口颈可以比喻成一个无限长的圆棒或方条，因为其两端没有冷却表面积。这样就可以算出冒口颈的模数，然后

再从图 3-32 中读出冒口颈的尺寸。

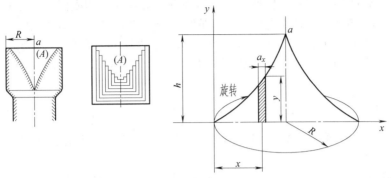

图 3-33 较理想的铸钢冒口补缩

较理想的铸钢冒口补缩应像图 3-33 所示一样,凝固末期在冒口内形成一个形状复杂的锥形缩孔空穴。由几何学得知,非发热圆柱形冒口的缩孔最大,可为原冒口体积的 14%,若冒口小则缩孔的空穴底部将进入铸钢件中,使铸件产生缩孔和缩松。冒口和铸件可视为一个总体积为 $(V_冒 + V_铸)$ 统一体。

碳素铸钢的钢液体收缩率为 5%,高铬镍不锈钢(18-8 型)的钢液体收缩率为 8%～9%。若以碳素铸钢的钢液体收缩率计算,则总缩孔 $V_缩$ 为

$$V_缩 = (V_冒 + V_铸) \times 5\%, V_{缩\max} = 0.14 \times V_冒$$

当知道总的金属液体的体积收缩后,用这一方程式就可算出用某一确定尺寸的冒口补缩时所能获得的最大铸件体积或重量。到了凝固末期冒口仅有原来体积的 86%,这样也可计算出它增加的表面积。如果用它计算模数,则在完全凝固时,冒口模数仅为原始冒口模数的 80%,此模数的损失是补偿铸件的结果。

发热套冒口中金属液面的下降可视作水平降落,这时冒口中的缩孔为一空心柱,与非发热冒口中央锥形缩孔不一样。若以发热套底部三分之一高度作为安全界线,金属液面不能低于此线,则原冒口体积的 66% 可被利用,而在非发热套冒口中仅 14% 可被利用,如图 3-34 所示。图 3-35 所示为浇注 24h 后从外面观察到的蝶阀保温冒口的收缩情况,该冒口尺寸为 $\phi 530mm \times 510mm$,缩孔深度达 250mm。

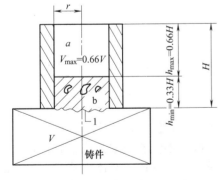

图 3-34 发热套冒口收缩示意图
a—缩孔体积;b—残余部分的体积;
1—非冷却表面积

图 3-35 浇注 24h 后蝶阀保温冒口的收缩情况

发热套冒口中残留固体金属为圆柱体,其模数可参考方条与圆柱体公式。必须保证铸件的冒口在凝固时的模数,即冒口残留部分的模数不允许小于铸件的模数。铸件的凝固后期,树枝状晶的端部相互接触,形成了所谓的"糊状区",阻碍了液体金属的进一步补缩,这时

缺陷区相当于凝固带一样宽。所以知道金属液的凝固带后，缺陷区的宽度也就知道了。合金元素及含量、合金的导热系数、铸型材料及铸件壁厚等均系影响凝固带宽度的因素。

例 以 Z40H-25-250 阀体工艺为例，该阀体铸件 3 个法兰尺寸基本相同，故冒口大小也一样。3 个法兰尺寸：内孔 $d=\phi250\mathrm{mm}$，外径 $D=\phi435\mathrm{mm}$，宽度 $B=45\mathrm{mm}$。

初拟 3 个明冒口尺寸。冒口底部：$L_冒=210\mathrm{mm}$，$B_冒=80\mathrm{mm}$；冒口高度 H 为 200mm。

法兰盘体积：$V_法=\dfrac{\pi h}{4}(D^2-d^2)=4500000\mathrm{mm}^3$；冒口体积：$V_冒=3610000\mathrm{mm}^3$；体积比：$V_冒/V_法=80\%$ 或 $V_法/V_冒=1.25$，因为冒口增肉部分没有计算在内，所以实际体积比 $V_法/V_冒=1.2$。

铸件的模数：$V_铸=4500000\mathrm{mm}^3$，$F_{铸散}=(D^2-d^2)+Dd(D^2-d^2)=238000\mathrm{mm}^2$，$M_{铸件}=V_铸/F_{铸散}=18.9\mathrm{mm}$。

冒口的模数：$V_冒=3610000\mathrm{mm}^3$，$F_{冒散}=146700\mathrm{mm}^2$，$M_冒=V_冒/F_{冒散}=24.6\mathrm{mm}$。

$M_冒$ 与 $M_{铸件}$ 之比：$K=M_冒/M_{铸件}=1.3$。

考虑到阀体要求进行强度水压和气体压力检验，为了阀体质量保险起见，将冒口厚度加大了 10mm，即 $B_{冒底}$ 由 80mm 改为 90mm，$B_{冒顶}$ 由 100mm 改为 110mm。这即是前面所说的：确定冒口尺寸的计算方法系经验计算法，因而在实际工作中可结合具体情况对确定的计算结果予以适当修正。Z40H-25-250 阀体的法兰冒口经用模数计算并予以适当修正后，经多年生产实践证明，铸件质量是可靠的。

b. 前苏联重型机械研究所的冒口计算法。这种方法以下列假设为基础，首先求出铸件被补缩部分所需的金属液，把补缩的金属液看成为球形，设其直径为 d_0，为了使它在铸件凝固所形成的金属外壳的厚度等于铸件补缩部分截面积的一半，即冒口直径应等于 d_0 再加上铸件上截面的直径 D 或宽度。具体方法如下。

首先根据内切圆确定冒口下部的直径 D 或宽度 B 和补贴部分的大小；再找出补缩铸件直径为 d_0 的球的缩孔所需的金属液量；考虑冒口的实际尺寸，用下列数据作为这种计算的基础。

• 切割裕量高度 h（见表 3-17）。
• 金属的体积收缩数据（见表 3-16）。
• 冒口的高度由以下公式来确定
暗冒口：$H_冒=d_0+0.85D$；
明冒口：$H_冒=d_0+1.35D$。

表 3-17 冒口的切割裕量高度 　　　　　　　　单位：mm

切割裕量高度 h	10	15	20	25	30
铸件厚度 b	≤50	51~100	101~200	201~300	301~400

c. 比肖普法（H. F. Bishop 法）。比肖普法前半部分在实际生产中应用得不多，而后半部分的关于冒口作用半径，有一定的实用价值。此法是以综合的试验数据为依据的。它的特点是用试验方法，以周边的冷却条件作为准则，来确定冒口对铸件的相对体积并考虑到冷铁的影响及用冒口的有效补缩距离来确定冒口的数量。此法试验时采用明冒口，冒口的顶面金属液上撒放保温作用的发热剂。设计冒口时首先求出铸件的体积，按铸件的尺寸确定其形状系数 K

$$K=\frac{L+B}{\delta}$$

式中，L 为铸件的长度，mm；B 为铸件的宽度，mm；δ 为铸件的厚度，mm。图 3-36

是用试验结果得到的冒口体积与铸件的体积之比 W 与铸件的形状系数 K 的关系。图 3-36 中两根曲线分别为冒口相对体积的最大值（曲线 1）和最小值（曲线 2）。

如果铸件的形状不是简单的板形、条形或筒形，而是由它们的组合而成的，就应当预先求出计算冒口用的铸件当量体积

$$V_{铸} = V_1 + XV_2$$

式中，V_1 为直接与冒口相连的铸件厚壁部位的体积，V_2 为铸件薄壁部分的体积，X 为铸件的体积系数。X 值的大小取决于铸件主要部分的壁厚 δ_1 与连接部分的壁厚 δ_2 之比值及这些部分的形状，可由图 3-37 查出。

按从图中求出的冒口体积再用图 3-38 求出冒口的直径和高度。

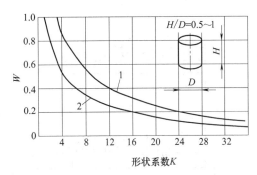

图 3-36　冒口相对体积 W 与铸件形状系数 K 的关系

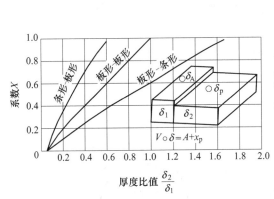

图 3-37　铸件体积系数 X 与厚度比值 的关系

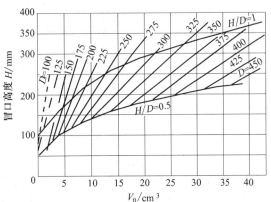

图 3-38　冒口尺寸图

比肖普法认为：计算冒口的个数时可配合冷铁的设置确定冒口的"作用半径"。图 3-39 列举出冒口位置的 3 种示意图。当知道了冒口和冷铁的作用半径后，便不难求出铸件所需的冒口的个数了。

例　环形铸件的剖面面积和圆周长分别为：100mm×300mm 和 3900mm（见图 3-40），决定其冒口尺寸及个数。

第一种方案：采用 1 个冒口［图 3-40（a）］。

$$K = \frac{L+B}{\delta} = \frac{3900+300}{100} = 42$$

从图 3-36 查得：$W = 0.12$。

已知 $V_{铸} = 39 \times 3 \times 1 = 117\mathrm{dm}^3$，则 $V_{冒} = W \times V_{铸} = 0.12 \times 117 = 14\mathrm{dm}^3$，从图 3-36 或计算求出冒口尺寸：$D = 300\mathrm{mm}$，$H = 200\mathrm{mm}$。从图 3-39 求出冒口的作用半径为：$2 \times 4.5\delta = 2 \times 4.5 \times 100 = 900\mathrm{mm}$。由于冒口的作用半径小于铸件的周长，不能保证补缩整个铸件，因而可能产生缩松缺陷。

第二种方案：采用 6 个冒口［图 3-40（b）］。

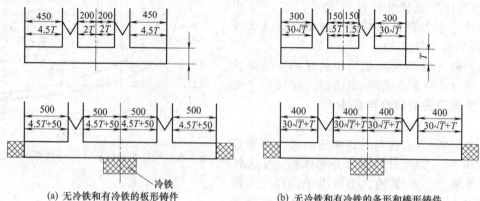

(a) 无冷铁和有冷铁的板形铸件

(b) 无冷铁和有冷铁的条形和棒形铸件

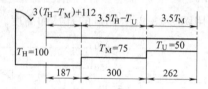

(c) 不同壁厚的梯形组合体

图 3-39　冒口的 3 种位置方案

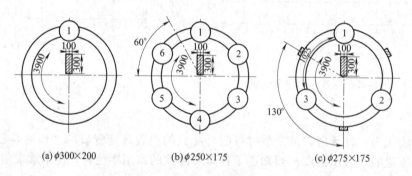

(a) $\phi300\times200$　　　(b) $\phi250\times175$　　　(c) $\phi275\times175$

图 3-40　环形铸钢件的冒口及冷铁的设计

冒口尺寸：$D=250\text{mm}$，$H=175\text{mm}$，每个冒口的作用半径为：$D+2\times2\delta=650\text{mm}$，全部冒口的总的作用半径为：$6\times650=3900\text{mm}$。因此本方案正确，但金属消耗量大，经济上不合理。

第三种方案：采用 3 个冒口和 3 块冷铁 [图 3-40 (c)]。

$K=14$，$W=0.27$，$V_{铸}=39\text{dm}^3$，$V_{冒}=10.5\text{dm}^3$。冒口尺寸：$D=275\text{mm}$，$H=175\text{mm}$。每个冒口的作用半径为：$D+9\delta+2\times50=1275\text{mm}$。全部冒口的总的作用半径为：$3\times1275=3825\text{mm}$。此方案既能保证铸件无缩松又节约金属，因而较为合理。

d. 华西列夫斯基法。华西列夫斯基法中主要可取之处是它的"冒口延续度"这一概念。其余的意义不大。

• 确定铸件需补缩部分的放置方案，即确定铸件需补缩部分为水平位置（表 3-18）或垂直位置（表 3-19）。

表 3-18 铸件基本尺寸和冒口基本尺寸的概略比值（按平板水平浇补缩方案）

T /mm	$\dfrac{d}{T}$	$\dfrac{H_冒}{d}$	$d=B$ 时冒口延续度/%			
			$L=B$	$L=D$	$L=2B$	$B=d$
50	1.8～2.5	1.8～1.2	40.0	31.0	22.0	20.2
100	1.6～2.5	1.6～1.2	40.0	31.0	22.0	20.0
150	1.5～2.0	1.5～1.2	42.5	33.0	23.5	22.5
200	1.3～1.6	1.5～1.1	44.0	35.0	24.5	24.0
250	1.3～1.5	1.4～1.1	50.0	39.0	25.0	25.0
300	1.25～1.5	1.25～1.0	57.5	45.0	—	25.0
500	1.2～1.5	1.1～0.95	62.0	48.0	—	38.0
750	1.2～1.3	0.9～0.8	73.5	58.0	—	54.0
1000	1.1～1.25	0.85～0.7	81.5	64.0	—	65.0
1250	1.1～1.2	0.8～0.7	85.0	67.0	—	66.0

注：1. 表中代号 T 为铸件的厚度，B 为铸件的宽度，L 为铸件的长度，d 为冒口宽度，$H_冒$ 为冒口的高度。

2. 表中列举的比值仅适用于碳钢及低合金钢铸件。

3. 直接往冒口内浇入钢水时 d/T 及 $H_冒/d$ 取下限。

表 3-19 铸件基本尺寸和冒口基本尺寸的概略比值（按平板垂直浇补缩方案）

T/mm	$H_{铸件}/T$	d/T	$H_冒/H_{铸件}$	$h/H_{铸件}$	冒口的延续度/%
50	3	1.4～2.3	—	—	40～100
50	5	1.5～2.4	—	0.35	40～100
50	10	1.6～2.4	(0.60)	—	40～100
50	20	1.75～2.0	(0.35)	0.30	45～100
50	30	2.3～2.7	(0.30)	0.35	50～100
100	3	1.4～1.7,1.5～1.8	(1.1)	0.30	40～100
100	5	1.6～2.0	(0.65)	0.35	40～100
100	10	1.7～1.9	(0.50)	0.35	45～100
100	20	1.9～2.2	(0.40)	0.25	50～100
100	30	1.4～1.7	(0.30)	0.25	55～100
200	3	1.5～1.75	(0.80)	—	45～100
200	5	1.6～1.9	(0.55)	0.25	45～100
200	10	1.5～1.8	(0.40)	0.25	50～100
200	15	1.4～1.7	(0.35)	0.25	55～100
300	5	1.5～1.7	(0.50)	0.30	50～100
300	10	1.8～2.7	(0.35)	0.25	50～100

注：1. 表中代号 T 为铸件的厚度，$H_{铸件}$ 为铸件的高度，d 为冒口宽度，$H_冒$ 为冒口的高度，h 为冒口在铸件上增肉的高度。

2. 表中列举的比值仅适用于碳钢及低合金钢铸件。

• 初定冒口尺寸。根据铸件被补缩部分的壁厚 T 或安放冒口处的最大内节圆直径 T 用表 3-18 或表 3-19 查得 d/T、$H_冒/d$、$H_{铸件}/T$、$h/H_{铸件}$ 等比值，并得出有关尺寸。此处 $d=$ 冒口根部尺寸（即圆形冒口根部直径或矩形冒口的宽度）。

• 根据初定的冒口直径和长度，按表 3-18 或表 3-19 的延续度来确定冒口的个数。冒口的延续度 Π 为冒口根部沿着铸件长度方向尺寸之和（$\sum b_i$ 或 $\sum d_i$）与铸件被补缩部分长度（L 或 B）之比

$$\Pi=(d_1+d_2+\cdots+d_i)/B\times100\% \ =\sum d_i/B\times100\%$$

例 齿轮轮缘安置 4 个冒口，轮缘直径 $D=1000$mm，每个冒口的径向长度等于 380mm，则冒口的延续度为

$$\Pi=\frac{\sum b_i}{L}\times100\%=\frac{380\times4}{\pi\times1000}\times100\%=48.4\%$$

设计时也可先从表 3-18 或表 3-19 中查得冒口的延续度，再反过来确定冒口的个数或长度。重要的铸件，例如承压的阀体、阀盖、阀板等或加工面很多的铸件，则冒口的延续度应

取得大些。

e. 比例法计算冒口。比例法是从实际生产经验中总结出来的，是在生产中应用最普遍的计算冒口的方法。就将阀门铸件分成一定的类型，总结出一些实践证明行之有效的经验比例系数，当知道阀门铸件的热节圆直径之后，便可按一定比例求出冒口的尺寸，省略了麻烦的数学运算程序，使用简便，而且获得效果良好。在实际生产中，大多数都是采用比例法。下面介绍几种铸钢阀门冒口的比例计算法。

• 阀体侧边圆形暗冒口的比例计算（见图 3-41）。

画出阀体法兰的热节圆直径为 T，则冒口的直径 $d = (2.8 \sim 3.6)T$，冒口的高度 $H = (1.3 \sim 1.8)d$（冒口一般应比法兰高出 $50 \sim 70\text{mm}$），$a = (1.6 \sim 1.8)T$，$L = 8 \sim 12\text{mm}$，$H_1 = (40\% \sim 45\%)H$，$h = H_1 - (10 \sim 20)$。

• 阀体法兰明冒口的比例计算（见图 3-42）。

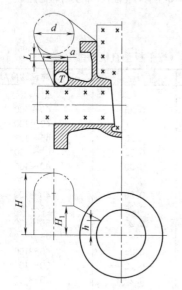

图 3-41　阀体侧边圆形暗冒口比例计算

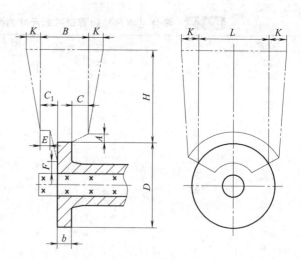

图 3-42　阀体法兰明冒口的比例计算

根据生产实践以及大量解剖阀门铸钢件的各种类型的冒口后，根据阀体的压力等级、使用工况和射线探伤检验要求，冒口的宽度 B 一般不得小于法兰盘厚度（法兰盘厚度是指计算了加工余量及工艺补正量之后的总厚度）的 $2.5 \sim 3.0$ 倍；L 为冒口的长度，$L \geqslant$ 法兰盘半径（法兰盘半径是指计算了加工余量之后的总半径）；冒口的高度 $H \geqslant$ 法兰盘半径；K 为冒口的斜度系数，$K \geqslant 10 \sim 15$。图 3-42 中 C 为冒口内侧加厚系数，通常取 $C = \dfrac{B-b}{3}$；$C_1 \geqslant 2C$。然后用"工艺出品率"来校核冒口尺寸，使阀体工艺出品率达到所提出的要求值。

• 一箱多件阀体暗冒口（见图 3-43）。

图 3-43 是以最常用的中小口径阀体的法兰和口环共用一暗冒口的铸造工艺。设法兰盘热节圆直径为 T_1，阀座的热节圆直径为 T_2，以 $T_平$ 表示热节圆的平均值，即 $T_平 = \dfrac{T_1 + T_2}{2}$。计算此类冒口的经验公式如下：$D_冒 = (2.7 \sim 3.2)T_平$，$H_冒 = (1.3 \sim 1.5)D_冒$（冒口应高出法兰 $50 \sim 70\text{mm}$）。

设法兰盘半径为 $R_法$、阀座外圆之平均半径为 $R_环$。h_1、h_2 为冒口补缩颈与法兰、阀座交接处的高度，h 为冒口补缩颈的最大高度，C 为冒口底部与法兰盘开边面的间距，即切割

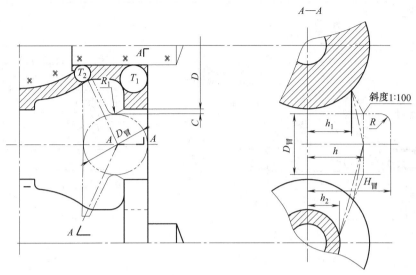

图 3-43 阀体法兰和口环共用一暗冒口

余量（图 3-43），可按以下比例法计算：$h = (0.80 \sim 0.85)R_\text{法}$，$h_1 = (0.70 \sim 0.75)R_\text{法}$，$h_2 = (0.80 \sim 0.85)R_\text{环}$，$C = 10 \sim 20\text{mm}$。

• 闸阀阀盖填料函处暗冒口（见图 3-44）。

铸造闸阀阀盖时都是法兰采用明冒口，而在填料函处设置暗冒口。采用这种工艺方案的好处是造型、合箱方便，工艺出品率高。

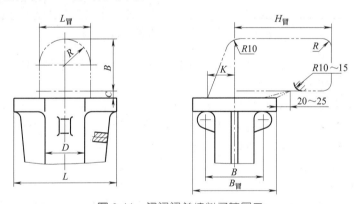

图 3-44 闸阀阀盖填料函暗冒口

设暗冒口宽度为 $L_\text{冒}$，厚度为 $B_\text{冒}$，高度为 $H_\text{冒}$，C 为切割余量，填料函直径为 D，阀盖支架板长度为 L，支架板中部宽度为 B，K 为冒口在下箱增肉的最大厚度。则可按下列比例法计算：$L_\text{冒} = (1.4 \sim 1.75)D$，或 $L_\text{冒} = (0.5 \sim 0.6)L$，$B_\text{冒} = (1.1 \sim 1.4)D$，$H_\text{冒} = (1.5 \sim 1.9)B_\text{冒}$，$K = B/3$，$C = 10 \sim 15\text{mm}$。

例 Z40H-64-250 阀盖填料函暗冒口（见图 3-45），此阀盖填料函直径 $D = \phi105\text{mm}$，暗冒口厚度 $B_\text{冒} = 110\text{mm}$，宽度 $L_\text{冒} = 150\text{mm}$，高度 $H_\text{冒} = 200\text{mm}$。比例法计算为：$B_\text{冒}$：$D = 110 : 105 = 1.05$（本工艺是采用内浇道通过此暗冒口），即 $B_\text{冒} = 1.05D$，$L_\text{冒} : D = 150/105 = 1.43$，即 $L_\text{冒} = 1.43D$，$H_\text{冒} : B_\text{冒} = 200 : 110 = 1.82$，$H_\text{冒} = 1.82B_\text{冒}$。此阀盖工艺从 1973 年 3 月执行至今，铸件质量良好。

• 典型的法兰盘平面冒口的比例法计算（见图 3-46）。

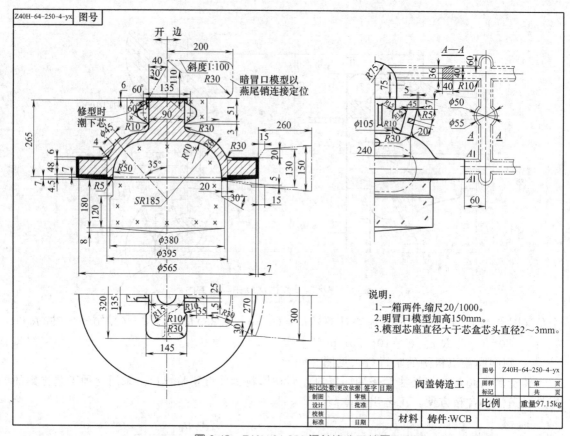

图 3-45 Z40H-64-250 阀盖铸造工艺图

Z40H-100、J41H/Y、J45W/Y 及一些阀板，为了获得质量可靠的铸件，均采用在其法兰盘平面设置冒口，如图 3-46 所示。

对于这类典型的法兰盘平面冒口可按下列经验数据计算：对于图 3-46（a）、（b），即 $H:D \geqslant 0.4$，$D_冒:D = 60\% \sim 65\%$，$H_冒:D_冒 = 85\% \sim 100\%$；对于图 3-46（c），即 $H:D \leqslant 0.4$，$D_冒:D = 40\% \sim 45\%$，$H_冒:D_冒 = 1.3 \sim 1.4$。

• 内压自密封填料箱的铸造工艺实例（见图 3-47）。

ZL.H9-200 填料箱铸件 $H/D = 190/290 = 0.655$，在 20 世纪 70 年代初，由于当时的经验不足，同时考虑到尽量减少加工，故在初次铸造工艺设计时，采用了方案 Ⅰ，并生产了 20 多件，结果加工时均发现铸件有缩孔，如图 3-47（b）所示，致使铸件全部报废。后分析研究认为，铸件产生缩孔是由于冒口没有能使铸件实现"顺序凝固"而产生了"卡脖子"所致。后来将铸造工艺设计成方案 Ⅱ，即将铸件底部凹槽铸实如图 3-47（c）所示，结果铸件由 100% 的废品变成了 100% 优质品。对于工艺方案 Ⅱ：$D_冒/D = 190/290 \times 100\% = 65.5\%$；

$$H_冒/D_{冒平} = \frac{250}{(210+190)/2} \times 100\% = 125\%。$$

• 阀体阀座暗冒口的计算（见图 3-48）。

计算阀体阀座暗冒口有下列经验计算公式：设阀座外径为 $D_外$，阀座内径为 $D_内$，阀座处热节圆直径为 T，阀座暗冒口宽度为 $B_冒$，长度为 $L_冒$，高度为 $H_冒$。

以阀座外径为 $D_外$ 计算：$L_冒/D_外 = 55\% \sim 60\%$；$B_冒/L_冒 = 65\% \sim 75\%$；$H_冒/B_冒 = 1.7 \sim 1.8$。

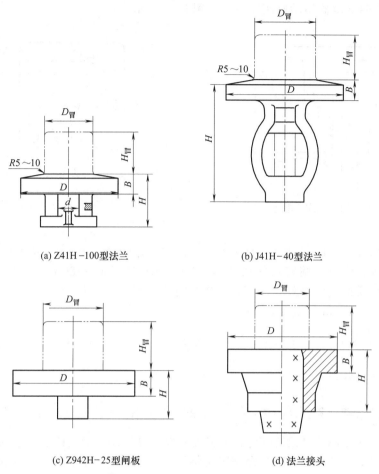

(a) Z41H-100型法兰

(b) J41H-40型法兰

(c) Z942H-25型闸板

(d) 法兰接头

图 3-46　典型的法兰盘平面冒口

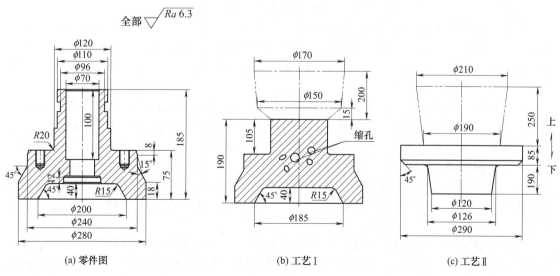

全部 $\sqrt{Ra\,6.3}$

(a) 零件图

(b) 工艺Ⅰ

(c) 工艺Ⅱ

图 3-47　ZL.H9-200 填料箱及前后铸造工艺

以阀座处热节圆计算：$B_冒/T = 2.5\sim2.8$；$L_冒/B_冒 = 1.3\sim1.6$；$H_冒/B_冒 = 1.7\sim1.8$。

例 Z41H-64-250 阀体阀座暗冒口，如图 3-49 所示。

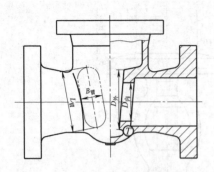

图 3-48 阀体阀座暗冒口的铸造工艺

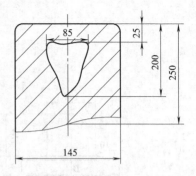

图 3-49 Z41H-64-250 阀体阀座暗冒口剖面

此暗冒口尺寸为：$L_冒 \times B_冒 \times H_冒 = 180\text{mm} \times 145\text{mm} \times 250\text{mm}$，从剖面情况看，冒口的保险系数较大，修改后暗冒口的尺寸为：$L_冒 \times B_冒 \times H_冒 = 180\text{mm} \times 130\text{mm} \times 220\text{mm}$，修改后阀体铸件质量仍然良好。Z41H-64-250 阀体阀座的有关尺寸为：$D_外 = \phi 302\text{mm}$，阀座处热节圆 $T = \phi 55\text{mm}$。有关比例如下。

以阀座外径为 $D_外$ 计算：$L_冒 / D_外 = \dfrac{180}{302} \times 100\% = 60\%$；$B_冒 / L_冒 = \dfrac{130}{180} \times 100\% = 71.8\%$；$H_冒 / B_冒 = \dfrac{220}{130} = 1.7$。

以阀座处热节圆计算：$B_冒 / T = \dfrac{130}{55} = 2.36$；$L_冒 / B_冒 = \dfrac{180}{130} = 1.39$；$B_冒 / H_冒 = 1.7$。

• 用"工艺出品率"校正冒口。"工艺出品率"是保证铸钢或铸造合金阀门铸件质量的很重要的一个参数。所谓"工艺出品率"是指浇注铸件所用的金属液与铸件重量之比，也称"钢水收得率"。计算铸件工艺出品率 N 公式为

$$N = \frac{铸件毛坯重}{浇注系统重 + 冒口重量 + 铸件毛坯量} \times 100\%$$

要想获得高品质的阀门铸件，浇注高温、高压阀门及高压临氢阀门时：碳素铸钢的工艺出品率不应高于 48%；合金钢及不锈钢、不锈耐热钢的工艺出品率不应高于 45%；镍基合金的工艺出品率应控制在 40% 左右。例如兰高阀铸造 CL900 DN150 CW6MC T 形止回阀阀体时，其工艺出品率为 42%。

f. 铸钢件的倾斜浇注法。铸钢件的倾斜浇注法是板类铸件顺序凝固的又一典型应用案例，在盘形件，如止回阀阀盖和阀瓣、闸阀闸板、热风阀的法兰等获得了良好的效果。板类铸件铸造时若采用水平浇注工艺，按其热节圆大小和轮廓尺寸及冒口"延续度"来设置冒口，为了获得无缩孔的铸件，往往要用同等重量的钢水作冒口。这样，铸造工时多、工艺出品率低、切割冒口要耗费大量人力、氧气及乙炔，因而铸钢件成本高。而采用倾斜浇注法只需采用 1~2 个冒口就能达到顺序凝固的目的，起到事半功倍的效果。现将倾斜浇注法介绍如下。

要获得补缩良好的铸件，最基本的一个条件是冒口离补缩远点之间存在一定的温差梯度，进行定向凝固，冒口才能够起到预计的补缩作用。其次要使冒口充分发挥其补缩效能，在钢液凝固过程中，冒口与凝固层之间应保持有效的补缩通道，即冒口处的钢液比距离冒口远点的温度高，凝固慢，如图 3-50 中，$d > T_3 > T_2 > T_1$。在补缩良好的前提下，欲提高工艺出品率，应尽量减小冒口的尺寸，延长冒口的补缩距离，采用倾斜浇注工艺是有效手段。

以齿轮铸件为例（见图 3-51），可按如下简易计算法。

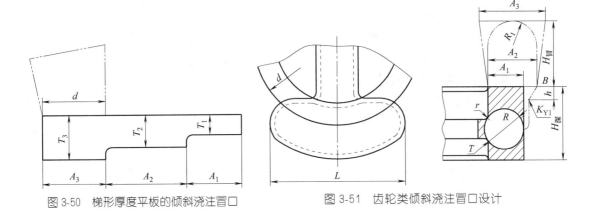

图 3-50　梯形厚度平板的倾斜浇注冒口　　　　图 3-51　齿轮类倾斜浇注冒口设计

• 冒口厚度与铸件的比例法计算。先找出铸件的热节圆 T，以筋板和轮缘交接的小圆弧 r 为圆心，用 $r+T=R$ 为半径，作热节圆 T 的外切线，取 $A_1=(1.2\sim1.35)T$，再取 $A_2=(1.6\sim2.0)T$ 为冒口的宽度，取 h 高（相当于铸件高度 H 的 $0.35\sim4.0$ 倍切线于 K 点，联 BK，在 K 点用 $r_1=20\sim35\text{mm}$ 的圆弧连接起来为冒口的增肉补贴。如果用明冒口则 $A_3=A_2+(30\sim50)\text{mm}$，如用暗冒口则以 A_2 为冒口主要尺寸，留出适当的拔模斜度后就可得出 R_1 了。

• 冒口高度与铸件高度、长度的比例法计算。可按下列经验公式计算：$H_{冒}=(1.6\sim2.0)A_2$，若铸件的高度小于铸件的厚度，可取 $H_{冒}>2A_2$。冒口的长度，一般水平浇注时，冒口的补缩距离在 $4\sim6T$ 的范围内。倾斜浇注时，由于倾斜造成金属液形成自上而下的压力和顺序凝固，使补缩距离大为增长。按经验计算，水平浇注的冒口的长度 $L=\dfrac{(0.35\sim0.42)\pi d}{n}$，式中 n 为冒口的个数。同时为保证顺序凝固在冒口之间的热节，还应配合使用外冷铁，一般外冷铁的厚度为铸件壁厚的 $0.6\sim0.8$ 倍，个别件为 $1\sim1.2$ 倍。倾斜浇注时冒口的长度 $L=15\%\sim25\%$ 齿轮或轮圈的外圆周长，个别件只需 10% 的外圆周长。

• 倾斜浇注的倾斜角度。倾斜浇注的倾斜角度越大，因重力的作用，冒口补缩效果越好。但操作较麻烦，如配箱时要考虑钢液涨箱或穿箱（砂箱悬空钢液从下箱穿出）而要采取一系列防止措施。所以，倾斜角度不宜过大，一般倾斜浇注倾斜角度采用 $8°\sim12°$，较长的铸件倾斜角度不宜超过 $10°$。

• 浇注系统。为了将铸型中的浮砂和杂质从浇注的金属液赶到冒口中，倾斜浇注多采用底注法，即内浇道从铸件底部以顺时针方向切线引进金属液，视铸件的大小，内浇道可设 $1\sim3$ 道，内浇道的厚度通常为铸件壁厚的 $1/2\sim2/3$。个别厚大件为了提高冒口的补缩效能，实现良好的顺序凝固，可将内浇道从冒口中引入金属液，但要做好防止冲砂的措施。

• 倾斜浇注工艺实例（见图 3-52）。

倾斜浇注存在的问题及注意事项如下：壁厚比较均匀的平板件或圆圈件采用倾斜浇注效果较明显；倾斜浇注铸件下方钢液压力大，往往在即将浇满时，若操作不注意，易出现涨箱、抬箱而引起跑箱事故，所以在配箱、扣箱时应加强措施；由于多冒口改为 1 个或 2 个冒口，钢液温度集中，因而冒口处铸造热应力分散不匀，形成热裂纹的倾向较大，因此，在冒口周围可放些锯末砂或在浇注后适当时间内掏松冒口附近的型砂，以利收缩。

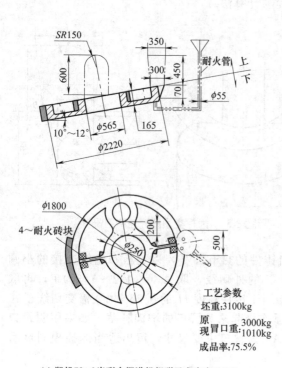

(a) 塑机70-3岩联合掘进机组弹子盘内套G40G

工艺参数
坯重:3100kg
原
现冒口重:3000kg
1010kg
成品率:75.5%

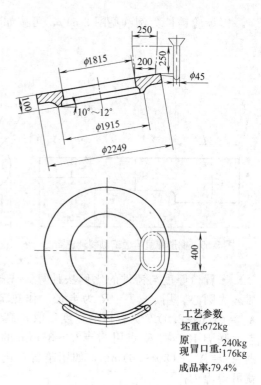

(b) 省会站6-14筒体法兰ZG45

工艺参数
坯重:672kg
原
现冒口重:240kg
176kg
成品率:79.4%

工艺参数
坯重:880kg
原
现冒口重:490kg
258kg
成品率:77.5%

(c) φ1.2M×4⁴M球磨机大牙输ZG45

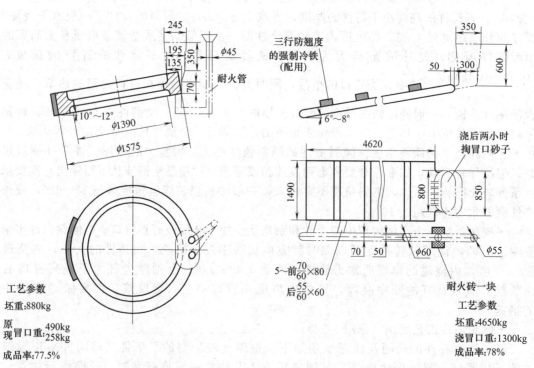

工艺参数
坯重:4650kg
浇冒口重:1300kg
成品率:78%

(d) 矿71-1钢缆运输带卡模体ZG25

图 3-52　倾斜浇注工艺实例

　　g. 用计算机模拟分析。对于高温、高压及临氢阀门铸件,在铸造工艺设计后采用华中科技大学铸造教研室开发的"华铸CAE铸造模拟软件"进行计算机立体模拟凝固分析验证，然后再修正完善铸造工艺，再次进行验证，确保铸件凝固时不产生缩松和裂纹。

3.2.4　冷铁

(1)　冷铁的作用与分类

铸钢件用冷铁的作用是保证金属液向冒口方向实现定向凝固，以防止铸件形成缩孔和缩松；或者均匀铸件各部分的冷却速度，减轻或消除铸件的裂纹倾向。冷铁分为内冷铁和外冷铁两种。外冷铁又有成形外冷铁和隔砂外冷铁之分，隔砂外冷铁常用于外表质量要求极高的高压临氢类不锈钢或镍基合金阀体类铸件的铸造。图3-53为高压临氢闸阀铸型中阀座处的成形外冷铁，图3-54为高压临氢蝶阀铸型中的隔砂外冷铁。

<table>
<tr><td>图3-53　高压临氢闸阀铸型中阀座处的
成形外冷铁</td><td>图3-54　高压临氢蝶阀铸型中的
隔砂外冷铁</td></tr>
</table>

(2)　内冷铁

将金属激冷物体插入激冷部分型腔中，使金属液激冷，并且与铸造金属熔接在一起，这种激冷金属叫做内冷铁。常用的内冷铁有钉子、钢棒等。内冷铁在高温、高压阀门铸造中，仅允许用在通过机械加工可以去除冷铁的部位，安放的位置仅限于铸件需要机械加工的部位，如阀盖填料函孔、螺母箱内孔等，而不允许留在不加工的铸件的其他区域。

确定内冷铁的原则是：它应有足够的激冷作用，以实现铸件定向凝固或同时凝固；它能与铸件本体熔接在一起，以免削弱铸件的强度。

必须注意的是：若内冷铁尺寸过大，虽然有良好的激冷作用，但阻碍该处金属的线收缩，从而造成铸件该部位产生放射状裂纹；若内冷铁尺寸过小，则不能保证起到应有的激冷作用，会使铸件产生缩孔。

内冷铁的尺寸取决于机械加工孔的直径，一般内冷铁直径不大于加工孔直径的1/2。内冷铁也可采用下述近似计算公式计算

$$Q = 0.28(G_1 - G_2)$$

式中　Q——内冷铁的重量，kg；

　　　G_1——需用冷铁冷却的铸件厚壁处的重量，kg；

　　　G_2——铸件薄壁处的重量，kg。

内冷铁必须表面光洁干燥、无油、无锈，在滚筒内除锈后放在石灰内存放。内冷铁若有潮湿或有油有锈，轻者则会在内冷铁处使铸件产生气孔，严重时会造成爆炸钢液溢出事故。

内冷铁用于铸件的非机械加工部位（不允许用于阀门生产）时，应熔化在金属液内或者

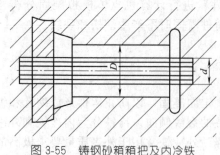

图 3-55　铸钢砂箱箱把及内冷铁

与铸件熔焊成一体。生产经验表明：厚度或直径大于 20mm 的内冷铁，通常不会在铸件中熔化。在铸造砂箱时，在其砂箱吊运用的"箱把"均放直径较粗的内冷铁（图 3-55），确保砂箱在吊运时的安全可靠，若砂箱的箱把在铸造时不放内冷铁，吊运时箱把常常会因根部的缩松而折断，造成型（砂型）毁甚至人身安全事故。通常内冷铁直径 $d \approx D/2$，为了便于固定内冷铁，内冷铁的两端均应长出 15 ～ 20mm，使之插入铸型砂型中。

(3) 外冷铁

外冷铁顾名思义是放置在被激冷铸件外面的冷铁。外冷铁在阀门铸造中大量采用。用外冷铁的几种典型实例如图 3-56 所示。

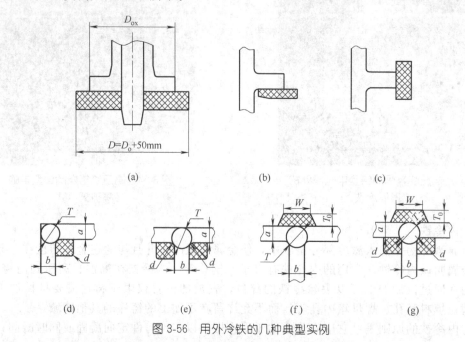

图 3-56　用外冷铁的几种典型实例

图 3-56 所示的几种铸件结构的外冷铁尺寸见表 3-20。

表 3-20　几种典型铸件结构的外冷铁尺寸

热节种类和冷铁的位置	热节尺寸/mm		冷铁尺寸/mm		
	a	b	d	T_0	W
Γ 字形热节 [图 3-56(d)]	≤25	≤25	$(0.5 \sim 0.8)T$	—	—
	≥25	≥25	$(0.5 \sim 0.8)T$	—	—
	≤25	≥25	$(0.4 \sim 0.6)T$	—	—
T 字形热节 [图 3-56(e)]	<20	>20	$(0.5 \sim 0.6)T$	—	—
	<20	<20	$(0.3 \sim 0.4)T$	—	—
	>20	>20	$(0.5 \sim 0.6)T$	—	—
	>20	<20	$(0.3 \sim 0.4)T$	—	—
T 字形热节 [图 3-56(f)]	<20	>20	—	$(0.5 \sim 0.6)a$	$(2.5 \sim 3)b$
	<20	<20	—	$(0.5 \sim 0.6)a$	$(2.5 \sim 3)b$
	>20	>20	—	$(0.6 \sim 0.8)a$	$(2.5 \sim 3)b$
	>20	<20	—	$(0.6 \sim 0.8)a$	$(2.5 \sim 3)b$

热节种类和冷铁的位置	热节尺寸/mm		冷铁尺寸/mm		
	a	b	d	T_0	W
T字形热节 [图 3-56(g)]	<20	>20	(0.4~0.5)T	(0.4~0.5)T	(2.5~3)b
	<20	<20	(0.3~0.4)T	(0.3~0.4)T	(2.5~3)b
	>20	>20	(0.4~0.5)T	(0.4~0.5)T	(2.5~3)b
	>20	<20	(0.3~0.4)T	(0.3~0.4)T	(2.5~3)b
法兰类热节 [图 3-56(a)、(b)]	法兰厚度<40		冷铁的厚度为法兰厚度的0.5~0.6		
	法兰厚度>40		冷铁的厚度为法兰厚度的0.6~0.8		
凸台类热节 [图 3-56(c)]	凸台厚度<40		冷铁的厚度为凸台厚度的0.6~0.8		
	凸台厚度>40		冷铁的厚度为凸台厚度的0.8~1.0		

因阀体热节圆，特别是阀座处热节圆多为曲面，故阀门铸造中大量使用成形外冷铁（图 3-53 所示）。

外冷铁处钢液的凝固速度为砂型处的两倍以上，其中因导热性好，铸钢外冷铁冷却的速度比铸铁的高两倍。因外冷铁处凝固得快，固态线收缩也开始得早，砂型处没有外冷铁处凝固慢，固态线收缩也晚，因此，在冷铁与砂型交接处就可能产生热裂纹。所以，对于体积大和重量重的外冷铁，在其四边应留有 45°左右的斜坡，以免铸件在冷铁和砂型交接处因冷却速度变化过于激烈而产生裂纹。而且两块对接的外冷铁切不允许存在水平分界线，而应采用互为 30°~45°左右的分界线，为了防止因外冷铁而使铸件产生裂纹，冷铁的长度及它们之间的间距不能超过表 3-21 的规定。

表 3-21 外冷铁的长度及它们之间的间距　　　　　　　单位：mm

冷铁形状	冷铁大小	冷铁长度	间距
圆形	d<25	100~150	12~20
	d=25~45	100~200	20~30
板状	b<10	100~150	6~10
	b=10~25	150~200	10~20
	b>25	200~300	20~30

除了采用铸造成形外冷铁外，阀体内腔导轨、阀体内外的加强筋及某些阀体下箱法兰根部等部位，则是用锻制成形并焊有抓砂钢钉的圆钢外冷铁。

3.3　阀门用合金钢、不锈钢及镍基合金的铸造

3.3.1　合金元素在钢中的作用

(1) 碳（C）

碳是强烈扩大奥氏体区域的元素。在碳素钢中，碳是主要元素，它的含量多少对碳素钢的组织和性能有决定性的作用。它提高钢的强度和硬度，降低钢的塑性和韧性，增加钢的淬硬性和淬透性。碳素铸钢的抗拉强度随着其含碳量增高而增加，含碳量每增加 0.1%，其抗拉强度会提高 0.5~0.6MPa，塑性却降低 4%左右。碳钢的屈服强度也随着含碳量增高而增加，当碳钢中含碳量超过 0.6%以后，它的屈服强度却开始降低，所以国家标准中规定碳素铸钢牌号中最高含碳量为 0.62%。

在固溶状态的奥氏体不锈钢中，碳是以间隙式固溶体存在的。从碳扩大奥氏体区域，稳定奥氏体的角度来看，碳起的作用是有益的；但从耐腐蚀性能来看，碳是有害元素。在平衡状态下，碳在奥氏体内的溶解度随着温度的降低而减少。在低温时，碳的溶解度仅为 0.02%~0.04%。多余的碳以特殊碳化物的形式析出在晶界上，如渗碳体（Fe_3C）、合金渗

碳体（FeM）$_3$C 和特殊碳化物，如 $Cr_{23}C_6$、TiC、Nb_4C_3 等。按照元素与碳的亲和力强弱，其顺序为：Ti（钛）、Nb（铌）、V（钒）、W（钨）、Mo（钼）、Cr（铬）、Mn（锰）、Fe（铁）、Co（钴）、Ni（镍）。即碳和铬的亲和力要比和锰、铁、镍的大。

碳的扩散速度远远大于铬。在奥氏体不锈钢中超过溶解极限的碳集结于晶界与铬形成 $Cr_{23}C_6$。由于 $Cr_{23}C_6$ 中原子铬含量高达 75%，故当它析出时，周围奥氏体铬含量降低，在短时间内不可能由晶内的铬扩散来加以弥补，从而形成 10^{-5} cm 厚度的"贫铬区"。当晶界的铬含量低于抗酸极限含量 12% 时，在许多腐蚀介质中没有抗蚀能力，所以"贫铬区"成为微阳极，$Cr_{23}C_6$ 和其余奥氏体为阴极，建立了腐蚀的微电池，腐蚀介质能深入地渗透到材料内部，先产生微裂纹，而后扩展造成较大的裂纹，从而引起"晶间腐蚀"破坏。产生严重"晶间腐蚀"破坏的工件，可用手指将其碎为粉末。故为了抗晶间腐蚀应尽量降低不锈钢中的碳含量。在奥氏体不锈钢中当碳含量低于 0.02% 时就不会产生晶间腐蚀。同时对奥氏体不锈钢进行固溶热处理，让碳固溶于奥氏体内，对含稳定化合金元素 Ti（钛）、Nb（铌）的不锈钢固溶热处理后再进行"稳定化处理"使碳与钛和铌生成稳定的 TiC、Nb_4C_3，均能有效地提高不锈钢抗晶间腐蚀能力。

在低温钢中，碳虽然是钢中最主要的强化元素，但碳含量增高会急剧恶化钢的低温冲击韧性。其不利影响可归结为形成晶界碳化膜，增加珠光体和增加偏析。因此，低温钢应严格控制其碳含量。根据作者的经验，LCB 低温铸钢碳含量不能高于 0.18%，否则，无法通过低温冲击韧性试验。

另外，碳含量或"碳当量"增加，会使钢的电阻增加，导热系数下降，裂纹倾向增大，切割、焊接性能恶化。但对铸造流动性、吸气性等则有所改善。

(2) 硅（Si）

硅是钢中的重要元素，通常溶于铁素体内，是扩大钢的铁素体区域的元素。它能提高钢的强度和硬度，尤其是增加钢的弹性极限。但超过一定量后会急剧地降低钢的塑性和韧性。硅和其他合金元素，如铬、钼、钨等元素结合，有提高钢的抗腐蚀和抗高温氧化的作用。对于耐热钢来说，因为氧化亚铁（FeO）在 570℃ 时开始形成。在 575℃ 以上生成三层氧化层：最表层为氧化铁（Fe_2O_3），中层为磁性氧化铁 Fe_3O_4，与铁接触的为氧化亚铁（FeO）。氧化亚铁（FeO）为铁的缺位固溶体，也称之为维氏体，在氧化亚铁（FeO）中铁与氧均以离子状态存在。所以铁和氧的离子具有很高的扩散系数，当氧化亚铁（FeO）出现时，铁的氧化速度显著加快。在钢中加入铬、铝、硅等合金元素，可提高氧化亚铁（FeO）出现的温度，改善钢的化学稳定性。如加入 1.14% 的硅使氧化亚铁（FeO）在 750℃ 出现，1.1% 铝＋0.4%硅使氧化亚铁（FeO）在 800℃ 出现。硅加入钢中后，形成的氧化膜的成分和结构都有变化，在含硅的钢中，氧化膜主要是由铁的硅酸盐（Fe_2SiO_4）组成。这种膜具有良好的保护性。但由于硅加入后会增加钢的脆性，故一般硅作为提高钢抗氧化的辅助元素，限制含量在 3% 以下。

在不锈钢中，硅可减轻晶间腐蚀，硅提高不锈钢耐腐蚀性的原因是它能在表面膜中富聚，从而提高钝化膜的保护性。在 18-8 型奥氏体不锈钢中添加硅可提高其对常温稀盐酸和热硫酸的抗蚀性，并可显著地提高其抗浓硝酸的腐蚀性能。

硅是一种良好的脱氧剂，硅和氧的亲和力仅次于铝和钛，而强于锰、铬和钒。钢中硅含量增高时，可提高钢水的流动性。钢中硅含量在 0.40% 范围内可改善钢的热裂倾向。而含量增高时，则易形成柱状晶，降低钢的塑性和冲击韧性，增加钢的热裂倾向，同时显著地降低钢的焊接性能。所以，铸造不锈钢中硅含量一般控制在 1.5% 以下。

(3) 锰（Mn）

锰是良好的脱氧剂和脱硫剂。在钢中一般都含有一定数量的锰，它能消除或减弱钢中因硫所引起的热脆性。但锰易增加钢铁偏析和钢中硫化物、氧化物与硅酸盐等夹杂物的含量。锰与铁形成固溶体，提高钢中铁素体和奥氏体的强度和硬度。锰是扩大铁碳平衡相图中的奥氏体相区的元素，它使钢形成和稳定奥氏体组织的能力仅次于镍。锰可提高氮在钢中的溶解度，锰对不锈钢的耐腐蚀性作用不大，锰仅能提高铬不锈钢在有机酸中的耐腐蚀性能。因为它对提高低碳和中碳珠光体钢的强度和细化珠光体有显著的作用。由于锰是弱碳化物形成元素，在钢中形成渗碳体型碳化物 $(FeMn)_3C$，热处理时易溶入奥氏体内，使 C 曲线右下移，故锰作为合金元素加入调质钢中，主要是增加钢的淬透性，因而可获得有足够韧性条件下的较好强度。所以，锰已成为普通低合金钢中的主要合金元素之一，其含量一般在 1%～2%。不过应该指出，在普通低合金钢中，锰含量增加，其导热系数急剧下降，同时其线膨胀系数增大。这对锰钢的加热和冷却要特别注意，当加热或冷却过快时，由于导热系数低，工件内外部的温度差过大，同时由于其线胀系数大，体积收缩也较大，因而将形成较大的内应力，严重时将造成工件开裂。低锰钢铸造时不宜过早开箱，用氧炔焰切割冒口时应加热到 200～300℃切割，然后缓冷。热处理时正火或退火温度不宜过高，一般以 830～840℃为宜，以避免晶粒长大。

(4) 铬（Cr）

在不锈钢中，在钢中当铬的含量达到 12% 之前，钢的抗腐蚀性能提高不大，当铬含量达到 12.5% 时，钢的耐腐蚀性能陡然提高。人们常把 12% 的含铬量称为"抗酸极限"的含铬量，将这种规律称为"n/8 定律"，即当铬在固溶体中的含量为 n/8（n＝1，2，3…）时，便会发生抗蚀能力突然上升。实验测定，当固溶体中溶入 1/8g 原子铬时（换算成重量百分比为 11.8%），即从含铬量 12% 以上开始，金属基体的电极电位突然由 －0.56V，跃升至 ＋0.2V，才有明显的抗腐蚀性能。所以，把含铬量为 13% 的钢才称之为"不锈钢"。不锈钢的耐腐蚀性，主要是钢本身含铬，即钢中的含铬量达到某一定值（13% 以上）后，铬与铁生成固溶体，就在钢的表面形成一层化学稳定性极为稳定的且与铁结合得很牢固的氧化膜 $(FeO \cdot Cr_2O_3)$。此膜称之为"钝化保护膜"，保护着钢不再继续被腐蚀。必须指出：铬只有在氧化性酸（如硝酸）中表现出良好的抗腐蚀能力，但在非氧化性酸中铬的作用则不如钼、镍和铜耐腐蚀。铬属于扩大铁素体区域的合金元素。当含铬量大于 13% 时的铁-碳合金不出现高温 γ 相区，只有铁素体单相。合金元素钼、钛、铌等也是扩大铁素体区域的元素，故有"铬当量"这一概念：铬当量$[Cr]＝\%Cr＋\%Mo＋1.5\%(Si＋Ti)＋0.5\%Nb$。

在耐热钢中，当在钢中加入合金元素铬时，钢的氧化速率将随着含铬量之增加而下降，铬是提高钢抗氧化的主要合金元素，因为在钢中加入铬后，可提高氧化亚铁（FeO）的出现温度，改善钢的化学稳定性。例如 1.03%Cr 使氧化亚铁（FeO）在 600℃ 的温度出现，1.5%Cr 使氧化亚铁（FeO）在 650℃ 的温度出现。铬加入钢中后，通常在钢的表面形成尖晶石类型的 $FeO \cdot Cr_2O_3$ 或 $MnO \cdot Cr_2O_3$，在含铬量较高时，其表面形成致密的 Cr_2O_3，因而有良好的抗氧化的保护作用。在 600～650℃ 范围内，钢中需要含 5%Cr 才具有足够的抗氧化性；而在 750～800℃ 范围内，需要含 12%～13%Cr；在 900～950℃ 范围内，需要含 20%～21%Cr；1100～1150℃ 需要含 29%Cr。如果铬、铝、硅三者综合利用，则可以更好地利用这些元素的抗氧化性，降低总合金元素用量。在比较高的铬、铝、硅含量时，钢在 800～1200℃ 范围内都不出现氧化亚铁（FeO）。在铬含量为 13%～30% 的铁素体或马氏体中，若在 400～500℃ 长时间加热，可以导致钢的硬度上升和冲击韧性的下降，这种现象称之为"475℃脆性"，所以，单含铬的高温钢应慎采用。

在低合金钢中，铬的应用比较广泛，铬的作用主要是可固溶于铁素体中，使之强化。铬在低合金钢中可形成含铬的渗碳体 $(FeCr)_3C$，而一般铬在碳化物中的浓度要比固溶体中高。在过冷奥氏体分解时，铬需要重新分布，但它在奥氏体中的扩散比较缓慢，同时铬也阻碍碳的扩散，因而提高了奥氏体的稳定性，使奥氏体的转变温度降低，从而细化了转变产物，增加了珠光体的相对量，所以能提高钢的强度，同时保持较高的塑性和韧性，还能提高钢的淬透性。同时含有铬-钼或铬-钼-钒的高温钢通常不会出现冷脆性，因而通常高温钢用铬-钼或铬-钼-钒钢。

铬钢的铸造性能：在低合金钢中，铬显著提高了钢的脆性转变温度，降低钢的低温韧性，增加缩孔体积，并促进树枝状粗晶的形成，从而降低了钢的导热性，使铸件冷裂倾向增大。在 18-8 型不锈钢中，因钢液中含铬高，钢液中的铬表面极易氧化结膜（Cr_2O_3），浇注的铸件容易出现冷隔、重皮等缺陷。

(5) 镍（Ni）

镍是强烈的扩大奥氏体区域的合金元素。使用最普遍的是铬-镍钢和铬-镍-钼钢，这些钢在热处理后，能获得强度和韧性配合良好的综合力学性能。特别是可获得优异的耐腐蚀和抗高温等性能。因此，镍是不锈钢及不锈耐热钢中的主要合金元素。实验证明：由于镍是石墨化元素，在钢中降低碳与基体的相互作用，使碳在基体中的溶解度降低，促使碳以 $Cr_{23}C_6$ 的形式析出，引起不锈钢的晶间腐蚀倾向增大，故一般高铬-镍不锈钢规定碳的上限为 0.08%。镍、锰、铜等元素具有面心立方点阵，氮作为合金元素时，与镍、锰、铜等元素一样，加入钢中可扩大奥氏体相区，并稳定奥氏体相。所以，也有"镍当量"的概念："镍当量"$[Ni] = \%Ni + 0.5\%(Mn + Cu) + 30\%(C + N)$。

镍加入铬不锈钢中能提高铬不锈钢在还原性酸，如硫酸、醋酸、草酸及中性盐特别是硫酸盐中的耐腐蚀性能。镍大量加入钢中对提高钢的抗氧化性有好处，因为铁镍合金在空气中，受到加热时两种金属在开始时可能都以阳离子（亚铁离子和镍离子）的形式向外移入维氏体（FeO）层，但是存在于紧靠金属的氧化皮层中的固溶体内的任何氧化镍都将很快地与金属铁相作用而生成氧化铁和金属镍，维氏体本身也能还原氧化镍。镍在氧化皮中的累积，即在紧靠着膜下面的金属相中形成富镍层会阻抑氧化。所以耐热合金都含有镍。镍在这里主要作用是改进合金的机械性能或是增加奥氏体相的稳定性，镍在控制氧化速度方面的效果是不容忽视的。但镍与硫化物有不良反应，在有硫化物存在的还原性条件下，特别是高温气体中有以 H_2S 状态存在时，镍和 H_2S 有可能形成硫化镍的低共熔混合物，所以将使钢发生严重腐蚀。铸造镍合金时，要选择含硫低的造型材料，作者曾试验过，采用含硫高（固化剂用对甲苯磺酸）的树脂砂铸造铸镍合金（CZ100）时，曾发生过铸镍合金（CZ100）产生硫化镍的问题。镍是对提高钢液的流动性有良好作用的合金元素。

(6) 钼（Mo）

钼是一种重要合金元素，钼在铸钢中可减少铸件裂纹的敏感性，提高钢的耐磨性、耐腐蚀性能和淬透性，还可显著改善铸钢件的低温韧性。

在不锈钢中，添加钼能进一步提高耐酸不锈钢的耐有机酸及过氧化氢、硫酸等的抗腐蚀性能。添加钼的耐酸不锈钢可以阻止材料在含有氯离子时产生"点腐蚀"的倾向；添加 $2\% \sim 4\%$ 的 Mo 的 CF 型奥氏体不锈钢可以减轻晶间腐蚀倾向。并在稀硫酸和稀盐酸中提高其抗腐蚀性能。Mo 在不锈钢中不单独形成自己的碳化钼（Mo_2C），而是溶解于 $Cr_{23}C_6$ 中形成 $(Cr, Mo)_{23}C_6$，由于固定了钢中的碳，因而提高了钢在高温时抗氢腐蚀作用，它也能使钢表面钝化，并提高钢的焊接性能和高温强度。钼能促进 σ 相的产生，是扩大铁素体相区的合金元素，所以为了防止铁素体区域的扩大，在添加钼的同时，应将 18-8 不锈钢中的镍合金元素含量增高到 12% 左右。

在耐热钢中，钼能有效地提高钢的强度，因为它能显著地提高钢的再结晶温度，资料指出：每加 1% Mo 可提高再结晶温度 $115\,^{\circ}\!C$，同时又强烈地提高铁素体的抗蠕变强度。在回火中有效地抑制碳化物的析出和聚集，促使弥散的特殊碳化物 Mo_2C 析出，造成沉淀硬化，使钢在较高温度下，保持较高强度及硬度。故钼是耐热钢的主要合金元素。

(7) 钛（Ti）和铌（Nb）

钛和铌都属于难熔稀有金属，都是扩大铁素体区域的合金元素。钛和铌对碳的亲和力要比铬对碳的亲和力大，因此，在碳化物形成过程中，钛和铌比铬更早与碳结合生成碳化钛（TiC）和碳化铌（Nb$_4$C$_3$），并且碳化钛（TiC）和碳化铌（Nb$_4$C$_3$）在1100℃以下很稳定，不溶于奥氏体，这就排除了在高温及低温下，铬就不会与碳生成Cr$_{23}$C$_6$，因而不锈钢晶界就不至于发生贫铬现象，从而可消除不锈钢的晶间腐蚀。所以，人们把加钛或铌的不锈钢叫"稳定化不锈钢"。为了保证有足够的钛或铌与不锈钢中的碳起稳定化的化学反应，钛或铌在不锈钢中的加入量应为：0.7％≥Ti％≥5(C−0.02)％；1.0％≥Nb％≥10(C−0.02)％。由于铌的加入量比钛加入量多，而且铌的价格比钛贵，故俄罗斯和中国不锈钢都以加钛为主；但美国缺钛而富有铌，故美国铸造不锈钢不加钛仅加铌，如ASTM A351中的CF8C，美国把铌称钶用Cb表示，美国的CF8C不锈钢后面的C表示铌（Cb-钶）。在焊接时铌比钛耐烧损，所以，不锈钢焊条用钢多为加铌的不锈钢。

但是，钛和铌对不锈钢的铸造性能有不良的影响，因为钛或铌生成氧化物、碳化物、氮化物及碳硫化物等，如TiCS等夹杂物，热处理时不能改变其形状和分布。从而恶化了钢液的流动性和增加了钢中夹杂物，降低了钢的塑性及韧性，在铸造应力超过某临界值的作用下会使铸件表面产生"龟裂纹"。过多的钛（＞8％C）或铌（＞10％C）会加大钢产生晶界裂纹的倾向，从而引起另一种晶界腐蚀现象。

在铸钢中加入微量的钛（0.02％）可以细化铸钢的铸态组织，提高铸件的强度和塑性。在铸钢中以钛代铝作脱氧剂可以增加铸件的塑性。在合金钢中，尤其在锰钢中，常加入少量的钛以提高其力学性能，特别是屈服强度。但钛加入量大于0.2％时，对于大多数的低碳钢和低合金钢的力学性能是不利的。

在低合金低温铸钢中，钛和铌是强烈的晶粒细化剂，同时又是脱氧剂、定氮剂和定碳剂。加入适量的钛或铌，就可提高钢的强度和改善低温性能。在低温铸钢中铌对钢的低温性能总的作用优于钛。

(8) 铝（Al）

铝能提高不锈钢在氧化性酸中的耐蚀性，还能提高钢的抗氧化性能。必须指出：钢中含铝量增高时，浇铸时钢液易氧化，生成三氧化二铝（Al$_2$O$_3$），使钢液的流动性变差，容易产生夹杂物，铸造后铸件表面质量差，有时甚至会导致铸件出现冷隔缺陷。同时，钢中铝含量增高时，合金的晶粒粗大，冲击韧性降低，呈现脆性。所以，铝在钢中一般只用于脱氧和因加入量少（＜0.03％）以细化铸钢的晶粒度。铝是强烈扩大铁素体区域的合金元素。

(9) 铜（Cu）

铜是扩大奥氏体相区的元素，在铁中的溶解度不大。在普通低合金钢中含有0.20％～0.50％的铜对于钢在大气中的耐腐蚀性能有良好的作用，在不锈钢中，铜有稳定奥氏体相的作用，在奥氏体不锈钢中，添加2％～3％的铜可提高不锈钢对硫酸、醋酸、冷稀盐酸、盐化氨水及盐水（NaCl）的耐蚀性及抗应力腐蚀性能。如果铜与钼同时加入，则可显著地提高其耐蚀性。在低温钢中：固溶状态的铜对铁素体钢低温韧性有利，碳含量愈少其作用愈大。但含铜过高，则有沉淀硬化作用。富铜层在1100℃以上高温熔化而侵蚀晶界作用，从而降低钢的低温性能。镍可以抑制铜的不良影响（Ni/Cu应为1∶2），这是因为Ni在含Cu钢中防止了由于加热时低熔点铜的Fe-Cu相而引起脆化。铜可改善铸钢钢液的流动性。

(10) 稀土（Re）

稀土金属是一族化学性能相似，且往往共存于同一矿物中的稀土元素，它们是化学元素周期表中"镧系元素"：镧、铈、镨、钕、钷、钐、铕、钆、铽、镝、钬、铒、铥、镱、镥等 15 种元素的统称，在钢中使用最多的稀土金属主要是铈、镧及镨、钕、钷等，在钢号中用 Re 表示。

稀土金属加入钢液后有去气、脱硫和消除低熔点元素的作用，减少非金属夹杂物、改变非金属夹杂物的形状与分布，从而使钢液净化；加入稀土金属元素还能与钢液中的氧、氢、氮等形成稳定的化合物，从而减轻或消除气体对钢的有害作用。稀土金属元素与氧的亲和力仅次于钙而优于铝，因此它在钢中可起到进一步的脱氧作用，加入稀土金属的脱氧作用是因为稀土极易与氧生成高熔点的稀土氧化物（La_2O_3 熔点为 2150℃，Ce_2O_3 熔点 1550℃）；稀土金属元素与氢的作用系放热反应，生成氢化稀土，因而消除了钢中氢的不良影响。当稀土金属含量≤0.1％时，钢中气体总量随着稀土金属元素的增加而降低，其中以稀土量为 0.1％时效果最明显。但当稀土金属元素含量超过 0.1％时，钢中气体总量反而随稀土金属的增加而增加；稀土金属元素也是良好的脱硫剂，稀土元素与硫作用时放出大量的热，并生成一些熔点极高的硫化物（La_2S_3 熔点高约 2100℃、Ce_2S_3 熔点 1925℃、Nd_2S_3 熔点 2204℃）。稀土硫化物 Ce_2S_3 的比重较大（$\gamma=5.184$），为了改善 Ce_2S_3 的上浮条件，一般是在加入稀土金属前后或同时加入硅、锰。总之，稀土金属在钢中的作用可归纳为：去除气体净化钢液、改善铸钢铸态组织及合金化，从而改善钢液的流动性，减轻铸件的热裂倾化等，提高钢的力学性能。

在炼钢中采用的主要是稀土混合金属、稀土铁合金。稀土混合金属的成分为：Ce 45％～55％、La 22％～30％、Nd 15％～18％、Pr 约 5％、其他稀土元素 2％、Fe≤3％及硅、钙、铝等微量元素。稀土铁合金含 Fe 20％～40％。其余为混合稀土金属或 90％～96％ Ce、其余为 Fe。

(11) 硫（S）

硫通常被认为是残存在钢中的有害元素。所以，在优质钢中硫含量不得大于 0.04％。硫太高会因为生成熔点较低的硫化亚铁（FeS 熔点 1190℃），硫化亚铁（FeS）与铁形成共晶体（Fe＋FeS）的共晶温度更低（985℃），硫化亚铁（FeS）与铁和氧化亚铁（FeO）形成的共晶体（Fe＋FeO＋FeS）熔点 940℃。所以，硫化亚铁（FeS）将析集并凝固在晶界上，形成连续的或不连续的网状组织。因而增大了铸件的热裂倾向。在不锈钢中，硫易与钛形成硫化钛（TiS）夹渣，往往造成夹渣裂纹。在不锈钢中，硫是恶化不锈钢抗腐蚀性的有害元素。这是因为硫和铁、锰形成硫化物，它们以单独的相析出后，这些夹杂物可以起阴极作用，从而加速腐蚀速度。这种影响在酸性腐蚀性溶液中尤为显著，这是因为 MnS，（Mn、Ca）S 等夹杂物在中性或酸性水溶液中容易被溶解，夹杂物溶掉后的痕迹与钢之间构成缝隙，使之产生缝隙腐蚀。另外，这些硫化物杂质破坏时形成硫化氢（H_2S）将加速腐蚀。所以，在重要工况中使用的阀门用的不锈钢及抗氢钢中硫含量应控制在≤0.020％。

(12) 磷

在钢中磷通常被认为是有害元素，所以在优质钢中磷含量不得大于 0.04％。因为磷在钢中与铁生成低熔点的磷化三铁（Fe_3P）。磷化三铁（Fe_3P）在钢凝固时沿晶界或枝晶的枝干之间析出，削弱了钢的强度和塑性。在室温时磷化三铁（Fe_3P）极脆，磷的原子半径比铁大许多，溶入铁素体内，造成点阵强烈扭曲，使之脆性增加。当温度降低时产生磷化三铁（Fe_3P）的晶界沉淀，使钢产生"冷脆"。磷的有害作用随着钢中碳和硅的含量增高而加剧。所以，在重要工况中使用的阀门用的碳素及低合金抗氢钢中磷含量应控制在≤0.020％，而不锈钢中磷含量应控制在≤0.030％（因为冶炼不锈钢时，炉渣非碱性的原因，去磷几乎不可能，而且在冶炼过程中因炉墙及合金材料还会增磷。所以，只有靠预先配低磷钢来控制）。

(13) 钒

钒是强化铁素体区域的元素，它和碳、氮、氧都有极强的亲和力，与之形成相应的稳定的化合物。钒在钢中主要以碳化物（V_4C_3）的形态存在。钒在钢中的主要作用：一是细化钢的组织和晶粒，提高晶粒粗化温度，从而降低钢的过热敏感性，并提高钢的强度和韧性；二是当在高温溶入奥氏体时，增加钢的淬透性；相反，若以碳化物形式存在时，将降低钢的淬透性；三是增加淬火钢的回火稳定性，并产生二次硬化效应。钒在钢中的含量，除高速工具钢外，一般均不大于 0.5%。

(14) 氮

氮作为合金元素的时候，在不锈钢中，氮的溶解度取决于氮化物形成元素 Cr 和 Mn 在钢中的含量。研究指出，其关系如下：$N \approx 1/100(Cr+Mn)$，式中 N、Cr、Mn 分别表示三者在钢中的重量百分数。

N 和 C 一样，固溶于 Fe 形成间隙式固溶体。N 在钢中的作用主要是：固溶强化及时效硬化；形成和稳定奥氏体组织（见"镍当量"计算公式：$[Ni] = Ni\% + 0.5 \times (Mn+Cu)\% + 30(C+N)\%$；改善 CF8C 钢的宏观组织，使之致密坚实，并提高其强度等；在用 AOD 炉精炼时要大量用氮气；N 与 Nb 会形成氮化铌，N 在作为合金元素时，氮化铌作为中间合金，而不作为非金属夹杂物。氮化铌它的比重较小，易于上浮至渣中，但总有一部分留在钢中，形成带棱角的夹杂物。这种夹杂物易引起局部应力集中，助长疲劳裂缝的产生。因此，对非金属夹杂物要求严格的高压临氢阀门用 CF8C，氮化铌作为非金属夹杂物，对其含量也要控制。

3.3.2 阀门用铬-钼系高温合金钢的铸造

世界上工业发达国家都有阀门用铬-钼系高温合金钢的国家标准，我国 JB/T 5263—2005《电站阀门铸钢件技术条件》非等效采用 ASTM A217/217M—1996《高温承压零件用马氏体不锈钢和合金钢铸件技术条件》标准，但是只是选择了其中 WC1、WC6、WC9、C12A 等材料，对于阀门行业经常使用的阀门用 Cr-Mo 高温铸钢 C5（ZG1Cr5Mo）、C12（ZGCr9Mo）等钢种，只能参照 ASTM A217/217M 去选用。

(1) 低铬级的铬-钼钢

WC6、WC9 适用的工作介质为水、蒸汽、氢气，不宜用于含硫油品。WC6 适宜工作温度为 −29～540℃，WC9 适宜工作温度为 −29～570℃。

(2) 铬五钼和铬九钼高温钢

C5（ZG1Cr5Mo）、C12（ZGCr9Mo）适用的工作介质为水、蒸汽、含硫油品等。C5（ZG1Cr5Mo）如果用于水、蒸汽时，其最高工作温度为 600℃，用于含硫油品等工作介质时，其最高工作温度为 550℃。因此，规定 C5（ZG1Cr5Mo）的工作温度≤550℃。C12（ZGCr9Mo）用于工作水、蒸汽时，其最高工作温度为 650℃。

(3) 阀门用铬-钼系高温合金钢的铸造

阀门用铬-钼系高温合金钢的铸造难点主要是因为在低、中合金钢中，铬显著提高了钢的脆性转变温度，降低了钢的低温韧性，增加了缩孔体积，并促进树枝状粗晶的形成，从而降低了钢的导热性，使铸件裂纹倾向增大。阀门用铬-钼系高温合金钢易产生裂纹，还由于它属于马氏体组织，它由奥氏体转变为马氏体时，铸件内外层中的奥氏体分解不是同时进行的。对于一定厚度的铸件外层，冷却速度比内层大，奥氏体的分解首先开始，随之继续冷却铸件温度的降低导致收缩，与此同时相邻的内层发生奥氏体向马氏体的转变，奥氏体的比容小（0.122～0.125），马氏体的比容大（0.127～0.130），伴随而来金属体积的增大，内层相应产生膨胀，使得铸件外层金属产生应力，即相变应力。当金属的塑性不足以抵抗内层金属体积膨胀而产生的应力时，裂纹就不可避免地产生了。温差越大，产生的应力也就越大。在铸件切割浇道、冒口、焊补和焊接时，金属的局部温度过热，在铸件上造成极大的温差，同样会产生裂纹。采用呋喃树脂砂铸造，铸型在铸件凝固后期因型砂中树脂等有机物碳化或燃烧发热，对易产生阀体裂纹的钢种，此时树脂砂可以起到降缓铸件冷却和"自回火"的功能，因而对防止铸件因冷却过快，相变应力过大而产生裂纹有一定的帮助作用。

Cr-Mo 高温铸钢的热处理，包括铸件的热处理和焊接时的热处理，要反复进行。铸件切割浇道和冒口及焊补后也要热处理，以消除切割或焊补时产生的温差应力。铸件入库前要进行综合热处理（正火和回火）。由于 Cr-Mo 高温铸钢的热处理工艺复杂，对热处理温度十分敏感，因此，热处理操作时必须严格执行工艺。直接烧煤的热处理炉难以精确地控制炉内温度。因此，只有烧煤气、天然气或液化石油气的热处理炉才可以达到要求。

3.3.3 阀门用耐蚀奥氏体不锈钢及耐热奥氏体不锈钢的铸造

(1) 阀门用耐蚀奥氏体不锈钢及耐热奥氏体不锈钢

我国阀门用奥氏体不锈钢执行美国 ASTM A351 中 CF 型奥氏体-铁素体类不锈钢的标准。CF 型奥氏体-铁素体类不锈钢是美国主要耐腐蚀及耐高温不锈钢种。其中 C 表示在 ≤1200°F（650℃）温度下使用耐腐蚀型，F 表示合金中镍含量≈10%、铬含量≈20%的铬镍不锈钢。CF 型奥氏体-铁素体类不锈钢在适当的热处理情况下，具有优越的铸造性能、切削性能和焊接性能，且它们在 -254℃ 时仍然具有高的韧性和高的强度。国际上把名义成分为 0.08C-19Cr-9Ni 的 CF8 不锈钢，称为基本型，而其他不锈钢都作为这种型号的改型。阀门铸造用不锈钢牌号主要有：CF8、CF3、CF8M、CF3M、CF8C、CG8M、CG3M、CK-20。作者不赞成选用 CF10 作高温阀门，有些人认为 CF10 对应为 304H，用于高温工况阀门是合理的，但铸造不锈耐热钢通常情况下，本身含碳量不会低于 0.040%，又铸造不锈钢含 Si 和 Mn 比轧材 304H 高，再增加不锈钢中碳的含量，而又无固碳的稳定化合金元素钛或铌，所以降低了钢的抗氢腐蚀和抗硫腐蚀的能力，同时它的强度和硬度增加，塑性及韧性降低，导热系数下降，裂纹倾向增大，焊接性能恶化。

中国石油某家大型石化公司的 220 万吨连续重整装置的 110m 高的平台上使用的南方某阀门厂 3 年前提供的 CL300 NPS6 材质为 CF10（CF10 铸字 "10" 是焊出来的）的闸阀，该闸阀工作温度为 530℃，工作介质是 0.6MPa 氢气。其中有两台阀体在 "CF10" 铸字处因出现了网状裂纹，造成高温氢气泄漏着火，导致该套大型装置紧急停车。事故分析会分析认为是焊 CF10 铸字时形成的焊接应力，长期在高温氢气腐蚀作用下，最终导致阀体开裂。

(2) 阀门用高温耐热不锈用钢的等级划分

根据石油炼化行业等所用的高温阀门的工况及工作温度和其对应铸造耐热不锈钢的选型的分析和研究，对阀门的高温等级做了如下 5 个等级的划分。

① 高温Ⅰ级阀门（P$_I$级） 阀门的工作温度>425～550℃，称为高温Ⅰ级（简称 P$_I$级）。P$_I$级阀门的主体材料为以 ASTM A351 标准中的 CF8 为基型的"高温Ⅰ级中碳铬镍稀土钛优质耐热钢"。因 P$_I$级是特定的称呼，在这里包含了用高温不锈钢（P）的概念。因此，如果工作介质为水或蒸汽时，虽然也可用高温钢 WC6（T≤540℃）或 WC9（T≤570℃）；工作介质为含硫油品时虽然也可用高温钢 C5（ZG1Cr5Mo，T≤550℃），但在这里不能将它们称为 P$_I$级。

② 高温Ⅱ级阀门（P$_{II}$级） 阀门的工作温度>550～650℃，称为高温Ⅱ级（简称 P$_{II}$级）。P$_{II}$级高温阀门主要用于炼油厂的重油催化裂化装置，它包含用在三旋喷嘴等部位的高温衬里耐磨闸阀。P$_{II}$级阀门的主体材料为以 ASTM A351 标准中的 CF8 为基型的"高温Ⅱ级中碳铬镍稀土钛钽强化型耐热钢"。

③ 高温Ⅲ级阀门（P$_{III}$级） 阀门的工作温度>650～750℃，称为高温Ⅲ级（简称 P$_{III}$级）。P$_{III}$级高温阀门主要是用在炼油厂的大型重油催化裂化装置上。P$_{III}$级高温阀门主体材料为以

ASTM A351 标准中的 CF8M 为基型的"高温Ⅲ级中碳铬镍钼稀土钛钽强化型耐热钢"。

④ 高温Ⅳ级阀门（P_Ⅳ级） 阀门的工作温度＞750～850℃，称为高温Ⅳ级（简称 P_Ⅳ 级）。P_Ⅳ 级的主体材料为以 ASTM A351 标准中的 CF8M 为基型将 P_Ⅳ 级阀门的工作温度上限定为 850℃。

⑤ 高温Ⅴ级阀门（P_Ⅴ级） 阀门的工作温度＞850℃，称为高温Ⅴ级（简称 P_Ⅴ 级）。P_Ⅴ 级高温阀门必须采用特殊的设计手段，如：衬隔热衬里或水冷、气冷等，方能保证阀门的正常工作。所以，对 P_Ⅴ 级高温阀门的工作温度上限不作规定，这是因为控制阀门的工作温度不是仅靠材料，而采用特殊的设计手段来解决的，但设计手段的基本原理是一样。P_Ⅴ 级高温阀门可根据其工作介质和工作压力及工况要求，采用的特殊设计方法，选用合理的、能满足该阀门的材料。在 P_Ⅴ 级高温阀门中，通常烟道扦板阀或蝶阀的扦板或蝶板常选用 ASTM A297 标准中的 HK-30、HK-40 高温合金，它们能在 1150℃ 以下抗氧化和还原性气体的腐蚀，但不能承受冲击和高压载荷。

把阀门的高温工作温度分为以上 5 级，为阀门的设计、材料的选择提供了科学的依据。

(3) CF8C 不锈钢的铸造

阀门中常选用的不锈钢中 CF8C 不锈钢铸造难度最大。在 CF8C 不锈钢铸造、冶炼、热处理等方面，有许多问题人们还认识和了解不深刻。现从多方面对上述问题进行分析和探讨。

① 铌元素在 CF8C 中的作用 ASTM A351 标准中 CF8C 的"C"就是表示铌（美国用 Cb 表示铌）。铌（Nb）主要是在不锈钢中与碳生成碳化铌（Nb_4C_3），从而降低 C 对耐蚀性的不良影响，改善不锈钢抗晶间腐蚀性能，又由于碳化铌（Nb_4C_3）的熔点高，可作为钢凝固时的结晶晶核，起到细化晶粒的作用。

高压临氢阀门提高钢的抗氢腐蚀性能的主要途径是：一是尽量降低钢中的碳含量，同时必须尽量降低钢中 S 和 P 的含量，特别是 S 的含量应控制在 0.015% 以下，碳钢及铬钼合金钢中的 P 的含量应小于 0.020%，不锈钢中的 P 的含量应小于 0.030%；二是在钢中加入形成稳定碳化物的合金元素 Cr、Mo、Ti、Nb 等，将 C 固定于稳定的碳化物中，例如 $Cr_{23}C_6$、$(Cr、Mo)_{23}C_6$、TiC、Nb_4C_3 等。各种合金元素按与碳（C）的"亲和力"大小排列，其顺序为：Ti、Zr、V、Nb、W、Mo、Cr、Mn。钛和铌与碳的"亲和力"都比铬大，把它们加入钢中后，碳优先与它们结合生成碳化钛（TiC）和碳化铌（Nb_4C_3），这样就避免了析出碳化铬（$Cr_{23}C_6$）而造成晶界贫铬，从而有效防止"晶间腐蚀"。

另外，钛和铌与氮可结合生成氮化钛和氮化铌，钛与氧可结合生成二氧化钛，奥氏体中还能溶解一部分铌（约 0.1%）。考虑这些因素，实际生产中为防止"晶间腐蚀"，铸造不锈钢的钛和铌加入量一般按下式计算：Ti≥5C%～0.8%（轧材 F321 为：Ti≥5C%～0.70%）；Nb≥8C%～1.00%（轧材 F347 为：Nb≥10C%～1.10%）。

需要注意的是，铸造时铌元素含量应控制在碳含量的 10 倍（Nb/C＝10）为宜，且 Nb/Si 含量之比在 4～8 倍时，能减少 σ 相析出，可有效减小铸造热裂纹倾向。

② 氮（N）对 CF8C 的影响 N 在钢中的作用主要是：固溶强化及时效硬化；形成和稳定奥氏体组织；改善 CF8C 钢的宏观组织，使之致密坚实，并提高其强度；在用 AOD 炉精炼时要大量用氮气（见图 3-57）N 与 Nb 会形成氮化铌，N 作为合金元素时，氮化铌作为中间合金，而不作为非金属夹杂物。氮化铌的比重较小，易

图 3-57 AOD 炉精炼 CF8C

于上浮至渣中，但总有一部分留在钢中，形成带棱角的夹杂物。这种夹杂物易引起局部应力集中，助长疲劳裂缝的产生。因此，对非金属夹杂物要求严格的高压临氢阀门用 CF8C，氮化铌作为非金属夹杂物要控制，故对含 N 量也要控制。

中国石化工程建设公司（SEI）在加氢阀技术协议中规定：奥氏体不锈钢铸件氧、氢、氮含量应分别小于 70ppm、3ppm、150ppm（1ppm＝10^{-6}）。

③ CF8C 的铸造工艺要求

a. 浇注系统采用流体分析计算和浇注仿真软件进行模拟，保证钢水浇入时不能形成局部严重过热，并且要保证钢水浇注时不能因浇注系统产生冲砂或夹渣。

b. 铸型和砂芯表层采用优质锆砂或铬矿砂，防止厚壁不锈钢铸件内外型粘砂。

c. 铸造不锈钢铸件时采用"隔砂外冷铁"工艺技术，从而消除不锈钢铸件直接采用外冷铁时产生"钢豆、气孔和冷隔"等表面缺陷。

d. 严格遵循"顺序凝固"原则，确保铸件不产生缩松或缩裂，为此在无法用冒口补缩的铸件部位大量采用外冷铁。

e. 铸造砂型和砂芯时采用兰高阀的"呋喃树脂砂铸钢阀体裂纹及防止对策"独特工艺。

f. 阀体内外模型采用不同缩尺：铸型外模 25‰，芯盒 15‰，保证不因刷涂料而造成铸件壁厚减薄及铸件有相应的"腐蚀余量"。

g. 铸造工艺设计后采用华中科技大学铸造教研室开发的"华铸 CAE 铸造模拟软件"进行计算机立体模拟凝固分析验证，然后再修正完善铸造工艺，从理论验证确保铸件凝固时不产生缩松和裂纹。

④ CF8C 金相组织平衡相图　CF8C 常温时金相组织主要为奥氏体加铁素体。在铁铌碳三元素平衡相图中，有两个四相平衡面：一个在 705℃，另一个在 920℃。

出现在 920℃ 的四相平衡面和在 705℃ 的四相平衡面性质不同，图 3-58 为铁铌碳系在铌含量分别为 0.2％ 和 0.5％ 时的垂直截面平衡相图。

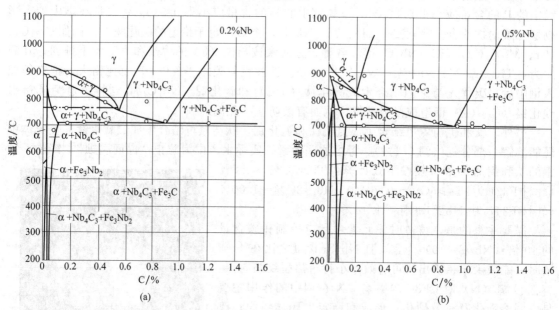

图 3-58　铁铌碳系在铌含量为 0.2％ 和 0.5％ 时的垂直截面平衡相图

⑤ CF8C 中铁素体的作用　铸造奥氏体不锈钢中都含有铁素体，通常铁素体含量控制在40％ 以下。铸造奥氏体不锈钢中含有铁素体的作用有两个：一是提高强度，改善可焊性以及

对某些特殊介质具有最大的耐蚀性，因为 CF 类铸造不锈钢，只有通过基体奥氏体相中并入铁素体的方法获得；二是单相奥氏体不锈钢在焊接时易产生热裂和微裂纹，在焊缝或在热影响区内引起晶间腐蚀，实践证明，在奥氏体焊缝中的铁素体保持在 4％ 左右，则可避免上述缺陷。双相 CF 类合金中存在铁素体组织，可使耐应力腐蚀裂纹破坏的抗力提高，从而提高耐晶间腐蚀的抗力。铁素体的含量超过 10％，使 CF 不锈钢对于上述腐蚀破坏，具有更大的工作安全性。我国 JB/T 11484—2013《高压加氢装置用阀门技术规范》标准中规定：奥氏体不锈钢铸件铁素体含量范围宜为 4％～16％。美国《铸钢手册》（第 5 版）中提到："作为操作规程建议在通常情况下，把平均值或要求控制值的上下波动 ±6 FN（FN 为铁素体数）定为铁素体的控制范围，而理想的情况下，有可能把其控制在上下波动 ±3 FN"。

⑥ CF8C 的热处理　固溶处理＋稳定化热处理是针对含铌或钛的奥氏体不锈钢特有的一种热处理方式。

固溶处理的目的是让钢再结晶和软化，使晶界上的 $Cr_{23}C_6$ 重新溶入奥氏体中。ASTM A351—2006 标准规定：CF8C 铸件热处理时最低温度为 1065℃。所以，CF8C 热处理时高温应不低于 1100～1120℃。选择加热温度主要根据含碳量，通常是含碳量高时取上限，含碳量低时取下限。这类钢加热时应防止表面增碳，因为增碳会使钢对晶间腐蚀的敏感性增大。通常应在中性或稍具氧化性的气氛中加热。对于热处理后不再加工的零件，加热前应注意炉膛的清洁并清除零件表面的油污，以防止加热时使铸钢表面增碳。由于 CF8C 不锈钢含有大量合金元素，导热性很差，所以固溶处理的保温时间通常要长一些。恒温时间应按该热处理炉中最厚铸件的壁厚计算，25.4mm/h。固溶处理的冷却，一般情况采用清水冷却，并应控制冷却水槽水温不能高于 80℃。

稳定化处理是使 $Cr_{23}C_6$ 进一步溶解，碳与铌或钛以碳化物（Nb_4C_3、TiC）的形式析出，从而达到稳定组织的目的，提高抗晶间腐蚀的能力。含钛和铌的钢"固溶处理"后得到单相奥氏体组织，这种组织处于不稳定状态，当温度升高到 450℃ 以上时，固溶体中的碳逐步以碳化物的形态析出。650℃ 是 $Cr_{23}C_6$ 形成温度，900℃ 是 TiC 形成温度，920℃ 是 Nb_4C_3 形成温度。要防止晶间腐蚀就要减少 $Cr_{23}C_6$ 含量，使碳化物全部以 TiC 和 Nb_4C_3 形态存在。由于钛和铌的碳化物比铬的碳化物稳定，钢加热到 700℃ 以上时，铬的碳化物就开始向钛和铌的碳化物转化。"稳定化处理"是将钢加热到 850～930℃ 之间，保温后（以最厚的铸件壁厚 25.4mm/h 保温进行计算）空冷或炉冷，此时铬的碳化物全部分解，形成稳定的 TiC 和 Nb_4C_3，钢的抗晶间腐蚀性能得到改善。

在实际的操作执行过程中，往往是热处理过后，铸造阀体由于收缩应力的作用会在应力集中（热应力及收缩应力）区域出现微小的表面冷裂纹。这要求尽量地要从铸件的形状、壁厚等方面着手减小热处理冷却时造成的工件不均衡应力，主要从升温速度、恒温时间、降温速度及加热、降温的均匀性等多方面找原因。特别注意铸造阀体等工件装炉时距炉墙、炉底、炉门要保持一定距离，不允许火焰直接喷烧，严禁过热、过烧和过度氧化；同时恒温时间一定要有保证，这是因为铌或钛的含量相对铬来说要少得多，加上铌和钛的原子比铬大，扩散就比铬困难，只有足够的时间才能最终以碳化物 TiC 和 Nb_4C_3 的形态存在。

⑦ CF8C 热处理和酸洗后表面裂纹的分析　铸件冒口根部局部过热严重，使得冒口部位增碳、增硫概率增大。热处理温度偏低或在热处理的高温区域恒温时间不够，是造成铸件表面形成龟裂的主要原因。当不锈钢 CF8C 热处理温度偏低或在热处理的高温区域恒温时间不够时，铸件表面的高碳、高硫、高磷不足以充分扩散而固溶于奥氏体中，造成晶界贫铬和高硫、高磷等而使抗腐蚀性和抗裂纹倾向严重降低，且有脆硬相 σ 相存在，其塑性和韧性变低。所以，在铸件酸洗后，铸件表面的高碳、高硫及高磷使抗酸腐蚀性和抗裂纹倾向严重降低，特别是在晶界间生成碳化铬（$Cr_{23}C_6$），形成贫铬区及尖晶石型硫化物 $FeCr_2S_4$ 和脆硬

相 σ 等而造成表面出现龟裂纹。这就是为什么同一铸件有的部位出现裂纹而有的部位没有出现裂纹的原因，图 3-59 为某石化公司装置上安装阀门后表面进行 PT 检测实物图。图 3-60 为 CF8C 铸件进行稳定化处理后表面进行 PT 检测实物图。

图 3-59　CF8C 阀门安装在装置上作 PT 检验时发现表面裂纹　　　图 3-60　CF8C 稳定化后作 PT 检验无裂纹

3.3.4　阀门用双相不锈钢的铸造

双相不锈钢是在其固溶组织中铁素体相（α）与奥氏体相（γ）大约各占一半，一般铁素体相的含量应不低于 30% 的不锈钢。双相不锈钢从 20 世纪 40 年代在美国诞生以来，已经发展到第三代。它的主要特点是屈服强度可达 400~550MPa，是普通不锈钢的 2 倍；在抗腐蚀方面，特别是介质环境比较恶劣如海水、氯离子含量较高的条件下，双相不锈钢的抗点蚀、缝隙腐蚀、应力腐蚀性能，明显优于普通的奥氏体不锈钢。双相不锈钢中铁素体相（α）与奥氏体相（γ）各占一半时，双相不锈钢具有最好的综合性能。ASTM 标准中的双相不锈钢与奥氏体不锈钢相比，它还是一种节镍型不锈钢。双相不锈钢在工业阀门包括潜艇上用的阀门上的应用越来越广泛。为了保证双相不锈钢具有优良的耐腐蚀性能，双相不锈钢的含 C 量通常控制在低碳级（≤0.08%）或超低碳级（≤0.03%）的范围内。在美国 ASTM 标准中双相不锈钢中 Cr 含量通常在 20.0%~28.0%，Ni 含量在 4.0%~11.0% 范围内。双相不锈钢还含有抗点蚀、缝隙腐蚀、应力腐蚀、耐晶间腐蚀性能优异的合金元素 Mo、Cu、Nb 或 Ti、N 等。在铬镍不锈钢中，人们使用"铬当量"[Cr] 和"镍当量"[Ni] 来计算和评估不锈钢固溶金相组织中铁素体相（α）和奥氏体相（γ）的比例。双相不锈钢的铁素体（α）和奥氏体（γ）的比例除与合金元素含量有密切关系外还与热处理有关系。双相不锈钢兼有奥氏体（γ）和铁素体（α）不锈钢的特点。与铁素体（α）不锈钢相比，双相不锈钢的塑性、韧性更高，耐晶间腐蚀性能和焊接性能均显著提高，同时还保持有铁素体不锈钢的"475℃脆性"以及导热系数高，具有超塑性等特点。与奥氏体（γ）不锈钢相比，双相不锈钢强度高且耐晶间腐蚀和耐氯化物应力腐蚀有明显提高。但双相不锈钢的使用温度应严格控制在 600°F（316℃）以内，因为双相不锈钢使用温度超过 600°F（316℃）时，双相不锈钢会发生热老化和"475℃脆性"。我国阀门行业尚无双相不锈钢技术标准，国家标准"工业阀门双相不锈钢铸件技术条件"正在制订中。

我国工业阀门用铸造双相不锈钢，目前可参考 ASTM A890—1999（2007 修改版）或更新版本《铸造铁-铬-镍-钼双相（奥氏体/铁素体）耐腐蚀不锈钢标准规范》。

① 铸造双相不锈钢牌号及化学成分　ASTM 标准中所用的铸造双相不锈钢的牌号，如 1A（CD4MCu）；1B（CD4MCuN）；1C（CD3MCuN）；2A（CE8MN）；3A（CD6MN）；

4A（CD3MN）；5A（CE3MN）；6A（CD3MWCuN），这种牌号不符合世界各国（包括美国）以不锈钢主要合金成分命名的规则，让使用者不能一目了然地看出钢的主要合金和含量。所以，文章中采用以不锈钢主要合金成分命名的规则，分别采用 CD4MCu；CD4MCuN；CD3MCuN；CE8MN；CD6MN；CD3MN；CE3MN；CD3MWCuN 作为工业阀门用铸造双相不锈钢的牌号。工业阀门用铸造双相不锈钢牌号及化学成分应符合表 3-22 的规定。我国电力行业烟气脱硫用铸造双相不锈钢阀门，也有采用德国 DIN 标准的 1.4529 牌号的铸造双相不锈钢，1.4529 牌号的双相不锈钢化学成分（%）为：C≤0.020；Si≤1.00；Mn≤2.00；P≤0.030；S≤0.015；Cr 为 19.0～21.0；Ni 为 24.0～26.0；Mo 为 6.00～7.00；N 为 0.15～0.25；Cu 为 0.50～1.50。

表 3-22　工业阀门用铸造双相钢牌号及化学成分（%）　　　　　单位：%

类型	25Cr-5Ni-Mo-Cu	25Cr-5Ni-Mo-Cu-N	25Cr-6Ni-Mo-Cu-N	24Cr-10Ni-Mo-N	25Cr-5Ni-Mo-N	22Cr-5Ni-Mo-N	25Cr-7Ni-Mo-N	25Cr-7Ni-Mo-N
牌号	CD4MCu	CD4MCuN	CD3MCuN①	CE8MN	CD6MN	CD3MN	CE3MN①	CD3MWCuN①
C	≤0.04	≤0.04	≤0.030	≤0.08	≤0.06	≤0.03	≤0.03	≤0.03
Mn	≤1.00	≤1.00	≤1.20	≤1.00	≤1.00	≤1.50	≤1.50	≤1.00
Si	≤1.00	≤1.00	≤1.10	≤1.50	≤1.00	≤1.00	≤1.00	≤1.00
P	≤0.040	≤0.040	≤0.030	≤0.040	≤0.040	≤0.040	≤0.040	≤0.030
S	≤0.040	≤0.040	≤0.030	≤0.040	≤0.040	≤0.020	≤0.040	≤0.025
Cr	24.5～26.5	24.5～26.5	24.0～26.7	22.5～25.5	24.0～27.0	21.0～23.5	24.0～26.0	24.0～26.0
Ni	4.75～6.00	4.70～6.00	5.6～6.7	8.0～11.0	4.0～6.0	4.5～6.5	6.0～8.0	6.5～8.5
Mo	1.75～2.25	1.7～2.3	2.9～3.8	3.0～4.5	1.75～2.5	2.5～3.5	4.0～5.0	3.0～4.0
Cu	2.75～3.25	2.7～3.3	1.40～1.90	/	/	≤1.00	/	0.5～1.0
W	/	/	/	/	/	/	/	0.5～1.0
N	/	0.10～0.25	0.22～0.33	0.10～0.30	0.15～0.25	0.10～0.30	0.10～0.30	0.10～0.30

①　%Cr+3.3%Mo+16%N≥40%。

②　铸造双相不锈钢的铸造和冶炼　工业阀门用铸造双相不锈钢为低碳或超低碳高铬低镍不锈钢，钢液流动性较差，所以浇注温度应适应提高；同时铸件裂纹倾向较大，铸造双相不锈钢应采用在铸件冷却时有"自回火"功能的呋喃树脂砂铸造，可减少铸件冷却时的裂纹倾向。冶炼时除应严格控制钢中 C 含量外，还应严格控制影响裂纹倾向的 S 和 P 的含量，并且要进行精确计算冶炼时的合金元素 Cr、Ni、Mo、Cu、N、Nb 等烧损率或收得率以及冶炼的成品钢中这些合金元素，包括 C 的含量值，并在炼钢前就要计算好钢中铁素体相（α）和奥氏体相（γ）的含量比例，包括采用热处理后双相不锈钢中铁素体相（α）和奥氏体相（γ）的预期比例，使其达到要求的双相比例。双相不锈钢铸件浇道和冒口应采用等离子弧切割，由于采用等离子弧 7000～10000℃左右的高温快速切割，一方面可减少铸件切口处铬等合金元素的烧损，同时可减少铸件切割区铸件的裂纹倾向。

③　铸造双相不锈钢的力学性能　工业阀门用铸造双相不锈钢各牌号的力学性能应符合表 3-23 的规定。

表 3-23　工业阀门用铸造双相不锈钢各牌号的力学性能

类型	25Cr-5Ni-Mo-Cu	25Cr-5Ni-Mo-Cu-N	25Cr-6Ni-Mo-Cu-N	24Cr-10Ni-Mo-N
牌号	CD4MCu	CD4MCuN	CD3MCuN①	CE8MN
抗拉强度 σ_b/MPa	≥690	≥690	≥690	≥655
屈服强度 σ_s/MPa	≥485	≥485	≥450	≥450
延伸率 δ/%	≥16	≥16	≥25	≥25
类型	25Cr-5Ni-Mo-N	22Cr-5Ni-Mo-N	25Cr-7Ni-Mo-N	24Cr-7Ni-Mo-N
牌号	CD6MN	CD3MN	CE3MN①	CD3MWCuN①
抗拉强度 σ_b/MPa	≥655	≥620	≥690	≥690
屈服强度 σ_s/MPa	≥485	≥415	≥515	≥450
延伸率 δ/%	≥25	≥25	≥18	≥25

①　%Cr+3.3%Mo+16%N≥40%。

④ 铸造双相不锈钢的热处理　工业阀门用铸造双相不锈钢铸件热处理应按表 3-24 中的要求进行，热处理炉应该是烧煤气或天然气的，可保证炉温准确控制的或采用计算机精确调控的，不接受烧煤炭的热处理炉。热处理炉必须要有热电偶高温仪表记录并绘出炉温曲线。

表 3-24　铸造双相不锈钢的热处理要求

牌号	热处理要求
CD4MCu CD4MCuN CD3MCuN	最低加热到 1040℃，并保持足够时间使铸件加热均匀，然后在水中淬火或其他方式迅速地冷却
CE8MN	最低加热到 1120℃，并保持足够时间使铸件加热均匀，然后在水中淬火或其他方式迅速地冷却
CD6MN	最低加热到 1070℃，并保持足够时间使铸件加热均匀，然后在水中淬火或其他方式迅速地冷却
CD3MN	最低加热到 1120℃，并保持足够时间使铸件加热均匀，然后随炉冷却到不低于 1010℃，并恒温不低于 15min。然后在水中淬火或其他方式迅速地冷却
CE3MN	最低加热到 1120℃，并保持足够时间使铸件加热均匀，再随炉冷却到不低于 1045℃，然后在水中淬火或其他方式迅速地冷却
CD3MWCuN	最低加热到 1100℃，并保持足够时间使铸件加热均匀，然后在水中淬火或其他方式迅速地冷却

3.3.5　阀门用耐蚀镍基合金的铸造

(1) 工业阀门用铸造耐蚀镍基合金

工业阀门用的铸造耐蚀镍基合金，采用 ASTM A494/A494M—2014《镍和镍基合金铸件技术规范》中的铸镍（Ni），镍-铜（Ni-Cu），镍-钼（Ni-Mo），镍-铬（Ni-Cr）等耐腐蚀合金铸件。但不是 ASTM A494/A494M—2014 中全部的铸镍（Ni），镍-铜（Ni-Cu），镍-钼（Ni-Mo），镍-铬（Ni-Cr）和其他耐腐蚀合金铸件。本文按照人们多年来的习惯称呼，对工业阀门用铸造耐蚀镍基合金牌号材料分得比标准 ASTM A494/A494M—2014 细致些，把 ASTM A494/A494M—2014 中的"Ni-Cr"类合金分为"Ni-Cr-Fe"（Inconel 和 Incoloy 合金）及"Ni-Cr-Mo"（Hastelloy C 合金）。工业阀门用铸造耐蚀镍基合金的分类及其化学成分（完全符合 ASTM A494/A494M—2014 中的要求）见表 3-25，它们的热处理要求见表 3-26，合金材料的机械性能（完全符合 ASTM A494/A494M—2014 中的要求）见表 3-27。CN7M 合金虽然不包括在 ASTM A494/A494M—2014 中，但也把它当作铸造耐蚀镍基合金。

表 3-25　铸造耐蚀镍基合金的分类及其化学成分（％）要求

合金类型	Ni	Ni-Cu		Ni-Mo			Ni-Cr-Fe		Ni-Cr-Mo					
牌号	CZ100	M35-1	M30C	N3M	N7M	N12MV	CY40	CU5MCuC	CW12MW	CW6M	CW2M	CW6MC	CX2MW	CX2M
C	≤1.00	≤0.35	≤0.30	≤0.03	≤0.07	≤0.12	≤0.40	≤0.05	≤0.12	≤0.07	≤0.02	≤0.06	≤0.02	≤0.02
Mn	≤1.5	≤1.5	≤1.5	≤1.00	≤1.00	≤1.00	≤1.50	≤1.0	≤1.00	≤1.00	≤1.00	≤1.00	≤1.00	≤1.00
Si	≤2.00	≤1.25	1.0~2.0		≤0.50	≤1.00	≤3.00	≤1.0	≤1.00	≤1.00	≤0.80	≤1.00	≤0.80	≤0.50
P	≤0.03	≤0.03	≤0.03	≤0.03	≤0.03	≤0.03	≤0.03	≤0.03	≤0.03	≤0.03	≤0.03	≤0.015	≤0.025	≤0.02
S	≤0.02	≤0.02	≤0.02	≤0.02	≤0.02	≤0.02	≤0.02	≤0.020	≤0.02	≤0.02	≤0.02	≤0.015	≤0.02	≤0.02
Cu	≤1.25	26.0~33.0	26.0~33.0				B	1.50~3.50	B	B	B	B	B	B
Mo				30.0~33.0	30.0~33.0	26.0~30.0	B	2.5~3.5	16.0~18.0	17.0~20.0	15.0~17.5	8.0~10.0	12.5~14.5	15.0~16.5
Fe	≤3.00	≤3.50	≤3.50	≤3.00	≤3.00	4.0~6.0	≤11.0	余量	4.5~7.5	≤3.00	≤2.00	≤5.0	2.0~6.0	≤1.50

合金类型	Ni	Ni-Cu		Ni-Mo			Ni-Cr-Fe		Ni-Cr-Mo					
Ni	95.00min	余量	余量	余量	余量	余量	余量	38.0~44.0	余量	余量	余量	余量	余量	余量
Cr				≤1.0	≤1.0	≤1.00	14.0~17.0	19.5~23.5	15.5~17.5	17.0~20.0	15.0~17.5	20.0~23.0	20.0~22.5	22.0~24.0
Nb		≤0.50	1.0~3.00				B	0.60~1.20	B	B	B	3.15~4.50	B	B
W							B	B	3.75~5.25	B	≤1.0	B	2.5~3.5	B
V				B	B	0.20~0.60	B	B	0.20~0.40	B	B	B	≤0.35	B

注: 1. 表中"B"为允许存在的微量元素。

2. 表中 CZ100 为工业阀门用"铸镍"（Cast Nickel）的铸件牌号。

3. 表中 M35-1, M30C 为工业阀门用 Ni-Cu 合金铸造"蒙乃尔合金"（Monel）的铸件牌号。

4. 表中 CY40 为工业阀门用 Ni-Cr-Fe 合金铸造"英康乃尔合金"（Inconel）的铸件牌号。

5. 表中 CU5MCuC 为工业阀门用 Ni-Cr-Fe（准确说为 Fe-Ni-Cr）合金铸造"英康洛伊合金"（Incoloy）的铸件牌号。

6. 表中 N3M, N7M, N12MV 为工业阀门用 Ni-Mo 合金铸造"哈氏 B 合金"（Hastelloy B）的铸件牌号。

7. 表中 CW12MW, CW6M, CW6MC（C-276），CW2M（C-4），CX2MW, CX2M 为工业阀门用 Ni-Cr-Mo 合金铸造"哈氏 C 合金"（Hastelloy C）的铸件牌号。

表 3-26　铸造耐蚀镍基合金的热处理要求

牌号	热处理要求
CZ100, M35-1, CY40 Class1, M30C,	铸态供货
N12MV, N7M, N3M	铸件应加热到不低于 1095℃ 固溶化处理
CW12MW, CW6M, CW6MC, CW2M	铸件应加热到不低于 1175℃ 固溶化处理
CY40 Class2	铸件应加热到不低于 1040℃ 固溶化处理
CX2MW	铸件应加热到不低于 1210℃ 固溶化处理
CU5MCuC	铸件应加热到不低于 1150℃ 固溶化处理，然后在 940~990℃ 进行稳定化处理
CX2M	铸件应加热到不低于 1150℃ 固溶化处理

表 3-27　铸造耐蚀镍基合金的机械性能

牌号	CZ100	M35-1	M30C	N12MV	N3M	N7M	CY40	CW12MW	CW6M	CW2M	CW6MC	CX2MW	CU5MCuC	CX2M
抗拉强度/MPa	≥345	≥450	≥450	≥525	≥525	≥525	≥485	≥495	≥495	≥495	≥485	≥550	≥520	≥495
屈服强度/MPa	≥125	≥170	≥225	≥275	≥275	≥275	≥195	≥275	≥275	≥275	≥275	≥310	≥240	≥270
延伸率(50mm)/%	≥10.0	≥25.0	≥25.0	≥6	≥20.0	≥20.0	≥30.0	≥4.0	≥25.0	≥20.0	≥25.0	≥30.0	≥20.0	≥40.0

① 热处理　镍基合金铸件的热处理是为了改善耐腐蚀性能、提高机械性能及改善机械加工工艺性能。铸镍和镍基合金铸件铸件热处理要求见表 3-26，合金 CY40 Class1 为铸态供货，CY40 Class2 为了提高其耐腐蚀性能，要进行固溶化热处理。

② 补焊及焊接　工业阀门用铸镍合金铸件，不接受重大补焊；工业阀门用镍基合金铸件不接受热处理后再补焊；工业阀门用铸镍合金和镍基合金铸件时，因为可焊性差，只接受阀门与管道采用法兰连接的连接形式，而不接受阀门与管道对焊连接的连接形式；工业阀门用铸镍合金和镍基合金铸件时，一是为了保留其本身的良好耐蚀性，二是某些抗阻燃性优异的合金（如 M35-1 合金和 CY40 及 CW6MC 合金）对氧气介质安全的要求，不适用阀门的

密封副堆焊钴-铬-钨硬质合金或其他硬质合金，而采用铸镍合金和镍基合金本体（W）的密封副。

(2) 耐蚀阀门用蒙乃尔合金

蒙乃尔（Monel）合金是镍基耐蚀合金中的 Ni-Cu 系合金，其典型成分为 70％Ni 和 30％Cu，它是镍基耐蚀合金中应用最广泛的合金。Monel 合金既具有较高的强度和韧性，又具有优良的抗还原酸、强碱介质和海水等腐蚀的性能，因此，通常用于制造输送氢氟酸（HF）、盐水、中性介质、碱盐及还原性酸介质的设备。Monel 合金也适用于干燥氯气、氯化氢气、高温氯气（425℃）及高温氯化氢（450℃）等介质，但不抗含硫介质和氧化性介质（如硝酸等）的腐蚀，因为 Ni、S 与活性氧有剧烈反应，易形成 Ni_3S_2 和 NiO。蒙乃尔合金在高压工业纯氧气中具有极高的阻燃性，因此蒙乃尔合金是制造高压及"极高压力氧气阀门"的主要材料。

Monel 合金有铸造合金和变形合金（轧材）两大类。用于制造耐蚀阀门常用的变形 Monel 合金是 Monel 400 和 Monel K500 这 2 种牌号。

美国铸造 Monel 合金在 ASTM　A494 标准中有 M35-1、M35-2、M-30H、M-25S 和 M-30C 这 5 种牌号（见表 3-28）。在美国联帮标准 QQ-N-288 中也有 A 级、B 级、C 级、D 级和 E 级 5 种铸造 Monel 合金（见表 3-29）。

表 3-28　ASTM　A494 标准中铸造 Monel 合金

合金牌号	化学成分/%								机械性能			
	C	Mn	Si	P,S	Cu	Fe	Ni	Nb	σ_b/MPa	σ_s/MPa	δ/%	HB
M35-1[①]	≤0.35	≤1.50	≤1.25	≤0.03	26.0~33.0	≤3.5	余		≥450	≥170	≥25	
M35-2	≤0.35	≤1.50	≤2.00	≤0.03	26.0~33.0	≤3.5	余		≥450	≥205	≥25	
M35-30H	≤0.30	≤1.50	2.7~3.7	≤0.03	27.0~33.0	≤3.5	余		≥690	≥415	≥10	243~294[②]
M-25S	≤0.25	≤1.50	3.5~4.5	≤0.03	27.0~33.0	≤3.5	余					[③]
M-30C[①]	≤0.30	≤1.50	1.0~2.0	≤0.03	26.0~33.0	≤3.5	余	1.0~3.0	≥450	≥225	≥25	125~150[②]

① 若要求可焊性，应订购牌号 M35-1 或 M-30C。
② 为某一资料参数。
③ HB 最小为 300。

表 3-29　QQ-N-288 标准中铸造 Monel 合金

QQ-N-288	化学成分/%							机械性能			
	C	Mn	Si	Cu	Fe	Ni	Nb+Ta	σ_b/MPa	σ_s/MPa	δ/%	HB
A 级	≤0.35	≤1.50	≤2.00	26.0~33.0	≤2.5	62~68		≥448	≥224	≥25	125~150
B 级	≤0.30	≤1.50	2.7~3.7	27.0~33.0	≤2.5	61~68		≥689	≥455	≥10	240~290
C 级	≤0.20	≤1.50	3.3~4.3	27.0~31.0	≤2.5	≥60		≥825	≥550	≥10	250~300
D 级	≤0.25	≤1.50	3.5~4.5	27.0~31.0	≤2.5	≥60					≥300
E 级	≤0.30	≤1.50	1.0~2.0	26.0~33.0	≤2.5	≥60	1.0~3.0	≥448	≥221	≥25	125~150

M35-1、M35-2 及 QQ-N-288 中的 A 级和 E 级通常用于制造精炼的 Monel 合金泵、阀门和配件。而含 Si 量高的 B 级（3.5％Si）Monel 合金，因强度高，既耐腐蚀又耐磨损，因

此主要用于制造要求抗磨性好的轴和耐磨环。D 级（4.0%Si）Monel 合金用于制造要求耐磨性更高的部件。Monel 合金阀门有整体和内件两大类型。整体蒙乃尔合金阀门是指阀门的壳体和内件均为 Monel 合金，它主要炼油厂烷基化装置中的 HF 酸再生塔部分。此外整体蒙乃尔合金阀门也用于高压纯氧等工况及炼油厂催化剂生产中的无灰添加剂和氯碱厂高浓度的氯碱盐液系统等工况中。Monel 合金内件阀门系指阀门的壳体材质为碳钢或不锈钢，而阀门的内件材质为 Monel 合金的阀门。以碳钢为壳体的 Monel 合金内件阀门主要用于炼油厂烷基化装置上的 HF 酸系统的低温区域，需要指出的是，碳钢阀门常用的 Cr13 型密封材料不能抵抗 HF 的腐蚀，而内件为 Monel 合金时可以保证阀门的密封性能。而且用 Monel 合金内件阀门其成本要比整体蒙乃尔合金阀门便宜得多。以碳钢为壳体的 Monel 合金内件阀门也可以用于海水等介质的工况中。阀门壳体材质为不锈钢的 Monel 合金内件阀门，是用在乙烯、丙烯、液氧、纯氧及海水和其他工况中。烷基化装置上使用的整体 Monel 合金阀门和 Monel 合金内件阀门，从安全角度考虑要求选用压力级为 Class300 磅级的。用于其他工况中的 Monel 合金内件阀门，压力级有 Class150～Class2500 等。航天工程用的 Monel 合金"极高压力氧气阀门"，压力等级为 Class1500～Class2500。

Monel 合金的熔炼和铸造技术是决定能否生产出合格的 Monel 合金铸件的关键。因为 Monel 合金树枝晶发达（如图 3-61 所示），缩孔、缩松率大、吸气（吸氢、吸氧）倾向极大，还会与造型材料（用呋喃树脂自硬砂时）发生渗 S 化学反应，从安全角度考虑，Monel 合金阀门用在氢氟酸、氯气、氯化氢气体等剧毒和氧气等高危险性介质中，要求其铸件按 A 级管道用阀门进行射线探伤检验。

图 3-61　冶炼时未进行变质孕育处理的 CZ100 铸镍合金试棒的发达枝晶

虽然在美国标准中指出，铸造 M35-1 铸件可以焊补，但根据多年的生产经验证明，铸造 Monel 合金的可焊性极差，补焊的铸件质量难以保证。因此，规定铸造蒙乃尔合金不允许补焊。

尽管铸造蒙乃尔合金有许多牌号，但用于铸造蒙乃尔合金阀门铸件时，主要采用 ASTM A494 标准中的 M35-1。铸造 Monel 合金和变形蒙乃尔合金在化学成分上的变动很小（见表 3-30），但这种变动对变形合金来说满足了其较好的变形能力，而对铸造蒙乃尔合金则提供了较好的铸造性能。这就是为什么在铸造时要用铸造蒙乃尔合金牌号；选用轧材时要用变形蒙乃尔合金牌号的理由。

表 3-30　阀门常用铸造和变形蒙乃尔合金化学成分（%）

牌号	C	Mn	Si	P	S	Cu	Fe	Ni	其他
M35-1	≤0.35	≤1.50	≤1.25	≤0.03	≤0.03	26.0～33.0	≤3.5	余	
Monel 400	≤0.30	≤2.00	≤0.50		≤0.024	余	≤2.5	63.0～70.0	Al:2.5～3.5
Monel K500	≤0.25	≤1.50	≤0.50		≤0.01	余	≤2.0	63.0～70.0	Ti:0.35～0.85

(3) 英康乃尔和英康洛依合金

CY-40、Inconel（英康乃尔）、Incoloy（英康洛依）是镍基合金中的 Ni-Cr-Fe 系合金，其中含 Fe 量较低的称其为 Inconel 合金，含 Fe 量较高的称其为 Incoloy 合金。Incoloy（英康洛依）合金因含 Fe 量高达 45%，因此，它实际上是镍基合金中的 Fe-Ni-Cr 合金。在目前耐蚀镍基合金中，它们在阀门生产上的应用量是仅次于 Monel（蒙乃尔）合金的重要合金。英康乃尔合金主要用于抗应力腐蚀，尤其适用于高浓度的氯化物介质。当 Ni 含量大于 45%时，对氯化物的应力腐蚀几乎是免疫的。此外，它还能抗沸浓硝酸、发烟硝酸、含硫和钒的高温气体及燃烧物的腐蚀；CY-40 还被广泛用于制造核动力工厂的锅炉给水系统的部件，因为它比不锈钢的安全性更好；同时，它还适用于需要高强度、高压密封状态的高抗腐蚀性能以及在高温下具有抗机械磨损和抗氧化能力的工业生产中。煤化工厂气化车间，用 Inconel 600 及 Inconel 625 合金生产用于 Class900～Class1500 高压、高纯度的氧气阀门等。

(4) 耐蚀阀门用哈氏合金

哈氏合金（Hastelloy）是镍基合金中的 Ni-Mo-Fe 系、Ni-Mo-Cr 系、Ni-Mo-Cr-Fe 系、Ni-Cr-Mo-Cu 系及 Ni-Si 系耐蚀耐热合金的商业名称。哈氏合金有：Hastelloy A、Hastelloy B、Hastelloy C、Hastelloy D、Hastelloy F、Hastelloy G、Hastelloy N、及 Hastelloy W 等牌号，因此它是一个合金系列（表 3-31）。

表 3-31 哈氏合金化学成分

类别	合金	主要成分
Ni-Mo-Fe 合金	Hastelloy A	Ni53，Mo22，Fe22
Ni-Mo-Fe 合金	Hastelloy B(Chlorimet 2)	Ni61，Mo26～30，Fe4～7，Co2.5，Cr1.0
Ni-Mo-Cr 合金	Hastelloy C(Chlorimet 3)	Ni51～54，Mo15～18，Fe4～7，Cr14.5～17.5，Co2.5，W3.0～5.25
Ni-Mo-Cr 合金	Hastelloy N	Ni70，Mo17，Fe5，Cr7
Ni-Mo-Cr-Fe 合金	Hastelloy F	Ni48，Mo5.5～7.5，Fe13.5～17，Cr21～23，Co2.5
Ni-Cr-Mo-Cu 合金	Hastelloy G	Ni58，Cr22，Cu6，Mo6，Fe6
Ni-Si 合金	Hastelloy D	Ni82～83，Si7.5～10，Cr1.0，Co1.5，Fe2.0，C0.10

哈氏合金（Hastelloy）用于耐蚀阀门上的，主要是哈氏合金 B（Hastelloy B）和哈氏合金 C（Hastelloy C）这两大类。在美国 ASTM A494/A494M—2013 标准中，对哈氏合金（Hastelloy）也只列出了哈氏合金 B（Hastelloy B）和哈氏合金 C（Hastelloy C）。在 ASTM A494 标准中：哈氏合金 B（Hastelloy B）其铸造合金牌号为 N12MV（有的资料称之为 N12M-1）及 N7M（有的资料称之为 N12M-2，也称它为 Chlorimert 2 合金）；哈氏合金 C（Hastelloy C）其铸造牌号为 CW12MW（有的资料称它为 CW12M-1）和 CW7M（有的资料称它为 CW12M-2，也称它为 Chlorimert 3 合金）；哈氏合金 C-276（Hastelloy C-276），其铸造牌号为 CW6MC 和哈氏合金 C-4（Hastelloy C-4）合金，其铸造牌号为 CW2M（见表 3-32 和表 3-33）。

表 3-32 ASTM A494/A494M—2013 中哈氏合金（Hastelloy）铸件化学成分（%）

元素/合金牌号	N12MV	N7M	CW12MW	CW7M	CW2M	CW6MC
C	≤0.12	≤0.07	≤0.12	≤0.07	≤0.02	≤0.06
Mn	≤1.00	≤1.00	≤1.00	≤1.00	≤1.00	≤1.00
Si	≤1.00	≤1.00	≤1.00	≤1.00	≤0.80	≤1.00
P	≤0.040	≤0.040	≤0.040	≤0.040	≤0.030	≤0.015
S	≤0.030	≤0.030	≤0.030	≤0.030	≤0.030	≤0.015
Mo	26～30	30～33	16～18	17～20	15.0～17.5	8.0～10.0
Fe	4.0～6.0	≤3.0	4.5～7.5	≤3.0	≤2.0	≤5.0
Ni	余	余	余	余	余	余
Cr	≤1.00	≤1.00	15.5～17.5	17.0～20.0	15.0～17.5	20.0～23.0
Nb						3.15～4.50
W			3.75～5.25		≤1.00	
V	0.20～0.60		0.20～0.40			

机械性能/合金牌号	N12MV	N7M	CW12MW	CW7M	CW2M	CW6MC
σ_b/MPa	≥525	≥525	≥495	≥495	≥495	≥485
σ_s/MPa	≥275	≥275	≥275	≥275	≥275	≥275
δ/%	≥6.0	≥20.0	≥4.0	≥25.0	≥20.0	≥25.0

表 3-33　ASTM A494/A494M—2013 中哈氏合金（Hastelloy）铸件机械性能

哈氏合金的铸造性能较差，主要表现在镍基合金的吸气倾向极大，对铸型要求严格，铸型材料不应含 S 等物质（非微量 S），因 Ni 与 S 会发生化学反应。铸型必须彻底干燥且宜热型浇注，浇注系统不能采用顶注式，而要求浇注时型腔内气体能顺畅排出。合金熔炼时要求炉料清洁，并经过高温去氢处理。熔炼过程要严防合金液吸气，合金液应进行精炼去气及变质处理。镍基合金的缩孔和缩松率大，因此，设计铸造工艺时要尽可能地保证铸件实现顺序凝固，要保证铸件得到充分的补缩，铸造工艺出品率一般宜控制在 40% 左右。镍基合金的裂纹倾向较大，为了防止切割铸件的浇道和冒口时产生的微小裂纹扩展到铸件内部，因此采用等离子弧快速切割，且冒口的切口要高出铸件本体 10mm 以上。CW2M 合金的含 C 量极低，熔炼必须十分严格，各种合金材料配比合理，控制熔炼的每一个环节。哈氏合金的铸件要进行固溶化处理后交货，其锻件应进行退火处理后交货。

耐蚀阀门选用铸造哈氏合金制造，从耐蚀性及抗晶间腐蚀性能（如果阀门的工作温度不在敏化温度区，抗晶间腐蚀性能可以不作为重点考虑）考虑，宜选用低碳级或超低碳级的 Hastelloy B（N7M）和 Hastelloy C-276（CW6MC）及 Hastelloy C-4（CW2M）。

(5) 铸造 CN7M 合金的性能及应用

CN7M 合金是美国的不锈钢牌号，其名义成分为 29% Ni、20% Cr、2.5% Mo、3.5% Cu、C≤0.07%。它的 Fe 含量低于 50%，已不属钢之范畴，但人们习惯上仍把其称为不锈钢。CN7M 合金在标准和专利中名称不同（表 3-34）。

表 3-34　CN7M 合金的名称

ASTM A744 及 ACI 的名称(牌号)	简称	铸造专利合金名称	锻造专利合金名称	UNS 锻造合金
CN7M	20 号合金	Duriment 20	Carpenter 20	N08020

注：ACI 为美国合金铸造协会标准。

CN7M 合金具有最佳的全面耐蚀性，它广泛地应用于苛刻的腐蚀条件下，包括硫酸、硝酸、磷酸、氢氟酸和稀盐酸、苛性碱、海水及热的氯化物盐溶液等。它是美国为硫酸装置研制的合金，可用于温度不高于 70℃ 的各种浓度的硫酸中。CN7M 合金仅在浓度为 78% 的硫酸中腐蚀率稍高，但在发烟硫酸中的耐蚀性却极好。特别是具有极优良的抗高温稀硫酸腐蚀性能。

铸造 CN7M 合金因具有很大的热裂倾向和缩孔率（表 3-35），以及焊接性能差，因此，铸造 CN7M 合金有较大的难度。

表 3-35　CN7M 合金与 ZG1Cr18Ni9Ti 的铸造收缩率（%）

牌号	自由线收缩率	集中缩孔率	分散缩孔率	总体积收缩率
ZG1Cr18Ni9Ti	2.53	2.4	0.6	3.0
CN7M	2.71	5.6	0.9	6.5

当然，铸造 CN7M 合金时，其铸造工艺是否科学合理对能否生产出合格铸件是起决定性作用的。为了改善 CN7M 合金的铸造性能，人们曾想了很多办法，如 W. H. Herrnstein 提出："为尽量减少开裂的可能，得到最好的耐蚀性，该合金的碳含量最好低于最大的容许值（如 C≤0.03%）"。因此，美国的铸造合金 Duriment 20 将其含 C 量上限规定为 0.04%，且将 Cu 含量也向下作了适当的调整（表 3-36）。还有人提出，严格控制 P、S 含量，其目标

值为 P、S 都不大于 0.015%，及降低 Si 的含量。铸件的浇冒口切割应采用等离子弧切割，以减少切割时热裂纹倾向等。关于 CN7M 合金的焊接性能，美国的 M. J. CIESLAK 和 W. F. SAVAGE 曾发表了一篇专著，他们认为铸造 CN7M 合金焊接时产生热裂倾向大与 S、P 和 Si 有关，特别是 Si 引起 M_6C/A 共晶体薄层的形成，因而增加了 CN7M 的热裂倾向。

表 3-36　美国铸造合金 Duriment 20 的化学成分（%）及用途

C	Ni	Cr	Mo	Cu	Nb	用途
≤0.04	28.0～31.0	19.0～21.0	2.0～3.0	2.75～3.25	8×C～1.0	铸件,用于硫酸用泵和阀

3.4　钛合金阀门零件的铸造工艺

钛合金阀门主要由阀体、阀盖、密封副和阀杆等组成，其中阀体是钛合金阀门的主要承压件，同时阀体也是介质的主要流体通道，流动还应具有较好的表面光洁度和流通能力。目前主要采用铸造。

3.4.1　钛及钛合金铸造性能

铸造性能是钛和钛合金铸造的最基本性能之一。它直接关系到后面成形铸件的质量、性能以及应用背景。其主要内容有：流动性、充填性、合金冷却凝固过程的收缩、凝固过程形成的铸造表面特征、液态钛浇注和凝固过程形成的气体缺陷的倾向、抗裂性、凝固过程形成铸造组织的特性等。影响这些的因素有：合金成分和性能；铸造的状态和性能；熔炼与浇注的条件等。

(1) 流动性、充填性

流动性表示熔融状态的钛及钛合金沿铸型通道流动并保证充填的能力。充填性是表征金属和合金清晰地复现铸型内腔轮廓，特别是棱角和细薄截面处轮廓的能力。流动性和充填性是钛合金铸造最重要的性能之一。

液态钛及钛合金的流动性和充填性是一个复杂的水力学和物理-化学过程，主要受铸造合金的性能、铸型的性能和状态和金属的熔化和浇注条件影响。

(2) 钛和钛合金的凝固收缩

液态钛浇进铸型凝固时，要发生体收缩和线收缩。铸件中经常出现的各种缺陷，如缩孔、收缩、气孔、冷隔、流痕、热裂、冷裂等都与这个过程有关。

凡加入的合金元素会使钛的结晶温度间隔变窄的合金，则倾向于形成集中缩孔，如含铬、钼、锆和铌等元素的合金铸件；凡含有能使钛的结晶温度间隔变宽的合金元素的合金，铸件则倾向于形成分散的树枝状的缩孔。钛合金铸件中缩孔和缩松体积的大小与合金元素有关。

消除钛合金铸件中气缩孔最有效的办法是采用抛物线斜度的冒口或斜度补贴法。冒口的倾斜角应为 5°～10°。

(3) 凝固过程形成的铸造表面特征

钛和钛合金在铸造成形过程中容易形成冷隔、流痕和"α"表面沾污层。严重的冷隔、流痕和"α"沾污层要影响铸件随后的使用性能，在交付使用前都应去除。对于宽度大于或等于深度的两倍，深度不超过 0.2mm 的边缘轮廓线和凹穴底部圆滑的流痕通常是允许的，可以不修整。冷隔是凹穴的边缘轮廓不齐整圆滑，有尖锐棱角或皱纹状，这种缺陷是不允许的。钛及钛合金铸件表面的冷隔或流痕深度一般在 0.1～1mm 范围内。影响钛及钛合金铸件表面特性的因素有：铸型表面的粗糙度和化学稳定性、铸型温度、浇注系统的设置和浇注方法和铸件壁厚等。

（4）液态钛浇注和凝固过程形成的气体缺陷的倾向

容易产生气体缺陷是钛及钛合金铸造的特性之一。导致钛及钛合金在熔炼浇注和凝固过程中产生气体缺陷的原因有：熔炼电极中含有气体；熔炼真空度较低时，炉内的残余气体和炉子密闭性不好，气体进入炉内；熔炼浇注过程受辐射热和金属飞溅加热，从炉膛内表面和炉内构件以及夹具等上面释放出吸附气体；熔融钛浇入铸型，从铸型表面上释放出气体和由于铸型内黏结剂焙烧没有完全分解的残留物分解释放出的气体；液态钛与铸型材料反应产生的气态产物等。

（5）抗裂性

铸造钛和大部分钛合金具有较高的应力自行松弛的能力，因而具有较好的抗热裂性。因为铸造钛和钛合金的弹性模量和线膨胀系数小，在高温下有高的强度。但由于钛及钛合金具有低的热导率，导致钛及钛合金易产生冷裂。

（6）凝固过程形成铸造组织的特性

钛及钛合金铸件的凝固结晶属于一次结晶，也叫初次结晶，其过程的主要参数是：晶核生成速度和晶体生长速度。这两个参数的变化直接影响到结晶后晶体的形状和尺寸等。

3.4.2　钛及钛合金造型材料选择

金属铸件铸造工艺对造型材料的基本要求是：能够抵抗熔化金属的热冲击，能使铸件得到良好的表面质量，成本低，最好能多次使用。由于钛合金在熔融态的活性强，易与造型材料发生反应，因此对钛铸件铸造用的造型材料要求更严格。经过长期考验，目前用于铸造钛铸件的造型材料主要有钨、石墨以及氧化锆等，故钛铸件铸造型壳主要是石墨型（机加工石墨型、石墨捣实型），此外也有金属型、氧化物型和难熔金属陶瓷型。

（1）石墨型

石墨型铸型对钛具有较高的化学稳定性、润湿性以及抗变形能力，且具有较低的膨胀系数和硬度，非常适合于铸造钛铸件。由于石墨型壳的强度较低、发气量大，因而不适于铸造尺寸精度要求高的精密零件或特大型铸件。同时，石墨型壳所浇铸的铸件表面会形成一层厚度约 0.2～0.3mm 渗碳的 α 脆性层，容易引发裂纹。

机加工石墨型壳制造成本高，使用寿命短。用它铸造简单形状的铸件，在使用 30～40 次后常发生断裂；模孔形状加工也有一定限制，铸件表面易产生皱褶和冷隔等。石墨捣实型壳，其制造成本相对较低，可铸造形状复杂的铸件，且脱模容易，但其尺寸精度以及型壳密实度较差。要求模具加工精细，复杂部件也可采用加工石墨型壳铸造成形；目前机加工石墨型壳铸造的钛铸件最小壁厚可控制到 1mm，铸件精度和质量能够达到航空Ⅰ、Ⅱ类铸件的要求。

（2）金属型

金属型壳具有高的导热系数、力学性能及抗变形能力，且易于加工成形的优点。但由于金属型壳一般采用钨面层型壳，脱蜡后沉积在型壳表面的模料灰分残留会与钛液反应，污染铸件材料，并使铸件表面形成气孔。

（3）氧化物型

氧化物型壳，一般采用 ZrO_2、Y_2O_3 及 CaO 制造，这些材料均对钛液具有较好的稳定性，对铸件表面的污染层相对较薄，但此类材料的造型难度较大，推广应用受到限制。

3.4.3　钛合金铸件熔炼方法

钛及钛合金在熔融状态下具有高化学活性，对氧和氮有很强的亲和力，只能在真空中或惰性气体保护下熔炼。由于会与常用的各种耐火材料发生化学反应，只能用水冷铜结晶器作为熔炼的坩埚，浇注铸件也在熔炼的真空室内进行。熔炼和铸造成形难度大，导致其加工条件复杂，成本较昂贵，在很大程度上限制了它们的应用。

用于钛及钛合金铸造的铸造炉主要包括两个部分，即熔炼系统与浇铸系统。目前，我国普遍使用的熔铸钛及钛合金的设备是真空自耗电极电弧凝壳炉，设备的结构如图3-62所示。将金属棒作为自耗电极的负极，水冷铜坩埚作为正极，两者置于真空室内。当供给直流电时，并与水冷铜坩埚底部的起弧料触发起弧。随着电流的增大并达到设定值时，电极末端迅速熔化，同时电极随之下降，在真空下将自耗电极熔化在坩埚内，但要先在坩埚壁上凝固一层较薄的"凝壳"，起隔热作用并保护钛液不被坩埚材料污染。电极熔化在凝壳内形成熔池，在熔融钛液的量足够时，立即切断电源，电极杆迅速提升，坩埚翻转将金属液倾注在铸型内，从而完成了真空熔铸程序。

图3-62 真空自耗电极电弧凝壳炉

此外，还可用电子束炉、真空非自耗电极电弧凝壳炉、真空感应电炉或等离子电弧炉制造钛合金铸件。采用这些设备时，不必制备自耗电极，但仍需使用凝壳保护的水冷铜坩埚。

3.4.4 钛合金阀门铸造工艺规范

钛合金阀门铸件的工艺规范主要包括浇注系统设计、铸型的制备、浇注过程和铸件检测等。

(1) 阀门铸件浇注系统设计

钛及钛合金铸件的浇注系统设计应满足：能使液体迅速平稳地从同一方向自上而下平稳填充铸型型腔，不产生紊流、喷射和断流，并让型腔中的气体能顺利地排出铸型外；为此，通常采用底注式浇注系统，必要时也采用侧式浇注系统以及复合式浇注系统；能有效调节铸件各部分的温度；应尽可能为铸件创造良好的补缩和顺序凝固的条件；从浇注系统到铸件型腔的距离应尽可能短，使液体合金以最短的时间和最快的速度充满型腔，浇注系统应不能妨碍铸件的收缩，防止铸件变形或出现冷裂；另外，在保证铸件质量的前提下，结构应尽量简单，以提高生产效率，较少浇注系统的重量，提高金属利用率。

(2) 石墨铸型的制造

根据工艺图纸下料和刨料，然后根据样板划线制作型芯及外型，此铸型型腔和型芯形状尺寸主要依靠样板控制、手加工完成，尤其是型芯结构复杂，局部壁薄易断裂，通过合理分型设计，细心制作，生产出形状和尺寸符合设计要求的铸型。

(3) 铸型真空除气

浇注前，铸型要在真空条件下，加热到900～1000℃，保温1～4h，去除石墨铸型中的水分及挥发物。

(4) 铸型装配

根据阀门铸件组型图，通过若干芯头固定型芯，以保证铸型定位准确，并采用角钢、螺栓固定铸型。然后检验铸型外型尺寸是否准确。

(5) 阀门铸件的浇注

钛合金铸造采用真空自耗电弧炉二次熔炼，在真空自耗凝壳炉中浇注。铸造完成后，随炉冷却，待铸件冷却至200～300℃以下出炉。清理型芯后，铸件经打磨、组焊、探伤、真空退火和喷砂等工序处理。

(6) 阀门铸件检测

钛合金铸件表面质量要求铸件表面光滑，无浇不满、裂纹、冷隔现象；然后，对铸件进行尺寸检验和无损探伤检测。

3.4.5 钛合金阀门铸件后处理工序

钛合金阀门铸件在铸造过程中容易出现成分偏析、疏松、缩孔等缺陷。因此，为了提高钛及钛合金铸件的性能，对铸件需要进行热等静压、焊接补修、热处理、真空脱氢处理和无损检测等后处理工序。

(1) 热等静压

热等静压（HIP）是20世纪70年代发展起来的技术，是在高温下利用各向均等的静压力进行压制的工艺方法，目的是消除铸件内部的疏松，以改善致密度、提高力学性能。将铸件置于可在内部加热的高压容器中，充惰性气体保护并造成高压。加热温度一般比相变温度低 10~20℃，压力为 90~140MPa，保温、保压 2h 左右。热等静压可以消除钛及钛合金铸件内的微观缩孔或气泡，从而提高铸件质量，但直径大于 10mm 的缩孔很难在热等静压中压扁焊合，需要通过 X 光检验测定缩孔位置后，进行补焊。热等静压时采用的介质通常为纯度 99.90% 的氩气，处理后铸件表面的污染层约为 0.1mm。对于 Ti-6Al-4V 合金，热等静压是在氩气中进行的，温度为 920℃，压力为 90~100MPa，持续时间为 2h 或更长一些。

(2) 焊接补修

热等静压可以消除铸件内部缺陷，但是不能消除铸件表面缺陷。所以热等静压处理后需要对钛及钛合金铸件表面进行检测，若表面存在凹凸缺陷，可以采用补焊来修补。钛和钛合金铸件是完全可以焊接的，焊接件具有良好的拉伸和疲劳性能，有时甚至超越铸件基体的性能。钛及钛合金焊接常用的工艺是惰性气体氩弧焊。

(3) 热处理

钛合金铸件热处理主要有退火处理、淬火、时效处理和真空除氢退火。铸件的退火一般分为普通退火和消除应力退火。

普通退火处理可以使各种合金组织稳定并获得较均匀的性能。消除应力退火是消除铸件由于铸造、焊接、机加工等造成的残余应力。再结晶退火目的是消除加工硬化，纯钛一般采用 550~690℃，钛合金用 750~800℃，保温 1~3h，空冷。对于表面质量要求高的铸件，必须采用真空退火消除应力。为了减少加热引起的铸件变形，对于易变形的铸件在淬火时效或消除应力时应使用夹具。

钛和氢可在低于合金熔点的温度下反应，钛合金在电加工、酸洗、焊接及热处理等过程中，由于与各种气氛和介质接触而吸氢，以致合金中的氢含量过高，使铸件在使用过程发生氢脆而提前失效。当氢含量超过规定值时，可以利用氢在钛中的溶解过程的可逆反应进行真空除氢处理。除氢处理可以全面改善和提高钛合金铸件的力学性能，使它达到或超过变形钛合金的水平。吸氢的铸件可予以真空脱氢处理。处理时保温温度为 700~750℃，真空度 6.65×10^{-2}Pa，保温时间按 0.1mm/min 计算。真空退火后铸件表面应为光亮的金属色，退火铸件表面不应出现明显氧化色、沉淀物及其他污染物和明显的 α 层。

(4) 无损检测

X 射线检测是钛合金铸件进行无损检测的一种常用方法。X 射线的穿透深度有限，只能检测厚度小于 50mm 的薄壁铸件，对于大型厚壁铸件却无能为力。近来，W. J. Richhards 等人使用中子射线来检测大型厚壁铸件，从而大大提高了夹杂的检测能力，中子射线可以用来检测厚度为 75mm 内小于 0.75mm 的夹杂物等缺陷。超声波探伤具有检测厚度大、灵敏度高、速度快等优点，也被应用于钛合金铸件的检测。

3.4.6 铸件的显微组织及力学性能

钛及钛合金铸件从液相冷却到固相过程中，除非有特大的冷却度，通常形成较粗大的晶粒。这种铸造晶粒的边界比较复杂，非常稳定，不可能通过相变再结晶处理而细化。重要铸件在浇铸成形后，为了消除内部缺陷，需要进行热等静压处理。下面以 ZTA5 和 ZTC4 合金为例介绍钛合金铸件的显微组织和力学性能。

(1) ZTA5 铸造钛合金

ZTA5 铸造钛合金材料试样在铸造状态、600℃退火态、HIP 态、HIP＋600℃退火态下的低、高倍组织分别如图 3-63～图 3-66 所示。ZTA5 在铸造状态下金相组织为锯齿状 α＋片层 α，片层 α 比较清晰，见图 3-63；ZTA5 在 600℃退火状态下金相组织为锯齿状 α＋片层 α，片层 α 在比较低的倍数下清晰，在高倍数下隐约可见，见图 3-64；ZTA5 在 HIP 状态下金相组织为锯齿状 α＋片层 α，片层 α 在比较低的倍数下隐约可见，在高倍数下看不到，见图 3-65；ZTA5 在 HIP＋600℃退火状态下金相组织为锯齿状 α＋片层 α，片层 α 在比较低的倍数下清晰，在高倍数下隐约可见，见图 3-66。

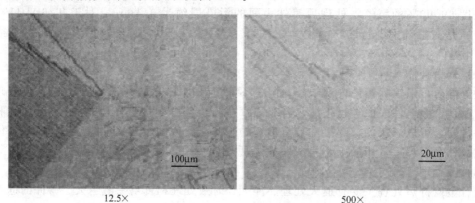

12.5×　　　　　　　　　　500×

图 3-63　ZTA5 铸态组织

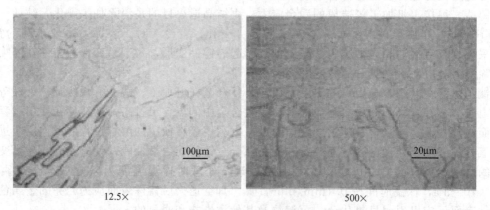

12.5×　　　　　　　　　　500×

图 3-64　ZTA5 铸件 600℃退火组织

从 ZTA5 合金在不同处理状态下微观组织可以看出，ZTA5 合金无论在何种处理状态下其合金金相组织都为锯齿状 α＋片层 α 组成，无论是铸造、退火处理或热等静压处理都不会改变 ZTA5 合金的相组成，但从不同状态下的金相组织可以看出，无论铸造后经何种后处

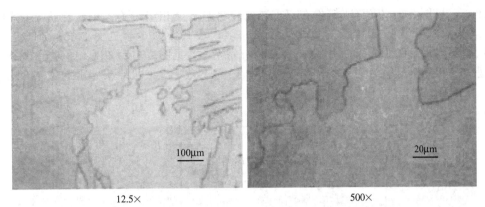

12.5×　　　　　　　　　　　　500×

图 3-65　ZTA5 铸件 HIP 状态组织

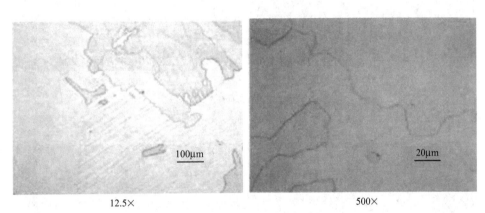

12.5×　　　　　　　　　　　　500×

图 3-66　ZTA5 铸件 HIP＋600℃退火组织

理，其铸造状态下的锯齿状 α＋片层 α 结构都不同程度地变得平缓，合金组织趋于均匀稳定，这也是 ZTA5 合金材料经后处理后铸造残余应力得到不同程度的消除、材料强度有所提高的主要原因。

ZTA5 铸造钛合金试样在铸造状态和不同后处理状态下的力学性能如表 3-37 所示。

表 3-37　ZTA5 材料不同状态下的力学性能

状态	R_m/MPa	$R_{p0/2}$/MPa	A/%	Z/%
铸态	650～665	565～605	12.0～14.0	23.5～29.0
600℃退火态	660～665	580～595	12.0～15.0	25.5～28.5
HIP 态	660～665	595～630	13.5～17.5	26.5～32.0
HIP＋600℃退火态	645～650	565～570	12.5～15.5	25.5～29.5

由表 3-37 可以看出，ZTA5 铸造钛合金材料经退火处理后，其强度最低值提高约 10～15MPa，塑性指标提高 1%～2%，弹性模量 E 降低 11～18GPa，综合性能在经热等静压后得到最佳状态，其力学性能得到较大提高，延伸率明显上升，数据分布集中稳定，这一点可以从图 3-66 看出，图 3-66 中片层 α 消失，锯齿状 α 平缓。因此，ZTA5 铸件应在后处理状态下使用，以消除铸造应力，提高性能和稳定，其最佳使用状态为经热等静压处理。

(2) ZTC4 铸造钛合金

ZTC4 铸造钛合金材料在铸造状态、双重热处理、HIP 和 HIP＋双重热处理状态下的低、高倍组织分别如图 3-67～70 所示。ZTC4 铸造状态下金相组织为集束状片状 α＋片间

β＋晶界 α，见图 3-67；ZTC4 铸件在双重热处理状态下金相组织为集束状片状 α＋片间 β＋晶界 α，集束状片状 α 比铸态的宽，晶界 α 增多，块状 α 减少，见图 3-68；ZTC4 铸件在 HIP 状态下金相组织为集束状片状 α＋片间 β＋晶界 α，见图 3-69；ZTC4 铸件在 HIP＋双重热处理状态下金相组织为集束状片状 α＋片间 β＋晶界 α，集束状片状 α 比 HIP 态明显细化，晶界 α 比 HIP 态明显宽化且增多，见图 3-70。

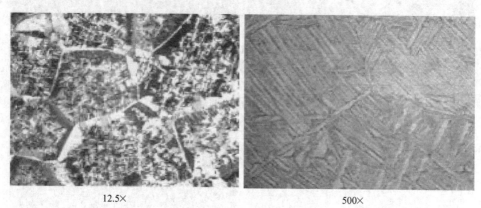

12.5×   500×

图 3-67　ZTC4 铸态组织

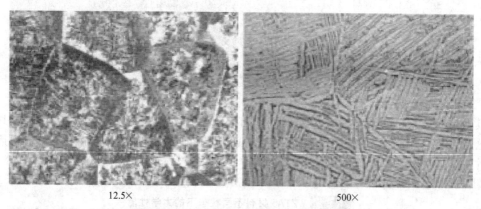

12.5×   500×

图 3-68　ZTC4 铸件双重热处理状态组织

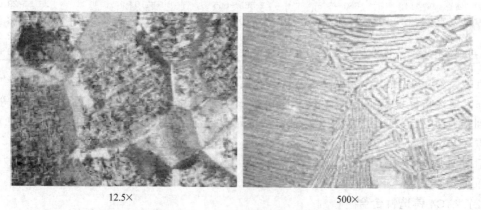

12.5×   500×

图 3-69　ZTC4 铸件 HIP 状态组织

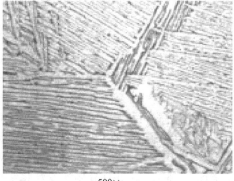

| 12.5× | 500× |

图 3-70 ZTC4 铸件 HIP + 双重热处理状态组织

ZTC4 铸造钛合金试样在铸造状态和不同后处理状态下的力学性能如表 3-38 所示。

表 3-38 ZTC4 材料不同状态下的力学性能

状态	R_m/MPa	$R_{P0.2}$/MPa	A/%	Z/%	HB
铸态	880～920	800～845	5.0～8.5	11.0～13.5	321～329
双重退火态	885～905	810～835	6.0～8.0	18.0～31.0	298～317
HIP 态	860～885	775～795	6.0～6.5	12.5～22.5	302～306
HIP + 双重退火态	855～895	760～815	8.0～11.5	17.0～36.5	298～317

由表 3-38 可以看出，ZTC4 铸造钛合金材料无论在热等静压前或热等静压后经双重热处理或直接热等静压，其强度都有降低、塑性有所提高，硬度 HB 在铸造状态下最高，达到 HB321～329，经双重热处理后，ZTC4 铸造钛合金材料的塑性指标，尤其是断面收缩率有较大程度的提高，其力学性能数据分布集中稳定，热等静压后进行双重热处理比热等静压前进行双重热处理，其强度有所降低、塑性有所提高，但无论什么状态下进行双重热处理，其硬度都保持在 HB298～317，说明 ZTC4 铸造钛合金材料的硬度只与最终热处理状态有关。ZTC4 铸件经双重热处理后，消除铸造应力、降低力学性能，提高综合性能和稳定组织。

目前，国内船用钛合金铸件基本上都采用机加工石墨型壳进行浇注，表 3-39 列出了 6 种铸造钛合金的牌号及力学性能。

表 3-39 我国常规铸造钛合金的牌号及力学性能

铸件合金牌号	拉伸性能			硬度	冲击性能
	R_m/MPa	$R_{P0.2}$/MPa	A/%	HB	A_{KV}/kJ·m^{-2}
ZTA2	≥440	≥370	≥13	≥235	
ZTA5	≥590	≥490	≥10	≥270	≥530
ZTA7	≥795	≥725	≥8	≥335	
ZTi60	≥670	≥590	≥11	≥330	≥530
ZTC4	≥895	≥825	≥6	≥365	
ZTB32	≥795	—	≥2	≥260	
ZTC21	≥980	≥850	≥5	≥350	

为了保证钛铸件有良好的质量水平，除加强其生产过程的质量管理和控制外，还需对钛铸件进行表面处理、尺寸检查和缺陷补焊等。对重要铸件还要进行热等静压处理、射线检测和水压试验等。

3.5 锆合金阀门零件的铸造工艺

3.5.1 锆合金性能

锆是一种活性金属，密度 6.49g/cm³，熔点 1852℃，沸点 4377℃，对氧有很高的亲合力，在室温下空气中锆会形成一层非常致密的氧化膜，这层氧化膜使得锆及锆合金具有优良的抗腐蚀性能，可溶于氢氟酸和王水；高温时，可与非金属元素和许多金属元素反应，生成固体溶液化合物。此外，锆材还具有良好的力学性能和传热性能。

锆阀门由于其材料有着抗氧化性介质和还原性介质腐蚀的优异特性，特别是盐酸和稀硫酸、磷酸、醋酸、醋酐，有着其他材料如钛合金、镍及镍合金等无法比拟的优异抗蚀性，它的耐蚀性比镍合金高一个到几个数量等级，被广泛应用于特殊的苛刻工艺管线控制上，是保证管线安全长久、稳定可靠运行的最佳控制阀门。

在锆及锆合金生产过程中，涉及的美国标准有 ASTM B572《锆及锆合金铸件标准》、ASTM B493《锆及锆合金锻件标准》、ASTM B495《锆及锆合金铸锭标准》以及 ASTM B494《海绵锆标准》。常用的锆材牌号及化学成分如表 3-40 所示。国标与美标锆合金的对照关系，见表 3-41。

表 3-40　常用美标锆及锆合金牌号与化学成分　　　　单位：%

牌号	Zr	Hf	Fe+Cr	Sn	H	N	C	Nb	O
R60702	≥99.2	≤4.5	≤0.2	—	≤0.005	≤0.025	≤0.05	—	≤0.16
R60704	≥97.5	≤4.5	0.2~0.4	1.0~2.0	≤0.005	≤0.025	≤0.05	—	≤0.18
R60705	≥95.5	≤4.5	≤0.2	—	≤0.005	≤0.025	≤0.05	2.0~3.0	≤0.18

表 3-41　国标与美标锆合金的对照关系

分类	本标准中牌号	原相关国家标准中牌号	对应或相当于 ASTM 标准中的牌号	对应或相当于 ASME 标准中的牌号
一般工业	Zr-1		UNS R60700	UNS R60700
	Zr-3	—	UNS R60702	UNS R60702
	Zr-5		UNS R60705	UNS R60705
核工业	Zr-0	Zr01	UNS R60001	—
	Zr-2	ZrSn1.4-0.1	UNS R60002	—
	Zr-4	ZrSn1.4-0.2	UNS R60004	—

国内奇数合金牌号 Zr-1、Zr-3、Zr-5 用于一般工业；偶数牌号 Zr-2、Zr-4、Zr-6 用于核工业。

国外阀门铸件常用锆合金材料牌号有：R60702，R60703，R60704，R60705，R60706等，其中以 R60702，R60705 最为常用。

3.5.2　锆合金铸件熔炼铸造方法

锆是一种活性金属，高温下几乎能和所有的耐火材料发生不同程度的化学反应，并且在高温下锆材非常容易和 CO_2、O_2、N_2 和 H_2 等气体发生化学反应，使锆材脆化造成设备失效。因此，锆铸件的生产最关键的问题在于选用具有高化学稳定性的铸型材料和在真空状态或惰性气体保护下进行熔炼浇注。

对于铸造锆及锆合金铸件而言，铸造母合金、铸锭熔炼设备，均与普通铸造不大相同。

铸造母合金电极，是铸件化学成分均匀、一致的首要条件。在国内编制的《锆及锆合金铸件》标准草案中，特别对用于生产母合金电极进行了规定。通常情况下，铸造母合金电极可以选用适当规格的铸锭，也可以选用适当规格的锻制棒材。无论是铸锭或是棒材，首先应当保证材料成分均匀，无偏析、夹杂等影响铸件质量的因素。因此，在标准草案中规定，用作母合金电极的铸锭和锻棒（或用于生产锻棒的铸锭），至少经过两次真空熔炼。这一规定与 ASTM B752 中的规定一致。

目前国内外用于生产铸锭的设备主要包括真空自耗电弧炉和电子束炉，两种方式均可满足锆及锆合金铸件的生产要求。因此，在国内标准草案中，规定铸锭的熔炼方法为真空自耗电弧熔炼或电子束熔炼方法的任何一种或两种熔炼方法的组合，这一规定与 ASTM B752 中的规定一致。

真空感应凝壳熔炼（induction shell melting）技术，用于锆合金熔模铸造，不仅缩短熔炼时间，而且实现真空熔铸，采用水冷铜坩埚，可以消除陶瓷坩埚对合金成分的污染，并易于利用回收料。因此，真空感应凝壳熔炼炉是生产高性能、低成本锆合金铸件的最有前景的设备。

降低锆铸件成本，满足用户需要，是锆合金铸造技术的发展目标。锆合金铸件成本高的原因有：锆是反应性金属，必须在真空熔炼炉中熔炼，并采用惰性气体保护；需要采用与锆不发生反应的高成本铸型材料；铸造余料不容易回收利用；铸造性差，常需焊接修补或再铸。

国内铸造锆合金主要沿用国外牌号与化学成分，并与变形锆合金的差别不大。目前，国外非核设备使用最广泛的铸造锆合金为 ASTM B752 中 702C 和 705C 两个牌号，国内设备使用的锆铸件主要依赖进口，且多数设备的生产原机多为国外进口。因此，国内铸造锆合金沿用美国 ASTM 标准，并借鉴 GB/T 26314—2010《锆及锆合金牌号和化学成分》的命名方式，将这两种铸造锆合金分别命名为 Zr-3、Zr-5。

3.5.3　锆合金铸件铸造工艺规程

一般来说，生产锆及锆合金铸件，都是在真空下熔炼并浇入铸型中的，包括电极制备、模型制造、真空熔铸、铸后处理（热等静压处理、热处理、清理、检验与缺陷修补）等步骤。降低生产成本、提高铸件质量、延长铸件使用寿命、满足核电工程等用铸件的发展需要，是锆合金铸造技术的发展方向。

依据铸型的不同，锆及锆合金铸造可细分为熔模铸造、石墨型铸造和砂型铸造 3 种类型。

(1) 熔模铸造

常规的熔模铸造流程如图 3-71 所示。锆合金熔模铸造，与有色金属的熔模铸造相似，主要差别是：采用铸模材料不同，稳定性要求高，与锆熔体反应性低；石蜡灰分要严格控制；锆熔体的流动性差，容易产生缩孔和气孔缺陷。

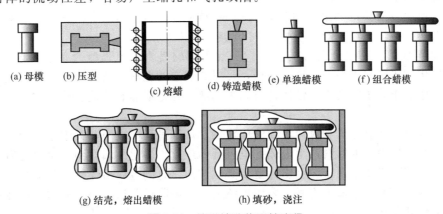

(a) 母模　(b) 压型　(c) 熔蜡　(d) 铸造蜡模　(e) 单独蜡模　(f) 组合蜡模

(g) 结壳，熔出蜡模　　(h) 填砂，浇注

图 3-71　熔模铸造的工艺流程

① 工艺规程　锆及锆合金熔模铸造工艺规程如下。

a. 电极制备。选用工业级海绵锆作为产品原材料；采用 2500～3000t 油压机挤压成电极设备，将电极设备装入母合金，熔炼制备真空自耗炉二次熔炼用电极备用。

b. 蜡模制备。用射蜡机将蜡射入模具中，脱模后对蜡模进行刷涂、粘砂、烘干、除蜡工序，制成陶瓷模具。

c. 真空熔铸。将陶瓷型模具和电极装入真空凝壳炉，熔炼并进行浇铸，保温至特定温度，脱模。

d. 铸件处理。铸件进行整修和喷砂，必要时，还需要焊补；喷砂之后进行热处理。

采用熔模陶瓷型壳精密铸造和热等静压方法生产锆及锆合金泵、阀精密铸件，可以获得品质优良的锆铸件。不过，生产成本将增加数倍，应用并不广泛，除非铸件要求极高。

② 工艺特点与应用　熔模精密铸造的特点是铸件表面质量高，适合于复杂薄壁铸件，但制作工艺较为复杂，制作涂层的厚度有限，不适用于大型锆及锆合金铸件的浇注。

铸件精度高，尺寸公差可达 1T11～1T13；表面粗粗糙度 Ra 为 12.5～1.6μm；可以铸造形状复杂、不能分型的铸件，其最小壁厚可达 0.3mm，最小孔径 0.5mm；铸件质量一般不超过 25kg。主要用于实现少切削或无切削铸件，用于制造汽轮机、燃气轮机和蜗轮发动机的叶片、叶轮及其他小零件。

2011 年，由宝钛集团起草的 YS/T 853—2012《锆及锆合金铸件》，采用了美国 ASTM B725 类似的规定，将锆合金铸件热等静压处理，列入锆及锆合金铸件的交货状态。

(2) 石墨型铸造

① 工艺规程

a. 制模与组模。木头、金属或塑料都可以用于制作锆铸造用铸造模型。与传统砂型铸造一样，采用标准的上下型箱，可以放置或不放置型芯。

由于锆在熔化状态下非常容易发生化学反应，在石墨中混有作为黏结剂的水、沥青、糖浆和淀粉，用气动工具将这种混合物捣实在铸样周围，形成铸型。

首先，在空气中干燥 24h 以获得一定的强度；随后，在低温下预焙，防止浇铸过程中产生气体和潜在裂纹，预焙时间与铸型厚度和形状有关；最后，在 1500°F（815.6℃）下烧结，制成硬度、刚度兼并的铸型；铸型清理后，组装成铸模，安装上浇口和冒口。

由于锆合金流动性不及其他反应性金属，浇口设计应当非常精细，以便金属熔体在浇铸过程中有良好的流动性。同时，还应当考虑，确保在浇口和冒口处形成缩孔，而不是在铸件内。依据铸件的大小和形状，铸造过程中可以采用单一或组合铸型。

单次浇注的锆合金铸件的最大重量为 2300 磅（1 磅≈0.45kg），采用多次浇注可制造更大的铸件；单次浇注获得的最大铸件，直径 50 英寸（1 英寸≈304.8mm）、直径 72 英寸；采用捣实石墨铸型，已经生产出壁厚 0.1875 英寸的铸件。

b. 熔铸与脱模。锆合金铸件的熔炼，目前采用的是真空电弧凝壳炉。在这一方法中，消耗电极熔化到水冷铜坩埚内。这种电极，可以是锻造的坯料，也可以是回收料或者两者的结合料。铸型置于炉子的底部。锆铸件可以采用离心铸造或静态铸造制造，这与铸件的几何形状有关。

由于锆容易被如氧、氢和氮等填隙气体污染，熔炼过程中应当非常细心。炉子密封和抽真空之后，在坩埚中的返回料产生电弧，电极开始熔化。熔化金属达到一定量之后，坩埚倾斜，将熔体浇铸到铸型之内，铸型组件置于真空炉内，直到金属熔体冷却到适当的温度。

铸型组件从真空炉中取出之后，采用传统的"敲击脱模"法，将石墨除去；浇口和冒口采用乙炔火焰切割掉。

金属表层与铸型接触的表层，受到碳污染。该污染层必须采用机械或化学方法去除，化学方法采用 15％～30％硝酸、3％～5％氢氟酸的水溶液。

② 特点与应用　石墨铸型，模型加工简单方便，模型强度高，厚度可根据设计需要制作。但是，石墨型导热快对液态金属有激冷作用，在铸件表面容易形成冷隔和流痕等缺陷，

尤其是大型铸件，由于充型时间长液态金属温度降低很多，表面冷隔和流痕出现的概率更大。另外由于模型表面加工粗糙，造成铸件必须留较大的加工余量致使材料浪费。

如同变形锆合金一样，石墨型锆铸件在无机和矿物酸、强碱和熔盐中呈现优异的耐腐蚀性能。可以作为变形锆合金材料的补充，用于化学工业，许多锆泵系统、阀门和配件中含有锆铸件，具体应用如图 3-72 所示。

图 3-72　采用石墨铸型的锆合金铸件

③ 研发实例

a. 石墨材料的研制。2002 年，美洲公司 R. Ranjan 与 Santoku 申请了一项世界专利 WO 2002-092260，该公司生产钛合金、锆合金、镍、钴等超合金的铸件时，都是在真空下熔炼，并在真空下浇入石墨铸型中。该专利提出了利用各向同性、超细粒、高强度石墨，并用机加工办法制造石墨铸型的工艺。该石墨的主要性能是：石墨粒径 $3 \sim 40 \mu m$，密度 $1.65 \sim 1.9$ g/cm^3，空隙度 $< 15\%$，抗压强度 9000~35000bf/in² （1bf/in² =6894.76Pa）。

b. 铸型表面刷涂陶瓷涂料研制。2010 年，西安泵阀总厂有限公司，申请了一种采用石墨铸型锆及锆合金大型铸件的生产方法专利（CN101947648 A），该方法包括 5 个工艺步骤：加工制备石墨铸型；配置陶瓷层涂料；型芯表面涂刷涂料；固化和真空除气；在真空自耗电极凝壳炉中熔炼浇注。这一方法适用于锆及锆合金铸造，特别适用于生产铸件重量超过 500kg 的大型铸件，用该方法生产的铸件表面无冷隔，光洁度高；铸件污染层厚度小；工艺制作简单，原材料来源广泛。

(3) 砂型铸造

常规的砂型铸造流程如图 3-73 所示。

① 工艺规程　砂型铸造的工艺规程如下。

a. 型砂配制。先将铝矾土粉、铝矾土砂、硅酸盐粉加入混砂机内，搅拌 3~4h 后，加入硅溶胶，然后加入糊精，制备出型砂。

b. 造型。根据铸造工艺图纸制作模具。

c. 烘焙形成铸型。将步骤 b 中自然干燥透彻的砂型装入烘箱或者电阻炉内进行焙烧，形成铸型。

d. 耐火涂料配制。

e. 耐火涂层制备。搅拌好的涂料喷涂到浇注时与金属液接触的铸型表面。

f. 高温煅烧。将步骤 e 中自然干燥完成的铸型放入电阻炉内进行煅烧。

g. 熔炼浇注。在真空凝壳自耗炉内熔炼浇注。能够大规模化生产出各种大小铸件，铸件表面无冷隔、流痕、裂纹等缺陷，铸件内部无缩孔、夹杂等缺陷。

② 特点与应用

a. 这种方法是以砂型做模型基体，在砂型表面喷涂耐火涂料的工艺方法制作铸型，采

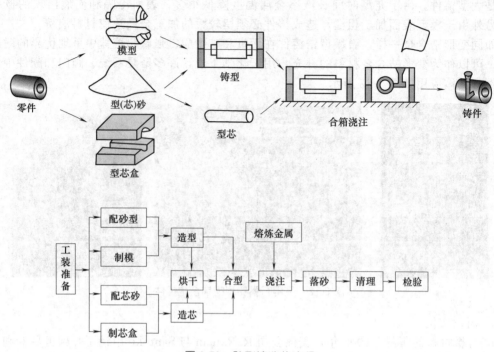

图 3-73　砂型铸造的流程

用该方法能够制作出强度高的砂型，适用于浇注小、中、大的锆及锆合金等铸件。

　　b. 砂型导热慢，与石墨相比可有效降低铸型激冷作用，提高液态金属的充型能力，有效减低表面出现冷隔、流痕等缺陷概率。

　　c. 铸型及涂层热稳定性高，铸件污染层厚度小。

　　d. 生产周期短，生产效率高。

　　e. 工艺制作简单，原材料来源广泛，与熔模精密铸造、机加工石墨型相比成本较低。

　　f. 砂型清理要比石墨铸型容易得多，大大提高劳动效率。

3.5.4　铸件后处理工序

　　锆及锆合金铸件的后处理工序包括：整修、喷砂、热处理、检验与缺陷修补。

　　首先目测进行表面检验，表面缺陷有裂纹、皱褶、砂眼等，表面缺陷一般用整修、喷砂等方法处理即可满足要求。

　　根据铸件的使用要求决定是否检验内部缺陷，典型的内部缺陷有气孔。缩孔。如果射线检验发现内部缺陷，铸件必须进行焊接修补。铸件经过钻孔、清洁之后，置于焊接室内，焊接室抽真空之后，填充惰性气体，然后用焊丝修补钻孔。

　　消除铸件内部缺陷的另外一种方法是采用热等静压方法处理。热等静压，是将要处理的铸件置于密闭耐高压和可加热至高温的容器内，先抽真空后充入高压惰性气体，加热升温至预定温度，使空隙被挤出。

　　锆合金热等静压工艺制度实例：温度 $850℃±14℃$，时间 $1.0～3.0h$，压力 $100～140MPa$，炉冷至 $200℃$ 以下出炉。

　　热处理主要目的是去除铸件内部应力，锆合金在高温下容易和 CO_2、O_2、N_2 和 H_2 等气体发生化学反应而脆化，必须在真空状态或惰性气体保护下进行，所以又称真空去应力退火。

　　锆合金真空退火处理制度实例：温度 $565℃±25℃$，保温时间不低于 $0.5h$，当截面厚度大于 25.4mm 时，每增加 25.4mm 保温时间增加 0.5h。依据产品与技术条件，铸件要进行着色检验、尺寸检验和目视检验。如果有要求，化学成分和力学性能，也需要提供。

3.6 阀门铸钢件缺陷及分析

3.6.1 阀门铸钢件缺陷的分类

阀门铸钢件的缺陷种类很多，但大致可分为以下几类。

(1) 化学成分、力学性能及金相检验等与技术要求不符

即浇注铸件时的钢液或合金熔液的化学成分不符合标准或相关的"技术协议"的要求，铸造试棒的力学性能不符合标准或相关的"技术协议"的要求，铸件晶粒度及金相夹杂物不符合标准或相关的"技术协议"的要求，或不锈钢有晶间腐蚀倾向等。

(2) 铸件的形状、尺寸等与图纸不符

此类缺陷主要是指铸件错箱、壁厚不均及其他的尺寸超差等。

(3) 表面缺陷

此类缺陷主要是指铸件气孔（因型砂而引起的"暴露型"的"侵入性气孔"及"表皮气孔"等）、粘砂、浇不足、表面皱纹、冷隔、裂纹（包括热裂纹和冷裂纹）等。

(4) 孔洞类缺陷

此类缺陷主要是指铸件产生的气孔（这里还包括金属液脱氢、除气不良，而产生的"析出性气孔"）、缩孔、缩松、渣孔、砂眼（夹砂）等。而阀门铸造中，通常最常见的铸造缺陷为气孔、裂纹及粘砂等。

3.6.2 气孔

(1) 气孔的分类

铸钢件中的气孔缺陷，按其来源大体可分为析出性气孔和侵入性气孔这两种类型，按其形状又分为皮下气孔和表皮气孔等。

(2) 气孔的形成过程与特征

① 析出性气孔　钢或合金在熔炼过程中可以吸收多种气体元素，使之变为金属液体中的组元。虽然这些被吸收的元素已经失去了气体的性质，但仍习惯地称它们为"气体"。钢中吸收的气体主要有氧、氢、氮这 3 种。其中氧和氮主要是通过化合的方式，即形成金属氧化物或金属氮化物而被吸收的，其中对产生气孔最有害的是 FeO。氢主要是通过溶解的方式而被金属液吸收的。在冷却和凝固时，这些气体元素除少量固溶于钢或合金中外，大部分通过不同的形式析出。氧通过与碳化合，析出 CO 气泡，氢直接集结成氢分子而产生 H_2 气泡。氮在非过量的情况下，通常与铁化合成固体（Fe_4N）不形成气泡。

析出性气孔具有如下特征。

a. 当析出气体数量较少时，多半分布在冒口附近或者在铸件上部的"死角"区域，当析出的气体较多时，则分布在整个铸件中，形成发糕状的气孔，而且铸件的冒口不收缩，严重时冒口会上涨而冒出"牛粪堆"状。

b. 气孔内腔光亮，没有明显的氧化色。

c. 当铸件中有缩孔时，气体更容易向缩孔中集中，形成"气缩孔"，它的体积比单纯的气孔大得多，比单纯的缩孔表面光洁，如图 3-74 所示。

阀门铸钢件因形成析出性气孔成炉报废，是冶炼工艺和技术不高所致。

② 侵入性气孔　侵入性气孔主要因为型芯潮湿或型（芯）局部发气物质多或紧实度大，

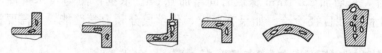

| 上箱中法兰 | 下箱中法兰 | 上箱双法兰 | 下箱双法兰 | 壳体铸壁 | 法兰明冒口
(冒口鼓起来了) |

图 3-74 析出性气孔

使气体难于从铸型或砂芯中排出，气体积聚造成压力升高，当气体压力超过钢液在该处的静压力（加上大气压力）时，气体通常以气泡的形式从金属中冲出。铸型或砂芯的孔隙相当于许多毛细管，界面的气体和液体就是靠它来保持压力平衡。待到铸件外层金属液凝固时，总有一批气泡处于将脱而未脱离的阶段，从而形成外露的气孔，也总有一批气泡因排出困难，最终保留在铸件内部成为内部气孔。

侵入性气孔的气体来源可以是铸型、砂芯或型腔中的气体。它是气体从外部侵入金属液中，排除不出而形成的。它的特征是，在铸件的局部地方产生气孔，在铸件的表皮外露气孔，像是"吹入"的没有脱离的梨形气泡，它的小头所指的方向是气体侵入的地方，而且在表面加工以后，还可在铸件里面发现圆孔，加工量越大，气孔的数量也越少，气孔断面也越小，如图 3-75 和图 3-76 所示。

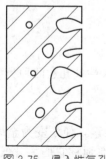

图 3-75 侵入性气孔

图 3-76 铸镍合金横浇道中的侵入性气孔

型芯必须充分干燥，返潮的型芯要重新干燥后方可合箱浇注。要保证型砂的背砂透气性大于 100，型和芯要按铸造工艺要求开好出气的孔道，浇注时注意排气和点火引气。

在树脂砂铸造中防治气孔的措施还须注意：尽量使用含氮量低的（含氮量小于 1%）或无氮树脂；减少树脂的加入量；严格控制新砂中的水分和再生砂的 LOI%（烧损率）和 GFM（平均粒度数）；提高型和芯子的透气性，增加型和芯的通气孔等，办法是指紧实面砂层或靠模型或芯盒的那层树脂砂而其余的砂子不要紧实；扎通气孔，通气孔的作用在于防止浇注过程中及浇注后铸型产生的气体能顺利排出而不进入钢液中。有一份研究资料指出，通过把呋喃树脂砂铸型的透气性提高 3 倍就可把气孔数量减少到 2/3。

③ 皮下气孔——界面化学反应气孔

a. 形成的原因。呋喃树脂砂铸造常见的气孔为侵入性皮下气孔。有研究指出：在使用呋喃树脂铸型时，钢液吸氢显著，吸氧及吸氮不显著。也就是铸型中因水分分解而产生的原子态氢为钢液吸收，在凝固时释放出这部分过饱和的氢而产生气孔。含氮的呋喃树脂中的氮可成为铸件的气孔来源。铸型中蒸发出来的水蒸气在高温下可以有一部分离解为 O_2 和 H_2，也有一部分会和钢液中的铁发生化学反应：

$$H_2O+Fe \xrightarrow{\text{放热}} FeO+H_2$$

在1700℃时，该反应可以一直进行到H_2的浓度达到40%（即遗留的H_2O占60%）为止。温度降低时，反应还可以继续向右进行。而且由于气体的扩散促使浓度均匀，更有利于界面上的化学反应向右进行，力求平均浓度达到平衡。

b. 皮下气孔的特征。这个反应所造成的直接后果之一是：铸型气体中H_2的浓度不断增加，这时H_2在高温作用下必然有一部分离解为H，并向金属中扩散，增加金属中H的溶解量，类似于钢水熔炼过程中的吸气现象。不过，这时完全是依赖氢分压P_{H_2}的增加而不依赖于温度的增加。相反，这时铸件的温度在不断地降低，使H向金属内部扩散比较困难。于是金属表面层的含H量就有可能达到饱和状态。只要表面开始凝固，已饱和的H就会开始析出而成为H_2气泡。这时金属的结晶如果有形成柱状晶（垂直于表面的树枝晶）的倾向，气体就不断地在晶体表面析出，最后在柱状晶之间形成长条状的针孔。如果金属不形成柱状晶，则气孔将成为圆球形。界面化学反应所造成的后果之二是：金属表面层的含O（FeO）量不断增加，FeO又会与钢中的C起反应，生成CO气泡。因此，CO也会造成铸件产生皮下气孔。

c. 防治措施。在防止皮下气孔的措施中，主要是提高钢的熔炼质量，将钢液中的H、O及N的含量降到最低，即在碳素铸钢中H、O、N的含量分别不应高于3ppm、50ppm、80ppm，在不锈钢中H、O、N的含量分别不应高于3ppm、70ppm、150ppm。

④ 表皮气孔

a. 形成的原因。水玻璃砂热型合箱或型芯吸潮，或铸型局部紧实度不均以及钢液浇注温度偏高，特别是面砂的透气性低都有可能使铸件产生"表皮气孔"。分析认为这种气孔是在钢液浇满了铸型该处之前，水分在这些部位大量急剧地蒸发，形成过热的高压气体，导致这里的型砂强度显著降低，当冒口或该处铸型的有效压力低于所产生的高压水蒸气的压力时，高压水蒸气就会在钢水表层产生沸腾现象，因而该处的砂子有可能被蒸汽烘抬起来，从而形成气孔孔穴深处夹有砂子的"表皮气孔"。由于这种气孔是由于沸腾的蒸汽造成的，所以表皮气孔外观呈癞蛤蟆皮状（图3-77），气孔密度大，而水蒸气能否沸腾，与该处型内气体压力有关，所以，表皮气孔是局部区域单独存在的。

b. 表皮气孔的特征。铸钢件的表皮气孔主要发生在用水玻璃砂型时，它不同于一般所见的皮下气孔和侵入性气孔。它多产生在排气不畅的暗冒口型或暗冒口较多的水玻璃砂的铸型里。它的外貌特征是：气孔区域呈不连续的块状、片状或呈条带状分布，外观呈癞蛤蟆皮状，气孔密度大，每平方厘米的气孔为12～16个，气孔深处常见有砂子存在。

c. 防治措施。提高水玻璃砂的透气性。在大量出现"表皮气孔"时，水玻璃砂的透气性只有100～120。后来将水玻砂工艺作了改革，将其透气性提高到150～220时，同时注意防止型芯返潮，阀门铸件出现"表皮气孔"就解决了。

图3-77　铸钢件的表皮气孔

3.6.3 热裂纹、变形及冷裂纹

(1) 铸钢件裂纹的分类

阀门铸钢件裂纹主要分为热裂纹和冷裂纹两大类。这种分类是根据裂纹产生的时期而分的。热裂纹是指铸件在凝固末期，铸件开始线收缩时产生的裂纹，冷裂纹是指铸件凝固后，由于某种应力的作用而在"冷态"下产生的裂纹。

(2) 铸钢件的热裂纹及变形

铸钢件在凝固末期，铸件开始线收缩，线收缩的开始是产生热裂的必要条件，但不是充分条件。只有当外部存在的阻力达到一定程度，应力要释放，使铸件最薄弱部位裂开，这种裂纹叫"热裂"。其特征是断裂面宏观组织粗糙并呈现严重的氧化色。而厚截面在残余热应力作用下，将产生弹性拉伸，薄截面产生弹性压缩，当这种内应力不足以导致铸件开裂时，就会使铸件产生挠曲变形，铸件变形时，往往最后凝固部位（即较热的部位）被拉伸而产生内凹变形，故称这种变形为"热内凹现象"（图3-78）。使铸件产生热裂的阻力是来自多方面的。例如：砂芯受热膨胀、砂芯退让性差或芯骨强度过大或芯骨的吃砂量太小等，这样就容易使铸件薄弱的内表面开裂。同理，因铸型产生的阻碍收缩，如砂箱箱带和冒口产生的阻碍收缩，或因冷铁设置不当产生的阻碍收缩等，都会导致铸件产生热裂。另外，钢液中含硫量过高，将会形成低熔点（1193℃）的硫化铁等物质，它在凝固末期向晶界偏析，这样就延缓了晶界的凝固时间，使铸件的应力集中，薄弱环节更容易开裂。

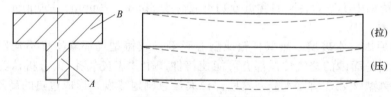

图 3-78　热内凹现象变形

由于树脂砂在铸件浇注后加热时形成坚硬的焦炭骨架，树脂砂的压溃性差，因此型芯抵抗铸件的收缩能力取决于树脂砂表层的加热条件。多数研究者认为：钢铸件中的热裂纹是在铸件凝固时的温度接近 $t_{固}$相线时形成的。对于壁厚为 $15\sim25mm$ 的薄壁铸件来说，其心部达到 $t_{固}$相线的时间不超过 $40\sim60s$，这时，铸件的表层（$3\sim5mm$）的温度为 $850\sim950$℃。在这个温度下，石英树脂砂的热稳定性为 $90\sim120s$。因而，裂纹是在树脂砂本身获得变形能力之前形成的。

树脂砂防止裂纹的措施有：适当控制树脂砂的紧实度对防止铸件裂纹是很有效的；在树脂砂型或芯子中加锯末或者制成空心芯子；加大铸造圆角、开设防裂拉筋、设置冷铁等均可防止热裂纹的产生。

(3) 铸件冷裂纹

当铸件处于低温的弹性状态下，由于其内存在的残留应力而产生的裂纹，叫"冷裂纹"（图3-79）。冷裂纹在铸件上可以是穿透性的或不穿透性的裂纹，开裂处表面干净，其颜色和金属室温时断面相仿，但有时也有轻微的氧化颜色。

铸件凝固后的冷却过程中，继续进行收缩，在铸件的体积或尺寸改变时，由于机械的或热的作用而受到阻碍，就会在铸件中产生铸造应力。这种铸造应力可能是"暂时"的，在产生这种应力的原因被消除后，应力即消失，谓之"临时应力"；也可能是"永久"的，即原因消除后应力依然存在，称之为"残留应力"。在铸件冷却的整个过程中，两种应力可以同时起作用，冷却至常温以后，只有"残留应力"对铸件的质量有影响。

铸造应力有 3 种：热应力（图 3-80）、机械应力和相变应力。铸件收缩时，由于铸型及砂芯的阻碍而产生的应力称之为机械应力；由于在相同的时间内铸件各部分的温度不同和收缩量不同而产生的应力称为热应力；由于铸件各部分的温度不同和发生相变的时间不同，相变时引起体积的改变而产生的应力；称为相变应力。当铸型和砂芯的退让性较好时，机械应力是临时的，相变应力因发生相变的温度不同，可以是临时的或残留的，冷却时的热应力则往往是残留应力。铸件冷却过程中所产生的应力值超过金属的屈服强度极限时，则产生塑性变形，如果超过其强度极限时，则产生冷裂纹。

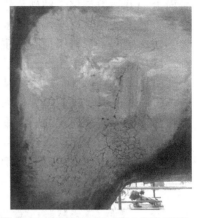

图 3-79　某阀门厂的 CF8C 阀体表面的龟状冷裂纹

图 3-80　某铸造厂切割双相不锈钢 1C 阀体口环冒口工艺不当在冒口根部形成的热应力裂纹

有时铸钢件的冷裂纹的发生是巨大和突然撕裂的。例如，兰高阀铸钢车间曾在 1980 年铸造了一个重达 3.8 吨 ZG45 的轧钢机用大齿轮，当时采用水玻璃工艺并采用"水爆清砂"。当时捞出来时齿轮没有裂纹完好无损，因经验不足而疏忽了，没有将齿轮马上进热处理炉作热处理，而是放在露天跨。一天后大齿轮从地面上跳动了一下，并在轮缘几乎对称地撕裂开了。"水爆清砂"无疑加大了铸件的冷却时巨大的温差应力，加大了铸件冷裂倾向。因此，在 20 世纪 90 年代已经不再采用了。

铸钢件冷裂纹的防止措施如下：铸件壁厚尽可能均匀或薄壁与厚壁间平稳圆滑过渡；铸造工艺设计时尽量使铸件在收缩过程中不受阻碍；改善砂型及砂芯的退让性；浇冒系统的设置，应使铸件实现"顺序凝固"；铸件（特别是易产生裂纹倾向的）应在铸型中自然冷却到300℃以下才落砂；对马氏体铸钢件切割和焊补应在 300～500℃ 温度下施工，切割完或补焊完后，应立即进热处理炉作消除应力处理。

3.6.4　粘砂

（1）铸钢件粘砂的种类

铸钢件表面粘附有一层难以清除的砂粒或砂与金属共熔体，称为"粘砂"。粘砂主要有两类：

一类是机械粘砂，即金属钻入砂型或砂芯表面孔隙中，凝固后将砂粒机械地粘连在铸件表面上；另一类是化学粘砂，它是金属液被氧化而生成氧化铁等金属化合物，再与型砂中的二氧化硅进行化学反应，生成复杂的硅酸盐铁渣液，凝固后将砂粒黏附在铸件的表面上。在铸钢阀门生产中，铸钢件粘砂主要是机械粘砂。

(2) 防止粘砂的措施

防止铸钢件粘砂措施主要从 3 个方面入手：一是提高模型或芯盒的表面光洁度；二是对高温、高压及厚大阀门铸件，面砂应采用耐火度高、堆比重大、导热率高的锆砂或铬矿砂，并提高型及砂芯表面层的紧实度，同时型及芯表面涂刷浓度较高锆砂涂料；三是严格控制钢液的浇注温度，钢液的浇注温度越高，则往往会使铸件产生粘砂，故要求严格控制出钢的温度，并且钢液出到浇包后要让钢液镇静 3～5min，一是有利于钢中气体和杂质上浮（用电弧炉炼钢采用漏包浇注），二是进一步降低钢液的浇注温度，以减轻铸件产生粘砂的概率。

3.7 铸件的热等静压致密化

等静压技术按其成型和固结温度的高低，通常划分为冷等静压、温等静压、热等静压 3 种。近几十年，来随着科学技术的进步，特别是热等静压的发展，等静压技术不再只是粉末冶金的专用技术，它的应用已经扩大到了铸造工业等领域。

由于钢铁行业对热等静压（HIP）基本质量控制要求的标准存在普遍需求，美国材料与试验协会（ASTM）于 2012 年制定了关于热等静压的首版标准，即 ASTM A108—2012《钢、不锈钢和相关合金铸件的热等静压条例》。

3.7.1 热等静压的原理

等静压技术包括冷等静压和热等静压使用的基本原理为帕斯卡原理。即在一封闭的容器内，作用在液体部分界面上的外力所产生的水静压力，将均匀地传递到液体中的每一点上去。在工业生产中，冷等静压使用乳化液或油作压力介质；热等静压一般用惰性气体氩或者氮作压力介质。当工件置于压力介质中施加高压时，工件被压实并产生一定的变形，工件受力的大小与受压表面积成正比。

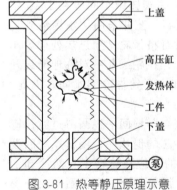

图 3-81 热等静压原理示意

热等静压的原理如图 3-81 所示。即在高压缸内放置一加热炉，将工件放在炉内，处理时一边加压，一边加热。高压高温作用能使铸件结构的内部缺陷得到愈合。热等静压的压力环境能造成等压的应用条件，一般在各个方向上能产生均匀的变形、均匀的晶粒结构和均匀的物理机械性能。

3.7.2 工艺效用和使用设备

最初，热等静压技术广泛用于高温合金、钛合金及沉淀硬化不锈钢等材料制成的航空发动机铸件，目前由于这些材料制成的铸件已普遍用于民用领域，因此民用领域在铸造钛合金阀门上也普遍采用热等静压技术。

(1) 效果和意义

一般情况下，铸件都具有不同程度的缺陷，如缩孔、气孔、热裂、显微疏松、夹杂和合金偏析等。与相应的加工件比，铸件的力学性能较低也不均匀，因而降低了使用的可靠性，缺陷严重时会使铸件报废，造成很大浪费。

铸件使用性能的信用很低，特别是在航空工业部门的应用受到很大限制。在结构中使用铸件时，设计师经常采用"铸件系数"来降低设计强度。

铸件中微小的气孔是铸件成品率低和铸件报废的原因。采用合适的铸造模样设计和良好的铸造工艺，有可能使合金的偏析得到有效的控制。但如果不借用外力获得必要的形变，要使铸件中的气孔闭合，缺陷消除，特别是要使缩孔之类的缺陷消除是不可能的。而利用高温和等静压力，靠类似蠕变机制和压缩的塑性形变，却可使铸件中的气孔和疏松愈合。利用压力的均等特性使铸件中的孔隙愈合时，铸件的形状和尺寸的变化都很小，通常测量不出来。形状非常复杂的铸件也能够很容易地处理，不需要使用复杂而贵重的模具。

热等静压在铸件中的应用，为材料工艺的新领域开辟了新途径。许多研究成果表明，热等静压能使许多类型的铸造材料改进组织结构、改善性能，从而显著降低材料损失并减少了返修和修补工序。热等静压处理铸件的一个显著功效是提高铸件的可靠性，使铸件的性能优于未处理铸件的性能。由于提高了铸件的最小性能数值，明显降低了铸件性能的分散程度，材料的利用系数得到改善。在很多情况下，经热等静压处理的铸件的性能接近或优于锻件的水平，从而可使铸件在尖端技术中代替锻件。

经热等静压处理后，铸件密度可达到其理论密度，可使镍基高温合金、钛合金的高温低周疲劳提高 $3\sim10$ 倍；使镍基高温合金和钛合金的应力断裂寿命提高 2 倍；使铸件性能的变化和分散程度降低到原来的 1/6。

热等静压作为铸件生产工艺的一部分，使铸件的生产厂家和用户得到很多益处。铸件经热等静压处理后，成品率和使用可靠性大大提高。此外，采用热等静压处理工艺，可简化铸造模样设计，铸造模样的冷却布局也变得不太重要，并扩大了铸造合金的品种，为铸造新的合金品种开辟了一条途径。

用热等静压处理铸件的效用和意义可归纳如下。

① 热等静压处理后，能减少铸件在进行射线探伤（RT）时的报废率。

② 与未处理的铸件相比，经热等静压处理的铸件在焊接后产生的裂纹较少，因而减少了修补焊的成本。

③ 采用热等静压处理，可提高铸造参数范围、扩大新的铸造合金品种。

④ 改善了疲劳强度和延性的热等静压铸件可取代价格昂贵的锻件。

(2) 典型热等静压处理工艺

铸件的典型热等静压处理过程：将铸件装入包套内或特制的夹具上，铸件之间用绝缘材料如泡沫氧化铝耐火砖隔开，以防止铸件相互黏结；将整个料架装入高压缸内；关闭高压缸，抽真空，用氩气冲洗后再抽预真空；为了同时达到一定的温度和压力，开始操作时升高高压缸的压力；在最高温度和压力下保持 $2\sim4h$；待工作周期终止时，切断电源，让全部系统自行冷却。

一般情况下，因热密封系统未破坏，循环冷却时间较长。出炉温度取决于被处理的材料。热装料和热卸料能够大大缩短工作周期，但是为了对工艺进行良好的控制，通常不采用热装料和热卸料方式。

采用热等静压法处理铸件时，温度、压力和时间等参数的选择，要根据一系列实验来确定。与一般热等静压工艺相同，温度的高低或均匀性是很重要的，它对制品的质量起着关键的作用。在处理过程中，温度过低，铸件保持其刚度，不易产生蠕变流动去充填各种缺陷；而温度过高，又会使铸件局部熔化而使铸件损坏。

在热等静压处理铸件时，通常采用的温度为合金固溶线绝对温度值的 $0.6\sim0.9$ 倍，即接近铸件的固溶温度。在所选择的温度下，必须能使铸件的屈服强度降低并使铸件中的合金元素有足够的扩散速度。高温合金铸件的热等静压处理温度一般在 γ' 相溶解线上下 $55℃$ 范围内。

铸件热等静压压力的选择依据是能使材料产生塑性流动，即高于被处理材料的屈服强度和蠕变强度。一般可选择 98.1～196.1MPa（1000～2000kgf/cm²）。

热等静压处理铸件，要求最终消除铸件中的气孔，同时不会产生不必要的冶金变化，如弥散相的初熔和粗化、离析或过大的晶粒长大，保证铸件性能的提高和其形状尺寸的稳定性。

热等静压处理铸件是一个蠕变、扩散过程，一般需要较长的保温时间才能完成。另外，保温时间的长短还取决于经济性和高压缸内气体的作用。保温时间一般为 2～4h，有些材料最长可达 10h。

国外铸件热等静压处理工艺参数见表 3-42。

(3) 注意事项

热等静压处理对改善铸件的性能有极大潜力，但也存在一些问题，必须引起注意。

表 3-42　铸造合金热等静压处理工艺参数

铸造合金	温度/℃	压力/MPa(kgf/cm²)	时间/h
IN-738	1190	103(1050)	3
IN-713C	1232	107(1090)	4
IN-100	1220	147(1500)	4
17-4PH 钢	1121	103(1050)	2
Ti-6Al-4V	899	103(1050)	2

① 一般铸件进行热等静压处理时，无须加包套，但是当处理有与表面连通缺陷的铸件时，需要采用堆焊方法使表面缺陷封闭。

② 必须保持高压介质洁净，否则会使铸件的性能受到损害。试验证实，镍基合金铸件在含 $20×10^{-6}$ 有害杂质的高压介质中处理时，铸件不受污染；有害杂质含量达 $35×10^{-6}$ 时，污染稍有发生；杂质含量达到 $200×10^{-6}$ 时，铸件从表面到 $50\mu m$ 深处，均会产生污染。热等静压用高压气体介质被空气、碳氧化合物和外来物质污染是周期性问题。一台热等静压机，如果处理多种材料，要保持压力介质的高洁净水平是相当困难的。美国豪梅特公司采用严格限制处理的材料和进行现场气体分析等措施，以及利用设备设计的特点，已解决了这一问题。

③ 若选用的热等静压工艺参数不合适，会引起不好的结果。如经 1204℃ 及 103MPa（1050kgf/cm²）处理 4h 的 IN-738 铸件，表面会产生再结晶。又如，在对高温合金钢铸件进行热等静压处理时，如果工艺参数不合适，会产生 γ' 相，从而降低铸件的使用寿命。

(4) 对设备的要求

处理铸件用的热等静压机基本上与一般热等静压机相同。铸件在处理时一般为无包套状态，并且对铸件的组织结构与性能有一定的要求，因而对设备提出以下要求。

① 热等静压机应具有较高的压力。处理铸件一般使用的压力高于 98.1MPa（1000kgf/cm²），因而要求设备的压力达到 196.1MPa（2000kgf/cm²）。

② 温度要能精确控制在 ±15℃ 范围内。热等静压处理铸件时，采用的温度一般接近于铸件的初熔温度。为了防止铸件过热，必须要求设备能够精确地控制温度。

③ 高压介质必须保持清洁，并要经常进行现场分析。

④ 设备应能够进行快速冷却。复杂高温合金的高温强度特性往往受热处理获取结构的支配。经热等静压处理的高温合金有可能获得对其性能不利的结构。如果热等静压机的冷却速度能达到 30℃/min，既可解决这一问题。快速冷却不仅能使铸件的晶粒结构细化，同时减少了工艺时间，从而提高了设备的利用率，降低了工艺成本。

3.7.3　高温合金铸件处理

(1) 工艺参数选择

热等静压处理铸造高温合金工艺参数主要取决于合金的品种。对于不同的合金，温度、压力和时间应有不同的匹配。为了加速铸件孔隙和疏松的愈合，温度和压力应尽可能高，时间尽可能短，但每一个参数都受到合金种类、γ'相溶解温度和经济因素的制约。表 3-43 中列出了 Inconel 718 铸造镍基高温合金进行热等静压处理的工艺制度。

表 3-43　Inconel 718 铸造镍基高温合金的热等静压处理工艺制度

合金	热等静压工艺			后处理
	温度/℃	压力/MPa(kgf/cm²)	时间/h	
IN-718	1160	100(1020)	3	1093℃,2h,空冷 927℃,1h,淬冷 718℃,8h,以 38℃/h 冷到 621℃ 保温 8h,空冷
	1220	101(1030)	1~4	

(2) 处理目的及效果

用热等静压工艺处理高温合金铸件的目的及效果如下。

① 疏松及内空洞的消除　高温合金铸件内存在气孔、气泡、疏松、缩孔和裂纹等缺陷。这些缺陷严重地影响铸件的性能。高温合金精密铸件一般只允许含有 0.25% 的气孔量，当气孔量达到 1.5%~2.0% 时，铸件就将报废。镍基合金的抗拉强度随气孔的增加而不断下降，其原因是由于气孔数量的增加使试样有效面积减少和应力显著提高。采用热等静压处理可基本上消除铸件中的气孔及其他缺陷。

当铸件中的气孔率由 0.5%（体积）降到 0.1%（体积）时，铸件的机械性能明显升高，但当气孔率进一步下降到 0.03%（体积）时，其抗拉强度却并没有进一步改善。这说明铸件中的气孔率低于 0.1%（体积）时，对材料性能已无很大影响。

② 铸件合金组织均匀化　高温合金铸件经过热等静压处理，其显微组织的均匀化程度提高，元素的偏析程度减轻，并有利于碳化物的形成和分布。

热等静压温度对高温合金铸件的显微组织至关重要，一般选择在 γ' 相固溶温度附近，但不能过高，以防止区域熔化，破坏铸锭尺寸。

热等静压处理铸件的显微组织还取决于处理后的冷却速度。霍姆斯通过研究冷却速度对 IN-100 合金铸件晶粒度的影响后发现，随着冷却速度的增加，铸件的晶粒度相应减小。他还测定了 IN-100 铸造合金叶片 γ' 相尺寸与热等静压后冷却速度之间的关系，认为一次 γ' 尺寸（S）与冷却速率（C）呈负指数关系 $S \propto C^{-0.4}$，即冷却愈快，一次 γ' 尺寸就愈小。因此，应设法提高热等静压处理后的冷却速度，以获得均匀细小的 γ' 组织。

③ 改善性能　高温合金铸件经过热等静压处理后，消除了其内部的疏松和空洞，改善了组织状态，从而提高了铸件性能和降低了铸件性能的分散程度，具体表现在：疲劳性能显著提高，低周疲劳可达铸态时的 2~9 倍；持久寿命明显提高；瞬时性能改善不明显，有时还可能有所降低；抗拉强度、屈服强度、伸长率、断面收缩率等性能的分散度得到很大改善；焊接性能明显提高；化学研磨性能改善。

(3) Inconel 718 合金进行热等静压处理实例

美国通用电气公司、巴蒂尔研究所和精密铸件公司在 1163℃、101MPa（1030kgf/cm²）条件下对 Inconel 718 合金铸件进行了 3h 的热等静压处理，然后再在 1066℃ 对铸件进行正火处理。结果表明，处理后的合金铸件，室温机械性能明显改善，延性也有较大提高，性能分散度也有所减小（图 3-82），焊接和化学研磨性能也得到改善。

美国空军材料试验室曾对 Inconel 718 铸造合金进行了一系列抗拉性能试验，试样取自 F101 发动机风扇机架轮壳的各个部位，在试验中，对一部分试样进行了热等静压处理，对另一部分试样进行了修正处理，试验结果如表 3-44 所列。

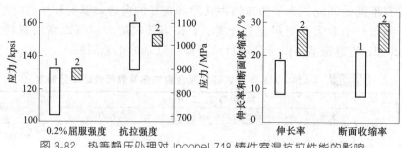

图 3-82　热等静压处理对 Inconel 718 铸件室温抗拉性能的影响
1—铸造；2—铸造后热等静压

表 3-44　Inconel 718 铸造合金的抗拉性能

位置[1]		抗拉强度/MPa（kgf/mm²）	屈服强度/MPa（kgf/mm²）	伸长率/%	断面收缩率/%
标准热处理，标准检验规范		828(84.4)	641(65.4)	5.0	8.0
铸造	前法兰盘	724(73.8)	628(64)	3.2	6.9
	后法兰盘	835(85.1)	689(70.3)	8.1	13.8
热等静压处理	前法兰盘	910(92.8)	669(68.2)	14.3	11.6
	后法兰盘	938(95.6)	821(83.7)	15.2	16.1
修正处理	前法兰盘	851(86.8)	704(71.8)	5.5	12.6
	后法兰盘	938(95.6)	821(83.7)	10.1	16.1

① 前法兰盘截面晶粒度大于后法兰盘。

3.7.4　钛合金铸件处理

钛合金在熔化状态的流动性很差，因此在铸造中常产生气孔和缩孔，对铸件性能产生极坏的影响，尤其是对铸件的疲劳性能。采用热等静压法处理钛合金铸件，能提高其疲劳强度，同时又不严重损害拉伸性能及断裂韧性等。经热等静压处理的钛合金铸件可用作要求具有高疲劳性能的飞机机身部件、发动机零件及承压阀门铸件。但是对于许多应用于海洋和化学工业的钛铸件，热等静压处理却不能改善其使用条件所要求的耐腐蚀性能。表 3-45 列有世界主要钛铸件厂商的生产能力及使用热等静压处理的情况。

美国巴蒂尔研究所于 1970 年首次将热等静压技术应用于钛合金铸件处理，用于治愈 Ti6Al4V 铸件的缺陷，并证实了该技术的应用价值。目前已在工业生产中使用热等静压技术处理钛铸件。

在热等静压处理 Ti6Al4V 过程中，如果使用较低温度（900℃），将引起 a 片状组织增

表 3-45　世界主要钛铸件厂商的生产能力及使用热等静压处理的情况

公司名称	铸件浇铸重量能力/kg				熔炼原料	铸件使用热等静压状况
	熔炼能力	捣固石墨	陶瓷模子	精密铸造		
豪梅特公司(美国)	363	—	—	113	铸锭	100%
俄勒冈冶金公司(美国)	680	468	—	—	铸锭,回炉料	10%～20%
精密铸造公司(美国)	544	—	—	295	铸锭	90%
REM 金属公司(美国)	79	—	—	23	铸锭,回炉料	10%～20%
钛线公司(美国)	1088	544	544	—	铸锭,回炉料	10%～20%
国际钛技术有限公司(美国)	454	227	—	113	回炉料,坯锭	70%～80%
梅塞铸造公司(法国)	—	12	—	—	铸锭,回炉料	100%
Tital(西德)	—	125	—	125	铸锭	70%～80%
国际钛技术有限公司(比利时)	998	544	—	363	回炉料,坯锭	70%～80%

厚。在较高的温度（955℃）下，细长的 a 片状组织进一步粗化。随着 a 片状组织的增加，钛铸件的疲劳强度降低，但断裂韧性却提高了。在热等静压处理钛合金铸件过程中，选择最佳的工艺参数，特别是选择合适的温度，并在处理后进行快速冷却（85℃/min），就能够使钛合金铸件的性能得到很大的改善。

美国空军、通用电气公司和巴蒂尔研究所研究证实 Ti6Al4V 铸件在 968℃，67.7MPa（690kgf/cm²）条件下热等静压处理 1h，能达到完全压实。但如果将温度降到 871℃，即使将处理时间延长到 3h，也不能使铸件中的气孔愈合。图 3-83 表明，经过较高温度的热等静压处理的 Ti6Al4V 的高周疲劳性能和应力断裂寿命有明显的改善。

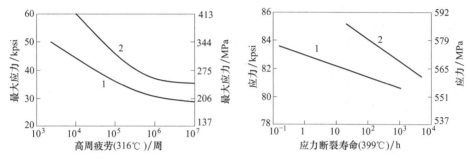

图 3-83 热等静压处理对 Ti6Al4V 铸件高周疲劳性能和应力断裂寿命的影响
1—铸造；2—铸造＋热等静压

Ti6Al4V 钛合金的典型热等静压处理工艺为：压力 68.6～98.1MPa（700～1000kgf/cm²），温度 890～955℃，保温时间 2～4h。

钛铸件，尤其是大尺寸的钛铸件，机械性能是较低的。如果热等静压处理后以很低的冷却速度冷却，钛铸件的拉伸性能与 β 退火的加工钛材很相近，但断裂韧性性能、高周疲劳寿命及冲击强度都有不同程度的改善和提高。钛铸件在各种条件下位伸性能和断裂韧性列于表 3-46。由表中的数据看出，热等静压处理后，钛合金铸件的拉伸性能不仅没有提高，反而稍许有所下降，但断裂韧性得到了改善，高于加工退火件。

表 3-46 室温下 Ti6Al4V 的机械性能

材料状态	屈服强度/MPa（kgf/mm²）	抗拉强度/MPa（kgf/mm²）	伸长率/%	断面收缩率/%	断裂韧性/MPa
铸件	895	1000	8	16	71～77
铸件＋HIP(900℃)	870	960	10	18	91
铸件＋近β热处理	870	965	8	17	—
铸件＋β热处理	870	970	8	19	—
加工材经β热处理	860	955	9	21	84

经热等静压处理后，Ti6Al2Sn4Zr2M。铸件的高周疲劳性能可提高 50%，Ti6Al4V 铸件的高周疲劳性能也可提高 25%。Ti6Al4V 铸件在较高温度下进行热等静压，并在处理后以 85℃/min 的冷却速度冷却，可使其抗拉强度比标准退火加工材料提高 5%～10%。

参考文献

[1] 乐精华. 铸钢呋喃树脂砂的铸造技术铸造技术，1988（5）.
[2] C. C. 儒科夫斯基等. 冷硬砂铸型及型芯. 焦明山等译. 北京：国防工业出版社，1985.
[3] 熊斌. 冷硬呋喃树脂砂用原料. 铸造技术. 1984（5）.
[4] 唐彦斌. 用呋喃树脂砂生产大型铸钢件的研究和中间试验概况. 铸造技术. 1984（6）.
[5] 陈焕鑫等. 铸钢树脂砂的应用. 铸造技术. 1986（2）.
[6] 查理. 约呋喃树脂自硬砂铸造（内部交流资料）.

［7］ 李忠山. 树脂自硬原砂，原砂处理和原砂质量对树脂自硬砂性能的影响. 西北五省（区）第四届铸造学术会议论文，1986.

［8］ 乐精华等. 兰州高压阀门厂自行研制的树脂砂型芯用锆英粉醇基涂料. 西北五省（区）第四届铸造学术会议论文，1986.

［9］ 苏国勋等. 酸催化呋喃树脂自硬砂的理论与实践（一）. 铸造工程，1983（4）.

［10］ 苏国勋等. 酸催化呋喃树脂自硬砂的理论与实践（二）. 铸造工程，1984（1）.

［11］ 黄乃瑜等. 树脂石英粘结的强度，断裂形式与粘结特性参数之间的相互关系. 铸造工程，1984（1）.

［12］ 王乐仪译. 改善砂型铸件表面质量的方法. 铸造技术，1982（2）.

［13］ 顾国涛. 铸造涂料触变性测试方法的研究铸工，1982（2）.

［14］ 韩修玉. 日本铸造技术. 天津一机工业局，1982.

［15］ 糠醇树脂技术报告. 吉林龙井化工厂，1989.

［16］ 程能林. 溶剂手册. 北京：化学工业出版社，2008.

［17］ ［日］南云久美关于呋喃铸型的涂料. 研究快报太平洋特殊铸造株式会社，1963.

［18］ 曹文龙. 铸造工艺学. 机械工业出版社，1988.

［19］ 史占奎，杜泰武等译. 美国铸钢手册. 5版. 开封市机械工程学会，1980.

［20］ 王文清. 砂型铸造工艺学. 武汉：华中工学院出版社，1976.

［21］ 王文清. 铸型工艺学. 武汉：华中工学院出版社，1975.

［22］ "铸造工艺基础"联合编写组. 铸造工艺基础. 北京出版社，1979.

［23］ R. 符罗达范尔. 用模数法计算冒口. 国外机械，1964（4）.

［24］ 安徽淮南煤矿机械厂. 铸钢件倾斜浇注. 铸工，1972（4）.

［25］ 李弘英. 铸钢件的顺序凝固和冒口的计算. 铸工，1972（4）.

［26］ 兰州高压阀门厂铸钢车间. 铸钢件铸造工艺制图标准. 内部资料，1976.

［27］ 兰州高压阀门厂铸钢车间. 铸钢件用铸铁成型冷芯铁标准. 内部资料，1978.

［28］ 乐精华. 采用隔砂铸铁外冷铁消除不锈钢铸件表面缺陷. 机械工人（热加工），1983（10）.

［29］ 张承甫. 凝固理论与凝固技术. 武汉：华中工学院出版社，1985.

［30］ 合金钢手册（上册，第一分册）. 北京：冶金工业出版社，1972.

［31］ 林师焱等. 石油加工腐蚀与耐蚀钢. 北京：冶金工业出版社，1991.

［32］ 乐精华. 合金元素在钢中的作用及其对铸造性能的影响. 甘阀技讯，1978（5）.

［33］ 乐精华. 阀门用铸钢及铸造合金. 兰州高压阀门厂内部资料，1996.6.

［34］ 宋维锡. 金属学. 北京：冶金工业出版社，1987.

［35］ 乐精华. 高温阀门用 ZGCr5Mo 和 ZGCr9Mo 性能分析. 阀门，2002（2）.

［36］ ［美］唐纳德等. 不锈钢手册. 顾守仁等译. 北京：机械工业出版社，1987.

［37］ 乐精华. 呋喃树脂砂铸钢阀体裂纹及防止对策. 铸造技术，1994（6）.

［38］ 乐精华. 采用隔砂铸铁外冷铁消除不锈钢铸件表面缺陷. 机械工人（热加工），1983（10）.

［39］ 乐精华. 高温阀门的高温等级和主体材料. 阀门，2003（6）.

［40］ 乐精华. 高压加氢装置阀门的工况要求及技术分析，阀门，2006（6）.

［41］ 乐精华. 工业阀门用铸造双相不锈钢. 通用机械，2012（5）.

［42］ ASTM A890/A890M Standard Specification for Castings, Iron-Chromium-Nickel-Molybdenum Corrosion-Resistant, Duplex（Austenitic/Ferritic）for General Application.

［43］ 纪仁峰等. 固溶温度对铸造双相不锈钢组织和力学性能影响. 热加工工艺，2005（8）.

［44］ ASTM A494 /A494M—2014 Standard Specification for Castings, Nickel and Nickel Alloy.

［45］ 乐精华. 耐蚀阀门用蒙乃尔合金. 阀门，2002（6）.

［46］ ［日］日本铸物协会. 铸物便览改订. 兰高阀，胥光译. 3版. 21.6二ツケル合金，1991.1.

［47］ 乐精华. 英康乃尔和英康洛依合金及其应用. 阀门，2005（4）.

［48］ Metals handbook American society for Metals. Nickel and Nickel Alloys, 1986.

［49］ 林慧国等. 袖珍世界钢号手册. 3版. 北京：机械工业出版社，2003.

［50］ 乐精华. 铸造 CN-7M 合金的性能及应用. 阀门，1998（2）.

［51］ 周彦邦. 钛合金铸造概论. 北京：航空工业出版社，2000.2.

［52］ 谢成目. 钛及钛合金铸造. 北京：机械工业出版社，2004.10.

［53］ 林柏年. 特种铸造. 杭州：浙江大学出版社，2004.7.

［54］ 娄贯涛. 双重热处理对 ZTC4 铸造钛合金材料组织及性能的影响. 材料开发与应用，2010（4）：40～43.

［55］ 南海，谢成木，黄东等. ZTC4 铸造钛合金的退火热处理工艺. 中国铸造装备与技术，2004（5）：5～9.

[56] 胡和平，杨学东，郑申清. 钛合金泵体铸造工艺研究. 材料开发与应用，2010（4）：37～40.

[57] 娄贯涛. 后处理对 ZTA7 铸造钛合金材料组织及性能的影响. 材料开发与应用，2010.

[58] 乐精华. 铸钢件的气孔. 铸造技术，1985（3）.

[59] 乐精华. 铸钢件的"表皮气孔". 铸造技术，1982（3）.

[60] 乐精华 铸钢件的热裂. 铸工，1978（1）.

[61] 张闻博. 铸件缺陷手册. 青海人民出版社，1980.

[62] 乐精华. 关于不锈钢铸造的一些问题的探讨. 铸工，1977（6）.

[63] 乐精华. 防止不锈钢铸件的粘砂. 机械工人（热加工），1978（7）.

[64] 乐精华. 关于不锈钢大型铸件粘砂的研究. 铸造技术，1983（3）.

[65] 申林. 国外热等静压发展概况. 冶金工业部有色金属研究所总院，1980.

[66] 马福康. 等静压技术. 北京：冶金工业出版社，1992.

[67] ASTM A1080—2012 Standard Practice for Hot Isostatic Pressing of Steel，Stainless Steel，and Related Alloy Castings.

第**4**章 Chapter 4

阀门锻造工艺

锻钢阀门由于材料致密性好、强度高、耐冲击、耐疲劳等优点，尽管锻造阀件（如阀体、阀盖及阀瓣等）与铸造阀件相比存在费工、废料等缺点，但在阀门制造业中仍然有着广泛的应用。

过去，锻造结构主要用于小口径阀门，DN50 以上的阀门大多采用铸造结构，但就现代阀门制造业绩来看，这个界线已不复存在。原因之一是使用的要求，如原子能工业系统的强放介质以及化工系统的极毒介质所需要的高温高压阀，对外漏要求都十分严格，由于铸件的内在质量不够稳定，而不得不采用锻造结构。正是由于这个原因，推动着阀件锻造技术的发展。

随着阀门制造业的技术水平的不断提高，各种阀门的国产化率不断加大，国产阀门的安全等级正在不断地向高、大、精的方向提升。现在高端国产阀门的材料、压力等级、阀门精度亦比过去几年有了极大的提高，国产阀门高磅级、高合金、高自动化已成趋势。目前工作温度 560℃，工作压力 4500 磅级的高温高压大口径球阀已经国产并已在装置上得到成功运行的经验。而这些高精尖端的阀门通常是以锻件为其主体零部件。

阀门类锻件具有以下特点：产品都是空心类锻件，大多数以扩孔成形为主；左右体或球体锻造时都要用到模具锻造；材质种类较多，从一般碳素钢到双相不锈钢都有。

阀门锻件的锻造工艺可分为自由锻造和模锻两大类。其中自由锻造是当今使用最广泛的锻造方法，由于自由锻造的定义比较宽泛，其包括了纯自由锻造、碾环轧制、胎膜锻造等锻造方法。特别是碾环轧制和胎膜锻造，由于它们兼备了模锻件的复杂形状和小加工余量的优点和自由锻件固有的特点，现在已被越来越多的行业所选用。

4.1 阀门常用锻件材料

4.1.1 阀门锻件材料的选择原则

阀门材料的选择依据阀门使用环境、阀门通过的介质、阀门使用最大压力和阀门耐蚀要求 4 个方面。使用环境、介质和压力的要求不同，选用的材料也不同。

(1) 阀门的使用环境

指阀门使用的位置（进口或出口）、氛围（大气、海水、水、盐雾、腐蚀环境等）和温度（常温、低温、高温）。

(2) 阀门的通过介质

指流经阀门的介质，通常有水、蒸汽、海水、生活饮用水、污水、油、腐蚀性介质、气体和固体颗粒等。

(3) 阀门使用的最大压力

指流程设计时可能通过该阀门的最大压力，也就是设计压力。

(4) 阀门耐蚀要求

指阀门需要耐受的腐蚀特点，如耐海水腐蚀、耐冲刷腐蚀、耐酸腐蚀、耐 H^+ 腐蚀、耐 H_2S 腐蚀等。

4.1.2 阀门锻件用原材料的冶炼分类

根据不同的因素选用适当的阀门材料是阀门设计和制造的关键。阀门结构设计的完美，要靠选用正确的材料来体现。只有选对了材料，才能将阀门的作用、价值、可靠性实现到最大化。

阀门锻件的原材料建议使用电炉冶炼并经过真空脱气处理的 VD 或是 AOD、VOD 的钢坯或是钢锭，因为经过真空脱气和精炼后，材料的本质纯净度提高了，有害气体及非金属夹杂物总量降低了。这些都有利于锻件的质量提高，能有效地降低因原材料质量问题而产生的成品或半成品锻件的报废。通常碳钢和合金钢，以及马氏体和铁素体不锈钢等，建议使用经过 VD 处理的电炉钢。当然，对于某些有特殊要求的可以再加一次电渣重熔或是双真空电渣重熔处理。奥氏体不锈钢和双相不锈钢建议采用经过 VOD 或是 AOD 方法真空精炼后的原材料。这样能从本质上保证锻件的内在质量，获得高性能的合格锻件的概率将会大大地提高。同样由于选用了优质的原材料，对于锻件的后续处理都会有非常有益的帮助。

(1) VD 炉外精炼

即真空脱气（vaccum degassing）。这是一种在真空状态下，通过吹入惰性气体搅拌翻腾钢水，排出钢水中溶解的 H_2、O_2 等气体，采用真空泵进行脱气的工艺处理方法，适用于碳钢、合金钢和马氏体不锈钢等。

(2) AOD 炉外精炼

即氩氧脱碳法（argon oxygen decarburization）。这是一种在真空环境下，运用惰性气体作为保护和降低脱碳时一氧化碳的分压，达到保 Cr 快速脱碳的炉外精炼工艺，适合于大多数不锈钢。

(3) VOD 炉外精炼

即真空吹氧脱碳法（vaccum oxygen decarburization）。这是一种运用真空作为保护和降低脱碳时一氧化碳的分压，达到保 Cr 快速脱碳脱氧的炉外精炼工艺；适合于超低碳和超低氮的不锈钢。

4.1.3 阀门常用锻件材料

① 碳钢　20、A105、LF2 等。

② 低合金钢　4130、4140、8620、8630、4340、F11、F22、F91 等。

③ 不锈钢　阀门中主要用到的不锈钢以马氏体不锈钢、奥氏体不锈钢以及双相不锈钢为多。其中有些阀门的阀杆，采用沉淀硬化不锈钢如 17-4PH 等。

a. 马氏体不锈钢。F6a、F6NM、410、420 等。

b. 奥氏体不锈钢。F304/L、F316/L、F321、F347、F347H 等。

c. 双相不锈钢。F51（S31803）、F53（S32750）、F55（S32760）、F60（S32205）等。

4.1.4　常用阀门锻钢材料化学成分

常用阀门锻钢材料化学成分见表 4-1。

表 4-1　常用阀门锻钢材料化学成分

元素牌号	C	Mn	Si	S	P	Cr	Ni	Mo	Other
20	0.17/0.23	0.35/0.5	0.15/0.37	0.035	0.035	0.25	0.30		Cu:0.25
A105	0.35	0.60/1.05	0.10/0.35	0.040	0.035	0.30	0.40	0.12	Cu:0.40 V:0.08
LF2	0.30	0.60/1.35	0.15/0.30	0.040	0.035	0.30	0.40	0.12	Cu:0.40 Nb:0.02 V:0.03
A266CL2	0.30	0.40/1.05	0.10/0.35	0.025	0.025	0.20	0.25	0.08	
F11CL3	0.10/0.20	0.30/0.80	0.50/1.00	0.040	0.040	1.00/1.50	＊＊	0.44/0.65	
4130	0.18/0.33	0.40/0.60	0.15/0.35	0.040	0.030	0.80/1.10	0.25	0.15/0.25	
4140	0.38/0.43	0.75/1.00	0.15/0.35	0.040	0.030	0.80/1.10	0.25	0.15/0.25	
8620	0.18/0.23	0.70/0.90	0.15/0.35	0.040	0.030	0.40/0.60	0.40/0.70	0.15/0.25	
8630	0.28/0.33	0.70/0.90	0.15/0.35	0.040	0.030	0.40/0.60	0.40/0.70	0.15/0.25	
4340	0.38/0.43	0.60/0.80	0.15/0.35	0.040	0.030	0.70/0.90	1.65/2.00	0.20/0.30	
F22CL3	0.05/0.15	0.30/0.60	0.50	0.040	0.040	2.00/2.50		0.87/1.13	
F91	0.80/0.12	0.30/0.60	0.20/0.50	0.010	0.020	8.0/9.5	0.40	0.85/1.05	Nb:0.06/0.10 N:0.03/0.07 Al:0.02 V:0.18/0.25 Ti:0.01 Zr:0.01
F304/L	0.030	2.00	1.00	0.030	0.045	18.0/23.0	8.0/13.0		
F316/L	0.030	2.00	1.00	0.030	0.045	16.0/18.0	10.0/15.0	2.00/3.00	
F321	0.08	2.00	1.00	0.030	0.045	17.0/19.0	9.0/12.0		
F347	0.08	2.00	1.00	0.030	0.045	17.0/20.0	9.0/13.0		
F347H	0.04/0.10	2.00	1.00	0.030	0.045	17.0/20.0	9.0/13.0		
F51	0.030	2.00	1.00	0.020	0.030	21.0/23.0	4.5/6.5	2.5/3.5	N:0.08～0.20
F53	0.030	1.20	0.80	0.020	0.035	24.0/26.0	6.0/8.0	3.00/5.0	N:0.24/0.32 Cu:0.50
F55	0.030	1.00	1.00	0.010	0.030	24.0/26.0	6.0/8.0	3.00/4.0	N:0.20/0.30 Cu:0.50/1.00 W:0.50/1.00
F60	0.030	2.00	1.00	0.020	0.030	22.0/23.0	4.5/6.5	3.0/3.5	N:0.14/0.20
F6NM	0.05	0.50/1.00	0.60	0.030	0.030	11.5/14.0	3.5/5.5	0.50/1.00	
410	0.15	1.00	0.05	0.030	0.040	11.5/13.00			
17-4PH	0.07	1.00	1.00	0.040	0.030	15.00/17.00	3.00/5.00		Cu:3.00/5.00 Nb:0.15/0.45

4.1.5　常用阀门锻钢材料力学性能

常用阀门锻钢材料力学性能见表 4-2。

表 4-2　常用阀门锻钢材料力学性能

材料牌号	热处理方式	抗拉强度 /MPa	屈服强度 /MPa	延伸率 /%	断面收缩率 /%	硬度 HB
20	N	410	245	25	55	
A105	N	485	250	22	30	≤187
LF2	N，N+T	485～655	250	22	30	
A266	N，N+T	485～655	250	22	33	137～197
4130	Q+T					
4140	Q+T					
8620	Q+T					
8630	Q+T					
4340	Q+2T					
F11		415～515	205～310	20	30～45	121～174
F22		415～515	205～310	20	30	156～207
F22CL3mod		540	380	17	27	175～230
F304/L	ST	515	205	30	50	
F316/L	ST	515	205	30	50	
F321	ST	515	205	30	50	
F347	ST	515	205	30	50	
F347H	ST+W	515	205	30	50	
F51	ST	620	450	25	45	
F53	ST	800	485	15		
F55	ST	750～895	550	25	45	
F60	ST	620	450	25	45	
410	Q+T					
F6NM	Q+2T	790	620	15	45	≤295
17-4PH	Q+2T					

4.2　锻造工艺流程

自由锻造通用工艺流程通常分为下料、加热、锻造和锻后处理 4 个主要步骤。

4.2.1　下料

锻件下料方式随着高速切割工具的日益先进，现在通常采用的下料方法有：锯切下料、热切下料及火焰切割下料。

(1) 锯切下料

现代锯切设备主要有带锯、弓形锯、圆盘锯、高速切割锯等设备。采用锯切的材料优点是：切面平整，下料重量准确，速度及功效高，成本较低，操作简便，可一人多台操作，人力资源成本低等，所以现在已被锻造厂广泛采用。

(2) 热切下料

热切下料分为两种，一种是热剁法，另一种是热断法。

① 热剁法下料　是将材料加热到锻造所需的温度，利用剁料工具对材料进行工艺重量下料。采用这种方法下料，它的工艺重量的误差较大，所以现在主要用于大型锻件下料。由于大型锻件采用的是热送钢锭，而且钢锭的截面比较大，所需的锯切设备大，且由于大型钢锭铸造后的保温和消应退火周期时间长、工艺繁琐、能源消耗大等原因，现在一般都采用铸锭后保温热送，这样既节约能源又大大缩短了供料周期，同时还减少了钢锭冷却和加热过程中的开裂风险，所以大型锻件有条件的都采用热送锭，工厂因此保存了热剁下料的工艺。

② 热断法下料　是将材料用高频或工频加热设备，快速加热到材料的蓝脆温度范围，使用曲柄压力机对材料进行剪切下料。这种方法下料速度快，但下料精度低。所以这种下料方法被广泛用于普通模锻件的生产流水线上。

(3) 火焰切割下料

火焰切割下料是采用化学气体和氧气的燃烧对金属进行熔化切割，过去被大量用于自由锻用大型碳钢和低合金钢坯料的下料，这种方法目前基本已经被弃用。虽然使用比较简单，但是材料损耗大，不环保，关键是随着使用材料的日益更替，锻件用材料质量要求的不断提高，材料对温度的敏感程度和限制，以及各种大型特殊的锯切工具的出现等，使得这种方法失去了实用价值而被淘汰。

4.2.2　加热

材料加热工艺的确定是锻造工艺制定的关键，材料的加热质量好坏，直接影响到锻件的内在和外观质量，所以选用合适的加热方法、加热设备，制定合理科学的加热工艺是锻件加热工作的三要素，缺一不可。

现在锻造行业主要采用的加热方法有：电加热、燃气加热、燃油加热、燃煤加热 4 种，其中燃煤加热已被国家列入限制和取缔范围。

(1) 电加热

电加热方法是模锻生产中最主要的加热方法之一。电加热设备形式有：电阻炉、高频感应加热炉、中频感应加热炉和工频感应加热炉等。

电阻炉通常用于自由锻的特殊合金材料的加热，也大量地被用于锻造后的退火，缓冷处理以及热处理。

高频、中频和工频感应加热炉主要用于模锻件生产的加热，这类设备具有加热速度快、材料表面氧化少、加热温度控制准确等特点。

(2) 燃气加热

燃气加热燃料主要有城市煤气、石油液化气和天然气 3 种。加热炉型主要有连续加热炉、室式加热炉和台车式加热炉。其中连续加热炉主要用于连续生产的轧制和锻材用坯料生产。室式加热炉被广泛用于自由锻件生产的锻造厂，具有通用性强、建造成本低的优点。台车式加热炉其承载量大，主要用于大型自由锻件的生产加热。

(3) 燃油加热

燃油加热炉主要是在一些不具备燃气使用条件的地区，作为替代燃煤和燃气的过渡加热方式，它采用柴油和重油作为燃料来源，但是由于油品在燃烧时会排放污染物，现在也不推荐使用这种加热方法。

(4) 燃煤加热（不推荐）

燃煤加热炉主要有火焰反射炉、煤炉两种，由于对环境影响大、工况恶劣、加热质量差等原因，已被限制和禁止使用。在此不作累述。

(5) 加热工艺

锻造加热工艺主要分为 3 个阶段：预热；升温速度控制；保温。

① 碳钢加热方法　碳钢的加热工艺相对比较简单，不需要预热也不需要等待即可直接加料进炉升温加热，对炉膛的温度要求不高，始锻温度一般控制在 1180～1200℃，加热温度控制在 1200～1250℃。

② 合金钢加热工艺　合金钢的加热工艺比较复杂，需要根据不同的化学成分和坯料规格，制定相应的加热工艺。常规的加热工艺步骤是：加热炉余温须低于 600℃（部分材料须低于 400℃）；坯料进炉后需按要求保温一定时间后，再按一定的加热速率升温到始锻温度，

经过足够的保温均温时间后即可出炉锻造。

③ 不锈钢加热工艺 不锈钢的加热工艺要相对复杂和严格，由于不锈钢的导热性比较差，元素含量比较高，所以加热时升温和保温是必需的。随着温度的升高，不锈钢的组织相变的应力不断增大，因此，在相变温度区间须进行等温保温，以确保相变应力在等温中消减，从而减小锻造时出现裂纹的可能性。

(6) 常用材料锻造始锻和终锻温度

常用材料锻造始锻和终锻温度见表4-3。

表 4-3 常用材料锻造始锻和终锻温度

序号	材料牌号	加热温度	始锻温度	终锻温度
1	20、25、35、A1020、A266	≤1250℃	≤1230℃	≥780℃
2	LF2、A105、A106	≤1230℃	≤1200℃	≥780℃
3	4130、4140、F11、F22	≤1200℃	≤1180℃	≥850℃
4	8620、8630、4340	≤1200℃	≤1180℃	≥880℃
5	F316/L、304/L、321、347、347H、F51(S31803)	≤1200℃	≤1180℃	≥880℃
6	F53(S32750)、F60 (S32205)	≤1180℃	≤1150℃	≥920℃
7	F55(S32760)	≤1200℃	≤1180℃	≥980℃
8	17-4PH	≤1180℃	≤1180℃	≥980℃
9	410、F6NM	≤1200℃	≤1180℃	≥900℃

4.2.3 锻造工艺制定

锻件质量的高低，除材料本身之外，确定合理科学的锻造工艺是决定锻件质量和成品合格率的重要手段。在锻造工艺的制定过程中，首先必须考虑锻件的锻造比，锻造比对于一个锻件来说是决定内在质量的关键。在锻造工艺制定过程中，需根据选用的坯料类型、规格以及材料的特性确定锻造比参数。通常，使用钢锭作为坯料锻造的锻件，锻造比一般大于3.5；使用轧制或者锻造的型材坯料锻制锻件的，锻造比一般大于2.5。

(1) 锻造比

关于锻造比的计算方法在学术界有两种不同的方法。一种是累积法，另一种是叠加法。而分项锻造比的计算是一致的。镦粗时，为镦粗前后截面积之比或高低之比；拔长时，为前后长度之比。然后进行叠加或累积计算。

叠加法：总锻造比 $R_z = R_1 + R_2 + \cdots\cdots + R_n$（$R_1$，$R_2$……代表每次的镦粗和拔长比）。

累积法：总锻造比 $R_z = R_1 \times R_2 \times \cdots\cdots \times R_n$（$R_1$，$R_2$……代表每次的镦粗和拔长比）。

(2) 成形

锻件经过多次的镦粗和拔长，使锻造比达到了工艺设计的范围后，开始成形锻造，达到锻件的最终形状和尺寸。

① 自由锻成形 成形前的镦粗和拔长锻造比，一般是针对自由锻造而言的。由于自由锻采用的坯料多为原始坯料，如钢锭、连铸坯等，材料基本没有经过压力加工，内部组织大多以原始铸态粗晶和枝晶状出现，组织成分偏析严重，所以必须通过多次的镦拔处理，将铸态粗枝晶打碎，使内部组织均匀，消除成分偏析，从而保证锻件的组织和性能的均匀，提高锻件的实体质量。

② 模锻成形 模锻件的锻造比，相对比较简单。因为它选用的材料大多是经过轧制的圆钢或方钢，只是在变形工艺设计时，选择坯料的尺寸而已。模锻的成形是由模膛和变形工序决定的。

4.2.4　锻后处理

锻件的锻后处理是保证锻件质量的比较重要的步骤，锻后处理方式的准确与否，将决定锻件的最终质量。采用不恰当的锻后处理将会造成锻件因内在质量问题而报废。对于合金钢锻件选用准确的锻后处理工艺尤为关键。

（1）冷却

锻件的冷却方式，应当根据锻件的材料特性、最大截面尺寸和形状来确定冷却的方式。通常锻件的冷却方式有：空冷、砂冷、堆冷和炉冷 4 种。

（2）退火

锻件的锻后退火主要是针对合金钢锻件、大截面的碳钢锻件以及部分特殊性能的不锈钢锻件，如大部分马氏体不锈钢和沉淀硬化不锈钢锻件。退火的方式有：完全退火、扩氢退火、等温退火 3 种。

（3）预先热处理

锻件的预先热处理主要针对具有特殊特质的钢材和具有较高内在组织要求的锻件而采用的热处理方式，一般有正火、不完全固溶处理等方式。采用预先热处理的目的是为了确保锻件随后的机加工或是热处理，有一个比较好的组织准备，是为后续加工工艺做准备。

4.3　自由锻工艺

4.3.1　基本工序

（1）镦粗

镦粗是指减小坯料高度、增大横截面尺寸的锻造工序，如图 4-1 所示。在坯料上某一部分进行的镦粗称为局部镦粗。镦粗时的注意事项如下。

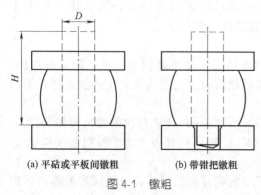

(a) 平砧或平板间镦粗　　(b) 带钳把镦粗

图 4-1　镦粗

① 合金钢锭或者大于 8T 的碳素钢镦粗前最好倒棱。改善钢锭的棱角处和皮下组织，防止镦粗时发生开裂。

② 镦粗前毛坯端面应平整，并与轴心线垂直。镦粗前坯料加热到高温后，应充分保温，使温度均匀，以免钢锭中心偏移，造成锻件质量变劣。

③ 为防止镦粗时产生纵向弯曲，圆柱体毛坯的相对高度（高径比 H/D）应不超过 3，控制在 2.0～2.5 的范围内最好。带钳把坯料的高度和直径之比最好控制在 2.2 以下。方形毛坯镦粗时，其高度与最小边长之比应小于 3.5～4，不超过 3.5 为宜。

当因高径比较大，在镦粗过程发生弯曲时，可以考虑分步：镦粗—拔长—镦粗工序。

④ 为了有效地减少锻合金钢锭内部缺陷、打碎树枝晶，拔长前的镦粗，其镦粗比（镦粗前后的高度比）应尽量≥2.0。以成形为主的锻件，镦粗比应≥1.5。

⑤ 镦粗时毛坯高度应与设备空间相适应。在压机上镦粗时，坯料立起放入镦粗盘中，放上镦粗板，其总高度应小于走料台到活动横梁的最大距离。锤上镦粗时，应使 $h<0.75H$，式中 H 为锤头的最大行程，h 为坯料的高度。

（2）拔长

减小坯料的横截面积而增加其长度的锻造工序称拔长。拔长是锻造轴类及其他具有较长轴心线锻件的主要工序。拔长可在上、下平砧，上平、下 V 形砧及上、下 V 形砧上进行。

拔长时的变形方式主要有：圆→圆，圆→方→圆或圆→方→扁方→方→圆 3 种。拔长工序的注意事项如下。

① 为避免折叠，锻件每次的送进量应大于压下量 h，否则会产生如图 4-2 所示的现象。

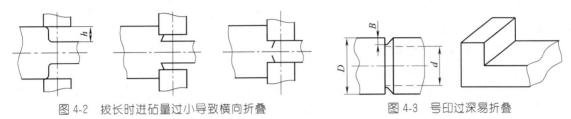

图 4-2　拔长时进砧量过小导致横向折叠　　　　图 4-3　号印过深易折叠

② 把直径较大的坯料拔成较小的圆形截面时，先把坯料锻成方形截面，并拔长到其边长接近锻件尺寸，再把方形棱角打去，锻成八角，然后滚打成圆形。

③ 为了在锻件上锻出台阶或凹档，必须要用三角刀号印，再把所需的部分局部拔长，这样可使过渡面平直整齐，但号印过深，拔长后就会在号印处留有深印，造成内角折叠，如图 4-3 所示。

为防止端面凹心，对圆形截面，端头压料前的号印长度 $A \geqslant 1/3D$；对矩形截面，$A \geqslant 0.4H$，见图 4-4。

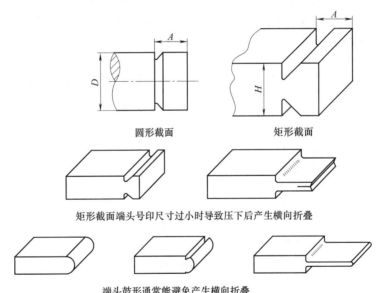

圆形截面　　　　矩形截面

矩形截面端头号印尺寸过小时导致压下后产生横向折叠

端头鼓形通常能避免产生横向折叠

图 4-4　端头产生横向折叠

当台阶差×30％大于 30mm 时，采用号印方式，号印深度 $h=$ 台阶差×30％，当该值小于 30mm 时用压痕方式；当该值大于 60mm 时，要加拉缩余量（拉缩余量值=台阶差/7）。

④ 对于重要锻件，为了锻透，与拔长体中心形成轴向压应力，相对送进量 L/H 应大于 0.5，小于等于 0.8，同时主要拔长阶段要有足够大的压下量，一般为坯料高度 H 或直径 D 的 20％。

对于每次送到砧子上的坯料长度称送进量（或叫"进砧量"），送进量 L 同坯料与锻件的原始高度 H（或直径 D）的比值 L/H（或 L/D）称相对送进量，h 称单面压下量。

(3) 冲孔

在坯料中冲出通孔或盲孔的工艺称为冲孔，如图 4-5 所示。冲孔是锻制空心锻件的必要工序。一般孔径在 400mm 以下的孔用实心冲子冲孔，400mm 以上多用空心冲子冲孔。空心冲子冲孔可使钢锭缺陷聚集的心部大部分冲掉，从而改善了空心锻件的质量。用空心冲子的效果显然要比实心的好，故大孔多用空心冲子冲孔。

冲孔工序的注意事项如下。

① 冲孔时钢锭的冒口端应朝下，这样可使冲子下（钢锭底部的沉积锥）缺陷区的料挤压入冲子内孔，残余部在冲子下的环形摩擦阻力区内随芯料一起带走。

② 冲孔前坯料直径与冲子直径之比不应小于 2.5～3.0，在编制工艺时一般取 3.0，比率太小会使坯料孔端平面严重拉下，造成塌角，同时使坯料翘曲、失稳。

③ 对需要扩孔或拔长成形的空心锻件，冲孔后的单面壁厚与高度之比应<2，反之容易在随后的扩（拔）孔中、在端部平面上形成环形折叠裂纹。

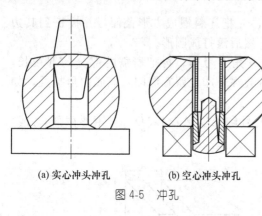

(a) 实心冲头冲孔　(b) 空心冲头冲孔

图 4-5　冲孔

(4) 扩孔

减小空心坯料的壁厚，使其内径、外径同时增大（高度变化较少）的工序称为扩孔。扩孔（图 4-6）是用于芯棒拔长的预备工序及锻造环形锻件的主要工序。扩孔芯棒没有锥度。

① 扩孔时要注意马架间的距离不能过宽，一般比锻件的高度（注意考虑到两端鼓形余面）大 100mm 左右，这样，除可减低芯棒负荷外，也有利于在马架内壁划线，并依此随时目测扩孔尺寸。

② 对变形抗力大的合金钢筒体和筒体长度是芯棒直径的 3.5～4 倍以上的坯料尽量在高温下用长砧施压，以防芯棒压断。

③ 扩孔前坯料尺寸应满足 $(D_0 - d_0)/H_0 \leqslant 5$。

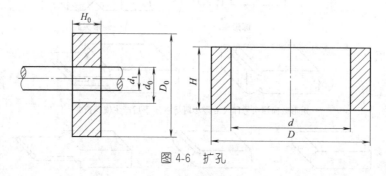

图 4-6　扩孔

(5) 芯棒拔长

减小空心坯料的壁厚，使其长度增大的工序称为芯棒拔长。芯棒有锥度（一般为 1/100），大直径端有挡块，芯棒应加工光滑且不弯曲，该工序主要用于锻造长筒形锻件。为改善变形的应力状态、减少内端口纵向裂纹，芯棒拔长可在上平、下 V 形砧或上、下 V 形砧上进行。若在上下平砧间成形的话，一般以拔六角开始。

芯棒拔长时端口温度易迅速降低而导致塑性变劣、出现裂纹，所以终锻温度不能太低，并且要先拔两端再拔中间。

大多数锻件都是由上述的基本操作组合完成，此外根据成形、提高锻件的需要，还可以配合错移、扭转、切割和弯曲等操作以保证毛坯的内部状态，并保持良好的金属流变，使工件成形。

4.3.2 加热规范

加热规范按照 JB/T 6052—2005《钢质自由锻件加热通用技术条件》执行，该标准主要适用于钢质自由锻件的通用加热技术要求。就材料而言，适用于碳素钢、合金结构钢的冷、热钢锭（坯）的锻造前加热。

(1) 常用钢号的分组和始锻加热温度范围

常用钢号按其碳含量及合金元素含量分为 3 组，其加热温度范围见表 4-4。表 4-4 中规定的始锻温度为锻前加热允许的最高炉温，由于钢锭的铸态初生晶粒加热时，过热倾向比同钢号钢坯小，故两者的锻前加热温度相差 20～30℃。

根据各锻造厂的产品特性、锻件技术条件、变形量等因素，始锻温度可以向下调整。

表 4-4 常用钢号的始锻、终锻（精整）加热温度

组别	钢号	始锻温度/℃		终锻温度/℃	
		钢锭	钢坯	终锻	精整
Ⅰ	Q195～Q255,10～30	1280	1260	750	700
	35～45,15Mn～35Mn,15Cr～35Cr	1260	1240	750	700
Ⅱ	50,55,40Mn～50Mn,35Mn2～50Mn2,40Cr～55Cr,20SiMn～35SiMn,12CrMo～50CrMo,34CrMo1A,30CrMnSi,20CrMnTi,20MnMo,12CrMoV～35CrMoV,20MnMoNb,14MnMoV～42MnMoV,38CrMoA1A38CrMnMo	1250	1220	800	750
Ⅲ	34CrNiMo～34CrNi3Mo～PCrNi1Mo～PCrNi3Mo,30Cr1Mo1V,25Cr2Ni4MoV,22Cr2Ni4MoV,5CrNiMo,5CrMnMo,37SiMn2MoV	1240	1220	850	800
	30Cr2MoV,40CrNiMo,18CrNiW,50Si2～60Si2,65Mn,50CrNiW,50CrMnMo,60CrMnMo,60CrMnV	1220	1200	850	800
	T7～T10,9Cr,9Cr2,9Cr2Mo,9Cr2V,9CrSi,70Cr3Mo,1Cr13～4Cr13,86Cr2MoV,Cr5Mo0Cr18Ni9～2Cr18Ni9,0Cr18Ni9Ti,Cr17Ni2	1200	1180	850	800
	50Mn18Cr4,50Mn18Cr4N,50Mn18Cr4WNGCr15,GCr15SiMn,3Cr2W8V,CrWMo,4CrW2Si～6CrW2Si	1180	1160	950	900
	Cr12MoV1,4Cr5MoVSi(H11),W18CrCr4V				

(2) 装炉的技术要求

钢锭（坯）装炉前，应校对其冶炼炉号、钢号、钢锭（坯）重量、尺寸，并检查其表面质量，清除表面缺陷。

记录装炉位置，做好实际操作记录。钢锭（坯）装入炉内的位置应根据炉型、炉底尺寸、装炉方式及被加热钢锭（坯）的尺寸重量等确定其距炉子的火墙、前后墙、烧嘴等的距离。严禁火焰直射被加热金属表面。

钢锭（坯）加热时应使用垫铁。垫铁高度应不低于炉子下排烧嘴的高度。

钢锭（坯）加热的装料方式，分为 3 种：单列顺装法，如图 4-7（a）所示；单层并列法，如图 4-7（b）所示，料间间距应不小于钢锭内切圆直径 d 的 1/4 或 1/2 或钢坯边长（直径）d_1 的 1/4～1/3；叠装法，如图 4-7（c）所示，钢锭（坯）呈两层或两层以上叠装在炉床上，料间距离不限。

钢锭入炉前的表面温度低于 400℃ 的称为冷钢锭，400～500℃ 的称为半热钢锭，高于 500℃ 的称为热钢锭。冷热钢锭（两者温差大于 400℃）（坯）同装一炉时，其料间间距必须大于一个钢锭（坯）的半径。应尽量避免冷热钢锭（坯）混装一炉。

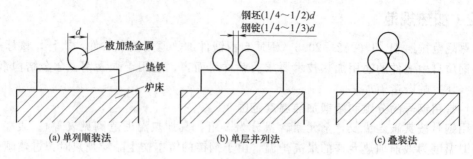

图 4-7　钢锭（坯）加热的装料方式

严禁在已加热到锻造温度的热钢锭（坯）旁装放冷钢锭（坯）。

严禁将锭身实际温度低于 0℃ 的钢锭（坯）直接装炉快速升温加热。

检验合格的热锭运至锻件生产车间时，应做好钢锭过冷或及时装炉，不得拖延装炉时间。

炉子热电偶升到锻造温度后，锻件的保温时间从其所有表面达到始锻温度时算起（此前均为均温）。保温终结时，金属温度应在炉温公差范围内。

钢锭（坯）加热过程中必须精心操作，严格控制装炉温度、升温或冷却速度。炉气应保持微正压。炉床上的氧化铁皮应定期清理。

半热钢锭宜装于 650℃ 的炉内按表 4-5 规定的时间保温之后，按热钢锭加热规范进行加热。

表 4-5　半热钢锭保温时间

钢锭重量/t	≤10	>10~20	>20~40	>40~70	>70~120	>120
保温时间/h	2	3	3.5	4	5	6

热钢锭（坯）的加热可按表 4-6 的加热规范进行。热钢锭装入低于表 4-6 规定的装炉温度的炉内时，可立即升温至装炉温度，然后按表 4-6 的规范进行加热。加热时间从炉温升至规定的装炉温度时开始计算。

冷钢锭的加热，可按表 4-7 的规范进行。冷钢锭装入实际炉温低于表 4-7 规定的装炉温度的炉内时，以不超过预热升温限定的速度直接升温至规定的装炉温度。

冷钢坯的加热，可按表 4-8 的规范进行。

钢锭或钢坯按表 4-9 及表 4-10 的规定完成加热保温之后因故不能出炉锻造时，应将炉温降至 1000~1050℃ 进行保温（适用于短时待压状态），或将炉温降至 850℃ 进行保温（适用于需待压 8h 以上状态），或干脆降温至 650℃ 待压（适用于长时间待压状态）。经降温处理到 850℃ 以上待压的钢锭，再加热至锻造温度下的保温时间可以减少 1/3~1/2。经 650~750℃ 炉内长时间保温之后因故不需再加热时，必须随炉以小于 100℃/h 的降温速度将钢锭或坯料炉冷至 100~250℃ 以下方可出炉（视钢种、大小、产品重要度确定）。

钢锭加热后，只进行压钳把、倒棱、啃底或抛圆时，其锻造温度下的保温时间可比规定值减少一半，需进行镦粗或强压（或均匀化）时，其保温时间应增加 20% 以上。

锻件半成品（钢坯）重复加热温度的上限，应根据其自身的剩余锻造比值来确定，见表 4-11。锻件半成品坯料的加热时间，按其形状尺寸并参照表 4-8 确定。

实心圆类坯料高度大于直径时按直径尺寸确定加热时间；反之按高度尺寸确定时间；筒类锻坯的长度大于直径时，按坯料壁厚尺寸的 1.3~2 倍来确定加热时间；空心盘（环）类锻坯壁厚尺寸大于或等于盘（环）高度尺寸时按壁厚尺寸确定加热时间。

表 4-6　热钢锭（坯）加热规范

钢锭重量/t		锭身平均直径/mm	最高允许装炉炉温/℃	升温时间/h	Ⅰ、Ⅱ组钢 锻造温度下最小保温时间/h 装料方式		
普通钢	短粗型				Ⅰ	Ⅱ	Ⅲ
>3~5	—	630~700	1200	升温速度不限	1.5	2	2.5
>5~8	—	>700~800	1200		2.5	3	3.5
>8~13	—	>800~950	1200		3.5	4	5
>13~20	—	>950~1150	1200		4	5	6
>20~30	—	>1150~1230	1200		5	6	7
>30~40	—	>1230~1310	1200		6	7	8
>40~50	—	>1310~1400	1200		7	8	9.5
>50~65	—	>1400~1500	1200		8	9.5	11
>65~78	—	>1500~1600	1200	—	9.5	11	13
>78~88	≤50	>1600~1700	1200	—	12	13	15
>88~105	>50~60	>1700~1800	1100	6	13	15	17
>105~135	>60~70	>1800~1900	1100	8	15	17	19.5
>135~170	>70~80	>1900~2000	1100	10	17	19	
>170~230	>80~115	>2000~2300	1000	12	20	—	
—	>115~160	>2300~2600	1000	14	22		
—	>160~230	>2600~2850	1000	16	24		
—	>230~300	>2850~3100	1000	18	26	—	
>3~5	—	630~700	1200	升温速度不限	3	4	5
>5~8	—	>700~800	1200		4	5	6
>8~13	—	>800~950	1200		5	6	7
>13~20	—	>950~1150	1200		6	7	8
>20~30	—	>1150~1230	1200		7	8	9.5
>30~40	—	>1230~1310	1200		8	9.5	11
>40~50	—	>1310~1400	1100		9.5	11	13
>50~65	—	>1400~1500	1100	6	11	13	15
>65~78	—	>1500~1600	1100	8	13	15	17
>78~88	≤50	>1600~1700	1100	10	15	17	19
>88~105	>50~60	>1700~1800	1100	12	17	19	—
>105~135	>60~70	>1800~1900	1100	14	19	22	—
>135~170	>70~80	>1900~2000	1100	16	22	—	
>170~230	>80~115	>2000~2300	1100	18	24	—	
—	>115~160	>2300~2600	900	20	26		
—	>160~230	>2600~2850	900	22	28		
—	>230~300	>2850~3100	900	24	30	—	

表 4-7　冷钢锭加热规范

钢锭重量/t	锭身平均直径/mm	最高允许装炉炉温/℃	Ⅰ组钢 850℃ 保温/h				锻造温度下最小保温时间/h 装料方式		
			保温/h	保温/h	保温/h	保温/h	Ⅰ	Ⅱ	Ⅲ
>0.5	270	1150	—	按炉子功率	—	—	0.5	0.5	1
>1.4	410	1100	0.5		—	—	1	1	1.5
>2.3	630	1100	1		—	—	1.5	2	3
>3~5	>630~700	1000	1.5		—	升温速度不限	3	3.5	4
>5~8	>700~800	900	3		—		3.5	4	5
>8~13	>800~950	800	3		—		4	5	6
>13~20	>950~1150	750	3		—		5	6	7
>20~30	>1150~1230	700	4		3	4	6	7	8
>30~40	>1230~1310	650	4		4	5	—	7	8	9.5
>40~50	>1310~1400	600	4		5	6	8	9.5	11

Ⅱ组钢

钢锭重量/t	锭身平均直径/mm	最高允许装炉炉温/℃	850℃ 保温/h	保温/h	保温/h	保温/h	锻造温度下最小保温时间/h 装料方式 Ⅰ	Ⅱ	Ⅲ
>0.5	270	1050	—	—		—	0.5	0.5	1
>1.4	410	1000	—		1		1	1	1.5
>2.3	630	950	—	按炉子功率	2	升温速度不限	1.5	2	3
>3~5	>630~700	900	4		2.5		3	3.5	4
>5~8	>700~800	800	4		3.5		3.5	4	5
>8~13	>800~950	750	4		4		4	5	6
>13~20	>950~1150	700	4	4	5		5	6	7
>20~30	>1150~1230	650	4	4	6		6	7	8
>30~40	>1230~1310	600	5	6	7	—	7	8	9.5
>40~50	>1310~1400	550	5	8	8	8	8	9.5	11

Ⅲ组钢

钢锭重量/t	锭身平均直径/mm	最高允许装炉炉温/℃	850℃ 保温/h	保温/h	保温/h	保温/h	锻造温度下最小保温时间/h 装料方式 Ⅰ	Ⅱ	Ⅲ
>0.5	270	750	—	0.5	1	1.5	0.5	1	1.5
>1.4	410	650	—	0.5	1	2	1	1.5	2
>2.3	630	600	0.5	1.5	1.5	2	2	2.5	3.5
>3~5	>630~700	600	2	3	4	3	3.5	4	5
>5~8	>700~800	550	3	4	5	4	4	5	6
>8~13	>800~950	550	3	5	6	5	5	6	7
>13~20	>950~1150	450	4	6	7	6	6	7	8
>20~30	>1150~1230	400	4	7	8	7	7	8	9.5
>30~40	>1230~1310	350	5	8	9	8	8	9.5	11
>40~50	>1310~1400	300	5	9	10	9.5	9.5	11	13

表 4-8　冷钢坯加热规范

Ⅰ组钢

钢坯的直径或边长/mm	最高允许装炉炉温/℃	保温/h	加热/h	锻造温度下最小保温时间/h 装料方式 Ⅰ	Ⅱ	Ⅲ	不同装料方式的总加热时间/h Ⅰ	Ⅱ	Ⅲ
≤100	1200	—	—	—	—	—	0.5	0.8	1.0
>100~150	1200	—	—	—	—	—	0.7	1.2	1.3
>150~200	1200	—	—	—	—	—	1.0	1.5	2.0
>200~250	1200	—	—	—	0.5	0.5	1.5	2.0	2.5
>250~300	1200	—	—	0.5	0.5	0.75	1.8	2.5	3.0
>300~350	1200	—	—	0.5	0.75	1.0	2.0	3.0	3.5
>350~400	1200	—	—	1.0	1.0	1.5	3.0	4.0	5.0

Ⅱ组钢

钢坯的直径或边长/mm	最高允许装炉炉温/℃	保温/h	加热/h	锻造温度下最小保温时间/h 装料方式 Ⅰ	Ⅱ	Ⅲ	不同装料方式的总加热时间/h Ⅰ	Ⅱ	Ⅲ
≤100	1200	—	—	—	—	—	0.6	1.0	1.3
>100~150	1200	—	—	—	—	0.5	1.0	1.5	2.0

钢坯的直径或边长/mm	Ⅱ组钢								
	最高允许装炉炉温/℃	保温/h	加热/h	锻造温度下最小保温时间/h			不同装料方式的总加热时间/h		
				装料方式					
				Ⅰ	Ⅱ	Ⅲ	Ⅰ	Ⅱ	Ⅲ
>150~200	1200	—	—	0.5	0.5	0.6	1.5	2.0	3.0
>200~250	1150	—	—	0.5	0.75	1.0	2.0	2.5	3.5
>250~300	1150	—	—	0.5	0.75	1.0	2.5	3.0	3.8
>300~350	1100	—	—	0.5	1.0	1.5	3.0	3.5	4.0
>350~400	1100	—	—	1.0	1.0	2.0	3.5	4.0	5.0

钢坯的直径或边长/mm	Ⅲ组钢								
	最高允许装炉炉温/℃	保温/h	加热/h	锻造温度下最小保温时间/h			不同装料方式的总加热时间/h		
				装料方式					
				Ⅰ	Ⅱ	Ⅲ	Ⅰ	Ⅱ	Ⅲ
≤100	850	—	—	0.5	0.75	1.0	1.5	2.5	3.5
>100~150	850	—	—	0.75	1.0	1.5	2.0	3.0	4.0
>150~200	850	—	—	1.0	1.2	1.5	3.0	3.5	5.0
>200~250	800	—	—	1.0	1.5	2.0	3.5	5.0	5.5
>250~300	800	—	—	1.25	2.0	2.5	4.5	5.5	6.5
>300~350	800	—	—	1.5	2.5	3.0	5.5	6.0	8.0
>350~400	800	—	—	2.5	2.5	3.0	6.5	7.0	9.0

注：总加热时间中含锻造温度下的保温时间。

表 4-9 钢锭或钢坯加热规范（按重量）

钢锭重量/t	锭身平均直径/mm	不同装料方式的保温时间/h		
		Ⅰ	Ⅱ	Ⅲ
≤1.4	410	5	8	14
>1.4~3	>410~630	6	8	16
>3~5	>630~700	7	10	18
>5~8	>700~800	8	12	22
>8~13	>800~950	11	14	24
>13~20	>950~1150	13	16	26
>20~30	>1150~1230	14	18	26
>30~40	>1230~1310	15	18	28
>40~50	>1310~1400	17	20	28
>50~65	>1400~1500	18	20	30
>65~80	>1500~1700	18	21	30
>80~95	>1700~1780	19	22	35
>95~120	>1780~1875	19	24	35
>120~140	>1875~1950	20	24	40
>140~170	>1950~2100	20	25	40
>170~200	>2100~2400	21	26	42
>200~230	>2400	21	26	42

表 4-10 钢锭或钢坯加热规范（按尺寸）

钢坯直径或边长/mm	不同装料方式的保温时间/h		
	Ⅰ	Ⅱ	Ⅲ
≤60	2	2	4
>60~100	3	4	6
>100~150	4	6	8
>150~250	5	8	10
>250~350	6	9	12

钢坯直径或边长 /mm	不同装料方式的保温时间/h		
	Ⅰ	Ⅱ	Ⅲ
>350~450	7	10	14
>450~600	9	12	16
>600~800	10	14	20
>800~1000	14	18	24
>1000~1200	18	20	28

表 4-11　锻件半成品（钢坯）重复加热温度规范

剩余锻造比值	最高加热温度/℃	备注
≤1.1 或无锻比	950	
>1.1~1.5	1050	
>1.5~2	1100	
>2	始锻温度	需在芯棒上拔长或扩环的筒（环）类锻件的坯料,加热温度应将始锻温度20~30℃

　　终锻温度高于950℃的锻坯返炉加热或达到规定的保温时间后经过短暂降温（1h以内）的钢坯（锭）又直接升温者,其坯料表面达到始锻温度时即可出炉锻造。

　　混装炉时的加热工艺规范按钢种或坯料截面尺寸确定。不同钢种混装时,加热工艺规范按合金元素含量高的钢种确定。不同截面尺寸的坯料混装炉时,加热工艺规范按尺寸大的坯料确定,要求在锻造温度下保温时间短的应先出炉。

（3）锻件修整加热的技术要求

　　冷至室温后的锻件修整时,可按表 4-12 进行加热；热锻件修整的终止温度应不低于600℃,并及时进炉消除应力（温度一般为600~650℃）；冷锻件的修整,不宜进行局部加热；重要锻件的修整,应有专用的加热规范。

表 4-12　冷锻件修整加热规范

锻件截面尺寸或挡量直径 /mm	Ⅰ 组 钢						
	最高允许装炉炉温 /℃	保温/h	加热/h	装料方式		不同装料方式的总加热时间/h	
				Ⅰ	Ⅱ	Ⅰ	Ⅱ
				最小保温时间/h			
≤300	950	—	—	1.5	3	1.5	3
>300~500	950	—	—	2.0	4	2	4
>500~700	850	1~2	1.5~2	3	4	5.5	8
>700~1000	700	2~3	2~3	4	6	8	12

锻件截面尺寸或挡量直径 /mm	Ⅱ 组 钢						
	最高允许装炉炉温 /℃	保温/h	加热/h	装料方式		不同装料方式的总加热时间/h	
				Ⅰ	Ⅱ	Ⅰ	Ⅱ
				最小保温时间/h			
≤300	900	0.5	0.5	2	2.5	2.5	3.5
>300~500	850	1~1.5	1~2	3	4	5	7.5
>500~700	700	1.5~2.5	2~3.5	5	5	8.5	11
>700~1000	600	2~3	3~5	6	6	11	14

锻件截面尺寸或挡量直径 /mm	Ⅲ 组 钢						
	最高允许装炉炉温 /℃	保温/h	加热/h	装料方式		不同装料方式的总加热时间/h	
				Ⅰ	Ⅱ	Ⅰ	Ⅱ
				最小保温时间/h			
≤300	750	1	2	2	3	5	6
>300~500	650	1.5~2	3~3.5	2.5	3.5	7	9
>500~700	650	2~2.5	4~5	5	6	11	13.5
>700~1000	550	2.5~3	5~7	6	8	13.5	18

注：第Ⅱ装料方式取表中保温与加热的上限值。

4.3.3　自由锻的工装与设备

(1) 自由锻设备

在自由锻车间除了安装有压机、锻锤、加热炉等主要设备之外，还安装有各种辅助设备。如锻造操作机、锻造行车、翻料机等。

① 锻造操作机　锻造操作机是自由锻造的重要辅助设备之一，它既可以夹持坯料完成自由锻造的主要动作，也可以夹持模具和工具做一些辅助工作。锻造操作机基本上分为有轨和无轨两大类。常用的是有轨锻造操作机。这种锻造操作机只能在轨道上前后移动。但是它的结构简单、制造容易、操作方便，所以应用很广泛。

为满足锻造工艺要求，锻造操作机应具有钳口的张合、钳杆旋转、钳杆平行升降、钳杆倾斜、大车行走5个基本动作。根据需要，还可增加台架回转（或夹钳摆移）、钳杆伸缩和大车横向走动等。

锻造操作机的操作动作灵活、迅速、准确，操作时只需操纵手柄或按钮。因此可以改善劳动条件，减轻劳动强度；减少生产辅助时间，提高劳动生产率；容易控制锻件外形尺寸，提高锻件质量和材料利用率；减少火次，节约原材料；可与水压机实现联动，实现锻造生产自动化。

② 锻造行车　锻造行车是压机锻造中应用最广泛的重要辅助设备之一。它把加热好的坯料运送到水压机的铁砧上；在锻造过程中夹持、移动、翻转和旋转坯料；借助于其他工具进行坯料的弯曲或扭转工序；搬运、装卸重型工具等。

③ 翻料（钢）机　在压机上进行自由锻造时，翻料机吊挂在锻造小车的吊钩上，用来翻转重型坯料，使其坯料绕轴心线旋转。

翻料机的结构主要由电动机、减速机构、缓冲器和无端链条组成。减速机构采用蜗杆传动和齿轮传动，并通过链轮带动无端链条直接套住套筒或坯料，则坯料也绕其轴线作正、反旋转，以满足锻造工序的要求。

翻料机的操作是由天车司机直接操作的。工作中翻料机的无端链条应保持在重物的重心上；不准在套筒下行走。

(2) 自由锻造工装

① 砧子　其可将力传递给锻件或其他工具，使锻件成形。常用的有平砧、V形砧和特殊用途砧（宽平砧、窄平砧和叶轮砧）等。砧子的圆角半径 R 约为砧子宽度 W 的10%。

a. 平砧。完成各种锻造工序都要使用平砧。

b. V形砧。在水压机上拔长圆截面锻件时常用上平砧、下V形砧，少量特殊锻造工艺用上、下V形砧。V形槽夹角为 $100°\sim130°$。

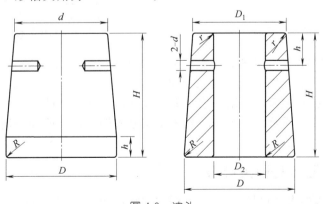

图 4-8　冲头

② 冲头（冲子） 冲头（图 4-8）用于锻件冲孔（通孔或盲孔）和扩孔，是锻造空心锻件的必须工具。

③ 剁刀 剁刀是切割锻件或坯料的工具，其结构如图 4-9 所示。

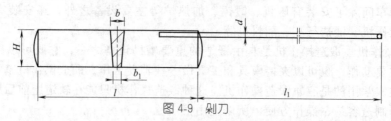

图 4-9 剁刀

④ 三角刀（号印刀、压印刀） 三角刀是锻造相邻截面较大时的分料压肩（压出分料标记并使部分金属分离），用以减小"肩胛"过渡区拉缩的工具，其结构形式如图 4-10 所示。

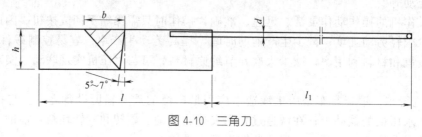

图 4-10 三角刀

⑤ 钳子 钳子是用来夹持、翻转、运送坯料和锻件的工具。为夹持不同形状的坯料和不同的使用要求，钳子的结构形式很多，图 4-11 为吊钳的结构图。

⑥ 马架 马架是支承马杠（扩孔芯棒）进行扩孔的工具。小型马架采用整体式，如图 4-12 所示。大、中型马架采用组合式。组合式马架不但开档可任意调节，而且可以用加减砧座来调节高度。

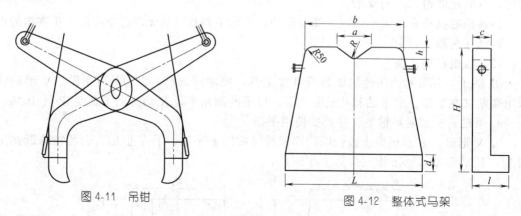

图 4-11 吊钳   图 4-12 整体式马架

⑦ 马杠 马杠又称扩孔芯棒，马杠是锻造圆环锻件的扩孔工具，扩孔时它支承在马架上起着下砧的作用。马杠结构分为一段式、两段式和三段式，如图 4-13 所示。

⑧ 芯轴 又称拔长芯棒，是用于拔长筒形锻件的工具，其结构形式分为实心芯轴和空心芯轴两种，如图 4-14 所示。除小型芯轴采用实心芯轴外，一般都采用空心芯轴，以便使用时通水冷却。

4.3.4　自由锻工艺的相关计算

自由锻工艺过程的内容包括：根据零件图绘制锻件图；确定坯料重量和尺寸；确定变形

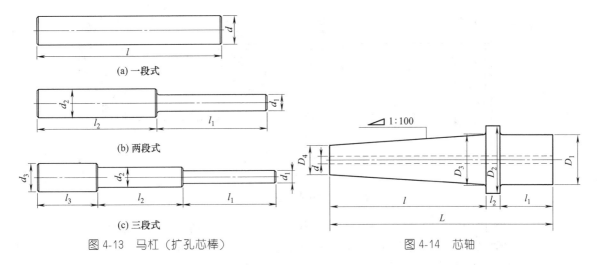

图 4-13 马杠（扩孔芯棒）　　　　　图 4-14 芯轴

工艺和锻造比；选择锻压设备；确定锻造温度范围、加热和冷却规范；确定热处理规范；填写工艺卡片等。

在制定自由锻工艺过程时，应结合生产条件、设备能力和技术水平等实际情况，力求经济上合理，技术上先进，以确保正确指导生产。

(1) 锻件图的制定

锻件图是编制锻造工艺、设计工具、指导生产和验收锻件的主要依据，也是联系其他后续加工工艺的重要技术资料，它是根据零件图考虑了加工余量、锻件公差、锻造余块、检验试样及工艺卡头等绘制而成的。

一般锻件的尺寸精度和表面粗糙度达不到零件图的要求，锻件表面应留有供机械加工用的金属层，称为机械加工余量（以下简称余量）。余量的大小主要取决于零件的形状尺寸、加工精度、表面粗糙度要求、锻造加热质量、设备工具精度和操作技术水平等。零件的公称尺寸加上余量即为锻件公称尺寸，对于非加工表面，则无需加放余量。

在锻造生产中，由于各种因素的影响，如终锻温度的差异、锻压设备工具的精度、工人操作技术上的差异、锻件实际尺寸不可能达到公称尺寸，允许有一定的误差，称为锻造公差。这时，锻件尺寸大于其公称尺寸的部分称为上偏差（正偏差），小于其公称尺寸的部分称为下偏差（负偏差）。锻件上不论是否需经机械加工的部分，都应注明锻造公差。通常锻造公差约为余量的 1/4～1/3。图 4-15 为机械加工余量和锻造公差的关系。

为简化外形，零件上的小凹档、小台阶等一些难于成形的地方均被简化处理而添上金属，成为通常叫做"余块"的部分。余块的形式见图 4-16。锻件余量和公差可以查表得出。

除了锻造工艺要求加放余块之外，对于有特殊要求的锻件，尚需在锻件的适当位置添加试样余块（供检验锻件内部组织力学性能试验用）、热处理或机械加工用夹头等。可见，当考虑了锻造成形特点和各种工艺余块之后，便可绘制锻件图。锻件图上的锻件形状与零件形状往往不一样。

当余量公差和余块等确定之后，便可绘制锻件图。锻件图上的锻件形状用粗实线描绘。为了便于了解零件的形状和检查锻后的实际余量，在锻件图内用假想线画出零件简单形状。锻件的尺寸和公差标注在尺寸线上面。零件的尺寸加括号标注在尺寸线下面。如锻件带有检验试样、热处理夹头时，在锻件图上应

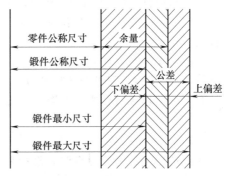

图 4-15 机械加工余量和锻造公差的关系

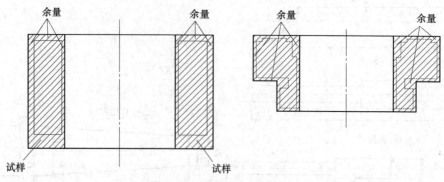

图 4-16 锻件上余块的形式

注明其尺寸和位置。在图上无法表示的某些条件，可以技术条件方式加以说明。

大多数情况下，热处理余量需叠加在锻件余量上，有时可共用。

(2) 确定坯料或钢锭的重量

自由锻用原材料有两种：一种是钢材、钢坯、多用于中小型锻件；另一种是钢锭，主要用于大中型锻件。

坯料重量应包括锻件重量和各种损耗的重量，可按下式计算

$$G_{坯}=(G_{锻}+G_{芯}+G_{切})(1+\delta\%)$$

式中　$G_{锻}$——锻件重量，单位 t，可根据锻件公称尺寸算出其体积，再乘以密度即可求得；

$G_{芯}$——冲孔芯料损件，单位 t，其取决于冲孔方式，冲孔直径 d 和芯料高度 H_0，具体为芯料重量$\approx d_2 H_0$；

$G_{切}$——钢锭切头重量，单位 t，大锻件里通常指切底重量，一般为钢锭重量的 5%～10%，有时也标注为锭身重量的百分之几；

δ——通常指烧损量，以百分比表示。在大锻件锻造加热时一般定为每火约 1%～2%。

锻件重量的计算一般按名义尺寸加上（下）公差的一半来计算。即 $D_{计}=D_{粗}+$余量$+$公差$/2$（环类类、筒体类内径为负公差），式中，$D_{粗}$ 为锻件粗加工直径。

几种截面形状锻件的重量计算公式如下。

方形锻件：$G_{方}=7.85D^2 H$

六角形锻件：$G_{六}=6.8D^2 H$

式中，D、H 为各种截面直径及其对应高度或长度，单位为 m。

八角形锻件：$G_{八}=6.5D^2 H$

圆形锻件：$G=6.165D^2 H$

环形锻件：$G=6.165(D^2-d^2)H$

式中，G 为重量，单位 t；D 为外径，单位为 m；d 为内径，单位为 m；H 为高度或长度，单位为 m。

从体积不变定律（即每一火去掉火耗，锻前形状的重量等于锻后重量，冲孔件芯料单独计算后先去除），就可倒算材料分配等。例如已知终锻后圆轴身直径 $D_{圆}$、长度 $H_{圆}$，要求计算对八角坯某直径 $D_{八}$ 分料时的长度 $H_{八}$

$$H_{八}=\frac{6.165D_{圆}^2 \cdot H_{圆}}{6.5D_{八}^2}$$

当选用钢锭为原材料时，选择钢锭规格的方法有两种。

第一种方法。首先确定各种金属损耗，求出钢锭利用率 η

$$\eta=\left[\,1-(\delta_{冒口}+\delta_{锭底}+\delta_{烧损})\,\right]\times100\%$$

式中，$\delta_{冒口}$、$\delta_{锭底}$ 分别为被切去冒口和锭底的重量占钢锭重量的百分数。

锭后计算钢锭的计算重量 $G_锭$

$$G_锭=G_锻+G_损/\eta$$

式中　$G_锻$——锻件重量，t；

　　　$G_损$——除冒口锭底及烧损以外的损耗的重量，t。

$G_损$ 有时忽略，则钢锭直接由锻件重量除以利用率得出。

也可按经验、按手册结合实际工况预定一个钢锭利用率，例如用精炼电炉锭锻造电站转子的锻件利用率预定为 54%～58%，而电渣锭锻同类锻件的利用率预定为 72%～78% 等，再用锻件重量除以利用率即得出钢锭重量。

计算出的钢锭重量还要根据钢锭系列表具体选择，酌定锭型。

(3) 确定变形工艺和锻造比

① 变形工艺　在很大程度上它依赖于经验和对实际情况的熟悉，尤其是对作业人员的责任心、技能水平等人的要素的熟悉，在深入一线和操作者共同攻关实践中积累的共识对确定变形方式、变形参数、质控重点都十分重要。有几点应特别注意。

a. 镦粗时注意高径比。即钢锭或坯料的高度和平均直径之比应≤2.5～3（端面锯平、压机压力充足、始镦温度高的可取 3）。镦粗锻造比一般都取为 2，对大型锻件来说，镦粗比在 1.2～1.4 时有可能使中心疏松区得不到有效压实。

b. 镦粗的目的之一是为了创造较大的后续锻造比，镦粗件的直径是判断是否镦到位的标准，在上下球面镦粗工具中，12500t 水压机上最大大约能镦到 ϕ3200mm，而 16500t 约镦到 ϕ3600mm。

c. 第二次镦粗件应严格控制前一火锻件长度，应充分考虑钳把根部拔长后产生的大余面（拔长时轴向鼓出而被拉长）和底部端的球面长度，防止因过长而开不进压机镦粗。

d. 应非常熟悉设备参数（尤其是静态的封闭尺寸和动态的移动距离），了解设备间的关系（行车间开档、小车极限位置、操作机和压机关系等），充分运用已有工装，在每个步骤中有机组合使用，应考虑作业的方便、行车吊运"不会打架"，并有备用方案。

e. 每一火工作量尽量均匀化。最后一火特别注意加热温度-保温时间-成形工作量的匹配（例如阶梯轴大身预留少量余量，备最后一火终锻前滚拔压实），防止少于临界变形量的现象出现，对容易粗晶的钢种应考虑加热拼炉时的工艺匹配或在工艺卡上提醒。

f. 电渣锭初锻应有小压缩量的轻辊锻过程，使表层细晶层和下面发达的柱状晶紧密结合，同时改变皮下柱状晶的方向（原先朝向底部端约 50°方向、顺着钢锭凝固散热方向的铸态枝晶最容易在大压缩量下被剧烈滑移变形区的剪应力拉出裂纹），使其转向轴向可大大改善表面抗裂性。

g. 工艺分料中编订号印长度时注意端部比例。端部小于 $D/3$ 时可能会发生凹心现象。用 V 形砧"啃"过大的台阶时要有余面重量的补偿（锥台圈，可按公式或凭经验适当添补，例如万吨压机上锻单面 500mm 高的一侧台肩时一般有 150mm 余面长度，可折算为大身长度增加 20～30mm 直段来算）。大截面切割割缝计入切除量。

h. 马杠扩孔是环形大锻件主要成形工序，又可作为芯轴拔长前的预备工序，冲孔坯料与锻件尺寸间的关系为：$\dfrac{D-d}{H}<5$；$d=d_1(30\sim50)$。D、d、H 为冲孔后的内外径和高度，d_1 为芯棒直径。

② 锻造比　尽管锻造效果并不取决于锻造比，而是更多地依靠锻造状态，但锻造比仍是一个最直接地在某个侧面反映锻件质量要求和质量成本的参数。

图 4-17、图 4-18 是中小锻件的锻造比增大对锻件性能、组织的影响示意图。可以看出，某方向的锻造变形达到某个程度（约在锻造比≈4）后，强度、韧性升高或疏松的压实、非金属夹杂物尺寸的减小会趋于停止，也就是说，大于某个值后再增加锻造比是浪费。

但大件（如 100t 以上钢锭锻压的锻件）和其有所区别，从锻造状态上讲，砧宽比、温度场、变形场、流动应力场等都和中小件有很大不同，只能靠有效变形的积累来克服大钢锭的缺陷。

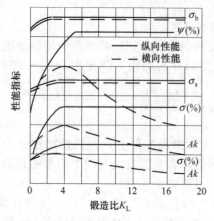

图 4-17　碳钢锻造比对性能的影响

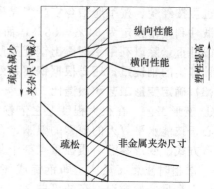

图 4-18　锻造比有效性示意

随着工业发展，目前大型锻件的技术要求越来越高，特别如探伤等对内在质量的要求越来越高，对直径 2m 左右的电站锻件的缺陷当量都控制在 $\phi1.6mm$ 以下。除了炼钢方面应把纯净化提到更高水平外，锻造方面也应该在这方面下大工夫，例如（内部）中心压实、（外部）精确成形等。

(4) 确定压力

自由锻常用设备为锻锤和压机。这些设备无过载损坏问题，但若设备吨位选得过小，则锻件内部锻不透，而且生产效率低；反之，若设备吨位选得过大，不仅浪费动力，而且由于大设备工作速度低，同样也影响生产效率和锻件成本。因此，正确确定设备吨位是编制工艺规程的重要环节之一。

锻造所需设备吨位主要与变形面积、锻件材质、变形温度等因素有关。在自由锻中，变形面积由锻件大小和变形工序性质而定。镦粗时锻件与工具的接触面积相对于其他变形工序要大得多，而很多锻造过程均与镦粗有关，因此，常以镦粗力的大小来选择设备。

a. 圆形锻件镦粗。当 $\dfrac{H}{D} \geqslant 0.5$ 时，$P = S \times \left(1 + \dfrac{UD}{3H}\right)$；当 $\dfrac{H}{D} < 0.5$ 时，$P = S \times \left(1 + \dfrac{UD}{4H}\right)$。式中，$D$、$H$ 分别为锻造终了锻件的直径和高度；S 为流动应力，是金属在相应变形温度速度下的真实应力；U 为摩擦系数，热锻时 $U = 0.3 \sim 0.5$，如无润滑，一般取 $U = 0.5$。

b. 方形锻件镦粗。长为 L、宽为 B、高为 H 的锻件，单位流动压力 $P = 1.15S\left[1 + \dfrac{3L - B}{6L} \times U \times \dfrac{B}{H}\right]$；矩形坯料在平砧间拔长，单位流动压力 $P = 1.15S\left(1 + \dfrac{UL}{3h}\right)$。式中，$L$ 为送进量；h 为锻件高度。

c. 圆形坯料在圆弧砧上拔长时，按下式计算单位流动压力 $P = S\left(1 + \dfrac{2}{3} \times U \times \dfrac{L}{d}\right)$，式中，$d$ 为锻件直径，mm。

表 4-13　球阀中体锻造工艺过程卡

锻造工艺卡片						
受控号： 版本号：A				第 1 页　共 1 页		
生产令号		合同数量		项目	重量/kg	%
锻件名称	56 英寸阀体	锻造比	镦：3.3 拔：2.5 扩：2.3	锻件重	大平板 镦粗板 旋转平台 700 宽上下钻	76
钢号	LF2	锻造等级	3	芯料重		1
每锭锻件数	1	熔炼炉号	—	火耗重		7
使用设备	3600T	锻后冷却	空冷	钢锭		100
锻件图						
生产流程	下料(锯冒口，水口)—加热—锻造—锻后热处理—检验(UT，尺寸)—粗车—检验(UT，尺寸)—调质热处理—二次粗车—检验(UT，尺寸)—入库					

1580±15
(1530)
ϕ2020±18
(ϕ2074)
ϕ2470±15
(ϕ2420)

性能要求	抗拉强度 σ_b/MPa	屈服强度 σ_s/MPa	伸长率 δ/%	缎面收缩率 Ψ/%	冲击 温度	冲击 A_{kv}/J	硬度 HB
	485～655	≥250	≥22	≥30	−46℃	≥27	150～190
超声波探伤(UT)：按 ASTM A388 标准执行							
编制		审核					

锻造变形过程

温度	变形图及说明		工装
第 1 火 1250～750℃		倒棱 镦粗到 1300 高 大平板，下平台 大压力拔 ϕ1350×(1780)长	大平板 镦粗板 旋转平台 700 宽上下钻
第 2 火 1250～750℃		镦粗至高度 1300 倒棱 冲孔 ϕ500	大平板 镦粗板 旋转平台 700 宽上下钻 ϕ500 冲头
第 3 火 1250～750℃		拔长到 1600 扩内孔到 ϕ1200	大平板 旋转平台 700 宽上下钻 扩孔马架 芯棒
第 4 火 1250～750℃		换 ϕ1100 芯棒，扩孔平整，完工	大平板 旋转平台 700 宽上下钻 扩孔马架 芯棒

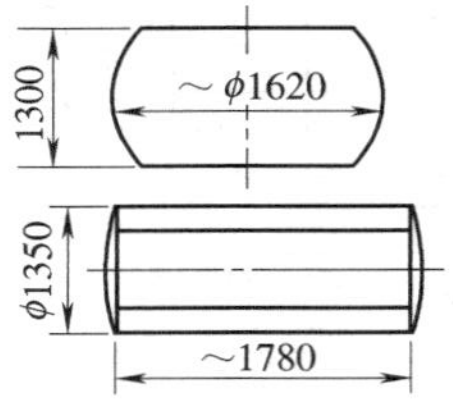

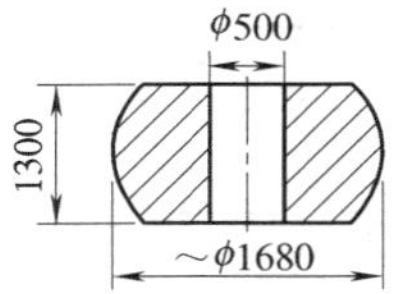

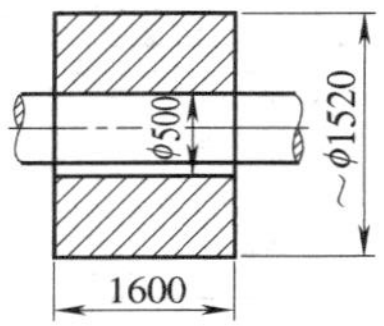

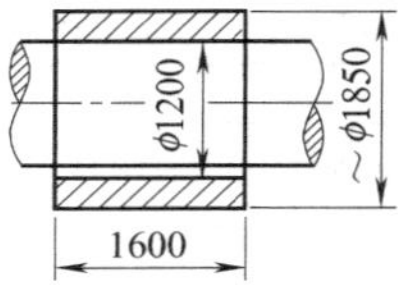

1300
～ϕ1620
ϕ1350
～1780
ϕ500
1300
～ϕ1680
ϕ500
～ϕ1520
1600
ϕ1200
～ϕ1850
1600

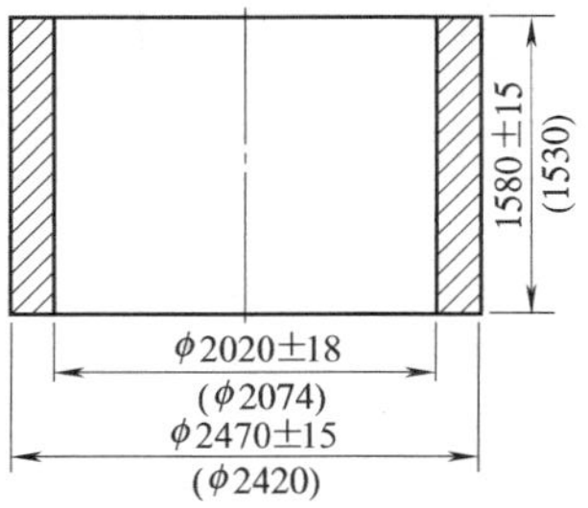

表 4-14　球阀左、右体锻造工艺过程卡

生产令号					
锻件名称	56英寸左右体	锻造比	镦：3.1　拔：2.8　扩：1.5		
钢号	LF2	锻造等级	3		
每锭锻件数	1	熔炼炉号	—		
使用设备	3600T	锻后冷却	空冷		

锻造工艺卡片

项目	重量/kg	%
锻件重	1300	77
芯料重	160	1
火耗重	1200	7
钢锭	17000	100

锻造变形过程

	温度	变形图及说明	工装
第 1 火	1250~750℃	倒棱 镦粗到 800 高 大平板、下平台 大压力拔 φ1200×(1490)长	大平板 镦粗板 旋转平台 600 宽上下钻
第 2 火	1250~750℃	镦粗到高度 1100 倒棱滚圆到 φ1350 放入 101# 模圈 平大头出模大头 冲孔 φ420	大平板 旋转平台 101# 模圈 600 宽上下钻 φ420 冲头
第 3 火	1250~750℃	穿 φ400 芯棒， 扩内孔到 φ900 平整	大平板 旋转平台 600 宽上下钻 扩孔马架 芯棒
第 4 火	1250~750℃	换 φ700 芯棒 扩孔到内孔 φ1310 平整、完工	大平板 旋转平台 600 宽上下钻 φ700 芯棒 扩孔马架

锻件图

$\phi2475\pm18\ (\phi2420)$　$\phi1310\pm16\ (\phi1360)$　$\phi1800\pm16\ (\phi1750)$
$365\pm16\ (315)$　$325\ (322)$　$690\pm10\ (637)$

性能要求

抗拉强度 σ_b/MPa	屈服强度 σ_s/MPa	伸长率 δ/%	断面收缩率 Ψ/%	冲击		硬度 HB
				温度	A_{kv}/J	
485~655	≥250	≥22	≥30	-46℃	≥27	150~190

超声波探伤(UT)：按 ASTM A388 标准执行

生产流程：下料(锯冒口、水口)—加热—锻造—锻后热处理—检验(UT、尺寸)—粗车—检验(UT、尺寸)—调质热处理—二次粗车—检验(UT、尺寸)—入库

编制		审核	

表 4-15　球体锻造工艺过程卡

锻造工艺卡片

受控号：
版本号：A

生产令号				
锻件名称	56 英寸球体	合同数量	锻造比	镦：3.0　拔：2.8　扩：1.5
钢号	LF2	1	锻造等级	3
每锭锻件数	1		熔炼炉号	—
使用设备	3600T		锻后冷却	空冷

项目	重量/kg	%
锻件重	19200	78
芯料重	230	1
火耗重	1350	6
钢锭	24500	100

锻件图：

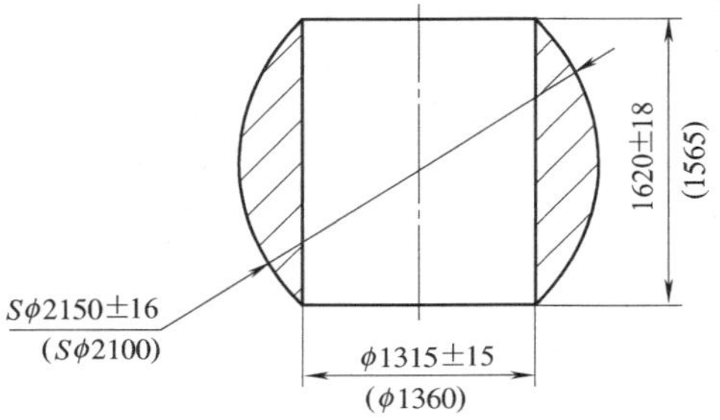

Sφ2150±16（Sφ2100）　φ1315±15（φ1360）　1620±18（1565）

锻造变形过程

温度	变形图及说明	工装
第 1 火　1250～750℃	倒棱　镦粗到 1350 高　大平板，下平台大　拔 φ1200×(2260)　（φ1555，1350，φ1200，~2260）	大平板　镦粗板　旋转平台　700 宽上下钻
第 2 火　1250～750℃	镦粗至高度　冲孔 φ500　（φ500，φ1550，1500）	大平板　镦粗板　700 宽上下钻　φ500 冲头
第 3 火　1250～750℃	球模拔长到 1680　（~Sφ1760，φ500，~1680）	56 寸球模　φ480 芯棒
第 4 火　1250～750℃	扩孔、平整、扩孔、完工	大平板　旋转平台　700 宽上下钻　扩孔马架　芯棒

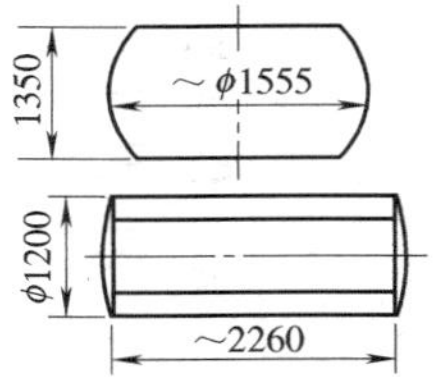

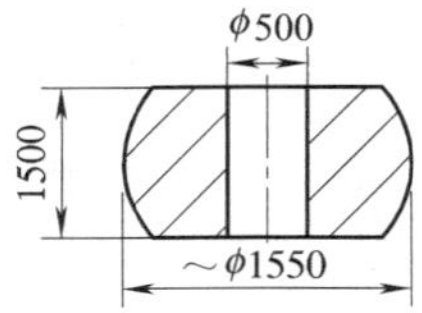

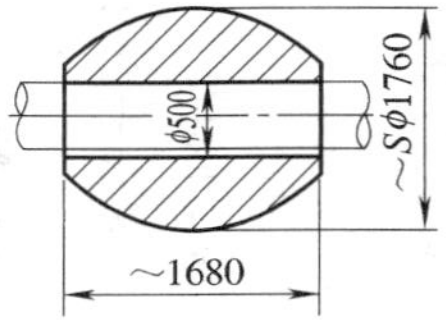

生产流程：下料（锯冒口、水口）—加热—锻造—锻后热处理—检验（UT、尺寸）—粗车—检验（UT、尺寸）—调质热处理—二次粗处理—检验—入库

性能要求

抗拉强度 σb/MPa	屈服强度 σs/MPa	伸长率 δ/%	锻面收缩率 ψ/%	冲击		硬度 HB
				温度	Akv/J	
485～655	≥250	≥22	≥30	-46℃	≥27	150～190

超声波探伤（UT）：按 ASTM A388 标准执行

编制　　　审核

(5) 确定其他参数

按基本的"人、机、料、法、环、测"的工序能力要求综合分析确定。例如：确认技术条件中其他要求（特别是探伤要求）的制造可行性、制造路线和制造手段可控性；按规范（如电站锻件标准、核电标准等）选择钢锭制造主要工艺，并提出专项要求（如气体、稀土、终铝含量、浇注方式等）；确定锻造温度（始锻温度、终锻温度）、特种工艺步骤控制温度（如高温合金镦粗中间停顿降低中心热效应温度等）、中间"加热回温"温度和时间（锻造中工艺步骤间换工装时间较长，锻件回炉升温和短暂保温）、某些锻件终锻后的锻件表面温度控制（奥氏体不锈钢的水冷，Cr-Ni-Mo 钢锻后的最低入炉温度等）；确定工装、工具、量具、吊具；特殊工装的使用要点或作业指导书；确定多台压机组合作业时的衔接和注意事项；重点工步的工艺说明，攻关力量的配置建议等。

4.3.5　球阀锻造实例

以 56 英寸球阀为例，给出阀体、左右体及球体的锻造工艺卡片，供参考。表 4-13 为中体锻造工艺过程卡，表 4-14 为左右体锻造工艺过程卡，表 4-15 为球体锻造工艺过程卡。

4.4　胎膜锻造工艺

胎膜锻是介于自由锻与模锻之间的一种锻造方法。它既具有自由锻设备简单、工艺灵活，又具有模锻在模腔内最终成形的某些特点。因此胎模锻虽存在很多缺点，但在中、小批量的阀门生产条件下，仍具有较大的优越性。

模锻锻造通用工艺流程通常分为工艺设计、模具设计、模具制造、模具试验及修正、下料、加热、锻造、切边、整形、锻后处理 10 个主要步骤。

胎模锻的锻件成形工艺可根据锻件的尺寸、形状和工厂的生产条件（设备、生产批量）来确定。为便于了解各类典型阀件胎膜锻造工艺及胎膜设计，下面结合实例加以叙述。

4.4.1　阀体

阀件锻件种类较多，根据形状和尺寸大小大致可分为 3 种枝干型，如图 4-19 所示。

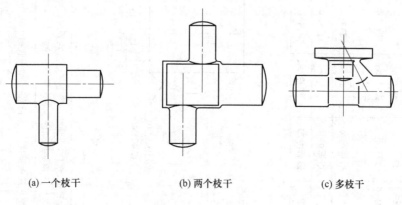

(a) 一个枝干　　　　(b) 两个枝干　　　　(c) 多枝干

图 4-19　阀体锻件

由于在基体上具凸体，这就要求在变形时采用一些必要的工艺措施，并合理运用不同模具，以使金属获得合理分配。枝干锻件通常采用制坯、合模焖形工艺方案。在这种工艺中，关键在于锻制出高质量的带有枝干的中间毛坯。制坯中较多地采用扣形、卡形等工序。

图 4-20 所示为带有一个枝干的阀体锻件胎模锻工艺，采用简单的偏心镦头胎模制坯，

合模焖形，合模焖形后，切边，拍扁另一端。

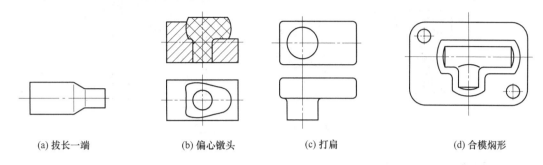

(a) 拔长一端   (b) 偏心镦头   (c) 打扁   (d) 合模焖形

图 4-20　带有一个枝干的阀体锻件胎模锻工艺

带有两个枝干的阀体锻件胎模锻工艺如图 4-21 所示。采用了同一胎模上镦粗、倒角和压痕，合模焖形后切边提高了制坯速度。

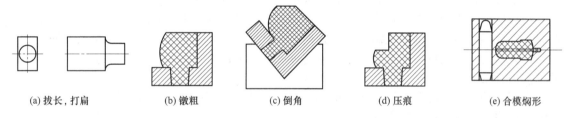

(a) 拔长，打扁   (b) 镦粗   (c) 倒角   (d) 压痕   (e) 合模焖形

图 4-21　带有两个枝干的阀体锻件胎模锻工艺

图 4-19（c）所示多枝干阀体锻件是一类形状比较特殊的锻件，既有枝干，又有凸缘，而且法兰直径与两侧耳尺寸相差较大。对于这类阀体锻件，可采用图 4-22 所示立扣（罩模）与平扣（扣模）反复交替的方法来完成制坯，然后在导框式拼分模中镦粗凸缘法兰。

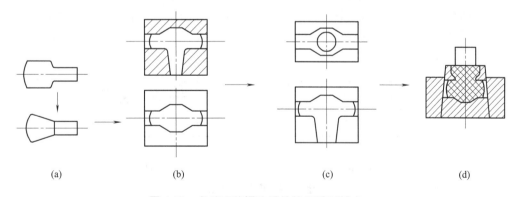

(a)   (b)   (c)   (d)

图 4-22　多枝干的阀体锻件胎模锻工艺之一

对于不锈钢锻件而言，由于不锈钢变形抗力大，流动性较差，这种工艺操作相当困难，稍一疏忽（如在反复变形时变形量过大），在交界面易形成折叠等缺陷，使表面成形不够清晰，影响锻件质量。如采用 4.4.6 实例 1 这种胎膜锻工艺，可大大提高锻件的质量，且生产效率也有所提高。

如果此类阀体锻件的法兰直径与两侧耳的尺寸相差不大，就可采用图 4-23 所示的胎膜段工艺。这种工艺生产效率高，劳动强度低。但应指出，当锻造不锈钢锻件时，由于不锈钢强度高，模具上凸出容易产生变形压塌现象，在切边模凸出处亦易产生崩刃现象。

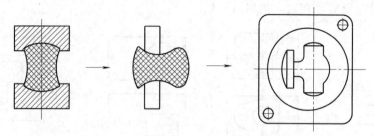

图 4-23 多枝干的阀体锻件胎模锻工艺之二

4.4.2 阀盖

阀盖是一种形状较为复杂的锻件（4.4.6 实例 2 锻件图）。锻件截面变化较大：端法兰尺寸大，腰形法兰薄而高，中间为空挡，两边由两细狭条连接另一端小法兰。采用胎模锻生产这类锻件时，通常采用简单制坯后在垫模中的端部大法兰和腰形法兰的金属先积累起来，然后合模焖形，中间空挡是在合模焖形时锻出冲孔连皮，最后用冲边模将连皮冲击、制出。有时，一火焖形后有局部未充满现象，这时，在切去飞边和连皮后，可重复加热焖形一次，以得到外形清晰的锻件。两边细狭条在切边冲孔时可能产生弯曲，因此，切边后，需返回原锻模内进行校正。锻造过程见 4.4.6 实例 2。

中间空挡的连皮部分，圆角半径应尽量取大一些，否则锻模凸起部位的"脐子"很容易镦缩、塌陷，造成锻造过程中成形和脱模困难。

4.4.3 连接法兰

4.4.6 实例 3 是一种两端均有凸缘，中间为凹挡的连接法兰锻件。为了形成凹档，常采用拼分模（哈夫模）。拼分模凸部被红热金属包围，易升温软化，寿命较低。为提高拼分模寿命，除准备几副拼分模轮流使用外，从结构上亦应妥善考虑。当锻件凸缘、凹槽直径相差较小时，一般采用整体拼分式［图 4-24（a）］，以提高其强度；当直径相差较大时，可采用局部拼分式［图 4-24（b）］，使出模较方便。双凸缘锻件易产生相互垂直的飞边和毛刺，因而给切边带来困难。

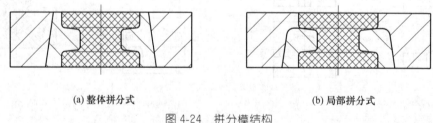

(a) 整体拼分式　　　　　　　　　　　　(b) 局部拼分式

图 4-24　拼分模结构

垫模成形时，为了充满圆角，端面常形成横向小飞边，操作是可先将其切除。拼分模合面上的毛刺一般在锻件技术条件中注明，不予去除。如超过规定值，则用砂轮打磨解决。这种锻件的工艺方案见 4.4.6 实例 3。采用此工艺能节省金属材料并获得满意的锻件。

4.4.4 填料压盖

填料压盖是一种带有凸台的菱形法兰锻件。用胎模锻制造时，先采用扣模，以锻出菱形法兰，然后放入套筒模中镦粗成形（图 4-25）。也可采用镦粗后，将坯料径向部位放入垫模镦粗成形。垫模置有活动垫片，以便于出模（见 4.4.6 实例 4）。这种工艺生产效率高，劳动强度低。

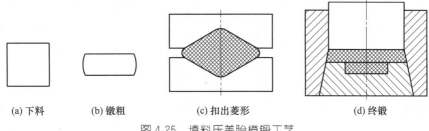

(a) 下料	(b) 镦粗	(c) 扣出菱形	(d) 终锻

图 4-25　填料压盖胎模锻工艺

4.4.5　楔形闸板

楔形闸板是一种一端具有圆弧的扁薄形锻件。通常采用扣模局部制坯，然后在合模中成形，见 4.4.6 实例 5。

4.4.6　胎模锻实例

实例 1　阀体。阀体胎模锻实例见表 4-16。

表 4-16　阀体胎模锻实例

零件名称	阀体
材料	1Cr19Ni9Ti
坯料规格	φ65×185
坯料重量	4.8kg

工艺特点:见 4.4.1

锻件图:

技术要求

1. 未注公差高度方向 $^{+2}_{-1}$，长度方向 $^{+1.6}_{-0.8}$;
2. 未注圆角 $R3$;
3. 错移量不大于1.2mm;
4. 表面缺陷深度不大于1mm;
5. 锻件固溶处理。

序号	工序名称	工序简图	设备
1	下料		锯床
2	加热至 1180℃		煤粉炉
3	拔长一端		750kg 空气锤

序号	工序名称	工序简图	设备
4	打扁另一端	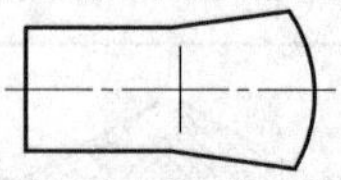	750kg 空气锤
5	在镦头模中镦出"T"形	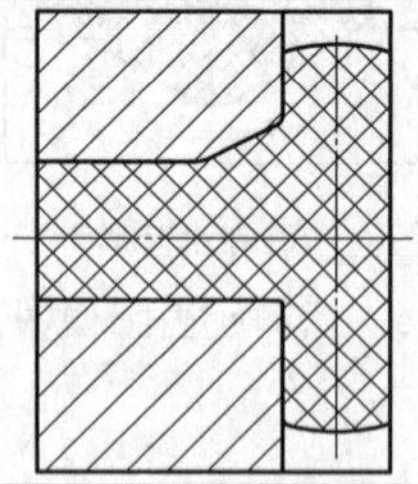	750kg 空气锤
6	加热至 1180℃		煤粉炉
7	合模焖形	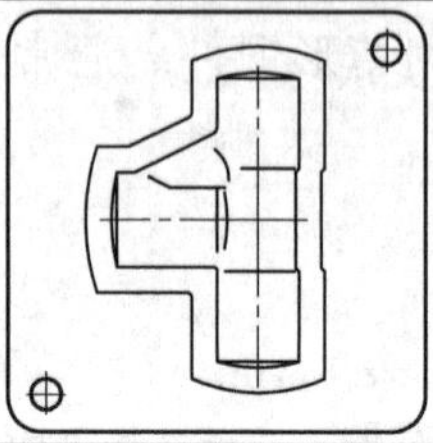	750kg 空气锤
8	切边		
9	加热至 1150℃		煤粉炉
10	在导框式拼分模内镦粗凸缘	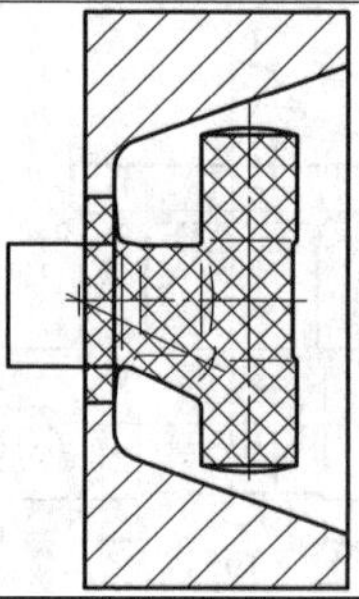	750kg 空气锤

实例 2 阀盖。阀盖胎模锻实例见表 4-17。

表 4-17 阀盖胎模锻实例

零件名称	阀 盖
材 料	00Cr17Ni14Mo2
坯料规格	$\phi 50 \times 136$
坯料重量	2.1kg

工艺特点：见 4.4.2

锻件图：

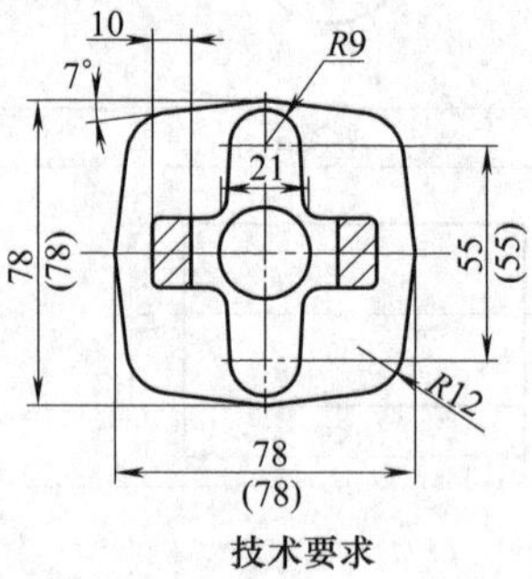

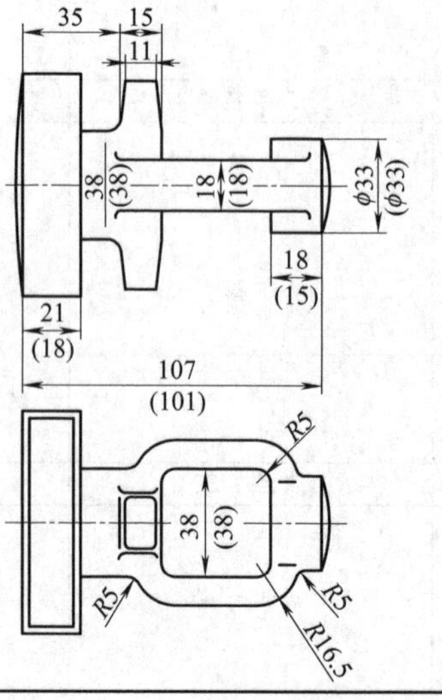

技术要求
1. 未注公差高度方向 $^{+2}_{-1}$，长度方向 $^{+1.6}_{-0.8}$；
2. 未注圆角 $R3$；
3. 错移量不大于 1mm；
4. 表面缺陷深度不大于 1mm；
5. 锻件固溶处理；
6. 锻件经酸洗钝化。

序号	工序名称	工 序 简 图	设备
1	下料	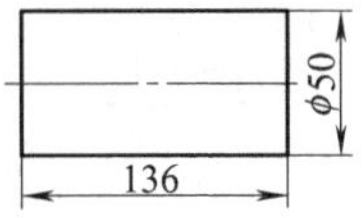	锯床
2	加热至 1130℃		油炉
3	拔长一端打扁另一端	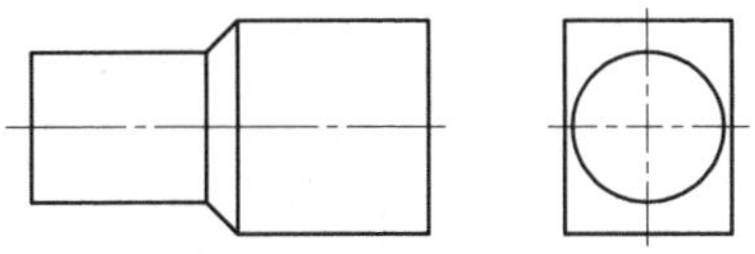	560kg 空气锤
4	镦头	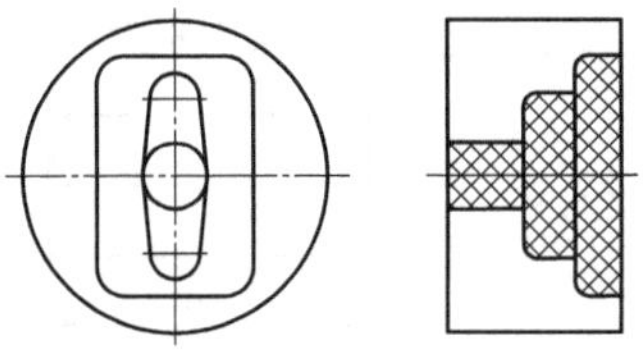	560kg 空气锤
5	加热至 1130℃		油炉
6	合模焖形(顶锻)	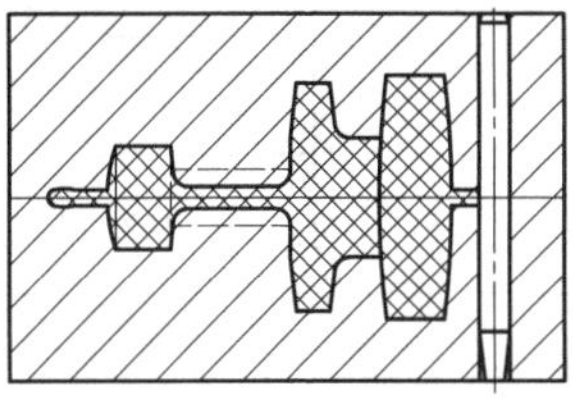	560kg 空气锤
7	切边并冲去连皮		560kg 空气锤
8	加热至 1100℃		油炉
9	合模焖形(终锻)		560kg 空气锤
10	切边并冲击连皮		560kg 空气锤
11	校正		560kg 空气锤

实例 3　连接法兰。连接法兰胎模锻实例见表 4-18。

表 4-18　连接法兰胎模锻实例

零件名称	连接法兰
材料	00Cr17Ni14Mo2
坯料规格	ϕ60×140
坯料重量	3.1kg

工艺特点:见 4.4.3

锻件图:

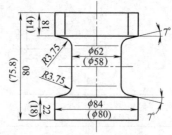

技术要求

1. 未注公差 $^{+2}_{-1}$;
2. 未注圆角 $R3$;
3. 残余飞边小于1mm;
4. 锻件经固溶处理。

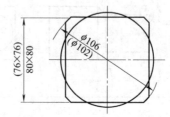

序号	工序名称	工 序 简 图	设备
1	下料	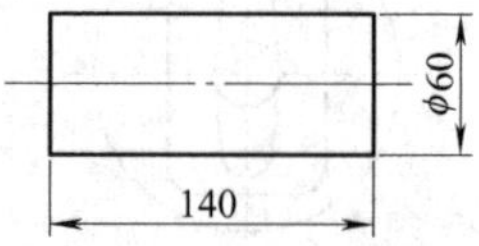	锯床
2	加热至 1130℃		油炉
3	镦 80×80 方端	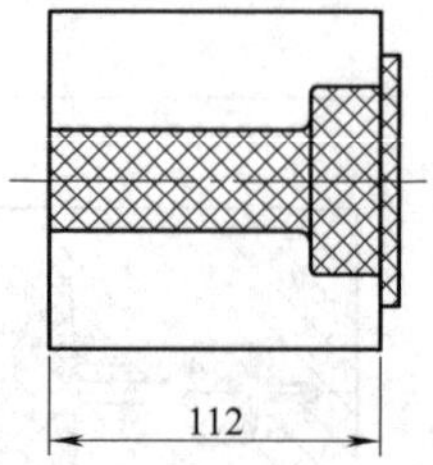	560kg 空气锤
4	切边		560kg 空气锤
5	加热至 1130℃		油炉
6	镦 ϕ84 一端,终锻成形	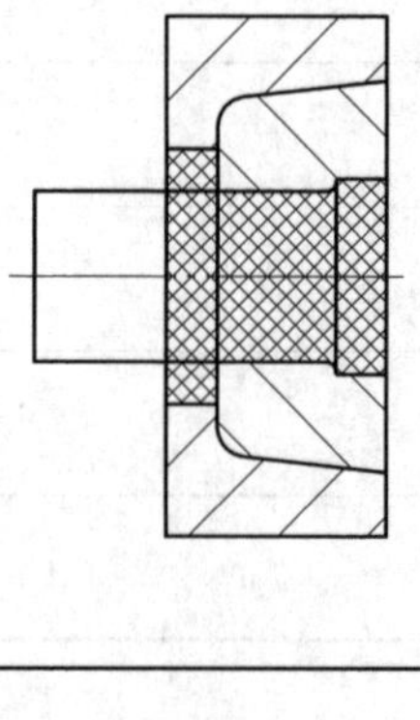	560kg 空气锤

实例 4 填料压盖。填料压盖胎模锻实例见表 4-19。

表 4-19 填料压盖胎模锻实例

零件名称	填料压盖
材料	1Cr18Ni9Ti
坯料规格	$\phi50\times92$
坯料重量	1.4kg

工艺特点:见 4.4.4

锻件图:

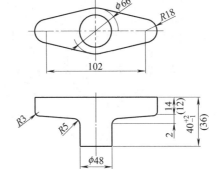

技术要求
1.未注公差$^{+1.8}_{-0.8}$;
2.未注圆角$R2$;
3.未注斜度3°;
4.表面缺陷深度小于1mm;
5.铸件经固溶处理。

序号	工序名称	工序简图	设备
1	下料	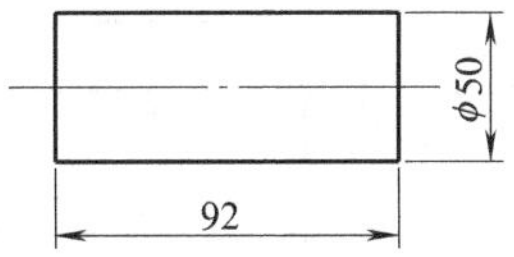 $\phi50$ 92	锯床
2	加热至1180℃		油炉
3	镦粗	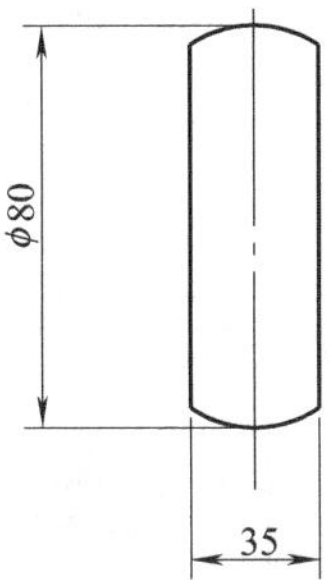 $\phi80$ 35	560kg 空气锤
4	终锻	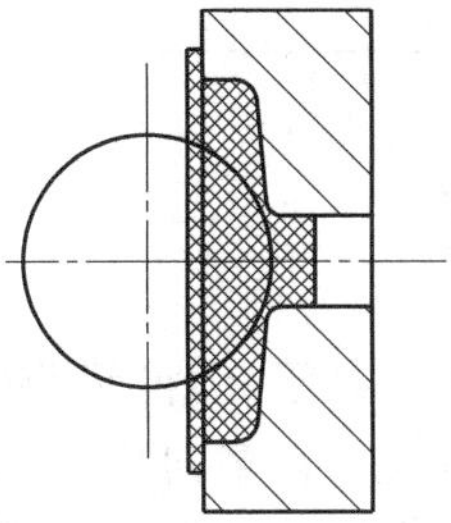	560kg 空气锤
5	切边		560kg 空气锤

实例 5 闸板。闸板胎模锻实例见表 4-20。

表 4-20 闸板胎模锻实例

零件名称	闸板
材料	20Cr13
坯料规格	$\phi 50 \times 73$
坯料重量	1.2kg

工艺特点:见 4.4.5

锻件图:

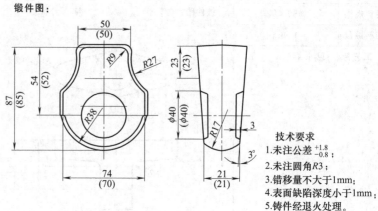

技术要求
1. 未注公差 $^{+1.8}_{-0.8}$;
2. 未注圆角 R3;
3. 错移量不大于1mm;
4. 表面缺陷深度小于1mm;
5. 铸件经退火处理。

序号	工序名称	工序简图	设备
1	下料	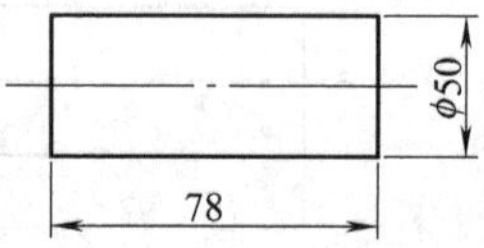 $\phi 50$ / 78	锯床
2	加热至 1150℃		油炉
3	打扁方扣圆	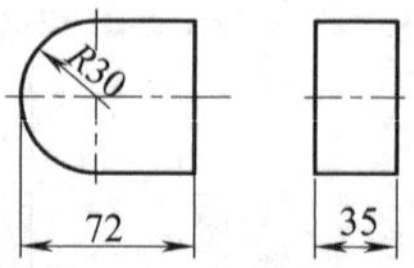 R30 / 72 / 35	400kg 空气锤
4	合模焖形	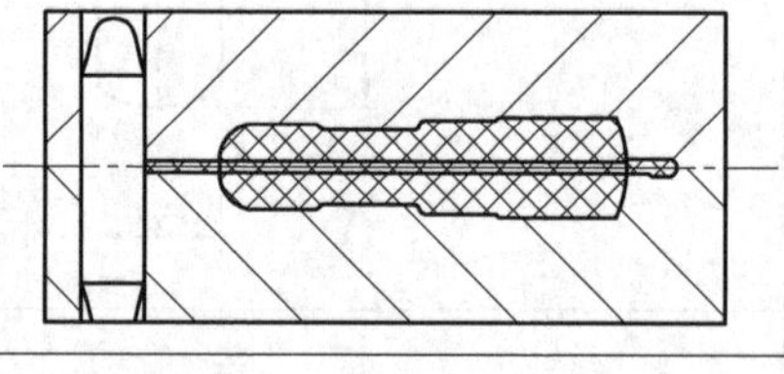	400kg 空气锤
5	切边		400kg 空气锤

4.5　多向模锻工艺

多向模锻技术又称多柱塞模锻,是于 20 世纪 50 年代美国 Cameron(喀麦隆)公司提出并实现的锻造新技术,利用可分模具,在多向模锻压机一次行程作用下获得无毛边、无或小拔模斜度、多分枝或有内腔的形状复杂的锻件。它是一种集挤压、模锻于一体的综合锻造工艺。与普通模锻相比,能减少工序和节约能源,提高锻件的性能,在实现锻件精化、改善产品质量和提高劳动生产率等方面具有许多独特的优点。自 20 世纪 50 年代以后,美、英、法、德和原苏联等工业发达的国家，相继推广应用和发展了多向模锻技术。我国于 20 世纪 60 年代中期，也开始自主研发多向模锻压机和多向模锻工艺。

4.5.1 成形原理及类型

进行多向模锻的前提条件，必须拥有多向模锻压机，能够在水平方向和垂直方向提供预紧力。图 4-26 是二十二冶集团精密锻造有限公司和清华大学共同研发的 40MN 多向模锻压机。

由图 4-26 可知，多向模锻压机和普通模锻压机有很大区别，机架在左右方向设计成一定角度，机架采用钢丝缠绕提供机架垂直方向和水平方向的预紧力。多向模锻压机可以在不同方向按不同顺序用冲头对闭式模具中坯料进行挤压，使其能很好地充满模具型腔。锻造结束后模具分开，方便从模具型腔内取出锻件。

阀体多向模锻成形根据锻件的分模方式不同，可以分为 3 种：垂直分模；水平分模；垂直与水平联合分模（简称复合分模），如图 4-27 所示。

图 4-26　40MN 多向模锻压机
1—上半圆梁；2—合模工作缸；3—垂直工作缸；4—活动横梁；5—回程缸；6—水平工作缸；7—下横梁

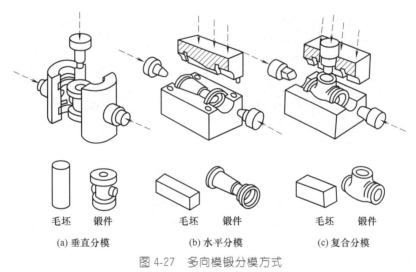

毛坯　锻件　　　　毛坯　锻件　　　　毛坯　锻件
(a) 垂直分模　　　　(b) 水平分模　　　　(c) 复合分模

图 4-27　多向模锻分模方式

(1) 垂直分模

垂直分模是将左右模具固定在压力机的水平缸活塞上，将垂直冲头固定在垂直穿孔缸的活塞上，以水平缸活塞压紧左右模具，把坯料放入模具模腔中，用垂直冲头挤压坯料使坯料填满模具型腔。锻造结束后，垂直冲头回程，水平缸回程打开左右模具，锻件从模具型腔中取出。

(2) 水平分模

水平分模中上下模具分别固定在活动横梁和下横梁上，垂直冲头固定在垂直穿孔缸的活塞上，水平冲头固定在水平穿孔缸的活塞上。坯料放入下模模具型腔后，上模在活动横梁的作用下使上下模压紧。垂直冲头和水平冲头分别对坯料进行挤压，使坯料填满模具型腔。锻造结束后，垂直冲头和水平冲头分别回程，栋梁回程是上下模具分开，锻件从模具型腔中取出。

(3) 复合分模

复合分模是坯料放入下模模具型腔后，左右模合拢并压紧，上冲头挤压坯料变形，然后水平冲头对坯料进行挤压，使金属完全填充满模具型腔。锻造结束后，左右模分开，锻件从下模型腔中取出。

在制定锻件多向模锻工艺时，首先要正确选择分模方式，合理确定分模面。通常是根据锻件的形状、尺寸、结构的特征，如锻件外形复杂程度、垂直与水平方向的投影面积大小、有无成形孔腔的要求、内孔长度与孔径之比等，并结合企业已有的多向模锻液压机的性能参数、柱塞行程和安模空间等方面条件，综合确定分模方式和分模面位置。

4.5.2 技术特点

多向模锻实质上是以挤压为主，并和模锻相结合的一种工艺。与普通模锻相比，多向模锻有以下特点。

① 能成形结构形状复杂的锻件，显著提高材料利用率，缩短机加工工时 多向模锻可获得形状复杂、尺寸精确、无模锻飞边并带有孔腔的锻件，使锻件最大限度接近成品零件的形状和尺寸。从而可显著提高零件的材料利用率，缩短机械加工工时和大幅降低锻件成本，是生产结构形状复杂锻件的最优锻造工艺。图 4-28 （a）是二十二冶集团精密锻造有限公司锻造的球体锻件，锻件重 5.7kg 左右，机加工后的零件如图 4-28 （b）所示，零件重 4.8kg，材料利用率高达约 84%，大大缩短球体锻件的机加工工时。

(a)球体锻件　　　　　　　　　(b)球体零件

图 4-28　阀芯锻件及零件

② 金属流线分布合理、锻件性能得到提高 多向模锻不产生飞边，也就不会因切边而使锻件流线末端外露，因此，多向模锻件的金属流线基本上都是沿锻件轮廓分布，有利于锻件机械性能提高。此外，这对提高零件抗应力腐蚀性能尤为重要。

③ 坯料只需一次加热便可锻成锻件，提高生产效率，降低能源消耗 多向模锻生产时，只需坯料一次加热便能锻出锻件，压机一次工作行程便可将坯料锻成锻件。因而可减少生产工序，提高生产效率，节省能源消耗和减少加热设备，降低金属材料烧损、锻件表面脱碳及合金元素贫化。

④ 适于生产锻造温度窄和低塑性材料的模锻件 机械产品中一些关键零件的材料，常常是采用锻造温度窄和塑性低难变形的合金钢及合金，如不锈钢、高温合金、钛合金等。这类金属材料在普通模锻时，因应力状态会出现拉应力，因此会导致锻件产生裂纹而报废。而在多向模锻时，坯料是处在强烈三向压应力状态下变形，有利于提高金属的塑性，适于模锻难变形金属材料的锻件。

4.5.3 模具结构类型及失效形式

(1) 模具结构类型

多向模锻的模具结构，按分模方式不同有 3 种基本结构形式，即水平分模模具结构、垂直分模模具结构和复合分模模具结构。

① 水平分模模具结构　图 4-29 是多向模锻水平分模的模具结构，该类模具结构的分模面与压机工作台台面平行。上模和下模通过 T 形螺栓分别与多向模锻压机活动横梁和下横梁工作台连接，水平冲头与多向模锻压机水平缸活塞连接，垂直冲头与多向模锻压机垂直缸活塞连接。安装模具时，保证水平冲头中心线和上、下模左右孔的中心线重合，垂直冲头的中心线和上模孔的中心线重合。坯料放入下模模具型腔内后，上、下模通过上横梁合紧，上冲头和水平冲头分别通过垂直工作缸和水平工作缸对坯料进行挤压。

② 垂直分模模具结构　图 4-30 是垂直分模的模具机构，该类型模具结构的分模面与多向模锻压机工作台面垂直。左右模通过六角螺钉与连接杆连接，连接杆与水平工作缸活塞连接；垂直冲头与垂直工作缸活塞连接；左右模移动台面通过 T 形螺栓与多向模锻工作台面连接。左、右模在移动垫板上左右移动，锻造结束后垂直冲头回程时，移动垫板通过移动垫板燕尾槽使左、右模滞留在移动垫板上。左、右模通过水平工作缸合模，并提供合模载荷。左右模合模后，坯料放入模具型腔，垂直冲头挤压坯料使金属填满模具型腔。

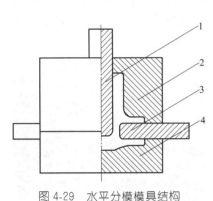

图 4-29　水平分模模具结构
1—垂直冲头；2—上模；3—水平冲头；4—下模

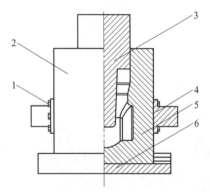

图 4-30　垂直分模模具结构
1—六角螺钉；2—左模；3—垂直冲头；
4—连接杆；5—右模；6—移动垫板

③ 复合分模模具结构　图 4-31 是复合分模的模具结构，复合分模的模具结构有两个分模面，一个分模面与多向模锻压机工作台面平行，另外一个分模面与多向模锻压机工作台面垂直。与水平分模模具相比，复合分模模具可以锻造带有主法兰的阀体锻件；与垂直分模模具相比，复合分模模具与工作台台面垂直的分模面比垂直分模模具的分模面小很多，大大减小了复合分模模具左右方向的合模载荷，而复合分模模具的上下方向的合模载荷可以由多向模锻压机合模工作缸提供，因此，复合分模模具结构在相同的压机上锻造的产品范围比垂直分模大很多。

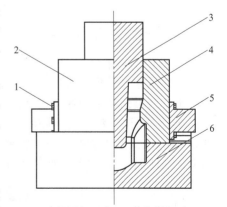

图 4-31　复合分模模具结构
1—六角螺钉；2—左模；3—垂直冲头；
4—连接杆；5—右模；6—移动垫板

（2）模具失效形式

与普通模锻相比，多向模锻多是一次成形锻件。多向模锻成形锻件时，金属流动剧烈，对模具及冲头的磨损较为严重。多向模锻模具的常见失效形式有：裂纹、压塌、冲头断裂。下面针对几种失效形式进行详细描述。

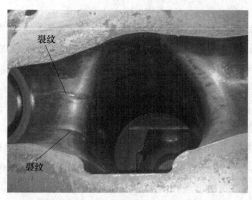

图4-32 上模芯型腔表面裂纹情况

① 裂纹 多向模锻成形阀体锻件时，在垂直穿孔过程中，坯料金属向锻件两侧流动。金属与模具表面摩擦载荷较大，金属流动过程中对模具的磨损较为严重。同时，锻造过程中，不断对模具进行冷却，模具表面不断地进行冷热交替的变化。模具长时间服役过程中形成裂纹。图4-32是锻制阀体的上模芯型腔表面的裂纹情况。

② 压塌 多向模锻成形阀体时，上模合模后，坯料金属流入上模孔腔中。垂直冲头穿孔过程中，流入上模孔腔中的金属被垂直冲头挤下去。在如此反复的作用下，上模孔腔的尖棱会被金属压塌。图4-33是上模孔腔的尖棱被金属压塌后的形状。

③ 冲头断裂 采用多向模锻成形阀体锻件时，在垂直穿孔过程中，金属向锻件两侧流动趋势不一致，垂直冲头承受偏载载荷。在垂直冲头长期服役过程后，垂直冲头发生断裂，图4-34是垂直冲头断裂情况。

图4-33 上模孔腔的尖棱被金属压塌后的形状

图4-34 垂直冲头断裂情况

4.5.4 多向模锻成形实例

(1) 三通阀体锻件

该锻件采用多向模锻成形工艺，是在二十二冶集团精密锻造有限公司和清华大学联合设计、二十二冶集团精密锻造有限公司制造和安装的40MN多向模锻液压机上锻制成功的。

① 技术要求 该产品材质为LF2，用于加拿大沥青项目。用户设计的零件图见图4-35，零件重35kg。技术要求如下：在相同热处理批次的锻件中提取试棒，用于力学性能检测，产品力学性能满足表4-21的要求；锻件表面进行超声波探伤和磁粉探伤。

表 4-21 产品力学性能要求

拉伸试验				-46℃ 冲击试验	
抗拉强度 σ_b /MPa	屈服强度 σ_s /MPa	拉伸率 δ/%	断面收缩率 Ψ/%	三个试验平均能量值/J	单个试验能量值/J
485~655	≥250	≥22	≥30	≥27	≥22

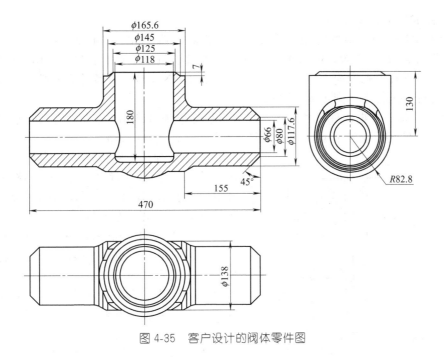

图 4-35　客户设计的阀体零件图

② 锻件设计　要求设计的三通阀体锻件形状尽可能接近零件形状，实现小加工余量成形。

a. 分模面的选择。由图 4-35 可以看出锻件分模面选取在零件最大投影所在平面，即与阀体零件水平孔中心重合的上视面上。

b. 锻件尺寸设计。零件外轮廓不需要加工，但为避免因氧化皮参与成形在锻件表面留下凹坑而使阀体最小壁厚小于设计值，锻件外轮廓单边加工余量为 1.2mm，锻件中体部分拔模斜度为 1°；水平孔孔径单边余量为 3mm，水平孔深为 160mm，水平孔拔模斜度为 1°；垂直孔孔径单边余量为 5mm，垂直孔孔深为 170mm，垂直孔拔模斜度为 2°，锻件重 46kg，锻件图如图 4-36 所示。

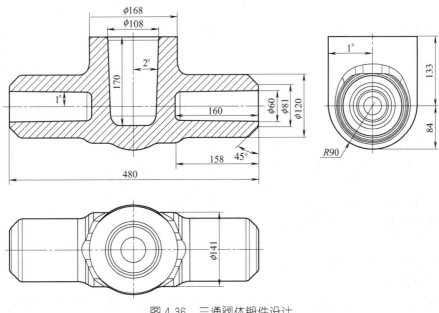

图 4-36　三通阀体锻件设计

③ 锻件成形工艺设计

a. 锻件设备选择。根据有限元模拟，合模所需载荷 17MN，垂直穿孔所需载荷 9MN，水平穿孔所需载荷 1.5MN，可以在 40MN 多向模锻压机上生产。40MN 多向模锻压机合模载荷 24MN，垂直穿孔载荷 16MN，水平穿孔载荷 8MN。对比该锻件成形模拟所需的载荷，40MN 多向模锻压机完全满足生产要求。

b. 坯料选择。根据锻件尺寸形状，坯料直径选取为 φ160mm。锻件重 46kg，锻件重量加上坯料烧损量便是坯料重量，坯料的重量范围是 46.7～47.5kg。

c. 坯料加热。锻件材料为 LF2，确定三通阀体锻件的始锻温度为 1200℃，终锻温度为 750℃。为减小坯料烧损率，采用中频感应加热炉加热，加热温度为 1230℃±10℃。

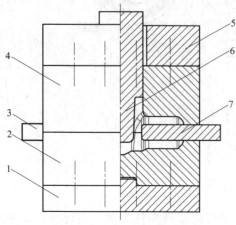

图 4-37　三通阀体锻件模具结构
1—下模垫板；2—下模；3—左水平冲头；4—上模；
5—上模垫板；6—垂直冲头；7—右水平冲头

④ 模具设计　根据锻件分模面的选择，该模具采用水平分模模具结构，模具结构如图 4-37 所示。该模具由下模垫板、下模、左水平冲头、上模、上模垫板、垂直冲头和右水平冲头组成。为提高上、下模合模精度，降低上下模合模错模量，上下模导向采用 4 个 φ80mm×100mm 的导柱。为提高模具承受偏载载荷的能力，下模和下模垫板之间采用方键定位。左水平冲头和右水平冲头与上下模水平孔的间隙是 0.5mm，上冲头与上模孔的间隙是 0.5mm。上模和上模垫板采用 T 形螺栓连接在一起，下模和下模垫板采用 T 形螺栓连接在一起。

⑤ 锻件生产工艺流程　锻件从生产到入库经过以下流程：锯床下料→中频感应炉加热→40MN 多向模锻锻造三通阀体锻件→锻件热处理→锻件检测→抛丸处理→入库。

(2) 球体锻件

该类零件采用多向模锻工艺成形，在二十二冶集团精密锻造的 40MN 生产线上锻造。

① 技术条件　该零件如图 4-38 所示，其材质为 Z2CND17-12，和 F316L 化学成分接近，主要应用于核工业上。零件重 4.8kg，原来采用棒料直接加工，棒料重 11kg 左右，每件机加工耗时两天左右。技术要求如下：在相同热处理批次的锻件中提取试棒，用于力学性能检测，产品力学性能满足表 4-22 的要求；锻件热处理后对锻件进行抗晶间腐蚀试验；锻件表面进行超声波探伤和磁粉探伤。

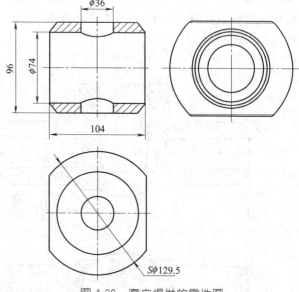

图 4-38　客户提供的零件图

② 锻件设计　要求设计的球体锻件形状尽可能接近零件形状，实现小加工余量成形。

表 4-22 产品力学性能要求

抗拉强度 σ_b /MPa	屈服强度 σ_s /MPa	延伸率 δ/%		横向冲击功/J
		纵向	横向	
≥490	≥175	≥45	≥40	≥60

a. 分模面的选择。由图 4-38 可以看出锻件分模面选取在零件最大投影所在平面，即与阀体零件水平孔中心重合的上视面上。

b. 锻件尺寸设计。零件外轮廓需要加工，锻件外轮廓单边加工余量为 2mm，水平孔孔径单边余量为 2mm，水平孔深为 49mm，无拔模斜度，锻件重 5.7kg。锻件图如图 4-39 所示。

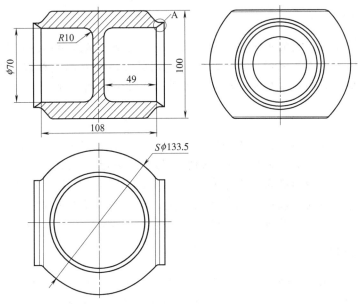

图 4-39 球体锻件设计

③ 锻件成形工艺设计

a. 锻件设备选择。根据有限元模拟，合模所需载荷 12MN，水平穿孔所需载荷 5MN，可以在 40MN 多向模锻压机上生产。对比该锻件成形模拟所需的载荷和 40MN 多向模锻压机主要参数，40MN 多向模锻压机完全满足生产要求。

b. 坯料选择。根据锻件尺寸形状，坯料直径选取为 ϕ80mm。锻件重 5.7kg，锻件重量加上坯料烧损量便是坯料重量，坯料的重量范围是 6.0～6.3kg。

c. 坯料加热。锻件材料为 Z2CND17-12，确定球芯锻件的始锻温度为 1180℃，终锻温度为 750℃。采用室式电阻炉加热，加热温度为 1200℃±10℃。

④ 模具设计 根据锻件分模面的选择，该模具采用水平分模模具结构，模具结构如图 4-40 所示。该模具由下模垫板、下模、上模、上模垫板和水平冲头组成。为提高上、下模合模精度，降低上下模合模错模量，上下模导向采用 4 个 ϕ80mm×100mm 的导柱。左水平冲头和右水平

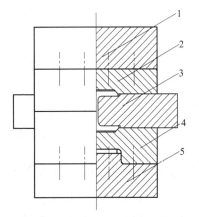

图 4-40 球体锻件模具结构

1—上模垫板；2—上模；3—水平

冲头；4—下模；5—下模垫板

冲头与上下模水平孔的间隙是 0.5mm。上模和上模垫板采用 T 形螺栓连接在一起，下模和下模垫板采用 T 形螺栓连接在一起。

⑤ 锻件生产工艺流程　锻件从生产到入库经过以下流程：锯床下料→室式电阻炉加热→40MN 多向模锻锻造球芯锻件→锻件热处理→锻件检测→抛丸处理→入库。

4.6　锻件常用热处理

锻件的热处理是确定锻件最终使用性能的关键。选择正确的热处理方式和设备，是关系到锻件热处理质量的关键。锻件的热处理方法常用的有 3 种：正火处理，调质处理，固溶处理。常用的热处理设备有：箱式电阻炉，井式炉，台车炉，真空热处理炉等。

4.6.1　正火处理

正火处理通常作为碳钢的最终热处理方式，也作为高要求合金钢调质处理前的预先热处理的方法。正火处理的工艺相对比较简单：加热到奥氏体临界温度线以上 30~50℃，经过保温后，出炉冷却。为防止冷却时的应力，可以适当加一道回火处理。

4.6.2　调质处理

调质处理是淬火加高温回火的热处理工艺方法。调质处理现在被广泛用于合金钢锻件的最终性能处理。调质处理的工艺是：加热到奥氏体临界温度线以上 30~50℃，经过保温后，出炉立即进入液态介质冷却槽内快速淬火冷却。淬火结束后，检测淬火硬度，根据技术要求硬度不同和材料特性不同，选择适当的回火温度。常用的回火温度在 620~730℃，温度不同得到的硬度也不同，之后的机械性能检验得到的值也不同。

4.6.3　固溶处理

固溶处理主要适用于不锈钢的热处理。固溶处理的工艺是：加热到奥氏体临界温度线以上 30~50℃，经过保温后，出炉立即进入水槽内快速冷却，水槽内水温在锻件入水前后均不得超过 45℃。

4.6.4　常用材料热处理温度

常用材料热处理温度见表 4-23。

表 4-23　常用材料热处理温度

材料牌号	热处理方法	淬火或正火温度范围	回火温度范围	备注
20、A105、A106、LF2 等	正火	870~920℃	620~660℃	空冷或水雾
4130、4140、8620、8630	调质处理	870~930℃	650~690℃	水冷或溶液
4340	调质处理	870~930℃	650~730℃（2 次）	水冷或溶液
F11、F22	调质处理	870~930℃	650~730℃（2 次）	水冷或溶液

4.6.5　需要焊后消应处理锻件的热处理

在工艺实践中，常常会有一些锻件加工后需要进行焊接组合的，焊接后需进行消氢和消应处理，在一些标准中明确规定了消应处理的温度。因此，为了确保消应处理后的锻件性能不受影响，在制定热处理工艺时，必须考虑将最终性能热处理的回火温度控制在焊接消应回火温度以上 50~70℃。

4.7 典型常用材料锻造要领

4.7.1 碳钢锻件锻造工艺要领

以 A105、LF2 锻件为例，由于在材料化学成分上二者的区别仅在于 Mn 含量的范围区间和实际控制上，所以通常为了降低制造和库存材料成本，锻造工艺常会通用，只是根据不同的使用条件，采取不同的热处理方法来满足性能的要求而已。所以常用的工艺如下。

(1) 加热方面

由于碳钢的加热条件相对比较宽泛，因此没有特别需要注意的，只要将加热最高温度控制在 1250℃ 以下即可。材料一般无需预热，大型和特大型锻件除外。

(2) 锻造方面

由于碳钢的相对锻造性能比较优越，锻造时只要变形工艺编排正确，锻造比合适，达到预定的形状和尺寸是比较容易的，这类材料的变形抗力较小，在高温下的塑性非常好，不容易出现裂纹等。但是，一定要注意，由于这种材料的可塑性较好，容易产生折叠，这是锻造时需要注意的，特别是材料镦粗作业时，选用的长度与直径之比大于 3 时，会出现两端大中间小的哑铃状，中间形成折叠。

常用的锻造温度区间是 1250～750℃。

(3) 热处理方面

根据不同的性能要求采用不同的冷却方式来达到调节材料的使用性能。

对于 A105，由于材料并不需要太高的使用性能，通常标准规定只许采用正火处理来满足性能，无需进行回火处理。推荐正火温度为 910～930℃，冷却方法以鼓风为主。

对于 LF2，由于材料标准中需要进行低温−46℃冲击试验，所以对材料的热处理要求中增加了可采用淬火加回火的方法。由于低温冲击性能不仅需要材料本身的特质，更需要通过正确的热处理方法来得到和保证。通过强制冷却除可以得到比风冷更细的组织结构外，还可提高材料的强度和硬度，但是，材料淬火后的脆性也大大地提高了，降低了材料的冲击性能。尤其在低温冲击试验更为明显。因此，必须采用回火的方式来调节材料的硬度，降低材料的脆性，达到优秀的低温抗冲击性能。

常用的处理方法是：加热到 890～920℃保温后迅速进行强制冷却。强制冷却的方法有：强制鼓风冷却；强制鼓风加水雾冷却；介质中冷却，介质有水、油和特殊淬火剂等。当热处理材料冷却到 200℃ 左右时，离开介质后空冷或直接进炉进行回火处理。回火温度一般在 600～650℃，以足够的保温时间使淬火后的脆性最大程度地降低，从而满足标准和采购技术条件的性能要求，特别是低温冲击性能。

4.7.2 合金钢锻件锻造工艺要领

以 F22 CL3（简称 F22）材料为例。F22 材料是石油及泵阀行业中应用极为普遍的材料之一，由于其具有相对完美的实用性和良好的焊接性能，超强的冲击性能，在当前被广泛应用在石油炼化、石油开采和泵业、阀门、管道管件等行业。

F22 材料在不同的标准里有不同的牌号，材料成分大同小异，偶尔可以通用替代，常用的牌号有：12Cr2Mo1。

由于这种材料对白点的敏感性很强，所以，现今在材料的冶炼制取中一定是采用电炉加真空脱气的方法。这种方法只是控制和减少原材料钢中的气体含量，最大限度地降低钢中的 H、N、O 的含量，以减轻后期锻件处理的成本和提高扩氢处理的成效。

参考文献

[1] 胡晗光. 锻造培训教材，2000.06.

[2] 刘助柏，倪利勇，刘国晖. 大锻件形变新理论新工艺. 北京：机械工业出版社，2009.4.

[3] 中国机械工程学会塑性工程学会. 锻压手册. 北京：机械工业出版社，2008.01.

[4] JB/T 6052—2005 钢质自由锻件加热通用技术条件.

第5章

Chapter 5

阀门的焊接

　　阀门焊接是阀门制造、安装、使用和维护的重要组成部分，优良的焊接质量是保证阀门安全和长周期运行的关键。

　　阀门制造中的焊接主要包括承压壳体的补焊（在标准允许范围内）和同组材料同种或不同种成形方法所形成部件之间的连接焊，如全焊接球阀阀体的连接焊、闸阀阀座和阀体的套焊，也包含密封面的堆焊等。

5.1　阀门焊接工艺的种类及应用

5.1.1　焊条电弧焊

（1）基本原理

　　焊条电弧焊是用手工操作焊条进行焊接的电弧焊方法。它利用焊条与焊件之间建立起来的稳定燃烧的电弧，使焊条熔化，从而获得牢固的焊接接头。

（2）焊条电弧焊特点

① 操作灵活。凡是焊条能到达的任何位置的接头，均可采用焊条电弧焊方法连接。

② 待焊接头装配要求低。

③ 可焊金属材料广泛。

④ 焊接生产率低，劳动强度大。

⑤ 焊缝质量依赖性强，焊缝质量在很大程度上依赖于焊工的操作技能及现场发挥，甚至焊工的精神状态也会影响焊缝质量。

（3）在阀门上的应用

① 采用套焊阀座结构的闸阀、截止阀及止回阀，其阀座与阀体连接处，由于空间位置的限制，其他焊接方法均不适用，而焊条电弧焊正因为操作灵活而被普遍采用。

② 阀门承压壳体铸件的缺陷补焊。阀门承压壳体形状复杂、铸件不可避免地存在一些

铸造缺陷，在标准允许的范围内，通常采用补焊的方法去弥补铸造缺陷，并且由于铸件材料牌号繁多，焊条电弧焊也被广泛用于铸件的补焊。

5.1.2 TIG 焊

(1) 基本原理

TIG（不熔化极惰性气体保护焊，tungsten inert gas welding）焊是在惰性气体的保护下，利用钨极与焊接产生的电弧热熔化母材和填充焊丝（也可以不加填充焊丝），形成焊缝的焊接方法。焊接时保护气体从焊枪的喷嘴中连线喷出，在电弧周围形成保护层隔绝空气，保护电极和焊接熔池以及临近热影响区，以形成优质的焊接接头。

TIG 焊分为手工和自动两种。焊接时，用难熔金属钨或钨合金制成的电极基本上不熔化，故容易维持电弧长度的恒定。填充焊丝在电弧前方添加，当焊接薄焊件时，一般不需开坡口和填充焊丝；还可采用脉冲电流以防止烧穿焊件。焊接厚大焊件时，也可以将焊丝预热后，在添加到熔池中去，以提高熔敷速度。

TIG 焊一般采用氩气作保护气体，称为钨极氩弧焊。在焊接厚板、高导热率或高熔点金属等情况下，也可采用氦气或者氩氦混合气体作保护气体。在焊接不锈钢、镍基合金和镍铜合金时可采用氩氢混合气作保护气体。

(2) TIG 焊特点

① 可焊金属多，可成功地焊接其他焊接方法不易焊接的易氧化、氮化、化学活泼性强的有色金属、不锈钢和各种合金。

② 适应能力强。钨极电弧稳定，即使在很小的焊接电流下也能稳定燃烧；不会产生飞溅，焊缝成形美观；热源和焊丝可分别控制，因而热输入量容易调节，特别适合于薄件、超薄件的焊接；可进行各种位置的焊接，易于实现机械化的自动化焊接。

③ 焊接生产率低，TIG 焊使用的电流小，焊缝熔深浅，熔敷速度小，生产率低。

④ 生产成本较高，故主要用于要求较高产品的焊接。

(3) 在阀门上的应用

① TIG 焊几乎可用于所有钢材、有色金属及合金的焊接，特别适合于化学性质活泼的金属及其合金。常用于不锈钢、高温合金、铝、镁、钛及其合金阀门以及难熔的活泼金属（如锆、钽、钼铌）阀门的焊接。

② TIG 焊容易控制焊缝成形，实现单面焊双面成形，主要用于薄件焊接或厚件的打底焊。脉冲 TIG 焊特别适宜全焊接球阀的打底焊。

5.1.3 CO_2 焊

(1) 基本原理

CO_2 气体保护电弧焊是利用 CO_2 作为保护气体的熔化极电弧方法。这种方法以 CO_2 气体作为保护介质，使电弧及熔池与周围空气隔离，防止空气中氧、氮、氢对熔滴和熔池金属的有害作用，从而获得优良的机械保护性能。一般利用专用的焊枪，形成足够的 CO_2 气体保护层，依靠焊丝与焊件之间的电弧热，进行自动或半自动熔化极气体保护焊接。

(2) CO_2 焊特点

① 焊接生产率高，CO_2 焊的生产率比普通的焊条电弧焊高 2~4 倍。

② 焊接成本低，通常 CO_2 焊的成本只有埋弧焊或焊条电弧焊的 40%~50%。

③ 焊接变形小，特别适宜于结构件焊接。

④ 焊接质量较高，对铁锈敏感性小，焊缝含氢量少，抗裂性能好。

⑤ 适用范围广，可实现全位置焊接，并且对于薄板、中厚板甚至厚板都能焊接。

⑥ 操作简便，焊后不需清渣，且是明弧，便于监控，有利于实现机械化和自动化焊接。

⑦ 飞溅率较大，并且焊缝表面成形较差。金属飞溅是 CO_2 焊中较为突出的问题，这是主要缺点。

⑧ 很难用交流电源进行焊接，焊接设备比较复杂。

⑨ 抗风能力差，给室外作业带来一定困难。

⑩ 不能焊接容易氧化的有色金属。

CO_2 焊的缺点可以通过提高技术水平和改进焊接材料、焊接设备加以解决，而其优点却是其他焊接方法所不能比的。因此，可以认为 CO_2 焊是一种高效率、低成本的节能焊接方法。

(3) 在阀门上的应用

CO_2 焊主要用于焊接低碳钢及低合金钢等黑色金属。对于不锈钢，由于焊缝金属有增碳现象，影响抗晶间腐蚀性能，所以只能用于对焊缝性能要求不高的不锈钢焊件。CO_2 焊还可以用于铸钢件的补焊，例如大口径阀门上铸造缺陷或铸造工艺尺寸的补焊。

5.1.4 MIG 焊

(1) 基本原理

MIG 焊是采用惰性气体作为保护气，使用焊丝作为熔化电极的一种电弧焊方法。这种方法通常用氩气或氦气或它们的混合气体作为保护气，连续送进的焊丝既作为电极又作为填充金属，在焊接过程中焊丝不断熔化并过渡到熔池中去而形成焊缝。

(2) MIG 焊的特点

① 焊接质量好。

② 焊接生产率高。

③ 适用范围广。

MIG 焊的缺点在于无脱氧去氢作用，因此对母材及焊丝上的油、锈很敏感，易形成缺陷，所以对焊接材料表面清理要求特别严格；另外熔化极惰性气体保护焊抗风能力差，不适于野外焊接；焊接设备也较复杂。

(3) 在阀门上的应用

MIG 焊适合于焊接低碳钢、低合金钢、耐热钢、不锈钢、有色金属及其合金。低熔点或低沸点金属材料如铅、锡、锌等，不宜采用熔化极惰性气体保护焊。目前在中等厚度、大厚度铝及铝合金的焊接，已广泛地应用熔化极惰性气体保护焊。所焊的最薄厚度为 1mm，大厚度基本不受限制。可用于这些合金阀门的焊接和补焊。

5.1.5 埋弧焊

(1) 基本原理

埋弧焊是电弧在焊剂层下燃烧进行焊接的方法。这种方法是利用焊丝和焊件之间燃烧的电弧产生热量，熔化焊丝、焊剂和母材而形成焊缝的。焊丝作为填充金属，而焊剂则对焊接区起保护和合金化作用。由于焊接时电弧掩埋在焊剂层下燃烧，电弧光不外露，因此被称为埋弧焊。

(2) 埋弧焊的特点

① 焊剂生产率高。

② 焊缝质量好。

③ 焊接成本较低。

④ 劳动条件好。

⑤ 难以在空间位置施焊。

⑥ 对焊件装配质量要求高。

⑦ 不适合焊接薄板和短焊缝。

(3) 在阀门上的应用

凡是焊缝可以保持在水平位置或倾斜度不大的焊件，不管是对接、角接和搭接接头，都可以用埋弧焊焊接。埋弧焊可焊接的焊件厚度范围很大。除了厚度在 5mm 以下的焊件由于容易烧穿，埋弧焊用得不多外，较厚的焊件都适于用埋弧焊焊接。

随着焊接冶金技术和焊接材料生产技术的发展，适合埋弧焊的材料已从碳素结构钢发展到低合金结构钢、不锈钢、耐热钢以及某些有色金属，如镍基合金、铜合金等。

窄间隙埋弧焊可使特厚板焊接提高生产效率，降低成本，在全焊接球阀上应用广泛。

5.1.6 等离子堆焊

(1) 基本原理

等离子堆焊是利用等离子弧作热源将堆焊材料熔敷在基体金属表面上，从而获得与母材相同或不同成分、性能堆焊层的工艺方法。等离子堆焊可使金属表面获得与基体金属呈冶金结合的堆焊层，用以提高工件的耐磨性、耐蚀性、耐高温性能，或用以弥补已磨损工件的尺寸、被腐蚀工件表面的蚀坑、麻点，达到修旧利废的目的。

(2) 等离子堆焊特点

① 稀释率较低且可以在 5%～30% 的较大范围内调节。

② 熔敷速度较高，粉末等离子堆焊可达 6.8kg/h，双热丝堆焊可达 27kg/h。

③ 填充金属的形态可以是丝，也可以是粉，因而可以进行连续的自动堆焊。

④ 成本较低，较薄的堆焊层金属即可满足化学成分的要求。

⑤ 通过焊枪的摆动，可以在很大范围内调整堆焊焊道的宽度，堆焊层的质量优良。

(3) 粉末等离子堆焊

对于硬而脆的堆焊材料，如硬质合金，很难加工成焊丝，这时可以将其制成粉末，进行粉末等离子堆焊。

粉末等离子堆焊是将合金粉末装入送粉器中，堆焊时用送粉气体将合金粉末送入堆焊枪体的喷焊嘴中，利用等离子弧的热能将其熔敷到焊件表面形成堆焊层的工艺方法。粉末等离子堆焊也称为等离子喷焊。

粉末等离子堆焊一般多采用混合型等离子弧，需要两台垂直陡降或下降特性的直流电源独立供电。转移弧是等离子堆焊的主要热源，其作用一是加热焊件，在工件表面形成熔池，二是熔化合金粉末。通过调节转移弧的电流可以控制熔池的温度和热量，从而达到控制堆焊层质量的目的。非转移弧作为辅助热源使合金粉末预先在弧柱中加热熔化。由于非转移弧的存在使转移弧电流减小，堆焊层稀释率降低，并使转移弧电流能稳定地衰减到很小的数值，避免堆焊层出现弧坑和缩孔。

(4) 粉末等离子堆焊特点

① 几乎可以堆焊任何金属。特别是硬、脆、无法加工成丝或不能加工成盘状焊丝的金属都可以加工成球形粉末而进行粉末等离子堆焊。

② 堆焊层厚度可调，一般为 0.4～6.3mm。

③ 通过摆动或不摆动焊枪，焊道宽度可为 1.4～44mm。

④ 堆焊层表面平整光滑，加工量小。

⑤ 堆焊层的稀释率较低并可在较大范围内调节，稀释率为 5%～30%，熔敷率为 0.45～6.8kg/h。

（5）在阀门上的应用

阀门密封面上堆焊钴基合金、镍基合金等材料，采用粉末等离子堆焊容易实现自动化生产。而且堆焊层质量很容易得到保证，同时也有利于完成复杂轨迹焊道的堆焊，例如三偏心蝶阀、旋启式止回阀和高压平板闸阀等。

5.1.7 氧乙炔焊

（1）基本原理

依靠热源提供必要的温度条件，使母材、钎料和钎剂之间的物理化学过程得以正常进行，从而获得优质的钎接接头。氧乙炔焊时，通常是用手进给棒状或丝状的钎料，用膏状钎剂或钎剂溶液去除氧化物，加热前即可把它们均匀涂在焊件表面上。为保证加热均匀，首先应使火焰来回移动，把整条钎缝加热到接近钎接温度，然后从一端开始用火焰连续向前熔化钎料，填满钎缝间隙。

（2）氧乙炔焊特点

① 氧乙炔焊是一种简单而实用的钎接方法。它的通用性好，所需设备简单轻便，操作方便，燃气来源广，不依赖于电力，并能保证必要的质量。

② 所用的可燃气体可以是乙炔、丙烷、汽油、煤气等。助燃气体为氧气或压缩空气。不同的混合气体所产生的火焰温度不同。如乙炔-氧焰温度达 3150℃；丙烷-氧为 2050℃；石油气-氧为 2400℃；汽油蒸气-氧为 2550℃。

③ 氧乙炔一般情况下可使用普通的气焊炬进行钎接。但钎接熔点比较低的焊件时，最好采用特种的多孔喷嘴，此时得到的火焰比较分散，温度比较适当，有利于保证均匀加热。

④ 手工操作时加热温度难于掌握控制，因此要求较高的操作技术。此外，火焰加热是局部加热过程，可能会引起焊件的应力和变形。

（3）在阀门上的应用

氧乙炔焊主要用于铜基钎料、银基钎料钎接碳钢、低合金钢、不锈钢、铜及铜合金、硬质合金等，特别适用于截面不等的组件。还可用作钎接铝及铝合金等小型的薄壁焊件。

可以钎接机加工刀具，阀门密封面堆焊铜合金等。

5.2 全焊接球阀焊接工艺

全焊接球阀采用全锻焊式锻造结构，经装配后焊接而成。与常见的球阀阀体相比，全焊接球阀继承了球阀流体阻力小，开关迅速、方便，阀体内通道平滑等优点。并且由于没有外连接，消除了潜在的外泄漏点。由于采用锻焊结构，其强度高于铸造成形的阀体，并且重量轻。因此在石油天然气领域，普遍采用全焊接球阀。

由于全焊接球阀采用了焊接工艺，因此其焊缝的强度及焊接质量决定了承压边界安全性，而这又是通过焊接工艺进行保证的。

5.2.1 焊接要求

焊接前检验焊接坡口，应保持平整，无裂纹、油污、铁锈、氧化皮等，尽量用液体渗透或者磁粉探伤检验焊接坡口。焊接时，每道焊缝焊接完成后都应自检是否有缺陷，如果有缺陷应及时处理，之后再进行下一道的焊接。焊后24h进行相应的无损探伤。

焊缝和热影响区不得有裂纹、气孔、夹杂、未融合、未焊透、弧坑和咬边等缺陷。焊缝上熔渣必须清除，焊缝应平滑过渡。

5.2.2　全焊接球阀难点

全焊接球阀属于固定式软密封球阀，其阀座密封面采用 PTFE 或者氟橡胶，阀座与连接体配合部分采用氟橡胶 O 形圈进行密封。因此全焊接球阀有几个焊接难点：一是氟橡胶 O 形圈位于焊缝附近，氟橡胶的熔点较低而焊接温度较高，所以焊接时要控制焊缝附近温度；二是阀体连接体与阀座是间隙配合，焊接的热输入量会使连接体变形，阀座和连接体的间隙减小甚至产生过渡配合，从而导致阀座收缩变形使开关扭矩增大甚至无法开关阀门；三是阀体与连接体的焊缝因不能进行焊后热处理，所以无法消除焊接应力。振动去应力并没有严格的理论依据，而实际使用的效果也不明显，故不采取振动消除焊接应力。

5.2.3　焊接方法的选择

不熔化极气体保护焊（GTAW）简称氩弧焊，其特点焊接热量小、明弧且无飞溅，但是速度慢、辐射较大、熔敷率小、热影响区大并且变形较大；熔化极气体保护焊（GMAW），其特点是焊接变形小、熔深大、速度快，但是飞溅大、焊接稳定性低；焊条电弧焊（SMAW）其特点是焊接灵活、在空间结构复杂时可以操作，但是效率慢、飞溅大、变形较大、熔敷率小。以上 3 种方法均不适用于全焊接球阀。

埋弧焊（SAW）其特点是生产率高、熔深大、焊缝质量高、对焊接熔池保护较完善，焊缝金属中杂质较少，只要焊接工艺选择恰当，较易获得稳定高质量的焊缝、劳动条件好，除了减轻手工操作的劳动强度外，电弧弧光埋在焊剂层下没有弧光辐射、劳动条件较好。埋弧自动焊至今仍然是工业生产中最常用的一种焊接方法，适于批量较大、较厚较长的直线及较大直径的环形焊缝的焊接。但是一般埋弧焊其热输入量大、变形大、温度高，这对于全焊接球阀要求的变形量小、焊接层间温度低等特点也不适用，因此为了获得较小热输入和较小变形量，采用减小焊接电流和增加焊接速度，焊接电流减小焊丝就要相应变细，所以采用细丝埋弧焊是最理想的焊接方法。

5.2.4　焊接工艺参数

(1) 母材

全焊接球阀的母材必须是 ASME B16.34 所规定的阀门材料中的一种，符合压力温度等级的规定，并被 ASME B31.8 所兼容。一般低碳钢如 ASTM A105、ASTM A350 LF2 等，材料的碳含量不能大于 0.23%。

(2) 焊丝

焊丝一般采用和母材材质相近。焊丝材料选用 H08MnA（碳钢）、H10Mn2（低合金钢）、H10MoCrA（合金钢），焊丝直径一般采用 $\phi1.2\sim3.2mm$。

(3) 焊接电流

焊接采用细丝埋弧焊，其他条件都不变的情况小熔深与焊接电流成正比，电流大熔深大、热输入量大、温度高，电流小熔深越浅、焊缝宽度不足。焊接电流一般采用 190～300A。

(4) 焊接电压

电压与电弧长度成正比，其他条件不变的情况下，电压低熔深大、焊缝宽度窄，电压高熔深浅、焊缝宽度大。埋弧焊电压是依据电流调整的，一般电压为 30～34V。

(5) 焊接速度

熔深和熔宽与速度成反比，同时焊接速度对焊道断面形状也有影响，焊速过小熔化金属多，焊速过快熔化金属不足。焊接速度一般为 200～300mm/min。

(6) 焊剂

焊剂起到隔离空气、保护焊缝金属不与空气反应、参与熔池金属冶金反应。当焊丝确定之后，焊剂与焊丝和母材的匹配尤为重要，因为焊剂直接影响焊缝金属的塑性、韧性、抗裂性能、焊缝缺陷、脱渣性及成产率。焊剂要有良好的冶金性能和工艺性能，颗粒度符合要求（普通焊剂颗粒度为 0.45～2.50mm，0.45mm 以下的细粒不得大于 5%，2.50mm 以上的粗粒不得大于 2%；细颗粒度焊剂粒度为 0.28～1.425mm，0.28mm 以下的细粒不得大于 5%，1.425mm 以上的粗粒不得大于 2%）；含水量≤0.10%；机械夹杂物的含量不得大于 0.30%（质量分数，下同）；含硫量≤0.060%，含磷量≤0.080%。一般选用烧结焊剂 SJ101。

5.2.5　焊接坡口形式

(1) 上法兰脖颈处坡口

图 5-1 为上法兰与阀体连接示意图，图 5-2 为脖颈坡口示意图，坡口底层间隙大于 12mm，坡口角度为 8°，每层焊道数为 1～3，采用止口和工装定位保证定位精度。图 5-3 为脖颈焊接工装图。此处在阀门装配前焊接，内径可以留焊接余量，焊后进行热处理消除焊接应力，然后机加工到最终尺寸。图 5-4 为脖颈焊接机效果图。

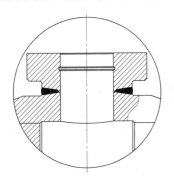

图 5-1　上法兰与阀体连接示意

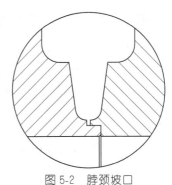

图 5-2　脖颈坡口

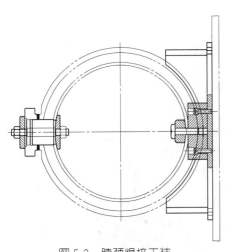

图 5-3　脖颈焊接工装

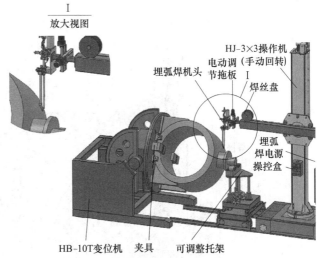

图 5-4　脖颈焊接机

(2) 阀体与连接体焊缝坡口

为防止阀体变形量较大，采用窄间隙坡口。坡口根部间隙大于 10mm，角度为 1°～8°，每层焊道数量为 1～3，采用工艺垫板和打底焊。为使焊丝送达窄坡底层，需设计能插入坡口内的专用窄焊嘴。图 5-5 为焊缝坡口示意图。

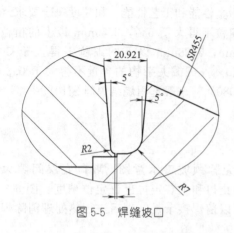

图 5-5　焊缝坡口

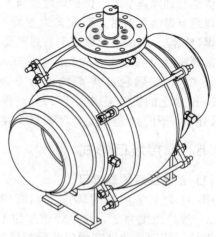

图 5-6　阀体外部穿螺杆紧定

5.2.6　阀体主焊缝的工艺和要点

焊接过程中严格控制层间温度 80℃±20℃，合理安排焊接顺序，两道焊缝左右对称焊。根据各厂家装配工艺的不同，从而打底焊方法也不同。

第一种采用盲板式装配，即利用两个盲板在阀门流道孔穿一根或几根螺杆进行紧定装配。这种方式的优点是可以直接用自动埋弧焊。由于阀门两端有盲板密封可以将阀体流道内注入水等介质，从而使阀体温度冷却速度加快，生产效率显著提高。但是在生产效率提高的同时，将阀体内部进行水循环也是有一定弊端，即容易产生裂纹。

第二种采用阀体外部穿螺杆紧定，如图 5-6 所示。这种方式无法直接用自动埋弧焊，因为外部螺杆和自动焊导电杆干涉，所以只能先用手工氩弧焊或者二氧化碳气体保护焊打底。然后撤去外部螺杆，再进行自动埋弧焊。焊接时采用自然冷却方式。为了不因等待冷却时间而影响生产效率，焊接时两台阀门轮换交替进行，如图 5-7 所示。

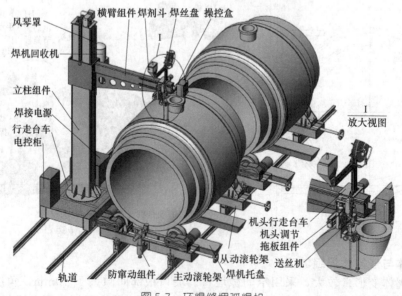

图 5-7　环焊缝埋弧焊机

5.2.7 过渡段

阀体和袖管材料存在强度差异，需要一段过渡段，因此过渡段为阀体的一部分。过渡段材料的选择原则如下。

① 过渡段所选用的材料必须是 ASME B16.34 所定义的阀门材料中的一种，符合压力温度等级的规定，并被 ASME B31.8 所兼容。

② 选用的过渡段材料需与阀体材料 A105 或 LF2 在 ASME 中同属于第一组别材料，同组别材料具备良好的可焊性。焊接采用自动埋弧焊，可获得优良的焊接性能，焊后进行热处理消除应力。焊缝作无损探伤。

③ 选用的过渡段材料需与袖管材料化学成分、碳当量和锰含量十分接近，同属于低碳钢或者低合金钢，使其具备良好的可焊性。常用袖管材料与过渡段材料的化学成分见表 5-1。

表 5-1　常用袖管材料与过渡段材料化学成分

牌号	C	Mn	Si	P	S	Ni	Cr	Cu	Mo	Nb
LF6	≤0.22	1.15～1.50	0.15～0.30	≤0.025	≤0.025	≤0.4	≤0.3	≤0.4	≤0.12	≤0.02
L360	≤0.2	≤1.6	≤0.45	≤0.025	≤0.02	≤0.3	≤0.3	≤0.25	≤0.1	≤0.05
L415	≤0.21	≤1.6	≤0.45	≤0.025	≤0.02	≤0.3	≤0.3	≤0.25	≤0.1	≤0.05
L450	≤0.16	≤1.6	≤0.45	≤0.025	≤0.02	≤0.3	≤0.3	≤0.25	≤0.1	≤0.05

④ 选用过渡段材料应与袖管材料的强度相匹配。常用袖管材料与过渡段材料强度见表 5-2。

表 5-2　常用袖管材料与过渡段材料强度

牌号	σ_b/MPa	σ_s/MPa	Δ/%	ψ/%	HB	A_{Kv}/J
LF6 (Class1)	455～630	≥360	22	40	≤197	16
LF6 (Class2)	515～690	≥415	20	40	≤197	20
L360	≥460	360～510	20	≥40	—	—
L415	≥520	415～565	18	≥40	—	—
L450	≥535	450～570	18	≥40	—	—

根据 API 6D、ASME B31.8 和技术规格书的规定，满足屈服强度极限比值＞70％以上的要求。

⑤ 过渡段材料、阀体材料和袖管材料之间的焊接需要进行焊接工艺评定。

5.2.8 焊后检验

(1) 外观检验

焊后用目视或 5～10 倍放大镜检查，焊缝表面不得有裂纹、气孔、缩孔、疏松和未融合等缺陷。

(2) 无损检验

上法兰脖颈处焊缝先将工艺垫板机加工除去，但不加工到最终尺寸（为补焊留余量），采用射线探伤。合格后精加工到最终尺寸。如不合格焊缝返修，返修后必须进行射线探伤，返修次数不得超过 2 次。

阀体与连接体焊缝因空间结构限制无法进行射线探伤，所以采用超声波探伤，探伤厚度不小于阀体要求的最小厚度。

5.3 阀门铸钢件的补焊

由于阀门壳体结构复杂，从制造成本的经济性和制造的灵活性考虑，通常情况下壳体往往采用铸造成形。但是铸造工艺受铸件尺寸、壁厚、气候、原材料和施工操作的种种影响，铸件会出现砂眼、气孔、裂纹、缩松、缩孔和夹渣等各种铸造缺陷。因为钢中含合金元素越多，流动性越差，铸造缺陷就更易产生。铸造缺陷无法避免，只能通过改进铸造工艺去减少。

5.3.1 缺陷判定

(1) 不允许补焊的缺陷

贯穿性裂纹、穿透性缺陷、蜂窝状气孔、无法清除的夹渣和面积大于 $65cm^2$ 的缩松等，以及客户不同意补焊的重大缺陷。

(2) 铸造气孔

铸件中产生气孔后将会减小其有效承载面积，且气孔周围会引起应力集中而降低铸件的抗冲击性和抗疲劳性。

(3) 缩孔和缩松

液态金属充满型腔后，在冷却凝固过程中，若液态收缩和凝固收缩所缩减的体积得不到补足，则在铸件的最后凝固部位会形成一些孔洞。按照孔洞的大小和分布，可将其分为缩孔和缩松两类。缩孔和缩松都会使铸件的力学性能下降，缩松还可使铸件因渗漏而报废。

(4) 砂眼

砂型铸件内部或表面充塞着型砂的孔洞类缺陷。它会影响铸件的工作性能和机器的寿命。

(5) 铸造裂纹

严重的削弱了铸件的承载能力和腐蚀能力，即使不太严重的裂纹，由于使用过程中应力集中，造成裂纹的延伸致使设备破坏。

5.3.2 缺陷修补

铸件返修常有种种苛刻的限制，例如施焊空间条件的不利，不但要求保证构件已确定的尺寸精度，更要防止产生新的焊接缺陷以免造成新的隐患。必须善于运用各种有利因素，因地制宜，制定灵活而有效的修复施焊工艺。

① 首先用削薄法去除缺陷，如果用削薄法去除铸件缺陷并露出完好金属，且铸件的壁厚大于可允许的最小壁厚，那么铸件可以不需要补焊。

② 在铸件焊补加工面上缺陷的深度在具有足够的加工余量的原则下（大于 2/3 加工余量）可以不进行焊补。

③ 对于裂纹缺陷，应首先查明裂纹延伸方向和范围，在裂纹的起始部位钻 $\phi3mm$ 止裂孔。

④ 铸件的角焊缝补焊时，一般不必进行焊后热处理。

⑤ 焊接工艺评定。补焊工艺和焊工应进行焊接工艺评定。

⑥ 热处理。修补焊缝深度大于 10mm，修补焊缝的面积超过 $4000mm^2$，修补后应进行焊后热处理。

⑦ 预热。铸件材料含碳量不大于 0.35%，补焊时可以不进行预热；含碳量大于 0.35%的材料补焊前进行 150℃ 的预热；耐热钢则要进行 250℃ 预热。

⑧ 返修坡口的加工方法。先用电弧气刨，然后用砂轮磨掉气刨的热影响区。

⑨ 补焊程序。坡口经着色探伤后，清洗坡口，然后补焊。采用无摆动运条法，首先在坡口的首和尾部堆焊一层，从坡口底部沿坡口向上堆焊，并向坡口外引出 20mm，厚度约为 3mm。补焊完成后，需修整表面，使补焊面圆滑过渡至母材。

⑩ 选择补焊的焊材，其抗拉强度应不低于母材的抗拉强度。

5.3.3 焊后检测

(1) 外观检查

① 焊后用目视或 5～10 倍放大镜检查，补焊表面及热影响区不得有裂纹、气孔和未融合等缺陷。

② 检测焊件变形在允许范围之内，补焊面能够满足机加工要求。

(2) 无损检测

① 若最大深度超过 10mm，或者修补深度小于 10mm，但修补面积大于 $4000mm^2$ 和对需要焊后热处理的材料，焊后应进行射线探伤，表面应进行磁粉或者渗透探伤。

② 需要进行或者已经进行了淬火和回火的各种材料，不论其补焊深度和面积都应对补焊面进行射线探伤，表面进行磁粉探伤或渗透探伤。

③ 若需要补焊的母材含碳量超过 0.35% 的材料，补焊最大深度超过 6mm，除磁粉或者渗透探伤外还要进行射线探伤。

5.3.4 承压铸件补焊用焊条

① 基体材料为 WCB、WCC 采用 GB/T 5117 中的 J502（型号 E5003）或 J507（型号 E5015）。

② 基体材料为奥氏体不锈钢类，焊条选用见表 5-3。

③ 基体材料为低合金耐热钢类，焊条选用见表 5-4。

④ 基体材料为低温钢类，焊条选用见表 5-5。

表 5-3 奥氏体不锈钢承压铸件补焊焊条选用

基体材料	铸件热处理后和试压渗漏的补焊焊条		铸件热处理前或铸件外表面一般缺陷的补焊焊条	
	牌号	型 号	牌号	型 号
CF8，ZG08Cr18Ni9，ZG08Cr18Ni9Ti，ZG12Cr18Ni9Ti	A132	E019-10Nb-16	A102 A132	E0-19-10-16 E019-10Nb-16
CF3，ZG03Cr18Ni10	A002	E00-19-10-16	A002	E00-19-10-16
CF8M，ZG08Cr18Ni12Mo2Ti	A212	E0-18-12Mo2Nb-16	A202 A212	E0-18-12Mo2-16 E0-18-12Mo2Nb-16
CF3M	A022	E00-18-12Mo2-16	A022	E00-18-12Mo2-16

表 5-4 低合金耐热钢承压铸件补焊焊条选用

基 体 材 料	焊 条	
	牌号	型 号
ZG1Cr5Mo，C5	R507	E1-5MoV-15
WC1	R107	E5015-A$_1$
WC6，ZG20CrMo	R307	E5515-B$_2$
WC9	R407	E6015-B$_3$
C12	R707	E9Mo-19
C12A	R717	AWS E9015-B9
ZG20CrMoV，ZG15Cr1Mo1V	R337	E5515-B$_2$-VNb

表 5-5　低温钢类承压铸件补焊焊条选用

基 体 材 料	焊　条	
	牌　号	型　号
LCB，LCC	CHE508-1	E5018-1　AWS 7018-1
LC1	R107	E5015-A$_1$
LC2	W707　Ni	E5515-C$_1$
LC3	W907　Ni	E5515-C$_2$
	W107　Ni	E7015-G

5.4　不锈钢及钛合金阀门的焊接工艺

5.4.1　不锈钢阀门焊接工艺

(1) 奥氏体不锈钢的焊接

① 奥氏体不锈钢特征　奥氏体不锈除具有良好的耐腐蚀性外，特别是韧性高，焊接性好，而且工作温度范围宽，既可以在高温，也可以在低温下使用，因此应用非常广泛。为了提高其在不同腐蚀环境的耐腐蚀性，对化学成分也要进行适当的调整。

② 奥氏体不锈钢的焊接性

a. 气孔是奥氏体不锈钢焊接中经常遇到的焊接缺陷。影响焊缝中气孔产生的因素有很多，水分和油污等分解而产生的氢是产生气孔的根本原因。

b. 热裂纹是奥氏体不锈钢焊接时比较容易产生的一种缺陷。奥氏体不锈钢焊缝极易在高温时，沿低熔点共晶体的液体薄膜处开裂而形成热裂纹。同时 Ni 能够与 S、P 结合形成低熔点共晶，其结晶时的脆性温度区间也增大，更容易形成液体薄膜，更易产生热裂纹。因此，严格控制焊缝中 S、P 等杂质的含量，同时正确选择焊接电流，是防止产生热裂纹的最重要方法。

c. 冷裂纹是焊缝中氢含量较高，使接头性能脆化，并聚集从而诱发的。

d. 晶间腐蚀是奥氏体不锈钢在焊接时，在 $400\sim850℃$ 将会在晶界析出铬的碳化物，造成附近铬的固溶度下降。若铬的固溶度低于 12%，将失去其原有的耐腐蚀性而被腐蚀。

③ 奥氏体不锈钢焊接材料选择　奥氏体不锈钢焊接材料选用原则与其他材料一样，应该是在无裂纹的前提下，保证焊缝金属的耐腐蚀性及力学性能与母材相当，这也就要求其化学成分与母材相匹配。对于奥氏体不锈钢来说，应当含有一定量的 δ 铁素体，以提高其抗热裂性，又能保持较好的耐腐蚀性能。常用部分不锈钢选用的焊接材料见表 5-6。

④ 奥氏体不锈钢焊接方法　奥氏体不锈钢可采用熔焊的任何一种方法进行焊接，其中焊条电弧焊、气体保护焊、等离子弧焊和埋弧焊等在奥氏体不锈钢的焊接中得到了广泛应用。

⑤ 奥氏体不锈钢焊接要点　应选用与其相匹配的焊接材料；打底焊不能使用混合气体保护焊，应采用纯氩或渣气联合保护；应尽量避免焊后热处理，必须进行焊后热处理时，应考虑材料的晶粒长大、晶间腐蚀和析出相的问题；要尽量避免校正时加热，因为这可能导致抗腐蚀性下降；由于奥氏体比铁素体的热膨胀系数大而导热率小，所以，变形和应力都较大；可在焊接前对焊件进行表面处理，以进一步改善抗腐蚀性；用尽可能小的焊接线能量，以降低晶粒长大、减少偏析及液化相。

(2) 双相不锈钢的焊接

表 5-6 常用不锈钢焊接材料

母材钢号	焊条电弧焊		埋弧焊		气体保护焊
	焊条型号	焊条牌号	焊丝钢号	焊剂牌号	焊丝钢号
0Cr18Ni9	E308-16	A102	H0Cr21Ni10	HJ260	H0Cr21Ni10
	E308-15	A107			
0Cr18Ni10Ti	E347-16	A132	H0Cr21Ni10Ti	HJ260	H0Cr21Ni10Ti
1Cr18Ni9Ti	E347-15	A137			
0Cr17Ni12Mo2	E316-16	A202	H0Cr19Ni12Mo2	HJ260	H0Cr19Ni12Mo2
	E316-15	A207			
0Cr18Ni12Mo2Ti	E316L-16	A022	H00Cr19Ni12Mo2	HJ260	H00Cr19Ni12Mo2
	E318-16	A212			
0Cr19Ni13Mo3	E317-16	A242	H00Cr19Ni11Mo3	HJ260	H0Cr20Ni14Mo3
00Cr19Ni10	E308L-16	A002	H00Cr21Ni10	HJ260	H00Cr21Ni10
00Cr17Ni14Mo2	E316L-16	A022	H0Cr20Ni14Mo3	HJ260	H0Cr20Ni14Mo3
00Cr19Ni13Mo3	E317L-16	A242	H00Cr19Ni11Mo3	HJ260	H00Cr19Ni11Mo3

① 双相不锈钢特征　双相不锈钢是由奥氏体和铁素体两相组织按一定比例所组成，它兼有奥氏体不锈钢和铁素体不锈钢的性能。与奥氏体不锈钢相比，其耐应力腐蚀性提高；和铁素体不锈钢相比，其韧性提高，因此，也可用于厚板。如果达到相同的耐点腐蚀性，双相不锈钢比奥氏体不锈钢的 Ni 含量低，但比强度高，价格便宜。另外，由于两相混合、组织细化，与奥氏体不锈钢和铁素体不锈钢单独相比，强度都高。尽管它不含马氏体，但其屈服强度仍可达到 390～450MPa，抗拉强度可达 590～620MPa。若提高 N 含量，强度还可进一步上升。但是，这类钢在 400～1000℃不稳定，在焊接及热处理条件下，易析出金属间化合物而脆化。

② 双相不锈钢的焊接性　双相不锈钢的焊接有一点必须注意，即若要使焊缝金属在焊态具有母材相当的铁素体含量，其焊接材料的 Ni 含量应该比母材高。双相不锈钢与奥氏体不锈钢一样有较好的焊接性。但是，铁素体在 600℃以上的温度加热，将迅速脆化。焊接热影响区与母材相比，由于固溶含 N 量少而使耐腐蚀性下降，因此希望采用小焊接线能量。一般也不需要预热和焊后热处理。但若在较低温度下焊接，为避免产生冷裂纹，最好进行预热。

③ 双相不锈钢焊接材料选择　采用同母材化学成分相近的焊接材料焊接，焊缝金属结晶时，初始组织通常为单相铁素体。随着温度的下降，发生铁素体向奥氏体的转变及碳化物和氮化物的析出。由于焊缝金属从高温快速冷却，铁素体向奥氏体的转变是在不平衡条件下进行，铁素体向奥氏体转变不完全，焊缝金属中的铁素体仍占大多数，甚至于出现单一铁素体组织的现象。这样，焊缝金属中产生的是粗大的铁素体组织，其韧性和耐腐蚀性都较低，与母材不相匹配。

双相不锈钢的焊接材料其特点是焊缝金属组织为奥氏体占优势的铁素体-奥氏体双相组织，主要耐腐蚀元素（Cr、Mo 等）含量与母材相当，从而保证焊缝金属与母材有相当的耐腐蚀性。为了保证焊缝金属中的奥氏体含量，通常都要提高其 Ni 和 N 的含量，也就是提高约 2%～4% 的镍当量。在双相不锈钢母材中，一般都有一定 N 含量，在焊接材料中也应有一定的 N 含量，但一般不宜太高，否则会产生气孔。各国与母材相匹配的双相不锈钢焊接材料见表 5-7。

④ 双相不锈钢焊接方法　双相不锈钢焊接时，过低的焊接线能量会使奥氏体的转变量减少，甚至于会抑制焊后冷却过程中的铁素体向奥氏体的转变，而得到单相铁素体组织，使其失去双相不锈钢的特点，使用性能大大降低。因此，激光焊、电子束焊和等离子焊等高能

束焊不适于双相不锈钢的焊接。SMAW、TIG、MIG 可用来焊接双相不锈钢。

表 5-7 各国双相不锈钢焊接材料

类型	母材	焊接方法	美国 AWS	中国 GB	瑞典 Sandvik	英国 Metrode
Cr18	00Cr18Ni5Mo3 Si	TIG	ER309MoL	H00Cr25Ni13Mo3		
		MIG		H00Cr20Ni10Mo3		
		SMAW	E309MoL	E309MoL		
				A022Si		
	00Cr18Ni6Mo SiNb	TIG		H00Cr18Ni14Mo2		
		MIG		H00Cr20Ni10Mo6		
		SMAW		E3061		
				E309MoL		
Cr22	0Cr21Ni5TiSA F2304	TIG	ER2209		23.7L	ER329N
		MIG			22.8.3L	
		SMAW	E2209	E2209	23.8LR	
				E309MoL	22.9.3LR	
	00Cr22Ni5Mo3 NSAF2507	TIG	ER2209	H00Cr22Ni8Mo3N	22.8.3L	ER329N
		MIG				
		SMAW	ER2209T	E2209	22.9.3LR	2205XKS
					22.9.3LB	ULTRAMET2205
		FCAW	E2209	E309MoL	22.9.3LT	SUPERCODE2205
Cr25	00Cr25Ni6Mo5 SAF2507	TIG			25.10.4L	
		MIG				
		SMAW			25.10.4LR	250XKS
					25.10.4LB	ULTRAMET2507
	00Cr25Ni6Mo3 CuNUR52N Ferralium225	TIG	ER2553			
		MIG				
		SMAW	E2553	E2553		ULTRAMETB2553
	00Cr25Ni7Mo3 CuNZERON100	TIG				ZERON100M
		MIG				
		SMAW		25-11-3		SUPERMET2507Cu
				25-9-2		

为了获得双相不锈钢焊接接头的最佳性能，必须选择最佳的焊接线能量和层间温度，通常焊接线能量在 5~15kJ/cm，层间温度<250℃，采用多层、多道焊，低熔合比，使得焊缝金属的奥氏体含量在 60%~70%。

避免使用焊后热处理。因为焊后热处理存在诸多困难，生产上难以实现。固溶处理的温度高（1000~1100℃）。另外中温处理会导致脆化相析出，韧性和耐腐蚀性降低。

⑤ 焊接工艺要点　填充金属应当用氮合金化，并且适当增加 Ni 含量；焊接时，焊缝金属和焊接热影响区的冷却时间不能太短，应根据板厚选择合适的焊接线能量，厚板的焊接线能量应大些，薄板的焊接线能量应小些；焊接时应填充焊接材料，因为焊缝金属中易产生高 δ 铁素体含量；富 Ni 的填充金属与低 Ni 的母材熔合比要小，以避免焊缝金属含 Ni 量过低，δ 铁素体含量太高，熔合比以低于 35% 为好；焊接材料要按规定烘干和保存；要避免含氢量过高，以免冷裂纹产生；一般不需要预热，对厚大件可预热到 100~150℃，厚度小于 12mm 的焊件，层间温度不能大于 150℃，厚度大于 12mm 的焊件，层间温度不能大于 180℃；焊件一般不需要固溶和退火；不可在母材或焊缝金属上引弧，因为引弧区冷却速度太大，易导致引弧区铁素体含量太高，易超过 80%，导致引弧区抗腐蚀性降低；非合金钢或低合金钢与双相不锈钢焊接可采用双相不锈钢的填充金属，奥氏体钢与双相不锈钢焊接也可采用双相不锈钢的填充金属。

（3）沉淀硬化马氏体不锈钢的焊接

① 沉淀硬化马氏体不锈钢特征　0Cr17Ni4Cu4Nb 是由铜、铌（钽）构成的沉淀硬化马氏体不锈钢。0Cr17Ni4Cu4Nb 有较高的强度、耐蚀性、抗氧化性。经过热处理后，产品的机械性能更加完善，可以达到 1100～1300MPa（160～190ksi）的耐压强度。这个等级不能用于高于 300℃（572℉）或非常低的温度下，它对大气及稀释酸或盐都具有良好的抗腐蚀能力，它的抗腐蚀能力与 304 和 430 一样。在阀门行业常用于阀杆。

0Cr17Ni4Cu4Nb 钢可用任何焊接不锈钢的方法焊接。在固溶、时效或过时效状态都可焊接。焊前不需要预热，当要求焊缝强度为时效后强度的 90％时，则焊后需要重新固溶和时效处理。

② 沉淀硬化马氏体不锈钢的焊接特点　表 5-8 是沉淀硬化马氏体不锈钢的化学成分。这类钢在高温下是奥氏体组织，因其 Ms 点高，Mf 点亦在室温以上。以 17-4PH 钢为例，经过 1020～1060℃固溶处理后，形成马氏体组织，再经时效处理（470～630℃），在马氏体组织中固溶度小的 Cu、Nb、Mo、Al、Ti 等发生碳化物析出和强化作用，其屈服强度可达到 1171MPa。

表 5-8　典型沉淀硬化马氏体不锈钢的化学成分

牌号	C	Mn	Si	Cr	Ni	Cu	Ti	Nb＋Ta
17-4PH	0.07	1.00	1.00	15.5～17.5	3.0～4.0	3.0～4.0		0.15～0.45
15-5PH	0.07	1.00	1.00	14.0～5.5	3.5～5.5	2.5～4.5		0.15～0.45
13-8Mo	0.05	0.10	0.10	12.25～13.25	7.5～8.5		Al：0.90～1.35	Mo：2.0～2.5
AM362	0.05	0.50	0.30	14.0～15.0	6.0～7.0		0.55～0.90	
AM363	0.05	0.30	0.15	11.0～12.0	4.0～5.0		0.30～0.60	
custom455				12	9	2		

沉淀硬化马氏体不锈钢碳含量低（≤0.07％C），淬硬倾向不大，具有良好的焊接性。采用焊条手工焊、惰性气体保护焊，一般均不需要预热和后热。在进行厚板和拘束度太的结构焊接时可采取 100～150℃的预热。

17-4PH 钢焊接时，在加热阶段热影响区马氏体转变为奥氏体，冷却时在 150℃以下，又转变为含有少量铁素体的马氏体组织（硬度 32HRC），再经时效处理，析出含 Cu 的析出相，使热影响区显著强化（硬度 44HRC）。

③ 焊接材料　沉淀硬化马氏体不锈钢的焊接材料，在设计要求焊缝性能要与母材相当时，应选用与母材同质的焊材，如表 5-9 中 17-4PH 的配套焊材。如果并不需要焊缝性能与母材相当，可采用奥氏体不锈钢焊材（308L、347L），或者采用镍合金焊材（Incone 182 填充焊丝）。

表 5-9　沉淀硬化不锈钢的焊接材料

钢种	焊接材料	焊接工艺方法
17-4PH	E0-Cr16-Ni5-Mo-Cu4-Nb 低碳焊条 ER630：0-Cr16-Ni5-Mo-Cu4-Nb 气保焊丝	焊条电弧焊、气保焊
15-5PH	E0-Cr16-Ni5-MoCu4-Nb 低碳焊条 ER630：0-Cr16-Ni5-Mo-Cu4-Nb 气保焊丝	焊条电弧焊、气保焊
FV520	FV520-1：Cr14-Ni5-Mo1.5-Cu-1.5-Nb0.3 低碳焊条 MET-CORE FV520：Cr14-Ni5-Mo1.5-Cu-1.5-Nb0.3 焊丝	焊条电弧焊、气保焊

5.4.2　钛合金阀门焊接工艺

钢制阀门在海水和废气等工作介质影响下存在着严重的腐蚀现象，影响其使用寿命。钛及钛合金具有优良的防腐性能。而在钛及钛合金的加工中，焊接是一个非常重要的组成部分。钛及钛合金在焊接中易产生氧化、裂纹、气孔等焊接缺陷。通过对钛及钛合金焊接工艺规范的不断摸索，以及对生产过程中出现的问题合理分析，总结出钛及钛合金焊接工艺特点及操作要领。

(1) 钛及钛合金的焊接特点

钛合金分为 3 种类型：α 型钛合金、(α+β) 型钛合金及 β 型钛合金。α 型钛合金中，应用较多的是 TA4、TA5、TA6 型的 Ti-Al 系合金和 TA7、TA8 型的 Ti+Al+Sn 合金。这种合金室温下温度，可焊性良好。β 型钛合金可焊性较差，在我国的用量较少。

在常温下，钛及钛合金是比较稳定的。但在焊接过程中，液态熔滴和熔池金属具有强烈吸收氢、氧、氮的作用。随着温度的升高，钛及钛合金吸收氢、氧、氮的能力也随之明显上升，大约在 250℃ 开始吸收氢，从 400℃ 开始吸收氧，从 600℃ 开始吸收氮，这些气体被吸收后，将会直接引起焊接接头脆化，是影响焊接质量的重要因素。

钛及钛合金焊接时，气孔是经常碰到。形成气孔的根本原因是由于氢影响的结果。焊缝金属形成气孔主要影响到接头的疲劳强度。

减少气孔的工艺措施主要有：保护气体要纯，纯度应不低于 99.99%；彻底清除焊件表面、焊丝表面上的氧化皮油污等有机物；对熔池施以良好的气体保护，控制好保护气体的流量及流速，防止产生紊流现象，影响保护效果；正确选择焊接工艺参数，增加深池停留时间有利于气泡逸出，可有效地减少气孔。

钛的弹性模量小，约为低碳钢的一半，焊接变形大；冷变形的回弹能量强，为不锈钢的 2~3 倍，故矫形困难。因此，焊接中要采取有效措施预防焊接变形。

由于钛的熔点高、热容量大、导热性差，焊接时，高温区域大、滞留时间长，焊缝区易产生粗大晶粒，形成过热组织而使塑性下降；冷却时间较快时，又易产生不稳定的马氏体钛，同样使焊接接头的塑性下降。因此，在焊接过程中，要严格控制焊接线能量及冷却速度，一般宜用小电流，快速焊。

(2) 焊接工艺及要求

钛及钛合金性质非常活泼，与氧、氮、氢的亲和力大，普通焊条电弧焊、气焊及二氧化碳气体保护焊都不适用于钛及钛合金的焊接。应用最多的是钨极氩弧焊。近年来，惰性气体保护焊和等离子弧焊的应用也十分广泛。

钛及钛合金焊接生产中应用最多是钨极氩弧焊，充氩焊接方法应用也很普遍。氩弧焊的电弧在氩气流的保护与冷却作用下，电弧热量较为集中，电流密度高，焊接质量较高。

① 为防止起弧时保护气体流失，起弧处加引弧板，引弧板为母材本身材质。

② 预先送保护气约 10s，排出管道和保护装置里的空气。

③ 焊炬与工件尽可能垂直。焊炬作平稳的直线移动和保持电弧长度恒定。焊丝送至熔池边缘与焊件一起熔化进入熔池。在整个焊接过程中，焊丝头部不能离开焊嘴氩气保护区，并且正面保护拖罩在焊枪的后面。

④ 停弧时，保护气体延时 15~30s，确保工件冷至 250℃ 以下。

⑤ 钨极端部与焊接工件间的距离在便于操作的情况下，尽可能的近。

(3) 焊接工艺规范

① 钨极氩弧焊

多层焊接时，第一层一般不加焊丝，从第二层起加焊丝。焊丝应平稳而均匀地送进，已烧热的一端必须总保持在气体喷嘴下面受到保护而不污染。

钛及钛合金钨极氩弧焊工艺参数见表 5-10。

表 5-10 钛及钛合金钨极氩弧焊工艺参数

板厚/mm	坡口形式	钨极直径/mm	焊丝直径/mm	焊层	电流/A	氩气流量/L·min⁻¹ 焊嘴	拖罩	背面	焊嘴孔径/mm	备注
0.5		1.5	1.0	1	30~50	8~10	14~16	6~8	10	
1.0	I形坡口对接	2.0	1.0~2.0	1	40~60	8~10	14~16	6~8	10	对接接头间隙 0.5mm，也可不加焊丝 间隙1.0mm
1.5		2.0	1.0~2.0	1	60~80	10~12	14~16	8~10	10~12	
2.0		2.0~3.0	1.0~2.0	1	80~110	12~14	16~20	10~12	12~14	
2.5		2.0~3.0	2.0	1	110~120	12~14	16~20	10~12	12~14	
3.0		3.0	2.0~3.0	1~2	120~140	12~14	16~20	10~12	14~18	
3.5		3.0~4.0	2.0~3.0	1~2	120~140	12~14	16~20	10~12	14~18	
4.0	V形坡口对接	3.0~4.0	2.0~3.0	2	130~150	14~16	20~25	12~14	18~20	坡口间隙 2~3mm，钝边 0.5mm，坡口角度60°~65°
5.0		4.0	3.0	2~3	130~150	14~16	20~25	12~14	18~20	
6.0		4.0	3.0~4.0	2~3	140~180	14~16	25~28	12~14	18~20	
7.0		4.0	3.0~4.0	2~3	140~180	14~16	25~28	12~14	20~22	
8.0		4.0	3.0~4.0	3~4	140~180	14~16	25~28	12~14	20~22	
10.0		4.0	3.0~4.0	4~6	160~200	14~16	25~28	12~14	20~22	
12.0		4.0	3.0~4.0	6~8	220~240	14~16	25~28	12~14	20~22	坡口角度60°，钝边 1mm；坡口角度 55°，1.5~2.0mm；间隙 1.5mm
20.0	双V形坡口对接	4.0	4.0	12	220~240	12~14	20	10~12	18	
22.0		4.0	4.0~5.0	6	230~250	15~18	18~20	18~20	20	
25.0		4.0	3.0~4.0	15~16	200~220	16~18	26~30	20~26	22	
30.0		4.0	3.0~4.0	17~18	200~220	16~18	26~30	20~26	22	

② 熔化极氩弧焊 厚度 3mm 或更厚的钛及钛合金，一般采用熔化极惰性气体保护焊。熔化极气体保护焊时，熔滴是在高温下以细颗粒过渡的，因而使填充金属在电弧气氛中受污染的概率增大。由于目前多在大气中焊接，故在焊枪设计和辅助保护要加强。鉴于焊接速度过快，焊道较宽而冷却较慢。因此，所用的后拖保护装置必须比钨极氩弧焊的长得多。有时还需水冷却。

钛及钛合金熔化极气体保护焊工艺参数见表 5-11。

表 5-11 钛及钛合金熔化极气体保护焊工艺参数

材料	焊丝直径/mm	电流/A	电压/V	焊接速度/m·h⁻¹	送丝速度/m·h⁻¹	导电嘴到工件距离/mm	坡口形式	氩气流量/L·min⁻¹ 焊枪	尾罩	背面	根部间隙/mm
纯钛	φ1.6	280~300	30~31	60	144	27	Y形70°	20	20~30	30~40	1
钛合金	φ1.6	280~300	31~32	50	144	25	Y形70°	20	20~30	30~40	1

③ 等离子弧焊 等离子弧焊非常适用于钛及钛合金的焊接，因为具有能量集中、单面焊双面成形、弧长变化对熔透程度影响小、无钨夹杂、气孔少和接头性能好等优点。小孔法和熔透法等离子弧焊都可应用。由于钛及钛合金密度小，重力作用也小，而且液态钛的表面张力大，所以有利于形成"小孔效应"。小孔法可获得较大熔深，一次焊透的适合厚度为2.5~15mm 的钛板，特别适用于焊接这样厚度而不开坡口的 I 形对接接头。熔透法等离子弧焊适于各种厚度，但一次焊透的厚度较小。3mm 以上需开坡口并填丝多层焊。

等离子弧焊接时，保护方式与氩弧焊相同。一般都使用类似氩弧焊那样的拖罩（厚度小于 0.5mm 时，可以不用拖罩）。背面也需气体保护。当用小孔法焊接时，为了保证小孔的稳定，不能使用背面垫板，背面充气沟槽的尺寸一般宽和深各为 20~30mm，背面保护气流量要加大。

厚 15mm 以上钛板焊接时，通常是开 V 形或 U 形坡口，钝边取 6~8mm。先用小孔法等离子弧焊封底，然后用 TIG 焊、埋弧焊或熔透法等离子弧焊填满坡口。这样比用 TIG 焊封底（其钝边仅 1mm 左右）可减少填充金属量和焊接变形，而生产率大为提高和成本降低。

钛及钛合金等离子弧焊接工艺参数如表 5-12 所示。

表 5-12　钛及钛合金等离子弧焊接工艺参数

板厚 /mm	喷嘴直径 /mm	电流 /A	电压 /V	焊接速度 /m·h⁻¹	焊丝直径 /mm	送丝速度 /m·h⁻¹	氩气流量/L·min⁻¹			
							离子气	保护气	拖罩	背面
0.2	0.8	5	16	75	—	—	0.25	10	—	2
0.4	0.8	6	16	75	—	—	0.25	10	—	2
1	1.5	35	18	120	—	—	0.5	12	15	4
3	3.0	150	24	230	1.6	60	4	15	20	6
6	3.0	160	30	180	1.6	68	7	25	25	15
8	3.0	170	30	180	1.6	72	7	25	25	15
10	3.5	230	38	90	16.	42	6	25	25	15

(4) 检验

① 外观检查　可用肉眼或者 5 倍放大镜对焊缝外观进行检查，焊缝成形应均匀、致密、平滑过渡，不应有裂纹、气孔、夹杂、弧坑等。另外焊缝颜色为银白色表示保护效果最好，黄色为轻微氧化，一般是允许的。表面颜色应符合表 5-13 规定。

表 5-13　钛及钛合金焊接颜色

颜色	银白色	黄色	普鲁士蓝	蔚蓝色	紫色		灰白色	灰色
温度/℃	100	200	400~500	500~600	700		800	900
材质	Ti		TiO-TiO₁.₉		TiO₂			
合格判断	合格		稍差		较差		不合格	
处理方法	—		去除氧化色		去除氧化色，或返修		返修	

② 无损检测　焊缝进行射线探伤按照 GB/T 3323 或者 JB/T 4730.2 规定执行，或者供需双方协议的要求。对于角焊缝按照 JB/T 4730.5 的规定进行渗透探伤。

5.5　阀门焊接工艺评定

5.5.1　阀门密封面堆焊工艺评定

(1) 一般要求

① 堆焊工艺评定应以可靠的阀门密封面基体材料的堆焊性能为依据，并在阀门产品堆焊之前完成。

② 堆焊工艺评定流程：拟定堆焊工艺指导书（WPS）、施焊试件、检验试件、制取试样、检验试样、测定堆焊层是否具有所要求的使用性能、提出堆焊工艺评定报告（PQR）并对堆焊工艺指导书进行评定，从而验证施焊单位拟定的堆焊工艺的正确性。

③ 堆焊工艺评定所用设备、仪表应处于正常工作状态，基体材料、堆焊材料应符合相应标准。

④ 堆焊工艺评定由焊接责任工程师组织进行，由按 GB/T 15169 的规定考试合格的质

量技术监督部门核发的锅炉压力容器压力管道焊工证书的焊工施焊，质量检验部门参加评定。

⑤ 焊条、合金粉末和焊丝的化学成分、堆焊层硬度、粉末的颗粒度均应符合相关标准的规定。

⑥ 密封面等离子弧焊的技术要求按 JB/T 6438 的规定。

(2) 评定条件

① 凡遇到初次使用的焊材、初次使用的基体材料、新的结构，应进行工艺评定。

② 改变堆焊方法，应重新评定。

③ 需重新评定的堆焊条件按表 5-14 的规定。

④ 当发生表 5-14 中的堆焊条件变更时，应重新进行堆焊工艺评定。其他因素变更，不需重新评定，但应重新编制堆焊工艺指导书。

表 5-14　堆焊需要重新评定的焊接条件

类别	堆焊条件	等离子	氧乙炔气焊	焊条电弧焊	埋弧焊	熔化极气体保护焊	钨极气体保护焊
堆焊层厚度	堆焊层规定厚度低于已评定最小厚度	○	○	○	○	○	○
基体材料	改变基体材料的类别号	○	○	○	○	○	○
	改变基体材料的厚度	○	○	○	○	○	○
填充金属	变更填充金属牌号	○	○	○	○	○	○
	当堆焊首层时变更焊条直径			○			
	增加或取消附加的填充金属					○	○
	变更焊丝钢号					○	○
	变更焊剂牌号或变更混合焊剂的混合比				○		
	实芯焊丝变更药芯焊丝,或反之					○	○
焊接位置	除横焊、立焊或仰焊位置的评定适用于平焊位置外,改变评定合格的焊接位置			○		○	○
预热	预热温度比评定值降低 50℃ 以上,或最高层间温度比评定记录值高 50℃	○		○	○	○	○
焊后热处理	改变焊后热处理类别,或在焊后热处理温度下的总时间增加超过评定值的 25%	○		○	○	○	○
气体	变更保护气体种类、流量,变更混合保护气体配比,取消保护气体	○				○	○
电特性	变更电流的种类或极性	○		○	○	○	○
	堆焊首层时,线能量或单位长度焊道内熔敷金属的体积增加超过评定值 10%			○	○	○	○
焊接措施	多层堆焊变更为单层堆焊,或反之	○		○	○	○	○
	取消焊接熔池磁场控制			○	○	○	○
	变更同一熔池的电极数量			○	○	○	○
	增加或取消电极摆动	○		○	○	○	○

注：○表示需对该堆焊方法为重新评定的焊接条件。

(3) 堆焊过渡层

① 在基体材料为 CrMo 钢或 CoMoV 钢的情况下，可以堆焊过渡层，没有过渡层的应重新评定。

② 过渡层的材料应选择能防止裂纹产生及改善接头性能的 18-8 型、25-20 型不锈钢材料。过渡层材料改变时应重新评定。

③ 在焊接工艺指导书中应规定当全部机加工和打磨完成后及随后的堆焊前，在产品过

渡层堆焊件上应保留的过渡层的厚度，过渡层经机加工后建议不小于 2mm。

(4) **基体材料**

① 根据基体材料的化学成分、力学性能和堆焊性能对基体材料进行分类分组，分类分组按表 5-15 的规定。

② 同组别号的基体材料的评定适用于同组别号的其他钢号基体材料；在同类别中，高组别号基体材料的评定适用于低组别钢号基体材料；不同类别基体材料的评定不能适用。

③ 未列入国家标准、行业标准的钢号，应分别进行堆焊工艺评定。国外材料首次使用时应按该国标准规定进行堆焊工艺评定。

表 5-15 基体材料分类分组表

类别号	组别号	钢 号	相应标准号
I	I-1	20、25	GB/T 699,GB/T 12228,JB/T 9626
		WCA、WCB、WCC	GB/T 12229
		ZG205-415、ZG250-485、ZG275-485	GB/T 12229
		ZG200-400、ZG230-450	JB/T 9625
II	II-1	12CrMo、15CrMo、30CrMo	GB/T 3077,JB/T 9626
		ZGCr5Mo	
		ZG20CrMo	JB/T 9625
		WC1、WC6、WC9	JB/T 5263
III	III-2	12Cr1MoV、25Cr2MoVA	GB/T 3077,JB/T 9626
		ZG20CrMoV、ZG15Cr1Mo1V	JB/T 9625
IV	IV-1	06Cr19Ni10、12Cr18Ni9	GB/T 1220
		12Cr18Ni9Ti	GB/T 1220,JB/T 9626
		304	
		CF3、CF8	GB/T 12230
		ZG03Cr18Ni10、ZG08Cr18Ni9、ZG12Cr18Ni9、ZG08Cr18Ni9Ti	GB/T 12230
	IV-2	06Cr17Ni12Mo2Ti	GB/T 1220
		ZG08Cr18Ni12Mo2Ti、ZG12Cr18Ni12Mo2Ti	GB/T 12230
		CF3M、CF8M	GB/T 12230
		316	
V	V-1	06Cr13、12Cr13	GB/T 1220
		20Cr13	GB/T 1220,JB/T 9626

(5) **焊后热处理**

① 焊后热处理的评定适用于焊后热处理，焊后热处理要求按焊接工艺指导书（WPS）的规定。

② 改变焊后热处理类别，需重新评定堆焊工艺。

③ 试件的焊后热处理应与焊件在制造过程中的焊后热处理基本相同，试件加热温度范围不得超过相应标准或技术文件规定。试件保温时间不得少于焊件在制造过程中累计保温时间的 80%。

④ 当试件基体厚度 $T<25mm$ 时，评定合格的焊接工艺适用于焊件基体厚度小于 T；试件厚度 $T\geqslant25mm$ 时，评定合格的焊接工艺适用于焊件基体厚度不小于 25mm。

(6) **试件制备**

① 堆焊工艺评定试验试件不小于 $150mm\times150mm$（或直径不小于 $\phi100mm$），堆焊的最小厚度应在堆焊工艺指导书（WPS）中规定，或者也可采用与产品零件相同尺寸的母材来完成评定试验。如管子上评定最小长度应为 150mm，最小直径能满足取样数量的要求，且应绕试件周围连续堆焊。

② 堆焊基面（工艺平台）可以是凸台、凹槽或凹角，尺寸按 WPS 中的规定。

③ 应用机械切削方法加工堆焊基面，所有过渡处应为圆角平缓过渡。

(7) 试件检查

① 试件检查项目包括外观检查、渗透检查、硬度检查、化学成分分析。

② 试件应保证几何尺寸、变形在允许范围之内，堆焊层在处理到 WPS 规定的最小厚度时应有足够的加工余量。用目视或 5～10 倍放大镜检查，堆焊层表面不得有裂纹、气孔、疏孔、疏松等缺陷。堆焊层侧面不得有未焊透现象。

③ 堆焊表面应进行渗透检测，检测结果不低于 JB/T 4730.5 中 Ⅱ 级的要求。在渗透检测前允许对堆焊表面进行适当处理。

④ 将堆焊层表面处理到 WPS 规定的最小厚度后，在堆焊层表面的不同位置至少测 3 个硬度读数。所有硬度读数应不低于相应焊条、合金粉末或焊丝规定的硬度指标或 WPS 规定的要求。

⑤ 当 WPS 中规定化学成分分析时，化学成分分析取样应在试件中部堆焊层横截面上进行取样，取样位置见图 5-8，分析方法和合格

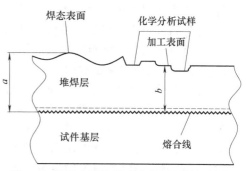

图 5-8　堆焊金属化学成分分析取样示意图

指标应符合相应标准和图样或有关技术文件的规定；当 WPS 未规定化学成分分析时，则不要求作化学分析。

⑥ 当在焊态表面进行分析时，则从熔合线至焊态表面的距离 a 为堆焊层评定最小厚度；当在清除焊态表面层的加工表面上进行分析时，则从熔合线至加工表面的距离 b 为堆焊层评定最小厚度。

(8) 堆焊工艺指导书和堆焊工艺评定报告推荐格式

① 堆焊工艺指导书和堆焊工艺评定报告推荐格式根据不同的堆焊方法可参照 NB/T 47014—2011 附录 F 中表 F.1 和表 F.2 拟定。

② 当阀门按照其他国家标准设计制作时，或根据客户要求的执行标准时，应按其标准进行堆焊工艺评定。

5.5.2　阀门对接焊缝和角焊缝焊接工艺评定

(1) 母材的评定规则

① 类别的评定规则

a. 母材类别号改变，需要重新进行焊接工艺评定。

b. 对 Fe-1～Fe-5A 类别母材进行焊接工艺评定时，高类别号母材相焊评定合格的焊接工艺，适用于该高类别母材与低类别号母材相焊。

c. 两类（组）别号母材之间相焊，经评定合格的焊接工艺，也适用于这两类（组）别号母材各自相焊。

d. 当规定对热影响区进行冲击试验时，两类（组）别号母材之间相焊，所拟定的焊接工艺规程，与它们各自相焊评定合格的焊接工艺相同时，则这两类（组）别号母材之间相焊，不需要重新进行焊接工艺评定。

② 组别的评定规则

a. 除下述规定外，母材组别号改变时，需重新进行焊接工艺评定。

b. 某一母材评定合格的焊接工艺，适用于同类别号同组别号的其他母材。

c. 在同类别号中，高组别号母材评定合格的焊接工艺，适用于该高组别号母材与低组别号母材相焊。

d. 组别号为 Fe-1-2 的母材评定合格的焊接工艺，适用于组别号为 Fe-1-1 的母材。

(2) 填充金属的评定规则

① 填充金属类别号变更需重新进行焊接工艺评定。

② 埋弧焊、熔化极气体保护焊和等离子焊的焊接工艺改变引起焊缝金属中重要合金元素成分超出评定范围时，需重新进行焊接工艺评定。

③ Fe-1 类钢材埋弧多层焊时，改变焊剂类型，需重新进行焊接工艺评定。

④ 用非低氢型药皮焊条代替低氢型药皮焊条，当规定进行冲击试验时，需补加因素。

⑤ 当用冲击试验合格指标较低的填充金属代替较高的填充金属需补加因素。

(3) 焊后热处理的评定规则

① 改变焊后热处理类型，需重新进行焊接工艺评定。

② 当规定冲击试验时，焊后热处理的保温温度或保温时间范围改变后需要重新进行焊接工艺评定。试件的焊后热处理应与焊件在制造过程中的焊后热处理基本相同，低于下转变温度进行焊后热处理时，试件保温时间不得少于焊件在制造过程中累计保温时间的 80%。

(4) 试件厚度与焊件厚度的评定规则

① 对接焊缝试件评定合格的焊接工艺适用于焊件厚度的有限范围按表 5-16 规定。

② 对接焊缝试件评定合格的焊接工艺用于焊件角焊缝时，焊件厚度的有效范围不限。

表 5-16　对接焊缝试件厚度与焊件厚度规定　　　　单位：mm

试件母材厚度 T	适用于焊件母材厚度的有效范围		适用于焊件焊缝金属厚度 t 的有效范围	
	最小值	最大值	最小值	最大值
<1.5	T	$2T$	不限	$2t$
1.5≤T≤10	1.5	$2T$	不限	$2t$
10<T<20	5	$2T$	不限	$2t$
20≤T<38	5	$2T$	不限	$2t(t<20)$
20≤T<38	5	$2T$	不限	$2T(t≥20)$
38≤T≤150	5	200	不限	$2t(t<20)$
38≤T≤150	5	200	不限	$200(t≥20)$
>150	5	$1.33T$	不限	$2t(t<20)$
>150	5	$1.33T$	不限	$1.33t(t≥20)$

(5) 评定方法

① 试件分为板状与管状两种，管状指管道和环。

② 板状对接焊缝试件评定合格的焊接工艺，适用于管状焊件的对接焊缝，反之亦可。

③ 当同一条焊缝使用两种或两种以上焊接方法的焊接工艺时，可按每种焊接方法分别进行评定；亦可使用两种或两种以上焊接方法焊接试件，进行组合评定。

(6) 试件制备

① 母材、焊接材料和试件的焊接必须符合拟定的焊接工艺规程的要求。

② 试件的数量和尺寸应满足制备试件的要求，试件也可以直接在焊件上切取。

③ 对接焊缝试件厚度应充分考虑适用于焊件厚度的有效范围。

(7) 检验要求和结果评价

① 试件检验项目包括外观检查、无损检测、力学性能试验和弯曲试验。

② 外观检查和无损检测（按 JB/T 4730），结果不得有裂纹。

③ 力学性能试验和弯曲试验项目和取样数量除另有规定外，应符合表 5-17 的规定。

④ 试验取样时，一般采用冷加工方法，当采用热加工方法取样时，则应去除热影响区。

试件母材的厚度 T	拉伸试验	弯曲试验			冲击试验	
	拉伸	面弯	背弯	侧弯	焊缝区	热影响区
$T<1.5$	2	2	2			
$1.5 \leqslant T \leqslant 10$	2	2	2		3	3
$10 < T < 20$	2	2	2		3	3
$T \geqslant 20$	2			4	3	3

表 5-17 对接焊缝试件力学性能试验规定   单位：mm

注：1. 一根管接头全截面试样可以代替两个带肩板形拉伸试样。

2. 当试件焊缝两侧的母材之间，或焊缝金属和母材之间的弯曲性能有显著差别时，可改用纵向弯曲试验代替横向弯曲试验。纵向弯曲时，取面弯和背弯试样各 2 个。

3. 当试件厚度 $T \geqslant 10$mm 时，可以用 4 个横向侧弯试样代替 2 个面弯和 2 个背弯。组合评定时，应进行侧弯试验。

4. 当焊缝两侧母材的代号不同时，每侧热影响区都应取 3 个冲击试样。

5. 当无法制备 5mm×10mm×55mm 小尺寸冲击试样时，免做冲击试验。

参考文献

[1] 李超. 金属学原理. 哈尔滨：哈尔滨工业大学出版社，1996.

[2] 雷世明. 焊接方法与设备. 北京：机械工业出版社，2004.

[3] 陈伯蠡. 焊接工程缺陷分析与对策. 北京：机械工业出版社，1998.

[4] 葛兆祥. 焊接工艺及原理. 北京：中国电力出版社，1997.

[5] 王文翰. 焊接技术手册. 郑州：河南科学技术出版社，2000.

[6] GB/T 13149—2009，钛焊接规范.

[7] NB/T 47014—2011，承压设备焊接工艺评定.

[8] JB/T 4709—2000，钢制压力容器焊接规程.

[9] 梁静，梁绪发. 超低温阀门用奥氏体不锈钢. 阀门，2008，(3)：15-18.

[10] 张清明，张磊. 全焊接球阀阀体焊接工艺的分析. 阀门，2011，(6)：16-19.

[11] 戚运莲，洪权，刘向，赵永庆. 钛及钛合金的焊接技术. 钛工业发展. 2004，21 (6)：25-29.

[12] 肖纪美. 不锈钢金属学. 北京：机械工业出版社，1993.

[13] 上海交大. 金相分析. 北京：国防工业出版社，1997.

第**6**章

Chapter 6

阀门密封面的堆焊

在阀件基体材料上堆焊符合使用性能要求的材料，作为阀门密封面，可显著提高阀门的使用寿命，可节省大量的贵重金属。因此，国内外阀门制造厂生产的大部分阀门产品均采用堆焊密封面。

本节重点介绍几种密封面材料的常用堆焊工艺方法。

6.1 铜合金密封面的堆焊

在低压阀门的制造中，为提高阀门的抗海水、海洋大气的腐蚀性及耐磨性，需要在铸铁或铸钢阀件的密封面上堆焊铜基合金。堆焊方法有氧乙炔焰堆焊、钨极氩弧堆焊、等离子弧堆焊及手工电弧堆焊等。

6.1.1 铸钢基体上黄铜的堆焊

(1) 堆焊材料

黄铜是以铜锌为主的合金，其中锌（Zn）含量在 50% 以下，如含 Zn 量过高，就会因脆性增大而无法使用。黄铜焊丝是在黄铜的基础上加入了硅（Si）、锡（Sn）和锰（Mn）等合金元素。

黄铜只能用于温度较低的氧乙炔焰堆焊，当采用氩弧或等离子弧堆焊时，因为这类热源温度太高，使 Zn 大量蒸发，造成电弧不稳，因而不能保证焊层质量。

采用氧乙炔焰堆焊黄铜合金时基体材料不熔化，属于钎焊。堆焊材料常用 HS222、HS221 焊丝，其化学成分见表 6-1。

(2) 合金元素的作用

Si 对黄铜的组织和性能影响比较大，能防止焊接过程中铜的氧化，并有效地阻止 Zn 的蒸发，消除气孔。当合金组织中有 Si 的化合物存在时，还可以改善两相黄铜的耐磨性能，所以黄铜焊丝中都加有 0.05%～0.35% 的 Si。

焊丝牌号 （焊丝型号）	Cu	Sn	Si	Mn	Ni	Fe	Pb	Al	Zn	杂质元素总和
HS222 （HSCuZn-2）	56.0～60.0	0.8～1.1	0.04～0.15	0.01～0.50	—	0.25～1.20	≤0.05	—	余量	≤0.05
HS221 （HSCuZn-3）	56.0～62.0	0.5～1.5	0.1～0.5	≤1.0[①]	≤1.5[①]	≤0.5[①]	≤0.05	≤0.01	余量	

表 6-1 堆焊用黄铜焊丝的化学成分（质量分数） 单位：%

① 在规定范围内允许制造厂选择加入。

HS221 焊丝中含 Si 量增高，可抑制 Zn 的蒸发，且熔点低，焊接时烟雾小，焊接方便。但液态合金流动性不十分满意，焊后易在焊层中出现微小气孔，某厂改用含 Si 量为 0.04% 的自制焊丝效果较好。

黄铜中的 Sn 能显著改善黄铜的抗海水和海洋大气的腐蚀，并能改善黄铜的切削加工性能，提高堆焊金属的流动性，一般在黄铜焊丝中加 1% 左右。

Mn 与 Fe 的配合使用能提高黄铜在海水和过热蒸汽中的耐蚀性。Mn 含量过高，会降低黄铜的变形能力，在黄铜焊丝中加入 0.05% 左右。

(3) 堆焊工艺

铸钢基体上堆焊黄铜工艺如下。

① 铸钢的堆焊表面应加工到 $Ra12.5\mu m$，如果在槽内堆焊，槽的棱角处应加工成圆角。槽的宽度和深度的比例，应以焊矩和焊丝能自由运动，并保证槽内的表面能均匀受热为准。

② 焊丝可按表 6-1 选用。焊丝表面用砂纸打磨光，并用汽油除去油污。采用硼砂做焊剂，硼砂应经脱水处理（加热至 650℃，保温 10～15min）。为保证堆焊过程的连续进行，防止产生气孔，焊剂应放在保温筒内。焊前，用火焰将焊丝加热，而后整根焊丝浸涂上焊粉，放在工件旁备用。目前已生产出涂有焊剂的气焊丝，使用方便。

③ 采用较大功率的焊炬调为中性焰将堆焊表面加热到 700～900℃（即呈樱红色），在工件堆焊表面涂上一层焊剂，即可开始堆焊。如果工件过大，可先预热至 200～300℃，也可用两把焊炬同时加热工件。

④ 在窄槽内堆焊时，当尚未堆满沟槽之前，切勿用氧化焰，而应采用中性焰。在平面上堆焊第一层时，也应采用中性焰，以避免产生渗透性裂纹。当堆焊到靠近表面的各层时，为了防止产生气孔，应采用氧化焰。通常是调到正常焰以后再调乙炔阀，逐渐减少乙炔直到焰芯长度缩短 1/3 左右即可。

⑤ 采用左焊法，分段退焊的顺序进行堆焊操作。焊嘴与工件平面的夹角为 30°～60°。焊丝在火焰内沿金属表面横向摆动，焰心距熔池表面 30～50mm。堆焊第一层用中性焰。如在平面上堆焊则以后各层用氧化焰。在每层堆焊前应在堆焊面上薄薄涂一层焊剂。焊后每段的焊层，在红热状态下（650～800℃）用 2～2.5kg 重的手锤均匀迅速地敲击堆焊层。

⑥ 如果用一般的 H62 黄铜堆焊底层，然后用含 Si 的 HS222 或 HS221 堆焊其余各层，则堆焊工艺比较容易掌握，且堆焊质量容易保证。这是因为 H62 黄铜与钢基体的结合性能好，不像含硅黄铜那样容易沿着 Cu 与钢的界面产生脱层。而用含硅黄铜堆焊表面层则不易产生气孔，可获得致密的堆焊层。

6.1.2 铸铁基体上黄铜堆焊

铸铁基体上堆焊黄铜工艺如下。

① 铸铁堆焊表面应加工到 $Ra12.5\mu m$，并清除表面油污和铁锈等。

② 焊丝可按表 6-1 选用，其表面应用砂纸打磨光，并用汽油除去油污。焊剂为经脱水

处理的硼砂。

③ 工件在堆焊前要进行整体预热。对于较小的工件，预热温度为600℃左右，大工件预热温度可为400~500℃。工件自炉中取出后，用氧化焰继续对堆焊表面加热到暗红色（约850℃）即可施焊。也可按经验判断，向工件堆焊部位滴一滴铜液，观察情况，以判断是否可以堆焊。

④ 采用氧化焰加热可烧掉表面游离的石墨，以利于提高堆焊金属的浸润性及流动性。

⑤ 采用略带氧化性的中性焰进行堆焊。在充分预热后，将火焰继续在起始堆焊处加热，同时熔化焊丝进行均匀堆焊。焊道接头处需熔合良好。堆焊前可在基体堆焊表面撒一些脱水硼砂。堆焊时要不断用焊丝沾脱水硼砂添入熔池。

⑥ 焊后要使工件缓慢、均匀冷却。为减少焊后冷却时产生的应力，可在堆焊后的表面用小锤轻轻敲击然后用硅藻土或石棉灰覆盖缓冷。

6.1.3　铝青铜密封面的堆焊

(1) 堆焊材料

Cu与Al形成的合金称为铝青铜。当Al含量超过12%时，因脆性而无法应用。铝青铜具有较好的抗大气、抗海水腐蚀性能和极好的抗擦伤性能，所以广泛用于制造阀门密封面。铝青铜密封面具有高强度及良好的耐磨、耐蚀性能，尤其是耐海水腐蚀性极好，因此多用于船舶阀门。堆焊基体材料多为铸钢。

将铝青铜拉拔成丝堆焊阀门密封面，是铝青铜应用的一种工艺手段。为了改善铝青铜的力学性能及可加工性，常在合金中加入Fe、Mn、Ni等元素，常用的铝青铜焊丝均属多元铝青铜。

(2) 合金元素的作用

Fe在铝青铜中的作用主要是细化晶粒，提高再结晶温度。Fe与Al能形成Al_3Fe，因而能提高铝青铜的强度、硬度和抗磨性。含Fe 4%的铝青铜QAl9-4已在船用阀门上得到应用。

Mn在铝青铜中的溶解度比较大，固溶强化效果较好，能提高强度而不降低塑性，具有良好的冷、热加工工艺性能和优良的抗蚀性。含Mn铝青铜可以制造船用大型铸件。

镍（Ni）不仅能提高铝青铜室温强度，而且能提高热强性，并具有优良的抗磨性和抗蚀性。在铝青铜中若同时加入Ni、Fe或Mn，能发挥这些元素的综合作用，获得优良的综合性能。

铝青铜与黄铜相比具用更高的强度、硬度以及抗大气、海水腐蚀性能，但在过热蒸汽中不稳定。同时，铝青铜具有抗磨性好、受冲击不产生火花等特点。所以铝青铜在海水介质阀门中获得大量应用。它不仅以整体形式铸造阀门，也有将其拉拔成焊丝，用来堆焊阀门密封面。

(3) 堆焊方法

① 氧乙炔焰堆焊　堆焊铝青铜的主要困难是熔池表面产生高熔点的氧化膜（Al_2O_3），难熔的氧化铝薄膜覆盖在熔池表面，阻碍了焊丝与熔池金属熔合，以致产生焊层夹渣，并使焊道成形受到了影响，尤其在用氧乙炔焰堆焊时，很难将氧化铝薄膜除去。

堆焊时一定要使用含有氯化盐的氟化盐制成的焊剂。其配方为：a. 硼酸60%、铝焊粉（401）40%；b. 氯化钾47%、氯化钡21%、氯化钠16%、氟化钠16%。氯化盐和氟化盐能够溶解Al_2O_3，达到清除氧化膜的目的。在堆焊过程中一旦出现过热氧化，可以一面继续用火焰加热，一面用铁丝刮去氧化膜，然后再加上焊剂，并熔化焊丝金属。

铝青铜氧乙炔焰堆焊采用焊丝为QAl 9-2，其化学成分见表6-2。

表 6-2 **常用铝青铜焊丝化学成分**（质量分数） 单位:%

焊丝牌号	Al	Fe	Mn	Cu	杂质总和
QAl 9-2	8.0~10	—	1.5~2.5	余量	<1.70
QAl 9-4	8.0~10	2.0~4.0	—	余量	<1.70
QAl 10-3-1.5	9.0~11	2.0~4.0	1.0~2.0	余量	<1.75

② 手工电弧堆焊 铝青铜的手工电弧焊，常用于阀门等易磨损的表面及修补青铜铸件缺陷中。由于受工件结构的限制，在阀门密封面堆焊或修复时只能采用手工电弧焊接的方法。铝青铜的手工电弧堆焊采用直流电源，反接极短弧焊接。

常用焊条牌号 T237 是以铝锰青铜为焊芯，药皮为低氢型的铜合金焊条，耐磨性及耐蚀性优良，化学成分见表 6-3。

堆焊前应将堆焊基面清理干净，不得有油污及其他氧化物的杂质。青铜的导热性高，焊接时局部加热，产生大的收缩应力，容易引起裂纹。在碳钢薄件上堆焊不需预热，在碳钢厚件上堆焊需预热 200~300℃，不应超过 450℃。

由于青铜加热至 550~650℃，强度降低，脆性增大，容易受外力损坏。焊接青铜时也有 Zn 蒸发，导致堆焊层产生气孔和裂纹，在操作时只限于水平位置堆焊，提高堆焊速度且焊条不宜作横向摆动。收弧时，要填满弧坑后，再慢慢拉断电弧，防止收弧处产生裂纹。堆焊后工件应缓慢冷却。

表 6-3 **铝青铜焊条化学成分**（质量分数） 单位:%

焊条牌号 （焊条型号）	Al	Mn	Si	Fe	Cu	Zn+Pb	Ni	Pb
T237(ECuAl-C)	6.5~10.0	≤2.0	≤1.0	≤1.5	余量	≤0.50	≤0.50	≤0.02

③ 手工钨极氩弧堆焊 与手工电弧堆焊和氧乙炔焰堆焊相比，钨极手工氩弧堆焊是铝青铜堆焊行之有效的方法。这种堆焊方法是利用阴极破碎原理来消除堆焊层表面的氧化铝薄膜。用钨极交流氩弧堆焊的青铜密封面，组织致密、无气孔、夹渣等缺陷，操作简单，易于掌握。

氩弧焊堆焊用铝青铜焊丝与氧乙炔焰堆焊相同。

④ 熔化极自动氩弧堆焊 熔化极自动氩弧堆焊是一种效率高、质量好的焊接方法。也是自动化堆焊铝青铜最合适的方法。采用直流电源反接极。影响堆焊质量及焊道成形的主要因素是焊接规范及氩气保护效果。焊接规范主要参数有电源极性、焊接电流、电弧电压及堆焊速度，它们对焊道成形的影响见表 6-4 和表 6-5。

表 6-4 **电源极性等参数对焊道成形的影响**

电源极性	主要工艺规范参数				焊道成形
	空载电压 /V	焊接电流 /A	电弧电压 /V	氩气流量 /L·min^{-1}	
直流正接极	24~23	180~190	21~29	8	

电源极性	主要工艺规范参数				焊道成形
	空载电压/V	焊接电流/A	电弧电压/V	氩气流量/L·min⁻¹	
直流反接极	25	240~250	27	8	

表 6-5 焊接速度对焊道成型的影响

焊接速度/m·h⁻¹	堆焊层高度 a/mm	焊道宽度 B/mm	焊道成形
9.5	5.5	13.5	
16.0	4.5	11	
21.8	3.7	10.0	

电弧电压（弧长）对焊道成形影响也很大，如弧长增加，则焊道的熔宽增加，焊层高度变小。焊接电流对焊道的熔深及焊层高度的影响是电流增加大到超过临界值时（熔滴喷射过渡），焊道的熔深增加，焊层高度变小，熔合比增加，对堆焊是不利的。

良好的氩气保护是获得优质堆焊金属的首要条件。保护效果的好坏除了取决于焊枪与喷嘴的结构外，还与相应的焊接工艺因素有关，如熔滴过渡形式、电弧稳定性及氩气流量等。根据实践经验，熔滴呈稳定的滴状过渡，具有良好的保护效果，焊道表面光滑，成形良好。其次是氩气流量，如流量过小，则气体的刚度不够，使空气容易混入电弧区，流量过大，反而造成紊流，使保护效果变差。QAl9-2 铝青铜的熔化极氩弧焊堆焊规范见表 6-6。

表 6-6 熔化极氩弧焊自动堆焊规范

基体材料	焊丝牌号	堆焊层厚度/mm	预热温度/℃	堆焊层数	堆焊规范				
					焊丝直径/mm	焊接电流/A	电弧电压/V	堆焊速度/m·h⁻¹	氩气流量/L·min⁻¹
铸钢	QAl9-2	2~20	250~300	第一层	1.6	215	17~18	18.8	8~10
				第二层及以后各层	1.6	240	30~32	25.5	8~10

（4）堆焊工艺

铝青铜密封面的堆焊工艺如下。

① 堆焊前待焊表面需经车削加工，其表面不得有气孔、裂纹、夹渣包砂等缺陷。

② 铝青铜手工氩弧焊采用交流电源。利用高频引弧，钨极不得与工件接触。为防止冷的钨极引弧时产生钨飞溅，最好先在引弧板上引燃后转入堆焊道，熄弧时，为防止弧坑疏松、缩孔和裂纹缺陷，堆焊至接头处应加快堆焊速度及焊丝填加频率，待弧坑填满后，缓慢地将电弧拉长熄弧。熄弧后焊炬喷嘴依然对着焊道，利用滞后关闭的氩气保护待冷的熔池及钨极不受氧化。

③ 钨极氩弧堆焊与氧乙炔焰堆焊十分相似。一般采用左焊法，喷嘴与工件表面保持 75°夹角，尽量采用短弧堆焊，以增加保护效果。填充焊丝倾角保持 15°，倾角太大则干扰电弧

及气流稳定性。焊炬、填充焊丝和工件之间的相对位置见图6-1。

引弧开始后，电弧通常以环形移动加热基体表面。待基体表面出现微熔时，焊炬稍向后移动并提升，提升高度与填充焊丝直径相近，同时使焊丝与焊件表面夹角成15°，缓慢地送入电弧区。填充焊丝应避免与钨极接触，也不要进入弧柱区，应送入弧柱周围的火焰层内使其熔化。填充丝应间断地送入，并使焊丝送入前始终处在电弧周围的氩气保护气氛中预热。

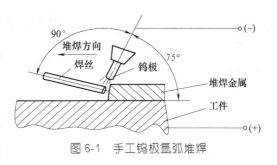

图 6-1　手工钨极氩弧堆焊

当填充焊丝熔敷至所需厚度时，将焊丝端部移出电弧但仍在电弧外围的氩气保护气氛中，焊炬向前移动并降至起始位置，熔化熔池并加热待焊基体表面。如此往复进行，即完成堆焊操作。

堆焊时可以根据车出的基准线，焊炬横向移动使堆焊层达到所需宽度。堆焊第一层时应注意控制熔深。堆焊第二层及以上各层时，应先用钢丝刷将已堆焊好的焊层表面清除干净，露出青铜金属光泽方可继续堆焊。

常见缺陷及防止措施见表6-7。

表 6-7　常见缺陷产生的原因及防止措施

缺陷类型	产生原因	防止措施
堆焊层硬度偏低或硬度不均	①堆焊电流过大、堆焊速度过慢，堆焊层稀释严重 ②预热温度过高，工件过热 ③操作不熟练，焊道成形差	①严格按工艺规范堆焊，注意控制熔池温度 ②小件不预热，基体温度过高应采取层间冷却
裂纹	①预热温度太低，焊后未及时热处理 ②堆焊过程中，工件温度下降严重 ③母材与堆焊合金膨胀系数差异大，或母材有空淬倾向	①提高预热温度，焊后即进炉热处理 ②焊件保温，层间补充加热 ③堆焊过渡层，或尽量采用凸台形待焊面
气孔	①工件清洗质量差，清洗方法不当 ②焊丝含气量高，表面杂质多 ③堆焊速度过快或过慢，氩气流量过大或过小 ④稀释率太高，熔深大，保护差	①严格按工艺要求，清洗工件 ②检查焊丝质量，去除表面杂质 ③严格按工艺规范操作 ④采取减小稀释率的措施，如降低电流，提高堆焊速度等
接头疏松、缩孔	①收弧时弧坑未填满而焊炬急速离开 ②熄弧时电流衰减速度快	①严格按工艺要求收弧 ②减小电流衰减速度

6.2　Cr13型密封面的堆焊

6.2.1　手工电弧堆焊

Cr13型堆焊焊条的堆焊金属化学成分相当于12Cr13、20Cr13、30Cr13。焊条牌号、用途及金属成分见表6-8和表6-9。

表 6-8 Cr13 型堆焊焊条

焊条牌号	焊条名称	堆焊层硬度(HRC)	主要用途	符合国标 GB 984
D502	12Cr13 型阀门堆焊焊条	≥40	堆焊碳钢及合金钢的轴及中压阀门等	EDCr-A1-0.3
D507	12Cr13 型阀门堆焊焊条	≥40	堆焊碳钢及合金钢的轴及中压阀门等	EDCr-A1-15
D512	20Cr13 型阀门堆焊焊条	≥45	堆焊碳钢及合金钢的轴及过热蒸汽用阀门、搅拌机桨、螺旋桨输送机叶片等	EDCr-B-03
D517	20Cr13 型阀门堆焊焊条	≥45	堆焊碳钢及合金钢的轴及过热蒸汽用阀门、搅拌机桨、螺旋桨输送机叶片等	EDCr-B-15

表 6-9 Cr13 型焊条堆焊金属成分（质量分数）　　单位：%

焊条牌号	C	Cr	S	P	其他元素含量
D502	≤0.15	10.00～16.00	≤0.03	≤0.04	≤2.50
D507	≤0.15	10.00～16.00	≤0.03	≤0.04	≤2.50
D512	≤0.25	10.00～16.00	—	—	≤5.0
D517	≤0.25	10.00～16.00	—	—	≤5.0

在阀门制造和修复中，这些焊条常用来堆焊工作温度在 450℃ 以下，工作压力为 1.6～16MPa，基体材料为铸钢的电站、石油化工等阀门密封面。

阀门中的阀体和闸板（阀瓣）应采用硬度有差别的焊条。通常，阀体（阀座）宜采用 12Cr13 型堆焊焊条，闸板（阀瓣）采用硬度稍高的 20Cr13 型堆焊焊条。

Cr13 型不锈钢焊条堆焊金属属于马氏体钢，在固溶体中含 Cr 量达 12%～13% 以上时耐腐蚀性较好。由于 Cr 和碳亲合力大，容易形成碳化铬而使固溶体含 Cr 量降低，从而降低钢的耐蚀性。含碳量大于 0.4% 时电极电位开始突降，通常 Cr13 型不锈钢中含碳量不超过 0.4%。用于阀门堆焊的 Cr13 型不锈钢的含碳量为 0.1%～0.2%。为了提高钢的耐蚀性，就必须进行热处理，使 Cr 的碳化物尽量熔入固溶体中。

为了提高 Cr13 型不锈钢的抗腐蚀性能，除了控制含碳量和采取必要的热处理工艺外，还应控制含 Cr 量。

(1) Cr13 型焊条堆焊

Cr13 型焊条堆焊阀门密封面的工艺如下。

① 焊前工件表面需进行粗车或喷砂清除氧化皮。工件表面不允许有裂纹、气孔、砂眼、疏松等缺陷及油污、铁锈等。焊条使用前应按焊条使用说明书进行烘干。

② 用 D502、D507 等 12Cr13 型焊条堆焊，堆焊前一般不需将工件预热。而用 D512、D517 等 20Cr13 型焊条堆焊，堆焊前工件一般要预热 300℃ 左右。

③ 使用 D502、D507 焊条需采用直流弧焊机并采用反极性接法。使用 D507、D517 焊条采用交流或直流弧焊机均可。

④ 堆焊表面应保持水平位置，整个密封面的堆焊过程不应中断。堆焊层数一般为 3～5 层，以满足堆焊层高度、化学成分和硬度的要求。

⑤ 为防止产生裂纹，除采取适当的焊接前预热外，仍需注意焊后缓冷。

⑥ 堆焊后的冷却条件和焊后热处理对 Cr13 型堆焊焊层的硬度影响较大。一般情况下堆焊后在空气中冷却，即可满足硬度要求。有时因工件的散热条件不同，采用空气冷却不能满

足要求时，可采取适当变化条件的办法使堆焊层获得所需硬度值。例如，某厂用 20Cr13 型焊条堆焊阀件，焊前工件预热 300℃，焊后视工件大小采用不同的冷却条件，小件在空气中冷却，大件则在预热炉中随炉冷却。

⑦ 工件堆焊后如发现焊层有气孔、裂纹等缺陷或堆焊层高度不够加工，而此时工件已冷却到室温，在这种情况下不能进行局部补焊。因为 Cr13 型材料是空淬倾向较强的金属材料，局部补焊后会发生堆焊层硬度不均现象，不能满足技术条件要求。为此需采用前面所述的重新堆焊方法返修较方便。

（2）20Cr13 型堆焊金属的特点

20Cr13 型堆焊金属，经不同温度的回火处理，将会得到不同硬度值。这样，使其回火工艺变得复杂。如采用 D517 焊条堆焊 $DN100$ 口径碳钢闸阀阀体的闸板密封面，焊前工件预热 300℃，焊后在无流动的空气中自然冷却，当冷却至室温后，阀体和闸板放入电炉中进行回火处理。热处理规范及热处理前后的硬度见表 6-10。

表 6-10　密封面硬度及热处理规范

工件编号	焊后硬度（HRC）	回火温度	回火后硬度（HRC）
闸板-1	45～52	490℃×23/4h	45～51
闸板-2	47～53	526℃×2h	43～45
闸板-3	44～51	535℃×2h	41～43
闸板-4	44～51	545℃×2h	36～38

用 20Cr13 型焊条堆焊闸阀密封面时，闸板密封面硬度 52～55HRC，阀体（阀座）密封面硬度 37～40HRC，密封面硬度差为 15HRC 时，较能充分发挥 20Cr13 型堆焊合金的性能。

6.2.2　埋弧自动堆焊

采用埋弧自动堆焊可大大提高生产效率，减轻劳动强度，堆焊层性能稳定，成形美观，很少出现气孔、夹渣等缺陷，而且受焊工技能影响因素小。但埋弧自动堆焊热输入较大、熔深大、堆焊金属合金元素冲淡率高，不适于堆焊小阀件。

在阀门密封面堆焊材料中，20Cr13 型不锈钢应用很广，堆焊这种高铬钢，选取 H08A 的低碳钢盘状焊丝，配用研制的高合金黏结焊剂，通过埋弧自动焊的方法，向熔池过渡所需合金。为了保证中压阀门密封面有良好的抗腐蚀性能，堆焊金属的含 Cr 量不应低于 13%。为了保证有良好的焊接性能，堆焊金属的含碳量不应高于 0.2%。所以选取了 C≤0.2%，Cr＝12.5%～14.5% 的高铬钢作为中压阀门密封面堆焊金属。堆焊金属和自动焊丝的化学成分见表 6-11。

表 6-11　堆焊金属和自动焊丝的化学成分（质量分数）　　　单位：%

材料牌号	材料名称	C	Si	Mn	Cr	S	P
H08A	焊丝	≤0.1	≤0.03	0.35～0.6	—	≤0.03	≤0.03
20Cr13MnSi	堆焊金属	0.15～0.25	0.7～1.2	0.2～0.4	12.5～14.5	<0.03	<0.03

生产实践证明，堆焊 $DN600$ 以下阀门密封面，焊前不预热焊后自然冷却，堆焊层成形良好，未发现气孔、裂纹等缺陷。

堆焊工艺如下。

① 待焊表面不允许夹渣、裂纹、包砂、气孔、缩松等铸造缺陷，焊前须严格清除铁锈、油、水等污物，以免引起焊接缺陷。

② 工件堆焊前不需预热，焊后空冷，不致产生产裂纹。

③ 焊剂保持一定的堆积高度为 50～70mm，堆焊过程中，应埋住电弧，使堆焊层得到很好的保护。

④ 确定合理的工艺规范，先在试件进行试焊，确定电流、电压、堆焊速度，力求在熔敷速度、稀释率和成形等方面有一最佳配合。

⑤ 焊好一圈后，注意熄弧处应搭接 25～30mm，并应使搭接处平缓。

⑥ 在埋弧自动堆焊中，可采用交流或直流电源。采用交流电源所得到的焊接电弧稳定性较直流电源差，这对靠焊剂过渡合金的堆焊层的成分波动影响较大。因此，在条件允许的情况下，应尽量采用直流电源。

⑦ 焊后如发现少量缺陷（如气孔、缺肉等），可采用与焊层合金成分相同的焊条补焊。补焊以趁热立即补焊为宜。如发现缺陷较大时，可车削掉，重新堆焊。

⑧ 为了消除焊接应力，避免加工后密封面变形影响密封，避免焊层延迟裂纹，调整焊层硬度，焊后应进行热处理以消除应力。

6.3 85号铬锰氮合金密封面堆焊

6.3.1 手工电弧堆焊

85 号铬锰氮合金堆焊焊条是为代替 20Cr13 型焊条而研制的。该材料制成的密封副具有良好的抗擦伤性能，而且其堆焊工艺简单，抗裂性好，切削性能良好。

(1) 使用条件

85 号铬锰氮合金焊条适用于堆焊温度低于 450℃，介质为水、蒸汽、油等弱腐蚀性介质，压力小于 16MPa 的碳钢通用阀门密封面。在相同的条件下，代替 Cr13 型焊条作为通用碳钢阀门密封面材料非常合理，安全可靠。

堆焊基体金属可以是碳钢铸件、锻钢、及其他合金钢。采用手工焊条堆焊，可以不预热堆焊大、中、小阀件，化学成分见表 6-12。

表 6-12 85 号焊条堆焊合金化学成分和硬度

焊条牌号	化学成分(质量分数)/%							平均硬度[①] (HRC)
	C	Si	Mn	Cr	N	S	P	
85	≤0.2	0.7～1.5	7.0～8.5	12.0～14.0	≤0.2	<0.03	<0.03	≥30

① 为 10kgf（100N）载荷硬度检测的硬度。

(2) 堆焊金属的主要性能

① 抗擦伤性能 在擦伤性能试验机上对 85 号（Cr12Mn8N）、20Cr13 进行试验，从硬度、擦伤深度、擦伤次数综合考虑，85 号铬锰氮合金即使没有硬度差，其抗擦伤性能也比有硬度差的 20Cr13 合金好得多。

② 冷作硬化性能 85 号铬锰氮合金冷作硬化后硬度变化较大，不仅提高了堆焊金属的硬度，也提高了阀门密封面使用寿命。

③ 抗冲蚀性和气蚀性能 冲蚀和气蚀是阀门密封面破坏的另一种形式，是影响阀门使用寿命的主要因素之一，也是截止阀、节流阀、减压阀密封面破坏的主要原因。当闸阀处在微开启和关闭的瞬间都易发生冲蚀。而 85 号铬锰氮合金抗气蚀性能优于 20Cr13 合金。

④ 抗腐蚀性能 20Cr13 合金和 85 号铬锰氮合金在几种典型介质中进行抗腐蚀性能检测，对比结果 85 号合金在室温和沸腾温度的平均腐蚀深度大大低于 20Cr13 合金。

⑤ 抗氧化性能　85 号铬锰氮合金经加热 450℃、保温 500h 检测抗氧化性，能满足≤450℃阀门使用性能的要求。

⑥ 热态组织稳定性　阀门密封面材料的热态组织稳定性是一个很重要的质量指标，因为只有组织稳定，才能保证硬度稳定，而硬度稳定才能保证材料的使用性能稳定。85 号铬锰氮合金热态组织稳定性良好。

(3) 堆焊工艺特点

85 号焊条堆焊金属抗裂性好，堆焊工艺简单，不预热可以堆焊 DN2000 的阀门。

① 堆焊前焊条需经 300～350℃烘焙 2h。

② 待焊表面不得有砂眼、裂纹、气孔、疏松等缺陷，若有上述缺陷需清除补焊后方可进行堆焊。必要时可采用渗透探伤的方法检验缺陷是否存在。

③ 堆焊前待焊表面不得有水、锈、油等污物。

④ 堆焊时，应借助于工装夹具使堆焊工件表面处于水平位置。

⑤ 采用直流反极性接法，多层连续堆焊。堆焊一般 3～5 层，底层采用规范电流的下限堆焊，以控制基体浅熔深。焊接电流见表 6-13。

⑥ 收弧时要填满弧坑，以保证堆焊后加工尺寸要求。

⑦ 堆焊后经加工发现局部缺陷或缺肉，可以局部补焊，若缺陷面积超过全部堆焊面积的 1/3，应车掉全部堆焊金属，重新堆焊。

⑧ 堆焊后工件应进行热处理以消除应力。

表 6-13　焊条直径与焊接电流

焊条直径/mm	3.2	4.0	5.0
焊接电流/A	90～130	130～170	170～210

(4) 85 号焊条的应用与推广

D516M、D516MA 焊条是 85 号焊条转到专业焊条厂后的国家牌号，并在 85 号焊条的基础上对堆焊金属成分和硬度作了一些调整。D516M 为 H08 芯焊条，D516MA 为 H12Cr13 芯焊条，堆层具有良好的抗磨、抗热、抗蚀及抗裂性能。

137 号铬锰合金焊条是在 85 号铬锰氮合金焊条基础上发展起来的新一代材料。它比 85 号合金焊条堆焊金属硬度更稳定，性能更稳定。堆焊 137 号合金焊条的阀门使用寿命比用 85 号合金焊条又提高了一倍，且堆焊工艺简单、抗裂性好。还可以制成相同合金成分的埋弧自动焊粘结焊剂，进行埋弧自动堆焊。

6.3.2　埋弧自动堆焊

用 85 号铬锰氮堆焊合金材料最初是制成手工堆焊焊条，后来又研制成功成分基本相同的 85 号自动堆焊高合金黏结焊剂。采用这种焊剂自动堆焊时，用 H08A 低碳钢盘状焊丝，靠焊剂向熔池中过渡所需的各种合金。合金焊剂堆焊金属成分和硬度见表 6-14。

表 6-14　合金焊剂堆焊金属成分（%）和硬度（HRC）

C	Si	Mn	Cr	N	S	P	平均硬度①（HRC）
0.10～0.20	1～3.5	7～10	12～18	<0.20	<0.03	<0.03	30～45

① 为用 10kgf（100N）载荷表面硬度计检测的表面硬度。

(1) 硬度的稳定性

因为 85 号堆焊合金是半马氏体的金属组织，堆焊层的硬度除受成分影响外，还受冷却速度、工件大小等因素的影响。

① 成分相同时堆焊密封面硬度的变化　成分相同时，堆焊金属的冷却速度对硬度有直

接的影响。85号合金的冷却方法采用空冷，堆焊前不预热工件。在成分相同时，影响合金冷却速度的因素主要是工件的大小。工件愈大，堆焊金属的热传导作用愈强，冷却速度较快，可得到较高的硬度。工件愈小，堆焊金属的散热条件愈差，冷却速度较慢，得到的硬度较低。

② 冷却速度相同时硬度的变化　同一型号的工件可以得到不同的硬度。产生硬度不同的原因很多，主要是由于堆焊规范变化，从而影响了合金的过渡量，进而影响了合金的硬度。

铬（Cr）是铁素体的形成元素，Mn是产生奥氏体的元素。Cr、Mn元素过渡量增加，堆焊硬度变低，Cr、Mn元素过渡量降低，硬度增高。

（2）成分的均匀性

要解决合金成分的均匀性问题，可以采用直流电源自动焊机的埋弧自动堆焊。同一种高合金黏结焊剂和相同的H08A焊丝，采用不同类型电源的自动焊，堆焊金属的成分稳定性明显的不同。采用交流电源自动焊机，用高合金黏结焊剂堆焊，合金过渡量易受电网电压变化的影响；而采用直流电源自动焊机堆焊时，因电弧电压稳定，合金过渡量也比较稳定，由此引起的堆焊金属各种性能的稳定性也大为提高。

（3）堆焊金属的抗裂性

85号铬锰氮合金在实际阀门堆焊生产中大量采用埋弧自动堆焊。堆焊前不需预热，自动堆焊产品最大口径可达 $DN1200$ 的阀体和闸板，密封面加工后最大宽度为35mm，堆焊一层加工高度3mm的密封面。实践证明，该材料抗裂性好，堆焊工艺简单，85号铬锰氮自动堆焊合金采用了高碱度的渣系，碱度 $B=1.88$，堆焊金属含硫（S）量最高为0.01%，含磷（P）量最高为0.027%，这是抗裂性好的主要原因。

① 堆焊金属成分允许波动范围　85号铬锰氮自动堆焊金属，在长期生产过程中总结产生裂纹的情况，最常见的是合金成分偏高或偏低，特别是含Cr量偏高是产生裂纹的主要原因。其他原因也有产生裂纹的倾向，但在生产中较少出现。

实践证明，当堆焊金属含Cr量为14%时（其他成分允许相应波动），可以完全消除裂纹。要避免产生裂纹缺陷，必须严格执行操作工艺规程，按特定的工艺规范堆焊。当含Cr量14%时硬度合适，偏低时硬度较高，偏高时硬度较低，这也是85号自动焊堆焊金属的缺点之一。

② 堆焊层的表面硬化　85号铬锰氮自动堆焊密封面，在加工过程中产生明显的冷作硬化，提高了密封面的硬度。在同一块85号合金试片上，用10kgf（100N）载荷洛式硬度计检测的硬度较高；而用150kgf（1500N）载荷硬度计检测的洛式硬度则较低，这说明了密封面硬化层较薄。上述现象在铬锰氮含量较高时比较明显，而当铬锰含量在工艺规定的下限时不明显。

（4）85号铬锰氮自动埋弧堆焊工艺

① 堆焊前，应将低碳钢盘状焊丝的油污及铁锈彻底清除干净。

② 待焊表面不得有水、锈和油等污物，待焊表面不得有砂眼、裂纹、气孔和疏松等缺陷。若有上述缺陷需清除补焊后方可进行堆焊。必要时可采用渗透探伤的方法检验缺陷是否存在。

③ 堆焊时，应借助于工装夹具使堆焊工件表面处于水平位置，并检查调整自动转动一圈的时间是否符合工艺规范的要求。

打扫干净焊剂槽及操作场地1m以内的环境，保持焊剂清洁。为防止堆焊金属增碳、增Si，不允许把铁屑、油污、砂土、纸屑、木屑和渣壳等物带入焊剂内。

采用直流正极性接法，无论口径大小，产品只堆焊一层，一次堆焊完成，不要中断。

自动焊焊丝规格根据密封面尺寸选择。$DN50\sim80$ 口径的阀座和闸板采用 $\phi4mm$ 的 H08A 焊丝，$DN100$ 口径以上的阀座、闸板采用 $\phi5mm$ 的 H08A 焊丝。

焊剂的厚度应为 $40\sim60mm$，焊丝伸出导电嘴的长度应为 $70\sim75mm$。堆焊过程中堆焊处上面的焊剂不应露出弧光，避免破坏堆焊处的电弧保护。

堆焊前应进行产品的工艺参数确定，需试焊 3 个试件，并对堆焊金属的化学成分和硬度检验，合格后按确定下来的工艺参数进行大批生产，否则重新调整工艺参数再进行重复试验。

堆焊后工件应进行消除应力热处理。

堆焊后工件未冷却到室温之前，如发现缺肉应采用相同成分的焊条趁热补焊，如冷至室温发现缺肉时，缺肉宽度小于堆焊宽度的 1/4，总长度小于堆焊面平均长度的 1/5，允许用焊条局部补焊。除此以外的其他缺陷应去除掉，再重新堆焊，并重新进行消除应力热处理。

6.4　钴基硬质合金堆焊

钴基合金在阀门堆焊方面应用比较广泛。虽然钴（Co）是较为贵重的金属，但是由于它具有抗腐蚀、耐高温等一系列的优良性能，在国内、国外一些要求高参数和超高参数的阀门仍经常采用钴基合金堆焊。

在基体材料为低碳钢、中碳钢、低合金结构钢、18-8 型奥氏体不锈钢和 Cr13 型不锈钢及耐热钢上堆焊钴基硬质合金，通常采用氧乙炔焰堆焊、手工电弧堆焊、氩弧堆焊和等离子弧堆焊。对于 $\leqslant DN200$ 的阀件优先采用钨极氩弧堆焊、氧乙炔焰堆焊，对于 $>DN200$ 的阀件优先采用等离子弧堆焊，对于上述工艺方法不能实施的阀体内部堆焊等采用手工电弧焊。通常工件需按如下规定进行焊前准备、焊前预热和焊后缓冷处理措施。

(1) 焊前准备

工件表面粗糙度 $<Ra12.5\mu m$，并应严格清除表面的铁锈、油、水等污物，不得有裂纹、剥落、孔穴凹坑等缺陷，棱角处应倒圆角。对于已磨损的阀件的修复，应将原堆焊层全部车掉，并用与母材相同材料的焊材进行堆焊打底层。

(2) 过渡层的堆焊

在珠光体耐热钢和马氏体不锈钢基体上堆焊钴基合金，为改善堆焊工艺性，一般需堆焊奥低体不锈钢过渡层（隔离层）。过渡层堆焊采用 A302 电焊条。过渡层堆焊厚度经加工后为 2mm，过渡层表面经渗透探伤检查，不得有缩松、气孔、裂纹等缺陷。

(3) 焊前预热及焊后缓冷

为防止堆焊合金和基体金属产生裂纹和减少变形，零件在堆焊前需进行预热，堆焊过程中，工件温度不应低于预热温度，焊后应立即将工件送入已加热到约 300℃ 的热处理炉中进行消除应力热处理，不能立即进行消除应力热处理的应进行缓冷处理，而后再进行消除应力热处理，但其间隔不得超过 24h。

(4) 堆焊层缺陷的修补

堆焊层如有裂纹、缩松、气孔和局部不够加工等缺陷，可进行局部修补。原则上采用原工艺方法进行补焊，等离子弧堆焊的可采用钨极氩弧补焊。同一部位缺陷补焊二次仍不合格，需车掉全部焊层重新堆焊。局部补焊前，应用机械加工方法清除缺陷，对于裂纹缺陷必须清除至基体，必要时用渗透检验方法检查缺陷清除情况，待补焊部位的根部应修整成圆角，以利补焊的实施。

不同材料的焊前预热温度和焊后热处理规范见表 6-15、图 6-2 和表 6-16。

表 6-15　工件堆焊前预热温度

母材种类	预热温度/℃	
	氧乙炔焰堆焊	手工电弧堆焊
低碳钢	400～450	300～350
45 钢	400～450	300～350
低合金耐热结构钢	450～500	350～400
奥氏体不锈钢	300～350	250～300
马氏体不锈钢	450～500	300～350

表 6-16　工件堆焊后热处理温度

母材种类	加热温度/℃
低碳钢	620～650
45 钢	620～650
低合金耐热结构钢	680～720
奥氏体不锈钢	525～575
马氏体不锈钢	700～750

注：保温时间以工件有效厚度每 25mm/h 计算。

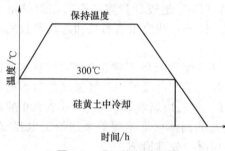

图 6-2　焊后热处理曲线

(5) 焊材的选用

钴基合金又称司太立合金，是典型的阀门密封面堆焊材料。它主要用于高温高压蒸汽阀门堆焊，以及石油、化工等工业阀门堆焊。其常用焊丝 HS111（相当于 D802）、HS112（相当于 D812）。氧乙炔焰堆焊、钨极氩弧堆焊及等离子弧堆焊均采用此类焊丝。手工电弧堆焊采用电焊条 D802、D812。

钴基合金是以 Co 为基体成分，加入了 Cr、钨（W）等元素组成的合金。其化学成分及硬度见表 6-17 和表 6-18。

表 6-17　钴基合金焊条堆焊熔敷金属化学成分及硬度

焊条牌号	堆焊金属化学成分(质量分数)/%						硬度	相当于
	C	Cr	W	Mn	Si	Fe	Co	HRC	AWS A5.13
D802	0.9～1.4	25.0～32.0	3.0～6.0	≤2.0	≤2.0	≤5.0	余量	≥40	ECoCr-A
D812	1.2～1.7	25.0～32.0	7.0～9.5	≤2.0	≤2.0	≤5.0	余量	≥44	ECoCr-B
D822	1.75～3.0	25.0～33.0	11.0～14.0	2.0	2.0	≤5.0	余量	≥53	ECoCr-C

表 6-18　钴基合金焊丝化学成分及硬度

焊丝牌号	堆焊金属化学成分(质量分数)/%									硬度	相当于
	C	Cr	W	Ni	Mo	Mn	Si	Fe	Co	HRC	AWS A5.13
HS111	0.9～1.4	26.0～32.0	3.0～6.0	≤3.0	≤1.0	≤1.0	≤2.0	≤3.0	余量	40～45	RCoCr-A
HS112	1.2～1.7	25.0～32.0	7.0～9.5	≤3.0	≤1.0	≤1.0	≤2.0	≤3.0	余量	45～55	RCoCr-B
HS113	1.75～3.0	25.0～33.0	11.0～14.0	≤3.0	≤1.0	≤1.0	≤2.0	≤3.0	余量	55～60	RCoCr-C

6.4.1　氧乙炔焰堆焊

钴基硬质合金氧乙炔焰堆焊，熔深浅，母材熔化量少，因此堆焊质量好，且节省贵重合金的消耗。但这种堆焊方法生产效率较低，适用于中、小阀件的堆焊。

(1) 设备

使用与氧乙炔焰焊接相同的乙炔发生器或瓶装乙炔、氧气瓶及普通射吸式氧乙炔焊炬。

焊嘴号码可根据堆焊零件的大小和堆焊层的尺寸要求来选择，如表6-19所示。

表 6-19　不同板厚所用焊炬规格型号

堆焊件厚度/mm	焊炬型号（射吸式）	焊嘴孔径/mm	氧气压力/MPa	乙炔压力/MPa
5～10	H01～12 型	1.4～2.2	0.4～0.7	～0.12
10～20	H01～20 型	2.2～3.0	0.6～0.8	～0.12

堆焊用的乙炔发生器（中压）应是单人使用，以保持火焰的稳定。为保持乙炔气干燥，可配置乙炔干燥器或使用瓶装乙炔气。

（2）火焰的调整

实践证明采用如图6-3所示的三倍乙炔过剩焰（即焰心与内焰的长度比为1∶3）堆焊效果较好。"三倍乙炔过剩焰"属碳化焰，其温度较低，对堆焊合金和工件加热较缓和，火焰保护气氛良好，所以堆焊合金中的碳及其他合金元素的烧损量小。这种火焰还可能造成工件表面渗碳，该渗碳层熔点较低，是造成堆焊熔深小的有利条件。

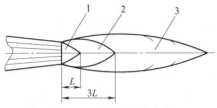

图 6-3　三倍乙炔过剩焰
1—焰芯；2—内焰；3—外焰

对不锈钢阀件的堆焊，宜采用2～2.5倍乙炔过剩焰，目的是防止不锈钢因火焰渗碳而引起耐腐性能降低。

如果要提高堆焊层硬度，可用3.5～4倍乙炔过剩焰堆焊。但乙炔过剩焰中含碳量愈多，则堆焊合金硬度的不均匀性和焊缝成形的不平整性将愈大。

堆焊过程中的反射热和零件灼热金属的辐射热使焊嘴温度过高，飞溅到焊嘴上的熔化金属以及焊嘴过于接近堆焊金属时，都会增加火焰燃烧的外部阻力。其结果都会引起混合气体中氧气含量的增加，改变了混合气体成分，使火焰比例改变，从而引起堆焊质量的不稳定。为此，堆焊过程中必须随时注意调整火焰的比例，必要时可把焊嘴浸入水中冷却。

（3）堆焊操作要领及注意事项

① 清除工件表面的铁锈、油污、毛刺等，工件表面不得有裂纹、砂眼等缺陷。修复密封面时，应把磨损的沟槽全部用机械加工消除。机械加工的厚度超过堆焊层厚度时，要先用与基体金属相同的材料堆焊打底层。

② 堆焊可采用左焊法或右焊法，一般常用左焊法，如图6-4所示。

③ 母材按规定的预热温度进行预热后，将工件欲堆焊表面置于水平位置。将火焰调为碳化焰，焰心端距工件表面3～5mm，焊炬倾角60°±10°，保持不动。当工件表面呈"出汗"状态的瞬间，将焊嘴稍抬高，使焰心与堆焊面距离拉开4～6mm，此时将处于内焰外的焊端部接近焰心尖部（焊丝与堆焊表面呈25°左右的夹角，焊丝端与焰心尖端距离为2mm），并使熔融的合金熔滴滴到已"出汗"状态的工件表面上，同时使其均匀扩展开。若熔滴不扩展，说明堆焊表面加热不足，需重新加热至"出汗"状态。反之，若加热温度过高，使堆焊表面成为熔融状态，则基体金属与堆焊合金相互混合，合金冲淡率高，不能保证堆焊层合金成分的要求。

当熔滴滴在"出汗"的状态表面上，并扩展开时，保持焰心尖端距熔池金属面3～5mm，并与熔池保持相对固定位置，不可前后左右摆动。此时熔池中堆焊合金中的杂质可上浮到熔池金属表面。

当合金熔滴完全分布到"出汗"状态表面时，将火焰向前移动一个距离，使内焰的一部分对着熔池，熔池仍保持熔化状态，而内焰的另一部分移到熔池前新的堆焊面上加热，使其呈现"出汗"状态。此时焊丝端熔化的熔滴滴到新的"出汗"状态表面上，然后，火焰稍向后移动一个距离，待熔滴完全扩展开后再向前移动一个比向后移动略大的距离。堆焊全部操

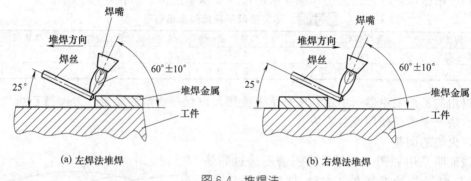

(a) 左焊法堆焊　　　　　　　　(b) 右焊法堆焊

图 6-4　堆焊法

作过程按上述顺序周期的进行。堆焊顺序如图 6-5 所示。

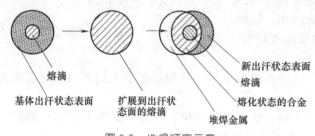

熔滴
基体出汗状态表面　扩展到出汗状态面的熔滴

新出汗状态表面
熔滴
熔化状态的合金
堆焊金属

图 6-5　堆焊顺序示意

在堆焊过程中，焊炬除了按上述方法作阶梯式的向前移动外，还需缓慢地沿着堆焊面做横向摆动。这样可以提高堆焊层的均匀性和平整度。

每堆焊一层可得 2～3mm 厚的堆焊层，要求一次连续完成堆焊。如果要求得到更厚的堆焊层，则需要多层堆焊，这时需用砂轮或钢丝刷将前层堆焊金属表面进行清理和平整，而后再堆焊第二层。

堆焊完成后，根据需要可以用火焰重新熔化堆焊层（即重熔），以减少堆焊层金属中的缺陷，提高堆焊层质量。

④ 堆焊时，合金焊丝的熔化端、熔池及准备滴熔滴的工件表面必须处于原焰（内焰）的保护中，使它们与空气隔绝。不得将火焰急速地从熔池表面移开。若误将焊丝放进焰心中熔化，或误使焰心与熔池接触，均会使堆焊合金过多地增碳。

⑤ 堆焊到结尾时，应使接头重叠 15～20mm，如图 6-6 所示。收口时需将焊炬继续前移 40～50mm，焊嘴逐渐抬起，火焰逐渐离开熔池，使熔池逐渐缩小。这样，接头处的冷却速度就较缓，不致产生接头疏松、缩孔、火口裂纹等缺陷。火焰收口在环缝的内侧较好，这样可以减少堆焊接头的收缩应力。

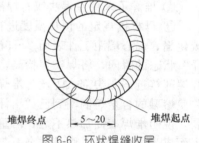

堆焊终点　　　　堆焊起点
5～20

图 6-6　环状焊缝收尾

⑥ 堆焊厚大工件时，可用特大号焊炬煤气补充加热保持工件堆焊温度，减少温差。堆焊小工件时，为避免薄基体过热和边缘熔化，可把零件放在紫铜导热板上堆焊。

⑦ 堆焊后，工件放在加热炉内按规定温度进行加热、保温后随炉冷却。小工件堆焊后可空冷或放入硅藻土、石棉灰中缓冷。

(4) 堆焊缺陷及其排除方法

① 翻泡和气孔　堆焊表面局部温度过高、基体金属过热、堆焊层混入过多的基体金属、火焰比例失调、火焰晃动、保护气氛不良及基体表面清理不佳等因素都会引起翻泡和产生气孔。

堆焊时应注意保持"三倍乙炔过剩焰"和正确掌握火焰对堆焊表面的加热温度。钴基硬质合金焊丝中的氧、氮、氢等元素过高也是形成堆焊层翻泡和产生气孔的原因。基体金属含钛时，极易出现翻泡现象。通常是先堆焊过渡层（采用堆焊性能较好的材料作为过渡层材料），然后再在过渡层上堆焊钴基硬质合金。对于翻泡和气孔，可待堆焊完毕后，仍用"三倍乙炔过剩焰"将翻泡处堆焊金属熔化，并用焊丝将其刮掉，再用同样的火焰把刮掉处重熔，并焊补完整。焊补后，对密封面的性能无影响。

② 裂纹　若堆焊前工件预热温度过低、堆焊过程保温不良（温度下降严重）或焊后急冷，则堆焊层易产生裂纹。接头收尾过急或火焰突然从堆焊熔池表面离开，则往往产生龟裂（即火口裂纹）。

因此，"预热堆焊"是钴基硬质合金氧乙炔焰堆焊的一个重要环节，不可忽视。另外，堆焊前工件的组织状态也是影响堆焊层产生裂纹的主要因素。对于可焊性不好的材料，堆焊前应进行适当的热处理，以改善其组织，便于堆焊。

密封面的堆焊过程应连续进行，不得中断。在不得已的情况下中断堆焊时，应将焊件放在炉内保温。再进行堆焊时要用火焰把堆焊末尾处熔化 15～20mm 后再开始堆焊。若中断时间过长，焊件可进行焊后缓冷，在重新堆焊前要进行预热。

在任何情况下中断堆焊时，均不能将火焰快速离开熔池表面，而应当将火焰缓慢地、按螺旋线式的向上移动。

对于扩展到基体的裂纹，需用砂轮或其他机械加工方法将裂纹彻底清除掉，再按上述规定进行预热、焊补和焊后热处理。若裂纹较浅（未扩展到基体），可将焊件重新预热，用重溶方法将裂纹消除。

③ 夹渣　夹渣主要来源于合金焊丝中的夹杂物。堆焊时要注意熔池金属，如果发现夹渣物，应待其浮出熔池表面，再将火焰移开，往下进行堆焊。多层堆焊时，应将前一层堆焊金属表面的焊渣清除干净，并在堆焊时发现的夹渣要及时排出。工件表面残存氧化物、锈蚀等也是造成堆焊金属夹渣的原因，所以堆焊前应严格清理堆焊工件表面。

④ 疏松　疏松是由于火焰离开熔池太快，使熔化金属急剧冷却凝固造成。特别是接头处应认真按上述要领收口。更换焊丝时应使火焰仍旧对着熔池，保持熔池温度和避免外界空气侵入。

⑤ 硬度不均　堆焊层硬度过低的区域通常是由于基体金属混入堆焊层所致。硬度过高的区域是由于氧乙炔焰焰心侵入熔化金属，或内焰与焰心长度比大于 3∶1 造成堆焊金属增碳的结果。避免堆焊层硬度不均，除正确地执行工艺外，还要操作熟练，堆焊火焰比例保持稳定，最好采用瓶装乙炔或单独使用乙炔发生器。

6.4.2　手工电弧堆焊

在钴基合金密封面堆焊中，当堆焊面的位置不允许用钨极氩弧或等离子弧堆焊时，只能选用手工电弧焊堆焊。钴基合金手工电弧堆焊多用于深孔的阀门密封面的堆焊及修复。堆焊件的焊前准备工作与采用氧乙炔焰堆焊相同，焊前工件预热温度和焊后热处理温度见表 6-15 和表 6-16。堆焊采用直流电源，反接极，焊接电流见表 6-20。

表 6-20　焊条直径与焊接电流

焊条直径/mm	3.2	4.0	5.0	6.0
焊接电流/A	70～110	120～160	140～190	150～210

(1) 堆焊操作

堆焊操作要领如下：堆焊前，母材按表 6-15 规定的温度进行预热；焊条与工件间保持

70°~80°倾角；采用短弧焊接；焊条横向摆动幅度应小于焊条直径的 3 倍；更换焊条时，接头方法如图 6-7 所示；多道堆焊时，焊道重叠 1/3~1/4，如图 6-8 所示。

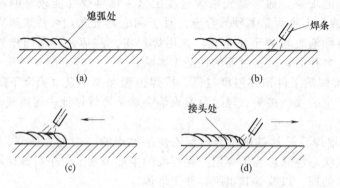

图 6-7　接头方法

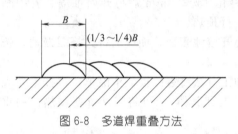

图 6-8　多道焊重叠方法

（2）堆焊注意事项

堆焊注意事项如下：假如焊条干燥后长时间放置不用，为避免堆焊层产生气孔，焊条需再次进行烘干；当母材为低合金耐热钢、马氏体不锈钢等可焊性不好的材料或工件刚性较大时，若提高预热温度，会造成熔深增大，此时需先在母材表面堆焊 12Cr18Ni9、06Cr25Ni20 堆焊过渡层，加工平整后再堆焊钴基硬质合金，以改善堆焊工艺性，避免产生裂纹；为减小冲淡率尽量采用小电流，小电流即表 6-20 中所规定电流的下限；焊条的横向摆动幅度不宜过大；堆焊金属高度要求 3mm 以上时，需堆焊两层以上。

（3）多层堆焊注意事项

多层堆焊注意事项如下：需用砂轮或钢丝刷将前层堆焊金属的表面打磨光滑、平整和无焊渣等污物；层间温度应稍高于所定的预热温度。

（4）堆焊始、终端的注意事项

堆焊始、终端的注意事项如下：当堆焊焊道为直线时，在焊道始、终端需加与母材材料相同的引弧板，堆焊时，起弧及熄弧均在引弧板上；在堆焊环形焊道时，堆焊终端需稍超过始端，不能使终端与始端重合。在终端应逐渐减小焊接电流，不得使电弧急速离开堆焊的金属表面，以避免在熄弧处熔池金属急冷产生火口裂纹。

6.4.3　手工钨极氩弧堆焊

钴基硬质合金的手工氩弧堆焊，填充焊丝与氧乙炔焰堆焊相同。填充焊丝直径与焊接电流、喷嘴直径、氩气流量三者的关系见表 6-21。

钨极氩弧焊机电源种类（交流或直流）与极性的选择主要取决于堆焊的材料，堆焊钴基合金一般情况采用直流正接，即工件接正，钨极接负。此时阴极斑点在钨极上比较稳定，电子发射能力强，电弧稳定，可采用较大的许用电流，钨极烧损小。

堆焊钴基合金用氩气要求 Ar≥99.98%、N$_2$≤0.01%、O$_2$≤0.005%、水分≤0.07%。

氩弧焊用电极有钍钨棒，推荐使用铈钨棒。常用钨棒的化学成分见表 6-22。不同直径的钨极使用电流范围见表 6-23。钨极端部角度为 20°~30°而且要将尖端磨平，保证电弧稳定性和焊缝成形良好。

表 6-21 焊丝直径、电流、喷嘴直径与保护气流量之间关系

焊丝直径/mm	焊接电流/A	喷嘴直径/mm	氩气流量/L·min^{-1}
3.2	100~130	6~13	8~10
4.0	120~160	8~13	8~12
4.8	140~180	8~13	8~15
6.4	160~220	11~16	10~16

表 6-22 常用钨棒的牌号及成分（质量分数）　　　　　单位:%

钨棒牌号	化 学 成 分						
	ThO$_2$	CeO	SiO$_2$	Fe+Al$_2$O$_3$	Mo	CaO	W
钍钨棒 WTh-10	1.0~1.49	—	0.06	0.02	0.01	0.01	其余
钍钨棒 WTh-15	1.5~2.0	—	0.06	0.02	0.01	0.01	其余
铈钨棒 WCe-20	—	2.0	0.06	0.02	0.01	0.01	其余

表 6-23 不同直径的钨极使用电流范围

电源种类	钨极直径/mm				
	1~2	3	4	5	6
	允许的焊接电流/A				
交流	20~100	100~160	140~220	200~280	250~300
直流正接	65~150	140~180	250~340	300~400	350~450
直流反接	10~30	20~40	30~50	40~80	60~100

(1) 堆焊操作

手工钨极氩弧堆焊操作要领如下：与氧乙炔焰堆焊相同，采用左向焊法［图 6-4（a）］；堆焊前母材按规定的预热温度进行预热；堆焊时，钨极端与工件表面需保持约为钨极直径1.5 倍的距离。钨极与工件表面夹角约 75°；产生电弧后，待母材表面堆焊起始点形成熔池后，将电弧做适当大小的圆弧形摆动；当熔池适当扩大后，将焊丝端部加入钨极与电弧间使其熔化，并使熔滴滴入熔池；而后退出焊丝，将电弧在熔池前缘做弧形摆动，使熔池向堆焊进行的方向扩展；当熔池面积达到适当大小时，再将焊丝端部加入钨极与电弧间熔化，并使熔滴滴入熔池；按以上要领重复进行，在堆焊终端应使电流衰减，保护气体延时中断，待终端熔池金属缓慢冷却方可离开堆焊的金属表面，以避免在熄弧处熔池金属急冷产生火口裂纹。

(2) 堆焊注意事项

手工钨极氩弧堆焊注意事项如下：堆焊前需检查高频振荡器的动作情况、保护气（氩气）控制回路动作情况、冷却水流量及焊接电源电压是否正常；堆焊过程中，弧长应保持不变；钨极横摆动幅度不应大于钨极直径的 3 倍；多道堆焊时，焊道两侧边缘应平缓，不可过厚，避免造成多道焊道间熔合不良，形成未焊透、夹渣和气孔等缺陷；工件较小时，由于堆焊工件急速升温，使堆焊表面氧化，造成堆焊困难，此时应适当降低预热温度或不预热，尤其当母材为奥氏体不锈钢时更应注意；一般堆焊两层，当堆焊高度要求 3mm 以下时，可堆焊一层；多道堆焊时，后焊道应与前焊道叠 1/3~1/4；过渡层的堆焊、多层堆焊及堆焊始终端的处理与前述手工电弧焊堆焊相同。

6.4.4　排丝等离子弧堆焊

等离子弧堆焊是堆焊技术领域中一项较新的工艺方法。它具有熔深浅、冲淡率低、熔敷率高的特点。它不仅能堆焊钴基、镍基和铁基合金，还可堆焊铜-镍合金等铜合金材料。

目前我国在等离子堆焊已发展为多种工艺形式。但在阀门制造业应用较广泛的是合金粉

末堆焊和排丝堆焊。钴基硬质合金等离子弧排丝堆焊用的焊丝与氧乙炔焰堆焊材料相同，常用 HS111（相当于 AWS A5.13 RCoCr-A）和 HS112（相当于 AWS A5.13 RCoCr-B）。

(1) 原理

排丝等离子弧堆焊就是把填充金属做成丝状，根据工件堆焊层宽度的要求，可用单根或多根焊丝并排送入等离子弧中，熔敷形成堆焊层。

钴基硬质合金排丝等离子堆焊一般都是采用转移型弧，即先由非转移弧起弧，当转移弧稳定燃烧时，非转移弧被切断，只留转移弧进行工作。这样可用一个独立电源。图 6-9 为转移型等离子弧工作原理。

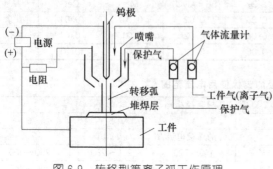

图 6-9 转移型等离子弧工作原理

(2) 工艺特点

排丝等离子弧堆焊具有如下的工艺特点。

① 温度高、传热率高是等离子弧作为堆焊热源主要特点之一。由于采用等离子弧作为热源，所以具有熔深浅、堆焊金属稀释率低、焊道成形好等优点。

② 使用设备简单，操作方便。在粉末等离子弧堆焊设备基础上免去了送粉机构和装置，特别是不用结构复杂的送粉式焊枪，而采用结构简单的堆焊焊枪，从而简化了堆焊工艺。

③ 排丝等离子弧堆焊可根据阀门密封面的使用要求，选择合适合金材料的焊丝作为填充材料。转移型等离子弧最高温度可达 30000K，不但可提高堆焊效率，并且可堆焊难熔的金属材料。

④ 排丝等离子弧堆焊的熔敷率高达 98% 以上，是一般堆焊工艺方法不能比拟的，从而降低材料成本。

⑤ 冲淡率低是等离子弧堆焊的又一工艺特点。堆焊要求冲淡率低。氧乙炔焰堆焊虽然可得到最小的熔深和冲淡率，但由于氧乙炔焰的温度低（最高温度为 3000K），热量不足，对一些工件还须进行焊前预热，因此，生产效率低，生产周期长，工人劳动条件差。手工电弧堆焊，虽然熔敷较高，但熔深大，冲淡率一般都在 20%～30% 以上。钨极手工氩弧堆焊冲淡率较低（10% 左右），但生产效率低，多用于小型阀件的堆焊。等离子弧堆焊既降低了合金冲淡率，又可提高熔敷效率。

⑥ 排丝等离子弧堆焊金属的抗裂性能好。由于排丝等离子弧堆焊使基体受热均匀，且堆焊的焊丝材料不必像粉末材料那样，为制粉工艺需要和提高堆焊金属的温润性而加入一定量的 P、Si 元素，从而相对改善了堆焊金属的抗裂性。

⑦ 等离子弧极为稳定，指向性强。生产实践表明，等离子弧的弧柱较为细长，其长度约为钨极氩弧的 10 倍以上，电离程度高，因此较为稳定。在燃烧过程中较准确地指向熔池，并跟随喷嘴的摆动而行进，不飘动，从而便于将焊丝送进等离子弧中，使堆焊工艺过程稳定，提高了堆焊质量。

⑧ 排丝等离子弧堆焊时，需要手工适当调整铺在焊道上的排状焊丝，使其适应阀门密封面圆形堆焊轨迹，属于半机械化操作，因而与粉末等离子弧堆焊相比，自动化程度不高，批量生产时，工人劳动强度较大。

(3) 排丝等离子弧堆焊实例

排丝等离子弧堆焊规范实例见表 6-24。

钴基硬质排丝等离子弧堆焊最大的特点是抗裂性好。实践表明，DN800 基体材料为

12Cr18Ni9 奥氏体不锈钢的阀座、阀瓣上堆焊钴基硬质合金，焊前不经预热，焊后空冷，均不产生裂纹。因此可大大改善工人的劳动条件，并缩短生产周期。

表 6-24 排丝等离子弧堆焊规范实例

堆焊合金		钴基（CoCrW）
工件及堆焊材料尺寸		DN500 阀门密封面焊丝排 ϕ4.8mm×7 根
非转移电弧	电压/V	—
	电流/A	—
转移电弧	电压/V	22～23
	电流/A	220～230
工作气流量/L·h^{-1}		400～500
保护气流量/L·h^{-1}		600～700
喷嘴孔直径/mm		8
钨极直径/mm		5
钨极缩入长度/mm		4
喷嘴端面与焊丝表面距离/mm		3～4
堆焊速度/mm·min^{-1}		60
摆动频率/次·min^{-1}		25

6.5　阀门密封面等离子弧堆焊

合金粉末等离子弧堆焊在我国阀门制造、交通和矿山机械行业应用较广泛，是一项较重要的堆焊工艺。它除了具有堆焊质量高、冲淡率低等优点外，还有堆焊过程易于实现机械化、堆焊层光滑、平整，厚度可准确控制和生产效率高等特点。在适当的条件下，冲淡率可控制在 5% 以内。堆焊层厚度可在 0.25～6mm 之间任意调整，熔敷率为 0.5～6kg/h。

6.5.1　等离子弧堆焊材料

目前应用于阀门密封面堆焊用合金粉末有钴基、镍基、铁基、铜基及复合粉末材料。表6-25 列举了几种阀门密封面等离子弧堆焊用合金粉末的化学成分，根据需要可以配制其他成分的合金粉末。

(1) 镍基合金粉末等离子弧堆焊

镍基合金一般都具有良好的抗腐蚀、抗磨损、抗氧化性能和较好的热硬性，综合性能良好。由于成分不同，在各种性能上有所差异。同时镍基合金具有良好的抗蚀性和抗擦伤性能，特别是高温下的抗蚀性，常代替钴基合金应用在电站蒸气阀门密封面和内燃机进排气阀密封面或受到强腐蚀介质的腐蚀和磨损等工况条件比较恶劣的阀门密封面的制造上。

镍基合金同钴基合金相比，价格低、资源充足、堆焊工艺简单、适应性强，所以阀门工作者正在逐步地把镍基合金应用于阀门密封面的制造。

镍基合金粉末主要分为镍硼硅系和镍铬硅系，堆焊阀门密封面推荐使用镍硼硅系和镍铬硅系合金粉末。

等离子弧堆焊用镍基合金粉末还有 F121、F122 等，其中 F121 镍基合金粉末在高压平板阀的应用，已打破了人们对钴基合金的依赖。镍基合金在某些工作条件下的寿命比钴基合金还高。高压平板阀选用密封面材料见表 6-26。

镍基合金粉末等离子弧堆焊的综合工艺性能良好，与钴基合金相比熔点低，液态金属流动性好。堆焊时要根据其特点，合理选择工艺参数。为防止裂纹，减少应力变形，一般要采取相应的焊前预热，焊后保温措施。常用材料的预热温度参考表 6-27。

表 6-25　几种阀门密封面等离子弧堆焊常用合金粉末化学成分及硬度

合金类型	牌号	化学成分(质量分数)/%												硬度(HRC)	使用条件
		C	Cr	Ni	B	Si	Mo	Mn	V	W	Nb	Co	Fe		
镍基	PT1101	0.9~1.2	21~24	余	—	2.5~4.0	—	—	—	4.5~8.5	—	—	≤3.0	40~45	I
	PT1102	1.2~1.6	22~26	余	—	2.5~4.0	—	—	—	5.0~7.0	—	—	≤3.0	44~50	I
钴基	PT2101	0.5~1.0	24~28	—	0.5~1.0	1.0~3.0	—	—	—	4.0~6.0	—	余	≤5.0	40~45	I
	PT2102	0.7~1.4	26~32	≤3.0	1.2~1.8	1.0~2.0	—	—	—	4.0~6.0	—	余	≤3.0	40~50	I
	PT2103	0.5~1.0	19.0~23.0	—	1.5~2.0	1.0~3.0	—	—	—	7.0~9.0	—	余	≤3.0	45~50	I
	PT2104	0.9~1.4	26.5~30.0	≤3.0	—	0.7~1.5	≤1.0	≤1.0	—	3.5~5.5	—	余	≤3.0	34~42	I
	PT2105	1.25~1.55	28.0~31.0	≤3.0	—	1.2~1.7	≤1.0	≤1.0	—	7.25~9.25	—	余	≤3.0	38~46	I
铁基	PT3101	0.10~0.20	17~19	7.0~9.0	2.0~2.5	2.5~3.5	0.8~1.2	1.0~1.5	0.4~0.6	—	—	—	余	41~46	III
	PT3102	0.10~0.20	17~19	10~12	2.0~2.5	2.5~3.5	0.8~1.2	1.0~1.5	0.4~0.6	—	—	—	余	35~40	III
	PT3103	≤0.1	19~21	12~14	1~2	2.5~3.5	—	—	—	—	—	—	余	29~35	III
	PT3104	≤0.1	17~19	8~10	1.5~2.5	1.5~2.5	1~1.5	—	—	0.5~1.5	—	—	余	36~41	III
	PT3105	≤0.06	18~20	23~25	1~2	2~3	18~21	—	—	—	—	—	余	36~42	I
	PT3106	≤0.2	17~19	—	1.5~2.0	2.0~3.0	1.5~2.5	12.0~14.0	—	—	—	—	余	38~45	III
	PT3107	0.1~0.2	18~21	10~13	1.3~2.5	3.5~4.5	3.5~4.5	1~2	0.5~1.0	0.6~2	0.2~0.7	—	余	37~45	II
	PT1108	≤0.15	12.5~14.5	—	1.3~1.8	0.5~1.5	—	—	—	0.5~1.0	—	—	余	40~50	III
	PT3109	≤0.15	21~25	12.0~15.0	1.5~2.0	4.0~5.0	—	—	—	2.0~3.0	—	—	余	36~45	III
铜基	PT4101	Sn8~11	P0.1~0.5	—	—	Cu余	—	—	—	—	—	—	—	HB80~200	IV

注：I 用于低于 700℃ 的高温高压蒸汽低合金钢、不锈钢阀门密封面堆焊，也适用于某些腐蚀介质的阀门密封面堆焊。II 用于低于 600℃ 的高温高压蒸汽低合金钢阀门密封面堆焊。III 用于低于 450℃ 的水、汽、油等弱腐蚀介质的碳素钢阀门密封面堆焊。选择 PT3101、PT3102 用于闸阀时，推荐 PT3101 用于闸板堆焊，PT3102 用于阀座堆焊；选择 PT3103、PT3104 用于闸阀时，推荐 PT3103 用于堆焊阀座，PT3104 用于堆焊闸板；选择 PT3108、PT3109 用于闸阀时，推荐 PT3108 用于堆焊闸板，PT3109 用于堆焊阀座。IV 用于低于 200℃ 的疏水系统碳素钢阀门密封面堆焊。

表 6-26　高压平板阀选用的密封面材料

粉末牌号	化学成分(质量分数)/%							硬度(HRC)
	C	Cr	Si	B	Fe	Ni	Mo	
F121	0.30~0.70	8.0~12.0	2.5~4.5	1.8~2.6	≤4	余	—	40~50
F122	0.60~1.0	14.0~18.0	3.5~5.5	3.0~4.5	≤5	余	—	≥55

表 6-27 常用材料焊前预热和焊后热处理温度

基体材料		焊前预热温度/℃	焊后热处理温度/℃
低碳钢	25、35、45	300～350 小零件不预热	600～650 小零件在石棉中冷却或砂冷
铬钼钢	12CrMo、15CrMo、 12CrMoV、15CrMoV	400～450 450～500	680～720 720～760
马氏体不锈钢	12Cr13、20Cr13	450～500	700～750
奥氏体不锈钢	12Cr18Ni9、06Cr18Ni11Ti、 06Cr17Ni12Mo2Ti	250～300	860～880

某厂几种产品堆焊镍基合金粉末工艺参数见表 6-28。使用设备为该厂自制，焊枪为半体外环形送粉式。

表 6-28 等离子弧堆焊镍基合金粉末工艺参数

产品	型号规格	AZ41H-16 DN40	AZ41H-25 DN50	J41W-16P DN100	J41W-40 DN150
	部件名称	闸板	阀座	阀瓣	阀瓣
	基材	25 碳钢	25 碳钢	12Cr18Ni9	12Cr18Ni9
合金粉末	牌号	NDG-2①	NDG-2①	F121	F121
	粒度/目·in⁻¹	60～200	60～200	140～200	140～200
非转移弧	电压/V	22	22	20～22	20～22
	电流/A	90	90	90～100	90～100
转移弧	电压/V	40	40	40	40
	电流/A	140	150	160～180	180～200
氩气流量	离子气/L·h⁻¹	500	500	500	500
	送粉气/L·h⁻¹	700	700	700	700
摆动	频率/次·min⁻¹	60	60	45	40
	幅度/mm	7	7	10	12
转台速度/s·r⁻¹		45	50	130	150
送粉量/g·min⁻¹		35	35	40	40
喷嘴与工件距离/mm		12	12	13	13
焊层	高/mm	4.5	5	5	5
	宽/mm	9	9	12	14
工艺措施	预热/℃	—	—	200	200
	焊后	缓冷	缓冷	炉内缓冷	炉内缓冷

① NDG-2 镍基合金粉末是阀门密封面堆焊材料，其性能优异，各项性能与 NDG-2 焊丝相同。

(2) 钴基合金粉末等离子弧堆焊

钴基合金以其良好的抗高温性、抗腐蚀性、抗磨损等综合工艺性能和显著的热硬性特点，被广泛地应用在高温高压电站阀门和其他技术性能要求较高的阀门密封面上。钴基合金粉末即钴基自熔性合金是在钴基司太立合金基础上发展起来的，它是在钴铬钨合金中加入了硼、硅元素。由于钴基自熔性合金中含有高硬度的碳化物和硼化物，比钴铬钨合金具有更好的抗磨性，其高温硬度优于镍基自熔性合金。

等离子弧堆焊用钴基合金粉末还有 F221、F222、F222A、F223、F224 等，其中 F221、F223、F224 常用于阀门密封面堆焊，其化学成分见表 6-29。

表 6-29　钴基合金粉末成分及硬度

粉末牌号	化学成分（质量分数）/ %								硬度(HRC)
	C	Cr	Si	B	Ni	Fe	Co	W	
F221	0.5～1.0	24.0～28.0	1.0～3.0	0.5～1.0	—	≤5	余	4.0～6.0	40～45
F223	0.7～1.3	18.0～20.0	1.0～3.0	1.2～4.5	11.0～15.0	≤5	余	7.0～9.5	35～45
F224	1.3～1.8	19.0～23.0	1.0～3.0	2.5～3.5	—	≤5	余	13.0～17.0	≥55

钴基合金粉末堆焊应掌握以下内容：根据堆焊工件的结构刚性和材质的不同，合理选择预热温度和焊后保温措施，常用材料的预热温度参考表 6-27；钴基合金粉末的熔点稍高，因此要合理地选择堆焊电流、工件转速、摆动频率和幅度，以充分保证焊透和成形美观；钴基合金粉末的密度较大，在使用自重式送粉器时，要根据粉末的不同粒度（目数）合理调整送粉气，以得到适宜的送粉量，从而保证堆焊质量；钴基合金粉末堆焊时，易在熄弧处出现火口裂纹，因此电弧衰减时，要选择适宜的衰减时间，衰减到电流较小时（小于 20A）再切断电弧。

某厂几种产品堆焊钴基合金粉末工艺参数见表 6-30，使用设备为应山喷焊设备厂产 DP-500 型粉末等离子弧堆焊机，焊枪为 LFH 型。

表 6-30　等离子弧堆焊钴基合金粉末工艺参数

产品	型号规格	Z941Y-200 DN225	Z941Y-200 DN225	A37H-25 DN30	Z41W-16P DN200
	部件名称	闸板	阀座	阀瓣	闸板
	基材	20CrMo	20CrMo	20Cr13	06Cr18Ni11Ti
合金粉末	牌号	F221	F221	F221	F221
	粒度/目·in⁻¹	60～200	60～200	60～140	60～140
非转移弧	电压/V	24	24	24	24
	电流/A	90～100	90～100	90～100	90～100
转移弧	电压/V	36	36	34	36
	电流/A	180～200	160～180	140～160	160～180
	衰减时间/s	15	13	10	13
氩气流量	离子气/L·h⁻¹	400	400	350	400
	送粉气/L·h⁻¹	600	600	500	600
摆动	频率/次·min⁻¹	40	50	60	50
	幅度/mm	18	14	8	14
转台速度/s·r⁻¹		270	210	70	220
送粉量/g·min⁻¹		42	40	25	40
喷嘴与工件距离/mm		12	12	10	12
焊层	高/mm	5	4	4	4
	宽/mm	20	18	10	18
工艺措施	预热/℃	400～450	400～450	300	250～300
	焊后	炉内缓冷	炉内缓冷	全退火	炉内缓冷

(3) 铜基合金粉末用于铸钢、铸铁阀门等离子弧堆焊

将铜合金制成合金粉末，采用等离子弧堆焊，可对口径为 DN1000 的阀门堆焊密封面，大大提高堆焊效率，改善工人劳动条件。与氧乙炔焰堆焊相比，由于等离子弧温度高度集中，它所形成的温度场、温度梯度较大，堆焊熔池成形快，凝固也快，所形成的焊层与基体之间收缩应力较大。等离子弧焊与氧乙炔焰堆焊比较的另一不足之处是不能堆焊黄铜材料，由于黄铜中 Zn 的大量蒸发、氧化，造成电弧不稳，不能保证堆焊质量。

等离子弧堆焊用铜基合金粉末目前只有锡青铜和白铜两种。这两种材料通过合金成分的调整，在等离子弧的作用下，可以形成稳定的熔池，并具有良好的自熔性。

铝青铜中的 Al 在电弧作用上易产生氧化膜，造成铜液不熔合。黄铜中 Zn 的大量蒸发造成电弧不稳。所以这两种粉末还不能用等离子弧堆焊方法进行堆焊。

铜基合金粉末堆焊应注意堆焊材料、基体材料、工艺规范和辅助措施等的影响。

① 堆焊材料的选用　选用的铜基合金粉末自熔性要好，即在等离子弧的作用下，铜液的熔池应像镜面一样"光亮无瑕"，这样才能保证铜液对基体的良好湿润能力及铺展性。

合金的铺展性实质上就是合金对基体的湿润能力。铜液有良好的流动性，堆焊时在基体表面呈流动性铺展，而不是滚动状。也就是说，铜液在电弧的前沿已与基体润湿，呈结合状态，而不是随着铜液的滚动对基体呈"包覆状态"。粉末合金熔池"光亮无瑕"与良好的铺展性，即是材料的自熔性。这一性能相当重要。

F422 型锡磷青铜粉末，堆焊层具有良好的抗金属间磨损性能，易切削加工，可应于铸钢、铸铁及其他低合金钢基体的密封面堆焊，其化学成分及硬度见表 6-31。

表 6-31　F422 型锡磷青铜粉末成分及硬度

牌号	化学成分(质量分数)/%			硬　度
	Sn	P	Cu	(HB)
F422	9.0～11.0	0.10～0.50	余	80～120

② 基体材料　基体材料应具有与液态铜合金润湿的条件。阀门用碳素钢具备这种基本特征，在经过常规清理的工件表面可以方便地堆焊。碳素钢较好的塑性，在焊接电弧的作用下，可以自由膨胀，使焊层应力得到松弛，避免了应力裂纹的产生。

灰铸铁的塑性较差，在焊接电弧的作用下，也能自由膨胀。由于电弧局部加温，使基体局部受热造成较大的焊接应力，而灰铸铁的塑性变形能力有限。当焊接拉应力达到灰铸铁的断裂强度时，即产生裂纹造成废品。

铸铁的面润湿能力不如锻钢、铸钢，并且由于游离石墨与 SiO_2 薄膜的作用，使堆焊工艺的掌握增加了难度。

实践证明，用 F422 合金粉末在 25 钢基体上堆焊 $DN1000$ 的阀座无夹渣、气孔和裂纹缺陷，经试压合格，在 HT200 铸铁上堆焊 $DN150$ 的闸板未发现夹渣、裂纹、气孔缺陷。

③ 工艺规范的影响　等离子弧堆焊铜基合金粉末，转移弧电流的大小对焊层质量影响最大。电流过大基体冲淡率增大，易产生"翻铁"现象，电流过小，粉末熔化不良，易造成未焊透缺陷。

④ 辅助措施　铜合金堆焊的实质是钎焊，所以原则上采用弱电规范操作，保证得到最小熔深，甚至没有熔深。在钎焊时，为了改善合金的自熔性和铺展性，通常加一些熔剂。熔剂可以改善合金的流动性，起到脱氧、造渣、保护熔池的作用。

堆焊用铜基合金粉末虽然具有良好的自熔性，但在堆焊时由于各种因素的影响，有时粉末的自熔性并不理想。这时可以加些熔剂来改善堆焊工艺性，加强脱氧、造渣能力，以保证堆焊质量。

熔剂可选用无水硼酸（$Na_2B_4O_7$）或硼酐（B_2O_3）或脱水的 50％硼砂＋50％硼酸（$H_2B_4O_7$）。熔剂参加反应时，是以硼酐的形式参加反应。它的密度很小，可以加在粉末中；也可以另加一个送粉管，将其送入熔池。加入量按重量比加入 2％～3％。应注意的是，所加入的硼砂或硼酸都应该是无水的，即使是结晶水的存在也会影响堆焊质量，易造成气孔缺陷。

某厂等离子弧堆焊铜基合金粉末的工艺参数见表 6-32。

(4) 铁基合金粉末等离子弧堆焊

铁基合金粉末以其价格低，主要性能良好等优点被广泛应用在使用温度低于 450℃，工作介质主要是水、汽、油等弱腐蚀介质的中温中压阀门密封面制造上。

表 6-32 等离子弧堆焊铜基合金粉末工艺参数

产品	型号规格	Z943F-40 DN1000	Z41H-16 DN150	Z41T-10 DN100
	部件名称	阀座	闸板	闸板
	基体材料	25钢	25钢	HT200
合金粉末	牌号	F422	F422	F422
	粒度/目·m^{-1}	60~200	60~200	60~200
转移弧	电压/V	34	32	32
	电流/A	140~160	120~140	120~140
氩气流量	离子气/L·h^{-1}	350	350	350
	送粉气/L·h^{-1}	400	400	400
摆动	频率/次·min^{-1}	40	50	55
	幅度/mm	25	14	12
转台速度/min·r^{-1}		40	3	2.5
送粉量/g·min^{-1}		45	40	40
焊层	高/mm	3	3	3
	宽/mm	30	16	14

阀门密封面堆焊用铁基合金粉末主要有两大类型：一类是铬镍型铁基合金；另一类是铬锰型铁基合金。

这两类铁基合金粉末的综合工艺性能良好。堆焊时可与基体低碳钢材料形成良好的冶金结合层，工艺规范可调范围大。大批堆焊小于 DN100 口径的阀门密封面时，焊前不预热，焊后空冷均不会产生裂纹。

F311、F312 和 F326 铁基合金粉末是我国最早研制成功的铁基铬镍型合金粉末和铁基铬锰合金粉末材料。它们的共同特征是加入了自熔性合金元素硼、硅及钼、钒等合金元素，以获得弥散强化、固溶强化及形成硬质相，获得抗磨组织。F326 靠锰的奥氏体在受力变形时而导致表面强化，进一步提高了抗擦伤性能。而 F311、F312 则不具备这一特征。F326 的抗擦伤性能优于 F311、F312。

F311 与 F312 配套使用，F311 是堆焊闸板密封面材料，F312 是堆焊阀座密封面材料。该合金粉末在我国占有重要的地位，一些铁基铬镍型合金粉末都是在其启示下发展起来的。几种铁基合金粉末化学成分见表 6-33。

表 6-34 为某厂几种产品堆焊铁基合金粉末工艺参数，使用设备为 DP-300 型，堆焊 F311、F321 为"三孔内送粉式"焊枪；堆焊 F326 为 LH 型焊枪。

表 6-33 铁基合金粉末的化学成分及硬度

合金牌号	化学成分（质量分数）/%										硬度 (HRC)
	C	B	Si	Cr	Ni	Mn	W	Mo	V	Fe	
F326	≤0.2	1.0~2.0	2.0~3.0	17.0~19.0	—	—	—	1.5~2.0	—	余	36~45
F311	0.1~0.2	2.0~2.5	2.5~3.5	17.0~19.0	7.0~9.0	1.0~1.5	—	0.8~1.2	0.4~0.6	余	41~46
F312	0.1~0.2	2.0~2.5	2.5~3.5	17.0~19.0	10.0~12.0	1.0~1.5	—	0.8~1.2	0.4~0.6	余	35~40
F327A	0.1~0.18	1.4~2.0	3.5~4.0	18.0~21.0	10~13	1~2	1~2	4~4.5	0.5~1.0	余	36~42
F321	≤0.15	1.3~1.8	0.5~1.5	12.5~14.5	—	—	—	0.5~1.5	—	余	40~45
F322	≤0.15	1.5~2.0	4.0~5.0	21.0~15.0	12.0~15.0	—	2.0~3.0	2.0~3.0	—	余	40~45

表 6-34 等离子弧堆焊铁基合金粉末工艺参数

产品	型号规格	AZ41H-25 DN150	AZ41H-25 DN150	Z42H-25 DN150	H44H-40 DN150	Z41H-25 DN250	Z542H-25 DN300
产品	部件名称	闸板	阀座	闸板	阀瓣	闸板	闸板
产品	基体材料	25 碳钢	25 碳钢	25	25 碳钢	25 碳钢	25 碳钢
合金粉末	牌号	F326	F326	F311	F311	F312	F312
合金粉末	粒度/目·in⁻¹	40~200	40~200	140~200	60~140	60~200	60~200
非转移弧	电压/V	24	24	24	24	24	24
非转移弧	电流/A	100~120	100~120	100~120	100~120	120~150	120~150
转移弧	电压/V	40	40	40	42	42	43
转移弧	电流/A	180~200	150~180	150~180	190~210	230~240	240~260
氩气流量	离子气/L·h⁻¹	400	400	400	400	450	450~500
氩气流量	送粉气/L·h⁻¹	500	450	450	450	550	550~600
摆动	频率/次·min⁻¹	40	50	60	55	40	40
摆动	幅度/mm	10	7	10	16	18	28
转台速度/min·r⁻¹		$3\frac{2}{3}$	$2\frac{1}{3}$	$2\frac{1}{2}$	$3\frac{1}{3}$	6	$6\frac{1}{6}$
送粉量/g·min⁻¹		50	47	45	75	75	90
喷嘴距工件距离/mm		12	10	12	14	16	18
焊层	高/mm	4	4	4	5	5	5
焊层	宽/mm	14	10	14	20	22	32

6.5.2 等离子弧堆焊工艺

(1) 一般要求

① 阀门密封面等离子弧堆焊焊工应通过中华人民共和国劳动部制定的《锅炉压力容器焊工考试规则》基本知识部分的考试，并通过等离子弧堆焊的专业培训及考试合格后持证上岗。

② 堆焊合金粉末材料的化学成分、堆焊层硬度、粒度等均应符合 JB/T 3168《喷焊合金粉末》、JB/T 7744《阀门密封面等离子弧堆焊用合金粉末》中的有关规定。

③ 粉末材料的质量应符合有关技术文件的要求，并附有粉末制造厂检验部门出具的质量合格证书。

④ 每批粉末使用前应进行工艺试验及化学成分复验。化学成分分析方法按 JB/T 3168 和 JB/T 7744 的规定。

⑤ 粉末使用前应进行烘干，烘干时堆积厚度应小于 5mm。烘干温度及保温时间按表 6-35的规定。

表 6-35 粉末烘干温度及保温时间

粉种	烘干温度/℃	保温时间/h
钴基	150~250	0.5~1.5
镍基	150~250	0.5~1.5
铁基	120~250	0.5~1.5

⑥ 烘干的粉末在空气中放置超过 4h 后再使用时应重新烘干，烘干次数最多不能超过两次。

(2) 阀门零件常用基体材料

阀门零件常用基体材料 25、35、WCB、ZG12Cr18Ni9Ti、ZG12Cr18Ni9、ZGCr5Mo、ZG20CrMoV、12Cr13、20Cr13、12Cr18Ni9、12Cr18Ni9Ti、12Cr18Ni12Mo2Ti。

(3) 堆焊工艺

① 堆焊基面（工艺平台）尺寸　根据阀门密封面的不同要求，堆焊基面可以加工成图 6-10 所示 3 种中任一种形状（也可以是品平面），其尺寸见表 6-36。

应用机械切削方法加工堆焊基面，所有过渡处均应为圆角平缓过渡。

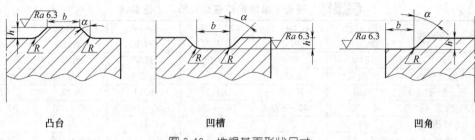

| 凸台 | 凹槽 | 凹角 |

图 6-10　堆焊基面形状尺寸

表 6-36　堆焊基面可以加工尺寸

密封面设计宽度 B/mm	b/mm	h/mm	α	R/mm
≤10	B+(3~5)	1.5~2	30°~45°	1.5~2
>10	B+(3~6)			2~3

注：α 也可为 90°。

② 焊件堆焊前要求　阀门密封面等离子堆焊件不得存在裂纹、气孔、缩孔、疏松等缺陷。堆焊前必须清除油污、毛刺、锈迹及其他杂物。

③ 焊前预热　堆焊铁基粉末当所选粉种及基体材料有预热要求时，则需预热。堆焊钴基、镍基粉末除公称尺寸小于或等于 25mm 的碳钢焊件（不包括深孔小口径焊件）以外均需预热。预热温度根据材料化学成分而定。批量堆焊的零件应在炉中预热。常用基体材料的预热温度见表 6-37，结构刚性大的工件预热温度取上限。预热保温时间根据工件大小及形状而定。

表 6-37　常用基体材料的预热温度

基体材料	焊前预热温度/℃			焊后热处理温度/℃			焊后热处理保温时间/h	冷却方式
	钴基	镍基	铁基	钴基	镍基	铁基		
25	250~300			600~650		300~350		炉冷(小工件可在石灰中冷却)
35								
40	310~350			650~700				
WCB	250~350			600~700				
ZGCr5Mo	400~500	350~400		740~760				
ZG20Cr5MoV	400~550	350~450		700~790				
ZG12Cr18Ni9 (ZG1Cr18Ni9) ZG12Cr18Ni9Ti (ZG1Cr18Ni9Ti)	300~400	250~350		860~880			$H=T/25$ 式中 H——保温时间,h; T——基材厚度,mm	炉内缓冷
12CrMo 15CrMo	400~500			680~710	700~740			
1Cr5Mo	350~400			720~760				
12Cr1MoV、WC6 15Cr1MoV、WC9	400~500			710~750	700~740			
12Cr13(1Cr13) 20Cr13 (2Cr13)	400~500	350~450		700~750	700~760			
12Cr18Ni9 (1Cr18Ni9) 12Cr18Ni9Ti (1Cr18Ni9Ti)	300~350	250~300		860~880				
12Cr18Ni12Mo2Ti (1Cr18Ni12Mo2Ti)	300~400	250~350		860~880 1050~1100				

注：括号内材料为旧牌号。

焊前应检查防护装置，确保安全可靠时才能进行操作。

(4) 堆焊工艺评定

堆焊工艺评定由责任工艺师按 GB/T 22652《阀门密封面堆焊工艺评定》组织进行。凡属下列情况之一者，必须进行工艺评定。

① 初次使用的粉末品种；

② 初次使用的基体材料；

③ 新的产品规格及结构形式。

(5) 通过工艺评定验证拟定下列工艺参数的正确性

① 焊接规范；

② 焊前热处理温度及保温时间；

③ 堆焊层最小厚度、过渡层最小厚度；

④ 焊后热处理温度、保温时间和冷却曲线；

⑤ 必要时修正堆焊基面的形状及尺寸。

工艺评定结果评价应符合 GB/T 22652 的规定。以工艺评定报告（PQR）和评定合格的工艺评定指导书（WPS）为依据，编制生产现场工艺卡片。

(6) 堆焊过渡层

① 在基材为 CrMo 型合金钢的情况下，公称尺寸大于或等于 150mm 时可以堆焊过渡层。

② 过渡层材料应选择防止裂纹产生及改善接头性能的 18-8 型、25-20 型不锈钢焊接材料。

③ 过渡层经机加工后厚度应大于或等于 2mm。

(7) 堆焊过程

① 严格按照经工艺评定合格所提出的工艺规范进行。

② 堆焊应避免在灰尘严重、湿度大于或等于 84% 的环境下进行。

③ 堆焊过程中焊件层间温度不得低于预热温度下限，必要时层间需再次加热。

④ 堆焊高度及宽度应保证密封面加工后符合设计要求，其值应符合表 6-38 规定。

表 6-38 密封面堆焊高度及宽度

公称尺寸/mm	密封面堆焊高度/mm	密封面堆焊宽度/mm
<DN150	≥H+(1~2)	≥B+(3~5)
>DN150	≥H+(1.5~2.5)	≥B+(3.5~6)

注：H 为设计高度；B 为设计宽度。

(8) 焊后热处理

① 堆焊后工件应立即放入炉中按表 6-37 规定进行热处理。

② 使用铁基粉末当所选粉种及基体材料有热处理要求时，则需进行热处理。

③ 使用钴基、镍基粉末堆焊碳钢工件公称尺寸小于或等于 25mm（不包括深孔小口径焊件）可不热处理。

(9) 质量检验

① 堆焊层外观检验

a. 用目视或 5~10 倍放大镜检查，堆焊层表面不得有裂纹、气孔、缩孔、疏松等缺陷。堆焊层侧面不得有未焊透现象。

b. 焊件必须保证几何尺寸，变形在允许范围之内，有足够的加工余量。

② 堆焊层机加工后检验

a. 堆焊面经机加工后用着色探伤方法检查，不得有裂纹、气孔、疏松、夹渣、未焊透等缺陷。一般每批检验数量为 3％，但不少于 10 个。抽检中有一个不合格则再加倍抽样检查。质量要求高的阀门 100％检查。

b. 硬度试验可用产品或标准试样在环形密封面的周向按 JB/T 3169《喷焊合金粉末 硬度粒度测定》进行。硬度值应符合粉末技术条件及产品图样要求。

c. 堆焊工件精加工后堆焊层厚度应不小于 2mm。

(10) 阀门密封面等离子弧堆焊工件图

图 6-11 为等离子弧堆焊阀门密封面的工件实物图。

(a) 中小口径阀座密封面   (b) 耐磨调节阀阀座内密封面

(c) 耐磨偏心球阀半球密封面   (d) 阀瓣密封面

(e) 三偏心蝶阀密封面

图 6-11 等离子弧堆焊阀门密封面的工件实物

6.5.3 常见堆焊缺陷及产生原因

(1) 气孔

气孔产生原因如下：工件表面有锈、油、水等污物；母材含碳量较高，可焊性差；转移弧电流过大，熔深大；保护不良或氩气纯度不高；粉末湿度过大或夹有油污、低熔点杂质；粉末颗粒有空心；母材堆焊表面有缺陷（夹渣、气孔、包砂）；母材表面经化学处理（电镀、气孔、包砂等）。

(2) 夹渣

夹渣产生原因如下：保护不良，焊层表面氧化，清理不彻底而堆焊第二层；粉末混有氧化夹杂物；粉末渣系黏度大，堆焊时流动性不好；工件移动速度过快，致使粉末熔化不完全；母材中有氧化杂质、包砂等缺陷。

(3) 裂纹

裂纹产生原因如下：母材为淬硬性材料或母材焊前为淬硬组织；母材预热或焊后保温处理不当；母材本身存在裂纹、夹渣等缺陷；堆焊金属与母材的热膨胀系数相差悬殊；工件移动速度过快或送粉量过多，堆焊层与基体熔合不良；焊后熄弧收尾时电流衰减不当，形成火口裂纹；粉末基本硬度过高。

6.6 阀门密封面氧乙炔焰喷焊

氧乙炔焰喷焊是合金粉末通过氧乙炔焰加热后喷涂并熔化在金属面上而形成具有特种性能的表面薄层的一种工艺。

氧乙炔焰喷焊工艺克服了金属喷涂涂层多孔、涂层与金属基体黏结力低以及涂层存在内应力等缺陷。氧乙炔焰喷焊具有喷焊层薄而均匀、表面光滑成形好、熔深极浅（<0.05mm）、冲淡率低（<5%）、节省合金材料、喷焊层质量好、效率高、工艺简单和便于推广应用等优点。使用合金粉末作为喷焊材料，可根据不同的使用条件选择相应的喷焊合金粉末，喷焊层厚度可控制在 0.1~1.5mm 之间，而且能进行全位置喷焊操作。

由于氧乙炔焰能率较低，加热大型工件时间较长，因此，这种工艺特别适用于小型零件，如口径小于 DN100 的闸板、阀瓣、阀座等。

氧乙炔焰喷焊设备较简单，主要包括氧气瓶、氧气减压器、乙炔瓶、乙炔减压器、喷涂枪、箱式电炉（工件预热缓冷）、恒温干燥箱（烘干合金粉末用）、无级调速转台和其他附件。

6.6.1 氧乙炔焰喷焊合金粉末

(1) 喷焊用合金粉末

由于氧乙炔焰温度较低，火焰中心的最高温度仅有 3100℃，所以氧乙炔焰喷焊用的合金粉末要有良好的可喷性，粉末纯洁度要高，粒度要细，粉末的颗粒最好为球形。

喷焊用合金粉末必须具备以下要求。

① 良好的"自熔性"。喷焊合金成分中需含有起助熔作用的硼（B）和 Si，形成低熔点共晶体，以降低合金的熔化温度和防止合金熔融时产生偏析。

② 较低的熔点。喷焊合金的熔点需低于基体金属的熔点，当喷焊合金处在熔化状态时，基体金属仅熔化与喷焊层接触的表面薄层，不致引起基体金属熔化过多，喷焊层保持了喷焊合金的固有特性。

③ 良好的"湿润性"。喷焊合金成分中，B 和 Si 的含量都较高，这是因为 B 和 Si 不仅是助熔剂，还是脱氧剂。它能破坏和吸收母材表面的氧化膜，形成一种硼硅酸盐自熔渣，对工件表面起净化作用。同时 B 和硅化铬更易于氧化，形成一种 P 和 Si 的复合氧化物，对合金粉末起自保护作用。这些都有利于用熔融合金对工件表面的"湿润"和焊合，并能得到厚度均匀的喷焊层。

④ 合适的液态流动性。喷焊时熔融合金在工件表面能够流动，但不可漫流，这就要求合金在固相和液相共存温度区间要宽，一般喷焊合金固-液共存的塑性状态温度范围约为100℃，故合金熔融时易于摊开而不致聚缩面凹陷流失。这对圆弧形表面以及任何空间位置

表面的喷焊是很重要的。

⑤ 良好的固态流动性要求粉末颗粒最好呈球形。球形粉末流速快，不会在喷枪送粉系统和孔道内结塞，也便于控制粉末送给量。氧乙炔焰喷焊要求合金粉末颗粒度≤150目/in（最大直径0.1mm），表面光亮无氧化、夹杂，并且喷焊前需经150℃烘干1h。

⑥ 喷焊合金与基体金属之间要有一种能形成冶金结合的亲合力，喷焊层要能够保护基体金属。

氧乙炔焰喷焊用合金粉末有镍基、钴基、铁基、铜基合金。用于阀门密封面堆焊的氧乙炔焰喷焊合金粉末的化学成分和硬度见表6-39。

表 6-39 用于阀门密封面堆焊的氧乙炔焰喷焊合金粉末的化学成分和硬度

合金类型	牌号	化学成分(质量分数)/%								硬度(HRC)
		C	Cr	Si	B	Fe	Ni	W	Co	
镍基	F101	0.3~0.7	8.0~12	2.5~4.5	2.0~3.0	≤4	余	—	—	40~45
	F102	0.6~1.0	14~18	3.5~5.5	2.5~4.5	≤5	余	—	—	50~60
钴基	F203	0.7~1.3	18.0~20.1	1.0~3.0	1.2~1.7	≤4	11.0~15.0	7.0~9.5	余	35~45
	F204	1.3~1.8	19.0~23.0	1.0~3.0	2.5~3.5	≤5	—	13.0~17.0	余	≥55
铁基	F311	0.1~0.2	17.0~19.0	2.5~3.5	2.0~2.5	余	7.0~9.0	V 0.4~0.6 Mn1.0~1.5 Mo0.8~1.2		41~46
	F312	0.1~0.2	17.0~19.0	2.5~3.5	2.0~2.5	余	10.0~12.0	V 0.4~0.6 Mn1.0~1.5 Mo0.8~1.2		41~46
铜基	PHCu200A	Mn0.2~1.2	≤0.1	1~3	0.8~1.8	≤5	12~18	—	Cu 余	229
	PHCu200B	Mn0.2~1.2	≤0.1	~3	0.8~1.8	≤10	12~18	—		207~219

(2) 基体材料

选择基体材料时，首先应该考虑的是基体材料与喷焊合金之间线膨系数不能相差太大、基体金属在冷却过程中不能有明显的相变应力以及基体金属的熔点需高于喷焊合金的熔点等。

以下各类材料均可采用氧乙炔焰喷焊工艺：含碳量在0.4%以下的碳素钢、碳-锰钢；普通低合金钢和合金结构钢（铬钢、铬钒钢、钼钢、铬钼钒钢）；奥氏体不锈钢、奥氏体-铁素体不锈钢；灰铸铁、球墨铸铁、可锻铸铁及紫铜。

但有些材料因熔点低等原因不宜采用氧乙炔焰喷焊，这些材料有：Al、Mg及其合金；黄铜和青铜；高镍铬和高镍铬钼特殊合金钢。

6.6.2 喷焊工艺

(1) 工件准备

堆焊表面预先经机械加工，表面粗糙度达$Ra12.5\mu m$，或采用喷丸处理（不可采用喷砂处理，以防工件表面黏附硅砂尘）。工件表面不得有油、水、锈迹等污物。工件表面机加工后可涂防锈油，在喷焊前需用酒精或丙酮进行去油处理。所有待喷焊表面的棱角均需倒圆，

至少加工成 $R \geqslant 0.8mm$ 的圆角。过渡面应平滑，避免基体表面局部过熔及喷焊层在交界面上剥落。当工件表面硬度 $\geqslant 30HRC$ 时，喷焊前需经软化处理。对于经电镀、渗碳、氮化等表面处理过的工件，喷焊前亦需去除表面层。工件表面如有孔、键槽或凹槽等，喷焊时要用碳精块塞满，防止粉末溅入。塞块顶面需与喷焊后的平面一样高，待在磨削到需要尺寸时再将塞块取出。喷焊区域附近的工件表面下可涂一层有机硅溶液（如硅油 201），使射出的粉末不致黏附在非喷焊表面上，同时可保护工件表面免受氧化。

（2）工件预热和缓冷

喷焊工件的焊前低温预热和焊后缓冷措施是十分必要的。但预热温度不可过高，以免工件表面生成氧化膜，致使喷焊无法进行。

喷焊低碳钢和低合金钢（含碳量在 0.25％以下）小件时，仅用焊矩加热待焊表面即可。

对于含碳量在 0.25％～0.40％的碳钢和合金结构钢，焊前需预热至 250～400℃，焊后缓冷。

一般喷焊工件焊后应放入干燥的石棉粉中缓慢冷却。对低合金钢，需用焊后加热来控制冷却速度，以消除内应力，通常工件焊后放入加热炉，随炉冷却。

马氏体不锈钢和高速钢喷焊时，由于奥氏体转变为马氏体而伴随产生极大的相变应力，使喷焊层有龟裂的危险。因此喷焊后需进行等温退火，以促使马氏体分解为其他组织（如铁素体），或者是控制喷焊后的冷却速度，使奥氏体转变为马氏体以外的某一种组织。

焊件较大时，要将工件进行足够的预热，以保证涂层与基体表面达到喷焊温度。喷焊工件内径表面的空心轴类工件时，常预热至 250～300℃，以减小喷焊层与基体之间的热膨胀应力，喷涂后应立即进行重熔。

（3）火焰调节

点火前先将喷焊枪氧气阀旋开，放出少量氧气，此时焊枪乙炔气接头（乙炔阀旋开，乙炔气胶管未接上）应有一股不大的抽吸气流。关闭乙炔阀，扣下送粉扳机，在枪体粉斗接头处（粉斗未装上）亦应有一股较大的抽吸气流，说明焊枪射吸情况正常。

根据喷焊枪的性能要求，调节气体减压器，分别将氧气的乙炔气压力调至规定的压力范围之内。先把焊枪氧气阀慢慢打开，再旋开乙炔阀，按常规点火后即得氧-乙炔火焰。喷焊结束时应将焊枪氧气、乙炔气渐渐调小，然后先关乙炔阀，后关氧气阀，以免产生碳化物黑灰飞物和放炮声。

喷焊火焰须采用中性焰。有时为了借助碳化物的形成来实现二次硬化，这种火焰是稍微增碳的，即以中性焰为基础带有轻微的碳化焰。应绝对防止在氧化焰中喷焊，否则将引起喷焊层产生夹渣的微气孔，而且还会阻碍喷焊层与工件表面的熔合。

（4）操作过程

氧乙炔焰喷焊操作包括合金粉末喷涂和重熔两个过程。

首先调节喷枪火焰至轻微的碳化焰后，利用焊枪火焰先稍微预热工件表面，待工件表面达到适当的预热温度时，将喷枪抬高，使焊嘴与工件表面保持 100～150mm 的距离，火焰垂直于工件表面。然后扣下送粉扳机，粉末从喷嘴穿过火焰被加热并射向工件表面。此时焊枪缓慢向前移动（或工件匀速转动），达到一定厚度时，松开送粉扳机停止送粉，形成合金粉末喷涂层。再将焊枪徐徐放低，同时调好火焰，保持焊嘴与工件涂层表面距离为 20～30mm。火焰与工件表面夹角 60°～70°，采用左焊法加热涂层，熔化了的涂层能湿润工件表面并与被加热至熔化或半熔化状态的工件表面薄层形成冶金结合（即熔合）。

6.6.3 喷焊缺陷及防止措施

（1）喷焊层剥落

喷焊层剥落现象多数是在机械加工过程中发现。主要原因是涂层重熔操作速度过快，基体表面并未加热到熔化或半熔化状态，喷焊层与工件表面不能形成冶金结合，而是分子间的黏附连接。另外，工件预热温度过高，表面生成氧化薄膜；工件表面准备不合格，涂层厚度不均以及喷焊合金脆性大，熔点过低等都会造成喷焊层与基体假焊合，导致喷焊合金剥落。

对于喷焊层局部剥落的工件，可按工艺要求先将喷焊层重熔一遍，再喷焊至所需的厚度。喷焊层剥落严重时需车掉，重新喷焊。

(2) 喷焊层裂纹

常见的喷焊层断裂和龟裂大部分发生在冷却过程中，也有发生在使用过程中。裂纹很少向母材扩展。产生裂纹的原因是喷焊合金与基体金属的膨胀系数相差太大，焊前预热温度太低和焊后冷却速度太快。

防止喷焊层裂纹的方法除采取前述的预热和缓冷措施外，必要时可在基体表面堆焊或喷焊一层塑性较好的材料作为过渡层。

工件焊后产生裂纹时允许将工件重新预热后再重熔一遍，熔化要彻底。预热温度可适当提高，一般为 400~500℃。

(3) 喷焊层气孔

工件表面有氧化膜、铁锈、油污或喷涂时工件表面和合金粉末受到氧化等都会使喷焊层产生气孔。所以工件待焊表面需保持干净，喷涂时要严格掌握好火焰的性质。

工件表面过热或过分熔化的结果还会引起喷焊层翻泡。这时要把火焰快速移开，使熔池及工件表面温度降低，随后再重新熔化一遍，促使喷焊层内气体逸出。

喷涂层重熔过急或火焰骤然接近涂层表面，使涂层内气体来不及逸出时也会形成气孔。

(4) 夹渣

夹渣的产生与重熔操作有关。重熔时火焰移动速度过快，熔渣未完全浮出，而熔池已凝固形成夹渣。

工件表面的氧化杂质会直接阻碍喷焊层合金与基体的熔合，往往在熔合线上出现不连续的链状夹渣。这些夹渣用浮渣法是很难排除的，因此，工件待焊表面应严格按前述条件进行准备处理。

6.7 热丝 TIG 堆焊

6.7.1 概述

在碳钢阀体内壁堆焊特殊合金降低了阀门的材料成本，提高经济效益，是当今阀门制造企业趋势。在天然气钻采中，由于含有高硫，用碳钢基体将流程润湿表面堆焊硬质合金已经得到广泛应用。如我国普光气田接触高硫工况的阀门，均要求采用碳钢堆焊 Inconel 625 的工艺。

由于空间结构限制，传统的手工焊和埋弧自动焊无法实现在阀门内壁堆焊。因此采用钨极氩弧焊配上加长焊枪再配合自控系统来实现阀门内壁复杂形状堆焊。

热丝 TIG 焊接工艺是一种高效、低耗、优质的焊接工艺方法，对于同壁厚、同直径的产品，焊缝面积明显减小，从而缩短了焊接时间，提高了生产效率。由于焊接热输入小，焊接接头冲击韧性好，焊后残余应力低，焊缝中氢含量少，发生焊接裂纹的可能性降低；由于焊缝体积小，所以焊接收缩量小，焊接变形较小。

热丝 TIG 焊与传统焊接工艺方法相比，是一种具有相对竞争优势的焊接工艺方法，其焊接接头具有更小的焊接变形、更低的残余应力、更高的抗腐蚀性能，能得到无裂纹接头，具有优异的接头机械性能和焊缝质量。

6.7.2　热丝 TIG 焊原理

填充焊丝在进入熔池之前约 10cm 处开始，由加热电源通过导电块对其通电，依靠电阻热将焊丝加热至预定温度，与钨极成 $40° \sim 60°$ 角，从电弧后面送入熔池，这样熔敷速度可比通常所用的冷丝提高 2 倍。

6.7.3　堆焊操作面分析

阀门内壁形状大致相似，尺寸各有不同，为了完成内壁堆焊，需用不同种类的焊枪（直柄 0° 焊枪，90° 焊枪，45° 斜枪等）。具体施焊过程，则需将内壁形状分门别类，用特定的枪完成特定的工作。

(1) 中间孔

阀门中间孔（如图 6-12 所示），若将中间孔壁展开，即形成如图 6-13 所示的展开图，图 6-13 中间的平行横线即为焊道，所有的焊接过程，均循焊道行走。为准确地在内壁焊上堆焊焊道，部分基本参数需设定（除焊接参数，仅指运动参数）。

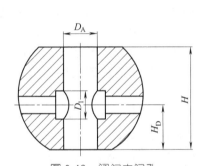

图 6-12　阀门中间孔

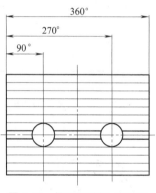

图 6-13　阀门中间孔展开图

① 孔径：如图 6-12 中的 D_A；
② 焊接高度：如图 6-12 中的 H；
③ 相贯孔的高度：如图 6-12 中的 H_D；
④ 相贯孔的孔个数：图 6-12 中出示为 2 个；
⑤ 相对于旋转零位，其相贯孔的位置（度数 0°～360°），如图 6-13，常用有 90°、270°；
⑥ 相贯孔的直径，如图 6-12 中 D_1 所示，各个孔径可以不相同。

以上所列为理论正确的尺寸，在实际操作中会存在很多的误差，当误差足够大时，会影响焊接质量，主要误差及处理方法如下：被焊孔 D_A 的中心与焊枪的旋转中心必须重合。首先是在 D_A 孔的周边，相隔 90° 碰一次工件，计算误差，移动焊枪旋转中心，与工件圆心重合；其次要调整 D_A 孔的轴线，与焊枪的旋转轴线重合，目前的调整方式是使用焊枪碰工件端面四次，碰点相隔 90°，待显示四点的高度差，以供操作人员调平整工件，此方法的使用依据是端面与孔垂直。若希望以其他方式测试工件水平，也可协调确定（图 6-14）。

相贯孔的位置偏差：相贯孔的中心线理论上均应过中心圆孔的中心，若加工误差相对较大时会发生如图 6-15 偏差，此时可以用焊枪触碰孔壁左右，用以确定相贯孔的具体位置，确定后即可自动修正误差。

(2) 过道孔

过道孔分三个焊接面：过道孔台阶；过道孔环平面；过道孔直管段。

① 过道孔台阶展开图如图 6-16 所示，图 6-16 中横线为焊道。

② 过道孔环平面：一圈一圈地焊接，如图 6-17 所示。

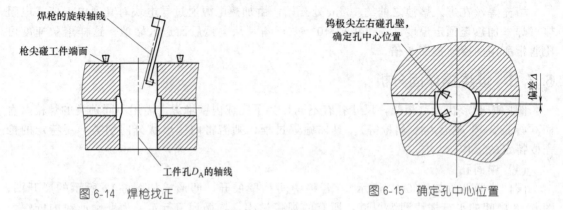

图 6-14　焊枪找正　　　　　　图 6-15　确定孔中心位置

③ 过道孔直管段，其焊接方法有步进法和螺旋道法。

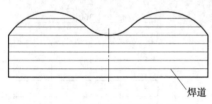

图 6-16　过道孔台阶展开图

6.7.4　焊接方法

焊接方法如图 6-18 所示，一圈一圈地焊接，当焊接到中心比较小的直径时，改成水平横线，一道一道焊，可防止出现中心小圆孔不能焊接的情况。但堆焊层比较厚的情况下，可能会妨碍送丝而无法焊接，因此单层焊不能太厚。

图 6-17　环状端面

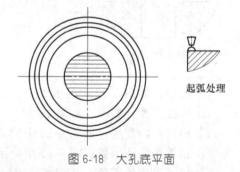

图 6-18　大孔底平面

焊接过程中需要变换焊枪的角度，90°，45°，0°都要用到。目前的方法是换枪，因为尺寸限制，自动转枪无空间。

系统在整个焊接过程中实时记录当前的焊接状态，因故停止后，按相应的操作可自动回到停止点继续焊接，无论是人为停止，还是突然掉电停止。

收起弧处理：凡收起弧均可调整原地送丝时间用以将工作边缘堆起，尽量减少人工补焊。

6.7.5　磁偏吹

热丝钨极氩弧焊时，由于流过焊丝的电流所产生磁场的影响，电弧产生磁偏吹而沿焊缝作纵向偏摆。为此，用交流电源加热填充焊丝，以减少磁偏吹。在这种情况下，当加热电流不超过焊接电流的 60% 时，电弧摆动的幅度被限制在 30°左右。为了使焊丝加热电流不超过焊接电流的 60%，通常焊丝最大直径限为 1.2mm。如焊丝过粗，由于电阻小，需增加加热电流，这对防止磁偏吹是不利的。

6.7.6　焊接专机

该设备主要由底座、立柱、XY调中心滑架、回转机头、送丝机、焊枪、水电气总成等部件组成。可上下升降，可随立柱作±180°回转，立柱的升降通过滚珠丝杆等传动机构电动上下移动，数字化高精度控制器，实现多轴控制下的焊接过程自动化。为了获得稳定的焊接过程，主电源采用低频脉冲电源。在基值电流期间，填充焊丝通入预热电流，脉冲电流期间焊丝熔化。这种方法可以减少磁偏吹。脉冲电流频率可以提高到 100Hz 左右。另外用一台焊接电源来替代焊接电源和附加预热电源。采用一台高速切换的开关电源，以很高的开关频率来熔化和预热焊丝，获得二者统一。

参考文献

[1]　沈阳高中压阀门厂. 阀门制造工艺. 北京：机械工业出版社，1984.
[2]　苏志东等. 阀门制造工艺. 北京：化学工业出版社，2011.
[3]　高清宝. 阀门堆焊技术. 北京：机械工业出版社，1994.
[4]　高荣发. 热喷涂. 北京：化学工业出版社，1992.
[5]　JB/T 7744—1995　阀门密封面等离子弧堆焊用合金粉末.
[6]　金蓓华. 钴基合金的堆焊. 江西能源，2004，(2)：27-29.

第 **7** 章 Chapter 7

热喷涂技术在阀门密封面上的应用

以一定形式的热源，将粉状、丝状或棒状喷涂材料加热至熔化或半熔化状态，同时用喷射气流使其雾化，喷射在经过预热处理的零件表面上，形成喷涂层的一种工艺方法称为热喷涂，简称喷涂。喷涂层与基体之间以及喷涂层微粒之间形成机械结合，或微观冶金结合。

7.1　热喷涂工艺及材料

7.1.1　热喷涂工艺的分类

热喷涂工艺按使用的热源可分为等离子弧喷涂工艺、氧乙炔焰喷涂工艺以及电弧喷涂工艺。

（1）等离子弧喷涂

等离子弧的温度高达 30000K，可熔化任何金属材料和陶瓷材料。等离子弧喷涂工艺需将填充粉末送入等离子弧中，使其处于熔化或半熔化状态后，以高速喷射至工件表面上，形成涂层。它采用非转移电弧，工件表面不熔化，使用工作气不仅有氩气，还有使用氢气和氮气。

等离子弧喷涂突出的优点是涂层质量好，结合强度高。例如 Al_2O_3、ZrO_2、WC 等陶瓷材料采用等离子弧喷涂可获得性能优异的涂层，而采用氧乙炔焰喷涂工艺却无法完成。等离子弧喷涂的缺点是设备昂贵，喷涂工艺要求极为严格，工作时噪声较大，污染空气，为解决污染问题需较大投资。

（2）氧乙炔焰喷涂

氧乙炔焰喷涂与氧乙炔焰喷焊一样，将填充粉末送入喷枪的火焰中，使其处于熔化或半熔化状态，然后以一定的速度喷向工件，形成涂层。它与二步法喷焊不同，该工艺只是喷涂粉末，而不是重熔。它主要用于增加零件表面尺寸，形成强化涂层。

由于氧乙炔焰温度较低，它只能喷涂自熔性合金材料，而不能喷涂陶瓷材料。

喷涂工艺设备与氧乙炔焰喷焊设备一样，投资少，见效快，容易掌握。

（3）电弧喷涂

将通电的两根金属丝，在喷枪的出口处燃起电弧，将其熔化，然后用压缩空气将熔化的金属喷向工件，形成强化涂层。

电弧喷涂采用的是自由电弧，工作气是自然界的空气，并采用价格很低的金属丝作为填充材料。电弧喷涂既不用价格较高的氩、氢、氮及乙炔、氧气等，又不用合金粉末，所以综合成本很低。

电弧喷涂的不足之处是金属蒸气及金属氧化物对环境污染很严重，这正是它长时间不能推广的重要原因。

以上3种工艺方法综合对比如表7-1所示。

表 7-1　3种热喷涂工艺方法对比

工艺方法	投资/万元	涂层材料价格/(元/kg)	工资/(元/h)	质量	污染
等离子弧喷涂	4~8	25~250	100~200	优	强
电弧喷涂	1~2	1~4	1~5	优	强
氧乙炔焰喷涂	0.1~0.5	25~150	50~100	良	次

7.1.2　热喷涂工艺的优缺点

（1）可喷涂的特殊功能涂层

对硬面脆性材料、非金属陶瓷材料、复合材料等，用焊接方法强化零件表面是不可能的。陶瓷材料与基体的热膨胀系数不同，焊接时形成焊接应力，导致裂纹缺陷；非金属材料不能形成焊接熔池，无法进行冶金反应；复合材料即使有的可形成焊接熔池，但已失去复合材料的性能。热喷涂工艺恰恰可以完成这些材料的喷涂。强化零件表面，使之抗磨、抗热、抗蚀、隔热、绝缘等，这正显示了它突出的优越性。

（2）工件热变形小，无组织改变

热喷涂时基体金属基本上不加热，因而工件不变形，基体金属组织不转变。即使是氧乙炔焰喷涂，工件也只预热到150℃，对一般钢也不会引起工件变形与组织转变，也不会降低基体的强度，而这些是焊接工艺无法解决的。

（3）粉尘多和噪声较大

热喷涂工艺在操作时，会产生较多的粉尘，噪声也较大，这是它的缺点。但若采取适当的净化及消声措施，这些缺点是可以克服的。

（4）气孔

涂层是由熔化或半熔化的粒子叠加而形成的，所以一般涂层均有气孔。有些工作条件可利用涂层的多孔性，使之起到绝热的作用；有的利用涂层的孔隙可含油而起润滑作用。涂层的孔隙容易渗漏介质，所以用在阀门密封面上应采取必要的措施。

（5）与基体的结合强度低

由于涂层与基体的结合是机械结合，不像堆焊焊道，基体与焊层之间呈冶金结合，所以结合强度不高，在交变载荷作用下涂层容易脱落。

阀门工作者所担心的密封部位泄漏，涂层脱落以及环境污染是这种工艺不能很快推广的主要原因。随着技术进步，增效复合材料、自黏结合金粉末的研制成功，如镍包铝、镍铬包铝等材料以及封孔技术的应用，使阀门工业已逐步开始采用热喷涂技术。

7.1.3　热喷涂材料

热喷涂所用材料按其组成元素可分为以下4种类型。

（1）金属及合金

具有单独使用性能的纯金属及其合金均可作热喷涂材料，如难熔金属钨、钼；用于防腐的锌、铝、不锈钢；导电、减磨、装饰用的铜及其合金等。

（2）自熔性合金

包括各种铁基、镍基、钴基等合金粉末材料。

（3）陶瓷材料

包括金属氧化物、碳化物、硼化物、氮化物和硅化物。陶瓷一般都是高熔点材料。

（4）复合粉末

这种材料由两种或两种以上的材料混合而成。两种材料可以是性质完全不同的材料，在性能上可以互相补充；也可是性质相近的材料，以获得某些特殊性能。

① 镍包铝复合粉末　目前应用最广的复合粉末是镍包铝复合粉末。它以铝为核心，在其外面包覆一层镍，一般均为球状颗粒，粒度为 $160\sim400$ 目/in。按镍铝组成的重量比（Al/Ni）不同可分为 80/20、90/10、95/5 三种。

镍包铝复合粉末经等离子弧喷涂后将形成 $65\%\sim75\%$ 的 Ni_3Al、$10\%\sim20\%$ 的 $NiAl$，其余为少量的镍和铝。Ni_3Al 硬度 $450\sim500HV$，$NiAl$ 的硬度 $530\sim620HV$，涂层的宏观硬度为 $20\sim25HRC$，密度为 $6g/cm^3$。当铝粉在熔化温度 660℃ 附近时，熔融的铝和镍产生剧烈的化学反应，生成铝镍金属间化合物 Ni_3Al 和 $NiAl$，并发出大量的热量。这种化学反应热，可以对基体表面和粉粒起补充加热作用，使熔融粒子与薄层熔融的基体形成微观冶金结合。这是镍包铝粉末喷涂层具有优异的自黏结性能的基本原因。辉光光谱分析证实，在涂层与基体的界面处，存在一层约 $10\sim20\mu m$ 的过渡扩散层。

用镍包铝复合粉末喷涂的涂层通称为镍铝涂层，也称为铝化镍涂层。该涂层外表面十分粗糙，它提供了一个理想的、可以连接其他喷涂材料的表面；在 $25\sim535℃$ 时其膨胀系数为 $12.6\times10^{-6}/℃$，与大多数钢的膨胀系数接近，介于金属与陶瓷涂层的膨胀系数之间，是一种理想的中间过渡层材料。

镍铝涂层由于含有金属间化合物 Ni_3Al 和 $NiAl$，特别是 Ni_3Al 与镍基体 γ 相具有共格结构，熔点高，高温强度好，韧性好，化学性能稳定。因此镍铝涂层抗高温，抗氧化，抗多种熔融金属侵蚀，且抗磨。

镍铝涂层由于具有优异的自黏结能力，因此镍铝涂层的抗拉强度相当高，在沉积面的垂直方向测定，火焰喷涂时其抗拉强度为 $36.5\sim39.5MPa$，等离子弧喷涂时为 $175.0MPa$。镍铝涂层致密无孔，具有很好的气密性，例如：厚 0.25mm 的涂层，在室温下用 0.105MPa 压力氮气作密闭性试验，未发现漏气。涂层厚度增至 0.64mm，氮气压力达到 0.32MPa 时仍观察不到漏气现象。

镍铝涂层本身也相当抗磨，具有相当好的抗擦伤性能。因此在不需要使用像 WC 那样高硬度的场合，镍铝涂层本身也可直接作抗磨的工作涂层。

将镍包铝复合粉末与 Al_2O_3、ZrO_2、Co/WC（钴包碳化钨）等粉末按不同的比例制成合金陶瓷型复合粉末，既可保持 Al_2O_3、ZrO_2、陶瓷材料的抗高温、隔热以及 Co/WC 的抗磨特点，又能充分发挥镍铝涂层强度高、黏结性好、涂层致密的优点。而且镍包铝粉末在陶瓷涂层的孔隙中起焊合密封作用。因此这类合金陶瓷涂层能承受更强的热冲击和机械冲击，具有更好的抗磨、抗腐蚀和抗高温氧化的性能。

镍包铝复合粉末制成的涂层的一个严重不足之处是在碱性、酸性及中性盐和水溶液，即电解质中不抗腐蚀。由于镍铝涂层含有两种不同的金属间化合物 Ni_3Al、$NiAl$ 以及少量的游离镍和游离铝，因此在有电解质溶液的情况下，具有不同电极电位的涂层，各组分及颗粒之间就不可避免地发生电化学腐蚀。这就大大地限制了这种材料的应用。

镍包铝复合粉末推荐作下述材料的自黏结底层材料：全部普通钢、不锈钢；淬火的合金钢、氮化钢、蒙乃尔合金、铬镍合金；铸铁、铸钢；镁、铝、钛和科伐尔合金（Fe-Ni-Co 膨胀合金）及铌。不推荐作铜合金、铜和钨的黏结底层材料。

② 镍铬包铝复合粉末　镍铬包铝（NiCr/Al）复合粉末是在镍铝复合粉末基础上发展起来的，具有与基体更高的结合强度，与镍铝涂层相比，在加热到 900℃ 时其结合强度仍有（23±8.1）MPa，其黏结强度降低得最少。这种涂层具有更好的热稳定性，在 900～1000℃ 的空气中，经 5h 抗氧化试验后，试样增重仅为 3.72～7.0mg/cm²；而后，氧化速率便显著降低。

该涂层的热膨胀系数 13.5～20.0×10⁻⁶/℃，与耐热钢和耐热合金的膨胀系数几乎相同。这些优异的综合性能——高温下的黏结强度，热稳定性和膨胀系数等，使它成为用于高温条件下仍具有优异综合性能的黏结底层、中间过渡层和抗热抗氧化防护涂层的重要材料。

7.2　镍包铝合金粉末在大型低压蝶阀上的应用

镍包铝复合粉末的自黏结性能，使它与铸铁结合达到比较高的强度。它所具有的抗磨、抗蚀性能引起阀门工作者的关注。某厂采用等离子弧喷涂工艺，成功地将它应用于大型低压蝶阀的密封面制造。

7.2.1　镍铝密封面的主要性能

针对蝶阀对密封面性能的要求，对等离子弧喷涂镍铝涂层进行了研究，喷涂工艺参数见表 7-2，喷涂粉末成分及要求见表 7-3。

(1) 涂层与基体的法向结合强度

① 测定方法及结果　用两个直径 φ20mm、长 60mm 的 HT200 铸铁试棒，端面用丙酮脱脂，经喷砂处理后，喷涂试验粉末，然后用 E-7 树脂胶对接，经 100℃、3h 固化后，在拉伸试验机上测定断裂强度，测定结果见表 7-4。

表 7-2　等离子弧喷涂工艺参数

参　　数	规定值
工作电流/A	260～300
工作电压/V	70～81
送粉氮气流量/m³·h⁻¹	0.3～0.4
工作氮气流量/m³·h⁻¹	1.3～2
送粉量/g·min⁻¹	30～60
喷涂距离/mm	120～140
转台速度/r·min⁻¹	32～40
摆动速度/mm·min⁻¹	120～130
冷却水压/MPa	0.2

表 7-3　喷涂粉末成分及要求

粉末名称	粉末粒度/目·in⁻¹	化学成分/%										
		C	Ni	B	Si	Al	Sn	Zn	Pb	Cr	Cu	Fe	其他
镍包铝		0.157	79.6	—	—	18.5	—	—	—	—	—		1.8
Fe-04		0.63	23	2.2	3.5	—	—	—	—	16.5		余	
锡青铜 ZCuSn6	180～320	—	—	—	—	—	8	6	3	—	余	—	
Zn6Pb3													

表 7-4　　试验材料拉伸试验结果

序号	涂层材料	表面预处理	涂层厚度/mm	断裂压力/MPa 单件	断裂压力/MPa 平均	试样断面情况
1	镍包铝	丙酮脱脂，喷石英砂	0.5 / 0.4 / 0.46	53 / 37 / 61.2	50.2	胶层均被拉开
2	Fe-04		0.68 / 0.54 / 0.5	25 / 35 / 37	32.3	涂层底部被拉开
3	复合涂层：0.1mm镍包铝＋Fe-04		0.3 / 0.3 / 0.34	18 / 35.4 / 16	23	涂层均被拉开
4	锡青铜		0.26 / 0.25	5.4 / 4.3	49	涂层均被拉开

② 结合强度与涂层厚度关系　将镍包铝与 Fe-04 粉喷涂试样，按上述方法测定结合（断裂）强度，其结果见图 7-1。

③ 表面处理方法对结合强度的影响　表面处理方法对结合强度的影响见表 7-5。

表 7-5　　表面处理方法对结合强度的影响

序号	涂层材料	涂层厚度/mm	表面预处理	抗拉强度/MPa	试件破坏状态
1	镍包铝	0.45	喷砂	50.4	胶层被拉开
		0.55	粗车	35.6	胶层被拉开
2	Fe-04	0.57	喷砂	31.6	胶层被拉开
		0.75	粗车	16.5	胶层被拉开
3	锡青铜	0.46	喷砂	4.5	胶层被拉开
		0.83	粗车	无	脱落

喷砂处理与粗车处理的表面相比，结合强度高。喷砂的表面去除了基体表面氧化膜，更有利于基体表面的活化，增加了结合强度。

(2) 涂层与基体的切向结合强度

测定方法：在试样 $\phi20mm$ 外径上端，采用脱脂喷砂的表面处理方法，喷涂宽 10mm 的涂层（见图 7-2），在涂层上平行于轴向开一槽宽 1mm，深为涂层厚度，用来释放收缩应力。试验结果见表 7-6。

表 7-6　　涂层与基体的切向结合强度

序号	涂层材料	涂层厚度/mm	切向强度/MPa 单件	切向强度/MPa 平均
1	镍包铝	1.06 / 1.11 / 1.03	29.7 / 33.8 / 34.5	32.7
2	Fe-04	0.69 / 0.75 / 0.57	27 / 37 / 14.8	26.3
3	复合涂层	0.64 / 1.15 / 1.3	21.8 / 30 / 35	34

（3）涂层抗拉强度

试验方法如图 7-3 所示。试件 2 和试件 4 为滑配合组装试验，试验结果见表 7-7。

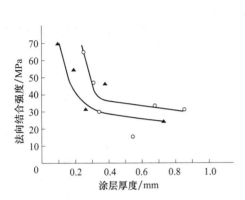

图 7-1　法向结合强度与涂层厚度的关系

○—镍包铝；▲—Fe-04

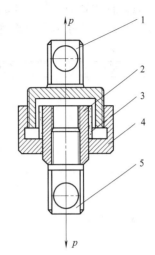

图 7-2　测定切向结合强度

1,5—拉杆；2—试样；3—喷涂层；

4—拉模

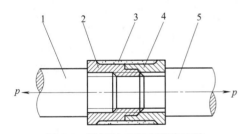

图 7-3　涂层抗拉强度测定方法

1,5—拉杆；2,4—试样；3—喷涂层

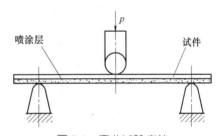

图 7-4　弯曲试验方法

表 7-7　抗拉强度试验结果

序号	涂层材料	涂层厚度/mm	切向强度/MPa	
			单件	平均
1	镍包铝	0.94	114	108
		0.4	115	
		0.74	92	
		0.4	111	
2	Fe-04	0.55	14	170
		1.75	20	
		0.43	172	
3	铝青铜	0.34	11.7	22.3
		0.375	32.8	

（4）抗弯曲性能

蝶阀的基体是铸铁，应在铸铁上喷涂涂层后进行抗弯性能试验，但因铸铁不能弯曲，用长 140mm、宽 20mm、厚 3mm 的 Q235 钢板作坯料，按上述试棒同样工艺喷涂试样，试验方法如图 7-4 所示，试验结果见表 7-8。

由试验结果可见，涂层薄，抗弯性能好，镍包铝比 Fe-04 抗弯性能好。

(5) 抗擦伤性能

试验在 CJ-11 直动式擦伤试验机上进行，试验结果见表 7-9。

观察试样表面，在 60MPa 的比压下，镍铝涂层擦痕呈抗擦伤状；往复次数较高，往复 600 次后也没有涂层脱落迹象。

表 7-8　涂层抗弯曲性能

涂层材料	涂层厚度/mm	弯曲角度/(°)	弯曲尖角裂纹情况
镍包铝	0.15	74	龟裂
	0.15	98	龟裂
	0.3	112	龟裂
	0.3	87	无裂
	0.5	62	龟裂
	0.5	54	龟裂
复合涂层	0.15	33	龟裂
	0.15	52	龟裂
	0.2	30	龟裂
	0.3	10	龟裂
	0.5	34	龟裂
	0.5	21	裂

表 7-9　涂层抗擦伤试验结果

序号	涂层材料		试块硬度（HV₁₀）		试验比压/MPa	往复次数/次	表面状况
	动块	定块	定块	动块			
1	镍包铝	镍包铝	203	237		600	未擦伤
			199	257		67	擦伤较深
			213	313		50	
2	复合涂层	复合涂层	255	220	60	600	未擦伤
			193	232		13	加载不均
			220	250		23	擦痕浅
3	ZHMn58-2-2	ZHMn58-2-2	HB81	HB80		30	擦伤 3 次
			81	78		13	开始
			80	85		8	
4	镍包铝	ZHAl68-4-3-2	130	220		12	
			150	198		6	
5	镍包铝	ZHMn58-2-2	81	190	250	3	痕迹很浅,镍包铝
			87	165		4	未破坏,表面有
6	复合涂层	ZHAl68-4-3-2	150	250		8	铜合金磨屑
			150	205		10	
7	复合涂层	ZHMn58-3-2	90	300		4	
			95			5	

(6) 抗蚀性试验

等离子喷涂层的抗腐蚀性能取决于涂层材料的抗腐蚀性能和涂层致密程度。由于涂层的多孔性，腐蚀介质有可能通过涂层的边缘或孔隙浸蚀基体表面，造成涂层脱落。因此喷涂件的抗蚀性主要取决于涂层材料的抗蚀性、涂层孔隙率和涂层厚度。

① 大气暴晒试验　将等离子弧喷涂的镍铝密封面蝶阀放在大气中，经雨水、空气浸蚀 3～5 年未发现异常。

② 常温浸泡腐蚀性试验　用 HT200 灰铸铁试棒加工直径 $\phi40mm$、高 10mm 圆片。在圆片的一面喷涂不同材质和厚度的涂层。涂层表面磨削至粗糙度 $Ra0.8\mu m$。放入几种腐蚀介质溶液中浸泡。定期检查腐蚀性况。试验结果见表 7-10，由表可见：镍铝涂层厚度大于

0.15mm，在水和 3％ 盐中有较好的抗蚀能力；在常温下试验 3 种材质的涂层厚度大于 0.15mm 时在 40％ 的 NaOH 溶液中也具有一定的稳定性；镍铝涂层在 2％ 的 H_2SO_4 溶液中腐蚀率比在 3％ 的 HCl 溶液中慢得多。

(7) 缺陷检查

涂层经放大 500 倍进行金相组织检查，其中有一定的孔隙率，但很小，完全可以满足阀门密封的要求。涂层没有层状组织和熔化不好的粉末颗粒，这说明工艺参数选择适当。

7.2.2 镍铝涂层用于蝶阀的条件

经上述性能试验证实，等离子弧喷涂镍铝涂层应用于蝶阀密封面制造是可靠的。目前所用的蝶阀是靠橡胶和镍铝涂层紧密接触，它实质上属软密封，不存在金属黏着磨损，只要涂层与基体的结合强度大于橡胶与涂层的摩擦力即可，经台架寿命试验达 50000 次（见表 7-14）无渗漏。

经腐蚀试验证实，等离子弧喷涂镍铝涂层的阀门密封面完全可以满足水用阀门的要求。涂层厚度 0.25～0.3mm 为宜。此厚度的涂层具有最好的结合强度和足以符合要求的抗腐蚀性能。

喷砂处理表面结合强度最好。采用等离子弧喷涂镍包铝代替镶铜圈，结构可行。

表 7-10 常温浸泡腐蚀试验结果

序号	涂层材料	涂层厚度/mm	腐蚀液	试验时间/h	涂层表面状况
1	Ni/Al	0.16		49	出现麻点
2	Ni/Al	0.3		698	起水泡
3	Ni/Al	0.4	3％HCl	698	起水泡
4	Ni/Al＋Fe-04	0.15		40	出现麻点
5	Ni/Al＋Fe-04	0.3		698	起水泡
6	Ni/Al	0.16	37％HCl	5	涂层与基体严重腐蚀
7	Ni/Al	0.3		5	
8	Ni/Al				有锈点
9	Ni/Al	0.3			有轻微锈点
10	Ni/Al	0.4	2％H_2SO_4	698	
11	Ni/Al＋Fe-04	0.15			出现锈点
12	Ni/Al＋Fe-04	0.3			出现锈点
13	Ni/Al	0.16		56	
14	Ni/Al	0.3	50％H_2SO_4	56	涂层严重腐蚀
15	Ni/Al＋Fe-04	0.3		56	
16	Ni/Al	0.16	25％HNO_3	5	涂层表面光滑
17	Ni/Al	0.3		5	但脱落起皮
18	Ni/Al	0.4	47％HNO_3		基体腐蚀严重涂层脱落
19	Ni/Al	0.16			
20	Ni/Al	0.3			
21	Ni/Al	0.4	10％NaOH		
22	Ni/Al＋Fe-04	0.15			
23	Ni/Al＋Fe-04	0.3			
24	Ni/Al	0.16			
25	Ni/Al	0.4			
26	Ni/Al＋Fe-04	0.15	40％NaOH	4512	涂层表面未腐蚀
27	Ni/Al＋Fe-04	0.9			
28	Ni/Al	0.16			
29	Ni/Al	0.3			
30	Ni/Al	0.4	3％NaCl		
31	Ni/Al＋Fe-04				
32	Ni/Al＋Fe-04	0.3			

序号	涂层材料	涂层厚度/mm	腐蚀液	试验时间/h	涂层表面状况
33	Ni/Al	0.16			
34	Ni/Al	0.3			
35	Ni/Al	0.4	井水	4512	涂层表面未腐蚀
36	Ni/Al+Fe-04	0.15			
37	Ni/Al+Fe-04	0.3			

注：1. Ni/Al 表示镍包铝。

2. Ni/Al+Fe-04 表示复合涂层。

3. Ni/Al+Fe-04 表示按 1：3 的混合粉。

7.3 镍基自熔性合金在低压蝶阀上的应用

由于等离子弧温度高、热量集中，在喷涂过程中粉末熔化较充分，因而涂层与基体结合强度高。采用自熔性良好的镍基合金粉末喷涂蝶阀密封面，其结合强度可满足工作条件要求。用镍基合金涂层与橡胶组成的密封副在蝶阀上应用已获得成功。

为防止涂层之间的孔隙渗漏，提高抗渗透能力，对涂层表面应进行抛光及石蜡封孔处理。

7.3.1 基体及密封面材料

(1) 基体材料

基体材料为 HT400 灰铸铁。

(2) 蝶板密封面

蝶板密封面喷涂镍基自熔性合金粉末 Ni-7902，其相当于国际标准中的 FZNCr-25A，其成分见表 7-11。

表 7-11 Ni-7902 合金粉末成分（质量分数） 单位：%

C	Si	B	Cr	Fe	Ni
0.1~0.2	2.0~2.5	1.8~2.0	9~11.0	2.5~4.5	余

(3) 阀体密面圈

阀体密面圈材料为丁腈耐油橡胶，其邵氏硬度 70±5。

7.3.2 涂层的力学性能

涂层的力学性能测试结果见表 7-12。

表 7-12 涂层的力学性能

材料牌号	硬度 (HV)	自身抗拉强度 /MPa	抗拉结合强度 /MPa	剪切结合强度 /MPa	气孔率 /%
Ni-7902	411	最小值 330.6	最小值 26.3	最小值 41.8	最小值 1.2
		最大值 383.5	最大值 29.1	最大值 56.0	最大值 2.4
		平均值 360.6	平均值 28.1	平均值 47.2	平均值 1.6

7.3.3 抗腐蚀性

由于等离子弧喷涂层中有少量的贯穿性孔隙，因此介质有可能通过这些小孔浸蚀基体，造成腐蚀。为此将试件浸于 $10\%CuSO_4$ 溶液中，通过在涂层表面析出置换铜的速率和数量来表示涂层抗渗透能力，试验结果见表 7-13。由此可见，涂层越厚，抗渗透能力越强。经石蜡等封孔处理过的涂层具有最佳的抗渗透性；抛光对封孔处理未带来不利影响。由此可见，只要有适当的涂层厚度并加以封孔处理，涂层的渗透性问题是可以解决的。

7.3.4　使用寿命

寿命试验在 DX70-10 DN150 蝶阀上进行，试验结果见表 7-14。试验结果表明，热喷涂蝶板的涂层不仅能满足密封面的工作要求，且使用寿命有大幅度提高。与"参考标准"（静态开关 5000 次为优等品）相比，相当于标准次数 10 倍以上，且涂层及胶圈无明显擦伤。

表 7-13　Ni-7902 涂层的 10% $CuSO_4$ 溶液腐蚀试验的结果

序号	涂层厚度/mm	处理状态	腐蚀时间				
			5min	1h	3h	15h	24h
1	无涂层	喷涂态	有均匀铜层析出	铜层变厚			
2	0.275				有轻微铜斑		
3	0.40					有轻微铜斑	
4	0.70					有局部点析出	
5	0.225	抛光					轻微析出
6	0.35						
7	0.20	油浸抛光					未见
8	0.35	浸蜡抛光					未见
9	0.223	浸蜡					未见

表 7-14　等离子喷涂寿命试验结果

序号	涂层材料	试验前蝶板外圆尺寸/mm	擦伤次数/次	水压密封试验	试验后蝶板外圆尺寸/mm	涂层表面擦伤状态	橡胶密封圈擦伤状态
1	Ni-7902	ϕ149.98	50041	无渗漏	ϕ149.98	各处无变化	压痕深1.5mm
2	Ni-7902	ϕ150	51000	无渗漏	ϕ150		轻微擦伤
3	50% Ni/Al + 50% Ni-7902	ϕ149.94	50000	无渗漏	ϕ149.94		无明显擦伤
4	Ni/Al	ϕ150	50000	无渗漏	ϕ150		

7.4　电弧喷涂技术在阀门上的应用前景

电弧喷涂因其具有效率高、成本低及结合强度好等特点而引起阀门工作者的关注。

7.4.1　电弧喷涂的特点

(1) 喷涂设备简单、价格低

电弧喷涂设备很简单，最简单的设备可用一台直流电焊机作为电源，一台等速送进的送丝机构，再加一个喷枪即可。目前，为了提高喷涂效率，设计了具有平稳特性的电源，使电弧燃烧更为稳定。送丝机构改制成推丝式，或推拉丝结合式。焊丝直径已从 ϕ1.6mm 提高到 ϕ3mm。目前，该设备已定型且成套投产，每台价格仅为等离子喷涂设备价格的 1/4～1/3。

(2) 工作气来源广、成本低

电弧喷涂所用工作气为压缩空气，而等离子弧喷涂所需工作气为氩、氦、氮和氢等气体，气体火焰喷涂用氧、乙炔。这些气体与空气相比，价格相差几倍乃至十几倍，而且安全性不及空气，见表 7-15。

(3) 喷涂材料费用低

电弧喷涂需要不锈钢丝、合金丝，而等离子弧喷涂需要合金粉末。相对比较，丝材的价格大大低于粉末价格。当然，这仅指可以拔丝的材料。

(4) 工艺参数的选择及控制容易

等离子弧喷涂时所需控制的参数比较严格，有20多个，操作工人的技术水平要求较高。而电弧喷涂参数仅有6～7个，很容易掌握和控制。

(5) 涂层结合强度高

电弧喷涂粒子温度高、尺寸大，有利于与基体的结合，对基体表面处理要求不严格，尤其是采用铝青铜喷涂。由于铝青铜的自结合性能，使其在粗糙的表面以及抛光的表面均可获得较高的结合强度；调节喷涂参数可获得最佳的结合强度，见表7-16。

表 7-15　各种工艺方法消耗能量对照表

喷涂材料	每千克涂层材料消耗气、电费用/元		
	电弧喷涂	等离子弧喷涂	氧乙炔喷涂
喷锌	0.09		1.37
自结合材料		Ni/Al　3.8	铝青铜 0.27

7.4.2　电弧喷涂在阀门上的应用前景

由电弧喷涂的特点可知，与其他工艺相比，可获得巨大经济效益，即投入少、产出多，是一种成本低、见效快的高效工艺方法。对于涂层脱落问题，由表7-16可见，采用铝青铜丝喷涂具有足够大的强度。对于涂层渗漏问题，一般情况下，低压阀门使用压力不高，而喷涂的粒子呈叠加状，形成不连续的气孔，但其气孔率一般为3%～5%，适当地增加涂层的厚度可以避免形成连续气孔，从而避免渗漏问题。

表 7-16　铝青铜喷涂结合强度测试结果

喷涂工艺参数					表面处理方法	平均结合强度/MPa	标准结合强度/MPa	分散度
电流/A	电压/V	送丝速度/mm·min^{-1}	空气压力/MPa	喷涂距离/mm				
150	40	3200	0.5	80	手工砂轮磨光	17.4	2.3	13
150	40	3200	0.5	150		16.3	5.3	33
150	40	3200	0.5	200		19.8	5.0	25
200	50	3200	0.5	150		18.6	4.9	26
200	50	3600	0.5	150		18.9	1.0	5
200	50	3900	0.5	150		19.2	4.3	22
180	40	3600	2.5	150		25.6	1.4	5
150	50	3600	4	150		21.5	2.6	12
170	47	3600	5	150	抛光	11.9	1.6	13
160	28	3600	4	120	喷石英砂	22.7	8.6	39
160	35	3600	4	180	气喷 Ni/Al	15.4	3.5	23
150	26	2400	5	150	砂轮磨光	16.3	5.2	32

封孔技术的发展提供了热喷涂孔剂处理方法，涂层厚度仅为0.225mm即可达到密封效果。

实际使用的阀门，在关闭时完全可以靠自密封解决微量渗漏的问题。台架试验表明，在泥沙含量仅为50mg/L的水中（几乎纯净水），在介质压力为2.5MPa的DN100钢制阀门密封接合处，关闭后密封处微量渗漏达15mg/min；5min后达到完全密封。

可以认为，这项工艺用于疏水管路，在介质温度不高，开关次数不多，涂层受力简单的使用条件下，完全可以满足使用要求。

7.5 超音速火焰喷涂在金属硬密封球阀中的应用

超音速火焰喷涂（high velocity oxy/air-fuel，HVO/AF），又名高速氧燃料火焰喷涂，是利用丙烷、丙烯等碳氢系燃气或氢气等燃气与高压氧气或空气，或利用如煤油与酒精等液体燃料与高压氧气或空气在特制的燃烧室内，或在特殊的喷嘴中燃烧产生的高温高速焰流，其燃烧焰流速度可在1500～2000m/s以上，将粉末沿轴向或侧向送进焰流中，粉末粒子被加热至熔化或半熔化状态的同时，以高达300～600m/s的速度撞击在基体上，获得比普通火焰喷涂与等离子喷涂结合强度更高的致密涂层。

HVO/AF多功能超音速火焰喷涂系统如图7-5所示。

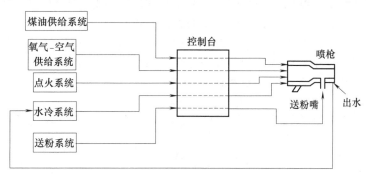

图 7-5　多功能超音速火焰喷涂系统

7.5.1 超音速火焰喷涂的特点

多功能超音速火焰喷涂层的性能很大程度上受喷涂粒子沉积前的状态影响，包括粒子的速度、温度、熔化状态等，而粒子沉积前的状态主要是焰流与粒子之间动量、热量交互作用的结果，因此，焰流的特性对涂层的性能有较大的影响。

(1) 涂层结构与分析

涂层的结构通常可分为扁平粒子层间结构和粒子内部结构两层次。层间结构主要包括：孔隙率、层间界面状况、微裂纹、扁平粒子厚度等。扁平粒子内部结构主要包括：碳化物颗粒大小与含量、晶体结构及缺陷、晶粒大小等。涂层均匀致密，多角形的碳化物颗粒均匀分布在涂层内，就涂层的致密性来说，WC-17Co 和 WC-10Co4Cr 涂层比 WC-12Co 涂层致密。孔隙率是涂层性能的一个重要指标，孔隙率越低，涂层的耐磨性越好。硬度越高，涂层性能越好，涂层内的裂纹和气孔加速涂层的磨损，影响涂层的磨损性能。

(2) 涂层显微硬度与分析

表 7-17 为涂层的显微硬度测试结果。由表 7-17 可知，对于 WC-Co 涂层，在 HVAF 喷涂条件下，涂层的显微硬度最高。由涂层的相分析结果可知，随着喷涂时氮气量的增加，涂层中的 WC 分解减少，在 HVAF 喷涂条件下，涂层中的 WC 几乎不发生分解，所以此条件下制备的涂层的硬度高。3 种材料的涂层显微硬度相差较小，按从大到小的顺序为 WC-10Co4Cr，WC-17Co，WC-12Co。

表 7-17　涂层的显微硬度 （15s，300g）

涂层	喷涂状态	测量值					平均值
WC-12Co	HVOF	1027	975	1145	1027	975	1029
	HVO-AF	1283	1145	1027	975	1027	1091
	HVAF	1050	1145	1145	1283	1145	1153

涂层	喷涂状态	测量值					平均值
WC-17Co	HVOF	1211	1027	927	975	1211	1070
	HVO-AF	1027	1084	1027	975	975	1017
	HVAF	1211	1027	1084	1211	1027	1112
WC-10Co4Cr	HVOF	1211	1211	927	1145	1050	1108
	HVO-AF	1027	975	1145	1050	1211	1081
	HVAF	975	1362	1283	1283	1283	1237

(3) 涂层结合强度与分析

表 7-18 为 WC-12Co 涂层的结合强度测试结果，WC-Co 涂层的平均结合强度均不大于 70MPa，且拉伸样断裂时断面出现在胶层，而不是在涂层内部，说明涂层的结合强度大于测量值。涂层与基体结合较好，结合界面上没有大的孔隙和裂纹。涂层的结合强度与层间界面的形貌、基体表面状态等有关，在一定的范围内，涂层的结合强度随表面粗糙度的增加而增加。在超音速火焰喷涂中，固液两相共存是涂层结合强度高的必要条件，即黏结相为液态，而 WC 等硬质相为固态，此时粒子沉积时对基体的冲击能量大。

表 7-18   涂层的结合强度   单位：MPa

涂　层		测量值					平均值	备注
WC-12Co	HVOF	78.4	74.2	70.8	71.4	68.2	72.8	断于胶层
	HVO-AF	73.0	54.4	78.6	65.6	40.6	62.4	断于胶层
	HVAF	70.2	65.0	74.6	75.0	73.0	71.6	断于胶层

超音速火焰喷涂的粒子速度高，粒子沉积时对基体的撞击作用强，有利于粒子与基体的结合及粒子之间的结合，因而涂层的结合强度高。

(4) 涂层磨粒磨损性能与分析

表 7-19 为涂层的磨粒磨损失重量。由表 7-19 可知，3 种材料的涂层抗磨损性能相差不大，其中 WC-10Co4Cr 涂层的抗磨损性能相对较好。随着喷涂状态从 HVOF 到 HVAF 转变，涂层的磨损失重量呈现减少的趋势。

表 7-19   涂层的磨粒磨损失重量

涂　层		磨损失重量/mg		平均值/mg
WC-12Co	HVOF	12.5	12.4	12.45
	HVO-AF	8.0	10.7	8.85
	HVAF	11.2	10.8	11.0
WC-17Co	HVOF	14.8	13.6	14.2
	HVO-AF	12.1	10.8	11.45
	HVAF	11.9	10.7	11.3
WC-10Co4Cr	HVOF	13.1	11.8	12.45
	HVO-AF	11.7	11.7	11.7
	HVAF	6.0	8.7	7.85

影响 WC-Co 涂层磨粒磨损的因素有：涂层的结构、相组成、磨粒及载荷等。涂层磨粒磨损的主要机制是由于磨粒粒子的挤压导致涂层次表面下由 WC 分解形成的脆性相处产生裂纹，裂纹沿粒子周边富 W 的黏结相区扩展，最后导致剥落。有的实验发现磨损表面存在碳化物剥落坑和碳化物颗粒压碎的痕迹，碳化物剥落是主要的磨损机制。

3 种喷涂条件下制备的涂层磨损形貌基本类似，涂层中出现了较深的犁沟，在涂层表面出现了碳化物剥落的凹坑，碳化物仍然以多角状分布在涂层中。磨痕主要集中在涂层内的黏结相表面，而碳化物颗粒表面很少，有些碳化物颗粒的周围几乎没有黏结相的存在，磨料对涂层内黏结相的切削使碳化物颗粒完全从涂层中暴露了出来。因此，多功能超音速火焰喷涂 WC-17Co 涂层磨粒磨损失效机制为黏结相的犁削和 WC 颗粒的剥落。磨料切削涂层内硬度低的黏结相 Co，使 WC 粒子失去黏结相的包裹而暴露，最终在磨料的作用下剥落。

(5) 涂层冲蚀磨损性能与分析

表 7-20 为涂层在冲蚀角度为 90°时的冲蚀磨损失重量。由表 7-20 可知，3 种涂层在此角度下的磨损失重量很接近，特别是 WC-17Co 和 WC-10Co4Cr 涂层，除 WC-12Co 涂层外，其余两种涂层在不同喷涂状态下的磨损失重量也很接近，特别是 WC-10Co4Cr 涂层，3 种喷涂状态下的涂层失重量几乎相同。

表 7-21 是涂层在冲蚀角度为 30°时的冲蚀磨损失重量。由表 7-21 可知，3 种涂层的磨损失重量比较接近，除 WC-12Co 在 HVAF 状态下制备的涂层磨损量出现大幅度增大外，其余两种涂层在 3 种喷涂状态下的磨损失重量变化不大。比较 30°和 90°的冲蚀磨损失重量可知，90°冲蚀磨损时的磨损失重量大。

表 7-20 涂层的冲蚀磨损失重量（90°）

涂 层		磨损失重量/mg							平均值/mg
WC-12Co	HVOF	16.7	14.2	15.3	13.5	14.3	12.5	11.5	14.0
	HVO-AF	12.8	17.9	18.5	17.8	16.3	15.7	11.2	15.7
	HVAF	13.6	12.5	11.7	11.3	12.3	11.5	8.7	11.8
WC-17Co	HVOF	15.0	11.1	12.7	12.5	11.2	10.8	8.5	11.6
	HVO-AF	15.8	14.7	13.0	12.0	11.8	12.0	8.9	12.7
	HVAF	13.8	15.1	10.5	12.0	11.3	10.8	10.1	11.9
WC-10Co4Cr	HVOF	15.8	12.6	10.1	11.3	10.3	10.2	7.9	11.1
	HVO-AF	13.5	13.4	10.9	13.0	11.4	10.9	8.9	11.8
	HVAF	14.4	14.3	11.9	13.2	11.9	12.3	11.0	11.0

表 7-21 涂层的冲蚀磨损失重量（30°）

涂 层		磨损失重量/mg							平均值/mg
WC-12Co	HVOF	13.3	11.8	11.7	10.6	8.6	8.5	10.1	10.9
	HVO-AF	15.8	10.3	11.7	10.6	8.9	8.7	8.6	10.8
	HVAF	25.5	18.4	22.3	15.7	18.6	16.2	15.6	17.6
WC-17Co	HVOF	11.6	8.9	11.7	8.5	8.5	7.6	8.9	8.52
	HVO-AF	2.3	8.9	10.5	8.6	7.1	7.2	7.6	8.02
	HVAF	8.6	8.6	11.3	8.3	8.8	7.0	8.8	8.05
WC-10Co4Cr	HVOF	14.0	12.9	10.4	8.1	8.9	8.8	7.9	10.2
	HVO-AF	12.5	8.6	8.9	7.8	7.1	8.4	6.8	8.72
	HVAF	12.0	8.8	8.4	7.7	8.5	8.6	7.4	8.05

7.5.2　超音速火焰喷涂在金属硬密封球阀中的应用

球体及阀座密封面的耐磨材料和工艺是金属硬密封耐磨球阀最关键的技术之一，密封面耐磨材料及工艺的选用需要考虑使用工况的压力、温度、腐蚀性、介质硬度等因素。此外，还需要考虑密封面耐磨材料与基体材料的结合强度、耐磨层的厚度、硬度、抗擦伤性能及基体材料的硬度等因素。

以往通常采用镀硬铬的方法来提高球体表面的硬度，该方法由于镀层与基体的结合力较低，长期使用后镀层很容易脱落，使用效果不好，近年来已经很少使用。

另一种是采用球体表面硬化热处理、渗氮处理等方法来提高球体的表面硬度，前些年该方法在我国应用得较多，根据很多工厂的使用经验，采用表面热处理或渗氮处理进行球体表面的硬化，其硬化层厚度较小，而且在热处理过程中，球体会有一定的变形，从而导致球体圆度降低，因此，采用该类球体硬化技术的效果并不理想，球体的抗擦伤性能也会较差，在阀门的开关过程中容易引起球体表面的擦伤，而且球体经过热处理后，其耐蚀性能也有所降低。

目前比较常用并且使用效果较好的球体及阀座密封面的硬化技术是超音速火焰喷涂（HVOF）以及镍基热喷涂。

超音速火焰喷涂（HVOF）主要是通过极高的速度将耐磨粉末涂层材料喷涂到基体材料表面，喷涂时的气流速度在很大程度上决定了喷涂的质量，喷枪能够产生更高的气流速度，则耐磨粉末涂层就能够获得更高的运动速度，从而耐磨粉末涂层与基体材料就能够获得更高的结合力和更高的致密性，因此也就具有更好的耐磨性能和耐腐蚀性能。超音速喷涂的优点是可以喷涂超硬的涂层材料，涂层的硬度甚至可以达到 HRC74 以上，因此涂层具有很好的抗擦伤性能和耐磨性能。另外，超音速时，基体材料不需要进行高温加热，因此基体材料不会发生热变形。由于超音速喷涂主要是通过耐磨粉末涂层和基体材料的高速撞击而产生的物理结合，结合强度比镍基合金的热喷涂要低一些，通常结合力在 68～76MPa 左右，因此，对于高压球阀（如 Class1500～Class2500 的球阀）的球体，采用超音速喷涂技术其涂层在使用中有脱落的可能。

对于超音速火焰喷涂（HVOF），涂层的性能主要有以下几个方面的指标：孔隙率、氧化物含量、显微硬度、结合强度、金相结构、涂层应力状况、涂层加工性能、涂改的均匀性等。具有较小的孔隙率、较低的氧化物含量、更高的显微硬度、更强的结合力、涂层为压应力状况，则超音速喷涂的涂层质量更好。超音速喷涂的质量很大程度上取决于喷涂的设备。低气流速度的喷涂设备不可能获得良好的喷涂效果。采用高速喷涂设备，再加上良好的喷涂工艺，良好的耐磨粉末涂层材料以及基体材料，可以获得良好的涂层质量。常用的超音速喷涂材料有：碳化钨钴、碳化钨钴铬、镍基合金、碳化铬、陶瓷等喷涂材料。图 7-6 为典型的超音速喷涂系统，图 7-7 为球体的超音速喷涂。

考虑到超音速喷涂的结合力以及喷涂的工艺因素，喷涂层的厚度通常控制在 0.3mm 左右，为了确保涂层的均匀性，球体喷涂前的圆度以及喷涂的均匀性非常重要，一般需要通过研磨以保证球体喷涂前的圆度，采用电脑控制的机械手对喷涂进行控制能够确保涂层的均匀性，而采用人工控制喷枪的方法则很难保证涂层的均匀性。

图 7-6　典型的超音速喷涂系统

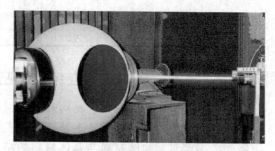

图 7-7　球体的超音速喷涂

镍基合金热喷涂是目前在金属硬密封球阀上成功应用的一种密封面硬化方法，镍基合金耐磨、耐腐蚀、耐高温等，其综合性能优良，根据实践，镍基合金适用于灰水、黑水、煤浆、煤渣等多种工况介质。镍基合金是一种自溶合金，主要成分包括镍、铬、硼、硅，其中镍是主要成分，也是耐磨材料与基体材料的黏合剂，根据配比成分的不同，可以获得不同的硬度。金属硬密封耐磨球阀一般采用 HRC56～64 的硬度。通过对基体材料及镍基合金材料的高温加热，能够使基体与密封面耐磨材料达到冶金结合，因此镍基合金热喷涂具有结合强度高的特点。与超音速火焰喷涂相比，镍基合金材料的另一个优点是涂层的厚度较大，一般为 0.5～1.0mm。对于镍基合金的热喷涂，喷涂工艺对于基体与镍基合金材料不能真正实现冶金结合，容易引起涂层材料的脱落。而温度过高，会导致镍基合金材料的熔化流失。对于大口径球体，由于球体各部位的壁厚很不均匀，因此，要精确均匀地控制球体的加热温度难度很大，这是镍基合金热喷涂的主要难点，针对该技术难点，在实际应用中，有厂家采取中频感应球体加热技术，可以有效地提高喷涂效果，图 7-8 为球体的中频感应加热和镍基合金的热喷涂。

图 7-8　球体的中频感应加热和镍基合金的热喷涂

此外，采用激光熔覆技术进行球体表面的合金喷焊也具有很好的效果，采用该技术，球体的热影响区很小，喷焊层的硬度比镍基热喷涂更高，但是喷焊效率相对较低，而且喷焊后的球体表面光洁度较低，加工量较大。

总之，球体及阀座表面耐磨层的硬化技术应该根据使用工况条件、介质硬度、制造厂的工艺条件来进行合理地选择和应用。

参考文献

[1]　沈阳高中压阀门厂. 阀门制造工艺. 北京：机械工业出版社，1984.

[2]　苏志东等. 阀门制造工艺. 北京：化学工业出版社，2011.

[3]　王汉功，查柏林. 超音速喷涂技术. 北京：科学出版社，2007.

第8章

Chapter 8

阀门零件的热处理及表面处理

阀门虽然种类繁杂，但它们主要是由壳体（阀体、阀盖）、关闭件和阀杆等零件组成。不同材料阀门零件应具有不同的力学性能，如优良的综合力学性能、耐磨性能和耐腐蚀性能、较好的尺寸稳定性和易切削加工性。对于石油、化工和电力等行业所用阀门，还需具有高温抗蠕变性能及低温韧性，以上这些都需要通过热处理来实现。热处理对延长阀门使用寿命和降低制造成本起着重要作用，因此热处理在阀门制造生产过程中是一道很关键的特殊工序。

8.1 阀门壳体常用铸件毛坯的热处理

8.1.1 阀门壳体常用材料

阀门壳体是由阀体、阀盖组成，直接承受具有一定温度、压力或腐蚀性介质的作用。它们的材料主要根据阀门使用条件来选用。此外，按照既满足使用条件要求，又方便生产原则。壳体常用材料有铸铁、铸钢、锻钢等（表 8-1）。

表 8-1　壳体常用材料牌号及使用温度

名称	铸件		锻件		说明
	牌号	使用温度 /℃	牌号	使用温度 /℃	
灰铸铁	HT200 HT300	−10～200			用于 $PN \leqslant 1.0$ 低压阀门
碳素钢	WCA WCB WCC	−29～425	20、25、35、40	−29～425	用于高中压阀门
			16Mn、30Mn、A105	−29～450	
低温用钢	LCB LC3	−46～345 −101～345			用于低温阀门

名称	铸件			锻件		说明
	牌号	使用温度 /℃		牌号	使用温度 /℃	
耐热钢	WC6 WC9	≤593		20CrMoV 15Cr$_1$Mo$_1$V	≤550	用于非腐蚀介质的高温高压阀门
	ZG1Cr5Mo	≤550		1Cr5Mo	≤550	用于腐蚀介质的高温高压阀门
奥氏体 不锈钢	ZG03Cr18Ni10 ZG08Cr18Ni9 ZG12Cr18Ni9Ti ZG08Cr18Ni9Ti ZG12Cr18Ni9Ti ZG08Cr18Ni12Mo2Ti ZG12Cr18Ni12Mo2Ti	−196~700		022Cr19Ni10 06Cr19Ni10 12Cr18Ni9 06Cr18Ni11Ti 022Cr17Ni12Mo2 06Cr17Ni12Mo2Ti	−196~700	用于腐蚀性介质
	ZG12Cr17Mn9Ni4Mo3Cu2N ZG12Cr18Mn13Mo2CuN	—		—		
	(CF8) (CF8M)	≤816		F304 F316	≤816	
	(CF3) (CF3M)	−196~425		F304L F316L	−196~425	
	(CF8C)	≤816		F347	≤816	
	(CN7M)	—		(B462)	—	

注：ZG1Cr5Mo 系工厂标准规定，其化学成分及力学性能列于表 8-2。

表 8-2　ZG1Cr5Mo 化学成分和力学性能（工厂标准）

牌号	化学成分(质量分数)/%							热处理	力学性能				
	C	Si	Mn	Cr	Mo	S	P		抗拉强度 R_m/MPa	屈服强度 σ_s/MPa	延长率 A/%	断面收缩率 Z /%	冲击韧性 a_{kv}/ J·cm^{-2}
ZG1Cr5Mo	0.15~ 0.25	0.35~ 0.60	0.40~ 0.80	4.00~ 6.00	0.40~ 0.60	≤0.040	≤0.040	正火 回火	≥580	≥392	≥18	≥35	≥39

　　壳体在热处理后一般都要检验力学性能，对奥氏体不锈钢尚须检验晶间腐蚀倾向。制造厂在壳体毛坯热处理后所要检验的项目、每个项目所要达到的指标及检验所用的方法均应按照阀门制造技术文件（包括图纸、制造技术条件及订货合同）的规定执行。

　　编制壳体毛坯的热处理工艺主要根据选用的材料、毛坯状态和热处理后的技术要求。此外，还要考虑阀门的使用条件、热处理设备和工艺状况等因素。

　　壳体毛坯的热处理工艺按照材料不同，分别进行介绍。

8.1.2　灰口铸铁铸件的热处理

　　为了达到不同的目的，灰口铸铁在铸造后可以进行不同的热处理。但无论进行哪种热处理都不能改变其片状石墨的形状及分布特征，所以对灰口铸铁无论进行何种热处理均不能从根本上改变其性能。

　　阀门生产中对灰口铸铁壳体等零件在铸后常选用的热处理工艺有消除铸造应力的去应力退火和消除自由渗碳体的高温退火。去应力退火是必需的一道工序。高温退火只有在铸造时由于化学成分和铸造冷却速度控制不当，造成铸造后组织中存在初生渗碳体时才用它来代替去应力退火。

8.1.3 碳素钢铸件的热处理

碳素钢铸件在铸造后具有较大的铸造残留应力。有时铸钢件的组织粗大，甚至出现过热组织。这些都影响铸钢件的尺寸稳定性、降低钢的力学性能和不利于切削加工的进行。

阀门生产中对碳素铸钢壳体等零件，为了消除铸造应力，细化组织，提高力学性能和改善切削加工性能等目的，在铸造后常选用退火、正火、正火＋回火工艺。

(1) 退火

碳素铸钢件的退火是将其加热到 $Ac_3+(30\sim50)℃$，保持一定时间，然后随炉冷却。

壳体等零件的材料一般选用 WCA、WCB 和 WCC，其退火加热温度一般采用 $880\sim920℃$ 为宜。若加热温度过高，则容易引起晶粒粗大；若加热温度过低，则重结晶进行不完全。这些都影响 WCA、WCB 和 WCC 力学性能的改善。

加热设备通常使用电阻炉和燃料炉。电阻炉有箱式炉、井式炉和台车式炉。燃料炉（燃油和燃煤气）一般为台车式炉。铸件应冷却到相变温度以下再进行热处理（通常冷却到室温）。装炉时同炉处理的铸件壁厚相差不应过大，在铸钢件加热时不至于产生变形情况下，可以多层摆放，但一定要摆放平稳，并和炉壁、炉顶保持一定距离，以防倒塌。燃料炉加热时，要保证加热时火焰畅通，避免火焰直接接触工件。

装炉时炉温应低于 $400℃$，加热时，加热到 $500\sim600℃$ 时，保温 $1\sim2h$ 再升温。升温速度为 $100\sim200℃/h$。退火时，随炉冷却速度为 $100\sim200℃/h$。

保温时间主要根据装炉温度、铸钢件壁厚和装炉量确定。保温时间等于铸钢件壁厚×保温系数。保温系数取每 25mm 保温 $0.5\sim1h$ 时，装炉量大时取上限。保温时间最少 1h。

保温后随炉冷却，当炉冷至 $450℃$ 时方可以出炉空冷。

WCA、WCB 和 WCC 的退火工艺规范及力学性能见表 8-3。

表 8-3 WCA、WCB 和 WCC 的退火工艺规范及力学性能

牌号	退火工艺			力学性能			
	加热温度/℃	保温时间	冷却方式	抗拉强度/MPa	屈服强度/Mpa	伸长率/%	断面收缩率/%
WCA	880~920	0.5~1h/25mm，最少 1h	炉冷至 450℃ 出炉空冷	415~585	≥205	≥24	≥35
WCB				485~655	≥250	≥22	≥35
WCC				485~655	≥275	≥22	≥35

(2) 正火

正火是根据不同钢种，将铸件加热 Ac_3 或 Ac_m 以上的适当温度，保持一定时间然后在空气中冷却的热处理工艺。

为了改善铸钢件强度和提高生产率也可以用正火代替退火，当铸件形状简单壁厚不太厚时，允许只采用正火。正火工艺见表 8-4 所示。对于较厚较大铸件，由于正火时空冷会产生较大的应力，所以需要增加一次高温回火。

(3) 回火

回火是将淬火或正火后的铸件加热到 Ac_1 以下（个别钢种在 Ac_1 以上）适当的温度，保持一定时间然后以适当的速度冷却的热处理工艺。

铸件经回火后，得到所要求的组织和性能，消除应力，改善切削加工性。有关标准对碳素铸钢规定了正火＋回火工艺。采用正火＋回火工艺比退火所获得的组织均匀，晶粒较细，综合力学性能较好。但正火时空冷要求有较大场地，所以只在有条件的制造厂才采用正火＋回火工艺。WCA、WCB 和 WCC 的正火＋回火工艺规范见表 8-4。

表 8-4 WCA、WCB 和 WCC 正火＋回火工艺规范

牌号	正火			回火		
	加热温度 /℃	保温时间 /h	冷却方式	加热温度 /℃	保温时间 /h	冷却方式
WCA						
WCB	940~920	0.5h/25mm，最少 1h	空冷	620~680	1h/25mm，最少 1h	空冷
WCC						

WCA、WCB 和 WCC 壳体等零件按退火、正火、正火＋回火 3 种规范处理后，力学性能均能满 GB 12229—2005 标准要求（见表 8-3）。

8.1.4　耐热钢铸件的热处理

(1) 珠光体型耐热钢的热处理

珠光体型耐热钢一般含碳量较低。低碳除能赋予良好的工艺性能外，对高温性能也有利。含碳量增加会降低组织稳定性，使珠光体球化和碳化物聚集的倾向增加，还可能发生石墨化而降低钢的高温性能。珠光体耐热钢，合金元素含量较少，总量一般不超过 3%～5%，加入主要合金元素铬（Cr）和钼（Mo），Cr 主要是提高抗氧化性，Cr 和 Mo 都是铁素体形成元素，它们溶入铁素体而使其强化。Mo 的再结晶温度很高，加入钢中后能提高钢的再结晶温度。单独加入 Mo 的钢有石墨化倾向，Mo 与 Cr 同时加入可以抑制石墨化倾向。因此要充分发挥合金元素 Cr 和 Mo 作用，提高珠光体耐热钢常温和高温力学性能必须通过热处理实现。

珠光体型耐热钢的热处理，一般是正火和随后的高于使用温度 100℃ 的回火。正火为了获得铁素体＋索氏体组织，高温回火为了增加组织稳定性，使合金元素在铁素体和碳化物之间分布合理，以充分发挥合金元素的作用。实践证明，珠光体钢在正火高温回火状态比退火或淬火回火状态具有较高的蠕变抗力。

阀门壳体等零件常用的耐热铸钢 WC6 和 WC9 是属于珠光体型耐热钢，因此采用正火＋回火工艺。

正火加热温度 WC6 采用 920～960℃，WC9 采用 940～980℃，保温时间等于铸钢件壁厚×保温系数。保温系数取 1h/25mm，保温时间最少 2h。

耐热钢铸件 WC6 和 WC9 热处理工艺规范及力学性能见表 8-5。

表 8-5 耐热钢铸件 WC6 和 WC9 热处理工艺规范和力学性能

钢号	热处理						力学性能			
	正火			回火			抗拉强度 /MPa	屈服强度 /MPa	伸长率 /%	断面收缩率 /%
	加热温度 /℃	保温时间	冷却方式	加热温度 /℃	保温时间	冷却方式				
WC6	920~960	1h/25mm，最少 2h	空冷	680~720	1h/25mm，最少 2h	空冷	485~655	≥275	≥20	≥35
WC9	940~980	1h/25mm，最少 2h	空冷	700~740	1h/25mm，最少 2h	空冷				

(2) 马氏体型耐热钢的热处理

ZG1Cr5Mo 是马氏体型耐热钢，其热处理方法为正火＋回火、正火＋正火＋回火、退火＋正火＋回火 3 种，可以选择其中任一种。

正火加热温度采用 940～980℃，保温时间主要根据铸件壁厚和装炉量来确定，保温时间等于铸钢件壁厚×保温系数。保温系数取 1～2h/25mm，装炉量大时取上限，保温时间最少 4h。正火后要及时回火，回火保温时间最少 6h。

正火时，铸件出炉后摆放必须能使每一铸件的冷却条件和冷却速度尽可能地相同。如达不到上述要求时，可采用吹风冷却，以加快所有铸件的冷却速度，铸件冷却到300℃以下，才能进行下一步的正火或回火。

退火时，使用设备必须能保证炉冷降温，各处降温速度基本一致，并不应超过50℃/h，铸件温度降至400℃以下时可以出炉空冷。

耐热钢铸件 ZGCr5Mo 热处理工艺规范见表 8-6。

表 8-6　耐热钢铸件 ZGCr5Mo 热处理工艺规范

工艺方法	正火+回火		正火+正火+回火			退火+正火+回火		
加热温度/℃	940~980	740~780	1000~1040	940~980	740~780	940~980	940~980	740~780
保温时间/h	1~2h/25mm，最少4h	1~2h/25mm，最少6h	1~2h/25mm，最少4h	1~2h/25mm，最少4h	1~2h/25mm，最少4h	1h/25mm，最少4h	1~2h/25mm，最少4h	1~2h/25mm，最少6h
冷却方法	空冷		空冷			炉冷	空冷	

从各方面因素考虑，3 种工艺方法中选用正火+回火工艺方法较合适。当铸件含碳量≤0.20%时，采用正火+回火工艺。当含碳量≥0.20%时，采用正火+正火+回火工艺，即双重正火（铸件经两次正火，第一次正火温度较高，目的是通过扩散使组织均匀化；第二正火的目的是细化晶粒，采用普通正火温度）。

WC6、WC9 和 ZG1Cr5Mo 铸件清理后立即进行热处理，防止产生裂纹。装炉时的炉温和加热速度参照碳素铸钢。

8.1.5　低温用铁素体铸钢件热处理

为了使低温用铁素体铸钢件具有一定的强度和较高的塑性及低温韧性，在大于等于-46℃环境下使用的阀门，一般选用的材料为低温用铁素体铸钢 LCB。LCB 热处理采用正火+回火工艺是为了获得较细的晶粒及稳定的组织。正火加热温度一般为940~960℃。保温时间等于铸钢件壁厚×保温系数。保温系数取 0.5h/25mm，回火保温系数取 1h/25mm。

在大于等于-100℃环境下使用阀门，一般选用材料为低温用铁素体铸钢 LC3。LC3 壳体等零件的铸件组织粗大、枝晶偏析。因此 LC3 热处理采用正火+正火+回火工艺。第一次正火为了消除枝晶偏析，均匀组织，采用较高温度，加热温度950~980℃。第二次正火温度较低，为820~860℃，是为了获得较细的晶粒组织。正火、回火的保温时间等于铸件壁厚×保温系数。保温系数取 1h/25mm，保温最少 1h。

低温用铁素体铸钢 LCB 和 LC3 热处理工艺及力学性能见表 8-7。

表 8-7　低温用铁素体铸钢 LCB、LC3 热处理工艺及力学性能

钢号	热处理							力学性能				
	正火	正火+正火			回火			抗拉强度/MPa	屈服强度/MPa	伸长率/%	断面收缩率/%	冲击功 V形缺口/J
	加热温度/℃	加热温度/℃	保温时间	冷却方式	加热温度/℃	保温时间	冷却方式					
LCB	—	920~960	0.5h/25mm，最少1h	空冷	620~640	1h/25mm，最少1h	空冷	450~620	240	≥24	≥35	≥18[①]　≥14[②]
LC3	950~980	940~980	1h/25mm，最少1h	空冷	620~640	1h/25mm，最少1h	空冷	485~655	275	≥24	≥35	≥20[①]　≥16[②]

① 18 和 20 分别是 LCB 在-46℃和 LC3 在-101℃时的 2 个试样最小值、3 个试样平均值。

② 14 和 16 分别是 LCB 在-46℃和 LC3 在-101℃时最小值。

8.1.6　奥氏体不锈钢铸件的热处理

奥氏体不锈钢的耐腐蚀性能很好，高温机械性能和抗氧化性能也为其他不锈钢所不及，它在超低温下仍能保持良好的韧性。

奥氏体不锈钢的主要缺陷是容易产生晶间腐蚀。当稳定性较低和含碳量较高的奥氏体不锈钢通过敏化温度范围（430～820℃）时，缓慢加热或冷却，都能使碳化铬（$Cr_{23}C_6$）析出在晶界上，并导致邻近区域发生贫铬现象。如果奥氏体型不锈钢使用在腐蚀环境中，晶界就首先被腐蚀，即产生了所谓晶间腐蚀。

为了克服奥氏体不锈钢易产生晶间腐蚀的缺陷，提高奥氏体不锈钢耐腐蚀性能，一般可采取以下措施：向钢中添加稳定性元素，如钛（Ti）、铌（Nb）等；降低钢中的含碳量，如降至0.03%以下；对钢施以一定的热处理。

阀门生产中对奥氏体不锈钢壳体等零件，常选用的热处理工艺有固溶处理、稳定化处理、深冷处理和去应力处理。

(1) 固溶处理

固溶处理是奥氏体不锈钢的基本热处理方法。固溶处理是将铬镍奥氏体不锈钢加热到高温单相区——奥氏体区保持一定时间，使过剩相（碳化物、σ相等）充分分解、固溶，得到成分均匀的单相固溶体——奥氏体组织，然后快速冷却，使高温时形成的过饱和固溶体，即过饱和奥氏体一直保持到室温的热处理工艺称为固溶处理。所以固溶处理是克服奥氏体不锈钢产生晶间腐蚀倾向的重要手段。

当耐腐蚀阀门和超低温阀门的壳体和闸板等零件的材料选用不含Ti和Nb等稳定化元素的非稳定化不锈钢（简称非稳定化不锈钢）、含Ti和Nb等稳定化元素的稳定化不锈钢（简称稳定化不锈钢，见表8-1内的奥氏体不锈钢）时，铸造或锻造后一律进行固溶处理，以达到因$Cr_{23}C_6$固溶而消除晶间腐蚀倾向，降低马氏体点，因软化而改善切削加工性能和提高钢的韧性等目的。

固溶处理的加热温度是影响热处理的重要因素。各种牌号的奥氏体不锈钢的成分虽然不同，但固溶处理加热温度的差别不大，均在1000～1150℃温度范围。编制工艺时还要考虑钢的含碳量，当含碳量高时加热温度取上限。反之，加热温度取下限。执行工艺时要严格控制加热温度。若加热温度过高，则会使奥氏体晶粒粗大，增加晶间腐蚀敏感性，甚至形成大量δ铁素体而降低钢的均匀性和抗腐蚀性能，并且使工件表面生成较厚的氧化皮而不易清除。若加热温度过低，则会减弱钢中奥氏体成分均匀化和钢软化效果，甚至于不能保证碳化物充分溶解，而达不到改善钢的耐晶间腐蚀性能和切削加工性等目的。

加热设备一般选用电阻炉（箱式炉、井式炉、台车式炉），允许使用燃料加热炉，但应避免火焰直接接触工件。

装炉时，工件应摆放平稳，在工件加热时不产生变形的情况下，允许多层摆放，但一定要摆放稳固不能倒塌。

在电阻炉或燃料炉中加热时，炉内应保持中性或弱氧化性气氛，以防止工件表面增碳。表面增碳会严重损坏钢的耐腐蚀性能。不宜采用盐炉加热，以避免钢在加热时产生晶间浸入。工件加热若不允许产生氧化，则应选择保护气氛加热炉或真空加热炉。

奥氏体不锈钢导热性差，低温时更差。低温时升温要缓慢，450℃以下升温速度小于200℃/h。为防止析出过多$Cr_{23}C_6$，影响固溶处理进行，450～850℃之间升温要快。因此，加热时应在450℃均温0.5～1h，使工件内外温度一致。然后快速升温至850℃以上（10mm以下薄件升温速度不限）。

保温时间取决于工件壁厚及装炉量。一般保温时间按每25mm保温1h。但保温时间受加热温度影响较大，即加热温度稍有提高可以明显减少保温时间，对此编制工艺时应给予重视。固溶处理保温时间按表8-8规定。

表 8-8　奥氏体不锈钢固溶处理保温时间（在空气炉中加热）

厚度或直径/mm	1	2～3	4～12	13～25	>25
时间/min	5	15	30	60	60

固溶处理后应快冷，否则会析出碳化物相或 σ 相，碳化物的析出将会降低钢的耐腐蚀性能。固溶处理一般用清水冷却。对于形状复杂、厚度较薄易变形的超低碳和稳定化奥氏体不锈钢可以采用空冷（最好用风冷）。

在阀门生产中，常用奥氏体不锈钢的固溶处理和力学性能见表 8-9。

（2）稳定化处理

表 8-9　常用奥氏体不锈钢的固溶处理和力学性能

牌号	热处理			力学性能			
	类型	加热温度/℃	冷却介质	抗拉强度 R_m/MPa	屈服强度 σ_s/MPa	伸长率 A/%	断面收缩率 Z/%
ZG03Cr18Ni10	固溶处理	1050～1100	水	≥392	≥177		
ZG08Cr18Ni9	固溶处理	1050～1100	水				
ZG12Cr18Ni9	固溶处理	1050～1100	水	≥441	≥196	≥32	≥25
ZG08Cr18Ni9Ti	固溶处理	1050～1100	水				
ZG12Cr18Ni9Ti	固溶处理	1050～1100	水				
ZG08C18rNi12Mo2Ti	固溶处理	1100～1150	水	≥490	≥216	≥30	≥30
ZG12C18rNi12Mo2Ti	固溶处理	1100～1150	水				
ZG12Cr17Mn9Ni4Mo3Cu2N	固溶处理	1150～1180	水	≥588	≥392	≥25	≥35
ZG12Cr18Mn13Mo2CuN	固溶处理	1100～1150	水			≥30	≥40
CF3	固溶处理	1050～1100	水			≥35	—
CF8	固溶处理	1050～1100	水				
CF3M	固溶处理	1050～1100	水	≥485	≥205		
CF8M	固溶处理	1050～1100	水			≥30	
CF8C	固溶处理	1050～1100	水				
022Cr19Ni10	固溶处理	1010～1100	水	≥480	≥175	≥40	≥60
06Cr19Ni10	固溶处理	1010～1100	水	≥480	≥175	≥40	≥60
12Cr18Ni9	固溶处理	1010～1100	水	≥520	≥205	≥40	≥60
06Cr18Ni11Ti	固溶处理	1010～1100	水	≥520	≥205	≥40	≥50
022Cr17Ni12Mo2	固溶处理	1010～1100	水	≥480	≥175	≥40	≥60
06Cr17Ni12Mo2Ti	固溶处理	1010～1100	水	≥530	≥205	≥40	≥55
CN7M	固溶处理	1120～1150	水	≥425	≥170	≥35	—

稳定化处理是使微细的显微组成物沉淀的热处理工艺。将含 Ti 或 Nb 等稳定化元素的奥氏体不锈钢加热到 850～930℃ 并保持一定时间，使钢中含 Cr 的碳化物完全溶解，其中所含的 C 和 Ti 或 Nb 结合形成 TiC 或 NbC，然后空冷或炉冷，使 TiC 或 NbC 在冷却时充分析出。这样，C 就几乎全部稳定于 TiC 或 NbC 中，因而称为稳定化处理。

稳定化处理是为了消除晶间腐蚀倾向，获得稳定抗腐蚀性能，还可作为去应力处理。在强氧化能力的介质（如硝酸、铬酸等）中使用的稳定化奥氏体不锈钢必须进行稳定化处理。在阀门生产中，壳体等零件的材料选用稳定化不锈钢锻件和型材可以采用稳定化处理工艺。稳定化处理工艺曲线如图 8-1 所示，稳定化处理保温时间按表 8-10 规定。

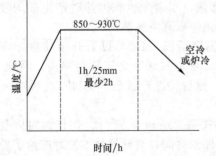

图 8-1　稳定化处理工艺曲线

表 8-10	奥氏体不锈钢稳定化处理保温时间（在空气炉中加热）	
厚度 δ 或直径 D /mm	≤25	>25
时间 /h	2	$2 + (\delta - 25) \times 1/25$
	最少保温 2h。厚度＞25mm 时，每增加 25mm（增加部分＜13mm 略去不计，≥13mm 按 25mm 计算）保温时间增加 1h	

（3）固溶-稳定化处理

先把钢加热到 1050～1150℃，保温一定时间后水冷，进行固溶处理，然后再加热到 850～930℃，保温一定时间，然后出炉空冷。

固溶-稳定化处理的保温时间分别按固溶处理保温时间和稳定化处理保温时间的规定。

稳定化不锈钢铸件 ZG08Cr18Ni9Ti 和 ZG12Cr18Ni9Ti 固溶-稳定化处理工艺曲线如图 8-2 所示。

稳定化不锈钢铸件 ZG08Cr18Ni12Mo2Ti 和 ZG12Cr18Ni12Mo2Ti 固溶-稳定化处理工艺曲线如图 8-3 所示。

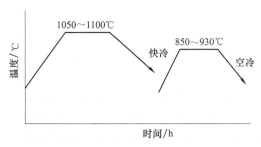

图 8-2　ZG08Cr18Ni9Ti 和 ZG12Cr18Ni9Ti
固溶-稳定化处理工艺曲线

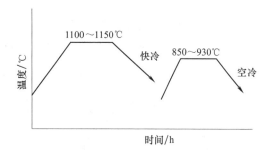

图 8-3　ZG08Cr18Ni12Mo2Ti 和 ZG12Cr18Ni12Mo2Ti
固溶-稳定化处理工艺曲线

（4）深冷处理

随着低温技术的发展，自 20 世纪 60 年代以来，各国都在研制和生产低温阀门。制造－196℃温度级的超低温阀门时，壳体和阀板等零件的材料一般选用 18%Cr-8%Ni 型钢。为了保证阀门在使用温度下的密封性能，对 18%Cr-8%Ni 型钢壳体和阀板等影响阀门密封性能的零件提出了深冷处理的要求。

18%Cr-8%Ni 型钢要进行深冷处理的原因有两个：一是如果钢的马氏体转变开始点高于阀门使用温度，则在使用温度下，钢中部分奥氏体就会转变成马氏体，引起体积变化，导致密封面变形；二是当阀门降至使用温度时，由于冷缩和温差作用，将引起零件不规则的变形。上述两种变形均能使阀门产生渗漏。所以应采用深冷处理把这两种变形尽量在阀门装配前予以消除，从而可有效地减少超低温阀门在使用温度下产生渗漏。

深冷处理是将 18%Cr-8%Ni 型钢阀体和闸板等零件在机械加工后和研磨前，放入深冷槽（用奥氏体不锈钢钢板焊制成铁槽，外面用珍珠砂做保温层，其厚度约需 300mm，盖板用木板及毛毡制成）中，用液氮冷却降温，当工件温度降到－196℃液氮温度后，保持 1h，然后取出放在空气中散冷，使其恢复到室温。一般需要重复进行两次，如果进行一次则需要加长深冷处理温度下的保温时间。

深冷处理时工件降到液氮温度的时间或开始计算保温的时间一般采用以下几种方法来判定。

① 经验法　当液氮淹没工件时，由于液氮吸收工件的热量而气化，此时从液氮中大量往外冒泡。待气泡明显减少，液氮表面基本平静，即可认为工件已降到接近液氮温度，并可

以开始计算保温时间。

② 测量法　用温度计测量模拟件（其有效厚度等于工件最大厚度，外形为圆柱或方柱形）中心的温度，当温度降到接近−196℃时，即可以开始计算保温时间。

③ 计算法　用经验公式计算工件降到液氮温度所需时间 T_g。

$$T_g = C_g H$$

式中　T_g——降到液氮温度所需时间，min；

H——工件最大厚度，mm；

C_g——降温系数，取 $C_g = 0.5min/mm$。

工件散冷恢复到室温时间一般采用以下几种方法来判定。这几种方法所得时间相近。

① 经验法　当工件从液氮中取出后，工件表面很快结霜，待霜消融，再稍停一些时间，即可以认为已恢复到室温。

② 计算法　用经验公式计算工件恢复到室温所需要时间 T_s。

$$T_s = C_s H$$

式中　T_s——恢复到室温所需时间，min；

C_s——升温系数，取 $C_s = 2.5min/mm$。

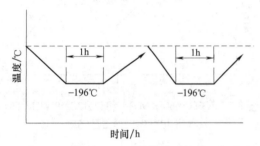

图 8-4　18％Cr-8％Ni 型钢深冷处理工艺曲线

18％Cr-8％Ni 型钢深冷处理工艺曲线如图 8-4 所示。

深冷处理所消耗的液氮量除了工件降温以外受深冷槽绝热条件影响较大。采用上述深冷槽进行深冷处理时，所消耗液氮的总量大约为工件质量的 3 倍。

深冷处理温度低，液氮消耗量大。故生产时应注意加强劳动保护。如果在室内进行深冷处理，则应注意通风，以防窒息，并注意液氮飞溅，以防冻伤。

18％Cr-8％Ni 型钢的深冷处理试验结果表明，上述深冷处理工艺已允许使用到−180℃温度级的超低温阀门，对减少阀门在使用温度下渗漏是有效的。当钢的马氏体转变开始点高于液氮温度时，深冷处理后使阀体和闸板在密封面部位产生了影响密封性能的变形（取金相试样用显微镜观察，可发现有马氏体组织）。相反，当钢的马氏体转变开始点低于液氮温度时，深冷处理后未发现密封面部位产生影响密封性能的变形（取金相试样观察，未发现有马氏体组织）。

在这里应说明一点，对使用温度级比−196℃更低的超低温阀门，对阀门零部件应用更低温度的冷媒液休介质进行深冷处理，即深冷处理的温度应低于阀门的使用温度。

(5) 去应力处理

奥氏体不锈钢虽在 200～400℃加热时便已开始应力松弛，但有效去除应力必须加热到 900℃以上（即使 870℃时也只能部分去除）。非稳定化不锈钢在 430～820℃进行去应力退火中，常伴随铬的碳化物析出在晶界上而导致晶间腐蚀，在 600～700℃时最为严重，或 σ 相（在 540～930℃）使钢脆性增大，并降低抗腐蚀性能（铸件和焊件中常有 α 相易转变成为 σ 相，锻件较少），因此去应力处理规程不易选择。通常，只有当工件在应力腐蚀条件下工作时，进行去应力退火才较有利，在许多情况下，即使只部分地消除应力，亦可保证工件不因应力腐蚀而造成事故。奥氏体不锈钢的去应力退火见表 8-11。

表 8-11　奥氏体不锈钢的去应力退火

工作条件或要求	超低碳不锈钢 (022Cr19Ni10)	稳定化不锈钢 (06Cr18Ni11Ti)	非稳定化不锈钢 (12Cr18Ni9)
严重应力腐蚀	A、B	B、A	①
中等应力腐蚀	A、B、C	B、A、C	C①
轻微应力腐蚀	A、B、C、E、F	B、A、C、E、F	C、F
仅消除峰值应力	F	F	F
没有应力腐蚀	不需要	不需要	不需要
晶间腐蚀	A、C③	A、B、C③	C
大变形后消除应力	A、C	A、C	C
形变加工消除应力	A、B、C	B、A、C	C②
为使结构坚固④	A、B	A、C、B	C
为使尺寸稳定	G	G	G

① 超低碳或稳定化不锈钢，可进行最佳去应力处理。

② 多数情况下不需要热处理，但在加工过程中使钢敏化时，可采表中处理方法。

③ 亦可用 A、B 或 D 处理，但在变形结束后再进行 C 处理。

④ 当严重的加工应力并伴有工作应力叠加而致发生破坏时或大型结构件焊接之后。

注：A—1065～1120℃ 退火，慢冷；B—900℃ 去应力，慢冷；C—1065～1120℃ 退火，水冷或快冷；D—900℃ 去应力，快冷；E—480～650℃ 去应力，慢冷；F—＜480℃ 去应力，慢冷；G—200～480℃ 去应力，慢冷；各种处理时间均以 25mm/4h 计算。

8.2　锻造和轧制件的热处理

8.2.1　常用钢锻造和轧制件的热处理

结构钢经过锻造或热轧后由于终锻温度过高引起晶粒粗大，锻造或热轧降温过程中，工件表层与心部的降温速度不同，造成残余应力。另外在锻造或热轧过程中，工件终锻或热轧温度不易控制准确，锻压中各部位变形不均，这样锻压后工件产生部分冷作硬化，必然造成组织不均和硬度偏高。这样由锻造或热轧给工件带来上述一系列的缺陷，因而不适应下道工序（加工或热处理）的要求。为了消除应力、细化组织、降低硬度，锻钢件锻后多数需经过正火或退火处理。

阀门生产中，锻钢件毛坯的锻后正火或退火可以作为性能要求不高的工件的最终热处理，也可做为重要件淬火前的预备热处理。

阀门常用锻钢件的材料有碳钢、合金结构钢、马氏体不锈钢和耐热钢等。锻钢件可根据钢的化学成分，为达到不同的目的，采用不同退火和正火方法。

(1) 正火

正火是将钢材或钢件加热到 Ac_3 或 Ac_m 以上的适当温度，保持一定时间然后在空气中冷却，得到珠光体类组织的热处理工艺。

对于低、中碳钢和低合金结构钢锻轧件，消除应力、细化组织、改善切削加工性能的热处理和淬火前的预备热处理应用正火而不宜用退火。因为钢的含碳量低，如用退火硬度过低，对切削加工反而不利。常用钢的正火温度见表 8-12。

(2) 退火

退火是将钢材或钢件加热到适当温度，保持一定时间，然后缓慢冷却的热处理工艺。退火分为完全退火和不完全退火两种。完全退火是将钢件加热到 $Ac_3+(30～50)$℃，保温后在炉内缓慢冷却的工艺方法。不完全退火是将钢件加热到 $Ac_1+(30～50)$℃ 保温后缓慢冷却的工艺方法。

对于中碳钢和中碳合金钢锻轧件（及铸、焊件），当退火的目的是细化组织、降低硬度、消除内应力和改善切削加工性能时，一般采用完全退火。这些钢在锻后空冷时往往产生极细珠光体，有些钢中甚至有马氏体组织，因此硬度偏高。凡硬度大于 250HB，均被认为不适宜切削加工，因此需要进行完全退火。

对于晶粒未粗化的中、高碳（低合金）钢锻轧件，当退火的主要目的是降低硬度、改善切削加工性能和消除内应力时，一般采用不完全退火。因为这类钢含 C 量较高，奥氏体达到均匀化，在随后缓慢冷却时，易生成网状渗碳体，反而机械性能下降。如果原始组织中含有网状渗碳体存在或其他组织缺陷时，必须首先采用正火处理消除。常用钢的退火温度见表 8-13。

(3) 加热速度

加热速度主要决定于钢的化学成分。因为化学成分（指 C 及合金元素）决定钢的导热性。随钢中含 C 量的增加，导热性下降，而合金元素对钢的导热性的影响尤其显著。譬如高速钢，导热系数是 21.29W/(m·K)，只是高碳工具钢 T12 导热系数 [44.65W/(m·K)] 的 1/2，因此对于高合金钢就必须采取缓慢升温措施。如果升温速度过快，则由于导热性差往往造成钢件表面和中心温度差很大，热应力因而增大，工件容易造成开裂，这点须特别注意。另外，加热速度也受钢件尺寸的影响，这同样也是由于钢件表面温度差及相应的热应力所造成。因此，对于一般的碳钢和低合金钢，加热速度不受限制，可以随炉升温也可以在高温装炉。但是，对于中、高合金钢，加热速度就需严加控制，一般控制在 100～150℃/h 以内。对于尺寸很大的钢件（一般指有效厚度＞500mm）应采用低温（≤250℃）装炉，且分级升温。在 600℃ 以下升温速度控制在 30～70℃/h，在 600℃ 以上升温速度控制在 80～100℃/h。

表 8-12　常用钢的正火温度

牌号	Ac_3 /℃	正火温度 /℃	回火温度 /℃	正火（或正火＋回火）后硬度 HB
08、08F	890	920～960		≤137
10、10F	880	910～950		≤143
20	865	900～940		≤156
25	840	880～920		≤170
30	813	870～900		≤179
35	802	860～890		≤187
40	790	850～880		≤197
45	780	840～870		≤241
60	760	790～830		≤255
65	750	780～820		≤255
65Mn	765	820～860		≤269
60Si2Mn	810	830～860		≤254
50CrWA	790	850～880		≤288
20Cr	840	870～900		≤270
40Cr	782	850～880		≤250
12CrMo	880	890～920	640～660	≤179
15CrMo	845	890～920	640～660	≤179
20CrMo	820	880～910		≤270
30CrMoA	807	870～890		≤241
35CrMo	800	850～870		≤241
42CrMo	800	840～860	680～700	≤217
12CrMoV	945	980～1000	740～760	≤241

牌号	Ac_3 /℃	正火温度 /℃	回火温度 /℃	正火（或正火＋回火）后硬度 HB
12Cr1MoV		1000～1020	740～760	≤179
25Cr2MoVA	840	980～1000	650～680	≤229
25Cr2Mo1VA		第一次：1030～1050 第二次：930～970	（d≤150）（150≤d≤200） 650～700,680～720	240～280
38CrMoAl	885	940～970	700～720	179～229
35CrMnSi	830	880～900		≤218
20CrMnTi	843	950～970		156～207
20CrMo	840	880～920		≤187
15Mo3		910～940	600～650	≤170
GCr15		900～950		270～390
T8A		760～780		241～302
T10A		800～850		255～321
T12A		850～870		269～341

（4）保温时间

保温时间应以保证奥氏体化时碳化物充分溶解及奥氏体大致均匀为原则，在此前提下，应尽量使保温时间不要过长，以减少脱碳、氧化，防止晶粒粗化。

在电阻炉加热时，保温时间＝零件有效厚度×保温系数（表 8-14）。燃料炉加热时，保温时间＝电阻炉加热保温时间×（0.5～0.7）。

当装炉量大时保温时间应适当延长。对于退火，通常应增加 2～3h。大型钢件的加热，在保温之前当炉子的仪表到指示温度后还有一个均温时间，即从仪表到指示温度开始，到整个工件表面温度均匀一致和炉膛颜色相同为止。目前在工厂中对这段时间并不做具体规定，而凭工人实践经验来判断和确定。

表 8-13 常用钢的退火温度

牌号	Ac_3 /℃	退火温度 /℃	退火后硬度 HB
08、08F	890	960～1000	≤131
10、10F	880	950～980	≤131
35	802	850～880	≤187
45	780	800～840	≤197
65Mn	765	780～840	179～229
40Cr	782	830～850	≤207
35CrMo	800	830～850	≤229
42CrMo	800	820～850	≤217
40CrMnMo	780	830～850	≤241
40CrNiMo	790	840～860	≤269
38CrMoAl	885	880～920	≤229
GCr15	900	780～810	197～228
GCr15SiMn	872	780～810	170～207
T7	770	730～750	≤187
T8	740	740～760	≤187
T10	800	760～780	255～321
T12	820	760～780	269～341
9SiCr	870	780～800	197～241
Cr12	835	870～900	207～255
Cr12MoV	855	870～900	217～250
CrWMn	940	770～790	179～227

牌号	Ac_3 /℃	退火温度 /℃	退火后硬度 HB
5CrMnMo	800	710~750	≤230
5CrNiMo	780	700~720	≤241
3Cr2W8V	850	860~900	205~235
W18Cr4V	860	860~880	217~255
W6Mo5Cr4V2	885	820~870	212~241
12Cr13	850	860~900	≤200
20Cr13	950	860~900	≤223
30Cr13		860~900	≤235
40Cr13		860~900	≤235
14Cr17Ni2		850~880(HB≤250)	两次回火(750℃+650℃)后 HB≤250
95Cr18		850~870	≤255
4Cr10Si2Mo		850~900	193~230
4Cr9Si2		850~900	217~248

表 8-14　不同钢种在电阻炉中加热保温系数

钢种	保温系数 /min·mm⁻¹	
	退火	正火
碳钢	1.5~1.8	1.0~1.5
合金结构钢	1.8~2.0	1.2~1.8
合金工具钢	2.0~3.0	

(5) 冷却速度

碳素钢退火应以 100~200℃/h 的速度冷却（即一般随炉冷却）至 500~550℃ 出炉空冷。合金钢（尤其是高合金钢）退火应以 20~100℃/h 的速度冷却至 500~550℃ 出炉空冷。对于要求内应力较小的工件应炉冷到 300℃ 出炉空冷。退火是一个耗时很多的工序，因此在制定热处理工艺时，凡可以采用正火处理的，不应选用退火处理。

正火的工件应在静止空气中分散冷却，不允许堆放，以防造成堆叠处实际上的缓冷。工件置于潮湿的地面上，避免局部发生硬化。大尺寸工件或要求硬度较高的工件可以放在流动空气中冷却或喷雾冷却。

(6) 加热设备

在生产中，退火和正火加热一般选用电阻炉和燃料炉。对于不允许氧化的工件应选用保护气氛加热炉或真空炉。

8.2.2　阀杆常用材料的热处理

阀杆在阀门开启和关闭过程中承受拉力、压力和扭矩的作用，并与介质直接接触，和填料也有相对摩擦运动，故要求阀杆具有一定的力学性能和耐擦伤性。

为了满足使用上的需要，首先要根据阀门的使用条件对阀杆选用合适的材料。阀杆的常用材料有碳素结构钢、合金结构钢、不锈钢、耐热钢。

为了满足使用上的需要，还要对阀杆提出相应的技术要求。这些要求一般包括硬度、塑性、韧性、耐腐蚀性等。阀杆常用材料及技术要求见第 12 章中表 12-1。

编制阀杆毛坯的热处理工艺主要根据选用的材料及技术要求，此外还要考虑阀门的使用条件，以及氮化处理温度等因素。例如，阀杆进行调质处理时所采用的回火应高于以后氮化处理时和阀门使用所要求承受的最高温度。

下面按材料种类介绍阀杆的热处理工艺。

(1) 35 号钢阀杆毛坯的正火

35 号钢阀杆无论是热轧还是锻拔料，在机械加工前最好进行正火。阀杆经正火处理，由于重结晶使组织细化，从而提高了屈服强度。由于应力消除使阀杆尺寸稳定，从而减少了氮化处理等时效作用引起的变形。由于 35 号钢易腐蚀还需要表面进行防腐处理（如镀硬铬或氮化处理等）增加生产周期，如今在中高压阀门生产中，已经被 13%Cr 所取代。

(2) 40Cr 钢阀杆毛坯的调质处理

为了使 40Cr 阀杆获得良好的综合力学性能，在阀杆进行机械加工前要进行调质处理，改善表面质量，在调质处理前需要进行粗加工。有的阀杆外形特征是直径相差较大的阶梯轴，则更有粗加工的必要。若 40Cr 毛坯为锻拔料，在锻造后还要进行正火。

40Cr 阀杆毛坯的有效厚度较大时（一般指直径≥60mm），为了提高调质处理效果，改善表面质量，在调质处理前需要进行粗加工。有的阀杆外形特征是直径较大的阶梯轴，则更有粗加工的必要。40Cr 阀杆若为热轧料，则应选用热加工用料，如果用冷加工用料代替，也应在调质处理前进行粗加工。

40Cr 阀杆毛坯淬火加热温度一般采用 830～850℃。用电阻炉加热时，保温系数一般采用 1.2～1.5min/mm。淬火冷却时要尽量做到阀杆垂直淬入冷却剂，以减少工件的弯曲。冷却方法可按阀杆不同的有效厚度分别采用油冷、水淬油冷和水冷。

淬火后要及时进行回火。40Cr 阀杆毛坯回火温度根据要求的硬度选择。当阀杆的硬度要求 28～32HB 时，回火温度选用 580～620℃。为了便于生产平衡，回火保温时间及装炉量可以为淬火的两倍。为了克服回火脆性，回火用油冷。40Cr 阀杆毛坯调质处理工艺曲线如图 8-5 所示。

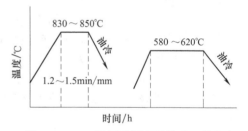

图 8-5　40Cr 阀杆毛坯调质处理工艺曲线

(3) 马氏体型不锈钢阀杆毛坯的热处理

12Cr13、20Cr13 和 14Cr17Ni2 都属马氏体型不锈钢。12Cr13、20Cr13 和 14Cr17Ni2 的阀杆毛坯的热处理包括锻造后退火和调质处理。

12Cr13、20Cr13 和 14Cr17Ni2 的阀杆毛坯锻造后要及时退火。12Cr13、20Cr13 和 14Cr17Ni2 的阀杆锻造后即使采用灰冷也会发生硬化而使机械加工困难。此外，由于锻造应力等因素影响容易使阀杆产生裂纹。因此为了消除应力、降低硬度、防止产生裂纹、改善机械加工性能，并为以后调质处理做好准备，在锻造后要进行软化处理。12Cr13、20Cr13 和 14Cr17Ni2 的锻件软化处理方法通常有高温回火和退火两种方法。

12Cr13、20Cr13 和 14Cr17Ni2 的锻件在锻造过程中容易产生脱碳、折叠和微裂等表面缺陷，并往往导致淬火后产生软点和裂纹等缺陷而影响锻件质量，所以在退火后对 12Cr13、20Cr13 和 14Cr17Ni2 的锻件需要进行粗加工。当阀杆锻造毛坯直径小且表面质量较好时，也可以不进行粗加工。

12Cr13、20Cr13 和 14Cr17Ni2 的阀杆毛坯尚需要进行调质处理。其目的在于获得良好的综合机械性能和耐腐蚀性能，从而满足使用上的需要。

12Cr13 淬火温度通常为 1000～1050℃，淬火后组织为马氏体＋铁素体。若加热温度过高，淬火后铁素体增多，反而使性能变坏。20Cr13 淬火温度以 980～1000℃为宜，若加热温度过低，当低于 950℃时，则碳化铬（主要为 $Cr_{23}C_6$）溶解不充分，表现在力学性能方面是强度和韧性较低，又不利于耐腐蚀性能的提高。若加热温度过高，当高于 1050℃时，则容易使组织过热，淬火后造成马氏体组织粗大，也使冲击韧性显著降低，这时即使随后提高回火温度，冲击韧性也不能得到改善。

14Cr17Ni2 不锈钢淬火温度在 950～1000℃较为适宜。淬火温度过高，由于组织中铁素体增多以及出现残留奥氏体，使淬火后硬度降低。另外，加热温度过高，组织中出现大量的残余奥氏体将使钢对晶间腐蚀敏感。

由于 12Cr13、20Cr13、14Cr17Ni2 存在大量合金元素使导热性降低，所以以上马氏体不锈钢阀杆淬火加热速度要缓慢，或者经过预热。预热还可以适当减少在淬火温度下的保温时间。保温时间要充分，使碳化物能充分溶解。保温时间主要取决于阀杆毛坯有效厚度及装炉量。保温系数可采用 25mm/h（空气炉）。12Cr13、20Cr13、14Cr17Ni2 的临界冷却速度较低，淬透性极好。所以 12Cr13、20Cr13、14Cr17Ni2 的阀杆淬火冷却可以采用油冷，也可用空冷。

12Cr13、20Cr13、14Cr17Ni2 淬火后能达到的硬度主要受钢中的含 C 量影响，含 C 量愈多则淬火后的硬度也愈高。而钢中的含 Cr 量对淬火后硬度的影响与 C 相反，并且其作用不如 C 明显。

马氏体钢不锈钢阀杆淬火后要及时回火，一般间隔不得超过 48h，以防造成马氏体不锈钢阀杆开裂。回火加热温度主要根据技术要求确定。当 12Cr13、20Cr13、14Cr17Ni2 的阀杆硬度要求为 240～280HB 时，回火温度 12Cr13 一般采用 580～620℃，20Cr13 采用 600～640℃，而 14Cr17Ni2 采用 580～620℃。回火保温时间要适当选择，否则要影响到回火后的硬度，即随着回火保温时间的加长硬度会稍微下降，这种影响在 600℃以下回火更为明显。12Cr13、20Cr13、14Cr17Ni2 有回火脆性，所以回火后用油冷。

关于 20Cr13 回火温度对回火后性能影响的试验研究结果表明，20Cr13 淬火以后，用 510～550℃温度范围进行回火，钢的回火稳定性差，即回火温度稍有提高则回火硬度大幅度下降。用 550～600℃温度范围进行回火，钢的耐腐蚀性能显著降低。这些情况在确定 20Cr13 技术要求及编制调质处理工艺时都应给予充分的注意，以利充分发挥 20Cr13 的潜力。

12Cr13、20Cr13 和 14Cr17Ni2 钢的阀杆毛坯调质处理工艺规范见表 8-15。

表 8-15　12Cr13、20Cr13 和 14Cr17Ni2 钢的阀杆毛坯调质处理工艺规范

钢号	淬火			回火		
	加热温度 /℃	保温时间 /h	冷却剂	加热温度 /℃	保温时间 /h	冷却剂
12Cr13	1000～1050	1～2	油	580～620	2～4	油
20Cr13	980～1000	1～2	油	600～640	2～4	油
14Cr17Ni2	950～1000	1～2	油	580～620	2～4	油

12Cr13、20Cr13、14Cr17Ni2 钢的阀杆调质处理后获得索氏体组织。它不仅具有良好的综合力学性能，而且具有良好的耐腐蚀性能。

（4）奥氏体不锈钢阀杆毛坯的热处理

12Cr18Ni9、06Cr19Ni10、022Cr19Ni10、022Cr17Ni12Mo2、06Cr17Ni12Mo2、06Cr18Ni11Ti 和 06Cr17Ni12Mo2Ti 均属奥氏体不锈钢，为了消除奥氏体不锈钢阀杆毛坯的晶间腐蚀倾向、提高塑性和消除应力，分别要进行固溶处理和稳定化处理。

12Cr18Ni9、06Cr19Ni10、022Cr19Ni10、022Cr17Ni12Mo2、06Cr17Ni12Mo2 的阀杆一律要进行固溶处理，其保温时间按表 8-8 的规定。

06Cr18Ni11Ti 和 06Cr17Ni12Mo2Ti 的阀杆毛坯可只进行稳定化处理，其工艺曲线见图 8-1。

（5）半奥氏体沉淀硬化不锈钢阀杆的热处理

07Cr15Ni7Mo2Al 属于半奥氏体沉淀硬化不锈钢。半奥氏体沉淀硬化不锈钢优点是既克

服了奥氏体不锈钢强度低的不足，又避免马氏体不锈钢在强化处理时因加热到高温而产生氧化及变形等缺陷。半奥氏体沉淀硬化不锈钢强度高，并具有良好的耐腐蚀性能和较好的工艺性能。

07Cr15Ni7Mo2Al 阀杆热处理比较复杂。首先要进行以均匀化为目的的固溶处理，随后分两步进行强化处理。强化处理的第一步是通过获得必要数量马氏体的热处理而强化，第二步是通过时效处理而强化。可见 07Cr15Ni7Mo2Al 钢阀杆热处理最终目的是强化。获得必要数量马氏体的热处理方法有高温调整处理 + 冰冷处理和低温调整处理。故 07Cr15Ni7Mo2Al 阀杆的典型热处理工艺方案有两种，其工艺方案曲线如图 8-6 所示。

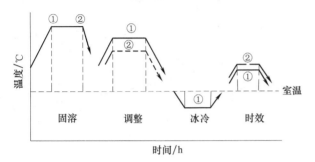

图 8-6　07Cr15Ni7Mo2Al 阀杆热处理工艺方案曲线

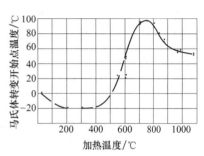

图 8-7　半奥氏体沉淀硬化不锈钢固溶处理后重新加热温度和钢的马氏体转变开始点的关系

下面按照 07Cr15Ni7Mo2Al 阀杆热处理各工序的顺序分别叙述其原理及工艺规范的要点。

① 固溶处理　07Cr15Ni7Mo2Al 钢阀杆首先要进行固溶处理。固溶处理是将 07Cr15Ni7Mo2Al 阀杆加热到一定的温度，使碳化物等溶解，并保温一段时间，然后快冷，一般采用水冷。07Cr15Ni7Mo2Al 固溶处理加热温度一般采用 1065℃±15℃。固溶处理的加热温度明显影响钢的最终组织和性能。若加热温度过高，则会使钢中铁素体量增加，并使钢的马氏体转变点下降，因此减少了马氏体转变量，如增加了未转变的奥氏体量。其结果是不但固溶处理后硬度低，而且最终热处理后强度也低。反之，若加热温度过低，则不能保证钢中碳化物等充分溶解，达不到均匀化目的，并且钢的马氏体转变点过高，增加了马氏体转变量，其结果是不但固溶处理硬度高，而且最终热处理后韧性也差。

07Cr15Ni7Mo2Al 钢经固溶处理能使在热轧和锻造冷却过程中析出的碳化物等溶于奥氏体中，并且最后获得过饱和的奥氏体。钢中还有少量的铁素体，其存在有利于以后热处理过程中的组织转变，但不参与组织转变。另外还有微量的马氏体，它们是在固溶处理的冷却过程中由奥氏体转变来的。

在这里需要指出的是 07Cr15Ni7Mo2Al 钢固溶处理不宜采用盐浴加热，以避免发生晶间浸入。

② 获得必要数量马氏体的热处理　获得必要数量马氏体的强化处理第一种工艺为低温调整处理。

07Cr15Ni7Mo2Al 钢固溶处理后获得的奥氏体是稳定的。如果将 07Cr15Ni7Mo2Al 钢在固溶处理后重新进行加热，当加热温度升到 500～550℃ 以上时，从奥氏体中开始析出 $Cr_{23}C_6$ 型碳化物，在 700～800℃ 时，07Cr15Ni7Mo2Al 中的碳及 $Cr_{23}C_6$ 贫化，并使钢的马氏体转变点升高。

当含 C0.07％、Cr15％、Ni8.5％和 Al1％的半奥氏体沉淀硬化不锈钢进行重新加热时，加热温度对其马氏体转变开始点的影响如图 8-7 所示。

从图 8-7 中可见，钢经过 700～800℃ 重新加热，其马氏体转变开始点上升到 100℃ 左右。故当钢重新加热到 760℃，再冷至室温，因其相变缓慢空冷即可，就会有相当数量的奥氏体转变成马氏体，从而使钢强化。

关于 07Cr15Ni7Mo2Al 钢在固溶处理以后进行重新加热时，加热温度和硬度关系的试验结果如图 8-8 所示。从图 8-8 可见，试验结果和图 8-7 的结果基本相近。

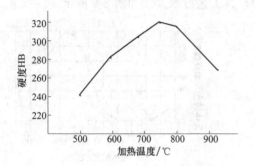

图 8-8　07Cr15Ni7Mo2Al 钢固溶处理后
重新加热温度和硬度关系

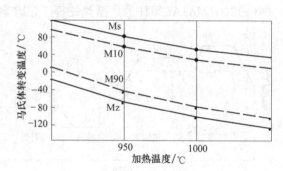

图 8-9　半奥氏体沉淀硬化不锈钢加热
温度和马氏体转变点的关系

根据上述原理，对 07Cr15Ni7Mo2Al 阀杆可以采用低温调整处理工艺，从而使钢获得必要数量的马氏体而实现第一步强化。低温调整处理是将 07Cr15Ni7Mo2Al 阀杆在固溶处理后重新加热到 760℃±15℃，并保温一段时间，然后空冷。这种工艺可使钢获得 60％～90％的马氏体，从而达到强化目的。

获得必要数量马氏体的强化处理第二种工艺为高温调整处理＋冰冷处理。

07Cr15Ni7Mo2Al 钢在固溶处理后马氏体转变终了点大约为－130℃ 以下的冷处理，也会有相当数量的奥氏体转变成马氏体，从而可以实现第一步强化。但是－130℃ 在制造厂是不易实现的。因此，从工艺角度上看，希望 07Cr15Ni7Mo2Al 钢的马氏体转变终了点最好能在－80℃ 左右，以便通过冰冷处理来实现。那么能否把 07Cr15Ni7Mo2Al 钢的马氏体转变终了点从－130℃ 提高到－80℃ 左右呢？图 8-9 给出半奥氏体沉淀硬化不锈钢加热温度和马氏体转变点（包括开始点及终了点）的关系，从图 8-9 可见，07Cr15Ni7Mo2Al 钢在固溶处理后是可以通过不同的温度进行重新加热调整钢的马氏体点的。所谓调整处理的本质也就在于此。

根据上述原理对 07Cr15Ni7Mo2Al 阀杆在固溶处理后可以进行高温调整处理，以便把钢的马氏体转变终了点从－130℃ 左右调整到－80℃ 左右。高温调整处理是将 07Cr15Ni7Mo2Al 阀杆在固溶处理后重新加热到 960℃±15℃，并保温一段时间，再冷至室温，因其相变缓慢空冷即可。虽然经过高温调整处理钢也能获得马氏体，但其数量不多不能使钢明显强化。

07Cr15Ni7Mo2Al 阀杆在高温调整处理后为了获得必要数量的马氏体还要进行－75℃ 的冷处理。冷处理是将 07Cr15Ni7Mo2Al 阀杆冷却到－75℃ 以下，保温较长时间（一般需 8h 左右）。经冷处理，钢中奥氏体继续转变成马氏体，可以实现第一步强化。

将 07Cr15Ni7Mo2Al 阀杆冷却到－75℃ 以下有用冷冻机冷却和用干冰（固体二氧化碳）冷却两种方法，称之为冰冷处理。

冰冷处理所用冰冷箱可用紫铜板或奥氏体型不锈钢板焊成双层箱。阀杆进行冰冷处理装箱时，先将工件及干冰装入箱内，再徐徐倒入酒精，并稍加搅拌，使箱内上下温度均匀，直至工件被淹没，并用干冰调整箱内的温度直到符合要求为止。冰冷箱盖上木盖后即开始保温。在保温过程中，注意保持箱内温度符合要求，并不得让阀杆露出液面。

上述两种强化处理工艺获得的马氏体均为低碳的、软的，故不影响机械加工。在编制 07Cr15Ni7Mo2Al 阀杆工艺路线时，要把机械加工工序安排在低温调整处理和高温调整处理之后进行。生产实践已经证实，因机械加工而使工件在两道热处理工序之间虽间隔月余时间，也并不影响以后热处理工序的强化效果。

上述两种强化处理工艺中，使用任一种工艺强化处理 07Cr15Ni7Mo2Al 阀杆，所得的组织除少量铁素体、必要数量马氏体、一定数量的奥氏体外，在晶界有碳化物等析出。但由于上述两种强化处理工艺中调整处理加热温度不同，致使沿晶界析出的碳化物等数量不同，而且差异还较大。因此明显影响 07Cr15Ni7Mo2Al 阀杆最终处理后的韧性。经低温调整的比经高温调整处理的阀杆韧性低，这时即使经过时效处理，阀杆的韧性也是难以得到较大改善。

应该说明一点，对 07Cr15Ni7Mo2Al 钢的第一步强化处理除了上述两种工艺外，还可以通过形变热处理强化。但这种工艺在阀门生产中难以应用。

③ 时效处理　07Cr15Ni7Mo2Al 阀杆无论采用哪种工艺实现第一步强化，均要进行时效处理，以实现第二步强化，以期达到更好的强化效果，从而满足技术要求。

07Cr15Ni7Mo2Al 钢时效处理是将第一步强化转变成马氏体，再经时效处理从马氏体中再沉淀出弥散的析出相（碳化物和金属间化合物），使钢进一步强化。

关于 07Cr15Ni7Mo2Al 钢时效处理温度和硬度关系的试验结果如图 8-10 所示。

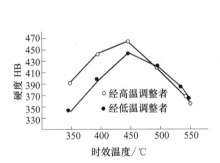

图 8-10　07Cr15Ni7Mo2Al 钢时效处理温度和硬度关系

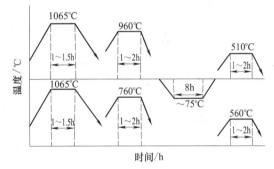

图 8-11　07Cr15Ni7Mo2Al 阀杆两种典型热处理工艺曲线

这个试验的结果是能够用上述分析给以说明的。并且力学性能试验也说明了 07Cr15Ni7Mo2Al 钢处于硬度最高状态时韧性极差，无使用价值。所以为了使 07Cr15Ni7Mo2Al 阀杆获得较高硬度的同时又具有较好的韧性，通常要进行"过时效"处理，即时效处理的加热温度采用上限，甚至于稍偏高。即，将 07Cr15Ni7Mo2Al 阀杆加热到一定温度，对经过低温调整的阀杆加热到 560℃±15℃，对经高温调整处理的阀杆加热到 510℃±15℃，并保温 1～2h，然后空冷。

总结 07Cr15Ni7Mo2Al 阀杆两种典型热处理工艺的曲线如图 8-11 所示。

07Cr15Ni7Mo2Al 钢经两种典型工艺热处理后所获得的力学性能结果上看，经高温调整处理的比经低温调整处理的不但硬度高且韧性好。所以对 07Cr15Ni7Mo2Al 阀杆最好采用固溶处理—高温调整处理—冰冷处理—时效处理工艺。

(6) 马氏体沉淀硬化不锈钢阀杆的热处理

05Cr17Ni4Cu4Nb 钢属于马氏体沉淀硬化不锈钢。它与 0Cr15Ni7Mo2Al 钢一样克服了奥氏体不锈钢强度低的不足，避免马氏体不锈钢在强化处理时因加热到高温而产生氧化和变形等缺陷。马氏体沉淀硬化不锈钢也具有高强度，良好耐腐蚀和较好的工艺性能。而05Cr17Ni4Cu4Nb 钢的热处理较 07Cr15Ni7Mo2Al 钢热处理工艺简单，只需要进行以均匀化为目的的固溶处理和随后的时效处理而强化。

① 固溶处理　固溶处理是将 05Cr17Ni4Cu4Nb 钢阀杆加热到一定温度，使碳化物等溶解，并保温一定时间，然后快冷。

05Cr17Ni4Cu4Nb 钢固溶处理加热温度采用 1040℃±15℃。固溶处理的加热温度也同0Cr15Ni7Mo2Al 钢一样影响钢最终组织和性能。因此也不宜过高和过低。

固溶处理保温时间是 30min+30min/25mm。

固溶处理的冷却方法与工件的尺寸有关，当阀杆直径≤75mm 时，油冷或水冷；当阀杆直径 75～150mm 时，空冷。

05Cr17Ni4Cu4Nb 钢固溶处理的加热设备可以用电阻炉加热，不宜采用盐浴炉和燃料炉加热。05Cr17Ni4Cu4Nb 钢在固溶状态下的延展性相当低，并且抗应力腐蚀裂纹性能很差，因此不应在此状态下使用。

② 时效处理　05Cr17Ni4Cu4Nb 钢阀杆经过固溶处理，虽然组织是奥氏体或马氏体组织。但其硬度≤38HRC，故不影响机械加工。05Cr17Ni4Cu4Nb 钢阀杆时效处理温度是480～620℃，此加热温度低，工件表面不氧化，时效处理可在空气炉中进行。因此在编制05Cr17Ni4Cu4Nb 阀杆工艺路线时，按零件图的技术要求，把时效处理工序安排在磨削前车削加工后进行。经生产实践证实，因机械加工而使工件在两道热处理工序时间，间隔月余以上，时效处理后也能达到理想的效果。

05Cr17Ni4Cu4Nb 钢阀杆时效温度根据要求的硬度选择。当阀杆的硬度要求 28～32HRC 时，时效处理温度选择 600～620℃。回火保温时间4h。在固溶处理后进行时效处理时，固溶处理后工件必须冷却到 30℃以下，工件才可以进行时效处理。

05Cr17Ni4Cu4Nb 钢阀杆固溶+时效处理工艺曲线如图 8-12 所示。

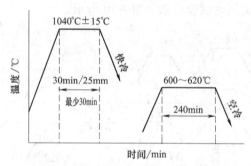

图 8-12　阀杆毛坯调质处理工艺曲线

(7) 25Cr2Mo1V 和 38CrMoAl 阀杆毛坯调质处理

25Cr2Mo1V 和 38CrMoAl 钢阀杆毛坯热处理包括锻后正火和调质处理。

25Cr2Mo1V 和 38CrMoAl 钢阀杆毛坯锻后采用正火，是为了消除由锻造产生的应力和组织不均，并为以后调质处理做好组织准备。

25Cr2Mo1V 和 38CrMoAl 钢阀杆毛坯的调质处理是为了使阀杆心部有较高的综合力学性能，为渗氮做组织准备。

25Cr2Mo1V 和 38CrMoAl 钢的淬火加热温度不能低或保温时间不足，避免铁素体未能完全转变成奥氏体，氮化前表面有游离铁素体存在，它和渗碳的情况一样，氮化后氮化层脆性增加。加热温度过高，奥氏体晶粒粗化，氮优先沿晶界渗入形成氮化物，则氮化层形成波纹状或网状组织。

25Cr2Mo1V 和 38CrMoAl 钢阀杆淬火保温时间按有效厚度×保温系数确定，保温系数取 1.5～2min/mm，最少 30min。25Cr2Mo1V 钢阀杆回火保温时间按淬火保温时间的 3 倍计算。38CrMoAl 钢阀杆回火保温时间为淬火保温时间的 2 倍。

25Cr2Mo1V、38CrMoAl 钢阀杆毛坯调质处理工艺规范见表 8-16。

表 8-16　25Cr2Mo1V 和 38CrMoAl 钢阀杆毛坯调质处理工艺规范

钢号	淬火			回火		
	加热温度 /℃	保温系数 /min·mm⁻¹	冷却方式	加热温度 /℃	保温系数 /min·mm⁻¹	冷却方式
25Cr2Mo1V	950~970	1.5~2	油	650~700	4~6	空
38CrMoAl	930~950	1.5~2	空	600~640	3~4	空

(8) 马氏体型耐热钢阀杆毛坯的调质处理

4Cr10Si2Mo 钢属于马氏体型耐热钢。4Cr10Si2Mo 钢阀杆毛坯的热处理包括锻造后退火和调质处理。4Cr10Si2Mo 钢阀杆毛坯锻后同马氏体不锈钢一样要及时进行退火。4Cr10Si2Mo 钢阀杆毛坯退火后要清除锻造产生的表面缺陷并进行粗加工。

4Cr10Si2Mo 钢阀杆毛坯调质处理目的是获得在高温下具有较高的强度和稳定的组织。

4Cr10Si2Mo 钢阀杆毛坯淬火温度在 1000~1050℃。因淬火温度较高，淬火加热时要注意防止表面脱碳，保温时间不要太长。4Cr10Si2Mo 钢阀杆毛坯调质处理工艺见表 8-17。

表 8-17　4Cr10Si2Mo 钢阀杆毛坯调质处理工艺

淬火			回火			硬度 HB
加热温度 /℃	保温系数 /min·mm⁻¹	冷却方式	加热温度 /℃	保温系数 /min·mm⁻¹	冷却方式	
1020~1040	1.5~2	油冷	760~780	3~4	空冷	250~300

8.3　钛及钛合金的热处理

8.3.1　钛的基本热处理

工业纯钛是单相 α 型组织，虽然在 890℃以上有 α-β 的多型体转变，但由于相变特点决定了它的强化效应比较弱，所以不能用调质等热处理提高工业纯钛的机械强度。工业纯钛唯一的热处理就是退火。它的主要退火方法有 3 种：再结晶退火、消应力退火及真空退火。前两种的目的都是消除应力和加工硬化效应，以恢复塑性和成型能力。

工业纯钛在材料生产过程中加工硬化效应很大，TA2 屈服强度升高，因此在钛材生产过程中，经冷、热加工后，为了恢复塑性，得到稳定的细晶粒组织和均匀的机械性能，应进行再结晶退火。工业纯钛的再结晶温度为 550~650℃，因此再结晶退火温度应高于再结晶温度，但低于 α-β 相的转变温度。在 650~700℃退火可获得最高的综合机械性能（因高于 700℃的退火将引起晶粒粗大，导致机械性能下降）。退火材料的冷加工硬化一般经 10~20min 退火就能消除。这种热处理一般在钛材生产单位进行。为了减少高温热处理的气体污染并进一步脱除钛材在热加工过程中所吸收的氢气，目前一般钛材生产厂家都要求真空气氛下的退火处理。为了消除钛材在加工过程（如焊接、制造过程中的轻度冷变形）中的残余应力，应进行消应力热处理。消应力退火一般不需要在真空或氩气气氛中进行，只要保持炉内气氛为微氧化性即可。

8.3.2　钛及钛合金的热处理

(1) 工业纯钛（TA1、TA2、TA3）的热处理

α-钛合金从高温冷却到室温时，金相组织几乎全是 α 相，不能起强化作用，因此，目前对 α-钛只需要进行消应力退火、再结晶退火和真空退火处理。前两种是在微氧化炉中进行，而后者则应在真空炉中进行。

① 消应力退火 为了消除钛和钛合金在熔铸、冷加工、机械加工及焊接等工艺过程中所产生的内应力，以便于以后加工，并避免在使用过程中由于内应力存在而引起开裂破坏，对 α-钛应进行消除应力退火处理。消除应力退火温度既不能过高，也不能过低，因为过高引起晶粒粗化，产生不必要的相变而影响机械性能，过低又会使应力得不到消除，所以，一般是选在再结晶温度以下。对于工业纯钛来说，消除应力退火的加热温度为 500～600℃。加热时间应根据工件的厚度及保温时间来确定。为了提高经济效果并防止不必要的氧化，应选择能消除大部分内应力的最短时间。工业纯钛消除应力退火的保温时间为 15～60min，冷却方式一般采用空冷。

② 再结晶退火（完全退火） α-钛大部分在退火状态下使用，退火可降低强度、提高塑性，得到较好的综合性能。为了尽可能减少在热处理过程中气体对钛材表面污染，热处理温度尽可能选得低些。工业纯钛的退火温度高于再结晶温度，但低于 α 向 β 相转变的温度 120～200℃，这时所得到的是细晶粒组织。加热时间视工件厚度而定，冷却方式一般采用空冷。对于工业纯钛来说，再结晶退火的加热温度为 680～700℃，保温时间为 30～120min。规范的选取要根据实际情况来定，通常加热温度高时，保温时间要短些。需要指出的是，退火温度高于 700℃，而且保温时间长时，将引起晶粒粗化，导致机械性能下降，同时，晶粒一旦粗化，用现有的任何热处理方法都难以使之细化。为了避免晶粒粗化，可采取下列两种措施：尽可能将退火温度选在 700℃ 以下；退火温度如果在 700℃ 以上时，保温时间尽可能短些，但在一般情况下，每毫米厚度不得少于 3min，对于所有工件来讲，不能小于 15min。

③ 真空退火 钛中的氢无强化作用，而且危害性很大，能引起氢脆。氢在 α-钛中的溶解度很小，主要呈 TiH_2 化合物状态存在，而 TiH_2 只在 300℃ 以下才稳定。如将 α-钛在真空中进行加热，就能将氢降低至 0.1% 以下。当钛中含氢量过多时需要除氢，为了除氢或防止氧化，必须进行真空退火。真空退火的加热温度和保温时间与再结晶退火基本相同。冷却方式为在炉中缓冷却到适当的温度，然后才能开炉，真空度不能低于 $5×10^{-4}$ mmHg。

(2) TC4（Ti-6Al-4V）的热处理

在钛合金中，TC4 是应用比较广泛的一种钛合金，通常它是在退火状态下使用。对 TC4 可进行消除应力退火、再结晶退火和固溶、时效处理，退火后的组织是 α 和 β 两相共存，但 β 相含量较少，约占有 10%。TC4 再结晶温度为 750℃。再结晶退火温度一般选在再结晶温度以上 80～100℃（但在实际应用中，可视具体情况而定），再结晶退火后 TC4 的组织是等轴 α 相＋β 相，综合性能良好。但对 TC4 的退火处理只是一种相稳定化处理，为了获得优良性能，应进行强化处理。TC4 合金的 α+β/β 相转变温度为 980～990℃，固溶处理温度一般选在 α+β/β 转变温度以下 40～100℃（视具体情况而定）。TC4 的热处理工艺规范见表 8-18。

表 8-18　钛合金热处理工艺规范

类　型	温度/℃	时间/min	冷却方式
消除应力退火	550～650	30～240	空冷
再结晶退火	750～800	60～120	空冷或随炉冷却至 590℃ 后空冷
真空退火	790～815		
固溶处理	850～950	30～60	水淬
时效处理	480～560	4～8h	空冷

时效温度和时间的选择要以获得最好的综合性能为准。在推荐的固溶及时效范围内，最好通过时效硬化曲线来确定最佳工艺（此曲线为 TC4 经 850℃ 固溶处理后，在不同温度下的时效硬化曲线）。低温时效（480～560℃）要比大于 700℃ 的高温时效好。因为在高温时

的拉伸强度、持久和蠕变强度、断裂韧性以及缺口拉伸性能等各方面，低温时效都比高温时效的好。经固溶处理的 TC4 综合性能比 750~800℃ 退火处理后的综合性能要好。需要指出的是，TC4 合金的加工态原始组织对热处理后的显微组织和力学性能有较大的影响。对于高于相变温度，经过不同变形而形成的组织来说，是不能被热处理所改变，在 750~800℃ 退火后，基本保持原来的组织状态；对于在相变温度以下进行加工而得到的 α 及 β 相组织，在 750~800℃ 退火后，则能得到等轴初生 α 相及转变的 β 相。前者的拉伸延性和断面收缩率都较后者低；但耐高温性能和断裂韧性、抗热盐应力腐蚀都较高。

(3) Ti-32Mo-2.5Nb 的热处理

Ti-32Mo-2.5Nb 是稳定 β 型单相固溶合金，只需进行消除应力退火处理，退火温度为 750~800℃，保温 1h，冷却方式采用空冷、炉冷均可。

(4) 热处理中的几个问题

① 污染问题　钛有极高的化学活性，几乎能与所有的元素作用。在室温下能与空气中的氧起反应，生成一层极薄的氧化膜，氧化速率很小。但在高的温度下，除了氧化速率加快并向金属晶格内扩散外，钛还与空气中的氢、氮、碳等起剧烈的反应，也能与气体化合物 CO、CO_2、H_2O、NH_4 及许多挥发性有机物反应。热处理金属元素与工件表面的钛发生反应，使钛表面的化学成分发生变化，其中一些间隙元素还能透过金属点阵，形成间隙固溶体。况且除氢以外，其他元素与钛的反应是不可逆的。即使是氢，也不允许在最终热处理后进行高温去除。间隙元素不仅影响钛和钛合金的力学性能，还影响 α+β/β 转变温度和一些相变过程，因此，对于间隙元素，尤其是气体杂质元素对钛和钛合金的污染问题，在热处理中必须引起重视。

② 加热炉的选择　为在加热过程中防止污染，必须对不同要求的工件采取不同的措施。若在最后经磨削或其他机械加工能将工件表面的污染层去除时，可在任何类型的加热炉中进行加热，炉内气氛呈中性或微氧化性。为防止吸氢，炉内应绝对避免呈还原性气氛。当工件的最后加工工序为热处理时，一定要采用真空炉（真空度要求在 $1×10^{-4}$ mmHg）或氩气气氛（氩气纯度在 99.99% 以上并且干燥）的加热炉中进行加热。热处理完毕后，必要时用 30% 的硝酸加 3% 的氢氟酸，其余为水的溶液，在 50℃ 温度下对工件进行酸洗，或轻微磨削，以除去表面污染层。

③ 加热方法　在热处理进行以前，首先要对加热炉炉膛进行清理，炉内不应有其他金属或氧化皮；对于工件，则要求表面没有油污、水和氧化皮。用真空炉对钛工件进行加热是防止污染的一种有效方法，但由于目前条件所限，许多工厂还是采用一般加热炉。在一般加热炉中加热，根据需求的不同采用不同的措施防止污染，如：根据工件的大小，可装在封闭的低碳钢容器中，抽真空后进行加热，若无真空泵可通入惰性气体（氩气或氦气）进行保护，保护气体要多次反复通入、排出，把空气完全排净；若用火焰加热，在加热过程中切忌火焰直接喷射在钛工件上，煤气火焰是钛吸氢的主要根源之一，而用燃油加热，如若不慎将会引起钛工件过分氧化或增碳。

8.4　焊接及堆焊件消除应力热处理

8.4.1　堆焊件焊后热处理

在阀门生产中为提高密封面的耐磨性、耐冲击性和耐腐蚀性，在阀门密封面堆焊符合使用性能要求的合金，即密封面堆焊合金的零件称为堆焊件。阀门密封面在堆焊后进行适当的热处理是必要的。因为阀门密封面在堆焊时不可避免地要产生焊接应力，若不予以消除，在制造过程中，会引起堆焊裂纹，并影响机械加工的顺利进行。在阀门存放过程中，由于天然稳定化处理的作用将引起密封面变形，导致密封试验合格的阀门又产生渗漏，严重时还会产生裂纹，甚至使零件报废。超低温阀门在使用温度作用下，奥氏体不锈钢制造的零件能增加马氏体转变量，使低温韧性下降。由此可见，对堆焊形成的密封面要根据阀门使用条件、零件基体材料和密封面堆焊材料，并结合制造厂的工艺条件，选择合适的工艺进行热处理。这对提高阀门质量和使用寿命是十分必要的。一般堆焊件采用去应力退火或称去应力回火。

去应力退火主要目的是去除由堆焊产生的残余应力，从而避免或减少堆焊件的变形和裂纹，并改善其力学性能和切削加工性能，有利于提高产品的密封性和互换性。应力消除的程度主要受热处理加热温度的影响，其加热温度愈高，消除应力率越高。但加热温度过高也会产生氧化等。因此加热温度要根据消除焊接应力程度，基体材料热处理后所具有的性能和堆焊材料等综合考虑来选择。

(1) 灰铸铁堆焊铜合金密封面的热处理

灰铸铁堆焊铜合金密封面的焊后热处理目的是消除焊接应力，其热处理工艺及工艺因素是根据基体材料灰铸铁来选定的，一般采用热时效处理。

热时效加热温度一般选择550～620℃。保温时间根据零件有效厚度及装炉量确定，一般为3～6h。保温后炉冷，冷却速度最好控制在30～60℃/h，当炉冷至200～250℃时，即可出炉空冷。采用上述工艺，可以基本上消除焊接应力。热时效工艺曲线如图8-13所示。

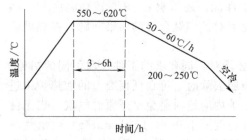

图 8-13 灰铸铁零件堆焊铜合金密封面的热时效工艺曲线

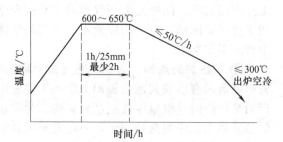

图 8-14 碳素钢堆焊钴铬钨硬质合金去应力退火工艺曲线

(2) 碳素钢零件堆焊密封面的热处理

碳素钢零件堆焊密封面的材料由于阀门适用的介质不同可以选用的材料种类较多。例如，适用于水、蒸汽、石油及其产品的阀门，一般堆焊Cr13型不锈钢，但也有的工厂堆焊铬锰合金（85合金或137合金）、铜合金及铁基合金。堆焊材料按热处理的效应不同以可以分为两类。一类以钴铬钨硬质合金为代表，它们的硬度一般不能用热处理改变，密封面的硬度由堆焊材料保证。另一类以Cr13型不锈钢为代表，它们的硬度是可以用热处理改变的，密封面的硬度（一般要求38～44HRC）可通过热处理达到。

① 碳素钢堆焊钴铬钨硬质合金密封面 基体为碳素钢堆焊CoCrW硬质合金、SF-4（137）合金、喷焊WF330或Fe30的零件。去应力退火加热温度根据基体材料碳素钢选定，一般采用600～650℃。保温时间取决于零件有效厚度，一般按1h/25mm。最少2h。保温后随炉冷至300℃后出炉空冷。

碳素钢堆焊钴铬钨硬质合金去应力退火工艺曲线如图8-14所示。

② 碳素钢堆焊20Cr13密封面的热处理 碳素钢堆焊20Cr13密封面的热处理比较复杂。因为它们的硬度是通过热处理来达到的，所以热处理的目的除了去除焊接应力，软化堆焊层，改善机械加工性能外，还应保证密封面硬度要求。这类密封面的热处理方法及工艺因素主要应根据Cr13型不锈钢选择。这类密封面堆焊材料牌号部分选用20Cr13。20Cr13属于

马氏体型不锈钢，堆焊后在空气中冷却，对于较大的零件也足以使堆焊层硬化。

堆焊层退火处理进行重结晶，尚能使晶粒细化，组织均匀，为以后淬火做好组织准备。

20Cr13 密封面的硬度一般要求 38～44HRC，故在加工后要进行局部淬火。局部淬火的目的是保证硬度要求，并获得良好的耐擦伤性及耐腐蚀性能。局部淬火的热处理设备最好选用高频感应加热炉。高频淬火加热温度比普通淬火加热温度高些，通常采用 1020～1100℃。加热时要尽量使整个密封面热透，冷却时可采用整个零件油冷或水冷。

高频淬火感应圈可按照密封面的尺寸设计成单匝，并能通水冷却。为了保证密封面加热均匀，需要设计旋转工作台。有的密封面为斜面，如楔式单闸板的密封面，为保证装夹后密封面呈水平位置，利于工作台旋转，设计的旋转工作台应带斜度。工件的装夹如图 8-15 所示。

高频淬火后要进行整体回火。回火温度根据要求的硬度选定，并要高于阀门最高使用温度。当 20Cr13 密封面硬度

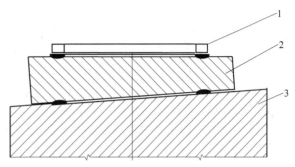

图 8-15　在旋转工作台上装夹工件
1—感应器；2—单闸板；3—旋转工作台

要求 38～44HRC 时，回火温度可以采用 500～550℃。保温时间取决于零件的有效厚度及装炉量，一般为 2～4h。保温后出炉空炉。

应该指出，上述淬火工艺规范由于高频设备功率所限，不能满足密封面较宽和直径较大的工件加热需要。比如功率为 60kW 的高频设备通常能加热直径大约 200mm 的密封面，因此对直径大于 200mm 密封面的热处理可以从以下几个方面进行试验：堆焊后直接进行回火，满足设计上的硬度要求；堆焊材料改为钴铬钨硬质合金，堆焊后只进行高温回火；改进高频感应器，使之适合于较大直径密封面的高频淬火。把感应器设计成沿密封面圆周单向移动连续加热的单臂式，或设计成沿密封面圆周互为反向移动连续加热的双臂式。单臂式需工件转动一周，易产生接头软带。双臂式需每臂转动半周，无接头软带。上述方案各有优缺点，根据制造厂的工艺条件，采取适当的措施后，淬火密封面的直径范围会有所扩大。

③ 碳素钢堆焊新型合金的零件热处理　随着新型堆焊材料 SF-3（85）、D516M、D516MA 在阀门堆焊密封面的应用，现已逐渐取代 20Cr13 作为密封面堆焊材料。SF-3（85）、D516M、D516MA 合金堆焊后只需要进行去应力退火（图 8-16）。

(3) 奥氏体不锈钢零件堆焊密封面后的热处理

奥氏体不锈钢零件的密封面一般堆焊钴铬钨硬质合金。它们根据阀门使用条件及基体材料牌号的不同工艺进行热处理。

① 非稳定化奥氏体不锈钢　06Cr18Ni9、022Cr19Ni10、ZG12Cr18Ni9、ZG08Cr18Ni9、（CF8）、ZG03Cr18Ni10、（CF3）、022Cr17Ni12Mo2、06Cr17Ni12Mo2、（CF3M）和（CF8M）等非稳定化奥氏体不锈钢一般都使用在腐蚀介质中或超低温条件下。基体为非稳定化不锈钢的阀门在堆焊密封面时，由于焊接热的影响，不可避免的有 $Cr_{23}C_6$ 析出在晶界上，同时使热影响区域奥氏体的马氏体点上升。所以为了消除焊接应力，改善耐腐蚀性能及低温韧性，堆焊通常应重新进行固溶处理。但是在某些情况下，如当阀门适用弱腐蚀性介质或采用热影响区极小的喷焊法形成密封面，并且进行固溶处理又有困难时，可以进行去应力退火。此时的加热温度也应低些，一般选用 380～400℃。非稳定化奥氏体不锈钢零件密封面堆焊后的去应力退火工艺曲线如图 8-17 所示。

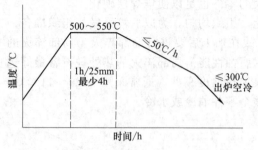

图 8-16　碳素钢堆焊 SF-3（85）、D516M 和
D516MA 合金去应力退火工艺曲线

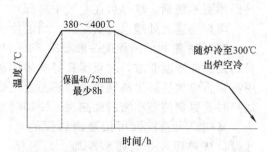

图 8-17　非稳定化奥氏体不锈钢零件密封面
堆焊后的去应力退火工艺曲线

② 稳定化奥氏体不锈钢　06Cr18Ni11Ti、ZG12Cr18Ni9Ti、ZG08Cr18Ni9Ti、ZG08Cr18Ni12Mo2Ti、ZG12Cr18Ni12Mo2Ti 和（CF8C）等稳定化奥氏体不锈钢一般都使用在腐蚀介质中或高温条件下。基体材料为稳定化奥氏体不锈钢的零件在堆焊密封面时，由于焊接热的影响，有时也有 $Cr_{23}C_6$ 在晶界上析出。所以为了消除焊接应力，改善耐腐蚀性能，在堆焊后应进行适当的热处理。

如果阀门用于腐蚀性介质，堆焊后最好重新进行稳定化处理，（稳定化处理见图 8-1 稳定化处理工艺曲线）冷却时零件随炉冷至 300℃后出炉空冷。采用稳定化工艺时，应考虑零件产生氧化因素。要充分消除焊接应力，零件应进行固溶处理。固溶处理加热温度和保温时间按表 8-8 和表 8-9 选取，冷却时采用空冷。用固溶处理消除应力应考虑零件的氧化和变形等因素，因而较少采用。如果阀门使用在弱腐蚀性介质条件下，堆焊后可进行去应力退火。去应力退火温度选用 430～480℃。应注意此温度只能消除堆焊零件部分应力。

稳定化不锈钢零件密封面堆焊后的去应力退火工艺曲线如图 8-18 所示。

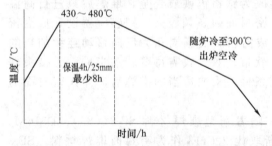

图 8-18　稳定化奥氏体不锈钢零件密封面
堆焊后的去应力退火工艺曲线

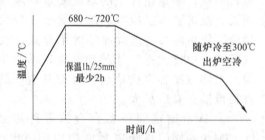

图 8-19　耐热钢 12Cr1MoV、12Cr13 零件堆焊
CoCrW 硬质合金去应力退火工艺曲线

（4）耐热钢零件密封面堆焊 CoCrW 硬质合金的热处理

耐热钢 12Cr1MoV 和 12Cr13 零件堆焊 CoCrW 硬质合金去应力退火工艺曲线如图 8-19 所示。

耐热钢 ZG20CrMo、WC6、WC9 零件堆焊 CoCrW 硬质合金去应力退火工艺曲线如图 8-20 所示。

8.4.2　焊接件焊后热处理

随着焊接技术提高，阀门主体零件采用焊接构件越来越多。但焊接后必然留有残余应力，残余应力降低钢的强度，它逐步释放又引起尺寸变化，从而影响到阀门质量，焊接的主体零件必须消除由焊接产生的残余应力。

焊接件热处理主要是为了消除焊接后残余应力，避免或减少焊接件焊后变形。一般采用去应力退火处理。焊接件去应力退火加热温度应低于调质处理回火温度；异种钢焊接件应按焊后热处理温度要求较高的钢号选取；非受压零件与受压零件焊接时，按受压零件选取。

（1）碳钢

由 20、25、20g、Q235B 和 WCB 等碳钢中几种钢焊接成的阀体、阀盖、支架和支筒等焊接件，焊后去应力退工艺曲线如图 8-21 所示。

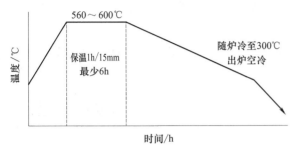

图 8-20　耐热钢 ZG20CrMo、WC6、WC9 零件堆焊
CoCrW 硬质合金去应力退火工艺曲线

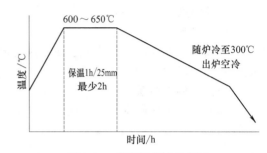

图 8-21　碳素钢焊接件焊后
去应力退火工艺曲线

（2）耐热钢

由奥氏体不锈钢与 ZGCr5Mo 组成焊接件焊后去应力退火工艺曲线如图 8-22 所示。

由 12CrMoV 钢与 WC6 或 WC9 组成焊接件焊后去应力退火工艺曲线如图 8-23 所示。

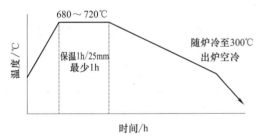

图 8-22　奥氏体不锈钢与 ZGCr5Mo 组成
焊接件焊后去应力退火工艺曲线

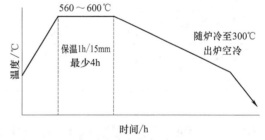

图 8-23　12CrMoV 与 WC6 或 WC9 组成
焊接件焊后去应力退火工艺曲线

奥氏体不锈耐热钢与 25、Q235、WCB 或 LCB、LC3 组成的焊接件去应力退火工艺曲线如图 8-24 所示。

（3）焊接件及堆焊件的加热

零件堆焊终了应立即送入已加热到 300～400℃ 的加热炉中。堆焊件及焊接件的装炉温度一般不应高于 400℃。

堆焊件采取缓冷方法已冷却到室温的零件，去应力退火时，装炉温度应＜300℃。

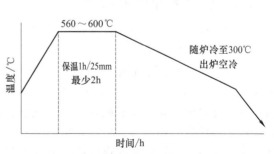

图 8-24　奥氏体耐热钢与 25、Q235、WCB 或
LCB、LC3 组成焊接件焊后去应力退火工艺曲线

（4）加热设备

一般使用电阻加热炉，如箱式电炉、井式炉和台车炉等。加热炉应保证有效加热区的温度差≤20℃。加热炉应具有温度测定、温度控制和自动记录温度与时间关系的装置。

（5）升温速度

堆焊件在加热过程中，一般在 300℃ 以上温度范围应控制升温速度，升温速度应控制在 ≤70℃/h。

焊接件加热过程中，当炉温在400℃以上温度范围时应控制升温速度。焊接件厚度＜25mm，升温速度应＜200℃/h。焊接件厚度≥25mm，升温速度应＜150℃/h。升温时沿工件全长温度差应＜50℃。

(6) 焊接件及堆焊件保温时间

焊接件及堆焊件保温时间按去应力退火工艺曲线规定的保温时间执行。焊接件保温时沿工件全长温度差应＜20℃。

(7) 冷却

焊接件及堆焊件冷却按工艺曲线规定随炉冷却至300℃。堆焊件在300℃以上温度范围应控制冷却速度≤50℃/h为宜。

(8) 工件装炉摆放

焊接件及堆焊件应放在加热炉有效加热区内。只允许摆放一层，零件应放平稳，避免磕碰划伤。

8.4.3 铸钢件焊补后的热处理

由于铸钢件焊补后产生应力，易使铸钢件产生变形和开裂的危险，为了消除焊接后应力，避免降低铸件热处理后已具有的力学性能常采用去应力退火。焊后的去应力退火加热温度一般应比热处理时的回火温度低20℃。铸钢件焊补去应力退火规范见表8-19。

表 8-19　铸钢件焊补去应力退火规范

工艺名称	去应力退火					
牌　　号	WCA WCB WCC	WC6	WC9	ZG1Cr5Mo	LC3	LCB
加热温度/℃	600~650	640~680	680~720	680~720	580~620	580~620
保温时间	1h/25mm	1h/25mm，最少2h			1h/25mm，最少2h	1h/25mm
冷却方式	空冷	炉冷至300℃出炉空冷			空冷	

8.5　阀门零件的表面处理

8.5.1　现代表面技术概述

现代表面技术是表面涂覆技术、表面处理技术和表面改性技术的统称。

(1) 表面涂覆技术

表面涂覆技术包括电化学沉积、化学沉积、气相沉积、热喷涂、堆焊、熔敷（熔结）、粘涂（二硫化钼涂层）和涂装等。表面涂覆技术的特点是利用机械、物理或化学等工艺手段，在工件表面制备一涂层或膜层。其化学成分、组织结构可以和工件材料完全不同，以满足工件表面性能，如耐磨、耐蚀、耐热、抗疲劳和耐辐射等，以提高产品质量、延长使用寿命。涂层与工件基材的结合强度应以适应工况要求、经济性好和环境性好为准则。涂层的厚度可以为几毫米或几微米。

表面涂覆技术通常要求工件表面预留加工余量，以实现表面具有工况需要的涂层厚度。与表面改性技术和表面处理技术相比，其约束条件少，技术类型和材料的选择空间大，因而属于这类的表面技术非常多，应用也最为广泛。

(2) 表面处理技术

表面处理技术是不改变工件基质材料的化学成分，只改进表面组织结构，达到改善表面性能的目的。表面处理技术包括表面形变强化、表面淬火和表面纳米化加工。

表面形变强化是利用喷丸、滚压、孔挤等强化方法实现的，或利用高速弹丸强烈冲击零件表面，使之产生形变硬化层，或利用辊轮对工件表面施加滚应力，实现滚压强化或通过孔挤使孔的内表面获得形变强化。

表面淬火是利用感应加热、激光加热、电子束加热等方法使工件表面被迅速加热到淬火温度，然后喷水快冷或快速自淬火形成表面硬化。

表面纳米化加工是目前已经开发的 8 种实用纳米表面工程技术的一种。金属表面纳米晶化可以通过不同方法实现，例如，应用超声冲子冲击工艺，可以在铁或不锈钢表面获得晶粒平均尺寸为 $10 \sim 20 nm$ 的表面层。超声冲子冲击 450s 后，纯 Fe 表面层的显微组织形成了结晶方向为任意取向的纳米结晶相，晶粒平均尺寸为 10nm，而 Fe 的原始晶粒尺寸为 50nm。

(3) 表面改性技术

表面改性技术是通过改变工件表面的化学成分，达到改善表面组织结构和性能的目的。包括化学热处理、离子注入和转化膜技术。

① 化学热处理　化学热处理包括非金属元素（C、N、B 和 S 等）表面渗扩、金属元素（Al、Cr 和 V 等）表面渗扩和复合元素表面渗扩。多数传统的化学处理工艺较为复杂，处理周期长，能耗高，有一些化学热处理工艺，特别是液体处理还对环境造成污染，工作条件较差。近年来新工艺不断涌现，在很大程度上克服了上述不足之处。大多数的化学热处理可在固态、液体、气态、等离子态 4 种渗入介质中进行，但对于渗非金属，目前使用最普遍的是气态和液态，而渗金属则是固态和液态。基于环境和可持续发展的要求，液态处理将逐渐减少，无污染、低能耗的等离子渗扩处理将得到越来越广泛的应用。等离子化学处理包括离子渗氮、离子渗碳和离子碳氮共渗，是利用稀薄气体中的工件（阴极）与炉体（阳极）之间的辉光放电现象进行的化学热处理。离子渗氮具有渗速快、渗层性能好、处理温度范围大、无污染的特点。

② 离子注入　离子注入是将所需的气体或固体蒸气在真空系统中电离，引出离子束后用数千电子伏至数十万电子伏进行加速直接注入材料达一定温度，改变表面成分与结构，以改善性能的方法。它包括非金属离子注入、金属离子注入、复合离子注入。

③ 转化膜技术　转化膜技术是指采用化学处理液使金属表面与溶液界面上产生化学或电化学反应，生成稳定的化合物薄膜的处理方法，包括：氧化处理、磷化处理、钝化处理、金属着色处理。

a. 氧化处理是金属在含有氧化剂的溶液中形成膜的一种方法。铝及铝合金的氧化处理有化学氧化和电化学阳极氧化。化学氧化处理液多以铬酸（盐）法为主，其设备简单，不受工件大小限制，氧化膜厚 $0.5 \sim 4 \mu m$，质地软，吸附能力好。阳极氧化处理有硫酸法、铬酸法、草酸法、磷酸法、硬质法和瓷质法等，膜厚 $5 \sim 20 \mu m$，膜硬、耐蚀、耐热、绝缘性及吸附能力更好，硬质法硬度可达 $400 \sim 1500 HV$，熔点可达 2050℃。钢铁的氧化处理以化学法为主，处理液分碱性和酸性，按颜色分发蓝和发黑，多在含氧化剂的浓碱中进行，形成厚度 $0.6 \sim 1.5 \mu m$ 以 Fe_3O_4 为主的膜，后经皂化、填充或封闭处理。镁合金和锌合金的氧化多在重铬酸盐中进行，铜合金氧化多在碱性溶液中进行。

b. 磷化处理是金属在磷酸盐溶液中形成膜的一种方法。钢铁的磷化处理分高、中、低温工艺。漆前磷化用锌或碱金属磷酸盐，防锈磷化用锌、锰或铁的磷酸盐，冷变形前磷化用锌或锰磷酸盐，耐磨磷化用锰磷酸盐，后处理有皂化、填充或封闭等，膜多孔，吸附力好。锌材磷化常用锌系磷化液。铝及铝合金磷化常用锌系溶液和铬-磷酸系溶液（Alodine 法），其耐蚀性好，应用广泛。

c. 钝化处理是金属在铬酸或铬酸盐溶液中形成膜的一种方法，铜及铜合金常用铬酸法、重铬酸盐法、钛酸盐法等进行钝化处理。锌及锌合金的钝化常用于电镀锌及锌基合金的后处理，以铬酸盐法为最普遍，按色彩分为彩色、白色、黑色及草绿色钝化，一般需进行老化后处理。不锈钢钝化用硝酸或硝酸加重铬酸钠，保持原色。镉镀层钝化可参照锌钝化，银钝化可用铬酸盐或有机物钝化液，电化学钝化防变色效果好。

d. 金属着色处理是通过表面转化形成有色膜或干扰膜的过程，一般着色膜层厚度为 $25 \sim 55 nm$，其色调与处理方法及膜厚有关。通常可获得黄、红、蓝、绿等色调及彩虹、花斑等多种色彩。杂色色彩的产生源于膜厚不均匀对光反射过程的影响。处理方法有化学转让法与电化学转让法。钢铁包括不锈钢、铝材及铜等金属材料经不同的着色处理，可呈现不同的色调或色彩。

表面技术在阀门零部件上的应用很多，如热喷涂、堆焊、熔敷（熔结）、涂装和表面淬火等。

8.5.2　阀门零件的磷化处理

目前普遍的采用磷酸锰铁盐和磷酸锌盐溶液进行磷化，磷化膜是由磷酸铁、锌、锰盐所组成的，其颜色呈灰色和暗灰色的结晶状态。它的外观虽然没有发蓝膜那样光亮，但它与发蓝膜比有许多特殊的物理及化学性质。磷化膜的厚度远远地超过发蓝膜的厚度，其抗蚀能力为发蓝膜的 $2 \sim 10$ 倍。

磷化膜的厚度与磷化溶液的成分和工艺规范有很大的关系。它的厚度一般为 $5 \sim 15 \mu m$，但不改变零件尺寸，因在磷化膜生成的同时，基本金属表面部分溶解在磷化溶液中。磷化膜有较高的电绝缘性质，若在其表面涂装油漆后更可提高它的耐电压性能。膜与零件的基体金属结合得十分牢固。磷化处理后，原金属的机械性能、强度、磁性等基本保持不变。磷化膜在空气、动物油、植物油、矿物油、苯及甲苯的燃料中均有抗蚀能力。但在酸、碱、海水、氨气及蒸汽的侵蚀下不能防止基体金属的锈蚀，若在磷化表面浸漆、浸油后，则抗蚀能力可大大提高。

磷化在阀门上的应用主要是防锈和二硫化钼处理前的表面准备，适用于阀门中的阀体、阀盖、阀座、闸板、阀座隔圈等，给基体金属提供保护。在一定程度上防止金属被腐蚀，用于漆前打底，提高漆膜层的附着力和防腐蚀性等。

(1) 除油脂

一般情况下，磷化处理要求工作表面应是洁净的金属表面。工件在磷化前必须进行除油脂、锈蚀物、氧化皮以及表面调整等处理。特别是涂漆前打底用磷化还要求作表面调整，使金属表面具备一定的"活性"，才能获得均匀、致密的磷化膜，达到提高漆膜附着力和耐腐蚀性的要求。因此，磷化前处理是获得高质量磷化膜的基础。

除油脂的目的在于清除掉工件表面的油脂和油污，其方法有机械法和化学法两种。机械法主要是手工擦刷、喷砂抛丸和火焰灼烧等。化学法主要是溶剂清洗、酸性清洗剂清洗、强碱液清洗和低碱性清洗剂清洗。

① 溶剂清洗　溶剂法除油脂，一般是用非易燃的卤代烃蒸气法或乳化法。最常见的是采用三氯乙烷、三氯乙烯、全氯乙烯蒸气除油脂。蒸气脱脂速度快，效率高，脱脂干净彻底，对各类油及脂的去除效果都非常好。在氯代烃中加入一定的乳化液，不管是浸泡还是喷淋效果都很好。由于氯代卤都有一定的毒性，气化温度也较高，随着新型水基低碱性清洗剂的出现，溶剂蒸汽和乳液除油脂方法现在已经很少使用了。

② 酸性清洗剂清洗　酸性清洗剂除油脂是一种应用非常广泛的方法。它利用表面活性剂的乳化、润湿、渗透原理，并借助于酸腐蚀金属产生氢气的机械剥离作用，达到除油脂的目的。酸性清洗剂可在低温和中温下使用。低温一般只能除掉液态油，中温就可除掉油和脂，一般只适合于浸泡处理方式。酸性清洗剂主要由表面活性剂、普通无机酸和缓蚀剂 3 大

部分组成。由于它兼备有除锈与除油脂双重功能，人们习惯称之为"二合一"处理液。

盐酸和硫酸酸基的清洗剂应用最为广泛，成本低，效率较高。但酸洗残留的 Cl^-、SO_4^{2-} 对工件的后腐蚀危害很大。磷酸酸基没有腐蚀物残留的隐患，但磷酸成本较高，清洗效率低些。对于锌件、铝件一般不采用酸性清洗剂清洗，因为锌和铝在酸中极易腐蚀。

③ 强碱液清洗　强碱液除油脂是一种传统的有效方法，它是利用强碱对植物油的皂化反应，形成溶于水的皂化物达到除油脂的目的。纯粹的强碱液只能皂化除掉植物油脂而不能除掉矿物油脂。因此通过在强碱液中加入表面活性剂，一般是磺酸类阴离子活性剂，利用表面活性剂的乳化作用达到除矿物油的目的。强碱液除油脂的使用温度都较高，通常 >80℃。常用的强碱清洗液配方是氢氧化钠 5%～10%、硅酸钠 2%～8%、磷酸钠（或碳酸钠）1%～10%和表面活性剂（磺酸类）2%～5%，清洗的处理温度 >80℃，处理时间 5～20min，处理方式浸泡或喷淋均可。

强碱液除油脂需要温度较高，能耗大，对设备腐蚀性较大，并且材料成本较高，因此这种方法的应用正逐步减少。

④ 低碱性清洗剂清洗　低碱性清洗剂是当前应用较为广泛的一类除油脂剂。它的碱性低，pH 值为 9～12。对设备腐蚀较小，对工件表面状态破坏小，可在低温和中温下使用，除油脂效率较高。特别在喷淋方式使用时，除油脂效果特别好。低碱性清洗剂主要由无机低碱性助剂、表面活性剂和消泡剂等组成。无机型助剂主要是硅酸钠、三聚磷酸钠、磷酸钠和碳酸钠等，其作用是提供一定的碱度，有分散悬浮作用，可防止脱下来的油脂重新吸附在工件表面。表面活性剂主要采用非离子型与阴离子型，一般是聚氯乙烯（OP）类和磺酸盐型，它在除油脂过程中起主要的作用。在有特殊要求时还需要加入一些其他添加物，如喷淋时需要加入消泡剂，有时还加入表面调整剂，起到脱脂、表面调整双重功能。低碱性清洗剂已有很多商业化产品，如 PA30-IM、PA30-SM、FC-C4328、Pyroclean442 等。

常用的低碱性清洗剂配方见表 8-20，工艺条件见表 8-21。

表 8-20　低碱性清洗剂配方

溶剂	浸泡型	喷淋型
三聚磷酸钠	4～10g/L	4～10g/L
硅酸钠	0～10g/L	0～10g/L
碳酸钠	4～10g/L	4～10g/L
消泡剂	0	0.5～3.0g/L
表面调整剂	0～3g/L	0～3g/L
游离碱度	5～20 点	5～15 点

表 8-21　清洗条件

条件	浸泡型	喷淋型
温度/℃	常温～80	40～70
时间/min	5～20	1.5～3.0

浸泡型清洗剂主要应注意的是表面活性剂的浊点问题，当处理温度高于浊点时，表面活性剂析出上浮，使之失去脱脂能力，一般加入阴离子型活性剂即可解决。喷淋型清洗剂应加入足够的消泡剂，在喷淋时不产生泡沫尤为重要。

铝件和锌件清洗时，必须考虑到它们在碱性条件下的腐蚀问题，一般宜用接近中性的清洗剂。

（2）除锈和除氧化皮

酸洗除锈、除氧化皮的方法是工业领域应用最为广泛的方法。利用酸对氧化物溶解以及腐蚀产生氢气的机械剥离作用达到除锈和除氧化皮的目的。酸洗中使用最为常见的是盐酸、硫酸和磷酸。硝酸由于在酸洗时产生有毒的二氧化氮气体，一般很少应用。盐酸酸洗适合在低温下使用，不宜超过 45℃，使用浓度 10%～45%，还应加入适量的酸雾抑制剂为宜。硫酸在低温下的酸洗速度很慢，宜在中温使用，温度 50～80℃，使用浓度 10%～25%。磷酸酸洗的优点是不会产生腐蚀性残留物（盐酸、硫酸酸洗后或多或少会有 Cl^-、SO_4^{2-} 残留），比较安全，但磷酸的缺点是成本较高，酸洗速度较慢，一般使用浓度 10%～40%，处理温度 20～80℃。在酸洗工艺中，采用混合酸也是非常有效的方法，如盐酸-硫酸混合酸，磷酸-柠檬酸混合酸。

在酸洗除锈除氧化皮槽液中，必须加入适量的缓蚀剂。缓蚀剂的种类很多，选用也比较容易，它的作用是抑制金属腐蚀和防止"氢脆"。但酸洗"氢脆"敏感的工件时，缓蚀剂的选择应特别注意，因为某些缓蚀剂抑制二个氢原子变为氢分子的反应使金属表面氢原子的浓度提高，增强了"氢脆"倾向。因此必须查阅有关腐蚀数据手册，或做"氢脆"试验，避免选用危险的缓蚀剂。

(3) 表面调整

表面调整的目的是促使磷化形成晶粒致密的磷化膜，以及提高磷化速度。表面调整剂主要有两类，一种是酸性表面调整剂，如草酸；另一种是胶体钛。两者的应用都非常普及，前者还兼备有除轻锈（工件运行过程中形成的"水锈"及"风锈"）的作用。在磷化前处理工艺中，是否选用表面调整工序和选用哪一种表面调整剂都是由工艺与磷化膜的要求来决定的。一般原则是涂漆前打底磷化或快速低温磷化需要表面调整。如果工件在进入磷化槽时，已经二次生锈，最好采用酸性表面调整，但酸性表面调整只适合于 ≥50℃ 的中温磷化。一般中温锌钙系磷化不进行表面调整。磷化前预处理工艺如下。

① 除油脂→水洗→酸洗→水洗→中和→表面调整→磷化。

② 除油除锈"二合一"→水洗→中和→表面调整→磷化除油脂→水洗→表面调整→磷化。

中和一般采用 0.2%～1.0% 碱水溶液。在有些工艺中对重油脂工件，还增加预除油脂工序。

(4) 磷化工艺

① 防锈磷化工艺　磷化工艺的早期应用是防锈，钢铁件经磷化处理形成一层磷化膜，起到防锈作用。经过磷化防锈处理的工件防锈期可达几个月甚至几年（对涂油工件而言），广泛用于工序间、运输、包装储存及使用过程中的防锈，防锈磷化主要有铁系磷化、锌系磷化、锰系磷化 3 大品种。

铁系磷化的主体槽液成分是磷酸亚铁溶液，不含氧化类促进剂，并且有高游离酸度。这种铁系磷化处理温度高于 95℃，处理时间长达 30min 以上，磷化膜重 $>10g/m^2$。并且有除锈和磷化双重功能。这种高温铁系磷化由于磷化速度较慢，现在应用很少。

锰系磷化用作防锈磷化具有最佳性能，磷化膜微观结构呈颗粒密堆集状，是应用最为广泛的防锈磷化。加与不加促进剂均可，如果加入硝酸盐或硝基胍促进剂可加快磷化成膜速度。通常处理温度 80～100℃，处理时间 10～20min，膜重 $>7.5g/m^2$。

锌系磷化也是广泛应用的一种防锈磷化，通常采用硝酸盐作为促进剂，处理温度 80～90℃，处理时间 10～15min，磷化膜重 $>7.5g/m^2$，磷化膜微观结构一般是针片紧密堆集型。

防锈磷化的一般工艺流程为除油除锈→水清洗→表面调整活化→磷化→水清洗→铬酸盐处理→烘干→涂油脂或染色处理。

通过强碱强酸处理过的工件会导致磷化膜粗化现象，采用表面调整活化可细化晶粒。锌系磷化可采用草酸、胶体钛表面调整。锰系磷化可采用不溶性磷酸锰悬浮液活化。铁系磷化一般不需要调整活化处理。磷化后的工件经铬酸盐封闭可大幅度提高防锈性，如再经过涂油或染色处理可将防锈性提高几倍甚至几十倍。

② 漆前磷化工艺　涂装底漆前的磷化处理将提高漆膜与基体金属的附着力，提高整个涂层系统的耐腐蚀能力，提供工序间保护以免形成二次生锈。因此漆前磷化的首要问题是磷化膜必须与底漆有优良的配套性，而磷化膜本身的防锈性是次要的，磷化膜致密、膜薄。当磷化膜粗厚时，会对漆膜的综合性能产生负效应。磷化体系与工艺的选定主要由工件材质、油锈程度、几何形状、磷化与涂漆的时间间隔、底漆品种和施工方式以及相关场地设备条件决定。

一般来说，低碳钢较高碳钢容易进行磷化处理，磷化成膜性能较好。对于有锈（氧化皮）工件必须经过酸洗工序，而酸洗后的工件将给磷化带来很多麻烦，如工序间生锈泛黄，残留酸液的清除，磷化膜出现粗化等。酸洗后的工件在进行锌系或锌锰系磷化前一般要进行表面调整处理。

在间歇式的生产场合，由于受条件限制，磷化工件必须存放一段时间后才能涂漆，因此要求磷化膜本身具有较好的防锈性。如果存放期在 10 天以上，一般应采用中温磷化，如中温锌系、中温锌锰系和中温锌钙系等，磷化膜的厚度应为 $2.0 \sim 4.5 \mathrm{g/m^2}$。磷化后的工件应立即烘干，不宜自然晾干，以免在夹缝、焊接处形成锈蚀。如果存放期只有 $3 \sim 5$ 天，可用低温锌系或轻铁系磷化，烘干效果会好于自然晾干。

③ 单室喷淋磷化工艺　整个前处理工艺只有一个喷室，在喷室的下面有多个储液槽体，不同的处理液喷淋工件后流回各自的槽体中。例如首先喷淋脱脂液，待脱脂液流回脱脂槽后，关闭阀门；然后喷淋水洗，水洗完成后关闭水洗阀门；下一步再喷淋磷化液，这种单室处理方法可实行如下几种工艺流程。

a. 脱脂→磷化"二合一"（轻铁系）→水清洗→（铬封闭）→出件。

b. 脱脂→水清洗→磷化→水清洗→（铬封闭）→出件。

c. 脱脂→水清洗→表面调整→磷化→水清洗→（铬封闭）→出件。

这种磷化工艺一般不提倡安排酸洗工序，以免造成设备腐蚀或产生工序间锈蚀。单室工艺设备少占用场地小，简便易行，但浪费较大，仅适合于批量少的间歇式生产场合。与此相似的另一种方法是采用外围小容量罐体盛处理液，通过泵与管道抽液后与热水混合后喷淋在工件上达到脱脂及磷化效果，喷淋后药液不回收，这种方法更简单，但浪费更大。

8.5.3　阀门零件的二硫化钼处理

(1) 涂层的性能

二硫化钼涂层具有较好的自润滑性能和防腐蚀性能。喷涂在阀门运动部件上可使阀门启闭灵活，防止腐蚀性介质对阀门部件基体的冲蚀，附着力较好。二硫化钼涂层主要用于平板闸阀的闸板、阀杆、阀座隔圈及软密封球阀的球体上。在正常的工况条件下性能可靠。

(2) 涂料的配制

配制好的二硫化钼溶液中的填充物质很易沉积，因此在使用时可以采用手动搅拌或机械搅拌的方式使其全部溶液得到最均匀地混合，从而达到没有任何沉积物。混合时间是以溶液均匀而无沉积物出现为准。搅拌均匀后的二硫化钼溶液应该用工艺规定的黏度计进行检验，其黏度达到 $32\mathrm{s} \pm 1\mathrm{s}$ 即为合格（即 $31 \sim 33\mathrm{s}$）。对黏度 $\geqslant 34\mathrm{s}$ 的较稠的二硫化钼溶液可以采用添加 SF-1♯溶液，逐渐地添加并均匀搅拌的方法调和均匀，再行检验，一直到黏度达到 $32\mathrm{s} \pm 1\mathrm{s}$ 的要求为止。除了 SF-1♯溶液外，不准许添加任何其他溶液。对黏度 $\leqslant 30\mathrm{s}$ 的较稀的二硫化钼溶液可与黏度较稠的溶液按一定的比例混合，逐渐使其黏度达到 $32\mathrm{s} \pm 1\mathrm{s}$。在二硫化钼溶液未被充分地搅拌均匀，直至没有任何沉积物之前不准测验其黏度。

(3) 喷涂

可以用带容器的空气雾化喷枪喷涂，或者是采用连续的循环溶液泵加压流动系统喷涂。当使用带容器的喷枪时，在喷涂过程中要不断地摇晃二硫化钼溶液（可在容器中放些小不锈钢球促进搅拌）。

泵压系统应是密封的，并具有连续搅拌的作用，而且能以连续的流量供给喷枪。连续的流量和连续的搅拌是为了能够获得无沉淀的均匀混合的涂料溶液。当黏度合格的二硫化钼溶液搅拌得没有沉淀物时才允许喷涂产品零件。气泵系统应定期地用 SF-1♯ 溶液流经清洗。喷枪及整个系统应经常清洗、修理和调节以保证得到连续的不间断的喷涂分布均匀状态。当喷涂工作暂停时，应使二硫化钼溶液保持密封，防止蒸发。

(4) 喷涂用空气

二硫化钼涂层喷涂时，只允许用清洁的空气（无油、无水和干燥的空气）在二硫化钼溶液中含极少量的油或水都会毁坏溶液，使溶液呈现不连续状态。如果二硫化钼溶液中含有水分，或将二硫化钼溶液喷在潮湿的表面上，固化后的二硫化钼涂层将会是沙砾状（像砂纸），这样的产品必须返工。

(5) 涂层去除

对于损坏的不合格的未经固化的二硫化钼涂层可以用浸泡在 SF-1♯ 溶液中或用该溶液擦拭的方法去除涂层，但一定要有充分地安全防范措施（如橡胶手套、适当地通风、适当地呼吸口罩、周围无火种等条件）。对于固化后的二硫化钼涂层，可以在 320℃ 或高于此温度下加热使其变成粉状剥离，基体金属材料所能承受的最高温度也即是基体金属结构组织不会发生变化的温度，温度越高固化后的涂层去除越快。对于固化的二硫化钼涂层也可以用机械方法去除（如水磨喷砂等，但应保证工件表面粗糙度不被破坏）。不论采用哪一种机械方法剥除二硫化钼涂层后都应遵循涂层和防护标准的规定重新喷涂。

(6) 涂层的固化

固化是二硫化钼处理的一项关键工序。固化工艺应严格遵循工程标准。固化设备是决定固化效果的关键之一。固化炉必须满足炉温在 200℃ 时温差不允许超过 ±5℃ 的条件，而且炉内炉气应流畅，炉温均匀一致。

固化温度也是影响涂层质量的关键因素之一，必须严格控制。固化温度高了会使涂层老化严重降低涂层的性能，固化温度低则会使涂层固化效果不好，抗磨性、耐蚀性和涂层结合强度等都不会达到标准要求。

固化时间也是影响涂层质量的关键因素之一，必须严格控制。

固化后零件必须检查其固化是否充分和涂层厚度。多件装炉时，每炉至少两件产品，具体检查方法遵循工程标准。

固化后零件表面不必要的飞溅物，涂料聚集凸起部位必须先用 180 目砂纸去除后再用 320 目以上砂纸抛光，其他部位可不必抛光。

固化后的零件如发现涂层表面起泡或有剥落现象，则全部涂层都应去除，重新磷化，重新喷涂。

(7) 涂层检验

固化后的二硫化钼涂层应按照工程标准规定进行检验。

(8) 安全防护

凡接触及使用 SF-1♯ 溶液和二硫化钼溶液的人员或有关部门必须采取有效的安全防护措施。SF-1♯ 溶液闪点为 −3.9℃，体积挥发率为百分之百，属易燃易爆物品。二硫化钼溶液主要由 SF-1♯ 溶液配制而成，因而其危险性较大，因此均应采取防火防爆措施。现场人员均严禁吸烟，现场电器设备和开关应采用防爆型。现场操作过程中严禁金属与金属或两硬物相撞击，禁止穿带钉子的鞋在车间行走，以防产生火花。现场应有足够能力的通风和抽尘设备，并且工作状态良好，否则不允许操作。SF-1♯溶液与二硫化钼溶液属于有毒有害物质，应避免与皮肤接触和吸进其气体。有关人员应佩戴橡胶或塑料制手套、工作服、呼吸口罩、面具和眼睛等保护用品。喷涂漆雾应进行净化处理，以消除对环境的污染。

(9) 保管

所有二硫化钼溶液和添加剂均按易燃易爆品规定保管在密闭的容器里，不允许挥发，否则会引起火灾或损害人体的健康，工作完毕后所有溶液都应放入铁柜内严加保管并加锁。所有废液不得乱倒、乱扔，应交有关人员处理。

(10) 处理工艺

① 工件表面处理　进行二硫化钼处理的零件必须进行表面处理。处理的方法有酸洗、碱洗、喷砂、电镀和磷化。用表面处理剂清洗或喷涂，以达到表面最佳状态，利于喷涂二硫化钼，增强结合力。

② 磷化　磷化层厚 0.002mm 在视体显微镜下观察结晶应是微晶粒状的，而不应是针状或片状。称重 $250 \sim 350 \mathrm{mg/ft^2}$（$1 \mathrm{ft^2} = 0.093 \mathrm{m^2}$），铁锌比 $Fe：Zn = 1：2.2$。

磷化后需钝化，零件磷化后表面不得有灰粉、锈迹、划伤等任何缺陷。磷化后，涂二硫化钼前，磷化表面一定要保证清洁，不得用手触及，不得与任何有油污物接触（包括手套上的污物）磷化后零件应用干净的纸张包装，存放应有橡胶垫或其他防护措施，运输和存放时都应有专门的工位器具，以保证磷化表面的洁净及不被损害。磷化后最好 8h 内喷涂二硫化钼，最迟不得超过 24h。凡接触磷化后零件的人员都应佩戴洁净的手套。

③ 涂料选用　二硫化钼涂料所用各种物质一定要严格按其有效期规定选用。涂料所用填加物必须是充分干燥的，必须经干燥箱干燥后方可使用，否则会使涂料严重失效。涂料每配制一批后喷涂试环 2 个，试片 4 个。经摩擦磨损试验机测试，及其他仪器检定合格后涂料方可用于生产上使用。如检验不合格，此批涂料将做报废处理。

④ 喷涂　喷涂操作者必须经过考核。将其喷涂的试环在摩擦磨损试验机上检查合格后才允许其喷涂工件，否则将不允许操作。在喷涂零件之前确定最好的喷涂状态，对有油污的零件表面必须用专门规定的有机溶剂仔细清洗，清洗后的零件表面不得留下任何污痕。喷涂过的零件应在室内停放 30min 以上方可入炉固化。喷涂室不得与其他工序混杂在一间房间内，室内应是清洁无灰尘，以保证喷涂后的零件表面清洁无尘。漆雾必须经抽尘净化处理不得污染室内及室外环境。室内应保持良好的通风状态，不得吸烟，不能有火源，防火防爆的设施应齐备完善。

⑤ 固化　固化设备是决定固化效果的关键之一。固化炉必须满足炉温在200℃时温差不允许超过±5℃的条件，而且炉内炉气应流畅，炉温均匀一致。固化温度也是影响涂层质量的关键因素之一，必须严格控制。固化温度高了会使涂层老化严重降低涂层的性能，固化温度低则会使涂层固化效果不好，抗磨性、耐蚀性、涂层结合强度等都会达不到标准要求。固化时间也是影响涂层质量的关键因素之一，必须严格控制。固化后零件必须检查其固化是否充分，和涂层厚度是否合格。多件装炉时，每炉至少两件产品，具体检查方法遵循工程标准执行。

固化后零件表面不必要的飞溅物、涂料聚集凸起部位，必须先用 180 目砂纸去除后再用 320 目以上砂纸抛光，其他部位可不必抛光。

固化后的零件如发现涂层表面起泡或有剥落现象，则全部涂层都应去除后重新磷化重新喷涂，并报告给工艺部门处理。

8.5.4　阀门零件的化学镀处理

石油和天然气系统用装置是化学镀的重要应用范围之一，石油、天然气的钻采及集输中的阀门广泛应用了化学镀镍技术，例如，球阀的球体、平板闸阀的闸板等都广泛采用化学镀镍磷合金（ENP）技术。典型的石油和天然气工业腐蚀环境为井下盐水、二氧化碳、硫化氢，温度高达 170～200℃，并伴有泥沙和其他磨粒冲蚀等，腐蚀环境相当恶劣。低碳钢油气管道及附属部件在如此苛刻的条件下，仅有 2～3 个月的寿命。经过 50～100μm 厚的高磷化学镀镍层保护之后，其腐蚀速率明显降低。

(1) 化学镀的特点

电镀作为一种常用的表面处理工艺，是利用外电流将电镀液中的金属离子在阴极上还原成金属的过程。化学镀则不需外加电流，是在金属表面的催化作用下经控制化学还原法进行的金属沉积过程。因不用外电源，通常直译为无电镀或不通电镀（electroless plating、non electrolytic）。由于反应必须在具有自催化性的材料表面进行，美国材料试验协会（ASTM B-347）推荐用自催化镀一词（autocatalytic plating）。我国针对化学镀镍工艺于 1992 年颁布的国家标准（GB/T 13913—1992）则称为自催化镍-磷镀层（autocatalytic nickel phosphorus coating），其意义与美国材料试验协会的名称相同。由于金属的沉积过程是纯化学反应，所以将这种金属沉积工艺称为"化学镀"最为恰当，这样它才能充分反映该工艺过程的本质。

化学镀与电镀工艺具有明显不同的特点：

① 镀层厚度非常均匀。由于化学镀液的分散力接近 100%，无明显的边缘效应，几乎是基材（工件）形状的复制，因此特别适合形状复杂的工件、腔体件、深孔件、不通孔件、管件内壁等表面施镀。

② 通过敏化、活化等前处理，化学镀可以在非金属（非导体）材料表面上进行，大大扩宽了工艺应用范围。

③ 工艺设备简单。化学镀不需电源、电极等辅助系统，操作时只需把工件悬于镀液中即可施镀。

④ 镀层质量好，与基体结合强度高。化学镀的镀层具有光亮或半光亮的外观、晶粒细、致密度高、孔隙率低，另外由于化学镀靠基材的自我催化活性才能起镀，因此镀层与基体结合牢固。

由于化学镀工艺的沉积金属及合金种类受到限制，且成本较高，故尚不能完全替代电镀工艺。但是，由于化学镀可以完成电镀工艺无法完成的一些特殊工艺，因此化学镀的应用也日益广泛，目前在工业上已经成熟而普遍应用的化学镀主要是镀镍和镀铜，尤其前者得到了十分广泛的应用。电镀镍与化学镀镍相比后者具有以下特点。

① 用次磷酸盐做还原剂的镀浴得到的镀层是 Ni-P 合金，通过控制磷量得到的 Ni-P 非晶态结构镀层致密、无孔，耐蚀性远优于电镀镍，在某些情况下甚至可代替不锈钢使用。

② 化学镀镍层不仅硬度高，还可以通过热处理对机械性能进行调整，故耐磨性好。在某些工况下甚至可以代替硬铬使用，而且化学镀镍层兼备了良好的耐蚀与耐磨性能。

③ 根据镀层中磷含量，可控制为磁性或非磁性镀层。

④ 化学镀镍层的钎焊性能好。

⑤ 具有某些特殊的物理化学特性。

(2) 化学镀镍的质量控制及施镀工艺

① 镀浴的监控　镀浴即化学镀溶液，一般由主盐——镍盐、还原剂、络合剂、缓冲剂、稳定剂、加速剂、表面活性剂及光亮剂等组成。其分类方式也有多种，按 pH 值分有酸浴和碱浴两类，酸浴 pH 值一般在 4～6，碱浴 pH 值一般大于 8。除次磷酸盐做还原剂外，还有硼氢化物及硼烷衍生物，前者得到 Ni-P 合金，后者得到 Ni-B 镀层。如按温度分类则有高温浴（85～92℃）、低温浴（60～70℃），还有室温镀浴的报导。按镀液镀出镀层的含磷量还可

以分为高磷镀液、中磷镀液和低磷镀液。

目前工业应用的化学镀液已经商品化，用户可以根据自己的镀层性能进行选用。

在施镀过程中，为了保证化学镀镍的质量，必须始终保持镀浴化学成分、工艺技术参数处于最佳范围。镀浴的质量监控内容包括镀浴中镍离子浓度及还原剂浓度、pH 值、温度、搅拌、循环过滤等。

② 镀层质量的监控　化学镀镍层经常性的质检分为两类：验收试验和质量试验。验收试验项目通常包括镀层外观、厚度、公差、结合强度、孔隙率等因素。质量试验包括镀层耐蚀性、耐磨性、合金成分、内应力、显微硬度等机械性能。监控过程中不能只进行某一项试验来代表镀层质量监控，比如仅仅用测量显微硬度作为镀层质量的标志是不对的。因为化学成分相似的化学镀镍层的硬度十分相近，这只是从一定程度上反映了镀层本体的固有特性；然而，相同硬度的镀层与基体的结合强度可能完全不同。同样，合金成分相似的镀层的耐蚀性也可能大相径庭。因为镀层的耐蚀性与其组织结构、孔隙率等许多性质有关，所以以镀层质量的监控应该是合理组成的多项试验。

③ 化学镀镍前处理　工件正确的前处理对于镀层质量是至关重要的。如果表面预处理不好，将会造成镀层结合强度不合格。正确的镀前处理是指除去基体金属表面的污染，达到表面清洁、无锈等。由化学镀镍定义可知，化学镀的前提是基体表面必须具有催化活性，这样才能引发化学沉积反应，另一方面化学镀层本身也必须是化学镀的催化表面，这样沉积过程才能持续下去，至所需要的镀层厚度。

化学镀镍的对象是具体的工件，待镀的工件状况，包括工件材质、制造或维修方法、工件尺寸和最终使用情况是不同的，因此前处理应有所不同。在确定前处理工艺流程时，必须对工件状况有充分的了解。

a. 合金类型。为保证镀层有足够的结合力以及镀层质量，必须鉴定基体材质。某些含有催化毒性合金成分的材料在镀前处理时加以表面调整，保证除去这些合金成分后才能进行化学镀镍。或者在镀前采用预镀层的方法隔离基体材料中有害合金元素的影响。在不清楚待镀件材质又不可能进行材料分析的情况下，必须进行预先材料试验，试镀合格后方可处理工件。

b. 工件的制造过程。经处理的工件在化学镀前必须进行特别的清洗，以除去表面的无机物质。另一方面，还要求在施镀前后进行应力的去除处理，以获得合格的结合力。

c. 工件维修。工件维修时有可能采用喷砂处理，这种工件表面不仅嵌进了残留物质，而且腐蚀产物附着牢固。针对这种情况，采用预处理工艺尤为重要。处理时，应先用机械方法清洁表面，以保证后续化学清洗和活化工序的质量。为除去工件表面嵌进的油脂和化学脏污，预先烘烤工件也是比较有效的方法。

d. 工件几何尺寸。许多工件的几何尺寸妨碍了采用某些前处理技术，如大尺寸的阀门以及内表面积很大的管件就是如此。通常清洗和活化钢件应包括电解清洗和活化，在上述情况下，采用机械清洗、化学清洗和活化更为可行。对于具有不通孔和形状复杂的零件，需要加强清洗工序以解决除去污垢、氢气泡逸出和溶液带来的问题。在工件吊挂和放置方法上也应考虑解决上述问题。

e. 工件非镀面的屏蔽。许多工件要求局部化学镀镍，因此必须对非镀部分保护起来，屏蔽材料可用压敏胶带和涂料等，有时还需要设计专用工装，因此在使用新的屏蔽材料之前，必须进行充分的试验。

f. 化学清洗。浸洗是化学镀前处理的重要步骤之一，其目的是清除工件表面的污垢。

g. 电解清洗。电解清洗是化学镀镍活化处理前的末道清洗方法。

h. 水洗。两个前处理工序间的水洗工序，目的在于防止上道工序带出的溶液对下道工序溶液的污染和从工件表面清除污垢、金属离子污染和电极泥，以保证镀层结合力合格。

i. 浸酸。浸酸是为了除去工件表面的锈、氧化皮等。浸酸步骤并不能除去工件表面的油污。同时，浸酸也有可能使工件表面生成浮锈，如果在下一道工序中不清除掉则会造成镀层结合力不佳。

j. 活化。化学镀镍前工件的活化有很多种方法，包括在特殊的溶解中电解活化或浸酸活化，此外有时采用工件预镀镍活化。

(3) 碳钢的镀前处理

在化学镀镍阀门中，球体和闸板普遍采用碳钢。虽然有各种不同的镀前处理方法可供选择，但是参考规范化的工艺总是有益的。典型的碳钢工件的前处理工序如下：化学脱脂，含清洁剂的碱性脱脂浴，70～80℃，10～20min；热水清洗，70～80℃，2min；冷水清洗，两次逆流漂洗或喷淋，室温，2min；电解清洗，含清洁剂的碱性脱脂浴，70～80℃；热水清洗，70～80℃，2min；冷水清洗，两次逆流漂洗或喷淋，室温，2min；浸酸活化，室温，1min；冷水清洗，两次逆流漂洗或喷淋，室温，1min；去离子水洗或预热浸洗，70～80℃，3min；化学镀镍，按镀浴工艺参数操作；冷水清洗，两次逆流漂洗或喷淋，室温，2min；干燥。

对于有锈蚀或氧化皮的工件，应在初步脱脂之后，采用喷砂或钢丝刷子除净锈蚀和氧化皮。钢铁件的酸洗活化时间不宜过长，若采用盐酸酸洗后，工件表面出现不易除净的黑色污泥状物时，则建议采用表 8-22 中序号 2 方法进行除污处理。当工件基体碳含量大于 0.35%，可考虑在镀前采取表 8-22 中序号 4 所列方法，这种方法有利于保证化学镀镍与工件基体的结合强度。

表 8-22　常用镀前处理溶液组成及工艺条件

序号	名称	化学成分		工艺条件
1	碱性脱脂浴	Na_2CO_3 Na_3PO_4 NaOH 非离子型表面活性剂	35～45g/L 15～30g/L 7.5～15g/L 7.5g/L	电流密度：阳极 30～55A/dm² 温度：60～90℃ 时间：15～30s 对于高镍钢不宜采用阳极电解清洗，否则会钝化
2	去污浴	NaOH NaCN EDTA 四钠盐	120g/L 120g/L 120g/L	电流密度：5.5A/dm² 阳极或周期反向 7～10s 温度：室温 时间：30～60s
3	镍及不锈钢表面活化浴	H_2SO_4(94%～96%)	60%	阴极：铅板 电流密度：10～16A/dm² 温度：室温 时间：60s
4	闪镀镍(1)	$NaCl_2 \cdot 6H_2O$ HCl(30%～33%)	240g/L 320mL/L	阳极：镍板 电流密度：3.5～7.5A/dm² 时间：2～4min
5	闪镀镍(2)	氨基磺酸镍 硼酸 盐酸(20Be′) 氨基磺酸 pH 值	320g/L 30g/L 12mL/L 20g/L <1.5g/L	阳极：镍板 阳极与阴极面积比：1:1 电流密度：1～10A/dm² 温度：室温 时间：1～5min

序号	名称	化学成分		工艺条件
6	闪镀镍(3)	醋酸镍	65g/L	阳极:镍板
		硼酸	45g/L	电流密度:2.7A/dm²
		羟基乙酸(70%)	65mL/L	温度:室温
		糖精	1.5g/L	时间:5min
		醋酸钠	50g/L	
		pH值	6.0g/L	

(4) 不锈钢的镀前处理

由于不锈钢表面上有一层钝化膜,若按常规钢铁件表面预处理的方式进行前处理,化学镀层的结合强度很差。在不锈钢件碱性脱脂后,可采用表 8-22 中序号 3 方法。在浓酸中进行阳极处理,以改善镀层的结合强度。为可靠起见,应采用表 8-22 中序号 4 方法,进行预镀镍进行活化。典型的前处理工艺如下:化学脱脂,碱性脱脂浴;热水清洗,70~80℃,2min;冷水清洗,两次逆流漂洗或喷淋,室温,2min;电解清洗,碱性脱脂浴;重复热水清洗和冷水清洗步骤;预镀镍活化,闪镀浴;冷水清洗,两次逆流漂洗或喷淋,室温,1min;去离子水洗或预热浸洗,70~80℃,2min;化学镀镍,按镀浴工艺参数操作;冷水清洗,两次逆流漂洗或喷淋,室温,2min;干燥。

(5) 化学镀后处理

化学镀镍工艺结束后必须立即清洗干燥,目的在于清除工件表面残留的镀液,保证镀层外观,防止工件表面被腐蚀。此外,根据不同目的,还有多种后续处理。

① 清除氢脆,提高结合力和硬度的镀后热处理,详见标准 GB/T 13913—1992。

② 提高镀层性能的后处理。镀后需要处理的镀层只占总镀层的一小部分。试验表明 200℃加热 1h 的热处理方法还有益于改善镀层的耐点蚀能力。低温短时间加热去除了 H_2,还继续保持镀层的非晶结构,同时,发生了最大的弛豫,使其体积缩小、密度增加、孔隙率下降。

常用的方法有:铬酸盐钝化处理、镀覆阳极性镀层、表面功能化处理。

(6) 化学镀镍典型工艺规范

① 范围　本规范规定了化学镀镍的技术性能及对化学镀镍层的检验。化学镀镍按照 ASTM B733 规范进行。

② 参考标准　ASTM B733 规范。

③ 镀层规范　化学镀镍磷合金复合镀层,不使用电流;镀层的一般厚度为 $25^{+5}_{0}\mu m$,具体按零件图要求;镀层经最终热处理后其硬度应符合零件图的要求;在镀镍前后,被镀镍表面的粗糙度应符合零件图的要求。

④ 镀镍过程

a. 镀镍表面处理。镀镍前的表面处理可以采用镀镍厂商认为是最能满足要求的各种处理方法。但镀后如采用机械抛光,不得影响镀镍层所要求的表面粗糙度。

b. 零件的支撑和放置。镀镍内用于支撑和放置镀镍零件的工具应能使用化学液浸泡被镀镍表面,保证镀层均匀稳定。

⑤ 热处理　镀镍厂商应根据 ASTM B733 规范的要求在炉内进行 350~400℃ 的热处理。

⑥ 检查　根据 ASTM B733 的规范要求在热处理后对镀镍表面进行检查。

a. 外观。

取样:全部零件。

程序:对镀镍表面进行目测检测。

要求：镀层应当连接、均匀，不应看到粗糙、瑕疵点、气泡或剥落；对于铸件，因可接受的铸造瑕疵造成的镀层剥落不视为镀层瑕疵；零件的功能区不应看到任何有任何锈点；在以下情形中，零件的非功能区上的锈点和镀层剥落是可接受的。瑕疵仅限于与支撑工具的接触面，单个瑕疵的面积不超过 $1mm^2$，瑕疵数量每平方分米不超过 50 个。如果对连续镀层的性能有疑问，应进行孔隙率测试。

b. 附着性。

取样：全部零件。

程序：根据 ASTM B733 规范。

要求：符合 ASTM B733 规范。

c. 粗糙度。

取样：全部零件。

方法：使用表面粗糙度测量计进行测量。

要求：镀镍后，被处理表面的粗糙度不应低于零件图的要求。

d. 厚度。

取样：全部零件。

程序：热处理前根据 ASTM B733 规范进行。

要求：厚度为 $\geqslant 75\mu m \pm 5\mu m$，零件图纸另有要求除外。

e. 硬度。

取样：全部零件或按样品。

程序：根据 ASTM B733 规范。

要求：符合 ASTM B733 规范。

f. 孔隙率。

取样：全部零件或按样品。

程序：根据 ASTM B733 规范。

要求：每平方分米最多 1 个孔。

⑦ 包装和运输　镀镍零件应使用聚乙烯密封袋包装，袋内应放置抗氧化剂（如硅胶等），并使用能安全运抵目的地的包装箱进行包装和搬运。

参考文献

[1] 沈阳高中压阀门厂. 阀门制造工艺. 北京：机械工业出版社，1984.
[2] 苏志东等. 阀门制造工艺. 北京：化学工业出版社，2011.
[3] 樊东黎. 热处理技术数据手册. 北京：机械工业出版社，2000.
[4] 中国机械工程学会热处理专业分会. 热处理手册. 北京：机械工业出版社，2001.
[5] 崔忠圻. 金属学与热处理. 北京：机械工业出版社. 1993.
[6] 徐滨士等. 表面工程技术手册（上）. 北京：化学工业出版社，2009.
[7] 热处理手册编委会. 热处理手册. 3 版. 北京：机械工业出版社，2001.

第**9**章

Chapter 9

阀体类零件的加工

　　阀体是阀门的主要零件，它直接和管路连接。具有一定压力和温度的介质在阀体内流动，并由关闭件对流动介质进行切断、减压、节流或改变流向。因此不同用途的阀门，其阀体具有不同的结构和形状。

　　阀体按照几何形状、加工表面形状及工艺过程特点划分为 5 组，法兰直通式阀体组、螺纹直通式阀体组、螺纹角式阀体组、旋塞阀阀体组及其他阀体组（表 9-1）。

表 9-1　阀体类零件的分组

类型	法兰直通式阀体	螺纹直通式阀体	螺纹角式阀体	旋塞阀阀体	其他阀体
a	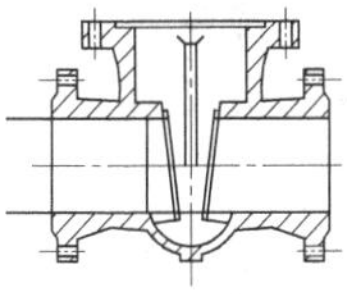	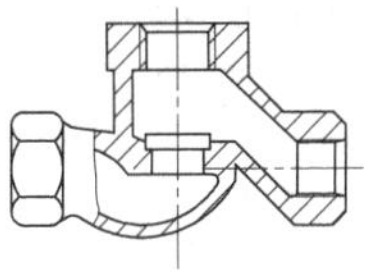	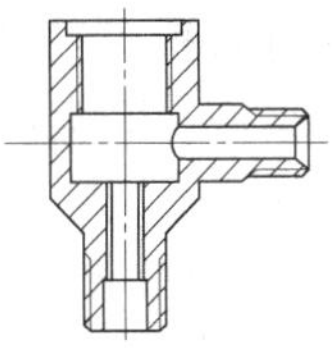	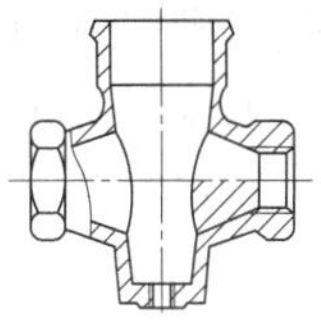	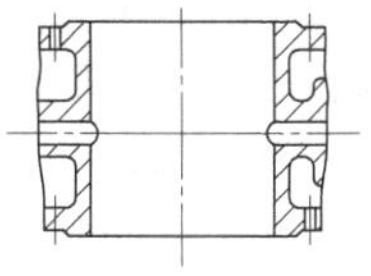
b	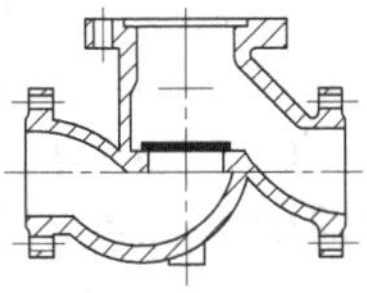	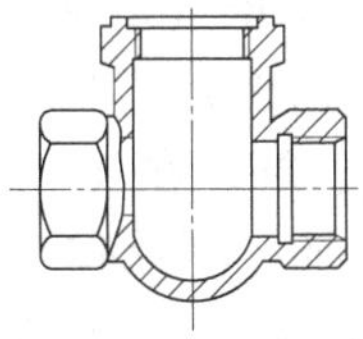	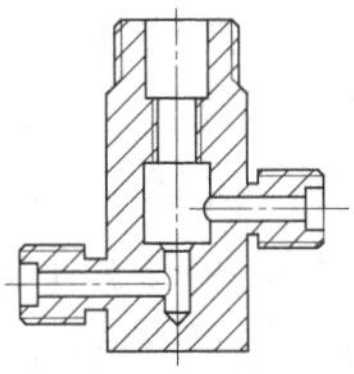	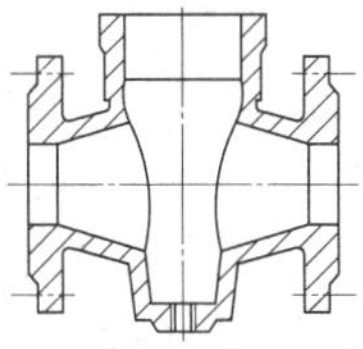	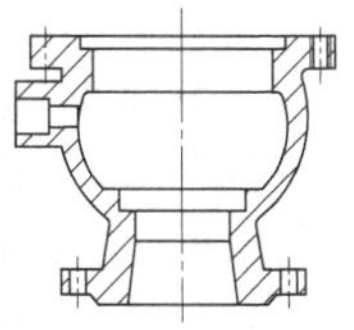
c	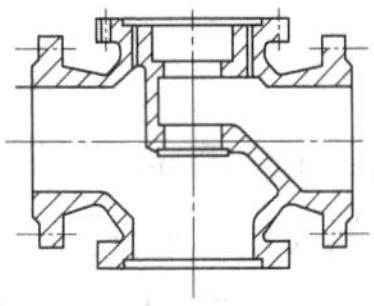	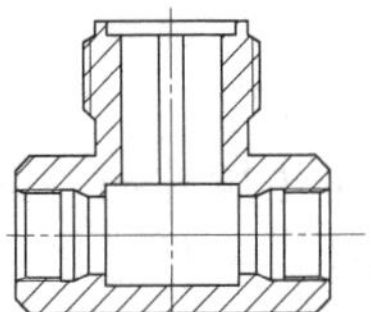	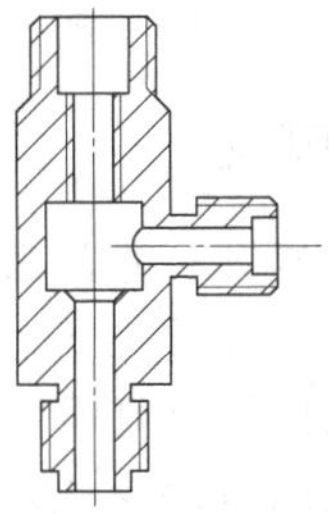		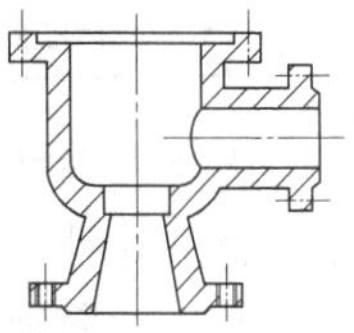

类型	法兰直通式阀体	螺纹直通式阀体	螺纹角式阀体	旋塞阀阀体	其他阀体
d					

注：法兰直通式阀体组 a 型包括平行式止回阀阀体、旋启式止回阀阀体，b 型包括升降式止回阀阀体。

9.1 法兰直通式阀体的加工

9.1.1 结构特点及技术要求

(1) 法兰直通式阀体的结构特点

法兰直通式阀体是中空、壁薄的壳体零件，多为三通管状，用于直线管路上。该阀体的进口通道与出口通道同轴，故称直通式。两通道端部为圆形法兰，法兰上有若干均匀分布的螺栓孔，以便与管路连接。阀体上端亦有法兰（亦称中法兰），用以连接阀盖。镶阀座结构的阀体内腔有精度较高的圆柱孔或螺纹孔，堆焊或由本体车出密封面的阀体内腔有精度要求很高的密封面。法兰直通式是闸阀、截止阀、止回阀、减压阀及节流阀阀体最常用的一种结构形式。这种结构的应用范围很广，尺寸 $DN15 \sim 1200$，压力 $PN2.5 \sim 760$。

为适应不同的需要，法兰直通式阀体具有各式各样的结构形状。法兰直通式阀体按其零件的轮廓形状及加工表面形状一般可分为 3 种形式（表 9-1）。

(2) 法兰直通式阀体的技术要求

① 尺寸精度 法兰直通式阀体的尺寸精度一般在 9 级以下。法兰端部的圆柱凹台（习惯称为止口）及镶阀座孔的精度通常为 11 级。阀体结构长度、法兰外径等均为 M 级。

a 型楔式闸阀阀体两密封面的角度精度要求很高，与其他机械零件不同，阀体密封面部位的角度精度是采用与楔式闸板的密封面相接触时的吻合度来评定的。吻合度是指密封面接触时在半径方向的最小接触宽度与阀座密封面宽度之比。它除了控制角度精度外，还控制密封面的平面度。一般吻合度为 30%～65%。

② 表面粗糙度 阀体密封面的表面粗糙度为 $Ra1.6 \sim 0.2\mu m$；阀座孔、内止口和活塞孔的表面粗糙度为 $Ra12.5 \sim 3.2\mu m$；其他加工部位的表面粗糙度为 $Ra25 \sim 6.3\mu m$。

③ 几何形状及位置精度 阀体密封面的平面度或圆度（指锥形密封面）要求很高，目的在于保证阀门的密封性能，闸阀密封平面一般用与关闭件密封面接触时的吻合度来评定；两端圆形法兰的同轴度有一定要求，法兰端面应平行，在 100mm 直径上误差不大于 0.15mm；a 型闸阀阀体的两密封面（或两阀座孔的端面）对阀体导向筋的对称度不大于规定值；b 型截止阀阀体密封面对中法兰轴线的垂直度在 100mm 长度上不大于 0.5mm；c 型减压阀阀体上、下端法兰止口，内孔对阀座孔的不同轴度不大于规定值。

9.1.2 工艺分析及典型工艺过程

法兰直通式阀体的结构形状比较复杂。它的形体是由圆柱面、圆锥面、球面和特形表面组成的。其外部和内腔的表面大部分不需要加工。因此，零件毛坯一般都选用铸件。由于阀体是承压的薄壁壳体，故对毛坯的强度、韧性及内在质量的要求较高，但因铸件比较容易产生内部的缺陷，控制和检查内部缺陷的方法又比较复杂，因此，近年来出现了用板焊或锻焊毛坯代替铸件的趋势。

法兰直通式阀体组的主要工艺问题是如何能够保证尺寸精度要求较高的密封面的几何形状和表面粗糙度及三端法兰（或四端法兰）的相互位置精度。为了便于说明问题，下面对该组各型阀体逐个地进行介绍。

(1) a 型阀体（以楔式闸阀阀体为例）

图 9-1 中 a 型阀体为三通结构，其内腔具有两个对称的密封面。密封平面与通道轴线有一定的倾斜角度（一般为 2°30′～5°），即与中法兰中心面成一定的夹角。为引导闸板准确地与阀体密封面相吻合，在体腔内有两条对称的导向筋。

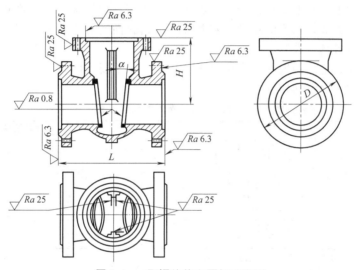

图 9-1　a 型阀体的主要加工表面

a 型阀体密封面不仅具有很高的角度精度，为了保证闸板的正常配合位置，还要求两密封面中心距离（习惯称为挡宽）的精度在 10～11 级。此外，对两密封面与导向筋的对称度也有一定要求。图 9-1 为 a 型阀体的主要加工表面。

a 型阀体的主要加工表面大多是旋转表面。因此，除导向筋部位在插床或刨床上加工外，其余表面均采用车削。

由于密封面部位的精度和表面粗糙度精度要求很高，而铸件毛坯的加工余量又较大，所以 a 型阀体一般分粗加工和精加工两个阶段。在粗加工阶段，先把三端法兰加工好，并以法兰为基准将内腔密封面部位的大部分余量车去。然后仍以法兰为精基准，再精车密封面。应该指出，精车后，密封面仍达不到图纸要求几何形状的精度和表面粗糙度。为了最终达到要求，必须经过光整加工——研磨。

阀门制造通常把研磨或珩磨放在装配前进行，因此本书将把密封面的光整加工单独列为一章进行介绍。

在成批生产中，a 型阀体的加工可按下列两种工艺路线方案进行。

① 第一种方案　先加工端法兰，再以端法兰为精基准，依次加工中法兰、导向筋、密封面部位及法兰螺栓孔等。

两密封面的角度主要由夹具来保证。为了达到此目的，通常在制造斜盘夹具时采用同一副母板。即用与阀体密封面角度完全相同的两块母板。其中一块用作制造加工阀体密封面的夹具的母板。将两块母板重叠（等于两倍阀体密封面的斜角），即可作为制造加工闸板密封面的夹具的母板。用这种方法制造的夹具加工，可以保证阀体密封面与闸板密封面的角度完全一致。此外，为保证两密封面的对称性和挡宽，需提高阀体全长的制造精度（一般提高至

7～8级），以便控制半长尺寸。全档宽用专用档宽量具来控制。

这种方案的优点是工艺装备比较简单，有利于夹具的标准化和通用化。这种方案的缺点是两密封面部位的加工需经过两次安装来完成，而两次安装所取的定位基准并不统一，因此容易产生定位误差，而两端法兰平面不平行或磕碰划伤，也会影响两密封面角度的精度。所以，这种加工方案若没有相应的组织和工艺措施，就很难加工出能够满足互换法装配要求的阀体，而只能加工出适应修配法装配要求的阀体。

② 第二种方案　以阀体三颈部外锥面为粗基准，先加工中法兰，再以中法兰为精基准加工两端法兰、导向筋和密封面部位。法兰螺栓孔的加工，以端法兰为基准。

两密封面的加工，一般采用回转夹具在车床上进行。使用统一的定位基准，两密封面的加工在一次安装下完成，角度的精度由夹具保证。密封面的对称度和档宽由机床挡铁配合半长卡板和专用档宽量具来控制。

这种方案的优点是使用统一的定位基准，因此加工主要表面时无定位误差，并能保证阀体主要加工表面相互位置的精度。

表 9-2　a 型法兰直通式阀体的典型工艺过程（1）

序号	工序内容	定位基准
1	车一端法兰端面、外圆及倒角	端法兰外圆
2	车另一端法兰端面、外圆及倒角	端法兰端面及外圆
3	车中法兰端面外圆止口背面及倒角	两端法兰外圆及一端法兰端面
4	划法兰中心线，大尺寸的需划出导向筋线	
5	插(刨)导向筋	两端法兰外圆(或一端法兰端面及中法兰端面)
6	车两密封面部位①	端法兰端面及外圆
7	钻中法兰螺栓孔②	
8	钻两端法兰螺栓孔	

① 堆焊形成的密封面粗加工后堆焊，焊后进行精加工。
② 如为螺纹孔，则钻后机动攻螺纹。

由于采用回转夹具加工端法兰和密封面部位，使得工序比较集中，并减少了工件的装夹次数，降低了工人的劳动强度。但因回转夹具的结构比较复杂和笨重，这种方案只适用于 DN100 以下阀体的加工。

表 9-2 和表 9-3 为 a 型阀体在中、小批量生产中两种方案的典型工艺过程。

表 9-3　a 型法兰直通式阀体的典型工艺过程（2）

序号	工序内容	定位基准
1	车中法兰端面外圆止口背面及倒角	三颈部外圆表面
2	车两端法兰端面、外圆及倒角	中法兰端面及止口
3	插(刨)导向筋	两端法兰外圆
4	车两密封面部位①	端法兰端面及外圆
5	钻中法兰螺栓孔	
6	钻两端法兰螺栓孔	

① 堆焊形成的密封面粗加工后堆焊，焊后进行精加工。

(2) b 型阀体

b 型阀体包括截止阀和升降式止回阀阀体两种（图 9-2）。这两种阀体的结构大同小异，工艺过程和加工方法也基本相同。

这两种阀体的中腔部位只有一个密封面。根据技术要求，密封面应垂直于中法兰轴线。这一点在安排工艺路线时必须首先加以考虑。

根据该型阀体的结构特点，加工工艺路线采取以下两种方案。

① 第一种方案　先依次车两端法兰，然后以一端法兰（或两端法兰）为精基准，分粗、精两道工序加工中法兰及密封面部位。若在阀体上直接车密封面，则不必分两道工序加工。

② 第二种方案　在一次安装下加工中法兰和密封面部位。密封面部位包括堆焊基面或

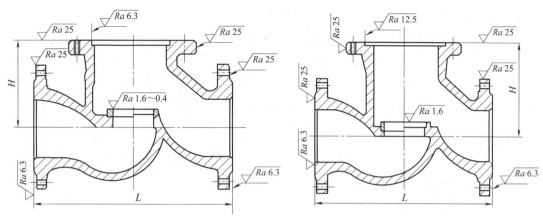

图 9-2　b 型阀体

镶密封圈槽等。然后便以中法兰为定位基准，将阀体安装在回转夹具上车两端法兰。经过堆焊或镶密封圈之后，再以中法兰为定位基准，精加工密封面部位。

以上两种方案各有优缺点。第一种方案使用的夹具比较简单，不受尺寸大小的限制，但是工序较分散，工件装卸频繁。第二种方案定位基准统一，无定位误差，工序较集中，加工效率高，但使用的夹具结构较复杂，并受阀体尺寸的限制，一般只适用于 DN50 以下阀体的加工。

表 9-4 和表 9-5 为 b 型阀体在中、小批量生产中两种方案的典型工艺过程。

表 9-4　b 型法兰直通式阀体的典型工艺过程（1）

序号	工序内容	定位基准
1	车一端法兰端面、外圆、止口及倒角	端法兰外圆表面
2	车另一端法兰端面、外圆、止口及倒角	端法兰端面及外圆
3	粗车中法兰端面、外圆，车镶密封圈槽或堆焊基面	端法兰端面及外圆
4	装压密封圈或堆焊密封面	
5	精车密封面及中法兰	端法兰端面及外圆
6	钻中法兰螺栓孔或钻后攻螺纹孔	
7	钻两端法兰螺栓孔	

表 9-5　b 型法兰直通式阀体的典型工艺过程（2）

序号	工序内容	定位基准
1	车中法兰端面、外圆、止口、倒角，车镶密封圈槽（或堆焊基面）	三颈部外圆表面
2	车两端法兰端面、外圆及倒角	中法兰端面及止口
3	装压密封圈或堆焊密封面	
4	精车密封面	端法兰端面及外圆
5	钻中法兰螺栓孔或钻后攻螺纹孔	
6	钻两端法兰螺栓孔	

（3）c 型阀体

c 型阀体包括单密封面和双密封面两种结构的减压阀阀体。减压阀阀体有带 3 个法兰的，也有带 4 个法兰的。双密封面的阀体具有相互平行而又同轴的两个密封面（图 9-3）。这两种结构的减压阀阀体的制造工艺基本相同。

减压阀的主要加工部位是密封面、上端和下端止口及有配合的内孔。其加工表面精度、表面粗糙度和相互位置精度的要求均比较高，但进口端和出口端法兰的加工精度和表面粗糙度比较低。为在加工阀体上端和下端时便于在夹具上安装工件，通常先车进口端和出口端法兰，然后以端法兰为定位基准，用弯板式夹具加工上、下端止口及内孔。最后以上端 H9 孔及法兰端面为定位基准加工密封面部位。

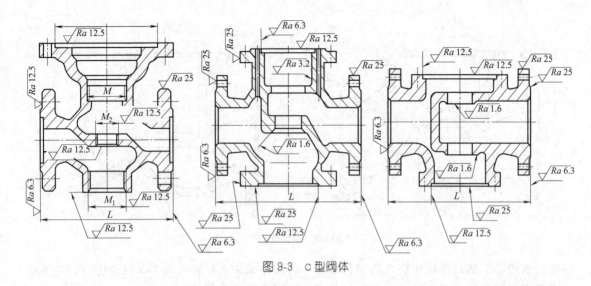

图 9-3 C 型阀体

根据阀体的结构和技术要求，密封面需分两道工序加工。

镶阀座的密封面部位加工时，粗、精加工均以上端法兰端面及 H9 内孔为定位基准。先分别将下端法兰和镶阀座的内螺纹加工好，拧上阀座后再精加工密封面。若密封面由堆焊后车出，则可先加工下法兰，并车出堆焊基面。堆焊后加工上法兰及 H9 内孔。最后以上端法兰端面和内孔为基准，精加工密封面及下端法兰。表 9-6 为单密封面减压阀阀体在中、小批量生产时的典型工艺过程。

表 9-6 单密封面减压阀阀体的典型工艺过程

序号	工序内容	定位基准
1	车一端法兰端面、外圆、背面、止口及倒角	端法兰外圆
2	车另一端法兰端面、外圆、背面、止口及倒角	端法兰端面及外圆
3	车上法兰端面、外圆、止口、内孔及倒角	端法兰端面及止口
4	车下法兰端面(留余量)、外圆、止口、内孔及倒角	上法兰端面及止口
5	装上阀座	
6	精车下法兰端面、止口及密封面	上法兰端面及止口
7	划法兰十字线	
8	钻两端法兰及螺栓孔	
9	钻上、下法兰及螺纹孔	

9.1.3 主要表面或部位的加工方法

(1) 法兰的加工

大多数阀体具有两个以上的法兰。法兰通过螺栓或螺柱分别与管道、阀盖连接。由于阀门的压力级不同，法兰密封面的形式也不一样，常见的有平滑式、凸凹式、榫槽式、透镜式和梯形槽式等（图 9-4）。凹凸式和梯形槽式法兰密封面的配合精度为 11 级，表面粗糙度为 $Ra12.5 \sim 3.2\mu m$，其他法兰密封面的配合精度为 M 级，表面粗糙度为 $Ra25\mu m$。不论阀体的尺寸大小和密封面的结构形式如何，其法兰均可用车削方法加工，只是选用的机床、刀具和量具不同。下面介绍几种不同生产批量和尺寸的阀体法兰的加工方法。

在中、小批量生产中，法兰一般在车床上进行加工。以图 9-1 所示的闸阀阀体为例。阀体上有三个法兰，从表 9-2 和表 9-3 的典型工艺过程中可以看出，一种是先车两端法兰，后车中法兰；另一种是先车中法兰，后车两端法兰。由于加工顺序不同，选择的基准和使用的工艺装备也不一样。下面介绍这两种工艺路线的特点。

① 先车两端法兰，后车中法兰 采用这种加工顺序的规格很多，尺寸大小相差悬殊。

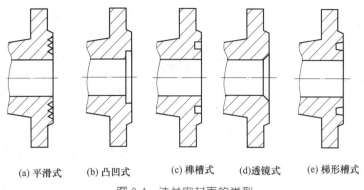

(a) 平滑式　　(b) 凸凹式　　　(c) 榫槽式　　(d) 透镜式　　(e) 梯形槽式

图 9-4　法兰密封面的类型

a. 第一端法兰的加工。加工第一端法兰有 3 种安装方式。

· 用三棱顶尖安装。阀体内腔是用一个砂芯铸造出来的，两侧通道孔的同轴度比较好，因此在加工第一端法兰时，常选择通道孔为粗基准，用三棱顶尖定位。图 9-5 为在普通车床上利用三棱顶尖安装阀体的情况。先将阀体装在三棱顶尖上顶紧后，用四爪卡盘夹住一端法兰，退出后顶尖，即可进行车削。如果法兰端面有梯形环槽，其梯形环槽可用图 9-6 的样板来测量。

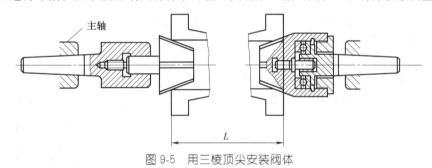

图 9-5　用三棱顶尖安装阀体

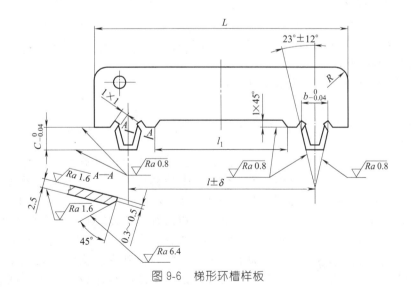

图 9-6　梯形环槽样板

法兰端面至中法兰轴线的距离（阀体半长）可用图 9-7 的量具控制。测量前先将量具锥板上的零线对准相当于阀体半长的刻度上，并用螺钉固定。测量时将弯尺测量面紧贴已加工的法兰端面，然后由上往下移动，观察锥板两侧是否靠上中法兰内腔口。如发现有偏隙现

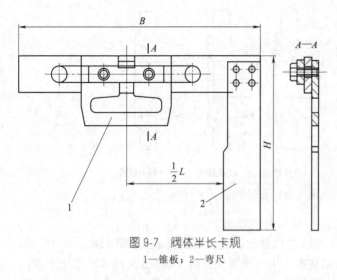

图 9-7 阀体半长卡规
1—锥板；2—弯尺

采用定心夹具安装的主要优点是节省找正工时，缩短辅助时间，减轻工人的劳动强度，并可保证法兰外圆与通道的同轴度要求。这种夹具一般用于 DN350 以下的阀体。

· 按工件直接找正安装。如果毛坯的尺寸精度、相互位置精度比较高，就可以按工件直接找正安装。通常先用四爪卡盘把阀体夹于中心位置，然后按阀体的通道孔找圆，按法兰背面找平，再将其夹牢。

采用这种比较原始的安装方式。工件定位的精度完全取决于工人的经验和技术水平。每次找正都要耗费较多的工时。因此，这种安装方式仅用于单件小批生产。

· 按划线安装。如果铸件质量比较差，各表面相互位置精度低，加工余量不均匀或阀体尺寸大，则可用划线的方法来重新确定各部位的正确位置。

安装时用划针或铁丝按所划的线找正，然后夹紧。

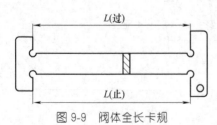

图 9-9 阀体全长卡规

象，可以继续车削法兰端面，直至锥板两侧紧靠内腔口，方可认为半长合格。这种半长量具使用比较方便，但需把铸件中法兰内腔口的毛刺、飞边清理干净，以免影响测量的准确性。

DN200 以上阀体端法兰的加工，通常在立车上进行。图 9-8 为立车上用的液压定心盘，它的功用与车床上的三棱顶尖相同。当油缸上方进油时，活塞及拉杆便带动楔紧锥体向下移动，同时迫使紧贴在锥体上的 3 个定心爪向外伸出而起定心作用。卸工件时油缸卸压，锥体在弹簧的作用下复原。夹具动力源由手动油压千斤顶获得，它与定心盘一起安装在立车卡盘上。

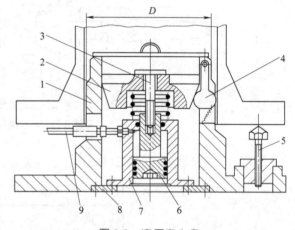

图 9-8 液压定心盘

1—夹具体；2—楔紧锥体；3—拉杆；4—定心爪；5—调节螺钉；6—活塞；7—油缸体；8—定心盘；9—进油管

这种安装方式的定位准确性和工作效率完全取决于划线和冲眼的精度、找正的方法以及工人的技术水平等因素。划线加工的精度一般只能保证 0.2 ~ 0.5mm。所以这种安装方式通常用于单件小批生产。

b. 另一端法兰的加工。加工另一端法兰，均以已加工的一端法兰为精基准，安装在定位盘上。根据尺寸的大小，分别在普通车床或立车上加工。在以后的加工过程中，几乎都以两端法兰作为定位基准。为了减小定位误差，可以适当提高法兰外径的加工精度。另外，对于生产批量较大，用完全互换法装配的阀体，必须控制阀体全长尺寸，提高加工精度，以便保证档宽公差。全长公差值的大小，可根据由档宽公差换算所得的下式求出

$$\delta_1 = 0.5\delta l$$

式中 δl ——阀体裆宽公差，mm。

阀体全长尺寸通常用图 9-9 的卡规来控制。

图 9-10 为车床上用的花盘式夹具。这种夹具由过渡盘、花盘和定位盘 3 部分组成。定位盘可以根据阀体尺寸的大小更换。定位盘靠定位心轴固定在花盘上。

为便于测量阀体的全长，通常在定位盘上开一条缺口，使全长卡规一端能卡至法兰端面上。这种夹具使用方便，通用性好，只要更换定位盘，即可加工不同尺寸的阀体。但这种花盘式夹具一般用于同轴度要求不太高的条件下。

c. 中法兰的加工。根据阀体尺寸的大小，中法兰可分别在立车或普通车床上加工。尺寸较大的阀体，通常以两端法兰的外圆和一端法兰的端面为定位基准，在立车上加工。图 9-11 为车中法兰通用夹具。加工前根据欲加工阀体的尺寸，首先调整好两 V 形铁的距离和选装相应的支座，并将定位螺杆调到要求的尺寸位置。然后把阀体装上，使阀体的一端法兰端面紧贴定位螺杆端面，再把支座上的顶紧螺钉调到使中法兰背面与卡盘平面保持平行为止。把阀体顶紧压牢后，即可进行车削。卸工件时只需松开两块压板和一个顶紧螺钉。

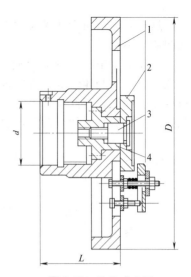

图 9-10 花盘式夹具
1—花盘；2—定位盘；
3—定位心轴；4—定位套

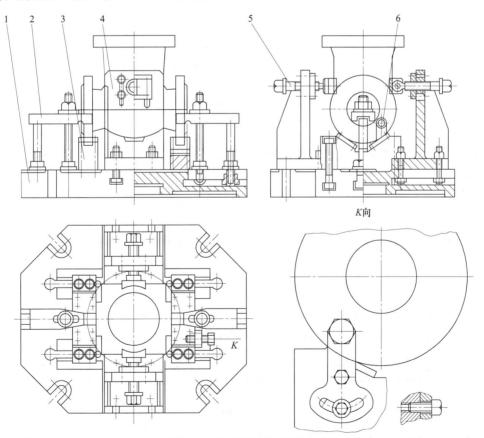

图 9-11 车中法兰通用夹具

1—夹具体；2—压板；3—V 形铁；4—支座；5—顶紧螺钉；6—定位螺杆

这种夹具可用于几种尺寸不同的阀体的加工，工件装卸方便，刚性好，加工时能采用较大的切削用量。

上述加工中法兰的夹具使用了 V 形块，在卧式车床上加工时，由于工装的高度过高，导致被加工的阀体中法兰端面过长，加之车床的径向跳动因素，导致加工的中法兰各部尺寸精度无法保证。因此设计出图 9-12 的新型车阀体中法兰夹具，该夹具结构简单，装夹方便，既提高了中法兰的加工精度，也大大提高了生产效率。

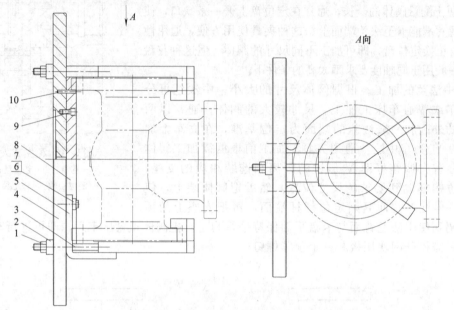

图 9-12　新型车阀体中法兰夹具
1—螺母；2—垫圈；3—拉钩；4—夹具体；5—定位板；6—螺栓；
7—垫片；8—定位棒；9—内六角螺钉；10—圆柱销

该夹具也是利用了 V 形块的定位原理，将加工好的钢棒两边铣平然后切断为等长的两段钢棒，每段钢棒上钻有阶梯孔，如图 9-13 所示，内六角螺钉穿过阶梯孔，将钢棒固定在夹具体上，然后在每根钢棒上和夹具体配钻锥孔，用于钢棒和夹具体的定位。

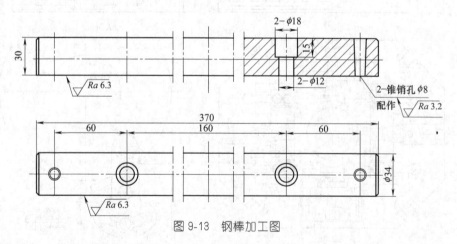

图 9-13　钢棒加工图

通过调整定位板的距离来保证阀体中法兰中心线和车床主轴中心线的同轴度，调整好后，用紧固螺栓将定位板紧固。挂钩（图 9-14）的钩爪沿中心线按 25° 分布，钩爪既用于阀体侧法兰端面限位，也用于阀体沿通道中心线的回转限位，同时也起到夹紧阀体的作用。

上述夹具装夹方便，由于采用钢棒定位，阀体两端侧法兰放到钢棒上，也起到 V 形块的作用。该工装和 V 形块定位的工装相比，大大降低了工装整体高度，而且比 V 形块工装更简单，方便制造。

小尺寸阀体的中法兰，通常在普通车床上加工。图 9-15 为车中法兰车床夹具。这是一种通用夹具，只要更换弯板上的定位盘，并调整弯板至车床中心的距离，就可以加工不同尺寸的阀体。

② 先车中法兰，后加工两端法兰　先车中法兰时，通常以三颈部锥面为粗基准。因为该部位的表面比较光洁，无浇口、冒口及飞边，定位面大，有利于定位和夹紧。

车中法兰的夹具一般用 3 个 V 形铁作定位件。顶部的压紧装置有两种形式。一种是带活动块的螺杆压紧装

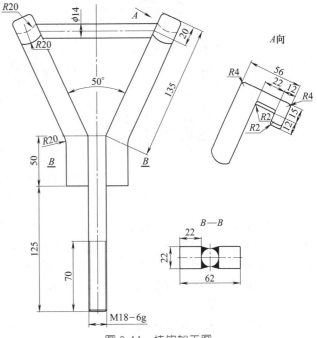

图 9-14　挂钩加工图

置，它适用于 DN50 以下阀体的加工。另一种是带三爪的压紧装置，它一般用于 DN65～80 的阀体的加工。此种夹具比较笨重，加工时转速不能太快。

两端法兰的加工，都以中法兰止口和端面为基准，安装在图 9-16 的回转夹具上，在普通车床上进行。

为了提高加工效率，有效地控制阀体的全长，加工时往往在机床导轨上安装挡铁。这样只要在加工第一个阀体时，通过试切将刀具调整好，即可加工一批阀体。在刀具磨损需要更换时，才需重调。为了节省重调刀具所需的时间，可利用已加工好的阀体对刀。

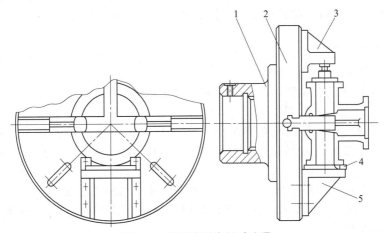

图 9-15　车中法兰弯板式夹具

1—过度盘；2—盘体；3—夹爪；4—定位盘；5—弯板

③ 其他类型阀体法兰的加工　铸铁平行式闸阀阀体法兰的加工过程，与前面介绍的大同小异，只是在车第二端法兰的同时，粗加工密封面部位。此外，椭圆形中法兰的端面不仅

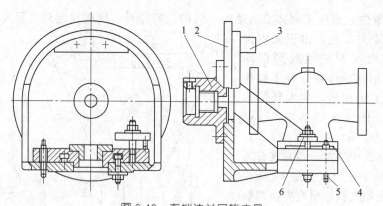

图 9-16 车端法兰回转夹具
1—过渡盘；2—盘体；3—平衡铁；4—定位盘；5—定位销；6—压板

可用车削方法加工，还可用铣削来完成。对于尺寸比较小的阀体，为了便于检验档宽尺寸，可在椭圆形法兰中间车出一个作为测量基准的止口。减压阀阀体大多有 4 个法兰，两端法兰的加工可按车闸阀阀体端法兰的方法进行。旋启式止回阀阀体法兰的加工和闸阀法兰的加工过程完全相同。在中批以上的生产中，阀体三法兰一般在组合机床上加工。

（2）导向筋的加工

导向筋的两侧面和顶面是铸钢楔式闸阀阀体的主要加工表面之一。根据技术要求，这些加工表面应平行于中法兰轴线。因此，要在加工过程中采取合理的工艺措施保证加工表面相互位置的精度要求。

导向筋位于体腔内壁的两侧面，通常采用下列方法加工。

① 在插床上加工 可根据生产批量的大小，分别按以下两种方式在插床上安装工件。

a. 用夹具安装。DN250 以下的阀体一般属于成批生产，生产批量较大，加工时多采用夹具安装。

从表 9-2 可知，插导向筋是在三法兰加工完之后进行的。为了装卸方便、定位稳定，通常选择两端法兰外圆和中法兰止口作为定位基准。图 9-17 为插导向筋的一种夹具。这种夹具由气液增力器、带 V 形铁的夹具体和对刀盘组成。加工时先将对刀盘逆时针旋转 90°，装上待加工阀体后，再把对刀盘转回原处，使中间不完整的止口对准中法兰止口，然后把阀体压紧。

采用带气液增力器的夹具可以综合气压和液压夹紧的优点，夹紧迅速平稳，结构紧凑，操作方便，能利用低压气源获得较大的夹紧力。

为了提高插床加工的效率，许多工厂使用专用插刀杆，用以安装两把以上的刀具进行多刀切削。图 9-18 为其中的一种。它由刀夹和刀杆两部分组成。刀夹内可安装三把刀具，其中两把刀用来加工导向筋的两侧面，另一把刀加工导向筋的顶面。刀夹能绕轴旋转，弹簧的作用是防止插刀回程时划伤已加工表面。这种刀杆的优点是刚性好，加工效率高。

b. 按划线安装。在单件小批生产中，一般不设计专用的工艺装备，而是只采用一些简易通用的工具，按划线找正安装，并在阀体导向筋端面上划出导向筋的高和宽，用单刀或多刀按所划的轮廓线加工。

图 9-19 为在插床工作台上安装阀体的示意图。加工前根据阀体中法兰的高度，首先调整支架，使顶紧螺钉与中法兰的高度相适应。然后再按中法兰外圆调整一侧的顶紧螺钉，并用水平仪校正中法兰端面，使它与工作台面平行。加工时先插一侧的导向筋，完工后将工作台回转 180°，再加工另一侧。

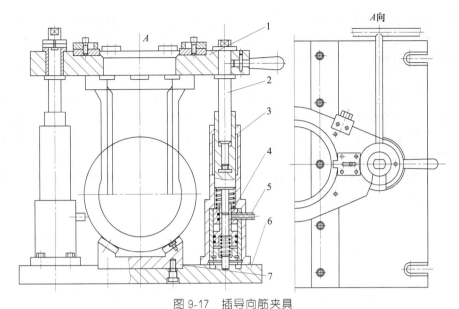

图 9-17 插导向筋夹具

1—对刀盘；2—拉杆；3—导向套；4—活塞；5—进油管；6—夹具体；7—V形铁

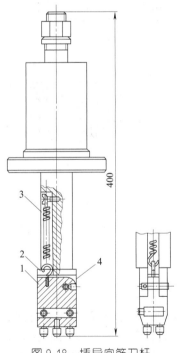

图 9-18 插导向筋刀杆

1—刀夹；2—刀杆；3—弹簧；4—轴

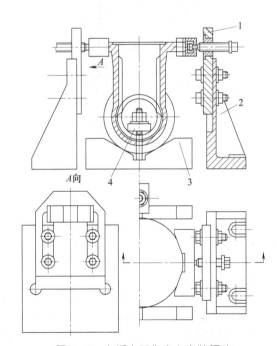

图 9-19 在插床工作台上安装阀体

1—可调支架；2—支座；3—V形铁；4—压板

以两端法兰外圆为定位基准，加工导向筋的这种定位方法，能否保证导向筋的加工表面与中法兰轴线的平行度要求，取决于以下两个因素。

• 首先是加工后的两端法兰外圆是否一致。如果两端法兰外圆在公差范围内做成一个最大，一个最小，在 V 形铁上定位就会使法兰中心线发生偏斜，即法兰实际中心线与理论中心线形成一个夹角。这个偏斜直接反映到导向筋上，使得导向筋两侧面与中法兰轴线不平行。端法兰外圆公差愈大，导向筋两侧面与中法兰轴线的平行度也就愈大。

• 其次是中法兰端面与工作台面是否平行。如果两端法兰外圆在 V 形铁上定位的理想接触线与实际接触线不重合，偏转一个角度（图 9-20），就会直接影响到导向筋顶面与中法兰轴线的平行度。这个偏转的角度愈大，导向筋顶面与中法兰轴线的平行度也就愈大。

因此，为了保证达到技术要求，在车中法兰和插导向筋时，要尽可能选择同一基准，并适当提高端法兰外圆的加工精度。此外，在设计夹具时应多考虑提高夹具刚性的措施，以便减少夹具在切削时的冲击力下的变形。同时切削过程中，切削用量不宜过大，以免由于切削力过大而破坏定位，使中法兰偏转。

还可以选择中法兰背面（背面需加工的）为定位基准加工导向筋（图 9-21）。这种定位方式不受上述两种因素的影响。

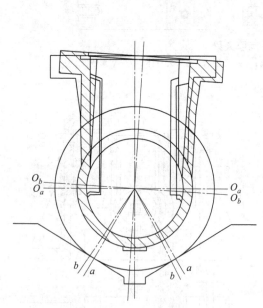

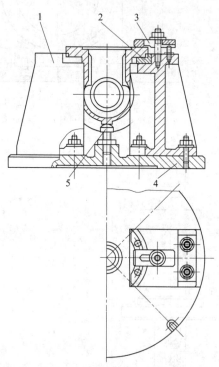

图 9-20　在 V 形铁上安装阀体

a—阀体放正时的理想接触点；b—阀体放正时的实际接触点

图 9-21　以阀体背面为定位基准的插床夹具

1—支架；2—定位板；3—压板；4—夹具体；
5—辅助支承

② 在刨床上加工　用刨床加工导向筋，是目前用得较为普遍的一种方法。

在成批生产中多采用夹具安装。根据所选择的定位基准，刨削工件有两种安装方式。一种是以阀体两端法兰外圆和中法兰止口及端面为定位基准，阀体卧放，两导向筋在垂直方向。这种安装方式加工下边的导向筋比较方便，但刨上边的导向筋就比较困难。另一种是以阀体端法兰端面和中法兰止口及端面为定位基准，阀体立放，导向筋在水平方向，如图9-22所示。这种方式加工两导向筋都比较方便。

如图 9-22 所示，这是一种两面一孔的联合定位方式。阀体端法兰端面至中法兰轴线之间的距离有制造误差（$\pm\delta_L$），夹具上定位板至定位止口轴线也有制造误差（$\pm\delta_{L_1}$）。当阀体的轴线间距离做成最大，而夹具的轴线间距离做成最小，阀体止口就可能套不进去。为了补偿阀体端法兰端面至中法兰轴线间的制造误差和夹具定位板至定位止口轴线间距离的制造误差，定位止口应做成削边形。其削边的宽度 B 为

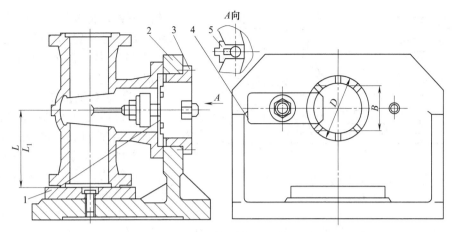

图 9-22　刨导向筋夹具

1—定位板；2—弯板；3—定位止口盘；4—压板；5—对刀板

$$B = \frac{D\Delta_{间}}{2E}$$

式中　D——中法兰止口最小径，mm；

　　　$\Delta_{间}$——中法兰止口与定位止口间的最小间隙，mm；

　　　E——补偿距离，$E = \delta_L + \delta_{L_1}$，mm。

从定位原理分析，这种夹具是过定位，实际上当侧面压板压紧阀体时，端法兰端面不起主要定位作用，而起支承作用。

为了提高加工效率，可采用多刀加工。图 9-23 为能装 3 把刀的专用刀杆。

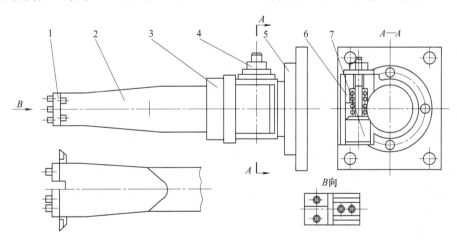

图 9-23　刨导向筋刀杆

1—压板；2—刀杆；3—换向圈；4—六角螺母；5—刀杆座；6—上压紧圈；7—压紧杆

加工时，先将夹具上的对刀块伸出，把刀对好。先用单刀刨一侧导向筋的顶面，然后由双刀刨削另一侧导向筋的侧面。到尺寸后，松开螺母，将刀杆抽出，使定向键脱离后，把刀杆回转 180°，再将其推入销紧，加工相应的表面。

在单件小批生产中，不用专用夹具，阀体直接安装在工作台上（图 9-24），可采用单刀或多刀按所划的轮廓线加工。这种加工方法效率低，质量的好坏取决于划线的准确性和操作者的技术水平。

以上介绍的是加工导向筋的两种主要方法。究竟采用哪一种方法为宜，要根据生产厂的

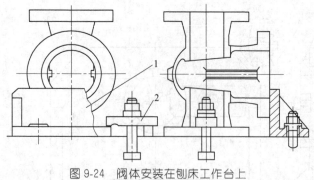

图 9-24　阀体安装在刨床工作台上
1—弯板；2—压板

具体条件，但从一般的生产经验来看，插要比刨优越，采用这种方法，工件的安装、测量和对刀都比较方便。

（3）密封面加工

密封面是阀体最重要的部位，其加工精度和表面粗糙度都很高。不同类型阀体的密封面具有不同的形式和结构。有的阀体有两个对称于中心面的密封面，有的只有一个平行于中法兰端面的密封面，镶阀座的阀体除具有与阀座接触的基面外，还有与阀座配合的内孔。

由于密封面部位的形式及结构不同，在加工过程中所完成的工序内容和使用的工艺装备也不一样。下面以 a 型阀体为例介绍密封面部位的加工。

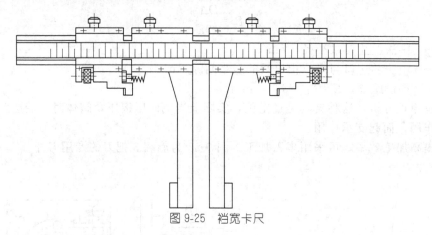

图 9-25　裆宽卡尺

a 型阀体包括楔式和平行式闸阀两种阀体。a 型阀体的密封面（包括镶阀座孔的基面）有密封面平行于阀体的对称中心面和密封面与中心面成一定的角度两种形式。

① 密封面平行于阀体对称中心面　平行式闸阀阀体的密封面和楔式闸阀阀体镶马蹄形阀座的基面均属于这种形式。这种形式的密封面有的从阀体上直接车出或堆焊后车成。在中、小批量生产中，均以阀体一端法兰外圆或止口及端面为定位基准，在普通车床上或立车上加工。为保证两密封面的同轴和平行，必须在一次安装下完成两面的加工。中、小型阀体两密封面或镶阀座基面的裆宽尺寸以中法兰止口为测量基准，用图 9-25 的裆宽卡尺控制，大型阀体则按划线加工。

除上述在阀体上直接车出或堆焊后车成密封面外，还有镶铜密封圈或马蹄形阀座的结构。镶密封圈的圆柱孔和镶马蹄形阀座的圆柱孔一般在加工法兰时车出，但也可用专用机床加工。

大型铸铁闸阀阀体镶密封圈的圆柱孔的加工一般在立车或端面车床上进行。工件的装卸、尺寸的控制都比较麻烦。因此，两侧镶密封圈圆柱孔在一次安装下加工。如果加工楔式闸阀阀体，只要将平盘体换成斜盘体即可。

铜密封圈有直压法和滚压法两种装压方法。

直压法一般只适用于 DN250 以下的阀门。直压法一般采用油压机，主要工具是压柱和垫板。其步骤是先将阀体镶密封圈环槽和密封圈的污物清理干净，并在阀体槽内涂上少量白铅油或其他的黏结剂。然后把密封圈平放在槽口上，上面依次放上垫板和压柱。继而缓慢加压，使密封圈平行压入槽内，直至密封圈变形为止。压力大小可根据密封圈的尺寸选取，见表9-7。

表 9-7　压密封圈所需压力

DN	压力/tf
50	10
80	11～13
100	13～15
125	15～20
150	20～24
200	24～30
250	40～45

注：1tf≈9.8kN。

　　滚压法适用于 DN300 以上的阀体。这种滚压机通过电机带动蜗轮副，丝母使带有滚压头的丝杆作下降旋转运动实现滚压作用。

　　DN900 以上的阀体密封圈用与密封圈材料相同的螺钉固定在槽内，并把多余的螺钉头部去掉。

　　压装铜密封圈后的精加工通常在普通车床、端面车床或立式车床上进行。

　　② 密封面与阀体对称中心面成一定角度　楔式闸阀的密封面属于这种形式。加工带有一定角度的密封面比加工平行式的密封面难度大，除了要保证很高的平面度和表面粗糙度外，还必须保证角度准确。因此，加工时必须采取相应的措施，才能保证达到技术要求。

　　加工密封面有两种安装方式。

　　a. 以中法兰为定位基准。以阀体中法兰止口及端面为定位基准加工密封面，通常采用回转式夹具（图 9-26）。如果密封面经堆焊后车成，则需分两道工序经两次安装完成。先车出堆焊基面，堆焊后再安装一次，将密封面车至图纸要求。若密封面从阀体上直接加工，则不必分两道工序。

　　单件小批生产可按划线加工，用万能量具测裆宽尺寸，加工质量取决于工人的技术水平。

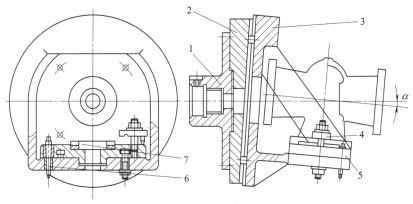

图 9-26　车密封面回转夹具

1—过渡盘；2—斜度盘；3—弯板；4—压板；5—回转盘；6—锥销；7—弹性定位圈

　　成批生产时裆宽尺寸由机床导轨上的挡铁和专用量具控制。加工镶阀座的螺纹孔时，导轨上前后均需安装挡铁（图 9-27）。前挡铁控制裆宽尺寸，后挡铁控制螺纹深度。加工时先根据阀体半长将前挡铁安装在导轨上的适当位置，并使大溜板上的定位柱紧贴定位螺钉端面，用小刀架上的内孔端面车刀试车，使其达到半裆宽尺寸（留精车余量），然后将后挡铁锁紧，加工螺纹。后挡铁与大溜板间的距离相当于螺纹孔的深度。车螺纹时大溜板紧靠后挡铁，由空刀处上刀，往里走刀。精车孔底基面时先将后挡铁松开，使大溜板紧贴前挡铁，再用小刀架上的精车刀加工。为保证裆宽尺寸，加工第一面时用图 9-28 的距离卡规控制孔底基面至一端法兰端面的距离。在加工第二面时用图 9-29 的挡宽小端卡规控制挡宽小端尺寸。

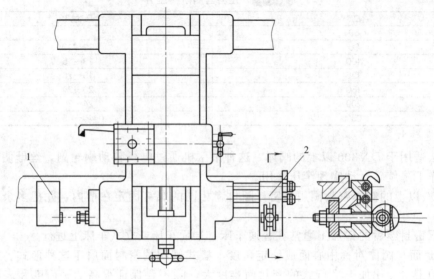

图 9-27　挡铁安装
1—前挡铁；2—后挡铁

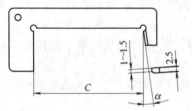

图 9-28　法兰端面至镶阀座基面的距离卡规

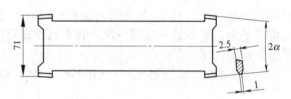

图 9-29　挡宽小端卡规

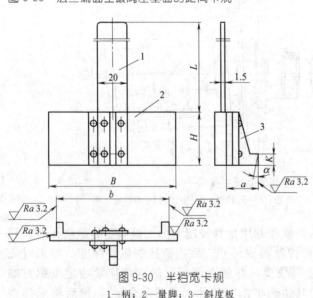

图 9-30　半挡宽卡规
1—柄；2—量脚；3—斜度板

　　如果是在阀体上或堆焊后直接车出密封面，一般只需前挡铁。

　　采用回转夹具加工密封面的主要优点是：用同一基准，可以减少工件的定位误差，易于保证加工质量；装卸次数少，可以缩短辅助工时，提高加工效率；能降低工人的劳动强度。但是，这种方法只能用于加工 DN100 以下的阀体密封面。

　　b. 以端法兰为定位基准。被广泛采用的方法是以阀体法兰外圆（或止口）和端面为定位基准，这样加工密封面不受阀体尺寸的限制，使用的夹具也比较简单。

　　若为单件小批生产，在夹具上安装工件需对准中线。密封面可按划线加工，用万能量具或半挡宽卡规（图 9-30）和阀体挡宽卡尺测量。

图 9-30 的卡规用来控制半档宽尺寸。这种卡规以导向筋的侧面为测量基准。测量时量脚 2 搭在导向筋的侧面上，使其工作斜面紧贴在密封面或镶阀座的孔端上，并由上向下滑动，当斜面的上边缘与密封面的外圆或镶阀座的孔边对齐，或处在两边缘间的刻线内，则认为半档宽合格。用这种卡规测量半档宽比较方便，但需提高作为测量基准的导向筋宽度的加工精度，否则就会影响两密封面对导向筋侧面的对称度。用档宽卡尺测量档宽是以中法兰止口为基准，因此，中法兰止口的公差能直接影响测量精度。为了消除这种影响，测量时应按止口实际尺寸调整卡尺上的副尺。用这种卡尺测量时需注意，测量力不可过大，否则会使主尺变形而影响测量精度。

成批生产时，在夹具上安装阀体不必对线。档宽、密封面和导向筋侧面的对称度靠机床挡铁和专用量具控制。具体的操作方法和使用的专用量具与前面介绍的相同。

③ 加工密封面用斜盘式夹具　介绍几种加工密封面用的斜盘式夹具。图 9-31 为专用斜盘式夹具。这种夹具都与花盘联用。为确保角度准确，每次安装前需将花盘平面精车一刀，并借助两个固定在斜盘体上的定向键使夹具与花盘定位。这种夹具的优点是结构简单，角度精确度高。缺点是不能通用。

图 9-32 为通用斜盘式夹具。盘体的导向槽中装有带定心孔的定位板，由两个内六角螺钉固定在固定板上。定位板在丝杆的带动下在导

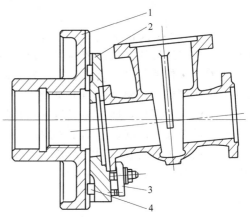

图 9-31　专用斜盘式夹具
1—过渡盘；2—斜盘；3—小压板；4—定向键

向槽内移动。加工时，根据被加工的阀体选择相应的定位盘，用定位螺钉固定在定位板上，用丝杆来调整其中心的偏移量 s。

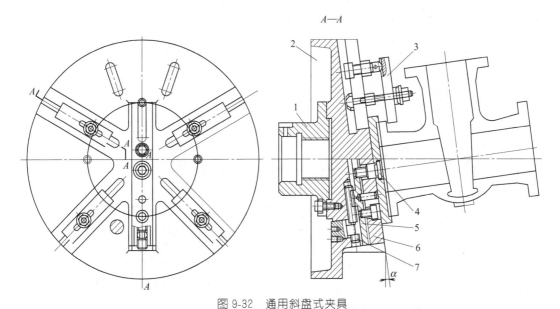

$A—A$

图 9-32　通用斜盘式夹具
1—过渡盘；2—斜盘体；3—压板；4—定位螺钉；5—固定板；6—定位板；7—丝杆

$$s = \left(\frac{L+l}{2} + h \right) \tan\alpha$$

式中　L——阀体公称长度，mm；

　　　l——裆宽尺寸，mm；

　　　h——定位盘厚度，mm；

　　　$α$——密封面斜角，(°)。

这种夹具的优点是通用性较大，调整方便。

图9-33为立车通用斜盘式夹具。这种夹具使用时可直接安装在工作台上。其结构原理和调整方法与前面介绍的通用斜盘夹具基本相同，其中心的偏移量 s 按下式计算

$$s=\left(\frac{L-l}{2}+h\right)\tan\alpha$$

除以上3种结构的夹具外，还有一种立车用的可变斜盘式夹具（图9-34）。这种夹具的特点是一次安装即能完成两密封面部位的加工。使用这种夹具时，应根据被加工阀体算出偏移量，然后按偏移量调整夹具。加工好一侧密封面部位后，松开螺母，将定位盘连同工件回转180°，拧紧螺母，然后松开锁紧螺母，拧动调节螺杆，将拖板按相反方向移动一个偏移量，再紧固锁紧螺母，即可加工另一侧密封面部位。采用这种夹具加工密封面的主要优点是两密封面部位在一次安装下加工，因而无定位误差，并能保证密封面部位角度的准确性。缺点是每个阀体加工过程中间需调整一次夹具，因此比较麻烦。加工另一端密封面部位时，切削用量不宜过大，否则会产生振动，影响加工质量。

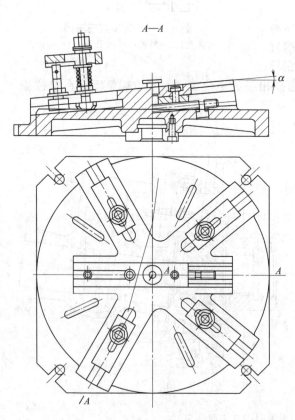

图9-33　立车通用斜盘式夹具

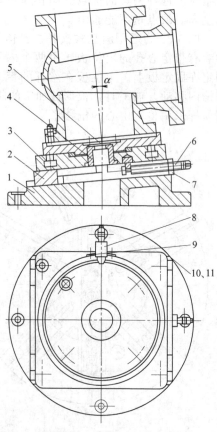

图9-34　可变斜盘式夹具

1—斜盘体；2—导板；3—拖板；4—衬套；5—压板；
6—调节螺杆；7—锁紧螺母；8—定位座；
9—定位柱；10—螺母；11—螺柱

任何一种加工方法，采用任何一种夹具都不可能把零件做得很精确，都会产生一些偏差，这种偏差叫做加工误差。如果加工误差在图纸和技术要求所规定的范围内，则认为零件合格。为了保证和提高零件的加工精度，就必须设法限制和降低加工误差。

密封面是阀门的关键部位，加工精度的高低直接影响阀门的密封性。如果密封面的角度有偏差或两密封面的楔角在空间位置上有偏转等现象，就会在装配时影响密封副的吻合度。

生产实践证明，下列几种情况均能影响密封面部位的加工精度。

- 以两端法兰外圆或止口和端面为定位基准加工两密封面部位时，如果两法兰端面不平行，会直接影响两密封面楔角的准确性。

- 如果密封面由堆焊方法形成，堆焊过程中，阀体腔内的堆焊部位产生高温，而其他部位的温度相对较低，阀体各部位温差很大，产生热变形，使两端法兰端面产生较大的平行度偏差，从而影响密封面楔角的精度。

- 以中法兰端面及止口定位，采用回转夹具加工密封面，如果夹具的转位采用圆柱销定位，由于圆柱销和销孔之间有间隙，就会使两密封面的角度发生偏转。另外，回转夹具的弹性变形也影响密封面的角度。

上面所介绍的回转夹具属于开式夹具，安装上阀体之后会产生偏重，故需要用配重来调整平衡。在加工时由于高速旋转而产生的离心力，使弯板发生弹性变形，一般称之为"张口"，这会使角度增大。弯板变形量的大小与弯板的刚性、切削速度和阀体的质量有关。如果弯板刚性差，切削速度高且阀体质量大，则弯板变形量也相应地大。其次，阀体上的定位基面有磕碰划伤，也影响工件在夹具上定位的准确性，并使密封面的楔角产生误差。另外，夹具制造精度和夹具在机床上的安装误差等都可能在一定程度上影响密封面的楔角。

为了保证密封面楔角的准确性，并防止楔角偏转，通常采取以下措施。

- 设计时，合理地确定回转夹具的结构形式。尽量不用圆柱销定位，而用锥销定位。在不影响阀体回转的前提下，夹具两侧的筋板尽可能长一些，以增加夹具的刚性。

- 用回转夹具加工密封面时，切削速度不宜过高。合理的切削速度要根据密封面的材料、阀体的重量、夹具的刚性而定。加工同一批阀体密封面的切削速度应相同。

- 堆焊密封面时，电流不能太大，要尽可能地减少热变形。焊后要进行热处理。精加工前，两端法兰定位面需精车一刀，以便确保两定位基面的平行。

- 阀体的摆放和转运应有工位器具。对不便做工位器具的大型阀体，摆放时要用木板或胶板垫上，以防阀体定位基面被磕碰划伤。制造加工阀体和闸板密封面的斜盘夹具应用同一副母板。

- 夹具的保管与存放应有严格的制度，并要定期检查，以确保夹具的精度。

- 截止阀阀体只有一个平行于中法兰端面的密封面。该密封面按结构可分为镶密封圈的、堆焊的和在阀体上直接车出的 3 种。前两种的密封面部位均需分粗、精两道工序加工。精加工时，中法兰止口及密封面需在一次安装下完成，以保证密封面与中法兰止口轴线垂直。

密封面部位可在普通车床或立车上加工。虽然在普通车床上安装工件比在立车上麻烦，但加工效率比在立车上高。因为在普通车床上加工便于对密封面部位进行观察和测量，尺寸精度容易控制。在普通车床上加工密封面部位所用的夹具与图 9-12 相同。

(4) 法兰螺栓孔和螺纹孔的加工

法兰直通式阀体的法兰上有多个螺栓孔或螺纹孔。在中小批量生产中，这些孔通常在摇臂钻床上加工。DN400 以下的阀体钻孔时一般使用钻模。大于 DN400 的，由于生产量不多，基本上按划线加工。

用于钻法兰孔的钻模尽管有各种各样的结构，但归纳起来有滑柱式钻模和平板式钻模两种类型。

① 滑柱式钻模　按夹紧部位的结构，滑柱式钻模分为偏心夹紧［图 9-35（a）］和齿轮齿条带锥面夹紧［图 9-35（b）］两种。前者结构简单，使用方便，但滑柱的升降量小，通用性差。齿轮齿条带锥面夹紧的滑柱式钻模，滑柱的升降量比较大，有一定的通用性，但结构较复杂。这两种钻模通常用来钻中法兰螺栓孔。如果钻后需攻螺纹孔，则需更换模板或快换钻套，并采用图 9-36 所示的攻螺纹安全夹头。

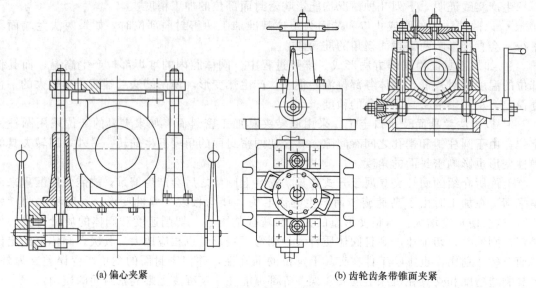

(a) 偏心夹紧　　　　　　　　　　　　　　(b) 齿轮齿条带锥面夹紧

图 9-35　滑柱式钻模

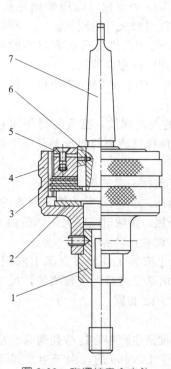

图 9-36　攻螺纹安全夹头
1—丝锥接头；2—垫片；3—摩擦片；
4—外套；5—封盖；6—平键；
7—锥柄心轴

滑柱式钻模也可以用来钻两端法兰螺栓孔。这种钻模常用于 $DN100$ 以下的阀体钻孔。

② 平板式钻模　这种钻模结构简单，使用广泛（图 9-37）。此种钻模对大、小阀体的端法兰或中法兰均能适用。

钻端法兰螺栓孔时，阀体以端法兰定位，并在工作台上压紧。钻中法兰螺栓孔时，除钻模板外，还配有支架，以便支承阀体。钻模板在阀体上的定位有两种方法。尺寸小的阀体采用找正工具，即将找正工具上的两平行边分别对在法兰端面上和钻模板的削边处，对平即可。另一种方法是对线。

如果阀体材料为 18-8 型不锈钢，加工中法兰螺栓孔的难度就比较大。因为，这种钢塑性大，韧性高，导热性差，高温机械性能高，易加工硬化，且不利于切削。若用标准丝锥攻制，不仅效率低，而且丝锥寿命短，不能适应生产要求。

经过工人和技术人员在生产中反复试验和实践，改进了丝锥的结构，已使之完全适应了不锈钢螺纹的攻制。

用改进后的丝锥攻制不锈钢螺纹的效果比普通丝锥好。不仅效率高，螺纹表面的表面粗糙度也大大改善，而且丝锥的耐用度也有提高。

攻制不锈钢螺纹时应该注意，由于不锈钢材料的韧性大，螺纹的收缩量比普通碳素钢要大。因此，攻制不锈钢螺纹前预加工孔的尺寸要比攻普通碳素钢螺纹前的预加工孔要放大些。一般预制孔的尺寸等于螺纹公称直径减去一个螺距，加工公差为 6 级。此外，要及时修磨丝锥，保持刀刃锋利、光洁。如果用刃口已经变钝或塌角的丝锥攻制，会使加工表面粗糙度恶化，切削力增加，甚至损坏丝锥。攻螺纹时，丝锥必须放平稳，向下攻，如果丝锥倾斜攻入，刀齿受力不均，必然会使丝锥崩齿或折断。机动攻螺纹要用安全夹头，手动攻螺纹用力要均匀，及时注意切削力的变化，若发现攻不动或发出嘎嘎声，应缓慢地将丝锥倒出，把切屑清理干净，查明丝锥确无毛病，然后再攻。机动攻制螺纹时，切削速度不宜过高，一般为 2～3m/min。攻制不锈钢螺纹时，应保证足够的冷却润滑液，使切屑能及时被冲掉。

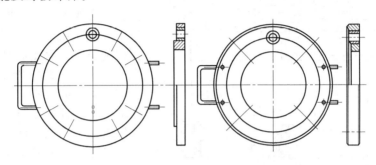

(a) 用于中法兰钻孔   (b) 用于端法兰钻孔

图 9-37　平板式钻模

大批生产时法兰螺栓孔或螺纹孔，通常在多轴钻床或专用机床上加工。

加工螺栓孔的多轴钻床，有单面、双面和三面 3 种形式。用得比较广泛的是后两种。

图 9-38 为简易多轴攻螺纹机床。用于 DN125 以下阀体中法兰螺纹孔的加工。此机床由减速箱、滑动板、床身和模板组成。加工时工件安装在滑动板中的定位块上，并用尾座上的螺杆顶紧。然后将滑板推向左边引进丝锥。当丝锥攻入孔内，由切削力的作用拉动滑动板继续向左移动，直至攻到丝孔的要求深度，在限位开关的作用下丝锥反转迫使滑动板反向移动，退出丝锥。这种多轴攻丝机床结构简单，操作方便，加工效率高。

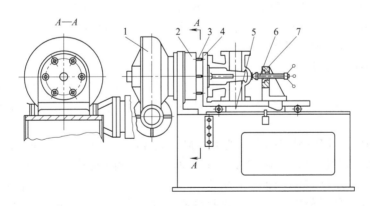

图 9-38　多轴攻螺纹机床
1—减速箱；2—模板；3—丝锥；4—活动弯板；5—导向板；6—顶紧螺杆；7—尾座

9.1.4　在数控机床及自动线上加工法兰直通式阀体

(1) 在数控机床上加工

阀门生产往往是多品种中、小批量的轮翻生产，很大一部分零件仍然依靠万能普通机床

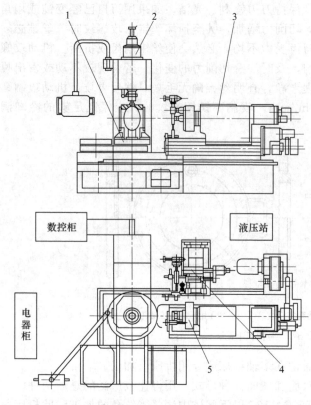

图 9-39　加工 DN 150～250 闸阀、止回阀、截止
阀和调节阀阀体的数控机床

1—随行夹具；2—机床夹具；3—镗车动力头；
4—刀具自动交换装置；5—刀盘

来加工。因此，如何提高中、小批量生产的加工效率就成为机械加工中的一个重要课题。数控机床的出现为解决这一课题找到了新途径。其主要特点是灵活性大、适应能力强、生产效率高。

数控机床与传统的自动化机床不同。当改变加工对象时，只需在数控机床上重新装卡工件、更换刀具和变更控制程序，而无需对机床作任何更大的调整，因此它能适应多品种中、小批量生产的要求。由于数控机床的全部加工过程都是自动化的，因而显著地缩短了机动时间，提高了加工效率，降低了工人的劳动强度。国内外某些阀门制造厂在中、小批量生产中已广泛使用数控机床来加工阀门的主要零件，如阀体、阀盖等。

图 9-39 为一种能加工 $DN150～250$ 闸阀、止回阀、截止阀和调节阀阀体的数控机床。这种数控机床能完成镗车端面、内孔、燕尾槽、锥面及水线等工序。这种数控机床还设有刀具误差自动补偿系统和自动更换刀具机构。数控机床上有两个随行夹具，可以在加工过程中装卸工件，并减少辅助时间。这种数控机床加工循环时间为 16.5～25.5min。

目前，国外的方向是发展多工位、高效率及适应性强的数控组合机床和加工中心，并由计算机直接控制一台或数台机床。

(2) 在自动线上加工

如果阀体零件的产量很大，大多采用由组合机床组成的自动线进行生产。除个别工序外，三端法兰、密封面部位及螺栓孔的加工都在自动线上进行，各项主要技术要求均由自动线来保证。

图 9-40 为加工铸钢闸阀阀体自动线的布局。此线由 9 台组合机床和 5 台辅助装置组成，按工艺顺序成刚性直线布局。随行夹具水平返回、构成封闭框形。此线为多品种可调组合机床自动线。用来加工 $DN50～100$，$PN25$、$PN40$ 和 $PN64$ 等 9 种规格的铸钢闸阀阀体，工件材料为 WCB。加工部位是中法兰和两端法兰的外径、端面、止口、背面、倒角、螺栓孔、两侧镶阀座孔及内端面（图 9-41）等。

各工位完成的工序内容如下。

- 工位 1——装料，将工件安装在随行卡具上，并预紧压板。
- 工位 2——压紧，利用液压扳手将阀体压紧在随行夹具上。
- 工位 3——回转，随行夹具用油缸抬起，回转 90°，使阀体通道轴线与输送方向一致。
- 工位 4——镗车，粗镗车中法兰各部。
- 工位 5——镗车，精镗车中法兰各部。

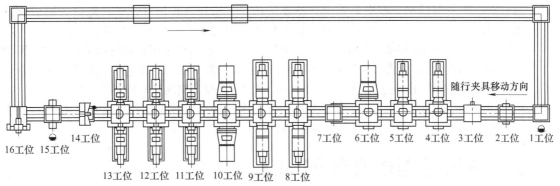

图 9-40　加工铸钢闸阀阀体自动线的平面布局

• 工位 6——钻孔，钻中法兰螺栓孔。

• 工位 7——回转，随行夹具用油缸抬起，并回转 90°，使阀体中法兰轴线与输送方向一致。

• 工位 8——双面镗车，粗镗车两端法兰各部。

• 工位 9——双面镗车，精镗车两端法兰各部。

• 工位 10——钻孔，钻两端法兰螺栓孔。

• 工位 11——双面镗车，粗镗车两侧镶阀座孔及端面。

• 工位 12——双面镗车，精镗车镶阀座孔。

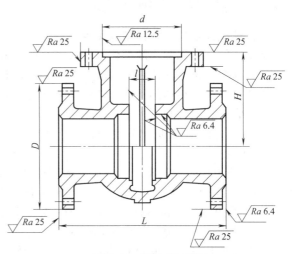

图 9-41　阀体加工部位

• 工位 13——双面镗车，精镗车镶阀座孔端面（即开挡宽）。

• 工位 14——松开，利用液压扳手松开随行夹具上压板。

• 工位 15——卸料，卸下已加工好的阀体。

• 工位 16——倒屑，用液压回转油缸将随行夹具上的切屑冲掉，然后用链条传动将随行夹具返回装料工位。

图 9-42 为随行夹具。加工时以阀体的三端法兰颈部锥面在夹具 V 形铁上定位。为了适应自动线的加工，随行夹具的 3 个面是敞开的。在中法兰颈部上方，有一块用液压扳手驱动的压板，用来将工件压紧在随行夹具上，以防止工件在输送过程中松动而破坏定位。

以毛坯表面作为定位面，定位的准确性在很大程度上取决于铸件毛坯的尺寸精度和表面质量。如果铸件内腔与外表面不同轴，弯扭或尺寸超差，以及定位

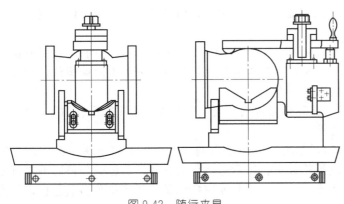

图 9-42　随行夹具

面上有包砂，不平等缺陷，都会影响定位精度。所以，采用这种定位方式，毛坯的质量应较好，否则保证不了加工质量，而且可能出现不加工表面与加工面的偏歪或错位。

铸铁平行式闸阀阀体和截止阀阀体，在大批量生产中，也可以采用自动线加工。目前，国内用于加工这两种阀体的自动线都属于多品种可调自动线，由组合机床、单能机和其他辅助设备组成，按工艺顺序成刚性直线布局。工件和随行夹具通过自动线两端的升降机经空中返回。

用自动线加工阀体，不仅可以大大提高生产效率，还可以减少操作人员，降低成本，减轻工人的劳动强度，是大批、大量生产中一种较好的方式。

9.2 螺纹直通式阀体的加工

9.2.1 结构特点及技术要求

(1) 螺纹直通式阀体的结构特点

该组阀体的两端和中间部位大部分有与管道和阀盖连接的螺纹。体腔内有一个或两个与关闭件相吻合的密封面或镶密封圈（阀座）的圆柱孔。多数阀体的两端外部为六角形，以便同管道连接。根据结构的不同，该组阀体分为 4 种类型（表 9-1）。

(2) 螺纹直通式阀体的技术要求

① 有配合的加工部位精度一般为 9～11 级，螺纹精度通常为 6 级，非配合加工表面精度均为 M 级。

② 与关闭件吻合的密封面表面粗糙度精度不低于 $Ra1.6\mu m$，其余的配合表面粗糙度为 $Ra12.5～3.2\mu m$，非配合的加工表面粗糙度均为 $Ra\ 25\mu m$。

③ 与管道连接的两端内螺纹应具有一定的同轴度。

④ a 型阀体中间部位的螺纹轴线应与密封面垂直，或与锥形密封面同轴。

⑤ b 型阀体的两镶阀座孔端应与导向槽的侧面对称；导向槽的侧面与中间 11 级精度孔的轴线对称。

9.2.2 工艺分析及典型工艺过程

这组阀体包括截止阀阀体和楔式闸阀阀体，外形比较复杂。除 $PN160$ 的高压楔式闸阀阀体一般采用锻造毛坯外，其余均用铸件。

内腔体密封面部位是阀体最重要的加工部位，其加工精度和表面粗糙度都比两端内螺纹和中间部位高。因此，根据"先粗后精"的原则，在工序安排上应先加工两端内螺纹或中间部位，后加工内腔密封面部位。

这组阀体的大部分加工表面都可以采用车削方法加工，内螺纹也可以用丝锥攻制或用旋风切削。

a 型阀体（图 9-43）最大规格为 $DN65$，毛坯通常用金属模型铸成，外形尺寸误差比较小，表面也比较光滑。在加工过程中，常以毛坯外表面为粗基准，先加工两端螺纹，后加工中间部位及密封面，表 9-8 为其典型工艺过程。

b 型为铸铁闸阀阀体（图 9-44），其毛坯通常用金属模型铸成，表面质量、加工原则与 a 型阀体相同，表 9-9 为其典型工艺过程。

c 型为碳素钢闸阀阀体（图 9-45），毛坯一般用模锻制成。由于它属于高压阀体，对毛坯的内在质量有特殊要求。一般先进行粗加工，然后进行调质处理，经检验合格后再进行精加工。为了使工件在加工过程中便于安装，粗加工时需在两端及中间部位车出工艺止口作为精基准，表 9-10 为其典型工艺过程。

表 9-8　a 型螺纹直通式阀体的典型工艺过程

序号	工序内容	定位基准
1	车两端端面、内孔及内螺纹	两端外六方面
2	粗车中间部位及镶密封圈槽	两端外六方面
3	装压密封圈	
4	精车中间内螺纹及密封面	两端外六方面

表 9-9　b 型螺纹直通式阀体的典型工艺过程

序号	工序内容	定位基准
1	车两端面、内孔、止口及内螺纹	两端外六方面
2	车中间端面、内孔及内螺纹	两端外六方面
3	车两侧镶密封圈槽	一端内螺纹
4	装压密封圈	
5	精车两侧密封面	中间端面及止口

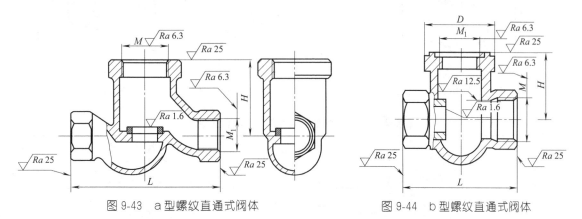

图 9-43　a 型螺纹直通式阀体　　　　图 9-44　b 型螺纹直通式阀体

表 9-10　c 型螺纹直通式阀体的典型工艺过程

序号	工序内容	定位基准
1	车平三端面	外形表面
2	超声波探伤	
3	划两端面中心孔线	
4	钻两端面中心孔	
5	车两端工艺止口	中心孔
6	钻、车两端通道孔	两端工艺止口
7	粗车中间部位端面及内孔	一端工艺止口
8	车中间端面、止口及外螺纹	一端工艺止口
9	精车中间内孔	中间止口
10	车一端内螺纹	一端工艺止口
11	车另一端内螺纹	内螺纹
12	车内腔空刀	内螺纹
13	冲压中间内孔毛刺	
14	划榫槽方孔及导向槽线	
15	插方孔及导向槽	中间止口
16	车镶阀座孔	一端内螺纹
17	车另一侧镶阀座孔	一端内螺纹
18	车两侧锥孔	一端内螺纹
19	精车镶阀座孔	一端内螺纹
20	车两端30°角	一端内螺纹
21	装压阀座	

　　d 型阀体（图 9-46）的材料为碳素钢，一般采用模锻方法制成毛坯。这种阀体中间部位有法兰、止口，两端外径比较短。根据选择基准的原则和阀体外形的特点，先以中间法兰颈部和两端外径为粗基准，加工中法兰及堆焊基面，然后以中法兰端面及止口为精基准加工两端及其他部位，表 9-11 为其典型工艺过程。

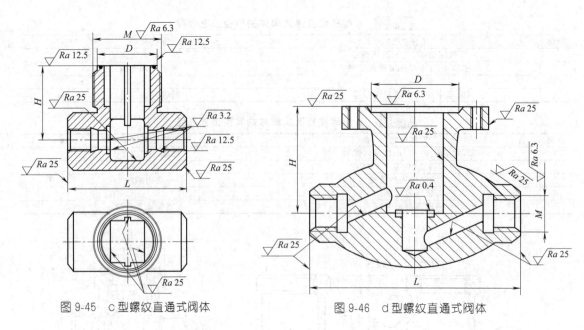

图 9-45 c 型螺纹直通式阀体

图 9-46 d 型螺纹直通式阀体

表 9-11 d 型螺纹直通式阀体的典型工艺过程

序号	工 序 内 容	定 位 基 准
1	粗车中法兰、钻孔、及车堆焊基面	三颈部外表面
2	粗车两端面及钻孔	中法兰端面及止口
3	堆焊	
4	精车中法兰及密封面	三颈部外表面
5	精车两端面内孔及内螺纹	中法兰端面及止口
6	钻两端斜孔	中法兰端面、止口及一端面
7	钻中法兰孔及内螺纹	

从上述几种阀体的典型工艺过程可以看出，某些阀体的粗基准有时重复使用。按选择基准的原则，粗基准一般只能用一次。如果这些阀体的毛坯都是用金属模型铸成或模锻方法制成，外形误差较小，表面光滑，而且粗基准均在粗、精加工同一部位时使用，那么，这种在特定条件下的重复使用也是允许的。实践证明，这样重复使用粗基准对加工精度的影响不大。

9.2.3 主要表面或部位的加工方法

(1) 两端内螺纹的加工

加工两端内螺纹的方法有以下 3 种，哪一种方法更为经济，要根据生产批量和阀体尺寸的大小来确定。

① 车螺纹　在普通车床上用车刀车制螺纹是最简单的一种方法。它不受工件结构和螺纹精度的限制，而且刀具简单、成本低。但车制螺纹的生产效率低，工人的劳动强度大，加工质量的好坏取决于工人的技术水平。因此，这种方法仅适用于单件小批生产。

② 丝锥攻制　$DN32$ 以下的阀体两端内螺纹在成批生产中通常采用丝锥攻制。如果是铸铁阀体，一般只用末锥或特制的丝锥，在普通车床上或攻螺纹机上攻制。攻螺纹的切削速度一般为 $V=4\sim 8\mathrm{m/min}$。

攻螺纹时，丝锥和接杆最好采用非刚性连接，这样可以避免因机床与丝锥不同轴而造成废品。攻螺纹前要认真检查丝锥是否完好、刀齿上有无碰伤或磨损，如发现缺陷，应及时修磨。攻螺纹时需用大量冷却润滑液进行润滑冷却，并及时把切屑冲掉。阀体材料为铸铁时，通常用煤油作润滑冷却液。

③ 旋风切削　DN32 以上的阀体内螺纹可用旋风切削法加工。这种方法比车削法效率高约 4 倍。为了使工件在一次安装下既能完成螺纹内径及其他部位的加工，又能进行旋风切削，一般把小型内螺纹切丝器安装在机床中溜板上的小刀架前方。切丝前先由小刀架完成螺纹内径及其他部位的加工，然后把溜板移向操作者，将旋风切丝器上的刀杆对准切内螺纹的上刀位置，即可进行切丝。切完螺纹后把溜板退回原处。用这种方法加工既不影响小刀架的使用，又能进行旋风切削。因此，加工效率比较高，并能保证加工质量。

a. 旋风切削内螺纹的主要参数和刀具：旋风切丝器刀杆的转速为 2100r/min；工件转数根据螺纹直径大小适当选择，一般为 6～24r/min；刀头材料为 YT15 硬质合金，刀具的前角 $\gamma=0°\sim5°$，后角 $\alpha=8°\sim10°$，切削管螺纹的刀尖角为 54°30′。

b. 旋风切削时的注意事项：切削时必须用压缩空气及时吹净切屑，避免切屑与刀尖挤碰而使刀尖崩裂或破坏螺纹的表面粗糙度；抬起开合螺母后，先使工件停止旋转，后将旋风切丝器停车。退刀时把刀尖转向外侧，以免刀尖划伤螺纹或将刀尖撞坏。

(2) 中间部位的加工

不同类型的阀体，中间部位的结构也不一样。a、d 型阀体中间部位除了螺纹或法兰外，腔内还有平行于中间端面的密封面。b、c 型阀体中间部位有螺纹、圆柱孔。由于结构上有差别，加工工序、内容和所用的夹具也不同。

① a、d 型阀体中间部位的加工　这种类型的阀体，通常在加工螺纹或法兰的同时车密封面部位。除直接在阀体上车出密封面的阀体外，镶密封圈或堆焊后车出密封面的阀体需分粗、精两道工序进行加工。

镶密封圈结构的加工过程与加工法兰截止阀阀体相同。只是由于阀体尺寸较小，且外形不同，采用的夹具也各异。这种阀体的粗、精加工一般在普通车床上完成。如果生产批量比较大，可采用六角车床加工。因为在六角车床上加工有以下优点：用调整好的挡铁来控制加工尺寸，可以免去每个工件加工前都需试切和测量的时间；可以采用多刀加工，加工过程中无需经常换刀；钻孔、铰孔和攻螺纹均可采用机动进给；调整好以后，操作简单、技术水平较低的工人也能掌握；生产效率高。

图 9-47 为在六角车床上使用的车燕尾槽刀架。加工时，定位块接触阀体环槽底面，推动手柄，使旋转头绕刀杆轴线回转一定的角度，同时迫使滑套向左移动，通过穿入推导轴的销轴带动推导轴也向左移动，使紧贴在推导轴前端斜面上的带尖刀的滑块向斜方向滑动一个距离，即可车出燕尾槽。退刀时手柄作反向转动，推导轴和滑块在弹簧的作用下复原。

② b、c 型阀体中间部位的加工　b 型为铸铁闸阀阀体，两端外部为六方。加工中间部位时，以外六方及中间颈部为粗基准，使用的夹具与加工 a 型阀体的大同小异。

加工中间内螺纹的方法和加工两端内螺纹相同。

c 型为碳素钢闸阀阀体，加工中间部位一般分 3 道工序进行，分别采用两种结构的夹具。

这种阀体中间部位外带螺纹，端面有止口及水线，内孔带台阶。由于加工表面比较多，因此，在一次安装下完成所有表面的加工是比较困难的。所以精加工时一般分两道工序进行。先以一端止口及端面为精基准，安装在图 9-48 的夹具中，加工外螺纹、端面、止口及水线。然后以中间止口及端面为定位基准加工内孔。工件的安装如图 9-49 所示。分两道工序加工既能保证加工质量，又能减少换刀和装刀次数，从而可提高加工效率。

③ b、c 型阀体镶密封圈槽孔的加工　这两种阀体都具有两个对称于中心平面的镶密封圈的圆柱孔。在中小批量生产中，通常在普通车床上用多刃刀具或单刀加工。工件安装在螺

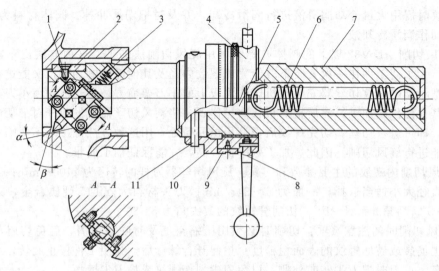

图 9-47　在六角车床上使用的车燕尾槽刀架
1—滑块；2—定位块；3—小弹簧；4—旋转头；5—推导轴；6—弹簧；7—刀杆；
8—手柄；9—度圈；10—滑套；11—销轴

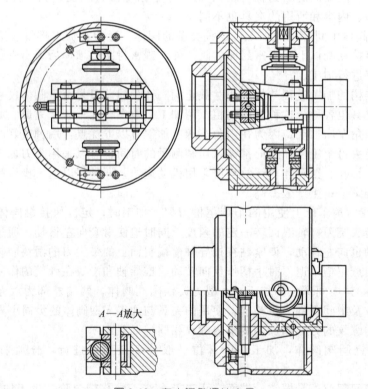

图 9-48　车中间外螺纹夹具

纹心轴上。

　　铸铁闸阀压入铜密封圈以后，还需要进行精加工。精加工都在普通车床上完成。以阀体的中端止口及端面和一侧端面为定位基准，安装在图 9-50 的夹具中。工件一次安装可以完成两个密封面的加工。车削前先调整夹具，使夹具上方的挡块与摆框一侧接触。装上工件后再调整机床左侧的定程螺钉，并使大溜板的一侧紧贴定程螺钉端面。由小刀架试切，保持阀体半挡宽尺寸。在加工另一侧密封面时，使夹具下方的挡块与摆框接触，然后将大溜板反向移动，移动距离相当于开挡尺寸，并调整右侧定程螺钉，使其紧贴溜板侧面。再由小刀架加工，使开挡尺寸达到要求。为了保证两密封面的对称性和开挡尺寸，在小溜板上装有百分表，以控制每次走刀的切削深度。

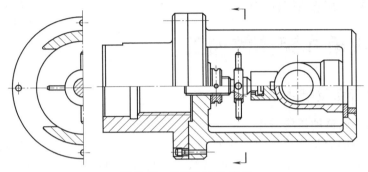

图 9-49　车中间内孔夹具

在中批以上生产中，该组阀体可在组合机床上加工。

$DN15\sim25$ 的 a 型阀体可在六轴五工位鼓轮式组合机床上加工。先由 3 个扩孔动力头进行三端扩孔，然后再由 3 个攻螺纹动力头攻螺纹。这种机床的加工效率非常高，平均班产1000 件。$DN32\sim50$ 的 a 型阀体常采用两工位往复工作台式六轴组合机床加工。工件安装在往复工作台上的夹具上，加工顺序同上。这种机床平均班产 450 件。

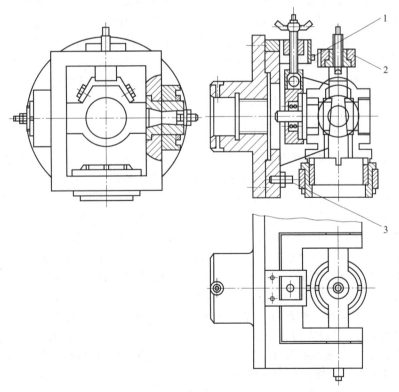

图 9-50　车密封面夹具

1—上挡块；2—摆框；3—下挡块

镶密封圈圆柱孔及密封面的精加工均以中间内螺纹及端面为定位基准，在普通车床上完成。

$DN15\sim50$ 的 b 型阀体的三端内螺纹通常用加工 a 型阀体的组合机床来加工。密封面的精加工用两工位四轴组合机床完成。这种机床可以保证阀体和闸板两密封面间的楔角一致，所以阀体与闸板密封面的吻合度较好。也可以用一台组合机床来完成 b 型阀门所有加工表面的加工。例如，用八轴六工位鼓轮式组合机床即可加工 $20\sim50$mm 的有色金属阀体的三端端面、三端内螺纹和所有密封面部位。

9.3 螺纹角式阀体的加工

9.3.1 结构特点及技术要求

(1) 螺纹角式阀体的结构特点

阀体外部中间部分呈方形，进、出端轴线多数成直角（表 9-1）。介质流向成直角或水平错位。阀体的进口、出口端及上部均有螺纹，分别与管道或法兰及阀盖等零件连接。体腔内均有与阀瓣吻合的密封面或镶阀座螺纹孔。

(2) 螺纹角式阀体的技术要求

这组阀体有的用于高压下，有的用于腐蚀性介质中，因此其内、外表面均需加工。而且，某些部位的加工精度和表面粗糙度要求比较高，技术要求也比较严格。

① 角式高压阀体　角式高压阀体的技术要求如下：阀体进口和出口端螺纹与 20°密封锥面的同轴度不大于规定的数值；直角两端轴线相互垂直，垂直度在 100mm 内不大于 0.3mm；阀体进口和出口端 20°密封锥面的角度公差为 $\pm 30'$，表面粗糙度不大于 $Ra1.6\mu m$；镶阀座的螺孔轴线应与底面密封面垂直；进口、出口端和中间部位的螺纹孔均为 6 级；6 级精度螺纹的表面粗糙度不大于 $Ra6.3\mu m$；内螺纹与有配合的台阶孔的同轴度要求比较高。

② 角式低压阀体　角式低压阀体的技术要求如下：两通道的外螺纹应垂直，其角度偏差不大于 2°；密封面应光洁，不得有划伤、刀痕等缺陷，表面粗糙度不得大于 $Ra0.8\mu m$；体腔内有配合的圆柱孔与密封锥面应同轴。

9.3.2 工艺分析及典型工艺过程

这组阀体常用的材料是碳素钢和不锈钢。高压阀常用碳素钢，低压阀常用不锈钢。由于该组阀体外形简单，尺寸较小，通常用锻造方法制成毛坯。除了外部方形的表面外，所有的加工表面均可用车削方法完成。下面根据各型阀体的特点和技术要求介绍几种典型的工艺过程。

a 型阀体（图 9-51）的规格为 $DN3\sim125$。$DN32$ 以下的阀体的生产批量比较大，一般属于成批生产。机械加工过程中的主要工序均采用夹具安装。尽管 $DN32$ 以下的阀体结构相似，但由于尺寸不同，具体的加工内容也有区别。$DN6$ 以下的阀体由小端到四方部位之间的过渡段是一个锥体，而 $DN10$ 以上的则是 4 个圆棱角，面积比较小。就定位的可靠性而言，$DN6$ 以下的阀体先加工小端，然后以小端的锥面定位加工大端较为合理。$DN10$ 以上的阀体则应先加工大端，然后以大端内螺纹及端面定位加工小端比较适宜。这样所使用的夹具简单，尺寸较小。$DN40$ 以上的阀体的产量比较小，属于单件小批生产。除某些工序采用夹具安装外，基本上按划线加工。表 9-12 和表 9-13 为 a 型螺纹角式阀体的典型工艺过程。

b 型和 c 型阀体的规格比较少（图 9-52）。经常生产的有 $DN6$ 和 $DN10$ 的两种。b 型和 c 型阀体常用 18-8 型不锈钢制造，并广泛用于带腐蚀性介质的管路系统中，生产量比较大，因此在机械加工过程中主要工序均采用夹具安装。由于 18-8 型不锈钢的加工难度大，尤其是小孔及小尺寸的内螺纹加工更为困难，因此多将中端及内腔部位的加工分两道工序进行，以保证加工质量。表 9-14 和表 9-15 为 b 型和 c 型阀体的典型工艺过程。

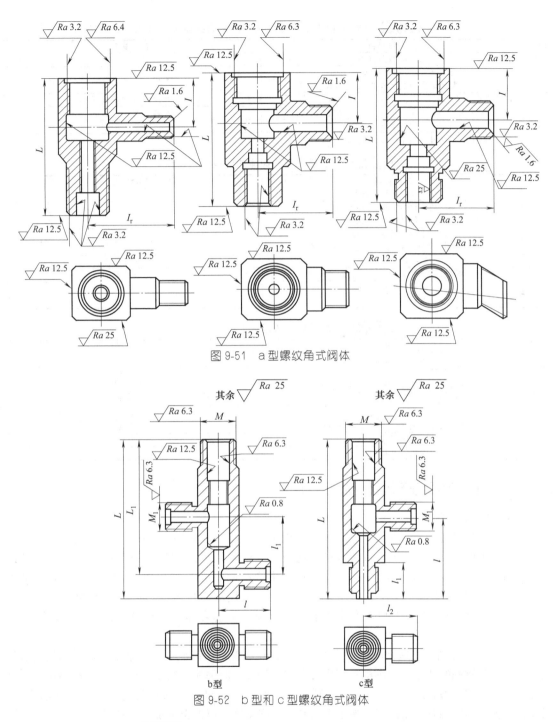

图 9-51　a 型螺纹角式阀体

图 9-52　b 型和 c 型螺纹角式阀体

表 9-12　*DN*6 以下 a 型螺纹角式阀体的典型工艺过程

序号	工序内容	定位基准
1	刨（铣）四方的背面及两侧面	
2	车小端端面、外圆、钻孔、车内孔及外螺纹	背面及一侧面
3	车大端端面、内孔、止口及与阀座配合的内螺纹	外螺纹及锥面
4	车侧端端面、外圆、内孔及外螺纹	大端端面及一侧面
5	刨四方棱角	背面及一侧面
6	攻与阀杆配合的内螺纹	小端外螺纹及锥面

表 9-13 DN10 以上 a 型螺纹角式阀体的典型工艺过程

序号	工序内容	定位基准
1	划中心线及端线	
2	刨(铣)四方的背面及两侧面	
3	车大端端面、钻孔、车内孔及内螺纹	背面及一侧面
4	车小端端面、外圆、钻孔、车内孔、内螺纹及20°密封面①	大端内螺纹及端面
5	车侧端端面、外圆、钻孔、车内孔、外螺纹及20°密封面	大端端面及一侧面
6	刨四方棱角	背面及一侧面

① DN65 以上的阀体小端车内、外螺纹。

表 9-14 b 型螺纹角式阀体的典型工艺过程

序号	工序内容	定位基准
1	刨两侧面及下端面	
2	车一侧通端的端面、外圆、空刀、外螺纹、钻孔(深 15mm)、止口及倒角	底面及一侧面
3	车另一侧通端的端面、外圆、空刀、外螺纹、钻孔(深 15mm)、止口及倒角	底面及一侧面
4	车上端端面、外圆及外螺纹	方的一直角面
5	钻上端孔、车内孔及内螺纹(不车到尺寸)	方的一直角面
6	钻通两侧通道孔	
7	攻螺纹孔(手动)	

表 9-15 c 型螺纹角式阀体的典型工艺过程

序号	工序内容	定位基准
1	刨两侧面、背面及下端面	
2	车侧面通端端面、外圆、空刀、外螺纹、钻孔(深 15mm)、止口及倒角	一侧面及下端面
3	车下端端面、外圆、钻孔、止口及外螺纹	背面及一侧面
4	车上端端面、外圆及外螺纹	外螺纹
5	钻上端孔、车内孔及内螺纹(不车到尺寸)	外螺纹
6	钻通通道孔	
7	攻螺纹孔(手动)	

9.3.3 主要表面或部位的加工方法

(1) 方平面的加工

一般根据阀体毛坯的质量、加工面的大小以及生产批量的大小决定采用刨还是铣的方法。

① a 型阀体　DN15 以下的阀体尺寸比较小,通常用模锻方法制成毛坯。毛坯的质量比较好,加工余量小而均匀,所以在中、小批量生产中采用刨的方法加工。大批生产时则可采用铣的方法加工。DN32 以上的阀体尺寸比较大,毛坯多用自由锻造的方法制成。毛坯余量比较大,若用刨的方法加工则效率比较低。因此在这种场合即使生产批量比较少,也可以用盘形端铣刀加工。

② b 型和 c 型阀体　这种阀体尺寸小,毛坯都用模锻方法制成。加工余量小,常用刨削法加工。但由于不锈钢的特性,在刨削过程中刀具容易崩刃,磨损快。特别是刨削 18-8 型不锈钢时这种现象更为严重。用高速钢 W18Cr4V 的刨刀刨削时,往往只在几次行程之后,刀刃便已磨损。因此,在刨削不锈钢时,要注意选择刨刀材料和切削角度,以便保证加工顺利进行。

a. 刨刀材料。用于加工 18-8 型不锈钢的刀具材料有高速钢 W18Cr4V 和钴基硬质合金。前者虽有较好的耐冲击性,但由于耐磨性能较差,使用寿命短,因而应用不广。用得较为普遍的是 YG6、YG6X 等牌号的硬质合金。实践证明,用这些硬质合金刀片作刀头,刨削不锈钢的效果较好。

b. 刨刀切削部分的几何形状。以钴基硬质合金刀片为刨刀头,刨削 18-8 型不锈钢,在不影响刀具强度的前提下,前角和后角适当地取大一些,对切削较为有利。一般前角 $\gamma=15°\sim20°$,后角 $\alpha=6°\sim8°$。为增加刀刃的强度,刃带宽度可取 0.3~0.5mm。为保护刀尖和提高刨削时的平稳性，刨刀采用较大的刃倾角，通常 $\lambda=5°\sim30°$。图9-53为用高速钢刀片制成的不锈钢刨刀。

此外，刀尖工作面的表面粗糙度不得大于 $Ra0.8\mu m$，否则不仅会加快刀具的磨损，而且容易使切屑黏附在刀刃上，因而影响工件的加工质量。

c. 加工过程中应该注意的事项。刨削前要仔细检查刀具工作面的表面粗糙度是否符合要求，刀刃有无锯齿形。如有问题需及时用油石修磨，直至达到图纸要求。在刨削过程中听到"吱吱"声或发现加工平面有波纹或起毛，应及时停车修磨刀具。此外，刨削时的切削速度不宜过高，一般为 $20\sim40m/min$（双行程）。

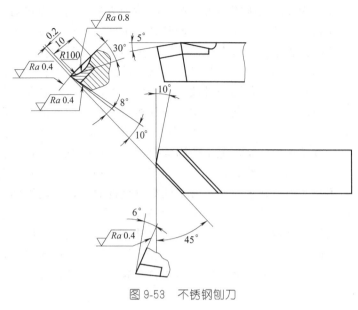

图 9-53　不锈钢刨刀

(2) 进口和出口端外螺纹的加工

外螺纹可用车削、旋风切削、铣削、板牙套及冷滚压等方法加工。因车削螺纹无需专用设备，工具简单，质量较好，故应用较为普遍。

① a 型阀体外螺纹的加工　a 型阀体的材料为 40 号钢。直角端外螺纹的精度为 6 级，表面粗糙度不大于 $Ra6.3\mu m$。这是阀体加工中难度较大的部位，故需采取相应的工艺措施，以保证质量要求。根据阀体的结构特点，可分别采取用硬质合金刀高速切削和用高速钢刀低速车削的方法加工外螺纹。

a. 用硬质合金刀高速切削。$DN32$ 以下的阀体尺寸小，质量轻，生产批量比较大，因此外螺纹多采用高速切削。由于螺纹的精度和表面粗糙度要求比较高，加工难度比较大，为保证加工质量，必须从各方面采取措施。

• 刀具材料和几何角度。高速切削螺纹车刀的刀片材料一般采用 YT15。车刀的前角可以取 $0°$，也可以大于 $0°$。实践经验表明，刀具稍有一点正前角比前角为 $0°$ 好，切削起来较轻快。但前角也不能太大，一般不超过 $5°$，否则刀尖容易崩掉。刀具的后角亦不宜过大，以免影响强度。通常主后角取 $4°\sim6°$，副后角为 $3°\sim4°$。

• 切削用量。高速切削的特点是工件转速高，切削深度大。如车削 $3/4$in 管螺纹时，工件转速达 $700\sim900r/min$，只进行 $5\sim6$ 次走刀就可将螺纹车好。第一次走刀的切削深度较大，一般为 $0.5\sim0.6mm$。以后各次走刀为 $0.4\sim0.5mm$。必须指出，最后一次走刀的切削深度不应小于 $0.3mm$，否则将影响螺纹表面的表面粗糙度。

• 操作方法及注意事项。加工 2 级精度的螺纹时，不仅刀具切削部分的几何角度必须符合要求，对刀也必须准确，否则将产生较大的牙形半角误差。因此，车削前对刀是很重要的准备工作。

常用的对刀方法有两种。第一种对刀方法，利用对刀板对刀。这是最简便、最常用的一种方法。对刀时可用光隙法检查和修正对刀误差。为使对刀更加准确，对刀时可在滑板上放一张白纸，使刀具的下方在灯光照射下更加明亮，也更便于观察刀尖与对刀槽两侧的光隙。此外要注意，刀尖的高度不要超过机床的中心，以免因刀具的后面与工件摩擦而影响刀具的寿命和螺纹的表面粗糙度。第二种对刀方法，用对刀仪对刀。这种对刀方法准确性高。操作者先将对刀仪放在床面上，调整好基准线，然后通过放大镜观察刀尖的轮廓与对刀仪所显示的轮廓是否重合。如有偏差，则需重新调整刀具的位置，直至符合要求为止。

高速切削时，刀尖与工件接触的瞬间切削冲力很大，因而往往使工件产生弹性变形并造成镶刀现象，致使端部螺纹中径较大。为消除这种现象，可将螺纹端部倒 30°角。

车削前还必须调整好中、小溜板滑动面间的间隙，以防止车削时产生振动。

为减少车削时产生的螺距误差，每次走刀后不要脱开开合螺母，应打反车退回。切削时，宜扶住手轮，避免手轮因偏重晃动而影响螺纹的精度。

高速切削螺纹时，退刀时间短，工人精神比较紧张，容易发生事故。因此，不少工厂采用了自动退刀装置。当车刀走到螺纹尾部时，便自动退回，故可改变工人忙于退刀及打反车退回大溜板的紧张局面。图 9-54 为自动退刀装置。这种装置的工作程序是安装在大溜板上的挡块，纵走刀碰撞微动开关，使电源接通，电机启动通过三角皮带，单向离合器转动螺杆。此时横溜板作退刀运动。当装在溜板下面的槽板移动，使槽的末端碰到固定螺钉下面的导柱时，拨叉的一端迫使单向离合器脱开，横溜板便停止运动。

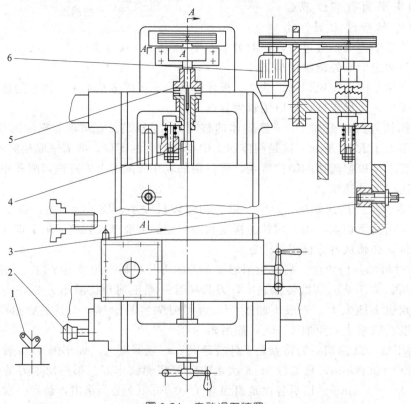

图 9-54　自动退刀装置
1—微动开关；2—挡块；3—导柱；4—螺杆；5—单向离合器；6—电机

图 9-55 和图 9-56 分别为 DN6 以下阀体车小端及侧端外螺纹的夹具。

车 DN10～32 小端时，需把工件安装在螺纹套筒上，加工侧端时，以大端止口和端面为定位基准安装在夹具上，夹具的结构如图 9-57 所示。

b. 用高速钢刀低速车削。用高速钢刀低速车削的方法常用于 DN40 以上阀体外螺纹的加工。因 DN40 以上的阀体尺寸和重量较大，机床转速不宜过高，故通常采用低速车削螺纹。刀具材料多为 W18Cr4V，切削部分的几何形状、角度以及切削用量等可按常规确定。对刀方法与硬质合金螺纹车刀的对刀方法相同。

②b型和c型阀体外螺纹的加工 b型和c型阀体的材料均为18-8型不锈钢。直角端外螺纹的精度为6级，表面粗糙度不大于$Ra6.3\mu m$。

如前所述，18-8型不锈钢加工性能不好，车削螺纹更为困难。因车螺纹时，刀尖两侧都参与切削，散热条件差，切削热集中在刀尖，易使刀尖过热而加速磨损。此外，还常常产生崩刀现象。因此，在车削不锈钢螺纹

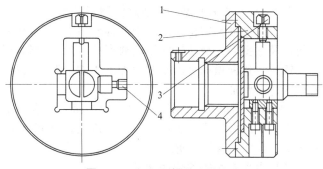

图9-55 车DN 6阀体小端夹具
1—过渡盘；2—夹具体；3—压紧螺钉；4—定位板

时，应采取下列措施：正确选用刀具材料和几何形状；采用合适的切削用量，用硬质合金车刀加工18-8型不锈钢螺纹的切削速度不宜过低，经验表明，采用25～35m/min的切削速度能获得良好的表面粗糙度。

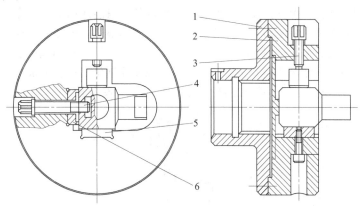

图9-56 车DN 6阀体侧端夹具
1—过渡盘；2—夹具体；3—压紧螺钉；4—拉紧螺钉；5—定位板；6—定位环

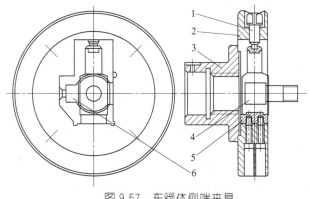

图9-57 车阀体侧端夹具
1—压紧螺钉；2—夹具体；3—过渡盘；4,5—定位板；6—压块

由于不锈钢加工硬化趋势强，切削过程中形成的硬化层比碳素钢厚得多，故切削深度不可太小，以免刀刃在硬化层摩擦而造成螺纹表面啃伤或拉毛，从而影响螺纹的表面粗糙度和降低刀具寿命。因此，车削不锈钢螺纹时，切削深度宜大一些，一般为0.25～0.4mm，最后一次走刀的切削深度应大于0.05mm。

此外还需大量使用冷却润滑液。不锈钢的导热能力很差，只相当于40号碳素钢的28%。切削过程中，大量的热量集中在切削区。如果不迅速将热传散，就会造成工件热膨胀，影响加工精度。因此，在切削过程中，必须用大量的冷却液来降低切削区的温度，以保证加工质量。加工不锈钢常用的冷却液有硫化油、煤油加油酸、四氯化碳加矿物油及乳化液等。除以上几种常用的润滑液以外，还可以用植物油，如豆油、菜籽油作为冷却润滑液，效果也很好。

图 9-58 为加工 b 型和 c 型阀体侧端夹具。

小头、侧端和错位两通端中间通道孔的加工是在外螺纹车好后进行的。DN6 以下的 a 型阀体及 b 型和 c 型阀体的侧端通道孔，加工时暂不钻透，待中端内腔部位加工完之后再用立钻钻透。这样做的目的是避免加工中端内腔空刀时，因侧壁上有孔而产生继续切削，影响刀具的寿命和加工效率。

a 型阀体通道孔的端面为 20° 密封锥面，其表面粗糙度一般不大于 $Ra1.6\mu m$。加工时常用搬小刀架的方法进行手动走刀。车削后的表面粗糙度往往只达到 $Ra3.2\mu m$，为达到规定的要求，还需用油石磨光。

(3) 中端及内腔部位的加工

对 a 型阀体来说，这一部位的加工表面主要有内螺纹和台阶孔。对 b 型和 c 型阀体来说，这部位的加工表面主要有内螺纹、填料孔、外螺纹及密封锥面等。下面就不同类型的阀体分别介绍这一部位的加工方法。

① a 型阀体 除了小直径的内螺纹外，该部位的加工基本上都在车床上完成。

按照技术要求，DN6 以下阀体的两个尺寸不同的内螺纹应该同轴，加工时本应在一次安装中完成。但因与阀杆配合的螺纹孔较长，又位于内腔深处，只能使用细长的车刀，故容易产生让刀和振动，以致影响螺纹的精度和表面粗糙度，加工效率亦很低。因此，要在车床上一次安装完成两个不同尺寸螺纹孔的加工是困难的。生产经验证明，在立钻上采用丝锥攻制与阀杆配合的螺纹孔不但生产效率高，还能保证加工质量。为确保两螺纹孔同轴，可在完成与阀体座配合的螺纹孔之后，用车刀先将与阀杆配合的螺纹内径车好。图 9-59 为攻内螺纹夹具。

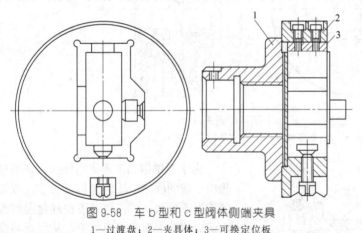

图 9-58　车 b 型和 c 型阀体侧端夹具
1—过渡盘；2—夹具体；3—可换定位板

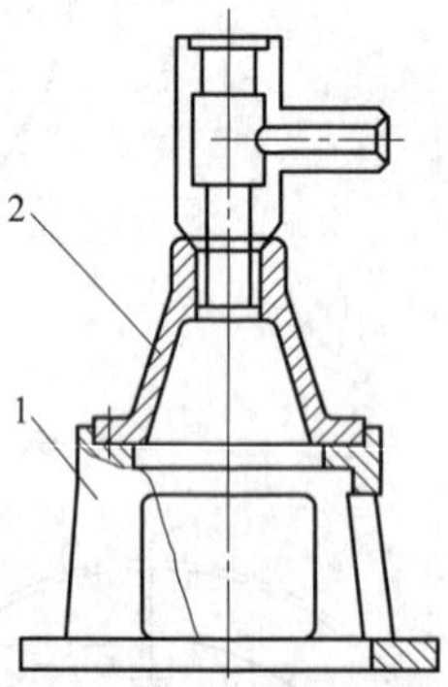

图 9-59　攻内螺纹夹具
1—底座；2—定位盘

攻螺纹前先把夹具安放在工作台上，用百分表按小头外圆找正，然后将夹具压牢。用特制的加长丝锥将螺纹孔攻出（分两锥）。为了不破坏螺纹的表面粗糙度，切勿打反转退出丝锥，从而要使丝锥通过螺纹孔，由孔的下部取出。

DN6 以下的 a 型阀体与阀杆配合的内螺纹也有放在车床上用丝锥攻制的，但加工质量往往达不到要求。这是因为丝锥安装有间隙，丝锥会因自重而下偏，从而导致螺纹攻歪。

加工 DN10 以上阀体的中端及内腔部位时，工件的安装方式应根据阀体尺寸和生产批量确定。DN32 以下的阀体通常以方的直角面为基准，安装在夹具中进行加工。DN40 以上的阀体尺寸大、批量小，一般按划线加工。根据生产批量的大小，可在一道工序内完成所有表面的加工，也可分为粗、精两道工序进行。内螺纹的加工通常采用单刀车削。如用高速切削法车削，则应尽量在螺纹空刀处上刀，由里向外走刀，这样既安全又能减轻工人的紧张程度。

② b 型和 c 型阀体 这些阀体中端及内腔部位的加工表面比较多，很难在一道工序内完成。

因为加工表面多，使用的刀具也多，而车床方刀架的位置有限，不能满足装刀要求。如果在加工过程中经常装卸刀具，或更换备用方刀架，则会增加辅助时间，降低加工效率。此外，各加工表面的表面粗糙度和精度要求不同，加工过程中需经常改变切削用量，这也会影响加工效率。

根据技术要求，内孔、内螺纹和密封锥面必须同轴，外螺纹与内腔部位无同轴度要求。故通常将外螺纹和内腔部位分两道工序来完成。这样既能克服上述缺点，又不影响加工质量。

加工时，一般先车外螺纹，后车内腔部位。

该两部位的加工可采用同一夹具以减少定位误差。

图 9-60 为车 b 型阀体中端部位的夹具。加工 b 型阀体的中端部位以工件的直角平面为定位面。加工 c 型阀体的中端部位用螺纹定位，安装在螺纹套筒上。外螺纹的加工方法与加工进口和出口端外螺纹相同。

内腔部位的车削是阀体加工中的关键工序。

由于内孔尺寸小、加工表面多、精度要求高，再加上阀体的材料是 18-8 型不锈钢，故加工难度大。为了保证质量，应注意下列事项。

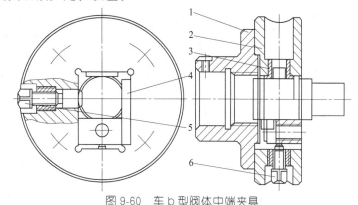

图 9-60 车 b 型阀体中端夹具
1—过渡盘；2—夹具体；3—定位套；4—定位板；5,6—压紧螺钉

a. 钻孔后用车刀扩孔时由于孔径小而深，只能采用细长型刀杆，故切削时易于产生振动、让刀或扎刀现象。为了使刀具切削轻快，减少切削力，可采用较大前角和后角的硬质合金内孔车刀。

b. 钻通道孔时，留出 0.5～0.8mm 的余量，然后用车刀扩至图纸尺寸。这样可以保证加工密封锥面时不致车偏。

c. 车密封锥面时，留 0.15～0.2mm 的余量，待装配时再用专用的冲具冲压。这样可校正圆度和提高密封锥面的表面粗糙度。

d. 加工与阀杆配合的螺纹孔时，为提高生产效率和保证加工质量，可采取下列措施：单件小批生产时采用"车、攻结合"的方法加工，即先在车床上用内螺纹车刀切去螺纹齿深的 1/3～2/3，然后由钳工用攻制不锈钢的丝锥手动攻至尺寸，攻螺纹时，在丝锥上涂以适量的二硫化钼油膏，效果将更好；成批生产时，可先在车床上将螺纹内径车好，然后在立钻上攻螺纹，所用的夹具在结构上与车中端夹具相似。

e. 加工过程中必须使用大量的冷却润滑液，以便传散切削区的热量，提高刀具的耐用度，并保证加工部位的精度和表面粗糙度。

9.4 旋塞阀阀体的加工

9.4.1 结构特点及技术要求

旋塞阀阀体的形状比较复杂，是中空、壁薄的壳体零件（图 9-61），两侧带有与管道连接的法兰或螺纹，中腔部位有一个精度与表面粗糙度要求均很高的与旋塞配合的锥孔（密封面）。

旋塞阀阀体的主要技术要求是锥孔的圆度不超过规定值，表面粗糙度为 $Ra0.8\mu m$ 的锥孔表面上不得有磕碰、划伤、气孔和缩孔等缺陷，螺纹为 6 级精度，其余的非配合表面的精度为 M 级，表面粗糙度为 $Ra25\mu m$。

9.4.2　机械加工过程

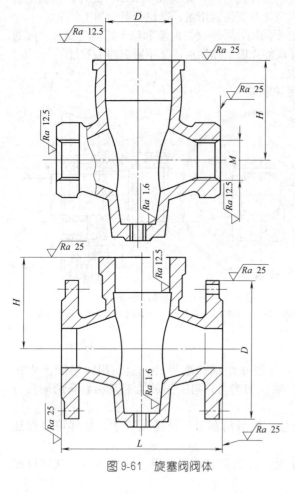

图 9-61　旋塞阀阀体

旋塞阀阀体一般采用铸造方法制成毛坯。带法兰的旋塞阀阀体尺寸比较大，在中、小批量生产中常用砂型铸造，尺寸精度和表面质量较差。加工过程中，某些工序要按毛坯找正安装。内螺纹连接的旋塞阀阀体尺寸小，生产批量比较大，一般采用金属模型铸造，毛坯质量比较好。加工时可采用夹具安装。

法兰连接旋塞阀阀体的加工过程与螺纹旋塞阀阀体基本相同，都是先车两侧法兰或螺纹，后加工中端部位及锥孔。表 9-16 为中、小批生产时带法兰的旋塞阀阀体的典型工艺过程。

9.4.3　锥孔的加工

旋塞阀阀体的锥孔就是旋塞的密封面，其精度和表面粗糙度要求很高，车削以后还要经过研磨，以达到图纸要求。有数种加工锥孔的方法，选择加工方法的根据是生产批量。

DN50 以下旋塞阀阀体的锥孔，在单件小批生产中通常以在普通车床上搬小刀架的方法加工。此种方法操作简便，应用广泛。加工时可用锥形塞规检查尺寸，也可以用已加工好的旋塞配作。这种加工方法的缺点是只能手动走刀，劳动强度大，加工质量的高低取决于工人的技术水平。

中批生产时一般在普通车床上利用靠模板加工锥孔（图 9-62）。用靠模板加工锥孔的优点是能自动进给，加工精度高，表面粗糙度好。

旋塞阀阀体锥孔的加工是断续切削，因此刀具在冲击下工作很容易崩掉刀尖，切削力的变化又会在切削过程中引起振动，影响锥孔的精度和表面粗糙度。为了避免崩掉刀尖和防止振动，采用刚性好的刀杆，并注意选择适合在冲击力下工作的刀具几何形状和调整小刀架与溜板活动面的间隙，使之合适，不至于过大。

中批以上生产，通常在组合机床上加工。这种机床的结构基本上与单面镗车组合机床相似，只是在镗车头的下方加一套靠模机构，用来加工锥孔。

表 9-16　带法兰旋塞阀阀体的典型工艺过程

序号	工序内容	定位基准
1	车一端法兰端面、外圆及倒角	端法兰外圆表面
2	车另一端法兰端面、外圆及倒角	端法兰端面及外圆
3	车中间端面及锥孔	端法兰端面及外圆
4	钻法兰螺栓孔	

图 9-63 为镗车锥孔动力头。机床的进给运动纵向靠标准液压滑台的移动，横向进给靠油缸推动镗刀。为了使纵向和横向进给运动合成后能够镗出锥孔，设有镗锥孔机构。开始工作时，主轴转动，液压滑台将镗车头快速引进工件，然后自动转为工作进给。此时横向进给

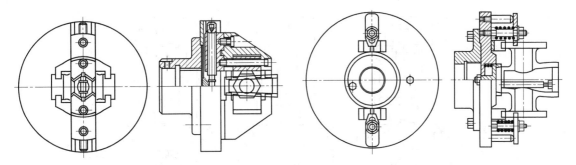

(a) 加工外六方旋塞阀阀体锥孔夹具　　　　　(b) 加工法兰旋塞阀阀体锥孔夹具

图 9-62　车旋塞阀阀体锥孔夹具

油缸处于前端终点。镗刀的刀尖应等于锥孔的大头直径。镗车头纵向前进并开始切削工件时，横向进给油缸换向，拉着推杆反向进给。由于杠杆和顶杆的作用，顶杆沿靠模板移动。油缸的反向进给量由靠模板的斜度来控制。这样便能加工出锥孔。加工终了，动力头快速退回之前，油缸将靠模板向左推移一个小距离，形成让刀尺寸，使镗车刀在快速退刀时不致划伤已加工表面。手柄用于调整靠模板的纵向位置，以保证镗刀开始切削锥孔时的位置准确。

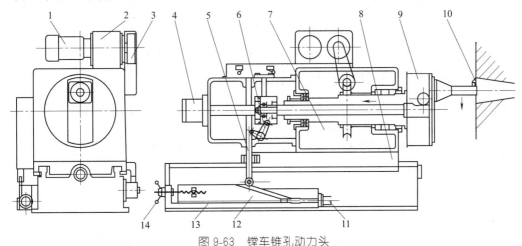

图 9-63　镗车锥孔动力头

1—电机；2—变速箱；3—齿形皮带；4—横向进给油缸；5—顶杆；6—杠杆；7—推杆；
8—液压滑台；9—刀盘；10—镗刀；11—油缸；12—靠模板；13—靠模座；14—手柄

加工铸铁旋塞阀阀体锥孔时，直径方向的加工余量一般为 $10\sim12\mathrm{mm}$，切削速度为 $80\mathrm{m/min}$，每转进给量为 $0.2\mathrm{mm}$。精加工时余量为 $0.4\mathrm{mm}$，切削速度为 $120\mathrm{m/min}$，每转的进给量为 $0.08\mathrm{mm}$，加工表面的表面粗糙度 $\leqslant Ra6.3\mu\mathrm{m}$。

大批生产，一般采用自动线加工。图 9-64 为旋塞阀阀体加工自动线，此线由 1 台单面镗车组合机床、2 台镗车锥孔的组合机床组成。

这条自动线与以前介绍过的不同。其主要特点是：此自动线为直线型非通过式布局。随行夹具的输送装置设在三台组合机床的前方，由油缸将随行夹具从输送带上推进机床夹具或拉出。随行夹具采取"自由输送"方式。输送装置为双链条输送带，由电机经减速器、链轮驱动。当随行夹具接近各机床工位前方时，限程挡铁即伸出，挡住随行夹具并将其抬起，用油缸推入机床夹具。采取自由输送方式可以进行不等距输送。这条自动线不采用随行夹具返回装置。由于自动线加工锥孔的时间较长，链条式的主输送带可正反运动，使自动线的主输送系统也起到随行夹具返回输送带的作用。当装有待加工阀体的 3 个随行夹具推进机床夹具

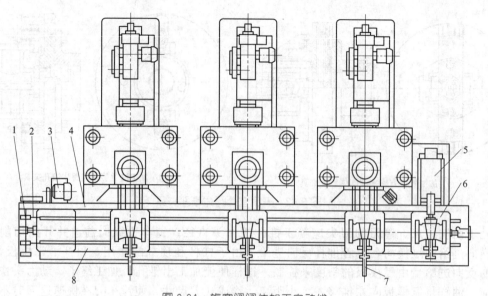

图 9-64　旋塞阀阀体加工自动线

1—链轮；2—链条；3—电机；4,8—导向板；5—找正装置；6—随行夹具；7—油缸

后，链条输送带快速反向运动，把处在末端位置的随行夹具（上有加工完的工件）送至右端的装卸工位，这样便简化了自动线结构，同时还降低了自动线造价。

9.4.4　压力平衡式旋塞阀阀体的加工

在天然气管线及场站控制系统均采用压力平衡式旋塞阀。压力平衡式旋塞阀采用倒装式结构，旋塞上设有压力平衡孔，以确保旋塞在轴向上始终处于压力平衡状态。

压力平衡式旋塞阀阀体的结构特点及技术要求见 9.4.1 小节，其阀体的典型结构见图 9-65。

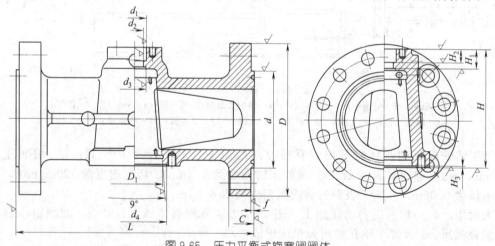

图 9-65　压力平衡式旋塞阀阀体

压力平衡式旋塞阀的加工方法和前边所叙述的旋塞阀加工方法一样，也是先加工两侧法兰，然后再加工中口端面及锥孔，之后再加工小端各部尺寸，其典型的工艺过程见表 9-17。

有的制造厂是先车削中法兰端面、止口及锥孔，然后以中法兰端面、止口定位车小端端面及轴孔各部尺寸，之后在卧式加工中心上车削两端法兰端面及法兰各部尺寸，之后的工序同表 9-17。这种工艺路线的好处是将两端法兰的车削放到卧式立车上进行，能显著提高工作效率，缺点是车中法兰时是以粗基准定位，对毛坯表面的粗糙度质量要求较高。图 9-66

即为按这种工艺路线设计的粗、精车阀体中法兰端面、止口及锥孔的夹具，该夹具以中法兰外圆、小端外圆、阀体腔体外表面等粗基准作为定位基准，夹紧后车中法兰端面、止口及锥孔等各部尺寸。图 9-67 为按照这种工艺路线车削小端端面及轴孔等各部尺寸的夹具，该夹具以中法兰端面和止口精基准及两端法兰外圆粗基准定位。

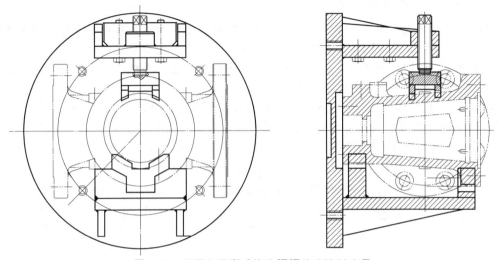

图 9-66　车压力平衡式旋塞阀阀体中法兰夹具

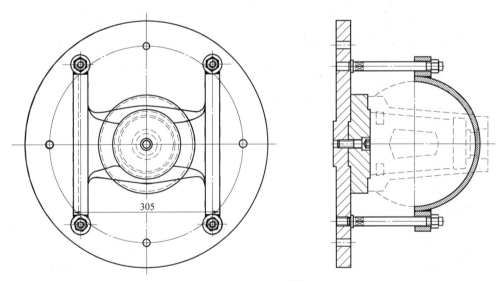

图 9-67　车压力平衡式旋塞阀阀体小端夹具

表 9-17　压力平衡式旋塞阀典型的工艺过程

序号	工序内容	定位基准	夹具特点
1	划阀体结构长度线、中心线、对照线及上下端结构线		
2	粗、精车一端端法兰端面、外圆及各部尺寸	端法兰外圆	三爪卡盘
3	粗、精车另一端法兰端面、外圆及各部尺寸	端法兰外圆	三爪卡盘
4	粗、精车中法兰端面、止口、锥孔，锥孔留磨量	两端法兰外圆	专用工装
5	粗、精车小端端面、内孔各部尺寸	中法兰端面、止口	专用工装
6	铣注脂槽		
7	磨锥孔	中法兰端面、止口	专用工装
8	钻两端法兰螺栓孔		端法兰钻模
9	钻中法兰螺纹底孔并攻螺纹		中法兰钻模
10	旋塞与阀体配研，吻合度不低于 90%		

9.5　核级不锈钢锻件阀体的加工

9.5.1　结构特点及技术要求

锻件阀体的加工与铸件阀体加工相比增加了机械加工的难点，各种各样外形的阀体加工增加了机械加工的工序。而核级的各种技术要求增加了多种检查项目，机械加工既要保证阀体的尺寸精度、形位公差要求，又要合理的安排各种检验项目在机械加工中的工序位置。而检查项目对于机加工表面也同样具有要求。

对核级阀门的阀体技术指标均高于一般通用阀门，其阀体内部结构与一般通用阀门相似，外部一般均要求机械加工达到其表面粗糙度，其精度及表面粗糙度均要求很高，为适应不同的需要，阀体具有各式各样的结构形状。以图 9-68 为例介绍一种核级不锈钢锻件阀体的加工方法。

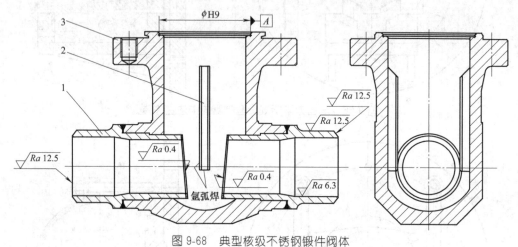

图 9-68　典型核级不锈钢锻件阀体
1—阀座；2—导轨；3—阀体

核级阀门阀体的技术要求如下。

a. 阀体材料为 0Cr18Ni10Ti，锻件材料要求有力学性能检查、晶间腐蚀倾向试验、超声波探伤检查以及晶粒度 α 相试验。

b. 阀座材料与阀体材料相同，其各项要求同阀体。但是，阀座 $Ra0.4\mu m$ 密封面堆焊层要进行液体渗透探伤检查，密封面堆焊 Co-Cr-W 硬质合金，硬度 40～45HRC。

c. 阀体与阀座焊缝应进行力学性能、晶间腐蚀、α 相检验（按相应标准验收），检查合格后才允许焊接产品。

d. 阀体与阀座焊缝应进行射线探伤（按相应标准验收），阀体与阀座的焊缝表面应进行着色探伤检验，不得有裂纹和弧坑等缺陷。

e. 密封面表面粗糙度 $Ra0.4\mu m$，密封面堆焊层要进行液体渗透探伤检验（按相应标准验收）。

f. 中法兰凹止口尺寸精度 H9，阀体与阀座配合处尺寸精度均为 9 级，全部外表面均为表面粗糙度 $Ra6.3\mu m$，除特殊标注外内表面表面粗糙度均为 $Ra12.5\mu m$。

根据产品的各项要求进行工艺分析，确定工艺方案，做出工艺流程如下。

阀体：锻造→热处理→机械性能检验、晶间腐蚀倾向检验及晶粒度 α 相检验→粗加工（表面粗糙度 $Ra6.3\mu m$）→超声波探伤检查→机加工→阀体与阀座组焊。

阀座：锻造→热处理→机械性能检验、晶间腐蚀倾向检验及晶粒度 α 相检验→粗加工

（表面粗糙度 $Ra6.3\mu m$）→超声波探伤检查→机加工→密封面堆焊（第一次：过渡层）→机加工密封面→密封面堆焊→热处理（消除应力）→精加工密封面→密封面进行渗透探伤检查→精加工其余部位→阀体与阀座组焊。

阀体结合部：阀体与阀座组焊→焊缝进行射线探伤→机加工两端及焊缝→焊缝表面进行液体渗透探伤检查→精加工→研磨密封面→清洗和干燥→装配→整机强度及密封性能试验。

9.5.2　加工工艺分析及典型工艺过程

表 9-18 为核级不锈钢锻件阀体组焊前的典型工艺过程，表 9-19 为核级不锈钢锻件阀座组焊前的典型工艺过程，表 9-20 为核级不锈钢锻件阀体结合部（组焊后）的典型工艺过程。

表 9-18　核级不锈钢锻件阀体组焊前的典型工艺过程

序号	工 序 内 容	定 位 基 准
1	锻造	
2	热处理	
3	力学性能检查、晶间腐蚀倾向试验、晶粒度 α 相试验	
4	粗加工各表面，表面粗糙度 $Ra6.3\mu m$	
5	超声波探伤检查	
6	车中法兰内孔、外圆各部	上端面、外圆
7	划两端面加工线，在中法兰左右两侧外圆划找正线	中法兰端面及外圆
8	车一端面、外圆及通道（控制定位孔深度）	中法兰端面内止口
9	车另一端面、外圆及通道（控制定位孔深度）	中法兰端面内止口
10	划组焊阀座、导轨对正线	
11	焊接部位脱脂处理	
12	阀体与阀座、导轨组焊	

表 9-19　核级不锈钢锻件阀座组焊前的典型工艺过程

序号	工 序 内 容	定 位 基 准
1	锻造	
2	热处理	
3	力学性能检查、晶间腐蚀倾向试验、晶粒度 α 相试验	
4	粗加工，表面粗糙度 $Ra6.3\mu m$	
5	超声波探伤检查	
6	划 5°斜面加工线及划找正线	
7	车堆焊基面	端面、外圆
8	第一次堆焊	
9	车堆焊面，保证堆焊厚度	
10	第二次堆焊	
11	热处理消除应力	
12	车密封面，表面粗糙度 $Ra3.2\mu m$	端面、外圆
13	对密封面进行渗透探伤检查	
14	车另一端各部	端面、外圆
15	焊接部位脱脂处理	
16	阀体与阀座、导轨组焊	

表 9-20　核级不锈钢锻件阀体结合部（组焊后）的典型工艺过程

序号	工 序 内 容	定 位 基 准
1	阀体与阀座、导轨组焊	
2	阀体与阀座焊缝进行射线探伤体验	
3	车一端面、外圆及通道（控制通道孔精度 H9）	中法兰端面内止口
4	车另一端面、外圆及通道（控制通道孔精度 H9）	中法兰端面内止口
5	阀体与阀座焊缝表面进行液体渗透探伤	
6	划各外形平面、倒角面加工线	
7	铣前后面	中法兰端面
8	刨底面及前后斜面、左右斜面	
9	钻攻中法兰螺孔	中法兰端面内止口
10	研磨中法兰密封面及阀座密封面	
11	清洗、干燥、装配	
12	整机强度及密封性能试验	

9.5.3 核级阀门零件在制造过程中的清洁度控制

核级阀门零件在制造过程中各环节的清洁度控制是不可忽视的问题，大多数核级阀门对清洁度的要求均按标准要求。

清洁度是指设施在试验和启动之前对某特定表面要求的清洁程度。清洁度分为 A、B、C 3 个等级，其严格程度依次降低。

工作区为阀门零件内表面或外表面所临近的周围环境。按照清洁度的要求严格程度依次递降的顺序规定为Ⅰ、Ⅱ、Ⅲ级。

为保证清洁度要求，有必要对场地实施划分清洁区的方法作出标记，并必须按颁发程序或细则对清洁区进行管辖。机械加工阶段一般为Ⅲ级工作区。

制造过程的防污染是保证清洁度要求的必要措施，阀门零部件在机加工过程中应保证清洁度，尽可能减少与碳钢相接触，应防止磕碰、划伤。刀具材料一般采用碳化钨制造，磨削奥氏体不锈钢和镍基合金用铝基无铁砂轮，而刷洗则可使用不锈钢刷或尼龙刷。装卸和安装禁止与用铁素体制造的起重装备接触，吊装用吊具可采用尼龙吊具，加工过程中所用工艺装备应注意材料的选用。喷射清理的喷丸使用石英砂（氧化锆或氧化铝）。喷后清除零件表面所有尘屑，并进行氟硝酸酸洗。

阀门零部件在毛坯阶段应放在Ⅲ级以上工作区内，经机械加工后未进行清洗前应放在Ⅲ级以上工作区内，清洗后装配前按要求放在相应的Ⅱ级或Ⅰ级工作区内。阀门成品包装后应放在Ⅲ级以上工作区内。

9.6 安全阀阀体的加工

安全阀阀体是安全阀的主要零件之一，是把其他零件组成一体的重要部件。为了保证设计要求的相关尺寸的形位公差，需要制造一些工装夹具来保证图纸要求。在完成加工后要按设计标准的要求进行强度试验。安全阀阀体常见的有 3 种结构，如图 9-69 所示。

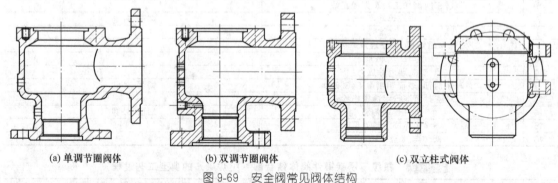

(a) 单调节圈阀体　　　　(b) 双调节圈阀体　　　　　(c) 双立柱式阀体

图 9-69　安全阀常见阀体结构

9.6.1 单调节圈安全阀阀体的加工

单调节圈安全阀阀体一般形状如图 9-69（a）所示。安全阀正常工作要求上下垂直同心，表 9-21 是单调节圈安全阀阀体加工的典型工艺过程。

9.6.2 双调节圈安全阀阀体的加工

双调节圈安全阀阀体一般形状如图 9-69（b）所示，安全阀正常工作要求上下垂直同心，进口侧有定位孔，调节螺钉孔有两个。表 9-22 是双调节圈安全阀阀体加工的典型工艺过程。

表 9-21 单调节圈安全阀阀体加工的典型工艺过程

工艺简图	序号	工序名称	工艺说明
 $\phi Df9$ (1)	1	铸造或锻造	铸件或锻件按图纸的要求进行铸造或锻造
	2	热处理	铸件或锻件按技术文件要求进行热处理
	3	检验	按设计技术文件的要求对铸件或锻件进行检验
	4	划线	划出零件的加工参考线和中心线
	5	检验	检验钳工划线的精度和质量
	6	粗车下法兰	如图(1)所示用四爪卡盘夹住上法兰,粗车下法兰,以加工参考线为基准校正。车出法兰平面,外圆给定工艺尺寸 D 按 f9 公差加工
 $\phi Df9$ $\phi DH9$ (2)	7	精车上法兰	如图(2)所示以下法兰尺寸 D 为基准上定位夹具保证零件的形位公差,夹具上做配重保证旋转平衡。按设计图样的要求加工上法兰,同时保证总长和下法兰的厚度 注:定位胎在加工前需要检验员检验,检验合格后方可使用
	8	精车下法兰	如图(3)所示的方法上定位夹具精车下法兰,夹具上做配重保证旋转平衡。按设计图样的要求加工下法兰及内孔和螺纹 注:定位胎在加工前需要检验员检验,检验合格后方可使用
 $\phi Ef9$ $\phi EH9$ (3)	9	精车出口法兰	如图(4)所示的方法上夹具,精加工出口法兰,夹具需要保证零件的形位公差。夹具上需要做配重保证旋转平衡 注:定位胎和直角板在加工前需要检验员检验,检验合格后方可使用
	10	检验	按设计图样文件的要求进行检验
	11	钻孔、攻螺纹	在已加工的上法兰面上钻螺纹孔和加工螺纹
	12	钻进出口法兰孔	按设计文件要求钻法兰孔
	13	检验	按设计图样文件的要求检验
	14	铣调节平台	以出口法兰平面为基准铣平调节螺钉平台
	15	检验	按设计图样文件的要求进行检验
 $\phi Ef9$ $\phi EH9$ (4)	16	钻孔、攻螺纹	钻调节螺钉孔和加工螺纹
	17	检验	按设计图样文件的要求进行检验
	18	强度试验	按设计图样文件的要求进行强度试验
	19	油漆	在外表面涂防锈漆
	20	检验	按设计文件和技术要求检验

表 9-22 双调节圈安全阀阀体加工的典型工艺过程

工艺简图	序号	工序名称	工艺说明
 $\phi Df9$ (1)	1	铸造或锻造	铸件或锻件按设计文件的要求进行铸造或锻造
	2	热处理	铸件或锻件按技术文件要求进行热处理
	3	检验	按设计技术文件的要求对铸件或锻件进行检验
	4	划线	划出零件的加工参考线和中心线
	5	检验	检验钳工划线的精度和质量
	6	粗车下法兰	如图(1)所示用四爪卡盘夹住上法兰,粗车下法兰,以加工参考线为基准校正。车出法兰平面,外圆给定工艺尺寸 D 按 f9 公差加工
 $\phi Df9$ $\phi DH9$ (2)	7	精车上法兰	如图(2)所示以下法兰尺寸 D 为基准上定位夹具保证零件的形位公差,夹具上做配重保证旋转平衡。按设计图样的要求加工上法兰,同时保证总长和下法兰的厚度 注:定位胎在加工前需要检验员检验,检验合格后方可使用

工艺简图	序号	工序名称	工艺说明
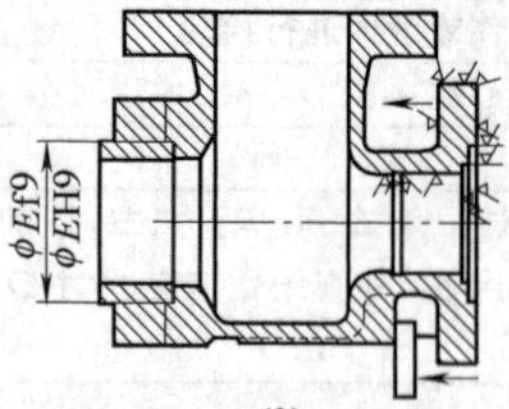	8	精车下法兰	如图(3)所示的方法上定位夹具精车下法兰,夹具上做配重保证旋转平衡。按设计图样的要求加工下法兰及内孔和螺纹 注:定位胎在加工前需要检验员检验,检验合格后方可使用
	9	精车出口法兰	如图(4)所示的方法上夹具,精加工出口法兰,夹具需要保证零件的形位公差。夹具上需要做配重保证旋转平衡 注:定位胎和直角板在加工前需要检验员检验,检验合格后方可使用
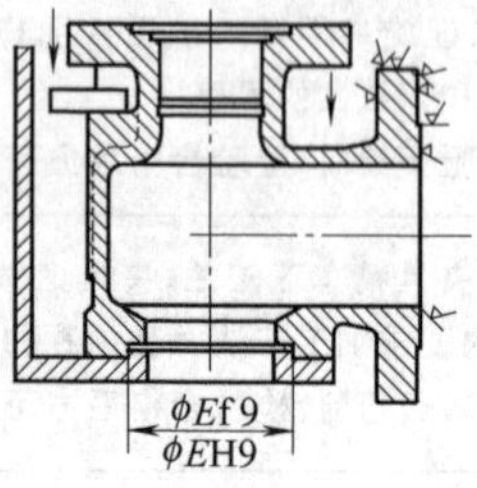	10	检验	按设计图样文件的要求进行检验
	11	钻孔、攻螺纹	在已加工的上法兰面上钻螺纹孔和加工螺纹
	12	钻进出口法兰孔	按设计文件要求钻法兰孔
	13	检验	按设计图样文件的要求检验
	14	铣调节平台	以出口法兰平面为基准铣平调节螺钉平台
	15	检验	按设计图样文件的要求进行检验
	16	钻孔、攻螺纹	钻调节螺钉孔和加工螺纹
	17	检验	按设计图样文件的要求进行检验
	18	强度试验	按设计图样文件的要求进行强度试验
	19	油漆	在外表面涂防锈漆
	20	检验	按设计文件和技术要求检验

9.6.3 双立柱式安全阀阀体的加工

双立柱式安全阀阀体一般形状如图 9-69 (c) 所示,安全阀正常工作要求上下垂直同心,两立柱耳孔要求中心对称,形位公差要求很高。表 9-23 是双立柱式安全阀阀体加工的典型工艺过程。

表 9-23 双立柱式安全阀阀体加工的典型工艺过程

工艺简图	序号	工序名称	工艺说明
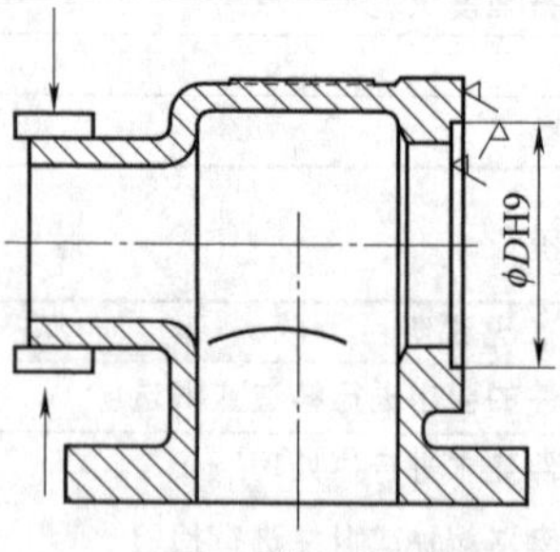	1	铸造或锻造	铸件或锻件按设计文件的要求进行铸造或锻造
	2	热处理	铸件或锻件按技术文件要求进行热处理
	3	检验	按设计技术文件的要求对铸件或锻件进行检验
	4	划线	划出零件的加工参考线和中心线
	5	检验	检验钳工划线的精度和质量
	6	粗车上法兰	如图(1)所示用四爪卡盘夹住进口圆柱,粗车上法兰,以加工参考线为基准校正。车出法兰平面,内止口给定工艺尺寸 D 按 H9 公差加工
	7	精车出口法兰	如图(2)所示的方法上夹具,精加工出口法兰,夹具需要保证零件的形位公差。夹具上需要做配重保证旋转平衡 注:定位胎和直角板在加工前需要检验员检验,检验合格后方可使用
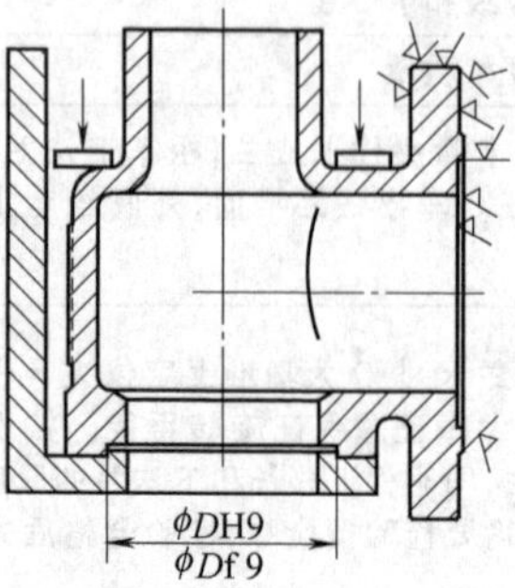	8	精镗上法兰及耳孔	如图(3)所示的方法上定位夹具精镗下法兰,以进口法兰为基准校正,按设计图样的要求加工上法兰,注意保证阀体的总高度。换刀具按图样的要求加工两侧耳孔,保证耳孔的对称,换刀具时不可以调整镗床的高度
	9	精车进口侧	如图(4)所示的方法上夹具,精加工进口法兰平面、内孔及螺纹;加工是保证阀体的总高度。夹具需要保证零件的形位公差。夹具上需要做配重保证旋转平衡 注:定位胎和直角板在加工前需要检验员检验,检验合格后方可使用

工艺简图	序号	工序名称	工艺说明
(3)	10	检验	按设计图样文件的要求进行检验
	11	钻孔、攻螺纹	在已加工的上法兰面上钻螺纹孔和加工螺纹
	12	钻进出口法兰孔	按设计文件要求钻法兰孔
	13	检验	按设计图样文件的要求检验
	14	铣调节平台	以出口法兰平面为基准铣平调节螺钉平台
	15	检验	按设计图样文件的要求进行检验
(4)	16	钻孔、攻螺纹	钻调节螺钉孔和加工螺纹
	17	检验	按设计图样文件的要求进行检验
	18	强度试验	按设计图样文件的要求进行强度试验
	19	油漆	在外表面涂防锈漆
	20	检验	按设计文件和技术要求检验

9.6.4 加工中心上安全阀阀体的加工

随着工业技术的发展，有条件的工厂还可以用加工中心来加工阀体。在多工位加工中心加工安全阀阀体，既提高了加工精度，又提高了生产效率，并且不需要在普车上加工所需的很多夹具。在加工中心上加工安全阀阀体的典型工艺过程见表 9-24。

表 9-24 在加工中心上加工安全阀阀体的典型工艺过程

工艺简图	序号	工序名称	工艺说明
	1	铸造或锻造	铸件或锻件按设计文件的要求进行铸造或锻造
	2	热处理	铸件或锻件按技术文件要求进行热处理
	3	检验	按设计技术文件的要求对铸件或锻件进行检验
	4	划线	划出零件的加工参考线和中心线
	5	检验	检验钳工划线的精度和质量
	6	铣调节平台	以出口法兰平面为基准铣平调节螺钉平台
	7	加工	以调节螺钉平台为定位平面，如左图装夹，多工位依次加工阀门的三法兰至图样要求尺寸
	8	检验	按设计图样文件的要求进行检验
	9	钻孔、攻螺纹	在已加工的上法兰面上钻螺纹孔和加工螺纹
	10	钻进出口法兰孔	按设计文件要求钻法兰孔
	11	检验	按设计图样文件的要求检验
	12	铣调节平台	以出口法兰平面为基准铣平调节螺钉平台
	13	检验	按设计图样文件的要求进行检验
	14	钻孔、攻螺纹	钻调节螺钉孔和加工螺纹
	15	检验	按设计图样文件的要求进行检验
	16	强度试验	按设计图样文件的要求进行强度试验
	17	油漆	在外表面涂防锈漆
	18	检验	按设计文件和技术要求检验

参考文献

[1] 沈阳高中压阀门厂. 阀门制造工艺. 北京：机械工业出版社，1984.
[2] 苏志东等. 阀门制造工艺. 北京：化学工业出版社，2011.
[3] 陈宏钧. 实用机械加工工艺手册. 3 版. 北京：机械工业出版社，2009.

第10章

Chapter 10

阀盖类零件加工

阀盖的主要用途是支承阀杆、手轮等传动零件，并与阀体组成密封而又承压的腔体，它是阀门中的重要零件。根据结构的不同，阀盖可以分为框梁式、盔式、堵盖式及其他阀盖（表 10-1）。

表 10-1 阀盖类零件分组

类型	框 梁 式	盔 式	堵 盖 式	其 他 阀 盖
a	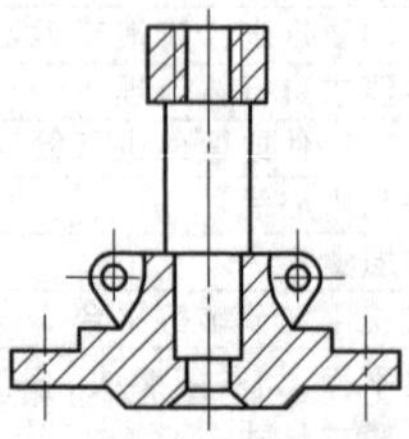	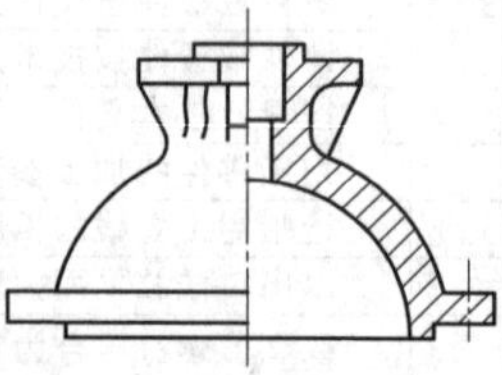	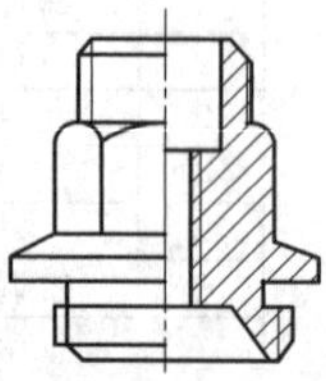	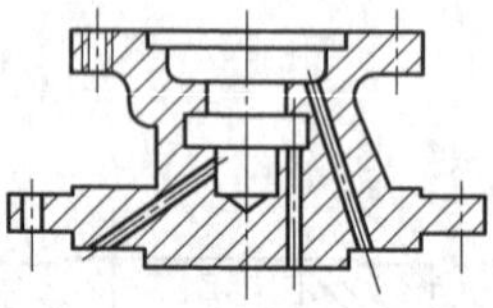
b	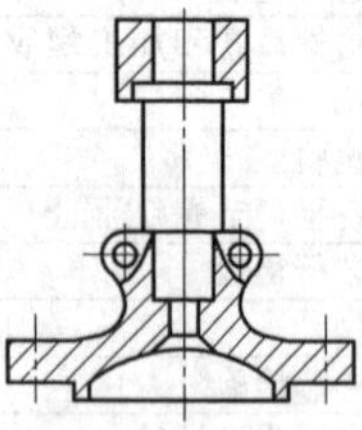	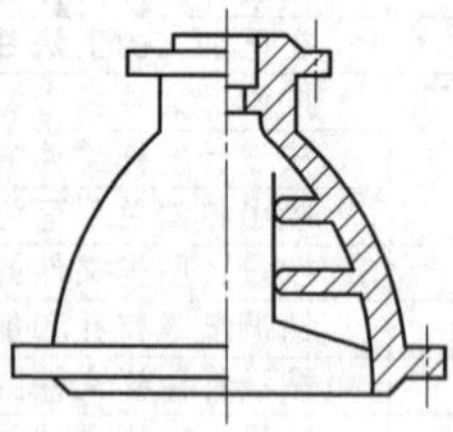		
c	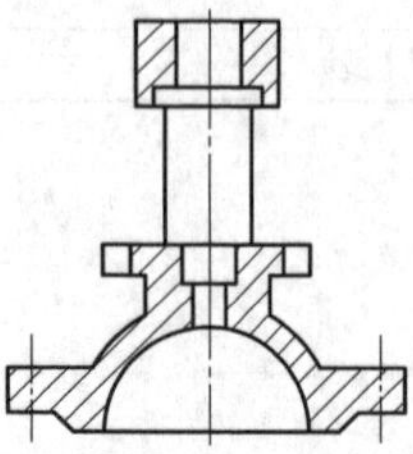			

10.1 框梁式阀盖的加工

10.1.1 结构特点及技术要求

(1) 框梁式阀盖的结构特点

框梁式阀盖（图 10-1）下端有与阀体连接的法兰，中部有两条支承筋，上有连接阀杆螺母的螺纹孔或圆柱孔。由于阀门的压力级不同，框梁式阀盖法兰的形状也不一样，常见的有圆形、椭圆形和方形 3 种。

该组阀盖的结构特点是阀盖法兰的尺寸比较大，阀盖小端的尺寸小，法兰至小端之间仅有两条筋相连，这就给加工带来了一定的困难。

框梁式阀盖通常采用铸件毛坯。

(2) 框梁式阀盖的主要技术要求

① 填料孔、与阀杆螺母配合的圆柱孔和法兰止口一般为 11 级精度，表面粗糙度不低于 $Ra6.3\mu m$，其余非配合加工表面的精度为 M 级，表面粗糙度为 $Ra25\mu m$。

② 填料孔对与阀杆螺母配合的圆柱孔的同轴度不大于规定数值。

③ 法兰止口对配合阀杆螺母的圆柱孔的同轴度不大于规定数值。

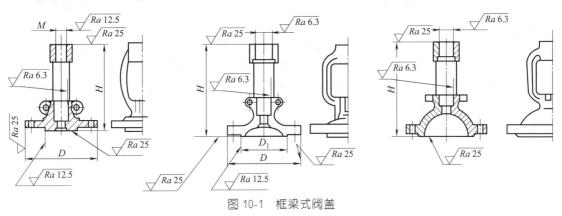

图 10-1　框梁式阀盖

10.1.2 工艺分析及典型工艺过程

框梁式阀盖一般用铸铁、碳素钢和不锈钢制成。阀盖的主要加工表面为旋转面，通常采用车削方法加工。由于框梁式阀盖的法兰大，而小端外圆小，加工法兰时若以小端的外圆定位，则夹压点离加工表面比较远，刚性差，因而影响加工效率。为改变这种状况，便于切削，对于某些铸钢阀盖可先粗车小端，然后以小端的内孔及法兰背面为定位基准，采用专用夹具安装来加工法兰。铸钢阀盖法兰和小端的加工可分两道工序进行，尺寸较小的先加工法兰，后加工小端，尺寸较大的一般先加工小端及内孔，然后将阀盖安装在专用心轴上，再加工法兰。

该组阀盖在中、小批量生产中多采用万能机床加工。在大批量生产中常采用组合机床或自动线加工。表 10-2 为框梁式铸钢阀盖在成批生产中的典型工艺过程。

表 10-2　框梁式铸钢阀盖的典型工艺过程

序　号	工序内容	定位基准
1	粗车小端平面、内孔和法兰背面(内孔按 12 级精度加工)	法兰外圆表面
2	车法兰外圆、端面、钻孔、扩孔及车上密封锥面部位	小端内孔、法兰背面
3	精车小端各部	法兰端面及止口

序　号	工 序 内 容	定 位 基 准
4	划法兰十字线,活节螺栓槽及销轴孔线	
5	铣活节螺栓槽	法兰端面及止口
6	钻销轴孔	
7	钻法兰螺栓孔	

10.1.3　主要表面或部位的加工方法

(1) 法兰的加工

法兰是阀盖和阀体直接连接的部位,其主要加工表面为端面、止口(或环槽)、外圆及中间通孔,有些阀盖还有上密封锥面。根据框梁式阀盖的结构、尺寸和生产批量,可分别采取两种安装方法加工法兰。

① 按工件直接找正加工　用四爪卡盘夹于阀盖的小端或筋部,按法兰直接找正加工。这种方法常用于小批量生产。加工时,先用小于中间通孔的钻头钻出中间孔,然后用顶尖顶住,车法兰各部。退出顶尖后,扩孔至要求尺寸。如果阀盖有由本体直接车出的上密封锥面,扩孔后则需将上密封车好;如果上密封是在堆焊后车成的,则需分粗、精两道工序加工法兰。粗车时,堆焊部位的焊前尺寸按堆焊工艺规定加工;堆焊后精加工的装夹方法与粗加工相同。

② 用夹具安装加工　一种方法是以阀盖小端内孔及法兰背面为基准,安装在图 10-2 所示的夹具上加工法兰的外圆、中间通孔及上密封等部位。用这种筒式夹具加工法兰的主要优点是夹具直接与机床主轴连接,刚性好,可减少夹具因切削力和夹紧力的作用而产生的变形。由于定位面与加工表面很近,因而在加工时可以采用大的切削用量。此种方法工件装卸方便,安全可靠。

另一种方法是以小端的端面及与阀杆螺母配合的圆柱孔和填料孔为定位基准,安装在心轴上加工法兰。这种方法一般适用于大尺寸铸铁阀盖的加工。因为这种阀盖的结构尺寸很长,如采用四爪卡盘安装,就会由于刚性不好而影响加工的效率和质量。

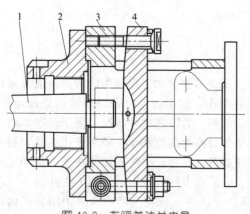

图 10-2　车阀盖法兰夹具
1—心轴;2—过渡盘;3—夹具体;4—压板

(2) 小端部位的加工

中、小批量生产中,小端部位的加工均在普通车床上进行。

铸铁阀盖和小批生产的钢制阀盖小端部位的加工是在一道工序内完成的。生产批量较大时通常分粗、精两道工序,此时可先将工件安装在三爪卡盘或四爪卡盘上进行粗加工,待法兰车好后再以法兰止口及端面为定位基准进行精加工。

小端部位的加工表面比较多,其中包括 11 级精度的填料孔,6 级精度的螺纹孔(或与阀杆螺母配合的 11 级孔),以及后端止口等。这些加工表面都有相互位置精度要求,因此,精加工时需在一次安装下完成。采用这种加工方法,由于机床方刀架装刀有限,往往需要经常更换刀具。为了缩短辅助工时、提高加工效率,可选择采用组合刀具、采用快换方刀架和在中间溜板上安装六角刀架等措施。

① 采用组合刀具 采用组合刀具（如组合扩孔钻，组合铰刀等）加工不同尺寸内孔是一种效率比较高的方法，它广泛用来加工铸铁阀盖，还可在组合机床上加工钢制阀盖。

② 采用快换方刀架 采用快换方刀架是准备两个方刀架，按工步顺序将刀具分别安装在两个刀架上，加工时根据加工顺序更换方刀架。

③ 在中间溜板上安装六角刀架 在中间溜板上安装六角刀架是把专用的六角刀架安装在普通车床的中溜板上（把四方刀架拆除），便可用尺寸刀具以钻、扩、铰和攻螺纹等方法加工阀盖的小端部位。图10-3为这种六角刀架的结构。该刀架不仅具有六角车床六角刀架的功能，还能起四方刀架的作用，进行横向和纵向车削。进行钻、扩、铰时，需插上定位销，使中溜板与大溜板固定，以保证六方刀架与机床主轴轴线同轴。

在中批以上生产中，框梁式阀盖的小端部位可在六角车床上（图10-4）采用尺寸刀具加工。

用六角车床加工框梁式阀盖小端是比较合理的，可以充分利用六角刀架自动或半自动地完成所有内孔表面的加工。采用尺寸刀具控制加工精度，既保证加工质量，又能降低工人的劳动强度，提高加工效率。

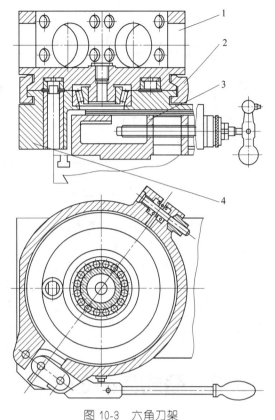

图 10-3 六角刀架
1—六角刀架；2—夹固；3—底座；4—固定垫

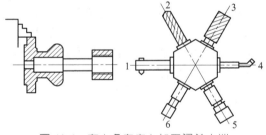

图 10-4 在六角车床上加工阀盖小端

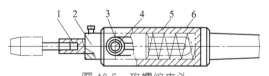

图 10-5 攻螺纹夹头
1—丝锥接头；2—心轴；3—滚珠轴承；4—销轴；5—尾锥外套；6—弹簧

必须指出，在攻螺纹时，为了保证加工质量，最好不要打倒车退出丝锥，而是使丝锥通过螺孔后由框梁中间取出。图10-5为常用的一种攻螺纹夹头。这种夹头的特点是中间带有弹簧，丝锥引进时靠弹簧压力向前推动，这样既便于丝锥引入，又不至造成乱扣。在六角车床上攻螺纹时，可采用图10-6的专用组合丝锥。这种丝锥的工作部分分为两段，前段相当于粗锥，后段为精锥。用这种丝锥攻出的螺纹表面粗糙度较好。

在批量生产中，阀盖的小端和法兰部位均在组合机床上加工。在组合机床上加工阀盖小端有两种方案。一种是把工序分散，用较简单的组合机床完成相应表面的加工（如使用单头镗车组合机床）。另一种是把工序集中，用多工位、高效率的组合机床加工，如用鼓轮式组合机床和带回转工作台的组合机床等。

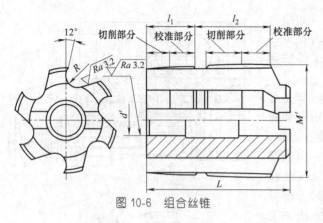

图 10-6　组合丝锥

目前，国外加工阀门大都采用多工位、高效率的组合机床。近年来国内有些阀门厂也研制出了加工阀盖小端的多工位组合机床。

（3）活节螺栓槽及销轴孔的加工

在中、小批生产时，活节螺栓槽的加工一般用回转夹具在卧式铣床上进行。加工第一面时，工件与刀具的相对位置按划线确定。

销轴孔一般在摇臂钻床上按划线钻出。工件夹在虎钳上，按两耳平面找平。在大批量生产时，活节螺栓槽和销孔可在组合机床上加工。

（4）法兰螺栓孔的加工

在中、小批量生产时，法兰螺栓孔可在摇臂钻床上钻出。单件生产一般按划线钻孔，成批生产按钻模板钻孔。钻孔时配有支承座。应当指出，加工 18-8 型不锈钢的阀盖目前多用标准麻花钻头钻孔，但是由于不锈钢的切削性能不好，麻花钻头在结构上也存在一些缺点，因此钻头的耐用度及加工效率都不高。为使标准麻花钻头适应不锈钢的加工，需对标准麻花钻头进行修磨。

除不锈钢材料外，大批量生产时，阀盖法兰螺栓孔可在组合多轴钻床上加工。

10.2　盔式阀盖的加工

10.2.1　结构特点及技术要求

（1）盔式阀盖的结构特点

盔式阀盖的形状如图 10-7 所示，其上、下端均带法兰，法兰分别与支架和阀体连接。上端中间有填料孔和安装阀杆的通孔，上、下法兰都有多个螺栓孔。该组阀盖的主要结构特点是：各主要加工表面为旋转面，且大、小法兰的尺寸差较大，非加工的外表面呈球形或椭圆形，这对加工大法兰很不利，因此在加工时必须采取相应的措施。

盔式阀盖的材料和阀体相同，毛坯均采用铸件。

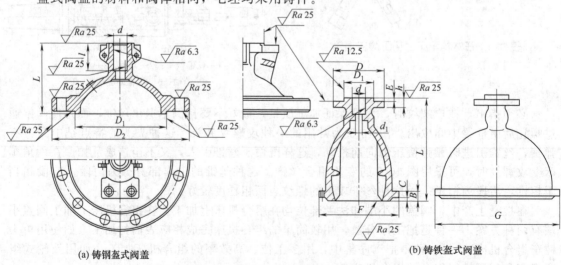

(a) 铸钢盔式阀盖　　　　　　　　　　　(b) 铸铁盔式阀盖

图 10-7　盔式阀盖

(2) 盔式阀盖的主要技术要求

① 填料孔和法兰止口的精度一般为 11 级，表面粗糙度为 $Ra12.5\sim6.3\mu m$，非配合的加工表面精度为 M 级，表面粗糙度为 $Ra25\mu m$。

② 法兰止口对填料孔的同轴度不大于规定的数值。

10.2.2 机械加工过程

$DN150$ 以上的闸阀通常采用盔式阀盖。生产批量不同，阀盖的加工方法和工艺装备也不一样。小批量生产用万能机床加工，中批以上用组合机床加工。表 10-3 和表 10-4 分别为 a 型和 b 型盔式阀盖在中、小批量生产时的典型工艺过程。

表 10-3 a 型盔式阀盖的典型工艺过程

序　号	工 序 内 容	定 位 基 准
1	粗车小法兰端面、钻孔、车内孔(或外圆)、大法兰背面	大法兰外圆表面
2	车大法兰端面、外圆、倒角、钻孔、车内孔、倒角	小法兰端面及内孔或外圆表面
3	粗车小法兰各部至尺寸	大法兰端面及止口
4	划活节螺栓槽、销轴孔及法兰十字线	
5	铣活节螺栓槽	大法兰端面及止口
6	钻销轴孔	
7	钻小法兰螺栓孔	
8	钻大法兰螺栓孔	

表 10-4 b 型盔式阀盖的典型工艺过程

序　号	工 序 内 容	定 位 基 准
1	镗(铣)椭圆法兰端面	两法兰外缘
2	车小法兰端面、内孔	椭圆法兰端面
3	钻小法兰螺栓孔	椭圆法兰端面
4	钻椭圆法兰螺栓孔	小法兰端面

10.2.3 主要表面或部位的加工方法

(1) 小端的加工

a 型铸钢盔式阀盖的小端通常需要进行粗加工。粗车小端一般在车床上（包括立车、端面车床）进行。粗加工小端的目的是为了先车出工艺基准，以求加工大法兰时便于安装。如果小端是长方形法兰，内孔可按 11 级精度加工（小端是圆形法兰，外圆则按 11 级精度制作）。粗加工小端的另一个目的是车去小法兰及内孔的大部分加工余量，这样精车时可以选择精度较高的机床作为精加工，以利于保证加工质量。粗车小端一般按划线找正加工。如果毛坯质量好，特别是各部位的相互位置精度比较高时，则可以直接按毛坯找正加工。

精加工铸钢盔式阀盖小端时，以大法兰止口及端面为基准，安装在定位盘上。车 b 型铸铁盔式阀盖小端，以大法兰端面为基准，安装在花盘上按小端内孔找正加工。

(2) 大法兰的加工

a 型盔式阀盖的大法兰以小端的工艺基准定位，在车床或立车上加工。

如果尺寸较大的铸钢盔式阀盖毛坯的外形球面光滑，而又无其他影响定位的缺陷，则可直接用图 10-8 所示的专用夹具安装，同时可免去小端的粗加工。

大尺寸的 b 型盔式阀盖的大法兰尺寸很大，而小法兰的尺寸又很小，无法以小法兰为定位基准在车床上加工大法兰，因此，多用镗床或专用卧式铣床加工。

(3) 法兰螺栓孔的加工

阀盖上大小法兰的螺栓孔均在摇臂钻床上钻出。单件生产一般按划线钻孔，成批生产则用钻模。图 10-9 为钻大法兰螺栓孔的液压支承座。图 10-9 中的支承座配有液压增力器。这种支承座通用性较广，因为支承座间的距离可根据法兰的尺寸来调整。

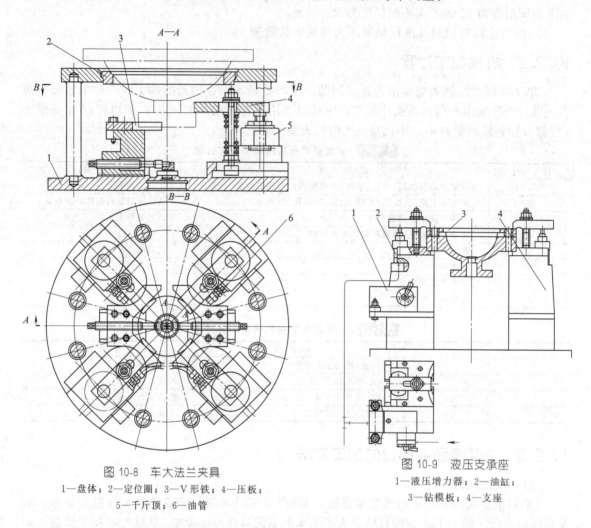

图 10-8　车大法兰夹具
1—盘体；2—定位圈；3—V形铁；4—压板；
5—千斤顶；6—油管

图 10-9　液压支承座
1—液压增力器；2—油缸；
3—钻模板；4—支座

中批以上生产 DN250 以下 a 型铸钢盔式阀盖可用组合机床加工。由于这种阀盖尺寸较大，结构也比较复杂；主要加工部位的精度为 11 级，表面粗糙度不大于 $Ra6.3\mu m$；而且加工表面比较多，一般需由数台组合机床来完成。

10.3　堵盖式阀盖的加工

10.3.1　结构特点及技术要求

(1) 堵盖式阀盖的结构特点

堵盖式阀盖属旋转体零件，其结构如图 10-10 所示。阀盖两端均有与填料压盖和阀体相连接的外螺纹，中段为六方形，而中腔为填料孔和与阀杆配合的内螺纹孔。该组阀盖的材料多为铸铁和铸铜。

(2) 堵盖式阀盖的主要技术要求

① 填料孔的精度一般为 11 级，表面粗糙度为 $Ra6.3\mu m$。螺纹精度均为 3 级，表面粗

糙度为 $Ra12.5\mu m$。非配合加工表面的精度为 M 级，表面粗糙度为 $Ra25\mu m$。

② 大端的外螺纹与内螺纹有同轴度要求。

③ 填料孔与内螺纹的不同轴度不大于规定值。

10.3.2　机械加工过程

堵盖式阀盖一般生产批量都比较大，通常毛坯采用金属模铸造，因此毛坯表面光滑，尺寸精度较高，加工的头道工序一般以六方表面为定位基准。

中、小批量生产时，一般用普通车床或专用机床加工。大批量生产时，多用多工位组合机床加工。表 10-5 为堵盖式阀盖在成批生产时的典型工艺过程。

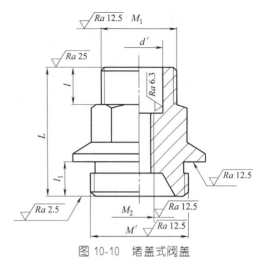

图 10-10　堵盖式阀盖

表 10-5　堵盖式阀盖的典型工艺过程

序　号	工序内容	定位基准
1	车大端平面、外圆及螺纹	六方表面及斜面
2	车端面、外圆、钻孔及车填料孔和外螺纹	外螺纹
3	车内螺纹内径，攻螺纹	小端外螺纹表面

10.3.3　主要表面或部位的加工方法

(1) 大端部位的加工

大端的加工表面包括端面、外圆、外螺纹。大端部位如果用普通车床加工可采用单刀或组合刀具。单刀车削效率低，质量不稳定，又不能适应生产发展的要求，故有逐渐被组合刀具代替的趋势。常见的一种组合刀具是由装或焊到刀杆上的数把镶有硬质合金刀片的刀具组成的。用它一次走刀即可完成端面、外圆和倒角的加工。

外螺纹一般采用单刀车制，并配有快速退刀装置。

大端部位也可用专用机床加工（图 10-11）。工件安装在双爪卡盘上，先由后刀架加工端面和外圆，然后由前刀架车削螺纹。刀具的引进、进给、退刀都通过气动系统、凸轮来实现。操作者只负责装卸、抽检、换刀等工作。

(2) 小端部位的加工

小端加工表面包括填料孔、外螺纹、端面及倒角。车削时以外螺纹为定位基准，安装在螺纹套上，用组合刀具加工。

10.3.4　在组合机床上加工堵盖式阀盖

这里介绍两台加工堵盖式阀盖的组合机床。该机床可加工 $DN15\sim50$ 阀盖大端的外圆、外螺纹、端面和螺纹孔等。

工件以外六方表面及斜面为定位基准，安装在三爪卡盘上。各工位完成的加工内容如图 10-12 所示。该机床加工效率高，加工一个工件仅需 1.5min。

阀盖小端可在与上一台相似的立式四工位组合机床上加工。以外螺纹为定位基准将工件安装在螺纹套上。图 10-13 为各工位完成的加工内容。

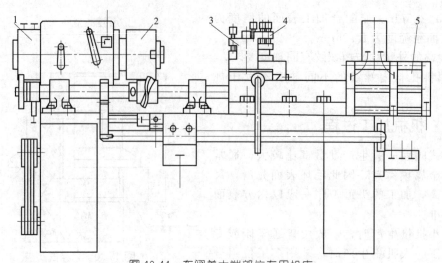

图 10-11　车阀盖大端部位专用机床
1—夹紧油缸；2—双爪卡盘；3—前刀架；4—后刀架；5—气动液压减速部分

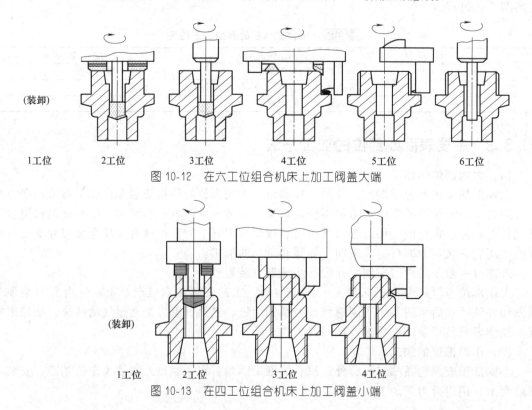

（装卸）　　1工位　　2工位　　3工位　　4工位　　5工位　　6工位
图 10-12　在六工位组合机床上加工阀盖大端

（装卸）　　1工位　　2工位　　3工位　　4工位
图 10-13　在四工位组合机床上加工阀盖小端

10.4　减压阀阀盖的加工

10.4.1　结构特点及技术要求

（1）减压阀阀盖的结构特点

　　减压阀阀盖的形状如图 10-14 所示。阀盖上、下都有法兰，分别与阀体和弹簧罩相连。上部中间有内止口和螺纹孔。下法兰有与阀体连接的止口，法兰端面至内孔部位有两个斜孔相通。上、下法兰上均有多个螺栓孔。其主要加工表面为螺旋面。该组阀盖通常采用铸件毛坯。

(2) 减压阀阀盖的主要技术要求

① 上、下法兰的内外止口的精度为 11 级，表面粗糙度为 $Ra12.5\mu m$。内螺纹的精度为 6 级，表面粗糙度为 $Ra12.5\mu m$。非配合加工表面的精度均为 M 级，表面粗糙度为 $Ra25\mu m$。

② 上端内止口与内螺纹有一定的同轴度要求。

③ 大法兰的止口对端面应垂直。

10.4.2 机械加工过程

减压阀阀盖属于旋转体零件，用车削就能完成主要表面的加工。减压阀阀盖的加工精度和位置精度要求不高，除了加工斜孔外，一般不需专用工艺装备。表 10-6 为减压阀阀盖在中、小批量生产时的典型工艺过程。

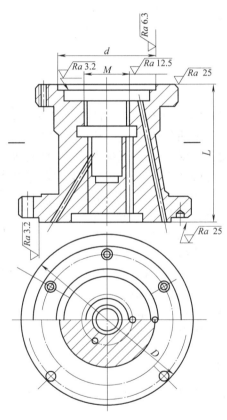

图 10-14 减压阀阀盖

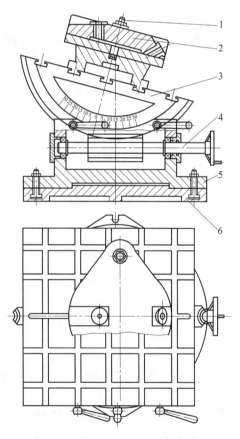

图 10-15 工件安装在万能工作台上钻斜孔
1—螺栓；2—钻模板；3—工作台；4—蜗杆；
5—中间底座；6—底座

表 10-6 减压阀阀盖的典型工艺过程

序 号	工序内容	定位基准
1	车下法兰端面、止口、外圆至尺寸	上法兰外圆表面
2	车上法兰及内部至尺寸	下法兰外圆及端面
3	划上、下法兰中心线	

序　　号	工序内容	定位基准
4	钻、攻上法兰内螺纹	下法兰端面
5	钻下法兰螺栓孔	上法兰端面
6	钻斜孔	上法兰端面
7	钻另一斜孔	上法兰端面

10.4.3　斜孔的加工

下法兰上有两个不同角度的斜孔，且两孔的轴线与端面的夹角较小，加工比较困难。为了防止钻孔时钻头折断，通常采用专用的钻模。

斜孔可采用立钻或摇臂钻床钻出。钻孔时将工件安装在可调万能工作台上（图10-15）。钻模板与工件的相对位置靠划线确定。因两斜孔角度不一致，故在成批生产时一般分两道工序进行钻制。

10.5　大型平板闸阀阀盖的加工

10.5.1　结构特点及技术要求

(1)　大型平板闸阀阀盖的结构特点

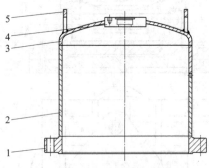

图 10-16　大型平板闸阀阀盖
1—阀盖法兰；2—盖管；3—盖椭圆封头；
4—填料函孔；5—吊耳

大型平板闸阀一般在加工中需考虑阀盖的吊装问题，其结构一般采用组焊而成，其形状如图 10-16 所示。阀盖下端有法兰，法兰下端面有 11 级精度的凸止口（凸台）与阀体连接。阀盖上端有吊耳及填料函孔。填料函孔有内止口和 10 级精度孔，填料函孔与下端面上的凸止口（凸台）有同轴度要求。下法兰上有多个螺栓孔。中间有盖管、盖椭圆封头，各零件之间采用焊接方式连接，其主要加工部位为下法兰及上端填料函孔部位，吊耳的高度对加工下法兰时的定位有影响，加工中应着重考虑此因素。

该类型阀盖的法兰通常采用铸件毛坯。其他零件采用型材毛坯，阀盖为各零件组焊而成。

(2)　大型平板闸阀阀盖的主要技术要求

① 法兰的凸止口（凸台）的精度为 11 级，表面粗糙度为 $Ra6.3\mu m$。填料函孔的精度为 10 级，表面粗糙度为 $Ra6.3\mu m$。非配合加工表面的精度均为 M 级，表面粗糙度为 $Ra25\mu m$。

② 上端凹止口与法兰的凸止口（凸台）有一定的同轴度要求。

③ 大法兰的止口对端面应垂直。

10.5.2　机械加工过程

大型平板闸阀阀盖属于旋转体零件，用车削就能完成主要表面的加工。大型平板闸阀阀盖的加工精度和位置精度要求不高，加工中用下法兰凸止口（凸台）定位加工上端填料函孔，保证同轴度要求，应用专用工艺装备。表10-7 为大型平板闸阀阀盖在中、小批量生产时的典型工艺过程。

表 10-7　大型平板闸阀阀盖的典型工艺过程

序　号	工序内容	定位基准
1	组焊各零件	
2	划上、下平面加工线,划下端法兰找正线	
3	车下法兰端面、止口、外圆至尺寸	上端填料函孔端面
4	车上端填料函孔及内部至尺寸	下法兰凸止口(凸台)
5	划上、下法兰孔线,划油杯孔加工线	
6	钻、攻上法兰螺纹孔	下法兰端面
7	钻下法兰螺栓孔	上法兰端面
8	钻油杯孔	

10.6　不锈钢锻件毛坯阀盖的加工

近年来，电站阀及核级阀门不断增加，对阀门的要求不断提高，为满足其高温、高压及各种工况的要求，阀盖采用了不锈钢锻件毛坯，并对其材料内部性能及各项要求均有所提高。以图 10-17 为例介绍不锈钢锻件毛坯阀盖的加工方法。

10.6.1　结构特点及技术要求

(1) 不锈钢锻件毛坯阀盖的结构特点

不锈钢材质阀盖的形状如图 10-17 所示。阀盖下端法兰的下端面有 9 级精度的凸止口（凸台）与阀体连接，并有阀体密封焊所用的焊接唇边结构，阀盖上端有与支架及填料压板连接的法兰。阀盖上端内部有填料函孔，填料函孔有内止口和 11 级精度孔，填料函孔与下端面上的凸止口（凸台）有同轴度要求，内孔的下端为与阀杆连接的上密封部位。上、下法兰上均有多个螺栓孔。中间外圆部位为散热片结构，其中整个阀盖零件的内外表面均需用机械加工完成，各表面粗糙度是加工着重考虑的因素之一。该类型阀盖通常采用锻件毛坯。

(2) 锻件毛坯阀盖的主要技术要求

① 锻件材料有力学性能要求、晶间腐蚀倾向试验要求、晶粒度 α 相试验要求及超声波探伤要求。

② 下法兰的凸止口的精度为 9 级，表面粗糙度为 $Ra0.4\mu m$。填料函孔的精度为 11 级，表面粗糙度为 $Ra3.2\mu m$。上密封面部位的表面粗糙度为 $Ra0.8\mu m$，其余非配合加工表面的精度均为 M 级，表面粗糙度为内表面 $Ra6.3\mu m$，外表面 $Ra12.5\mu m$。

③ 大法兰的止口对端面应垂直。上端面及下端面上的凸止口与阀盖的上密封部位均有一定的同轴度要求。

10.6.2　机械加工过程

锻件毛坯阀盖为旋转体零件，用车削就能完成主要表面的加工。锻件毛坯阀盖的加工精度和位置精度要求均很高，并在精加工前完成锻件材料力学性能、晶间腐蚀倾向试验、晶粒度 α 相试验及超声波探伤，其中材料力学性能、晶间腐蚀倾向试验、晶粒度 α 相试验可在毛坯锻造后进行检查，而超声波探伤要求在粗加工后进行，并对加工表面粗糙度要求均为 $Ra6.3\mu m$。

加工中应用下法兰凸止口（凸台）定位加工上端填料函孔，保证同轴度要求，应用专用工艺装备，测量时应用专用的光面塞规测量填料孔，专用的片状卡规测量凸止口（凸台），下端凸止口（凸台）端面表面粗糙度为 $Ra0.4\mu m$，需在机械加工后，钳工采用研磨的加工

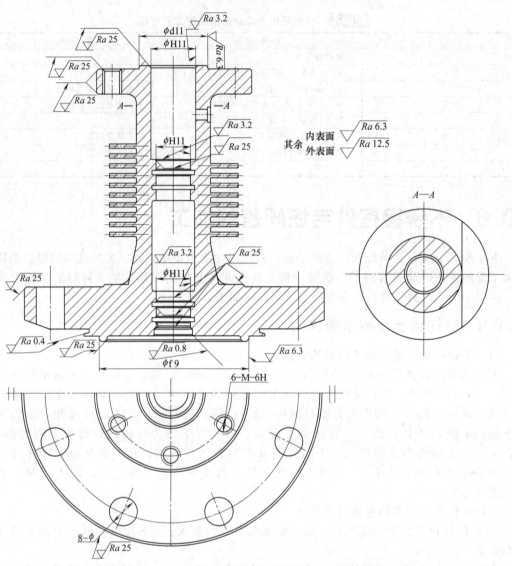

图 10-17　不锈钢阀盖

方法达到。表 10-8 为锻件毛坯阀盖在中、小批量生产时的典型工艺过程。

表 10-8　锻件毛坯阀盖的典型工艺过程

序　　号	工 序 内 容	定 位 基 准
1	锻造	
2	热处理	
3	力学性能、晶间腐蚀倾向试验、晶粒度 α 相试验	
4	粗加工，各部位表面粗糙度 $Ra6.3\mu m$	
5	超声波探伤	
6	车下法兰端面、止口、外圆，车下端外锥、内孔	上端外圆
7	车上法兰端面、止口、外圆，车填料函孔	下法兰凸止口(凸台)
8	车散热片外圆，切散热片	上端填料函孔端面
9	铣扁	
10	划上、下法兰孔线，划油杯孔加工线	
11	钻、攻上法兰螺纹孔	下法兰端面
12	钻下法兰螺栓孔	上法兰端面
13	钻油杯孔	
14	研磨 $Ra0.4\mu m$ 密封面	

10.7 安全阀阀盖的加工

安全阀阀盖是安全阀定位弹簧并保证阀瓣平衡的重要部件，在安全阀的性能上起着承上启下的作用。因此要求阀盖定位端面相互平行、定位止口同心、阀盖轴线和阀盖下部定位止口端面垂直；封闭式阀盖在安全阀泄压时还要承受一定的压力。

图 10-18 为安全阀阀盖的典型结构，安全阀的阀盖属于筒类零件，加工工艺较简单。表10-19 为安全阀阀盖加工的典型工艺过程。

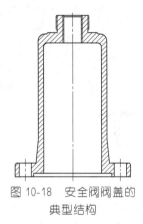

图 10-18　安全阀阀盖的
典型结构

表 10-9　安全阀阀盖加工的典型工艺过程

工艺简图	序号	工序名称	工艺说明
	1	铸造或锻造	铸件或锻件按设计文件的要求进行铸造或锻造
	2	热处理	铸件或锻件按技术文件要求进行热处理
	3	检验	按设计技术文件的要求对铸件或锻件进行检验
	4	划线	划出零件的加工参考线和中心线
(1)	5	检验	检验钳工划线的精度和质量
	6	精车下法兰	如图(1)所示用四爪卡盘夹住上法兰,粗车下法兰,以加工参考线为基准校正。车出法兰平面,达到图样要求尺寸
	7	精车小端	如图(2)所示以下法兰内止口为基准上定位夹具保证零件的形位公差,夹具上做配重保证旋转平衡。按设计图样的要求加工阀盖小端,同时保证总长 注:定位胎在加工前需要检验员检验,检验合格后方可使用
	8	检验	按设计图样文件的要求进行检验
	9	钻进、出口法兰孔	按设计文件要求钻法兰孔
	10	检验	按设计图样文件的要求检验
	11	强度试验	封闭式阀盖按设计图样文件的要求进行强度
	12	油漆	在外表面涂防锈漆
(2)	13	检验	按设计文件和技术要求检验

参考文献

[1]　沈阳高中压阀门厂.阀门制造工艺.北京:机械工业出版社,1984.

[2]　苏志东等.阀门制造工艺.北京:化学工业出版社,2011.

[3]　陈宏钧.实用机械加工工艺手册.3版.北京:机械工业出版社,2009.

第11章

Chapter 11

关闭件加工

关闭件是阀门中起关闭作用的运动零件,它用来切断、调节和改变介质的流向。不同种类的阀门,其关闭件的结构及几何形状亦不同。常见的关闭件(如闸板、阀瓣、球体和旋塞等)几何形状差异较大,有圆盘状、圆柱形、球形及圆锥体等。但所有关闭件都有一个或两个与阀体密封面吻合的、精度和表面粗糙度要求很高的密封面,因而与相同形状的一般机械零件相比有较大的加工工艺难度。

11.1 阀瓣的加工

阀瓣通常指的是截止阀、节流阀及减压阀的关闭件。阀瓣类零件均为旋转体,并由圆柱表面、圆锥面、内螺纹面或特形面所组成。各种阀瓣的下端或中部均有一个或两个密封面,上部有与阀杆或阀瓣盖连接的T形槽或螺纹孔。锥形密封面与阀杆连接的部位有一定的同轴度要求。阀瓣的主要工艺难度是如何保证密封面的精度、表面粗糙度及密封面与阀杆连接部位的相互位置精度。

阀瓣的结构比较简单。尺寸小的阀瓣通常采用圆钢做毛坯,尺寸大的阀瓣则多采用锻件。图 11-1 为阀瓣类零件的分组。

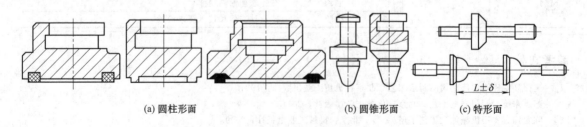

(a) 圆柱形面　　　　　　　(b) 圆锥形面　　　　　　(c) 特形面

图 11-1　阀瓣类零件的分组

11.1.1 截止阀阀瓣的加工

(1) 截止阀阀瓣的结构特点和技术要求

截止阀阀瓣的结构如图 11-1 (a) 所示。阀瓣的下端面是平面度和表面粗糙度要求很高的密封面，阀瓣上部为与阀杆连接的 T 形槽或螺纹孔。

(2) 截止阀阀瓣的主要技术要求

① 有配合的加工表面精度为 11 级，表面粗糙度不大于 $Ra12.5\mu m$，其余非配合加工表面的精度为 M 级，表面粗糙度为 $Ra25\mu m$。

② 密封面应平整，不得有任何划线、刀痕、磕碰损伤，表面粗糙度不大于 $Ra1.6\mu m$。

③ 密封面对有配合的内孔（或外圆）轴线的垂直度不大于 0.05：100。

(3) 截止阀阀瓣的机械加工过程

截止阀阀瓣的密封面有的直接从本体车出，有的经堆焊后车出，有的镶聚四氟乙烯密封圈。阀瓣或以 T 形槽与阀杆连接，或以螺纹与阀瓣盖连接。由于阀瓣的结构不同，其加工过程也各异。有的工序较多，如堆焊密封面的阀瓣。有的加工过程比较简单，如外导向整体为不锈钢的阀瓣。表 11-1～表 11-3 为 3 种阀瓣在中小批量生产中的典型工艺过程。

(4) 主要表面或部位的加工方法

① T 形槽的加工 T 形槽的加工在立铣上用柱形和 T 形铣刀分两道工序进行。图 11-2 为铣 T 形槽弹簧夹套。这种夹套要与台钳联用。

表 11-1 镶嵌聚四氟乙烯密封面阀瓣的典型工艺过程

序 号	工 序 内 容	定 位 基 准
1	粗车大外圆及端面	小端外圆表面
2	车小端外圆钻孔及车内孔	大外圆及端面
3	车密封圈槽	小端外圆
4	铣 T 形槽直槽	大外圆端面
5	铣 T 形槽	大外圆端面
6	压密封圈	
7	精车密封面	小端外圆

表 11-2 外导向截止阀阀瓣的典型工艺过程

序 号	工 序 内 容	定 位 基 准
1	车外圆及内孔、切断	
2	车密封面部位（密封面留余量）	外圆表面
3	铣 T 形槽直槽	外圆及密封面
4	铣 T 形槽	外圆及密封面
5	精车密封面	外圆表面

表 11-3 阶梯形截止阀阀瓣的典型工艺过程

序 号	工 序 内 容	定 位 基 准
1	粗车大外圆及堆焊基面	
2	粗车小端外圆及端面	大外圆及端面
3	堆焊	
4	热处理	
5	粗车密封面及精车大外圆	小端外圆
6	精车小端外圆、内孔及螺纹	大外圆及端面
7	铣扳手口	大外圆及端面
8	热处理（密封面部分淬火）	
9	精车或磨密封面	螺纹及端面

用普通柱形铣刀开槽往往比较费时。为提高铣削效率，可用大螺旋角柱形铣刀加工。实践证明，用这种铣刀开槽，效率能提高 1 倍左右。

② 密封面部位的加工　不论用什么材料、什么方法形成的密封面均需分粗、精两道工序加工。

a. 圆柱形阀瓣密封面。圆柱形阀瓣一般包括外导向和阶梯形两种。外导向阀瓣，大多用整体不锈钢车成。粗加工密封面时，阀瓣的全长必须控制在一定的公差范围以内，以保证铣 T 形槽时的深度尺寸。密封面精加工的方法需根据阀瓣材料确定。18-8 型不锈钢阀瓣的精加工多在车床上用高速车削的方法完成。Cr13 型阀瓣通常在高频淬火和热处理之后用磨削的方法进行精加工。如果密封面的硬度小于 40HRC，可不进行磨削，而用高速切削的方法进行加工。图 11-3 为精加工密封面的弹簧夹头。

b. 聚四氟乙烯密封面。在车出环形槽之后，可将聚四氟乙烯密封圈压入，然后进行精加工 [图 11-1 (a) 左为聚四氟乙烯密封面阀瓣]。为使聚四氟乙烯在冷流变形之后不至于复原，并保证压口的密封性，必须采取可靠的工艺措施。实践证明，压口密封性的好坏与施加压力的大小、压入的速度、压力持续的时间以及密封圈与槽的配合公差直接有关。

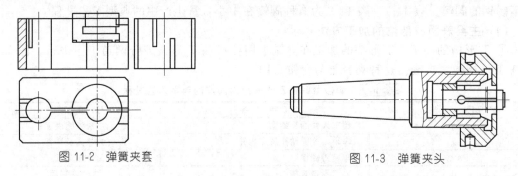

图 11-2　弹簧夹套　　　　　　　　　　图 11-3　弹簧夹头

具体的工艺措施和要求如下：压密封圈时应选用精度高的油压机；密封圈与环形槽的配合公差不宜太紧，以免在压入过程中造成密封圈配合面的轴向拉伤而影响压口密封，但配合公差也不能太松，一般采用 H9/f9；必须严格控制聚四氟乙烯密封圈的高度，保证密封圈放入环形槽内，外露部分不超过 2mm，如果外露部分过高，加压后外露部分必然先开始变形，而且变形的程度会比下部大，这势必影响压口的密封性（见图 11-4）；油压机的工作台面与压柱两平面应保持平行，阀瓣应放置在作用力的中心上，以保证施加压力时密封圈各部受力均匀；要缓慢加压，压入速度一般不大于 1～1.5mm/min，切勿冲击加压；为了保持永久变形，施加的压力不能小于 35MPa；压力持续的时间不少于 5min。

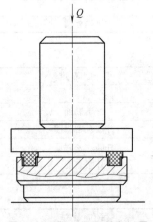

图 11-4　聚四氟乙烯密封圈
外露部分过高时的变形状况

11.1.2　节流阀阀瓣的加工

(1) 节流阀阀瓣的结构特点

图 11-1 (b) 为常见的两种节流阀阀瓣。其下部带球端的锥体，中间凸台部位的端面或锥面为密封面，其上部的细颈部位或 T 形槽部位与阀瓣盖或阀杆连接。

上部为细颈的阀瓣，一般属于高压阀阀瓣，其密封面在堆焊后车出。带 T 形槽的阀瓣常属于中、低压阀阀瓣。

(2) 节流阀阀瓣主要技术要求

① 有配合的加工表面精度一般为 11 级，表面粗糙度不大于 $Ra12.5\mu m$。

② 密封面不得有划线、刀痕等缺陷。表面粗糙度不大于 $Ra0.8\mu m$；非配合的加工表面精度均为 M 级，表面粗糙度为 $Ra25\mu m$。

③ 密封面与上端颈部或导向部位的轴线应垂直或同轴。

(3) 节流阀阀瓣的机械加工过程

节流阀阀瓣的主要加工表面可用车削方法完成。除加工密封面部位需用夹具安装外，其余部位的加工均用三爪卡盘安装。表 11-4 和表 11-5 为两种不同的节流阀阀瓣在中小批量生产中的典型工艺过程。

表 11-4　高压节流阀阀瓣的典型工艺过程

序　号	工序内容	定位基准
1	粗车小端外圆、端面	外圆表面
2	粗车锥体外圆(按大端车并留余量)及堆焊基面	小端外圆表面
3	堆焊	
4	热处理	
5	粗车密封面及锥体外圆	小端外圆表面
6	精车小端外圆、颈部及圆球端	大外圆表面
7	精车密封面、锥体及圆球端	小端颈部外圆

表 11-5　中、低压节流阀阀瓣的典型工艺过程

序　号	工序内容	定位基准
1	粗车锥体外圆(按大端外圆车，并留余量)、端面	外圆表面
2	车大端外圆、钻孔及车内孔	外圆表面
3	粗车密封锥面、锥体外圆及球端	大端外圆表面
4	铣 T 形槽直槽	大端外圆表面
5	铣 T 形槽	大端外圆表面
6	热处理(密封面部位)	
7	精车或磨密封面	大端外圆表面

(4) 密封面及锥体部位的加工

高压节流阀阀瓣的密封面在堆焊后进行粗加工时应将大部分余量车去，同时把大直径部位车至图纸尺寸。锥体部分按大端尺寸车制，并留 $1\sim1.5mm$ 的余量。完成细颈球端部位的加工后再进行密封面部位及锥体部位的精加工。加工中、低压节流阀阀瓣（即带 T 形槽的阀瓣）密封面时，工件可安装在弹簧夹头上（图 11-5）。

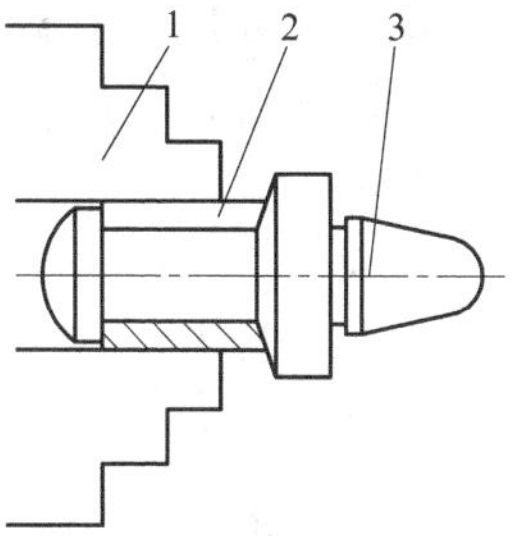

11.1.3　减压阀阀瓣的加工

(1) 减压阀阀瓣的结构特点

减压阀阀瓣［图 11-1（c）］分单密封锥和双密封锥两种结构。它属于轴类零件，所有的加工表面均为旋转面。这种阀瓣的特点是中间大两头小，直径相差比较悬殊，刚性差，不利于加工。这种阀瓣多用不锈钢制成，由于它的直径差较大，所以通常采用锻件毛坯。

(2) 减压阀阀瓣的主要技术要求

① 配合表面的加工精度为 11 级，表面粗糙度不大于 $Ra3.2\mu m$。非配合加工表面的精度为 M 级，表面粗糙度为 $Ra25\mu m$。

② 两端有配合的外圆对密封锥面的同轴度不大于规定值。

③ 密封锥面不得有裂缝、刀痕、划线等缺陷，表面粗糙度不大于 $Ra1.6\mu m$。

④ 密封锥面母线的直线度、锥面的圆度均应在规定的公差范围内。

图 11-5　在开口套中安装阀瓣

1—软爪；2—开口套；3—工件

(3) 减压阀阀瓣的机械加工过程

减压阀阀瓣磨前的机械加工都在普通车床上进行。为保证两端外圆与密封锥面的相互位置精度，通常采用统一的定位基准，即加工所有的旋转面都用两端的中心孔作为定位基准。此外，粗、精加工时要多调几次头，这样可以减少由于中心孔不正而造成的定位误差。车削时应尽可能采用主偏角大的外圆车刀，以减少工件的变形。

表 11-6 和表 11-7 为两种减压阀阀瓣在中小批生产中的典型工艺过程。

表 11-6　单密封锥面减压阀阀瓣的典型工艺过程

序　号	工 序 内 容	定 位 基 准
1	车两端面、钻中心孔	
2	车一端外圆、大直径外圆及端面	中心孔
3	车另一端外圆	中心孔
4	精车一端外圆(留磨量)、大直径外圆、锥面(留磨量)	中心孔
5	精车另一端外圆(留磨量)	中心孔
6	磨一端外圆	中心孔
7	磨另一端外圆	中心孔
8	磨90°密封面	中心孔

表 11-7　双密封锥面减压阀阀瓣的典型工艺过程

序　号	工 序 内 容	定 位 基 准
1	车两端面、钻中心孔	
2	粗车一端外圆、两大直径外圆及端面	中心孔
3	粗车另一端外圆及两曲面	中心孔
4	精车一端外圆	中心孔
5	精车另一端外圆、两曲面	中心孔
6	精车两密封面	中心孔

(4) 密封锥面的加工

密封锥面是阀瓣的重要表面，它的几何精度和表面粗糙度都比较高，通常在车削后还要进行磨削加工。锥面的磨削有两种方法。第一种是将砂轮修整成和锥面相应的角度进行磨削[图 11-6（a）]，这种方法常用在锥面不宽的情况下。另一种是把砂轮旋转1/2锥角，用砂轮外圆柱表面进行磨削[图 11-6（b）]。这种方法用在密封锥面较宽的阀瓣。磨削时砂轮应经常修整，以免密封锥面的母线产生直线度误差而影响阀门的密封性能。

双密封阀瓣的锥面一般很窄，通常不采用磨削，而是在普通车床上高速车削。阀瓣两密封锥面间的距离尺寸，可用图 11-7 的卡规控制。

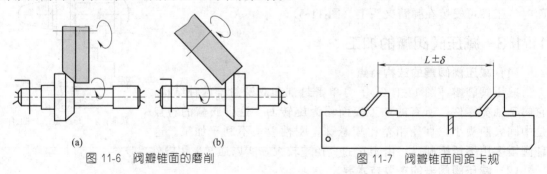

(a)	(b)	
图 11-6　阀瓣锥面的磨削		图 11-7　阀瓣锥面间距卡规

11.2　盘式关闭件的加工

盘式关闭件在阀门中主要用来切断、节流或防止介质倒流。其中包括楔式闸板、平行式闸板、止回阀阀瓣和蝶阀蝶板等（图 11-8）。这些零件虽然均属盘式关闭件，但由于结构的不同，其加工过程也各有特点。

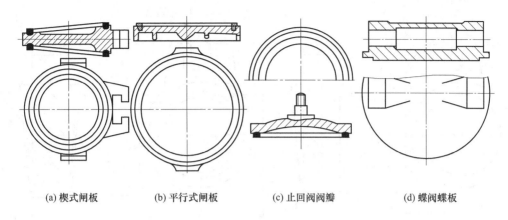

(a) 楔式闸板   (b) 平行式闸板   (c) 止回阀阀瓣   (d) 蝶阀蝶板

图 11-8　盘式关闭件

11.2.1　楔式闸板的加工

(1) 楔式闸板的结构特点

楔式闸板是外缘带凸块的圆盘，两端面为对称于中心面的倾斜密封面。在其厚端凸出部位有与阀杆连接的 T 形槽或螺纹。为使闸板能在阀体中顺利地开启和关闭，在闸板外缘的两侧面上有导向槽或导向筋（图 11-9）。

由于阀门的用途不同，闸板密封面的材料也不一样，常用的材料有铜、不锈钢和钴铬钨硬质合金等。

闸板密封面的形成方法有 3 种：从本体上直接车出；堆焊后车成；镶密封圈。

楔式闸板可分为弹性和刚性的两大类。规格从 $DN15 \sim 500$。除 $DN100$ 以下的钢制闸板可用锻造毛坯外，其余的钢、铜、铸铁闸板均采用铸件毛坯。

(2) 楔式闸板的主要技术要求

① 闸板的密封面部位，钢制闸板的 T 形槽及导向槽（筋）需要机械加工，其余部位一般为非加工表面。

② 密封面要平整，不得有气孔、划线、刀痕和裂缝等缺陷，其表面粗糙度不大于 $Ra1.6\mu m$。

③ 闸板厚度（在轴线上度量）公差一般为 11 级。

④ 非配合加工表面的精度为 M 级，表面粗糙度 $Ra25\mu m$。

⑤ 导向槽或筋的两侧面对两密封面的对称度不大于规定值。

⑥ 两导向槽的底面平行度不大于规定值。

⑦ 密封面采用堆焊形成的闸板，焊后应进行热处理，以便消除应力。

(3) 楔式闸板的工艺分析和典型工艺过程

从零件的功用、结构和技术要求看，闸板的主要工艺难度是如何保证两密封面间角度精度、密封平面的精度、表面粗糙度以及密封面与导向槽的相互位置精度。因此，在工艺路线的安排、定位基准的选择和夹具结构等方面都应根据这些问题进行考虑。

下面根据闸板的结构分析确定其典型工艺过程。

① 刚性楔式闸板　图 11-9 (a) 为两种刚性闸板，由于它们没有弹性槽，因此，楔角的精度靠加工保证。闸板的尺寸、材料和结构不同，其加工顺序也不同。

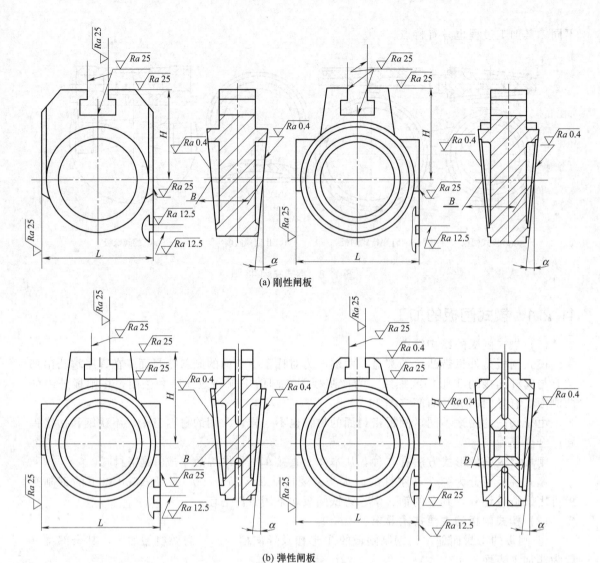

(a) 刚性闸板

(b) 弹性闸板

图 11-9　楔式闸板

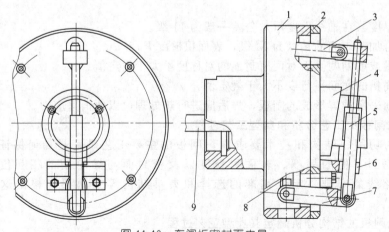

图 11-10　车闸板密封面夹具

1—盘体；2—盖板；3—连杆；4—定位斜垫；5—压杆；6—小弯板；

7,8—连杆；9—拉杆

a. 黄铜闸板的典型工艺过程。$DN65$ 以下的整体黄铜闸板用金属模铸成毛坯，铸件质量较好。除密封面及厚端中部螺纹部位需要加工外，其余部位均不加工。根据先粗后精的原则，一般先把厚端中部螺纹及内孔车好，然后以螺纹内径、端面和一侧密封面为基准安装在图 11-10 的夹具中加工另一侧密封面。车好后将闸板翻转，在原夹具上再加工另一侧密封面。在同一夹具、同一台机床上用相同的工艺参数加工两密封面，可以减少加工误差，保证工件的质量。表 11-8 为成批生产中黄铜闸板的典型工艺过程。

表 11-8　黄铜闸板的典型工艺过程

序　号	工 序 内 容	定 位 基 准
1	车厚端中间端面，钻孔，车螺纹内径、倒角及攻梯形螺纹孔	斜面
2	车两密封面 (1)粗、精车一密封面，工件翻转 (2)粗、精车另一端密封面	斜面 密封面

注：黄铜闸板在图 11-9（a）中未画出。

b. 钢和铸铁闸板的典型工艺过程。钢和铸铁闸板的加工有两种工艺路线方案。

第一种方案是首先在闸板的厚端和薄端的外缘中心位置钻出中心孔，以中心孔作定位基准，依次加工导向槽（筋）的顶面、T形槽端面及导向槽。然后以导向槽和薄端外缘为基准铣 T 形槽。再以已加工的表面为基准加工密封面部位。这种方案的特点是加工过程中采用同一基准和互为基准相结合，因而有利于提高加工质量和效率。这种方案适用于 $DN100$ 以下钢制闸板的加工。表 11-9 和表 11-10 分别为 $DN50$ 以下，$DN50\sim100$ 的钢制闸板的典型工艺过程。

表 11-9　$DN50$ 以下不锈钢闸板的典型工艺过程

序　号	工 序 内 容	定 位 基 准
1	划 T 形槽端面及薄端外缘上中心线	
2	钻两中心孔	
3	铣两侧导向筋	中心孔
4	铣 T 形槽直槽	小端外缘及导向筋
5	铣 T 形槽	小端外缘及导向筋
6	粗车一密封面	导向筋及 T 形槽端面
7	粗车另一端密封面	T 形槽端面及一密封面
8	热处理(调质)	
9	精车一密封面	T 形槽端面及一密封面
10	精车另一端密封面	T 形槽端面及一密封面

表 11-10　$DN50\sim100$ 碳钢闸板的典型工艺过程

序　号	工 序 内 容	定 位 基 准
1	划 T 形槽端面及薄端外缘上的中心线	
2	钻两中心孔	
3	车导向筋外圆及 T 形槽端面	中心孔
4	粗铣导向槽	中心孔
5	铣 T 形槽直槽	薄端外缘及导向槽
6	铣 T 形槽	薄端外缘及导向槽
7	修 T 形槽毛刺	
8	粗车堆焊基面	导向槽及 T 形槽端面
9	堆焊(喷焊)	
10	热处理	
11	粗车密封面	导向槽及 T 形槽端面
12	精车密封面(留磨量)	T 形槽及端面、一密封面
13	精铣导向槽	两密封面
14	磨密封面	一密封面

第二种方案是先粗加工密封面部位，然后以它为定位基准，加工T形槽和导向槽，最后精加工密封面。这种方案的特点是加工过程中所使用的夹具结构比较简单，适应性广，DN50 以上的钢和铸铁闸板都能适用。表 11-11 为中小批量生产碳素钢闸板时的典型工艺过程。

表 11-11　碳素钢闸板批量生产的典型工艺过程

序　号	工序内容	定位基准
1	车一端堆焊基面及工艺止口	外缘面
2	车另一端堆焊基面	堆焊基面及工艺止口
3	划导向槽及T形槽线	
4	粗铣导向槽	堆焊基面及工艺止口
5	铣(插)T形槽	堆焊基面及工艺止口
6	堆焊	
7	热处理	
8	车一密封面(留磨量)	导向槽及T形槽端面
9	车另一端密封面(留磨量)	密封面及内径
10	精铣导向槽	两密封面
11	磨或精车两密封面	密封面及内径

注：1. 用精铸毛坯可省去划线、粗铣导向槽及铣T形槽工序，但在加工前需清除这些部位的毛刺。
　　2. 此工艺一般适用于中等尺寸闸板的加工。
　　3. 大尺寸闸板堆焊后，车第一面密封面时一般按平面找平加工，导向槽无需分粗、精两道工序。

② 弹性楔式闸板　弹性闸板的特点是中间有弹性槽，关闭时闸板楔角可随阀体的楔角自行微量调整。

弹性闸板有整体式和焊接式两种，如图 11-9（b）所示。前者一般采用铸件毛坯，后者采用铸焊（或锻焊）毛坯。

整体式弹性闸板的加工过程与表 11-11 的过程基本相同，只是增加一道切槽或切筋工序。切槽工序一般放在精加工密封面前进行，这样可以在精加工时避免由于闸板的残余应力使切槽后产生变形。

焊接式的弹性闸板是由两片铸造的半个闸板与心轴焊接而成。因此，需分两个阶段进行加工。第一阶段可将单片闸板的内孔、背面车好，密封面留余量。心轴按图纸加工好，然后把它们组焊在一起，再进行第二阶段的加工，即进行T形槽、导向槽和密封面的精加工。表 11-12 为中小批量生产焊接式弹性闸板典型工艺过程。

表 11-12　焊接式弹性闸板的典型工艺过程

序　号	工序内容	定位基准
	单片闸板	
1	车背面、内孔、止口(留余量)	
2	车堆焊基面	背面及止口
3	堆焊	
4	在大端及小端外缘上面划线	
5	粗车密封面	背面及止口
6	车背面止口	密封面及内径
7	将两片闸板焊接在一起	
	组合件	
8	热处理	
9	划导向槽及T形槽线	
10	插T形槽	密封面及内径
11	铣导向槽	密封面及内径
12	半精粗车密封面(留余量)	密封面及内径
13	精车(或磨)密封面	密封面及内径

(4) 主要表面和部位的加工方法

① 导向槽（筋）的加工　导向槽通常在铣床上加工。由于闸板的结构和尺寸不同，因此，加工方法、定位基准和所使用的工艺装备也有区别。加工导向槽有以下两种方法。

第一种方法，以中心孔为定位基准，将工件安装在夹具上用卧式铣床加工。这种方法一般适用于 DN100 以下闸板导向槽（筋）的加工。

图 11-11 为铣 DN50 以下导向筋的夹具。在加工前根据被加工闸板的尺寸要求调整好小弯板的距离，然后按工件将距离对好，即可进行加工。铣好一侧导向筋后略松顶尖并拔出插销，将回转轴回转 180°，把插销插入另一定位孔，推进定位块，顶紧顶尖并锁紧，铣另一侧导向筋。

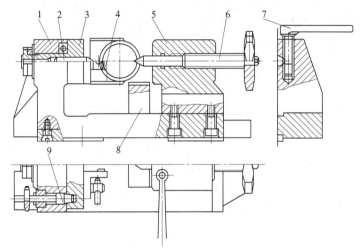

图 11-11　铣 DN 50 以下闸板导向筋的夹具
1—夹具体；2—前顶尖；3—旋转轴；4—小弯板；5—顶尖座；
6—后顶尖；7—锁紧手柄；8—定位块；9—定位插销

铣 DN65～100 闸板导向槽的夹具如图 11-12 所示，其结构同上面介绍的有些相似。加工时，把工件安装在两顶尖间，并用角尺找平，然后用两侧螺钉顶紧，按对刀块对刀加工。铣好一侧导向槽后松开顶尖及螺钉，将工件回转 180°，并用支承螺帽将工件顶平，即可进行加工。

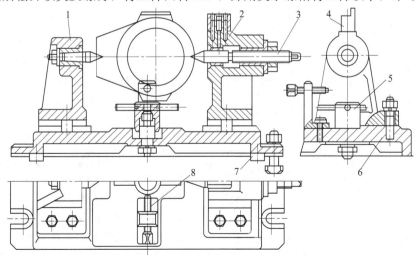

图 11-12　铣 DN 65～100 闸板导向槽夹具
1—前顶尖座；2—后顶尖座；3—后顶尖；4—对刀块；5—支承螺母；6—夹具体；
7—定位键；8—顶紧螺钉

采用这种方法加工导向槽（筋）的主要优点是用同一定位基准，完成两侧导向槽（筋）的加工，可减少工件装卸时间，并保证两侧导向槽（筋）与中心的对称性。图 11-13 为另一种铣导向槽夹具，这种夹具刚性好，一般用于精铣。

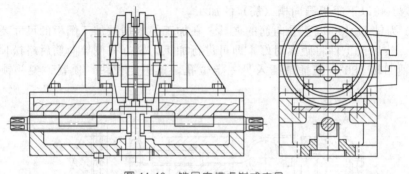

图 11-13　铣导向槽虎钳式夹具

如果闸板导向筋顶面是圆弧形的，在铣导向筋前可先在车床上按图纸要求车至尺寸，然后再铣导向筋。

第二种方法，以粗加工后的密封面内径、端面以及 T 形槽为定位基准，将工件安装在立式铣床的斜盘夹具上用组合铣刀加工导向槽。这种加工方法常用于 DN100 以上闸板导向槽的加工。图 11-14 为铣导向槽夹具。使用的组合铣刀是用特制的三面刃圆盘铣刀按照被加工工件导向槽的深浅组成的。采用这种组合铣刀加工效率高，每侧只需一次走刀就能达到要求尺寸。

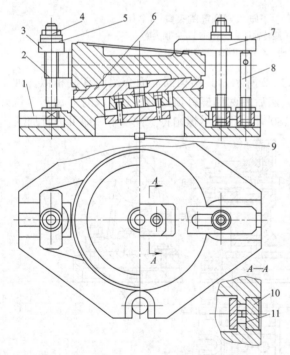

图 11-14　铣 DN 100 以上闸板导向槽夹具

1—斜盘体；2—螺栓；3—压板；4—球面螺母；5—锥面垫圈；
6—定位盘；7—压板；8—顶柱；9—定位键；
10—可调定位板；11—背板

DN300 以上闸板，批量小，导向槽一般可按划线在插床上加工。中等尺寸闸板的导向槽，在中批以上生产中，通常采用组合机床加工。

② T 形槽的加工　T 形槽用铣或插的方法加工，DN100 以下的闸板一般分两道工序在立式铣床上加工。先用柱形铣刀铣直槽，后用 T 形铣刀加工 T 形槽。图 11-15 为铣 T 形槽夹具。DN150 以上的闸板，一般生产量不大，T 形槽的加工通常按划线在插床上进行。工件的安装如图 11-16 所示。这种加工方法效率比较低，仅适用于中小批量生产。

在大批量生产中，T 形槽用组合机床加工。目前用于铣 T 形槽的组合机床有两种结构形式。一种是带回转工作台四工位组合铣床，工件侧立安装。另一种是立式组合铣床，机床由 3 台立式铣削头、往复式工作台、床身及夹具等组成。此机床用来加工 DN150～250 闸板的 T 形槽。用这种组合铣床加工，效率较普通铣床高 3～4 倍。

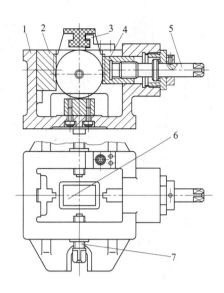

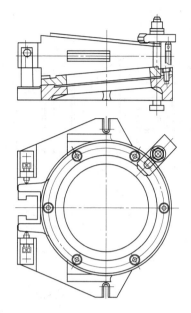

图 11-15　铣 T 形槽夹具

1—夹具体；2—定位块；3—对刀块；4—压紧块；

5—顶紧螺杆；6—定位板；7—顶紧螺钉

图 11-16　插 T 形槽夹具

③ 密封面的加工　密封面是闸板的关键部位，其加工质量直接影响阀门的密封性能和使用寿命。密封面的粗加工可在普通车床或立式车床上进行。精加工一般用磨或精车的方法来完成。精加工的方法要根据密封面的精度要求、材料、硬度、闸板尺寸以及生产批量确定。

下面按闸板的结构介绍密封面部位的加工方法。

a. 刚性闸板。刚性闸板包括整体用不锈钢或黄铜制成的，以铸铁为本体镶密封圈的和以碳素钢为本体堆焊不锈钢或其他合金材料的 3 大类。除整体黄铜闸板的密封面一般在普通车床上经一道工序完成粗、精加工外，其他材料的闸板密封面均分粗、精工序进行。

$DN100$ 以下钢制闸板的粗加工，通常以闸板导向槽（筋）及 T 形槽端面为定位基准，在普通车床上进行。图 11-17 为粗加工 $DN50$ 以下闸板密封面双爪自动定心夹具。工件靠带有斜角的左右卡爪夹紧。这种夹具的优点是具有一定的通用性，工件装卸方便。$DN65$ 以上闸板密封面的粗加工（包括堆焊基面的加工和堆焊后的粗加工）通常采用图 11-18 的夹具。闸板的厚度靠相对测量来控制。测量时以夹具夹爪上的 C 面为测量基准，量出 C 面至密封面（即堆焊基面）的距离 E，即可获得半厚尺寸。此夹具为通用夹具。加工不同的闸板时，先按闸板尺寸把定位弯板调到适当位置，其距离 L 按下式计算

$$L = H - 0.5B\tan\alpha$$

式中　H——闸板 T 形槽端面至密封面中心的距离，mm；

　　　　B——闸板厚度，mm；

　　　　α——密封面斜角，一般取 $\alpha = 5°$，(°)。

$DN150$ 以上的闸板，生产量不大，一般按划线找正后，车第一端堆焊基面及工艺止口。车另一端时以工艺止口及堆焊基面为定位基准安装在夹具上，根据闸板尺寸的大小分别在普通车床或端面车床上进行。图 11-19 为车闸板密封面通用夹具。在加工不同尺寸的闸板时需更换定位盘并按图 11-20 计算出闸板的位移量 S。

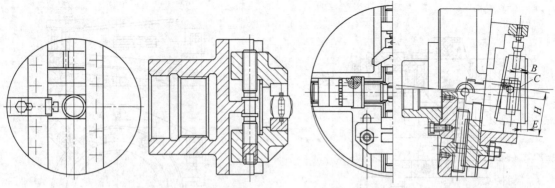

图 11-17 粗加工 *DN*50 以下闸板密封面双爪
自动定心夹具

图 11-18 *DN*65 以上闸板密封面粗加工夹具

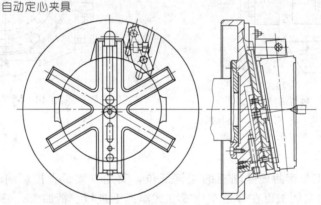

图 11-19 车闸板密封面通用夹具

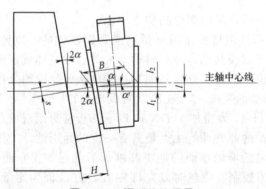

图 11-20 闸板的位移量

  *DN*100 以下钢制闸板密封面的精加工一般根据密封面的硬度和闸板尺寸大小,分别采用磨或精车的方法加工。*DN*50 以下的不锈钢闸板,由于尺寸较小,且不便于用磨的方法加工,因此,要在热处理后进行精车(图 11-21)。加工时车好一面后,将工件翻转加工另一面。闸板的厚度和对称性靠机床挡铁和安装在小刀架侧面上的百分表控制。*DN*65 以上闸板密封面的精加工,一般精车后还需要经过磨削加工(图 11-22)。

  密封面的磨削通常在圆盘磨床上进行。图 11-23 为磨闸板密封面夹具。磨削时先在一面磨去闸板厚度余量的一半,然后再根据生产批量按不同要求磨另一面。

  对于中、小批量生产通常需按一批阀体挡宽的实际尺寸,对密封面进行试磨,并放入阀体内,观察闸板与阀体的吻合情况。如果符合装配尺寸要求,即可按调整的尺寸进行磨削。

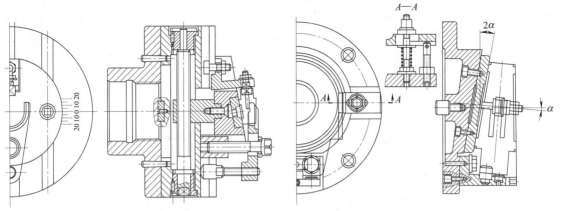

图 11-21　精车 *DN*50 以下闸板密封面夹具　　　图 11-22　精车 *DN*65 以上闸板密封面夹具

　　大批量生产时应严格按照图纸尺寸公差进行加工。闸板的厚度可用图 11-24 的闸板厚度卡规控制。*DN*300 以上闸板的密封面多在普通或端面车床上加工。图 11-25 为车密封面夹具。这种夹具的结构原理与前面介绍的夹具基本相同。堆焊后工件的安装方式和使用的夹具与车堆焊基面相同。

　　上述闸板在加工时可用万能量具测量闸板的厚度。

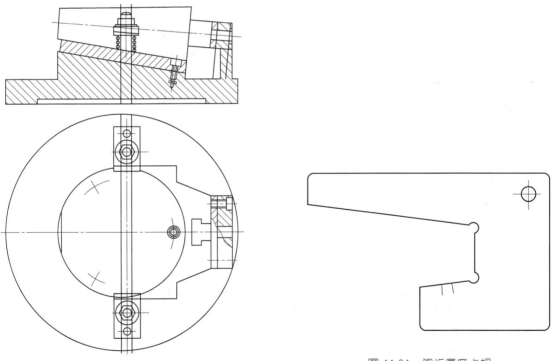

图 11-23　磨闸板密封面夹具　　　　　　　　　　图 11-24　闸板厚度卡规

　　堆焊后加工第一面密封面所使用的工艺装备同车堆焊基面的完全相同。由于密封面的材料不同，有的密封面粗车后需经高频淬火处理，有些则直接车到要求尺寸，如采用铬-锰焊条和钴铬钨硬质合金焊条堆焊，焊后即可达到要求硬度，无需进行淬火处理。

　　用以上两种焊条堆焊后其硬度比较高，有的可达 40HRC 以上。用普通结构的刀具加工，往往效率低，刀具耐用度不高，而且切削用量稍大，就可能造成崩刃现象。某厂在生产实践中创造了一种专用于加工堆焊密封面的"抗硬车刀"，效果很好。刀具寿命比普通车刀提高一倍以上。图 11-26 为两种"抗硬车刀"。图 11-26（a）为单刃车刀，用于加工堆焊平面。图 11-26（b）为双刃车刀，用于加工密封面的内、外圆。这两种车刀加工时配合使用，先用单刃车刀将堆焊平面车平，然后用双刃车刀车密封面的内、外圆。这种车刀的特点是具有较大的负前角，能抗冲击，故刀头不易崩刃，使用寿命长。

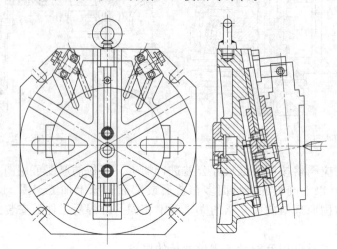

图 11-25　车 DN300 以上闸板密封面夹具

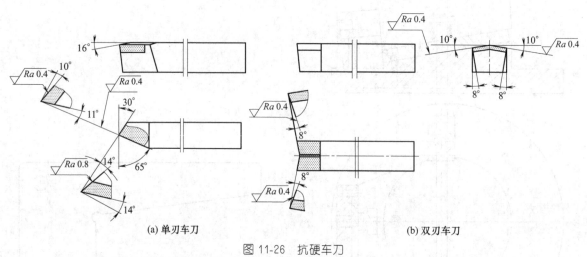

(a) 单刃车刀　　　　　　　　　　　　(b) 双刃车刀

图 11-26　抗硬车刀

　　镶铜密封圈的铸铁闸板、密封圈环形槽及压密封圈后的精加工，均以两斜面（密封面）互为定位基准，安装在夹具上，在普通车床或端面车床上进行。使用的夹具与加工钢制闸板密封面的夹具基本相同。

　　铜密封圈的压装方法与压装阀体密封圈的方法相同。

　　b. 弹性闸板。弹性闸板分整体式和焊接式两种。整体式弹性闸板密封面的加工方法和使用的工艺设备同非弹性闸板一样。焊接式弹性闸板是由两片闸板通过心轴焊接在一起的，其密封面的堆焊和粗加工均在组焊前进行。

　　加工单片闸板密封面所用的夹具同加工阀体密封面的夹具相同。组焊后精加工密封面所用的夹具和加工方法与加工非弹性闸板的密封面一样。但应该指出，在加工弹性闸板过程中要注意下列两个问题：$PN16$ 系列的单片闸板比较薄，在堆焊密封面过程中变形较大，往往形成碟状，所以在背面、台阶等处需在焊前留出余量，待粗加工后，组焊前，将表面车至图纸尺寸；组焊过程中必须用夹紧装置将两片闸板固定住，以减少焊接过程的变形。

(5)"闸板互换"问题的探讨

"闸板互换"是指楔式闸阀的阀体和闸板经过机械加工后，装配时在一定批量内，任何一个闸板无需经过修整和选择装入任何一个阀体内即能达到规定的密封要求。即闸板与阀体的完全互换装配法。我国目前只有少数几个阀门厂采用完全互换装配法，并限于一定的规格范围内。大多数阀门厂在生产中仍采用修配法装配。当然，在一定的生产批量下，如单件小批生产，采用修配法是合理的，但在大批量生产中采用修配法不仅耗费工时多，生产效率低，而且产品质量也不稳定。因此，必须采取有效措施，达到"闸板互换"要求，以适应大批量生产的需要。

下面介绍影响互换的几种因素和解决这些问题的工艺措施。

① 影响互换的几种因素　为达到互换要求，需具备下列条件：对阀体来说，两密封面楔角、两密封面与导向筋的对称度及两密封面间的开档宽度均需符合图纸规定的精度，而且两密封面间的楔角不得歪扭；对闸板而言，两密封面间的楔角需与相应的阀体密封面的角度一致，两密封面与导向槽（筋）的对称度及两密封面间的厚度需符合规定的精度要求。

此外，阀体和闸板密封面的表面粗糙度、平面度亦需符合图纸与技术要求。但是，在机械加工过程中往往因为各种误差，诸如机床本身的误差、夹具结构和安装上的误差、工件的定位误差以及机床、夹具和刀具等系统因弹性变形而引起的误差，使上述互换条件难以达到。

关于阀体加工过程中出现的误差已在阀体类零件加工一章里作了分析，此处仅就闸板加工过程中影响精度的误差进行分析。

a. 夹具误差。加工闸板密封面所用的夹具是直接影响互换的因素。国内各厂采用的夹具，归纳起来有带斜角的平板式（图 11-22）和带斜度的卡盘式（图 11-19）。第一种夹具用于密封面的精车或磨削。如果夹具本身的斜角有误差，就会直接影响到两密封面的楔角精度。用这种夹具精车，花盘与机床的连接和夹具在花盘上的定位也都可能产生误差而影响两密封面楔角的精度。第二种夹具直接与机床主轴连接。如果卡盘定位孔与端面不垂直，造成夹具的定位斜角与机床轴线的夹角误差，就直接影响密封面的楔角精度。

b. 工件的定位误差。精车闸板第一面时，以导向槽及 T 形槽端面作为定位基准。如果导向槽不直或有磕碰及凸凹不平等就会影响闸板半角或密封面与导向槽的对称性。其次，导向槽的尺寸偏差也能直接影响密封面与导向槽的对称性。对称度的数值等于导向槽偏差的一半。因此，导向槽偏差愈大，对称度偏差也就愈大。

精加工第二个密封面时，以已加工的密封面内圆、端面及 T 形槽作为定位基准。如果定位面上有磕碰、毛刺和切屑等异物就会造成闸板楔角的误差，通常异物的高度愈大，所产生的误差也愈大。

DN200 以上的闸板一般靠划线找正加工。这种方法必然会产生误差，误差的大小与划线的精度及加工工人的技术水平有关。

除上述产生误差的因素外，诸如工件的热变形、机床本身的精度等也会影响闸板的加工精度。

c. 测量误差。测量误差的产生与量具本身的精度、测量方法、测量力的大小、测量基准的选择以及目测判断等因素有关。如测量闸板厚度时常用图 11-24 的卡规，其测量基准线是密封面的外圆，显然外径尺寸的变化必然影响闸板的厚度。

② 为了达到"闸板互换"应采取的措施

a. 使用带斜度的平板式夹具时，夹具安装前先将花盘平面精车一刀，这样能消除由于花盘平面与机床中心线不垂直而引起的加工误差。如用卡盘式夹具，安装前必须将与机床主轴连接的定位面擦净，且夹具端面不得有任何污物。端面若有磕碰不平现象，应进行修整。

b. 选择精度高的机床精加工密封面，机床上的夹具尽可能不要经常拆卸，以保持夹具的安装精度。

c. 以闸板导向槽作为定位基准加工密封面时，导向槽的公差必须缩小到足以保证两密封面与导向槽的对称度要求。如果以导向槽棱边为定位基准（定位件为锥爪式），槽宽公差可不必缩小，但导向槽棱边的毛刺应清理干净。对于精铸出的导向槽应进行必要的修整，以保证导向槽的平直和光洁。密封面精车后再精铣一次导向槽是保证导向槽对密封面对称度要求的行之有效的方法之一。

d. 如采用机床挡铁来控制闸板的厚度，加工前必须严格检查，调试好尺寸挡铁，以确保尺寸距离的准确性。

e. 用图 11-24 的卡规测量闸板厚度时是以密封面外圆为基准的。如果密封面外圆公差太大，必然会缩小卡规止、通位置刻线的距离，增加加工上的困难。根据生产经验，将其公差控制在 6 级精度较为合适。下面以 $PN64-DN50$ 的闸板为例说明密封面外圆公差对控制闸板厚度的影响。如闸板厚度公差为 $\pm0.11mm$，换算到斜面上的移动距离为 $2.51mm$。若密封面外圆为 70mm，按 8 级精度加工，则公差为 $0.74mm$，也就是说其半径的变化范围为 $0.37mm$。因此，在卡规止、通位置刻线距离中也应缩小 $0.37mm$，即止、通刻线间距离缩小到 $2.14mm$。若将密封面外圆的精度提高到 6 级，其公差为 $0.20mm$。显然刻线间距离只缩小 $0.10mm$。这样既可保证闸板的厚度公差，又不会给加工增加很大困难。

f. 确保工件定位面尺寸精度，严防磕碰、划伤。定位基面的精度直接影响工件加工的精度。工件的摆放和运输需要有工位器具，确保定位面不被磕碰、划伤。

g. 夹具精度也直接影响加工工件的质量。为保证闸板和阀体两密封面楔角的一致，制造加工闸板密封面的夹具时，可用两块相当于阀体密封面斜角的母板叠合在一起，以作为制造夹具楔角的依据。

11.2.2 止回阀阀瓣的加工

(1) 止回阀阀瓣的结构特点

止回阀阀瓣的结构如图 11-27 所示。它的密封面部位直径较大，而与摇杆连接的外圆直径很小。主要加工部位是密封面、大端外圆和与摇杆连接的部位。

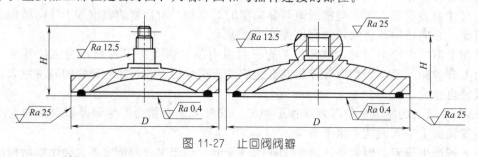

图 11-27 止回阀阀瓣

这种阀瓣的材料多为碳素钢，通常用铸造方法制成毛坯。

(2) 止回阀阀瓣的主要技术要求

① 有配合的圆柱面或球面的加工精度为 $11\sim12$ 级，表面粗糙度不大于 $Ra12.5\mu m$；内、外螺纹的精度为 6 级，表面粗糙度为 $Ra12.5\mu m$。没有配合的加工表面均为 M 级精度，表面粗糙度为 $Ra25\mu m$。

② 密封面要平整，不得有任何磕碰、划伤、刀痕等缺陷，表面粗糙度精度不大

于 $Ra0.4\mu m$。

③ 尾部有配合的圆柱面或球面的轴线与密封面的不垂直度不大于规定值。

(3) 止回阀阀瓣的机械加工过程

这种阀瓣的主要加工表面均为旋转面，都可用车削方法完成。除加工球面需用宽刃特型刀和专用样板外，加工其他部位均无需专用工艺装备。表 11-13 为中、小批生产时止回阀阀瓣的典型工艺过程。

表 11-13　止回阀阀瓣的典型工艺过程

序号	工序内容	定位基准
1	粗车小端外圆、端面	大端外圆表面
2	粗车大端外圆、堆焊基面	小端外圆表面
3	堆焊密封面	
4	热处理（消除应力）	
5	车密封面部位及大端外圆至尺寸要求	小端外圆表面
6	精车小端至尺寸要求	大端端面及密封面内圆
7	研磨密封面	

11.2.3　旋塞阀旋塞的加工

(1) 旋塞的结构特点

旋塞是旋塞阀的关闭件，在阀门中用来切断、分配和改变介质的流向。其形状如同一个带横向矩形通孔的圆锥体，大头端为四方棱柱，小头端带外螺纹（图 11-28）。

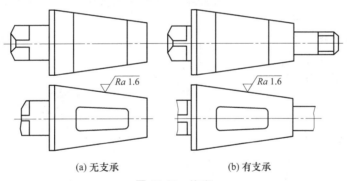

(a) 无支承　　　　　　(b) 有支承

图 11-28　旋塞

制作旋塞的材料有铸铁、铜、钢等。小尺寸的钢或铜旋塞常用棒材直接加工，较大尺寸的一般采用铸件毛坯。钢制旋塞也有用锻件毛坯的。旋塞的主要加工表面是圆锥面、圆柱面及四方表面等。

(2) 旋塞的技术要求

① 有配合的圆柱面加工精度为 11 级，表面粗糙度不大于 $Ra6.3\mu m$。其余加工表面的精度为 M 级，表面粗糙度为 $Ra25\mu m$。

② 密封面（即圆锥面）上不得有任何磕碰、划伤、缩孔、砂眼等缺陷，表面粗糙度不大于 $Ra1.6\mu m$。

③ 圆锥面母线的直线度不大于规定数值。

④ 圆锥面的圆度不大于规定数值。

(3) 旋塞的机械加工过程

旋塞是旋转体，属轴类零件，其主要表面均可在车床上加工。小尺寸的旋塞可由棒材直接加工，并在一道工序内将圆锥面、圆柱面车好、切断，然后再进行其他工序的加工。较大尺寸的旋塞，不论是棒材还是锻、铸件，通常先打中心孔，再以中心孔定位来加工其他表面。表 11-14 为 a 型旋塞在中、小批生产时的典型工艺过程。

表 11-14 a 型旋塞的典型工艺过程

序号	工序内容	定位基准
1	车端面、钻中心孔	外圆表面
2	粗车小端	中心孔
3	粗车锥面	中心孔
4	精车小端	中心孔
5	精车锥面	中心孔
6	铣四方表面	中心孔
7	磨锥面	中心孔

注：某些旋塞的精度要求不太高，精车后即可达到要求，可不用磨削。通常在铣四方后精车。

（4）圆锥体的加工方法

圆锥体可在普通车床或专用机床上加工。在普通车床上加工旋塞圆锥体的方法与加工旋塞体锥孔的方法相同。加工锥体时刀具的安装是很重要的问题。如刀尖未对准工件的中心，车出的锥体则呈双曲线形（图 11-29）。

要获得精度高的圆锥体，加工时必须把车刀尖对准工件的旋转中心。

国外有的阀门厂有一种专门加工旋塞阀阀体锥孔和旋塞锥面的专用机床。这种机床的两个主轴头水平地安装在平板上，并与带固定刀具的工作台运动导轨成 α 角。在主轴头前端的夹具上可分别安装被加工的旋塞阀阀体和旋塞。在工作台的刀架上安装加工旋塞阀阀体锥孔和旋塞锥面的刀杆。加工时，每一工作循环可加工完一个阀体和旋塞。图 11-30 为其加工示意图。用这种机床加工出的阀体和旋塞能获得一致的锥度。

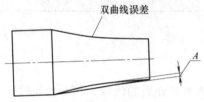

图 11-29 圆锥表面的双曲线误差

旋塞锥体的精度和表面粗糙度要求很高，车后需进行磨削。旋塞体一般在万能外圆磨床上磨削。磨前先将工作台转动二分之一锥角，然后进行试磨，用锥体套规检查锥度，直到合格为止。砂轮和冷却液可根据工件的材料选定。

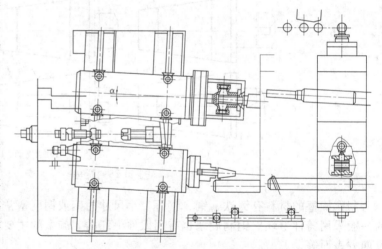

图 11-30 在专用机床上加工旋塞和旋塞阀阀体

参考文献

[1] 沈阳高中压阀门厂. 阀门制造工艺. 北京：机械工业出版社，1984.
[2] 苏志东等. 阀门制造工艺. 北京：化学工业出版社，2011.
[3] 陈宏钧. 实用机械加工工艺手册. 3 版. 北京：机械工业出版社，2009.

第12章 阀杆加工

Chapter 12

12.1 阀杆的常用材料及技术要求

12.1.1 常用材料

　　阀杆在阀门开启和关闭过程中，承受拉力、压力和扭矩的作用，并与介质直接接触，和填料也有相对摩擦运动，故要求阀杆具有一定的刚度、强度、耐腐蚀性能和耐擦伤性能。

　　为了满足使用的需要，首先要根据阀门的使用条件对阀杆选用合适的材料。阀杆的常用材料有优质碳素钢、合金结构钢、不锈耐酸钢和耐热钢等。

12.1.2 技术要求

　　为了满足使用需要，还要对阀杆材料提出相应的技术要求。这些要求一般包括硬度、强度、塑性、韧性和耐腐蚀性能等。阀杆常用材料及技术要求见表12-1。

表 12-1　阀杆常用材料及技术要求

阀门使用条件			常用材料牌号	技术要求
压力	温度/℃	适用介质		
低中压	≤300	水、蒸汽、石油	35	≤187HB
中高压	≤450	水、蒸汽、石油	40Cr	28～32HRC
中高压	≤450	弱腐蚀性介质	12Cr13、20Cr13、14Cr17Ni2	240～280HB
		腐蚀性介质	12Cr18Ni9	按 GB 4334.5 检验无晶间腐蚀倾向
		腐蚀性介质	06Cr19Ni10、022Cr19Ni10	按 GB 4334.5 检验无晶间腐蚀倾向
		腐蚀性介质	06Cr17Ni12Mo2、022Cr17Ni12Mo2	按 GB 4334.5 检验无晶间腐蚀倾向
		腐蚀性介质	06Cr18Ni11Ti	按 GB 4334.5 检验无晶间腐蚀倾向
		腐蚀性介质	05Cr17Ni4Cu4Nb	28～32HRC
		腐蚀性介质	07Cr15Ni7Mo2Al	≥40HRC
	≤550		25Cr2Mo1V	240～280HB
	≤550		38CrMoAl	270～310HB
	≤650		4Cr10Si2Mo	250～300HB

12.2　阀杆的结构特点及技术要求

12.2.1　阀杆的结构特点

阀杆是用来启、闭关闭件并传递密封力的。阀门的启、闭动作通过动力装置、阀杆和阀杆螺母来实现。阀杆除承受轴向力外，还承受传动机构的转矩，它的受力情况比较复杂。

阀杆是轴类零件，其长度大于直径。一般是由外圆柱面、外螺纹、外圆锥面及外四方面组成。根据其端部结构的不同，阀杆可分为带密封锥和不带密封锥的两种形式（图 12-1）。

尽管阀杆的结构有所不同，但也有其共同特点。

(1) 粗糙度要求高

阀杆有一个粗糙度要求很高的外圆柱表面。阀杆的外圆柱表面与填料紧密接触，为使阀杆在旋转或轴向运动时不致划伤填料，并保证它与填料间的密封，其外圆柱面的粗糙度精度要求较高，一般为 $Ra3.2\sim0.8\mu m$。

(2) 阀杆带外螺纹

除球阀等个别阀门的阀杆外，绝大部分阀杆均有外螺纹。外螺纹用来把动力装置或传动装置的旋转运动转换为阀杆的轴向运动，以实现阀门的开启与关闭。为了能承受较大的轴向载荷，阀杆通常采用单头标准梯形螺纹。

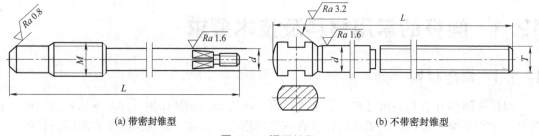

(a) 带密封锥型　　　　　　　　　　　　(b) 不带密封锥型

图 12-1　阀杆结构

12.2.2　阀杆的主要技术要求

阀杆的主要技术要求有表面精度和公差 2 项。

(1) 表面精度

阀杆外圆的直径精度一般为 d11 级，表面粗糙度为 $Ra3.2\sim0.8\mu m$。螺纹精度为 7～9 级，表面粗糙度为 $Ra6.3\sim3.2\mu m$。密封锥面的表面粗糙度为 $Ra3.2\sim0.4\mu m$。

(2) 公差

阀杆的轴心线直线度在全长上不应超过外圆直径公差的 1/2。外圆柱的锥度在每 100mm 长度上不得大于 0.015mm。螺纹、密封锥面对外圆柱的同轴度一般不得超过外圆柱直径公差的 1/2。

12.3　阀杆的工艺分析及典型工艺过程

12.3.1　工艺分析

阀杆常用的毛坯是圆钢。当阀杆各阶梯直径相差较大而产量也较大时，可采用圆钢头部镦粗的方法来制造毛坯。

阀杆是比较典型的轴类零件，大多数阀杆的长度与直径之比大于 10，属于细长轴，故其刚性较差。

为了保证阀杆的轴心线直线度等几何形状的精度，阀杆的粗、精加工应分开进行。外圆柱面、梯形螺纹等主要表面均安排有粗加工工序，这样，就不会因粗加工时的切削力过大而影响零件的最后精度。

阀杆一般采用两顶尖孔作为定位基准。外螺纹、锥面及外圆柱面的设计基准都是轴的中心线，采用两顶尖孔定位不仅符合基准重合原则，而且由于各主要表面均能采用同一个定位基准来加工，所以也符合基准统一的原则。带密封锥面的阀杆在加工端部的锥面时，需将该端的顶尖孔车去，此时可采用已加工好的外圆柱面作为定位面。车削阀杆螺纹退刀槽时，由于工件刚性较差，可将阀杆一端装夹在三爪卡盘中，另一端用后顶尖顶住或用中心架托住。

阀杆的热处理工序（正火或调质）通常安排在粗加工之前。表面处理工序（镀铬或氮化）均安排在精加工之后。

阀杆梯形螺纹的加工方法有 3 种：单件、小批生产时采用车削；中批生产时使用旋风切削；大批、大量生产时采用冷滚压。

12.3.2 典型工艺过程

带密封锥面阀杆的典型工艺过程见表 12-2。表 12-3 为不带密封锥面阀杆的典型工艺过程。

表 12-2 带密封锥面阀杆的典型工艺过程

序号	工序内容	定位基准
1	车端面,打两端中心孔	外圆表面
2	车大头各部外圆	中心孔
3	调头,车 d11 外圆,留磨量 0.15～0.3mm	中心孔
4	磨 d11 外圆至尺寸	中心孔
5	车螺纹	外圆及一端中心孔
6	车 90°密封锥面	外圆表面
7	车小头外圆、端面,保持全长尺寸	外圆表面
8	套小头螺纹	外圆表面
9	铣四方	外圆表面
10	密封锥面局部淬火	
11	磨密封锥	外圆表面

表 12-3 不带密封锥面阀杆的典型工艺过程

序号	工序内容	定位基准
1	车端面,打两端中心孔	外圆表面
2	粗车小头各部外圆,留余量 2～3mm	中心孔
3	调头,车大头外圆至尺寸	中心孔
4	调头,车小头外圆,留余量 0.2～0.4mm	中心孔
5	车空刀槽及锥面	外圆及一端中心孔
6	车梯形螺纹空刀槽、倒角	外圆及一端中心孔
7	粗车梯形螺纹	外圆及一端中心孔
8	磨 d11 外圆及梯形螺纹外径至尺寸	中心孔
9	精车梯形螺纹	中心孔
10	车大头端面(或球头),保持全长尺寸	外圆表面
11	铣方槽	外圆、端面
12	氮化(或镀铬)	

12.4 阀杆主要表面的加工方法

12.4.1 阀杆外圆柱表面的加工

车削是阀杆外圆表面粗加工的主要方法。小批生产时多在普通车床上进行，大、中批生产时可采用数控加工中心。阀杆外圆表面的精加工主要采用磨削。中、小批生产时多在外圆磨床上进行；大批、大量生产时有的阀杆可采用无心磨床来加工。

阀杆与填料和介质接触，因受介质的影响和填料电化学作用而极易腐蚀，故通常选用20Cr13，12Cr18Ni9 等不锈钢制作（若选用碳素钢材料，则需进行镀铬或氮化等表面处理）。这样，在阀杆外圆柱表面的加工中，主要应解决不锈钢材料的车削和磨削的问题。以下着重介绍不锈钢阀杆外圆柱面的车削和磨削。

(1) 不锈钢阀杆外圆柱面的车削

不锈钢材料由于韧性大、高温机械性能好、切屑黏附性强、导热性差及加工硬化趋势强等原因，使其切削性能不好而难加工。加之阀杆是细长轴零件，自身刚性差，这就给外圆柱面的车削带来更大的困难。

不锈钢阀杆车削具有以下特点：车削不锈钢阀杆时容易产生振动和弯曲变形；车削不锈钢阀杆时刀具磨损较大，工件易于产生几何形状误差；车削不锈钢阀杆时断屑比较困难。

针对上述特点，在车削不锈钢阀杆时通常采用以下措施。

① 车削不锈钢阀杆时为了避免产生振动，可采用跟刀架或中心架来提高阀杆的刚性。另一方面，可加大车刀的主偏角 ψ，以减小径向切削分力。主偏角愈大，径向分力就愈小。但主偏角过大将使切屑的厚度增加，宽度减少，从而缩短参加切削的刀刃长度，造成刀刃散热条件恶化。此外，主偏角过大使刀尖角 ε_p 相应减小，这会加速刀刃的磨损并减弱刀尖的强度。一般车削不锈钢阀杆采用的主偏角为 75°～90°。

为避免产生弯曲变形，可使用大前角（γ 为 15°～30°）及带卷屑槽的前面形式，以减小切削热，并充分使用冷却润滑液来减少工件所吸收的热量。

② 加工不锈钢阀杆时，刀片材料可选用耐磨性较高的 YA6、YG6 或 YT5 等牌号，并注意提高刀具切削部分的表面粗糙度，以延长刀具寿命。

为了提高车刀的耐用度，要采用适当的刀尖圆角半径 r。圆角半径 r 太小，散热条件

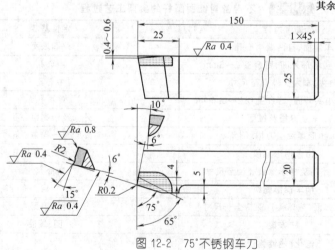

图 12-2　75°不锈钢车刀

差，刀尖容易磨损；圆角半径 r 过大又易引起振动而加速刀尖的磨损。一般 r 取 $0.2\sim0.4$mm。

要合理选择切削用量。经验证明，采用切削速度 $V=70\sim120$m/min 和切削深度 $t=1.5\sim3$mm 时，能获得较好的表面质量及较高的刀具寿命。

③ 加工不锈钢阀杆的车刀，除磨有卷屑槽外，还将刀刃磨得低于刀片上平面（磨低量一般为 $0.4\sim0.6$mm），使切屑易于翻转折断。此外，卷屑槽磨成前深后浅（前宽后窄）的倾斜形，断屑的效果更好。图 12-2 所示为加工不锈钢阀杆时常用的一种车刀。

(2) 不锈钢阀杆外圆柱面的磨削

不锈钢材料的磨削性能不好，容易出现砂轮堵塞和烧伤加工表面的现象。因此，有的工厂也使用冷滚压的方法精加工阀杆外圆柱表面。但由于滚压时对上一道工序的加工精度和表面粗糙度要求较高，故这种加工方法应用得也不是很广泛。相比较，磨削还是阀杆精加工的主要方法。

与普通碳素钢比较，不锈钢磨削具有以下特点。

① 易于烧伤加工表面。砂轮表面上的磨粒是不规则的多面体，其刃口较钝，磨削时切削阻力较大，加之不锈钢材料的韧性大，切屑不容易被切离，故砂轮对工件表面的挤压和摩擦更为剧烈，因而产生大量的切削热使磨削区表层局部温度急剧升高（可达 $1000\sim1500℃$），在这瞬时高温的作用下，工件表层极易出现烧伤现象。

② 砂轮容易磨损变钝。由于不锈钢材料强度高、韧性大，磨削不锈钢时，砂轮磨粒较磨削普通碳素钢时容易磨钝。砂轮磨钝后，切削条件恶化，摩擦加剧。如不及时修整砂轮，磨削工作将难以正常进行。

③ 磨削易于堵塞砂轮。不锈钢材料的韧性大、黏附性强，故砂轮易被磨屑黏附使磨粒间的空隙堵塞而失去切削作用。砂轮堵塞后不仅大大降低了磨削效率，还使磨削发热现象更趋严重，被加工表面的粗糙度将明显恶化。

针对上述特点，在磨削不锈钢阀杆时通常采用如下措施。

① 合理选择砂轮。磨削不锈钢阀杆时，一般选用白色刚玉或锆钕刚玉的砂轮。由于这些磨料的砂轮具有较好的切削性能和自锐性能，故适用于磨削不锈钢材料。刚玉磨粒在切削不锈钢时不易磨钝而保持较好的切削性能。当磨粒磨损变钝后，因其自锐性能较好，钝磨粒很快脱落使新的磨粒参加切削，从而保证了磨削过程的顺利进行。

砂轮的硬度不要过高。硬度过高使磨粒钝后仍不脱落，从而引起切削力和切削热的增大并导致加工表面粗糙度的恶化。砂轮硬度应较磨削普通碳素钢时低一些，使砂轮具有较好的自锐性能。一般砂轮硬度选用 $R_3\sim ZR_2$ 为宜。

由于磨削不锈钢时容易出现磨屑堵塞的现象，故应选择组织较为疏松的砂轮。一般选用 $5\sim8$ 号或大气孔的砂轮。

磨料的粒度应较磨削碳素钢时采用的粒度粗一些，通常选用 $36\sharp\sim60\sharp$。

陶瓷结合剂具有良好的耐热性和耐腐蚀性，不为水、油及普通酸、碱侵蚀。陶瓷结合剂砂轮气孔率大，不易被磨屑堵塞。这种结合剂还可用来制造大气孔砂轮。因此，磨削不锈钢时一般选用陶瓷结合剂的砂轮。

② 合理选用磨削量。磨削不锈钢时，应选用较高的砂轮圆周线速度，以提高砂轮的切削性能。一般陶瓷结合剂的砂轮圆周线速度在 $20\sim30$m/s 的范围内比较适宜。工作的圆周线速度通常为 $5\sim20$m/min。

由于不锈钢材料特性的限制，磨削深度应较低一些。粗磨时可选 $t=0.02\sim0.03$mm。

工件轴向进给量一般以砂轮宽度 B 来计算。粗磨时为 $(0.4\sim0.7)B$ mm/r，精磨时为 $(0.2\sim0.3)B$ mm/r。

由于不锈钢材料的磨削性能不好，因此其磨削余量应小一些，否则将给磨削工作带来一定的困难。阀杆的直径余量通常为 0.15～0.40mm。直径小、长度短的阀杆取小值，直径大、长度长的阀杆取大值。

③ 正确地修整砂轮。磨削不锈钢阀杆时，应及时和正确地修整砂轮，否则将不会得到满意的磨削效果。砂轮应较磨削碳素钢时修整得粗糙一些。在磨削细长的阀杆时，需将砂轮修窄，以减少砂轮与工件的接触面积，降低径向切削力，从而避免阀杆出现过大的弯曲变形。

12.4.2　阀杆密封锥面的加工

为使阀门的结构紧凑和便于加工，小型截止阀的阀瓣往往与阀杆设计成一个零件，阀杆头部的密封锥面则起着关闭阀门的作用。因而，该锥面应有较高的几何精度、位置精度和表面粗糙度，否则将产生阀门渗漏现象。

为了保证密封锥面的几何精度和粗糙度要求，带密封锥面的阀杆通常将粗加工、精加工及光整加工分开进行。锥面的粗加工一般采用车削，精加工大多在万能外圆磨床上进行，光整加工通常采用研磨的方法。

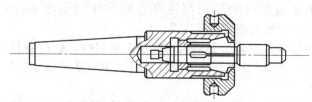

图 12-3　加工阀杆密封锥面的弹簧夹头

车削锥面时，需将阀杆该端的中心孔切去。此时就不能再采用中心孔作为该工序的定位基准。一般采用图 12-3 所示的弹簧夹头，用阀杆已加工的外圆柱面定位来车削和磨削密封锥面，以满足锥面与外圆柱面的同轴度要求。该弹簧夹头的夹簧后部通孔制成 H7 级精度，还加长了定位面，使细长的阀杆不致因定位不稳而产生加工误差。

12.4.3　阀杆方槽的铣削

闸阀阀杆头部的外圆柱面上制有两对称的方槽，使阀杆头部成工字形，以便与闸板相连接。

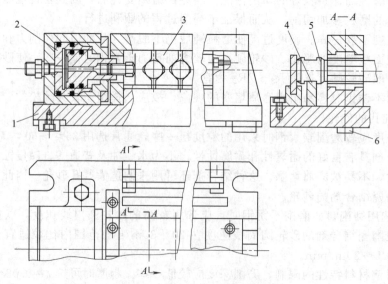

图 12-4　铣阀杆方槽液压夹具

1—夹具体；2—夹紧油缸；3—V形铁；4—定位块；5—阀杆；6—定向键

阀杆方槽通常在铣床上加工。在成批生产时，为了提高生产效率和省去划线工序，一般使用如图 12-4 所示的液压夹具。

用该夹具一次可铣 8 根阀杆，较单件铣削效率提高 5～6 倍。工件是使用一排活动的 V 形铁夹紧，夹紧油缸与固定在铣床工作台上的气液增力器相连接。这样，凡有压缩空气源的地方均可使用该液压夹具。当铣完一方槽后，可安上定位块，用已加工好的方槽定位来加工另一侧方槽，以保证两方槽的底平面平行。

12.5　阀杆梯形螺纹的加工

阀杆梯形螺纹的加工方法主要有 3 种，即车削螺纹、旋风切削螺纹和滚压螺纹。

在普通车床上车制梯形螺纹，是应用比较普遍的一种加工方法。车削螺纹使用的刀具简单，加工范围广，可获得较高的螺纹精度和表面粗糙度。但其效率低，对工人的技术水平要求较高，加工质量也不稳定。单件、小批生产或螺纹精度要求较高时可采用这种加工方法。此外，不锈钢阀杆的梯形螺纹在旋风切削和滚压加工时均较困难，故大多采用车削加工。

旋风切削阀杆梯形螺纹，通常是在普通车床或螺纹铣床上进行的。这种加工方法具有生产效率高、工艺装备比较简单和不需要专用设备等优点，在成批生产时应用很广。由于阀杆的刚性差，旋风切削时螺纹的精度和粗糙度均不高，故这种方法一般仅适合于加工 8c 级精度的梯形螺纹。

滚压螺纹是一种生产率很高的无屑加工方法。其效率较车削螺纹高达数十倍，加工的螺纹质量稳定，精度和粗糙度都较高。这种方法需要专用的滚丝机床，滚丝轮的制造也较困难，故仅在大批、大量生产时使用。

12.5.1　阀杆梯形螺纹的车削

碳素钢材料梯形螺纹的车削，在一般的资料中均有详细的叙述。这里仅介绍不锈钢梯形螺纹的车削方法。

(1) 车刀选择

① 车刀材料　车削不锈钢梯形螺纹时，刀头的三面都被金属材料所包围，切削过程中产生的大量热量不能迅速排出，刀具切削部分的温度较高。此外，刀具的形状由于受到螺纹截面形状的限制，强度和刚性都比较差，加工过程中容易发生振动。加上不锈钢材料本身不易切削的特性，故切削热升高的趋势就更加显著，振动极易产生，刀具也容易磨损。因此，车削不锈钢梯形螺纹时，难于得到较高的螺纹表面粗糙度。

经验证明，使用硬质合金螺纹车刀，提高切削速度，不仅可以延长刀具寿命，而且能获得较高的表面粗糙度。通常采用 YT5、YG6、YG8、YW1 等牌号的硬质合金刀片来车削不锈钢梯形螺纹。当阀杆直径很小而难于进行高速切削时，也可选用 W18Cr4V 及 W6Mo5Cr4V2Al 等牌号的高速钢螺纹车刀。

② 车刀几何形状　不锈钢梯形螺纹车刀应具有较大的前角。前角较大时，切屑变形容易，切削力降低，使螺纹表面的粗糙度精度有明显的提高。但前角过大将削弱刀刃强度，不仅降低车刀的耐用度，还易发生崩刃的现象。一般前角 γ 取 $15°～25°$。高速钢车刀取较大值，硬质合金车刀取较小值。前角较大时，车刀截形必须修正，否则，车削出来的螺纹牙型角会产生较大的误差，从而影响螺纹的精度。

梯形螺纹车刀的截形角 ε_P，根据螺纹的牙型角 ε 来确定。当前角 $\gamma=0$ 时 $\varepsilon_P=\varepsilon$；$\gamma\neq0$ 时，$\varepsilon_P\neq\varepsilon$。随着前角 γ 的增大，ε_P 与 ε 之间的差距愈来愈大。车削不锈钢梯形螺纹的车刀

前角 γ 在 $10°$ 以上，这种误差已大至不能忽略不计的程度，因此，必须根据前角 γ 的数值进行车刀截形的修正。

不锈钢梯形螺纹的后角以稍大一些为宜。后角过小，车刀后面将与螺纹表面发生摩擦而影响螺纹表面粗糙度和刀具寿命。后角过大，会削弱切削部分的强度并容易引起振动。通常工作后角为 $4°\sim6°$。

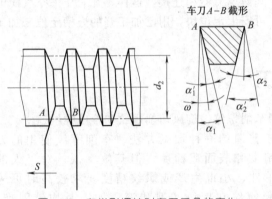

车刀 $A-B$ 截形

图 12-5　车梯形螺纹时车刀后角的变化

车削梯形螺纹时，左、右两侧刃切削的表面是螺旋面。由于受螺纹升角 ω 的影响，车刀工作后角 α' 与刀具后角 α 并不一致（图 12-5），车刀沿走刀方向的侧刃工作后角 $\alpha_1'=\alpha_1-\omega$，背走刀方向的侧刃工作后角 $\alpha_2'=\alpha_2+\omega$。因此，$\alpha_1$ 角可磨大些，α_2 角可磨小些，以使两侧刃的工作后角相等。

当螺纹升角较大时，为了保持一定的工作后角，车刀后角势必磨得过大，这就过分削弱了刀刃的强度。在这种情况下，可将车刀倾斜一 ω 角安装使车刀后角与工作后角一致。

(2) 车削方法及切削用量

① 车削方法　加工梯形螺纹，粗车和精车应分开进行。粗车时采用刀头较窄的车刀，螺纹两侧面及螺纹底径均留余量 $0.25\sim0.35mm$。

螺距 $t\geqslant5mm$ 的梯形螺纹，为了改善切削条件，可先用切槽刀切出螺旋槽后，再粗、精车梯形螺纹。$t\geqslant8mm$ 的梯形螺纹，精车时可采用 3 把车刀，1 把切槽刀车螺纹底径，2 把刀分别车削螺纹的两侧面。这种车削方法显著地改善了刀具的切削条件，参加切削的刀刃宽度也较全形车刀小得多，故可采用较大的切削用量，并能获得较高的螺纹表面粗糙度。采用上述车削方法时，车刀的位置必须安装正确（可使用对刀样板及对刀显微镜），对车出的螺纹也应经常用样板检查牙形，以免产生过大的螺纹半角误差。

车削过程中，由于不锈钢材料黏附性大，切屑容易黏附在刀刃上形成刀瘤，从而降低被加工表面的粗糙度。因此，除提高车刀切削部分的粗糙度外，还必须随时用油石将刀瘤修磨掉。

车刀安装时，要防止刀头伸出过长，刀尖要略高于工件中心 $0.2\sim0.5mm$。刀尖不能低于工件中心，否则，将发生啃刀现象。

② 切削用量　车削不锈钢阀杆的梯形螺纹时，选择合理的切削速度将能提高刀具使用寿命，并可获得较好的表面粗糙度。总的来说，切削速度不宜过低。切削速度过低将极易产生刀瘤使加工表面呈鱼鳞状而降低表面粗糙度质量。当切削速度提高到 $20m/min$ 时，切屑变形就较顺利，不易产生刀瘤，被加工表面的粗糙度就有明显的提高。但切削速度也不可过高。由于不锈钢的导热率低，高速切削产生的大量切削热不易传散，使刀刃温度过高而加速磨损，并容易引起振动。此外，采用过高的切削速度在操作上也有一定困难。

一般粗车的切削速度采用 $15\sim20m/min$，精车为 $20\sim30m/min$。20Cr13 不锈钢可取较大值，12Cr18Ni9 等奥氏体不锈钢可取较小值。

由于不锈钢材料加工硬化趋势强，若切削深度过小，车刀刀刃将在硬化层上摩擦，造成工件表面粗糙度恶化和车刀寿命的降低。但切削深度过大，切削力相应地增大，又容易引起阀杆振动使加工表面出现波纹。

车削不锈钢梯形螺纹的切削深度 t 可选择在 $0.05\sim0.30mm$ 之间。粗车时取最大值，精车时取较小值。精车奥氏体不锈钢梯形螺纹时，最后一次走刀的切削深度不宜过大。

12.5.2　阀杆梯形螺纹的旋风切削

(1) 旋风切削的原理

旋风切削（又称旋风铣）是一种效率较高的螺纹加工方法（其效率较车削螺纹高 3～6 倍）。其工艺装备比较简单，适用范围广，故广泛用来加工阀杆梯形螺纹。

旋风切削时，螺纹刀头（通常采用 1～4 把）安装在高速旋转的专用刀盘上作切削运动，阀杆低速旋转形成圆周进给运动，螺纹刀头的切削深度为螺纹的牙形高 t。刀盘在高速旋转的同时作轴向运动，工件每旋转一周，刀盘轴向移动一个螺距（或导程）。这样，在工件表面就加工成螺纹。

如图 12-6 所示，旋风切削时，刀头只在其圆形轨迹的 $\frac{1}{3}$～$\frac{1}{8}$ 的圆弧上参与切削。这种断续切削容易引起振动，但刀具可周期地在空气中冷却，有利于减少刀刃部分的切削热。

高速旋转的刀盘及其驱动装置等统称为旋风切丝器。旋风切丝器通常安装在普通车床的溜板上。

刀盘轴线应相对于阀杆轴线倾斜一螺纹升角 ω（图 12-7），使两侧刃的工作后角与刀具后角一致。此外，也可避免切削时发生干涉现象。

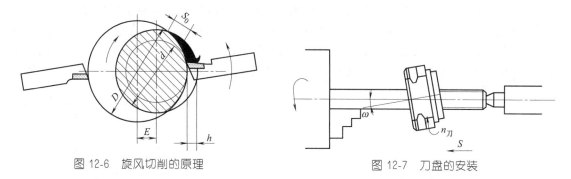

图 12-6　旋风切削的原理　　　　　　　图 12-7　刀盘的安装

根据切削方式的不同，旋风切削分为内切法和外切法（图 12-8）。工件在刀尖圆形运动轨迹之内，刀尖朝向刀盘中心切削的叫内切法。反之，工件在刀尖圆形运动轨迹之外，刀尖背向刀盘中心的叫外切法。

采用内切法时，刀尖轨迹与工件接触弧较长，切屑较薄，振动小，并容易获得较好的表面粗糙度。内切法旋风切丝器的结构也较紧凑，占据的空间位置小，在车床上容易布置。此外，由于切削区域是在刀盘的孔内，便于安装防屑装置，故内切法的切屑飞溅问题较易处理。由于内切法具有上述优点，故应用比较普遍。只有在加工大直径螺纹或不便使用内切法时才采用外切法。

采用内切法时，为便于退刀，刀尖轨迹圆应与工件偏心。通常偏心值 E 按下式计算

$$E = h + \Delta$$

式中　h——螺纹牙形高，mm；

　　　Δ——退刀间隙，$\Delta = 2～4$mm。

刀尖的回转直径 D 为

$$D = d + 2E$$

式中　d——梯形螺纹外径，mm。

偏心值 E 不可过大。否则，刀尖轨迹与工件的接触弧缩短，切屑短而厚，刀具的冲击载荷较大，容易引起振动而加速刀具的磨损，并造成工件表面的粗糙度下降。图 12-9 为偏心值 E 与切屑形状的关系。

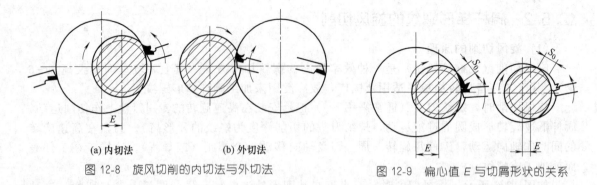

(a) 内切法　　　　(b) 外切法

图 12-8　旋风切削的内切法与外切法

图 12-9　偏心值 E 与切屑形状的关系

　　旋风切削的切削速度高，断续切削的冲击较大，故刀具磨损快，对振动也较敏感。因此，采用旋风切削时，要具有良好的工艺系统刚性。刀具也应选用韧性和耐磨性较好的硬质合金刀片，如 YG6、YG8、YW2 等。

(2) 旋风切丝器

　　图 12-10 所示的内切法旋风切丝器具有结构紧凑、操作方便和能防止切屑飞溅等特点。该切丝器安装在 CA6140 车床的溜板上，可加工直径 40mm 以下的阀杆梯形螺纹。

　　内切法旋风切丝器的刀盘固定在皮带轮上，由电机带动旋转。电机及皮带轮均安装在铣头体上。铣头体下部有两轴颈，由支座上的两轴承所支撑。铣头体一端轴颈上装有扇形蜗轮。使用时，可松开紧固螺钉，旋转蜗杆使铣头体连同刀盘倾斜一螺纹升角 ω。倾斜角度的数值可在刻度盘上读出。

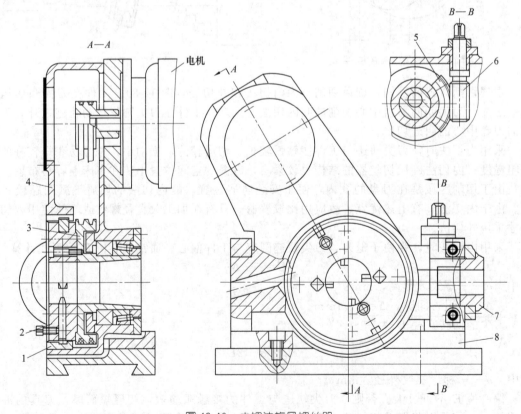

图 12-10　内切法旋风切丝器

1—套圈；2—刀盘；3—皮带轮；4—铣头体；5—扇形蜗轮；6—蜗杆；7—刻度盘；8—支座

刀盘除制有安装刀头的方槽外，还有 4 条扇形排屑槽。切削螺纹时，切屑经刀盘排屑槽进入套圈内，在刀盘外圆柱面上的两只拨爪的拨动下，由铣头体左端轴颈内的排屑孔排出。

刀头可由铣头体右端轴颈孔装入刀盘，并使用对刀样板来保持合适的刀尖回转直径。

使用旋风切丝器时应注意如下事项：旋风切丝器的刀盘和皮带轮应经仔细平衡，由于刀盘和皮带轮的转速高，又是断续切削，如平衡不好将容易产生振动而影响加工质量；要注意选用自振轻微的电机，必要时，可在电机法兰与铣头体间加上橡胶垫，以减轻电机振动对刀盘的影响；切丝器的滑板及机床大溜板的楔铁要调整好，不应有过大的间隙，刀头要紧固，以保证机床-夹具-刀具系统有足够的刚性。

（3）旋风切削时的切削用量

旋风切削是由铣螺纹演变而来的一种加工方法。刀盘可看作螺纹铣刀，刀头尖部的圆周线速度为切削速度。由于使用硬质合金刀具，旋风切削的切削速度较铣螺纹时高得多。

一般加工碳素钢时切削速度 $V = 150 \sim 300 \mathrm{m/min}$；加工有色金属时，$V = 150 \sim 450 \mathrm{m/min}$。

圆周进给量是刀盘每转一周时，一把刀具在工件外圆柱表面上所切去的弧长（图 12-6）。圆周进给量 S_0 为

$$S_0 = \frac{\pi d n_0}{nZ}$$

式中　S_0——圆周进给量，$S_0 = 0.8 \sim 1.4 \mathrm{mm}$；

　　　d——工件螺纹外径，mm；

　　　n_0——工件转速，r/min；

　　　n——刀盘转速，r/min；

　　　Z——刀盘安装的刀头数目。

（4）不锈钢螺纹的旋风切削

由于不锈钢材料的切削性能不好，在高速和断续切削的情况下，刀具极易磨损，故旋风切削梯形螺纹时，必须采用特殊方法。

① 使刀盘的旋转方向与工件的旋转方向相一致（加工碳素钢梯形螺纹时，刀盘旋转方向与工件旋转方向相反，图 12-11），这时，刀头的刀刃从上一刀加工完的表面切入工件，切屑由薄而逐渐变厚，切削力较小，冲击小，刀具寿命和加工表面质量都较高。加工不锈钢梯形螺纹时，由于不锈钢加工硬化趋势强，切削时的金属变形会引起金属加工硬化而在工件表面上形成"冷硬层"（冷硬层的厚度约 $0.05 \sim 0.20 \mathrm{mm}$），当刀盘与工件旋向相反时，刀具在相当长的一段圆弧上切深过小，因而实际上是在上一刀头形成的冷硬层上摩擦、挤压，使切削区域温度急剧升高，加之不锈钢的导热率低，故刀刃易产生过热现象而加速磨损。刀盘与工件旋向一致时基本上避免了刀刃在工件冷硬层上切削，故相对地提高了刀具的耐用度。

② 为使刀具更好地冷却和排除切屑，可使用 $0.4 \sim 0.6 \mathrm{MPa}$ 的压缩空气喷吹刀具的前面；切削用量不宜过大，通常 $V = 150 \mathrm{m/min}$，$S_0 = 0.15 \sim 0.30 \mathrm{mm}$。刀具前面可磨出如图 12-12 所示的圆弧槽。前角 γ 不宜过大，一般取 $3° \sim 5°$。后角可稍大些，$\alpha = 8° \sim 12°$ 为宜。

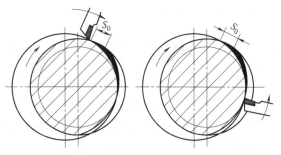

（a）刀盘与工件旋向一致　　（b）刀盘与工件旋向相反

图 12-11　不锈钢梯形螺纹的旋风切削

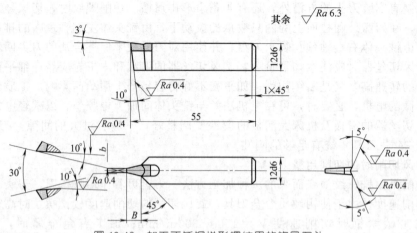

图 12-12 加工不锈钢梯形螺纹用的旋风刀头

12.5.3 阀杆梯形螺纹的滚压

大批、大量生产时，外径在 32mm 以下的阀杆梯形螺纹，普遍采用滚压法来加工。目前，一些专业的阀杆制造厂可滚压直径达 60mm，螺距为 10mm 的阀杆梯形螺纹。

螺纹滚压加工是利用某些金属材料在冷态下的可塑性，使被加工坯件在滚丝轮的压力作用下产生塑性变形，从而得到合乎要求的螺纹。

螺纹滚压是无屑加工，其生产率很高，加工精度可达 1～6 级，粗糙度可达 $Ra3.2\sim 0.8\mu m$。滚压后所得螺纹的金属纤维不像车削螺纹那样被切断（图 12-13），因此，滚压加工的螺纹较车削的螺纹高（抗拉强度高 20%～30%；抗剪强度高 5%）。此外，由于冷滚压后螺纹表面硬化，也增加了螺纹的耐磨性。

(a) 滚压螺纹   (b) 车削螺纹
图 12-13 滚压螺纹和车削螺纹的金属纤维

图 12-14 滚压螺纹原理

滚压时，两只滚丝轮分别装在滚丝机的两根平行的主轴上，两滚轮的螺纹旋向相同并相互错开半个螺距。当两滚轮作同向、等速旋转时，置于两滚轮间的工件被带动作反方向旋转运动（图 12-14）。动滚轮作径向进给运动时，工件逐渐受压而形成螺纹。为了避免滚压时工件被挤跳开，可调整支撑托板，使工件中心低于滚轮中心 0.2～0.4mm。支撑托板因受工件剧烈地挤压和摩擦，磨损很快，故托板表面一般用多片 YT15 等牌号的硬质合金镶焊而成，其表面粗糙度应不大于 $Ra0.4\mu m$。

这种径向进给的双轮滚压螺纹的方法应用比较普遍。滚丝机也已经系列化，并由专门的工厂生产（通常采用 Z28-200 型滚丝机来滚压阀杆梯形螺纹）。用这种方法滚压的螺纹长度受机床功率和滚丝轮宽度的限制，一般只能滚压长度在 300mm 以内的阀杆。

(1) 梯形螺纹滚压前毛坯尺寸的确定

螺纹滚压是利用一对滚丝轮对工件进行挤压，使工件金属产生塑性变形而形成螺纹。显然，滚压前螺纹毛坯的直径应小于螺纹外径。

正确地确定螺纹毛坯的直径对于提高加工质量和滚丝轮的寿命有很大的影响。毛坯直径过大时，滚丝轮的螺纹牙槽内容纳不下多余的金属材料，造成滚压压力增大而导致滚丝轮损坏和引起工件的弯曲变形；毛坯直径过小时，由于没有足够的金属材料来填充滚丝轮的螺纹牙槽空间，造成螺纹外径过小或牙形不正确而使工件报废。

梯形螺纹的毛坯直径 $d_{坯}$ 近似为 $d_{坯} = \sqrt{0.5(d^2 + d_1^2) - 0.2109t^2}$，正确的毛坯直径是用试验方法得到的。计算出 $d_{坯}$ 的近似值后，可按此制作一组尺寸差为 $0.01 \sim 0.03\text{mm}$ 的不同直径的毛坯进行滚压试验，从中得出最适合的毛坯直径。

毛坯尺寸精度可取 h10 级，表面粗糙度不低于 $Ra6.3\mu\text{m}$。

（2）阀杆梯形螺纹的测量

梯形螺纹的测量方法有综合测量和单项测量两种。

综合测量是用螺纹量规进行的，能综合测出螺纹几个参数的允许极限值，从而保证螺纹的互换性。由于用螺纹量规测量比较方便和可靠，故这种方法广泛用于测量阀杆梯形螺纹。

单项测量是对螺纹的主要参数（如中径、螺距、牙形半角等）单独进行测量。这种方法主要用来检验精密螺纹（如螺纹量规、螺纹刀具等），但因其能测出螺纹参数的实际数值，在梯形螺纹的加工过程中，便于工人掌握螺纹的实际尺寸，故在阀门厂应用比较普遍。

12.6　安全阀阀杆的加工

安全阀阀杆是引导安全阀正确动作的主要部件，是安全阀稳定弹簧并使弹簧能准确动作的部件。阀杆的加工制造精度直接影响安全阀的动作性能。由于安全阀的结构很多，安全阀阀杆的结构形状也有很多种。安全阀的阀杆按调节圈的数量去分类，主要有 2 种结构，图 12-15 为安全阀的阀杆典型结构。

安全阀的阀杆属于细轴类零件，其加工精度要求较高，一般直接在卧式普通车床或卧式数控车床上加工而成。

(a) 单调节圈安全阀阀杆

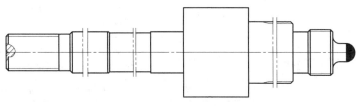

(b) 双调节圈安全阀阀杆

图 12-15　安全阀阀杆典型结构

12.6.1　单调节圈安全阀阀杆的加工

单调节圈安全阀阀杆加工的典型工艺过程见表 12-4。

表 12-4	单调节圈安全阀阀杆加工的典型工艺过程		

工艺简图	序号	工序名称	工艺说明
	1	锻造	锻件按设计文件的要求进行锻造
	2	热处理	锻件按技术文件要求进行热处理
	3	检验	按设计技术文件的要求对锻件进行检验
	4	划线	划出零件的加工参考线和中心线
	5	检验	检验钳工划线的精度和质量
(1)	6	粗车大端	如简图(1)所示用三爪卡盘夹住杆部,粗车大端头部小外圆,按设计图样要求留精加工余量
	7	粗车小端	如简图(2)所示用三爪卡盘夹住杆部校正,粗车小端、中心孔,按设计图样留精加工余量
(2)	8	检验	按设计图样文件的检验粗加工质量
	9	粗车杆部	如简图(3)所示一夹一顶粗车杆部,按设计图样留精加工余量
	10	检验	按设计图样文件的要求检验粗加工质量
	11	热处理	按设计文件要求进行对应的热处理
(3)	12	检验	按设计图样文件的要求检验热处理质量
	13	粗车头部	如简图(4)所示用三爪卡盘夹住杆部,粗车头部堆焊面,按设计图样要求保证加工后密封堆焊层能达到设计要求
(4)	14	检验	按设计文件和技术要求检验
	15	堆焊	按焊接工艺文件的要求堆焊头部,堆焊层高度大于焊接工艺文件要求
	16	检验	按要求检查堆焊质量及堆焊层高度
	17	焊后热处理	焊接完成后即刻按热处理文件要求进行焊后热处理
(5)	18	无损检测	用着色法对密封面进行检测,检查堆焊面有无缺陷
	19	精车头部	如简图(5)所示用三爪卡盘夹住杆部,精车头部、大端外圆。尺寸达到设计文件的要求
	20	检验	按设计图样要求检验加工质量
(6)	21	精车小端	如简图(6)所示在车头上车好反顶针,将工件夹在两顶针间,精车杆部至图样要求尺寸
	22	检验	按图样要求检验加工质量
	23	包装	清洗干燥后用软棉布保护密封面装入保护盒入库

12.6.2 双调节圈安全阀阀杆的加工

双调节圈安全阀阀杆加工的典型工艺过程见表12-5。

表 12-5　双调节圈安全阀阀杆加工的典型工艺过程

工艺简图	序号	工序名称	工艺说明
	1	锻造	锻件按设计文件的要求进行锻造
	2	热处理	锻件按技术文件要求进行热处理
	3	检验	按设计技术文件的要求对锻件进行检验
	4	划线	划出零件的加工参考线和中心线
	5	检验	检验钳工划线的精度和质量
(1)	6	粗车大端	如简图(1)所示用三爪卡盘夹住杆部,粗车大端头部小外圆,按设计图样要求留精加工余量
	7	粗车小端	如简图(2)所示用三爪卡盘夹住杆部校正,粗车小端、中心孔,按设计图样留精加工余量
(2)	8	检验	按设计图样文件的要求检验粗加工质量
	9	粗车杆部	如简图(3)所示一夹一顶粗车杆部,按设计图样要求留精加工余量
(3)	10	检验	按设计图样文件的要求检验粗加工质量
	11	热处理	按设计文件要求进行对应的热处理
	12	检验	按设计图样文件的要求检验热处理质量
(4)	13	粗车头部	如简图(4)所示用三爪卡盘夹住杆部,粗车头部堆焊面,按设计图样要求保证加工后密封堆焊层能达到设计要求
	14	检验	按设计文件和技术要求检验
	15	堆焊	按焊接工艺文件的要求堆焊头部,堆焊层高度大于焊接工艺要求
	16	检验	按要求检查堆焊质量及堆焊层高度
(5)	17	焊后热处理	焊接完成后即刻按热处理文件要求进行焊后热处理
	18	无损检测	用着色法对密封面进行检测,检查堆焊面有无缺陷
(6)	19	精车头部	如简图(5)所示用三爪卡盘夹住杆部,精车头部、大端外圆,尺寸达到设计文件的要求
	20	检验	按设计图样要求检验加工质量
	21	精车小端	如简图(6)所示在车头上车好反顶针,将工件夹在两顶针间,精车杆部至图样要求尺寸
	22	检验	按图样要求检验加工质量
	23	包装	清洗干燥后用软棉布保护密封面装入保护盒入库

参考文献

[1] 沈阳高中压阀门厂. 阀门制造工艺. 北京：机械工业出版社，1984.

[2] 苏志东等. 阀门制造工艺. 北京：化学工业出版社，2011.

[3] 陈宏钧. 实用机械加工工艺手册. 3 版. 北京：机械工业出版社，2009.

第13章 阀门其他零件加工

Chapter 13

阀门其他零件加工

阀门中除阀体、阀盖、阀杆、阀瓣等主要零件外，还有其他一些专用零件，如阀杆螺母、填料压盖、摇杆、闸板架及支架等。虽然这些零件的机械加工量占整个阀门机械加工总量的比例不大，但其工艺过程却各有特点，加工时亦容易出现技术问题，又由于这些零件为阀门产品所特有，一般资料中很少涉及，故将其机械加工工艺过程分别介绍。

13.1 阀杆螺母的加工

13.1.1 结构特点及技术要求

阀杆螺母是用来承受或传递阀门工作时阀杆所产生的轴向载荷，并起支撑阀杆的作用。阀杆螺母一般均具有单头标准梯形螺纹的内孔。其外部结构主要有两种，一种是截止阀和节流阀所使用的带公制细牙外螺纹的结构［图 13-1 （a）］；另一种是闸阀上用的具有外圆柱、键槽和外螺纹的结构［图 13-1 （b）］。

阀杆螺母是套类零件，并具有一般套筒类零件的结构特点：零件的主要表面为同轴度要求较高的内、外旋转面；零件壁的厚度较薄容易变形等。和一般套筒类零件不同的是：阀杆螺母的主要内旋转面是梯形螺纹。这就使该零件比一般套筒的加工更为困难。

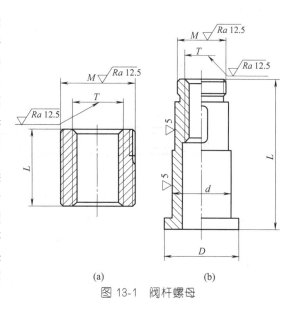

图 13-1 阀杆螺母

阀杆螺母通常使用青铜、黄铜、碳素钢或奥氏体球墨铸铁制成，随着新工艺技术的发展，一种节约有色金属的钢基复合铝青铜阀杆的螺母也被广泛应用。低压阀门的阀杆螺母也有用尼龙等塑料制成的。有色金属的阀杆螺母一般为铸造毛坯；较大的碳素钢阀杆螺母为锻件。

阀杆螺母的主要技术要求如下：梯形螺纹一般为8H级精度，公制螺纹一般为6g级精度；外圆柱面为d11级精度；梯形螺纹与外圆柱面（或外螺纹）的同轴度不大于外圆公差的1/2；梯形螺纹及外圆柱面的表面粗糙度为$Ra6.3\sim3.2\mu m$。

13.1.2 机械加工

(1) 阀杆螺母的机械加工过程

阀杆螺母的工艺问题主要是梯形螺纹孔的加工及如何保证梯形螺纹孔与外圆柱面（或外螺纹）的同轴度要求。

阀杆螺母一般均在普通车床上加工。大、中批生产时，可以采用多刀车床或简易数控车床来加工内、外各圆柱面。梯形螺纹孔的加工主要有3种方法：在普通车床上车削螺纹；在车床或攻螺纹机上使用专用的梯形丝锥攻制；还有一种则使用旋风切削来加工。用梯形丝锥攻制螺纹孔具有效率高、精度和表面粗糙度好、工具简单以及操作方便等优点，故这种加工方法应用最为普遍。

为了保证零件的相互位置的精度要求，通常将梯形螺纹的内径精度提高至H10～H11级，在加工阀杆螺母的外螺纹时则可用此内径孔作为定位基准（采用专用的心轴）。

表13-1是中、小批生产图13-1中a型阀杆螺母的典型加工过程。

表 13-1 a型阀杆螺母的典型加工过程

序号	工序内容	定位基准
1	粗车外圆、端面、内孔及倒角,外圆及内孔留余量2mm	外圆柱面
2	调头,车另一端面、内孔及倒角,内孔按H10级精度,攻梯形螺纹	外圆及端面
3	车外圆、倒角,车外螺纹至尺寸	内孔及端面
4	配钻、攻螺纹孔	

(2) 阀杆螺母主要表面的加工方法

① 梯形螺纹孔的加工　在中、小批生产的条件下，梯形螺纹孔一般是在普通车床上用梯形丝锥攻制，大批生产时可采用专门的攻螺纹机床。阀杆螺母梯形丝锥的结构如图13-2所示。

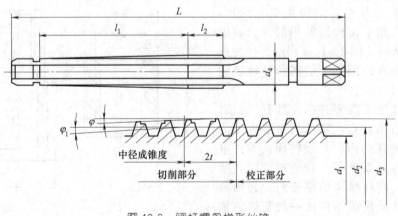

图 13-2　阀杆螺母梯形丝锥

与一般的梯形丝锥比较，阀杆螺母梯形丝锥具有如下特点。

a. 像螺母丝锥一样做成单锥，不再分成粗锥和精锥。由于梯形螺纹的切削量较大，故丝锥的切削部分特别长，一般为 $26\sim35t$。

b. 丝锥头部制有引导柱。引导柱使丝锥易于引入工件和避免产生歪斜，并起支撑丝锥的作用。引导柱的直径应略小于螺纹的实际内径，通常取螺纹实际内径作为公称尺寸，配合精度为 h8。

c. 考虑到材料的扩张量和丝锥磨损储备量，丝锥中径的公称尺寸为螺纹中径的公称尺寸加上其中径公差的 60%～65%。丝锥中径的制造公差为 0.04～0.075mm。中径大的取大值，中径小的取小值。

d. 一般梯形丝锥在切削过程中仅齿顶参加切削。由于梯形螺纹比同直径普通螺纹的切削横断面面积约大一倍，故梯形丝锥齿顶的磨损更为剧烈，攻出的螺纹表面粗糙度也常常达不到图纸要求。为了不让切削负荷过分的集中在齿顶上，使两侧刃也参加切削，阀杆螺母梯形丝锥切削锥部上的螺纹除后端 2 个螺距外，其余的螺纹截形均做成锥体，锥度为 $15'\sim40'$。图 13-3 为一般梯形丝锥和阀杆螺母梯形丝锥的切削图形。

e. 丝锥切削部分的齿顶制有分屑槽。分屑槽可将宽的切屑分割成窄而碎的切屑，以利于切屑的排出和避免出现堵塞的现象。

f. 方尾是丝锥安装在机床上的定位基准。方尾的偏移会引起工件螺纹的歪斜或扩大。方尾对柄部的对称度应不大于 0.03mm。

g. 丝锥前角 γ：加工铜及钢为 $2°\sim5°$，加工不锈钢为 $15°\sim25°$。

使用阀杆螺母梯形丝锥应注意以下事项。

a. 在车床四方刀夹上安装丝锥夹头时，应使夹头中心线与机床中心线重合。否则，将影响工件螺纹的精度，严重时甚至能将丝锥损坏。为便于安装，可使用图 13-4 所示的定心轴和定心套。定心轴安装在主轴的顶尖孔内，其一端圆柱插入装在丝锥夹头上的定心套后，即可保证夹头中心线与机床中心线重合。

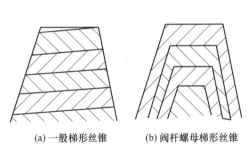

(a) 一般梯形丝锥　　(b) 阀杆螺母梯形丝锥

图 13-3　两种梯形丝锥的切削图形

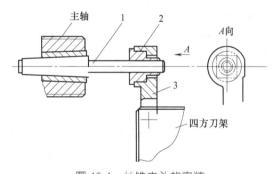

图 13-4　丝锥夹头的安装
1—定心轴；2—定心套；3—丝锥夹头

b. 如前所述，为了保证零件内、外螺纹的同轴度要求，可将工件螺纹内径孔的精度提高至 H10～H11 级，以便用作定位基面来加工外螺纹。通常工件螺纹的实际内径可较其公称内径大一些，以减少丝锥的切削量。其公差带的布置如图 13-5 所示。

c. 攻螺纹的切削速度应较低，否则易使丝锥折断。一般切削速度 $V=2\sim3\mathrm{m/min}$。

d. 攻螺纹时应使用充足的冷却液将切屑从丝锥容屑槽内冲出。冷却液可采用机械油或乳化液。

② 外螺纹的加工　阀杆螺母的外螺纹一般均在普通车床上加工。大批生产时，也有采用滚压螺纹的。为了保证同轴度要求，在车削外螺纹时可使用如图 13-6 所示的心轴。

心轴的外圆柱以阀杆螺母的实际内径作为公称尺寸，其配合精度为 h。心轴上的梯形螺纹可将工件轴向拧紧，以减少薄壁零件的变形。旋转圆螺母后可以顺利地将工件卸下。

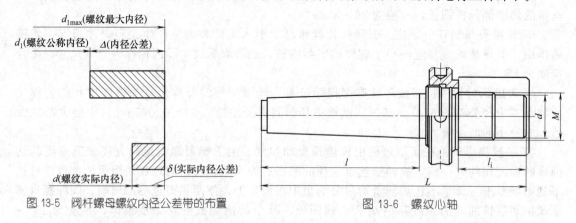

图 13-5　阀杆螺母螺纹内径公差带的布置　　　　图 13-6　螺纹心轴

该心轴仅适用于右旋梯形螺纹的阀杆螺母。工件为左旋梯形螺纹时，可使用一般的端面压紧的圆柱心轴。

13.2　填料压盖的加工

13.2.1　结构特点及技术要求

填料压盖主要用来压紧填料，以保证填料与阀杆之间的密封性，并起支撑阀杆的作用。从结构上看，填料压盖是一端带有菱形法兰的轴套，属套类零件，故其具有一般套筒零件的特点。填料压盖的主要表面为有同轴度要求的内、外圆柱面。压盖的端部通常制成 150°左右的内锥面，其结构如图 13-7 所示。

根据阀门不同的用途，填料压盖的材料为碳素钢、不锈钢、铸铁或有色金属。毛坯主要为铸件和锻件。大、中批生产时，钢制填料压盖可采用精铸的方法来制造毛坯，这时除内、外圆柱面及内锥面外，其余各部均不用加工。

填料压盖的主要技术要求如下：内孔的尺寸精度为 H11 级，外圆柱面表面的尺寸精度为 d11 级，表面粗糙度为 $Ra6.3\sim3.2\mu m$；内孔与外圆柱有较高的同轴度要求。

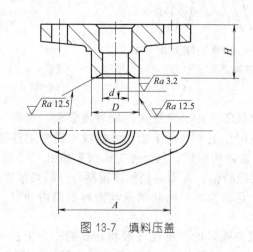

图 13-7　填料压盖

13.2.2 机械加工过程

填料压盖的内孔和外圆均采用车削。为了保证同轴度要求，应在一次安装中将内孔、外圆及端面全部加工出来。由于消除了安装误差对加工精度的影响，故这种加工方法能得到很高的相互位置精度。

填料压盖的工艺过程与零件的毛坯种类和生产批量有关。表 13-2 为填料压盖在小批生产时的典型工艺过程。

大、中批生产时，可使用多刀半自动车床来加工填料压盖（图 13-8）。对于精铸毛坯的填料压盖，可在这一道工序中完成零件的全部加工。

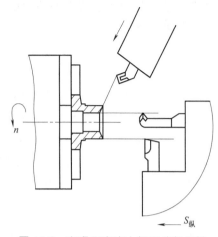

图 13-8　在多刀车床上加工填料压盖

表 13-2　填料压盖的典型工艺过程

序号	工 序 内 容	定 位 基 准
1	粗车端面，留余量 2mm	法兰 V 形面及端面
2	车外圆、内孔及端部锥面至尺寸	法兰 V 形面及端面
3	调头，车内孔及端面	外圆表面
4	钻螺栓孔	内孔及法兰 V 形面

13.2.3 主要表面的加工方法

(1) 内孔及外圆的加工

为了保证相互位置精度的要求，填料压盖的内孔和外圆应在一次安装中车出。但压盖的一端为菱形法兰，在三爪卡盘上无法装夹。如使用四爪卡盘又需找正，效率很低。通常是采用如图 13-9 所示的双爪自动定心卡盘来装夹填料压盖。这种夹具使用方便，能保证加工质量，通用性好。当加工另一种尺寸的填料压盖时，只需更换 V 形卡爪。

加工铸铁填料压盖时，可使用如图 13-10 所示的多刃刀具。这种复合扁钻是用高速钢制成的，在普通车床上能将工件的内孔和端部锥面一次加工出来，效率较高。

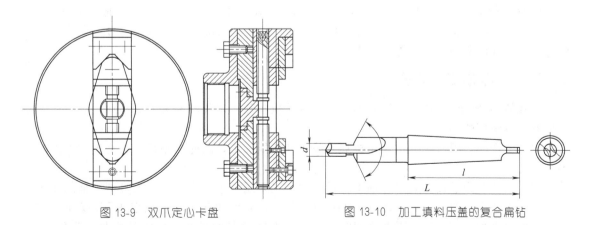

图 13-9　双爪定心卡盘　　　　图 13-10　加工填料压盖的复合扁钻

(2) 螺栓孔的加工

加工填料压盖的螺栓孔时，可使用图 13-11 所示的钻模夹具。工件以内孔和端面定位安装在夹具上后，钻模板应按工件菱形法兰的外轮廓对齐，然后再压紧。为了便于装卸，夹具上使用了快卸垫圈。

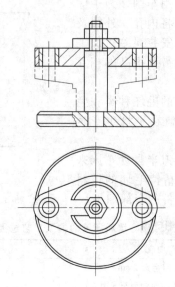

图 13-11　填料压盖螺栓孔钻模夹具

13.3　闸板架的加工

13.3.1　结构特点及技术要求

双闸板楔式闸阀的闸板是采用闸板架来支撑的。闸板架呈十字形（图 13-12），它上端的螺孔与阀杆连接，两翼端部的导向槽与阀体的导向筋相配合起引导闸板的作用，中部的通孔内安装着顶心及左、右闸板，通孔的两端面为斜面。

这种十字架形的零件形状特殊，结构比较复杂，属其他类零件。闸板架的主要加工表面为中部的通孔及其楔形的两端面。

闸板架的技术要求不高，中部通孔为 H11 级精度，各主要加工表面的粗糙度为 $Ra12.5\mu m$。为了保证装配要求，闸板架亦应有一定的位置精度，其两斜面对上螺孔、两导向槽对上螺孔的对称误差均不能过大。

13.3.2　机械加工过程

闸板架的技术要求虽然不高，但因其形状比较特殊，定位和装夹颇为不便，故往往不易保证其位置精度的要求。

单件生产时，闸板架通常采用按划线找正和按线加工，因此，划线成为闸板架加工的主要工序之一。

成批生产时为了提高效率和加工质量，通常是采用以粗基准定位的夹具把中部的通孔先车出来，再在闸板架的一翼上加工一 H8 的工艺孔，而后的各道工序均以内孔、斜面及 H8 工艺孔定位来加工。由于加工各表面时均采用了相同的定位基准，避免了基准不重合误差，故能保证各加工表面的相互位置精度。

中、小尺寸的闸板架在成批生产时的典型工艺过程如表 13-3 所示。

表 13-3 闸板架的典型工艺过程

序号	工序内容	定位基准
1	车中部通孔至尺寸	铸件毛坯的底面、侧面及上、下端
2	钻铰 φ10H8 工艺孔	内孔、斜面
3	车两斜面、倒角	内孔、斜面、工艺孔
4	车内、外螺纹,倒角	内孔、斜面、工艺孔
5	铣导向槽	内孔、斜面、工艺孔
6	铣上端两侧面	内孔、斜面、工艺孔
7	刨下端平面及倒角	内孔、斜面、工艺孔

13.3.3 主要表面的加工方法

(1) 中部通孔的加工

闸板架的中部通孔一般在普通车床上加工,并采用图 13-13 所示的双爪自动定心夹具。零件以十字架左、右两翼的底平面及侧面定位,夹紧时,由于卡爪上斜面的作用使工件紧靠在夹具的定位件上。该夹具的通用性较好,当加工另一尺寸的闸板架时仅需将定位螺钉作适当的调整。

(2) 斜面的车削

车削闸板两斜面时主要以内孔定位,所用的夹具如图 13-14 所示。当工件安装在夹具的弹簧心轴上时,需注意将工艺孔安入夹具上的定位销后再胀紧工件。工艺孔钻在闸板架左翼的中心线上,以它作为定位面可限制零件绕机床中心旋转的自由度。为便于控制两斜面的厚度,夹具上装有两个对刀块。闸板架一端斜面车完以后,需将定位销移装在夹具的另一侧,并在夹具斜面上安装一个厚度等于一端斜面加工余量的垫片,这样,可利用此夹具加工闸板架的另一端斜面。

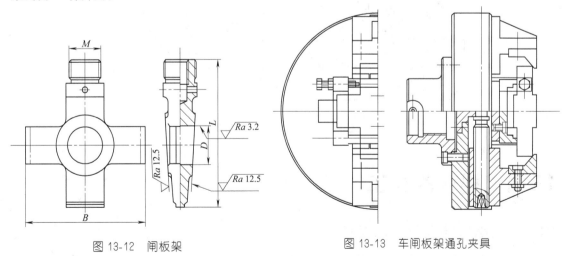

图 13-12 闸板架   图 13-13 车闸板架通孔夹具

(3) 导向槽的加工

闸板架两翼部的导向槽在立铣上加工时使用的夹具如图 13-15 所示。工件以其内孔、斜面及工艺孔定位。为使夹紧更加可靠,可用两只紧固螺钉分别夹在工件上端的两侧面上。该夹具通用性好,当加工另一规格的闸板架时,可更换夹具上的对刀块,并在心轴上加一定位套。

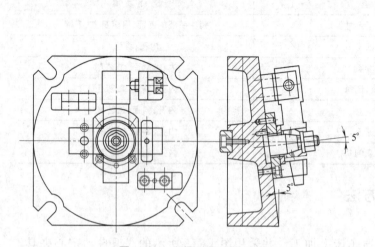

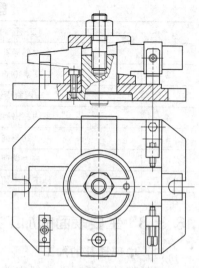

图 13-14　车闸板架端面夹具

图 13-15　铣闸板架导向槽夹具

（4）内、外螺纹的车削

闸板架上端的螺纹孔及外螺纹均在普通车床上加工。为保证螺纹孔与两斜面的相互位置精度，可使用如图 13-16 所示的专用夹具。该夹具的结构与铣导向槽夹具基本相同，工件仍以内孔、斜面及工艺孔定位。夹具安装在车床的花盘上时，可将弯板上的定位孔套在主轴锥孔内的定心轴上，而不必再找正夹具，故可缩短夹具的安装调整时间。

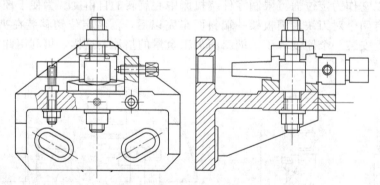

图 13-16　车闸板架螺纹夹具

13.4　摇杆的加工

13.4.1　结构特点及技术要求

摇杆是旋启式止回阀的一种零件，它用来支撑阀瓣，并使阀瓣能绕安装在阀体上的销轴旋转，从而实现阀门的开启和关闭。

摇杆是截面为长方形的细长杆，刚性较差，属柄杆类零件。其一端有销轴孔，另一端有阀瓣孔，两孔相互垂直。图 13-17 为摇杆的典型结构。

摇杆一般选用碳素钢或不锈钢材料制成，毛坯主要为锻件及铸件。小尺寸摇杆一般为模锻件；大尺寸的为铸件。

摇杆的主要技术要求为：销轴孔及安装阀瓣的圆柱孔的精度为 H11 级，表面粗糙度为 $Ra6.3\mu m$。两孔轴线的垂直度在 100mm 的长度上不得超过 0.03mm。

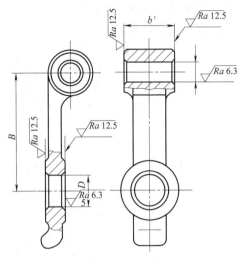

图 13-17　摇杆

13.4.2　机械加工过程

摇杆的主要加工表面为销轴孔、阀瓣孔及与其垂直的几个面。摇杆的刚性较差，安装时要使它在夹紧力与切削力的作用下不致产生变形。通常采用销轴孔端的圆柱凸台作为粗基准，首先将销轴孔及一侧端面车好，以后的各道工序均以销轴孔及端面作为定位基准。

在车削销轴孔时，因圆柱凸台较短，安装时应按摇杆的对称中心线找平，以免车出的销轴孔产生歪斜，故在车削销轴孔前应安排一道划线工序。为了保证两圆柱孔的垂直度要求，在加工阀瓣孔时可采用专用夹具。

中、小尺寸的摇杆在成批生产时的典型工艺过程见表 13-4。大尺寸的摇杆因回转直径大，在车床上不便加工，故一般在镗床上加工阀瓣孔及销轴孔，端面采用铣削或刨削。其装夹定位方法与中、小尺寸的摇杆基本相同。

表 13-4　摇杆的典型工艺过程

序号	工 序 内 容	定 位 基 准
1	划销轴孔、阀瓣孔中心线及端面线	
2	车端面及销轴孔至尺寸	销轴孔端部圆柱凸台
3	车另一端面,倒角	销轴孔及端面
4	车端面及阀瓣孔至尺寸	销轴孔及端面
5	车另一端面及倒角	销轴孔及端面

13.4.3　阀瓣孔的加工

阀瓣孔及其端面一般采用车削。为保证阀瓣孔与销轴孔的垂直度要求，工件以销轴孔及端面定位，使用图 13-18 所示的夹具。该夹具直接安装在车床的主轴上，当加工不同尺寸的摇杆时，可更换定位轴，并调整定位轴座至夹具中心的距离。为便于控制摇杆的厚度尺寸，夹具上装有对刀装置。

车削阀瓣孔的另一端面时亦采用上述夹具，这时需将工件翻转安装并调整支撑螺柱及压板的高度。

图 13-19 为车削阀瓣孔及端

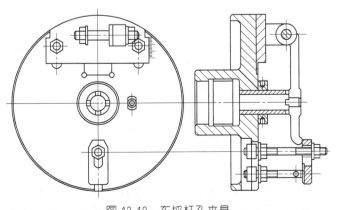

图 13-18　车摇杆孔夹具

面的新型夹具，当加工不同尺寸的摇杆时，通过调节定位螺栓来调整摇杆端面至夹具体的距离，能够实现快速装夹，提高生产效率。

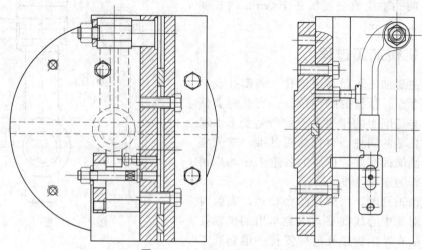

图 13-19　新型车摇杆孔夹具

图 13-20 为在卧式加工中心上加工大口径止回阀摇杆的夹具，加工不同尺寸的摇杆时，通过调整定位圆头螺柱的高度及更换支撑螺钉调整阀瓣孔中心至加工中心工作台的距离。

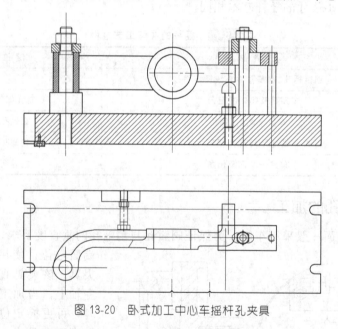

图 13-20　卧式加工中心车摇杆孔夹具

13.5　支架的加工

13.5.1　结构特点及技术要求

在 $>DN150$ 的闸阀阀盖，为便于制造，往往将上部的框架分开做成单独的零件，该零件称为支架。支架是用来支撑阀杆的，电动、气动等阀门的驱动装置也用它来支撑。支架上端的圆柱孔与阀杆螺母相结合，下端面与阀盖上法兰连接，其结构如图 13-21 所示。

支架为框架形，属其他类零件。为了增强其刚性，框架上有加强筋。零件的上端是圆柱体，下部框架脚为长方形。框架脚的端面上有圆柱形凹槽（通常称为内止口），以便于保持与阀盖装配后的相互位置精度。

支架的技术要求不高，它的主要加工表面是内止口和上端的螺纹孔，内止口最高尺寸精度为 d11 级，表面粗糙度 $Ra12.5\mu m$。螺孔与内止口的同轴度不大于止口尺寸公差的 1/2。

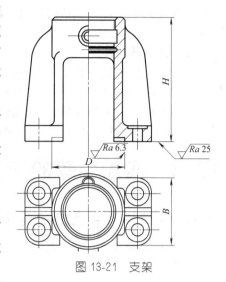

图 13-21　支架

13.5.2　机械加工过程

支架的主要工艺问题是如何保证上端螺纹孔与下端止口的同轴度要求。通常是以止口及端面作为定位基准，在普通车床上加工下端面及止口，然后以止口及端面作为定位基准车削上端内孔。表 13-5 是支架在小批生产时的典型工艺过程。

表 13-5　支架的典型工艺过程

序号	工序内容	定位基准
1	车下端面及止口至尺寸	上部外圆柱
2	车上端面、内孔及螺纹孔	止口、下端面
3	钻下端螺栓孔	上端面
4	锪鱼眼坑	上端面
5	钻、锪油杯孔	
6	配钻、攻螺纹孔	

在车削支架的下端面时，由于工件的刚性差而不能采用较大的切削用量，因此效率不高。大、中批生产时可采用组合机床加工支架。工件以框架及外圆柱定位安装在组合机床的工作台上，车镗动力头利用径向进给的刀尖加工下端面及止口。这种机床的效率高，图13-22为其加工示意图。

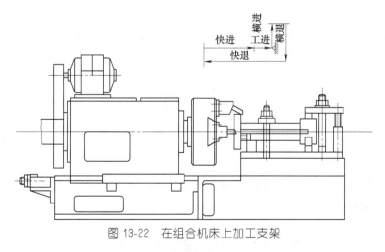

图 13-22　在组合机床上加工支架

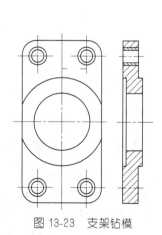

图 13-23　支架钻模

13.5.3　主要表面的加工方法

(1) 支架螺栓孔的加工

支架的螺栓孔通常在摇臂钻床上加工，使用图 13-23 所示的钻模。工件以上端面定位倒置压紧在钻床工作台上。钻模板以工件内止口及端面定位，并按支架脚长方形轮廓找正后压紧在支架上。

（2）鱼眼坑的加工

螺栓孔的鱼眼坑一般是在摇臂钻床上使用锪刀杆及刀片（图 13-24）来进行加工的。该锪刀杆的锥尾和刀杆可以拆卸，故加工不同尺寸的鱼眼坑时只需更换刀杆而使用同一个锥尾。锪刀片的材料为高速钢。刀片装入刀杆后其端部凹槽与刀杆外圆柱上的平面相配合，即可传递扭矩，又能使刀片迅速地对准刀杆中心。

13.6 压盖螺母的加工

13.6.1 结构特点及技术要求

压盖螺母是用来压紧填料和支撑阀杆的。它的形状近似六方螺母，内有螺纹孔，如图 13-25 所示。

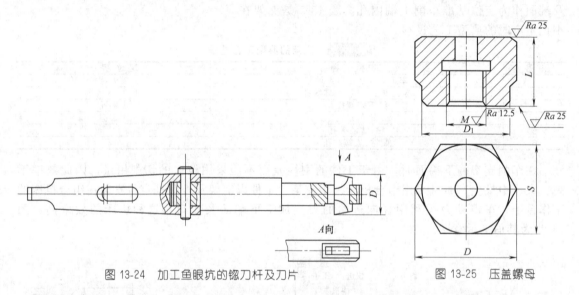

图 13-24　加工鱼眼坑的锪刀杆及刀片　　　　图 13-25　压盖螺母

压盖螺母可用铸铁、碳素钢、不锈钢和有色金属等制成。小尺寸的有色金属或碳素钢压盖螺母常选用型材，其他的则根据不同的材料和尺寸，分别采用铸造或锻造毛坯。

压盖螺母的主要技术要求如下：螺纹孔一般为 H8 级精度，粗糙度不大于 $Ra12.5\mu m$；螺纹孔与圆柱孔有一定的同轴度要求。

13.6.2 机械加工过程

压盖螺母的主要加工部位是圆柱孔、螺纹及端面。其加工表面少，加工过程比较简单，工序的多少和顺序，取决于毛坯状况。

（1）铸造毛坯

用金属模型铸造的毛坯，其六方及端面无需加工，而其他表面的加工均可在一道工序内完成。

（2）连锻毛坯

连锻毛坯需分 3 道工序进行加工：将锻件切成单个坯件；加工端面及内螺纹部分；车另一端面及倒角。

（3）型材

用型材制造压盖螺母在单件小批生产中，可由两道工序完成。即先车内螺纹部分，切断以后再车另一端面及倒角。如果六方要加工，则在铣六方前增加车外圆工序。

13.6.3 主要表面的加工方法

压盖螺母的主要加工表面是螺纹孔。如果材料是有色金属或铸铁，加工时可先用图13-26所示的多刃内孔刀将内孔、螺纹内径加工好，然后用丝锥攻制。大于 M27×1.5 的螺纹孔可按钻、扩、旋风切丝的顺序加工。

在大批生产时，可用自动机床或六角车床加工。图13-27 为在六角车床或自动机床上加工毛坯为型材的压盖螺母示意图。

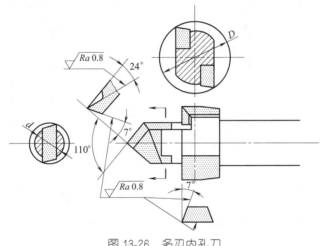

图 13-26 多刃内孔刀

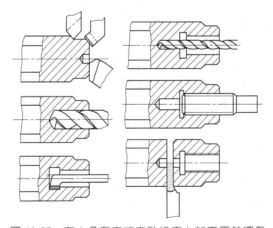

图 13-27 在六角车床或自动机床上加工压盖螺母

13.7 金属阀座的加工

13.7.1 结构特点及技术要求

金属阀座与阀体连接，其一端面为密封面，与关闭件的密封面相接触，以切断管路介质。阀座由内外圆柱面、端平面及螺纹面等组成，属套类零件，其结构如图13-28

所示。

根据阀门的用途，阀座可分别用铜、不锈钢、不锈钢基体堆焊硬质合金或碳素钢基体堆焊不锈钢等制成。为保证阀座密封面具有一定的硬度和耐磨性，Cr13 型不锈钢阀座需经过热处理。

阀座通常采用锻、铸件毛坯，也可以用管材直接加工。

在阀体上安装阀座的方法有压合、螺纹连接、机械固定以及焊接等。除螺纹连接的阀座外，用其他方法安装的阀座一般需在安装后再进行精加工。

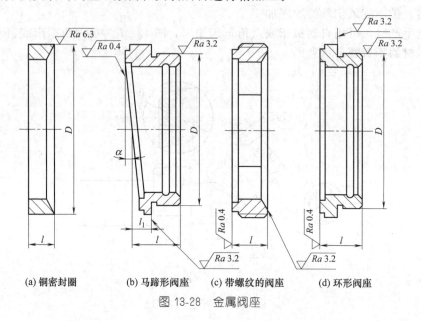

图 13-28　金属阀座

阀座的主要技术要求如下：铜密封圈、环形阀座的外圆与端面，马蹄形阀座的端面与圆柱面应分别垂直；螺纹连接的阀座，螺纹与其基面应垂直，该基面上不得有磕碰划伤；带螺纹的阀座和环形阀座的密封面与基面应平行；密封面应平整、光洁、不得有划痕、刀痕、气孔、裂纹等缺陷；密封面的硬度要均匀，在同一平面上的硬度差不得超过规定值；阀座与阀体配合的外圆精度为 d11 级，粗糙度不大于 $Ra6.3\mu m$；阀座基面的粗糙度一般不大于 $Ra3.2\mu m$；与阀体配合的螺纹精度为 6g 级，粗糙度为 $Ra6.3\mu m$；密封面的粗糙度一般为 $Ra0.4\sim0.2\mu m$。

13.7.2　机械加工过程

有些阀座的机械加工过程比较简单，如铜密封圈，只需一道车削工序。但马蹄形阀座、带螺纹的阀座机械加工过程就比较复杂。下面分别介绍这些阀座的机械加工过程。

(1) 马蹄形阀座

图 13-28 (b) 为马蹄形阀座。通常用于 DN150 以下的楔式闸阀。表 13-6 为中、小批量生产马蹄形阀座（堆焊形成的密封面）的典型工艺过程。

(2) 密封面部位的加工

密封面部位堆焊前的粗车和堆焊后的加工均在车床上完成。图 13-29 为车密封面部位的 5°三爪卡盘。这种卡盘是在标准三爪卡盘的卡盘体和过渡盘之间加上斜盘和接盘。使用时根据阀座的厚度调整偏移量。调整的方法是：把螺钉松开，调整丝杆，通过丝母带动卡盘体移动，达到要求尺寸后将螺钉拧紧，即可进行加工。加工密封面时，安装工件要注意大小头的方向。一般用对线方法确定位置。

序号	工 序 内 容	定 位 基 准
	表 13-6 马蹄形阀座的典型工艺过程	
1	粗车大端外圆	外圆表面
2	粗车小端外圆,车内孔	大端外圆
3	车堆焊基面	小端外圆及大外圆端面
4	堆焊	
5	热处理	
6	粗车密封面(内外圆车好)	小端外圆及大外圆端面
7	精车大端外圆和内孔	小端外圆
8	精车小端外圆	
9	精车(或磨)密封面	

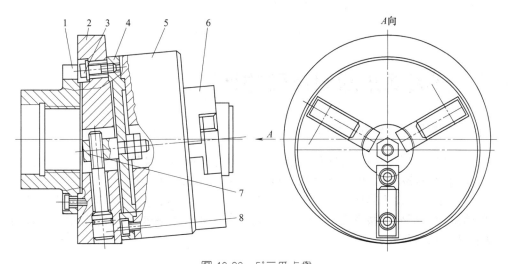

图 13-29 5°三爪卡盘

1—过渡盘；2—斜盘；3—螺钉；4—接盘；5—盘体；6—卡爪；7—丝母；8—丝杆

将马蹄形阀座装在阀体上以后，采用焊接固定。由于焊接过程中会产生热变形和应力，所以焊后一般应进行热处理，然后再对密封面进行精加工。如果阀体的刚性特别好，并用二氧化碳气体保护焊焊接，焊后也可不进行热处理。

(3) 小端外圆部位的加工

加工用堆焊方法形成的阀座密封面时，考虑到堆焊过程中工件可能变形，大小端外圆均应留有余量，堆焊后再进行精车。图 13-30 为车阀座外圆夹具。

整体不锈钢阀座小端外圆与内孔的加工可在一次安装下完成。

(4) 带螺纹的阀座

图 13-28 (c) 为带螺纹的阀座。这种阀座的毛坯用不锈钢锻造而成。除内六方孔外，其余表面均需加工。所有加工表面可用车削方法完成。表 13-7 为带螺纹阀座的典型工艺过程。

序号	工 序 内 容	定 位 基 准
	表 13-7 带螺纹阀座典型工艺过程	
1	粗车外圆及密封面部位(留余量 2~3mm)	外圆表面
2	粗车基面及倒角	外圆及端面
3	热处理(高频淬火)	
4	车外螺纹	密封面及内径
5	精车基面	外螺纹
6	磨密封面至图示尺寸	基面

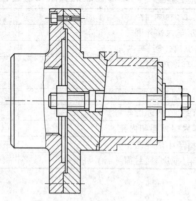

图 13-30 车阀座外圆夹具

13.8 旋启式止回阀挂架的加工

13.8.1 结构特点及技术要求

挂架是旋启式止回阀的一种零件，通过销轴将挂架和摇杆铰接在一起，用来支撑阀瓣，并使摇杆在阀瓣的带动下，能够绕销轴旋转，从而实现阀门的启闭。

挂架为框架型，属于其他类零件，刚性较差。其上端为长方体，并钻有光孔，用于阀体里悬台的固定。其框架为拨叉形，加工有销轴孔，销轴孔和框架上端的光孔相互垂直。图 13-31 为挂架的典型结构。

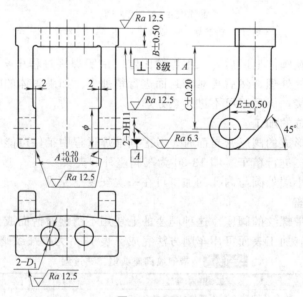

图 13-31 挂架

挂架由于安装在阀体内，属于内件，因此其材料的性能不能低于承压壳体的材料，一般都是按照承压壳体的材料进行选择，毛坯通常为铸件，一般采用熔模铸造工艺。

挂架的技术要求为：销轴孔的精度为 H11 级，表面粗糙度为 $Ra6.3\mu m$；框架的开档尺寸需要控制公差，该公差为同向公差，以保证摇杆和挂架铰接后有一定的间隙，确保摇杆能够转动；挂架上端的下表面相对于销轴孔的垂直度及其距销轴孔中心的高度也要严格控制，框架中心线距离销轴孔中心的宽度也要严格控制，因为这些尺寸的加工精度对于保证阀门的密封起到关键作用。

13.8.2　机械加工工艺过程

挂架的主要加工表面为销轴孔、挂架上的光孔、挂架上端的两端面及框架开档两端面。挂架的刚性较差，加之结构较复杂，不便于装夹，因此挂架上端的两端面及框架开档两端面通常采用铣削来完成，而销轴孔和挂架上端光孔则采用钻削来完成。挂架的典型工艺过程见表13-8。

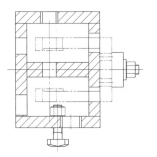

表 13-8　挂架的典型工艺过程

序号	工序内容	定位基准
1	划销轴孔、光孔中心线及上端端面线,开档结构线	
2	铣挂架上端下平面至图示尺寸	挂架上端侧面
3	铣挂架上端上平面至图示尺寸	挂架上端侧面
4	铣削框架开档两端面至图示尺寸	挂架上端上平面
5	钻销轴孔	挂架上端下平面
6	钻挂架上端光孔	挂架上端下平面

13.8.3　销轴孔的加工

销轴孔一般采用钻削加工，为保证销轴孔与挂架上端下平面的垂直度，在钻削时用上端下平面作为工艺基准进行定位，使用图13-32所示的夹具。该夹具可一次同时装夹两件相同规格的挂架进行钻削加工，加工不同规格的挂架时翻转180°，即可实现一个夹具能加工两种不同规格的挂架，减少夹具数量。

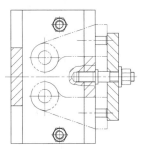

图 13-32　钻销轴孔夹具

13.9　安全阀阀瓣的加工

安全阀阀瓣是安全阀密封和动作的主要部件，也是安全阀的主要承压零件。阀瓣的加工制造精度直接影响阀门的质量和性能。由于安全阀的结构种类很多，安全阀阀瓣的结构形状也有很多种。常用的安全阀阀瓣典型结构如图13-33所示。

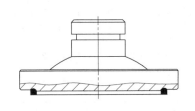
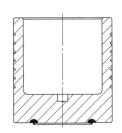
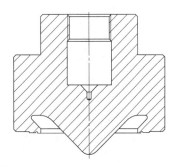

图 13-33　常用的安全阀阀瓣典型结构

13.9.1　单调节圈安全阀阀瓣的加工

单调节圈安全阀阀瓣加工的典型工艺过程见表13-9。

工艺简图	序号	工序名称	工艺说明
表 13-9 单调节圈安全阀阀瓣加工的典型工艺过程			
	1	锻造	锻件按设计文件的要求进行锻造
	2	热处理	锻件按技术文件要求进行热处理
	3	检验	按设计技术文件的要求对锻件进行检验
	4	划线	划出零件的加工参考线和中心线
	5	检验	检验钳工划线的精度和质量
	6	粗车大端	如简图(1)所示用三爪卡盘夹住小端,粗车大端,按设计图样要求留精加工余量
	7	粗车小端	如简图(2)所示用三爪卡盘夹住大端校正,粗车小端,按设计图样留精加工余量
	8	检验	按设计图样文件的要求检验粗加工质量
	9	热处理	按设计文件要求进行对应的热处理
	10	检验	按设计图样文件的要求检验热处理质量
	11	粗车密封面	如简图(3)所示用三爪卡盘夹住小端,粗车密封面堆焊面,按设计图样要求保证加工后密封堆焊层能达到设计要求
	12	检验	按设计文件和技术要求检验
	13	堆焊	按焊接工艺文件的要求堆焊密封面,堆焊层高度大于焊接工艺文件要求
	14	检验	按要求检查堆焊质量及堆焊层高度
	15	焊后热处理	焊接完成后即刻按热处理文件要求进行焊后热处理
	16	无损检测	用着色法检查密封面有无缺陷
	17	精车密封面	如简图(4)所示用三爪卡盘夹住小端,精车密封面、大端外圆,尺寸达到设计文件的要求
	18	检验	按设计图样要求检验加工质量
	19	精车小端	如简图(5)所示用带工艺软爪卡盘夹住大端,精车小端定总长、球面、卡簧槽,尺寸达到设计文件的要求 注:工艺软爪定位尺寸和阀瓣大端外径相接近
	20	检验	按图样要求检验加工质量
	21	研磨密封面	分粗研和精研两次完成研磨,粗研使密封面粗糙度达到 $Ra1.6\mu m$,精研使粗糙度达到设计图样要求
	22	检验	用粗糙度样板对比法检查密封的质量
	23	包装	清洗干燥后用软棉布保护密封面装入保护盒入库

13.9.2 双调节圈安全阀阀瓣的加工

双调节圈安全阀阀瓣加工的典型工艺过程见表 13-10。

表 13-10 双调节圈安全阀阀瓣加工的典型工艺过程

工艺简图	序号	工序名称	工艺说明
(1)	1	锻造	锻件按设计文件的要求进行锻造
	2	热处理	锻件按技术文件要求进行热处理
	3	检验	按设计技术文件的要求对锻件进行检验
	4	划线	划出零件的加工参考线和中心线
	5	检验	检验钳工划线的精度和质量
	6	粗车密封端	如简图(1)所示用三爪卡盘夹住上端,粗车密封端,按设计图样要求留加工余量
	7	粗车上端	如简图(2)所示用三爪卡盘夹住下端校正,粗车上端外圆及内孔,按设计图样留精加工余量
(2)	8	检验	按设计图样文件的要求检验粗加工质量
	9	热处理	按设计文件要求进行对应的热处理
	10	检验	按设计图样文件的要求检验热处理质量
	11	粗车密封面	如简图(3)所示用三爪卡盘夹住上端,粗车密封面堆焊面,按设计图样要求保证加工后密封堆焊层能达到设计要求
(3)	12	检验	按设计文件和技术要求检验
	13	堆焊	按焊接工艺文件的要求堆焊密封面,堆焊层高度大于焊接工艺文件要求
	14	检验	按要求检查堆焊质量及堆焊层高度
	15	焊后热处理	焊接完成后即刻按热处理文件要求进行焊后热处理
	16	无损检测	用着色法检查密封面有无缺陷
	17	精车密封面	如简图(4)所示用三爪卡盘夹住上端内孔,精车密封面、外圆,尺寸达到设计文件的要求
(4)	18	检验	按设计图样要求检验加工质量
	19	精车上端	如简图(5)所示用带工艺软爪卡盘夹住下端,精车上端定总长、内孔、垫块孔尺寸达到设计文件的要求 注:工艺软爪定位尺寸和阀瓣下端外径相接近
	20	检验	按图样要求检验加工质量
	21	研磨密封面	分粗研和精研两次完成研磨,粗研使密封面粗糙度达到 $Ra1.6\mu m$,精研使粗糙度达到设计图样要求
(5)	22	检验	用粗糙度样板对比法检查密封的质量
	23	包装	清洗干燥后用软棉布保护密封面装入保护盒入库

13.9.3 高温圈安全阀弹性阀瓣的加工

高温安全阀弹性阀瓣加工的典型工艺过程见表 13-11。

表 13-11　高温安全阀弹性阀瓣加工的典型工艺过程

工艺简图	序号	工序名称	工艺说明
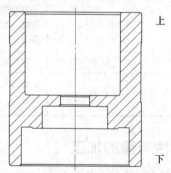 (1)	1	锻造	锻件按设计文件的要求进行锻造
	2	热处理	锻件按技术文件要求进行热处理
	3	检验	按设计技术文件的要求对锻件进行检验
	4	划线	划出零件的加工参考线和中心线
	5	检验	检验钳工划线的精度和质量
	6	粗车大端	如简图(1)所示用三爪卡盘夹住小端,粗车大端,按设计图样要求留精加工余量
(2)	7	粗车小端	如简图(2)所示三爪卡盘夹住大端校正,粗车小端,按设计图样留精加工余量
	8	检验	按设计图样文件的要求检验粗加工质量
	9	热处理	按设计文件要求进行对应的热处理
	10	检验	按设计图样文件的要求检验热处理质量
	11	粗车密封面	如简图(3)所示用三爪卡盘夹住小端,粗车密封面及弹性槽、导流头
	12	无损检测	用着色法检查密封面有无缺陷
(3)	13	精车密封面	如简图(3)所示用三爪卡盘夹住小端,粗车密封面及弹性槽、导流头至图样要求的尺寸
	14	检验	按设计图样要求检验加工质量
	15	精车小端	如简图(4)所示用带工艺软爪卡盘夹住大端,精车小端定总长、内孔、螺纹、锥面尺寸达到设计文件的要求 注:工艺软爪定位尺寸和阀瓣大端外径相接近
	16	检验	按图样要求检验加工质量
(4)	17	研磨密封面	用专用磨头研磨,分粗研和精研两次完成研磨,粗研使密封面粗糙度达到 Ra 1.6μm,精研使粗糙度达到设计图样要求
	18	检验	用粗糙度样板对比法检查密封的质量
	19	包装	清洗干燥后用软棉布保护密封面装入保护盒入库

13.10　安全阀阀瓣座的加工

　　安全阀阀瓣座是固定阀瓣和主导阀门动作的主要导向部件,阀瓣座的加工制造精度直接影响阀门的质量和性能。安全阀阀瓣座的结构形状基本相似,样式单一,其基本结构如图13-34 所示。安全阀阀瓣座加工的典型工艺过程见表13-12。

图 13-34　常用的安全阀阀瓣座典型结构

表 13-12		安全阀阀瓣座加工的典型工艺过程		
工艺简图	序号	工序名称	工艺说明	
	1	锻造	锻件按设计文件的要求进行锻造	
	2	热处理	锻件按技术文件要求进行热处理	
	3	检验	按设计技术文件的要求对锻件进行检验	
	4	划线	划出零件的加工参考线和中心线	
(1)	5	检验	检验钳工划线的精度和质量	
	6	粗车下端	如简图(1)所示用三爪卡盘夹住上端,粗车下端,按设计图样要求留精加工余量	
	7	粗车上端	如简图(2)所示用三爪卡盘夹住下端校正,粗车上端,按设计图样留精加工余量	
(2)	8	检验	按设计图样文件的要求检验粗加工质量	
	9	热处理	按设计文件要求进行对应的热处理	
	10	检验	按设计图样文件的要求检验热处理质量	
	11	精车下端	如简图(3)所示用三爪卡盘夹住小端,精车大端外圆及内孔,尺寸达到设计文件的要求	
(3)	12	检验	按设计图样要求检验加工质量	
	13	精车上端	如简图(4)所示用带工艺软爪卡盘夹住大端,精车小端定总长、内孔、垫块孔,尺寸达到设计文件的要求 注:工艺软爪定位尺寸和阀瓣大端外径相接近	
	14	检验	按图样要求检验加工质量	
(4)	15	包装	清洗干燥后用软棉布保护密封面装入保护盒入库	

13.11 安全阀阀座的加工

安全阀阀座是安全阀密封和动作的主要部件,也是安全阀的主要承压零件。阀座的加工制造精度直接影响阀门的质量和性能。由于安全阀的结构种类很多,安全阀阀座的结构形状也有很多种。最常见的安全阀阀座结构如图 13-35 所示。

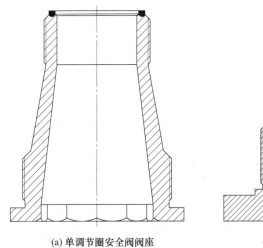

(a) 单调节圈安全阀阀座   (b) 双调节圈安全阀阀座

图 13-35　常见的安全阀阀座结构

13.11.1 单调节圈安全阀阀座的加工

单调节圈安全阀阀座加工的典型工艺过程见表 13-13。

表 13-13 单调节圈安全阀阀座加工的典型工艺过程

工艺简图	序号	工序名称	工艺说明
(1)	1	锻造	锻件按设计文件的要求进行锻造
	2	热处理	锻件按技术文件要求进行热处理
	3	检验	按设计技术文件的要求对锻件进行检验
	4	划线	划出零件的加工参考线和中心线
	5	检验	检验钳工划线的精度和质量
	6	粗车大端、内孔	如简图(1)所示用三爪卡盘夹住小端,粗车大端、粗车流道孔,按设计图样要求留精加工余量
(2)	7	粗车小端	如简图(2)所示用三爪卡盘夹住大端校正,粗车小端,按设计图样留精加工余量
	8	检验	按设计图样文件的要求检验粗加工质量
	9	热处理	按设计文件要求进行对应的热处理
	10	检验	按设计图样文件的要求检验热处理质量
(3)	11	粗车密封面	如简图(3)所示用三爪卡盘夹住大端,粗车密封面堆焊面,按设计图样要求保证加工后密封堆焊层能达到设计要求
	12	检验	按设计文件和技术要求检验
	13	堆焊	按焊接工艺文件的要求堆焊密封面,堆焊层高度大于焊接工艺文件要求
	14	检验	按要求检查堆焊质量及堆焊层高度
	15	焊后热处理	焊接完成后即刻按热处理文件要求进行焊后热处理
(4)	16	无损检测	用着色法检查密封面有无缺陷
	17	精车密封面	如简图(4)所示用三爪卡盘夹住大端,精车密封面、外圆螺纹及流道孔,尺寸达到设计文件的要求
	18	检验	按设计图样要求检验加工质量
	19	精车大端	如简图(5)所示用带工艺软爪卡盘夹住大端已加工的部分,精车总长、内孔。尺寸达到设计文件的要求 注:工艺软爪定位尺寸和阀瓣大端外径相接近
(5)	20	检验	按图样要求检验加工质量
	21	钳工	修毛刺
	22	研磨密封面	分粗研和精研两次完成研磨,粗研使密封面粗糙度达到 $Ra\,1.6\mu m$,精研使粗糙度达到设计图样要求
	23	检验	用粗糙度样板对比法检查密封的质量
	24	包装	清洗干燥后用软棉布保护密封面装入保护盒入库

13.11.2 双调节圈安全阀阀座的加工

双调节圈安全阀阀座加工的典型工艺过程见表13-14。

表 13-14 双调节圈安全阀阀座加工的典型工艺过程

工艺简图	序号	工序名称	工艺说明
(1)	1	锻造	锻件按设计文件的要求进行锻造
	2	热处理	锻件按技术文件要求进行热处理
	3	检验	按设计技术文件的要求对锻件进行检验
	4	划线	划出零件的加工参考线和中心线
	5	检验	检验钳工划线的精度和质量
	6	粗车大端	如简图(1)所示用三爪卡盘夹住小端,粗车大端、内孔,按设计图样要求留精加工余量
(2)	7	粗车小端	如简图(2)所示用三爪卡盘夹住大端校正,粗车小端,按设计图样留精加工余量
	8	检验	按设计图样文件的要求检验粗加工质量
	9	热处理	按设计文件要求进行对应的热处理
	10	检验	按设计图样文件的要求检验热处理质量
	11	粗车密封面	如简图(3)所示用三爪卡盘夹住大端,粗车密封面堆焊面,按设计图样要求保证加工后密封堆焊层能达到设计要求
	12	检验	按设计文件和技术要求检验
(3)	13	堆焊	按焊接工艺文件的要求堆焊密封面,堆焊层高度大于焊接工艺文件要求
	14	检验	按要求检查堆焊质量及堆焊层高度
	15	焊后热处理	焊接完成后即刻按热处理文件要求进行热处理
	16	无损检测	用着色法检查密封面有无缺陷
	17	精车密封面	如简图(4)所示用三爪卡盘夹住大端,精车密封面、大端外圆,尺寸达到设计文件的要求
(4)	18	检验	按设计图样要求检验加工质量
	19	精车大端	如简图(5)所示用带工艺软爪卡盘夹住中段外圆,精车大端顶总长、内孔,尺寸达到设计文件的要求 注:工艺软爪定位尺寸和阀座中段外径相接近
	20	铣	用带工艺软爪卡盘夹住中段外圆,铣并紧槽至图样要求尺寸
	21	检验	按图样要求检验加工质量
	22	钳工	修毛刺
(5)	23	研磨密封面	分粗研和精研两次完成研磨,粗研使密封棉粗糙度达到 $Ra1.6\mu m$,精研使粗糙度达到设计图样要求
	24	检验	用粗糙度样板对比法检查密封的质量
	25	包装	清洗干燥后用软棉布保护密封面装入保护盒入库

13.12 安全阀反冲盘的加工

安全阀反冲盘是固定阀瓣和主导阀门动作的主要导向部件。反冲盘的加工制造精度直接影响阀门的质量和性能。安全阀反冲盘的结构形状基本相似，样式单一，其典型的结构如图13-36所示。安全阀反冲盘加工的典型工艺过程见表13-15。

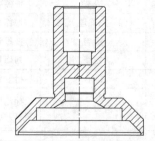

图 13-36　安全阀反冲盘典型结构

表 13-15　安全阀反冲盘加工的典型工艺过程

工艺简图	序号	工序名称	工艺说明
	1	锻造	锻件按设计文件的要求进行锻造
	2	热处理	锻件按技术文件要求进行热处理
	3	检验	按设计技术文件的要求对锻件进行检验
(1)	4	划线	划出零件的加工参考线和中心线
	5	检验	检验钳工划线的精度和质量
	6	粗车大端	如简图(1)所示用三爪卡盘夹住小端,粗车大端,按设计图样要求留精加工余量
(2)	7	粗车小端	如简图(2)所示用三爪卡盘夹住大端校正,粗车小端,按设计图样留精加工余量
	8	检验	按设计图样文件的要求检验粗加工质量
	9	热处理	按设计文件要求进行对应的热处理
(3)	10	检验	按设计图样文件的要求检验热处理质量
	11	精车大端	如简图(3)所示用三爪卡盘夹住小端,精车大端外圆及内孔,尺寸达到设计文件的要求
	12	检验	按设计图样要求检验加工质量
(4)	13	精车小端	如简图(4)所示用带工艺软爪卡盘夹住大端,精车小端定总长、内孔、垫块孔,尺寸达到设计文件的要求 注:工艺软爪定位尺寸和阀瓣大端外径相接近
	14	检验	按图样要求检验加工质量
	15	包装	清洗干燥后用软棉布保护密封面装入保护盒入库

参考文献

[1] 沈阳高中压阀门厂. 阀门制造工艺. 北京：机械工业出版社，1984.

[2] 苏志东等. 阀门制造工艺. 北京：化学工业出版社，2011.

[3] 陈宏钧. 实用机械加工工艺手册. 3 版. 北京：机械工业出版社，2009.

第14章

Chapter 14

球阀制造工艺

随着机床制造业技术的进步，使得球体的圆度及表面粗糙度不断提高，因此球阀已经广泛应用于各个领域，如煤液化氢气加热炉出口切断金属密封球阀，其压力等级高达 Class 4500，而在水电站所用的水轮机进水金属密封球阀其公称尺寸高达 $DN2200$。本书鉴于球阀的广泛应用，将球阀的制造工艺单独列为一章进行介绍。

14.1 球阀阀体的加工

14.1.1 结构特点和技术要求

(1) 球阀阀体的结构特点

① 侧装式球阀阀体 一般工业用球阀大部分都采用侧装式结构，由二片或三片阀体组成阀腔。二片阀体的一般称为右阀体［主阀体，图 14-1（a）］和左阀体（副阀体），三片阀体的则一般称为主阀体［图 14-1（b）、（e）、（f）］和副阀体［副阀体也称左、右体，如图 14-1（c）、（d）所示］，左阀体及副阀体的结构比较简单，主阀体的结构比较复杂。

② 上装式球阀阀体 核电站及 LNG 接收站为减少管道应力作用对阀门的影响，因此大部分都采用上装式结构，上装式球阀的阀体是中空对称形零件（图 14-2）。

(2) 球阀阀体的技术要求

① 侧装式球阀阀体 右（主）阀体内腔有精度较高的镶嵌阀座的孔，一端是与管道连接的端法兰（也可以是内螺纹、外螺纹、焊接等接口结构），一端是与左阀体连接的侧法兰，侧法兰面上有密封垫安装孔，上面有止推密封垫安装孔、阀杆的支承孔及填料函。

右（主）阀体内腔的阀座孔、阀杆的支承孔及填料函孔的表面粗糙度一般为 $Ra1.6\mu m$，侧法兰面上密封垫安装孔的表面粗糙度一般为 $Ra6.3\mu m$，其他加工表面的表面粗糙度为 $Ra12.5\mu m$。

② 上装式球阀 上装式球阀阀体内腔有精度较高的镶嵌阀座的孔，上面有与阀盖连接

的定位结构及密封垫安装孔或台肩，阀体上有阀门与管道连接的法兰、内螺纹、外螺纹和焊接等接口结构。

上装式球阀阀体内腔的阀座孔及两阀座底平面的开档宽度的表面粗糙度一般为 $Ra1.6\mu m$，上面与阀盖连接的定位孔的表面粗糙度一般为 $Ra3.2\mu m$，其他加工表面的表面粗糙度为 $Ra12.5\mu m$。

③ 几何形状和位置精度　阀体中法兰面上密封垫安装孔与阀体内腔阀座孔的同轴度公差等级为 9 级，中法兰端面与阀座孔底平面的平行度公差等级为 9 级，阀杆的支承孔轴线与中法兰端面平行度的公差等级为 9 级，阀杆的支承孔轴线与密封垫安装孔、阀体内腔的阀座孔中心线的位置度公差等级为 9 级。

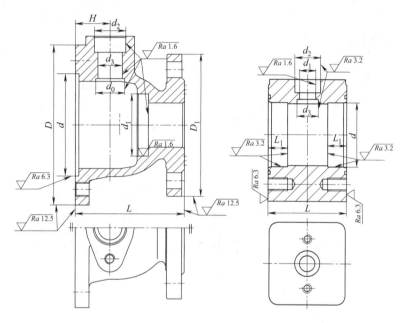

(a) 二片式球阀的右(主)阀体　　　　　(b) 三片式球阀的主阀体

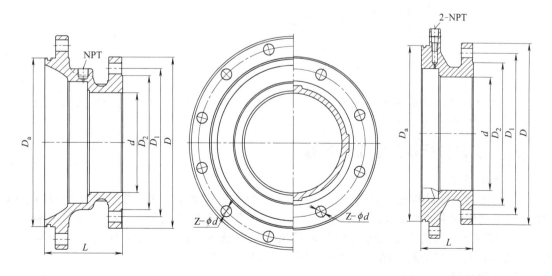

(c) 三片式固定球阀左、右阀体(铸件)　　　　(d) 三片式固定球阀左、右阀体(锻件)

图 14-1

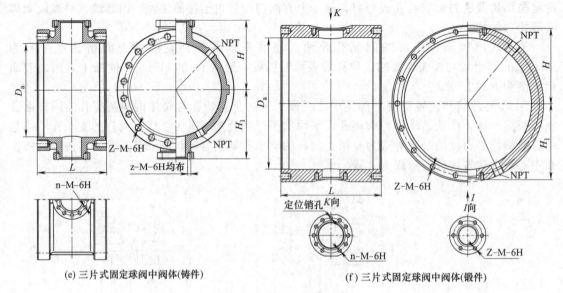

(e) 三片式固定球阀中阀体(铸件)　　　　(f) 三片式固定球阀中阀体(锻件)

图 14-1　侧装式球阀阀体

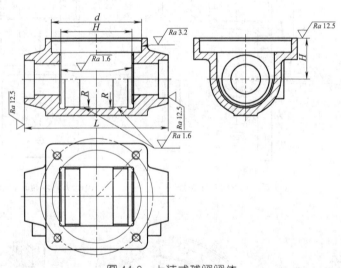

图 14-2　上装式球阀阀体

上装式球阀阀体内腔两阀座底平面的开裆对称度公差等级为 9 级，阀杆的支承孔轴线与上端面垂直度的公差等级为 9 级。

14.1.2　工艺分析及典型工艺过程

(1) a 型阀体

a 型阀体的形体结构比较复杂，其外表面大部分不需要加工，因此零件毛坯一般都选用铸件。a 型阀体的主要加工表面大多是旋转表面，一般用车削方法加工，由于镶嵌阀座部位的孔及阀杆支承部位的孔的尺寸精度及表面粗糙度要求很高，而铸件毛坯的加工余量又较大，所以右阀体可以分粗、精加工两个阶段（表 14-1）。

(2) b 型阀体

b 型阀体的形体结构比较复杂，其外表面大部分不需要加工，主要加工表面大多是旋转表面，一般用车削方法加工，由于镶嵌阀座部位的孔及阀杆支承部位的孔的尺寸精度及表面粗糙度要求很高，而铸件毛坯的加工余量又较大，所以主阀体可以分粗、精加工两个阶段（表 14-2）。

表 14-1　a 型阀体的典型工艺过程

序号	工序内容	定位基准	夹具特点
1	粗车中法兰端面、内孔和止口	端法兰外圆	三爪卡盘
2	粗车端法兰端面、外圆	中法兰端面及止口	三爪卡盘
3	划侧端轴孔中心线		
4	粗车侧端法兰端面、阀杆支承孔及填料函孔	中法兰端面及止口	专用工装
5	精车中法兰端面、内孔、止口及阀座孔	端法兰端面及外圆	三爪卡盘
6	精车端法兰端面、外圆、背面及倒角	中法兰端面及止口	专用工装
7	精车侧端法兰端面、阀杆支承孔及填料函孔	中法兰端面及止口	专用工装
8	钻中法兰孔、攻螺纹孔		钻夹具
9	钻端法兰孔		钻夹具
10	钻侧端法兰孔、攻螺纹孔		钻夹具

表 14-2　b 型阀体的典型工艺过程

序号	工序内容	定位基准	夹具特点
1	粗车左端面、内孔、切槽	右端面及外表面	四爪卡盘
2	粗车右端面、内孔、切槽	左端面及内孔	四爪卡盘
3	划上端轴孔中心线		
4	粗车上法兰端面、阀杆支承孔及填料函孔	左端面及内孔	专用工装
5	精车左法兰端面、内孔、切槽及阀座孔	右法兰端面及内孔	四爪卡盘
6	精车右端法兰端面、内孔、切槽及阀座孔	左法兰端面及内孔	专用工装
7	精车上法兰端面、阀杆支承孔及填料函孔	左法兰端面及内孔	专用工装
8	钻上法兰孔、攻螺纹孔		钻夹具
9	钻左端法兰孔、攻螺纹孔		钻夹具
10	钻右端法兰孔、攻螺纹孔		钻夹具

（3）c、d 型固定球阀的左、右阀体

固定球阀左、右阀体的形体结构比较复杂，其外表面大部分不需要加工（锻件需要粗车，锻件毛坯粗车部分工序省略），主要加工表面大多是旋转表面，一般用车削方法加工，由于镶嵌阀座部位的孔的尺寸精度及表面粗糙度要求很高，而铸件毛坯的加工余量又较大，所以主阀体可以分粗、精加工两个阶段（表 14-3）。

表 14-3　固定球阀左、右阀体典型工艺过程

序号	工序名称	工序内容	定位基准	装夹方法
1	车	车端法兰，内孔，倒角	中法兰外圆	卡盘
2	车	车中法兰端面，定位台阶孔，阀座孔，倒角	端法兰外圆及端面	卡盘
3	镗	镗上阀杆孔，填料函，车法兰外圆、端面各部尺寸，按夹具中心线划出通过阀杆孔中心并垂直于中法兰端面的中心线	中法兰端面及定位台阶孔	带回转盘弯板夹具
4	镗	回转盘旋转 180°，镗下阀杆孔，车法兰外圆、端面各部尺寸	中法兰端面及定位台阶孔	带回转盘弯板夹具
5	钻	钻中法兰螺纹孔	钻模对中心线	压板
6	攻螺纹	机攻中法兰螺纹孔螺纹	平放在工作台上	压板
7	钻	钻端法兰螺栓孔	钻模对中心线	压板
8	钻	钻上盖螺栓孔	钻模对中心线	压板
9	攻螺纹	机攻上盖螺栓孔螺纹	立放在工作台侧面	压板
10	钻	钻下端盖螺栓孔	钻模对中心线	压板
11	攻螺纹	机攻下端盖螺栓孔螺纹	倒立放在工作台侧面	压板

序号	工序名称	工序内容	定位基准	装夹方法
12	划线	以中法兰面、上下轴孔中心线为基准,划出阀体侧面安装排污阀、泄压阀以及阀座注脂阀螺纹孔中心,打样冲眼	端法兰,上下轴孔中心线	平台,分度盘
13	钻	钻阀体侧面安装排污阀、泄压阀以及阀座注脂阀螺纹孔	中法兰面	压板
14	绞	用1∶16绞刀铰阀体侧面安装排污阀,泄压阀以及阀座注脂阀螺纹孔	中法兰面	压板
15	攻螺纹	攻阀体侧面安装排污阀、泄压阀以及阀座注脂阀螺纹	中法兰面	压板
16	钳	钳工去毛刺		

表14-3一般适合于 $DN150$（NPS6）以下规格阀体,大于或等于该规格的,建议轴孔尽可能采用镗床加工。同时,可以利用坐标镗床的坐标刻度和工作台的回转刻度,钻出阀体侧面排污阀、泄压阀以及阀座注脂阀螺纹孔。

(4) e、f 型三片式固定球阀阀体

阀体毛坯通常有铸件和锻件两种。锻件多为自由锻的圆筒状,应在粗加工后进行热处理。中阀体 [图14-1 (e)、(f)] 的典型工艺过程（锻件毛坯粗车部分工序省略）见表14-4。

表 14-4　三片式固定球阀中阀体典型工艺过程

序号	工序名称	工序内容	定位基准	装夹方法
1	车	车右端中法兰端面,外圆,密封垫止口,内孔,倒角	左端中法兰外圆	四爪卡盘
2	车	车左端中法兰端面,外圆,密封垫止口,内孔,倒角	右端中法兰外圆,百分表校正	四爪卡盘(对于铸件阀体,可采用定位盘定位,压板夹紧)
3	镗	镗上阀杆孔,(阀体为铸件,车法兰外圆),端面各部尺寸,用镗床顶尖划出通过阀杆孔中心并垂直于中法兰面的中心线	中法兰端面及定位台阶孔	工作台,定位盘
4	镗	工作台回转180°,镗下阀杆孔,(阀体为铸件,车法兰外圆),端面各部尺寸,用镗床顶尖划出通过阀杆孔中心并垂直于中法兰端面的中心线	中法兰端面及定位台阶孔	工作台,定位盘
5	钻	工作台按设计角度偏转,或移动主轴箱,钻阀体侧面安装排污阀、泄压阀以及阀座注脂阀螺纹孔	中法兰端面及定位台阶孔	工作台,定位盘
6	绞	用1∶16绞刀铰阀体侧面安装排污阀、泄压阀以及阀座注脂阀螺纹孔	中法兰端面及定位台阶孔	工作台,定位盘
7	攻螺纹	攻阀体侧面安装排污阀、泄压阀以及阀座注脂阀螺纹	中法兰端面及定位台阶孔	工作台,定位盘
8	钻	钻中法兰螺纹孔	钻模对中心线	压板
9	攻螺纹	机攻中法兰螺纹孔螺纹	平放在工作台上	压板
10	钻	钻上轴套(盖)螺栓孔	立放在工作台侧面	压板
11	攻螺纹	机攻上轴套(盖)螺栓孔螺纹	立放在工作台侧面	压板
12	钻	钻下端盖螺栓孔	钻模对中心线	压板
13	攻螺纹	机攻下端盖螺栓孔螺纹	倒立放在工作台侧面	压板
14	钳	钳工去毛刺		

从固定球阀的结构原理分析知道,球体与上下轴组成一个绕轴心旋转的启闭机构。为了保证阀门运行可靠,加工中必须保证上下轴孔的同轴度,以及上下轴孔中心线与阀座活塞孔

中心的对称度和垂直度。对于口径规格较大的阀体，通常采用坐标镗床或数显镗床能较好地保证加工精度。对于采用带回转盘的弯板夹具（图 14-3）加工的小规格阀体，必须保证夹具自身的精度能满足产品的精度要求，并具有足够的刚性和抗疲劳性能。夹具应定期检测，按时维护，发现精度不能满足产品设计要求时，要及时更换。

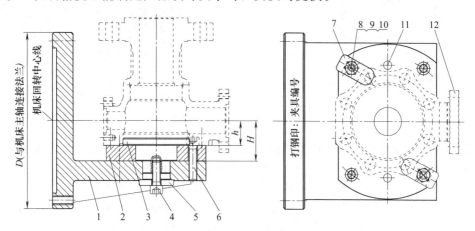

图 14-3　带回转盘的弯板夹具

1—夹具体；2—回转盘；3—定位盘；4—内六角螺钉；5—垫片；6—内六角螺钉；7—压板；
8—双头螺柱；9—平垫圈；10—六角螺母；11—圆锥销；12—工件（左阀体）

（5）上装式阀体

上装式阀体是中空对称形零件，其外表面大部分不需要加工，因此零件毛坯均选用铸件。c 型阀体的主要加工表面也都是旋转表面，多用车削方法加工，由于镶嵌阀座部位的孔及两阀座底平面开裆宽度的尺寸精度及表面粗糙度要求很高，而铸件毛坯的加工余量又较大，所以右阀体也分粗、精加工两个阶段（表 14-5）。

表 14-5　上装式阀体的典型工艺过程

序号	工 序 内 容	定位基准	装夹方法
1	粗车上端面、内孔	下端面及外形	四爪卡盘
2	粗车左右端面、内孔	上端面及内孔	专用工装
3	精车上端面、内孔、平面槽及倒角	左右端面及内孔	四爪卡盘
4	精车左右端面、内孔、扩孔	上端面及内孔	专用工装
5	镗两阀座底平面开裆内腔底面圆弧	上端面及止口	圆弧卡板
6	钻上端面法兰孔、攻螺纹孔	上端面及止口	钻模板

14.1.3　主要表面或部位的加工方法

a 型阀体的主要加工面是镶嵌阀座的孔，其基本的加工顺序是先按工艺要求车中法兰端面、内孔、止口及阀座孔，再以中法兰端面及止口为定位基准将阀体安装在专用夹具上，加工端法兰及侧法兰，确保中法兰与侧法兰及端法兰的加工精度及位置精度，夹具如图 14-4 所示。中法兰钻孔夹具如图 14-5 所示。

c 型阀体的主要加工面是镶嵌阀座的孔，其基本的加工顺序是先按工艺要求车上端面及内孔，

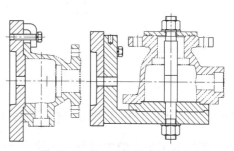

图 14-4　右（主）阀体加工夹具

再以上端面及内孔为定位基准将阀体安装在角式夹具上，加工左右两端阀座孔，确保两侧阀座孔的加工精度及位置精度，夹具如图 14-6 所示。

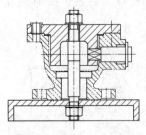

图 14-5　中法兰钻孔夹具

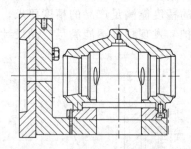

图 14-6　加工 c 型阀体夹具

上装式球阀的阀体和阀盖的连接部位不承受管道的应力作用，因此被普遍采用，大口径上装式球阀已有许多应用案例。图 14-7 为在数控立车上加工大口径对焊连接上装式球阀阀体中法兰的夹具。该夹具以阀体毛坯两支管的外径、阀体底部凹槽的外径及阀体中腔一侧的外表面按照六点定位原则，作为定位基准，由于所有定位面均为毛坯面，因此该基准为粗基准。阀体毛坯两支管以专用夹具 V 形座定位，通过左右螺纹联动机构找正，手动夹紧。该工装主要用于车削中法兰各部尺寸及阀体内腔下端的耳轴孔尺寸。中法兰加工好后，作为精基准定位，在卧式加工中心的专用夹具上车削阀体其余各部，详见 14.1.4 节。

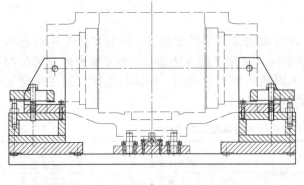

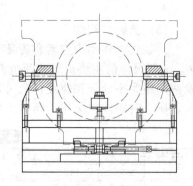

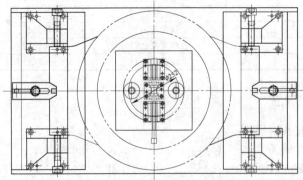

图 14-7　数控立车上加工阀体中法兰夹具

14.1.4　卧式加工中心加工球阀阀体

卧式加工中心的主轴处于水平状态，带可分度回转运动的数控方工作台，数控加工主轴，多配备 4 轴 3 联动，工件在一次装夹后能够完成除安装面和顶面以外的其余 4 个面的加工，最适合加工箱体类零件。一般具有分度工作台或数控转换工作台，可加工工件的各个侧面；也可作多个坐标的联合运动，以对复杂的空间曲面进行数控加工。加工精度、重复定位精度远远高于普通卧式镗铣床，已广泛应用于机械制造行业。

卧式加工中心可配双交换工作台，在对位于工作位置的工作台上的工件进行加工的同时，可以对位于装卸位置的工作台上的工件进行装卸，从而大大缩短辅助时间，提高加工效率。对于多品种小批量生产的零件，其效率是普通设备的5～10倍。

国外阀门制造企业多采用卧式加工中心加工球阀的阀体，在卧式加工中心上加工球阀阀体，生产效率高，产品切换迅速。根据阀体规格大小，可一次装夹一个或多个阀体进行加工（图14-8）。能够确保阀杆孔的同轴度及阀杆孔相对于阀座安装孔轴线的垂直度。对于批量生产的球阀阀体，一般可采用专用夹具，实现快速装夹。

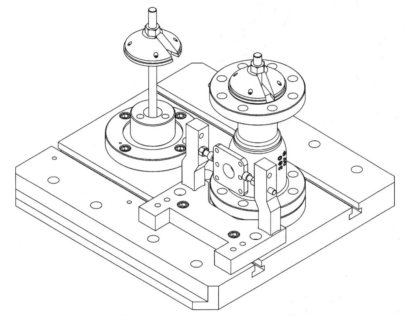

图 14-8　在卧式加工中心上加工阀体（一次 2 件）

18英寸以上大规格球阀阀体（包括其他种类阀体）可在数控刨台镗铣床或数控落地镗铣床上加工。

数控加工编程多采用 MASTER CAM 或者 UG 等编程软件。采用软件编程快速实用，并可在电脑上进行模拟切削，以验证工装夹具、刀具及加工程序，从而避免首件的报废。在电脑上模拟切削对于大尺寸规格的阀体的试加工来说可以一劳永逸，避免企业不必要的浪费。

图 14-9 为在卧式加工中心上加工二片式球阀右阀体中法兰端面、阀杆孔的专用夹具，该夹具以阀体端法兰面、止口等作为定位基准，端法兰圆周上的螺栓通孔或阀杆法兰外圈铸造面角限位，手动、气动或液压夹紧。该夹具适合于单件生产。

图 14-10 为在大型卧式加工中心或数控镗铣床上加工大口径对焊连接上装式球阀的夹具，该夹具以在立车上车好的中法兰端面、止口、工艺定位孔等精基准作为定位基准，手动夹紧。先加工阀体一侧的各部尺寸，然后将工作台旋转 180°，加工完成另一侧各部尺寸，一次装夹即可加工完成阀体内阀座安装孔、端面、焊接坡口的各部尺寸，可有效保证两侧阀座安装孔及焊接坡口的同轴度，及流道中心轴线与上法兰面的垂直度，既保证了阀体要求的加工精度，也大大提高了生产效率。

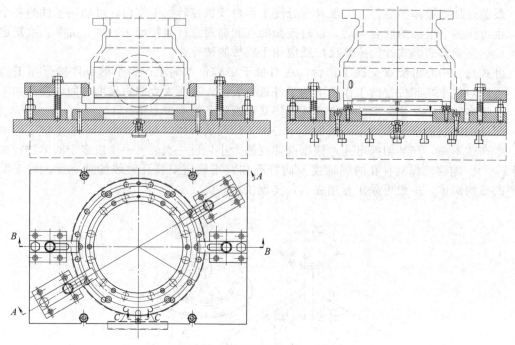

图 14-9　二片式球阀阀体卧式加工中心夹具

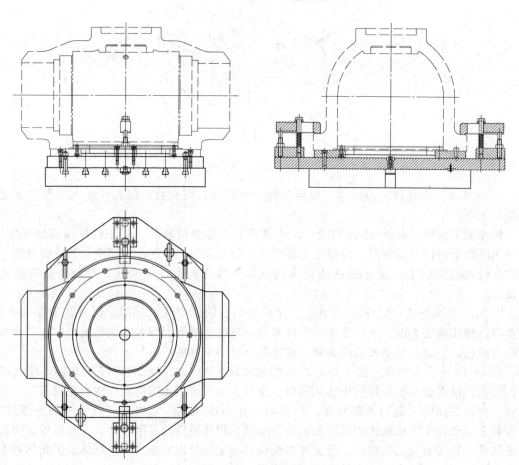

图 14-10　上装式球阀阀体卧式加工中心夹具

图 14-11 为在卧式加工中心上加工 T 形球阀右阀体阀杆法兰端面、阀杆孔的专用夹具，夹具定位基准面平行于工作台。该夹具以阀体中法兰端面、止口等精基准定位，以阀杆法兰外圆铸造表面粗基准作为角度限位，手动夹紧。一次装夹 2 件以减少辅助工作时间，提高生产效率，该夹具适合于多品种小批量生产，易于加工产品的频繁切换。该夹具适用于小型卧式加工中心。

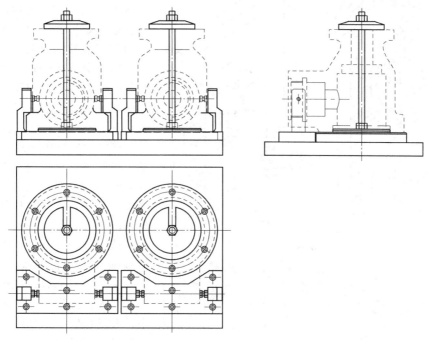

图 14-11　T 形球阀阀体卧式加工中心夹具（一次装夹 2 件）

图 14-12 为在卧式加工中心上加工二片式球阀右阀体中法兰及端法兰端面、阀杆孔等的专用夹具，夹具以 V 形块，通过中法兰外圆、端法兰外圆及阀杆法兰外圈铸造面定位，手

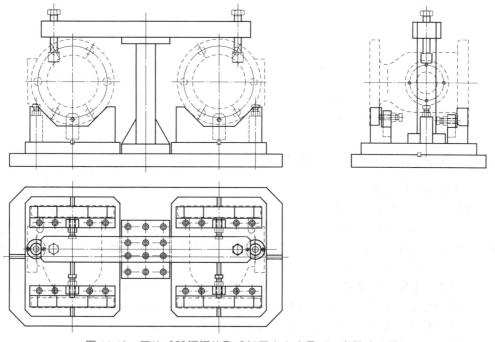

图 14-12　二片式球阀阀体卧式加工中心夹具（一次装夹 2 件）

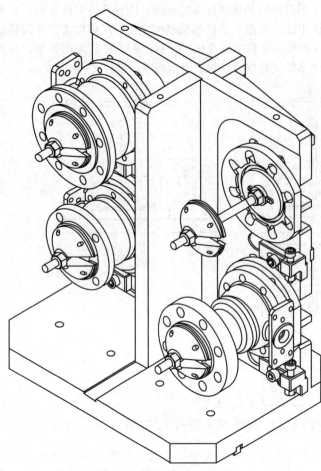

图 14-13 二片式球阀阀体卧式加工中心夹具
（一次装夹 4 件）

动夹紧。一次装夹 2 件，减少辅助工作时间，提高生产效率。使用该夹具可在卧式加工中心上一次装夹完成所有工序内容（水线除外），可省去车削工序。两端法兰孔、阀杆孔采用定尺寸镗刀加工，端面采用面铣刀插补铣加工。

但该夹具由于使用粗基准作为定位基准，故只适用于中小口径采用熔模精密铸造工艺浇注的阀体，缺点是无法加工端法兰面水线。

图 14-13 为在卧式加工中心上加工二片式球阀右阀体阀杆孔及法兰端面专用夹具，该夹具采用立式基础座结构，夹具定位基准面垂直于工作台，以阀体中法兰端面、止口等精基准及阀杆法兰外圈铸造面粗基准作为定位基准，手动夹紧。一次装夹 4 件阀体，减少辅助工作时间，大大提高生产效率，适用于中、大批量生产。当大批量生产时，该夹具加以改造，在立式基础座背部也设计和正面同样的定位凸台及装夹定位零件，可以一次装夹 8 台阀体，先加工一面的 4 件阀体，工作台旋转 180°，再加工背面的 4 件阀体。同时可完成端法兰螺栓通孔的钻削工序。

该夹具适用于中型卧式加工中心。

14.2 球体的加工

14.2.1 球体结构特点及技术要求

(1) 球体的结构特点

球阀的关闭件是球体。从结构上看，有带支承轴和不带支承轴的两种，此外还有一种固定球体，如图 14-14 所示。两种球体中间都有通孔。根据球阀的用途，球体分别用铸铁、碳素钢、不锈钢及非金属材料制成。铸铁球体均采用铸件毛坯，钢制球体小尺寸的可用棒材直接加工，其余大部分采用锻件毛坯。

(2) 球体的主要技术要求

① 带支承轴的球体有配合部位的精度为 11 级，表面粗糙度不低于 $Ra3.2\mu m$。

② 球体的精度一般为 9～11 级，表面粗糙度为 $Ra1.6～0.4\mu m$。

③ 无配合的加工表面精度为 M 级，表面粗糙度为 $Ra25\mu m$。

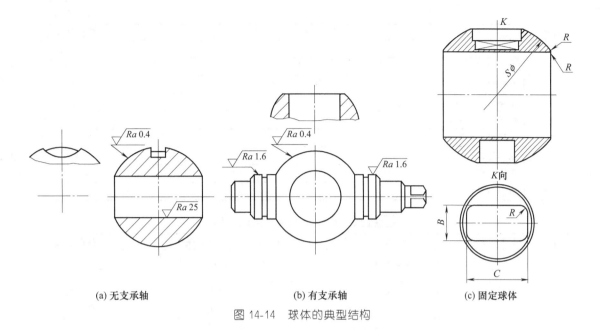

| (a) 无支承轴 | (b) 有支承轴 | (c) 固定球体 |

图 14-14　球体的典型结构

④ 球体的圆度不大于 0.02～0.10mm。
⑤ 两头轴颈对球体的同轴度不大于规定值。
⑥ 球体圆弧槽的两侧面对轴线的对称度不大于规定值。

14.2.2　非金属密封球阀球体的典型工艺过程

　　a 型球体的球面是主要加工表面。加工顺序是先按工艺要求车出通孔，再以通孔为定位基准加工球面。

　　b 型球体除球面外，还有精度较高的外圆柱面。这些加工表面可采用顶尖孔为定位基准进行加工。由于这种球体的通孔垂直于两端轴颈轴线，加工球面时有一定困难，所以在加工过程中需采取必要的措施，以保证质量。表 14-6 和表 14-7 为两种球体在中、小批量生产中的典型工艺过程。

　　c 型球体除球面外，还有精度较高的上下两轴孔的内表面，以及两轴孔的同轴度，上端方槽尺寸 B 的对称度。表 14-8 为固定球体在中、小批量生产中的典型工艺过程。

表 14-6　a 型球体的典型工艺过程

序号	工 序 内 容	定位基准
1	车球体的端面及内孔	外圆柱表面
2	车另一端端面	内圆柱表面
3	粗车球面	内圆柱表面
4	精车球面	内圆柱表面
5	倒通孔圆角	内圆柱表面
6	铣圆弧槽	内圆柱表面

表 14-7　b 型球体的典型工艺过程

序号	工 序 内 容	定位基准
1	划两端中心孔线	
2	钻两端中心孔	
3	粗车一端外圆	中心孔

序号	工序内容	定位基准
4	粗车另一端外圆	中心孔
5	粗车球面	中心孔
6	车(镗)通孔	两端外圆
7	精车一端外圆	中心孔
8	精车另一端外圆	中心孔
9	安装通孔堵盖	
10	精车球面	中心孔
11	珩磨球面	中心孔
12	拆掉堵盖	

表 14-8 固定球体的典型工艺过程

序号	工序名称	工序内容	定位基准	装夹方法
1	车	车球体端面和内孔	球体毛坯外球面,或球体毛坯一端内孔	加长卡爪(三爪或四爪)
2	车	车球体另一端面	已加工内孔及端面	卡盘
3	车	粗车球面,留精车余量,倒两端面 R 角	球体内孔	膨胀芯轴
4	镗	镗上下轴孔或固定台,钻中心孔	球体内孔	压板
5	精车	精车球面,留磨削余量	上下轴孔或固定台中心孔	两顶尖
6	抛光	抛光球面	上下轴孔或固定台中心孔	两顶尖
7	表面处理	电镀或化学镀		

14.2.3　金属密封球阀球体的典型工艺过程

图 14-15　浮动球球体

　　金属密封球阀按照阀门结构分为浮动球球阀和固定球球阀,各个制造厂的设计理念不同,因此两者没有固定的按照参数划分的界限,如美国 MOGAS 公司无论口径大小及压力大小,金属密封球阀一律采用浮动球结构,使用效果很好。

　　金属硬密封球阀球体的典型工艺过程,按结构方式的不同,浮动球[图 14-14（a）及图 14-15]和固定球[图 14-14（c）]的工艺路线稍有区别。表 14-9 为金属硬密封浮动球阀球体的典型工艺过程,表 14-10 为金属硬密封固定球阀球体的典型工艺过程。

表 14-9 金属硬密封浮动球阀球体的典型工艺过程

序号	工序名称	工序内容	定位基准	装夹方法
1	车	车球体端面和内孔	球体毛坯外球面	加长卡爪(三爪或四爪)
2	车	车球体另一端面	已加工内孔及端面	卡盘
3	车	精车球面,留磨削余量,倒两端面 R 角	球体内孔	膨胀芯轴
4	铣	铣与阀杆配合圆弧槽	球体内孔	压板
5	磨	精磨球面,按表面处理方式确定尺寸	球体内孔	膨胀芯轴
6	表面处理	表面处理工艺按表 14-12 选择	球体内孔	芯轴
7	精磨	球面磨床精磨球面	球体内孔	膨胀芯轴
8	精密研磨	特制磨球机精密研磨球面	球体内孔	膨胀芯轴
9	配研	与阀座密封面手工配研	无	工作台

表 14-10　金属硬密封固定球阀球体的典型工艺过程

序号	工序名称	工 序 内 容	定位基准	装夹方法
1	车	车球体端面和内孔	球体毛坯外球面	加长卡爪 (三爪或四爪)
2	车	车球体另一端面	已加工内孔及端面	卡盘
3	车	粗车球面,留精车余量,倒两端面 R 角	球体内孔	膨胀芯轴
4	镗	镗上下轴孔或固定台,钻中心孔	球体内孔	压板
5	精车	精车球面,留磨削余量	上下轴孔或固定台中心孔	两顶尖
6	磨	精磨球面,按表面处理方式确定尺寸	上下轴孔或固定台中心孔	两顶尖
7	表面处理	表面处理工艺按表 14-12 选择	上下轴孔或固定台中心孔	两顶尖
8	精磨	球面磨床精磨球面	上下轴孔或固定台中心孔	两顶尖
9	精密研磨	特制磨球机精密研磨球面	上下轴孔或固定台中心孔	两顶尖
10	配研	与阀座密封面手工配研	无	工作台

14.2.4　球体的加工方法及工艺装备

加工球面一般采用普通车床车削、数控车床车削和数控车球专用机加工,再经过研磨或滚压。带柄球体除球面外,还有精度较高的上、下轴的外圆柱面。这些圆柱面可采用顶尖孔为定位基准进行加工。由于这种球体的通孔垂直于两端轴颈,加工球面时有一定困难,所以在加工时需采取必要的措施,以保证球体的形状精度及位置精度。

(1) 普通车床车削法

普通车床车削法是早期应用较广的一种球面加工方法。车削法是在普通车床上安装车球装置或在专用机床上用普通车刀来加工球面。

单件、小批生产多在普通车床上加工球面。图 14-16 为车球面装置。该装置直接安装在床身导轨上,并用夹紧板固定。固定块装在纵溜板的燕尾导轨上,用斜铁将其紧固。以齿条轴将齿条连接在固定块上。当纵溜板纵向进给时,带动齿条作直线运动,从而使转盘作回转运动,于是,安装在小刀夹上的车刀就可进行球面的车削。

这种车球装置结构简单,操作方便。它直接固定在机床的床身导轨上,故刚性较好,工作平稳、可靠,且齿条与齿轮之间的间隙可通过斜块进行调整,因而可避免切削过程中产生振动。

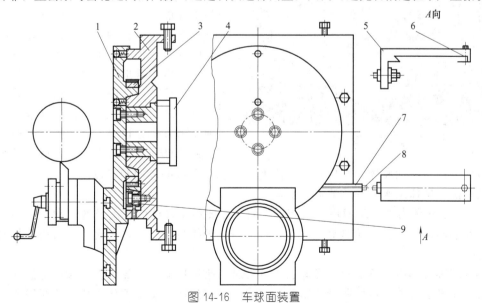

图 14-16　车球面装置

1—转盘；2—盘座；3—齿轮；4—夹紧板；5—固定块；6—斜铁；7—齿条；8—齿条轴；9—斜块

为减少工件安装次数，提高加工效率，可在回转盘上安装两个刀架（图 14-17）。后刀架安装粗车刀，前刀架安装精车刀。

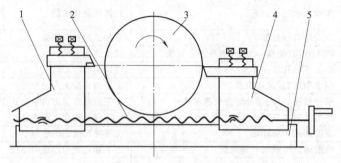

图 14-17　双刀架车球
1—后刀架；2—丝杆；3—球；4—前刀架；5—转盘

（2）数控车床及数控车球专用机加工方法

数控加工特点：自动化程度高，具有很高的生产效率。除手工装夹毛坯外，其余全部加工过程均可由数控机床自动完成。若配合自动装卸手段，则是无人控制工厂的基本组成环节。数控加工减轻了操作者的劳动强度，改善了劳动条件，省去了划线、多次装夹定位、检测等工序及其辅助操作，有效地提高了球体表面精度。

球体在数控车床上加工，采用自定心加高三爪夹持球面车一端面及流道，再以流道及端面定位掉头车球面。所以球面需要中间接刀，会在外球面有接刀纹，所以在加工时要注意接刀纹不能太深，建议编程时候采用恒速切削加工方法，以免影响后续磨削质量。这种加工方法适用不同大小尺寸球体单件或小批量的加工。小尺寸可用卧式数控车床加工，对于尺寸较大的球体一般采用立式车床加工。中批以上生产时，球面加工多在车球专用机床上进行，加工方法简单、生产成本低、效率高、加工程序控制准确、球体加工精度高；这也是阀门厂目前应用最广的球体加工方法。

图 14-18　车球、磨一体化专用机

车球专用机如图 14-18 所示，是刀架走圆弧路径加工球面，小球一般采用流道孔定位加工球面，对于尺寸较大的球体一般采用上下轴孔或定位台加工；在球体精磨时，要以不同的定位加工，因而采用流道定位车削和磨削的定位基准不一致，如果车削时余量不足，会导致球体磨不圆的情况。建议粗加工车球与球磨精加工尽量保证基准统一，用同种装夹方式，这样就大大提高了产品合格率。数控球面车床可以当做普通数控车床使用，也可以用于车削球体。可以达到很高的圆度和高质量的表面粗糙度。

（3）加工球体工装——膨胀芯轴夹具

图 14-19 所示为加工球面用膨胀芯轴工装，主要用于球体的车削及磨削加工。使用时将球坯套在芯轴上，使其一端紧靠定位垫，拧动右端的螺母，把球体胀紧，然后松开螺母，取下球体。

膨胀芯轴夹具由三爪卡盘、盘座、锥度芯轴、锥度胀套、夹紧装置和顶尖等组成。通过夹紧装置使锥度芯轴与锥度胀套紧密配合。胀套槽被迫胀开促使双锥度胀套不断膨胀，通过锥度胀套与球体内壁之间的摩擦力将球体固定夹紧。卸下球体时只需将夹紧装置松开，轻轻敲击球体端面，即可将球体卸下。该夹具同轴度高，易于拆卸。球阀的球体形状特殊，为保证其加工质量，设计了锥胀套芯轴定心夹具，采用了特殊的加工方法，编制了实用的控制程序。新夹具制作简单，操作方便，装夹球体迅速准确。新方法加工工艺简单，生产成本低。加工程序控制准确，球体加工精度高。

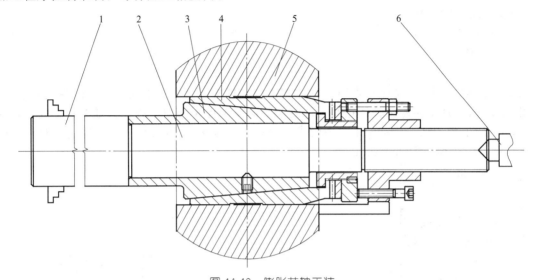

图 14-19　膨胀芯轴工装

1—三爪卡盘；2—盘座；3—锥度芯轴；4—锥度胀套；5—夹紧装置；6—顶尖

(4) 球体加工

假设将一个球心为 O，半径为 $(R+H_1)$ 的毛坯球加工成半径为 R 的球，如图 14-20 所示。如果将半径为 R 的球的球心向下移动垂直距离 H_1 至 O_1，此时该球刚好和半径为 $(R+H_1)$ 的球相切，所以在车床上加工某个球面，可以看成是将某个偏心球逐渐将其球心逼近未偏心时球心的过程，其最大偏心量就是该球的加工余量。球体球心的移动情况如图 14-20 所示，于是球面加工简化为圆弧加工。一般的数控机床都可以加工圆弧，但因球体的圆弧是大于 $90°$ 的圆弧，一般的车刀不能完成加工，所以选用半圆弧车刀加工，其车刀轨迹见图 14-20。加工时，始终保持半径为 R 的圆弧运动，只需不断改变径向位移量，直至两球心完全重合（同轴）即完成球面加工。

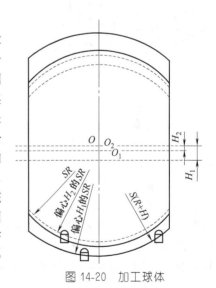

图 14-20　加工球体

① 编制加工程序　以数控车床 CAK6163/1500-FANUCO-TD 操作系统为例，编制尺寸球面加工的程序如下：

```
%
N10 O0001 （R8 球刀，加工 R200 的球体程序）
N20 G54
N30 M24
N40 G97 S20 M03
N50 G0 X246.896 Z155.2
N60 G50 S20
```

N70 G96 S150

N80 G1 Z153.2 F.5

N90 G3 Z－169.2 R208.

N100 G1 X249.724 Z－167.786

N110 G28 U0. W0.

N120 M05

N130 M30

％

② 加工误差调整　加工球面时，球体有可能出现中间大两头小或中间小两头大的情况，如图 14-21 所示加工误差调整，这时要通过调整球体半径 R 值进行控制。如果是中间大，两头小，将 R 值稍增加一些；如果是中间小，两头大，则把 R 值减小一些。经过调整后，球的圆度误差可达到小于 0.05mm。

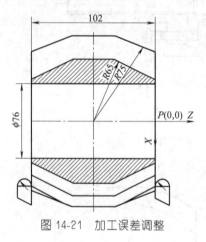

图 14-21　加工误差调整

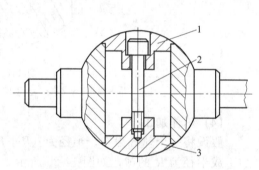

图 14-22　球体通道孔堵盖
1—上堵盖；2—内六角螺钉；3—下堵盖

球面在球车上加工，经过一刀加工完成，不用中间接刀，所以球体表面粗糙度质量很好。该方法加工工艺简单，可以实现程序化管理，利于批量生产，成本低，是值得推广的一种球面加工方法。

③ 球体通道孔堵盖　带支撑轴的大尺寸球体，其中部通孔是预先铸出的。这就增加了加工的难度。为避免加工过程中断续切削，在轴颈、球面粗加工之后便将通孔车好。然后用堵盖（其材料与阀体相同）把孔封堵再进行球面的精加工。图 14-22 所示为球体通道孔的堵盖。球面精车或者精磨时，大大降低了加工难度，材料均匀，每个磨点的接触点及接触都一致，从而控制了球体的光洁度与圆度，圆度能控制在 0.02mm 以内，精磨后堵盖拆除。

14.2.5　金属硬密封球阀工艺过程中应该注意的问题

首先应确定好表面处理工艺，根据表面处理工艺方式确定机加工尺寸（比如要选择热喷涂镍基合金的表面处理工艺，按最终涂层厚度 0.5mm 计，则应该在精车工序中将球体直径加工至比图纸尺寸小 0.5~0.6mm，再经过磨削工序精磨至比图纸尺寸小 1.0mm 后进行热喷涂镍基合金，控制涂层厚度 0.6~0.7mm，然后磨床精磨留 0.05~0.08mm 余量进行精密研磨）。各工序预留余量应根据设备的制造精度和涂层质量适当调整。

在多晶硅、氧化铝、煤液化等各种高冲刷磨损工况使用的金属硬密封球阀及煤气化的气化炉的锁渣阀，除了必须对球体表面和阀座密封面进行硬化处理外，一般还要求对阀门内腔和流道进行耐磨处理，该工序应在阀体精加工后进行，一般优先选用超音速火焰喷涂（HVOF）的碳化钨涂层或陶瓷涂层等。喷涂中控制得当，可保证涂层厚度和均匀性。喷涂后应严格检查各死角部位的涂层质量，尤其是中法兰连接部位的缝隙处，阀座与阀体的配合边缘，球体球面与流道孔过渡的 R 角处应有足够的"包边"避免基体材料裸露受到介质冲刷。图 14-23 为机械手球体超音速喷涂。

图 14-23　机械手球体超音速喷涂

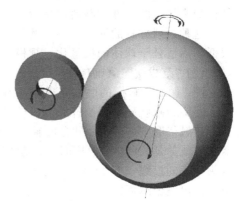

图 14-24　"展成法"磨削

14.2.6　金属密封球阀硬化表面的加工

由于金属密封球阀密封表面均采用超硬材料或表面硬化处理（≥45HRC/≥950HV），用普通刀具无法加工，即使能加工其加工精度也不能满足要求，因此选择合适的刀具加工就显得非常重要。

对喷焊硬质合金的球体、阀座加工选择立方氮化硼（PCBN）刀具加工；对渗氮球、喷涂球采用金刚石砂轮磨削，这样既可以提高磨削效率又能保证零件的加工精度。由于镍基合金的切削性能比较特殊，具有高韧性及好的高温机械性能，加上硬度非常高（≥62HRC），用普通刀具很难加工，比较合适的方法是选用立方氮化硼（PCBN）刀具加工，它的硬度（8000～9000HV）仅次于金刚石，但热稳定性高于金刚石，可耐 1300～1500℃ 高温，用于加工高温合金（如镍基合金）等难加工材料时可以大大提高生产率。生产批量较大时，对喷涂硬质合金的球体应采用不同基材的金刚石砂轮粗磨、精磨；少量生产为了节约成本可直接采用一种规格的金刚石砂轮粗精磨，尤其对 WC、Cr-C 的加工采用金刚石加工刀具有比较好的综合效果，用这种砂轮精磨后粗糙度可达 $Ra0.1～0.2\mu m$。

14.2.7　金属密封球阀球体的磨削

金属密封球阀球体加工路线参考表 14-9 和表 14-10，球体的磨削有粗磨和精磨两种。粗磨是在球体热喷涂之前，其主要作用是，保证球体在喷涂前的圆度，使合金涂层能均匀分布在球体表面。粗磨尺寸是球体要求尺寸减去合金涂层厚度，粗磨表面精度要求不高，主要控制尺寸。精磨是在球体喷涂后，该序按照图纸要求加工，对于没有互换性要求的金属密封球阀，球体磨削时只用控制其圆度，阀座可以根据球体配作，这样可以提高球体磨削的效率。

(1)"展成法"磨削金属密封球阀球体

"展成法"磨削球体是目前国内阀门厂家普遍使用的是一种简便的磨球方法，效率低，其磨削原理如图 14-24 所示。这种方法与球面车床车削球面的原理一样，磨具为平型砂轮，砂轮的外圆面与工件待磨削的表面接触；工件安装在芯轴上，头尾架顶持住芯轴两端，头、尾架安装在工作台上，头、尾架的连线与工件芯轴同轴且与磨头轴心线平行共面。

磨削时，砂轮绕其磨头主轴轴心线高速旋转，工件绕其芯轴轴心线单方向低速转动，同时绕其另一垂直的球心线来回往复的低速转动，当转动到球面的一侧时，受其控制机构控制，转回到另一侧，周而复始的来回水平转动并伴随着磨头即砂轮的工进，展成磨削出球面。

这种磨削方式的优点：磨削不同规格的球体，不用更换砂轮，一个规格的砂轮可以磨削任何规格尺寸的工件，磨料用量少，投资小，比较经济。

这种磨削方式的缺点：参与磨削的砂轮与工件为线接触，且只有一条线，所以磨削效率很低，不适合于球体的批量化、规模化生产，仅仅适合于球阀的修配行业。

(2) "范成法" 磨削球面

图 14-25 为机床的磨削原理图，图 14-26 为 "范成法" 磨削示意图。

磨头为碗状砂盘即磨杯，多只砂条镶嵌在磨杯上；磨杯扣盖在待磨削的球面上，每块砂条都接触待磨削的表面；砂盘的轴心线和工件的轴心线处于同一个平面内，工件的球心在砂盘轴心线的延长线上；磨削时，砂盘绕磨头主轴轴心线高速转动，工作台固定不动，球体绕其头尾架的连线（即工件芯轴的轴心线）单方向低速转动，随着磨头即磨杯的工进，最后范成磨削出整个球面。

这种磨削方式的磨削原理为范成成形原理。磨杯口径必须大于或者等于待磨削的球面外直径，否则球面不能完全磨出。

"范成法" 磨削方式的优点：参与磨削的砂条多，生产率高，尤其是磨削的精度高、表面粗糙度质量好是这种磨削方式显著的优点。制造、安装机床时只要有效地保证磨头主轴轴心线与头尾架的连线共面，安装球体时，水平移动工作台使球心与砂轮轴心线重合，磨削时范成原理自然保证了球体的圆度要求。

"范成法" 磨削方式的缺点：球的规格大小有很多，磨杯的口径就需要变化，所以一台机床需要配备非常多的磨杯，磨杯制造费用比较昂贵，这种方式只适合大批量生产球体零件的工况，小批量生产工况会不经济。

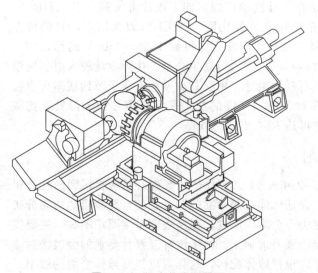

图 14-25　机床的磨削原理

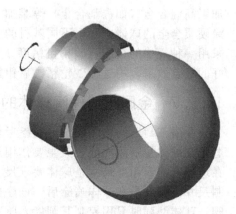

图 14-26　"范成法" 磨削

① 磨杯的砂条选型　磨杯如图 14-27 所示，磨杯的砂条选型主要是根据磨削的材料来定，总结如下：球体为碳钢，主要以 C（碳化硅）为原料制作的陶瓷砂条；球体为不锈钢，主要以 C（碳化硅）为原料制作的陶瓷砂条；球体表面镀硬铬，主要以 PA（铬刚玉）为原料制作的树脂砂条；球体表面喷涂碳化钨，主要是金刚石为原料制作的砂条；球体表面镍 60，

主要是金刚石为原料制作的砂条；球体表面司太立，主要是金刚石为原料制作的砂条。

② 数控球磨机编制加工程序 数控磨球程序全部用宏程序带入，这样数控系统为用户配备了强有力的类似于高级语言的宏程序功能，用户可以使用变量进行算术运算、逻辑运算和函数的混合运算，此外宏程序还提供了循环语句、分支语句和子程序调用语句，有利于减少程序错误导致的加工品不合格，减少乃至免除手工编程时进行繁琐的数值计算，以及精简程序量。

球磨数控主程序：

图 14-27　SAFOP 球磨机磨杯

```
%
N10 OO001（球磨主程序）
N20 ♯500＝1（为♯500号全局变量赋值为1）
N30 IF ［♯500EQ1］ THEN ♯510＝♯
N40 5021（X 轴机床坐标系当前位置）
N50 IF ［♯500EQ1］ THEN♯511＝♯5022（Z 轴机床坐标系当前位置）
N60 G98
N70 M07
N80 S♯508M3（主轴正转，转速为♯508的设定值）
N90 M8
N100 G04X3.
N110 G01Z ［♯511＋♯501］F♯512（直线插补到 Z 值位置，走♯501的设定值速度）
N120 G01X ［♯510＋♯504］F♯513（直线插补到 X 值位置，走♯513的设定值速度）
N130 G01W ［♯502-♯501］F♯514（直线插补到 W 值位置，走♯514的设定值速度）
N140 G04X1
N150 ♯532＝♯5042（变量♯532是 Z 轴当前坐标位置）
N160 G04X2.
N170 G04X1.
N180 ♯511＝♯5022
N190 ♯504＝0
N200 ♯505＝♯511＋50.（Z 轴机械坐标＋50）
N210 G54G01Z♯505F♯515M9（直线插补到♯505位置，速度为♯515设定值）
N220 M30
%
```

(3)"组合磨削法"磨削金属密封球阀球体

"组合磨削法"磨削金属密封球阀球体是一种新型的球面磨削方式，其磨削原理类似于"范成法"和"展成法"，这种方法为上述两种方法的有机组合，结合了二者的优点，弥补了二者的缺陷，其磨具为碗状砂盘及磨杯，磨杯上安装有多块砂条，各砂条与磨削面都接触；这个磨杯的有效磨削口径小于或者等于球体工件的磨削直径。

"组合磨削法"方式磨杯安装在磨床的正前端；多只砂条镶嵌在磨杯上，磨杯扣盖在待磨削的球面上，每块砂条均匀地接触球体工件待磨削的表面，磨杯的轴心线和球体工件的水平轴心线都在同一个水平面内；工件安装在芯轴上，头、尾架安装在工作台上，头、尾架的工装顶持住芯轴两端，头尾架的连线与工件芯轴同轴；工件在头、尾架之间安装顶持固定住后，工作台可以带动头、尾架及工件一起左右移动，使其工件的球心与磨头轴心线重合。

磨削时，砂盘绕磨头主轴轴心线（X 轴）高速转动，球体绕其芯轴轴心线（Y 轴）低速转动；工作台带动头、尾架和球体同时绕其另一与水平面垂直的球心线（Z 轴）往复转动，当球体转动到球面的一侧时，机床的控制机构控制工作台向另一侧水平转动，转到球体的另一侧再转回，周而复始的来回水平转动并伴随着砂盘的工进，即可磨削出合格的高质量的球体。

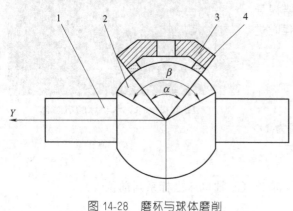

图 14-28　磨杯与球体磨削
1—支撑轴；2—球体；3—磨杯；4—磨条砂石

图 14-28 所示磨杯与球体磨削示意图，球体 2 的球面直径大于等于磨杯 3 的有效磨削直径，球体 2 绕机床 Z 轴即转台的轴心线往复运动的旋转角度等于球面磨削角度 β 减去砂盘相对于工件球心所占的机械角度 α。转台总的转动角度即磨削角度为 $\beta-\alpha$，如图 14-28 所示，可有效防止磨杯 3 与支撑轴 1 干涉。当球体 2 的球面直径等于磨杯 3 的有效磨削直径时，工作台、头架、尾架和球体 2 均不再围绕着机床 Z 轴旋转，即转台固定不动，直接采用范成法原理就能加工出合格的高质量的球体。

砂盘安装在磨头正前方，磨削时，受磨头电机带动，高速地绕 X 轴转动，各砂条与球体均匀接触，对球体实施磨削加工。

磨头安装在机床床身滑鞍上，滑鞍受伺服电机-滚珠丝杠驱动，带动磨头沿 X 轴向快进和工进；头、尾架安装在工作台上，工作台下有一纵向驱动机构，可驱动工作台沿 Y 轴向左右移动，安装工件时移动球体使其球心与磨头主轴轴心延长线重合，调整好球心位置后，工作台上的固定机构将移动部件固定；头架上的电机与减速装置驱动芯轴及工件绕 Y 轴低速转动。

工作台下有一转台机构，可带动工作台和头、尾架以及工件一起绕 Z 轴往复转动。整机由数控装置驱动，为数控三轴两联动，砂盘的 X 轴进给和工件绕 Z 轴的转动需要联动。

"组合磨削法"磨削方式的特点如下。

① 参与磨削的砂条多，生产率高，表面粗糙度质量好。

② 磨削不同规格的球体，不用更换砂轮，一种规格的砂盘可以磨削多种规格尺寸的工件，通用性好，经济成本低，填补了"范成法"磨削方式的缺点。

③ 在安装球形工件时，水平移动工作台使工件的球心与磨头轴心线重合，磨削时范成原理保证了球体的圆度要求。

④ 制造、安装机床时应注意保证磨头主轴轴心线与头尾架的连线共面；工作台下转台的转动轴心线应与磨头的轴心线重合共面，从而提高球体精度。

14.2.8　球面的滚压加工

滚压是无屑加工的一种方法。它能获得很高的表面粗糙度，因此常用于工件的光整加工。

滚压早已用来精加工阀杆的外圆柱表面，近几年来又用于球面的精加工。用这种方法精加工 18-8 型不锈钢球面的效果很好，不仅加工效率高，表面粗糙度还能达 $Ra0.8\mu m$ 以上。滚压可以提高加工表面的硬度和耐磨性。

(1) 滚压加工的基本原理

滚压加工是利用滚轮加上一定的压力在被加工表面上作相对滚动，使工件表层金属产生塑性变形，以达到改变工件尺寸、提高表面粗糙度和硬度的目的。

球面的滚压可在普通车床或专用球面车床上进行。滚压前可将滚压工具安装在回转盘上的刀夹内，并使它处于右侧（图 14-29），然后手动加压，使滚轮压紧球面，开始自动进给，即可进行滚压加工。

(2) 滚压加工的主要参数

滚压加工的效果主要取决于滚压力的大小。压力增大，冷硬层深度、表面硬度及变形量也随之增加。但压力过大会使表面产生剥落现象，并容易引起工件和夹具系统的变形，从而影响工件和设备的精度。反之，滚压力过小，工件表面的刀痕不易去除，表面粗糙度达不到规定要求。所以加工时要注意调整滚压力。为保证加工质量通常采用试滚

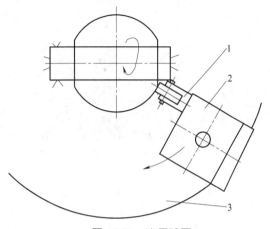

图 14-29　滚压球面
1—滚压工具；2—刀架；3—回转盘

的方法来确定滚压力，即根据工件的材料和夹具、工件及机床的刚性施加一定的滚压力进行试滚，逐步调节滚压力直至获得要求的结果。

滚轮的进给量对滚压后金属表面微观几何形状有很大影响。一般情况下进给量小时能获得良好的表面质量。金属表面层的塑性变形与滚压力持续的时间有关。时间延长则变形深度、密度以及冷硬层深度亦随之增加。如果进给量小，被滚压表面则因重压增多而得到良好的表面质量。经验证明，走刀量为 $0.15 \sim 0.25 \mathrm{mm/r}$ 比较合适。

(3) 滚压时的注意事项

滚压前球面表面粗糙度不低于 $Ra3.2\mu m$，一般说来，滚压前的表面粗糙度愈好，滚压后的表面粗糙度就愈高，同时滚压力还可适当地减小。球面在加工、运输过程中不能有碰伤、划伤。因为滚压不能消除被滚压表面的划痕、伤疤。滚压过程中要使用大量润滑冷却液，以减少滚压摩擦，提高工件表面粗糙度和滚轮的使用寿命。滚轮最好用 Cr12MnV 或 9SiCr 合金工具钢制造。热处理硬度以 $59 \sim 62 \mathrm{HRC}$ 为宜。滚轮工作部分的表面粗糙度不能低于 $Ra0.8\mu m$。

至于滚压工艺用于关闭件加工，能否影响关闭件的耐冲蚀性能，尚待实践来验证。

14.2.9　球体的测量

(1) 球体的三坐标测量

简单地说，三坐标测量机就是在三个相互垂直的方向上有导向机构、测长元件、数显装置，有一个能够放置工件的工作台（大型和巨型不一定有），测头可以以手动或机动方式轻快地移动到被测点上，由读数设备和数显装置把被测点的坐标值显示出来的一种测量设备。显然这是最简单、最原始的测量机。有了这种测量机后，在测量容积里任意一点的坐标值都可通过读数装置和数显装置显示出来。测量机的采点发讯装置是测头，在沿 X、Y、Z 3 个轴的方向装有光栅尺和读数头。其测量过程就是当测头接触工件并发出采点信号时，由控制系统去采集当前机床三轴坐标相对于机床原点的坐标值，再由计算机系统对数据进行处理。

对于金属密封球阀，球体的圆度直接关系到阀门的密封性能。通常球体在球面车床精车后应预留一定的磨削余量，经数控球面磨床磨削后进行表面处理。表面处理后再进行数控球

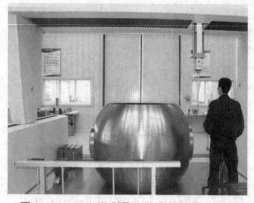

图 14-30　三坐标测量仪检测球体尺寸及圆度

面磨床精磨，然后再采用特制的球体研磨设备进行球面精密研磨。研磨后的圆度采用三坐标测量仪检测，控制圆度误差在 0.03mm 以内。图 14-30 为三坐标测量仪检测球体尺寸及圆度图。

（2）球体专用量具

在测量中，球体半径测量最早一般采用 R 规板（也称 R 规）来比较测量，由于 R 规样板规格有限，所以只能测出 R 规样板上具有的标准圆弧形面半径，且为比较测量，无法测出待测工件的实际精确值。其他大部分非标准圆弧（R 规样板上不具备的规格）是无法进行精确测量的。另外，R 规样板规格较多，在实际测量中需花很长时间方能选中合适规格的样板，测量效率极低。专用量具可测出任意规格的圆弧形面半径实际值，操作简洁、读数快，它具有体积小、读数方便、手持式测量的特点，图 14-31 所示为球面测量专用量具。

专用量具主要用于半球加工或大型外径千分尺不能测量的球体。采用专用量具测量，工人可在精加工前测量出余量大小，后加工到图纸尺寸；也可在加工完成后及时在机床上测量检验，如果有问题也能及时发现，及时修正，能节约时间，也能减少因测量不及时产生废品。

专用量具主要由本体 1、百分表 2、手柄 3、固定测量锥头 4 以及相应的标准对表块 7～9 组成。首先在 0 级平台上，通过标准对表块尺寸，把百分表校正"0"位后用螺丝固定，然后可以进行正式测量。

测量及计算如图 14-31 所示，根据勾股定理，可以知道：$D = \dfrac{a^2 + b^2}{a}$，a 为百分表读数，b 为已知数值，即可求得球体直径 D。量具上的 b 值一般可取 30mm，40mm，50mm 三个数值，测量一般球体直径即足够应用。如测量 $DN1000$ 球阀的球体直径时，b 值可以另取。

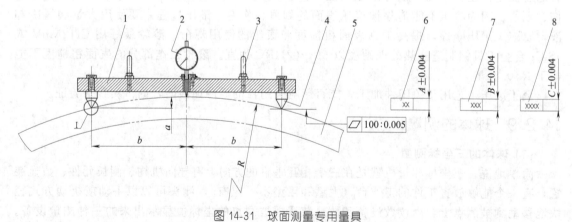

图 14-31　球面测量专用量具
1—本体；2—百分表；3—手柄；4—固定测量锥头；5—被测量球体；6～8—对表块

具备条件的阀门企业可采用三坐标测量仪（CMM）测量球体的圆度，但测量成本高。

意大利 SAFOP 车磨一体机上带有球体三坐标测量头，可以在机床上直接完成球面圆度的测量，快捷方便。SAFOP 球体车磨一体机价格较昂贵。目前国产的球体车磨一体专机尚无法实现在机床上的 CMM 测量。

14.3 阀座的加工

14.3.1 非金属阀座的加工

非金属阀座的机械加工过程较简单,但由于塑料的强度、刚性很差,加工中易于产生变形,故在操作中必须十分注意。聚四氟乙烯球阀阀座(图14-32)的典型工艺过程见表14-11。

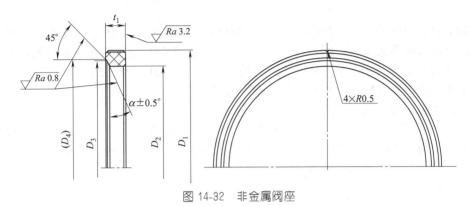

图 14-32 非金属阀座

表 14-11 球阀阀座的典型加工工艺

加工草图	序号	工 序 内 容	定位基准
	1	粗车端面,车外圆(按 h8 加工),车内孔至尺寸	外圆表面
	2	精车外圆、斜面和切断	外圆及端面
	3	精车端面,倒角	外圆及端面
	4	铣放气沟槽	内孔及端面

阀座加工前需做准备工作。如原料为板材,应先把板材切成方形,再车成环性坯件。非

金属材料，如尼龙 66、尼龙 101、聚四氟乙烯塑料的共同特点是延伸率大、硬度低。尼龙 66 的硬度为 8.5～10HB，尼龙 101 的硬度为 7～12HB，聚四氟乙烯塑料的硬度仅为 3～4HB。因此，这些材料在机械加工过程中很容易变形。为防止变形、保证加工质量，可针对非金属材料的特点在工件安装、刀具选用、切削用量等方面采用以下的措施。

(1) 工件的装卡

为了减少塑料工件的变形，装夹时夹紧力应尽量小，只要保证工件在切削过程中不致转动即可。除了筒料、管料外，其他如环形件尽可能不用三爪卡盘装夹，而靠轻压装在定位盘上。

粗加工时，阀座外圆的一段按 h8 公差车制以备作为下一工序的工艺基准。为使工件装在定位盘的止口内不致松动，精加工前，应根据阀座外圆公差的下限车出定位盘的止口，那时可以适当地把止口尺寸车大一些。当工件装在止口内出现松动的现象时，可在止口内涂上适当的工业黄油，即可防止工件在加工过程中转动。

(2) 刀具和切削用量

① 刀具　加工塑料工件，一般采用 W18CR4V 高速钢车刀，刀刃必须锋利，前角、后角都要大，切削刃应平直，不得呈锯齿形，图 14-33 为加工塑料阀座的外圆车刀。

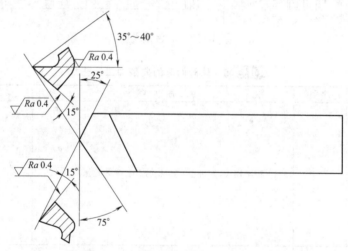

图 14-33　加工塑料阀座的外圆车刀

② 切削用量

a. 切削速度。聚四氟乙烯硬度很低，具有一定的弹性，在加工过程中要使切屑顺利切离工件，必须采用较高的切削速度，一般为 150～200m/min。

b. 吃刀深度。确定吃刀深度不仅与加工余量有关，还与安装方式有关。对于上面所介绍的安装方式来说，吃刀深度不宜过大，否则在切削工程中工件容易转动。但吃刀深度也不能太小，太小会降低表面粗糙度，使工件表面"起毛"。当刀刃磨损后，这种现象尤为明显。最后一次走刀时，吃刀深度不要小于 0.05mm。

c. 走刀量。走刀量的选择要根据工件的表面粗糙度要求。粗加工时走刀量可选大一些，精加工时可选小一些。加工塑料的刀具刀尖圆弧都比较小，要获得较高的表面粗糙度只有选择小的走刀量。精加工的走刀量一般为 0.05～0.10mm/r。

14.3.2　金属阀座的加工

金属密封阀座按照密封面的形状分为球面密封面 [图 14-34 （a）] 和锥面密封面 [图 14-34 （b）] 两种。锥面密封面加工工艺相对简单，密封面精加工完成后和球体配研，研磨出很窄的球面环带，进而和球体密封，国内普遍采用该种结构。球面密封面加工较复杂，对车床及其精度等有较高要求，精车好球面密封面后同球体进行配研，可以得到较宽的密封面，国外很多金属密封球阀制造厂普遍采用球面密封面。

由于阀座是环类零件，除了密封面需要精车外，其余工艺过程相对简单，典型的工艺过程可参考第 13.7 节。

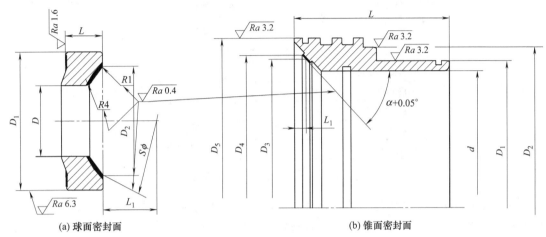

(a) 球面密封面　　　　　　　　　　(b) 锥面密封面

图 14-34　金属密封球阀阀座

14.4　金属密封球阀球体及阀座配研

14.4.1　球座配研的重要性

球阀是用来改变管路断面和介质流动方向、控制输送介质的压力、流量和温度的一种装置。球阀借助流体压力、弹性元件作用力或预压力产生的作用使密封副（球体与阀座）相互靠紧、接触或嵌入，以减小或消除密封面之间的间隙，达到密封的接触型密封。金属密封球阀的密封副性能主要受其球体圆度及球体与阀座密封面的粗糙度影响。球体的圆度影响球体与阀座的吻合度，如果吻合度高，则增加流体沿密封面运动的阻力，因而提高密封性。粗糙度对密封性的影响也很大。当粗糙度高而比压小时，渗漏量增加；当比压大时，密封面上的微观锯齿状尖峰受压变形，粗糙度对渗漏量影响显著减小。若密封副表面粗糙度及球体圆度偏差较大，则保证密封所需的比压就大，残余变形也大。因而研磨加工对于金属密封球阀的密封极其重要。

14.4.2　球座配研的方法

金属密封球阀的球体基体部分一般选用 316、304 等材料制造，其表面根据工况需要分别采用镀铬、堆焊耐蚀层、等离子氮化、超音速喷涂司太立合金及碳化钨等表面硬化处理工艺。阀座采用堆焊司太立合金或耐蚀层合金，或等离子氮化等表面硬化处理工艺，经过处理后的球体及阀座表面硬度能达到 45～65HRC。虽然一般车削加工的球体圆度能满足要求，但表面粗糙度达不到精度要求，因此，球体车削后需进行研磨。相对而言，手工研磨球体的劳动强度大，效率低，质量难以控制。

按操作方法的不同，研磨可分为手工研磨和机械研磨，其工件表面几何形状精度是由研具和工件的相互作用决定的，调整这种相互作用能控制表面形状精度。当研具表面大于被加工表面时，工件的形状精度在很大程度上取决于研具本身（母性原则），而研具一般比工件软，极易因磨损不均而丧失其原有精度，如图 14-35 所示。

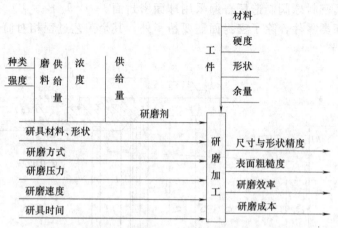

图 14-35　研磨加工的输入与输出

球体和阀座硬化处理后需要进行研磨加工，球体采用的研磨方法有手工研磨（一般采取先用锉刀、砂纸修锉待研球体表面，然后用合适的研磨砂进行球体与阀座手工配研）和机械研磨（利用专机或改装后的机床进行研磨）。手工研磨仅适用于表面硬度<60HRC 和圆度公差>0.1mm 的球体，而且生产效率低，劳动强度大，不适用于表面经超硬喷涂或超音速喷涂等处理的球体，因其表面硬度达到 65～70HRC，且圆度公差<0.05mm 的球体与阀座配研必须用机械研磨。

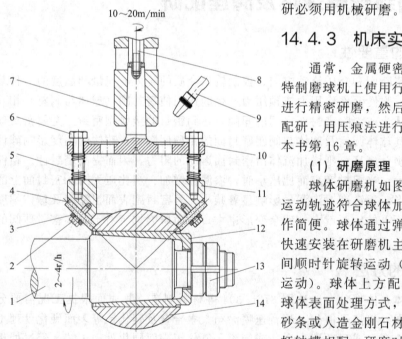

图 14-36　球体研磨机结构

1—芯轴；2—螺钉；3—压板；4—研磨条；5—弹簧；
6—螺栓；7—研磨轴；8—拉杆；9—注油嘴；
10—连接盘；11—装夹盘；12—膨胀套；
13—并帽；14—球体

14.4.3　机床实现球座配研

通常，金属硬密封球阀阀座密封面，在特制磨球机上使用行星研磨原理与球体同时进行精密研磨，然后与球体进行一对一手工配研，用压痕法进行检验。研磨方法可参照本书第 16 章。

(1) 研磨原理

球体研磨机如图 14-36 所示，研磨切削运动轨迹符合球体加工特点，结构合理，操作简便。球体通过弹性胀套专用工装，可以快速安装在研磨机主轴上，随主轴在一定时间顺时针旋转运动（或一定时间逆时针旋转运动）。球体上方配有研磨块，研磨块根据球体表面处理方式，可选用各种材质的油石砂条或人造金刚石材料制造。研磨块与拔叉杆轴槽相配。研磨时，先将配好的研磨液浇在球体表面，然后开动主轴电机，使球体旋转。研磨块受惯性力的作用发生倾斜，同时研磨块球头轴与拔叉杆轴槽存有间隙造成偏心，在研磨块与球体接触表面产生摩擦力矩并带动研磨块转动。研磨块旋转时产生的离心力使研磨块始终保持倾斜状态，作旋转运动。

（2）研磨特点

① 由于研磨是由大量的磨粒在低速、低压下进行的加工作业，故加工变形和表面变质层均较轻微，可获得用其他机械加工方法难以达到的高精度表面。

② 研磨过的表面耐腐蚀性和耐磨性能好。

③ 通过改变研磨工具的形状，能够方便地加工出各种形状的表面。

④ 操作简单，一般不需要复杂的特殊设备。

⑤ 对被加工材料的适应范围很广，包括各种精密零件（具有密封要求）的加工。

14.4.4 精研磨球体超精密精研磨床

目前国内大多数阀门制造厂仍采取单阀座和球体配研的工艺方法，配研时两支阀座分别与球体单独顺序配研，在配研第二支阀座时，容易过度研磨，造成第一支阀座的泄漏。

为了避免出现上述状况，国外知名球阀制造商（如 FLOWSERVE）多采用双阀座与球体同时配研，既提高了工作效率，又改善了研磨精度。

图 14-37 为英国莱玛特公司生产的精研磨球体超精密精研磨床。将被磨削球体及球阀的 2 个金属阀座一起进行精研磨。磨削动作有球体的自旋转运动、两个阀座按相反方向绕着球体旋转、两个阀座的夹具上的曲柄摇杆机构带动 2 个阀座绕球体的中心做往复的摇摆运动。3 个运动轨迹实现了球阀阀座和球体的珩磨，其加工精度更高，加工效率更快。此外，由于 2 个阀座同时和球体配研，相比单个阀座和球体配研，工作效率提高了一倍，并且也便于球阀阀座和球体配对标记，保证装配时不会将阀座装反，进而保证球阀的密封性。

图 14-37　精研磨球体超精密精研磨床

双阀座球体研磨机国内已有机床制造商研制成功，采用数控程序控制，易于调节研磨参数，易于调整球面研磨纹路及研磨时阀座的抱紧力。某国外知名阀门公司金属密封球阀球体采用 HVOF 喷涂 STL20，而阀座为等离子堆焊 STL6 或 STL12，研磨剂则使用 500 目以上金刚石微粉与机油调合而成，可在研磨机上自动泵送。

双阀座球体研磨专机最大尺寸规格做到 16 英寸为宜。

14.5　金属密封球阀的硬化工艺及公差要求

14.5.1　球体表面硬化处理工艺

由于金属硬密封球阀通常都应用在一些恶劣工况，如高温、高压且含有大量固体颗粒物的煤液化装置等。同时，介质的腐蚀性也不尽相同。因此，金属硬密封球阀的球体和阀座表面应根据具体工况采用不同的表面处理工艺。尤其是抗硬固体颗粒介质的冲刷和磨损，以及腐蚀性介质的耐蚀表面，制备工艺较为复杂。

要全面提高密封面表面的耐磨、耐蚀等性能，单靠改变基体材料的硬度和组织显然是不够的，因此需要对密封面采取不同的硬化手段。一般有表面热处理和化学处理两种方式。对于不同的处理方法，最后得到的密封面材料金相组织不同，能够达到的硬度不同，耐磨性能也是不尽相同的。表 14-12 是几种常用的典型硬化方式的简单介绍和比较。

金属硬密封球阀阀座的基体材料，应采用线胀系数接近于壳体材料的不锈钢材料制造，密封面的硬化处理工艺除可选择表 14-12 的处理工艺外，还可采用手工堆焊或等离子喷焊硬质合金。堆焊层最终厚度应≥1.6mm。

表 14-12　金属密封球阀的球体和阀座表面硬化处理工艺

工艺方法	特　点
表面化学沉积法(电镀硬铬、化学镀镍等)	镀层薄，一般厚度为 0.05～0.76mm，结合力差，长期使用后镀层磨损快且容易脱落，寿命不佳，工艺复杂，对于不规则零件难度更高；对环境污染严重，已逐渐淘汰
表面硬化热处理、渗氮处理等	硬化层厚度较薄，热处理过程中球体易变形，抗擦伤性差，耐腐蚀性因热处理有所下降
表面焊接法(司太立合金、镍基合金堆焊)	工艺方法一般为等离子弧堆焊、氩弧焊等，主要采用 Stellite 6 或 Stellite 12。但是该焊层和工件间属于冶金结合，因稀释的缘故，对厚度要求很高，需要达到 2mm 以上，其性能才能充分体现。而且由于球体的特殊形状，很难实现在球面上的堆焊工艺。因此主要应用在阀座和其他类型阀门的密封面上
热喷涂镍基合金	涂层厚度较厚，通常能达到 0.5～1.0mm，涂层结合力高。镍基合金耐高温、耐磨、耐腐蚀等综合性能优良，能适用灰浆、煤粉、友渣等工况，自熔性好，并可以通过改变配比获得不同的硬度(通常采用 54～65HRC 的硬度，球体硬度应高出阀座表面 5HRC 左右，形成硬度差)。但镍基合金热喷涂对基体材料和镍基合金材料的加热温度要求严格
超音速火焰喷涂(HVOF)	涂层厚度一般控制在 0.3mm 左右，结合力稍低于热喷涂镍基合金，通常为 70～78MPa，硬度可高达 70HRC 以上。涂层均匀，孔隙率低。通常超音速火焰喷涂的碳化钨和碳化钨钴铬涂层能适用于温度不超过 540℃的工况，如采用碳化铬或陶瓷喷涂材料，适用温度更高。根据工艺数据比较分析，其耐磨性是镀铬的 2.5 倍以上，而耐腐蚀性与耐疲劳性也同样优于其他硬化方式。因此，此硬化方式现在已被大多数用户认可和采用，是目前最先进的阀门密封面硬化方式之一
激光熔覆合金喷焊	涂层硬度高于镍基合金热喷涂，球体热影响区小，但涂层表面粗糙，喷焊效率低

14.5.2　密封面配对材料的选择

密封面配对材料的选择，是金属密封球阀制造工艺的关键环节。密封面配对材料的选择直接关系到阀门的性能、使用寿命、操作扭矩的大小。因此，选择合适的密封面配对材料就非常重要。

目前球阀常用密封面材料配对见表 14-13。

表 14-13　阀门常用密封面材料配对

序号	名称	配对材料	硬度	硬化层厚度/mm	备注
1	球体	不锈钢渗氮	≤950HV	≤0.3	适用于微腐蚀或一般高温介质工况
	阀座	不锈钢堆钴基合金	≥45HRC	≥1.6	
2	球体	氮化钢气体渗氮	≤890HV	≤0.2	适用于非腐蚀介质工况
	阀座	不锈钢堆钴基合金	≥45HRC	≥1.6	
3	球体	不锈钢表面喷涂 WC-Co	≥50HRC	≥0.3	适用于腐蚀性工况和一般颗粒介质的工况
	阀座	不锈钢喷涂钴基合金	≥45HRC	≥0.3	
4	球体	不锈钢表面喷涂镍基合金	≥65HRC	≥0.3	适用于高温、颗粒硬度较高的介质工况
	阀座	不锈钢喷涂镍基合金	≥58HRC	≥0.3	
5	球体	不锈钢表面喷涂 Cr-C	≥65HRC	≥0.3	适合于要求耐磨性非常高或温度很高的介质工况
	阀座	不锈钢表面喷涂 Cr-C	≥58HRC	≥0.3	

注：表中硬度指表面平均硬度。

14.5.3　球体及阀座公差要求

球面密封副的金属密封球阀球体和阀座要进行配研才能保证密封副完全吻合，以利于阀门实现双向密封零泄漏。因此设计工程师在选择球体及阀座的公差时，要充分考虑这一工艺要求。

图 14-38 为某国内阀门制造厂球面密封副的金属密封球阀球体和阀座配合尺寸的示意图，经过工艺分析，当球加工到最大尺寸 273.087mm 时，仍大于阀座的公差带，也就是球体球径的实际尺寸大于阀座球面的实际尺寸，在进行研磨时，球体和阀座的锐边处于相交状态，配研时阀座的锐边极有可能损伤球体表面的硬化层，或可能需要很长的研磨时间。因此这样的设计公差是不符合研磨工艺要求的，没有充分考虑工艺条件。

正确的做法是，球体的公差要选择单向负公差，而不是双向正负公差；而阀座要选择单向正公差，公差带越小越便于配研，但对球体的磨削工艺装备及车削阀座的数控车床的精度要求也越高，设计工程师可根据所在单位的设备条件给定公差带范围。但必须保证阀座的最小极限尺寸大于等于球体的最大极限尺寸，这样就能实现球体始终与阀座内切。球体和阀座的公差带过大会增加研磨时间，或损伤球体工作表面。

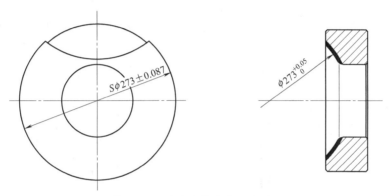

图 14-38　球体和阀座的配合尺寸

14.6　偏心半球阀的制造工艺

偏心半球阀的制造工艺，主要为阀体的机加工工艺、球体的机加工工艺、球面和阀座密封面的处理工艺等。

14.6.1　阀体的加工

偏心半球阀阀体主要加工面见图 14-39，工艺过程见表 14-14。

表 14-14　偏心半球阀阀体工艺过程

序号	工序名称	工序内容	定位基准	装夹方法
1	车	车出口端法兰,内台阶孔	进口端法兰外圆	卡盘
2	车	车进口端法兰,内孔	D_a止口	法兰盘,压板
3	镗	镗上轴孔,填料函,止口,法兰,划中心线	D_a止口,工作台按 e 偏心	定位盘,压板
4	镗	镗下轴孔,止口,法兰,利用坐标镗床划出上下轴孔中心线,两端法兰中心线	D_a止口,工作台按 e 偏心	定位盘,压板
5	钻	钻两端法兰螺栓孔	钻模对中心线	压板
6	钻	钻阀座压盖螺钉孔	钻模对中心线	压板
7	攻螺纹	机攻阀座压盖螺钉孔螺纹	平放在工作台上	压板
8	钻	钻上轴向法兰螺栓孔	钻模对中心线	压板
9	攻螺纹	机攻上轴向法兰螺栓孔螺纹	立放在工作台上	压板
10	钻	钻下轴向法兰螺栓孔	钻模对中心线	压板
11	攻螺纹	机攻下轴向法兰螺栓孔螺纹	倒立放在工作台上	压板
12	钳	钳工去毛刺		

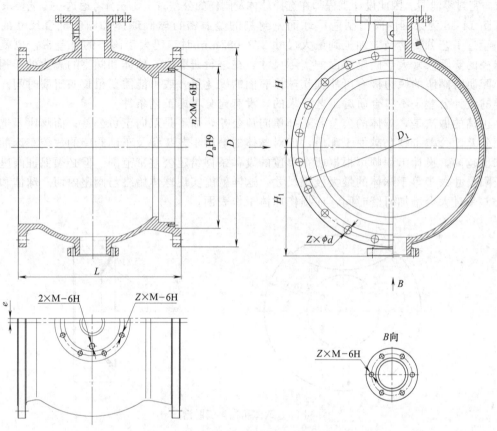

图 14-39　偏心半球阀阀体主要加工面

14.6.2　球体的加工

　　偏心半球阀的球体由于轴孔与球冠存在偏心距 e（图 14-40），加工难度较高，必须借助专用工装完成。传统工装多借鉴固定球阀球体的车削方法，用芯轴穿过半球体轴孔，在芯轴的两端面按球体偏心钻有中心孔，采用两顶尖装夹在车床上，进行车削。该工艺方案存在以下弊端：球体装夹在芯轴上重量不平衡，需配重后才能正常加工；车削过程为断续切削，冲击力大，加工表面质量不高；走刀行程长，浪费工时。

　　车削偏心半球阀球体的专用夹具，如图 14-41 所示。该夹具克服了传统工装存在的问题，加工效率高，质量好，得到了广泛的应用，工艺过程见表 14-15。

表 14-15　偏心半球阀球体工艺过程

序号	工序名称	工序内容	定位基准	装夹方法
1	钳	以球面为基准,划出两轴孔"十"字中心线	球面	带可调三顶尖的圆环垫
2	镗	按中心线找正,镗上下轴孔及两端面	球面	带可调三顶尖的圆环垫,压板
3	插	插上轴孔花键	下轴孔	芯轴,压板
4	钳	钳工去毛刺		
5	车	精车球面,留磨削余量	上下轴孔	车球面夹具
6	磨	特制磨球机精磨球面	上下轴孔	车球面夹具
7	表面处理	表面处理按表 14-12 选择	上下轴孔	专用夹具
8	磨	特制磨球机精磨球面	上下轴孔	车球面夹具
9	研磨	特制磨球机精密研磨球面	上下轴孔	车球面夹具
10	配研	与阀座密封面手工配研	球体背面	平放在工作台上

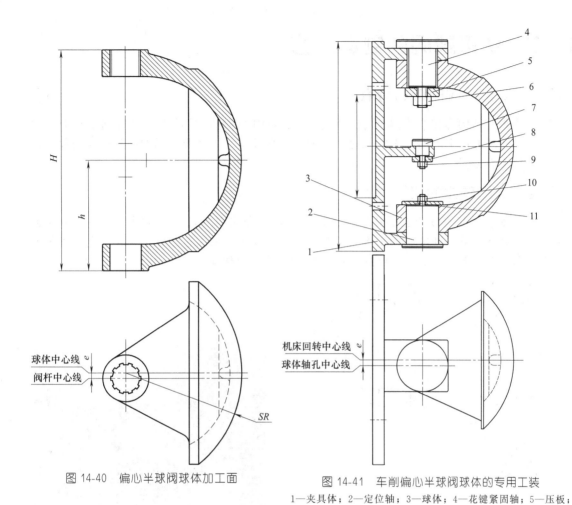

图 14-40　偏心半球阀球体加工面

图 14-41　车削偏心半球阀球体的专用工装

1—夹具体；2—定位轴；3—球体；4—花键紧固轴；5—压板；

6—螺母；7—测量砧；8—压板；9,10—螺母；11—压板

14.6.3　阀座的加工

　　偏心半球阀的阀座密封面通常可按照金属硬密封球阀密封面的工艺方法制造，但用于城建或其他过水管道时也经常选用橡胶或氟塑料等软密封材料。由于偏心半球阀在开启时阀座面与球体处于全脱开状态，选用镶嵌氟塑料结构的密封结构寿命并不太理想，所以多选用直接在基体材料上衬覆橡胶材料制造，密封圈截面为外小内大的楔形，和基体材料结合牢固，不易膨出（图 14-42）。

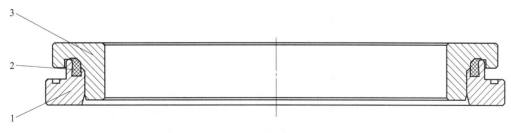

图 14-42　偏心半球阀软密封衬胶模

1—阀座圈；2—密封圈；3—衬胶模

14.7 V形球阀的制造工艺

14.7.1 V形球阀的结构特点

V形球阀的结构和偏心半球阀的区别主要是球体的区别，其他工艺过程基本相似。用于耐磨工况和高冲刷工况的球面和阀座密封面的硬化处理，可参照金属硬密封球阀的部分章节。球体加工面见图14-43。

14.7.2 V形球体的加工

V形球体上的V形缺口主要用于流量调节和切断介质中的杂质和纤维等，一般应保留锐角，并应具有足够的硬度。加工方法可参照固定球球体，采用芯轴穿过轴孔固定在机床上进行车削和磨削。图14-44是在数控球面磨床上磨削V形球体。

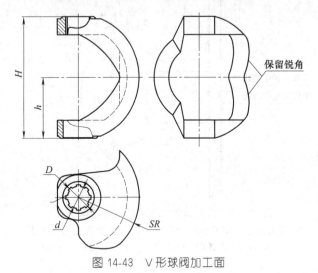

图 14-43　V形球阀加工面

图 14-44　在数控球面磨床上磨削 V形球体

参考文献

[1] 沈阳高中压阀门厂. 阀门制造工艺. 北京：机械工业出版社，1984.
[2] 苏志东等. 阀门制造工艺. 北京：化学工业出版社，2011.
[3] 陈宏钧. 实用机械加工工艺手册. 3版. 北京：机械工业出版社，2009.

第15章 蝶阀制造工艺

Chapter 15

蝶阀具有结构简单，不易产生热变形，重量轻，占据空间位置小，阻力相对小，启闭迅速，启闭功率小，密封性好，寿命较长等优点，故得到广泛应用。随着科技进步，各工况行业的工艺参数也不断在提高，因此蝶阀有向中、高压发展的趋势。煤化工合成气切断蝶阀的压差已高达 6.3MPa，普遍选用 Class 600 磅级的金属密封蝶阀，并且要求达到气泡级密封。鉴于蝶阀在工业领域的重要性，因此本书将蝶阀的制造工艺单独列为一章进行介绍。

蝶阀按其结构类型可分为中心型蝶阀、单偏心型蝶阀、双偏心型蝶阀及三偏心型蝶阀，由于高性能三偏心型蝶阀要求加工精度高，一般需要数控加工技术才能保证，因此，将数控加工技术加工三偏心型蝶阀专门列为一节单独介绍。

15.1 蝶阀阀体的加工

15.1.1 结构特点及技术要求

(1) 蝶阀阀体的结构特点

① 中线型蝶阀阀体　中线型蝶阀是中心对称的，双向密封效果一样，阀杆的中心位于阀体的中心线和阀座的密封截面上，阀座采用合成橡胶嵌在阀体槽内，阀体的结构比较复杂，如图 15-1 所示。

② 单偏心型蝶阀阀体　单偏心蝶阀两个方向密封效果不一致，一般正向易于密封。阀杆的中心位于阀体的中心线上，且与阀座密封截面形成一个偏置尺寸 a，如图 15-2 所示。

③ 双偏心型蝶阀阀体　双偏心型蝶阀在单偏心型蝶阀的基础上，将阀杆回转轴线与

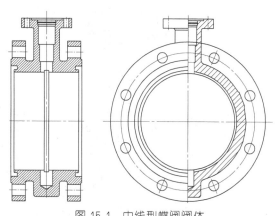

图 15-1　中线型蝶阀阀体

阀体通道轴线再偏置一个尺寸 b，如图 15-3 所示。

④ 三偏心型蝶阀阀体　三偏心型蝶阀在双偏心蝶阀的基础上，将阀座回转轴线与阀体通道轴线形成一个角度 α，如图 15-4 所示。

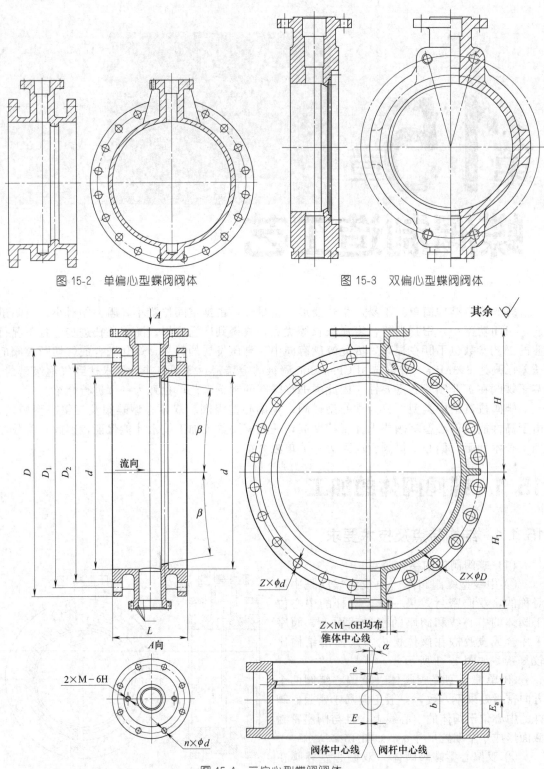

图 15-2　单偏心型蝶阀阀体　　　　　　　图 15-3　双偏心型蝶阀阀体

图 15-4　三偏心型蝶阀阀体

(2) 蝶阀阀体的技术要求

① 中线型蝶阀阀体　中线型蝶阀阀体中心对称，阀体上有精度较高的阀轴支承孔及填料函孔，阀体两端面有阀座槽，阀体上法兰有与支架及配合于填料函的连接孔。

中线型蝶阀阀体两端轴承孔的表面粗糙度一般为 $Ra1.6\mu m$，配合于填料函孔的表面粗糙度一般为 $Ra3.2\mu m$，阀座槽的表面粗糙度为 $Ra6.3\mu m$，其他加工表面的粗糙度为 $Ra12.5\mu m$。

中线型蝶阀阀体两轴孔同轴度公差等级为 9 级，阀体两法兰平面与轴孔中心的对称度公差等级为 9 级，轴孔对阀座配合孔中心线的位置度公差等级为 9 级。

② 偏心型蝶阀阀体　单偏心型、双偏心型及三偏心型蝶阀阀体上、下法兰均有精度较高的阀轴支承孔及填料函孔，阀体上有精度较高的阀座密封面，阀体上法兰上有与支架及配合于填料函的连接孔，下法兰上有与端盖连接的螺纹孔，阀体上有与管道连接的法兰接口。

单偏心型、双偏心型及三偏心型蝶阀阀体两端轴承孔的表面粗糙度一般为 $Ra1.6\mu m$，配合于填料函孔的表面粗糙度一般为 $Ra3.2\mu m$，阀座密封面的表面粗糙度一般为 $Ra1.6\mu m$，其他加工表面的粗糙度为 $Ra12.5\mu m$。

单偏心型、双偏心型及三偏心型蝶阀阀体两轴孔同轴度公差等级为 9 级，轴孔对阀座密封面中心线的位置度公差等级为 9 级。

15.1.2　工艺分析及典型工艺过程

(1) 中线型蝶阀阀体

中线型蝶阀阀体的外表面大部分不需要加工，因此零件毛坯一般都选用铸件。阀体的主要加工面为内孔及切槽，一般用车削方法加工，上、下法兰端面及轴孔的尺寸精度、表面粗糙度及同轴度要求较高，一般用镗削加工，首先用镗刀盘加工轴孔端面及止口，然后以镗刀杆镗孔，一端轴孔镗完后可将工作台回转 180°，再加工另一端，批量较大时应采用专用工装（表 15-1）。

表 15-1　中线型蝶阀阀体的典型工艺过程

序号	工 序 内 容	定位基准	夹具特点
1	车一端法兰端面、内孔、切槽	端法兰外圆用端面	三爪卡盘
2	车另一端法兰端面、切槽	内孔及端面	三爪卡盘
3	划两轴孔中心线		
4	镗上、下法兰端面、内孔、轴座孔	内孔及端面	三爪卡盘
5	划上、下法兰螺纹孔中心线		
6	钻底孔、攻螺纹孔		
7	钻连接法兰孔	内孔及端面	钻模板

(2) 偏心型蝶阀阀体

单偏心型和双偏心型蝶阀阀体的主要加工面为外圆面及阀座密封面，一般用车削方法加工，上、下法兰端面及轴孔的尺寸精度、表面粗糙度及同轴度要求较高，一般采用镗削加工，首先用镗刀盘加工轴孔端面及止口，然后以镗刀杆镗孔，一端轴孔镗完后可将工作台回转 180°，再加工另一端（表 15-2）。

表 15-2　单偏心型和双偏心型蝶阀阀体的典型工艺过程

序号	工 序 内 容	定位基准	夹具特点
1	车一端法兰端面、外圆	端法兰外圆及端面	三爪卡盘
2	车另一端法兰端面、外圆、密封面	端法兰外圆及端面	三爪卡盘
3	划两轴孔中心线		
4	镗上、下法兰端面、内孔、轴座孔	内孔及端面	三爪卡盘
5	划上、下法兰螺纹孔中心线		
6	钻底孔、攻螺纹孔		
7	钻连接法兰螺栓孔	外圆及端面	钻模板

三偏心型蝶阀阀体的典型工艺过程见表 15-3。

表 15-3　三偏心型蝶阀阀体工艺过程

序号	工序名称	工 序 内 容	定位基准	装夹方法
1	车	粗车进口（左）端法兰、内孔，留精车余量。内孔车出一段定位孔	出口（右）端法兰外圆	四爪卡盘
2	车	粗车出口（右）端法兰，内孔，留精车余量	进口（左）端定位孔	定位法兰盘，压板
3	划线	以上下轴孔为基准，划出两端法兰中心线		工作台
4	车	车阀座密封面堆焊基面	进口（左）端定位孔，车床小拖板按圆锥半角 β 偏转	斜度胎盘，过渡定位盘
5	焊	堆焊阀座密封面，保证最终焊层厚度		
6	车	精车出口（右）端法兰、内孔，保证阀座面宽度	进口（左）端定位孔	定位法兰盘，压板
7	车	精车进口（左）端法兰、内孔，保证阀座面宽度	出口（右）端内孔	定位法兰盘，压板
8	车	精车阀座面，留磨削余量 0.3～0.5mm	进口（左）端定位孔，车床小拖板按圆锥半角 β 偏转	斜度胎盘，过渡定位盘
9	磨	将自制磨头安装在车床上，精磨阀座密封面	进口（左）端定位孔，车床小拖板按圆锥半角 β 偏转	斜度胎盘，过渡定位盘
10	镗	粗镗上下轴孔及法兰，留精镗余量，利用坐标镗床划出上下轴孔中心线	出口（右）端内孔，工作台按 E 偏心	定位盘
11	镗	与蝶板配合精镗轴孔，上下法兰。利用坐标镗床划出上下轴孔中心线，两端法兰中心线	出口（右）端内孔，工作台按 E 偏心	定位盘，配镗夹具
12	钻	钻两端法兰螺栓孔	钻模对中心线	压板
13	锪	锪平两端法兰螺栓孔背面	平放在工作台上	压板
14	钻	钻上轴向法兰螺栓孔	钻模对中心线	压板
15	攻螺纹	机攻上轴向法兰螺栓孔螺纹	立放在工作台上	压板
16	钻	钻下轴向法兰螺栓孔	钻模对中心线	压板
17	攻螺纹	机攻下轴向法兰螺栓孔螺纹	倒立放在工作台上	压板
18	钳	钳工去毛刺		

15.1.3　主要表面或部位的加工方法

蝶阀阀体的主要加工表面大多是旋转表面，对大、中口径蝶阀的阀体除阀体轴座法兰端面和内孔在镗床上加工外，其余表面均采用车削加工。对于小口径蝶阀阀体的轴座法兰端面及内孔一般安装在弯板式夹具上进行车削加工（图 15-5）。

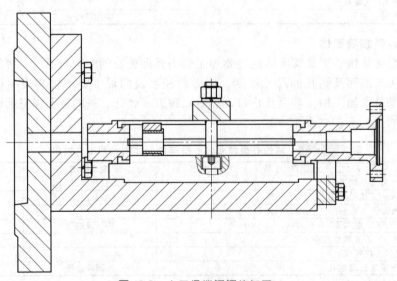

图 15-5　小口径蝶阀阀体加工

15.2 蝶阀蝶板的加工

15.2.1 结构特点

(1) 中线型蝶阀蝶板

蝶板的回转中心线（即阀杆的中心线）位于阀体的中心线和蝶板的密封截面上（图 15-6）。

(2) 单偏心型蝶阀蝶板

蝶板的回转中心线（即阀杆的中心线）位于阀体的中心线上，且与蝶板密封截面形成一个偏置尺寸 a，如图 15-7 所示。

(3) 双偏心型蝶阀蝶板

蝶板的回转中心线（即阀杆的中心线）与蝶板密封截面形成一个偏置尺寸 a，且与阀体通道轴线偏置尺寸 b，如图 15-8 所示。

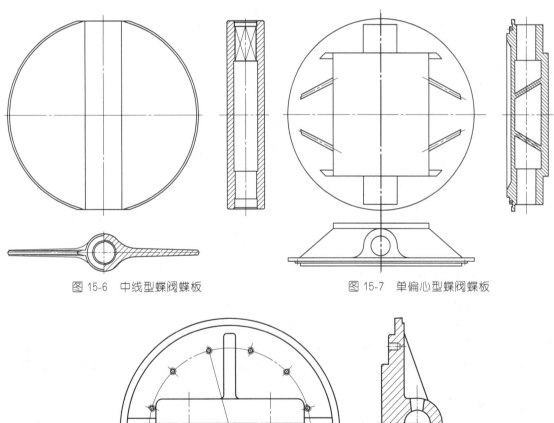

图 15-6 中线型蝶阀蝶板　　　　　　　　图 15-7 单偏心型蝶阀蝶板

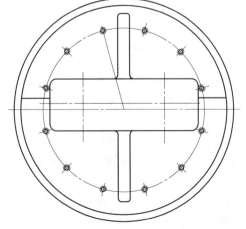

图 15-8 双偏心型蝶阀蝶板

(4) 三偏心型蝶阀蝶板

蝶板的回转中心线（即阀杆的中心线）与蝶板密封截面形成一个偏置尺寸 a，且与阀体通道轴线偏置尺寸 b，阀座回转轴线与阀体通道轴线形成一个角度 α。

三偏心蝶阀蝶板组件一般由蝶板、密封圈、压环经内六角螺钉组装而成，见图 15-9。

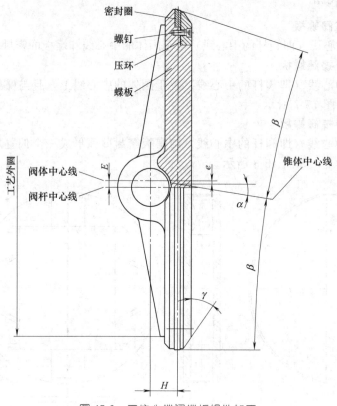

图 15-9 三偏心蝶阀蝶板组件加工

15.2.2 技术要求

(1) 尺寸精度

① 中线型蝶阀蝶板是中心对称的，蝶板上有精度较高的外圆及轴座两端面与阀座相吻合，轴座内有精度较高的安装阀轴的孔。

② 单偏心型、双偏心型蝶板均有精度较高的阀轴孔，且有精度较高的安装密封圈及压圈的台肩。

(2) 表面粗糙度

① 中线型蝶阀蝶板是中心对称的，其外圆、两轴座端面及两轴孔的表面粗糙度一般为 $Ra1.6\mu m$。

② 单偏心型、双偏心型蝶板阀轴孔的表面粗糙度一般为 $Ra1.6\mu m$，安装密封圈及压圈台肩的表面粗糙度一般为 $Ra3.2\mu m$，其他加工表面的粗糙度为 $Ra12.5\mu m$。

(3) 几何形状和位置精度

① 中线型蝶阀蝶板两轴座同轴度公差等级为 9 级，轴座两端面与蝶板中心的对称度公差等级为 9 级，轴座孔中心线与密封面中心线的对称度公差等级为 9 级。

② 单偏心型、双偏心型蝶板两轴座同轴度公差等级为 9 级，轴座孔中心线与密封圈定位圆中心线的对称度公差等级为 9 级。

15.2.3 工艺分析及典型工艺过程

(1) 中线型蝶阀蝶板

中线型蝶板的形体结构比较简单，其外表面大部分不需要加工。蝶板的外圆面多用车削方法加工，两轴座端面及轴孔的尺寸精度、表面粗糙度及同轴度要求较高，一般用镗削加工，一端轴孔镗完后可将工作台回转180°，再加工另一端（表15-4）。

表15-4　中线型蝶阀蝶板的典型工艺过程

序号	工序内容	定位基准	夹具特点
1	车外圆、倒圆	轴座两端面、顶针	V形定位块
2	划两轴孔中心线		
3	镗两轴座孔	外圆	四爪卡盘
4	镗两轴座端面	外圆	专用工装

(2) 单偏心型和双偏心型蝶阀蝶板

单偏心型和双偏心型蝶阀蝶板其外表面大部分不需要加工。蝶板的外圆面、定位圆面多用车削方法加工，两轴座轴孔的尺寸精度、表面粗糙度及同轴度要求较高，一般用镗削加工，一端轴孔镗完后可将工作台回转180°，再加工另一端（表15-5）。

表15-5　单偏心型、双偏心型蝶阀蝶板的典型工艺过程

序号	工序内容	定位基准	夹具特点
1	车端面、外圆、定位圆面	轴座两端面	四爪卡盘
2	划两轴孔中心线		
3	镗两轴座孔	端面及凸台	四爪卡盘
4	划螺纹孔中心线		
5	钻底孔、攻螺纹孔		

(3) 三偏心型蝶阀蝶板

三偏心型蝶阀蝶板其外表面大部分不需要加工。蝶板的外锥面、台肩一般采用车削方法加工，两轴座轴孔的尺寸精度、表面粗糙度及同轴度要求较高，一般用镗削加工，一端轴孔镗完后可将工作台回转180°，再加工另一端。

三偏心蝶阀蝶板组件的工艺路线见表15-6。

表15-6　三偏心蝶阀蝶板组件工艺过程

序号	工序名称	工序内容	定位基准	装夹方法
1	车	车蝶板正面与密封圈配合台阶，压环配合台阶，平面	蝶板背面轴孔台和工艺凸台(小口径可用特制卡爪卡入蝶板轴孔装夹)	四爪卡盘(或特制卡爪)
2	车	车蝶板背面工艺外圆，平面，背面按设计给定尺寸倒角	正面与压环配合台阶	卡盘
3	镗	粗镗轴孔，留精镗余量，并利用坐标镗床划出"十"字中心线，并用角尺延伸至蝶板正反两平面	正面与压环配合台阶	定位盘，压板
4	钻	钻两轴孔与阀杆连接圆柱销孔	车蝶板夹具可同时作为钻模，对中心线	工作台，压板
5	钻	钻蝶板正面与压环装配螺钉孔	平放在工作台上，钻模对中心线	工作台，压板
6	攻螺纹	攻蝶板正面与压环装配螺钉孔螺纹	平放在工作台上	工作台，压板
7	组装	将组合好的密封圈、压环用螺钉装在蝶板上		

序号	工序名称	工序内容	定位基准	装夹方法
8	车	粗车蝶板组件外锥面,按密封圈大端长轴尺寸测量,根据口径大小保留合理的精车余量	蝶板背面,工艺外圆,车床小拖板按圆锥半角β偏转	斜度胎盘,过渡定位盘,车蝶板夹具
9	钳	卸下压环,按蝶板上中心线在密封圈正面刻上中心线,卸下密封圈再将压环装在蝶板上		
10	车	精车蝶板和压环外锥面至设计给定尺寸(一般按阀门口径大小,以密封圈凸出蝶板0.5~2.0mm为宜)	蝶板背面,工艺外圆	斜度胎盘,过渡定位盘,车蝶板夹具
11	钳	卸下压环,清除毛刺,再将粗车好的密封圈装在蝶板上,螺钉按对角均匀拧紧	中心线对正	
12	车	精车密封圈外锥面留磨削余量	蝶板背面,工艺外圆	斜度胎盘,过渡定位盘,车蝶板夹具
13	磨	将自制磨头安装在车床上,精磨密封圈至设计给定尺寸	蝶板背面,工艺外圆	斜度胎盘,过渡定位盘,车蝶板夹具
14	钳	将蝶板组件装入加工好的阀体内	中心线对正	配镗夹具
15	镗	与阀体配镗轴孔	阀体出口端内孔	定位盘,压板
16	钳	去毛刺,整理,转入装配工序		

(4) 蝶板主要表面或部位的加工方法

蝶板密封部位的加工均在普通车床或立车上进行。蝶板的两轴孔一般在镗床上镗出,以密封面部位的止口为定位基准,先车一端轴孔,然后调头镗另一端。中线型蝶板密封面外圆面的车削一般用V形定位块夹紧轴座外圆(图15-10)。

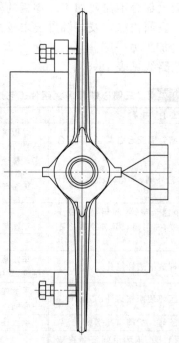

图15-10 中线型蝶板密封面外圆面车削夹具

15.3 阀座的加工

15.3.1 中线型阀座

中线型蝶阀按照密封分为密封型和非密封型，密封型中线型蝶阀一般采用橡胶衬里阀座或可溶性聚四氟乙烯衬里阀座，阀座成形后不再进行机加工，关于其阀座成形可参见本书橡胶衬里阀门章节或氟塑料衬里阀门章节。非密封型蝶阀阀座机加工很简单，因此这里不做介绍。

15.3.2 单偏心型阀座

单偏心型阀座大多直接在阀体上加工而成，其加工工艺也相对简单。

15.3.3 双偏心型阀座

双偏心型阀座分为金属阀座及非金属阀座，而金属阀座多数为弹性结构，需要模具模压成形，非金属阀座常用的是也需模压成形，因此不做介绍。

15.3.4 三偏心蝶阀阀座

三偏心蝶阀的密封圈，通常是由若干层不锈钢板和橡胶石棉板（或其他软质材料）复合黏结制成的"多层次"结构，也可以用整体金属材料加一层密封垫组成。

加工阀体上的阀座内锥面和蝶板组件的外锥面可采用同一套斜度胎盘和中间过渡定位盘，应尽可能在同一台车床上完成，并在小拖板偏转位置加钻定位销孔，保证偏转角度精确。图15-11所示为加工阀座内锥面夹具组件，图15-12为车削蝶板组件外锥面夹具组件。

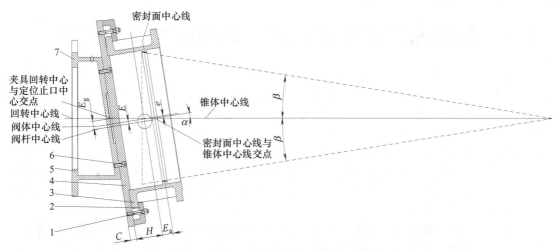

图 15-11　三偏心蝶阀加工阀座夹具组件

1—六角螺母与双头螺栓；2—压板；3—阀体；4—过渡盘；5—斜度胎盘；6—内六角螺钉；7—与车床连接法兰

由图15-11可以看出，为了在加工过程中使密封面锥体中心与机床的回转中心重合，过渡盘与斜度胎盘定位止口的定位台阶中心与阀体安装在斜度盘上的定位台阶应存在偏心 E_g。

$$E_g = (C + H + E_a)\tan\alpha - e$$

式中　C——过渡盘厚度，mm；

　　　H——阀体进口端距阀杆中心高，mm；

E_a——阀座密封面中心线与阀杆中心的轴向偏心距，mm；

α——锥体与阀体通道轴线的偏心角，(°)；

e——阀座密封面中心线与锥体中线交点和阀体通道中心的偏心距，mm。

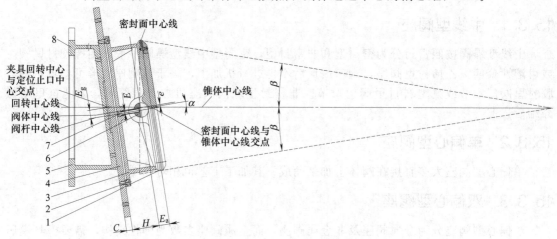

图 15-12　三偏心蝶阀加工蝶板密封圈夹具组件

1—蝶板组件；2—六角螺钉；3—蝶板夹具；4—过渡盘；5—斜度胎盘；6—压板；7—内六角螺钉；
8—与车床连接法兰

从图 15-12 可以看出，只要将车削蝶板密封圈的夹具高度设计成密封圈中心线距过渡盘平面高度与阀体中 $H+E_a$ 高度一致，即可实现蝶板与阀体在同一个斜度胎盘和同一台机床上加工完成。如果将密封圈夹具稍加调整，配上专用量具还可以实现密封圈与阀座的统装统配。也就是说，如果根据图 15-11 和图 15-12 设计出精确可靠的夹具，便可以实现三偏心蝶阀阀体与蝶板分开加工，而无需配镗。

15.4　数控加工技术在三偏心蝶阀加工上的应用

1975 年意大利 Vanessa 制造出第一台金属密封零泄漏三偏心蝶阀，工作原理取自于旋启式止回阀。三偏心蝶阀与其他阀门相比，结构长度短，质量轻，蝶板只需做 90°回转即可实现阀门的启闭，开闭迅速、调节和密封性能好、操作力矩小，目前广泛应用于钢铁厂、炼油厂、发电厂、煤化工厂等行业。工作介质主要有水、水蒸气、煤气、油类、H_2S 以及其他腐蚀性介质等。在远洋船舶上使用时介质则为高盐海水。

基于不同工矿及不同的工作介质，三偏心蝶阀阀体材料主要有铸铁、碳素钢、合金结构钢、304 不锈钢、耐热钢、低温钢、钛合金、堆焊硬质合金等。高合金材料的铸造、锻造、焊接、机加工的工艺性差。

三偏心蝶阀密封圈的形式主要有多层金属与非金属夹层和整体金属密封圈两类，无论是多层金属与非金属夹层密封圈，还是整体金属密封圈，由于三偏心蝶阀要求双向密封，零泄漏，因此对加工精度的要求较高。合理的加工工艺及工装夹具设计、高精度的制造工艺装备选型、CMM 测量手段以及专业的三偏心蝶阀专用磨床是实现高端三偏心蝶阀双向密封、零泄漏的必备条件。

阀座密封圈与蝶板密封圈密封面的磨削加工是三偏心蝶阀生产的关键工序。

15.4.1　概述

Vanessa 三偏心蝶阀的密封面圆锥接触角为 10°～12°，1975～2005 年期间 Vanessa 对其自身的密封面圆锥接触角前后进行了 7 次修正。从对其不同规格的系列化产品的测量得出结果，采用 11.5°左右的接触角密封效果最理想。类似于莫氏锥工具柄的自锁原理，蝶板密封副的反向密封力一部分来自于圆锥面的自锁。从图 15-13 中可以看出，三偏心蝶阀密封副的密封效果主要受以下几个关键的工作尺寸影响：阀座的圆锥锥度与蝶板密封圈圆锥锥度的一致性，也就是内外圆锥的加工精度；阀体、蝶板阀杆孔的加工精度；装配时阀杆孔及阀杆中心轴线相对于密封面的相对位置，批量生产三偏心蝶阀的装配互换性也受此影响。

　　基于工艺工程师所在单位的工艺装备条件、所生产蝶阀的精度等级，阀体、蝶板、密封圈的加工工艺不尽相同。工艺工程师应根据自身工艺装备条件，设计适合于本单位的工艺方法。本节重点介绍可以实现批量化生产、零部件互换通配的金属密封三偏心蝶阀的加工工艺，立足于数控加工技术在三偏心蝶阀批量生产上的应用。

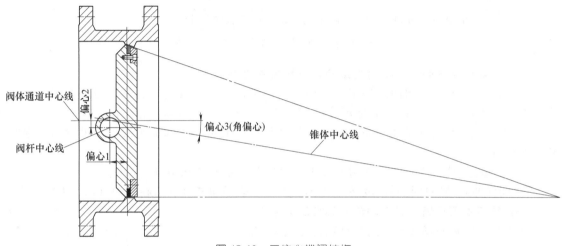

阀体通道中心线

偏心2

阀杆中心线

偏心1

偏心3(角偏心)

锥体中心线

图 15-13　三偏心蝶阀结构

15.4.2　三偏心蝶阀阀体的加工

　　高端三偏心蝶阀的加工发展趋势是数控加工，三坐标（CMM）测量。以 STL 阀座堆焊金属密封三偏心蝶阀、可以实现产品系列化批量生产、零部件可互换通配的加工工艺为例，4 英寸至 12 英寸三偏心蝶阀阀体的加工所需工艺装备大致如下：数控车床（卧式或立式）、卧式加工中心、摇臂钻床、等离子堆焊机床、三偏心蝶阀专用磨床。如具备立式加工中心则可省去摇臂钻床。立式加工中心具备工人操作方便、阀体在夹具上装夹容易、圆工作台平衡性好等优点；且省去了摇臂钻工序，效率大幅度提高，人工成本随之降低。在人工成本日益增加的大市场环境下，制造型企业应大力发展数控加工，减少批量生产对人工的依赖；效率大幅度提高且大幅度降低企业的人工成本。

　　具备加工中心的阀体加工工艺流程如图 15-14 所示。

　　其中阀体粗加工、X 光探伤依条件而定，可由铸造厂完成。

　　从图 15-14 可以看出，三偏心金属密封蝶阀，尤其是阀座堆焊司太立（Stellite）的阀体，加工工序多、流程长、工艺复杂，不具备数控加工机床的企业很难实现系列化批量生产。

　　其中粗、精车司太立堆焊密封锥面与磨削司太立密封锥面两工序可使用同一套车磨一体夹具，如大批量分工序生产则可以分别制作车削夹具、磨削夹具。铣阀杆法兰/镗阀杆孔工序在卧式加工中心上完成。进口精密卧式加工中心加工零件可以达到 IT6 甚至 IT5 级精度。三偏心蝶阀阀杆孔的精度等级设计为 IT7 级，基本上可以满足装配精度要求。

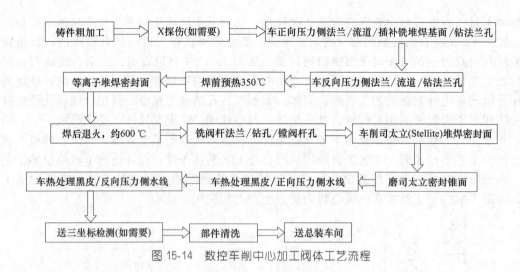

图 15-14 数控车削中心加工阀体工艺流程

(1) 三偏心蝶阀阀体及密封圈结构特点和技术要求

① 阀体及密封圈密封面的加工是阀门的关键部位，加工精度的高低直接影响阀门的密封性能，关键尺寸按 H7 级，其他尺寸按 H9 级，三偏心锥度角偏差为 $\pm 15''$。

② 为了保证和提到零件的加工精度，就必须设法限制和降低加工误差，关键部位用专用工装保证。

③ 三偏心阀体及密封圈的密封面加工表面粗糙度要求在 $Ra0.4\mu m$ 以上。

④ 阀体的两端阀杆孔同轴度在 $0.04mm$ 以内，表面粗糙度要求在 $Ra1.6\mu m$ 以上。

(2) 数控加工三偏心蝶阀阀体的典型工艺流程

数控加工三偏心蝶阀阀体的典型工艺见表 15-7。

表 15-7　数控加工三偏心蝶阀阀体的典型工艺过程

序号	工序名称	工序内容	定位基准	夹具特点
1	钳工	划阀体找正腰线及左右法兰端面加工线	以工件外形为基准	可调垫铁、千斤顶、高度尺
2	车	按找正线找正,夹紧车法兰直口、车密封面孔、钻攻螺纹孔及定位销孔,车流道孔深度留量	以反向压力侧法兰外圆及端面定位	通用卡盘及可调垫铁
3	车	翻面,按加工过的内孔找正,夹紧车法兰端面、车端面、钻攻螺纹孔,车流道孔深度留量	以正向压力侧法兰外圆及端面定位	通用卡盘及可调垫铁
4	车	把阀体装夹在专用工装上,车偏心孔即密封面	以销孔及工装定位	专用工装(见图 15-16)
5	PT	对待焊面进行表面探伤		渗透剂、显像剂
6	焊接	密封面堆焊 STL21,厚度为 2.5mm		变位机
7	车	按加工过的内孔找正,夹紧,车流道孔深度到位	以反向压力侧法兰外圆及端面定位	通用卡盘及可调垫铁
8	车	按加工过的内孔找正,夹紧,车流道孔深度到位	以正向压力侧法兰外圆及端面定位	通用卡盘及可调垫铁
9	精车	把阀体装夹在专用工装上,车偏心孔即密封面,留磨量	以销孔及工装定位	专用工装(见图 15-16)
10	PT	对待焊面进行表面探伤		渗透剂、显像剂
11	卧加	粗精镗阀杆孔及铣法兰端面及外圆	以销孔及工装定位	专用工装(见图 15-15)
12	磨削	把阀体装夹在专用工装上,磨削偏心孔即密封面	以销孔及工装定位	专用工装(见图 15-17)
13	PT	对待焊面进行表面探伤		渗透剂、显像剂
14	车	按内孔找正装夹车水线	以反向压力侧法兰外圆及端面定位	通用卡盘

序号	工序名称	工 序 内 容	定 位 基 准	夹 具 特 点
15	车	按内孔找正装夹车水线	以正向压力侧法兰外圆及端面定位	通用卡盘
16	钳工	钳工去毛刺		

(3) 卧式加工中心加工三偏心蝶阀阀体

图 15-15 所示为三偏心蝶阀阀体卧加专用工装，主要用于三偏心蝶阀阀体在卧式加工中

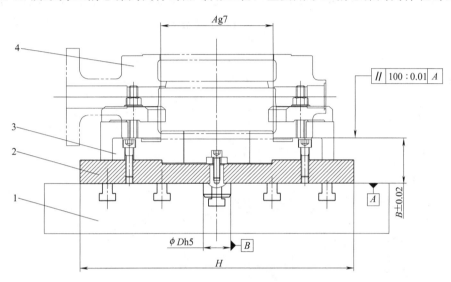

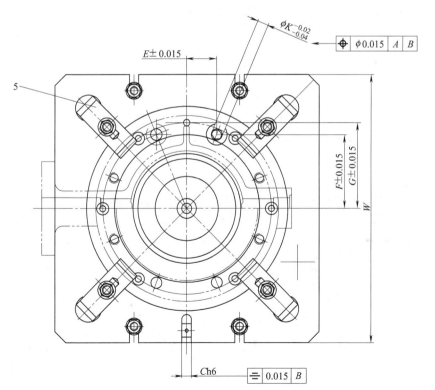

图 15-15　三偏心蝶阀阀体卧加专用工装

1—机床工作台；2—工装主体；3—定位盘；4—阀体；5—压板

心上加工阀杆孔及铣法兰端面与外圆，拆装便捷，定位精度高，解决了阀杆孔同轴度保证不了的难题，各尺寸靠工装保证加工精度，大大降低了操作难度，从而保证了产品质量，省略了找正准备工序，提高了生产率，节约了生产成本。

（4）加工三偏心蝶阀阀体密封圈车、磨专用工装

图 15-16 所示为加工三偏心蝶阀阀体密封圈车、磨专用工装，车、磨用同一个工装，同样装夹定位，从而提高了加工精度，永远不会因工装导致磨削余量不够等情况出现。如图 15-16 所示，加工密封圈和阀体共用一个工装主体，从而降低成本；在加工阀体的基础上，

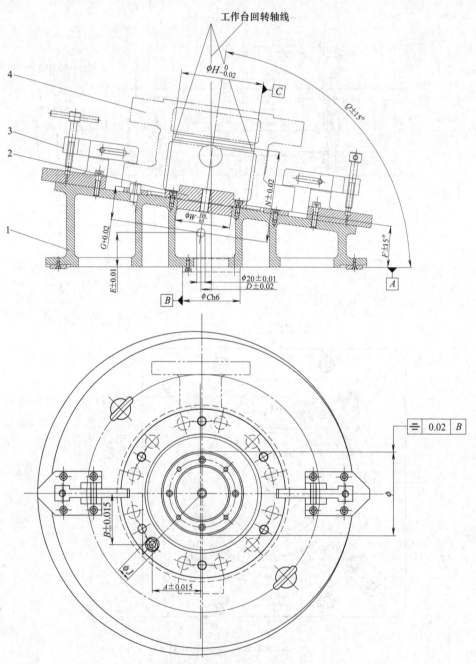

图 15-16　三偏心蝶阀阀体密封圈车磨专用工装
1—工装主体；2—定位盘；3—压板；4—阀体

若要加工密封圈，换一个定位盘就可以，如图 15-24 所示。该工装主要用于三偏心蝶阀阀体密封圈解决三偏心锥角即密封面加工而专门设计的，拆装便捷，定位精度高，对于加工产品保证了质量，产品质量全部由工装自动保证精度，产品质量高，操作简单，提高了生产率，降低了加工成本及产品不合格率。

镗阀杆孔与磨削司太立密封锥面两工序需采用同一定位基准，以确保装配时阀杆孔及阀杆中心轴线相对于阀座密封面的相对位置，以及批量生产装配三偏心蝶阀的零部件互换性。

车司太立堆焊密封锥面与磨削司太立（Stellite21）密封锥面工装见图 15-17。

粗、精车司太立密封锥面工序必须在数控车床上完成。如图 15-17 所示，由于密封圆锥工作面为斜置的圆锥面，车削时为断续车削。

国内某阀门企业在韩国 DOOSAN 出产的 PUMA V550M 数控车削中心上车削阀座堆焊 Stellite21 密封面的阀体，所选刀片为捷克 PRAMET 出产的 SNMG190612-M4 转位刀片，数控插补车削，线速度 40～60m/min，粗车切削深度可达到 1mm，每转进给量 0.12～0.15mm；精车切削深度 0.1～0.2mm，每转进给量 0.08～0.1mm。如在国产的普通车床上则无法实现。大部分国产数控车床的床身刚性、插补精度及尺寸精度稳定性亦无法满足大批量生产的质量要求。

阀座圆锥的精度测量可以在三坐标测量仪上完成，但是缺点是需要从机床上取下工件，转运到三坐标室，操作复杂。采

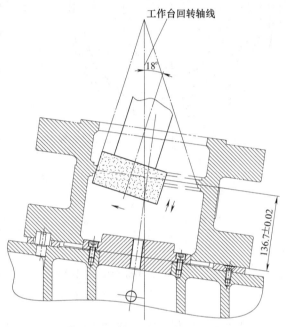

图 15-17　阀体密封面车磨夹具

用英国 RENISHAW 的工件测量系统，可以在机床上快速准确地测量三偏心蝶阀阀座圆锥的锥度、位置，直接把测量结果反馈到数控系统中。如需要，可快速修整工件坐标系。若机床具有数控转台，还可由测头自动找正工件基准面，自动完成诸如基准面调整、工件坐标系设定等工作。可以大幅度简化对工装夹具的精度要求，缩短机床辅助时间，大幅提高机床效率，避免把阀体搬至三坐标测量机上测量所带来的二次装夹误差。还可以根据测量结果自动修正刀具的偏置量，补偿刀片的磨损。总之，这种机内测量方法是国外先进加工行业早已广泛使用的工艺方法，对三偏心蝶阀阀座及密封圈的机内测量尤为适用。

15.4.3　三偏心蝶阀蝶板的加工

图 15-18 为金属密封三偏心蝶阀蝶板零件图，经工艺分析，其中影响阀门装配精度的尺寸有：阀杆孔同轴度、键槽对称度、密封圈安装止口直径、密封圈安装面到阀杆孔的间距、密封圈止口高度等。

一般阀门工艺的蝶板基本上都是在普通车床、钻床、铣床上完成，无法满足蝶板的批量生产加工精度要求。4 英寸至 12 英寸三偏心蝶阀阀体的加工所需工艺装备大致有：普通车床、数控车床（卧式或立式）、立式（或卧式）加工中心、数控插床或中走丝线切割。如蝶板铸件粗加工由铸造厂完成则不需要普通车床。

该蝶板的加工工艺流程如图 15-19 所示。

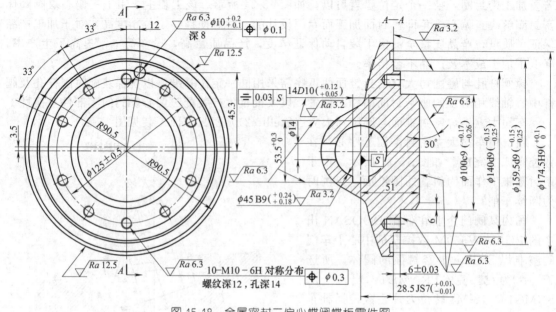

图 15-18　金属密封三偏心蝶阀蝶板零件图

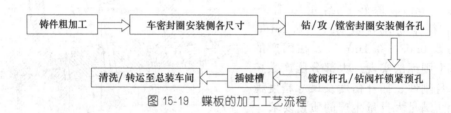

图 15-19　蝶板的加工工艺流程

大尺寸规格蝶板如在立式加工中心上从一侧镗阀杆孔，因镗刀杆悬伸过长，容易振刀，致使阀杆孔圆柱度、相对于密封圈安装面的距离等尺寸超差，可改用卧式加工中心加工，镗阀杆孔一侧完成后，工作台调转 180° 镗另一侧阀杆孔。使用欧美或日本的卧式加工中心，调头镗 500mm 工作长度的阀杆孔，两头同心度可保证在 0.03mm 之内。台湾产 DAHLIH 卧式加工中心基本上也可以满足批量生产的精度要求，且性价比优于进口卧式加工中心。DAHLIH 卧式加工中心可选型号：MCH-500、MCH-630 及 MCH-800。建议选择带刀具内冷、全闭环配置（三轴配备光栅尺）。可选日本 FANUC-0iMD 数控系统。

依靠插床无法保证大尺寸规格阀杆孔键槽的对称度，可选择拉床或中走丝线割加工。阀杆孔键槽的对称度超差会影响蝶板、密封圈与阀座的开合精度。

老阀门制造企业不具备立、卧加工中心，一般会选择在车床上设计弯板夹具，以密封圈安装止口定位，车削加工阀杆孔。加工大尺寸规格蝶板时，由于车刀杆悬伸过长，容易产生振刀，难以控制批量生产的阀杆孔尺寸精度。

三偏心蝶阀的蝶板阀杆孔一般为铸造毛坯面，且为不规则曲面，在车削密封圈安装侧工序时无法作为定位基准。采用自定心卡爪夹持蝶板的外圈，则蝶板装夹校正时间长。而且夹紧力过大容易造成蝶板变形；夹紧力过小，车削时无法大进给切削。

可在蝶板粗加工工序预钻阀杆孔至相应的工艺尺寸，车削密封圈安装面工序可以以粗加工阀杆孔作为工艺定位基准。图 15-20 为一种三偏心蝶阀蝶板车削夹具。

(1) 三偏心蝶阀蝶板结构特点及技术要求

① 三偏心顾名思义有三个偏心，蝶板的回转中心线与蝶板阀杆孔轴线等偏心尺寸及偏心角度是三偏心蝶板的加工难点也是最重要的控制点。

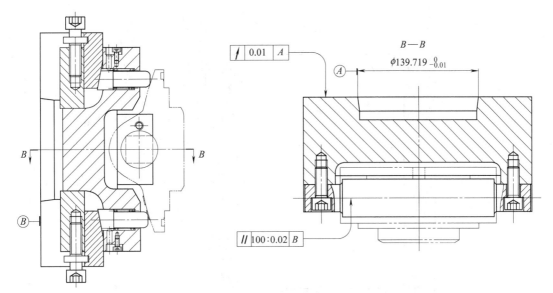

图 15-20 三偏心蝶阀蝶板车削夹具

② 三偏心的蝶板阀杆孔加工要求精度极高，尤其是两端的同轴度最重要，要求机床精度、工艺合理、操作人员懂图纸更能理解图纸是重中的重。

③ 三偏心蝶板加工粗糙度也极其重要，阀杆孔一般要求在 $Ra1.6\mu m$ 以上。

④ 位置精度及几何形状也必须注意，一般没有标注按 H9 级执行。

⑤ 蝶板的阀杆孔键槽加工保证对称度要求极其关键，一般插床达不到图纸对称度，现在大多数阀门厂都在用线切割来加工，从而满足对称度。

(2) 三偏心蝶阀蝶板的加工工艺（表 15-8）

表 15-8 三偏心蝶阀蝶板的典型工艺过程

序号	工序名称	工 序 内 容	定 位 基 准	夹 具 特 点
1	钳工	划蝶板端面找正十字线及端面加工线	以工件外形为基准	可调垫铁
2	车	工件按线找正，车端面、外圆、密封槽	以工件外圆为基准	卡盘
3	车	插补铣销孔及螺纹孔点窝	以工件外圆为基准	卡盘（车铣复合机床）
4	钳工	打孔攻螺纹	以外圆及其端面为基准	加高四爪卡盘、铰杠
5	镗铣床	粗精镗阀杆孔	以加工外圆、端面、定位销为基准	专用夹具及压板
6	镗铣床	铣偏心椭圆	以加工外圆、端面、定位销为基准	专用夹具及压板
7	线割	线割阀杆孔键槽	以加工外圆、端面、定位销为基准	专用工装（见图 15-21）
8	钳工	工件各处去毛刺，锐边倒钝		

(3) 加工三偏心蝶阀蝶板卧加专用工装

如图 15-21 所示为加工蝶板专用工装，主要用于三偏心蝶板在卧式加工中心上加工阀杆孔及偏心外圆，拆装便捷，定位精度高，解决了阀杆孔同轴度保证不了的难题，通过工装"A"与"B"行位公差要求来保证阀杆孔的偏心尺寸，大大降低了操作工人的加工控制难度，从而也降低了产品不合格率，省去了找正准备工序，提高了生产率。

15.4.4 三偏心蝶阀密封圈的加工

根据使用工况的不同，金属密封三偏心蝶阀密封圈主要分为不锈钢与柔性石墨夹层和整

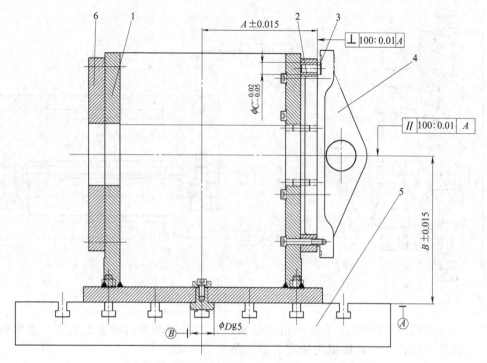

图 15-21　三偏心蝶阀蝶板卧加专用工装

1—工装主体；2—定位盘；3—定位销；4—蝶板；5—机床工作台；6—加工另外规格的定位盘

体金属密封圈两种型式。

　　图 15-22 是某公司设计的 A276 S31803 双向不锈钢与柔性石墨夹层的三偏心蝶阀密封圈零件图，其中多层不锈钢钢片与柔性石墨板交替黏接成整体。不锈钢片内圈设计一个 $R3_{-0.1}^{0}$ 的定位凸圆，用于控制多层密封圈三偏心斜锥的一致性，对于装配工序、磨削工序尤其重要。

　　不锈钢钢片需要预先加工到某一工艺尺寸，并与柔性石墨层黏接而成；黏接后的密封圈组件再经过精加工而成。黏接剂可选用 LOCTITE（乐泰）272 快速固化胶水黏接。

　　柔性石墨层可直接向供应商采购，黏接前的粗加工由供应商完成。

　　不锈钢与石墨夹层密封圈的加工工艺流程如图 15-23 所示。

　　由于多层钢板夹层设计有定位凸圆，在机加工的时候需要用到中走丝线切割，工时长、成本高。阀门企业可寻找外协制造厂做钢圈的粗加工，有条件的钣金外协厂可使用激光切割加工此类钢圈零件。数控激光切割机床的加工精度、加工零件的表面粗糙度完全可以满足此类零件的设计精度要求。

　　其中密封圈组件的磨削工序为三偏心蝶阀的关键工序，工装简图见图 15-24。

　　由图 15-24 可以看出，夹具设计成子母夹具的形式，母夹具斜胎基座与图 15-16 中的阀体磨削夹具斜胎基座共用，从而保证阀座的三偏心斜锥面与密封圈的完全吻合。密封圈密封外圆锥面与阀体上阀座内斜锥面，在装配时的吻合度，是决定三偏心硬密封蝶阀双向密封、零泄漏的关键因素。由于三偏心蝶阀的结构形式所限，无法通过配研的方法实现，这也就是三偏心蝶阀专用磨床的必要性所在。

　　整体金属密封圈三偏心蝶阀密封圈的加工工艺与双向不锈钢和柔性石墨夹层的加工工艺基本类似，只是减少了石墨黏接工序。

　　由于整体金属密封三偏心蝶阀已普遍用于极端苛刻工况，因此一般设计院的规格书要求

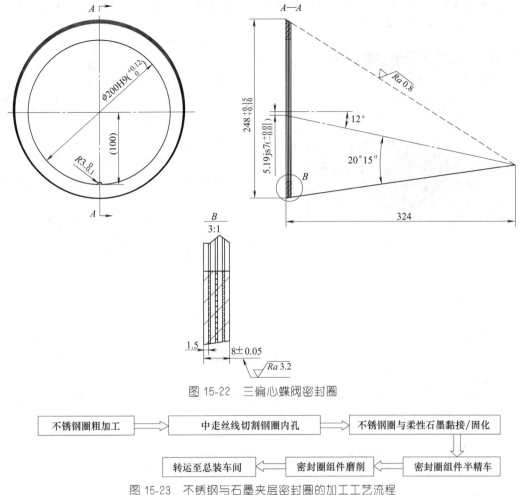

图 15-22　三偏心蝶阀密封圈

不锈钢圈粗加工 → 中走丝线切割钢圈内孔 → 不锈钢圈与柔性石墨黏接/固化

转运至总装车间 ← 密封圈组件磨削 ← 密封圈组件半精车 ← （接上）

图 15-23　不锈钢与石墨夹层密封圈的加工工艺流程

在金属密封三偏心蝶阀的密封圈上设计为等离子喷焊 STL-6，密封圈需要车至等离子喷涂前的工艺尺寸；然后利用三轴联动等离子热喷涂设备喷涂密封锥面。一般等离子喷涂司太立厚度为 0.35～0.4mm。

堆焊或喷涂司太立材质的蝶阀阀体或密封圈可根据不同的硬质合金牌号，采用绿碳化硅或 CBN 砂轮磨削，磨削线速度可达 40～45m/s。

15.4.5　三偏心蝶阀专用磨床

三偏心蝶阀专用磨床国内机床制造厂已研发试制成功，并用于多家阀门企业的批量生产。图 15-25 为国产的三偏心蝶阀专用磨床，该专机主要用于小、中型三偏心蝶阀密封副内外锥面的加工，可实现斜截圆锥面的磨削。在同一台机床上通过更换专用夹具，

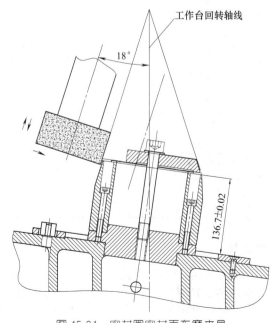

图 15-24　密封圈密封面车磨夹具

可以适应阀座内锥面及蝶板外锥面的加工要求，主要能满足三偏心蝶阀的阀体及密封圈的研磨任务。该机床参数配置见表15-9。

图 15-25 三偏心蝶阀专用磨床

① 机床采用龙门式双立柱结构，固定于回转工作台后方。立柱上方安装横梁。左右两磨头托板在横梁导轨上作水平移动，磨头在托板导轨上做垂直移动。回转工作台带动工件旋转。工作台上有 T 形槽，方便装夹工件，配备标准夹具或专用夹具。

② 床身采用高强度、低应力的孕育铸铁，床身结构设计充分考虑到热变形及重载变形因素，并经合理的实效处理。

③ 工件回转采用主轴电机通过减速装置实现工作台的回转，回转速度由调速系统无级变速。工作台径向支持采用国际先进的静压支撑技术，回转精度及平稳性高。工作台轴向支撑采用静压导轨。工作台回转分辨率为 0.001°。

④ 磨头安装在机床的横梁上，整体刚性及精度高。磨头在拖板上装有分度机构。磨头采用交流伺服电机驱动，进口滚珠丝杠传动，进给导轨采用进口直线滚柱钢导轨。磨头可以回转正负 20°，重复定位精度 6″，磨头主轴的径向跳动为 0.005mm，端面跳动为 0.005mm，从而保证了产品的磨削质量。

⑤ 三偏心蝶阀的阀体及密封圈的研磨主要利用专用工装装夹，装夹方便快捷，定位精度高，研磨主要靠数控程序走直线运动，达到研磨效果。决定磨削效果的还有一个重要因素：砂轮选择合适与否。

表 15-9　国产三偏心蝶阀专用磨床机床参数

磨削三偏心碟阀阀体通径范围：φ150～500mm	工作台直径：φ1000mm
工件最大回转直径	φ1200mm
工作台最大承重	5000kg
工作台转速	0～120r/min
磨削最大高度	500mm
X 轴有效行程	600mm
Z 轴有效行程	550mm
B 轴运动方向的调整角度	±20°
B 轴分度精度	20″
B 轴重复精度	6″
C 轴的分辨率	0.001°
X 轴、Z 轴分辨率	0.001mm
X 轴、Z 轴最大移动速度	6m/min
磨头电机功率及转速	20kW；6000r/min
砂轮的线速度	≥45m/s
工作台旋转电机功率	11kW

参考文献

[1] 沈阳高中压阀门厂. 阀门制造工艺. 北京：机械工业出版社，1984.

[2] 苏志东等. 阀门制造工艺. 北京：化学工业出版社，2011.

[3] 陈宏钧. 实用机械加工工艺手册. 3 版. 北京：机械工业出版社，2009.

第16章

Chapter 16

阀门密封面研磨、滚动珩磨及抛光

16.1 阀门密封面的研磨

用研磨工具和研磨剂，在一定压力下通过研具与工件作相对滑动，从工件表面上磨掉一层极薄的金属，以提高工件尺寸、形状精度和降低表面粗糙度的精整加工方法称为研磨。

研磨分为湿研磨、干研磨、半干研磨。湿研磨又称敷砂研磨，将稀糊状或液状研磨剂涂敷或连续注入研具表面，磨粒在工件与研具之间不停地滑动或滚动，形成对工件的切削运动，加工表面呈无光泽的麻点状，一般用于粗研磨。干研磨又称嵌砂研磨或压砂研磨，在一定压力下，将磨料均匀地压嵌在研具的表层中，研磨时只需在研具表面涂以少量的润滑剂即可。干研磨可获得很高的加工精度和低表面粗糙度，但研磨效率低，一般用于精研磨。半干研磨采用糊状的研磨膏作研磨剂，其研磨性能介于湿研磨与干研磨之间，用于粗研磨和精研磨均可。

研磨是常用的一种光整加工方法。密封面是阀门产品最关键的部位，密封面表面形状精度（平面度、圆度、圆柱度等）、粗糙度直接影响到一台阀门的性能和寿命。在阀门制造过程中研磨占有相当重要的地位，它对阀门质量有着显著的影响，阀门的金属密封副大多是采用研磨来达到其密封性能要求的。

16.1.1 研磨的加工原理和特点

(1) 研磨机理

研磨是由游离的磨粒通过研具对工件进行微量切削的过程。在加工过程中，工件表面发生复杂的物理和化学变化，其主要作用如下。

① 切削作用　由于研具的材料比被研的工件软，研磨剂中的磨粒在研具表面上半固定或浮动，构成多刃基体，在研具与工件作研磨运动时，在一定压力下，对工件表面进行微量切削。

② 塑性变形　钝化了的磨粒对工件表面进行挤压，使被加工材料产生变形，工件表面轮廓峰谷在塑性变形中趋于熨平或在反复变形中产生加工硬化，最后断裂而形成细微切削。

③ 化学作用　当采用氧化铬、硬脂酸或其他研磨剂时，工件表面会形成一层极薄的氧化膜，这层氧化膜很易被磨掉而不损伤基体，在研磨过程中氧化膜不断地迅速形成，又不断地被磨掉，从而加快了研磨过程，使表面粗糙度降低。

（2）研磨过程

研磨时，研具与工件表面很好地贴合在一起，研具沿贴合表面作复杂的研磨运动。研具与工件表面间放有研磨剂。研磨剂中的部分磨粒在两表面间滑动或滚动，另一部分磨粒则嵌入或附着在研具的表面层。当研具与工件作相对运动时，磨粒就在工件表面上切去微薄的一层金属。工件上的凸峰部分首先被磨去，然后渐渐达到要求的几何形状，此时，为了不让已获得的几何形状破坏，工件表面上的每一点都应均匀地磨削。

由于部分磨粒在研具与工件表面间滑动和滚动，研具表面也被磨料所磨耗，研具本身的几何形状精度直接影响到工件的几何形状精度，因此，除要求研具的材料耐磨和组织均匀外，研具的磨耗也应均匀，以使它尽可能长久地保持其准确性。

（3）研磨运动

为使工件表面上各点磨削均匀和研具的磨耗均匀，研具与工件作相对运动时，工件表面上每一点对研具的相对滑动路程都应该相同。无论是手工研磨或机械研磨，实际上往往难以满足这样的运动要求，因此，为了保证研磨质量，工件的研磨时间不宜过长，研具也要经常进行修磨。

研具与工件相对运动的方向应不断变更。运动方向的不断变化使每一磨粒不会在工件表面上重复自己运动的轨迹，以免造成明显的磨痕而加大工件表面的粗糙度。此外，运动方向的不断变化还能使研磨剂分布得比较均匀，从而较均匀地切去工件表面的金属。

研磨运动尽管复杂，运动方向尽管在变化，但研磨运动始终是沿着研具与工件的贴合表面（平面、球面、圆柱面等）进行的。研具运动时不能离开贴合表面，也不应再有别的强制的引导，否则将不可避免地产生加工误差。工件在机床上切削时，它的几何形状精度主要取决于机床的精度，而无论是手工研磨或机械磨削，工件的几何形状精度则主要受研具的几何形状精度及研磨运动的影响。

（4）研磨速度

研磨运动的速度愈快，研磨的效率也愈高。研磨速度快，在单位时间内工件表面上通过的磨粒比较多，切去的金属也多。但是，研磨的速度过高会引起不容许的发热现象，使工件的尺寸精度及几何形状精度降低。

研磨速度通常为 10～240m/min。当工件的研磨精度要求高时，研磨速度一般不超过 30m/min。阀门密封面的研磨速度与密封面的材料有关。铜及铸铁密封面研磨速度为 10～45m/min，淬硬钢及硬质合金密封面研磨速度为 25～80m/min，奥氏体不锈钢密封面研磨速度为 10～25m/min。手工研磨时由于受人的体力因素的限制，研磨速度都比较低。

（5）研磨压力

研磨效率随研磨压力的增大而提高。研磨压力增大后，磨料切入工件表面较深，切除的金属层也较厚。研磨压力不能过大，否则，不但会产生切削热过高的现象，还将破坏研磨过程的进行。通常使用人力（手工研磨）、荷重、弹簧或液压装置来施加研磨压力。研磨压力一般为 0.01～0.4MPa。

研磨铸铁、铜及奥氏体不锈钢材料的密封面时，研磨压力为 0.1～0.3MPa，淬硬钢和硬质合金密封面研磨压力为 0.15～0.4MPa。粗研时可取较大值，精研时取较小值。

(6) 研磨余量

研磨是光整加工工序，切削量很小。研磨余量的合理与否对研磨效果有很大的影响。如余量过大，不仅延长研磨时间使生产率降低，还可能因研磨时间过长而影响加工表面的几何形状精度。余量过小，则不能完全去掉前道工序的加工痕迹，使工件的表面粗糙度和几何形状精度达不到规定的要求。研磨余量的大小取决于上道工序的加工精度和表面粗糙度。在保证去除上道工序加工痕迹和修正工件几何形状误差的前提下，研磨余量愈小愈好。

密封面研磨前一般应经过精磨，使加工表面具有较高的几何形状精度和粗糙度。有些密封面（如阀体密封面）不便磨削加工，则可采用精车，但这时必须增加一道粗研工序，粗研后才能用较细的研磨剂进行精研。

经精磨后的密封面可直接进行精研。直径最小研磨余量为 0.008～0.020mm，平面最小研磨余量为 0.006～0.015mm。手工研磨或材料硬度较高时取小值，机械研磨或材料硬度较低时取大值。精车后的密封平面最小研磨余量为 0.012～0.050mm。

(7) 运动轨迹

研磨运动轨迹应能保证工件加工表面上各点均有相同的（或近似的）被切削条件，同时还要保证研具表面上各点有相同的（或近似的）切削条件。其要求如下：工件相对研磨盘平面作平行运动，保证阀门密封面上各点的研磨行程一样，以获得良好的平面性；研磨运动力求平稳，尽量避免曲率过大的转角；工件运动遍及整个研具表面，以利于研具均匀磨损；工件上任一点的运动轨迹，尽量不出现周期性重复情况。

(8) 研磨加工的精度

研磨可以使工件获得很高的尺寸精度、几何形状精度及表面粗糙度精度，可以提高零件表面耐磨性，但不能提高工件各表面间的相互位置精度。研磨精度可达到亚微米级的精度（尺寸精度可达 $0.025\mu m$，球体圆度可达 $0.025\mu m$，圆柱体圆柱度可达 $0.1\mu m$，平面度可达 $0.03\mu m$），表面粗糙度可达 $Ra0.01\mu m$，并能使两个零件的接触面达到精密配合。

16.1.2 研具

(1) 研具的作用及要求

研磨的工具简称研具。研具的作用一方面是用来在其表面嵌砂或敷砂，另一方面是把研具本身的表面几何形状精度传递给被研工件。研具应满足下述基本要求。

① 适当的表面几何形状　因为研具可以把本身的表面几何形状和精度精确地传递给被研工件。所以，不同的工件、不同的精度要求，对研具本身的表面几何形状精度的要求亦不同。

② 良好的耐磨性　为了保证研具本身已具有的表面几何形状精度，研具要具有良好的耐磨性能。例如，为了提高精研使用的铸铁研具的耐磨性，通常采用高磷铸铁研具。即在铸造研具时使铁水含有较高的磷元素，以待生成磷共晶并形成无数块理想的耐磨支承点，达到使用中均匀受载磨损保持研具精度之目的。

③ 足够的刚度　在研磨中，如果研具的刚性不足，受力后会产生变形，甚至会发生断裂。从而破坏了研具表面的几何形状精度，满足不了加工精度的要求。为此，需要把握住研具报废的极限尺寸和增强研具的刚性。

④ 合理的形体结构　研具的形体结构应根据不同的研磨工艺条件作合理的确定。在研磨过程中，当被研工件不动（如长工件、重工件），而研具运动时，研具形体结构的确定应在根本刚性的前提下，尽可能考虑到便于夹持，而且应体积小，质量轻，形体结构对称，且

保证运动平稳等特点。当研具不动而被研工件运动时，研具形体结构的确定应保证研具在工件中具有足够的刚性和承载稳定等特点。敷砂研磨中，研具的形体结构可采用工作表面开设沟槽结构，沟槽可作为储藏过剩的磨料，使磨料不至于淤积，影响加工精度，同时也可储藏研磨中产生的切屑，避免划伤工件表面，还有提高切削能力和加工散热等作用。

⑤ 良好的嵌砂性能　根据嵌砂工艺特点，研具所具有的良好的嵌砂性能，不是一般研具所具备的，它是按一定的技术要求特殊加工或经优选得到的。要求研具嵌砂容易，嵌砂牢固及嵌砂均匀，并使之有锋利的切削能力。这种研具的铸造质量较严格，结晶要细密晶粒，组织要均匀，不允许存在缩孔、缩松、气孔、夹砂、砂眼或断裂等铸造缺陷。

⑥ 尺寸稳定不易变形　研具在连续使用和室温不断变化的情况下，应具有尺寸稳定和保持不变形的性能。

(2) 研具的材料

对研具材料的要求有两条：一是要容易嵌入磨粒；二是要能较长久地保持研具的几何形状精度。

为使磨粒能容易嵌入，研具材料应比工件材料软，但也不可太软，否则磨粒会大部或全部嵌没而大大降低或失去切削作用，而且材料过软也会使研具的磨耗增快。为使研具不致因很快磨耗而丧失其几何形状精度，研具材料需具有较好的耐磨性，其组织应均匀。因为组织均匀的材料磨耗也较均匀，有利于保持研具的几何形状精度。

研具的硬度选择特别重要。硬度高会造成磨粒迅速破碎与磨损，甚至有些磨粒被挤入工件材料内，破坏加工表面质量。硬度低会导致磨粒过深地被挤入研具材料中。正确的选择研具硬度，才能使磨粒暂时地被支撑，也能迅速地改变它们的位置，使每颗磨粒都有新的棱角陆续参加切削。

常用研具材料见表 16-1。除表 16-1 中所列研具材料外，还有用淬硬合金钢、钡镁-锡合金、钡镁-铁合金及锡等做研具材料。研磨密封面时，研具材料习惯采用灰铸铁。灰铸铁研具适合研磨各种金属材料的密封面，它能获得较好的研磨质量和较高的生产率。研磨铸铁、铜和奥氏体不锈钢密封面一般采用 120~160HB 的灰铸铁做研具，研磨硬质合金和淬硬钢密封面通常使用 150~190HB 的灰铸铁。常用的灰铸铁牌号为 HT200 及 HT300。

表 16-1　常用的研具材料

材　料	性能与要求	用　途
灰铸铁	120~160HBS,金相组织以铁素体为主,可适当增加珠光体比例,用石墨球化及磷共晶等办法提高使用性能	用于湿式研磨平板
高磷铸铁	160~200HBS,以均匀细小的珠光体(75%~85%)为基体,可提高平板的使用性能	用于干式研磨平板及嵌砂平板
10 号、20 号低碳钢	强度较高	用于铸铁研具强度不足时,如 M5 以下螺纹孔,$d<8$mm 小孔及窄槽等的研磨
黄铜、紫铜	磨粒易嵌入,研磨功效高,但强度低,不能承受过大的压力,耐磨性差,加工表面粗糙度高	用于余量大的工件,粗研及青铜件和小孔研磨
木材	要求木质紧密、细致、纹理平直、无结疤、虫伤	用于研磨铜或其他软金属
沥青	磨粒易嵌入,不能承受大的压力	用于玻璃、水晶、电子元件等的精研与镜面研磨
玻璃	脆性大,一般要求 10mm 厚度,并经 450℃ 退火处理	用于精研,并配用氧化铬研磨膏,可获得良好的研磨效果

(3) 典型研具的设计

① 平面密封面的研具　平面密封面的研具是用灰口铸铁制成，最好采用珠光体铸铁，

使用的牌号有 HT200、HT300 等。一般说来，研具的硬度比研磨件低，以免在较大压力作用下磨粒被嵌入密封面或划伤密封面，研具工作面粗糙度一般为 $Ra6.3\mu m$ 以下。用于夹砂布（纸）的研具，可用钢件制作，其表面粗糙度可高些，但平面度要低，否则，研具把它表面不平整的几何形状传递到砂布（纸）上，影响研磨质量。平面密封面的常用研具见图 16-1。

图 16-1（a）为小平板研具，适用于公称尺寸 $DN100$ 及以下的密封面的研磨，平板上下两个端面一面用于粗研，另一面用于精研，也可夹持砂布进行干研。

图 16-1（b）为大平板研具，适于公称尺寸 $DN100$ 以上的密封面的研磨，平板研具研磨的口径大，用两只螺栓连接大平板的导向块，可避免大平板和导向块松脱，有利于夹紧砂布（纸）。导向块与大平板接触处，导向块上有一凹槽，可避免因磨粒积集而影响研磨质量。大平板和导向块中心有一孔，该孔可圆可方，用来连接研磨轴或万向节用。为了减少大平板与密封面之间的接触面积，可在大平板上加工成辐射形沟槽，以利于储存研磨剂，适于粗研。也可在大平板上成辐射条状粘贴油石条，用柴油等油品冷却工件，获得较高的粗糙度精度。

图 16-1（c）为漏斗形研具，它是由上述两种平板研具改进而成，平板上端面，加工成锥形的漏斗，装研磨剂之用，研磨剂通过漏斗底部 2～4 个孔通到下端面。

图 16-1（d）为圆柱体研具，它适用于研磨 $DN50$ 以下的阀门。把圆柱体加工成适当的直径，放入阀体内与内壁保持 0.1～0.2mm 间隙，作导向用。但要求阀体内壁光滑，无台阶。

图 16-1（e）为筒形研具，这种研具适用于研磨较小的阀门，也可研磨带有凸台的阀瓣，内外筒互为导向筒和研具，筒腰钻有孔，用销轴连接，销轴再与研磨杆连接。

图 16-1（f）为凹形研具，主要用来研磨带有凸台的阀瓣，也可以用来研磨一般平面密封面。

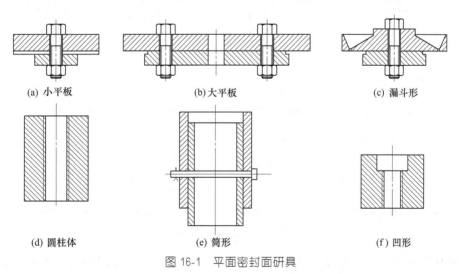

(a) 小平板	(b) 大平板	(c) 漏斗形
(d) 圆柱体	(e) 筒形	(f) 凹形

图 16-1　平面密封面研具

在平面研磨中，也常用砂轮作研具（图 16-2）。用于精研的砂轮，应先用金刚石修整一次，再用粒度细的油石修光，提高砂轮微观平整度。

研具、导向器和密封圈的配合，应满足下式

$$D-d\geqslant d_1-D_1$$

式中　D——研具外径，mm；

　　　D_1——导向器外径，mm；

　　　d——封面外径，mm；

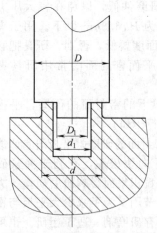

图 16-2　研具与密封圈的配合

d_1——密封面内径，mm。

只要研具、导向器和密封圈三者直径符合上述关系式，在研磨过程中，研具始终盖住密封面，使密封面受到均匀的研磨。导向器与被研密封圈的径向间隙一般为 0.1～1mm，在不影响研磨质量的前提下，如研具不与其他部位接触碰撞的话，导向器与被研密封圈的径向间隙可大些。导向器与被研磨密封圈径向间隙应大于研磨轴（杆）的偏心量，否则，导向器撞击密封圈，影响研磨。研磨启闭件密封面一般不用导向器，但要求研具直径要大些。

② 锥面密封面的研具　锥面密封面的研具分为金属锥面研具、砂布（纸）锥面研具、磨具锥面研具、挤研具和刮研具等。

a. 金属锥面研具（图 16-3）制作材料通常用铸铁，表面粗糙度一般为 $Ra6.3\mu m$ 以下，粗研具，其粗糙度精度可低些，精研具的粗糙度精度要求高些。为了提高锥面研具的利用率，研具可制成像图 16-3 (f) 那样，一具两用，在研具正反面制成不同锥度或不同用途的研磨锥面。

b. 砂布（纸）锥面研具（图 16-4）有夹持式和粘贴式 2 种。夹持式锥面研具 ［图 16-4 (a)］ 是用砂布（纸）剪成十字形状，然后夹持在锥面工具上，靠砂布（纸）研磨锥面阀座密封面。粘贴式锥面研具 ［图 16-4 (b)］ 是用砂布（纸）剪成一定形状，用胶粘剂或其他粘接物把砂布（纸）粘贴在锥面研具上，粘贴时接头要对接，不能搭接。然后，用相同角度的凹凸研具叠合相压，待胶液干后，清除残存胶液。

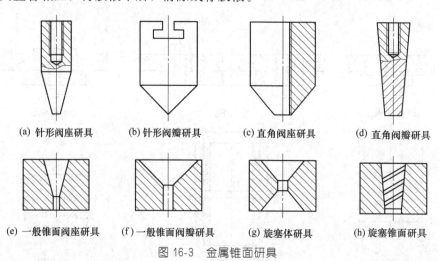

(a) 针形阀座研具　(b) 针形阀瓣研具　(c) 直角阀座研具　(d) 直角阀瓣研具

(e) 一般锥面阀座研具　(f) 一般锥面阀瓣研具　(g) 旋塞体研具　(h) 旋塞锥面研具

图 16-3　金属锥面研具

c. 磨具锥面研具，可购置，也可自制。自制时选择适当粒度的磨料，用环氧树脂等胶黏剂作结合剂，然后按一定比例调合，搅拌均匀。预制前在模具上涂上脱模剂以利研具脱出。精度要求高的，应用金刚石进行修整。

d. 挤研具。它是用硬质合金棒钎焊在锥面研具的锥面上，或在锥面上镶一整块硬质合金，或用淬硬钢淬硬，然后磨削而成，如图 16-5 所示。这种工具锥面硬度高、精度高、粗糙度精度高并有准确的导向，把损坏的、粗制的阀座密封面挤压或敲击成符合技术要求的锥面密封面。挤研在钻床上进行时，工件要夹紧，钻床主轴、挤研具和工件三者同轴度要高，转速要快，这种工具效率很高，一般适用于公称尺寸 $DN20$ 以内的锥密封面。

e. 刮研具。用红丹等显示剂涂在锥面密封面上，然后用标准研具与之相磨显点，进行刮研。刮研工具可用三角刮刀，或用废锯条磨成各种形状的刮刀。

③ 圆柱体密封面的研具 圆柱体密封面除用砂布、油石进行简单研磨加工外，通常用研磨工具进行加工。

a. 外圆柱密封面研具（图 16-6）有微调式和调节式 2 种。微调式外圆柱密封面研具 [图 16-6（a）] 是靠两只调节螺钉调节松紧程度，补偿研磨环磨损后产生的间隙，一般研磨环比工件略大 0.03～0.06mm。研磨环与工件的间隙，以调节到手感不吃力为适。研磨环的长度为内孔直径的 1～2 倍。该研磨具适于研磨直径较小的工件。调节式外圆柱密封面研具 [图 16-6（b）] 调节性能比微调式好，适于研磨较大直径的工件。

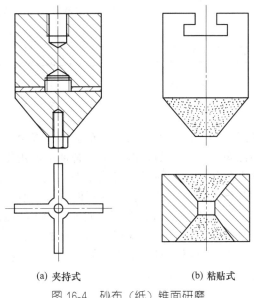

(a) 夹持式　　　　(b) 粘贴式

图 16-4　砂布（纸）锥面研磨

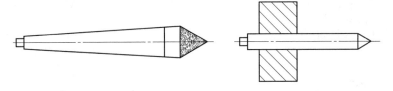

图 16-5　挤研具

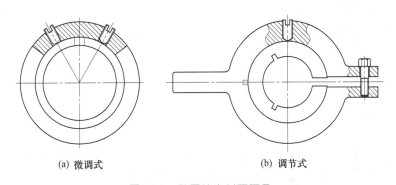

(a) 微调式　　　　　　　(b) 调节式

图 16-6　外圆柱密封面研具

b. 内圆柱密封面研具（图 16-7）有固定式、微调式和调节式 3 种，其外径一般比工件内径小 0.01～0.03mm。固定式内圆柱研具 [图 16-7（a）] 是一个圆柱体，上面设有环形槽，以此储存研磨剂，这种研具简单，需要备用几根不同直径的研具，以供粗研和精研之用。该研具磨损后不能再用。微调式内圆柱研具 [图 16-7（b）] 靠调节棒楔入研磨套内来调节研磨套直径。调节式内圆柱研具 [图 16-7（c）] 靠调节螺母拧在调节棒两头，调节研磨套的直径实现研磨。调节式内圆柱密封面研具结构较复杂，但调节的范围和效果比微调式内圆柱研具要好。

④ 圆弧密封面的研具 圆弧密封面的研具（图 16-8）由铸铁和钢制成，车制时按阀座

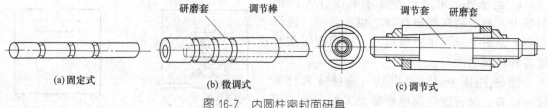

(a) 固定式 (b) 微调式 (c) 调节式

图 16-7　内圆柱密封面研具

密封面圆弧形状进行加工，车加工过程中，采用圆弧样板工具检查。研磨时，圆弧密封面均匀涂敷一层研磨剂，但使用研磨剂不适用于巴氏合金，因为巴氏合金比研具软，磨粒容易嵌入密封面。钢制圆弧密封面研具，可在圆弧槽两边加工成刃口，粗糙度不高于 $Ra3.2\mu m$，用刮研的方法对巴氏合金密封面进行研磨。

　　⑤ 球形密封面的研具　球形密封面的研具（图 16-9）由铸铁制成，弧形面是用特制的工具和刀具在车床或铣床上加工而成的，球面粗糙度在 $Ra6.3\mu m$ 以下。球形面应小于半球面，以利研磨，使用省力，但不宜研磨塑料球形密封面。研磨球形密封面与锥形密封面不一样，不需导向器。

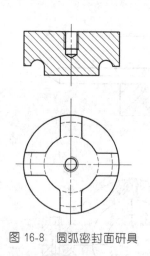

图 16-8　圆弧密封面研具

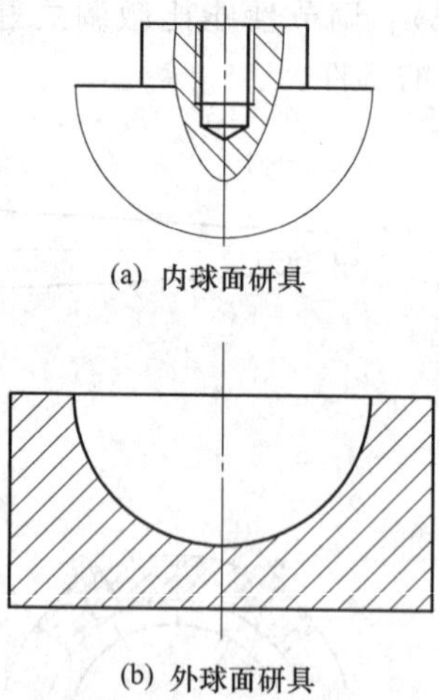

(a) 内球面研具

(b) 外球面研具

图 16-9　球形密封面研具

（4）研具的加工和修理

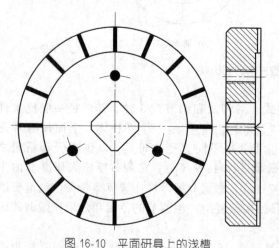

图 16-10　平面研具上的浅槽

　　灰铸铁研具的另一个优点是容易制造。研磨密封平面的研具可采用磨削或刮研的方法来进行精加工，研磨圆锥密封面的研具可用精车或磨削来精加工。研具精加工后还要在标准平板或锥套等工具上进行研磨，以提高研具工作表面的几何形状精度。研具的结构要求合理，应考虑排屑、储存多余磨料及散热等问题。研具的工作表面上一般开有浅槽。研磨时浅槽内可容纳过多的研磨剂，当研磨剂稀少时，槽内的研磨剂能自动添加在研磨面上，从而提高了研磨效率。浅槽的尺寸通常为 $2mm×1.5mm$（宽×深），在平面研具上可布置成辐条状（图 16-10），圆柱或圆锥形研具则制成螺旋槽。必须指出，对于表面粗糙度要求极高的工件，研具不宜开槽，否则，研磨中可能出现轻微的划痕而影响质量。

研具的表面应光整，无裂纹、斑点等缺陷，由于研具不可能磨耗得完全均匀，使用时将不可避免地逐渐产生几何形状误差，从而影响工件的几何形状精度，故研具应经常进行修整。研具修整时通常是在专用工具（平板或锥套）上配研。研具磨耗得特别严重时，可重新磨削或刮研，然后再进行配研。

(5) 研磨用万向节

在研磨密封件时，研磨轴、研磨器具和被研磨的密封面不可能三者完全达到同轴，为克服不同轴影响研磨精度，在研磨中常采用万向节以提高三者的同轴度。常用的万向节有脱离式、铰链式、球面式、弹簧式和波纹管式等形式。

① 脱离式万向节　脱离式万向节（图 16-11）有起子式和叉子式 2 种。起子式万向节 [图 16-11 (a)] 的结构像起子（螺丝刀）在取螺钉，适于小口径阀门的研磨。叉子式万向节 [图 16-11 (b)] 的手柄端部加工成一个开口，形状像一个叉子，叉子卡在研具上，适于 $DN100$ 口径以下的阀门的研磨。

② 铰链式万向节　铰链式万向节（图 16-12）有单铰链式、双铰链式和锥孔铰链式 3 种。单铰链式 [图 16-12 (a)] 万向节调向性能差。双铰链式 [图 16-12 (b)] 万向节调向性能好，使用较多。锥孔铰链式 [图 16-12 (c)] 万向节零件比双铰链式少，性能与其相似。

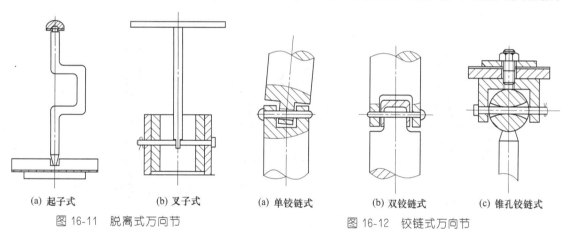

| (a) 起子式 | (b) 叉子式 | (a) 单铰链式 | (b) 双铰链式 | (c) 锥孔铰链式 |

图 16-11　脱离式万向节　　　　　　　图 16-12　铰链式万向节

③ 球面式万向节　球面式万向节（图 16-13）有内销式和外销式 2 种。内销式 [图 16-13 (a)] 球面万向节的圆柱体上端面加工成三齿形的凹槽，研磨轴端面加工成球面并带有凸缘，放入凹槽体中，当研磨轴转动时，研磨器具随轴转动并形成网状络纹的研磨轨迹。外销式 [图 16-13 (b)] 球面万向节的圆柱体上端面加工成圆形凹槽并在上端面开有一定深度的对称缺口，研磨轴端面加工成球面，在球面附近配有销轴与圆柱体的缺口相配合，在制作时，注意销轴与缺口相配合时的深度，以保证研磨轴球面与圆柱体的凹槽面接触。

④ 弹簧式万向节　弹簧式万向节（图 16-14）的基本形式有压簧式、盘簧式和柔轴式 3 种。弹簧式万向节的弹簧选用要适当，太粗时调向性差，太细时变形大，带不动研磨器具。弹簧粗细的选择，视密封圈大小而定，一般 $\phi 1.5 \sim 4\text{mm}$。弹簧式万向节调节性能好。

⑤ 波纹管式万向节　波纹管式万向节（图 16-15）是利用波纹管的弹簧特性，一般用旧波纹管改制而成。也可用 12Cr18Ni9 不锈钢皮加工而成。它具有良好的弹性和较好的万向调节性能。

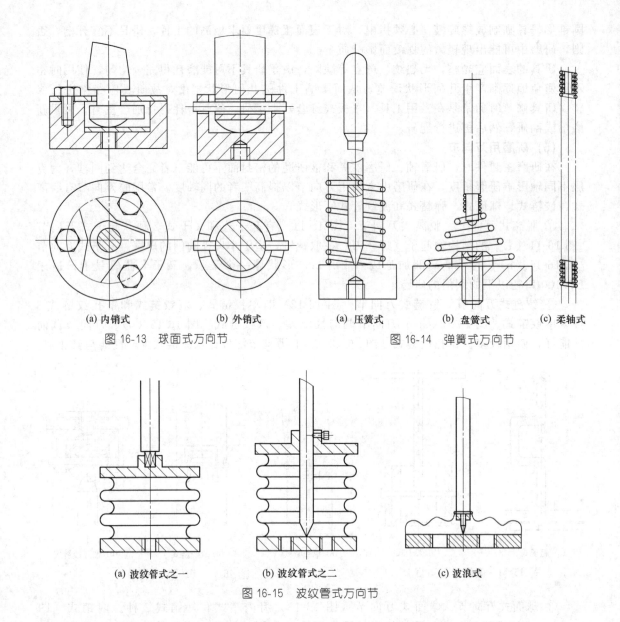

(a) 内销式　　　　　(b) 外销式

图 16-13　球面式万向节

(a) 压簧式　　　　(b) 盘簧式　　(c) 柔轴式

图 16-14　弹簧式万向节

(a) 波纹管式之一　　　　(b) 波纹管式之二　　　　(c) 波浪式

图 16-15　波纹管式万向节

16.1.3　研磨剂

研磨剂是由磨料和研磨液组成的一种混合剂。正确选用研磨剂可提高研磨的效率与质量。

(1) 磨料

常用磨料有下列几种。

① 氧化铝 Al_2O_3　又称刚玉，有人造及天然两种。颜色有棕、白及浅紫等。氧化铝硬度较高，价格便宜，使用很普遍。一般用来研磨铸铁、铜、钢及不锈钢等材料的工件。

② 碳化硅 SiC　硬度比氧化铝高，有绿色及黑色两种。绿色碳化硅适用于研磨硬质合金；黑色碳化硅用于研磨脆性材料及软材料的工件，如铸铁、黄铜等。碳化硅的应用也很广泛。

③ 碳化硼 B_4C　黑色，硬度仅次于金刚石粉末，比碳化硅硬。主要用来代替金刚石粉末研磨硬质合金，也用它研磨镀硬铬的表面。因价格较贵而应用不广。

④ 氧化铬 Cr_2O_3　深绿色，是一种硬度高和极细的磨料。淬硬钢精研时常常使用氧化铬，一般也用它来抛光。

⑤ 氧化铁 Fe_2O_3　深红色，是一种极细的磨料，但硬度及研磨效果均较氧化铬差，用途与氧化铬相同。

⑥ 金刚石粉末　即结晶碳 C，灰色或淡黄色。它是最硬的磨料，切削性能较好，特别适用于研磨硬质合金，但因价格昂贵而很少使用。

研具的磨料按硬度可分为硬磨料和软磨料两类。常用磨料的分类及应用范围见表 16-2。

(2) 研磨粒度的选择

磨料的颗粒尺寸的大小称为粒度，磨料粒度的粗细对研磨效率及研后表面粗糙度有显著的影响。粗研时，工件表面粗糙度精度要求不高，为提高研磨效率宜选用粗粒度的磨料；精研时研磨余量小，工件表面粗糙度精度要求高，可采用细粒度的磨料。磨料粒度的选择见表 16-3。

表 16-2　磨料的系列及用途

系列	磨料名称	代号	特　性	应用范围
氧化铝系	棕刚玉	A	棕褐色,硬度较高,韧性好,价格低	适于粗研铸铁、青铜、钢及不锈钢等(要求不高时也可作精研用)
	白刚玉	WA	白色,硬度较棕刚玉高,韧性较差	
	单晶刚玉	SA	浅黄色或白色,颗粒呈球状,硬度和韧性均较白刚玉高	
	铬刚玉	PA	玫瑰红或紫红色,韧性比白刚玉好,磨削表面质量好	
碳化物系	黑碳化硅	C	黑色有光泽,硬度比白刚玉高,韧性较差,导热性良好	适于研磨铸铁、黄铜、青铜
	绿碳化硅	GC	绿色,硬度仅次于碳化硼和金刚石,具有良好的导热性	适于研磨硬质合金
	碳化硼	BC	黑色,硬度仅次于金刚石,耐磨性好,价格贵,可部分代替金刚石	适于研磨硬质合金及镀硬铬表面
金刚石系	人造金刚石	JR	无色透明或浅黄色、黄绿色或黑色,硬度高,比天然金刚石脆,表面粗糙	适于研磨硬质合金、人造宝石、半导体等高硬材料
	天然金刚石	JT	灰、浅黄色,硬度最高,价格昂贵	
软磨料	氧化铬		深绿色,硬度较高	适于钢、不锈钢、玻璃的精研及抛光
	氧化铁		红色至暗红色,较氧化铬软	
	氧化铈		氧化铈的研磨、抛光效率是氧化铁的 1.5~2 倍	

表 16-3　磨料粒度的选择

微粉粒度	适用范围			能达到的表面粗糙度 $Ra/\mu m$
	连续施加磨粒	嵌砂研磨	涂敷研磨	
F400	√		√	0.63~0.32
F600	√		√	0.32~0.16
	√		√	
F1000			√	0.16~0.08
		√	√	
F1200		√	√	0.08~0.04
F1200 以下		√	√	0.04~0.02
		√		
F1200 以下		√	√	0.02~0.01
		√		
F1200 以下	√		√	<0.01

(3) 研磨液

研磨液是用来调和磨料的，在研磨过程中起润滑和冷却的作用，使研磨轻快并降低研磨时的切削热，故对研磨的效率和质量有显著的影响。有的研磨液（如氧化作用较强的硬脂酸、油酸、工业甘油等）还起化学作用，它附着于工件表面并使被加工表面很快地形成一层氧化膜。研磨时，工件凸起处的氧化膜首先被磨去，而露出的金属表面又再被氧化，新形成的氧化膜极易再次被磨去。如此继续下去，凸峰就逐渐地被磨平。工件表面凹处的氧化膜由于没有被磨掉而防止了凹处金属被继续氧化。研磨液的这种化学作用，提高了研磨效率。常用研磨液见表16-4。

(4) 研磨剂的配制

研磨剂常配制成液态研磨剂、研磨膏和固体研磨剂3种。

① 液态研磨剂　湿研磨采用的液态研磨剂用煤油、混合脂、微粉配制，其常用配方见表16-5。干研磨时压砂也应采用研磨剂，其常用配方见表16-6。

表 16-4　常用研磨液

工件材料		研 磨 液
钢	粗研	煤油3份，L-AN10全损耗系统用油1份，透平油或锭子油(少量)，轻质矿物油(适量)
	精研	L-AN10全损耗系统用油
铸铁		煤油
铜		动物油(熟猪油与磨料拌成糊状后加30倍煤油)、锭子油(少量)、植物油(适量)
淬火钢、不锈钢		植物油、透平油或乳化液
硬质合金		航空汽油
金刚石		橄榄油、圆度仪油或蒸馏水
金、银、白金		酒精或氨水
玻璃、水晶		水

② 研磨膏　常用研磨膏有刚玉类研磨膏，主要用于钢铁件研磨；碳化硅、碳化硼类研磨膏，主要用于硬质合金、玻璃、陶瓷和半导体等研磨；氧化铬类研磨膏，主要用于精细抛光或非金属材料的研磨；金刚石类研磨膏，主要用于硬质合金等高硬度材料的研磨。常用研磨膏成分及用途见表16-7～表16-9。

表 16-5　常用液态研磨剂

配　方		调　法	用　途
金刚砂	2～3g	先将硬脂酸和航空油在清洁的瓶中混合，然后放入金刚砂摇晃至乳白状而金刚砂不易沉下为止，最后滴入煤油	研磨各种硬质合金刀具
硬脂酸	2～2.5g		
航空汽油	80～100g		
煤油	数滴		
白刚玉(F1000)	16g	先将硬脂酸与蜂蜡溶解，冷却后加入航空汽油搅拌，然后用双层纱布过滤，最后加入磨料和煤油	精研磨高速钢刀具及一般钢材
硬脂酸	8g		
蜂蜡	1g		
航空汽油	80g		
煤油	95g		

③ 固体研磨剂　固体研磨剂一般为降低工件表面粗糙度参数做光泽研磨用，其配方见表16-10。

表 16-6　压砂用研磨剂配方

序号	成　分		备　注
1	白刚玉(F1200)	15g	使用时不加任何辅料
	硬脂酸混合脂	8g	
	航空汽油	200mL	
	煤油	35mL	
2	白刚玉(F1200以下)	25g	使用时，平板表面涂以少量硬脂酸混合脂，并加数滴煤油
	硬脂酸混合脂	0.5g	
	航空汽油	200mL	

序号	成 分		备 注
3	白刚玉 硬脂酸混合脂 航空汽油及煤油配成	50g 4~5g 500mL	航空汽油与煤油的比例取决于磨料的粒度： F1200 以下，汽油 9 份 煤油 1 份 F1200，汽油 7 份，煤油 3 份
4	刚玉（F1000~F1200）适量，煤油 6~20 滴，直接放在 平板上用氧化铬研磨膏调成稀糊状		

表 16-7 刚玉研磨膏成分及用途

粒度号	成分及比例(wt,%)				用 途
	微粉	混合脂	油酸	其他	
F600	52	26	20	硫化油 2 或煤油少许	粗研
F800	46	28	26	煤油少许	半精研及研狭长表面
F1000	42	30	28	煤油少许	半精研
F1200	41	31	28	煤油少许	精研及研端面
F1200 以下	40	32	28	煤油少许	精研
F1200 以下	40	26	26	凡士林 8	精细研
F1200 以下	25	35	30	凡士林 10	精细研及抛光

表 16-8 碳化硅、碳化硼研磨膏成分及用途

研磨膏名称	成分及比例(wt,%)	用 途
碳化硅	碳化硅(F240~F320)83、凡士林 17	粗研
碳化硼	碳化硼(F600)65、石蜡 35	半精研
混合研磨膏	碳化硼(F600)35、白刚玉(F600~F1000)与混合脂 15、油酸 35	半精研
碳化硼	碳化硼(F1200 以下)76、石蜡 12、羊油 10、松节油 2	精细研

表 16-9 人造金刚石研磨膏

规格	颜色	加工表面粗糙度 Ra/μm	规格	颜色	加工表面粗糙度 Ra/μm
F800	青莲	0.16~0.32	F1200 以下	橘红	0.02~0.04
F1000	蓝	0.08~0.32	F1200 以下	天蓝	0.01~0.02
F1200	玫红	0.08~0.16	F1200 以下	棕	0.008~0.012
F1200 以下	橘黄	0.04~0.08	F1200 以下	中蓝	≤0.01
F1200 以下	草绿	0.04~0.08			

表 16-10 固体研磨剂的配方　　　　单位：%（质量分数）

氧化铬	石蜡	蜂蜡	硬脂酸混合脂	煤油
57	21.5	3.5	11	7

16.1.4 阀门密封面的手工研磨

在一些阀门厂和阀门维修部门，习惯用手工研磨阀门密封面。手工研磨只使用简单的研磨工具而不需复杂的研磨设备，但这是一种费力的工作，生产效率很低，研磨质量主要依靠工人的技术水平保证，因此研磨质量往往不够稳定。

手工研磨时一般均采用湿研磨。在湿研磨的过程中要经常添加稀薄的研磨剂，以便把磨钝了的磨粒从工作面上冲去，并不断地加入新的磨粒，从而得到较高的研磨效率。对于几何形状精度和粗糙度精度要求特别高的密封面，有时也使用在研具粘上 180″、240″、320″不干胶砂纸对密封面进行干研磨，选用 W28、W24、W10 不干胶砂纸抛光。视具体条件，也可两者兼用。

(1) 手工研磨过程
手工研磨过程包括准备过程、清洗和检查过程、研磨过程及检验过程。

① 准备过程　准备研磨用的物料，选好研磨用具，备好研磨密封面用的检验工具等。常用物料有砂布、砂纸、研磨剂、稀释液以及检验的红丹、铅笔等。研磨用具有研具导向器、万向节和手柄等，检验密封面用的工具主要是标准平板、平晶刀口尺和粗糙度样块等工具，研具在使用前应进行检验。

② 清洗和检查过程　清洗密封面小零件一般在油盘内进行，清洗剂一般用汽油或煤油，没有条件时使用柴油也行。洗净后，再用棉花蘸丙酮清洗密封面，检查密封面损坏情况，用肉眼难以确定的微细裂纹，可用着色探伤法进行检查。还应检查密封面密合情况，检查一般用红丹和铅笔。用红丹试红，检查密封面印影，以确定密封面密合情况；或用铅笔在阀座和阀瓣密封面上划几道同心圆，然后将其密合旋转，检查铅笔圆圈擦掉情况，确定密封面密合情况。如密封面密合不好，可用标准平板分别检验阀瓣和阀座密封面，确定研磨部位。

③ 研磨过程　研磨过程分为粗研、精研和抛光等。

粗研是为了消除密封面上的擦伤、压痕、蚀点等缺陷，提高密封面几何形状精度和粗糙度精度，为密封面精研打下基础。粗研采用粗粒砂布（纸）或粗粒研磨剂，其粒度为 $80^\# \sim 280^\#$。粒度粗，切削量大，效率高，但切削纹路较深，密封面表面较为粗糙，需要精研。

精研是为了消除密封面上的粗纹路，进一步提高密封面的几何形状精度和粗糙度精度，采用细粒砂布（纸）或细粒研磨剂，其粒度为 $280^\# \sim W5$，粒度细，切削量小，有利于降低粗糙度参数。精研要更换几何形状精度高、粗糙度参数低的研具，研具应用棉花蘸丙酮清洗干净。对一般阀门而言，精研能达到最终的技术要求，但对粗糙度参数要求低的阀门，需要进行抛光。

抛光的目的，主要降低密封面的粗糙度参数，一般用于粗糙度在 $Ra0.2\mu m$ 以下的密封面，用氧化铬等极细的抛光剂涂在羊毛毡上进行抛光，也可用 W5 或更细的微粉与机油、煤油等稀释后，加入密封体中短时间对研两密封面，提高两密封面密合度。

手工研磨不管粗研还是精研，整个过程始终贯穿提起、放下、旋转、往复、轻敲、换向等操作相结合的研磨过程。其目的是为了避免磨粒轨迹重复，使密封面得到均匀的磨削，提高密封面的几何形状精度，降低粗糙度参数。

④ 检验过程　在研磨过程中贯穿着检验过程，其目的是为了随时掌握研磨情况，做到心中有数，使研磨质量达到技术要求。

(2) 研磨过程中的注意事项

① 清洁工作是研磨中很重要的环节。应做到"三不落地"（即被研件不落地、工具不落地、物料不落地）、"三不见天"〔即显示剂用后上盖、研磨剂用后上盖、稀释剂（液）用后上盖〕和"三干净"（即研具用前要清洗干净、密封面要清洗干净、更换研磨剂时研具和密封面要清洗干净）。

② 研具使用后，应进行一次检查，对平面度不高的平面要修理好，并应清洗干净，保持完整，要分门别类地把研磨工具摆放在工具箱内，以便以后使用。

③ 研磨中应注意检查研具不与密封面外任何疤点台肩相摩擦，使研具运动平稳，保证研磨质量。

④ 经过渗氮、渗硼等表面处理的密封面，研磨时要小心谨慎，因为渗透层的硬度随着研磨量增大而明显下降，研磨时磨削量应尽量小，研具最好进行抛光使用，最多精研后使用，如达不到要求，就将残存的渗透层磨掉，重新渗透处理，恢复原有密封面的性能。

⑤ 刀型密封面一般宽度为 $0.5 \sim 0.8mm$，接近线密封。研磨后，密封面会变宽，应注意恢复刀型密封面原有的尺寸，可用车削或研磨刀型密封面两斜面的方法恢复宽度尺寸。

⑥ 用于深冷的阀门密封面要经过深冷定型处理后再研磨，否则，研磨好的密封面接触深冷介质就会变形。深冷处理可在液氮中进行。

（3）平面密封面的研磨

平面密封面因其便于制造和维修而成为阀门中应用最广的一种密封面。闸阀、止回阀和截止阀等普遍采用平面密封。平面密封副是由阀体（或阀座）的环状平面与闸板（或阀瓣）的环状平面组成。这两个密封平面应精细加工和研磨，当其紧密接触时吻合度应不小于80%（低压阀门为60%～70%），表面粗糙度不得大于$Ra0.4\mu m$（低压阀门表面粗糙度不得大于$Ra1.6\mu m$），并不得出现刀痕或划伤等缺陷。

为保证密封平面的上述技术要求，对于经过精磨的阀座和闸板（或阀瓣）密封面可直接进行精研，对只经过精车的阀体和闸板（或阀瓣）密封面，精研前还应进行粗研，以去掉较大的研磨余量。

① 阀体密封平面的研磨　阀体密封平面位于阀体内腔，研磨比较困难。通常使用带方孔的圆盘状研具，放在内腔的密封面上，再用带方头的长把手柄来带动研盘作研磨运动。研盘上有圆柱凸台或引导垫片，以防止在研磨过程中研具局部离开环状密封面而造成研磨不匀的现象。图16-16为闸阀、截止阀阀体手工研磨的示意图。

研磨前应将研具工作面用煤油或汽油擦净，并去除阀体密封面上的飞边、毛刺，然后在密封面上涂敷一层研磨剂。研具放入阀体内腔时，要仔细地贴合在密封面上，然后采用长把手柄使研盘作正、反方向的回转运动。先顺时针回转180°，再反时针回转90°，如此反复地进行。一般回转10余次后研磨剂中的磨粒便已磨钝，故应经常抬起研盘添加新的研磨剂。

研磨的压力要均匀，且不宜过大。粗研时压力可大些，精研时应较小。应注意不要因施加压力而使研具局部脱开密封平面。

研磨一段时间后，要检查工件的平面度。此时可将研具取出，用煤油或汽油将密封面擦净，再将圆盘形的检验平盘轻放在密封面上并用手轻轻旋动，取出平盘后就可观察到密封面上出现的接触痕迹。当环状密封面上均匀地显示出接触痕迹，而径向最小接触宽度与密封面宽度之比（即密封面与检验平盘的吻合度）达到工艺上规定的数值时，平面度就可认为合格。为了保证检验的准确性，检验平盘应经常检查、修整。

② 闸板、阀瓣密封平面的研磨　闸板、阀瓣和阀座的密封平面可使用研磨平板进行手工研磨。工作前先在干净的平板上均匀地涂上一层研磨剂，再将工件贴合在平板上，然后用手一边旋转一边作直线运动（图16-17）或作8字形运动。由于研磨运动方向的不断变化，使磨粒不断地在新的方向起磨削作用，故可提高研磨效率。

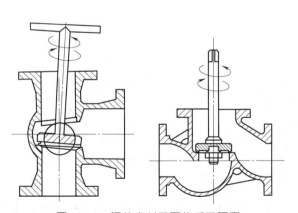

图16-16　阀体密封平面的手工研磨

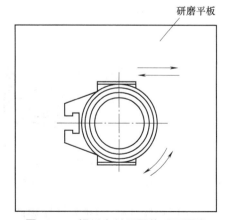

图16-17　闸板密封平面的手工研磨

为了避免研磨平板的磨耗不均，不要总是在平板的中部研磨，而应在平板的全部表面上不断变换部位，否则研磨平板将很快失去平面精度。

闸板及有些阀座呈楔状，密封平面圆周上的重量不均，厚薄不一致容易产生偏磨现象，厚的一头容易多磨，薄的一头会少磨。所以，在研磨楔式闸板密封面时，应附加一个平衡力，研磨时应在其薄端（又称"小头"）加稍大压力，使环状密封平面上的压力均匀，使楔式闸板密封面均匀磨削，以避免引起工件楔角的改变，图16-18为楔式闸板密封面的整体研磨方法。但在修配闸板时，常常人为地使研磨压力不均，以轻微改变闸板的楔角来满足与阀体密封面装配的要求。

阀座密封面的研磨通常采用整体研磨方法，这是因为阀座用局研方法不方便的缘故。闸板密封面通常采用局部研磨的方法来消除密封面上的局部凸起以及纠正两密封面楔角不正的现象，修理时，一般不考虑阀座密封面楔式夹角是否符合要求，先将阀座密封面整体研磨合格，以阀座密封面为基准，再对楔式闸板密封面进行丹红检查，发现密合不好的，进行局部研磨，直至闸板与阀座密封面密合合格为止。

平面密封面的局部研磨方法较多，见图16-19。

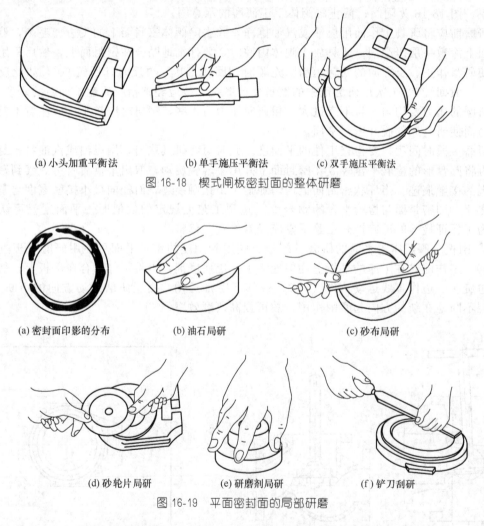

(a) 小头加重平衡法　　　(b) 单手施压平衡法　　　(c) 双手施压平衡法

图 16-18　楔式闸板密封面的整体研磨

(a) 密封面印影的分布　　　(b) 油石局研　　　(c) 砂布局研

(d) 砂轮片局研　　　(e) 研磨剂局研　　　(f) 铲刀刮研

图 16-19　平面密封面的局部研磨

图16-19（a）为密封面印影的分布情况，密封面上的缺陷是通过标准平板或标准研具涂红丹正确地反映出来的，左上角白亮点凸出，只要把左上角白亮点局部研磨掉，其密封面平面度将大为提高。

图16-19（b）是用油石局研的方法。选用长方形油石在局研部位上作左右摆动或作弧

形往复运动，直到研磨出较理想的密封面为止。用油石研磨时，应加上一些机油或油酸等，以利于提高研磨质量。

图 16-19（c）是用砂布（纸）局研的方法，用作研具的长板，下面垫上砂布或砂纸，长板一端用拇指压在密封面上，中间夹垫着一层布或纸作为定点，另一端用拇指压着砂布或砂纸，并用食指夹持着，研磨时手指左右摆动。

图 16-19（d）是用砂轮片局部研磨的方法，用砂轮片进行局研，效率较高，适于较大局研部位。

图 16-19（e）是用研磨剂的方法，将阀瓣涂上研磨剂平放在研磨平板上，用食指着力压在局研位置上，由于研磨体上施加的压力不同，其磨削量不一样，局研位置施压大些磨削快些，且局研部位过渡线自然。

图 16-19（f）是用铲刀刮研方法，用红丹或蓝丹等显示剂涂在密封面上，使密封体密合，产生印影后，根据印影分布情况，用铲刀刮研密封面上的高点处，保留低点处，经多次刮研，使密封面得到应有的平面度和粗糙度。

局部研磨一般为粗研，在局研后，进行整体精研和抛光。

节流阀阀瓣研磨时可使用带孔的环状圆盘研具，它的研磨方法与阀体密封面基本相同。

（4）锥形密封面的研磨

锥形密封面的制造和修理比较困难，但因锥面形成的密封力较大，密封性能也较好，故在高压小口径的截止阀中被广泛采用，此外，旋塞阀及蝶阀也普遍采用锥面密封。

研磨锥形密封面时，先在擦净了的研具上均匀地涂上一层研磨剂，轻放在工件表面上，然后用手加压并旋转研具，旋转 3～4 周后，可将研具拔出一些改变圆周位置后再进行研磨。在研磨过程中应经常添加研磨剂。

研磨锥形密封面需使用带有锥度的研杆或研套。研杆与研套的锥度应分别与阀体密封面或阀瓣密封面的锥度相一致。锥形研具与锥面密封面相对位置不允许作水平面移动，两者的同轴度要求高，只能通过沿公共轴线旋转和上下移动，来达到理想的几何形状精度和粗糙度精度。

为了提高阀瓣锥形密封面的研磨质量，应采用一些技术措施和方法。

① 为了提高阀瓣锥形密封面与研具的同轴度，应用一套导向工具。导向工具有固定式和调节式。

② 为了研磨的方便，对阀瓣与阀杆连接处难拆卸的，应进行固定。固定方法如图 16-20 所示。

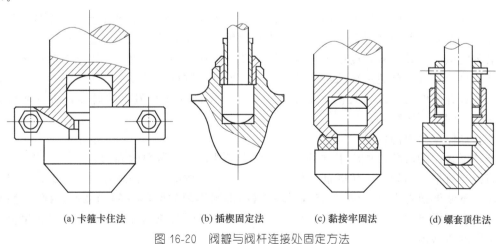

(a) 卡箍卡住法　　　(b) 插楔固定法　　　(c) 黏接牢固法　　　(d) 螺套顶住法

图 16-20　阀瓣与阀杆连接处固定方法

图 16-20（a）为卡箍卡住法。用两半圆并带内斜面的卡箍，卡住在阀瓣与阀杆连接处，用螺丝拧紧，阀瓣与阀杆应同心，不能相互歪斜。

图 16-20（b）为插楔固定法。用 2～3 块楔片，对称插入连接处间隙中，固定阀瓣与阀杆，并使两者同心。楔片的材料硬度应低于阀杆表面硬度。

图 16-20（c）为黏接牢固法。用沥青、水玻璃或胶黏剂等物，视情况添加一定的填充物，将阀瓣与阀杆连接处黏牢，并使两者同心。研磨完毕后，用热水洗掉胶黏剂，连接处应清洗干净，并在连接处涂以少量润滑脂或石墨粉。

图 16-20（d）为螺套顶住法。用螺套顶住工具，其结构是由一对螺纹连接的空心套组成。内螺套上有紧固螺钉，用以固定在阀杆上，紧固螺钉的硬度应比阀杆低，外螺套能在内螺套上旋转顶住阀瓣。采用螺套顶住法，阀瓣与阀杆的同轴度较高。

③ 为了提高阀瓣锥形密封面的几何形状精度和粗糙度质量，要注意研磨方法，研磨时，锥面研具水平放置，均匀地涂上一层研磨剂或粘贴一层砂布（纸），阀瓣垂直放入研具中，为了保证其同轴度，最好使用导向工具。阀瓣插入锥面研具后，作径向往复旋转，动作一次转过一个角度，这样旋转 4～5 次后，将阀瓣微提起一下，调换阀瓣旋转的方向后再进行研磨，经多次研磨，直至阀瓣研磨质量合乎要求为止。在整个研磨过程中，要注意粗研和精研的区别，随着缺陷的逐渐消失，应换用磨粒更细的研磨剂或砂布（纸）。精研时，还应换用精度较高的研具。

研磨截止阀阀体时，由于密封锥面太窄，稳定性差，故通常在阀体中法兰内止口处增加一个导向盘，使研杆保持平稳。图 16-21 为截止阀阀体及旋塞阀阀体的手工研磨示意图。根据有些工厂的经验，截止阀阀体锥形密封面很窄，经常用淬火的导向冲子，冲出密封面。锥形阀杆一般用精磨，这样配合密封性能很好，可代替研磨。

研磨旋塞体和旋塞的研杆及研套的锥面上要开有螺旋状的浅槽，以积存多余的研磨剂。研旋塞体的研杆与研旋塞的研套锥度应该一致，否则研后锥形密封面间容易发生渗漏。有的工厂在研磨旋塞时，先将旋塞体研好，然后直接将旋塞按旋塞体配研。这种不用研套直接配研的方法虽能保证密封面间吻合并达到密封性能要求，但由于配研过程中旋塞体密封面上容易嵌入磨粒，在阀门启、闭时常常出现划伤密封面的情况。因此，采用这种配研的方法时，应将研后的旋塞体进行抛光，并仔细地加以清洗。

(5) 圆弧密封面的研磨

圆弧密封面一般用不锈钢或巴氏合金等材料制成，因材料不同，其研磨的方法也不一样。

不锈钢圆弧密封面的研磨方法是将阀体密封面成水平放稳，密封面上均匀涂敷一层研磨剂，然后，将研具盖在密封面上，研具上的凹圆弧面应与圆弧密封面吻合，微带间隙，以利于研磨剂的敷涂，其松紧程度以研具能回转为准。研具在回转过程中，不断提起或放下，同时调换研具的位置，避免磨粒轨迹的重复，有利于研磨质量的提高。

巴氏合金制作的圆弧密封面，主要采用刮研，用钢制开有刃口的研具，研具回转要平稳，用力均匀，不能跳动。

(6) 球体密封面的研磨

球体密封面的研磨，适用于设备较差的现场修理，手工研磨效率低。

将研具放平，均匀涂上研磨剂，放上球体，用手按住球体，使球体作上下滚动，又作水平回转，不断调换着力点的位置，让球体密封面得到均匀的磨削（图 16-22）。研磨过程中，整个球体密封面研磨概率均等，用力要平稳，不允许只研磨缺陷部位。精研要换精度高的研具和细粒度研磨剂。

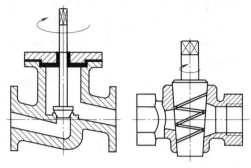

图 16-21　锥形密封面的手工研磨

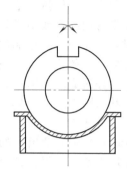

图 16-22　球体密封面的研磨

(7) 阀座球形密封面的研磨和刮研

① 阀座球形密封面的研磨　用手旋转研具，同时将研具作前后左右的摆动，见图 16-23 的研磨方法，注意阀座密封面研磨后会加宽，设法恢复原有的尺寸。如是塑料阀座，则不允许用研磨剂研磨，因质地较软，适用于刮研。

② 阀座球形密封面的刮研　标准球体上均匀涂上显示剂，对阀座密封面旋转，进行着色检查，根据印影进行分析，密封面上被球体磨成白亮点为最高，没有显示剂处为最低，用刮刀刮研最高处，抹干净球体和阀座，再进行着色检查和刮研工作，经多次刮研，直到印影成圆，清楚均匀为止。

③ 钢球的研磨　钢球作球体密封主要用在小口径的阀门上，在小口径的截止阀及止回阀上经常见到。钢球表面磨损后，通常给予更换。对轻微磨损的钢球，如无备用，可按图 16-24 中的方法进行研磨和抛光。

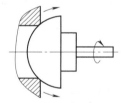

图 16-23　阀座球形密封面的研磨

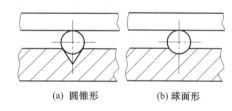

(a) 圆锥形　　　　(b) 球面形

图 16-24　钢球的研磨

(8) 阀座球形密封面的挤研

挤研是用球体把损坏的阀座密封面挤压出新的密封面来，一般用在小口径的阀门上，然后将挤压出的多余的金属除掉，用机油把球体压在阀座密封面上旋转研合。密封面的挤压深度应符合设计要求。

球形密封结构中，有的阀座密封面不是球形，而是锥形密封面，在修复过程中应按锥形密封面修理和研磨。

(9) 圆柱体密封面的研磨

圆柱体密封面是阀门密封的一种形式，多用在柱塞阀密封面、电站调节阀密封、减压阀活塞密封、阀杆密封以及传动装置的气缸上。

圆柱密封面的研磨，将工件或研磨棒夹持在车床、钻床或研磨机等机床上进行（图 16-25），为内圆柱密封面的研磨。圆柱密封面研磨时，在工件或研磨棒上均匀涂一层研磨剂，然后套上研磨环或工件，使之松紧程度以一只手用力能转动为宜，开动机床正式研磨，机床转动的速度，一般为 100r/min 以下，直径大的工件适当降低研磨速度，用手掌握研磨环或工件，沿轴线方向作匀速往复运动。

在研磨过程中，要保持清洁，防止杂物混入。在研磨过程中，有时会遇到带有凸肩的外圆柱密封面和带有内凸肩或不通孔的内圆柱密封面，研磨中，往往靠近凸肩部位研磨切削量少些。研磨时，应在凸肩附近部位多研磨一下，或者在靠近凸肩部位多涂一点研磨剂，使之与其他部位得到一样的研磨量和精度。研磨棒端部倒角不宜大。

　　圆柱体密封面研磨的网络，如果机床转速一定时，手持研磨环往复的速度不同，就决定研磨网络的形状（图16-26）。图16-26（a）中研磨出来的网络线与轴线夹角小，表示研磨环运动速度太快。图16-26（b）中研磨出来的网络线与轴线夹角大，表示研磨环运动速度太慢。图16-26（c）中研磨出来的网络线与轴线夹角为45°左右，表示研磨环运动速度适中。研磨环运动速度太快或太慢，都会影响圆柱体密封面的精度。

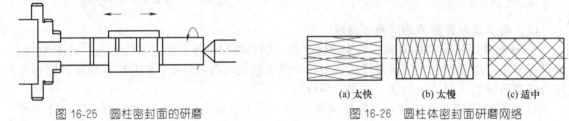

图 16-25　圆柱密封面的研磨　　　　　　图 16-26　圆柱体密封面研磨网络

(10) 阀杆密封面的研磨

　　阀杆的密封面一般有两个部位，一个是与填料相接触的圆柱体密封面，即阀杆的光杆部分，另一个是与阀盖上密封座组成密封副的锥面部位，通常称为上密封。阀杆密封面的研磨方法有平板研磨法、环形研磨法、砂布研磨和锥环研磨。

　　① 平板研磨　用油石、平板夹砂布或涂敷研磨膏对旋转的阀杆密封面进行研磨（图16-27）。

　　② 环形研磨　用环形研具套在旋转的阀杆上，涂敷研磨膏对其研磨（图16-28）。

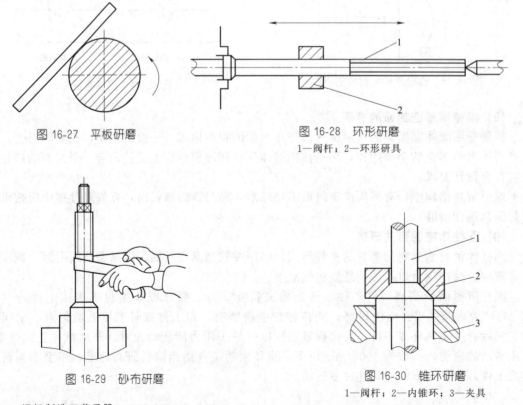

图 16-27　平板研磨

图 16-28　环形研磨
1—阀杆；2—环形研具

图 16-29　砂布研磨

图 16-30　锥环研磨
1—阀杆；2—内锥环；3—夹具

③ 砂布研磨　用砂布沿圆周均匀研磨阀杆密封面（图 16-29）。

④ 锥环研磨　用内锥环套在阀杆密封锥面上研磨（图 16-30）。内锥环夹角应与上密封夹角一致。上密封锥面也可以采用刮研、互研的方法。

16.1.5　阀门密封面的机械研磨

阀门制造厂主要使用机械来研磨密封面。机械研磨的效率高、质量稳定，不像手工研磨那样需要有较高技术等级的工人来操作。各阀门厂使用的研磨机有自制的和外购的，形式繁多，研磨效果也有很大的差异。现在，国内也有少数厂家生产专供阀门密封面研磨的机械，并取得良好的效果。有的工厂由于采用了研磨运动不合理的研磨机，使阀门密封面长期达不到规定的几何形状精度，从而造成阀门质量低劣。因此，在选用阀门研磨机时，至关重要的是首先要考虑研磨轨迹复杂、运动合理的问题，其次才是研磨效率。

现将阀门研磨机的用途特点进行分类介绍，以供选用或制作中参考（表 16-11）。

表 16-11　阀门研磨机的分类及用途

类型	主要用途	机型名称	类型	主要用途	机型名称
专用型	适用于密封面为环形平面的阀瓣阀座零件的研磨	①行星式研磨机 ②振动式研磨机 ③旋转式研磨机 ④齿轮式研磨机	通用型	利用辅助夹具可分别研磨阀瓣、阀座和阀体内的密封面	①轴摆式研磨机 ②多功能式研磨机
	适用于阀体内的密封面或锥面、球形密封面的研磨	⑤闸阀阀体研磨机 ⑥旋塞阀体研磨机 ⑦球面阀体研磨机 ⑧调节阀体研磨机	维修型	主要供阀门维修现场进行阀门密封面的研磨	①组合式研磨机 ②截止阀研磨机 ③闸阀双面研磨机 ④可调闸板研磨机

(1) 专用型研磨机械

专用型研磨机具有专门的用途，一般只适用于阀瓣、阀座或阀体的专一使用。现将几种研磨机介绍如下。

① 行星式研磨机　行星式研磨机适用于研磨阀瓣、阀座和闸板等零件的密封平面。因被研磨的零件在研磨机上进行类似行星一样地自转和公转运动，故称行星式研磨机。该研磨机的结构简单，使用方便，可同时研磨几个工件因而效率较高，研后工件的几何形状精度及表面质量较好。

行星式研磨机（图 16-31）是由底座、蜗轮减速器、研盘、限制滚轮（包括支座、挡叉和滚柱）以及研磨液排出管等部分组成。行星式研磨机的工作原理如图 16-32 所示。电机通过蜗轮减速器带动研盘旋转。由于沿研盘直径方向各点的线速度不等，置于研盘上的圆环受两只滚柱的限制被迫绕定点 D_1 旋转。圆环内的工件在研盘及圆环的拖动下，一方面自转，同时绕圆环中心 D_1 摆动。这样就得到比较复杂的研磨轨迹。当圆环内同时置放几个圆形工件时，由于工件间互相碰撞和干扰，研磨轨迹更为复杂。

研磨压力一般是靠工件的自重获得的。楔式闸阀闸板的重量在密封面圆周上分布不均，为避免产生研磨不均的现象可使用图 16-33 所示的工具。由于研盘内、外圈的线速度相差较大，研盘磨耗不匀，长期使用将产生几何形状误差，因此应经常地对研盘检查和修整，以免影响研磨的质量。

当研磨盘直径为 750mm，行星套直径 300mm，中心摩擦轮直径 140mm，研磨盘转速可为 50r/min。当研磨盘直径为 800～1000mm 时，转速可为 50～40r/min。

② 振动研磨机　振动研磨机（图 16-34）是一种用得较普遍的研磨机，适合研磨中、小型截止阀，止回阀阀瓣的密封平面。该机结构简单，工作可靠，可一次研磨几十个零件，故

具有较高的生产效率。由于研盘振动的频率高，振幅小，工件与研盘相对运动的方向在不断变更，因而不仅工件研后的几何形状精度及粗糙度精度高，研盘的磨耗也比较均匀。

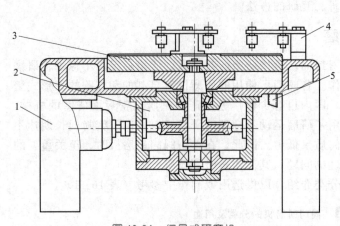

图 16-31　行星式研磨机
1—底座；2—减速器；3—研盘；4—滚轮（支座挡叉、滚柱）；
5—研磨液排出管

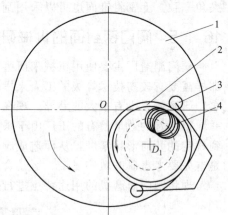

图 16-32　行星式研磨机的工作原理
1—研盘；2—圆环；3—滚柱；
4—工件

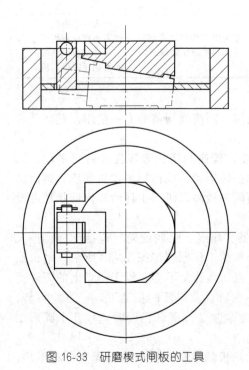

图 16-33　研磨楔式闸板的工具

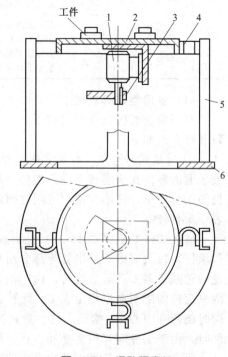

图 16-34　振动研磨机
1—电机；2—研盘；3—偏心轮；4—弹簧；
5—支架；6—底座

　　振动研磨机是由电机、研盘、偏心轮、弹簧、支架及底座等部分所组成。当固定在研盘上的电机转动时，由于电机轴上偏心轮的作用使安装在一组弹簧上的研盘产生振动。自由放置在研盘上的工件因其自身的惯性与振动的研盘间产生了短促的相对滑动。工件在研盘上的相对滑动是没有规律的，加以工件间常常发生碰撞而使研磨运动更加复杂，故工件的研磨和研盘的磨耗都比较均匀。工件的研磨压力（工件的自重）不大，振幅也小，每颗磨粒连续切削的路程不长，工件表面上的磨痕短而紊乱，很少出现一般研磨中常见的划痕，因此，使用振动研磨机可以得到较高的表面粗糙度精度。

使用振动研磨机时，工件研前的加工质量应较高，其粗糙度不大于 $Ra3.2\mu m$，平面度误差更不能过大，否则研磨的时间将会太长，影响研磨效率。此外，这种研磨机不适于研磨工件几何尺寸和结构不对称、工件不对称以及重心高或在圆周上重量分布不匀的工件，这是因为在研磨这类工件时容易出现塌边情况。另外当研磨膏涂敷不均匀时，研磨将会产生密封面内塌边和外塌边情况，影响研磨质量和密封面的吻合度。

③ 多轴阀体研磨机　图 16-35 所示的多轴阀体研磨机适于研磨小型截止阀的密封平面。这种研磨机可同时研磨 20 个阀体，具有效率高、操作方便、研磨运动比较合理等特点。研磨机长方形的工作台上对称地安装着 20 个研磨头（图 16-36）。固定在底座上的电机通过一对皮带轮减速后带动传动盘旋转。传动盘上装有曲柄连杆机构，通过 4 根连杆来带动 20 根研磨主轴作正反向的回转运动。曲柄带动主轴正方向回转，主轴上端的偏心孔内装有可换研杆，研盘安装在研杆的球形顶端。当研杆上的圆柱销带动研盘正反向回转时，自由放置在研盘上的阀体也被带动回转。由于阀体自身惯性的作用，它在正反向回转时总是滞后于研盘，这样，研盘与阀体密封面间就产生了相对运动。主轴的上部与端面凸轮相接合。主轴每正反向回转一次，端面凸轮就迫使主轴作一次轴向跳动，受主轴跳动的影响工件亦瞬时与研盘跳离，由于研盘仍在继续回转，当工件落在研盘上时已不是原来的位置了。多轴阀体研磨机的研磨运动是模仿手工研磨的。由于研磨过程自动进行，并能同时研磨 20 个阀体，因此它具有较高的效率。

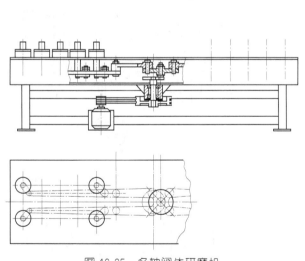

图 16-35　多轴阀体研磨机

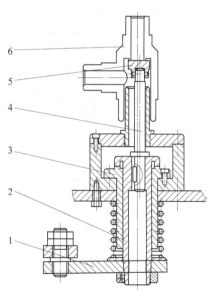

图 16-36　多轴阀体研磨机的研磨头
1—曲柄；2—主轴；3—端面凸轮；
4—研杆；5—研盘；6—阀体

④ 旋塞研磨机　旋塞研磨机是适用于研磨旋塞和旋塞体的锥形密封面的专用机械，这类机械的研磨动作都具有上下往复和旋转的复合运动形式，有多种类型。

图 16-37 为一种立式旋塞研磨机的传动机构。该研磨机是由机座、立柱、上箱及工作台等 4 部分组成。其工作时，电机经皮带轮带动传动轴旋转，传动轴上的锥齿轮带动双联齿轮

使曲轴获得两种转速。曲轴经连杆带动滑枕作往复直线运动。夹持被研旋塞的卡盘与滑枕滑动连接，但滑枕上、下运动时，卡盘亦随之作往复直线运动。旋塞的研磨压力由压缩弹簧获得。传动轴下部的齿轮带动端面有离合爪的齿轮使工作台旋转。安装在夹具上的旋塞体便被带动旋转，从而进行研磨运动。摇动手轮，通过锥齿轮使丝杆旋转，可调节工作台的高度，以研磨不同规格的旋塞。这种旋塞研磨机利用旋塞与旋塞体进行配研，结构简单，操作方便，其研磨运动与手工研磨相似。由于该研磨机效率高，研磨质量较好，应用比较普遍。

图 16-38 为一种较为简单的旋塞研磨机，其变速机构中的中间轴带动上齿轮和下齿轮，上齿轮与研磨轮上的转动齿轮啮合，并带动研磨轴转动。转动齿轮与研磨轴上的滑键连接，使研磨轴能上下运动，转动齿轮由定位器定位，保证齿轮正常啮合。下齿轮与研磨轴下面的凸轮齿轮啮合，但凸轮齿轮不与研磨轴连接，只是套在研磨轴上，当凸齿轮转动时，凸轮也随之旋转，每转一周，凸缘顶板上下运动一次，就会带动研磨轴上下运动，避免研磨时磨粒轨迹的重复，以利于提高研磨质量。夹具是夹持研磨工具的，也可以夹持旋塞使其与旋塞阀体配研。夹头可用万向节代替，研磨效果会更好些。如果不用万向节，则要求旋塞阀体或工件在用工作台装夹时进行校正，以保证旋塞体的中心与研磨夹头或研磨工具有较好的同轴度，否则将出现研磨单边情况而影响研磨质量。研磨轴上下运动的幅度，一般为 10～30mm 的动行程。转动齿轮与凸轮齿轮的传动比，取（3～6）：1。转动齿轮的旋转速度为 50～100r/min。

⑤ 旋转式研磨机　旋转式研磨机（图 16-39）主要适用于阀瓣和阀座平面密封面的研

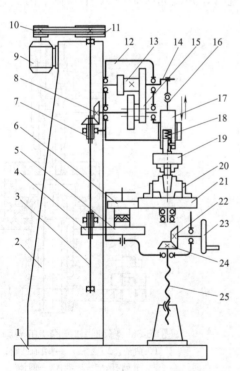

图 16-37　立式旋塞研磨机传动机构

1—机座；2—立柱；3—传动轴；4～6—齿轮；
7,8,22,24—锥齿轮；9—电机；10,11—皮带轮；
12—上箱；13,15—双联齿轮；14—曲轴；16—连杆；
17—滑枕；18—压缩弹簧；19—卡盘；20—夹具；
21—工作台；23—手轮；25—丝杆

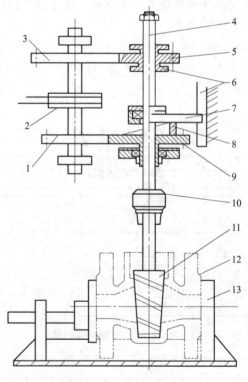

图 16-38　旋塞研磨机

1—下齿轮；2—变速机构；3—上齿轮；4—研磨轴；
5—传动齿轮；6—定位器；7—凸缘顶板；8—凸轮；
9—凸轮齿轮；10—夹头；11—研具；12—工件；
13—工作台

磨，该机结构简单，传动平稳，操作方便。可以嵌砂布进行干研，也可以涂研磨剂进行湿研。

旋转式研磨机工作时由电机带动变速机构使研磨平板Ⅰ和Ⅱ分别获得两种各自不同的转速。研磨平板Ⅰ转速较快，适于手工操作，有利提高研磨效率。研磨平板Ⅱ转速较慢，可将被研磨工件置入其上直接研磨。研磨轴带有偏心方榫，并与研磨平板活套连接。研磨平板靠托盘支持，中间由钢珠实现滚动摩擦，以减小摩擦力。钢珠的润滑靠油路供给。压圈起着嵌压砂布或防止被研磨工件脱出平板的作用。隔板起着收集磨液、磨屑和安全作用。

⑥ 齿轮传动研磨机　齿轮传动研磨机（图16-40）主要适用于阀瓣的平面密封面的研磨，该机结构简单，稳定可靠，研磨效率较高。

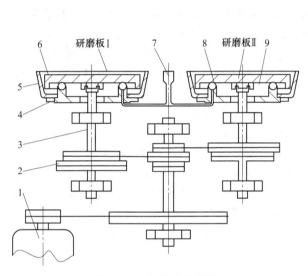

图 16-39　旋转式研磨机

1—电机；2—变速机构；3—研磨轴；4—托盘；
5—隔板；6—压圈；7—油嘴；8—钢珠；9—保持架

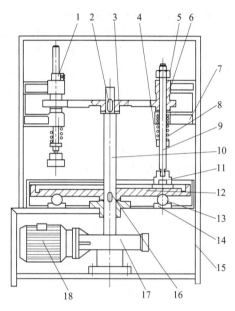

图 16-40　齿轮传动研磨机

1—开缝套；2,16—键；3—中心齿轮；
4—弹簧调整套；5—蝶形螺母；6—小齿轮；
7—挂脚；8—弹簧；9—研磨轴；10—主轴；
11—阀芯；12—研磨盘；13—滚珠；14—下弹道环；
15—框架；17—蜗轮变速箱；18—电动机

齿轮传动研磨机工作时由电动机经蜗轮副减速带主轴转动，主轴经过键使研磨盘转动，它支承在滚珠上，自身做有圆弧的弹道，下弹道环用螺丝紧定在框架上，弹道径向尺寸较大，支承平稳。中心齿轮通过键与主轴连接，和主轴同转速。每一根研磨轴都安装在与中心齿轮啮合的小齿轮上，所以工作时能同时转动。一台研磨机上可设有2~4根研磨轴，径向尺寸大的阀芯研磨机还可以安装多一些，以互不影响工作和便于操作为宜。研磨轴可上下移动，它的位置用开缝套固定。工作时可用弹簧对研磨阀瓣加压力，以使工作效率提高。研磨轴的上下轴瓦安装在挂脚上，挂脚固定在框架上。

在进行研磨时，受一定压力的阀芯与研磨盘相接触，阀瓣自转则研磨盘公转。研磨时可以用150目棕刚玉干磨砂布，砂布用螺钉及小压板固定在研磨盘上，以免研磨过程中打皱。用砂布研磨适用于研磨余量多的情况，用研磨料研磨的阀瓣粗糙度质量高一些，适用于研磨余量小的情况。

当研磨盘直径为600~800mm时，其转速可为30~25r/min，研磨轴的转速可为80~

120r/min。

⑦ 闸阀阀体研磨机 闸阀阀体的密封面大多数都是在阀体的腔体内，而且两密封面之间是楔角结构形式，密封直径在100mm以上，研磨精度要求较高，如采用手工研磨则劳动强度大，效率低。再者由于闸阀使用面大量广，因此，对闸阀阀体密封面的研磨多采用专用型研磨机。

图16-41是一种带有离合器的闸阀阀体研磨机。该机工作时由皮带齿轮传动的变速机构带动套筒旋转，套筒上带有离合器机构。当离合器上的拨叉下压时，离合器上升离开，主轴不转动。当离合器合拢时，离合器中的滑键带动主轴转动。主轴上端与研磨轴用万向节进行连接。研磨轴与研磨平板连接。进行闸阀阀体研磨时，先将阀体置入工作台上，对准位置使被研磨的密封面中心与主轴同轴。用水平仪检测密封面并调整工作台角度使其水平。用脚踏升降机构的踏板，使主轴上升，把研磨平板套在研磨轴的端头，用销子穿在研磨轴头上，松开脚使主轴下降，这时销子与研磨平板接触并卡在研磨平板螺栓的桩柱之间。再次检查阀体位置。离合器脱开，启动电动机，合上离合器，研磨平板即旋转研磨。如果研磨平板和导向板与阀体有撞击声，则要适当调整一下阀体位置，直到正常为止。在研磨中仔细观察，要间断地进行检查。该机适宜转速50~70r/min，可以用一台电动机带动2~4个研磨头，组成一台多工位的闸阀研磨机。

图16-42是一台重锤式闸阀研磨机。该机工作时由电动机通过花键轴套与接头连接，接头与研磨偏心轴连接，轴的偏心量为e。轴与研磨盘连接，连接方式同图16-42中方式相同。升降手轮与花键轴套上的齿条啮合，转动升降手轮可使研磨轴升降，重锤牵引在升降手轮的齿轮轴上，并通过齿条使轴套向下以使研磨轴和研磨盘具有一定的研磨压力。在进行研磨操作时，先将闸阀阀体置入有角度的斜压具上。斜压具的角度等于密封面与阀体中心平面的夹角，以保证密封面与轴垂直。调整被研密封面中心与轴套中心同轴，用V形夹具把阀体夹

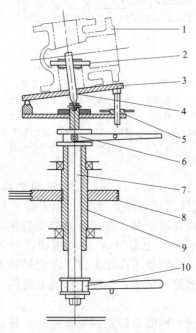

图 16-41 闸阀阀体研磨机
1—阀体；2—研磨平板；3—工作台；4—研磨轴；
5—调角机构；6—离合器；7—主轴；
8—变速机构；9—套筒；10—升降机构

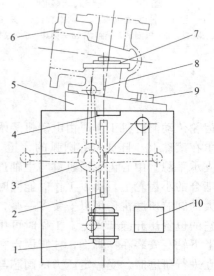

图 16-42 重锤式闸阀阀座研磨装置
1—电机；2—齿条；3—手轮；4—接头；
5—斜度压具；6—阀体；7—研具；
8—研磨偏心轴；9—V形夹具；10—重锤

紧。转动升降手轮使偏心研磨轴上升,把研磨盘套在研磨轴的端头,用销子穿在研磨轴头上,转动手轮使轴下降,使卡销与研磨盘接触并卡在研磨盘螺栓的桩柱内。最后挂在重锤上,检查各部位符合要求后再启动电动机。研磨中注意研磨轴与研磨盘的卡合情况,防止互相脱离而产生重锤坠落。

⑧ 调节阀阀座套研磨机 图16-43是一种可适于给水调节阀中阀体内阀座套圆柱体内壁的研磨,改变研磨器具也适于旋塞阀的研磨机。该研磨机工作时由电机通过传动轴带动传动机构和伞齿轮旋转,大伞齿轮与轴套连接,轴套由轴承支承在横架上,轴套通过滑销与研磨轴滑动连接,当伞齿轮旋转时可通过上述部分传动使研磨轴作旋转运动。再则传动轴可带动升降机构使研磨轴作升降运动,传动轴每转一转,研磨轴在旋转的同时又做一次升降运动,这种复合运动经万向节传动给研具并对工件进行研磨。万向节可减少工件校正中心与研磨轴的误差和有利于提高研磨质量。该机研磨过程中的升降运动比前面介绍的旋塞阀研磨机的升降运动要频繁,适合于研磨给水调节阀的圆柱体内壁密封面的研磨,同时适用于先导式安全阀的活塞缸、柱塞阀和旋塞阀密封面的研磨。

⑨ 球面研磨机 球面研磨机适于球阀球体的研磨,其研磨设备可利用旧车床进行,也可自制专用设备。

图16-44为利用车床进行球体研磨的示意图。电动机固定在车床的中拖板上,电动机前部装有一个夹具将杯形研具夹紧,卡盘、顶针、夹具把球体夹持紧,研具的旋转轴线与球体的旋转轴线垂直并在同一水平面内,否则研磨台球体的圆度误差将增大,调节车床中拖板可调节研具对球体的研磨压力和研磨量。研具的内径尺寸应根据球体直径而定,该尺寸应小于球体直径又不大于球体通孔两端面的距离,否则研磨的轨迹不能包络球体表面而形成漏磨现象。

图16-45也是利用车床研磨球体,方法比较简单。研磨时车床主轴以150r/min速度旋转。工件球体装在主轴上并随主轴转动。研磨块以自重紧靠在球体上,其研磨位置可通过调

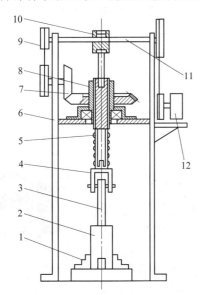

图 16-43 调节阀阀座套研磨机
1—卡盘;2—工件;3—研具;4—万向节;
5—研磨轴;6—横架;7—伞齿轮;8—轴套;
9—传动机构;10—升降机构;11—传动轴;
12—电机

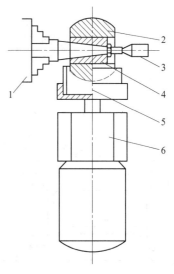

图 16-44 利用车床研磨球体(一)
1—卡盘;2—工件球体;3—顶针;
4—卡具;5—研磨器具;6—电动头

整杆和杆进行选择。杆可在调整杆的滑槽中调节。在杆与研磨块的连接处装有径向球面轴承。这样可使研磨块转动灵活。由于球体与研磨块是磨削状态，因此，球体的转动带动研磨块转动。在安装时，研磨块与球体的轴线不垂直并有一定的倾斜角度 α。当研磨块向右倾斜时，则按顺时针方向转动。当研磨块向左倾斜时，则按逆时钟方向转动（图 16-46）。当球体的轴线与研磨块的轴线垂直时，因无分力则研磨块不转动。在研磨过程中要不断地调整倾斜角度 α，以使研磨轨迹均匀地包络球体并获得较高的研磨精度。

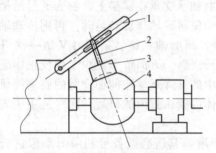

图 16-45　利用车床研磨球体（二）

1—调整杆；2—杆；3—研磨块；4—球体

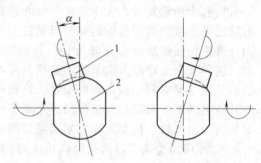

图 16-46　研磨块与球体相对位置

1—研磨块；2—球体

⑩ 硬密封球阀球体研磨装置　球体研磨装置（图 16-47）是利用 Z3080 摇臂钻床主轴带动与球面连接的偏心油石座等组成的旋转研磨头，由卧式无级变速机前、后顶针以及 C630 尾座等组成的球体旋转装置使得球体实现同步的旋转。装置要求 Z3080 摇臂钻床中心与球体球面中心重合，并且摇臂钻床主轴能自由上下浮动。卧式无级变速机输出转速为 $10\sim58\mathrm{r/min}$，C630 尾座底座借助导向平键的帮助，能在安装板上沿导向键槽水平移动，以便调整前、后顶针间的距离，适合不同口径硬密封球阀球体研磨的需要。偏心轴（图 16-48）中心与 Z3080 摇臂钻床主轴中心之间的距离 a 可以在一定范围之间调整。油石座（图 16-49）

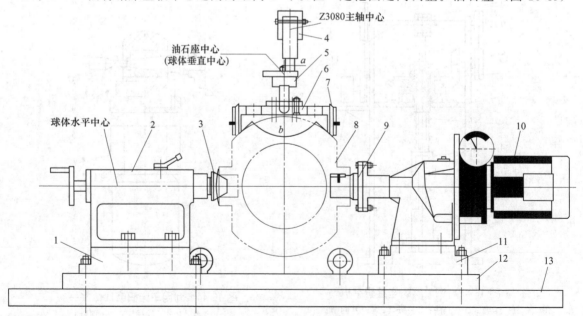

图 16-47　小口径硬密封球阀球体研磨装置

1—C630 尾座底座；2—C630 底座；3—后顶针；4—Z3080 主轴；5—偏心轴；6—油石座；7—油石；8—待加工球体；
9—前顶针；10—卧式无级变速机；11—卧式无级变速机底座；12—安装板；13—Z3080 底座

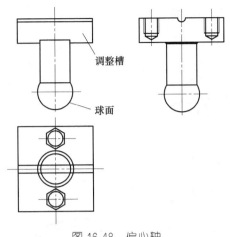

图 16-48　偏心轴

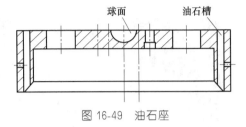

图 16-49　油石座

与偏心轴之间为球面接触，以便研磨时油石沿球体球面能够实现上下摆动。油石在油石座上组装后，再车削锥面。锥面根据球体设计而定。后顶针锥面设计根据 400mm 口径以下硬密封球阀球体研磨的需要确定。

　　硬密封球阀球体研磨装置的偏心轴球面尺寸公差要求比较严格，球面耐磨性要求较高，需要热处理，达到需要的硬度。该装置在 Z3080 摇臂钻床底座上利用水平仪等工具保证球体水平中心处于水平位置。调整 Z3080 摇臂钻床中心与球体球面中心重合，使偏心轴中心与球体水平中心垂直相交。调试好以后，利用 T 形螺栓固定在 Z3080 摇臂钻床底座上。硬密封球阀球体研磨装置经过试运行，针对在实际使用中出现的具体问题进行了改进，运行效果达到设计要求，效果良好。该装置的使用不仅满足了硬密封球阀球体的加工要求，提高了生产率，降低了操作劳动强度，而且提高了设备利用率，节约了资金。

　　(2) 通用型研磨机械

　　前面介绍了几种常用的专用型研磨机，由于这些研磨机械的用途专一，因此，使用范围有其局限性。本节介绍的研磨机械可分别满足阀瓣、阀座或阀体的研磨，具有通用特性，因此，称为通用研磨机械，下面介绍两种此类型的研磨机。

　　① 轴摆式研磨机　轴摆式研磨机是专为研磨阀体密封平面而设计的，也可用来研磨闸板、阀座、阀瓣的密封平面。该研磨机具有结构紧凑、体积小、重量轻、研磨轨迹比较理想及适用范围广等优点，故特别适合中小型阀门厂及阀门维修部门使用。近几年来，轴摆式研磨机已在我国开始广泛应用，并取得良好的效果。图 16-50 为轴摆式研磨机的外观。

　　轴摆式研磨机是由支承座、主轴箱及研头 3 部分组成。主轴箱固定在摇臂上 (图 16-51)。摇动手柄通过锥齿轮及丝杆使摇臂连同主轴箱沿立柱上下移动，以调整主轴箱与工作台之间的距离来研磨不同高度的零件。为了便于装卸工件，摇臂可绕立柱作水平回转。在研磨楔式闸阀的阀体与闸板时，工作台需旋转一定的角度，使被研表面与机床中心垂直。旋转的角度值可由工作台上的刻度板上读出。主轴带动研盘作旋转运动的同时还作偏摆运动，故研盘上每一磨粒的轨迹均为网状（见图 16-52）。因此，工件的研磨和研具的磨耗都较均匀，效率也较高。

　　轴摆研磨机可用来研磨阀体，研磨截止阀阀体时，可将图 16-51 中工作台板调为零度。研磨闸阀或楔形角度阀瓣时，工作台板可调为被研磨工件相对应的角度。轴摆式研磨机由于研磨轴具有旋转和摆动两种复合运动形式，使其研磨轨迹不重复，并且是网状纹，因此研磨质量较好。但该机结构复杂，调整要求高。

　　② 多功能研磨机　多功能研磨机（图 16-53）能一机多用，该机可研磨阀座、阀瓣和闸

图 16-50 轴摆式研磨机外观

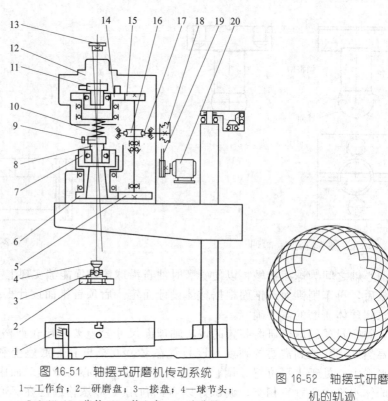

图 16-51 轴摆式研磨机传动系统

1—工作台；2—研磨盘；3—接盘；4—球节头；
5,6,14,15—齿轮；7—偏心套；9—定位销；
10—压缩弹簧；8,11—传动套；12—主轴；
13—手把；16—蜗轮；17—蜗杆；
18,19—皮带轮；20—电机

图 16-52 轴摆式研磨
机的轨迹

阀阀体等密封面。多功能研磨机工作时由电动机通过皮带及皮带轮减速后，带动大皮带盘上的离合器转动，离合器与研磨轴用滑键连接，当离合器通过拨叉脱离开后，大皮带盘虽在转动，但研磨轴不动。研磨轴上下运动靠棘轮转绕机构中的吊绳控制，研磨轴上端有活络帽，在研磨轴转动时，吊绳不转动。研磨轴下端是微带偏心的球面，靠销子与万向节接触。

多功能研磨机操作过程中先提起手柄，把工作台从导轨中拉出，如果研磨截止阀类的阀体、阀瓣、平行闸板、平行式闸阀阀座等，需把工作台调成水平位置，用夹持杆把工件夹紧。如果工件是楔式闸阀的阀体或楔式闸板，需按斜度来对蜗轮蜗杆调角机构进行调节，楔式闸阀阀体夹持方法如图 16-53 中所示。任何被研磨体均需使其密封面的中心与研磨轴中心重合，可利用夹持杆和前后定位器校正。把工作台推入，放下手柄嵌住前定位器。把研磨平板放在密封面上，拨开棘爪，慢慢地转动棘轮转绕机构中的滚筒，把研磨轴放下，使轴和销准确地嵌入万向节中，用手转动研磨轴检查嵌入情况。当检查正常并确定无疑后，操动拨叉使离合器脱离，开动电动机，无异常现象后再合上离合器开始工作，研磨中要注意经常检查。研磨好后，应吊起研磨轴，取出研磨平板，拉起手柄，拖出工作台，卸下研磨体。多功能研磨机由于研磨轴下端球面略成偏心，加上万向节凹槽有一定的安装间隙，研磨平板在离心力的作用下，能够产生游离现象，使磨料轨迹不至于重复，有利于提高研磨质量。该机研磨速度在 45～70r/min 之间。

(3) 维修型研磨机械

当阀门进行检修时，如果密封面达不到密封性能要求，则需重新进行修整和研磨。法兰连接的中低压阀门拆装方便，其密封面可以在专用研磨机或通用研磨机上进行修磨。高压阀

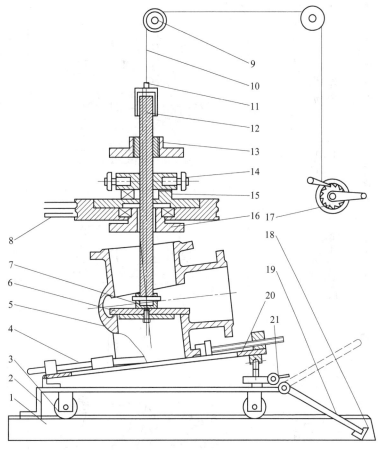

图 16-53 多功能研磨机

1—导轨；2—后定位器；3—滚轮；4—夹持杆；5—工件；6—研磨平板；7—万向节；8—变速机构；
9—滑轮；10—吊绳；11—活络帽；12—研磨轴；13—上步司；14—拨叉；15—离合器；16—下步司；
17—卷绕机构；18—前定位器；19—手柄；20—工作台；21—调角机构

门没有法兰，直接焊接在管道和设备上，这样可减少泄漏的机会，但是给阀门检修和维护带来一定的困难。因此，都希望能在管道或设备上直接进行阀门密封面的研磨，这样，阀门不必从管道上拆卸，可以省去割管、制坡口、焊接和焊接部位的热处理工作量。具有节省检修时间、人力和器材等多方面的经济效果。目前，适应上述现场维修的研磨机械也有不少品种，现简单介绍如下。

① 组合式研磨机　阀门组合式研磨机是一种新型研磨机，它可以按使用的需要，能够很方便地组合成多种研磨机，可分别对闸阀、截止阀、止回阀、减温减压阀和安全阀等多种阀门的密封面进行研磨。该机采用油石超精加工工艺代替传统的研磨方法，密封面的研磨质量好、效率高、磨具寿命长和操作简便，不用研磨砂或研磨膏剂，易清洗等优点。该机既适于阀门专业生产厂家作为一种高效率生产的超精加工设备，也适于阀门使用现场作为维修使用的研磨设备，特别适用于高压管道上不拆卸阀门的密封面研磨。该机可使粗糙度为 $Ra6.3\mu m$ 的密封面（36～50HRC），经 15～30min 的超精加工，达到 $Ra0.2\mu m$，吻合度达80％。表 16-12 为阀门组合研磨机的组合形式及使用特点。表 16-13 为阀门组合研磨机的适用范围。

② 锥齿轮传动研磨机　锥齿轮传动研磨机（图 16-54）是一种供现场截止阀密封面研磨的手动机械，结构简单，提高了研磨效率。伞齿轮传动研磨机的支承板装在阀体的中法兰上，

表 16-12 阀门组合研磨机的组合形式及使用特点

类型	示例与说明			
组合部件示图及代号	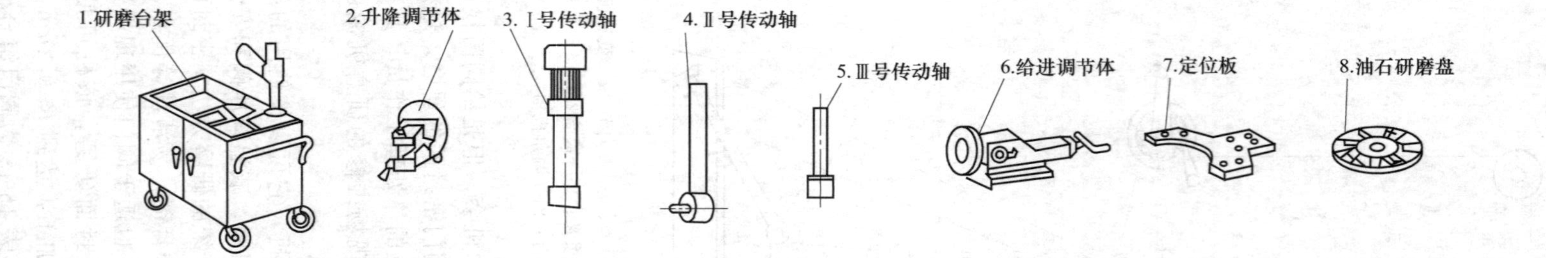1.研磨台架 2.升降调节体 3.Ⅰ号传动轴 4.Ⅱ号传动轴 5.Ⅲ号传动轴 6.给进调节体 7.定位板 8.油石研磨盘			
组合后各研磨机示图	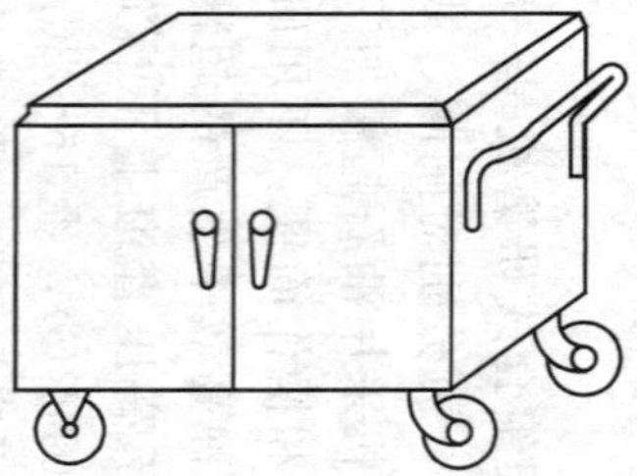	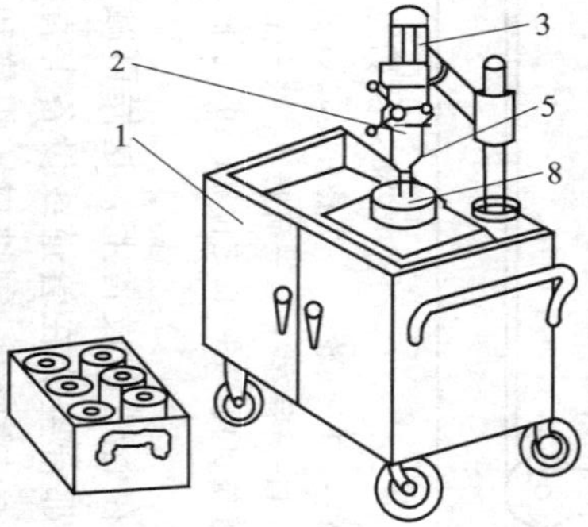1 2 3 5 8	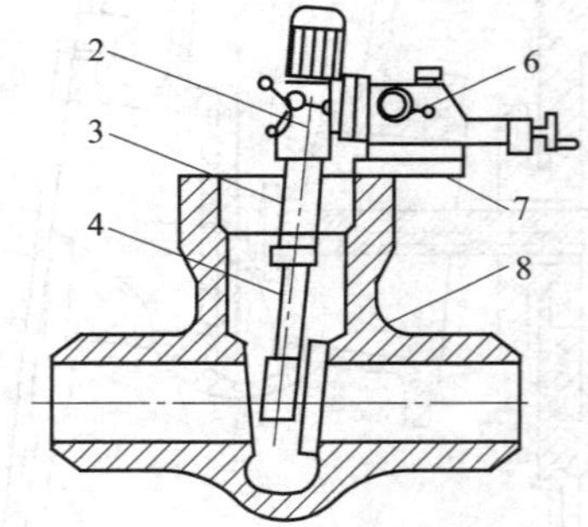2 3 4 6 7 8	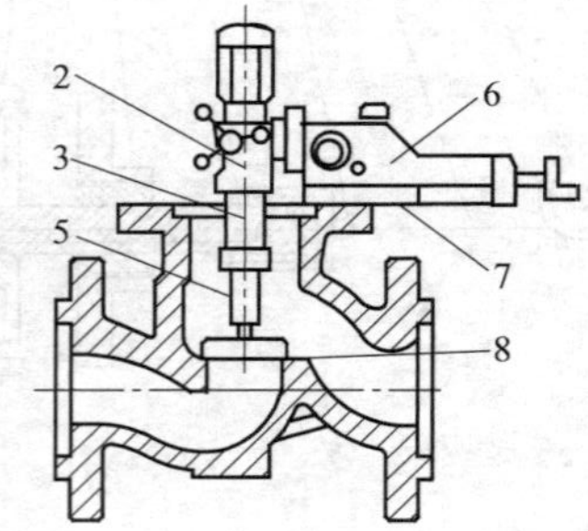2 3 5 6 7 8
组合形式及名称	1+2+3+4+5+6+7+8	1+2+3+5+8	2+3+4+6+7+8	2+3+5+6+7+8
	研磨机车	阀座阀瓣研磨机(组合Ⅰ型)	闸阀研磨机(组合Ⅱ型)	截止阀研磨机(组合Ⅲ型)
特点和用途	全部研磨组合件可存放在研磨机车内,有利于设备的保管和迁移,特别适合于阀门现场的维修	将研磨机车中的台架立柱翻起锁紧,可在立柱上组合安装成一部台式研磨机,专门进行阀座阀瓣密封面的研磨	按示图可将组合部件组装成一台闸阀阀体研磨机,研磨密封面时,阀体不必从管道上拆卸下来	按示图可将组合部件组装成一台截止阀、止回阀阀体研磨机,还可用于水平状密封面的研磨

表 16-13　阀门组合研磨机的组合形式和适用范围

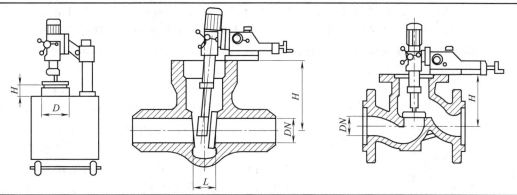

研磨组合机代号	适用范围/mm			
	DN	H	L	D
组合Ⅰ型	—	500	—	≤450
组合Ⅱ小型	100~225	160~500	≥70	—
组合Ⅱ大型	200~500	350~1000	≥90	—
组合Ⅲ型	80~200	80~500	—	—

使研磨轴与密封面中心同轴，固紧法兰连接螺钉，旋转手柄，伞齿轮带动研磨轴转动，研磨轴通过万向节带动研磨盘转动而进行研磨。在万向节和研磨盘之间装有压缩弹簧，靠弹簧的压紧力使研磨盘对密封面施加研磨压力。

③ 闸阀双面研磨机　闸阀双面研磨机（图 16-55）是用手电钻改制成的一种同时研磨闸阀阀体两个密封面的简易机械。该机以手电钻做动力源，经套筒传递给蜗杆、蜗轮减速后带动研磨盘转动。万向接头和弹簧使得研磨盘与密封面良好接触，并有一定的压力。为防止研磨盘松脱，万向接头的螺纹分别是左旋和右旋。

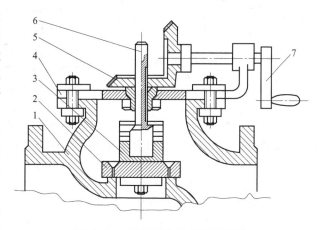

图 16-54　锥齿轮传动的研磨工具

1—阀体；2—研磨板；3—万向节；4—支撑板；5—锥齿轮；
6—研磨轴；7—手柄

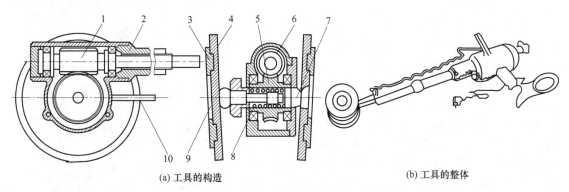

(a) 工具的构造　　　　(b) 工具的整体

图 16-55　闸阀双面研磨机

1—蜗杆；2—套筒；3—导向板；4—平板；5—蜗轮；6—外壳；7—万向接头；8—弹簧；9—万向节；10—拉杆

研磨时，先将拉杆提起，因拉杆的杠杆作用，使弹簧受到压缩，把研磨平板放入阀座之间，让导向板插入密封面通道中，放下拉杆使弹簧伸长，压紧研磨平板并与密封面均匀接触，开动手电钻电源即可进行研磨，研磨中，注意多检查研磨质量，以防止密封面磨损。该机适于阀体内两端密封面都需研磨的闸阀，如果只需研磨一个密封面时，可在另一个密封面上的研磨平板上不用研磨剂和砂布，添加一些机油即可。

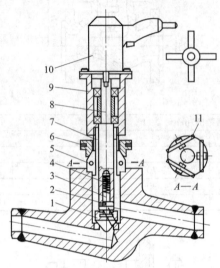

图 16-56　锥密封面修磨工具

1—磨头；2—销子；3—研磨杆；4—弹簧；
5—卡脚；6—螺母；7—接头；8—传动轴；
9—罩管；10—风钻；11—连销

④ 小口径锥密封面研磨机　在小口径的电站阀门中常采用锥密封面，图 16-56 介绍的是适合此类阀门的锥密封面修磨的专用修磨机。该机由风钻（或手电钻）通过传动轴和研磨杆带动研磨头旋转。传动轴由轴承支承在罩管上。罩管的上端与风钻（或手电钻）连接，下端与接头连接。接头有外螺纹与锥形套螺母配合。锥形套螺母的内锥面与卡脚（图 16-56 中 A—A 剖视图）的外斜面呈楔形配合。连销使 3 个卡脚与接头为铰链连接并呈 120° 布置，转动轴的上端采用凸或凹的止口形式与风钻（或手电钻）连接，转动轴的下端为内空套，轴的内空套中装有压缩弹簧，内空套的端头部位开有二道滑槽。研磨杆的上端与转动轴的内空套为滑动配合，并由销子使研磨杆和转动轴的滑槽成滑动连接，压紧弹簧的反作用力使研磨杆沿轴的滑槽向轴端压紧。研磨时，将锥形螺母旋起，使卡脚的定位卡齿对准阀体的中法兰止口（或阀体中腔内止口），轻压风钻使研磨头与锥形密封面贴紧，使压缩弹簧受到适当压力，再向下转动锥形螺母使卡脚张开并卡紧阀体中法兰止口，启动风钻即可研磨。由于它的磨削速度高于研磨，在维修操作时不要使密封面磨削过度。

（4）YDM 系列液压研磨机

YDM 系列液压研磨机具有先进的液压无级调速装置，采用行星式齿轮实现公转和自转，设有液压自动升降旋臂、工件自动夹紧及任意调节阀门角度等功能。该机操作方便、结构灵巧、功能完善、自动化程度较高，能完成对各类阀门的阀座、闸板、阀瓣等零件环形平面的研磨。经过研磨后的表面粗糙度参数可达 $Ra0.16\mu m$，径向吻合度达到 80% 以上。

图 16-57 为 YDM 系列液压研磨机的外形图，图 16-58 为该研磨机的内部结构。

从图 16-58 中可看出，该研磨机由液压系统、机械系统和电器控制系统 3 大部分组成。通过液压油泵将压力输入到各部液压系统，进行高度、行程、转速及角度的工作控制。旋臂升降由液压油缸执行，中间高度可任意选用。主轴转速由液压马达传动，能实现液压无级变速。工作台面设有两只自动夹紧装置，由液压油缸直接驱动，能保证两只夹爪受力均匀，夹紧可靠，夹爪的径向移动采用杠杆原理，能使两只夹爪径向同步移动。研磨润滑冷却液自动回油，研磨作用力具有弹性自动伸缩调节功能，能保证工件中心的正确位置。

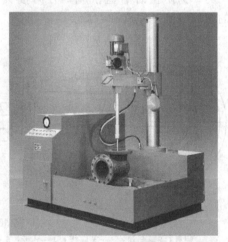

图 16-57　YDM 系列液压研磨机的外形图

将工件放置在工作台面上，点动旋臂下降按钮，把磨杆对准磨头盘的内外定位点，校准高速磨头和阀门密封圈的中心位置，按动压爪前进按钮，将压爪前进到阀门法兰上面（≤20mm），按动压爪夹紧按钮将工件夹紧。调整好工作台面上的法兰定位挡板，根据工件所需研磨角度，点动斜度调升或斜度调降按钮，再打开油马达，通过调速阀调整好所需的转速，校正冷却润滑液之后即可工作。研磨机的型号、规格及技术参数见表16-14。

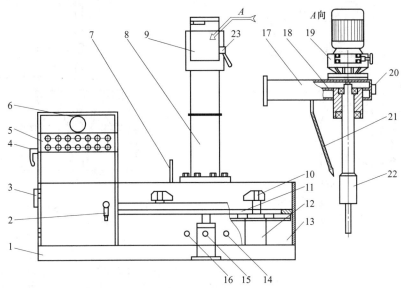

图 16-58　YDM 系列液压研磨机内部结构

1—控制按钮；2—油位记；3,4—调速阀；5—压力表；6,7—门锁；8—水泵；9—压紧夹爪；
10—压紧油缸；11,12—节流阀；13—角度油缸；14—旋臂立柱；15—悬臂座；16—圆头斜扳手；
17—升降悬臂；18—固定套；19—油马达；20—悬臂拉手；21—润滑软膏；22—弹性伸缩器；
23—润滑液池

表 16-14　YDM 系列液压研磨机规格、型号、参数

型号规格	适应阀门研磨公称通径 DN			主轴转速 /r·min⁻¹	弹性伸缩调节范围 /mm	旋臂升降 /mm	夹爪开挡行程 /mm	工作台调斜度 /(°)	交流电	电机功率 /kW
	闸阀	截止阀	电站阀门							
YDM-500 型	50～500	50～500	50～300	30～400	0～50	≥800	120～850	0～6	380V 50Hz	2.2～6
YDM-600 型	100～600	100～600	100～600	30～400	0～50	≥1000	200～1000	0～6	380V 50Hz	2.2～6

(5) ZF-350 型便携式工业阀门研磨机

ZF-350 型便携式工业阀门研磨机适用于闸阀密封面的在线修研。该机通过关节轴承，可实现研磨盘自动找正。研磨轮不规则的自转，研磨盘的公转及研磨杆的上、下、左、右摆动构成了无循环周期的复合研磨运动，故研磨效率高，质量好。

① 研磨机在阀体上的安装　在带有中法兰的阀体上，将研磨机底板前缘放置在接近于被加工面所在的垂线上，然后用弓形夹将其夹紧固定（图16-59）。对于不带中法兰的阀体，可以利用厂家提供的夹具，将研磨机固定在阀体上（图16-60）。

② 研磨前的调试　图16-61为该机的结构示意图，当研磨机被固定好之后，拧紧螺栓，将上下两个偏心轮中的滑块调节到"0"点位置，再用螺栓将滑块固定。

在调节研磨杆的延伸长度时，可以通过测量色点到研磨中心的距离来设定。先将手柄松开，拉出延伸杆到所需要的长度 C，然后再拧紧手柄。

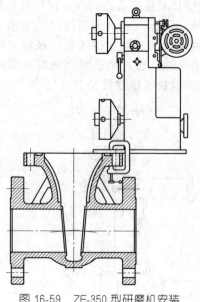

图 16-59 ZF-350 型研磨机安装
（有中法兰）

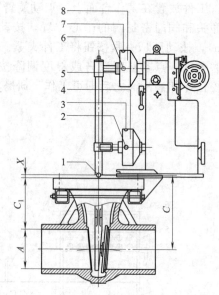

图 16-60 ZF-350 型研磨机安装（无中法兰）

1—0 点位置；2,3,6,7—螺栓；

4,8—偏心轮；5—螺帽

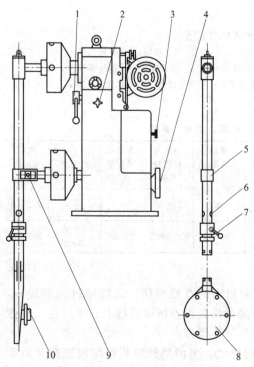

图 16-61 ZF-350 型研磨机结构

1,7,9—手柄；2,4—手轮；3—换向开关；5—挺杆；

6—色点；8—研盘体；10—研盘

在安装研磨杆时，先将研磨杆带有研盘的一端插入阀门内腔，然后立即将研磨杆上端的球轴颈及挺杆插入上偏心轮的开座之中（注意：此接合部安装前必须清洗干净，并涂上油膏），用螺母固定好，再旋紧螺母上的紧固螺钉，以防止转动时螺母脱落。拉开研磨机下偏心轮处两侧的手柄，将研磨杆上的导块推入下偏心轮之中，调整手柄使导销插入导块两侧的导槽之中，至此研磨杆安装完毕。

横向位置微调：当研磨杆安装好之后，往往研盘的横向位置有误差，这时可以松开手柄，用手轮微调横向位置，基本准确后再用手柄固紧。

此外，还需对摆动幅度进行调整，拧松上下两个偏心轮上的螺栓，根据阀门内腔的大小用螺栓调整上下左右的摆动幅度，在调整时用手来盘动皮带轮，观察在一个摆动周期内研盘与阀门有无碰撞处，要尽可能将摆动幅度调大些，同时要注意上下两个偏心轮的调整幅度要保持一致，调节好后紧固螺栓即可。

③ 研磨过程 将研磨剂（碳化硼或金刚砂）用机油调稀，用刷子均匀地涂在被研面和研磨轮上。要注意根据研磨精度的要求，选用不同粒度的研磨剂，在更换研磨剂时应该对工作面和研磨盘进行清洗。用手轮带动研磨盘向被研工件表面移动，直到贴牢，继续转动手轮，压缩弹簧直到产生适当的研磨力，注意弹簧压力不能

过大，以免损伤机器和阀体。在用铸铁研磨盘进行精研过程中，注意用换向开关更换方向，以保证研磨剂沿螺旋槽向里或向外游动，大约 10min 左右变换一次，同时滴上一些机油，提高研磨质量。在研磨完第一个工作面后，将研磨盘旋转 180°，用同样的办法完成第二个工作面的研磨。

16.1.6　研磨中常见的质量问题及防止方法

研磨是切削量极小的光整加工方法，一般很少出现研磨废品。阀门密封面由于尺寸精度并不是很高的，研磨废品更为少见。密封面研磨中经常发生的是几何形状不正确、表面划伤及拉沟等缺陷。现将常见的研磨质量问题及防止方法列于表 16-15。研磨密封面时还容易发生因研磨不均而造成的几何形状误差。例如，在研磨阀体密封平面时则常常出现中间突起，内、外边缘较低现象。这时可以采用两种办法来修正：一种是用一块特制的中间稍稍突起的研盘来精研；另一种办法是将研具及密封面清洗干净后，在密封面的突起处局部涂敷研磨剂，再进行研磨。

表 16-15　研磨时常见的质量问题及防止方法

缺陷形式	产生原因	防止方法
划伤、拉毛	磨料中混入个别的粗磨粒	可用加水沉淀法对磨料进行分选，并加强磨料的保管
	研磨剂中混入灰尘、铁屑或其他杂物	盛研磨剂的容器应加盖，配制时应保持清洁
	工件不清洁，或有毛刺	研磨前密封面应去毛刺并进行清洗
	研磨机或研具不清洁	粗研机具最好与精研机具分开，并注意将研磨机及研具清洗干净
	车间灰尘过多	建立封闭的研磨室，并保持室内清洁
刀痕或拉沟	前道工序质量不好，粗糙度参数过低	工件研磨前应磨削，采用精车时粗糙度参数应不低于 $Ra1.6\mu m$
	磨料过粗	选用细的磨料
	研磨时产生的切削热过高	减小研磨压力，降低研磨速度并经常加添研磨剂
几何形状不正确	研磨运动不当	改进研磨运动
	研磨剂太稠或涂敷不均	采用较稀的研磨剂，并注意涂敷均匀
	研磨压力不匀	手工研磨时用力要均匀一致
	前道工序加工精度差	提高前道工序的加工精度并注意防止工件变形
	研磨时间太长	减少研磨余量，试用较粗的磨料或提高研磨速度及增加研磨压力
	研具不准确	经常检查及修整研具，研具磨耗过快时可改用其他耐磨材料

应当指出，经研磨后的密封面还要用毛毡加氧化铬等磨料进行抛光，以提高密封面的粗糙度精度及去除个别嵌留在表面上的磨粒，否则，在阀门性能试验时易出现密封渗漏。

16.2　阀门密封面的滚动珩磨

滚动珩磨是一种高效的光整加工方法，综合了磨削和研磨的主要特点，它是油石与工件在表面接触状态下，以较低的切削速度和压力，对工件切削的高效率加工方法。它能快速和可靠的切除一定的加工余量，显著提高工件的尺寸精度和形状精度，降低加工表面粗糙度参数。德国格林（Gelring）公司提出要使珩磨完全取代研磨加工并达到研磨精度。目前一些阀门制造厂采用滚动珩磨来加工各种形状的密封面，收到了良好的效果。滚动珩磨具有生产效率高、所需的工具简单以及便于工人掌握等优点，因此，在阀门制造业中应用比较普遍。

16.2.1 滚动珩磨加工的原理和特点

(1) 基本原理

一些阀门制造厂经过反复实践和不断总结提高，滚动珩磨工艺有了较快的发展。滚动珩磨可以在普通万能机床上进行，珩磨的工具简单，操作方便，对工件预加工粗糙度要求不高（精车后的工件也可珩磨）。

图 16-62 为滚动珩磨的工作原理示意图。工件装夹在卡盘或顶尖上，倾斜安装着的珩磨轮以一定的压力与工件表面接触。当工件以 $V_工$ 的线速度旋转时，由于摩擦力的作用珩磨轮以 $V_轮$ 绕自身的轴线转动。同时珩磨轮还沿工件的轴线方向作往复进给运动。因珩磨轮轴线与工件轴线有交角 α，故在工件与珩磨轮旋转的同时，它们之间产生相对滑动，其滑动速度为 $V_滑$。珩磨轮与工件表面相对滑动时，磨粒就在工件表面得到交叉重叠的网状痕迹，故滚动珩磨也能获得 $Ra0.4\sim0.025\mu m$ 的表面粗糙度。

珩磨轮倾角 α 愈大，相对滑动速度 V 滑大，效率也愈高。但 α 角过大将会产生自锁现象，故一般 α 取 $10°\sim35°$。

滚动珩磨加工原理类似于三块平板的互研原理。在珩磨过程中，油石切削面与被加工圆柱的表面可看成三块平板相互研磨修整。欲达到三块平板互研的目的，需将油石与工件看作两个面并需保证在每一次往复运动中，其任一根油石的每个磨粒在圆柱表面上的运动轨迹不重复。

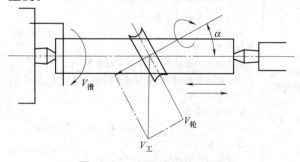

图 16-62　滚动珩磨的工作原理

(2) 滚动珩磨加工特点

① 加工精度高　加工较小直径的孔，圆度可达 $0.5\mu m$，圆柱度 $1\mu m$。加工中等直径的孔，圆度可达 $3\mu m$ 以下。孔长 $300\sim400mm$，圆柱度在 $5\mu m$ 以下。加工较小直径孔的尺寸精度为 $1\sim2\mu m$，加工中等直径孔的尺寸精度可达 $10\mu m$ 以下。加工尺寸的分散性误差可在 $1\sim3\mu m$ 范围内。

② 表面质量好　滚动珩磨是面接触低速切削，磨粒的平均压力小、发热量小、变质层小。加工表面粗糙度为 $Ra0.4\sim0.04\mu m$。平面珩磨表面质量差。

③ 加工表面使用寿命高　滚动珩磨加工的表面具有交叉网纹，有利于油膜的形成及保持，其使用寿命比其他加工方法高一倍以上，特别适用于油封的金属硬密封旋塞阀。

④ 切削效率高　因滚动珩磨是面接触加工，同时参加切削的磨粒多，故切削效率高。

⑤ 加工范围广　滚动珩磨不仅能加工内圆柱面，还可以加工外圆柱面、圆锥面、球面及平面。几乎所有金属材料均能加工。

(3) 滚动珩磨参数的选择

① 珩磨速度　在滚动珩磨加工过程中，当工件的旋转速度增大时，工件表面的粗糙度精度和生产率均有明显的提高，但速度过高则易于产生振动而影响加工质量。滚动珩磨的 $V_工$ 通常取 $60\sim80m/min$。滚动珩磨时的进给量粗珩为 $0.2\sim0.4mm/r$，精珩为 $0.05\sim0.15mm/r$。

② 珩磨的切削压力　滚动珩磨时磨轮单位接触面积上所受的力称为珩磨的切削压力。切削压力的大小将直接影响珩磨效率和加工表面的质量。切削压力太小，磨粒的切削作用微弱，生产率低。切削压力过大，将使磨削区域局部产生高温而烧损零件表面，甚至会造成珩磨具破损。

切削压力粗珩时可取 $8\sim10\mathrm{kgf/cm^2}$，精珩时为 $4\sim6\mathrm{kgf/cm^2}$。

③ 珩磨余量　珩磨是一种光整加工方法，切削量很小，故其余量不宜过大。余量过大时除降低生产率外，还将影响工件的几何形状精度。珩磨余量的大小与预加工的精度和表面质量有关，直径余量一般为 $0.01\sim0.15\mathrm{mm}$。当直径余量大于 $0.04\mathrm{mm}$ 时，为了提高珩磨效率常常使用不同粒度的磨具进行粗、精两次珩磨。粗珩切去余量的 2/3，精珩切去余量的 1/3。

16.2.2　珩磨具

(1) 珩磨具的选择

珩磨工艺对珩磨具的要求比普通磨具更严格，其主要技术要求是切削能力较强，并有良好的自锐性及形状保持性。而珩磨具（磨条或珩磨轮）的性能取决于磨料的种类、磨料的粒度、磨具的硬度和磨具的结合剂。

① 珩磨具磨料　珩磨具使用的磨料主要是白刚玉和碳化硅。应按被加工工件的材料来选择磨料。强度高和韧性好的材料如钢、不锈钢等通常选用白刚玉的磨具，强度低和韧性差的材料如铸铁、黄铜等一般选用碳化硅。珩磨具磨料的选择见表 16-16。

表 16-16　珩磨具磨料的选择

磨料名称	代号	适于加工的材料	应用范围
棕刚玉	A	未淬火的碳钢、合金钢等	粗珩
白刚玉	WA	经热处理的碳钢、合金钢等	精珩、半精珩
单晶刚玉	SA	韧性好的轴承钢、不锈钢、耐热钢等	粗珩、精珩
铬刚玉	PA	各种淬火与未淬火钢件	精珩
黑色碳化硅	C	铸铁、铜、铝等及各种非金属材料	粗珩
绿色碳化硅	GC	铸铁、铜、铝等，多用于淬火钢及各种脆、硬的金属与非金属材料	精珩
人造金刚石	MBD6～8	各种钢件、铸铁及脆、硬的金属与非金属材料，如硬质合金等	粗珩、半精珩
立方氮化硼	CBN	韧性好且硬度和强度较高的各种合金钢	粗珩、精珩

② 磨料粒度　磨具的粒度愈粗，生产率愈高，但表面粗糙度差；粒度愈细，表面粗糙度愈好，但效率低。珩磨具磨料的粒度选择见表 16-17。

表 16-17　珩磨具磨料粒度的选择

磨料	粒度	要求的表面粗糙度 $R_a/\mu\mathrm{m}$				备注
		淬火钢	未淬火钢	铸铁	有色金属	
刚玉 碳化硅	F100～F180	— —	1.25～1.0 —	— 1.0	1.6～1.25 —	
刚玉 碳化硅	F240	0.63 —	1.0～0.8 —	— 0.63	— 1.25～1.0	
刚玉 碳化硅	F280	0.4～0.32 —	1.0～0.63 —	— 0.5～0.4	— 0.8	
刚玉 碳化硅	F320	— 0.32～0.25	— 0.63～0.50	— 0.5～0.4	— 0.8～0.63	钢件用绿碳化硅
刚玉 碳化硅	F400	— 0.2～0.16	— 0.32～0.25	— 0.32～0.25	— 0.5～0.4	钢件用绿碳化硅
刚玉 碳化硅	F600	— 0.16～0.10	— 0.25～0.20	— 0.16～0.125	— 0.4～0.32	钢件用绿碳化硅

③ 珩磨具的硬度　指磨条（或磨轮）上的磨粒在外力作用下脱落的难易程度。磨粒不

易脱落的磨具，硬度就高，反之，硬度就低。若磨具的硬度过高，磨粒已经磨钝而仍然不能脱落，致使珩磨具和工件表面的摩擦力急剧增大，工件表面过热而出现烧伤，从而造成表面粗糙度恶化。磨具的硬度太低，磨粒还未磨钝就脱落下来，从而加快了磨具的磨损。在保证珩磨具有良好自锐性的条件下，还要有较高的耐用度。因此，必须根据工件的硬度、珩磨效率和珩磨余量等条件合理选用。珩磨较硬的金属材料时，磨粒易于磨钝，为了保持良好的切削性能和避免工件过热，应选用较软的磨具。加工较软的材料，磨具的硬度应较高。但珩磨特别软的材料时，为避免切屑堵塞磨具表面，磨具的硬度也要选低一些。珩磨具磨料的硬度选择见表 16-18。珩磨具硬度要求均匀一致，在一个珩磨轮上各点的硬度偏差最大不应超过半小级（相当于 4HRC）。

珩磨具硬度与被珩磨工件的硬度关系见表 16-19，选择珩磨具磨料硬度还应注意：珩磨具磨料粒度越细，珩磨具磨料硬度应选择软的；工件珩磨面积不大时，珩磨具磨料硬度应选择软的；金刚石和立方氮化硼珩磨具的硬度，其代号一般在 M~S 之间选择。

表 16-18　珩磨具硬度的选择

油石粒度号	珩磨余量/mm（直径方向）	油石硬度	
		钢件	铸铁
F100~F150	0.05~0.5	L~Q	N~T
	0.01~0.1	N~T	Q~Y
F180~F280	0.05~0.5	J~P	L~R
	0.01~0.1	L~S	Q~T
F320~F600	0.05~0.15	E~M	K~Q
	0.01~0.05	M~R	M~T

注：1. 正常珩磨条件下，油石硬度要在所示范围内选用偏软值。
2. 当工件材料硬度变动时，油石硬度应朝相反方向变动 1~2 级。

表 16-19　珩磨具磨料硬度与工件硬度的关系

工件硬度 HRC	>60	58~60	52~57	45~51	34~44	<34
珩磨轮磨料硬度代号	F、G	G、H	J、K	L、M、T	P、Q	R、S、T

④ 结合剂　珩磨具的结合剂主要有陶瓷结合剂（代号 V）和树脂结合剂（代号 B）两种。陶瓷结合剂的性能稳定，不受温度和湿度等变化的影响，能耐水、耐油、耐热而不变质。用这种结合剂制成的磨具气孔率大，切削效率高，也比较耐磨，但脆性大，不能经受冲击和振动，珩磨时常常发生块状剥落的现象。用树脂结合剂制成的珩磨具强度高，磨损比较均匀。此外，由于树脂结合剂容易被磨削区的高热烧毁而使磨粒脱落，故可避免过热时烧伤工件表面。树脂结合剂容易受碱的浸蚀，珩磨时冷却液中的含碱量不能大于 1%，否则，磨具的硬度和强度将显著下降。树脂结合剂制成的珩磨具容易受潮变质，故应注意保管存放。阀门厂常用用树脂结合剂制作的磨具。

⑤ 珩磨具组织　珩磨具组织一般要求采用疏松结构。因为磨具接触面大，易产生较高的珩磨热和堵塞现象，而珩磨低粗糙度参数的孔时，却需要选用中等组织的磨具。当采用超硬材料制作的珩磨具时，其浓度的选择应综合考虑加工效率和经济成本，选择的主要原则是：根据结合剂，选择最佳浓度，树脂结合剂珩磨具的最佳浓度为 50%~75%，陶瓷结合剂珩磨具为 75%~100%，青铜结合剂珩磨具为 100%~150%；粗加工时珩磨具浓度应较高，半精加工时，浓度为中等，精加工时应选较低的浓度；工件孔有环形槽、径向孔或带沟槽的孔时，选用浓度应较低，以保证工件可获得较高的形状精度。

（2）珩磨具的制作

滚动珩磨用的磨具一般均采用树脂结合剂由使用厂自行制作。图 16-63 为浇注珩磨轮的模具。金属的轮芯与磨轮要浇注成一体，为增加轮芯与磨轮的结合强度，轮芯表面可加工出几条环槽。

珩磨轮浇注时先将模具内壁用丙酮洗净，在脱模面上涂以由聚苯乙烯 5%＋甲苯溶液 95%组成的脱模剂。将环氧树脂加热至 70～80℃加入增塑剂搅拌均匀，再加入磨料拌匀后加热到 70～80℃，待冷却至 30～38℃时，可将硬化剂加入并迅速拌匀（约 2～3min），随即浇入模具内。浇注后，模具应在 40℃左右的温度中经保温 24h 方可起模。浇注成的珩磨轮在使用前还要进行修整。珩磨圆柱面、圆锥面和球面的珩磨轮，为了增加磨轮与工件表面的接触面积以提高效率和质量，通常将磨轮的工作表面修整为曲线形。修整可以在工

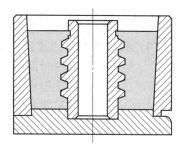

图 16-63　浇注珩磨轮的模具

件精车前进行，用磨轮与较粗的工件表面干珩（不加润滑冷却液），使磨轮工作面加速磨耗而形成合适的曲线。修整时应采用较低的切削速度。

磨料与结合剂等的重量配比如下：结合剂，环氧树脂 100g；磨料，白刚玉或碳化硅 200～300g；增塑剂，磷苯二甲酸二丁酯 10～15g；硬化剂，乙二胺 7～8g。

（3）珩磨轮的修整

① 金刚石笔修整法　珩磨轮的金刚石笔修整法与磨削时采用金刚石修整砂轮相似。修整时应注意：金刚石笔安装应牢固，金刚石笔与珩磨轮应具有 15°～20°的倾斜角。倾斜方向与珩磨轮旋转方向有关，不能装反，否则会产生振动；金刚石笔的进给深度不宜过大，一般以 0.01～0.02mm 为宜；修整过程中，应增大切削液供应量。

② 上、下珩磨轮对珩法　对珩时，上、下珩磨轮中心应错开，并使两轮接触，以一定压力对珩，同时增大切削液供应。对珩后，一般应用电镀金刚石板或金刚石珩磨条将上、下珩磨轮工作面修锐，以增加珩磨轮的锋锐程度。

16.2.3　珩磨的润滑冷却液

润滑冷却液除能减低珩磨时的切削热外，还可将珩磨具上脱落的磨粒和切屑粉末冲刷掉，使磨具表面不被腻塞。正确选用润滑冷却液不仅可改善被加工表面的质量，还能提高珩磨效率。珩磨液的选择见表 16-20。

表 16-20　珩磨液的选择

类型	序号	成分及比例/%					适用范围
		煤油	N32 机械油或锭子油	油酸	松节油	其余	
油剂	1	80～90				—	钢、铸铁、铝
	2	55				—	高强度钢、韧性材料
	3	100				—	粗珩铸铁、青铜
	4	98	10～20	40	5	石油硫酸钡	硬质合金
	5	95				硫黄＋猪油	铝、铸铁
	6	90				硫化矿物油	铸铁
	7	75～80				硫化矿物油	软钢
	8	95				硫化矿物油	硬钢
类型	序号	成分及比例/%					适用范围
		磷酸三钠	环烷皂	硼砂	亚硝酸钠	火碱	硫化蓖麻油（太古油）	其余	
水剂	1	0.6		0.25		—			粗珩钢、铸铁、青铜及各种脆性材料
	2	0.6	0.6	—	0.25	—	0.5	水	
	3	0.25		0.25		0.25			
	4	0.6		0.25		0.25			

16.2.4 几种常见密封面的珩磨

(1) 阀门密封面的滚动珩磨

大、中型阀门的密封面，特别是锥形密封面，在没有大型研磨设备的情况下，很难用手工进行研磨。由于研具过于笨重，手工研磨非常吃力，质量更是难以保证。大、中型阀门的生产批量较小，要增添专用的大型研磨设备在经济上很不合理，因此，阀门厂不得不寻求新的密封面光整加工的途径，就是在这种情况下滚动珩磨开始用来加工阀门密封面。经过生产实践证明，滚动珩磨是一种效率高、质量好、简便实用和经济的加工方法。滚动珩磨的应用范围也在不断扩大，它不仅用来加工大、中型阀门的密封锥面、密封平面，还用来加工球体等。

① 大型阀门锥形密封面的珩磨 图 16-64 为 $DN400$ 口径的蝶形止回阀阀瓣珩磨的示意图。阀瓣的锥形密封面在普通车床上精车后，可直接在四方刀夹上安装珩磨工具来进行珩磨。珩磨前，车床小刀架要搬动一定的角度（为工件锥角的 1/2）。珩磨轮沿工件锥面作纵向进给运动。每进给一次的磨削深度为 $0.005\sim0.010$mm。通常在珩磨到规定的尺寸后，还要进行 $1\sim2$ 次没有磨削量的空程纵向进给，以提高工件表面的粗糙度质量。珩磨工具的结构如图 16-65 所示。该工具是由支承珩磨轮的轴、支架、支承杆及弹簧组成。为使磨轮轴线与工件轴线形成交角 α，轴的轴线与支承杆底平面倾斜 $10°\sim15°$。

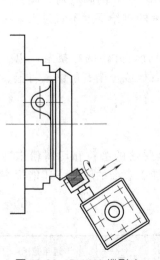

图 16-64 $DN400$ 蝶形止
回阀的阀瓣珩磨

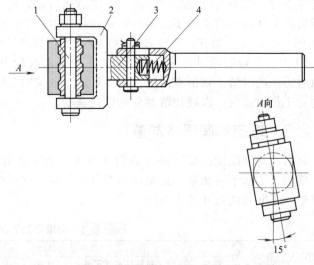

图 16-65 锥形密封面珩磨工具
1—轴；2—支架；3—支承杆；4—弹簧

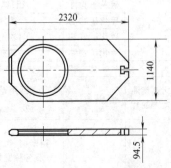

图 16-66 大型平板闸阀的闸板

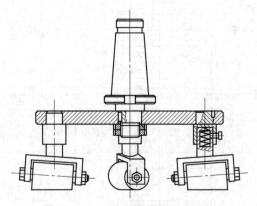

图 16-67 平板闸阀闸板的珩磨头

② 大型平板闸阀密封面的珩磨　平板闸阀是近十多年发展起来的一种新结构的阀门。由于闸板的启、闭过程中始终在阀座密封面上滑动，故闸板密封面不是圆环状，而是整个长方形的闸板表面（图 16-66）。这样大的密封平面是很难进行光整加工的。有的阀门制造厂在龙门铣床上采用珩磨方法对闸板进行光整加工收到了较好的效果。珩磨时使用图 16-67 所示的珩磨头。该工具利用尾锥安装在龙门铣床的主轴上。当主轴旋转时，珩磨头上均匀分布着的 4 只珩磨轮绕磨头中心转动。珩磨轮压向工作台上的闸板表面后，因摩擦力的作用珩磨轮产生自转。由于珩磨轮轴线倾斜成 α 角，故珩磨轮表面与工件表面间产生相对滑动而进行切削。珩磨时工件作纵向进给运动，珩磨头作横向进给运动。珩磨头转速为 190r/min；纵向进给速度为 37.5mm/min。珩钢制闸板时珩磨轮选用白刚玉。粗珩磨轮粒度为 80♯～120♯，精珩磨轮为 240♯。珩磨轮轴线倾角 α 为 10°～15°。

③ 中、小型阀门密封平面的珩磨　中型阀门密封平面可使用类似图 16-65 的工具在普通车床（或立车）上珩磨。

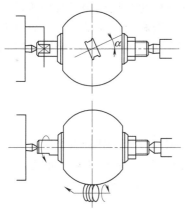

图 16-68　加工球体的珩磨轮

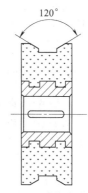

图 16-69　球体珩磨示意

（2）球体的珩磨

球阀球体精车后可在车球机床或专用的球体珩磨机上进行珩磨（图 16-68）。珩磨时球体用芯轴安装在机床的顶尖上被带动旋转，珩磨轮作圆周方向的进给运动。磨轮轴线与工件轴线的交角 α 为 12°～15°。为了增加磨轮与工件的接触面积，磨轮可先作成图 16-69 的形状，然后再进行修整。

（3）柱塞阀阀体内圆柱密封面的珩磨

珩磨工艺可用在圆柱体内外密封面上，图 16-70 为柱塞阀内圆柱密封面珩磨头。本体通过万向节与机床或研磨机主轴相连接。通过调节螺母可以使调节锥上下移动，调节锥向下移动时，使顶杆向外滑动，顶开砂条座，砂条座上嵌有砂条，达到调大砂条直径的目的。反之，调节锥向上移动，砂条直径就会调小。弹簧起着固定调节锥的作用，不至于松动。弹簧箍是由螺旋弹簧制成，抱住砂条座，起固定作用。砂条根据用途选用，一般在 4 根以上。

这种珩磨头因砂条磨损，需经常调节。如果修理场地有压缩空气，用气动压力调节砂条使压力平衡，有利质量和效率的提高。

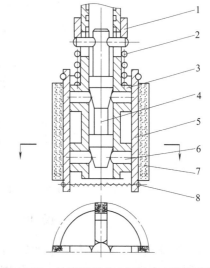

图 16-70　柱塞阀阀体内圆柱密封面珩磨头
1—调节螺母；2—弹簧；3—本体；4—调节棒；
5—砂条座；6—顶杆；7—砂条；8—弹簧箍

16.3 阀门密封面的磨料抛光

16.3.1 磨料抛光的原理

以提高阀门密封面的粗糙度质量和光亮度为目的，对前工序被加工表面所留加工痕迹进行去除或精整的工艺，统称为抛光。一般，抛光不能提高工件尺寸精度和形状精度。当被加工表面只要求低的粗糙度参数，而对形状精度没有严格要求时，就不能用硬的研具而只能用软的研具进行抛光加工。抛光常用于前工序所留下的加工痕迹，或者用于已精加工过的表面。为了得到光亮美观的表面和疲劳强度，或为镀铬等做准备，也常采用抛光加工。例如球体的抛光加工及紧急切断阀先导阀杆的抛光加工等。

抛光是将磨料和固相、半固相、液相或气相载体，以吸附、涂敷、镶嵌、混溶和黏结等形式相结合，借助它们与工件作机械、电磁效应、化学或电化学反应等形式的相对运动，所获得的机械、水、化学、电化学、磁或复合能等能量，使磨料产生切削作用，导致工件微小起伏表面产生塑性变形，凸起部分被"压平"并填于凹陷处。在上述各种因素综合作用下，工件表面前工序留下的加工痕迹逐渐被去除和精整。

16.3.2 磨料抛光的类型

(1) 固结磨料柔性磨具抛光

固结磨料柔性磨具抛光可近似按磨削和研磨机理认识和分析。其特点是：柔性和抛光过程的缓冲弹性较好，不烧伤工件，可适应多种型面抛光。与自由磨料抛光相比，切削能力强、加工效率高。

① 砂布、砂纸抛光

a. 人工抛光。主要应用单片砂布、砂纸，通过手工直接控制，或通过中间媒介，如其平贴与有机玻璃板等软质件上，并与被抛光工件接触，完成抛光加工，其加工示意图见图16-71。

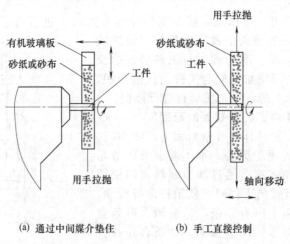

(a) 通过中间媒介垫住　　　　(b) 手工直接控制

图 16-71 砂布、砂纸人工抛光工件示意

b. 机械抛光。主要采用各种类型的砂带及各种机械装置，自动完成各种型面的抛光工作。其形式较多，图16-72为其典型的工作原理。

② 其他固结磨料柔性磨具抛光 其种类、特征及适用性见表16-21。

(2) 自由磨料抛光

各种自由磨料抛光原理及适用范围见表 16-22。

抛光剂中各种磨料材质的适用范围见表 16-23；抛光剂中添加剂及其适用范围见表 16-24；常用抛光剂的成分及应用见表 16-25。

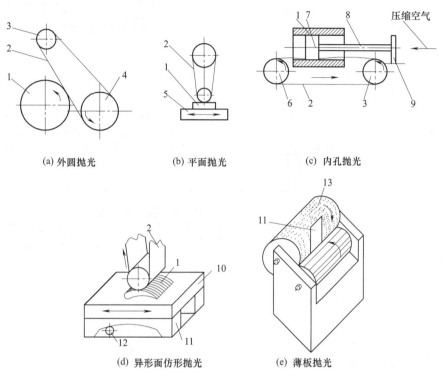

(a) 外圆抛光　　　　　(b) 平面抛光　　　　　(c) 内孔抛光

(d) 异形面仿形抛光　　　　　(e) 薄板抛光

图 16-72　砂带机械抛光的工作原理

1—工件；2—砂带；3—张紧轮；4—接触轮；5—往复工作台；6—主动轮；7—气囊；
8—推杆；9—进给箱；10—工作台；11—靠模板；12—滚轮；13—砂带轮

表 16-21　其他固结磨料柔性磨具的种类、特征及适用性

名称	外形示意图	特征及适用性
柱面丝绒磨具		采用含有磨料的尼龙、聚酯纤维或金属等丝材制造，特点是柔性大，几乎适用于所有形面的抛光，特别是齿形面和异形面
柱面条片磨具		采用含有磨料的尼龙、聚酯纤维条片制造，柔性较小，适用于各种连续形面的抛光（该磨具也可用砂布条制造）
端面丝绒磨具		采用含有磨料的尼龙、聚酯纤维丝或其他材料的条片制造，多用于平面及平曲面的抛光，一次可同时加工较多的小型零件

名称	外形示意图	特征及适用性
瓶刷式磨具	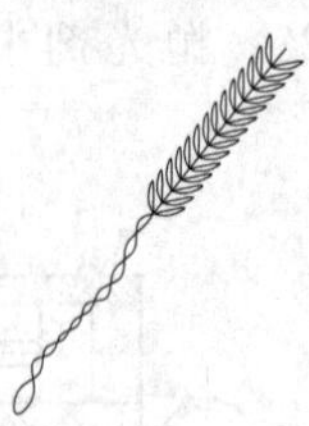	采用含有磨料的尼龙、聚酯纤维丝制造,适用于内圆柱面抛光,特别适用于小孔,但抛光效果较差,表面粗糙度参数降低幅度小
绳状内孔磨具	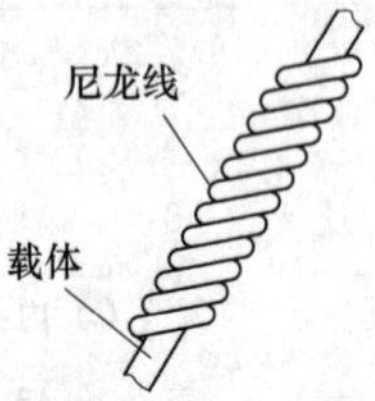 尼龙线 载体	采用含有磨料的尼龙、聚酯纤维丝搓成绳丝,绕在金属丝或金属棒上胶固,多用于内圆柱面抛光,螺旋槽可储存润滑液及磨屑,抛光效果好

表 16-22 各种自由磨料抛光的原理及适用范围

名称	加工示意图	加工原理	适用范围	加工表面粗糙度 $Ra/\mu m$	加工特点
液体磨料抛光	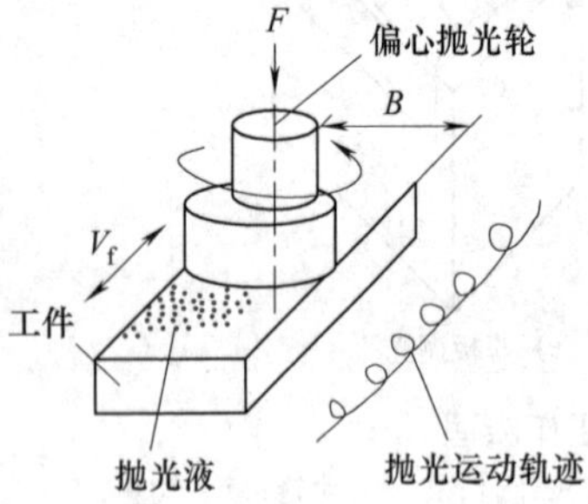 F 偏心抛光轮 B V_f 工件 抛光液 抛光运动轨迹		用于平面精或超精抛光	0.01	① 能获得形状复杂、均匀而稠密的抛光网络轨迹 ② 产生热量少
黏附磨料柔性抛光		利用布、麻、毡、皮革、帆布、木料、尼龙、聚酯或金属丝等材料制造的柔性工具,在高速旋转或往复运动作用下,借助浸含、镶嵌在工具上的磨料和两者间的游离磨料,在磨削、滑擦、刻划、撞击、滚压及可能的化学反应等作用下抛光	适用于各种形面、材质的工件	0.1~0.025	① 加工过程中缓冲弹性好 ② 操作简单、方便
流体磨料等压研抛光	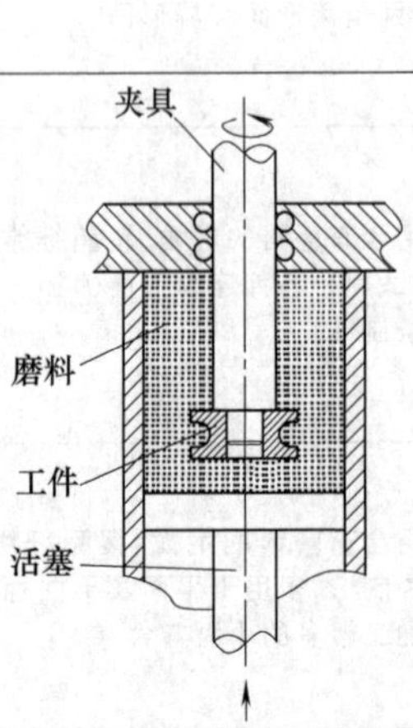 夹具 磨料 工件 活塞	工件固定于转轴上,插入流体磨料缸内,并对磨料加压,按帕斯卡原理,工件表面与磨料受到相同大小的压力,工件在回转或兼做轴向移动作用下抛光	适应大工件的较多形面加工,如齿轮、蜗轮、蜗杆、轴承滚道	0.4~0.1	① 工件各表面抛磨作用均匀 ② 效率高、易实现自动化

名称	加工示意图	加工原理	适用范围	加工表面粗糙度 Ra/μm	加工特点
流体磨料高速流动抛光		利用压力使磨料抛光剂高速往复流经工件表面,由磨料高速摩擦工件表面而抛光	适宜加工复杂零件的群孔和小孔	0.2～0.1	
半固态黏弹性磨料挤压研磨抛光		利用约 10MPa 的高压推动半固态黏弹性磨料,往复通过工件表面而抛光	可加工所有软、硬金属及陶瓷和硬塑料,适宜加工复杂形面,如叶轮、整体滑轮、喷嘴环等	0.4～0.2;个别情况可达到0.05	① 效率高,比手工抛磨时间减少 90% 以上 ② 对盲孔加工能力差
固态或膏状软质磨料机械化学抛光		利用比工件硬度低,却易与工件材料起化学反应的磨料,通过抛光工具与工件接触,在接触面生成松软的反应物,在软质磨料和抛光工具的机械摩擦下刮去反应物,获得抛光表面	用于水晶、石英或硅光学玻璃灯等硬脆材料的抛光	0.05～0.01	① 不产生加工振动 ② 加工表面无刻划痕迹 ③ 加工表面变质层极小
磁性磨料磁性抛光	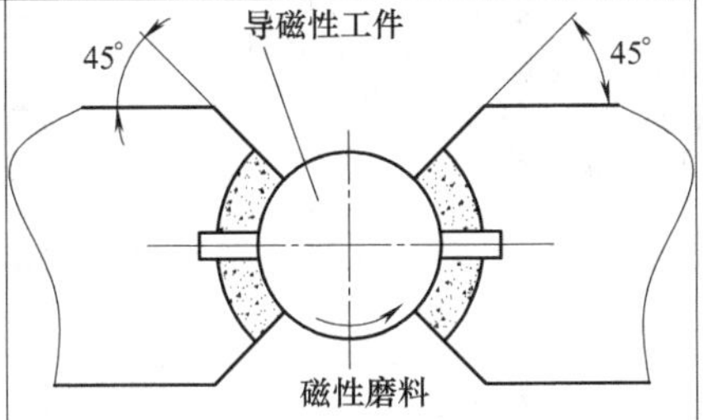 45° 导磁性工件 45° 磁性磨料 导磁性工件磨料抛光 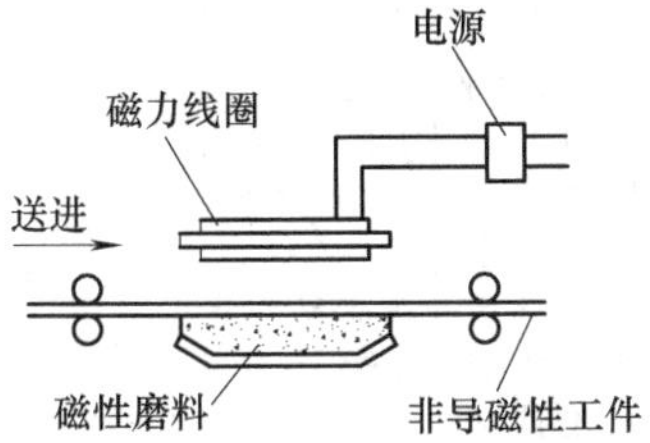 电源 磁力线圈 送进 磁性磨料 非导磁性工件 非导磁性工件磁磨料抛光	利用磁力使磁性磨料形成抛光刷吸附于磁极间或磁力线圈下的工件表面,在磁力作用下,磨料对工件表面施加一定的压力,工件作旋转或同时作轴向振动	工件可为导磁体或非导磁体;可抛光螺纹、轴承孔、齿形等	<0.025	① 工件能保持精密棱边 ② 抛光各种形面应设计、使用不同的磁极
磁性流体非磁性磨料浮置研磨抛光	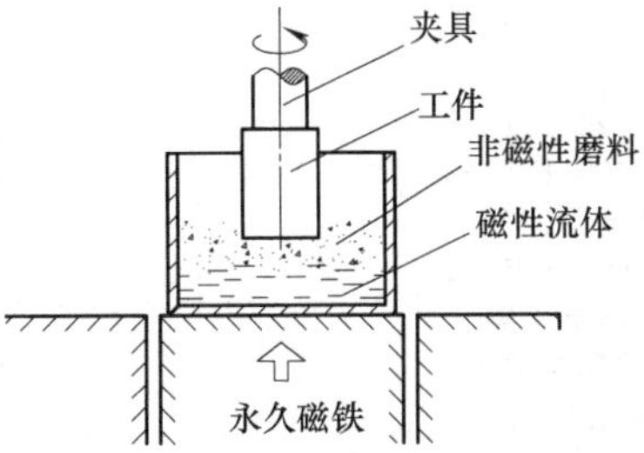 夹具 工件 非磁性磨料 磁性流体 永久磁铁	利用磁性流体的磁浮置现象(即在不均匀磁场中,磁性流体被吸附到强磁场侧,流体中的非磁性磨料被排出至弱磁场侧),使非磁性磨料在磁性流体上面形成高密度磨料层,磨料和工件表面产生接触压力,工件转动,磨料的阻力使工件表面实现抛光	加工范围窄,目前仅用于平面、球面的抛光	0.05	①能方便地通过调节输入磁能的大小及磁铁、工件间距离的大小,调整加工性能 ②参与切削的磨粒数多,每个磨粒的抛光压力微小

名称	加工示意图	加工原理	适用范围	加工表面粗糙度 Ra/μm	加工特点
磨料弹性发射抛光	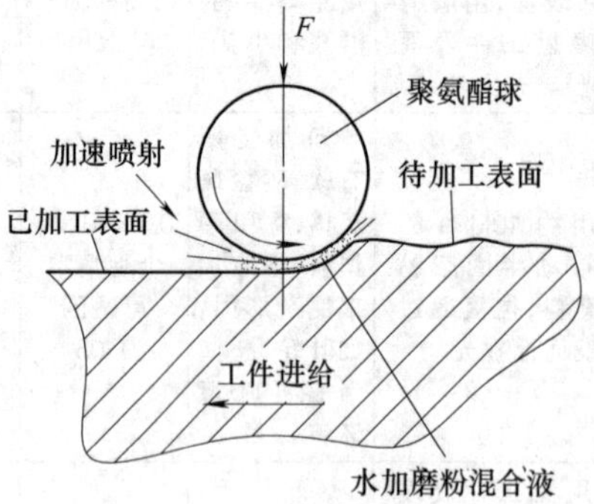 F 聚氨酯球 加速喷射 已加工表面 待加工表面 工件进给 水加磨粉混合液	利用以水流或其他方式加速的微小磨粒（一般小于0.1μm）获得很大的加速度，以极大的动能撞击工件表面，产生高温和高压。高温使工件表层原子晶格空位增加，处于凸峰处的原子被移动。高压使磨粒和工件原子相互扩散，工件表层形成以脆弱原子键联系的杂质原子，在反复撞击下即可移去，以实现抛光	可用于各类工件的精密加工	0.0005	①金属切除量极小，约为1nm ②加工精度可达±0.1μm ③被加工表面晶格不变形
磨料超声抛光	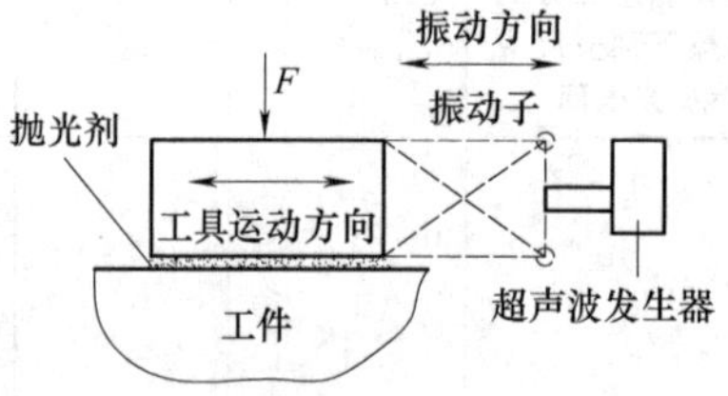 F 振动方向 抛光剂 振动子 工具运动方向 工件 超声波发生器	磨料悬浮在工具或工件的超声振动下，以极高速度不断对工件冲击、抛磨和空化，而实现抛光（磨料固结于工具，即成固结磨料超声抛光）	广泛用于宝石轴承、玻璃等硬脆材料的成形及抛光	<0.025	①金属切除率和加工效率高，比一般研磨抛光效率高20倍左右 ②不受加工材料硬度的限制 ③工具形面应根据工件形面选择
低频振动抛光	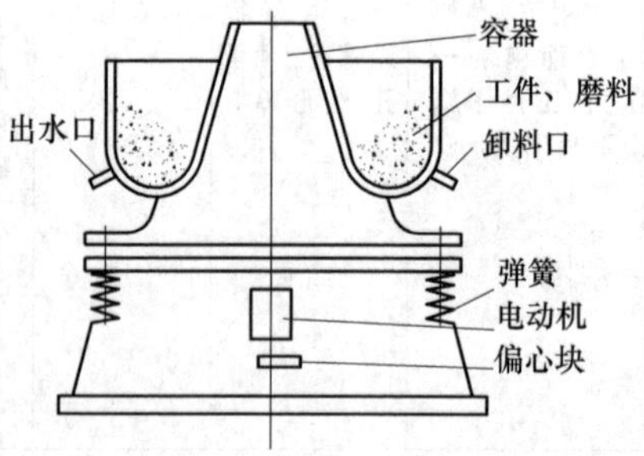 容器 工件、磨料 出水口 卸料口 弹簧 电动机 偏心块	通过容器周期性振动，使工件和磨料绕圆环中心作翻滚和绕容器中心圆周运动，由于工件和磨料的形状比重差异较大，导致运动速度不同，形成相对运动。在填充剂的配合下磨料和工件之间产生激烈的挤压、碰撞和滑擦作用，从而达到抛光目的	对小孔及小盲孔、窄槽加工能力低；适合薄壁、脆性及易变形零件，多用于精抛	0.1～0.025	①加工噪声大 ②工件与磨料相互作用较一致和平稳，冲击均匀，工件和磨料的配比合适，可减弱碰撞
行星式滚筒抛光	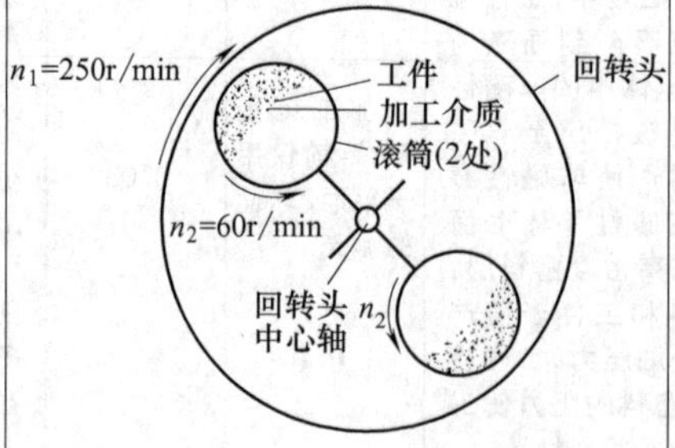 n₁=250r/min 工件 加工介质 滚筒(2处) n₂=60r/min 回转头 回转头中心轴 n₂	利用行星原理，使几个同方向自转的滚筒，绕一固定轴心等速公转，使工件、磨料混合物获得很大的加速和离心力，从而达到抛光目的		0.1～0.025	加工效率更高，比滚筒抛光高15～30倍

表 16-23　抛光剂中各种磨料材质的适用范围

磨料名称	主要成分	抛光类别	主要适用材料	备注
天然或人造金刚石	C	粗、细、精、超精抛光	宝石、玻璃、半导体、石材、陶瓷、硬质合金等硬脆材料	
立方氮化硼	CBN	粗、细抛光	宝石、陶瓷、硬质合金、淬火钢	
绿碳化硅	SiC	粗、细抛光	硬质合金、玻璃等	
黑碳化硅	SiC		铸铁、工具钢、淬火钢等	
棕刚玉	Al_2O_3		铝、铸铁、铜合金等	
白刚玉	Al_2O_3	细、精抛光	合金钢、高硬度钢、青铜、铜等	
绿色氧化铬	Cr_2O_3	精、超精抛光	铜合金、不锈钢、合金钢等	
青玉粉	蓝宝石		铜合金、软钢等	
玛瑙	SiO_2		宝石、水晶、石英、硅玻璃等	
精制氧化铁（红）	Fe_2O_3		玛瑙、刚玉、金、银、白金等	属机械、化学抛光
粗制氧化铁	Fe_2O_3	细、精抛光	铜、青铜、铝、镀铜表面等	
白云石抛光粉	焙烧白云石 MgO、CaO	精、超精抛光	铜、黄铜、铝、镀铜面、镀镍面等	
氧化锆	ZrO_2	精抛光	硅、半导体件、晶体等	
氧化铈（淡黄）	CeO_2	精、超精抛光	软金属、铁、钢、玻璃、水晶、硅、锗等	
氧化铈（白）	CeO_2	粗、细抛光		
微晶无水硅酸	SiO_2	精抛光	塑料、硬橡胶、象牙等	用于窜动、振动、滚动、摆动等抛光；属机械、化学抛光
牙膏			黄铜	
熟石灰			紫铜	
木块、木屑、谷皮、毛毡、皮革、棉籽、玉米棒等		细、精抛光	小而薄的各种材料的工件	一般应配适量的细牙膏，用于窜动、振动、滚动等抛光
玻璃球、钢球、铜球（块）、铅球、玛瑙球等				用于窜动、振动、滚动抛光，主要作用为增加工件与磨料碰撞，一般与细微磨料配合使用

表 16-24　抛光剂中添加剂及其适用范围

类型	种类	成分（质量分数）	特征	主要应用范围	作用
防锈剂	亚硝酸钠溶液	5%～10%，其余是水	微碱性	黑色金属	形成防锈薄膜
	亚硝酸钠、碳酸钠混合液	5%～10%亚硝酸钠 0.5%～0.8%碳酸钠 其余是水			防锈、去除工件表面有机物油脂
	亚硝酸钠水玻璃	5%～10%亚硝酸钠 0.2%～0.8%水玻璃 其余是水			防锈、去除工件表面无机矿物油脂
	重铬酸钾溶液	0.2%，其余是水	中性	铜及黑色金属	防锈、保持铜合金表面光泽
软化剂	油酸		弱酸	黑色金属	润油、缓冲及微弱软化工件表面

类型	种类	成分(质量分数)	特征	主要应用范围	作用
清洗剂	氢氧化钠溶液	0.5%,其余是水	强碱	黑色金属	去除有机物油脂
	碳酸钠溶液	0.8%,其余是水	弱碱		去除有机物油脂及无机矿物油
	碳酸钠水玻璃混合液	0.8%~2%碳酸钠 0.2%~0.8%水玻璃,其余是水			
清洗稀释冷却剂	肥皂水	1%~5%脂肪钠肥皂,其余是水	弱碱	黑色金属	清洗、防锈、冷却
	煤油		中性	黑色、有色金属	清洗、防锈、冷却,含水时会使工件产生斑迹;用后,工件应立即水洗及吹干
	水			玻璃、石英、大理石及花岗岩等	冷却、清洗
	汽油			硬质合金	
	酒精			金、银、白金	
	柴油			黑色、有色金属	冷却、清洗、润滑
润滑剂	锭子油		中性	黑色金属	润滑、黏附磨粒及缓冲
	不干性植物油			淬火钢、渗碳钢、不锈钢	
	橄榄油			金刚石、陶瓷	
	动物油			黑色、有色金属	
辅助填料	硬脂酸颗粒、石蜡(柏子油)、工业用猪油、蜂蜡、地蜡等其他黏弹性高分子树脂				吸附磨料,增加机械、化学抛光机能,提高抛光效果及加工效率

表 16-25　常用抛光剂的成分及应用

序号	抛光剂成分			应用实例		
	类别	名称	含量(wt)/%	抛光对象及材料	抛光类型	抛光工艺条件
1	磨料	氧化铬 W1~W7	9.7	加工对象:各种形面 材料:铜或钢	振动光饰抛光	①抛光液应覆盖工件表面 ②工件和抛光剂总体积小于容器体积的3/5 ③用煤油、洗衣服水冲洗干净
	添加剂	水玻璃	6.5			
		甘油	3.2			
		洗衣粉	5.4			
		煤油	26.8			
		油酸	26.8			
		水	21.6			
2	磨料	氧化铬 W1~W5	8	加工对象:阀杆上密封锥面 材料:铜或钢	振动光饰加工	氧化铬加煤油制成浮化液,再加入铅球,最后加入工件,总体积小于容器容积的3/5,加工时间48~50h
	添加剂	铅球 SR1.5~1.75mm	69.5			
		煤油	22.5			
3	磨料	牙粉(黄铜件用)或熟石灰(紫铜件用)或氧化铬 W0.5~W1.5	0.5	各种工件表面及各种材料		①时间为4~8h ②工件与抛光剂体积比为1:20,其总体积不应超过容器容量的3/5
	添加剂	木屑	60			
		稻谷	30			
		皮革块	9.5			
4	磨料	氧化铁	30	抛光对象:各种形面 材料:各种钢和钴镍合金等	各种黏附抛光形式	
		氧化铝	8			
	添加剂	硬脂酸	44			
		茶油脂	5			
		蜂蜡	8			
		白油	5			

序号	抛光剂成分			应用实例		
	类别	名称	含量(wt)/%	抛光对象及材料	抛光类型	抛光工艺条件
5	磨料	黑碳化硅	40	抛光对象:各种形面 材料:淬火钢、玻璃	各种磨粒抛光	
	添加剂	油酸	40			
		硬脂酸	20			
6	磨料	绿色氧化铬	20	抛光对象:各种形面 材料:铜合金及软钢	各种磨粒抛光	
	添加剂	油酸	5			
		石蜡	15			
		煤油	40			
		锭子油	20			
7	磨料	白色氧化铝	9.5			
	添加剂	油酸	36.5			
		硬脂酸	38.5			
		硫化油	5			
		猪油	9			
		石蜡	4.5	抛光对象:各种形面 材料:合金钢、 高硬钢、青铜、铜	各种磨粒抛光	
8	磨料	白色氧化铬	20			
	添加剂	油酸	5			
		石蜡	15			
		煤油	45			
		锭子油	15			
9	磨料	白色氧化铝	40			
	添加剂	油酸	40			
		硬脂酸	20			
10	磨料	普通氧化铝	18	抛光对象:各种形面 材料:铝、铸铁铜	各种磨粒抛光	
	添加剂	油酸	32			
		硬脂酸	30			
		石蜡	9			
		锭子油	10			
11	磨料	普通氧化铝	40			
	添加剂	油酸	40			
		硬脂酸	20			

16.4 电解抛光（EP）

16.4.1 电解抛光原理

（1）电解抛光过程

电解抛光（EP）是对金属制品进行精加工的一种电化学方法。电解抛光通常是指电镀的逆过程，通过调节电流和混合各种化学电解液的电解槽从金属工件表面去除瑕疵。

电解抛光做法是：将工件作为阳极，和辅助阴极一起浸入抛光槽的电解液中，在通电过程中工件表面得到整平，达到工件表面光滑和外观光亮的要求。

在抛光液这种特殊的电解液中，工件金属阳极表面同时处于两种状态之下：表面的微观凸起处处于活性状态，其溶解速度较大；表面的微观凹下处处于钝态，其溶解速度小，经过一段时间后，表面上的微观凸起处便被整平。

如图 16-73（a）所示，一个低电压的 AC（交流)-DC（直流）转换器，一个特殊的用钢和橡胶衬里制造的用来装电解抛光液的电解槽，一组导线、不锈钢棒放入电解抛光液中并且连接在电源负极上，工件固定在由钛制成的挂架上，并连接到电源的正极。

如图 16-73 （b） 所示，金属工件被通电并浸入电解抛光液中。当通入电流时，将发生电化学反应，工件阳极产生阳极溶解，并在表面形成钝化膜，从而阻碍阳极正常溶解。此时，由于有磨料作用，可以刮除钝化膜，使阳极表面得到活化。工件原始表面凹凸不平，凸起钝化膜首先被刮除，刮除后露出的新鲜金属表面凸起继续受到电化学作用和磨料机械作用。这样，金属表面的凸起部分不断地被去除，而金属表面的凹陷部分受钝化膜保护，去除较慢，使得工件表面粗糙度值迅速降低。正是这种钝化、活化过程不断交替、反复进行，构成了整个电解抛光过程。因此，电解抛光是电解作用与磨料机械作用相复合形成的一种高效率的加工方法。工件表面金属的去除主要靠电解作用完成，磨料起刮除钝化膜及平整表面的作用。

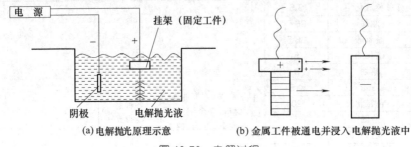

(a) 电解抛光原理示意　　　　(b) 金属工件被通电并浸入电解抛光液中

图 16-73　电解过程

一旦电解完成，工件要通过一系列的清洁、烘干步骤来去除附着的电解液。这种方法因能产生光洁明亮的表面而广为人知，然而，人们却常常忽略这种方法的其他优点，如修边、尺寸控制、微观精度的提高等。

(2) 电解抛光的优缺点

① 电解抛光的优点　电解抛光时通过电化学过程来使被抛光表面整平，因此表面不会产生机械抛光时所形成的变形层，也不会有外来的物质夹杂；抛光表面粗糙度 Ra 值较低，抛去厚度易于控制；能抛光几何形状复杂的零部件（特别适用于小的零件），抛光速度快，效率高，操作方便，易于掌握，劳动强度小；经过电解抛光的零件进行电镀，可提高镀层与基体的结合力。

② 电解抛光的不足之处　电解液成本高，使用周期短，再生困难；抛光液不能对多种金属通用；电解抛光不能除去深的划痕、麻点，以及非金属夹杂。

16.4.2　抛光液配方和操作规范

抛光液的配方和操作规范要根据工件材质确定。对于铁基及非铁基金属制成的阀门零部件，表 16-26 列出了电解抛光液配方和操作规范。

表 16-26　电解抛光液配方（质量分数）和操作规范

项目	低碳钢	马氏体不锈钢	奥氏体不锈钢	铜及其合金
磷酸（d=1.70）/%	60～70	40～45	50～60	40～50
硫酸（d=1.84）/%	10～15	34～37	20～30	
铬酐/%	5～8	3～4		
水/%	7～25	17～20	15～20	调整到精度
相对密度	1.7～1.8	1.65	1.64～1.75	1.55～1.6
温度/℃	60～70	70～80	50～60	20～40
阳极 I_a/(A/dm²)	20～30	40～70	20～100	8～25
电压/V	6～8		6～8	
时间/min	10～15	5～15	10	20～50
阴极材料	铅	铅	铅	铅、不锈钢

16.4.3　工艺操作说明

影响电解抛光的主要因素有温度、时间、工件材质、电解液、电压、电流、工件摆放位置等。

(1) 电解液成分

磷酸是主要成分，用于溶解金属及其氧化物，黏度大，容易形成黏膜。硫酸的作用是提高导电性，改善分散能力。硫酸较多，抛光速度快，对金属基体可加快腐蚀；磷酸较多，可在工件表面吸附较厚黏膜，亮度下降，抛光速度变慢。铬酐的强氧化性可促进金属表面钝化，铬酐含量过高，工件抛光后表面无光泽，在浅黄色底子上有白色斑点。溶液相对密度太大，液体太稠，工件电解抛光后表面有白色的条纹。电化学溶液的相对密度偏小，抛光后无光并且有黄色斑点。通常靠磷酸、硫酸、水的量调整黏度和密度，但有时抛光速度快，黏度不够，整平效果差，可以加入甘油、明胶用来调整黏度。

(2) 溶液搅拌

搅拌溶液直接影响黏膜厚度，使用阴极移动来搅拌溶液，可提高抛光质量。搅拌溶液可以克服抛光后虽然工件表面平整光洁，但有些点或块不够光亮，或出现垂直状不亮条纹的现象，原因是抛光后期工件表面上产生的气泡未能及时脱离并附在表面或表面有气流线路，搅拌溶液可以使气泡及时脱出。

(3) 电极问题

阴极材料通常可以选择铅，阳极阴极比为 1 : (2~3.5) 之间，阴极距阳极最佳距离为100~300mm。工件棱角、尖端的部位电流过大，需要设置正确的电极位置，必要时在棱角处设置屏蔽，否则抛光后工件棱角处及尖端过腐蚀。工件放置的位置没有与阴极对正，或工件互相有屏蔽，或同槽抛光工件太多时抛光后表面有阴阳面和局部无光泽的现象。抛光零件凹入部位被零件本身屏蔽了将产生银白色斑点。解决方法是适当改变零件位置，或增加辅助电极使凹入部位能得到电力线或缩小电极之间距离或提高电流密度。电解抛光的两极接反了，铅板成正极溶解，工件成阴极吸附，工件溶解在溶液中的铁镍铬离子吸附在工件表面，会形成一层结合力不好的黑色或灰色的膜层。

(4) 电解液的配置

通常是磷酸加入水稀释后再在搅拌下缓慢加入硫酸和铬酐，最后用水调整密度和黏度。新配制的抛光液要在 90~100℃ 条件下热解 1h 及通电处理，否则，工件可能出现浅蓝色阴影。

(5) 抛光温度和时间

温度较低，抛光速度较慢，光亮度下降，工件有浅蓝色阴影。温度过高，电流密度太大，液体对工件腐蚀加快，容易引起工件过腐蚀，电解液的有效成分也容易分解。

抛光时间过长，会导致过度溶解。若抛光时间较短，工件抛光后，从槽中取出容易出现褐色斑点，当然也可能是温度或者电流密度不够。

(6) 抛光前的检查

对抛光前处理的检测一定要认真，以避免出现下列缺陷：抛光前除油不彻底，表面尚附有少量油迹时，电抛光后，表面发现似未抛光的斑点或小块；氧化皮未彻底除干净，局部尚存在氧化皮时抛光过后表面局部有灰黑色斑块存在；酸洗过程中出现过腐蚀，把清洗水留在零件表面，带进了抛光槽，即使按照工艺规范操作，抛光后零件表面也有或多或少的过腐蚀现象，严重时，一些油污浮在电解液表面，抛光电解液使用一段时间会出现泡沫；前处理整平不良，电解液只是微观腐蚀整平，较多的表面凹凸不平电解液不能完全清除，将使工件表面凹凸不平，麻点呈凸状。

(7) 工件与挂架

如果工件与挂架的接触不良，则接触点无光泽并有褐色斑点（表面其余部分都光亮），工件被挂架屏蔽了，工件与挂架接触点接触附近将产生银白色斑点。挂架与工件接触点不牢固、电解液密度太低、电流密度过高，电解时都容易出现打火现象，应该多换几种挂架与工件连接方法，尽量多增加挂架与工件的接触点。用铜挂架时铜离子浸入电解液，阳极表面将吸附一层浅红色物质，影响抛光质量。宜选用钛挂架，在夹具裸露处用聚氯乙烯树脂烘烤成绝缘膜，在接触点刮去绝缘膜，露出金属以利于导电。

抛光成本主要由电费、电解液、整流器、电解槽、极板、铜棒、加热管等构成。电流密度越大，耗电量越大。而在电解抛光成本核算中，电费所占的比例很大，调整电解液的配比要比调整电流密度合适。

在食品行业、制药行业、多晶硅行业及高纯气体和洁净流体等管路系统中安装的阀门，均要求阀门的内腔进行电解抛光（EP），罐式集装箱配套的阀门也要求整个阀件进行电解抛光。

16.5 滚压抛光

滚压抛光通常称为滚压加工，是一种冷作工艺，通过滚压刀具上硬化的滚柱对金属表面进行碾压产生塑性变形，所以不会有料屑产生。通过滚压加工，可大大提高工件表面质量，使其表面光滑如镜面，改变工件被滚压表面的粗糙度及硬度。滚压抛光是改变而不是去除不规则高度和间距的微小波峰和波谷，主要用于圆柱孔、轴类外圆、圆锥孔及平面的表面抛光。

滚压刀具的保持架中均布排列多个可旋转的硬化滚柱，这些滚柱同时接触工件表面，可以有效减少加工时间。

滚压抛光的运动方式类似于行星齿轮的滚压过程：圆锥心轴与刀具本体牢固相连，保持

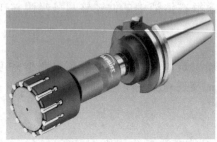

(a) 内孔用滚压刀具

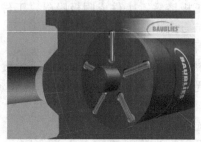

(b) 平面用滚压刀具

(c) 轴类用滚压刀具

(d) 锥面用滚压刀具

图 16-74 几种常用的滚压抛光刀具

架与滚柱一起自由旋转，当滚柱接触工件时，具有与锥滚锥度方向相反的锥度的硬质心轴迫使滚柱压紧工件的表面。滚柱直径通过圆锥心轴相对于辊针的轴向移动而调整，保证了在退刀过程中不会拉伤工件。

滚压抛光可使工件达到极高的表面质量，粗糙度可达 $Ra0.1\sim0.8\mu m$。尺寸精度更稳定，且配合精度高，工件接触密合性好，使工件表层更坚硬，表面抗磨损能力提升。

滚压抛光常用于深冷阀门与 Lip-seal 泛塞接触部位的抛光，因为 Lip-seal 泛塞对与之配合部位的表面精度要求极高，要求其数值不低于 $Ra0.4\mu m$。

滚压抛光的缺点是对于每一规格的轴类或孔类零件，均需特制专用的滚压刀具，工艺制造成本较高。使用滚压抛光工艺时，应该根据所选择的滚压刀具确定工件被滚压部位的尺寸。此外，由于滚压抛光是冷作加工，将使工件表面产生很大的硬化层，在有些工况可能不适用，如含硫工况，因此使用该工艺前应进行验证。

图 16-74 为几种常用的滚压抛光刀具。

参考文献

［1］ 沈阳高中压阀门厂. 阀门制造工艺. 北京：机械工业出版社，1984.
［2］ 苏志东等. 阀门制造工艺. 北京：化学工业出版社，2011.
［3］ 陈宏钧. 实用机械加工工艺手册. 3 版. 北京：机械工业出版社，2009.

第**17**章

Chapter 17

橡胶衬里阀门制造工艺

橡胶衬里阀门是选取一定厚度的片状耐腐蚀橡胶料，贴合在基体的给定表面，形成连续完整的保护覆盖层，借以隔离腐蚀介质对基体的作用，达到防腐蚀的目的。各种橡胶衬里不仅能耐酸、碱、无机盐及很多有机物的腐蚀，而且还具有良好的综合性能，如弹性、耐磨性、耐冲击性、耐弯曲性、吸震性及与金属基体的黏结性能。

橡胶衬里防腐性能可靠，施工简便、快捷，且成本较低，在各种防腐措施中占有重要的一席之地，特别在承受复杂应力和强烈腐蚀的苛刻工作条件下，橡胶衬里更是首选的重要防腐产品。

橡胶衬里常用于隔膜阀和中线密封蝶阀，橡胶衬里蝶阀国内目前最高压力只能做到2.0MPa，而国外阀门制造厂已经做到 Class 300 磅级，并且尺寸高达 NPS 48。

17.1 橡胶衬里的分类

(1) 按硬度分类

橡胶衬里按硬度可分为硬质胶、半硬质胶和软质胶。

① 硬质胶 硬质胶俗称胶木胶，其邵尔 D 硬度可达 70～85。天然橡胶、丁苯橡胶、丁腈橡胶以及异戊二烯橡胶等都可制成具有不同特性的硬质胶，其耐腐蚀性能比相应的软质胶要好，范围也宽，但耐磨、耐冲击性能差。硬质胶与金属的黏接强度高，只要硫化充分就可获得理想的硬质胶衬里。

硬质胶是热塑性材料，一般在 70℃以上就会明显变软，所以选用时应慎重考虑。此外，硬质胶不能承受过度的冲击、振动、变形和温度的骤然升降，其热膨胀率比钢要大 3～5 倍，而在低于－5℃时易脆断，这些因素都需要在设计衬里时综合考虑。

② 半硬质胶 橡胶衬里的邵尔 D 硬度为 40～70。半硬质胶的耐腐蚀性能不如硬质胶，但其韧性、耐冲击性、耐形变、耐寒性能比硬质胶稍强。半硬质胶可在经受较大的温度变化范围（－5～70℃）、机械振动不太剧烈、介质腐蚀不十分苛刻的环境中使用。

③ 软质胶 橡胶衬里的邵尔 A 硬度为 45～85 为软质胶，在以硬度划分橡胶衬里种类时，特指由天然橡胶、丁苯橡胶等不饱和橡胶制成的软质防腐衬里。软质胶有弹性高、耐磨、延伸率大、柔韧抗屈挠和吸振性好等特性，能适应温度的剧烈波动，能承受外力作用下的设备变形，能耐冲击和振动。

（2）按阀门衬里后硫化工艺分类

按阀门衬里后硫化工艺分为热法衬胶阀门和冷法衬胶阀门。这里所指的热法衬胶和冷法衬胶是针对衬胶阀门特有的工艺而进行定义的，有别于化工设备衬里的定义。

① 热法衬胶阀门 将橡胶衬里衬到阀门基体上后，需要在阀门上对橡胶衬里加热才能完成的硫化过程称为热法衬胶阀门，简称热衬。

阀门衬里后，在蒸汽压力达 0.3～0.5MPa、温度135～155℃条件下对橡胶衬里进行高温硫化。目前国内隔膜阀和小口径橡胶衬里蝶阀基本采用此种衬里工艺。图 17-1 为热法衬胶隔膜阀的结构图，图 17-2 为热法衬胶中线蝶阀的结构图。

② 冷法衬胶阀门 通过模具将橡胶衬里模压成形并在蒸汽压力达 0.3～0.5MPa、温度 135～155℃条件下对橡胶衬里进行高温硫化，然后将硫化好的橡胶衬里冷却后衬到阀体上的工艺过程称为冷法衬胶阀门，简称冷衬。

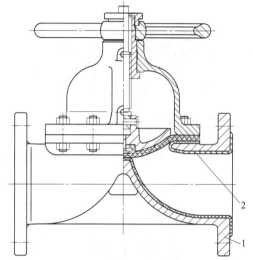

图 17-1 热法衬胶隔膜阀结构
1—阀体；2—橡胶衬里

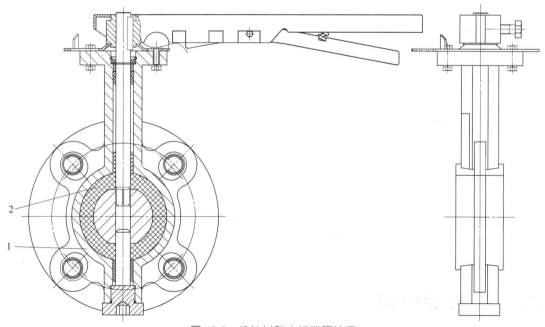

图 17-2 热法衬胶中线蝶阀结构
1—阀体；2—橡胶衬里

国内中线衬里蝶阀制造厂大多采用此种工艺，其好处是阀座可以更换，适合于大批量生产，缺点是橡胶衬里和阀门基体之间是分离状态，在负压场合有可能将橡胶吸扁，因此在配管选型时需要引起注意。

中线蝶阀的橡胶衬里阀座有两种结构，一种是不带靠背的结构，整个橡胶衬里完全由橡胶制成，如图 17-3 所示；另一种是带靠背的结构（图 17-4），带靠背的橡胶衬里阀座由靠背、橡胶两部分组成，靠背承受橡胶内部和外部的作用力，提高橡胶的强度，并限制其变形量保持尺寸稳定。图 17-5 为橡胶衬里阀的模具。

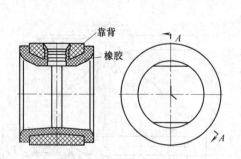

图 17-3　中线蝶阀不带靠背的橡胶衬里阀座结构

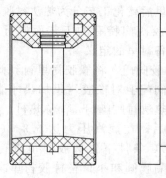

图 17-4　中线蝶阀带靠背的橡胶衬里阀座结构

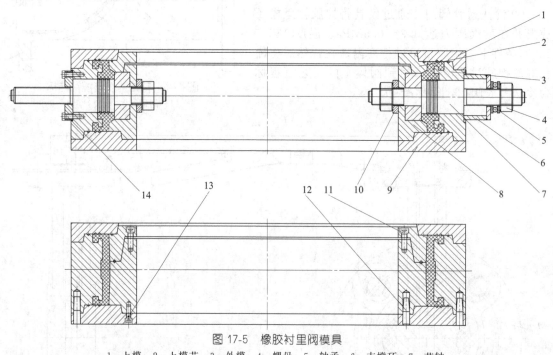

图 17-5　橡胶衬里阀模具

1—上模；2—上模芯；3—外模；4—螺母；5—轴承；6—支撑环；7—芯轴；
8—下模芯；9—下模；10—垫圈；11,13—螺钉；12—销；14—压板

17.2　靠背材料

靠背材料可以选用酚醛树脂或铝合金。

17.2.1　酚醛树脂

酚醛树脂耐热、碱、酸，并且易成形，其挠曲强度可达 50MPa 以上，易于橡胶硫化处

理，而且成本也相对较低。一般情况下 $DN400$ 及以下的蝶阀通常选用酚醛树脂做靠背。酚醛树脂靠背材料技术指标见表 17-1。

表 17-1 树脂靠背材料技术指标

项目	指标
密度/g·cm^{-3}	1.30～1.32
拉伸强度/kJ·m^{-2}	42～64
弯曲强度/MPa	78～120
马丁耐热度/℃	180
外观	制品具有光亮之表面，没有凸凹不平、裂缝

17.2.2 铝合金

铝合金靠背采用铸造铝合金，其常用的合金牌号、代号和化学成分见表 17-2，铸造铝合金杂质允许含量见表 17-3。$DN400$ 以上的靠背材料一般选用铝合金，因为铝合金具有一定的强度，重量轻，耐腐蚀。

表 17-2 铸造铝合金牌号、代号和化学成分

组别	合金牌号	合金代号	主要元素/%							
			Si	Cu	Mg	Zn	Mn	Ti	其他	Al
硅铝系合金	ZAlSi12	ZL102	10.0～13.0	—	—	—	—	—	—	余量
	ZAlSi9Mg	ZL104	8.0～10.5	—	0.17～0.35	—	0.2～0.5	—	—	余量

表 17-3 铸造铝合金杂质允许含量

合金牌号	合金代号	杂质含量/%										杂质总和	
		Fe		Cu	Mg	Zn	Mn	Ti	Ti+Zr	Sn	Pb		
		S	J									S	J
ZAlSi12	ZL102	≤0.7	≤1.0	≤0.3	≤0.1	≤0.1	≤0.5	≤0.2	—	—	—	≤2.0	≤2.2
ZAlSi9Mg	ZL104	≤0.6	≤0.9	≤0.1	—	≤0.25	—	≤0.01	≤0.15	≤0.05	≤0.05	≤1.1	≤1.4

注：S 为砂型铸造，J 为金属型铸造。

17.3 橡胶衬里材料性能及选择

17.3.1 衬里常用橡胶性能

由于各种橡胶的化学成分不同，其物理性能、力学性能和耐介质腐蚀性能均有较大差异。虽然通过配料的配合技术在不同程度上对橡胶的这些性能可以进行改善，但合理选择胶种仍是决定衬里使用效果的重要因素。

常用作衬里阀门的橡胶有丁腈橡胶、氯丁橡胶、三元乙丙橡胶、氟橡胶。

(1) 丁腈橡胶

丁腈橡胶（NBR）是由丁二烯和丙烯腈经乳化共聚制得的高分子弹性体。丁腈橡胶以优异的耐油性著称，对非极性和弱极性油类（如汽油、脂肪族油、植物油、脂肪酸）有极好的抗耐性，但芳香族溶剂、卤代烃、酮及脂类等极性较大的溶剂对其有溶胀作用。

丁腈软质胶耐碱和耐酸性能较好，对强氧化性酸和浓酸抵抗力较差。丁腈硬质胶的耐介质性能优于软质胶，耐热性能比天然硬胶好，适用温度可达 90℃。

丁腈橡胶中的丙烯腈含量对其物理、化学性能影响较大，设计配方时应根据使用条件选择合适的牌号。

丁腈橡胶衬里胶料配方见表 17-4。

丁腈橡胶可用作硬质、半硬质衬里橡胶。

表 17-4　丁腈橡胶衬里胶料配方

材料名称	配方编号		
	NBR-软	NBR-半硬	NBR-硬
丁腈橡胶	100	100	100
氧化锌	5	5	5
硬脂酸	1.5	1.5	1.5
促进剂 D	0.5(TMTD)	0.5	0.5
促进剂 DM	1.5	—	—
增塑剂 DBP	10	1	1
高耐磨炭黑	40	40	30
陶土	60	60	60
防老剂	2	2	2
硫黄	1.5	25	35
合计	222	235	235

(2) 氯丁橡胶

氯丁橡胶 (CR) 是由 2-氯-1,3-丁二烯聚合而成的高分子弹性体。氯丁橡胶属自补强型橡胶,除了良好的物理机械性能外还具有耐天候、阻燃、耐油和耐多种介质腐蚀等优异性能。

氯丁橡胶适合于制造软质衬里,也常采用其液态作防腐涂层。

氯丁橡胶的黏接力极强,易于多种材料黏接。这不仅便于它用作衬里,而且也可用它制造胶黏剂,广泛用于金属与其他材料的黏接。

氯丁橡胶具有优良的耐老化(耐天候、耐臭氧)性能,它的耐热性能也远优于天然橡胶和丁苯橡胶。

氯丁橡胶在碱液和磷酸、硼酸、稀硫酸(10%以下)中十分稳定。氯丁橡胶在 100℃以下即可硫化,适用于自然硫化衬里和涂层。氯丁橡胶耐浓盐酸、氢氟酸、硝酸、次氯酸和氯气的性能较差。

氯丁橡胶衬里胶料配方见表 17-5。

表 17-5　氯丁橡胶衬里胶料配方

材料名称	配方	材料名称	配方
氯丁橡胶	100	陶土	40
氧化镁	4	操作油	40
氧化锌	5	防老剂 A	1
硬脂酸	1	防老剂 D	1
喷雾炭黑	60	合计	222

(3) 三元乙丙橡胶

三元乙丙橡胶是由乙烯、丙烯加少量的第三单体聚合而成。常用的第三单体主要是双环戊二烯 (DCPD)、亚乙基降冰片烯 (ENB) 和 1,4-己二烯 (HD)。

第三单体的品种和含量对乙丙橡胶 (EPR) 的硫化速率有很大影响,乙烯、丙烯的并用比例也会影响其物理机械性能。

三元乙丙橡胶耐热、耐老化、耐天候、耐臭氧性能在通用橡胶中是最好的,它的耐化学品性能也非常优异。三元乙丙橡胶可耐各种浓度的盐酸、磷酸、70%以下的硫酸、40%以下的氢氧化钠、氢氧化钾以及丙酮、甲醛、乙醇等多种强极性有机物和大部分无机盐。

三元乙丙橡胶衬里胶料配方见表17-6。

表 17-6　三元乙丙橡胶衬里胶料配方

材料名称	配方	材料名称	配方
三元乙丙橡胶	100	高耐磨炭黑	40
氧化锌	5	硫酸钡	60
硬脂酸	1	操作油	10
促进剂 TRA	1	硫黄	1.5
促进剂 DM	1.5	合计	222

(4) 氟橡胶

氟橡胶是指主链或侧链的碳原子上含有氟原子的一种合成高分子弹性体。氟原子的引入，赋予橡胶优异的耐热性、抗氧化性、耐油性、耐腐蚀性和耐大气老化性。

首先，氟元素是已知的化学元素中负电性最强的元素，氟原子与碳原子组成的 C—F 键键能很高，如 CF_4 中的 C—F 键键能为 485kJ/mol，氧化程度高，使其耐热、抗氧化，不受活泼化学物的侵蚀。

用做衬里的氟橡胶为偏氟乙烯与三氟氯乙烯的共聚物，其耐高温性极好，可在200℃下长期工作。它有突出的耐氧化酸（如发烟硫酸、硝酸等）、耐臭氧、耐辐射的特性，低吸水性也很突出，此外还具有良好的耐油性。

(5) 橡胶衬里适用温度

不同材料的橡胶衬里其适用温度不同，见表17-7。

表 17-7　常用橡胶衬里的适用温度

项目	丁腈橡胶	氯丁橡胶	三元乙丙橡胶	氟橡胶
适用温度/℃	-30～100	-40～100,短时间可达 120	-40～150	-40～200
备注	禁用于煤油等芳香烃高的油类;禁用于工作温度≥70℃的柴油与汽油	禁用于胺类、王水、芳烃,燃料(含 50% 以上芳烃)、氯水氯仿,柴油,汽油,100 辛烷	禁用于汽油、苯、矿物油、浓酸等	禁用于蒸汽

17.3.2　橡胶衬里选材

(1) 橡胶衬里选材应考虑的主要因素

橡胶衬里选材主要根据接触介质的特性，阀门工作温度、压力等。

① 介质的性质　从以下几方面考虑介质的性质：是气体还是液体或气液、气固共存；是酸、碱、盐类的单一介质，还是混合介质；各类介质的浓度；介质是否含油或有机溶剂。

② 阀门工作温度　从以下几方面考虑：正常工作温度；最高和最低工作温度；温度是否经常变化，变化周期如何。

③ 阀门工作压力　需要考虑：正常工作压力；最高和最低工作压力；压力的变化和变化周期；负压阀门的真空度。

④ 磨损与划伤　有固体悬浮或沉淀物时要注意固体含量、颗粒大小、形状及物料流速。气体、液体流速较快时要考虑磨损问题。

(2) 橡胶衬里选材原则

根据介质的性质选择适用的橡胶品种。

① 对于介质腐蚀性强、温度变化不大的阀门，应衬硬质橡胶或耐腐蚀性能好的合成软质胶。

② 介质腐蚀性较弱、温度又较低时可单独选用半硬胶和软胶。

③ 介质为腐蚀性严重的气体（如干、湿氯气等）时，需选用硬质衬里，厚度也应达到4～6mm。

④ 介质中含固体悬浮物需考虑耐磨损问题，此时最好选用耐腐蚀性较好的合成橡胶软质衬里，并且衬里要加厚。

⑤ 真空阀门不宜采用冷法衬胶，最好采用热法衬胶，可以选用易于高温硫化的硬质胶、半硬质胶，也可选用氯丁橡胶等与基体黏接强度高的橡胶。

⑥ 管道振动强烈、温度波动较大的阀门不宜采用硬质胶。

17.4 橡胶衬里的制造与施工

17.4.1 橡胶衬里的制造

(1) 衬里胶板生产流程

衬里胶板生产工艺流程如图17-6所示。着重介绍下混炼过程。

在炼胶机上将各种配合剂加入生胶制成混炼胶的工艺过程称为混炼。橡胶混炼要注意加料顺序。很多合成橡胶的塑炼效果不像天然橡胶那样明显，其门尼黏度和加工性能已在合成过程中被充分考虑到，故衬里所用的合成橡胶一般无需塑炼，而采用混炼工艺。

① 合成橡胶软质胶混炼加料顺序　生胶热炼→加促进剂、防老剂、硬脂酸等配合剂→加补强填充剂和软化剂→加硫化剂。

② 硬胶、半硬胶的加料顺序　生胶热炼→加硫黄→加补强填充剂、硬脂酸、防老剂、软化剂等→促进剂和助促进剂。

硬胶、半硬胶中的硫黄含量很高（25～40份），混炼时应最先加入，加硫黄时应将辊温尽可能降低至55℃以下，硫黄要用筛子（40～60目）逐渐均匀加入。

③ 开炼与密炼　硬胶、半硬胶、氯丁橡胶只适合于用开炼机混炼，三元乙丙橡胶和丁腈橡胶既可以用密炼机混炼，也可用开炼机混炼。

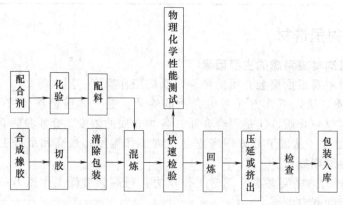

图 17-6　衬里胶板生产工艺流程

④ 出片

a. 压延出片。压延是指胶料通过压延机辊隙，利用滚筒间的压力使胶料产生延展变形，制成胶片或胶布半成品的一种工艺过程。

配方中加入硬质胶粉的胶料压延工艺很容易掌握，操作时只要控制好辊筒温度、喂料方法、压延速率和精度就可获得光滑平整的胶片。不含硬质胶粉和气密性较好的橡胶压延时几乎无法根除气泡，只能将胶料先压成薄片（厚度 1mm 以下），然后再多层复合得到所需厚度的胶板。

b. 挤出出片。挤出是橡胶工业的基本工艺之一。它是指利用挤出机，使胶料在螺杆或柱塞推动下连续不断向前运动，然后通过口型挤出各种所需形状（板、管、密封条）的半成品工艺过程。

衬里胶料挤出出片的工艺要点如下。

- 挤出机温度。机身、螺杆温度不宜过高，一般在 45～50℃；机头温度为 60～70℃，硬质胶、半硬质胶挤出时机头温度宜偏低；口型温度可适当提高（80～90℃）。
- 挤出速度。要根据胶料特性选择适当的挤出速度。挤出速度过快，会使胶料生热大而引发焦烧，反之则影响产量。一般情况下，硬质胶、半硬质胶的挤出速度要稍慢，而三元乙丙橡胶等不易焦烧的胶料挤出速度可以快一些。
- 热喂料挤出机的螺杆较短（长径比为 1∶6），挤出的胶料必须经热炼出条后趁热加入挤出机。冷喂料挤出机的螺杆较长［长径比可达 1∶（18～20）］，并带有混炼部件和其他装置，直接加入冷胶条即可挤出光滑平整的胶片。
- 出片后必须充分冷却，方法有风冷、水冷和辊筒冷却，其中以辊筒冷却效果最好。

c. 硫化。只有预硫化胶板在挤出后需尽快硫化。硫化可在鼓式硫化机或硫化罐中进行。硫化后的胶板应有清晰的布纹以利于黏接。

（2）橡胶衬里阀门的金属壳体

① 技术要求　阀门壳体基体的表面必须是平整光滑的曲面或平面，凹凸不得超过 2mm；承压壳体基体表面应光滑致密，不应有气孔、砂眼、裂纹、缩孔、熔渣、型砂、结疤等缺陷；阀门壳体必须在衬橡胶前进行壳体强度试验。

② 表面处理　阀门壳体检验、试验合格后，在进行橡胶衬里前，金属衬层表面必须进行除锈处理；已处理完的阀门壳体或模具表面，应去除浮灰并保持清洁，采用热法衬胶工艺时，应在处理后 4h 内尽快进行第一次刷浆工作，若处理完的表面在空气中暴露时间过长，使其表面不合格时，应重新进行处理；要贴合衬里的所有金属表面，在进行表面处理和衬里施工的整个过程中，其大气环境最低应保持在露点温度 3℃ 以上，否则应采取除湿或加热措施。

17.4.2　热衬橡胶衬里施工

（1）热衬橡胶衬里施工工艺流程

热衬橡胶衬里施工工艺流程如图 17-7 所示。

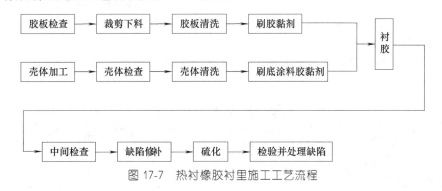

图 17-7　热衬橡胶衬里施工工艺流程

（2）热衬橡胶衬里施工环境要求

热衬橡胶衬里应在 15～30℃，相对湿度小于 80% 和无尘埃的环境中进行施工。在湿度过大、温度过低或过高时要采用适当的去湿、升温、降温措施。去湿、升温、降温过程中均不得用明火。

(3) 金属表面要求

金属表面要进行机加工，并没有砂眼、死角及凹凸不平等。

(4) 衬里胶板的剪裁

衬里胶板的剪裁工艺如下。

① 先检查胶板质量，将气泡用针刺破，严重缺陷处应做出标记，下料时避开，除去表面的杂物。

② 下料要在专用的工作台上进行，画线剪裁过程要保证胶板清洁与干燥。

③ 根据图纸或实物尺寸，按一般钣金工展开下料，下料时要留出胶板搭缝的余量。如果余量不够，贴衬时禁止用拉伸胶板的方法强行搭接，应再补下块料。

④ 胶板接缝有搭接和对接两种形式。采用对接式时，对接流量 10～22mm。为了增加接缝强度，可在接缝处再贴合一块宽 30～50mm 的同一种胶板。搭接或对接时，胶板相接处要削成宽 10～15mm 的坡口，以便两块胶板紧密贴合（图 17-8）。

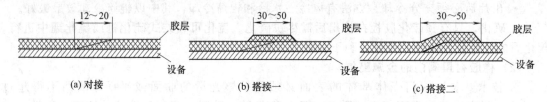

(a) 对接　　　　　　　　(b) 搭接一　　　　　　　　(c) 搭接二

图 17-8　胶板接缝形式

(5) 热法衬胶注意事项

① 衬胶现场应通风良好，干燥、清洁。

② 配料工具用后要及时清理干净。

③ 胶黏剂涂刷后应防止灰尘、油污、水或机械杂质落入。

④ 橡胶板下料前要进行外观检查和厚度检查，如有缺陷，应在下料时剔除。

⑤ 衬胶接缝宜采用搭接。但多层衬里的内层、转动部件可采用对接。多层衬里贴衬时应先将下层接缝处理平整后再贴上层衬里。相邻橡胶层的接缝应错开 100mm。

(6) 热法衬胶中间检查

检查橡胶衬里层接缝有无漏烙、漏压和烙焦现象；检查衬里层是否存在气泡、针眼等缺陷；检查接头是否贴合严实；每衬一层胶板，宜采用电火花检测仪检查衬里层有无漏电现象；衬胶施工中发现缺陷应及时消除，然后再进行下一道工序。

(7) 橡胶衬里的硫化

衬胶阀门放入硫化罐内，加热加压进行硫化。硫化罐直径 2～3m，长 4～6m。硫化罐硫化工艺见表 17-8。

表 17-8　硫化罐硫化工艺

	工艺操作	罐内总压力 /MPa	蒸汽压力 /MPa	压缩空气压力 /MPa	时间 /min	累计时间 /min
升压阶段	打压缩空气升压	0～0.3	0	0～0.3	20	60～80
	通蒸汽,放压缩空气,等压保温	0.3	0～0.3	0.3～0	40～60	
保压阶段	保压	0.3	0.3	0	180	180
降压阶段	打压缩空气,放蒸汽,等压降温	0.3	0.3～0	0～0.3	60～80	70～90
	降压	0.3～0	0	0.3～0	10～20	

(8) 质量检验

① 橡胶衬里阀门应 100% 进行质量检验。

② 热法衬胶的橡胶衬里阀门不允许有脱层现象。

③ 硬橡胶、半硬橡胶、软橡胶分别用邵尔 D 型、A 型硬度计测量硬度。各测量点应尽可能相距远一些，监测点的数量视工件的形状及大小而定（一般检测 5～10 点）。

④ 衬胶阀门必须用电火花检测仪全面检查衬里层，不得有漏电现象。检验电压为高频。电压数值按 1mm 胶层厚度 3000V 电压计算。探头行走速度为 3～6m/min。检查时，胶层表面应清洁、干燥，探头不得在胶层上停留，以防止胶层被高压电压击穿。

⑤ 橡胶衬里阀门应进行气密封试验。

⑥ 有负压要求的橡胶衬里阀门，应按照要求的真空度进行抽真空试验，试验应维持 1h，试验后应重复检查衬里有无缺陷。

17.5 冷法衬胶蝶阀橡胶衬里阀座的检验

17.5.1 常用橡胶衬里的性能

冷法衬胶蝶阀常用橡胶衬里的性能见表 17-9，压缩永久变形按照 ASTM D395《橡胶性能的标准试验方法——压缩永久变形》进行试验。

表 17-9 冷法衬胶蝶阀常用橡胶衬里的性能

名称 性能指标	丁腈橡胶 NBR	氯丁橡胶 Neoprene	三元乙丙橡胶 EPDM	氟橡胶 Viton
硬度(邵氏 A)	70±3	70±3	70±3	70±3
断裂强度/MPa	≥15	≥13.78	≥10	≥14
扯断伸长率/%	≥250	≥250	≥200	≥150
压缩永久变形/%	≤50 在 100℃,22h 工作后	≤80 在 100℃,22h 工作后	≤70 在 150℃,24h 工作后	≤35 在 175℃,22h 工作后

17.5.2 常用橡胶衬里老化试验指标

冷法衬胶蝶阀常用橡胶衬里老化试验指标见表 17-10，试验按 ASTM D573《橡胶在热空气炉中进行变质试验的标准方法》的要求进行。

表 17-10 冷法衬胶蝶阀常用橡胶衬里老化试验指标

名称 指标变化	丁腈橡胶 NBR	氯丁橡胶 Neoprene	三元乙丙橡胶 EPDM	氟橡胶 Viton
硬度变化	±50%			
抗拉强度变化				
扯断伸长率变化	−20%～10%			

参考文献

[1] 苏志东等. 阀门制造工艺. 北京：化学工业出版社，2011.

[2] 李敏，张启跃. 橡胶工业手册 第 5 分册 下 橡胶制品. 北京：化学工业出版社，2012.

[3] 吕百龄. 实用橡胶手册. 北京：化学工业出版社，2010.

第18章

Chapter 18

氟塑料衬里阀门制造工艺

　　氟塑料是性能优越的热塑性材料，最开始用于军工和宇航工业，典型的聚四氟乙烯（PTFE）材料，具有优良的耐热性和耐寒性，可长期在－195～200℃范围内使用。低摩擦性和自润滑性非常好，还具有优良的电绝缘性和优异的化学稳定性，可耐各种强酸、强碱和强氧化剂的腐蚀，甚至可耐"王水"，有"塑料王"之称。由于氟塑料具有这些优异特性，所以特别适合做耐腐蚀性强的阀门材料。氟塑料衬里阀门就是利用了氟塑料这些优异特性、可塑性和可熔融加工及加工成形性能好的原理设计制造出来的。

　　因为氟塑料的抗拉强度和硬度相对较低，不适宜单独做阀门壳体材料，尤其是口径比较大的阀门，所以通常作为衬里材料采用。氟塑料衬里阀门的外壳材料，一般有灰铸铁、球墨铸铁、碳素钢、不锈钢等。灰铸铁由于机械强度低，容易碎裂，现在使用较少。

　　氟塑料衬里阀门的设计压力一般≤$PN25$（150Lb），使用温度根据壳体材料和氟塑料的适用温度来确定。一般碳钢衬氟塑料阀门的工作温度为－29～180℃。

18.1　氟塑料

18.1.1　氟塑料的种类与特性

(1) 氟塑料的种类

　　氟树脂的品种很多，根据分子中氟原子的个数分有下列品种：聚氟乙烯（PVF），简称F1；聚偏二氟乙烯（PVDF），简称F2；聚三氟氯乙烯（PCTFE），简称F3；聚四氟乙烯（PTFE），简称F4；聚六氟丙烯，简称F6。含氟塑料的共聚物有以下品种：可溶性聚四氟乙烯，简称PFA，是由聚四氟乙烯与全氟烷基乙烯醚共聚所组成；聚全氟乙丙烯（FEP）简称F46，是四氟乙烯与六氟乙烯的共聚物；F42是四氟乙烯与偏二氟乙烯的共聚物简称；F40是四氟乙烯与乙烯的共聚物简称；F30是三氟氯乙烯与乙烯的共聚物简称；F23（又称3M）是偏二氟乙烯与三氟氯乙烯的共聚物简称。

(2) 氟塑料的特性

由于氟塑料分子结构中都有氟碳键及其屏蔽效应，故具有优良的耐腐蚀性、耐高（低）温性、非黏附性、电绝缘性等。又由于它们彼此间的结构上的差异，使其具有各自的特性，选用时要充分注意发挥不同品种氟塑料各自的优点。

18.1.2 阀门衬里用氟塑料

衬里材料必须符合相关材料标准规定，其密度宜选用≥2.16g/cm³ 的氟塑料，且不允许有杂质存在。目前常用的氟塑料有 FEP（F46）、PFA、PTFE（F4）和 F2 等。随着新型塑料工程材料的不断出现，将给阀门衬里增添更多的品种。用于食品医药、卫生级阀门材料，还要求无毒无菌、无杂质及清洁卫生的材料。

(1) 聚四氟乙烯（F4）

聚四氟乙烯突出的加工性能特点是成形加工困难，在熔融状态无流动性，在熔融温度以上也不能从"高弹态"转变到"黏流态"，加热到它的分解温度（415℃）也不能流动。

因此聚四氟乙烯很难用模压、注射等一般热塑性塑料的加工方法来制造形状复杂的制件，只能将聚四氟乙烯粉料预压成所需形状，然后再烧结成形。其涂层多微孔，不能单独用作防腐涂层。

F4 可以进行黏结，但需进行表面特殊处理。将 F4 与 F4 制件接合的最理想方法是焊接，一般 F4 的焊接方法分为热压焊接和热风焊接。

(2) 聚全氟乙丙烯塑料（FEP）

聚全氟乙丙烯塑料（FEP）又简称为 F46，FEP 是四氟乙烯和六氟丙烯共聚而成的。F46 的突出优点是具有较好的成形加工性能，可以用热塑性塑料通用的成形加工方法如模压、挤出、注射等进行加工。F46 在熔融状态能和金属黏结。

(3) 可溶性聚四氟乙烯塑料（PFA）

PFA 树脂相对来说是比较新的可熔融加工的氟塑料。PFA 兼有 F4 与 F46 的优点，它既有 F4 优异的耐化学腐蚀性和耐高温性能，又可像 F46 一样可用一般热塑性塑料加工方法成形加工，还可采用注塑机注塑成形，且比 F46 更为方便。PFA 在工业上可用作防腐蚀衬里及防腐涂层。

综上所述，目前用得最多的氟塑料是聚全氟乙丙烯塑料（F46）与聚四氟乙烯塑料（F4）。前者采用模压衬里，后者采用粉末预压-烧结成形方法衬里。可溶性聚四氟乙烯塑料（PFA）可采用高效率注塑的方法衬里，衬里的工艺性与防腐蚀性能都比较好，但由于材料价格太高，限制了它的使用。

18.2 氟塑料衬里阀门的种类与典型结构

进入 21 世纪以来，新技术、新材料、新工艺的不断出现促进了阀门工业的发展，各种新结构、新材料的阀门产品大量涌现，新型陶瓷阀、塑料阀以及各种复合材料的衬里阀门，不论在品种上、性能上，都有较大发展和提高。这些特殊用途的阀门，满足了工业部门特殊工况的需要。通用阀门使用面广、使用量大，各工业部门都有应用。几乎所有的通用阀门都能采用衬里的方法制造，从而提高了通用阀门的使用性能和适用范围。氟塑料衬里阀门的典型特点是具有优良的耐腐蚀性，相对于哈氏合金、蒙乃尔合金等贵重金属阀门，价格要便宜得多。下面介绍常用的氟塑料衬里阀门的种类与结构。

18.2.1　楔式单闸板氟塑料衬里闸阀

楔式单闸板氟塑料衬里闸阀的典型结构见图 18-1。

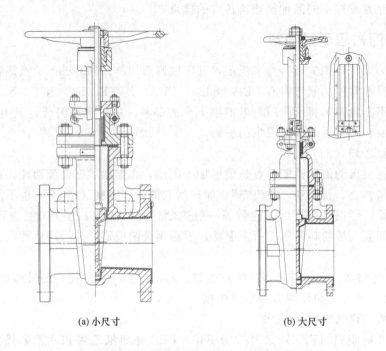

(a) 小尺寸　　　　　　　　　　　(b) 大尺寸

图 18-1　楔式单闸板氟塑料衬里闸阀

18.2.2　阀瓣非平衡式氟塑料衬里截止阀

阀瓣非平衡式氟塑料衬里截止阀的典型结构见图 18-2。

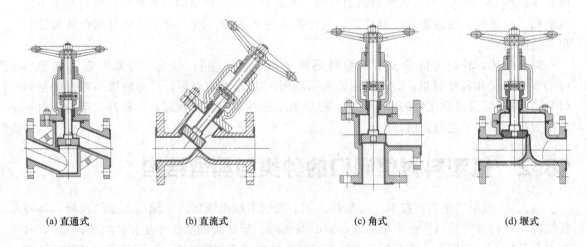

(a) 直通式　　　　　(b) 直流式　　　　　(c) 角式　　　　　(d) 堰式

图 18-2　阀瓣非平衡式氟塑料衬里截止阀

18.2.3　氟塑料衬里止回阀

氟塑料衬里止回阀的典型结构见图 18-3。

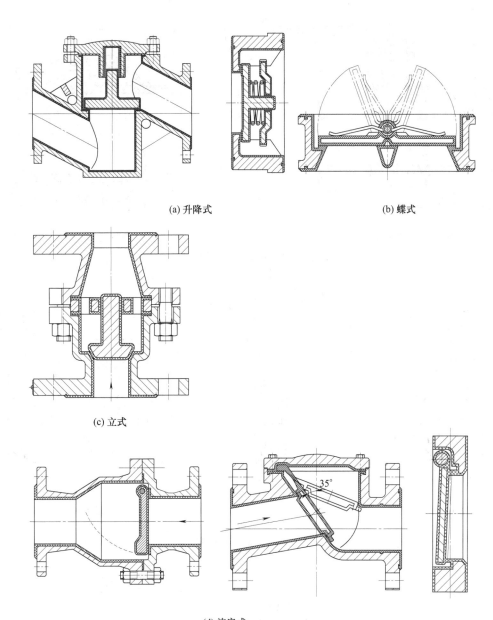

(a) 升降式   (b) 蝶式

(c) 立式

(d) 旋启式

图 18-3　氟塑料衬里止回阀

18.2.4　氟塑料衬里球阀

氟塑料衬里球阀的典型结构见图 18-4。

18.2.5　氟塑料衬里蝶阀

氟塑料衬里蝶阀的典型结构见图 18-5。

18.2.6　氟塑料衬里旋塞阀

氟塑料衬里旋塞阀的典型结构见图 18-6。

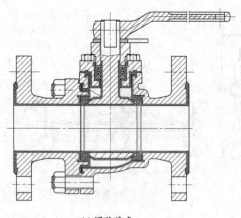

(a) 浮动球式   (b) 固定球式

图 18-4   氟塑料衬里球阀

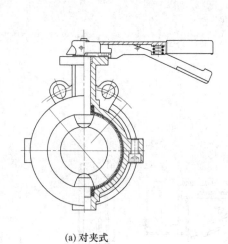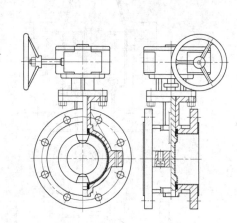

(a) 对夹式   (b) 对夹式   (c) 法兰式

图 18-5   氟塑料衬里蝶阀

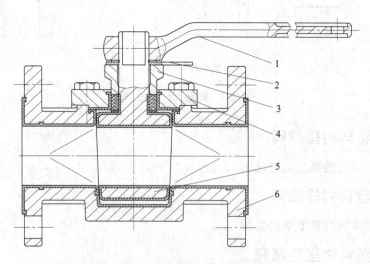

1

2

3

4

5

6

图 18-6   氟塑料衬里旋塞阀

1—阀体；2—旋塞；3—阀盖；4—填料压盖；5—定位块；6—手柄

18.2.7　氟塑料衬里隔膜阀

氟塑料衬里隔膜阀的典型结构见图 18-7。

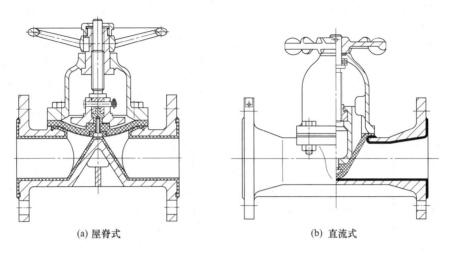

(a) 屋脊式　　　　　　　　　　(b) 直流式

图 18-7　氟塑料衬里隔膜阀

18.2.8　氟塑料衬里调节阀

氟塑料衬里调节阀的典型结构见图 18-8。

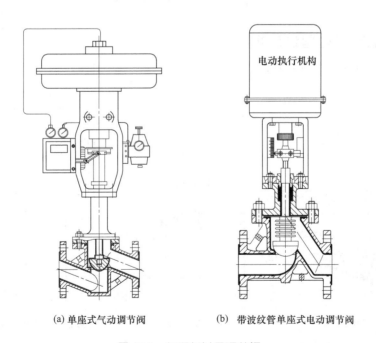

电动执行机构

(a) 单座式气动调节阀　　　(b) 带波纹管单座式电动调节阀

图 18-8　氟塑料衬里调节阀

18.2.9　氟塑料衬里管件

氟塑料衬里管件的典型结构见图 18-9。

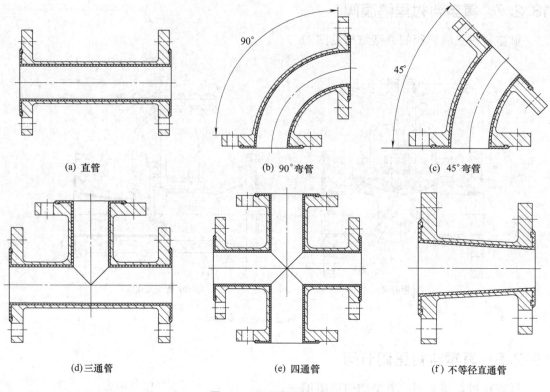

(a) 直管　　　　　　　　(b) 90°弯管　　　　　　　(c) 45°弯管

(d)三通管　　　　　　　　(e) 四通管　　　　　　　(f) 不等径直通管

图 18-9　氟塑料衬里管件

18.2.10　氟塑料衬里过滤器

氟塑料衬里过滤器的典型结构见图 18-10。

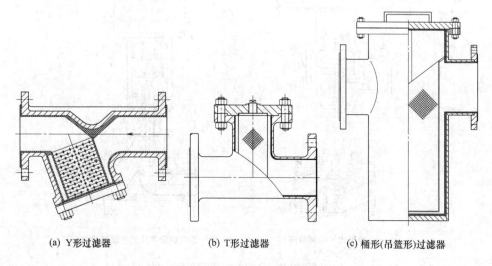

(a) Y形过滤器　　　　　(b) T形过滤器　　　　　(c) 桶形(吊篮形)过滤器

图 18-10　氟塑料衬里过滤器

18.2.11　氟塑料衬里补偿器

氟塑料衬里补偿器的典型结构见图 18-11。

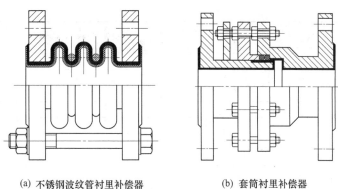

(a) 不锈钢波纹管衬里补偿器　　　　(b) 套筒衬里补偿器

图 18-11　氟塑料衬里补偿器

18.2.12　氟塑料衬里视盅和视镜

氟塑料衬里视盅和视镜的典型结构见图 18-12。

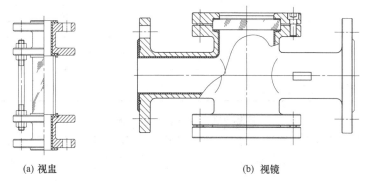

(a) 视盅　　　　　　　　　　　　(b) 视镜

图 18-12　氟塑料衬里视盅和视镜

18.3　氟塑料衬里阀门制造标准与要求

18.3.1　制造标准

氟塑料阀门衬里的公称尺寸，按表 18-1 所列氟塑料衬里阀门的公称尺寸选取。

氟塑料衬里阀门的技术条件按 HG/T 3704—2003《氟塑料衬里阀门通用技术条件》、GB/T 26144—2010《法兰和对夹连接钢制衬氟塑料蝶阀》、JB/T 11488—2013《钢制衬氟塑料闸阀》等标准的规定。

由于氟塑料衬里阀门有其自身的特点和要求。因此还必须满足下列技术要求：阀门壳体的最小壁厚按照 GB/T 12224 标准中的规定，根据不同类型不同结构的阀门，其压力等级按 $PN10$、$PN16$ 和 $PN25$ 选取，但此壁厚不包括衬里层厚度，衬里层厚度推荐采用表 18-2 的尺寸。

表 18-1　氟塑料衬里阀门公称尺寸范围

公称尺寸 DN /mm	闸阀	截止阀	升降式 止回阀	旋启式 止回阀	球阀	蝶阀	旋塞阀	隔膜阀
15	—	√	√	—	√	—	—	√
20	—	√	√	—	√	—	—	√

公称尺寸 DN/mm	闸阀	截止阀	升降式止回阀	旋启式止回阀	球阀	蝶阀	旋塞阀	隔膜阀
25	—	√	√	√	√	—	√	√
32	—	√	√	√	√	—	√	√
40	√	√	√	√	√	—	√	√
50	√	√	√	√	√	√	√	√
65	√	√	√	√	√	√	√	√
80	√	√	√	√	√	√	√	√
100	√	√	√	√	√	√	√	√
125	√	√	√	√	√	√	√	√
150	√	√	√	√	√	√	√	√
200	√	√	√	√	√	√	√	√
250	√	√	√	√	√	√	√	√
300	√	√	√	√	√	√	√	√
350	√	√	—	√	√	√	√	—
400	√	√	—	√	√	√	√	—
450	√	—	—	√	√	√	—	—
500	√	√	—	√	√	√	—	—
600	√	—	—	—	—	√	—	—
700	—	—	—	—	—	√	—	—
800	—	—	—	—	—	√	—	—
1000	—	—	—	—	—	√	—	—
1200	—	—	—	—	—	√	—	—

表 18-2　氟塑料衬里厚度

公称尺寸DN /mm	10　15　20 25　32	40　50 65　80	100　125　150	200　250　300 350　400	450　500　600 700　800	900　1000 1200
氟塑料衬里厚度/mm	≥2.0	≥2.5	3~4		≥4	≥5

　　法兰连接氟塑料衬里阀门的结构长度按 GB/T 12221 的规定，对夹连接氟塑料衬里阀门的结构长度按 GB/T 15188.2 的规定。在我国经济发展过程中，引进了大量国外先进技术和设备，与其相连接的阀门结构长度各不相同，因此可根据具体情况，确定其结构长度。

　　氟塑料衬里阀门的法兰连接尺寸按 GB/T 9113 的规定或行业标准的规定。也可根据需要，采用国外法兰标准，在供需合同中应明确规定。连接方式不得采用焊接连接，因为氟塑料会因焊接过程中的高温而变形损坏，影响阀门安装质量和使用性能。

　　氟塑料衬里阀门孔径最小尺寸按表 18-3 的推荐。对于有扫线要求的阀门，按需要由供需双方约定。

表 18-3　阀门孔径最小尺寸

公称尺寸 DN/mm	15	20	25	32	40	50	65	80	100	150	200	250	300	350	400
孔口直径 PN6~16/mm	13	19	25	32	38	49	62	74	100	150	200	250	300	334	385
公称尺寸 DN/mm	450	500	550	600	650	700	750	800	850	900	950	1000	1050	1200	
孔口直径 PN6~16/mm	436	487	538	589	633	665	710	768	830	874	925	976	1020	1166	

18.3.2　内部结构特点

　　通用阀门只需考虑阀门铸件的铸造工艺性和结构的合理性就行了，但对于氟塑料衬里阀门来说，这还不够，还要考虑氟塑料衬里的模压工艺性、生产成本、流道畅通等问题。

　　例如氟塑料衬里截止阀（图 18-13），其 S 形的阀门壳体流道在铸造工艺性上没有什么问题，如果是氟塑料衬里截止阀设计成这样的结构，氟塑料衬里模压工艺将无法实现。为了满足氟塑料衬里模压的工艺性要求，又符合截止阀的一般性能参数规范，氟塑料衬里截止阀应设计成图18-13（b）和图18-13（c）的样式。

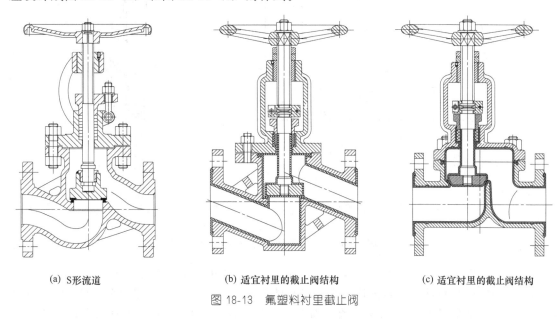

(a) S形流道　　　　　　　(b) 适宜衬里的截止阀结构　　　　　(c) 适宜衬里的截止阀结构

图 18-13　氟塑料衬里截止阀

又如球阀（图18-14）的球体与阀杆，蝶阀的蝶板与阀杆，通用阀门的设计是分开的。如果氟塑料衬里球阀和蝶阀采用这样的连接方式，氟塑料衬里工艺性没有什么问题但使用效果上有问题。阀杆与球体（蝶板）联接部位在反复交变受力过程中，容易损坏衬里层，导致衬里层破坏，钢质骨架会受到腐蚀性介质的腐蚀而失效，从而缩短阀门使用寿命，所以，通常设计成连体形。实践证明，这样的设计使用效果良好。

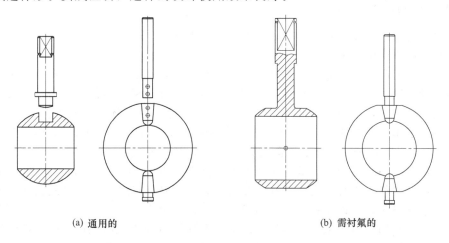

(a) 通用的　　　　　　　　　　　(b) 需衬氟的

图 18-14　球阀球体与阀杆的连接

氟塑料衬里阀门的内部形状应尽量简洁，要充分考虑模具制造的简易，模压工艺的合理，制造成本的低廉，并保证介质流动顺畅，要求衬里面平整，所有转角处呈圆弧过渡，圆弧半径 $R \geqslant 2mm$。

氟塑料衬里阀门的壳体承压件，如采用焊接方式，其焊缝应设计为连续焊，焊缝应打磨平整，无棱角锐边，焊缝应符合 GB 150 的规定。

法兰面的氟塑料衬里应制成衬满密封面，并且有扣紧基体的结构，闸板、蝶板、球体等内件可钻6mm左右的小孔，像铆钉一样拉紧衬里层，防止脱壳，如图18-15所示。

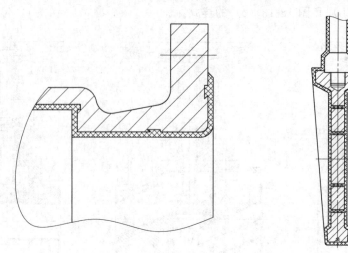

图18-15　法兰面及闸板的衬里结构

氟塑料衬里阀门衬里层厚度不得小于2mm。因为氟塑料是高分子材料，具有吸收少量与其接触的气体的特性。随着温度升高，材料体积膨胀，分子之间空隙增大，渗透吸收就加剧，只有适当增加厚度才能减少渗透。因此，在衬里层设计时采用增加厚度来弥补这一缺陷，经过试验氟塑料衬里层厚度在1.5mm以上就无渗透。所以氟塑料衬里层厚度 $\delta \geqslant 2mm$ 较为合适。

氟塑料衬里阀门衬里层的表面应当光滑平整，无气孔、裂纹、夹杂等缺陷。法兰的翻边处及其他转角处应色泽均匀，无泛白现象。

18.3.3　制造的一般要求

氟塑料衬里阀门的制造与通用阀门的制造方法基本相同，只是后续衬氟工艺有所不同，因此本文只讨论不同的地方。

氟塑料衬里阀门，不论壳体材料是铸铁件、碳钢件，还是低温钢、不锈钢件都应符合相应的材料标准。阀门壳体如果是铸件，采用精密铸造为佳，精密铸件的几何尺寸较好；如果是锻件，应采用模锻，模锻尺寸准确，便于衬里。无论是铸件还是锻件都应进行热处理退火，消除应力变形，保持壳体尺寸规范。如果是钢板拼焊件（图18-16），焊缝应符合GB 150的规定，焊缝不得采用点焊、间断焊，更不得采用铆接方式。

氟塑料衬里阀门受衬面的焊缝应打磨平整，焊缝凸出高度≤0.5mm，如图18-16所示，打"×"为不合格件。焊缝不得有气孔、咬边、裂纹以及任何其他形式的表面孔洞及未焊缝透等缺陷。不合格时，可以修补。修补后仍应符合上述要求。

氟塑料衬里阀门的机加工、焊接等工序必须在氟塑料衬里之前完成。受衬面的焊渣、油污、飞溅物等杂物应予以彻底清除。衬里前，应按GB/T 8923《涂装前钢材表面处理规范》中的St2级要求进行除锈处理。承压壳体在衬里前最好能做强度试验和密封试验。发现孔洞或需要加强的地方应按GB 150的规定进行焊补，不得在衬里后再行焊补。

氟塑料衬里阀门的模具材料应选择焊接性能好的低碳钢或低合金模具钢材料。为了降低生产成本，常用25钢、30钢的棒材、板材或管材。模具设计应按照产品图和铸件（锻件）的实物尺寸来设计。根据阀门零件大小，计算好模具模压时承受的压力，确定模具强度。根据氟塑料的收缩率和衬里层厚度，确定模具模腔的空间三维尺寸。模腔表面的粗糙度，原则上愈高愈好，一般应不低于 $Ra1.6\mu m$。模具表面粗糙度值愈高，衬里层表面的质量也愈高，愈光滑，也愈容易脱模。但对于为了保证装配质量，需要机加工的衬氟塑料面可降低要求，减少生产成本。

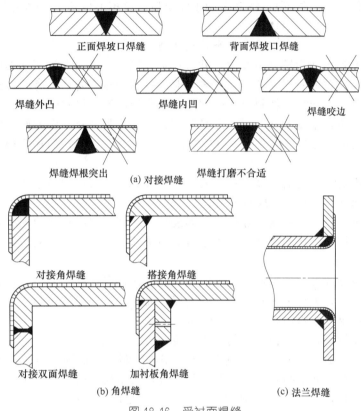

图 18-16 受衬面焊缝

模具的制作加工最好采用数控机床加工，也可采用线切割、电火花加工，还可采用普通机床，人工控制加工，根据生产规模与企业实际情况而定。模具制作的好坏对衬里层质量影响很大，必须由有经验的模具钳工来完成。

氟塑料衬里阀门的衬里加工需要有相应的模压设备，如压力机、注塑机、模压机、等压罐、加热炉、称料用的天平以及钳工工具、工作台等。

根据生产规模、品种规格选用相应的压力机，参照表 18-4。

加热设备应根据产品种类、规格来合理选购。加热炉的内腔应能满足阀门的最大体积和模具体积所占的空间的要求，加热炉的功率应能满足模压工艺的需要，升温时间符合衬里工艺要求。加热炉应有温控装置和温度表，温度表的正负误差不超过 $5℃$。

表 18-4　压力机的选用

阀门公称尺寸 DN/mm	15～50	50～100	100～200	200～400	400～600	600～800	800～1200
压力机吨位/t	50～80	50～80	80～100	80～120	100～160	160～200	200～300

氟塑料衬里阀门加热时间和温度，以聚全氟乙丙烯 FEP（F46）为例，见表 18-5。

表 18-5　氟塑料衬里阀门加热时间和温度

材料	加热时间/h	加热温度/℃	终止加热温度/℃	备注
FEP(F46)	3.5～4	340±5	80	

用于模压的氟塑料有：F3、F46 及 PFA。阀门各部件所需的塑料量，要准确计算。对规整的部件，计算很方便。但对复杂的部件如阀体则计算较麻烦，故最好实际测量。其方法是将流道模具装配好（法兰密封面加橡皮垫），向阀体内灌水，再把模芯子放到阀体内相对位置（即压制最终达到的位置），待多余的水流出后，拿掉上模芯子，倒出阀体内的水称量，即可按下式求出衬里层塑料用量。

$$水重量 \times 氟塑料比重 = 塑料用量$$

将准确称重的物料加到模具料筒内，并放进上模芯子，送入电炉中加热塑化。

塑化是成形工艺重要一环，其塑化温度与时间控制的是否合适，将明显地影响到制品的质量。塑化温度高，时间长，物料就会分解，制品变形起泡。严重时连模具都脱不下来；若塑化温度低，时间短，塑化不好，衬里层易开裂，甚至连料都充不满型腔，使制品报废。

F3 和 F23-19 氟塑料的塑化温度一般控制在 240～245℃ 之间，但还要根据塑料质量的好坏加以适当调整。

F46 塑料的塑化温度范围较宽，一般在 300～350℃，温度高些则物料流动性好，有利于压制，但 F46 超过 380℃ 会造成氟分解。

为准确控制氟塑料塑化温度，除烧结炉温度计，还必须在模具里面插上温度计（每一模具上面都有温度计插口，压制冷却时，水也从此口通入），这样测得的温度基本上接近物料温度。

当模具上的温度计温度达到规定温度时即停止加热，根据制件大小，要有适当的保温时间。氟塑料导热性差，大制件用料多，热平衡慢，需要较长的保温时间才能使内部物料达到所需温度，一般情况下，保温时间为 0.5～1h。

压制是用液压机，其吨位视阀门的大小而定。可参照表 18-4 的压力范围确定。F3 制品的压制压力要大于 30MPa，F46 压制只需 5～20MPa。制品质量好坏与压力大小有关，压力大结晶速度降低，分子间的结合紧密，制品强度好，又不易开裂，表面也平整光滑；若压力不够，表面有收缩孔，凹凸不平，衬里易开裂，特别是阀体，内部形状复杂，压制时阻力大，如果压力太小，还会出现料压不到头的现象。这是因为上述几种氟塑料塑化时的黏度仍很大，流动性还很差。

在压制过程中，需要将工件冷却淬火，才能得到结晶的制品。因此需要淬火冷却的水箱。其大小视工件大小而定，水箱的钢板 2～3mm 厚，将工件从烧结炉中取出后，立即放到水箱中，并将水箱迅速移动到压机上进行压制。如果是用热压机加热，则将其移到另一台冷压机上压制。加压时，压力逐渐上升，工件各密封处可能会出现漏料，如漏料，要暂停加压，立即浇到漏料处（注意不要浇到别处），使其变硬，不再外漏后再继续施压，直至上模芯子压到离料筒 2～3mm 处为止（冷却时还会下去），并立即开始通水冷却（淬火）。水量越大越好，迅速灌满水箱，使制件各部位迅速得到冷却，很快越过结晶速度最大的敏感区。在冷却过程还要使之间继续受压，这个压力越大越好，千万不能把工件还没冷却透就卸压，这样就会使制品报废，故一定要在受压下冷却。

氟塑料的导热性不佳，尽管金属件很快得到冷却，而里面的物料并未冷却，尤其是物料的中心部分冷却更慢，结果就会造成物料外部（接触金属表面的物料）已冷却变硬，不再收缩，而中心部分还很热很软，还会继续冷却收缩，从而导致制品内裂，或产生收缩泡和裂缝。为什么大的厚的制品特别难压、易裂，其原因就在于此。因此，要获得质量很好的制品，必须在模具内部同时通水冷却，这是一个至关重要的问题，千万不能忽视这一环节。

受压冷却的时间要足够，要使制件冷却到 50℃ 左右才能卸压脱模。

脱模如果模具的配合黏度合适，压制时没有漏料，模具表面的脱模剂也涂抹得均匀，烧结过程也正常，只要把工件夹在台钳上，用螺丝刀将模具轻轻撬动，即可脱出；如果有困难，可用顶丝将模顶出。若上述两种方法都不行时，则需在压机上脱模，方法有两种：一种是拉，要在液压机上操作；另一种是顶或压，可在有千斤顶的土压机上进行。但两种方法都需要各有合适的垫块或工具。脱模时。工件要摆平稳，操作要缓慢细心，如太快太猛，易弄坏模具或制件。

氟塑料衬里车间应保持良好的工作环境，注意生产安全，特别是人身安全，这是其特殊工作性质决定的。其安全要求如下。

① 聚全氟乙丙烯（FEP）在烧制过程中或塑料温度达230℃的高温场所必须安装局部排风设备进行充分换气，切勿吸入分解气体，达到360℃高温时，热分解加剧，可能产生氟化氢气体。人吸入此气体可能出现类似患流感时的综合症状。

② 抽烟前应洗手，因为黏有聚全氟乙丙烯（FEP）粉末吸烟有可能吸入分解气体。

③ 聚全氟乙丙烯（FEP）燃烧时会产生有毒气体，绝对不允许燃烧废料，废料应采用填埋处理，或委托专业废弃物处理公司处理。

④ 模压工作间应保证人流和物流畅通，车间内应设人行通道（1.5m 宽）和车行通道（3m 宽）。对危及人身安全的设备及区域应设置安全标志牌。

⑤ 各种高压电线电缆应安置在专门的地沟或管道内，模具应设置专门的货架分类存放，定期检查，保证精度，工作面不得有锈蚀损坏。氟塑料等贵重原材料应有专门的存放库房，并由专人负责保管。工具应摆放整齐。

⑥ 模压车间应保持空气流通、清洁卫生，有良好的工作环境，做到安全生产。

18.4 氟塑料衬里阀门衬里成形工艺

18.4.1 成形工艺

氟塑料衬里成形工艺主要有等压成形、模压成形、注塑成形、喷涂成形、滚塑成形及其他成形工艺。

（1）等压成形工艺

等压成形是氟塑料阀门衬里成形工艺方法之一，它是利用等压原理成形的一种方法。适合于阀门管件多品种小批量的生产方式。

所谓等压原理就是在两个介质间达到压力平衡，界面间的压力差为零。

将工件（钢制的管道、弯头、阀门零件）、橡胶袋、撑管、F4 粉体、端盖，密封安装后，置于一个能承压 30MPa 的封闭式高压釜内。将水压增加至 30MPa，橡胶袋扩张，将PTFE 粉体紧密地压实在工件的内壁。由于工件在釜内，内、外壁均受到 30MPa 的水压，内外受力相等且相互抵消，工件承力不大，不被破坏，这便是 PTFE 粉体衬里阀门管件利用等压原理的实际应用。

适合等压成形工艺的氟塑料牌号是 PTFE（F4）粉末。粉状树脂常采用粉末冶金法成形，使用烧结方法。烧结温度 360～380℃，不可超过 410℃。首先将 F4 树脂粉末均匀而疏松地填放在橡皮模型与阀门壳体壁面之间，然后在橡皮模型内施压，水作加压介质，使橡皮模型与阀门壳壁之间的聚四氟乙烯（F4）匀称地受压，将 F4 树脂压实而成预制件，然后进行烧结。烧结时应注意：升温速度可采用 20～120℃/h，制品越大，升温速度越慢。悬浮法树脂烧结温度高些，为 370～380℃，而分散法树脂烧结温度低些，360～370℃。烧结温度高，收缩率和气孔率随之增大，烧结时间应适当控制。冷却，一般情况用慢速降温，速度为15～25℃/h，在特殊情况时，如少数厚度小于 5mm 的薄板或推压成形的薄壁管时，才用快速冷却。有时制品在 100～120℃温度下，作 4～6h 的退火处理。烧结时体积收缩，冷却后又收缩，阀门零件制品密度达 $2.16g/cm^3$ 以上。烧结后的阀门零件，将法兰面不平处或有棱角处，用手提砂轮修整打平，转角处修磨成圆弧形，从而完成氟塑料衬里阀门等压成形工作。

将阀门预制件烧结成形，这种采用一次性整体成形的衬里层，其质量受氟塑料原料、工艺的影响很大，在工业发达（如欧美、日本）国家是一种广为应用的工艺。因为他们具备承压 ≥30MPa 高压釜的工艺装备，凡大型复杂的衬 PTFE 粉体容器都采用此法制作。在国内由于缺少静压的高压釜，只能采用高压水泵进行"模压法"的衬 PTFE 粉体工艺，一般压力 ≤15MPa。因压力不够大，PTFE 粉体在钢件内壁压不严实，致使烧结后，衬里收缩率高，常出现衬里开裂、起泡、渗漏等诸多缺陷。

等压法的采用，能使大尺寸阀门、大直径的厚壁直管、弯管、不等径管、三通、四通和大型复杂容器实现 PTFE 衬里。若水压大于 30MPa 高压釜在国内研制成功，其衬里制品的质量更佳。这是衬 PTFE 粉体技术必备的高端技术装备，也是国内衬 PTFE 粉体防腐设备急需的工艺装备，目前，国内已有科研机构和企业拥有这种高压等压设备，但容积较小，缺少大尺寸高压力的等压釜。

等压法成形要注意以下几个问题：内压法模具和外压法的高压釜设计强度要能承受 30MPa（$300kgf/cm^2$）而不变形；直接接触弹性膜的模具表面，不允许有锐角或毛刺，以防刺破橡皮袋；橡皮袋要用天然橡胶或硬度为 60 的丁腈橡胶制作，厚度 3～4mm 为宜，但厚薄要均匀，橡皮袋位置要摆正，压力上升前袋内不得留有空气；聚四氟乙烯树脂要装填均匀，不得有搭桥现象；液压压力要达到 19.6～30MPa，相当于模压法 30MPa（$300kgf/cm^2$）压力所得制品质量，受足压力，保证一定时间，放水卸压拆模；脱模时要小心操作，防止把预制件搞坏，要用外径略小于模套内径的圆筒等工具将预制件顶出，送加热炉内烧结成形，烧结方法与前模压力预制品相同，对于一些成形压力达到或接近要求时，胶袋破裂而进水的预制件，可先在 80～100℃ 的温度下干燥除去水分，然后再进行烧结；制造 F4 衬里阀门管件时，F4 内衬件不宜太厚，要尽量薄些，才容易翻边，若单独使用，不用外壳加强，那就得厚些，液压成形时，也要考虑翻边问题。

等压成形工艺路线如下：钢制设备（阀门、管件、塔节、复杂形状的设备）→除油、除锈（内表面）→放入橡胶袋（按钢件内壁预制作）→插入撑管→加入 F4 粉料（按衬里厚度和压缩比计算准确的分量）→置密封胶→放入加料圈、端盖→螺栓固紧→放入高压釜内（已注入清水）→加压至 30MPa（保压 10s）→卸压→取出制件→拆除螺栓、端盖、加料圈→去掉橡胶袋、撑管→干燥→烧结→出炉冷却。

这种方法的优点是解决了大型和几何形状复杂的管件工艺成形问题，由于整体粉末等压成形，因而与金属制件内壁紧贴在一起，能承受一定的负压，弥补了现有氟塑料衬里工艺的局限性，拓展了同类衬里管件与阀门的使用性能。

（2）模压成形工艺

模压成形是氟塑料衬里阀门主要成形工艺方法之一（图 18-17），也是氟塑料衬里阀门最常用的方法，适合于多品种小批量的生产方式。它是将一定量的 FEP（F46）、PFA 氟塑料（粉状、粒状、纤维状、片状和碎屑状等）放入成形的模腔中，然后闭合，放在加热炉内加热到一定温度，并在压力作用下熔融流动，缓慢充满整个型腔而取得型腔所赋予的形状。随着在模具内塑化、混合和分散，熔体逐渐失去流动性变成不熔的体型结构而成为固体，经冷却到一定温度打开模具而成为成品，从而完成模压过程。衬里工艺流程如图 18-18 所示。氟塑料衬里层的质量主要取决于氟塑料原料质量、衬里模压工艺和模具的设计。

现以公称尺寸 DN100 氟塑料衬里球阀成形工艺为例。氟塑料牌号：FEP（F46）；设备：80t 压力机一台，400℃ 加热炉一台；加热温度：335～345℃；加热时间：3.5～4h；成形压力：

5～8MPa。

（3）注塑成形工艺

注塑成形是氟塑料衬里阀门成形工艺方法之一，也是氟塑料衬里阀门最新的工艺方法，适合于中小口径氟塑料衬里阀门的批量生产。

PFA（四氟乙烯和全氟烷基乙烯基醚的共聚物），即可熔性 PTFE，可以注射成形。其加工温度较宽，最高可达 425℃，其分解温度在 450℃以上，一般控制加工温度范围为 330～410℃。

PFA 的吸湿性很小，为 0.03%，所以不用干燥，注射前，应预热到 140℃左右，注射料筒三段温度分别为：200～210℃、300～310℃、350～410℃，喷嘴温度略低于料筒最高温度，模具温度为 140～230℃，注射压力 40～90MPa，注射速度应稍慢一些，保压时间不宜太长，冷却时间为 40～150s。

注塑成形原理及注塑过程：注塑（或称注射成型）是氟塑料先在注塑机的加热料筒中受热熔融，而后由柱塞或往复式螺杆将熔体推挤到闭合模具的模腔中成形的一种方法。它不仅可在高生产率下制得高精度、高质量的制品，而且可加工的氟塑料品种在不断发展之中，因此注塑是氟塑料阀门加工中最具活力的成形方法。

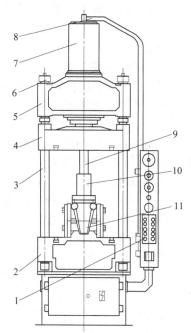

图 18-17　油压机与阀体模压
1—操纵箱；2—下横梁；3—立柱；
4—活动横梁；5—上横梁；6—紧固
螺母；7—油缸；8—油管；9—压头；
10—压模；11—阀体

图 18-18　衬里工艺流程

目前能用来注塑成形的除塑料（如 PO 等）外，主要氟塑料是 PFA 与 ETFE（F40），虽然 FEP（F46）也能注塑成形，但不易掌控，质量不稳定。

注塑成形条件如下。

① 将注塑机料筒各段加热区的温度，预设在略低于成形所需温度，用聚丙烯或各密度聚乙烯开机，以减少 PFA、ETFE 材料的损耗。规定的料筒成形温度：后段 240℃、中段 250℃、前段 260℃。

② 清洗料筒，并适量加入 PFA 或 ETFE 氟塑料，在每次排料后，应稍等一段时间（2～3min），使料筒内 PFA 或 ETFE 得以充分塑化。

③ 调整注射量。

④ 调整模具温度 120～150℃。

⑤ 设定所需的注射压力和最短成形时间。如对阀门类零部件内衬，当厚度为 3.2mm时，其注射压力需 10MPa，注射时间 8s，总成形周期（包括开模）30s。

⑥ 缓慢提高料筒温度至成形所需值，并相应降低注射压力，必要时，将成形周期时间重新调整至最短。

⑦ PFA 或 ECTFE 氟塑料不应在料筒内滞留过长时间，若料筒温度达到 300℃时，

10min 左右时间即会导致 ECTFE 的变色和降解。应注意熔体的适宜温度在 270℃。

正常的生产、临时停机应将料温降至 200℃；而长时间停机，则可用聚丙烯或高压聚乙烯进行清洗。

(4) 喷涂成形工艺

喷涂法有 F4 乳液喷后烧结成膜和 F4 树脂粉末等离子直接喷涂成膜两种工艺。但其涂层有较多孔隙，且容易龟裂。因此 F4 涂层常不能单独用于阀门及化工设备防腐蚀。但作为纺织食品工业中用于防黏层或合成橡胶工业中胶浆的防黏层其效果很佳。

在防腐蚀阀门与化工设备管道中，常将这种多微孔的 F4 涂层作 F46 涂层底料，用 F46 作表面涂层获得良好效果。这种 F4 底料可用市售聚四氟乙烯浓缩水分散液（简称 F4 浓缩液）。底涂料配方是：F4 浓缩液 100 份、磷酸（85%）15 份、十二烷基硫酸钠 1.2 份、铬酸（99.8%化学纯）15 份、蒸馏水 15 份。面料用 F46 悬浮液，其组分为 F46 粉料：无水乙醇=1：2。其中对面料则需采用球磨机进行球磨，稀薄料随用随配。

为了获得涂层的紧密黏附，在喷涂前都必须去除部件表面的油污，然后喷砂除锈至呈现灰白色的金属光泽。

由于喷涂成形工艺可喷涂成形形状复杂的制品，基本不受阀门管件形状的限制，且不需模具、加热炉等装备，生产成本低，很有发展前景。

喷涂成形工艺与其他成形工艺比较主要优缺点如下：在 150℃ 以下可耐真空；可成形形状复杂的制品，基本不受设备形状的限制；衬层壁厚薄，0.6～1.2mm，对原设备的尺寸及加热效率影响小；壁厚较薄，抗介质渗透效果较其他成形方式差；对工件的前处理要求高，要求工件喷涂前表面呈现灰白色的金属光泽；使用温度 150℃ 以下，应用范围受到限制。

(5) 滚塑成形工艺

通常大家说的氟塑料滚塑是一个笼统的概念，实际它包含了两种完全不同的制作工艺。氟塑料滚塑这个名字如同工艺一样是国外引进的，原名分别为旋转模塑（通常称为滚塑）和旋转内衬（也称滚衬），我们通常说的氟塑料滚塑内衬使用的就是旋转内衬工艺。

由于乙烯与四氟乙烯共聚物（ETFE）与金属表面有良好的附着力，利用这一特性，发明了三维滚塑成形衬里工艺。适于滚塑的氟塑料还有 PFA 与 ECTFE。

旋转内衬的特点是将被衬金属外壳工件作为通常意义上的模具，用工装密封后放入封闭的烧结设备中进行二维旋转，由于通过专用滚塑树脂的特殊性能或增加中间过渡层的方法，使树脂在金属表面熔融后形成均匀无缝的衬里，在真正意义上达到了和设备的整体如一。

作为滚衬成形，设备、管道本身也可作为模具。预先加热需涂部件，然后把树脂粉末喷射到处于旋转状态的部件表面，利用部件的热量，使树脂熔融并黏附在部件表面，由于涂装部件不断旋转，保证了衬里层的厚度均匀。该成形工艺特别适用于加工设备和大尺寸阀门的衬里（当采用预制模具时，则可获得相当厚度的整体塑料设备），也适用于旧设备的衬里修复和重新加工。

与其他衬里成形工艺相比具有如下优点：不管衬里管件与衬里阀门型腔的形状有多复杂，通过双轴三维旋转系统也可将熔融状态下的氟塑料树脂到达工件需要衬里的每个部分，从而使工件有一层均匀的无缝衬里，而一般传统衬里方法很难达到；可提供不同厚度的等壁衬里，传统成形方法不论是模压、注塑、挤出、还是缠绕成形方法，不能进行不同壁厚的衬里加工，而在三维旋转滚塑成形工艺中，只要根据衬里厚度所需的要求即可一次成形；由于三维旋转滚塑成形在整个工艺过程中没有对衬里物料施加外力，工件在成形过程中残留的应力非常有限，避免了产品在使用过程中产生局部开裂，提高了产品质量；高黏性的衬里，三维旋转滚塑成形工艺是使物料在熔融状态下直接涂覆到工件上，这样使它具有很高的抗撕裂强度，即使在高负压下，衬里层也不会脱落。

氟塑料的滚塑工艺自 1992 年国外引进推广至今已有二十余年，目前氟塑料滚塑工艺已在很多领域得到了应用，并受到了一致肯定。但同其他氟塑料的应用技术相比还处在一个比较初级的阶段，对致力于滚塑工艺的企业来说，有很多事情要做，有很多在实践工作中出现的问题需要去解决，去总结，去提高。

(6) 其他成形工艺

不论是光板松衬成形工艺，还是复合板紧衬成形工艺，都可采用焊接法与黏结法将板材连接起来，达到阀门与管件衬里的目的。特别是大尺寸蝶阀、管件、塔节、反应釜等，一般都采用这两种方法。

① 焊接法 焊接法有热压焊接和热风焊接。焊接法是加工大型薄壁件衬聚四氟乙烯（F4）的重要手段之一。

该方法需要大吨位的压机压制大聚四氟乙烯（F4）棒料，然后车削出大薄板应用（这种车削方法如同做三夹板，将竖身圆筒车削成薄片状）。聚四氟乙烯（F4）板的焊接采用热压焊接时，就是在温度和一定压力下，将两块聚四氟乙烯（F4）板热熔接在一起。此法关键是如何使两块聚四氟乙烯（F4）板的焊接面最迅速而精确地同时熔接。PFA焊接法是用热风熔融将两块板连接起来。

② 黏结法 黏结法是将聚四氟乙烯（F4）惰性表面化学处理后而活化，然后再用黏合剂将其连起来的方法。

该方法中表面化学处理是将被黏结表面用1‰的金属钠的无水氨溶液（蓝色）或钠-萘混合液（1000mL四氟呋喃加128g无精萘，搅拌溶解后通氨，再加入23g金属钠，并搅拌呈墨绿-黑色），进行表面化学处理。使具有高度化学惰性而光滑的表面，通过化学处理剂的化学作用使C—F键链被溶液中钠破坏，F原子被腐蚀掉，留下的碳原子表面就可环氧黏结。

近年来也有黏结面上添加PFA中间熔结层，以增加黏结力。

随着新的黏结剂的出现，这种聚四氟乙烯（F4）板黏结工艺将广泛用于大型防腐蚀工业设备中。

18.4.2 氟塑料衬里各种工艺综合比较

氟塑料衬里各种工艺综合比较见表18-6。

表18-6 氟塑料衬里各种工艺综合比较

序号	成形方式	衬层材料	优点	局限性	产品举例
1	光板松衬	PTFE车削板	(1)价格低廉； (2)衬里加工最简单，周期短； (3)辅以压力或真空成形，可成形如椭圆封头等形状制品	(1)国内的PTFE车削板致密性不够而普遍使用寿命不长； (2)因四氟焊接性能较差，搭接焊缝和翻边等二次成形对产品质量有一定影响； (3)对接管较多或形状复杂设备衬里较困难； (4)不耐负压和较高的正压； (5)不耐交变温差	大尺寸蝶阀阀体、塔节、封头、碟形封头等
2	缠绕成形	PTFE车削膜＋车削板	(1)价格低廉； (2)对一些形状复杂工件也能衬里或全包覆； (3)衬层可用钢丝加强，一定程度上解决了耐负压问题	(1)同样存在二次加工问题； (2)对加工的环境和过程控制要求较高，否则质量很难保证； (3)很难发现薄膜之间的潜在质量缺陷； (4)使用钢丝复合加强，由于两种材料的巨大线胀性能差别，无法保证使用寿命； (5)无法对平面形构件进行衬里； (6)对DN2000以上大型制品衬里较为困难	塔节、直管、反应釜（底筒分离）、搅拌器及格栅等内件

序号	成形方式	衬层材料	优点	局限性	产品举例
3	等压成形	PTFE 模压粉料	(1)单位厚度衬层的价格也较低廉,整体价格较低; (2)多数形状复杂构件进行衬里比较方便,适于三通等管件衬里; (3)次成形,无熔接缝; (4)衬层厚度一般较厚,4～12mm,因此可耐一定温度下的负压操作	对于大口径设备,由于国内加工机械成形压力普遍不高,衬层密度偏低,抗渗透性较差,因此使用寿命普遍不长	截止阀、隔膜阀直通式阀体、塔节、封头、反应釜(底筒分离)、管道及管配件等
4	拉管紧衬	PTFE、PFA、FEP 等管	(1)价格低; (2)加工简单,适用于直管衬里; (3)由于采用紧衬加工,可耐低温下的负压操作	(1)PTFE 推压管质量直接决定了产品质量,而国内 PTFE 管致密性不高而质量普遍不好; (2)一般只能适于 DN200 以下的直管衬里; (3)高温下不耐负压; (4)PTFE 法兰翻边处容易断裂	直管
5	模压成形	PFA、FEP、PTFE、PVDF 等模压颗粒料	(1)熔融状态下一次成形,内应力小,无熔接缝; (2)衬层较厚,可达3～8mm,可耐一定温度下的负压操作; (3)适用小型复杂工件批量生产,尺寸精度高,表观质量好; (4)可用于有超纯要求的行业; (5)耐渗透性能好	(1)批量少的工件加工时,模具制作的时间及成本比例偏高; (2)不能制作大口径的工件,目前限于 DN500 以下; (3)对工件的制作要求较高	管件、中小尺寸阀门、小型塔节、封头等
6	喷涂成形	PTFE、PFA 专用料	(1)在 150 ℃ 以下可耐真空; (2)可成形形状复杂的制品,基本不受设备形状的限制; (3)衬层壁厚薄,0.6～1.2mm,对原设备的尺寸及加热效率影响小	(1)壁厚较薄,抗介质渗透效果较其他成形方式差; (2)对工件的前处理要求高; (3)使用温度 150℃ 以下	大尺寸阀门、塔节、反应釜、封头、过滤器、搅拌器等
7	滚塑成形	PTFE、PFA 滚塑料	(1)熔融状态下一次成形,内应力小,无熔接缝; (2)适用大型复杂工件生产; (3)150℃ 以下能耐高真空; (4)筒体内壁上可附高度 50mm 以下的构件; (5)不需要模具,只需要装夹具	(1)对工件的表面处理要求较高; (2)PTFE 的耐蚀性比 PTFE、PFA、FEP 等稍逊	大尺寸阀门、塔节、储槽、反应釜等
8	注塑成形	PTFE、PFA 专用料	(1)工艺先进; (2)效率高,适合大批量生产; (3)成形质量好	(1)模具复杂,制作成本高; (2)注塑机价格较高,调试难,需有专门技工	小尺寸阀门

序号	成形方式	衬层材料	优点	局限性	产品举例
9	复合板紧衬	PFA、PVDF、TFM、FEP 等复合板	(1)工艺先进,使用寿命长; (2)不受设备尺寸的限制,适于大型设备成形; (3)许用温度下耐极限真空和较高正压; (4)可焊性好,维修容易; (5)同等工作条件下,使用温度可比旋转成形高; (6)可应用于有超纯要求的行业	(1)对结构复杂的构件均需单独开模具; (2)价格较高	大型蝶阀阀体、塔节、储槽、反应釜、桨式搅拌器等

18.4.3　氟塑料衬里阀门衬里用模具

氟塑料衬里阀门质量的好坏,除与产品设计、氟塑料品质、衬里工艺等相关外,还与模具设计、制作密切相关。

氟塑料衬里阀门在设计制造过程中,产品图设计除了要符合氟塑料衬里阀门的结构特点和工艺性要求,还要考虑制造工艺可行性,模具制造的简易性。

阀门壳体在氟塑料衬里压制过程中要承受 1.5～7MPa 的压力,阀门壳体要有足够的强度来承受压制压力,故用铸钢或者用球墨铸铁来制造比较合理,并要保证足够的壳体壁厚。尽管氟塑料衬里阀门设计承受的压力不高,一般在 1.6MPa 左右,但模压过程中,将氟塑料压入体内或注射至体腔内需要数倍于设计的阀门公称压力。也就是说衬里过程时的压力,大大地超过了阀门本身设计的公称压力。所以,在模具设计时,要充分注意这一点。模具的设计强度,至少应等于阀体的设计强度,一般情况应是阀体强度的二倍。

模具设计是一个比较依赖于设计者经验知识的工作。在进行氟塑料衬里阀门模具设计时,衬里工件的基本形状一般由产品开发人员根据产品的功能要求和外观要求进行设计,由于设计人员专业知识的限制,其对产品衬氟成形的工艺可行性很少考虑。在进行模具设计时,为了保证产品衬氟成形工艺的可行性和成形后的质量,模具设计人员一般要根据自己的经验知识对产品结构提出修改意见,或增加某些工艺辅助特征,要充分考虑到加工、衬里、装配、检验、维修等因素。这些修改需要丰富的经验和知识,不合理的修改反而会破坏产品的整体质量和性能。因此,产品设计师与工艺师及模具制作技工要密切配合,保证氟塑料衬里阀门模具设计制造质量。

现以氟塑料衬里闸阀为例,常规设计如图 18-19 所示,对阀体的高度没有限制,从中法兰面至阀体底部只要不影响产品性能,高度多少都没关系。但衬氟闸阀要求不同(图 18-20),太高太深会增加模具衬里难度,特别是大尺寸闸阀,膜压困难,拨模不易,容易出现废品。因此,要重新分配阀盖与阀体的高度比例,并根据现有的生产设备,合理地确定相应尺寸,修改产品设计图。将产品图设计与模具设计并行设计。闸阀的衬里模具设计如图 18-21 所示,因

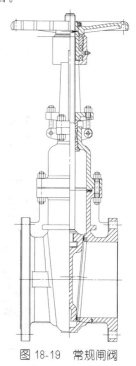

图 18-19　常规闸阀

衬氟闸阀阀体的内部设计简约、无复杂的结构形状，给模具的设计制作带来非常有利的条件。便于模具制作，模具定位准确、牢固，使衬里的工艺性得到改善，保证了产品质量。模具设计时，尽可能将所有质量问题消灭在设计阶段，使设计的产品便于制造，易于维修。

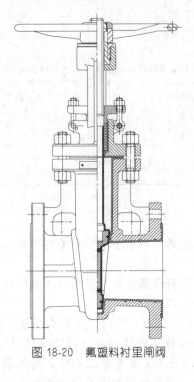

图 18-20　氟塑料衬里闸阀

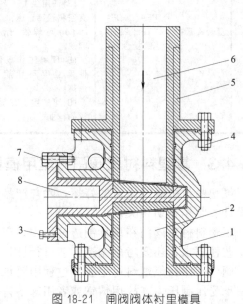

图 18-21　闸阀阀体衬里模具

1—阀体；2—下模；3,4,7—螺栓；5—料筒；6—上压头；8—中腔模具

　　闸板衬里模具设计也是与闸板的结构设计并行的，吸收了现场操作人员与模具制作人员意见，将原设计的锥面中板（图 18-22）改为平面（图 18-23），闸板的密封面按原设计不变，闸板的强度经验算符合设计标准，这样设计经济合理。特别是大尺寸闸阀，闸板重量平均减轻了 20%，衬里的工艺性得到改善（图 18-24），便于机加工与模压成形，便于模具制

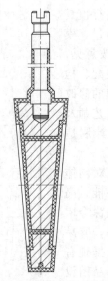

图 18-22　闸板（修改前）

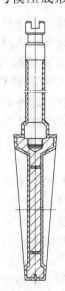

图 18-23　闸板（修改后）

作，模具定位准确、牢固，克服了因斜面滑动，定位不准，容易造成衬里层厚薄不均的缺陷。为了保证衬里层紧贴闸板钢体，不脱壳，在闸板上均布直径不超过 10mm 工艺通孔，使氟塑料像铆钉一样将衬里层铆接在闸板钢体上，这样的工艺，经使用证明，效果良好。不仅保证了产品质量，也符合节能降耗原则。

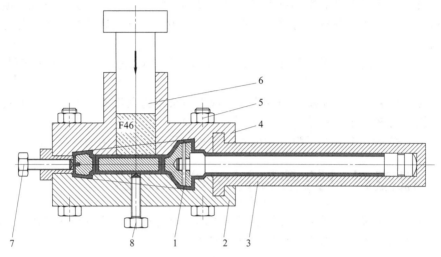

图 18-24　闸阀闸板衬里模具

1—闸板；2—下模；3—套管；4—上模；5—螺栓；6—上压头；7—定位螺钉；8—定位螺钉

模具设计需要注意的以下问题。

① 要充分考虑模具制造的简易，装卸方便，制造成本的低廉；模具要有定位基准，保证衬里层均匀，不发生偏移，符合产品图规定的厚度。模压时，熔融氟料在模具内流动顺畅，要求模具表面光滑平整，表面粗糙度 $\geqslant Ra1.6\mu m$，所有转角处呈圆弧过渡，圆弧半径 $R \geqslant 2mm$。

② 为准确控制氟塑料塑化温度，除烧结炉温度计，还必须在模具里面插上温度计，每一模具上面都应设计有温度计插口（采用远红外线测温计观测除外），压制冷却时，水也从此口通入，这样测得的温度基本上接近物料温度。

③ 要注意在模具上开设排气孔，孔径一般不要超过 3mm，用于排气和观察氟塑料的塑化状况，防止衬里层产生气泡与气孔。

④ 模具在满足氟塑料衬里所要求的强度下，模具壁厚与料筒壁厚尽量减簿，能做成空心的就做成空心的，这样便于水冷，易于掌控氟塑料塑化与交联的模压工况。

⑤ 为了便于管理，防止错乱，应在模具设计图醒目的位置上标识模具代号及适用的产品零件代号，并将代号刻印在模具相应的位置上。

氟塑料烘烧熔融时大多在 340℃ 左右温度下进行，模具材质最好是采用 12CrMo 或 38CrMoAlA 等合金钢，也可用 45 号钢，模具表面镀铬以防生锈并增加表面光滑性和硬度。用这种模具加工出来的衬氟工件表面十分光滑亮白。但镀铬层在使用过程中容易损坏，常需重新电镀。比较方便的办法是用不锈钢制作。铜在高温下促使 F4 分解，所以不宜采用，铝太软也不宜选用。

对于 PFA 材料来说，PFA 的熔融黏度比 FEP（F46）大，为了防止高温氧化及遇水生锈，模具需要有良好的耐腐蚀性。因此，模具最好采用不锈钢制作。

模具在使用装配时，其表面要用丙酮或乙醇（无水）擦去污物。干后再均匀地抹上一层薄薄的耐热的硅油或硅脂脱模剂（上海树脂厂生产的 956♯ 有机硅树脂是一种较好的脱模剂）。使用时用甲苯稀释，配成 10%的有机硅溶液。也可将上了脱模剂的模具在 290～300℃ 下烘烤 2～3h，脱模剂即可在模具表面形成一层薄而牢的涂膜，这样可连续使用数次。

无论截止阀或隔膜阀，阀体模具装配时，两侧流道模具的角度要调整好，才能保证各部位衬里厚度的均匀，同时也可避免上模芯子下压时与流道模具相碰的危险。为了可靠，待料筒和流道模具装好后，需将上模芯放入料筒进行试验，如果芯子下不去，就说明模具装得不正确，应松动螺栓，加以调整，直至芯子顺利下到底为止；其次法兰螺栓要上匀上紧，以免压制时漏料。

脱模时，工件要摆放平稳，操作要缓慢细心，不能太快太猛，避免弄坏模具或衬氟工件。

湿气留存在模腔内或只在模具的内表面，成形时会变为蒸汽而产生气泡。模具使用完后要让模具干燥，清理干净，并储存在干燥的区域或模架上。

长期不用的模具，应擦拭干净，涂油封存，按编号摆放在专用的模架上。

18.5　氟塑料衬里管件衬里成形工艺

氟塑料衬里管件衬里成形工艺与氟塑料衬里阀门衬里成形工艺有相同的地方，也有不同的地方。就成形工艺而言，氟塑料衬里管件的方法要多一些。

18.5.1　模压衬里工艺

这种工艺方法与阀门衬里工艺方法相同（图 18-17）。衬里材料主要是聚全氟乙丙（FEP）与可溶性聚四氟乙烯塑料（PFA）。模具简单，主要用来生产短直管、弯管、三通管、四通管、异径管等。产品质量易保证，外形美观，但生产效率低，成本高。

18.5.2　聚四氟乙烯（PTFE）松衬直管工艺

聚四氟乙烯衬里管道缠绕管松衬法具体工艺为：将模压生产的四氟棒料，用车床切削成薄带，用手工或机械的方法将四氟薄带缠绕在预先设计好尺寸的模具上，达到要求的厚度后，再在其外用同样方法缠上三到四层无碱玻璃丝带，最外层用铁丝扎紧，然后送入烧结炉成形，烧结后取出用水冷却，然后用手工或机械方法脱模，再套入钢管内，翻边后即完成。

缠绕管是最初生产较多，应用较广的一种，此工艺在 20 世纪 80 年代流行，这种管子生产时，自由度大，可以从小口径到大口径（可达 DN2000 以上）。该管用车削薄膜缠绕后，烧结而成，其整体性和均匀性与缠绕时的张力、薄膜的厚度、薄膜表面的洁净程度、烧结时的温度、时间等因素有关，较难掌握。由于缠绕层数多，工艺上难以控制，烧结后整体性和均匀性很难保证。因此，缠绕管最大壁厚不超过 3mm，其生产过程较多，控制欠严密，加工方法以手工为主，质量不稳定，缺乏有效的检测手段，且这种缠绕管松衬的管子壁薄，在负压和温差波动大时，存在管道易抽瘪和法兰翻边部位易断裂等缺陷。

（1）聚四氟乙烯（PTFE）推（挤）压紧衬直管工艺

此工艺是 20 世纪 90 年代工业发达国家普遍采用的衬管工艺。该工艺的原理是利用聚四氟乙烯塑料很好的延展性在机械作用下冷拉，通过热成形翻边。首先采用聚四氟乙烯（PTFE）粉末，推（挤）压成管子，然后将它强行拉入无缝钢管（衬管外径略大于钢管内径 1.5～2mm），形成无间隙紧衬。然后加热翻边，推（挤）压管的轴向抗拉强度比缠绕管明显要好，此管道内壁光滑平整，结构紧密，能耐正压和负压，且施工方便，生产效率高，是生产企业普遍采用的衬管方法。但其通径受加工设备影响，直径较小，一般为 DN300 以下的直管。

(2) 聚四氟乙烯（PTFE）等压成形衬里工艺

聚四氟乙烯（PTFE）等压成形衬里工艺是指加工工件所有衬里部位的内外壁在同等压差条件下达到衬里效果的一种成形方法。具体工艺为：将聚四氟乙烯树脂粉末均匀而疏松地填放在橡皮袋与管件器壁之间，然后在橡皮袋内施加液压（通常为水），使橡皮袋向器壁扩张，利用橡皮袋传递压力，水作加压介质，使橡皮袋与管件、器壁之间的聚四氟乙烯均匀地受压，将 F4 树脂压实而成预制件。取出后脱出橡胶模具，将等压完工的管件放入烘炉内烧结成形，出炉冷却后得到衬里管件制品。这种采用一次性整体成形的衬里层，其质量受到原料、工艺的影响很大。

聚四氟乙烯（PTFE）等压成形衬里工艺比较复杂，要求员工有一定技术水平和工作经验。这种方法的优点是解决了几何形状复杂的管件工艺成形问题，由于整体粉末等压成形，因而与金属管件内壁紧贴在一起，能承受一定的负压。弥补了现有衬管工艺的局限性，拓展了同类衬里管件与阀门的使用温度与介质。

18.6 氟塑料衬里阀门与管件的检验与试验

氟塑料衬里阀门是伴随着氟塑料的出现和社会需求而产生的一种高新技术产品。根据氟塑料的性能特点和成形工艺方法，我国阀门行业在二十多年氟塑料衬里阀门的设计和生产中不断探索、反复实践中开发出了闸阀、截止阀、球阀、蝶阀、隔膜阀、止回阀、旋塞阀、调节阀、过滤器、视镜、波纹管等系列氟塑料衬里阀门与管件，取得一百多项国家专利，积累了丰富实践经验，逐步形成了氟塑料衬里阀门管件技术条件和检验标准。已颁布实施的国家标准和行业标准有：GB/T 23711.1—2009《氟塑料衬里压力容器　电火花试验方法》；GB/T 23711.2—2009《氟塑料衬里压力容器　耐低温试验方法》；GB/T 23711.3—2009《氟塑料衬里压力容器　耐高温试验方法》；GB/T 23711.4—2009《氟塑料衬里压力容器　耐真空试验方法》；GB/T 23711.5—2009《氟塑料衬里压力容器　热胀冷缩试验方法》；GB/T 23711.6—2009《氟塑料衬里压力容器　压力试验方法》；GB/T 26144—2010《法兰和对夹连接钢制衬氟塑料蝶阀》；HG/T 3704—2003《氟塑料衬里阀门通用技术条件》；JB/T 11488—2013《钢制衬氟塑料闸阀》。

上述这些标准基本能指导和规范企业的设计与生产，满足了市场需求。还有一些标准正在制订和修订之中。氟塑料衬里阀门与管件的标准体系正在形成，一套完整的、科学的、实用的氟塑料衬里阀门与管件标准将会问世。

18.6.1 毛坯质量检验

氟塑料衬里阀门与管件的毛坯件主要有，铸铁件、铸钢件、锻件和焊接件；原材料主要有：钢棒、板材、钢管及氟塑料树脂。

毛坯和原材料的质量检验非常重要，应按照相关标准的质量要求进行验收。毛坯和原材料检查验收项目包括：化学成分、物理性能、外观质量、外形尺寸及偏差、壳体壁厚等。要符合标准与图纸要求，把好了这一关，等于成功了一半。

18.6.2 衬里前质量检验

氟塑料衬里阀门零件与管件衬里前质量检验，属过程检验，是衬里质量好坏的重要环节。检验的主要内容如下。

(1) 机加工尺寸检验
阀门配合面机加工尺寸，主要结构尺寸应符合图纸尺寸。

(2) 衬里模具检验

应保证模具验证时的精度，膜膛应光亮。

(3) 衬里面处理

衬里面经喷砂处理后应达到 GB/T 8923《涂装前钢材表面处理规范》中的 St2 级，除锈处理与衬里之间的间隔时间应尽可能短。秋季不超过 6h，春季不超过 4h。

18.6.3　衬里后质量检验

氟塑料衬里阀门零件与管件衬里后质量检验，属过程检验，是阀门衬里质量好坏的关键环节。检验的主要内容如下。

(1) 衬里结构尺寸检验

阀门零件衬里后主要结构尺寸应符合图纸尺寸。

(2) 衬里层厚度检验

阀门零件衬里层厚度应均匀，最小衬里层厚度应符合图纸设计要求。

(3) 衬里层表面质量检验

衬里层表面应当光滑平整、无气泡、裂纹、夹渣等缺陷，法兰的翻边处及其他转角处应色泽均匀，无泛白现象。

衬里层厚度采用磁性测厚仪或专用卡尺检测，检测点不少于 3 点，取最小值。最小值符合标准或图纸要求为合格。

(4) 衬里层电火花测漏

氟塑料衬里层应进行 100% 电火花测漏。检测人员应按 GB/T 23711.1—2009 的规定进行检测。采用 5～20kV 高频电火花检测仪，检测探头在衬里层表面以 50～100mm/s 的速度均匀移动扫描。衬里层不被击穿为合格。为了保证检测质量，检测仪器一次连续工作不得超过 50min。

(5) 衬里层密度检测

氟塑料是高分子材料，有数据表明，氟塑料密度越大，渗透系数越小，它们之间有线性关系。氟塑料衬里层的密度应 $\geqslant 2.16\text{g/cm}^3$，衬里层密度是在一定的温度和压力下形成的，这与衬里工艺的合理性和人员操作经验相关。密度的检测采用称重法计算，也可采用仪器检测。

(6) 防腐蚀性能检验

氟塑料衬里材料的防腐蚀性能决定了衬里阀门的防腐蚀性能。由于氟塑料市场鱼龙混杂，质量千差万别，如不能确定氟塑料的性能，必须按 GB/T 1763 的规定做试验确认。特别是在更换新牌号氟塑料时一般要做试验。

防腐蚀性能试验很麻烦，需要一定的试验时间，因此生产企业在做氟塑料采购计划时，一定要选好合格供货商。

供货商应提供氟塑料材质证明书，材质证明书应有符合相应材料标准的检测值（如力学性能、分子式、硬度、密度、介电强度、线膨胀系数和耐液体化学试剂性能等）。

(7) 衬里层与基体结合强度的检验

氟塑料衬里层与基体的结合强度是衡量衬里质量好坏的标准之一。这项检测可与真空试验合并进行，在做型式试验时，按 GB/T 23711.4—2009 的规定由低真空度到高真空度顺序进行。在 0.08MPa 负压试验条件下试验，氟塑料衬里层不出现凸鼓挠曲现象为合格。

18.6.4　氟塑料衬里阀门与管件出厂压力试验

氟塑料衬里阀门与管件出厂前应 100% 按 GB/T 13927（或 GB/T 23711.6）的规定进行

强度压力试验和密封压力试验。壳体试验可在未衬里前进行，也可在衬里后装配完成好的阀门涂漆之前进行，氟塑料衬里工作完成后试压，如发现壳体有针孔、气孔而渗漏，不得进行补焊直接出厂。但可补焊后重新衬里，检验合格后方可出厂。人们在实践中发现，如果直接补焊壳体，表面上虽然没有渗漏，但介质会在压力的作用下，顺着针孔、气孔渗入衬里层与壳体之间，如果是腐蚀性很强的介质，会很快腐蚀钢制阀门壳体而泄漏，其后果将是严重的。

　　用于卫生级的氟塑料衬里阀门与管件，还应符合 GB/T 17219 的规定。严禁使用再生、回收和无牌号的氟塑料，压力试验介质可使用纯净清水。

18.6.5　氟塑料衬里阀门与管件的型式试验

　　氟塑料衬里阀门与管件除按上述规定的项目检验外，如果用户有要求，还应进行如下试验。

(1) 氟塑料衬里阀门耐低温试验

　　其目的主要是检验阀门在低温下衬里氟塑料与壳体材料的耐低温性。试验方法按 GB/T 23711.2—2009 的规定。

(2) 氟塑料衬里阀门耐高温试验

　　其目的主要是检验阀门在高温下衬里氟塑料与壳体材料的耐高温性。试验方按 GB/T 23711.3—2009 的规定。

(3) 氟塑料衬里阀门热胀冷缩试验

　　其目的主要是检验阀门在骤冷骤热时，耐热胀冷缩的能力。试验方法按 GB/T 23711.5—2009 的规定。

18.6.6　检验与试验用仪器、设备及人员要求

　　在企业的质量控制与检验程序文件中，应对检测人员资格和测量试验设备进行规范。这主要是因为氟塑料衬里阀门的特性而规定的。如检测人员素质达不到要求或检测仪器、设备有问题，会造成误判，从而放不合格品出厂，会造成严重后果。

参考文献

[1]　黄锐. 塑料工程手册. 北京：机械工业出版社，2000.
[2]　胡远银，等. 衬氟塑料阀门设计若干问题的探讨. 阀门，2007.1.
[3]　HG/T 3704—2003　氟塑料衬里阀门通用技术条件.
[4]　HG 20536—1993　聚四氟乙烯衬里设备.
[5]　GB/T 26144—2010　法兰和对夹连接钢制衬氟塑料蝶阀.
[6]　JB/T 11488—2013　钢制衬氟塑料闸阀.
[7]　钱知勉. 氟树脂性能与加工应用. 化工生产与技术，2007 (14).
[8]　苏志东等. 阀门制造工艺. 北京：化学工业出版社，2011.

第19章
Chapter 19

陶瓷阀门制造工艺

结构陶瓷（structural ceramics）又称为工程陶瓷（engineering ceramics）或先进陶瓷（advanced ceramics），具有优异的强度、硬度、耐腐蚀、耐磨损、耐高温等性能，随着其制造技术和加工技术日渐成熟与稳定，结构陶瓷在工业领域已经得到越来越广泛的应用。

在流体控制领域的一些极端恶劣复杂工况中，金属和塑料衬里阀门管件无法突破其材料上的极限来满足耐高温、耐腐蚀和耐磨损等特殊工况的设计要求。自结构陶瓷材料被引入到传统阀门行业中以来，在越来越多的高磨损、高腐蚀、高温等恶劣工况中，陶瓷密封阀门已经成为替代传统金属和塑料衬里阀门的最佳选择。

19.1 结构陶瓷的种类及特性

常用的结构陶瓷材料主要包括金属（过渡金属或与之相近的金属）与硼、碳、硅、氮、氧等非金属元素组成的化合物，如铝和锆的氧化物；以及非金属元素和非金属元素所组成的化合物，如硼和硅的碳化物和氮化物。根据其元素组成的不同可以分为：氧化物陶瓷、氮化物陶瓷和碳化物陶瓷等。

19.1.1 陶瓷的基本性能

(1) 氧化物陶瓷

氧化物陶瓷的原子结合以离子键为主，存在部分共价键，因此具有许多优良的性能，大部分氧化物陶瓷具有很高的熔点（一般都在 2000℃附近），良好的电绝缘性能，特别是具有优异的化学稳定性和抗氧化性。氧化物结构陶瓷发展比较早，在工程领域已得到了比较广泛的应用。其中 Al_2O_3 陶瓷由于其优异的综合性能及相对较低的制造成本，是目前使用最多的氧化物陶瓷。

氧化铝陶瓷的基本性能见表 19-1。

表 19-1 氧化铝陶瓷的基本性能指标

性能	单位	氧化铝陶瓷(一)	氧化铝陶瓷(二)
氧化铝含量	%(质量分数)	≥99	≥95
体积密度	g/cm³	3.85	3.60
硬度(HRA)	HRA	≥88	≥86
抗弯强度	MPa	≥400	≥300
最高使用温度	℃	≤1700	≤1500
气密性测试		PASS	PASS
抗热冲击测试		PASS	PASS
线膨胀系数	$E \times 10^{-6}/℃$	8.2	7.5
介电常数	Er20℃,1MHz	9.2	9.0
介质损耗	$\tan\delta \times 10^{-4}$,1MHz	2	3
体积电阻率	$\Omega \cdot cm$,20℃	1014	1014
击穿强度	kV/mm,DC	≥20	≥20
耐酸性	mg/cm²	≤0.7	≤0.7
耐碱性	mg/cm²	≤0.1	≤0.2
耐磨性	g/cm²	≤0.1	≤0.2
抗压强度	MPa	≤2800	≤2500
抗折强度	MPa	≤350	≤200
弹性模量	GPa	350	300
疏松比		0.22	0.20
热导率	$W \cdot m^{-1} \cdot K^{-1}$,20℃	25	20

(2) 氧化锆陶瓷

目前工程领域应用比较成熟的氧化锆陶瓷为力学性能优异的四方多晶氧化锆陶瓷（TZP），TZP 陶瓷中 t-ZrO₂ 含量高，可相变分数也很高，具有更大的增韧效果。因此 TZP 陶瓷材料具有最佳的室温力学性能。TZP 根据稳定剂的不同，主要有钇稳定氧化锆（Y_2O_3-ZrO_2），铈稳定氧化锆（Ce-ZrO_2），镁稳定氧化锆（MgO-ZrO_2）等。特别是氧化钇稳定的 Y-TZP 陶瓷，在现有陶瓷材料中具有最优异的力学性能，其抗弯强度可达到 2.0GPa，断裂韧性超过 $20MPa \cdot m^{1/2}$（Masaki，1986），因此使 TZP 陶瓷材料在现代科技和工业领域得到了广泛的应用。表 19-2 为典型 TZP 陶瓷的主要性能参数。

表 19-2 典型 TZP 陶瓷的主要性能参数

性能 \ 名称	Y-TZP	Ce-TZP
密度/g·cm⁻³	6.0	5.5
硬度	10～12	7～10
弹性模量/GPa	140～200	140～200
弯曲强度/MPa	800～1300	500～800
热膨胀系数/×10⁻⁶℃⁻¹	9.6～10.4	—
热导率/W·m⁻¹·K⁻¹(20℃)	2～3.3	—

需要注意的是由于 Y-TZP 陶瓷应力诱导相变对温度的敏感性，使高温下可能导致 t-ZrO₂ 晶粒的相变增韧失效；另外如果长时间处于 100～400℃ 环境下，尤其是在潮湿和有水或水蒸气存在的条件下，会导致力学性能严重下降，其使用受到一定限制。

(3) 氮化物陶瓷

氮化物陶瓷包括非金属和金属元素氮化物，具有高强度、高硬度、耐高温和优良的热力学和电学性能。目前工业上应用较多的氮化物陶瓷有氮化硅陶瓷（Si_3N_4）、氮化硼陶瓷（BN）、氮化铝陶瓷（AlN）等，都是以共价键结合的高温化合物，而且几乎都是通过人工合成的。

氮化物陶瓷的主要性能包括：①熔点较高；②高硬度和高强度；③抗氧化性能较差。

一般来说，氮化物陶瓷的原材料和零部件的制造加工都比氧化物陶瓷困难，因此成本更高。表 19-3 是典型氮化物陶瓷的主要性能参数。

表 19-3　典型氮化物陶瓷的主要性能

材料	熔点/℃	密度/g·cm^{-3}	电阻率/Ω·cm	热导率/W·m^{-1}·K^{-1}	膨胀系数/×10^{-6}℃$^{-1}$	硬度(莫氏)
HfN	3310	14.0	—	21.6	—	8～9
TaN	3100	14.1	135×10^{-8}	—	—	8
ZrN	2980	7.32	13.6×10^{-6}	13.8	6～7	8～9
TiN	2950	5.43	21.7×10^{-6}	29.3	9.3	8～9
ScN	2650	4.21	—	—	—	—
UN	2650	13.52	—	—	—	—
ThN	2630	11.5	—	—	—	—
Th$_3$N$_4$	2360	—	—	—	—	—
NbN	2050(分解)	7.3	200×10^{-6}	3.76	—	8
VN	2030	6.04	85.9×10^{-6}	11.3	—	9
CrN	1500	6.1	—	8.76	—	—
BN	3000(升华分解)	2.27	10^{13}	15.0～28.8	0.59～10.51	2
AlN	2450	3.26	2×10^{11}	20.0～30.1	4.03～6.09	7～8
Be$_3$N$_2$	2200	—	—	—	2.5	—
Si$_3$N$_4$	1900(升华分解)	3.44	10^{13}	1.67～2.09	9	—

氮化硅陶瓷具有优异的力学性能、热学性能及化学稳定性，综合性能优良。根据其材料制备工艺不同，材料的物理和化学性能也有较大差异。作为阀门零部件使用的氮化硅材料，应优先选择等静压烧结工艺制备的材料，其中热等静压烧结的氮化硅陶瓷性能最优。氮化硅陶瓷的主要性能特点如下。

① 高硬度　氮化硅的硬度达到 18～21GPa（HRA＝91～93），高于氧化铝和氧化锆陶瓷，仅次于金刚石和立方氮化硼、碳化硼等材料，具有出色的耐磨损性能。

② 电绝缘性优良　氮化硅陶瓷在室温和高温下都是电绝缘材料，但烧结工艺和材料的纯度在一定程度上会影响氮化硅陶瓷的电学性能。

③ 化学稳定性好　氮化硅具有优良的化学稳定性，几乎耐所有的无机酸、碱与盐的腐蚀。如沸腾状态的浓盐酸（HCl）、浓硝酸（HNO$_3$），和水的混合液（HNO$_3$：HCl＝1：3），磷酸（H$_3$PO$_4$）以及 85％以下的硫酸（H$_2$SO$_4$），25％以下的氢氧化钠（NaOH）溶液对氮化硅均无明显的腐蚀作用。对某些盐类，如硝酸钠（NaNO$_3$）和亚硝酸钠（NaN$_2$O）溶液等，氮化硅陶瓷也不受腐蚀。

氮化硅对多数金属、合金熔体，特别是非铁金属熔体是稳定的，例如不受锌、铝、钢铁熔体的侵蚀。但是不耐镍铬合金和不锈钢的腐蚀，对大多数熔融的碱和盐是不稳定的，在高温下煤和重油炉渣也能腐蚀氮化硅；此外一些高温气体也会腐蚀氮化硅。

④ 抗热冲击性能优良　氮化硅陶瓷的热膨胀系数较小，热导率较高，材料不容易产生热应力，因而具有良好的抗热冲击性能，在室温至 1000℃的热冲击下不易开裂。

⑤ 抗弯强度和断裂韧性较高　氮化硅陶瓷在室温下有较高的抗弯强度和断裂韧性。如热压烧结的致密氮化硅陶瓷，室温抗弯强度通常在 800～1050MPa，断裂韧性为 6～7MPa·m$^{1/2}$。无压烧结的氮化硅陶瓷，室温抗弯强度通常在 400～1000MPa，断裂韧性为 4～7MPa·m$^{1/2}$。

氮化硅具有高强度、高硬度、高断裂韧性、耐高温、耐磨损、耐腐蚀、热膨胀系数小、抗热冲击性能好等优良性能，在冶金、能源、机械、化工、汽车等现代科学技术和工业领域已经获得越来越广泛的应用。

（4）碳化物陶瓷

碳化物陶瓷主要分为两类：一类是非金属碳化物，如碳化硅（SiC）、碳化硼（B_4C）；另一类是过渡金属碳化物，如碳化钨（WC）、碳化钛、碳化铬（Cr_3C_2）等。一般工业上应用比较广泛的高温碳化物材料主要是 SiC、B_4C、TiC 等。此外，碳化钛、碳化钨等与其他组分构成的复合材料也称为金属陶瓷，它既有陶瓷的高强度、高硬度、耐磨损、耐高温、抗氧化及良好的化学稳定性，又具有较好的金属韧性和可塑性以及导电特性，是一类非常重要的工具材料和结构材料。而碳化钨通常需要与 Ni、Co 等金属复合才能实现致密化，表现出许多硬质合金的特点，因此一般将其纳入硬质合金范畴中。

碳化硅陶瓷是流体控制领域应用较多的碳化物材料之一。碳化硅陶瓷的硬度很高，莫氏硬度为 9.2～9.5，显微硬度为 33GPa，仅次于金刚石、立方氮化硼和碳化硼等少数几种材料。碳化硅陶瓷的制备工艺不同，其性能也有所不同。表 19-4 为 3 种不同工艺制造的碳化硅材料的物理性能。碳化硅的抗弯强度接近 Si_3N_4 材料，但断裂韧性低于 Si_3N_4；具有优异的高温强度和抗高温蠕变能力，热压碳化硅材料在 1600℃的高温抗弯强度基本和室温相同；抗热冲击性能好。

表 19-4 不同工艺制造的 SiC 材料的物理性质

性质名称	热压 SiC	常压烧结 SiC	反应烧结 SiC
密度/g·cm^{-3}	3.2	3.14～3.18	3.10
气孔率/%	<1	2	<1
硬度（HRA）	94	94	94
抗弯强度/MPa，室温	989	590	490
抗弯强度/MPa，1000℃	980	590	490
抗弯强度/MPa，1200℃	1180	590	490
断裂韧性/MPa·m$^{1/2}$	3.5	3.5	3.5～4
韦伯模数	10	15	15
弹性模量/GPa	430	440	440
热导率/W·m^{-1}·K^{-1}	65	84	84
热膨胀系数/×10^{-6}℃$^{-1}$	4.8	4.0	4.3

19.1.2 阀门用结构陶瓷材料

在流体控制领域，阀门及管件的选型和设计必须考虑到实际工况的技术要求，在满足性能要求的前提下，兼顾经济性以降低成本。

目前世界范围内，阀门及管件等流体控制元件中选用的结构陶瓷材料主要有氧化铝陶瓷、氧化锆陶瓷、氮化硅陶瓷和碳化硅陶瓷。

氧化铝陶瓷的工业化生产比较成熟，成本较低，是在阀门领域应用最为广泛的结构陶瓷材料。但是因为氧化铝陶瓷的韧性较差，需要承受较高扭矩的零部件，如陶瓷阀球往往选用氧化锆陶瓷。在一些压差较大、温度较高的工况，则根据实际工况的技术要求选用氮化硅或碳化硅陶瓷。

19.2 陶瓷阀门的种类与典型结构

随着先进结构陶瓷工业的发展，结构陶瓷材料在流体控制领域的应用也日益广泛。结构陶瓷原材料成本的降低和技术的不断进步和成熟，对结构陶瓷在阀门管件中的应用起到了很大的促进作用。常见的通用阀门都引入了结构陶瓷材料以解决各种高磨损、高腐蚀和高温工况的特殊要求，在一定程度上取代了钛阀、镍阀、哈氏合金阀门等贵重金属阀门。以下针对几种典型的陶瓷阀门及其结构进行简要介绍。

19.2.1 陶瓷球阀

(1) 陶瓷球阀的设计标准和适用范围

陶瓷球阀的设计标准和适用范围见表 19-5。

表 19-5 陶瓷球阀的设计标准和适用范围

标准代号	标准名称	适用范围		
		工称尺寸	工称压力或压力等级	应用
GB/T 12237	通用阀门法兰和对焊连接钢制球阀	DN10~200	PN10~50	通用
MSS SP 72	法兰和对焊连接球阀	DN15~200	PN10~50	通用
API 6D	石油和天然气工业管线输送系统，管线阀门	DN50~200	CL150~300	石油天然气管线
JPI 7S 48	法兰连接球阀	DN15~200	CL150~300 PN10~40	石油天然气管线、石油化工
BS 5351	钢制球阀	DN10~200	CL150~300	石油、石油化工
ASME B16.34	法兰和对焊连接钢制球阀	DN15~200	CL150~300	通用

(2) 陶瓷球阀的结构

常用陶瓷球阀的结构见表 19-6。

表 19-6 常用陶瓷球阀的结构

序号	名称	典型结构	结构特点	备注
1	手动式法兰连接缩颈陶瓷球阀	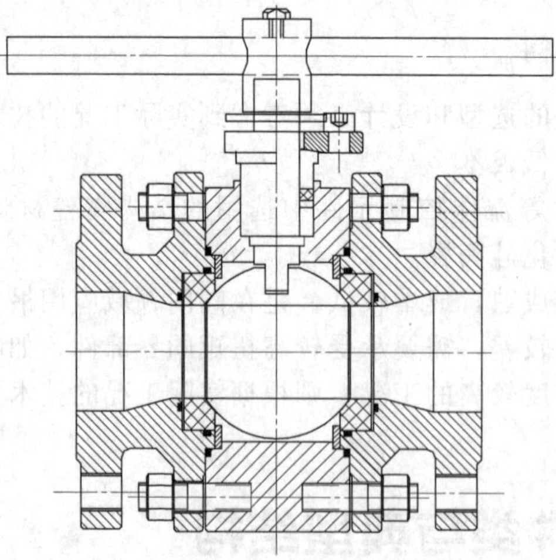	①本陶瓷球阀采用缩颈设计 ②球体采用浮动式设计，阀座采用预紧式防止被抱死设计结构 ③球体、阀座采用陶瓷材料	可用在脱硫系统

序号	名称	典型结构	结构特点	备注
2	手动式法兰连接缩颈全衬陶瓷球阀	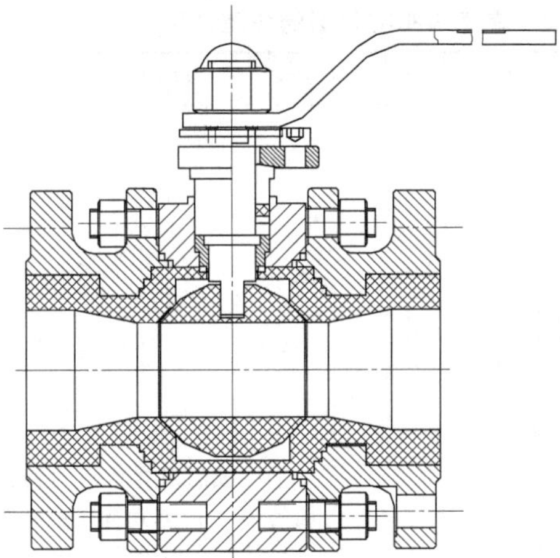	①本陶瓷球阀采用缩颈设计 ②球体采用浮动式设计,阀座采用预紧式防止被抱死设计结构 ③球体、阀座、内腔及流道均采用陶瓷材料	可用在脱硫、飞灰、多晶硅粉、水煤浆、化工浆液等多相介质中
3	陶瓷半球阀	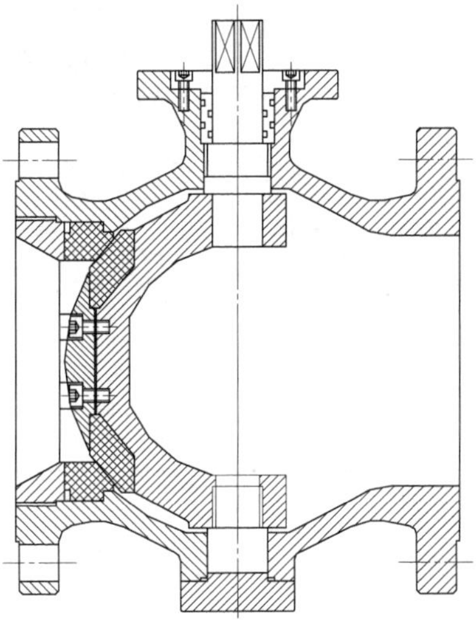	本阀门采用偏心半球阀的结构形式,将阀门密封副改用陶瓷,将阀门的阀体与球体中心设计为中线型	可用在除灰放料、渣水输送等系统

19.2.2 陶瓷蝶阀

(1) 陶瓷蝶阀的设计和标准范围

陶瓷蝶阀的设计和标准范围见表 19-7。

表 19-7 陶瓷蝶阀的设计和标准范围

标准代号	标准名称	适用范围		应用
		公称尺寸	公称压力或压力级	
GB/T 12238	通用阀门法兰和对夹连接蝶阀	$DN80\sim600$	$PN2.5\sim25$	通用
API 609	凸耳和平板式蝶阀	$DN80\sim600$	$\leqslant CL300$	石油、石油化工
BS 5155	通用铸铁和碳钢蝶阀	$DN80\sim600$	CL125、CL150	通用
MSS SP 68	高压偏心阀座蝶阀	$DN80\sim600$	CL150、CL300	通用
JB/T 8527	金属密封蝶阀	$DN80\sim600$	$PN6\sim25$	通用

（2）陶瓷蝶阀典型结构

陶瓷蝶阀密封副的典型结构见表 19-8。

表 19-8　陶瓷蝶阀密封副的典型结构

名称	密封副结构图	结构特点	备注
陶瓷密封蝶阀	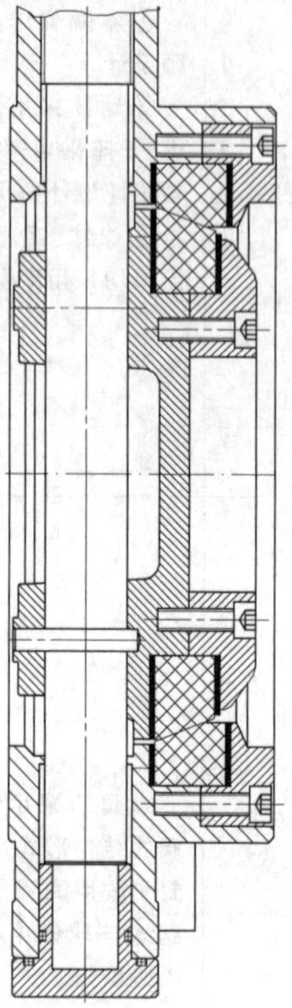	①蝶板的回转中心与阀体的回转中心重合，两阀座的密封面采用球面结构形式，阀座密封圈与阀体密封圈采用陶瓷材料，阀门关闭时以介质压力做预紧力，保证阀门密封可靠 ②连接形式可设计成法兰、对夹及凸耳等形式	可用在浆液、灰水等颗粒性介质中

19.2.3　陶瓷闸阀

（1）陶瓷闸阀的设计和标准范围

陶瓷闸阀的设计和标准范围见表 19-9。

表 19-9　陶瓷闸阀的设计和标准范围

标准代号	标准名称	适用范围		应用
		公称直径	公称压力或压力等级	
GB/T 12234	通用阀门，法兰和对焊连接钢制闸阀	DN50～600	PN10～25	通用
ASME B16.34	阀门法兰或对焊连接闸阀	DN50～600	CL150	通用
BS 5157	通用平行闸板钢制闸阀	DN50～600	PN10～25	通用

（2）陶瓷闸阀结构形式

陶瓷闸阀结构形式见表 19-10。

表 19-10　陶瓷闸阀结构形式

序号	名称	典型结构	结构特点	备注
1	陶瓷双闸板阀	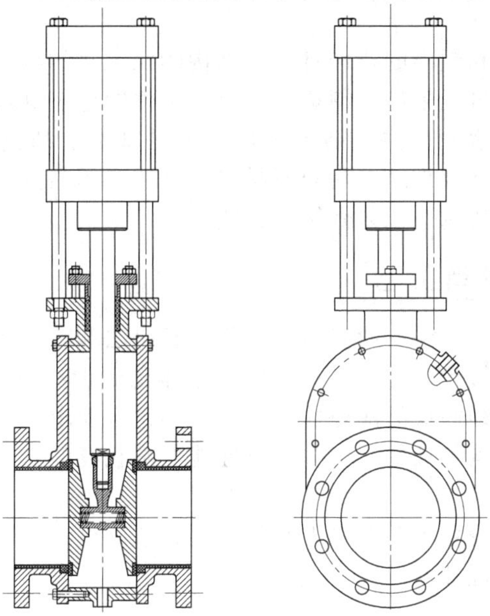	采用陶瓷做密封面，结构简单，密封面耐冲刷，启闭过程中阀板自旋，开关灵活	可用在浆液、灰渣、灰水等颗粒性介质中
2	陶瓷旋转进料阀	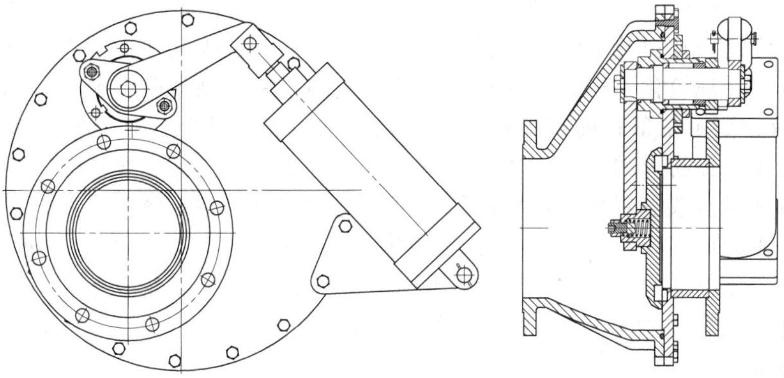	采用陶瓷做密封副，阀瓣旋转，不藏料，不卡死，开关灵活寿命长	用在仓泵进料系统
3	陶瓷刀闸阀	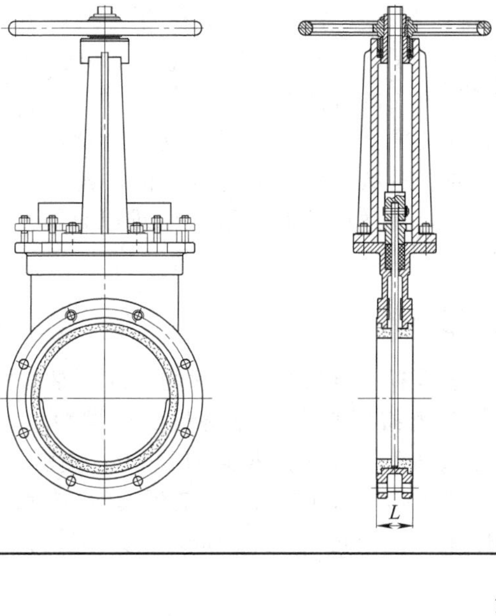	闸板、阀座采用结构陶瓷，使该阀门使用寿命延长3倍以上	用在排渣系统中

19.3 阀门用结构陶瓷材料制造工艺

作为一种完全不同于金属和塑料的特殊材料，结构陶瓷自身的特性决定了其不能采用金属材料所经常使用的各种工艺过程来进行制备；陶瓷零部件的毛坯制造与材料制备过程基本上是同时完成的。尽管结构陶瓷材料种类各不相同，但是基本上都包括 3 个阶段的主要工艺：①粉体制备；②成形；③高温烧结。陶瓷原材料的制造和阀门的制造属于两个不同的工业领域，因此本节对陶瓷材料的制造工艺做简单介绍。

19.3.1 结构陶瓷粉体制备工艺

结构陶瓷所用原材料的制备方法一般有两种：机械破碎法和合成法。前一种方法是采用机械的方法将颗粒破碎以获得细粉的方法，产量大，成本低，但在破碎过程中易混入杂质，且颗粒尺寸较大，此种方法烧结而成的陶瓷性能较差，不适合要求较高的领域。合成法制造的粉料纯度高，粒度小，成分均匀性好，十分适合性能要求较高的先进陶瓷材料的需要。

(1) 机械破碎法

机械破碎法制备粉体主要设备主要有以下几种：颚式破碎机；轧辊破碎机；轮碾机；球磨机；气流粉碎机；振动磨；搅拌磨。

(2) 合成法粉体制备工艺

① 固相法　固相法是以固态物质为原料来制备超细粉体的方法，主要包括高温固相反应法、碳热还原反应法、盐类热分解法、自蔓延燃烧合成法等。固相法的优点是制造成本相对较低，便于批量化和规模化生产，因此比较广泛地应用于一般结构陶瓷粉体的制备。

② 液相法　液相法可制备高纯超细的优质陶瓷粉末，以满足现代高性能陶瓷材料的需要，因此正成为现代陶瓷粉末的一种主要制备方法，其基本过程为在金属盐溶液中添加沉淀剂，待溶剂蒸发后制得盐或氢氧化物，再由盐或氢氧化物热分解得到氧化物粉末。

液相法制备粉体的优点是：化学组成便于控制，元素可在离子或分子尺度上均匀混合；既可合成各种单一氧化物，也可以合成复合氧化物粉末；便于添加微量成分，组成和晶粒形貌易于调控；可制备纳米级和亚微米级陶瓷粉末，且烧结活性好；便于工业化和规模化生产，且生产成本相对于气相法较低。

③ 气相法　从气相制备陶瓷粉体的方法有物理气相沉积法和化学气相沉积法。物理气相沉积法又称蒸发-凝聚法，是将原料加热至高温使之气化，然后急冷后凝聚成微小粒子，这种方法制得的颗粒直径在 5～100nm 范围内的微粉；化学气相沉积法是将挥发性金属化合物的蒸气，通过化学反应合成所需物质的方法。

与液相法相比，气相法制备粉体的工艺具有以下特点：纯度高；颗粒的分散性良好；控制反应条件，比较容易得到颗粒直径一致性较好的超微粉体；容易控制气氛。

气相法除适用于制备氧化物外，还适用于制备液相法难以直接合成的氮化物、碳化物、硼化物等非氧化物。

19.3.2 结构陶瓷成形工艺

成形是将陶瓷粉体加工制备成具有一定形状和尺寸的毛坯，是结构陶瓷制备工艺中非常重要的一个环节，成形技术的优劣直接影响到陶瓷材料的可靠性。成形工艺主要有以下 3 类：干法压制成形，如干压成形、冷等静压成形、热等静压成形；塑性成形，如挤压成形、注射成形、热压铸成形、扎膜成形；浆料成形，如注浆成形、流延成形，凝胶注膜成形等。

目前陶瓷阀门采用的结构陶瓷材料主要是干法压制成形，其中冷等静压成形（CIP）具有以下优点：能成形复杂形状的零件；摩擦损耗小，成形压力大；压坯密度分布均匀，强度高；成本较低。

冷等静压成形的陶瓷坯料综合性能较好，成本适中，是陶瓷阀门用结构陶瓷材料的主要成形方法。

19.3.3　结构陶瓷烧结技术

结构陶瓷的烧结对材料的显微结构起重要作用，在烧结过程中伴随发生坯体内所含溶剂、黏合剂、增塑剂等成分的去除，坯体中气孔的减少，颗粒间结合强度的增加，机械强度的提高等现象。

陶瓷烧结技术主要有常压烧结、热压烧结、热等静压烧结、气压烧结、微波烧结、自蔓延致密化烧结、放电离子烧结等，其中常压烧结是目前结构陶瓷件最主要采用的烧结方法。而热压烧结和热等静压烧结也是比较重要的烧结技术。

（1）常压烧结

常压烧结是不对材料进行加压，在大气压力下高温烧结，是目前结构陶瓷领域应用最为普遍的一种烧结方法。常压烧结包括在空气条件下的常压烧结和在某种特殊气体保护下的常压烧结。

（2）热压烧结

热压烧结（HP）是一种机械加压的烧结方法，是把陶瓷粉末装在模腔内，在加压的同时将粉末加热到烧结温度，可以在较短时间内达到致密化，并且获得具有幼小均匀晶粒的显微结构。对于共价键难烧结的高温陶瓷材料，如氮化硅、碳化硼、碳化硅等，热压烧结是一种有效的烧结技术。

热压烧结相比于常压烧结，烧结温度可以稍低，同时可以提高陶瓷制品的透明性、电导率、力学性能及使用可靠性。但热压烧结通常只能制造形状比较单一的产品，会增加后期加工成本。

19.4　陶瓷阀门的加工工艺

陶瓷阀门的金属部件加工工艺简单，其制造工艺可以参阅本书相关阀门部件，因此本节主要介绍陶瓷部件的加工工艺。

19.4.1　陶瓷球阀的陶瓷部件加工工艺

陶瓷球阀的陶瓷部件加工工艺见表 19-11。

表 19-11　陶瓷球阀的加工工艺

陶瓷球体加工工艺	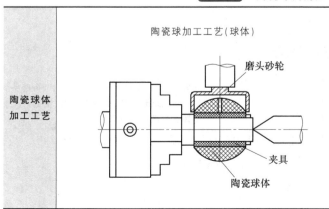陶瓷球加工工艺（球体）	用磨床（左图）将陶瓷球夹在设备上，磨头砂轮与球体必须同心且垂直，磨头粗加工时采用青铜金刚砂，磨头砂轮分别采用 60＃、100＃、300＃ 的砂轮磨头加工球体，经过粗磨、精磨、抛光 3 步就可以完成球体加工。加工过程根据球体表面加工的即时精度和尺寸来控制更换各阶段磨头。当粗磨尺寸达到图纸 0.3mm 左右余量时更换磨头进入到精磨阶段，当精磨阶段中尺寸达到图纸要求时，进入到抛光阶段，当工件表面粗糙度达到图纸要求时加工结束

	陶瓷阀座加工工艺(阀座)	
陶瓷阀座 加工工艺	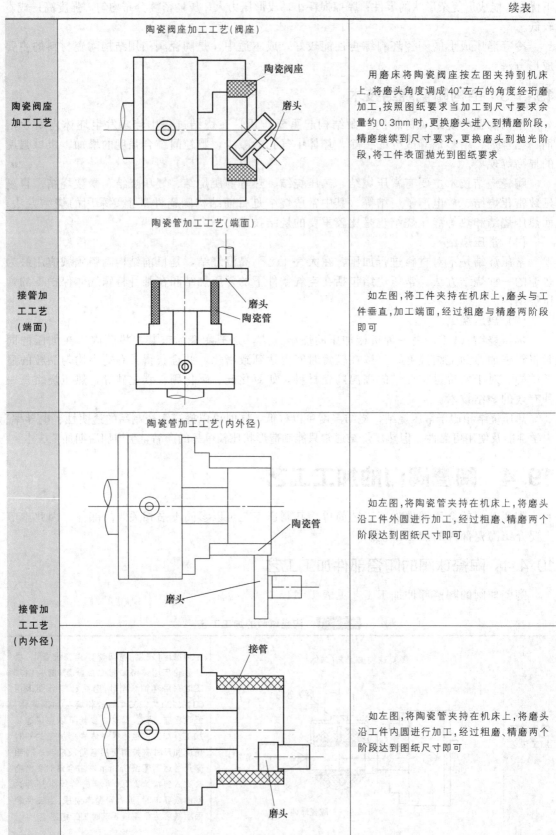	用磨床将陶瓷阀座按左图夹持到机床上,将磨头角度调成40°左右的角度经珩磨加工,按照图纸要求当加工到尺寸要求余量约0.3mm时,更换磨头进入到精磨阶段,精磨继续到尺寸要求,更换磨头到抛光阶段,将工件表面抛光到图纸要求
接管加 工工艺 (端面)	陶瓷管加工工艺(端面)	如左图,将工件夹持在机床上,磨头与工件垂直,加工端面,经过粗磨与精磨两阶段即可
接管加 工工艺 (内外径)	陶瓷管加工工艺(内外径)	如左图,将陶瓷管夹持在机床上,将磨头沿工件外圆进行加工,经过粗磨、精磨两个阶段达到图纸尺寸即可
		如左图,将陶瓷管夹持在机床上,将磨头沿工件内圆进行加工,经过粗磨、精磨两个阶段达到图纸尺寸即可

| 阀座球体配合加工 | 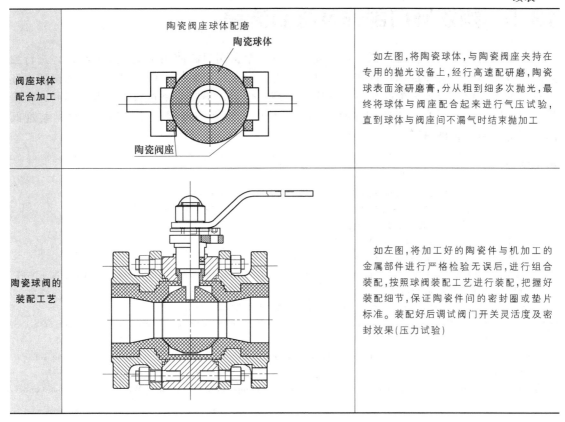 | 如左图,将陶瓷球体,与陶瓷阀座夹持在专用的抛光设备上,经行高速配研磨,陶瓷球表面涂研磨膏,分从粗到细多次抛光,最终将球体与阀座配合起来进行气压试验,直到球体与阀座间不漏气时结束抛加工 |
| 陶瓷球阀的装配工艺 | 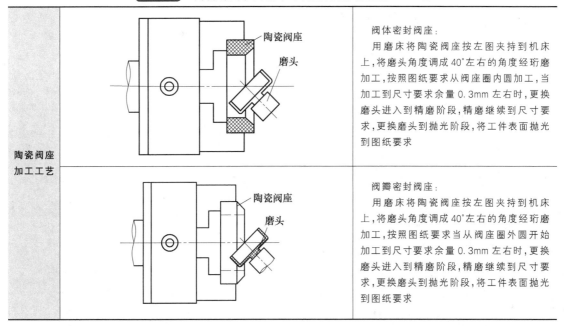 | 如左图,将加工好的陶瓷件与机加工的金属部件进行严格检验无误后,进行组合装配,按照球阀装配工艺进行装配,把握好装配细节,保证陶瓷件间的密封圈或垫片标准。装配好后调试阀门开关灵活度及密封效果(压力试验) |

19.4.2 陶瓷蝶阀、陶瓷半球阀的陶瓷阀座加工工艺

陶瓷蝶阀、陶瓷半球阀的陶瓷阀座的加工工艺见表 19-12。

表 19-12 陶瓷蝶阀、陶瓷半球阀的陶瓷阀座的加工工艺

| 陶瓷阀座加工工艺 | | 阀体密封阀座:
用磨床将陶瓷阀座按左图夹持到机床上,将磨头角度调成 40°左右的角度经珩磨加工,按照图纸要求从阀座圈内圆加工,当加工到尺寸要求余量 0.3mm 左右时,更换磨头进入到精磨阶段,精磨继续到尺寸要求,更换磨头到抛光阶段,将工件表面抛光到图纸要求 |
| | | 阀瓣密封阀座:
用磨床将陶瓷阀座按左图夹持到机床上,将磨头角度调成 40°左右的角度经珩磨加工,按照图纸要求当从阀座圈外圆开始加工到尺寸要求余量 0.3mm 左右时,更换磨头进入到精磨阶段,精磨继续到尺寸要求,更换磨头到抛光阶段,将工件表面抛光到图纸要求 |

19.5 陶瓷阀门制作及检验流程

陶瓷阀门制作及检验流程如下：陶瓷件配方，根据阀门的使用工况及介质特性，进行独立配方及添加相应的稳定剂；做相应工件的模型进行等静压制作工件；等静压制作出的生坯进行粗加工，留有合理余量的生坯；在窑炉里高温烧结，不同陶瓷材料烧结温度不同；检验烧结好的陶瓷工件；磨加工陶瓷工件，粗磨、精磨、抛光等过程；检验陶瓷工件；装配阀门；压力试验；合格出厂。

参考文献

[1] 金志浩，高积强，乔冠军. 工程陶瓷材料. 西安：西安交通大学出版社，2000.8.

[2] 谢志鹏. 结构陶瓷. 北京：清华大学出版社，2011.6.

[3] JB/T 10529—2005 陶瓷密封阀门 技术条件.

[4] GB/T 14389—1993 工程陶瓷冲击韧性试验方法 [S].

[5] GB/T 16534—2009 精细陶瓷室温硬度试验方法 [S].

[6] IoanD. Marinescu, Hans K. Tonshoff, and Ichiro Inasaki. Handbook of Ceramic Grinding and Polishing. New York, William Andrew Publishing, LLC, 2000.01.

[7] 张清双，尹玉杰，明赐东. 阀门手册——选型. 北京：化学工业出版社，2012.8.

[8] JohnB. Wachtman, W. Roger Cannon, M. JohnMatthewson. Mechanical Properties of Ceramics. A HOHN WILEY&SONS, INC., 2009.4.

[9] D. R. Bush. Designing Ceramic Components for Structural Applications, Journal of Materials Engineering and Performance, 1993 (2).

[10] Jürgen G. Heinrich, Fritz Aldinger. Ceramic Materials and Components for Engines. WILEY-VCH Verlag GmbH, 2001.7.

第**20**章 Chapter 20

阀门的配合精度和表面粗糙度

20.1 阀门的配合精度

阀门零件的配合精度，主要指轴与孔的配合精度，也包括诸如键与键槽的配合，但其配合精度按照相应的国家标准进行选择。

随着阀门零件加工精度的提高，阀门的制造成本急剧增加，因此在规定阀门零件的公差与配合时，设计者应该选择能够满足工况要求，并能保证阀门正常工作的最低精度等级。之所以要满足工况要求，是因为有时工况的工作温度是极低温、低温以及高温等，在确定零部件配合的极限偏差时，要充分考虑部件的线膨胀系数，尤其是相配合零部件之间的材料为非同种材料时更为注意。

阀门经常安装在风吹雨淋和尘土飞扬的露天场合。操纵阀门所用的力和由于介质压力产生的作用力往往是很大的，从而引起零件弹性变形。由于工作介质对金属起化学作用，零件表面被腐蚀，致使零件尺寸改变。为适应温度的变化避免活动零件卡住，必须保证有足够大的间隙。所有这些因素都影响到选择较大间隙的公差与配合。

(1) 配合的种类

配合根据孔与轴的直径大小可分下列 3 种。

① 间隙配合 轴的最大极限尺寸比孔的最小极限尺寸小，孔与轴之间有间隙。主要用于支撑及零件之间的定位、定心等目的。

② 过盈配合 轴的最小极限尺寸比孔的最大极限尺寸大，孔与轴之间有过盈。因轴径较孔径大，一旦将轴压入后一般不需要取出，常用于压入、烧嵌配合、冷缩配合等。

③ 过渡配合 轴的最大极限尺寸比孔的最小极限尺寸大（包括两者相等），而且轴的最小极限尺寸比孔的最大极限尺寸小。根据加工状况的不同或为间隙配合或为过盈配合，常用于阀杆螺母滚动轴承内圈的配合，也称为"半紧密配合"。

由于阀门的阀杆要做旋转运动、直线升降运动或螺旋升降运动，因此与阀杆相配合的部件通常采用间隙配合。对于固定式球阀，由于支撑圈是通过相对于球体的位移实现球阀的功能，因此支撑圈与之配合的部件也是采用间隙配合。

(2) 基孔制与基轴制

在选择配合时，应先决定以孔或轴为基准，前者称为基孔制，后者称为基轴制。

所谓基孔制是指孔的公差的下偏差正好为其公称尺寸，而其上偏差为正值。基孔制是设定孔的偏差固定，而改变相对应的轴径，以规定各种必要的间隙或过盈的配合方式。而基轴制与基孔制相反，是设定轴的偏差固定，而改变相对应的孔径，以规定各种必要的配合方式。

基孔制与基轴制各有优缺点，除英国多采用基孔制外，美、日等各国家对这两种制度皆合并使用。若基孔制或基轴制两者不受限制，可以任意选择时，最好选用基孔制。阀门部件的配合通常选用基孔制。

(3) 标准公差等级的选择

在满足使用要求的前提下，应尽可能选择较低的公差等级，以降低加工成本。未注公差等级通常选用 GB/T 1804-m 级。

(4) 配合的选择

① 有相对运动的配合件，应选用间隙配合，速度大则间隙大，速度小则间隙小。没有相对运动的部件，需综合其他因素选择，采用间隙、过盈或过渡配合均可。

② 当配合件的工作温度或装配温度相差较大时，必须考虑装配间隙在工作时发生的变化。在低温或高温（$-196\sim816℃$）条件下工作时，如果配合部件材料的线膨胀系数不同，配合间隙需要进行修正计算，计算方法参考化学工业出版社出版的《机械设计手册》。

早在 20 世纪 60 年代出版的《阀门统一设计手册》中，就对阀门部件的配合做出了规定，这是基于前苏联的阀门设计书籍及工程实践经验的积累，在 1976 年沈阳阀门研究所编辑出版的《阀门设计》中也以附录的形式对各类阀门部件的配合做出了规定。本书继续继承这一优良做法，将常用阀门部件的配合关系列入 20.3 节。

20.2 阀门的表面粗糙度

表面粗糙度主要是由切削工具的形状和在切削过程中产生的塑性变形等因素引起的。用微观不平度的算术平均偏差 Ra 或微观不平度的平均高度 Rz 来确定粗糙度的数值，其数值等级由 GB/T 1031 规定。

(1) 表面粗糙度对阀门使用性能的影响

粗糙度质量对阀门的使用性能有很大的影响，主要表现在：配合性质、耐磨性能、耐蚀性能及疲劳强度等。

① 配合性质　对于相互配合的阀门零部件，无论是动配合、过渡配合，还是静配合，如果表面加工比较粗糙，Ra 的数值必然会很大，从而影响实际配合的性质。

对于动配合的阀门零部件，如果配合表面很粗糙，则阀门在工作时会迅速磨损，使其间隙加大，从而影响配合精度，改变了应有的配合性质，很快降低阀门的使用质量。

对过盈配合来说，表面粗糙度 Ra 的值过大，会影响连接强度。由于表面不平，实际过盈量并不是等于和孔的直径之差。

一般实际过盈量可按下式计算：

$$e = (D_1 - D_2) - 1.2(R_{y1} + R_{y2})$$

式中 D_1——轴的直径，mm；

D_2——孔的直径，mm；

R_{y1}——轴的轮廓最大高度，mm；

R_{y2}——孔的轮廓最大高度，mm。

因此，粗糙度会降低过盈配合的连接强度。

过渡配合则兼有上述两种配合的问题。

② 耐磨性能 表面粗糙度和硬化都对零件表面的耐磨性有很大的影响。

在干摩擦时，两个相互摩擦的表面，最初只是在粗糙度的峰部接触。如一般车、镗、铣的表面，摩擦时实际上只有计算面积的 15%～25%在接触，细磨后有 30%～50%。因此，粗糙的顶峰有很大的挤压力，使粗糙表面产生弹性变形和塑性变形，在表面相互移动时，将有一部分凸峰被剪切掉。

湿摩擦情况要复杂些，但在最初阶段，由于粗糙度过大造成接触点处单位面积压力过大，超过了润滑油膜存在的临界值，也产生与干摩擦类似现象。

表面的磨损过程，一般分为 3 个阶段。

a. 初磨损阶段。在初磨损阶段，零件表面有较多的凸峰，实际接触面积很小，磨损较快。这个阶段的时间较短，约有 50%～75%的波峰高度被磨掉，零件表面上的粗糙度有所改善。

b. 正常磨损阶段。经过初磨损阶段后，很快使接触面积增加到 65%～75%，单位面积的压力大大减小，磨损进入正常阶段。这一阶段时间较长，有润滑的条件下，油膜就能很好地起作用，使磨损慢而稳定。

c. 急剧磨损阶段。这阶段的磨损因接触面过于平滑而紧密贴合，润滑油被挤出而造成干摩擦，因表面间分子的亲和力，导致磨损急剧增加。

这里需要指出的是，表面硬化能提高耐磨性，但过度的硬化，使金属组织变形过度，磨损反会加剧，甚至产生剥落。

另外，如果零件表面层产生金相组织的变化，会改变硬度，从而影响耐磨性。

③ 耐蚀性能 表面质量对零件的耐蚀性能有很大的影响。一般说来，表面粗糙度的 Ra 值愈小，耐蚀性就愈强。因为表面愈粗糙，阀门中的介质及杂质等愈易于凹谷聚集，从而产生化学反应，形成化学腐蚀，逐步在谷底形成裂纹，在拉应力作用下逐步扩展。

当两种不同金属材料的零件接触时，在存在电位差的前提下，在表面粗糙的顶峰间产生电化学作用而形成电化学腐蚀。

④ 疲劳强度 在周期性交变载荷下，加工痕迹的谷底的应力，一般要比作用于表面层的平均应力要大 50%～150%，它是应力集中的发源地，也给产生裂纹创造了条件。减小表面粗糙度 Ra 的数值，将能提高疲劳强度。

试验证明，耐热钢 4Cr14Ni14W2Mo 的试件，其 Ra 值由 $0.2\mu m$ 减小到 $0.025\mu m$，疲劳强度提高了 25%。粗糙度的加工纹理方向，对疲劳强度也有影响。加工纹理垂直于受力方向时的疲劳强度，比平行于受力方向的要低 1.5 倍左右。

(2) 阀门零部件表面粗糙的选择

各类阀门的产品标准中都对一些重要阀门零部件的表面粗糙度进行了规定，在选择部件加工面的粗糙度时需符合标准要求。

① 阀体侧法兰的密封面 榫槽面及凹凸面与垫片接触的表面粗糙度不应超过

$Ra3.2\mu m$；环槽面的环槽侧面，其表面粗糙度不应超过 $Ra1.6\mu m$；密纹水线，其综合表面的平均粗糙度为 $Ra3.2\sim6.3\mu m$。

② 阀杆　阀杆光杆部位的表面粗糙度不应超过 $Ra0.8\mu m$。

③ 填料函　填料函的内孔表面粗糙度不应超过 $Ra3.2\mu m$。

在选择部件加工面的粗糙度时除了要满足上述要求外，还要综合考虑阀门使用工况及制造成本因素。20.3 节对于通用阀门的表面粗糙度做了规定，这也是沿用 1976 年沈阳阀门研究所编辑出版的《阀门设计》的做法。

20.3　典型阀门的配合精度和表面粗糙度

20.3.1　闸阀

典型闸阀的配合精度和表面粗糙度见图 20-1～图 20-9。

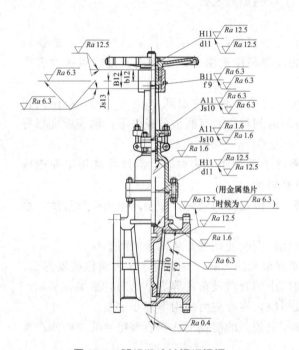

图 20-1　明杆楔式单闸板闸阀

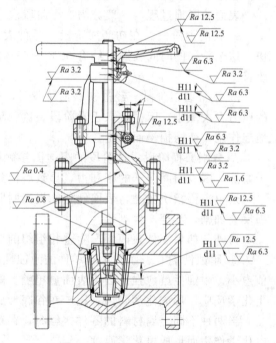

图 20-2　明杆楔式双闸板闸阀

20.3.2　截止阀

典型截止阀的配合精度和表面粗糙度见图 20-10～图 20-13。

20.3.3　止回阀

典型止回阀的配合精度和表面粗糙度见图 20-14～图 20-21。

20.3.4　球阀

典型球阀的配合精度和表面粗糙度见图 20-22～图 20-31。

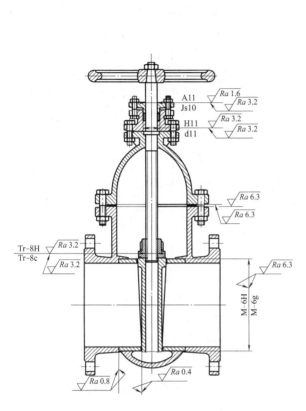

图 20-3 暗杆楔式单闸板闸阀

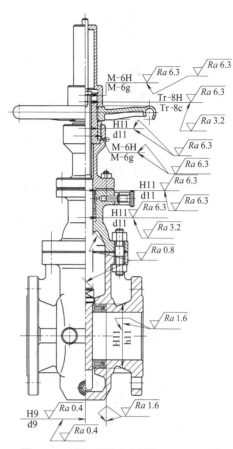

图 20-4 明杆无导流孔单闸板平板闸阀

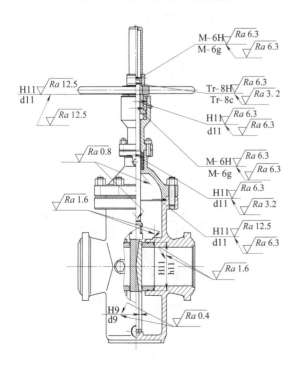

图 20-5 明杆带导流孔单闸板平板闸阀

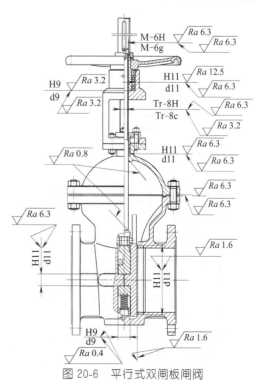

图 20-6 平行式双闸板闸阀

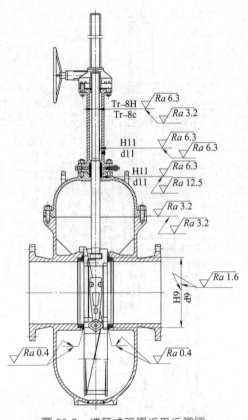

图 20-7　撑开式双闸板平板闸阀

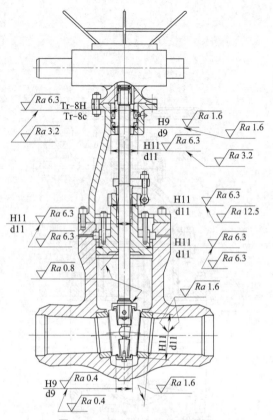

图 20-8　压力自密封楔式闸阀

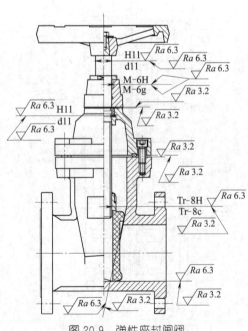

图 20-9　弹性座封闸阀

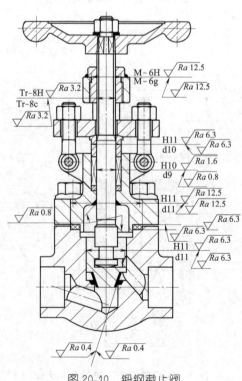

图 20-10　锻钢截止阀

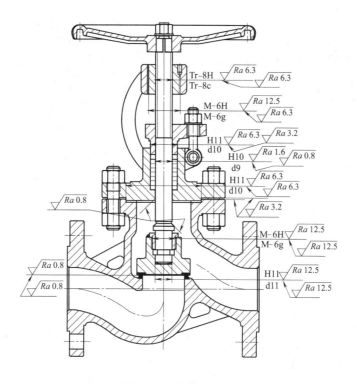

图 20-11　铸钢截止阀

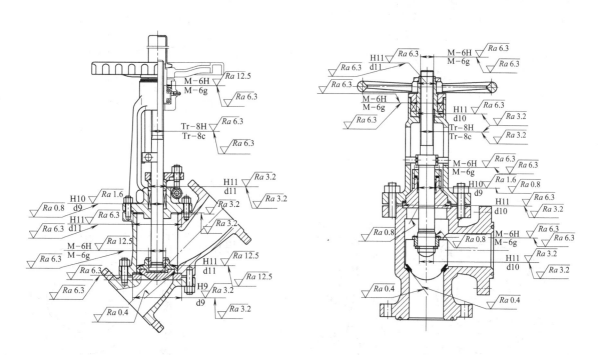

图 20-12　直流式截止阀

图 20-13　角式截止阀

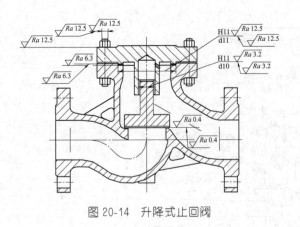

图 20-14 升降式止回阀

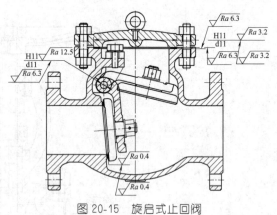

图 20-15 旋启式止回阀

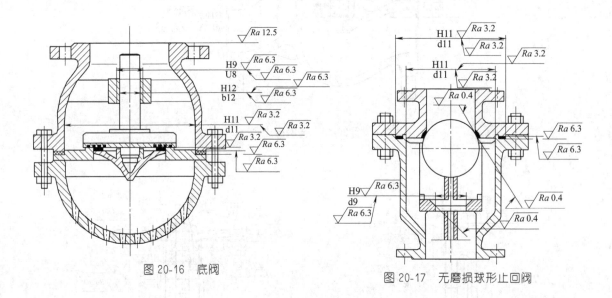

图 20-16 底阀

图 20-17 无磨损球形止回阀

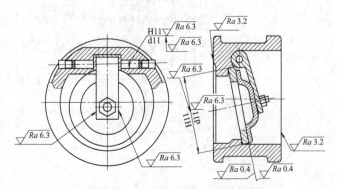

图 20-18 长系列单瓣旋启式止回阀

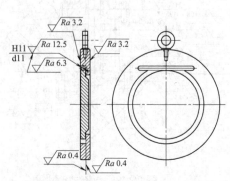

图 20-19 短系列单瓣旋启式止回阀

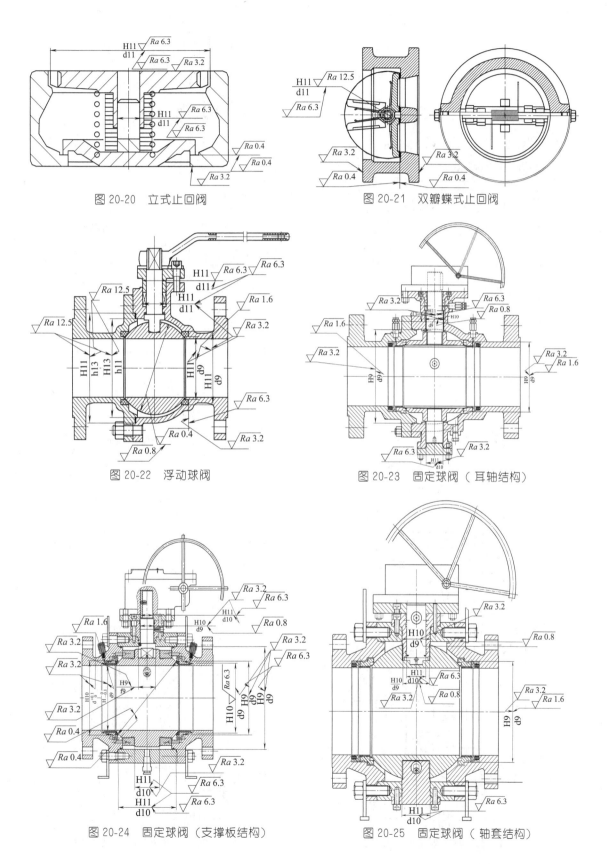

图 20-20　立式止回阀

图 20-21　双瓣蝶式止回阀

图 20-22　浮动球阀

图 20-23　固定球阀（耳轴结构）

图 20-24　固定球阀（支撑板结构）

图 20-25　固定球阀（轴套结构）

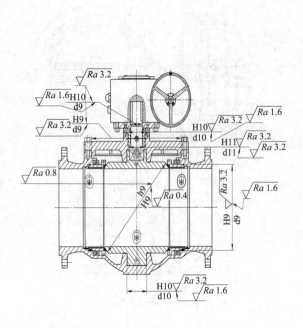

图 20-26　上装式球阀

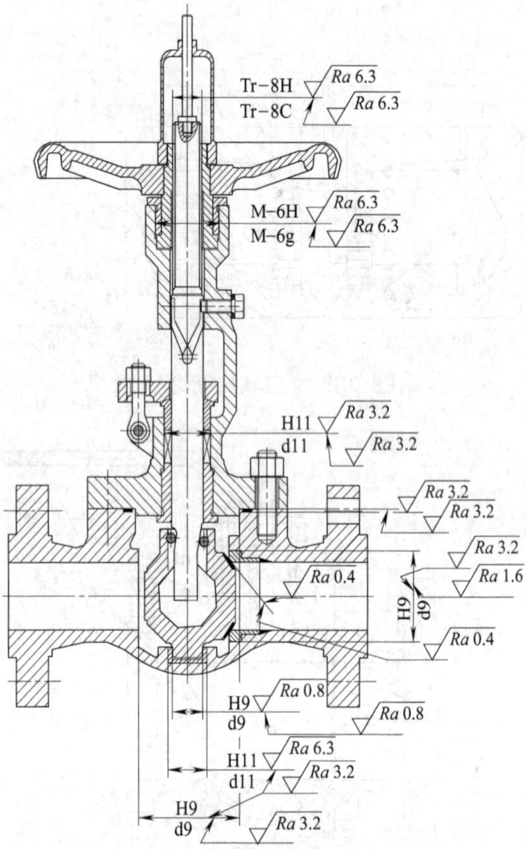

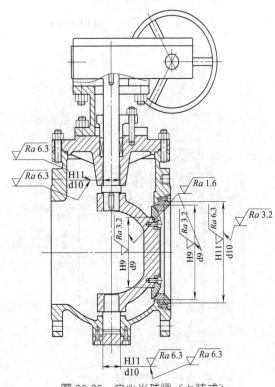

图 20-28　偏心半球阀（上装式）

图 20-27　轨道球阀

图 20-29　偏心半球阀（侧装式）

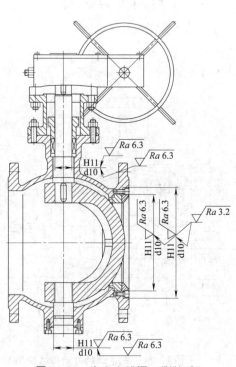

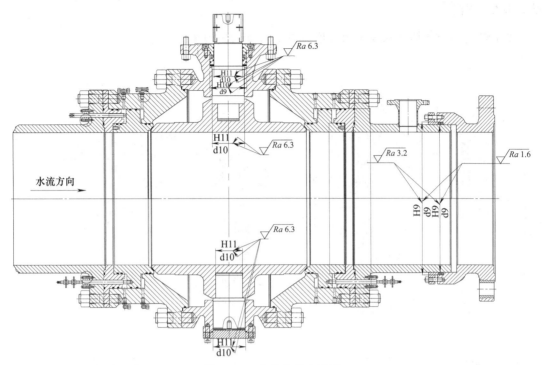

图 20-30　水轮机进水球阀

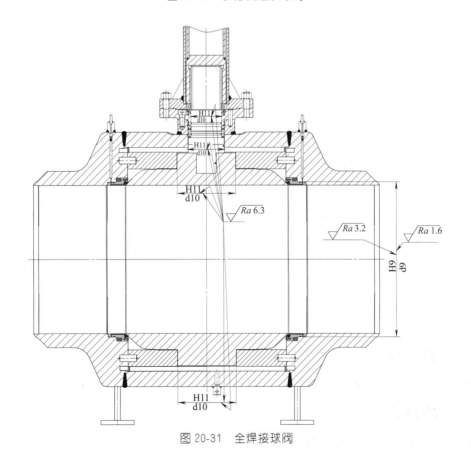

图 20-31　全焊接球阀

20.3.5 蝶阀

典型蝶阀的配合精度和表面粗糙度见图 20-32～图 20-36。

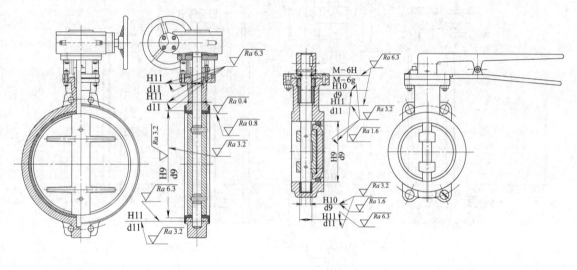

图 20-32　中线衬里蝶阀
图 20-33　单偏心蝶阀

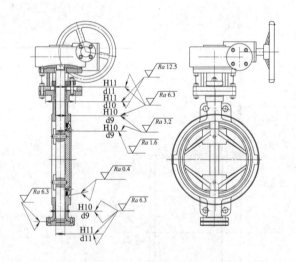

图 20-34　双偏心蝶阀

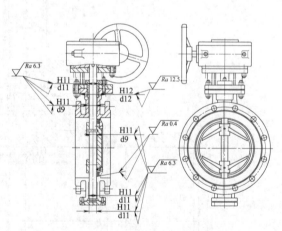

图 20-35　三偏心蝶阀

20.3.6 柱塞阀

典型柱塞阀的配合精度和表面粗糙度见图 20-37 和图 20-38。

20.3.7 旋塞阀

典型旋塞阀的配合精度和表面粗糙度见图 20-39～图 20-43。

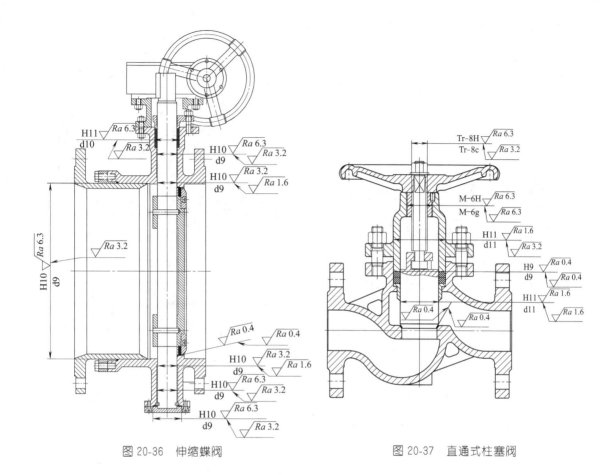

图 20-36　伸缩蝶阀

图 20-37　直通式柱塞阀

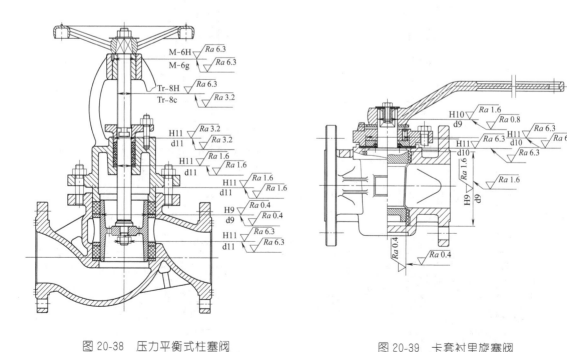

图 20-38　压力平衡式柱塞阀

图 20-39　卡套衬里旋塞阀

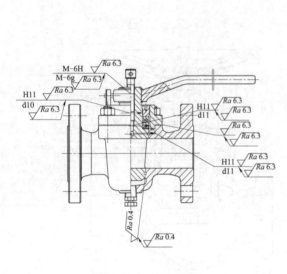

图 20-40　油封旋塞阀

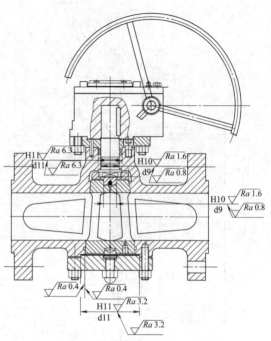

图 20-41　压力平衡式旋塞阀

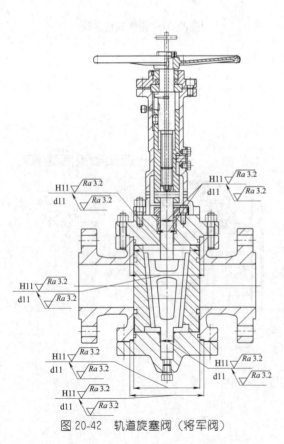

图 20-42　轨道旋塞阀（将军阀）

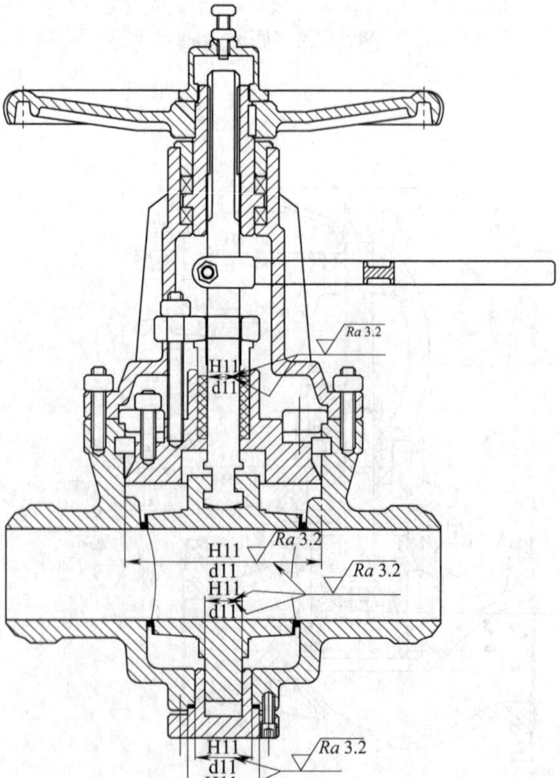

图 20-43　提升式金属密封旋塞阀

20.3.8　隔膜阀

典型隔膜阀的配合精度和表面粗糙度见图 20-44～图 20-47。

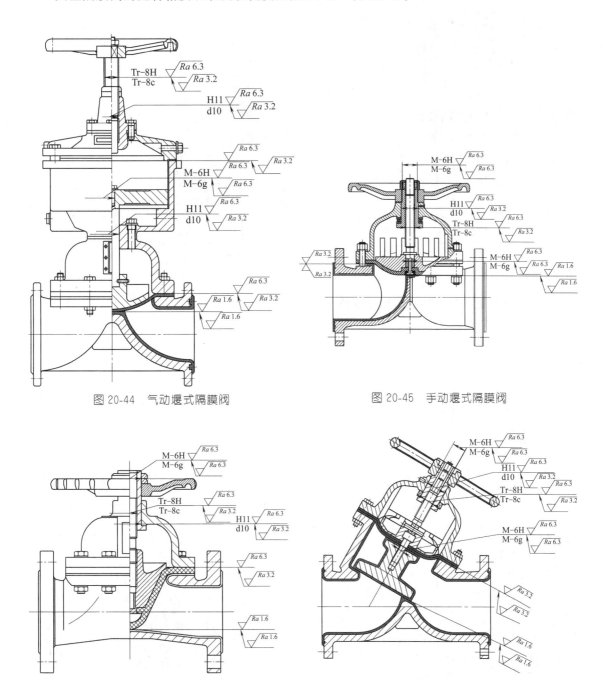

图 20-44　气动堰式隔膜阀

图 20-45　手动堰式隔膜阀

图 20-46　手动直通式隔膜阀

图 20-47　手动直流式隔膜阀

20.3.9　安全阀

典型安全阀的配合精度和表面粗糙度见图 20-48～图 20-54。

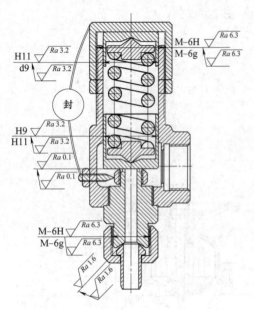

图 20-48 螺纹连接直接作用式弹簧微启式安全阀

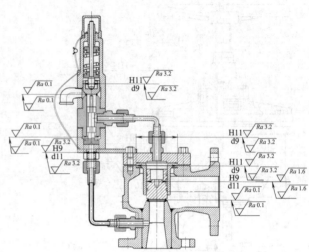

图 20-49 法兰连接先导全启式安全阀

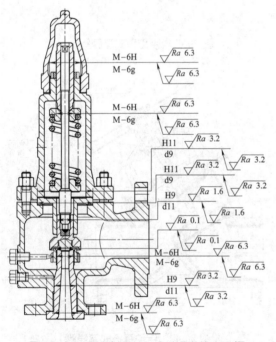

图 20-50 法兰连接全启式封闭弹簧安全阀

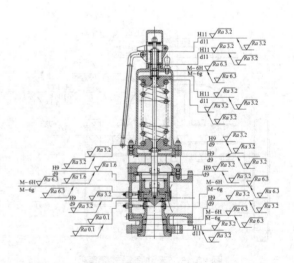

图 20-51 法兰连接全启式带扳手弹簧安全阀

20.3.10 减压阀

典型减压阀的配合精度和表面粗糙度见图 20-55～图 20-61。

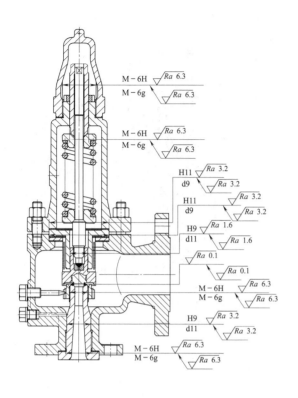

图 20-52　法兰连接波纹管全启式弹簧安全阀

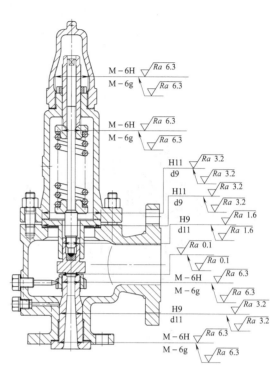

图 20-53　法兰连接微启式封闭弹簧安全阀

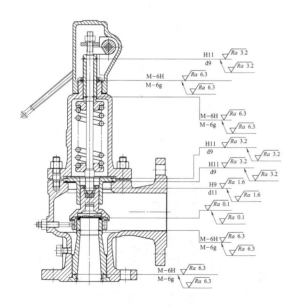

图 20-54　法兰连接全启式封闭带扳手弹簧安全阀

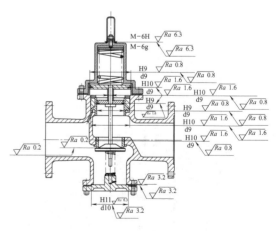

图 20-55　活塞式减温减压阀

20. 3. 11　疏水阀

典型疏水阀的配合精度和表面粗糙度见图 20-62～图 20-67。

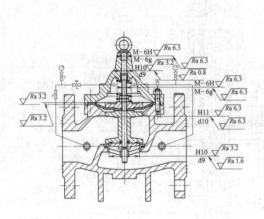

图 20-56 先导式薄膜自力式减压阀

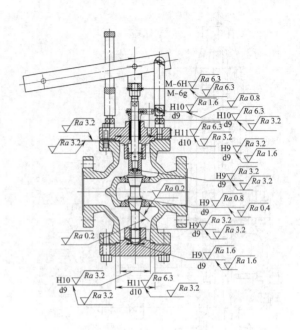

图 20-57 双阀座杠杆式减压阀

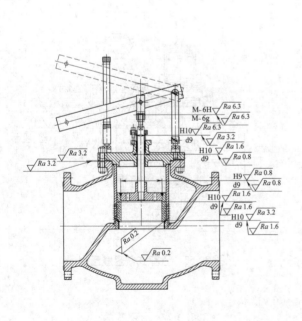

图 20-58 单阀座杠杆式减压阀

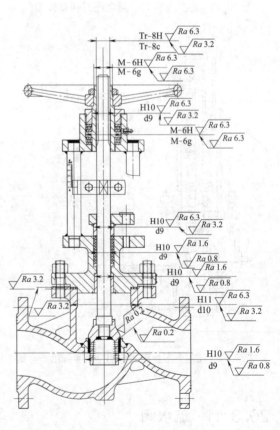

图 20-59 直接作用式减压阀

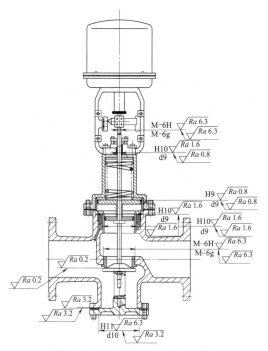

图 20-60　先导式活塞式减压阀

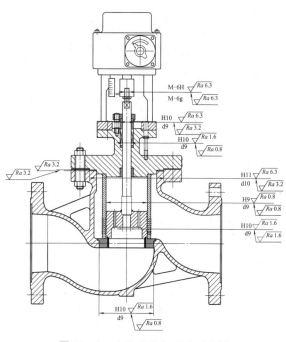

图 20-61　电动直接作用式减压阀

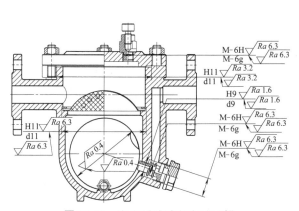

图 20-62　自由浮球式蒸汽疏水阀

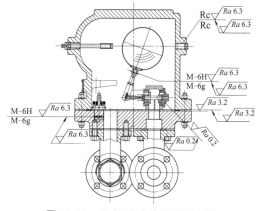

图 20-63　杠杆浮球式蒸汽疏水阀

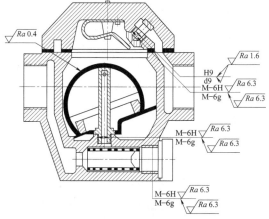

图 20-64　自由半浮球式蒸汽疏水阀

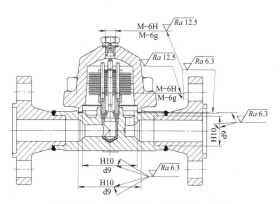

图 20-65　双金属片式蒸汽疏水阀

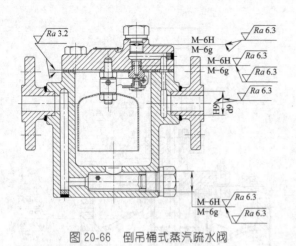

图 20-66　倒吊桶式蒸汽疏水阀　　　　　　　图 20-67　热动力圆盘式疏水阀

参考文献

[1]　陈宏钧. 实用机械加工工艺手册. 3 版. 北京：机械工业出版社，2009.

[2]　王匡时. 阀门设计与计算. 通用机械研究所，1974.12.

[3]　阀门设计编写组. 阀门设计. 沈阳阀门研究所，1976.

[4]　杨源泉. 阀门设计手册. 北京：机械工业出版社，2000.04.

第**21**章 Chapter 21

阀门的无损检测

21.1 无损检测技术概述

21.1.1 无损检测的定义及目的

(1) 无损检测的产生

随着人类文明的进步，人类在实践活动中逐渐认识到所使用的设备和工具的重要性，认识到带有缺陷的工具和设备在使用过程中由于失效导致灾难性的后果，因此，人们不断总结、创造和发明各种方法发现缺陷，避免使用具有重大缺陷的工具和设备，发展到后来，不损害被检测对象的检测方法作为极其重要的一种方法。各种检测方法的发展，既不损害被检测工具或设备的完整性和使用性，又能发现和测定其中隐藏的缺陷，并对其完整性进行正确地评估。既要达到在使用中充分地、经济地发挥功能，又要确保生产活动中生命和财产的安全，这样，就产生了无损检测。

(2) 无损检测的定义

无损检测，从其名称上就能看出，是一种在不损坏试件的前提下，对试件进行检查和测试的方法。现代无损检测的定义是：在不损坏工件的前提下，以物理或化学方法为手段，借助先进的技术和设备器材，对工件的内部及表面的结构、性质、状态进行检查和测试的方法。简化其定义，可以如下理解：①不损坏试件；②检测过程中利用了物理或化学的手段；③间接观察试件内部状态和表面状态。

(3) 无损检测的目的

在工厂的应用中，主要为了达到以下 4 个目的。

① 保证产品质量　无损检测能探测大多数产品的表面或内部用肉眼或放大镜无法发现的缺陷，经过质量控制，大大提高了产品的可靠性。无损检测与力学性能试验相比的最主要的优点是：检测的对象是产品而不是试样，许多产品为确保万无一失，必须采用无损检测的

手段。

② 保障安全使用 在役的产品由于各种原因，使设备的状态会发生各种变化，因此在设备运行过程中必须进行有效地安全监控，无损检测无疑是最好的办法。

③ 改进制造工艺 在产品的生产前，样机制造或重要工艺都要行工艺验证，对工艺验证的样机质量用无损检测的方式来进行，这在工艺改进中是必须的要求。例如焊接的质量、铸造的工艺设计等，根据无损检测的结果确认是否需要改进工艺参数。

④ 降低生产成本 在生产制造过程中，无损检测往往被认为是增加了工期和检查费用，增加了制造成本，但从实际情况来看，无损检测在生产制造过程中，为后道工序保证了质量，防止了工序和时间的浪费，大大减少了返工。

(4) 无损检测的特殊性

无损检测是一种特殊工作行业，所有的检测人员必须持有国家相应的行政或无损检测协会颁发的资格证书才能上岗，否则不允许上岗。同时各类无损检测资格人员只能从事资格证书规定范围内的工作，且工作中不能中断，否则应按人员资格认证标准执行取消资格或重新考试。在我国，无损检测因不同行业的具体要求不同，需要无损检测人员掌握的知识也不尽相同，所以在我国的特种设备、电力、机械、国防、造船、建筑、核电等行业均需要特别对无损检测人员进行认证，只有取得了相应行业的资格证书才能从事相应工作，且应定期复验。

21.1.2 无损检测的分类及特点

随着无损检测的技术发展，大致分为 3 个阶段，即：无损探伤，无损检测，无损评价。无损探伤是早期阶段的名称，其含义是探测和发现缺陷。无损检测是目前的名称，其含义不仅仅是探测缺陷，还包括探测工件的其他信息，例如结构、性质、状态等。无损评价是即将进入或正在进入的新的发展阶段，它在无损检测基础上还要求获得更全面、更准确的内容。在机械、化工、阀门制造等行业，最常用的无损检测（non-distructive testing）方法有 7 种：①射线检测（radiography testing，RT），②超声波检测（ultrasonic testing，UT），③磁粉检测（magnetic testing，MT），④渗透检测（penetrant testing，PT），⑤涡流检测（eddy current testing，ET），⑥目视检测（visual testing，VT），⑦泄漏检测（leak detection，LT）。

上述无损测方法主要应用于金属材料制造的机械、器件等的原材料、零部件和焊缝，也可用于玻璃等其他制品。射线检测适用于碳素钢、低合金钢、铝及铝合金、钛及钛合金材料制机械、器件的原材料，也适用于上述材料制品的焊缝及钢管对接环焊缝。射线对人体不利，应尽量避免射线的直接照射和散射线的影响。超声检测工业主要应用 A 型脉冲反射超声波检测仪检测缺陷，适用于金属制品原材料、零部件和焊缝的超声检测以及超声测厚，新型的超声检测应用近年来出现了超声衍射时差技术（TOFD）、相控阵等计算机成像系统，使一些超声波检测的应用范围和检测效果更好、效率更高和用于常规超声检测难于实施的场所。磁粉检测适用于铁磁性材料制品及其零部件表面、近表面缺陷的检测，包括干磁粉、湿磁粉、荧光和非荧光磁粉检测方法。渗透检测适用于金属制品及其零部件表面开口缺陷的检测，包括荧光和着色渗透检测。涡流检测适用于管材检测，如圆形无缝钢管及焊接钢管、铝及铝合金拉薄壁管等。磁粉、渗透和涡流统称为表面检测，目视检测也是一种表面检测。泄漏检测是一种密封性检测。

现在使用的各种无损检测方法，在实际使用中面对的检测对象和检测环境要求不尽相同，各种方法均有一定的优点和缺点，以及检测的局限性。另外，不是无损检测合格的产品就没有缺陷，无损检测也不能发现所有的缺陷。各种无损检测方法发现缺陷的能力与检测方法及其适当性、检测时机相关。

（1）射线检测及其特点

射线检测是利用 X 射线和 γ 射线射线的穿透性和直线性来检测试件的方法。这些射线虽然不会像可见光那样凭肉眼就能直接感知，但它可使照相底片感光，也可用特殊的接收器来接收。常用于检测的射线有 X 射线机产生的 X 射线和同位素发出的 γ 射线，分别称为 X 射线检测和 γ 射线检测。当这些射线穿过（照射）物质时，该物质的密度越大，射线强度减弱得越多，即射线能穿透过该物质的强度就越小。此时，若用照相底片接收，则底片的感光量就小；若用仪器来接收，获得的信号就弱。因此，用射线来照射待检测的零部件时，若其

内部有气孔、夹渣等缺陷，射线穿过有缺陷的路径比没有缺陷的路径所透过的物质密度要小得多，其强度就减弱得少些，即透过的射线强度就大些，若用底片接收，则感光量就大些，就可以从底片上反映出缺陷垂直于射线方向的平面投影；若用其他接收器也同样可以用仪表来反映缺陷垂直于射线方向的平面投影和射线的透过量。由此可见，一般情况下，射线检测是不易发现裂纹的，或者说，射线检测对裂纹是不敏感的。因此，射线检测对气孔、夹渣、未焊透等体积型缺陷最敏感。即射线检测适宜用于体积型缺陷检测，而不适宜面积型缺陷检测。射线检测的基本原理如图 21-1 所示。

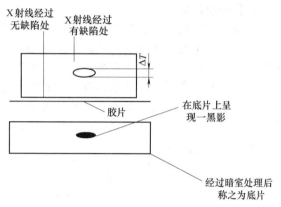

图 21-1　射线检测基本原理

射线检测的特点：受限于工件几何形状和设备检测能力，检测厚度上限较小，目前最大的射线检测厚度为 400mm 左右；检测过程有辐射危害，所以整个过程和检测场地有安全防护要求，对操作者需要定期安全培训，工人定期体检，检查的内容涉及染色体、眼睛晶状体等特殊项目；检测周期较长，检测费用大，铸件和焊缝的检测大多需要使用射线检测，特别是形状复杂的产品是目前使用的主要检测手段；检测结果有特殊记录证据——底片，底片的保存环境和时间有特殊要求。

（2）超声波检测

人们的耳朵能直接接收到的声波的频率范围通常是 20Hz 到 20kHz，即音（声）频。频率低于 20Hz 的称为次声波，高于 20kHz 的称为超声波。工业上常用数兆赫兹超声波用于检测。超声波检测主要利用超声波的几何声学中的反射、折射定律及波形转换，物理声学中波的叠加、干涉和衍射等。超声波频率高，所以能量能高，而且传播的直线性强，又易于在固体中传播，并且遇到两种不同介质形成的界面时易于反射，因此就可以用它来检测机械零件。通常，让超声波探头与被检工件表面良好接触，探头能有效地向工件发射超声波，并能接收（缺陷）界面反射来的超声波，同时转换成电信号，再传输给仪器进行处理。根据超声波在介质中传播的速度（常称声速）和传播的时间，就可知道缺陷的位置。当缺陷越大，反射面则越大，其反射的能量也就越大，故可根据反射能量的大小来查知各缺陷（当量）的大小。常用的检测波形有纵波、横波、表面波、板波等，前二者适用于探测内部缺陷，后者适宜于探测表面缺陷，但对表面的条件要求高。

超声检测的特点如下：主要用于检测锻件和焊缝，适用于检测厚度大的工件，上限值为 1000mm 以上，但对于薄壁工件有一定的限制，而且有检测盲区；形状简单的精铸件也可以用超声检测，大厚度的砂型铸件检测只能得到较为粗放的结果，在无其他办法检测时可以选用超声检测，实践经验证明，CF8、CF3、CF8M、CF3M 类 18-8 型的不锈钢铸件几乎无法

用超声检测；检测时需要耦合介质，否则超声波无法传入被检测工件中；检测速度快，可现场检测，角焊缝一般采用超声检测而不用射线检测；试件材质特别是奥氏体不锈钢的检测，厚大工件检测比较困难，因为晶粒粗大，较薄厚度的一般不影响，要求被检工件有较为简单的外形和较好的表面条件，一般要求 $Ra \leqslant 6.3\mu m$；检测记录无直接的记录证据，只有操作人员的手工记录，比较难还原原来的检测，随着现代新型计算机系统的应用，TOFD 和相控阵检测技术能实时记录检测过程，但目前应用最广泛的 A 型脉冲超声检测法不能进行实时记录检测过程。

(3) 磁粉检测

磁粉检测是建立在漏磁原理基础上的一种磁力检测方法。当磁力线穿过铁磁材料及其制品时，在其（磁性）不连续处将产生漏磁场，形成磁极。此时撒上干磁粉或浇上磁悬液，磁极就会吸附磁粉，产生用肉眼能直接观察的明显磁痕（图 21-2）。因此，可借助于该磁痕来显示铁磁材料及其制品的缺陷情况。磁粉检测法可探测露出表面的微小缺陷，这些细微的小缺陷用肉眼或借助于放大镜也不能直接观察到；也可探测未露出表面的微小缺陷，当其埋藏深度在表面下几毫米的范围之内时也可以发现，我们常称之为近表面缺陷。用这种方法虽然也能探查气孔、夹杂、未焊透等体积型缺陷，但对面积型缺陷更灵敏，更适于检查因淬火、轧制、锻造、铸造、焊接、电镀、磨削、疲劳等引起的裂纹。磁力检测中对缺陷的显示方法有多种，有用磁粉显示的，也有不用磁粉显示的。用磁粉显示的称为磁粉检测，因它显示直观、操作简单，人们乐于使用，故它是最常用的方法之一。不用磁粉显示的，习惯上称为漏磁检测，它常借助于感应线圈、磁敏管、霍尔元件等来反映缺陷，它比磁粉检测更卫生，但不如前者直观。由于目前磁力检测主要用磁粉来显示缺陷，因此，人们有时把磁粉检测直接称为磁力检测，其设备称为磁力检测设备。

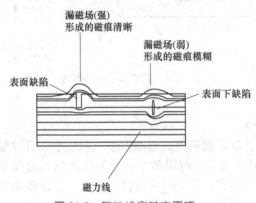

图 21-2　磁粉检测基本原理

磁粉检测的特点如下：检测只能适用于铁磁性材料，不适用于不锈钢、铜、铝等非铁磁性材料及其合金，对于马氏体不锈钢，由于该类材料的硬化沉淀作用，也可以使用磁粉检测，例如 20Cr13 等材料；检测灵敏度高，检测速度快，也可现场检测，要求观察表面有较好的光照，当整个光照达不到要求时，可以使用手电筒来使检测表面的局部达到要求；检测表面及表面下 2～3mm 缺陷，检测工件内表面时受到设备和工件形状的限制，检测效果不佳；对单个工件的检测速度快，工艺简单，成本低，污染小；检测结束后，对于一些精密设备必须退磁，否则会影响工件的使用性能或影响下道工序的实施。

(4) 渗透检测方法

渗透检测是利用毛细现象来检测缺陷的一种方法。对于表面光滑而清洁的零部件，用一种带色（常为红色）或带有荧光的、渗透性很强的液体，涂覆于待探零部件的表面。若表面有肉眼不能直接察知的微裂纹，由于该液体的渗透性很强，它将沿着裂纹渗透到其根部。然后将表面的渗透液洗去，再涂上对比度较大的显示液（常为白色）。放置片刻后，由于裂纹很窄，毛细现象作用显著，原渗透到裂纹内的渗透液将上升到表面并扩散，在白色的衬底上显出较粗的红线，从而显示出裂纹露于表面的形状，因此，常称为着色检测。若渗透液采用的是带荧光的液体，由毛细现象上升到表面的液体，则会在紫外灯照射下发出荧光，从而更能显示出裂纹露于表面的形状，故又常常将此时的渗透检测直接称为荧光检测。此检测方法也可用于金属和非金属表面检测。其使用的检测液剂有较大气味，具有一定毒性。渗透检测的原理如图21-3所示。

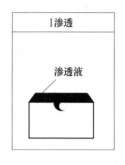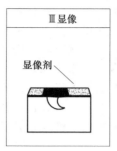

图21-3 渗透检测基本原理

渗透检测的特点如下：几乎可以检测所有的非松孔性材料，所谓松孔性材料，指的是一些不致密的材料，例如用粉末高压而成的材料，有微孔的碳纤维材料，陶制品等；不受工件形状、尺寸的限制，但是小直径的内孔检测受观察的限制，检测十分不便，在常规条件下基本不能检测；设备最简单，可现场作业，还可以高空作业，但对表面要求 $Ra \leqslant 12.5 \mu m$，对精密工件表面要求 $Ra \leqslant 6.3 \mu m$；对环境污染风险大和对人体有危害，检测过程中防护好，过程中还要注意通风防火、防爆，特别是渗透检测剂中含有较多致癌物，例如苏丹红Ⅳ，一些苯类物质；检测完成后，有些特殊场合的工件还要把渗透剂去除干净，否则可能产生灾难性后果。例如，用于装液氧及氧气的阀门，渗透检测剂不准用油基的渗透剂，因为无法完全清洗干净残留的渗透剂，所以会产生剧烈的爆炸。还有一些铝合金渗透检测后不洗干净，可能产生麻点腐蚀，还有18-8不锈钢，特别是核电阀门在制造和使用过程中，对产品的清洁度要求非常高，所以要求渗透检测完成后一定要尽快清洗干净，否则会产生安全风险。

(5) 涡流检测

涡流检测是建立在电磁感应原理基础之上的一种无损检测方法，它适用于导电材料。如果把一块导体置于交变磁场之中，在导体中就有感应电流存在，即产生涡流，由于导体自身各种因素（如电导率、磁导率、形状、尺寸和缺陷等）的变化会导致感应电流的变化，利用这种现象而判知导体性质、状态的检测方法，叫做涡流检测方法。当导体表面或近表面出现缺陷时，将影响到涡流的强度和分布，涡流的变化又引起了检测线圈电压和阻抗的变化，根据这一变化，就可以间接地知道导体内缺陷的存在。由于试件形状的不同，检测部位的不同，所以检验线圈的形状与接近试件的方式也不尽相同。为了适应各种检测需要，人们设计了各种各样的检测线圈和涡流检测仪器。

对于金属管、棒、线材的检测，不需要接触，也无需要耦合介质，所以检测速度高，易于实现自动化检测，特别适合在线普检。

对于表面缺陷的探测灵敏度很高，且在一定范围内具有良好的线性指示，可对大小不同缺陷进行评价，所以可以用作质量管理与控制。

影响涡流的因素很多，如裂纹、材质、尺寸、形状、电导率、磁导率等。采用特定电路进行处理，可筛选出某一因素而抑制其他因素，由此有可能对上述某一单独影响因素进行有效的检测。

由于检查时不需接触工件又不用耦合介质，所以可进行高温下的检测。由于探头可伸入到远处作业，所以可对工件的狭窄区域及深孔壁（包括管壁）等进行检测。

由于采用电信号显示，所以可存储、再现及进行数据比较和处理。

涡流检测的对象必须是导电材料，且由于电磁感应的原因，只适用于检测金属表面缺陷，不适用检测金属材料深层的内部缺陷。

金属表面感应的涡流的渗透深度随频率而异，激励频率高时金属表面涡流密度大，随着激励频率的降低，涡流渗透深度增加，但表面涡流密度下降，所以检测深度与表面检测灵敏度是相互矛盾的，很难两全。当对一种材料进行涡流检测时，需要根据材质、表面状态、检测标准作综合考虑，然后再确定检测方案与技术参数。

采用穿过式线圈进行涡流检测时，线圈覆盖的是管、棒或线材上一段长度的圆周，获得的信息是整个圆环上影响因素的累积结果，对缺陷所处圆周上的具体位置无法判定。

旋转探头式涡流检测方法可准确探出缺陷位置，灵敏度和分辨率也很高，但检测区域狭小，在检验材料需作全面扫查时，检验速度较慢。同时，涡流检测至今还是处于当量比较检测阶段，对缺陷不能做出准确的定性定量判断。

(6) 目视检测

目视检测是利用人类的视觉功能的一种本能，从广义上说只要人们用视觉所进行的检查都称为目视检查。现代目视检测是指用观察评价物品（诸如容器和金属结构、加工用材料、零件和部件的正确装配、表面状态或清洁度等）的一种无损检测方法，它仅指用人的眼睛或借助于光学仪器对工业产品表面作观察或测量的一种检测方法，典型的是将目视检测限制在电磁谱的可见光范围之内。

目视检测是重要的无损检测方法之一。由于原理简单，易于理解和掌握，不受或很少受被检产品的材质、结构、形状、位置、尺寸等因素的影响，一般情况下，无需复杂的检测设备器材，检测结果直观、真实、可靠、重复性好等优点，现已被广泛应用于产品制造、安装、使用的各个阶段。它不仅可应用于原材料的检查，例如铸件、锻件、坯料、棒材、丝材、管件、粉末冶金、非金属材料等；也可应用于产品检查，例如焊接件、设备支撑、螺栓、螺母、减振器、限位、压力容器等；同时也可应用于产品使用过程中的定期和非定期检查。目视检测是一种表面检测方法，其应用范围相当广泛，不但能检测工件的几何尺寸、结构完整性、形状缺陷等，而且还能检测工件表面上的缺陷和其他细节。由于受到人眼分辨能力和仪器设备分辨率的限制，不能发现表面上非常细微的缺陷。在观察过程中受到表面照度、颜色的影响容易发生漏检现象。

目视检测的特点有：检测原理简单，易于理解和掌握，不受或很少受被检产品的材质、结构、形状、位置、尺寸等因素的影响；一般情况下，无需复杂的检测设备器材，具有检测结果直观、可靠、重复性好的优点；目视不能发现表面非常细微的缺陷，同样，检测受到表面照度和颜色背景的影响。

(7) 泄漏检测

泄漏检测，在检测行业内称之为检漏。随着现代科学技术的进步和现代工业的发展，生产的设备越来越复杂，对设备系统的气密性要求也越来越高，因此，在设备的生产、组装、调试以及使用过程中，除了设计和制造过程中应采取有效措施防止泄漏的安全隐患外，还要运用有效的检漏手段，将不允许存在的漏孔寻找出来，以修复设备，确保安全。过程装置在制造或运转的时候，不但需要知道有无泄漏，而且还要知道泄漏率有多大。泄漏检测技术中所指的"漏"的概念，是与最大允许泄漏率的概念联系在一起的。"泄漏是绝对的，不漏则是相对的，绝对不漏是不存在的"。对于真空系统来说，只要系统内的压力在一定的时间间隔内能维持在所允许的真空度以下，这时即使存在漏孔，也可以认为系统是不漏的；对于压力系统来说，只要系统的压力降能维持在所允许的值以下，不会影响系统的正常操作，同样也可以认为系统是不漏的。对于密封有毒的、易燃易爆的、对环境有污染的、贵重的介质，则要求系统的泄漏率必须小于环保、安全以及经济性决定的最大允许泄漏率指标。泄漏检测，就是用一定的手段将示漏物质加到被检设备或密封装置器壁的一侧，用仪器或某一方法在另一侧怀疑有泄漏的地方检测通过漏孔漏出的示漏物质，从而达到检测的目的。检漏的任务就是在制造、安装、调试过程中，判断漏与不漏、泄漏率的大小，找出漏孔的位置；在运转使用过程中监视系统可能发生的泄漏及其变化。

泄漏检测的特点如下：检测方法多，检测结果受到的影响因素多，对操作人员的技术要求高，有些检漏方法检测时受到人的因素影响很大，各检测方法的技术关键点各不同，不同的检漏人员未必能得出一致的检漏结果，即使所用的检漏方法和仪器相同；泄漏检测灵敏度高，各种方法的特点和应用范围各不相同。有时泄漏检测过程中安全风险很大，特殊场合安全防护要求很高。

21.2　无损检测方法在阀门制造过程中的应用

21.2.1　射线检测在阀门中的应用

(1) 阀门铸件毛坯的检测

阀门的壳体大多采用铸件，小部分采用锻件。当采用铸件壳体时，为了掌握阀体铸件的质量状况，由于阀门铸件的特殊形状，所以阀体铸件基本上都采用射线检测方法进行。除此之外，大多压力等级较高的阀盖铸件也采用射线检测。

(2) 阀体和阀盖

当阀门的压力等级和适用工况不同时，阀体射线检测的范围及质量验收等级也不同。通常，常规石化阀门的射线检测，主要检测承压件的关键载荷承载区、铸造方法的支撑载荷区域。对于焊接连接的阀体，还应检测焊接区域及末端。对于法兰连接的阀体，则检测主要的应力集中区域。阀体铸件的检测，应用最为广泛的规范是 ASME B16.34、MSS SP 54、ASME Ⅷ 和 ASME Ⅲ 第一册。我国的阀门行业的 JB/T 6440—2008 对阀门的射线检测主要参照了 ASME B16.34 的检测要求和技术规范。

(3) 射线检测工艺

对于阀体的射线检测，检测工艺要求主要如下。

阀体检测具体位置根据图纸要求，而应力集中区域是重点部位。

射线源和底片的放置位置，当阀体为带法兰工件时如图 21-4 所示，焊接连接的阀体，其焊接区域是必须检测的位置。当阀体和阀盖需要全体积检测时，必须达到图 21-5 和图 21-6的覆盖区域。

阀门检测验收时，应注意检测时与制品最终壁厚的差异，验收底片时特别要注意 IQI 像质指数的指示。

当检测时采用了双壁双影的曝光方式时，注意执行标准的差异，美国压力容器规范的 ASME Ⅴ 中规定，采用双壁透照时，像质计 IQI 的指数要求是按单壁指定的，这与其他规范有很大的不同。

由于阀体的通道是圆柱形，采用外透法时，注意全覆盖和检测区域厚度差的控制。

选择工艺参数时，射线倾角适当，不可太大。注意法兰根部的检测覆盖。

检测阀盖时，注意填料孔根部和法兰根部的覆盖，如图 21-7 所示。

图 21-4、图 21-7 和图 21-8 作为典型阀体和阀盖的示意图，其他铸件可按类似方法确认应力集中区和射线源的放置。

对阀体射线检测的验收，铸件的射线检测，质量评定等级按相应规范要求执行，底片评定的标准片根据检测厚度采用 ASTM E446（厚度≤51mm）、ASTM E186（厚度＝51～114mm）、ASTM E280（厚度≥114mm）。这三套标准是目前使用最为普遍的参考标准。

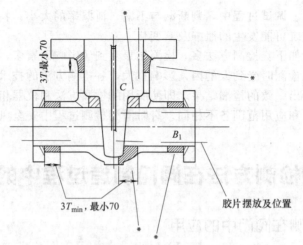

注：＊为射线源位置；"——"为外源检测时胶片摆放位置，如果采用内源，则胶片放在阀体外侧

图 21-4　带法兰阀体铸件应力集中区的射线检测

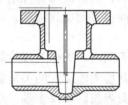

注："——"表示胶片摆放位置（外源检测时），如果是采用内源，则胶片位于阀体外侧

图 21-5　阀体的全体积检测应覆盖的范围

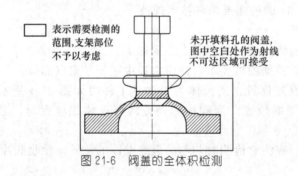

图 21-6　阀盖的全体积检测

21.2.2　超声波检测在阀门锻件中的应用

(1) 阀体自由锻件的检测

锻件超声波检测应在热处理后进行，因为热处理可以细化晶粒，减少衰减。此外，还可以发现热处理过程中产生的缺陷。对于带孔、槽和台阶的锻件，超声波检测应在孔、槽、台阶加工前进行。因为孔、槽、台阶对检测不利，容易产生各种非缺陷反射波。当热处理后材质衰减仍较大且对于检测结果有较大影响时，应重新进行热处理。阀体用的锻件主要有自由锻和模锻件，在锻件中，主要的缺陷为锻造缺陷和原材料缺陷。大多数锻件检测很少有气孔缺陷，多表现为裂纹和局部晶粒粗大。阀门用大型锻件因产品的不同，其毛坯锻钢件外形和材料也不同，常用的材料有 A105，F316，常见的毛坯外形一般分为下列几类：①作填料箱用，外形可归为饼形锻件；②阀体用，长方体外形；③阀体用，"凸"字形方块；④阀体用，

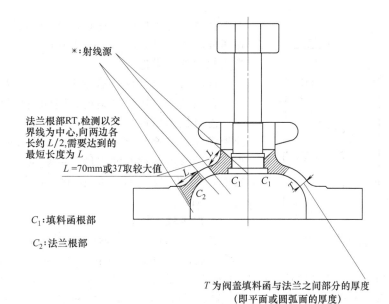

法兰根部RT,检测以交
界线为中心,向两边各
长约 $L/2$,需要达到的
最短长度为 L

$L = 70mm$ 或 $3T$ 取较大值

$*$:射线源

C_1:填料函根部

C_2:法兰根部

T 为阀盖填料函与法兰之间部分的厚度
(即平面或圆弧面的厚度)

图 21-7　阀盖铸件应力集中区的射线检测

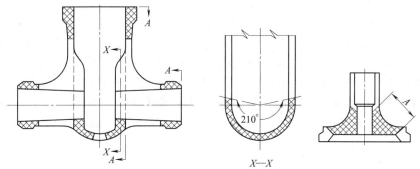

注：图中为 ASME B16.34 中对阀体座圈截面和阀盖填料孔根部的检测要求，A 的长度为 $70mm$ 或 $3T_{min}$
（阀体或阀盖的最小壁厚）

图 21-8　焊接连接的阀体和阀盖应力集中区的检测

"凸" 字形，上部圆柱底部方块形。4 种锻件毛坯外形如图 21-9 所示。

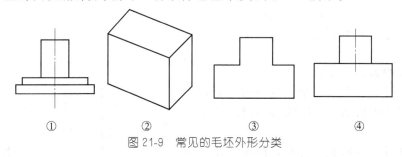

①　　　　　②　　　　　③　　　　　④

图 21-9　常见的毛坯外形分类

　　长方体类锻件，检测时只要从 3 个方向扫查即可达到全体积检测，检测探头为纵波直探头，如图 21-10 所示。

　　检测时注意以下几个方面。

　　大锻件尽量采用直径大于 20mm 以上的探头，小的锻件应采用直径相对较小的探头，例如直径为 14mm 的探头，主要是为了减少近场区的影响。扫查时，大的锻件至少应从 3 个相互垂直的方向进行，在条件受限的情况下，也必须至少达到两个相互垂直的方向进行。

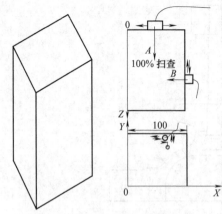

图 21-10　自由锻阀体超声检测

扫查覆盖面应为探头晶片直径的 10% 或 15%。探头移动速度不大于 150mm/s 或 100mm/s，具体数值应按检测规程的要求进行。

检测时，当发现缺陷在小于 3N 的距离范围内时，一定要用试块对比法来确定缺陷的当量值。

注意检测用探头频率的选择，探头的选择原则是：碳钢类和低合金钢类锻件检测采用 2.5~4MHz 的探头，奥氏体不锈钢类的工件，一般采用 1~2.5MHz 的探头，对于小工件，奥氏体不锈钢完全可以采用 2.5MHz。

当检测较大锻件时，如果发现工件底波明显偏低，则检查工件表面的耦合剂是否足够，工件局部是否有氧化皮等外观表面缺陷或表面状态过于粗糙，同时注意工件的上下表面是否平行。在车间现场检测时，注意工件底面是否有油、水等导致底波降低的杂物。

当检测过程中出现较多草状杂波时，需要了解检测对象的材料名称，查看热处理报告，同时更换不同频率的探头检测，以比较不同频率条件下检测的差异，为进一步确定工件内部缺陷状态提供参考依据。

锻件检测灵敏度的调节。阀体自由锻的灵敏度调节大多以大平底进行，当工件尺寸小于 100mm 左右时，根据所选用的探头，选择试块法和大平底法。选用试块法则直接制作 DAC 曲线。DAC 曲线的参考平底孔不同，检测规范要求不同。由于阀门行业中最广泛使用的是美国标准 ASME B16.34 和 API 6A、6D，我国能源局发布的 NB/T 47013—2015，所以 DAC 曲线当量值不尽相同，但制作 DAC 曲线至少需要选择 3 个不同深度的平底孔进行。

当检测过程中发现缺陷时，当缺陷距离大于 3N 时，可用下述公式对缺陷进行计算

$$\Delta_{Bf} = 20 \lg \frac{2\lambda \chi_f^2}{\pi D_f^2 \chi_B} - 2\alpha(\chi_B - \chi_f)$$

式中　χ_B——锻件底面至检测面的距离，mm；

　　　χ_f——锻件缺陷位置至检测面的距离，mm；

　　　α——材质衰减系数；

　　　λ——波长，mm；

　　　D_f——平底孔缺陷的当量直径，mm；

　　　Δ_{Bf}——圆柱曲底面与平底孔缺陷的回波分贝差。

(2) 阀体模锻件的检测

阀体模锻件大多形状复杂，典型的外形和检测方法如图 21-11 所示，类似的结构回波还在 Y 形截止阀中出现。

由于模锻件的金属流线完整，最终阀体的承压水平较高，所以较小的阀体大多采用模锻件。但是，模锻件的外表面较为粗糙，所以 2 位置的检测应特别当心，当检测过程有发现异常或效果较差时，则需要对阀体的外表面进行认真打磨。

(3) 阀盖、填料箱等锻件的检测

阀盖锻件毛坯经机加工后，在检测状态大多

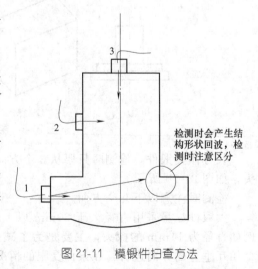

检测时会产生结构形状回波，检测时注意区分

图 21-11　模锻件扫查方法

为圆盘形，所以检测只要用直探头从轴向和周向扫查即可，如图 21-12 所示。

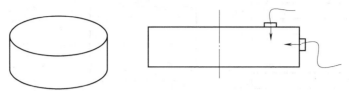

图 21-12 圆盘形锻件的检测

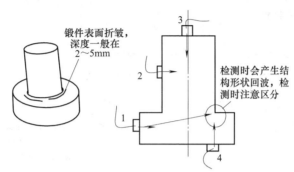

图 21-13 填料箱的超声检测

检测填料箱（图 21-13）时，特别应注意在 1 和 4 位置会出现结构形状回波，同时，在圆圈部位，经常会出现锻造外表面缺陷或较为浅的皱皮，大多在 1 位置能检测到。

（4）阀杆类轴形或空心环形锻件检测

实心轴类零件的检测，主要用直探头从轴的端面和圆周面上进行检测，同时辅助用横波沿轴向或周向检测。而空心环形件检测时，当外内径比≥2（ASTM A388）或 1.6（EN 10228-3）时，应进行横波检测，上述两个比例限值主要是因为环向检测时，周向检测的最大壁厚受到斜射波角度的限制，根据横波检测时最常使用的 K 值为 1，即斜射波角度为 45°。环形件进行周向检测时，选择黏度适中的耦合剂，化学浆糊或 20 号机油均可，但考虑到粗加工的工件表面状态 Ra 已达到 6.3μm，但是碳钢类锻件对 F、Cl 含量并无特别要求，当检测奥氏体不锈钢时，则应选择低 F、Cl 含量的耦合剂。通常，为防止工件检测完未及时后处理表面会产生锈蚀，同时浆糊检测时在探头前经常存在堆积会对检测产生较大干扰，所以大多选择 20 号机油作为耦合剂。

这两类零件的检测如图 21-14～图 21-17 所示。

$$T_m/D = 1/2 \times [1 - K/(1+K^2)^{1/2}]$$

式中　T_m——可探测最大壁厚，mm；

　　　D——工件外径，mm；

　　　K——探头的 K 值，$K = \tan\beta$。

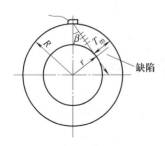

图 21-14　锻件空心圆柱段的横波检测

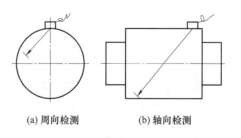

图 21-15　轴类锻件斜探头周向、轴向检测

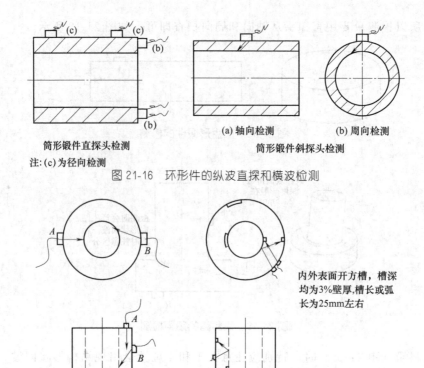

筒形锻件直探头检测

注:(c)为径向检测

(a) 轴向检测　(b) 周向检测

筒形锻件斜探头检测

图 21-16　环形件的纵波直探和横波检测

内外表面开方槽,槽深均为3%壁厚,槽长或弧长为25mm左右

图 21-17　特殊阀盖的周向、轴向横波检测

21.2.3　磁粉检测在阀门零件中的应用

(1) 磁化方法

① 周向磁化法

a. 直接通电法或芯棒法。将工件直接通电或在空心工件中心孔内穿一通电导体磁化工件,如图 21-18 所示。

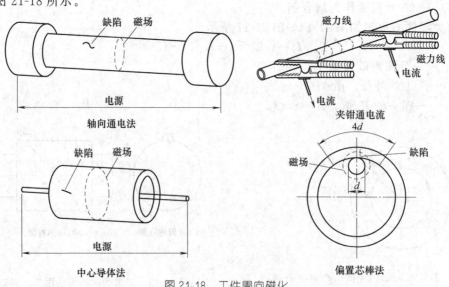

缺陷　磁场

电源

轴向通电法

磁力线

磁力线

电流

电流

夹钳通电流

缺陷　磁场

电源

中心导体法

4d

磁场　缺陷

d

偏置芯棒法

图 21-18　工件周向磁化

b. 触头法。利用两个支杆触头接触工件表面，通电磁化后，在工件表面磁化产生一个畸变的磁场，用以发现两触头之间边线平行的缺陷。在阀门检测中，铸钢件的磁粉检测大多用此方法，检测灵敏度高且效率较高，易于实施，如图 21-19 所示。

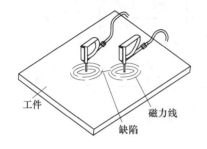

非固定触头间距的触头法设备

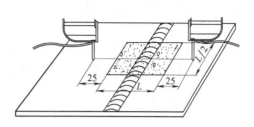

触头法磁化的有效磁化区(阴影部分)

图 21-19　触头法磁化方法

利用触头法时，两次检测必须按规范要求使检测区域重叠，如图 21-20 所示。

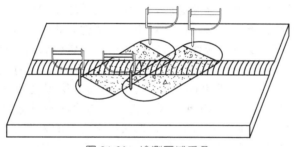

图 21-20　检测区域重叠

② 纵向磁化法　螺线管线圈法和绕电缆法是施加纵向磁场的最常用方法，如图 21-21 所示。

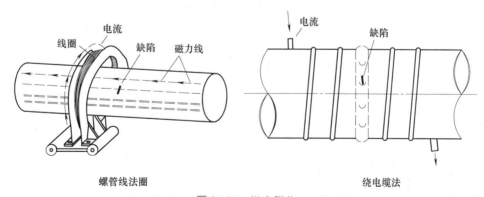

螺管线法圈　　　　　　　　　　　　　　　绕电缆法

图 21-21　纵向磁化

③ 磁轭法　磁轭法是采用固定式电磁轭对工件整体磁化和采用便携式电磁轭接触工件对工件表面进行局部磁化的方法，如图 21-22 所示。

磁粉检测总的工艺要求和检测顺序：预处理→磁化、施加磁粉和磁悬液→磁痕的观察与记录→缺陷评级→退磁和后处理。

(2) 铸件阀体磁粉检测

阀体是阀门中最主要的部件，是整个部件的承压主体零件。阀体经喷砂或喷丸后，表面

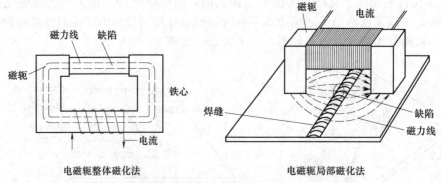

电磁轭整体磁化法   电磁轭局部磁化法

图 21-22　磁轭磁化法

其他杂物一般较少，因此磁粉检测的表面预处理可采用压缩空气把表面吹干净即可，如果仍有杂物，如脏油，则可用清洗剂清除。经喷砂后的阀体表面较为粗糙，且颜色偏淡灰，选用的磁粉颜色应与被检表面有较大的反差，所以不能使用黑磁粉。许多铸件的体积较大且外形一般较为复杂，检测时工件需要吊起和翻转，对使用反差增强剂也不是很理想，因此，应选用有较大反差的磁粉。红色磁粉是常用的。对于阀体铸件，磁轭法检测灵敏度和灵活性、检测效率都比触头法低很多，所以，应优先考虑触头法。当铸件为精铸件时，此类阀体口径以 NPS4（DN100）以下的低磅级为主，壁厚基本在 15mm 以下，同时表面条件较好，大多选用连续法＋湿法＋触头法。对工件表面预处理后，必须对检测区域进行网格分块，对每个"检测网格块"都要达到 100% 以上检测。阀体铸件磁粉检测与焊缝检测在检测过程中有较大不同，阀体铸件检测是一个面积较大，各种形状纵横交织的表面，因此，阀体铸件磁粉检测有其自身的特点，以最常见的阀门检测举例（材料牌号：ASTM A216 WCB）如下。

① 检测前准备

a. 设备。检测设备应在检定合格期内使用，磁化设备应至少每年校验一次，设备具有交流或直流功能，或两者均有。设备的输出电流：直流电或交流电有效值至少应达到 1500～2000A，设备上的电流表读数，对应于仪表所示的实际电流值，不应有大于满刻度 ±10% 的偏差。检测照明条件的照度计应在检定合格期内使用，也应每年检定一次。

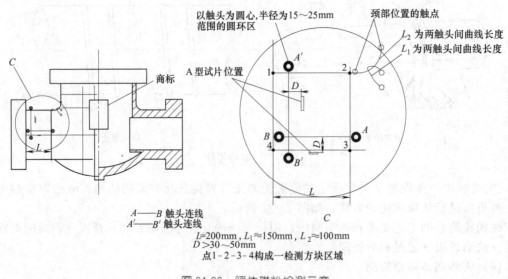

$L=200mm$，$L_1 \approx 150mm$，$L_2 \approx 100mm$
$D>30\sim50mm$
点 1-2-3-4 构成一检测方块区域

图 21-23　阀体磁粉检测示意

b. 工件表面检测区域覆盖与划分。在检测大口径阀体时，预处理好检测表面后（注意：去除表面脏物和油污时，绝不允许使用回丝或脱纤维的布擦拭，可用有机溶剂清洗工件表面），检测阀体内外表面均应预先划好"网格线"，划网格线时必须考虑同方向检测时，邻近两次磁化10%磁化重叠区，如图21-23所示。

② 铸件阀体磁粉检测工艺要求

a. 由于不同的标准对触头间距的要求稍有不同，所以画网格线时应满足所要执行标准的要求，例如在 JB/T 6439—2008《阀门受压件磁粉探伤》中规定，触头法检测时，触头间距 BA 应在 $150\sim230mm$ 之间，如铸钢件形状不允许，可为 $75\sim150mm$。触头一次检测时的有效范围如图 21-24 中的阴影部分所示。

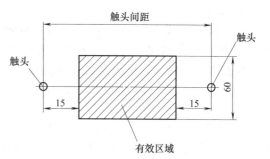

图 21-24 触头法铸钢件一次检测的有效区域（标准规定值）

但是，经过多次实际试验和检测经验，检测工件的平滑区域如阀体的圆柱面区域时，当触头间距在230mm时，用 A 型试片验证有效范围的宽度实际上比 60mm 要大许多，测试所得保守值至少可达 $80\sim100mm$，试验达到如图 21-25 所示的结果。

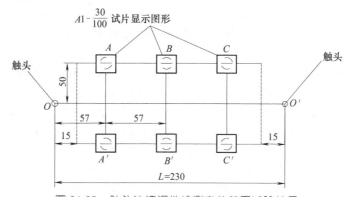

图 21-25 触头法铸钢件检测有效范围试验结果

- 试验点选择：图 21-25 中 A-A′，B-B′，C-C′ 均以触头连线 O-O′ 为对称点，位置间距如图 21-25 所示。
- 通直流电，电流选 $(4\sim5)L$ 之间，试验时选择 1100A 的电流。
- 把 A1-30/100 试片分别放于 A-A′，B-B′，C-C′。

试验结果：所有选点的位置均能清晰地显示磁痕，试片所显示的磁痕图形如图 21-25 所示，同时 A-A′ 和 C-C′ 位置比 B-B′ 的试片磁痕显示更浓，更清晰。

b. 综上所述，划网格线时可以取标准要求的上限触头间距，按最大尺寸为 200mm×200mm 确定铸钢件表面"网格线方块"尺寸，在局部位置可适当减小"网格方块"的尺寸。触头选点时，应考虑触头周围的检测盲区，从图 21-24 可以看出，JB/T 6439—2008 规定盲区区域为：以触头为中心、半径为 15mm 的圆周（欧标 EN 1290 和 RCC-M，JB/T 4730 规定约为 25mm）。所以应选择在要检测的"网格方块"区外侧约 15mm 处放置触头。移动触头时，为保证使两次磁化有效区宽度（标准规定为 60mm）达到 10%重叠。触头点的布置和 A 型试片的放置可如图 21-23 所示。如果方块的大小为 200mm×200mm，则在第一个方向上 A-B 均匀移动检测 4 次，在与之垂直的方向上 A′-B′也均匀移动检测 4 次，则 4 次检测范围为：$(230-15\times2)\times60\times0.9\times4=200\text{mm}\times216\text{mm}$ 如此完成一个"网格方块"的全覆盖检测。

c. 不同的规范规定磁化有效区宽度不同，例如 JB/T 4730 和 RCC-M 规范规定为 1/2 极间距，极间距最大为 200mm，盲区为直径 25mm 的圆周，则划分区域时方块的大小为 150mm×150mm，检测时在两个相互垂直的方向上各等距 2 次即可，此时产生的有效范围为：$(200-25\times2)\times200/2\times0.9\times2=150\text{mm}\times180\text{mm}$。此区域能完全覆盖划好的 150mm×150mm。

无论如何，必须用 A 型试片对磁化有效范围重叠区域验证，如若不符合要求，则应在标准范围内适当增加电流或减小"网格方块"的面积。由于阀体带法兰，而法兰根部的裂纹 RT 检测有可能漏检，同时触头 B 周围约 15mm 为检测盲区，为使"网格方块"检测达到全部覆盖，所以要在法兰根部加做一次法兰根部检测，每次触头的布置和移动与检测阀体颈部区域类似。在划阀体颈部的网格线时，应注意检测阀体颈部区域时，触头间距沿交界线一方向的曲线长度为 L_1，在横跨交界线一方向上 L_2 可取得稍小一些，一般 L_2 约为 100mm，此时的间距 L_2 为两触头从工件表面经过的曲线长度，检测电流也应按触头间距作相应改变。如上述方式，按划分的"网格方块"完成阀体所有表面的检测。当检测过程中对灵敏度有怀疑或检测位置形状变化大（如冒口边缘、颈部）或整个阀体检测完成后，必须对检测灵敏度进行验证，以保证检测结果的可靠性。因法兰端部加工余量较大，所以在毛坯阶段一般不进行磁粉检测，在机加工完成后再进行磁粉检测。

③ 检测前磁悬液的选择和灵敏度验证　为保证磁悬液的润湿性和在工件表面的流动时间，磁悬液采用透明的稀薄机油和白煤油混合后作为载液，机油约占 20%，白煤油约占 80% 的比例混合（JB/T 6439 要求浓度为 1.3%～3.0%，与其他标准也稍有不同）。正常情况下都有配制好的符合浓度要求的备用磁悬液（通常是一周左右要新配制一次磁悬液，用量大时周期会短些，新磁悬液配制完成时，一般都取 100mL 新液倒入梨形管中，把梨形管架在架子上静放以确认磁悬液的浓度），确认磁悬液浓度符合所执行标准要求后，把备用磁悬液摇匀后取出适量，开始准备检测。检测前灵敏度验证和有效磁化范围验证时，触头磁化接触点 A-B 的布置和 A1-30/100 试片放置的位置如图 21-23 所示，验证时还应观察磁悬液的浓度和流速是否适当，否则应在标准要求的范围内作相应的增减。

④ 实施磁粉检测　触头尖端应保持清洁、平滑，并保证电极与工件良好接触。检测时对每个检测区域均应作两次磁化，两次磁化的方向应大致相互垂直。检测时每个触点通电总时间基本不超过 5～6s，通电、喷洒磁悬液、观察检测区域同时进行，停止喷洒磁悬液后约 1s 才断开电流，但是在阀体的颈部检测区域，通电时间可稍延长，因地方狭窄观察不便且缺陷出现概率较大，并大多为与界面线平行的裂纹，所以在此处取下触头后还应更仔细观察，同时照明和观察都要从多个角度进行，保证检测区没有其他部位的光照阴影而影响观察。

⑤ 检测基本顺序　阀体检测表面为不规则的凹凸形状，在划分好的每个区域均应从上至下检测。对于特大的阀体，在检测顺序应考虑多种情况，当使用荧光法时，此时不但要考虑磁悬液的流动性，更应考虑检测内表面时底部沉积残余磁悬液的影响，应根据检测位置依据上述两方面影响因素而安排检测顺序，总体原则是保证磁悬液能覆盖检测区域而多余磁悬液流走时不影响各分区的检测。

⑥ 按要求作好检测记录，同时注意不同检测标准对记录要求有较大区别。

a. 按照 JB/T 6439—2008 规定，当检测壁厚小于 13mm 时，必须记录显示大于 2mm 以上的相关显示；当检测壁厚大于 13mm 时，必须记录显示大于 5mm 以上的相关显示。

b. 缺陷较长时，最好采用在缺陷旁边放置刻度尺方式进行数码拍照，并辅以工件草图的方法进行记录，同时在工件上作好缺陷标识和用涂料笔标记出缺陷的位置。

⑦ 后处理　检测完成后，阀体铸件一般不用退磁，但应清洁检测工件并清理检测现场。

⑧ 评定验收及完成 QA 记录　根据检测记录，按技术文件的验收标准进行评判，出具检测报告并签字等。

(3) 小口径铸件阀体检测

对于小工件（如小口径阀体），其壁厚在 12～35mm 之间，此时检测电流按标准作相应调整即可，检测外表面时与大阀体没有区别。检测内表面时，由于小阀门的通道区深度较浅，横向缺陷仍用触头可完成检测；但检测内表面的纵向缺陷时，则最好不要用触头法，因两触头在通道纵向一前一后很容易相碰发生打火，并且检测时也很不方便。一般两边通道可用一根较长的铜棒用中心导体法检测内表面，检测时两边可用绝缘体（但不能用塑料制品）支撑铜棒，并避免让铜棒和阀体内表面接触。检测阀体中腔纵向缺陷时，按图 21-26 的方式放置导体可达到中心导体法的效果。在实际检测中，注意触头与工件接触良好，并让阀体处于立放，检测时就能使多余的磁悬液流走，而不至于在阀体内有大量的磁悬液，确保了检测区的检测灵敏度和检测安全。

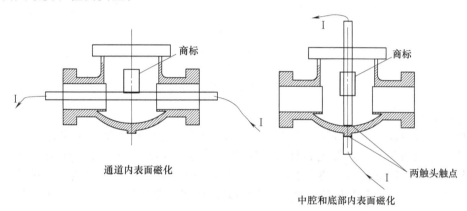

通道内表面磁化

中腔和底部内表面磁化

两触头触点

商标

图 21-26　小口径阀体内表面纵向缺陷的磁粉检测

(4) 模锻阀体检测

对于模锻阀体检测，当表面准备喷砂处理时，可采用与铸件阀体类似的检测方法。当表面为机加工表面时，应采用磁轭法，防止工件表面受到损伤。

(5) 机加工零件的磁粉检测

机加工后的零件，由于表面光滑，磁粉检测容易进行和观察。对于大部分零件采用直接通电法和磁轭法可以完成。直接通电法检测阀杆类零件，注意磁化规范根据直径大小确定，操作过程中严格按工艺卡和操作指导书进行。

磁粉检测在实际应用过程中，首先必须对被检件进行全面了解，然后根据委托要求结合被检工件的实际状况，选择合适的检测方法，无论最终采用哪种检测方法，检测灵敏度必须保证达到图纸规定的技术标准要求。在满足检测灵敏度的前提下，还应考虑选用的检测方法经济合理、效率适当。

综上所述，要保证检测质量的可靠性和一致性，则必须控制好磁粉检测各个环节的相关因素，检测前必须用标准试片检验磁粉检测设备及磁粉和磁悬液的综合性能（系统灵敏度）。相关设备、仪表的定期校验也是必需的。无论如何，所有的检测操作必须严格按照检测规程和检测工艺执行，而编制检测工艺时应充分考虑到检测对象的具体情况。

21.2.4　渗透检测在阀门制造中的应用

渗透检测操作如图 21-27 所示。

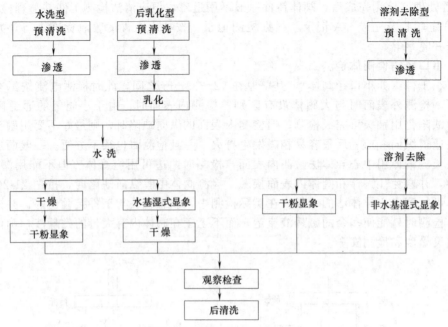

图 21-27　渗透检测的操作步骤

(1) 阀体铸件

　　阀体铸件渗透检测以材料牌号 CF8 和 CF8M 最多，这类铸件虽然大多是砂型铸件，但购回的铸件外表面状况一般都比较好。不锈钢铸件的表面状况一般都要比碳钢类铸件好许多，无氧化皮、锈蚀等杂物，铸态表面均匀，大多经预清洗干燥后即可进行渗透检测，由于阀体铸件的外形和尺寸都要比阀盖复杂，检测时操作相对要特殊，以下为阀体铸件的典型检测工艺和操作顺序。

　　被检件的相关资料。采购中心送检，生产令号：W9008Y-010-002，阀体铸件，规格：14″ Z6AA22R，材料：SA-351M CF8M，检测部位：除法兰外端面所有可及表面，按 ASME B16.34 附录Ⅲ的要求验收。按上述要求，编制检测工艺见表 21-1。

表 21-1　阀体铸件检测工艺卡　　　　　　　　编号：＊＊＊PT-01A

委托单位	采购中心	生产令号	W9008Y-010-002	图　号	14″Z6AA22R
工件名称	阀体	探伤对象	铸件	检测时机	热处理前
材料牌号	SA-351M CF8M	检测区域	除法兰外端面所有可及表面	被检表面要求	可以是铸态,也可局部打磨,必须消除影响渗透检测的杂物
检测技术	水洗型＋着色法,非水基湿式显像	方法标准	ASTM E165－2002	验收标准	ASME B16.34 附录Ⅲ—2004
检测温度	10～52℃	灵敏度试块	B 型试块	观察方式	白光下目视
渗透剂型号	HG-Z99S2	清洗剂型号	HG-Z99S2	显像剂型号	HG-Z99S2
施加渗透剂方法	喷涂	渗透时间	≥5min*	水洗温度	10～38℃
水压	≤280kPa	干燥温度	≤50℃	干燥时间	5～10min
显像剂施加方法	喷涂	显像时间	10～60min	被检表面光强度	≥1000Lx
* 当检测工件温度不在 10～52℃时,渗透时间则应用 A 型对比试块在标准温度与非标准温度下作对比试验确定					

渗透检测质量评定,验收	最大可验收的(缺陷)显示如下。 a. 线性显示:材料厚度在 0.5in(12.5mm)以下者为 0.3in(8mm)长;材料厚度从 0.5in(12.5mm)至 1in(25.4mm)者,为 0.5in(12.5mm)长;材料厚度大于 1in(25.4mm)者,为 0.7in(18mm)长。 对于线性显示,各显示之间的分隔距离必须大于可验收的显示长度。线性显示是指长度大于宽度 3 倍的显示。 b. 圆形显示:材料厚度在 0.5in(12.5mm)及其以下者为 0.3in(8mm)的直径;材料厚度大于 0.5in(12.5mm)者,为 0.5in(12.5mm)的直径。 在一条直线上边缘之间相隔 0.06in(1.6mm)或间隔更小的 4 个或更多的圆形显示为不合格。圆形显示是指那些不能定义为线性显示的缺陷显示
示意草图	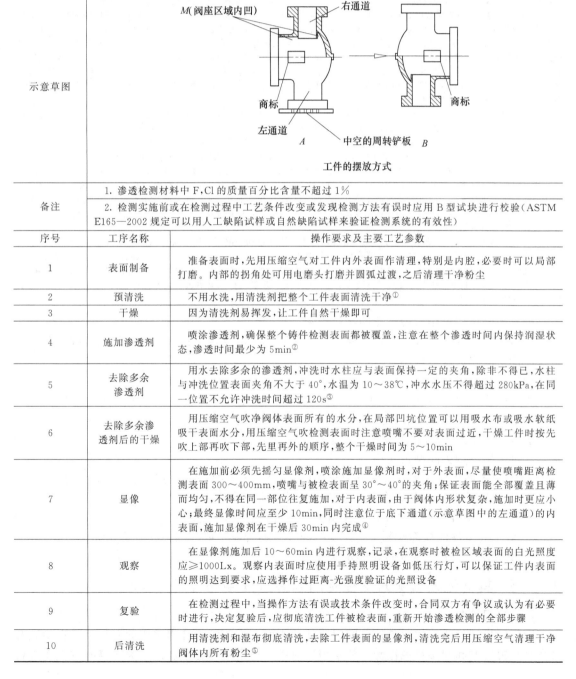 工件的摆放方式
备注	1. 渗透检测材料中 F,Cl 的质量百分比含量不超过 1% 2. 检测实施前或在检测过程中工艺条件改变或发现检测方法有误时应用 B 型试块进行校验(ASTM E165—2002 规定可以用人工缺陷试样或自然缺陷试样来验证检测系统的有效性)

序号	工序名称	操作要求及主要工艺参数
1	表面制备	准备表面时,先用压缩空气对工件内外表面作清理,特别是内腔,必要时可以局部打磨。内部的拐角处可用电磨头打磨并圆弧过渡,之后清理干净粉尘
2	预清洗	不用水洗,用清洗剂把整个工件表面清洗干净[①]
3	干燥	因为清洗剂易挥发,让工件自然干燥即可
4	施加渗透剂	喷涂渗透剂,确保整个铸件检测表面都被覆盖,注意在整个渗透时间内保持润湿状态,渗透时间最少为 5min[②]
5	去除多余渗透剂	用水去除多余的渗透剂,冲洗时水柱应与表面保持一定的夹角,除非不得已,水柱与冲洗位置表面夹角不大于 40°,水温为 10~38℃,冲洗水压不得超过 280kPa,在同一位置不允许冲洗时间超过 120s[③]
6	去除多余渗透剂后的干燥	用压缩空气吹净阀体表面所有的水分,在局部凹坑位置可以用吸水布或吸水软纸吸干表面水分,用压缩空气吹检测表面时注意喷嘴不要对表面过近,干燥工件时按先吹上部再吹下部,先里再外的顺序,整个干燥时间为 5~10min
7	显像	在施加前必须先摇匀显像剂,喷涂施加显像剂时,对于外表面,尽量使喷嘴距离检测表面 300~400mm,喷嘴与被检表面呈 30°~40°的夹角,保证表面能全部覆盖且薄而均匀,不得在同一部位往复施加,对于内表面,由于阀体内形状复杂,施加时更应小心;最终显像时间应至少 10min,同时注意位于底下通道(示意草图中的左通道)的内表面,施加显像剂在干燥后 30min 内完成[④]
8	观察	在显像剂施加后 10~60min 内进行观察,记录,在观察时被检区域表面的白光照度应≥1000Lx。观察内表面时应使用手持照明设备如低压行灯,可以保证工件内表面的照明达到要求,应选择作过距离-光强度验证的光照设备
9	复验	在检测过程中,当操作方法有误或技术条件改变时,合同双方有争议或认为有必要时进行,决定复验后,应彻底清洗工件被检表面,重新开始渗透检测的全部步骤
10	后清洗	用清洗剂和湿布彻底清洗,去除工件表面的显像剂,清洗完用压缩空气清理干净阀体内所有粉尘[⑤]

序号	工序名称	操作要求及主要工艺参数
11	评定与验收，检测报告	按 ASME B16.34 中对铸件渗透检测的验收要求对缺陷显示进行评定和验收，并按公司相应规程规定的报告格式出具检测报告⑥
编制人及资格		审核人及资格
日期		日期

① 最好不要用自来水预清洗工件，原因有 3 点：由于工件材料属于奥氏体不锈钢，用水洗最好采用去离子水，但是，去离子水大多采用桶装的形式，这样就无法使用喷嘴冲洗，而只能用手工的方式清洗工件，对于铸件来说工作效率和冲洗效果都不是很好；由于自来水的消毒处理后一般含有一定量的 Cl 元素，其含量未知，所以在可以不用水洗的情况下尽量不用；用水清洗完工件后干燥较为麻烦，工件的内腔清洗后排水不易，由于公司的压缩空气是常温的，并没有热压缩空气气源，所以只能吹干，既耗时又费力效率又低。另外，在用清洗剂清洗工件时，喷雾应从上到下进行，同时在清洗工件凹陷处，例如检测示意图中 M 位置时，喷洗后应马上用干净不起毛的布擦净，否则不易洗净。

② 施加渗透剂，应先喷涂内表面，特别注意如检测示意图中的 M 阀座区域内凹位置，应保证此区域的渗透液覆盖，这里也是缺陷的多发区，易漏检区。阀体为闸阀，左右两个通道均有此类位置，所以施加渗透剂应首先喷涂此区域，否则会增加喷涂难度，主要是渗透剂的喷雾对人眼的妨碍和对健康的危害。关于渗透时间，不同产品依据的检测标准不同，渗透时间的规定也不一样，在 JB/T 4730.5—2005 中规定，在 10～50℃的条件下渗透时间至少 10min 上，在 ASME V—2007 中规定 5～52℃为标准检测温度，在 10～52℃条件下，铸件的渗透时间至少为 5min，在 5～10℃条件下渗透时间为 10～50℃条件下渗透时间的 2 倍；而 RCC-M 2000 中规定渗透时间至少 20min，由于公司同时运行上述几套标准的规定，所以应根据产品要求执行相应的规定。

③ 阀体多余渗透剂的去除，也应先从内表面开始，由于产品标准不同，对喷水水压要求也不尽相同，在 JB/T 4730.5—2005 和 ASME V—2007 中规定均是小于 340kPa，水温为 10～40℃或 10～43℃，但 ASTM E165—2002 的规定限值为 10～38℃。严格地说，此处用自来水冲洗也是不合适的，所以要尽量采用去离子水，因为自来水中的 Cl 元素的含量未控制，对奥氏体不锈钢的危害程度也未知，所以要尽量避免使用。除非经测量自来水中的 F、Cl 元素含量符合标准要求。

④ 工件干燥好后应尽快施加显像剂，在工件摆放如图中 A 所示时，把除左通道内表面以外的区域全部显像，显像完成后应尽快观察，但表面的最终缺陷显示记录至少在 10min 以后，显示的记录应尽量在 10～25min 内完成，之后尽快对阀体翻转，使之如图中 B 位置方式放置，并马上对左通道区域内表面显像。从工件干燥开始到最后部分的显像，ASTM E165 推荐不应超过 30min。另外，当环境温度低于 20℃时，最好把显像剂喷罐放在 30～40℃的温水中使显像剂加温，这样会使显像时的喷雾效果较好。

⑤ 当工件评定合格后，则尽快进行全面后清洗，但当工件有超标缺陷时，则清洗工件时应保留工件上的缺陷标识，同时缺陷显示也最好不要去除，这对清除缺陷和返修较为重要。甚至有时给技术部门对超标缺陷进行危害性评估作参考。

⑥ 报告应依据检测记录出具，当需要在报告中标明缺陷时，则应对相关显示记录尺寸、位置等信息，最好采用在缺陷旁边放置刻度尺进行数码拍照，并辅以草图的方法进行记录。并根据相关显示出现的位置及形貌特征、尺寸，对缺陷显示最大程度上进行定性。

(2) 阀盖铸件及小口径阀体的渗透检测

当铸件重量和体积较小时，只要遵循检测工艺卡的规定，按阀体检测的操作顺序和注意事项即能正确完成渗透检测。

(3) 渗透检测方法选用

① 渗透检测方法的选用，首先应满足检测缺陷类型和灵敏度的要求。在此基础上，可根据被检工件表面粗糙度、检测批量大小和检测现场的水源、电源等条件来决定。

② 对于表面光洁且检测灵敏度要求高的工件，宜采用后乳化型着色法或后乳化型荧光法，也可采用溶剂去除型荧光法。

③ 对于表面粗糙且检测灵敏度要求低的工件宜采用水洗型着色法或水洗型荧光法。

④ 对现场无水源、电源的检测宜采用溶剂去除型着色法。

⑤ 对于批量大的工件检测，宜采用水洗型着色法或水洗型荧光法。

⑥ 对于大工件的局部检测，宜采用溶剂去除型着色法或溶剂去除型荧光法。

⑦ 荧光法比着色法有更高的检测灵敏度。

21.2.5 其他无损检测方法在阀门制造过程中的应用

(1) 目视检测

阀门的目视检测，主要是检测阀门铸件的表面状态、锻件和焊缝表面质量。目视检测分为直接目视检测和间接目视检测。常常用反射镜、内窥镜等方法和最大为 6 倍的放大镜进行检验。正常的眼睛，在平均视野下，能看清直径大约为 0.25mm 的圆盘和宽度为 0.025mm 的线。正常眼睛不能聚焦的距离小于 150mm，要借助于光学仪器，使被检物由不可见变为可见。规范要求 3 个条件应同时满足：人眼与被检表面的距离不大于 600mm；与被检表面夹角大于 30°；在自然光源或人工光源照度大于等于 1000Lx 的条件下，能在 18% 中性灰度纸板上分辨出一条宽度为 0.8mm 的黑线，作为目视检测必须达到的分辨率。

① 铸件目视检测　铸件的目视检测，一般都是在铸件清砂或出坯切掉冒口后立即进行，目视检测的内容，主要是外观质量和尺寸检测。所有能通过肉眼直接观察到的表面缺陷，如缺肉、缩陷、表面裂纹、气孔、粘砂、凹凸不平、型芯错位等，除直接观察外，还可以根据铸件的具体情况，使用光纤内窥镜对铸件内腔进行检测。对于已经成形的铸件尺寸，无论是毛坯还是机加工件都要根据图纸上尺寸进行检测，检测的工具通常用游标卡尺、平分尺、高度尺、刻度量具、样板等。

铸件表面检测应用最广泛的规范是按 MSS SP 55 的要求进行。

② 锻件的目视检测　锻件目视检测的内容主要是外观质量和尺寸测量。锻件表面应没有氧化皮或者妨碍目视检测的其他不洁物，可以用砂皮进行磨光处理，也可用钢丝刷进行清理，当然也可将两种方法混合使用以达到最适合的观察条件。用吹砂清理锻件表面是可以的，但必须防止吹得过重。

所有能通过肉眼直接观察到的表面缺陷，如裂纹、折叠、结疤、龟裂、凹凸不平等，都应该在锻件相应的表面标出或记录，以作为其他进一步检测的依据，或者用作对锻件的质量评定。

对于锻件的几何尺寸可以用游标卡尺、高度尺、刻度量具、样板等，根据图纸上的要求进行检测。

③ 焊缝的目视检测　阀体焊缝主要是堆焊座圈焊缝和球阀焊缝的目视检测，其他焊缝主要检测未焊透、未熔合、表面气孔、飞溅、焊瘤。

焊缝目视检验的表面条件：被检焊缝表面应没有油漆、锈蚀、氧化皮、油污、焊接飞溅物、或者妨碍目视检测的其他不洁物，表面准备还得有助于随后进行的无损检测，表面准备区域包括整条焊缝表面和邻近 25mm 宽基体金属表面。对于锈蚀、氧化皮、油漆和焊接飞溅物可用砂皮进行磨光处理，也可以用砂轮机进行打磨处理；对于油污污染物等可以用溶剂进行表面清洗，以达到可以进行目视检测的条件。

④ 目视检测规程要点

a. 人员要求，核电产品的表面检测还应取得相应资格证书才能执行检测任务。

b. 表面条件检查和标识号的核查。

c. 检测时间的选择。有些产品焊缝应在焊后 24h 过后再检验。

d. 检测操作顺序。先决条件（表面准备），设备准备（放大镜、光源、检验尺等）。

e. 检测方法的选择和实施。直接目视检验或间接目视检测的选择。

f. 检测结果清单和检测报告编制。

(2) 泄漏检测

阀门的泄漏检测，主要指真空阀的气密封性检查，使用的检漏方法为真空检漏法。阀门其他的压力试验不属于泄漏检测的范围，不属于无损检测的范畴。

真空检漏是一种灵敏度很高的密封试验方法。密封性要求极高的阀门一般均进行真空密封试验。真空检漏通常在阀门强度、密封试验合格后进行。为保证试验的准确性，被测阀门应具有很高的清洁度和加工精细的密封面。而且阀体、阀盖一般均应采用锻件。真空检漏通常的方法是氦质谱检漏：将被测阀门用真空泵抽至规定的真空度后，在阀门被测部位外施加氦气（有氦罩法或喷氦法），如有漏隙，氦气便进入阀门的被测部，系统中的氦质谱检漏仪就可显示出来，据此可计算漏率。

(3) 涡流检测

很少应用在阀门制造过程中，本书不做介绍。

21.3 常见缺陷的种类及原因简析

21.3.1 铸件常见缺陷及原因

(1) 缩孔与疏松

铸件或钢锭冷却凝固时，体积要收缩，在最后凝固的部分因为得不到液态金属的补充而形成空洞状的缺陷。大而集中的空洞称为缩孔，细小而分散的空隙则称为疏松，它们一般位于钢锭或铸件中心最后凝固的部分，其内壁粗糙，周围多伴有许多杂质和细小的气孔。由于热胀冷缩的规律，缩孔是必然存在的，只是随加工工艺处理方法不同而有不同的形态、尺寸和位置，当其延伸到铸件或钢锭本体时就成为缺陷。钢锭在开坯锻造时如果没有把缩孔切除干净而带入锻件中就成为残余缩孔（缩孔残余、残余缩管）。

究其形成原因，主要是熔化设备对铁液成分的保障能力较差和混砂设备的稳定性不好。铁液成分受焦炭、炉型、风量、原料状况等多种因素制约；树脂砂受温度、树脂和酸加入量等因素影响。如砂子经常不经过再生和冷却床，使砂子温度很高，严重影响了砂型强度，导致铸件胀砂严重，增加了铸件产生缩孔、缩松缺陷倾向。

(2) 夹渣及夹杂

熔炼过程中的熔渣或熔炉炉体上的耐火材料剥落进入液态金属中，在浇注时被卷入铸件或钢锭本体内，就形成了夹渣缺陷。夹渣通常不会单一存在，往往呈密集状态或在不同深度上分散存在，它类似体积型缺陷，然而又往往有一定线度。夹杂是熔炼过程中的反应生成物（如氧化物、硫化物等）、非金属夹杂，或金属成分中某些成分的添加料未完全熔化而残留下来形成金属夹杂，如高密度、高熔点成分-钨、钼等。铁液在熔化设备中总会有渣生成，浇注时铁液中的固态和液态渣随铁液一起进入型腔形成渣孔。

(3) 气孔

这是金属凝固过程中未能逸出的气体留在金属内部形成的小空洞，其内壁光滑，内含气体，对超声波具有较高的反射率，但是又因为其基本上呈球状或椭球状，亦即为点状缺陷，影响其反射波幅。钢锭中的气孔经过锻造或轧制后被压扁成面积型缺陷而有利于被超声检测所发现。在生产过程中，铁液中的氮含量随着温度的升高而增加，随着碳当量的提高而降低，当氮和氢在一起时，便容易形成气孔，这是气孔的主要来源。

(4) 偏析

铸件或钢锭中的偏析主要指冶炼过程中或金属的熔化过程中因为成分分布不均而形成的成分偏析，有偏析存在的区域其力学性能有别于整个金属基体的力学性能，差异超出允许标准范围就成为缺陷。

(5) 铸造裂纹

阀门铸件中的裂纹主要是由于金属冷却凝固时的收缩应力超过了材料的极限强度而引起的，它与铸件的形状设计和铸造工艺有关，也与金属材料中一些杂质含量较高而引起的开裂敏感性有关（例如硫含量高时有热脆性，磷含量高时有冷脆性等）。在钢锭中也会产生轴心晶间裂纹，在后续的开坯锻造中如果不能锻合，将留在锻件中成为锻件的内部裂纹。

(6) 冷隔

这是铸件中特有的一种分层性缺陷，主要与铸件的浇铸工艺设计有关，它是在浇注液态金属时，由于飞溅、翻浪、浇注中断，或者来自不同方向的两股（或多股）金属流相遇等原因，因为液态金属表面冷却形成的半固态薄膜留在铸件本体内而形成一种隔膜状的面积型缺陷。

(7) 各向异性

铸件或钢锭冷却凝固时，从表面到中心的冷却速度是不同的，因而会形成不同的结晶组织，表现为力学性能的各向异性，也导致了声学性能的各向异性，亦即从中心到表面有不同的声速与声衰减。这种各向异性的存在，对铸件超声波检测时评定缺陷的大小与位置会产生不良影响。

21.3.2　锻件常见缺陷及其产生原因

锻件的缺陷很多，产生的原因也多种多样，有锻造工艺不良造成的，有原材料的原因，有模具设计不合理所致等。尤其是少、无切削加工的精密锻件，更是难以做到完全控制。常见的缺陷如下。

(1) 晶粒粗大或不均匀

① 晶粒粗大　通常是由于始锻温度过高和变形程度不足、或终锻温度过高、或变形程度落入临界变形区引起的。高温合金变形温度过低，形成混合变形组织时也可能引起粗大晶粒，晶粒粗大将使锻件的塑性和韧性降低，疲劳性能明显下降。

② 晶粒不均匀　晶粒不均匀是指锻件某些部位的晶粒特别粗大，某些部位却较小。产生晶粒不均匀的主要原因是坯料各处的变形不均匀使晶粒破碎程度不一，或局部区域的变形程度落入临界变形区，或高温合金局部加工硬化，或淬火加热时局部晶粒粗大。耐热钢及高温合金对晶粒不均匀特别敏感。晶粒不均匀将使锻件的持久性能、疲劳性能明显下降。在超场检测中，较大的锻件中心常出现该类缺陷。

(2) 裂纹

主要有锻裂、龟裂、模锻件的飞边裂纹。

① 锻裂　锻裂通常是锻造时存在较大的拉应力、切应力或附加拉应力引起的。裂纹发生的部位通常是在坯料应力最大、厚度最薄的部位。如果坯料表面和内部有微裂纹、或坯料内存在组织缺陷，或热加工温度不当使材料塑性降低，或变形速度过快、变形程度过大，超过材料允许的塑性指标等，则在镦粗、拔长、冲孔、扩孔、弯曲和挤压等工序中都可能产生裂纹。

② 龟裂　龟裂是在锻件表面呈现较浅的龟状裂纹。在锻件成形中受拉应力的表面（例如，未充满的凸出部分或受弯曲的部分）最容易产生这种缺陷。引起龟裂的内因可能是多方面的：原材料含 Cu、Sn 等易熔元素过多；高温长时间加热时，钢料表面有铜析出、表面晶粒粗大、脱碳、或经过多次加热的表面；燃料含硫量过高，有硫渗入钢料表面。

③ 模锻件的飞边裂纹　飞边裂纹是模锻及切边时在分模面处产生的裂纹。飞边裂纹产生的原因可能是：在模锻操作中由于重击使金属强烈流动产生穿筋现象。

(3) 折叠

折叠是金属变形过程中已氧化过的表层金属汇合到一起而形成的。它可能是由两股（或多股）金属对流汇合而形成的；也可能是由一股金属的急速大量流动将邻近部分的表层金属带着流动，两者汇合而形成的；或是由于变形金属发生弯曲、回流而形成；或是部分金属局部变形，被压入另一部分金属内而形成。折叠与原材料和坯料的形状、模具的设计、成形工序的安排、润滑情况及锻造的实际操作等有关。折叠不仅减少了零件的承载面积，而且工作时由于此处的应力集中往往成为疲劳源。

（4）锻件流线分布不顺

锻件流线分布不顺是指在锻件低倍上发生流线切断、回流、涡流等流线紊乱现象。如果模具设计不当或锻造方法选择不合理，预制毛坯流线紊乱；工人操作不当及模具磨损而使金属产生不均匀流动，都可以使锻件流线分布不顺。流线不顺会使各种力学性能降低，因此对于重要锻件，都有流线分布的要求。

（5）铸造组织残留

铸造组织残留主要出现在用铸锭作坯料的锻件中。铸态组织主要残留在锻件的困难变形区。锻造比不够和锻造方法不当是铸造组织残留产生的主要原因。铸造组织残留会使锻件的性能下降，尤其是冲击韧度和疲劳性能等。当超声检测到该区域时，往往表面为晶粒粗大的回波显示。

（6）其他缺陷

除上述几类缺陷外，锻件中还出现碳化物偏析、带状组织、模锻件中的局部充填不足等。局部充填不足主要发生在筋肋、凸角、转角、圆角部位，尺寸不符合图样要求。产生的原因可能是：锻造温度低，金属流动性差；设备吨位不够或锤击力不足；制坯模设计不合理，坯料体积或截面尺寸不合格；模膛中堆积氧化皮或焊合变形金属。

21.3.3　焊缝常见缺陷及其产生原因

焊接过程的特点主要是温度高、温差大，偏析现象很突出，金相组织差别比较大。因此，在焊接过程中往往会产生各种不同类型的焊接缺陷。如裂纹、未焊透、未熔合、气孔、夹渣以及夹钨等。从而降低了焊缝的强度性能，给安全生产带来很大的不利。

（1）裂纹

焊缝裂纹一般分为热裂纹和冷裂纹。热裂纹是在焊接过程中形成的，因此，大部分都产生在焊缝填充部位以及熔合线部位，并埋藏于焊缝中；冷裂纹也叫延时裂纹，一般都是在焊缝冷却过程中由于应力的影响而产生，有时还随着焊缝组织的变化首先在焊缝内部形成组织晶界裂纹，经过一段时间之后才形成宏观裂纹，这类裂纹一般形成于焊缝的热影响区以及焊缝的表面。产生裂纹的主要因素是焊接工艺不合理、选用材料不当、焊接应力过大以及焊接环境条件差造成焊后冷却太快等。

裂纹是焊缝中危害性最大的一种缺陷，它属于面状缺陷，在常温下会导致焊缝的抗拉强度降低，在无损检测中一旦发现则不允许存在，必须对工件进行修复或报废。防止裂纹产生的措施首先是针对构件焊接情况选取合理的焊接工艺，如焊接方法、线能量、焊接速度、焊前预热、焊接顺序等。这是防止焊缝裂纹产生的最基本的措施。

（2）未焊透

产生未焊透缺陷的原因产生未焊透缺陷的主要因素有：焊接规范选择不当，如电流太小，电弧过短或过长，焊接速度过快、金属未完全熔化；坡口角度减小、钝边过厚、对口时间隙太小导致熔深减小；焊接过程中，焊条和焊枪的角度不当导致电弧偏析或清根不彻底等。

① 未焊透产生的部位　未焊透实际上就是焊接接头的根部未完全熔透的现象，单面焊双面成形或加垫板焊的焊缝主要产生于V形坡口的根部，双面焊双面成形的焊缝主要产生于X形坡口或双U形坡口的钝边的边缘处。

② 未焊透缺陷的危害性　未焊透属于一种面状缺陷，未焊透的存在会导致焊缝的有效截面减少，从而降低焊缝的强度。在应力主作用下很容易扩展形成裂纹导致构件破坏。若是连续性未焊透，更是一种极其危险的缺陷。所以在全焊透焊缝中的未焊透是一种不允许存在的缺陷，部分结构件角焊缝也对未焊透的深度严格控制。

（3）未熔合

产生未熔合缺陷的原因有：焊接规范选择不当，电流过小，焊接速度太快，焊接电流的强度不够，产生的热能量太小，致使母材坡口或先焊的金属未能完全熔化；电流过大，焊条过于发红而快速先熔化，在母材边缘还没有达到熔化温度的情况下就覆盖过去，同时焊条散热太快而导致母材的开始端未熔化；焊接时操作不当，焊条偏向某一边而另一边尚未熔化就被已熔化的金属掩盖过去形成虚焊现象；坡口制备不良，坡处太潮湿。熔池氧化太快，焊条生锈或有油污而进行施焊等。

① 未熔合产生的部位　未熔合缺陷一般产生于焊件坡口的熔合线处以及焊缝隙层间、焊缝隙的根部。在焊接时焊道与母材之间或焊道与焊道之间未完全熔化成一体，在点焊时母材与母材未完全熔合成一体而形成虚焊部位。

② 未熔合缺陷的危害性　未熔合缺陷大都是以面状存在于焊缝中，通常也被视为裂纹类型的缺陷。其实质就是一种虚焊现象，从而导致焊缝的有效截面积减少，在交变应力高度集中的情况下致使焊缝的强度降低，塑性下降，最终造成焊缝开裂。在焊缝中是不允许存在未熔合缺陷的。未熔合缺陷的防止措施如下：焊前对坡口周围进行认真清理，去除锈蚀和油污；正确选择焊接规范，焊接的电流不宜太小，焊接速度不能太快；在正常施焊过程中焊接电流也不宜过大，否则焊条过于发红而快速熔化，这样就会在母材的边缘未达到熔化温度的情况下焊条的熔化金属已覆盖而造成未熔合；对于散热过快的焊件可以采取焊前预热或在焊接过程中同时用火焰加热施焊；焊接操作要正确，避免产生磁偏吹，如遇焊件带磁时应先进行退磁。

（4）气孔

焊缝中气孔按位置可分为表面气孔、内部气孔，按形状可分为点状、链状、分散状，及密集型、圆形、椭圆形、长条形、管形等。因此，气孔可以分布在焊缝的任何部位。焊缝中产生气孔的原因很多，由于焊接是属于金属的冶炼过程。因此，可以概括为：一是冶金因素的影响，焊接熔池在凝固过程中界面上排出的氮、氢、氧、一氧化碳等气体以及水蒸气来不及排出时被包裹在金属内部形成孔洞；二是工艺因素的影响，如焊接工艺规范选择不当、焊接电源的性质不同、电弧长度的控制、操作技能不规范等都会给气孔的形成提供条件。它主要是削弱焊缝的有效截面积，降低焊缝的机械性能和强度，尤其是焊缝的弯曲强度和冲击韧性。同时也破坏了焊缝金属的致密性。在交变应力的作用下焊缝的疲劳强度显著下降。但由于气孔没有尖锐的边缘，一般认为不属于危害性缺陷，并允许有限的在焊缝中存在。但也要按照规范中的规定进行评定，超过规范要求时也必须进行返修处理。

（5）夹渣

夹渣缺陷可以存在于焊缝的任何部位。夹渣缺陷在焊缝中有分散点状的，也有密集的，既有块状也有条状和链状。产生夹渣缺陷的原因是在焊接过程中，熔池中的熔化金属的凝固速度大于熔渣的上浮速度，在熔化金属凝固时熔渣来不及浮出熔池而被包裹在焊缝内，这就是夹渣。夹渣属于体积型缺陷，它的危害程度比面状缺陷要小。但是，夹渣缺陷的形状是多种多样的，并具有尖锐的边缘，在交变应力的作用下，也很容易扩展形成裂纹而成脆性断裂；同时也会以减少焊缝的有效截面积而降低焊缝机械强度、塑性、韧性和耐腐蚀的能力以及疲劳极限。焊缝中的夹渣允许有限的存在，因此，无损检测发现时应按规范验收。现在规范一般不再把气孔和夹渣明确区分，只根据其尺寸判定为圆形或线型缺陷，但必须按规范和标准进行验收。

（6）钨夹渣

钨夹渣是一种特殊的夹渣，其密度大于母材，在射线检测时在底片上是明显的亮点，其余缺陷的显示均是黑点区域。钨夹渣在焊缝中一般都是呈现为分散点状、条状和块状。在钨极全气体焊或等离子焊接时可以在焊缝的任何部位形成。钨极气体保护焊封底，电弧焊填充盖面焊时大都产生于焊缝的第一层。

在采用钨极气体保护焊时，由于焊接电流过大而超过极限电流或钨极直径太小而导致钨极高度发热，端部熔化进入焊缝的液态金属中。由于钨的熔点高，在冷却凝固过程中，钨首先以自由状态结晶析出而停留于焊缝中。因此任何能造成钨极熔化的因素都将引起钨夹渣的产生。

参考文献

[1] 强天鹏. 射线检测. 昆明：云南科技出版社，2001.10.
[2] 郑晖，林树青. 超声检测. 2 版. 北京：中国劳动社会保障出版社，2008.
[3] 宋志哲. 磁粉检测. 2 版. 北京：中国劳动社会保障出版社，2007.
[4] 王晓雷. 承压类特种设备无损检测相关知识. 2 版. 北京：中国劳动社会保障出版社，2007.

第22章

Chapter 22

阀门装配

22.1 阀门的装配原理

22.1.1 阀门装配的基本概念

装配是阀门制造过程中的最后一个阶段。阀门装配是根据装配工艺规程，将组成阀门的各个部件和零件连接在一起，使其成为阀门产品的过程。装配工作对产品质量有很大影响。即使设计正确，零件制造合格，如果装配方法不当，阀门也达不到规定的要求，甚至发生密封渗漏而不能使用。因此，应该注意采用合适的装配方法。

零件是阀门装配最基本的单位。若干个零件连接成阀门的一部分（如阀盖、阀瓣部件等），无论连接的形式与方法如何，都称为部件。将若干个零件连接成部件的装配过程称为部件装配。将若干个零件连接成阀门的装配过程称为总装配。

在生产中以文件形式规定的装配工艺过程称为装配工艺规程。

部件按照其装配时的情况，可分为组件和分组件。直接进入阀门总装配的部件称为组件，进入组件装配的部件称为一级分组件，进入一级分组件装配的部件称为二级分组件，依此类推。由于阀门的结构不太复杂，分组件的级数实际上并不多。

用作装配基准的零件或部件称为基准零件、基准组件。

可以单独进行装配的零件及部件称为装配单元。任何种类的阀门均能分成若干个装配单元。

22.1.2 阀门的几种装配方法

阀门制造中常用的装配方法可分为3种，即完全互换法、修配法及调整法。

装配方法是与解装配尺寸链的方法密切关联的。根据对装配尺寸链的分析，可确定达到规定的装配精度所应采取的最适宜的装配方法。所谓解装配尺寸链，就是结合设计要求与制造方面的经济性，确定装配尺寸链中各环的极限尺寸或极限偏差。

阀门由许多零件装配而成，因此，零件的精度将直接影响阀门的装配精度。研究零件精度与装配精度的关系，对选择装配方法和指导设计工作都很有必要。为了便于分析零件精度对装配精度的具体影响，通常运用尺寸链的基本理论。

(1) 装配尺寸链的基本概念

为解决机械装配的某一精度问题，将与该精度有关的各零件尺寸及各零件间的相互关系，按照一定的顺序排列而形成的封闭形，称为装配尺寸链，如图 22-1 所示。

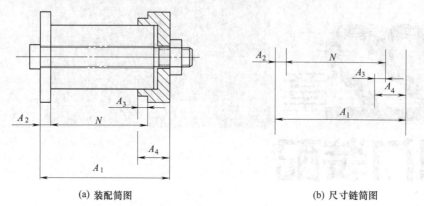

(a) 装配简图   (b) 尺寸链简图

图 22-1 装配尺寸链

组成尺寸链的每一个尺寸称为尺寸链的环（图 22-1 中的 A_1、A_2、A_3、A_4 和 N 等）。尺寸链中的环可以是表面之间或中心线之间的距离，也可以是直径或半径。同时，过盈和间隙也是装配尺寸链中独立的环，所不同的是，它们的公称数值可能等于零。

装配尺寸链中的封闭环在装配前是不存在的，而是在装配后才形成的（图 22-1 中的 N）。封闭环通常就是装配的技术要求。尺寸链中的其他尺寸称为组成环（图 22-1 中的 A_1、A_2、A_3 和 A_4）。封闭环的大小则受各组成环的影响。从数学观点来看，组成环是独立变数，封闭环则是组成环的函数。

尺寸链中各个组成环对封闭环的影响不尽相同。根据组成环对封闭环的不同影响，组成环可分为增环和减环。当其余各环不变时，它的尺寸增大能使封闭环的尺寸随之增大，这样的组成环称为增环（图 22-1 中的 A_1 和 A_3）。反之，它的尺寸增大使封闭环的尺寸随之减小，这样的组成环称为减环（图 22-1 中的 A_2 和 A_4）。

由尺寸链的定义可知，尺寸链具有封闭性，即从尺寸链中任一点出发，经过一个一个的尺寸，最后仍回到原点。封闭性是尺寸链的重要特征。

为了计算尺寸链，可以从尺寸链中的任一点出发，任意假定一个方向为正，反方向则为负，并依次将各个环列成代数方程式，这样的方程式叫做尺寸链方程式。如在图 22-1 的尺寸链中，我们从 A_1 的左端出发，以右向为正，左向为负，则可得出尺寸链方程式 $A_1-A_4+A_3-N-A_2=0$，封闭环 $N=(A_1+A_3)-(A_2+A_4)$。如前所述，式中 A_1 和 A_3 为增环，A_2 和 A_4 为减环。这样就可得出结论，封闭环的公称尺寸之和 N 可按下式计算

$$N = \sum_1^m A_i - \sum_{m+1}^{n-1} A_i \tag{22-1}$$

式中 n——包括封闭环在内的尺寸链总环数；

    m——尺寸链的增环数。

图 22-2 为轴孔配合的尺寸链简图。其中 N 是装配的间隙，为封闭环，A_1 为增环，A_2 为减环。从图中可以明显看出 $N_{max} = A_{1max}$（增环）$-A_{2min}$（减环）；$N_{min} = A_{1min}$（增环）$-$

$A_{2\max}$（减环）。

式中，$N_{\max}$、$A_{1\max}$和$A_{2\max}$为各环的最大极限尺寸，$N_{\min}$、$A_{1\min}$和$A_{2\min}$代表各环的最小极限尺寸。

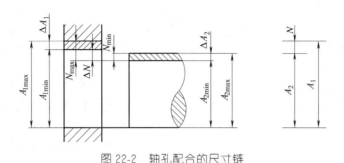

图 22-2　轴孔配合的尺寸链

由此可知，若所有增环都制成最大极限尺寸，而所有减环都制成最小极限尺寸，则封闭环将为最大极限尺寸。反之，若所有增环都制成最小极限尺寸，而所有减环都制成最大极限尺寸，则封闭环将为最小极限尺寸。以公式表示如下

$$N_{\max} = \sum_{1}^{m} A_{i\max} - \sum_{m+1}^{n-1} A_{i\min}$$

$$N_{\min} = \sum_{1}^{m} A_{i\min} - \sum_{m+1}^{n-1} A_{i\max}$$

封闭环的公差

$$\delta_n = N_{\max} - N_{\min}$$

即

$$\delta_n = \sum_{1}^{m} \delta_i + \sum_{m+1}^{n-1} \delta_i = \sum_{1}^{n-1} \delta_i \qquad (22\text{-}2)$$

式（22-2）表明，尺寸链封闭环的公差等于其余组成环的公差之和。这是一条重要的结论。在装配尺寸链中，封闭环的公差一般都是根据机构的要求而规定的（如间隙、过盈和同轴度等）。为了提高机构精度就必须尽可能减小封闭环的公差，这样，对零件的加工精度就要求较高。当尺寸链的环数多时，零件的加工精度就要求更高，甚至达到无法加工的程度。因此，装配尺寸链中的环数应尽量少，这就是部件设计时所必须遵守的"最少环原则"。

（2）完全互换法

阀门采用完全互换法装配时，阀门的每个零件不需经过任何修整和选择，装配后即能达到规定的技术要求。装配的最终精度通常就是封闭环，因此，只有在装配尺寸链中的各组成环同时出现极限值的情况下（即所有增环同时出现极限值而所有减环同时出现反方向的极限值），仍然使封闭环达到规定的技术要求时，才能采用完全互换法装配。也就是说，实现完全互换法装配必须是列入尺寸链的各组成环的公差之和不得大于封闭环的公差。

在确定某种阀门能否采用完全互换法装配时，常会遇到两种类型的问题。一种是已知各组成环的公差，求封闭环的公差。计算出的封闭环公差如不大于规定的装配技术要求，即可采用完全互换法，这就是尺寸链的正计算问题。另一种是按照标准所规定的装配技术要求，作为封闭环公差，来确定各组成环的公差。即在保证采用完全互换法的前提下，对产品图纸的尺寸链进行验算，以提出对图纸的修改意见和对机械加工的工艺要求，这就是尺寸链的反计算问题。

例如，图 22-3 所示的单闸板楔式闸阀，为了确定其是否适合采用完全互换法来保证闸

板与阀座的装配精度，就需解装配尺寸链（在示例中未考虑楔角和对称度的偏差，只讨论开裆宽度和板厚的问题）。

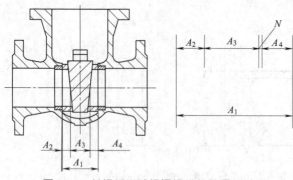

图 22-3　单闸板楔式闸阀闸板装配尺寸链

分析图 22-3 中的装配尺寸链，可以看出，N 是闸板与阀体组件的装配误差，为封闭环。A_1 为增环，A_2、A_3 和 A_4 为减环，方程式为 $N = A_1 - (A_2 + A_3 + A_4)$。

轴与孔的装配误差表现为间隙或过盈，而闸板与阀体的装配误差则表现为闸板与阀体在高度方向上的相对位置的变化。闸板应在它与阀体两密封面外径下边缘重合时的位置，其公差为不低于或不高于两密封面宽度差的 1/4。

$PN25$、$DN100$ 单闸板楔式闸阀的尺寸为 $A_1 = 85\text{mm} \pm 0.08\text{mm}$，$A_2 = A_4 = 15\text{mm} \pm 0.02\text{mm}$，$A_3 = 55.08\text{mm} \pm 0.13\text{mm}$（按图纸尺寸换算成当两密封面下边缘重合时在阀体轴线上的闸板厚度）。

先用正计算法求封闭环 N 的极限尺寸。

$$N_{\max} = 85.08 - (14.98 + 54.95 + 14.98) = 0.17\text{mm}$$
$$N_{\min} = 84.92 - (15.02 + 55.21 + 15.02) = -0.33\text{mm}$$
$$\delta_n = 0.17 - (-0.33) = 0.50\text{mm}$$

根据技术要求，$DN100$ 闸板与阀体组件的装配公差经换算后为 0.52mm，其公差带对称于公称尺寸为 $\pm 0.26\text{mm}$。即 N 的公称尺寸为 0，$N_{\max} < 0.26\text{mm}$，$N_{\min} > -0.26\text{mm}$ 时，才能保证两密封面外径下边缘不高于或不低于两密封面宽度之差的 1/4 的要求。

计算出的 $\delta_n = 0.50\text{mm} < 0.52\text{mm}$，符合装配公差要求，说明可以采用完全互换法装配 $DN100$ 的闸阀。但是，计算出的 $N_{\min} = -0.33\text{mm} < -0.26\text{mm}$ 却满足不了技术要求。因此，应验算 N 的尺寸。

$$N = 85 - (15 + 55.08 + 15) = -0.08\text{mm}$$

计算出 $N = -0.08\text{mm}$，不等于 0mm，这表明闸板的厚度设计厚了，装配时闸板的位置上移。这是产品设计时的疏忽。

为了求出各组成环合适的数值，以便向设计人员提出修改意见，可用反计算法解尺寸链。

反计算法一般可这样来进行，先按封闭环的公差求出各组成环的平均公差 δ_{cp}，再根据生产经验考虑这些组成环在制造时的技术可能性和经济合理性，将算出的平均公差适当地增加或减少，以用于不同的零件。但增减后的各组成环公差的总和应 $\leqslant$ 封闭环的公差。平均公差 δ_{cp} 为

$$\delta_{cp} = \frac{\delta_n}{n-1} \tag{22-3}$$

$DN100$ 楔式闸阀各组成环的平均公差为 $\delta_{cp} = \dfrac{0.52}{4} = 0.13\text{mm}$。

考虑到各环的具体制造情况，难加工的阀体开裆尺寸 A_1 取接近 6 级精度的公差，较易加工的阀座尺寸 A_2（A_3）取接近 5 级精度的公差，即 $\Delta A_1 = 0.24\text{mm}$，$\Delta A_2 = \Delta A_4 = 0.06\text{mm}$，$\Delta A_3 = 0.16\text{mm}$。

各组成环的公差带对称于各自的公称尺寸。各组成环的尺寸及公差分别为 $A_1 = 85\text{mm} \pm 0.12\text{mm}$，$A_2 = A_4 = 15\text{mm} \pm 0.03\text{mm}$，$A_3 = 55\text{mm} \pm 0.08\text{mm}$。

此外，闸板在其轴线上的厚度尺寸可由 A_3 换算得出为 $55.44\text{mm} \pm 0.08\text{mm}$。

通过以上对装配尺寸链的计算，不仅得出了 $DN100$ 闸阀可以用完全互换法装配的结论，并且提出了对产品图纸的修改意见。

完全互换法的优点是装配工作简单、经济，工人不需很高的技术水平。装配过程所需时间容易确定，易于组织装配流水线。便于组织专业化生产，阀门的某些零件可由专业车间（或工厂）进行集中生产。

由于完全互换法具有上述优点，故广泛用于装配大、中批生产的中、小口径的阀门。

(3) 修配法

阀门采用修配法装配，零件可按经济精度加工，装配时再对连接中某一零件的尺寸进行修配，以达到规定的装配精度。

修配量的大小与连接中各零件的有关尺寸精度及装配精度要求有关。为了确定零件的修配量，需对与装配精度有关的尺寸链进行分析。

若尺寸链中各组成环的制造公差为 Δ_1、Δ_2、$\Delta_3 \cdots \Delta_{n-1}$，则封闭环的误差为

$$\delta_n = \Delta_1 + \Delta_2 + \Delta_3 + \cdots + \Delta_{n-1} = \sum_1^{n-1} \Delta_i \qquad (22\text{-}4)$$

尺寸链中各组成环的制造公差，根据零件的结构和生产条件，可较采用完全互换法时公差扩大到经济精度。这样，装配时封闭环上所积累的总误差必然超出规定的封闭环公差（即 $\delta_n > \Delta_n$）。其差值称为补偿值。最大的补偿值 δ_K 可由下式确定

$$\delta_K = \delta_n - \Delta_n \qquad (22\text{-}5)$$

为保证封闭环的规定精度，需用修配加工的方法来改变尺寸链中某一组成环的尺寸，则该环称为补偿环。应选择最便于修配加工的组成环作为补偿环。在规定补偿环的公称尺寸及公差带时，要保证使补偿环具有足够的修配余量，以补偿可能出现的最大补偿值 δ_K。

大型阀门以及单件、小批生产的中、小型阀门通常采用修配法进行装配。

例如图 22-3 所示的单闸板楔式闸阀，若应用修配法装配需先确定其补偿环及最大补偿量 δ_K。

如前所述，$DN100$ 楔式闸阀封闭环的公差 $\delta_n = 0.52\text{mm}$，图纸规定的各环尺寸公差为 $A_1 = 85\text{mm} \pm 0.08\text{mm}$，$A_2 = A_4 = 15\text{mm} \pm 0.02\text{mm}$，$A_3 = 55\text{mm} \pm 0.13\text{mm}$。

采用修配法装配，可将各组成环制造公差适当扩大为 $\Delta_1 = 0.36\text{mm}$，$A_2 = A_4 = 0.12\text{mm}$，$A_3 = 0.30\text{mm}$。为使闸板便于进行修配，故选闸板厚度尺寸为补偿环。装配时，封闭环上的总误差为 $\delta_n = \Delta_1 + \Delta_2 + \Delta_3 + \Delta_4 = 0.36 + 0.12 + 0.30 + 0.12 = 0.90\text{mm}$。

为保证达到 $\Delta_n = 0.52\text{mm}$ 的装配精度，补偿环上的最大补偿值应为 $\delta_K = \delta_n - \Delta_n = 0.90 - 0.52 = 0.38\text{mm}$。

为使闸板具有足够的修配余量，补偿环的公称尺寸应该增大。因公差带为对称配置，故闸板厚度的公称尺寸的增大值应为 $\delta_K/2$。

这样，当采用修配法装配时，$DN100$ 楔式闸阀各组成环尺寸及公差则分别为 $A_1 = 85\text{mm} \pm 0.18\text{mm}$，$A_2 = A_4 = 15\text{mm} \pm 0.06\text{mm}$，$A_3 = 55\text{mm} \pm 0.15\text{mm}$。

由上例中可以看出，修配法的主要优点是虽然扩大了零件的制造公差，但仍能满足装配技术要求。修配法的缺点是需增加一道修配工序，且往往因此而要配备技术熟练的工人。

(4) 调整法

用调整法装配阀门，零件可按经济精度加工，装配时再调节连接中的某一零件的尺寸，以达到规定的技术要求。

调整法的原理与修配法相同，只是在改变补偿环尺寸的方法上有所不同。前者是用调整的方法来改变补偿环尺寸，后者是用修配加工的方法来改变补偿环尺寸。

双闸板楔式闸阀及对分式球阀等一般采用固定调整法装配（图 22-4）。固定调整法是在与装配精度有关的尺寸链中，采用一个适当尺寸的专用零件作为补偿件，以达到规定的装配精度。为保证在不同情况下都能以固定补偿件进行补偿，故需预先制作一套不同尺寸的补偿件，供装配时选用。这类的零件有垫圈和轴套等。

采用固定调整法时，在尺寸链中需加入一补偿环 K。加入的补偿环可为增环，也可为减环。图 22-5 为补偿环的两种形式。

若补偿环为减环时［图 22-5（a）］，则

$$N = A_1 - (A_2 + K_{减})$$
$$N_{max} = A_{1max} - (A_{2min} + K_{减\,max})$$
$$N_{min} = A_{1min} - (A_{2max} + K_{减\,min})$$

上式表明，当各组成环将造成封闭环过大时，为保证达到规定的 N_{max}，需采用最大的补偿环。反之，则采用最小的补偿环，使封闭环不致超出 N_{min}。

若补偿环为增环时［图 22-5（b）］，则

$$N = (A_1 + K_{增}) - A_2$$
$$N_{max} = (A_{1max} + K_{增\,min}) - A_{2min}$$
$$N_{min} = (A_{1min} + K_{增\,max}) - A_{2max}$$

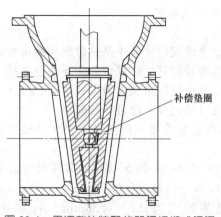

补偿垫圈

图 22-4　用调整法装配的双闸板楔式闸阀

(a) 减环补偿

(b) 增环补偿

图 22-5　补偿环的两种形式

上式表明，当各组成环将造成封闭环过大时，为保证达到规定的 N_{max}，需采用最小的补偿环；反之，则采用最大的补偿环，使封闭环不致超出 N_{min}。

调整法既有修配法的优点，又避免了修配法的缺点。在修理阀门时，由于被介质冲蚀或擦伤，密封面往往需要进行修整，这时可更换补偿件来保持规定的装配精度。调整法的缺点是增加了阀门零件的数目。

22.2　阀门的装配过程

阀门一般采用固定式装配。阀门的部件装配和总装配是在一个固定的工作地点进行，所需的零件和部件全部运到该装配工作地。通常部件装配和总装配分别由几组工人同时进行，这样既缩短了装配周期，又便于使用专用的装配工具，对工人技术等级的要求也比较低。

22.2.1 装配前的准备工作

阀门零件在正式装配前需去除机械加工形成的毛刺、焊接残留的焊渣和清洗。这些统称为装配前的准备工作。这些准备工作对装配质量有很大的影响。

(1) 去除零件的毛刺和焊渣

机械零件在装配前均应去除毛刺。由于阀体、阀盖、阀瓣、阀杆等零件直接与介质接触，毛刺和焊渣若清除不净，阀门工作时受带压介质的冲刷，极易将残留的毛刺和焊渣带入介质中而造成介质不洁，并常常引起阀门密封面的擦伤。因此，装配前应注意将阀门零件的毛刺和焊渣等清除干净，以免给用户造成隐患。

去除毛刺和焊渣的工作可用锉刀、錾子或风铲由手工进行。工作时应注意不要划伤或破坏已加工表面，特别是密封面。铸造阀门的内腔也要用风动砂轮将表面的包砂、铁豆等仔细地磨光，这样不仅可防止这些异物被冲刷而混入介质，而且也提高了阀门内腔的表面粗糙度质量。

去除毛刺和焊渣是阀门装配过程的第一道工序，零件经此工序后才能进行清洗。

(2) 阀门零件的清洗

作为流体管路控制装置的阀门，内腔必须清洁。为保证介质的纯度和避免介质污染，对阀门内腔清洁度的要求更为严格。装配前应对阀门零件进行清洗，将零件上的切屑碎末、残留的润滑冷却液、铲落在内腔的毛刺和焊渣以及其他污物洗除干净。

一般工业用阀的清洗，分为初洗、干燥和最后清洗等步骤。初洗通常用加碱的清水或热水进行喷刷（也可用煤油进行刷洗）。初洗后的零件要在 $80\sim90$℃的烘箱中干燥，或采用热风吹干，以免零件锈蚀。

阀体和阀瓣等零件经初洗、干燥后方可进行密封面研磨，以避免切屑、砂粒等污物混入研磨剂而划伤密封表面。零件经研磨、抛光后需进行最后清洗。最后清洗通常是将密封面部位用汽油刷净，然后用压缩空气吹干并用布擦干净。目前，国内也有些厂家采用超声波清洗机来清洗阀门零部件，收到了很好的效果。

有清洁度要求的阀门，应按有关清洗技术条件进行清洗。该技术条件对清洗步骤、方法、清洗剂、清洗工具甚至装配间的清洁度、温度等均有详细的规定。

22.2.2 阀门的总装配

阀门通常是以阀体作为基准零件按工艺规定的顺序和方法进行总装配。总装前要对零部件进行检查，防止未去毛刺和没有清洗的零件进入总装。装配过程中，零件要轻放，避免磕碰或划伤已加工表面。对阀门的运动部位（如阀杆、轴承等）应涂以工业用黄油。

阀盖与阀体中法兰多采用螺栓连接。紧固螺栓时，应对角交错、均匀地拧紧，否则阀盖在圆周上受力不均而易于发生渗漏。一圈螺栓紧固后，还需再紧一次，以防松动。紧固时，使用的扳手不宜过长，避免预紧力过大而影响螺栓强度。对预紧力有严格要求的阀门，可使用扭矩扳手。

总装完成后，应旋动手轮检查阀杆的运动是否灵活，有无阻滞现象，阀盖和支架等零件的安装方向是否合乎图纸要求，密封面及阀体内腔是否清洁。装配好的阀门在行程内操作应轻便灵活，每个活动部件在任何位置都无卡阻现象。检查合格后的阀门方能进行试验。

22.3 阀门装配工艺规程的编制

阀门装配工艺规程的主要内容为：规定合理的装配顺序及装配方法；选择并确定装配工具及设备；规定装配各工序的技术条件及质量检查方法等。

装配工艺规程常用的有下列几种文件形式：装配工艺卡片；装配系统图；装配工艺守则。

22.3.1 装配工艺卡片

装配工艺卡片是一种主要的装配工艺文件。它较详细地规定了阀门装配过程中各工序、工步的操作方法，确定了所需的工装、设备和检查方法等。其常用格式如表22-1所示。

表 22-1 装配工艺卡片

厂　名		装配工艺卡片			产品型号规格		第　　页
							共　　页
工序号	工步号	操作内容	小　组	使用设备	工具名称与编号	装配零件名称及件号	
						名称	件号

表 22-2 为闸阀的典型装配工艺卡片，表 22-3 为截止阀的典型装配工艺卡片，表 22-4 为止回阀的典型装配工艺卡片，表 22-5 为三偏心金属硬密封蝶阀的典型装配工艺卡片，表 22-6为中线软密封蝶阀的典型装配工艺卡片，表 22-7 为球阀的典型装配工艺卡片。

表 22-2 闸阀的典型装配工艺卡片

装配工艺过程卡片			产品型号		零件图号	全部零件	备注：一体式阀盖	
			产品名称	闸阀	零件名称	整机装配	共　　页	第　　页
工序号	工序名称	工序内容		装配部门	设备及工艺装备		辅助材料	工时定额/min
00	领料	将阀门的全部配套零部件由库房领出分发至装配车间各班组		班组	行车、推车			
05	清洁	去除零件的油污，毛刺等，使工件的内表面清洁光滑		班组	锉刀		洗涤剂、砂布	
10	检验	检查清洁度		质检部				
15	组装	一、阀体总成						
		1. 配装阀座(本体堆焊闸阀此条不适用)		班组				
		①将螺纹阀座装入阀体座槽内，然后用风动扳手及特制的工装夹具将阀座扳紧			专用夹具、扳手			
		②将镶焊阀座装入阀体座槽内，然后装入工艺闸板，并用工艺装备将闸板固定，最后在转胎上焊接阀体和阀座，2个阀座与阀体都焊接好后，清理焊渣并松开固定闸板的工艺装备，取出闸板			夹具、扳手、转胎、电焊机			
		2. 配装闸板						
		用"闸板位置导向卡板"使闸板T形槽处于阀体中心，用手槌振击阀体(非加工面)使闸板和阀座的密封面吻合(以密封副间无光隙为标识，其理想状态是阀座密封面的最低点和闸板密封面的最低点重合)			手槌			

工序号	工序名称	工序内容	装配部门	设备及工艺装备	辅助材料	工时定额/min
		二、阀盖总成				
		1. 配装上密封座 将上密封座旋入阀盖上密封座螺孔内并紧固		专用工具		
		2. 配装活节螺栓、销轴、开口销,穿入的开口销必须沿 180°方向分辟,单侧分辟角度不得小于 90°(以工作位置计起)				
		3. 按照相应型号规格的明细表要求的数量加装填料及编织填料				
		4. 配装阀杆螺母、轴承(对于装配图上有安装轴承要求的)及轴承压盖,按装配图的尺寸配钻轴承压盖和阀盖并攻螺纹,旋入紧定螺钉并紧固		手电钻、钻头、丝锥、一字改锥		
15	组装	5. 从油杯孔注入润滑脂并旋紧油杯		注脂枪、扳手	润滑脂	
		6. 配装手轮,旋入锁紧螺母并用紧定螺钉紧定锁紧螺母,使之相对于手轮无转动为准		扳手、一字改锥		
		7. 将阀杆旋入上密封座,并小心通过填料组部位,待阀杆头部超过填料函 30mm 时按装配图示的要求装入填料压套、填料压板,并将阀杆的螺纹部分旋入阀杆螺母,以阀杆的光杆部位超出填料 15mm 为准				
		8. 将活节螺栓穿过填料压板并装入垫圈,旋入并紧固螺母		扳手		
		三、阀体、阀盖总成				
		1. 装入中口垫片并将阀杆挂入闸板的 T 形槽内,转动手轮,使阀杆上升 1/2 行程(1 个行程为相应规格阀门的 DN 值)并调整中口垫片,使之内边缘距阀体中口内腔为 4mm				
		2. 将全螺纹螺柱穿入阀体和阀盖连接的各螺栓孔,并在全螺纹螺柱的两端旋入螺母,用手槌振击阀盖法兰的外边缘,使阀体和阀盖中法兰的错位度不大于 2mm,按对角及顺时针紧定螺母		手槌、电动扳手		
20	标记	在规定部位打印组别代码	质检部班组	手锤 钢字码		
25	试验	1. 阀门启闭试验 在闸板的升降过程中要求动作灵活,无卡阻现象				
		2. 上密封试验 试验方法及保压时间按照 API 598—2009 及公司《阀门性能试验规程》进行		试压机		
		3. 强度试验 试验方法及保压时间按照 API 598—2009 及公司《阀门性能试验规程》进行		试压机		
		4. 密封试验 试验方法及保压时间按照 API 598—2009 及公司《阀门性能试验规程》进行		试压机		
		5. 气密封试验 试验方法及保压时间按照 API 598—2009 及公司《阀门性能试验规程》进行		试压机		

工序号	工序名称	工序内容	装配部门	设备及工艺装备	辅助材料	工时定额/min
35	油漆防护	1. 清洁阀门外表面	班组			
		2. 连接处,密封面,流道孔等处涂防锈油脂			洗涤剂、保养中防锈油、脂	
		3. 其余裸露外表面油漆防护		空气压缩机、喷枪	油漆、刷子	
		4. 风干(烘干)油漆防护层				
40	标记	1. 装订铭牌	班组	手电钻、手锤	铆钉	
		2. 按要求打印标记,进行出厂编号		手锤、钢字码		
45	终检	对整机(体)阀门进行出厂检验	质检部			
50	封堵	清除试验滞留的积水,擦净内腔,涂防锈油并在通径两端用闷盖盖住,防止脏物进入			抹布、刷子	
55	装箱					
60	入库		车间	行车、推车		
编制		审核		审定		日期

表 22-3　截止阀的典型装配工艺卡片

装配工艺过程卡片		产品型号		零件图号	全部零件		
		产品名称	截止阀	零件名称	整机装配	共 页	第 页

工序号	工序名称	工序内容	装配部门	设备及工艺装备	辅助材料	工时定额/min
1	领料	将阀门的全部配套零部件由库房领出,分发至装配车间各班组	班组	行车、推车		
2	清洁	去除零部件的油污、毛刺等,使工件的内表面清洁光滑	班组	锉刀		
3	检验	检验清洁度	质检部			
4	组装	一、阀杆总成				
		1. 将阀杆放入阀瓣上端的内孔中以阀杆大头轴部能在阀瓣轴孔内自由转动为宜				
		2. 将阀瓣盖旋入阀瓣内孔紧固,以阀杆能上下窜动 2mm 为宜		扳手		
		二、阀盖总成				
		1. 将上密封座旋入阀杆上密封座螺孔内并紧固		扳手		
		2. 将活节螺栓、销轴穿入阀盖耳孔,穿入的开口销必须沿 180°方向分辟,单侧分辟角度不得小于 90°(以工作位置计起)				
		3. 按照相应型号规格的明细表要求的数量加装填料及编织填料				
		4. 旋入阀杆螺母并紧固,按装配图示的要求配钻阀杆螺母和阀盖的孔并攻螺纹,旋入紧定螺钉并紧固				
		三、阀体、阀盖总成				
		1. 将总成好的阀杆旋入阀盖的上密封座轴孔中,小心通过填料组部位,待阀杆头部超过填料函 30mm 时,按要求装入填料压套,填料压板,然后将阀杆梯形螺纹旋入阀杆螺母,以阀杆上密封距上密封座 10mm 为宜				

工序号	工序名称	工序内容	装配部门	设备及工艺装备	辅助材料	工时定额/min
4	组装	2. 将活节螺栓穿过填料压板并装入垫圈,旋入螺母并紧固		扳手		
		3. 将中口垫片放入阀体止口内,并将阀盖的凸台放入阀体止口内,调整中口垫片,使之内边缘距阀体中腔4mm为宜				
		4. 将双头螺柱穿入阀体与阀盖连接的各螺栓孔,并在双头螺柱的两端旋入螺母,用手锤振击阀盖的外边缘,使阀体与阀盖中法兰的错位度不大于2mm为宜,按对角及顺时针紧固螺母		手锤、电动扳手		
		5. 按装配图示的要求,放入平垫片,旋入六角螺母并紧固				
5	标记	在规定部位打印组别代号	质检部	手锤、钢字码		
6	试验	1. 阀门启闭试验 在阀瓣升降的过程中要求动作灵活,无卡阻现象				
		2. 上密封试验 试验方法及保压时间按 JB/T 9092—1999《阀门的试验和检验》及公司《阀门性能试验规程》进行		试压机		
		3. 强度试验 试验方法及保压时间按:JB/T 9092—1999《阀门的试验和检验》及公司《阀门性能试验规程》进行		试压机		
		4. 密封试验 试验方法及保压时间按 JB/T 9092—1999《阀门的试验和检验》及公司《阀门性能试验规程》进行		试压机		
		5. 气密封试验 试验方法及保压时间按:JB/T 9092—1999《阀门的试验和检验》及公司《阀门性能试验规程》进行		试压机		
7	油漆防护	1. 清洁阀门外表面	班组		洗涤剂	
		2. 连接处、密封面、流道孔等处涂防锈油			防锈油脂	
		3. 其余裸露外表面油漆保护		空气压缩机、喷枪	油漆、刷子	
		4. 风干(烘干)油漆防护层				
8	标记	1. 装订铭牌	班组	手电钻、手锤	铆钉	
		2. 按要求打印标记,进出厂编号		手锤、钢字码		
9	终检	对整机(体)阀门进行出厂检验	质检部			
10	封堵	清除试验滞留积水,擦净内腔,涂防锈油并在通径端用闷盖盖住,防止脏物进入			抹布、刷子	
11	装箱					
12	入库		车间	行车、推车		

编制		审核		审定		日期	

表 22-4　止回阀的典型装配工艺卡片

装配工艺过程卡片		产品型号		零件图号	全部零件		
		产品名称	旋启止回阀	零件名称	整机装配	共　页	第　页

工序号	工序名称	工序内容	装配部门	设备及工艺装备	辅助材料	工时定额/min
1	领料	将阀门的全部配套零部件由库房领出分发至装配车间各班组	班组	行车、推车		
2	清洁	去除零部件的油污,毛刺等,使工件的内表面清洁光滑	班组	锉刀	洗涤剂、砂布	
3	检验	检查清洁度	质量部			
4	组装	一、上阀瓣	班组			
		1. 将阀瓣、支架、摇臂打磨干净				
		2. 将圆柱销装入支架、摇臂内				
		3. 将摇杆装在阀瓣头上面,保证转动灵活				
		4. 将平垫圈装在摇杆头上面,用来固定阀瓣脱落				
		5. 将螺母装在阀瓣头上面,用开口销固定以免让螺母脱落		专用夹具、扳手		
		6. 将挂钩装在阀体上,用内六角螺钉将阀瓣固定在阀体上,用弹簧垫片防止挂钩松动,防止内六角螺钉脱落				
		7. 用平垫圈调整阀瓣与阀座的密封面				
		8. 将中法兰垫片装在阀体上,然后将阀盖装在阀体上,用螺栓、螺母拧紧		扳手		
		9. 将吊环装在阀盖上,用于起吊方便整机装配完成,用于试压		扳手		
5	标记	在规定部位打印组别代码	质量部班组	手锤、钢字码		
6	试验	A. 阀门启闭试验 在阀瓣的升起过程中要求全开状态,无卡阻现象				
		B. 通径试验 将阀瓣提升至最上端后,检查标准流量旋启灵活,无卡在上面下不去现象				
		C. 压力试验 根据产品不同要求,按 API 598—2009 有关规定进行		试压泵、接管、法兰 卡箍、盲板		
7	排放	1. 试验完毕后,将阀腔内的滞留液体排放干净	班组	空气压缩机、接头		
		2. 密封副涂抹密封脂,并来回摆动阀瓣				
		3. 用不锈钢丝将阀瓣吊起,用泡沫塑料保护阀座密封面		手动	密封脂	
8	油漆防护	1. 清洁阀门外表面	班组			
		2. 连接处、密封面、流道孔等处涂防锈油脂			洗涤剂、保养中防锈油、脂	
		3. 其余裸露外表面油漆防护		空气压缩机、喷枪	油漆、刷子	
		4. 风干(烘干)油漆防护层				
9	标记	1. 装订铭牌	班组	手电钻、手锤	铆钉	
		2. 按要求打印标记,进行出厂编号		手锤、钢字码		

工序号	工序名称	工序内容	装配部门	设备及工艺装备	辅助材料	工时定额/min
10	终检	对整机(体)阀门进行出厂检验	质量部			
11	入库	将合格产品送入成品库	车间	行车、推车		
编制		审核	审定		日期	

表 22-5　三偏心金属硬密封蝶阀的典型装配工艺卡片

装配工艺过程卡片	产品型号		零件图号	全部零件		
	产品名称	三偏心硬密封蝶阀	零件名称	整机装配	共　页	第　页

工序号	工序名称	工序内容	装配部门	设备及工艺装备	辅助材料	工时定额/min
1	领料	用行车把阀体、蝶板吊入指定的装配车间;到半成品库,用手推车把阀杆、底盖、圆柱销、滚动轴承、涡轮传动装置等分发到装配车间;到标准件库,把标准件分发到装配车间	班组	行车 手推车		
2	清洁	去除零部件的油污、毛刺等,使工件的内表面清洁光滑,达到装配要求	班组	锉刀	洗涤剂、纱布	
3	检验	检查清洁度	质检部			
4	组装	一、阀体总成 1. 装蝶板 将蝶板吊入阀体内,使蝶板密封面与阀座重合,让阀体、蝶板装阀杆处在同一直线上,以便装入阀杆(注意安装方向)		行车、铜棒、专用工具		
		2. 装滑动轴承 将滑动轴承装入阀体上、下的阀杆孔中(用专用工具),使滑动轴承装配到位				
		3. 装阀杆 用行车将下阀杆吊到阀体尾部,小端面对准阀杆孔,用铜棒将阀杆敲入阀体和蝶板的孔内,将阀杆全部敲到阀体的阀杆孔内		行车、铜棒		
		4. 装底盖 把垫片装入阀体尾部的定位孔中,后将底盖装入阀体尾部的定位孔中,调整方向,装入螺钉,将螺钉交错拧紧		扳手		
		5. 装填料压盖 先将填料顺着阀杆装入阀体的填料孔中,后将填料压盖顺着阀杆装入孔中,装入弹性垫圈和螺母,将螺母交错拧紧压实填料		扳手		
		6. 装支架 在阀体的大端旋入双头螺柱,调整好伸出长度,将支架对准方向放入阀体的大端。装入弹性垫圈和螺母,将螺母交错拧紧		扳手		
		7. 配装圆柱销 调整好阀杆键槽的方向,压紧蝶板的大面,使阀门处于密封状态 按实际情况定尺寸,钻圆柱销孔、铰圆锥销孔。把圆柱销放入孔中,用铁锤把圆柱销打入阀杆和蝶板的孔中		摇臂钻、铁锤、铰刀、钻头、行车		

工序号	工序名称	工序内容	装配部门	设备及工艺装备	辅助材料	工时定额/min
4	组装	8. 装蜗轮传动装置 用行车将蜗轮传动装置吊到阀体大端,调整好方向,阀杆上装入键,对准传动装置的蜗轮孔,用铁锤将传动装置缓缓地打入阀杆,直至装配到位 装入弹性垫圈、螺母,并将螺母交错拧紧		专用工具、铁锤、扳手		
		9. 装支架定位销 用行车将阀门吊到摇臂钻工作台面上,在支架与阀体大端之间及支架与蜗轮转动装置之间钻孔,钻好后打入圆柱销		摇臂钻、铁锤、钻头、行车		
5	标记	在规定部位打印班组代码	质检部	手锤、钢字码		
6	试验	二、阀门试验				
		1. 启闭试验 蝶板在90°旋转中,阀门从全开到全关动作灵活,无卡阻现象				
		2. 强度试验 试验方法和保压时间按 GB/T 13927—2008《通用阀门的压力试验》进行		试压机		
		3. 密封试验 试验方法和保压时间按 GB/T 13927—2008《通用阀门的压力试验》进行		试压机		
		4. 气密封试验 试验方法和保压时间按 GB/T 13927—2008《通用阀门的压力试验》进行		试压机		
7	油漆	1. 清洁阀门外表面	班组	手锤、锥刀	洗涤剂、纱布	
		2. 阀门外表面及不平处涂腻子,用砂纸打平			砂纸	
		3. 刷除锈油		刷子	除锈油、脂	
		4. 涂红色底漆		刷子	油漆	
		5. 按要求喷油漆		空气压缩机、喷枪	油漆	
		6. 风干(烘干)油漆				
		7. 法兰两端面上涂上防锈漆				
8	标牌	1. 装订铭牌	班组	手锤、手电钻	铆钉	
		2. 按要求打印标记,进行出厂编号		手锤、钢字码		
9	终检	对整台阀门进行出厂试验	质检部			
10	封堵	清除积水,擦净内腔				
11	装箱					
12	入库		班组	行车、推车		
编制		审核		审定	日期	

表 22-6 中线软密封蝶阀的典型装配工艺卡片

装配工艺过程卡片			产品型号		零件图号	全部零件			
			产品名称	中线软密封蝶阀	零件名称	整机装配	共 页	第 页	
工序号	工序名称	工序内容		装配部门	设备及工艺装备		辅助材料	工时定额/min	
1	领料	用行车将阀体、蝶板吊入指定的装配车间;到半成品库,用手推车将阀杆、下压盖、涡轮传动装置分发到装配车间;到标准件库,把标准件分发到装配车间		班组	行车 手推车				

工序号	工序名称	工序内容	装配部门	设备及工艺装备	辅助材料	工时定额/min
2	清洁	去除零部件的油污、毛刺等,使工件的内表面清洁光滑,达到装配要求	班组	锉刀、刀片	洗涤剂、纱布	
3	检验	检查清洁度	质检部			
4	组装	一、阀体总成	班组			
		1. 装蝶板 在阀体的密封面处涂上润滑油,将蝶板吊入阀体内,使阀体、蝶板、阀杆处在同一直线上,用铜棒将蝶板装阀杆敲到阀座和阀体平行,保证同心,以便装阀杆		行车、铜棒、专用工具	润滑油	
		2. 装下阀杆 用行车将下阀杆吊到阀体尾部,锥度面对准阀杆孔,用铁锤将阀杆敲入阀体和蝶板内,阀杆下端面凹下阀体小端面20mm		行车、铁锤		
		3. 装轴套、O形密封圈 先将轴套装入阀体和阀杆的间隙之间(专用工具),装入O形密封圈		专用工具、铁锤		
		4. 装下压盖 将下压盖装入阀体尾部,八方对准,装入螺栓和弹性垫圈 将螺栓交错拧紧		扳手		
		5. 装上阀杆 用行车将上阀杆吊到阀体大端,锥度面对准阀杆孔,用铁锤将阀杆敲入阀体和蝶板内,阀杆端面凸出阀体大端面160mm		行车、铁锤		
		6. 装轴套、O形密封圈先将轴套装入阀体和阀杆的间隙之间(到底、准用工具),装入O形密封圈 再装入一个轴套,轴套端面凹下阀体大端8mm(用专用工具)		专用工具、铁锤		
		7. 装蜗轮传动装置 用行车将蜗轮传动装置吊到阀体大端,上阀杆对准传动装置的蜗轮孔,用铁锤将传动装置缓缓地打入阀杆,转动传动装置,使操作手轮与阀体法兰垂直,装入弹垫、螺母、将螺母交错拧紧		专用工具、铁锤 扳手		
		8. 装锥销 把蝶板敲平,使蝶阀处于密封状态 按实际情况定尺寸,钻锥销孔,把锥销放入孔中,用铁锤把锥销敲下去		摇臂钻、铁锤、铰刀、钻头		
5	标记	在规定部位打印班组代码	质检部	手锤、钢字码		
6	试验	二、阀门试验				
		1. 启闭试验 蝶板在90°旋转中,阀门从全开到全关动作灵活,无卡阻现象				
		2. 强度试验 试验方法和保压时间按GB/T 13927—2008《通用阀门的压力试验》进行		试压机		

工序号	工序名称	工序内容	装配部门	设备及工艺装备	辅助材料	工时定额/min
6	试验	3. 密封试验 试验方法和保压时间按 GB/T 13927—2008《通用阀门的压力试验》进行		试压机		
		4. 气密封试验 试验方法和保压时间按 GB/T 13927—2008《通用阀门的压力试验》进行		试压机		
7	油漆	1. 清洁阀门外表面	班组	手锤、锉刀	洗涤剂、纱布	
		2. 阀门外表面及不平处涂腻子,用砂纸打平			砂纸	
		3. 刷除锈油		刷子	除锈油、纸	
		4. 涂红色底漆		刷子	油漆	
		5. 按要求喷油漆		空气压缩机、喷枪	油漆	
		6. 风干(烘干)油漆				
8	标牌	1. 装订铭牌	班组	手锤、手电钻	铆钉	
		2. 按要求打印标记,进行出厂编号		手锤、钢字码		
9	终检	对整台阀门进行出厂试验	质检部			
10	封堵	清除积水,擦净内腔				
11	装箱					
12	入库		班组	行车、推车		
编制		审核		审定		日期

表 22-7 球阀的典型装配工艺卡片

装配工艺过程卡片		产品型号		零件图号	全部零件		
		产品名称	固定式管线球阀	零件名称	整机装配	共 页	第 页

工序号	工序名称	工序内容	装配部门	设备及工艺装备	辅助材料	工时定额/min
1	领料	用插车把阀体、左右体放于指定的装配车间;到半成品库,用手推车把球体、阀杆、下阀盖、支撑圈、蜗轮等分发到装配车间;到标准件库,把标准件分发到装配车间	班组	插车 手推车		
2	清洁	阀门内腔清洁干净,表面无脏物和黏附铁屑等杂物,阀门内腔涂防锈油	班组	空气压缩机、喷枪、刷子	洗涤剂、纱布	
3	检验	检查清洁度	质检部			
4	组装	一、阀体总成	班组			
		1. 装球体 将无油润滑轴承装入球体,与下盖配合的轴孔应先装入四氟垫片,然后再装无油润滑轴承,用铜棒将其敲入球体。将球体吊入阀体内,让阀体上下孔与球体无油轴承孔处在同一直线		行车、铜棒		
		2. 装下盖、O形密封圈 先将O形密封圈装入槽中,套上密封垫后装入阀体,用铁锤将其敲入阀体与球体中,将螺栓旋入阀体,螺母应对称、逐次拧紧		行车、铁锤扳手	黄油	

工序号	工序名称	工序内容	装配部门	设备及工艺装备	辅助材料	工时定额/min
4	组装	3. 装阀杆 将阀杆装入阀体与球体,用铜棒将其敲入 用圆柱销将键固定于阀杆上;转动阀杆, 使球可以灵活转动,无卡阻现象		铜棒 铁锤、扳手		
		4. 装密封套、O形密封圈 先将O形密封圈装入槽中,套上密封垫后 装入阀体,用铁锤将其敲入阀体与球体中, 将螺钉对称、逐次、均匀拧紧	班组	行车、铁锤 扳手	黄油	
		二、左、右体总成		剪刀		
		1. 装弹簧座 将弹簧装入弹簧孔中,防火垫缠绕于弹簧 座预留处	班组		黄油	
		2. 装阀座支撑圈、O形密封圈 将O形密封圈装入槽中后与弹簧座相配 合组装,再将组合后的支撑圈与弹簧座一起 装入左、右体	质检部 班组		黄油	
		三、阀门总成				
		1. 左、右体、O形密封圈 先将O形密封圈装入槽中,套上密封垫后 将左右体装入阀体中,将螺栓旋入阀体中, 螺母应对称、逐次、均匀拧紧		行车 扳手	黄油	
		2. 装连接盘 先将防火密封垫装支撑轴预留位置处,将 连接盘装入支撑轴中,将螺钉对称、逐次、均 匀拧紧		扳手		
		3. 装弹性圆柱销 配钻弹性圆柱销孔,用铁锤将弹性圆柱销 敲入孔中		摇臂钻、钻头、铁锤		
		4. 装蜗轮传动装置 用行车将蜗轮传动装置吊到阀体上方,阀 杆对准传动装置的蜗轮孔,用铁锤将传动装 置缓缓地打入阀杆,转动传动装置,使操作 手轮与阀体法兰平行,装入弹垫、螺栓、螺 母,螺母应对称、逐次、均匀拧紧		行车、铁锤		
5	标记	在规定部位打印班组代码	质检部	手锤、钢字码	黄油	
6	试验	阀门试验				
		1. 启闭试验 球体90°旋转,阀门从全开到全关动作灵 活,无卡阻现象		试压机		
		2. 强度试验 试验方法和保压时间按 API 6D《管线阀 门》进行				
		3. 密封试验 试验方法和保压时间按 API 6D《管线阀 门》进行				

工序号	工序名称	工序内容	装配部门	设备及工艺装备	辅助材料	工时定额/min
6	试验	4. 气密封试验 试验方法和保压时间按 API 6D《管线阀门》进行				
7	油漆	1. 清洁阀门外表面	组			
		2. 刷涂防锈油		刷子		
		3. 涂红色底漆		刷子		
		4. 按要求喷涂油漆				
		5. 风干(烘干)油漆		空气压缩机、喷枪		
8	标牌	1. 装订铭牌	班组	手锤、手电钻		
		2. 按要求打印标记,进行出厂编号		手锤、钢字码		
9	终检	对整台阀门进行出厂试验	质检部			
10	封堵	清除积水,擦净内腔,两端用闷盖盖住				
11	装箱					
12	入库		班组	行车、推车		

编制		审核		审定		日期	

22.3.2 装配系统图

用图的形式将阀门零、部件的装配顺序表示出来,并注上简要的装配工艺说明 (如焊接、配钻、攻螺纹、调整和检验等),这样的图称为装配系统图。

装配系统图的绘制方法如下:先画一条横线,在横线左端画出代表基准零件或基准部件的长方格,然后按装配顺序自左向右,从横线上引出代表直接进入总装配的零件和组件的长方格,零件画在横线上方,组件画在横线下方,在横线右端画出代表成品的长方格。各组件的绘制方法与此类同。有的阀门厂在代表成品的长方格右端还用箭头及文字表示阀门总装后的工艺过程 (如试验、钉标牌等)。装配系统图用于指导装配阀门,特别在多品种、单件小批生产的阀门厂常与装配工艺守则结合使用,以代替装配工艺卡片。

22.3.3 装配工艺守则

装配工艺守则是一种通用的工艺文件,它规定了各装配工序的操作方法、技术要求、检验方法以及需用的设备和工具等。由于工艺守则是一种通用的工艺文件,故其不能反映出每种阀门具体的装配顺序,而只能将阀门装配工艺过程中的共同性的问题作以规定。因此,这种工艺文件通常与装配系统图结合使用。多品种、小批量、轮番生产的阀门厂,生产的阀门的型号、规格往往达数百种,如对每一规格的阀门都编制一套装配工艺卡片,不仅工作量大,而且也不必要。由于同一类阀门的装配方法基本相同,技术要求亦较近似,若编制装配工艺卡片则其内容难免重复,故一般只用工艺守则把各工序的操作方法、技术要求、检查方法等规定下来,作为同类阀门装配过程的通用性指导文件。这样不但节省了编制工艺卡片的劳动量,也便于工人掌握和贯彻。

22.4 核级阀门装配特殊要求

近几年我国核级阀门发展迅速,一些阀门制造厂已生产核 2 级和核 3 级的截止阀、止回阀、闸阀、球阀、蝶阀及隔膜阀等,并部分用于工程实践,实现了核级阀门的国产化。核 1

级阀门正在研制开发中，通过努力，核级阀门必将全面实现国产化。

由于核级阀门要求的可靠性和安全性，在阀门装配中需要特殊规范。现以核级电动波纹管截止阀装配系统图及装配工艺守则为例进行介绍。

22.4.1 装配系统图

电动波纹管截止阀装配系统图见图 22-6。

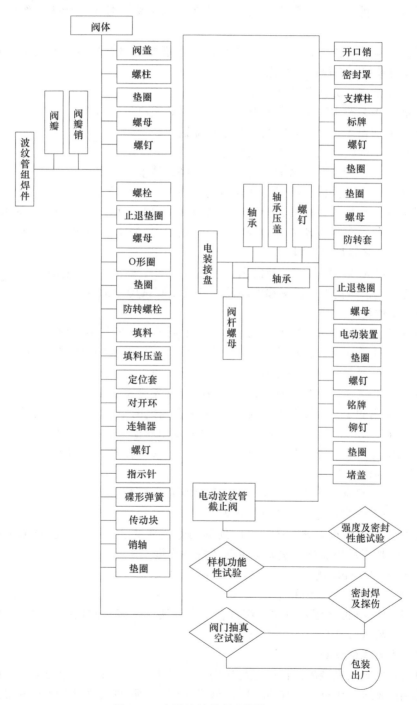

图 22-6 电动波纹管截止阀装配系统

22.4.2 装配工艺守则

电动波纹管截止阀装配守则的主要内容有装配前的准备工作、装配工作参照技术资料、装配工作要求、装配前的修整等。

(1) 装配前的准备工作

① 进行产品装配工作之前，必须仔细阅读本守则，充分了解装配工艺守则。

② 工作前必须熟知产品装配图，必须了解产品的结构，各零件所起的作用以及零件之间的相互关系。

③ 按产品装配图清点零件的数量，并按设计图纸要求检查各零件的质量，对于不符合设计图纸要求的零件，不得进行装配。

④ 明确产品的工艺方法及装配顺序。

⑤ 按照装配工艺要求准备好所需要的工具、工装及有关材料等。

⑥ 完成有关的钳工工序如攻螺纹、配钻及配键等。

⑦ 清除零件上的残余切屑及飞边毛刺等杂物。

⑧ 产品装配前，所有经机械加工的零件均需经过清洗、干燥。

⑨ 产品装配前应对阀体、阀瓣的密封面进行检验，合格后方可装配。

⑩ 电动装置应按技术规格书、合格证等随机文件验收，电动装置空机运转检查合格。

⑪ 所有外购件（包括电动装置）均应保证达到 RCC-M F6500 清洁度的要求。

(2) 装配工作参照技术资料

装配工作参照的技术资料有总装配图（包括外购件、标准件）、电动装置调整使用说明书、电动波纹管截止阀技术规格书和电动波纹管截止阀试验大纲等。

(3) 装配工作要求

① 装配工作应在符合 RCC-M F6240 规定的 1 级工作区的精装间内进行。

② 装配操作人员应具有相应技术水平，熟悉图样、工艺及相关标准等技术要求。

③ 使用工具、设备装置应保证清洁度要求和防污染要求。

④ 使用仪器、仪表等计量器具、计量设备应已检定合格。

⑤ 装配中使用的工具及设备必须是工艺文件中规定的工艺装备、工具及设备，该工具及设备应符合 RCC-M F6000 清洁度要求，不得随意用其他工具及设备代替。

⑥ 零件和组件必须正确安装在规定的位置，不得装入图纸未规定的各类零件。

(4) 装配前的修整工作

① 工件与夹爪间应垫不锈钢片或铝片，防止污染及压痕。

② 禁止与铁素体的起重和装卸机械接触。

③ 装配中，一般不得再进行锉削、磨削等切除金属的加工，不得已要加工时，必须在精装间外加工，加工后仍需按清洗要求重新清洗并干燥。

④ 修整阀体法兰径向槽。

⑤ 修整阀瓣与阀杆配作销孔。

⑥ 装配车间所用的 A 级水其水质应符合《电动波纹管截止阀试验大纲》的规定，A 级水在使用前应经检查合格。

(5) 阀门密封面的研磨

阀门的主要密封面在装配之前需进行研磨。选用 180#、240#、320# 不干胶砂纸研磨密封面，选用 W28、W24、W10 不干胶砂纸抛光。研磨后的密封面表面粗糙度达 $Ra0.4\mu m$，并检查。

(6) 无特殊加工要求零件的装配

无特殊加工要求零件包括阀瓣销、螺柱、螺母、平垫圈、螺钉、波纹管组焊件、衬环、支撑柱、螺母、螺栓、防转螺栓、O 形圈、垫圈、填料、填料压盖、螺柱、碟形弹簧、标牌、防转套、电装接盘、阀杆螺母、轴承压盖、传动块、密封罩、销轴、联轴器、对开环、指示针、定位套、标牌座、垫圈和堵盖等，钳工修整，去毛刺。

(7) 零件的清洁工作

零件的清洁工作应符合清洗工艺规程的规定。所有零件在进入精装间前需先清洗、干燥。

① 零件的清洗步骤　用 Na_2CO_3 溶液浸洗和刷洗，洗后立即用 C 级水冲洗；用清洁的自来水（C 级水）冲洗；常温 A 级水清洗，清洗后，用水留 40mL 试样，用于检查 pH 值，要求 pH 值 6.0～8.0；清洁检查按 RCC-M 附录 FⅡ 的规定执行；清洗检查合格后，在全部清除残液后，零件进入干燥间。

② 干燥步骤　用脱脂无毛头白布擦干；用通风烘干器，温度 60～80℃ 的干燥无油空气烘干；用无水乙醇擦拭；干燥检查用 500Lx（100W 灯泡距离 30cm）照射工件表面（包括内、外表面），有光泽反射，即为干燥。

(8) 阀门总装配

① 总装配中使用的设备、工艺装备、工位器具，均应在清洁度检查合格后，方可进入精装间。

② 所有装配用零件，包括外购件、外协件，均应是经过认真清洗、干燥并检查合格的，否则不得进入精装间装配。

③ 产品的装配顺序均应按装配系统图进行。

④ 装配中应注意零件的正确装配方向及位置，不得随意改动。

⑤ 装配中应保护好各密封面和导向表面，严禁敲击及强力装配，注意避免零件的磕碰和划伤。

⑥ 装配时应保持各零部件的清洁，防止二次污染。

⑦ 清洗、检验、装配、包装应连续进行，不能立即装配和包装的零件应用干净聚乙烯塑料包扎好（特别是有开孔的零部件），以防污染。

⑧ 所有紧定螺钉冲点定位，防松垫片打弯及弹簧垫圈装配应在装配试验合格后进行。

⑨ 装配顺序。装配时按设计图纸及装配系统图所示的顺序装配，拆解时按设计图纸及装配系统图给出的顺序反向操作。

22.5　阀门装配工作的机械化

长期以来，阀门的装配工作主要是依靠人工来完成的。人工装配劳动强度大、效率低。随着数控机床、加工中心等高效设备的应用，阀门机械加工的工艺水平和生产效率有了显著的提高。装配工作的这种落后状况难以适应现代大规模生产的需要。因此，装配工作的机械化已成为当前阀门制造业的紧迫问题，必须优先加以考虑。

下面将常用的几种阀门装配机械简单做个介绍。

22.5.1　阀体喷丸清洗机

中、小型阀门的阀体可采用喷丸清洗机进行初洗。该清洗机的工作原理如图 22-7 所示。喷丸清洗机由泥浆泵、清洗槽、喷管及工作台等部分组成。清洗时，先将阀体安装在工作台上，然后开动泥浆泵把清洗槽内由铁丸、石英砂和碱水组成的喷丸液抽至喷管，此时打开阀门，0.5～0.6MPa的压缩空气则经管进入喷管，使喷丸液高速冲击阀体内腔表面。阀体上的氧化皮、切屑末和油污等被喷丸和石英砂冲磨掉，并被碱水带走，从而达到清洗的目的。清洗完后，先关闭泥浆泵，让压缩空气将阀体内腔残留的喷丸液吹干，再关闭阀门。

22.5.2　小型阀体清洗机

图 22-8 所示的小型阀体清洗机，可用来清洗 $DN32$ 以下的截止阀及安全阀阀体。

该清洗机由储水箱和清洗托盆两部分组成。储水箱上部装有塑料泵（功率 2.2kW，流量 6t/h），清洗托盆内有 3 根 3/4in 的水管，管壁上钻有多个不同直径的喷水孔，分别用来清洗不同规格的阀体。水管上方装有前后倾斜 15° 的支架，以支承阀体用。为防止水流飞溅，清洗托盆上装有活动的有机玻璃防水罩。

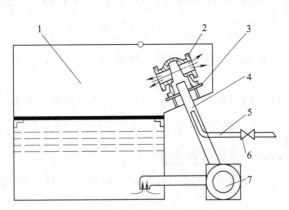

图 22-7　喷丸清洗机
1—清洗槽；2—阀体；3—工作台；4—喷管；
5—管；6—阀门；7—泥浆泵

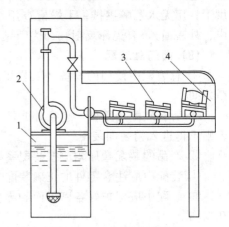

图 22-8　小型阀体清洗机
1—储水箱；2—塑料泵；3—支架；
4—清洗托盆

22.5.3　超声波气相清洗设备

目前，对于原子能、宇航及氧气等特殊工况阀门的部件，其加工、装配中的清洁度要求越来越高，传统的清洗方式已无法满足要求，超声波清洗已逐渐被广泛采用。

超声清洗是利用超声波在清洗液中传播时液体分子对工件表面的撞击作用和空化作用实现对阀门部件的清洗目的。由于空化作用，会使被清洗的阀门部件在清洗槽中受到来自各方面的瞬时冲击波，从而使清洗效率提高，清洗效果显著。

利用清洗槽进行超声清洗时，清洗液会逐渐变脏，对被清洗的阀门部件可能造成二次污染。为此，可以利用超声气相清洗加以解决。

超声气相清洗时，采用符合蒙特利尔协议不会破坏臭氧层的氢氟烃之类的化合物为主的共沸物清洗剂，它的主要特点是：特强的去脂及去污能力，不损伤被清洗零件，安全可靠，绝缘性能好及沸点低，能回收重复利用，比较环保。常用的氢氟烃类化合物清洗剂见表 22-8。超声气相清洗设备见图 22-9，超声气相清洗原理图见图 22-10。

表 22-8　常用的氢氟烃类化合物清洗剂

清洗剂牌号	成分组成	共沸点/℃	性能	用途
氢氟烃 HFC	氢氟烃化合物	47.6	不燃,稳定性好	金属材料的阀门部件
HCFC	氢氯氟烃化合物	47.6	超纯度,杂质$<1×10^{-6}$	金属材料的阀门部件
	氢氟烃化合物+无水乙醇	44.6	不燃,优良的去脂性和乙醇的清洗效率	金属材料的阀门部件
	氢氟烃化合物+甲醇+稳定剂	39.7	不燃,兼有甲醇的高极性和氢氟烃化合物的非极性	金属材料的阀门部件
	氢氟烃化合物+丙酮	43.6	不燃,兼有氢氟烃化合物极好的脱脂性与丙酮较广的清洗性	塑料、橡胶、陶瓷材料的阀门部件
	氢氟烃化合物+二氯甲烷	36.2	具有强烈的清洗性能	金属材料的阀门部件

　　在进行超声波气相清洗时,吊篮内的零件由传送链送入浸洗槽,工件上的污物在清洗剂的作用下润湿、渗透、溶解、脱离。之后,传送链将工件送入超声清洗槽,由于超声空化作用,将零件上附着力比较强的机械杂质微粒和油污等剥落。经超声波清洗后的零件尚需在冷漂洗槽内作进一步的清洗,然后由吊篮送至气相清洗区。此时低沸点的清洗剂被加热器加热蒸发,蒸气遇到低温的工件就产生凝露,当凝露滴落下时,会将残留污物带走,同时在气相清洗槽的上方装有冷凝排管,清洗剂蒸气遇冷后即成凝露下降而不致溢出槽外,同时又将

图 22-9　超声气相清洗设备

工件进行淋洗。当工件温度在清洗蒸气的作用下逐渐升高时,就对残留在工件上的清洗液烘干,至此清洗过程即告完成。整个气相清洗过程只需数分钟,由于此法不存在二次污染,所以是一种安全洁净的清洗工艺。

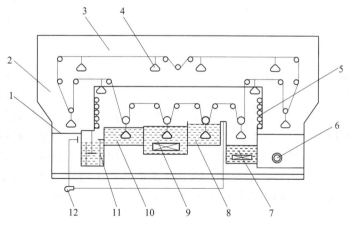

图 22-10　超声气相清洗原理

1—清洗工件进出口;2—机架;3—传动链;4—工件吊篮;5—冷凝管;6—传动机构;
7—气相清洗槽;8—冷漂洗槽;9—超声清洗槽;10—浸洗槽;11—水分离器;12—循环泵

22.5.4 风动扳手

大、中型阀门的阀体与阀盖均采用螺栓连接，装配时需拧紧几个甚至几十个螺母。用扳手紧固时，工人的劳动繁重，螺栓预紧力也不易均匀。为了减轻笨重的体力劳动并提高装配效率，可使用风动扳手来紧固螺栓。

图 22-11 为拧紧螺栓直径 $d \leqslant 20mm$ 的风动扳手，其工作压力为 0.5MPa，并可根据旋紧螺母的不同规格来更换扳手头。

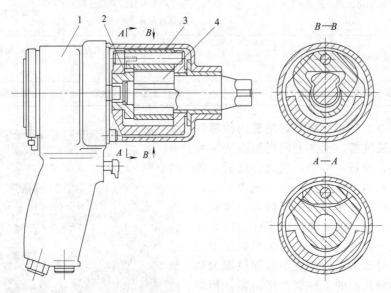

图 22-11 风动扳手
1—风动机；2—转动拨叉；3—冲击块；4—扳轴

该风动扳手采用滑片式风动机经转动拨叉带动冲击块旋转，冲击块使扳轴上的扭矩增大，故迫使冲击块摆动从而与扳轴脱开，冲击块旋转一周后再次冲击扳轴而拧动螺母，如此反复冲击，直至螺母拧紧为止。

一般的风动扳手由于结构尺寸太长，往往受支架、手轮等零件位置的限制，操作颇为不便。但这种手枪形的风动扳手结构简单、扭矩大、外形尺寸短，故适于阀门装配时使用。

22.5.5 电动扳手

小型阀门的阀盖与阀体一般采用螺纹连接，装配时可采用图 22-12 所示的电动扳手紧固阀盖。电动扳手由支架、滑轨、工作台及扳手体 4 部分组成。支架用槽钢制成，呈门字形，其上端固定有两根工字钢制的滑轨。扳手体可在滑轨上纵向移动，以旋紧纵向安装在工作台上的一排阀门。当扳手体移至阀门上方后，可开动升降电机，经蜗轮、蜗杆减速、齿轮、齿条传动，使扳手头下降，然后关闭升降电机，开动主电机，使主轴转动而旋紧阀盖。在达到规定的扭矩后，主电机自动切断，此时，可开反车使扳手头上升，再将扳手体沿滑轨纵向移动，以紧固下一个阀门。这种电动扳手结构虽较复杂，但生产率高，适于成批生产的阀门厂使用。

22.5.6 扭力扳手

在没有动力源野外维修阀门时可采用图 22-13 所示的扭力扳手来紧固螺栓。该扳手是一小型行星减速机，结构紧凑，体积小，变速比大，用以高倍增大扭力扳手输出扭矩，对大型紧固螺栓实现定扭矩装配。可以提高阀门的装配质量。扭力扳手 5 为机体，即内齿轮，外圆上焊有反力臂 8，用以固定机体。4 为一级行星系统，包括行星架、行星轮等，进行一级减速，并将力矩传递给二级行星系统 6，进行二级减速，二级行星架的轴端即输出端，有两种形式，通常情况下做成 S＝32 的六方轴，配用专用套筒；也可根据需要做成 1in 的方，配用标准重型套筒。2 为棘轮止退机构，3 和 7 分别为 205、207 轴承，用以支承输入输出两端。一级行星系统浮动，用以均载。1 为太阳轮，其外周为六方，与止退棘轮结合，太阳轮的上端是扭力扳手接口，用以输出力矩。

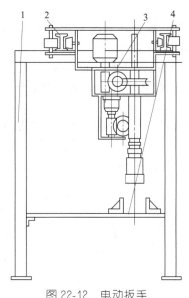

图 22-12　电动扳手

1—支架；2—滑轨；3—扳手体；4—工作台

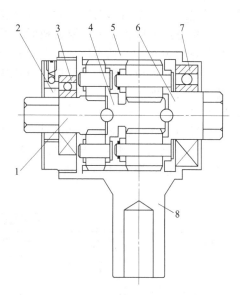

图 22-13　扭力扳手

1—太阳轮；2—棘轮止退机构；3，7—轴承；
4——级行星系统；5—机体；6—二级行星
系统；8—反力臂

22.6　氧气用阀门的清洗

　　用于氧气及液氧系统的阀门，其所有的组成零部件，在装配前必须进行完全的清洗，以便彻底地清除有害的污垢及脱脂。有害的污垢包括有机物及无机物，如油、油脂、纸、纤维、碎布、木屑、煤尘、溶剂、焊渣、铁锈、沙粒和尘土，如果不将它们清除，在氧气氛中有可能导致剧烈的燃烧反应甚至爆炸。而且污垢的存在，至少会对阀门的操作、服务寿命和可靠性有不利的影响，还可能污染氧气纯度。

　　氧气阀门的清洗方法及后续的检查如果恰当，就能使氧气阀门达到安全操作所需的纯净度，同时也可以满足美国气体协会 CGA G4.3《氧的商品规格》中对氧产品纯度的要求。氧气阀门清洗方法和清洁度要求可以参考 CGA G4.1《氧气设备的清洗》、EIGA 33《氧气用途设备的清洗》及 ASTM G93《用于富氧环境及设备的清洗方法和清洁度》，但目前很多工程公司对于氧气阀门的检验则要求按照 4WPI-SW70003《工艺清洗 AA 级检查和验收标准》执行。

　　氧气阀门的清洗，既要清除包括在进行制造、热加工和部件装配操作时表面的残留污染物，又要在最终装配前清除所有的清洗剂并防止再污染。这些污染物和清洗剂包括溶剂、酸、碱、水、潮湿气、腐蚀产物、螺纹润滑剂、锉屑、污垢、锈迹、熔渣、焊渣，有机物如油、油脂、蜡和漆，棉绒和其他外来物质。

22.6.1 污染物的种类

污染物通常被定义为外来的或不需要的物质，它可能对系统的操作、使用寿命和可靠性有不利影响。固体和液体污染物被分为 3 大类别：有机物、无机物以及有机无机物颗粒。

常见的污染物清单列于表 22-9。

有机物是由含氢的碳链或碳环，有时还会有氧、氮或其他元素共同构成的化合物。有机物的例子包括油及油脂、毛发、木材和非极性树脂。

无机物是指不以碳作为主要构成元素的化合物（碳酸盐、氰化物和氰酸盐除外），即除动植物以外的物质。无机物包括水溶性盐（极性）金属、尘埃和泥土。

微粒是被分得相当细小的无机或有机固体颗粒的总称。这些固体颗粒通常被统归为具有微米级尺寸的特殊污染物。ASTM F312《滤膜过滤器上来自航空航天流体的微观粒子大小及计数方法》有具体规定。

非金属用以泛指除金属以外的任何材料，包括弹性聚合物、可塑性聚合体、有机木材及布制品等，这些材料在氧气阀门上常用到，特别是可塑性聚合体，通常用做密封材料，在选择清洗剂时，需要考虑清洗剂与这种材料的相容性，也就是他们之间不能发生化学反应。

表 22-9 常见污染物

有机物	无机物	有机物	无机物	有机物	无机物
毛发	黏附物	唾液	焊接熔渣	塑料颗粒	焊渣
细菌	碎片	纸	陶器碎片	润滑剂	
头皮屑	电镀飞片	昆虫	砂子	皮肤碎屑	
花粉	研磨尘埃	纤维线绳	灰尘	指纹手印	
木材	细微粒子	棉绒	玻璃渣子		

22.6.2 清洗剂

典型的清污介质包括水基清洗剂、半水基清洗剂、溶剂、酸和研磨剂。水基和半水基清洗剂采用水作主要溶剂或冲洗剂。水基和半水基清洗剂也可辅以水蒸气或热水，用以清除污垢、油和疏松的鳞锈。酸用于清除氧化物、铁锈、油类、焊和其他污垢。溶剂类清洗剂用于清除烃油、油脂、乳化切削液和硅脂。研磨剂用于清除锈斑、铁锈。

(1) 水基清洗剂

水基清洗剂具有以下优点：溶剂（水）不易燃，也不可燃，无毒且不损耗臭氧，不产生烟雾。水基清洗剂通常是由水与有机和无机化合物清洗促进剂加表面活性剂所组成。用水基清洗剂清洗使用的设备分为沉浸式和喷射式两种。水洗时，可通过增加机械能，加热浴液，或两种方法并用来改善清洗的效果。沉浸式设备往往辅以搅拌操作，以有助于污垢的清除。超声波搅拌可穿透复杂的部件，清除紧紧黏附其上的污垢。喷射式设备应用中高压清洗溶液来冲洗零部件。可用低泡沫表面活性剂和各种添加剂来配置清洗用溶液。水基清洗剂系统经优化后可用于清洗各类特殊污垢。

使用水基清洗剂清洗阀门部件的主要问题是，干燥被清洗的部件和通过漂洗完全除去清洗残液均存在诸多困难。清洗残液可能与氧不具有相容性，也就是有可能与氧发生反应。某些金属和聚合物也可能与水基溶液之间没有相容性，也就是其与水基溶液发生反应。清洗后的水基清洗溶液需要根据所含添加剂及被清洗污垢的种类作相应的处理，才能进行排放，以满足环保要求。

(2) 半水基清洗剂

半水基清洗剂清洗的过程是，先用碳氢化合物溶剂加表面活性剂的乳化浓缩液进行清洗，然后用水漂洗，或者类似于水基清洗剂清洗过程，直接采用在水中的乳化液进行清洗。半水基清洗剂对清除重油脂、柏油、蜡和其他碳氢化合物基污垢十分有效。清洗溶液与大多数金属和聚合物均具有相容性，并且因溶液呈中性，因此不可能腐蚀被清洗金属部件。

碳氢化合物的乳化液作用可减低蒸发产生的损失，并可减少挥发性有机化合物（VOC）的排放量。但其和水基清洗剂一样，也存在漂洗和干燥的难题。因为存在有溶解的有机物（乳化液），通常要对使用过的清洗溶液进行排放前处理。应注意浓缩清洗液中，碳氢化合物溶剂具有易燃特性，有些还具有恶臭，还有一些挥发性的有机化合物。

(3) 溶剂

选择适用溶剂的影响因素很多，包括环境承受能力、毒性可接受性、性能特征、易燃性和实用效能等。

非易燃溶剂或具有高闪点的溶剂本质上是安全的。选择溶剂和清洗程序时应该考虑溶剂的闪点。低闪点溶剂应在沉浸式设备中使用。对非易燃（高闪点）溶剂，排放量最小，沉浸式和喷射式清洗设备均可使用。还应考虑溶剂的毒性和致癌性。

低沸点和低汽化热溶剂利于干燥，且可将被清洗的阀门零件热损伤的概率降到最低。低蒸汽压溶剂蒸发缓慢，一旦其残留在阀门零件上，之后若暴露在氧气中，则有可能产生爆炸。低表面张力和低黏度溶剂能够渗透进入盲孔、孔隙表面及阀体的死角等。

选择溶剂时，必须通过材料的相容性测试，特别是聚合物材料。

(4) ASTM 清洗剂指南

美国材料与试验学会（ASTM）编制了 3 个用来帮助选择清洗剂的标准，ASTM G121《清洗剂评估用污染测试试样的制备》和 ASTM G122《清洗剂效能评价》提供了氧气装置可能使用的清洗剂进行清洗效能评估的可靠方法。ASTM G127《氧系统清洗剂的选择》则对选择合适的清洗剂及一些特定的条件做出了规定。

22.6.3 清洗操作

清洗操作一般可分为 3 类：预洗、中间清洗、精洗。

(1) 预洗

当要被清洗的零件受到严重污染时，有必要进行预清洗。重度污染的例子包括氧化物过多（如铸造不锈钢氧气阀体的氧化皮）、存在大量的油或油脂、无机颗粒、锈迹、污垢、粗砂、固态物体、烃和碳氟化合物等。通过预洗，清理掉过多的污染物，使在随后进行的清洗操作中所用清洗溶液的有效期得以延长，效能得以增加。

预洗对清洗环境及操作程序并不严格，但必须遵守安全操作规则。预洗一般采用机械（喷砂）预清洗或化学（酸洗）预清洗，或者两者结合使用。

(2) 中间清洗

零部件的中间清洗过程通常由碱溶液清洗和酸溶液清洗组成，碱洗和酸洗的目的是去除预洗未能除掉的残留污垢。中间清洗操作对清洗环境及所用操作规程的要求比预洗要严格些。必须对清洗环境加以控制，以确保留给精洗（最终清洗）工序的污染物最少，为精洗提供适宜的操作条件。

碱洗液为腐蚀性溶液，使用时应注意操作安全，如通风要求及操作者必须穿防护服等。常用碱性盐及碱性去污剂见表 22-10。

表 22-10 常用碱性盐及碱性去污剂

碱 性 盐	碱性去污剂
氢氧化钠，NaOH 硅酸钠，Na_2SiO_3 苏打，Na_2CO_3 四硼酸钠，$Na_2B_4O_7$ 磷酸三钠，Na_2PO_4 焦磷酸钠，$Na_4P_2O_7$ 三聚磷酸钠，$Na_5P_3O_{10}$	皂化剂——溶解脂肪 润湿剂——降低表面张力 抗絮凝剂——阻止圆锥花序状凝聚 水软化剂——降低水硬度 缓冲剂——保持 pH 值

（3）精洗

精洗（最终清洗）是满足严格清洁度要求的最后处理步骤。原子能（核电及核潜艇）、太空和其他重要领域应用的阀门，只有使用极高纯度的清洗剂才能满足精洗的要求。正常的精洗操作是将阀门部件置于最终清洗溶剂中，借助蒸气脱脂、超声波清洗或直接冲洗的方式来完成。

精洗对清洗环境及操作控制要求极为严格，其目的是防止被清洗阀门部件受清洗环境或操作程序而再次被污染。

阀门部件的精洗基本程序：将阀门零部件悬挂于溶剂蒸汽中；在液体溶剂中浸泡并进行超声波清洗；用过滤溶剂对阀门零部件进行喷射清洗。

在选择溶剂时，溶剂应满足业主或设计院提出的清洗标准的要求，避免溶剂造成二次污染。清洗操作之后，应将阀门部件用干燥、无油的氮气或空气吹扫至干燥，以清除残留的溶剂。

22.6.4 清洗方法

清洗方法分为机械清理法和化学清洗法两类。

（1）机械清理法

机械清理法可通过诸如喷砂清理、蒸汽清洗或热水清洗来完成。由于喷砂工艺在阀门行业使用非常普遍，此处不做介绍。

① 蒸汽清洗 蒸汽清洗设备可由一个蒸汽和水供应装置，一条长软管，和一个带或不带喷嘴的蒸汽喷枪组成。去污剂一般混合在所喷蒸汽中。

没有蒸汽源的工厂，可以采用移动式蒸汽发生器。使用蒸汽喷枪，去污剂可通过文丘里作用进入蒸汽枪并与蒸汽混合。蒸汽首先借助高温下的"稀释"作用将油、油脂和脂肪酸盐脱除。在被冷凝水蒸汽进一步稀释后，随即发生了油的弥漫和乳化作用。蒸汽清洗时应控制蒸汽、水、去污剂流量的控制，以使去污剂的化学作用、蒸汽的热效应和高压喷射水的研磨作用的综合效能全部发挥出来，因而清洗效果最佳。蒸汽清洗之后，通常使用清洁水进行最后冲洗，以清除去污剂残液。

如蒸汽清洁且不含有机物质，在污染原本不严重或易于用蒸汽清除的情况下，并经检验合格，就没必要再采用溶剂或碱液进行脱脂操作。

② 热水清洗 在无需使用高于 93.3℃ 的温度就能释放出污垢并使之流动时，可以使用热去污剂溶液清洗法。热水清洗最好放在超声波清洗设备中进行，并浸泡一定的时间，以软化阀门零部件的黏附物质，最终借助超声波的能效清除这些物质。

大多数去污剂都是水溶性的，清除它们最好的方法是用干净的热水或冷水进行冲洗，冲洗要及时，水量要足够大，这样清洗剂就来不及沉淀。清洗操作之后，应将阀门部件用干燥、无油的氮气或空气吹扫至干燥。

③ 吹洗　用于原子能或宇航的精密阀门，在装配前还应进行吹洗，以确保阀门部件上清洗工序的残留物全部被清除掉。整个吹洗过程可通过漂洗、干燥和吹扫来完成。漂洗液的选择取决于所用的清洗剂溶液，通常情况下，使用过滤水即可。干燥可使用烘箱和红外线加热零部件的方法来完成干燥，也可以使用清洁无油的干燥氮气来进行吹扫干燥，吹洗的持续时间、吹洗操作数量要根据阀门零部件所采用的清洗方法及阀门部件的最终用途来确定。国外发达国家对宇航用阀门部件的吹洗用真空干燥箱进行干燥。

（2）化学清洗法

化学清洗法一般分为碱洗、酸洗及溶剂清洗 3 类。

① 碱洗　碱洗是先用强碱性溶液清洗，以清除受重污染或强附着力污染表面的污垢，随后再进行漂洗操作。许多有效的材料可用于碱洗，它们基本上都是碱类化合物，能溶于水，不易燃烧，但操作时不能与皮肤或眼睛接触，因此需要穿防护服进行操作。选择清洗剂时应考虑其与被清洗阀门部件材料的相容性，两者之间不能发生化学反应。

用于漂洗的水必须不含油及其他碳氢化合物，而且也不能含有比被清洗表面可接受直径更大的颗粒。要求对水进行过滤。最好对水进行分析以确定杂质的种类和数量，某些杂质可能会与所用的个别碱性清洗剂发生反应，生成不希望产生的一些产物。

清洗溶液的应用方式分为喷洒、浸泡洗涤和手工擦拭 3 种。

a. 喷洒。喷洒效果好，但使用时应当使清洗溶液能够接触到部件所有表面，同时要采取措施使溶液的排放速度比导入速度快，以避免溶液积聚。

b. 浸泡洗涤。浸泡洗涤应整体浸入，而非部分浸入，避免未浸入部分表面暴露在空气中而使表面上的溶液变干。

c. 手工擦拭。手工擦拭的表面，应在溶剂变干前漂净。

清洗溶液被加热时，其清洗效果较好，加热温度取决于溶液本身，一般在 $38 \sim 83^{\circ}\text{C}$。清洗溶液可重复使用，直到清洗作用太弱或被过分污染，这可由 pH 值或浓度分析来确定，也可以根据实践积累的经验去判断。

清洗所能达到的清洁度最终取决于漂洗过程是否彻底。阀门部件被清洗溶液清洗后，所有的污染物都将悬浮在清洗溶液中，如果清洗溶液没有完全从阀门部件被清洗表面上冲洗掉，则残留于溶液的污垢将在干燥过程中再度沉降到清洗过的阀门部件表面上，因此在清洗工序和漂洗工序之间决不能让阀门部件表面干燥。如果发生这种情况，在漂洗阶段，阀门部件表面的所有薄膜或残留物极可能清除不完全。

漂洗过程中，通常需要某种形式的搅拌，搅拌可以采用机械刷、液体冲击，如果阀门部件可以进行搅动的话，也可以搅动被清洗的阀门部件。

将漂洗用水加热能显著提高清除清洗溶液的效果，加热还有助于干燥。可以通过监测漂洗排除水的 pH 值来确定漂洗是否完成。随着漂洗的进行，漂洗排除水的 pH 值将逐渐接近漂洗开始时水的 pH 值。阀门部件的余热不能完成干燥，则可以使用清洁干燥无油的空气或氮气来完成干燥过程。

对于原子能及宇航用阀门，阀门装配后需保存在干燥的气氛中，周围环境气氛的露点温度不应高于 -34.4°C。

② 酸洗　酸洗程序通常是在室温条件下，通过将待洗阀门部件浸泡于适合的酸性溶液中，以清除氧化物或污垢。在大多数情况下，酸性清洗剂类型的选择依据被清洗阀门部件的材料而定。酸洗常用于不锈钢氧气阀门的铸件，其工艺已经很成熟。

③ 溶剂清洗　采用溶剂清洗工艺时，选用的溶剂需要符合环保及安全要求，通常要求选用符合蒙特利尔协议的溶剂来清除待洗阀门部件表面有机污染物。将溶剂清洗放在超声波清洗设备中可极大提高清洗效果，阀门零部件浸泡在超声波清洗设备中，利用超

声波的高频振动能加之溶剂的综合作用，可以使阀门部件表面的油和油脂或其他污染或松散脱落。

选用溶剂时可以参照 ASTM G127《氧系统清洗剂的选择》来选择合适的溶剂及清洗工艺，适合的腐蚀抑制剂和稳定剂也包含在溶剂配方中。

对于用四氟等非金属材料制成的氧气阀门部件，用溶剂清洗工艺在选择溶剂时，要充分考虑阀门部件材料和溶剂的相容性，应确保两者不发生化学反应。

溶剂清洗后的阀门部件，还应进行吹洗工艺，以确保阀门部件孔缝、裂隙等部位残存的溶剂被彻底清洗掉。

22.6.5 检验

为评估氧气阀门部件的清洁度，要对清洗后的氧气阀门部件进行检查，如果检查不符合要求，则需要对阀门部件重新清洗并再次检查，也有可能对清洗工艺进行重新评定。因此为确保清洗工艺得到充分实施，有必要在阀门部件清洗时进行在线检查。

常用的几种检查方法如下。

① 白光下直观检查法　白光下直观检查是用来检查是否有下列污染物存在的常用方法：油、油脂、防腐剂、水分、腐蚀产物、焊渣、鳞锈、锉屑、碎片以及其他外来物质。

方法是在强烈的白光下用肉眼观察是否有污染物存在和是否有棉纤维积聚，推荐的光线强度至少为 500Lx。此方法可用来检测直径超过 $50\mu m$ 颗粒物质和检测数量较大的水分、油和油脂等。如果此种方法检查出来的物质超标时，则被检查阀门部件必须重新清洗。

② 紫外光下直观检查法　对常见烃类、有机油及油脂类污染物，当用其他目视法不能检测出时，可借助紫外光能使这些物质产生荧光的特性来检查，在黑暗或柔和的光线下，使用波长 $325\sim400nm$，强度至少为 $5.0mW/cm^2$ 的紫外光照射来对阀门部件表面进行检查，不得使用荧光灯。紫外光荧光检查法能检测出阀门部件表面是否含有碳氢类化合物。对紫外光下可见到的积聚棉绒或尘埃，必须用干燥无油的空气或氮气吹扫，或用干净无绒的布料擦拭，或采用真空吸尘法清除。

并非所有的有机油都会散发出同等亮度的荧光，如动物油及植物油。因此紫外光检查法不可作为氧气阀门清洁度检查的唯一方法。紫外光检查阀门部件时，如果荧光显示的是大斑点、污迹、黑斑或膜层，则荧光区域必须重新清洗。

③ 擦拭试验　对于氧气阀门部件视力不可见区域，需要用擦拭试验法检查污染物，这是对前述两种目视检查方法的补充。用干净的白纸或无绒布料轻轻擦拭待测阀门部件表面，然后对纸或布在白光或紫外光下进行检查。擦拭该区域表面时，不要过分用力，避免擦下表面氧化膜，因为表面氧化膜可能会与表面实际污染物相混淆。通过此法检出来的外来物达到不可接受的量时，则该阀门部件必须重新清洗。

④ 水膜破裂试验　水膜破裂试验可用来检查其他方法未能发现的油类残留物。用干净水喷湿阀门部件表面，表面将形成一层薄的水膜，至少保持 5s 不破裂。水滴成珠则表明存在油污染，需重新清洗。此法通常只限于水平表面时使用。

⑤ 溶剂萃取试验　溶剂萃取试验可以当作是对目视检查技术的补充。对难以进入的表面的检查，可通过使用溶剂萃取提出污染物以供检查。其具体的检查程序及污染物量的计算方法参见 EIGA 33《氧气用途设备的清洗》规范。

氧气阀门在制造时应无尖角，最好采用圆角过渡，并且要求设计氧气阀门无死角。然后进行彻底清洗，就可确保氧气阀门很好的服务于富氧工况。

前述的清洗方法混杂在氧气阀门制造的各个环节，因此一般的阀门制造厂只对阀门最终加工部件在装配前进行清洗。

22.6.6 氧气阀门脱脂典型工艺规范

(1) **主题内容**

本规范规定了需作去油、去水处理的阀门产品的清洗、组装、检查。

(2) **适用范围**

本规范适用于氧气工况、低温工况或清洁、干燥工况的有脱脂处理要求的阀门的制作。如用户有特定要求，而本规范又未纳入的事项应按用户的补充要求执行。

(3) **引用标准**

GB/T 7748《阀门清洁度和测定方法》，API 598《阀门的检查和试验》，JB/T 10530《氧气用截止阀》，JB/T 7245《制冷装置用截止阀》，JB/T 7550《空分设备用切换蝶阀》，JB/T 9081《空分设备用低温截止阀和节流阀技术条件》。

(4) **术语和定义**

① 氧气工况阀门 该阀门在操作时含有>25%氧气的工作流体。一些杂质，尤其是碳氢化合物和油类在氧气中剧烈反应会引起燃烧和爆炸，其他如金属铁屑在流体的带动下会以足够的速度触发燃烧从而蔓延整个设备。因此，制氧设备要求在直接接触液态或气态氧的通道表面应平整、光滑，完全去除有机的、无机的粘连物或其他金属杂质。

② 低温工况阀门 由于一些物质在低温下的固化，会引起设备配件、安全阀或转动部件的阻塞和损坏，因此，低温设备要求在阀门内腔表面完全去除油污和杂质。

③ 清洁、干燥工况的阀门 阀门的杂质会影响和损坏设备，因此要求阀门内腔表面清洁、干燥。

④ 脱脂处理 用丙酮、酒精或其他无机非可燃清洗剂等脱脂溶剂去除零件表面油污的处理过程。

⑤ 酸洗 将阀门零件浸泡在特定配置的溶液中，使金属表面露出金属光泽的过程。

(5) **脱脂前的准备**

① 现场操作人员必须了解阀门脱脂和无水处理的重要性，阀门内部的清理一旦不符合要求，将会造成设备或人身伤害的严重后果。因此操作人员必须了解本规范的全部内容。

② 脱脂现场必须加强管理和保卫。为防止意外事故发生，操作现场必须严禁烟火和防止非相关人员进入。现场要保持通风、洁净和干燥，要配备消防设施，同时应有"严禁烟火""闲人免进"的警示标识。

③ 操作人员应穿戴防护服，佩戴眼镜和口罩、胶皮手套等防护用品。用酸、碱液脱脂时，要防止溶剂溅入人体皮肤和眼睛，现场要配备冲洗水管，以便及时冲洗溅在皮肤上的酸碱液。

④ 脱脂剂存放要符合规范。三氯乙烯（C_2HCl_3）、二氯乙烷（$C_2H_4Cl_2$）禁止与酸碱放在一起。四氯化碳（CCl_4）禁止与钾、钠、铝、镁、电石、乙烯、二硫化碳等物接触。丙酮、酒精等要防止与明火接触。酸碱液溅到地面应用自来水冲洗稀释，其他脱脂溶剂可用木屑或砂子中和。

(6) **工厂常用的脱脂方法**

① 灌浸法 在工件里灌注脱脂剂并不时地晃动，浸泡时间约1h。

② 擦拭法 用无纤维脱落物的清洁棉布条蘸脱脂溶剂擦洗零件至表面无污渍。

③ 喷淋法 将脱脂剂均匀地喷淋到零件全部表面，直至粘连的异物被冲洗掉及表面无油污。

④ 槽浸法　将脱脂零件放进槽中浸泡，浸泡时间约 1h。

⑤ 循环法　将脱脂溶剂循环使用冲洗零件表面，冲洗时间约 0.5h。

脱脂过程可综合使用以上方法，确保脱脂清洗的效果。

(7) 脱脂阀门的总体要求

① 脱脂处理　对整台阀门的全部零件（含装配、试验用工装、工具）必须进行彻底的脱脂清洗处理。清洗剂用丙酮、酒精或其他无机非可燃清洗剂等脱脂溶剂。清洗方法采用浸渍和擦洗相结合。浸渍的时间不少于 15min，擦洗采用白色非棉制布。

② 检查和试验　脱脂处理后应对零部件表面的油迹及油脂残留量进行检查。脱脂阀门的检查和试验至少应包括以下内容：铸锻件的外观和酸洗检验；零部件的脱脂处理检验；使用非破坏性检验工具和方法，对装配过程中的阀门进行外观或尺寸检验和压力试验。如订货合同另有规定，则按合同要求。

③ 压力试验　壳体试验应在装配前进行，壳体试验压力为阀门按 ASME B16.34 规定在 38℃（100℉）时额定工作压力的 1.5 倍，试验介质为液体。脱脂处理后总成的阀门用氮气做壳体试验和密封试验，试验压力为阀门按 ASME B16.34 规定在 38℃（100℉）时额定工作压力的 1.1 倍，阀门的低压密封试验为 0.6MPa。压力试验的持续时间应符合 API 598 或 API6D 及合同要求的标准规定。

(8) 去油、去水处理的步骤（需做的步骤为○）　见表 22-11。

表 22-11　去油、去水处理的步骤

序号	步骤		去油处理			去水处理
			Class A	Class B	Class C	
1	处理零件	装配前接触流体零件	○	○		○
		装配前接触流体零件			○	
2	清洗	a. 预处理	○	○	○②	○
		b. 自动化清洗	○	○	○②	○
		c. 浸泡清洗步骤Ⅰ		○	○③	○
		d. 浸泡清洗步骤Ⅱ	○①			
		e. 超声波清洗	○①			
3	干燥	a. 氮气吹扫	○	○	○	○
		b. 自然干燥	○	○	○	○
4	检查	a. 擦拭检查			○	
		b. 紫外线检查	○			
5	组装	a. 步骤Ⅰ	○			
		b. 步骤Ⅱ	○			
6	最终检查	a. 压力检查	○			
		b. 紫外线检查	○			
		c. 试纸检查			○	
		d. 擦拭检查			○	
7	法兰保护与包装	a. 方法Ⅰ		○	○	○
		b. 方法Ⅱ	○			
	应用		特殊去油处理	常规去油处理	简单去油处理	清洁干燥处理
			氧气、氯气、过氧化氢、氟利昂	氧气、氯气、粉状及颗粒状物质	有脱脂和清洁要求的阀门	

① 必须做的步骤。

② 适用于组装前的零件。

③ 适用于最终产品。

(9) 处理方法

① Class A：特殊去油处理 指用于氧气设施、过氧化氢设施或低温介质设施上的产品中与流体接触的零件的处理。先用钢丝刷或类似物品去除污迹及灰尘，并用清水喷洗干净，然后进行超声波清洗或浸泡清洗。

② Class B：常规去油处理 用于含氯设施或含粉状及颗粒状物质的设施上用的产品。用金属刷或类似物品刷去污迹及灰尘，并用清水喷洗干净，然后通过在溶剂中浸泡脱脂。

③ Class C：简单去油处理 用于现场零件的去油处理，零件装配成台后将其浸泡在溶剂中作脱脂处理。清除零件与流体接触的被油脂或切削液污染的表面。处理完毕应擦净阀门体腔内的脱脂介质。

④ 去水处理 把钢丝刷或类似物品刷去与流体接触零件的污迹及灰尘后，喷洗并浸泡清洗干净的零件，用无油空气或净化的氮气吹干。

(10) 要求处理的零件

与流体接触的阀体（包括阀盖、连接体等）、阀杆、阀座、启闭件（包括球体、蝶板、阀瓣等）及其他内件（填料、垫片等）。

(11) 流程

具体操作步骤是：拆卸经壳体液体试验的阀门，清除表面铁锈等异物 →将零件在洗涤液中浸泡 0.5～1h 或喷淋 15min 以上（初脱）→空气中吹干（或用电吹风烘干）→在丙酮（或三氯乙烯）中浸泡 0.5～1h 或用丙酮（或三氯乙烯）擦拭零件至表面无污渍（精脱）→干燥空气吹干至零件无气味。详细过程如下。

① 清洗

a. 预处理。用钢丝刷除去机加工过程中使用切削液、防锈油等产生的不易被下一道工序去除的凝固的脂类物质。

b. 自动清洗机清洗。用丁基或碱性清洗剂喷淋金属表面，然后在第一个容器中初步清洗，并在第二个容器中彻底清洗干净。每次清洗过程结束，都需用清水彻底冲洗，取出后用清洁空气吹干。整个过程不少于 10min。

c. 浸泡清洗步骤Ⅰ。在清洁的三氯乙烯稀释剂或甲苯中浸泡至少 10min 以上（也可用 $1\% \sim 3\%$ INT100 高级金属清洁剂浸泡）。

d. 浸泡清洗步骤Ⅱ。用装有丙酮或无毒氯化液溶剂的两个容器分两步进行清洗，在第一个容器中用能够接触内腔深部（如阀杆孔）的形状合适的刷子（刷子必须保持干净）刷去附着的污物。然后在第二个容器中彻底清洗去除第一步处理后残留的污物。

e. 超声波清洗。用无毒的氯化液溶剂、三氯乙烯作清洗剂在超声波容器中做两次清洗，即浸泡清洗及清洗剂蒸气蒸发清洗。第一次清洗零件在容器中浸泡不少于 10min，第二次蒸汽清洗不少于 5min。

f. 橡胶材料、四氟材料和缠绕式垫片等非金属零件可用蒸馏水进行清洗，或用丙酮擦拭表面。

② 干燥

a. 零件清洗后用无油空气或净化的氮气吹干。清洗后干燥零件的空气不能含有超过 1×10^{-4} 的油剂，也可用规定的无油气体代替。

b. 清洗后在空气中干燥。

③ 检查

a. 擦拭检查。用清洁纸或脱脂白布擦拭流体接触零件，检查纸张或脱脂白布并确认没沾有油迹及灰尘等污物。

b. 紫外线灯检查。用紫外线灯照射与流体接触的清洗后的零件，确认没有来自残余油迹及污物的荧光。

c. 如上述检查不合格，必须重复清洗程序。

④ 组装

a. 步骤Ⅰ。组装过程必须戴脱过脂的手套去拿清洗后的零件，不得用裸露的手去接触零件表面。零件组装期间各部位不得使用油类及脂类物润滑，除非经特别许可。装配所用工具需全部脱脂清洁，装配人员必须注意不得随便使用邻近工作区内不干净的工具。为防止组装后的零件被污染，应对与流体接触零件的通径口加以保护。

b. 步骤Ⅱ。在步骤Ⅰ的操作中还应注意以下几点：产品的组装及存放应在覆盖有聚乙烯材料的干净工作台上面。组装好后的产品及未安装的或分装的零件不得长期暴露在空间，在清洗后 4h 以内应放到塑料袋内，或用聚乙烯材料遮盖。

⑤ 最终产品检查

a. 压力检查。所有压力试验必须用氮气来进行检查，而且其使用的气源、管道及相关夹具等均应保持清洁，不能与常规产品的试验器具混用。

b. 紫外线灯检查。压力检查完后，用紫外线灯光照射阀门的表面和内部易受影响的区域并确认没有油污。

c. 试纸检查。将洁净干燥的白色滤纸压在与流体接触的零件表面上超过 15s，然后检查滤纸有无被油迹污染。

d. 擦拭检查。压力试验检查完后用滤纸擦拭与流体接触零件上易受影响的区域，检查滤纸并确认没有油污及灰尘。

e. 试验人员应保证程序过程中阀门内部不得有任何污染转入下道工序，并按装配和试验工作标准将试验、检测结果填写在记录中。

f. 脱脂阀门的清洁度检查可参照 4WPI-SW70003《工艺清洗 AA 级检查和验收标准》。

⑥ 法兰的保护及包装

a. 方法Ⅰ。去掉法兰上的保护带并用稀释剂清洗法兰表面，用封板（图 22-14）保护阀体通道口平面，并使圆周密封。阀体应用聚乙烯材料包装并贴上禁油或禁水处理标签。禁水阀门内应装有硅胶干燥剂。

b. 方法Ⅱ。去掉法兰上的保护带并用稀释剂清洗法兰表面，用聚乙烯材料覆盖的胶合板（图 22-15）保护阀体通道口平面。阀体应用聚乙烯材料包装并贴上禁油处理标签。

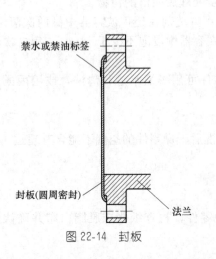

图 22-14　封板

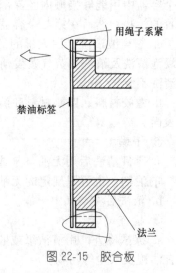

图 22-15　胶合板

22.7 阀门部件的冷装配与热装配

22.7.1 阀门部件的冷装配

由于冷装配所用的工装设备比较复杂，操作起来比较麻烦，所以很少采用这种方法装配过盈零件，但对于被包容件刚性和强度都较低的情况，包容件既不能加热，又不能使用压装机，就只能采用将被包容件冷缩，从而消除或减小实际过盈的冷装装配工艺方法达到装配目的。

煤气化装置上用的高频气动球阀阀杆和球体的装配（图22-16）就必须采用冷装配工艺，把被包容件阀杆冷却降温至出现装配间隙时进行快速组装，达到装配目的。因为气动球阀频繁启闭，采用间隙配合将加剧磨损，进而导致阀门关不到位，因此对于频繁快速启闭的气动球阀，由于阀杆和球体配合是无键连接，故过盈量较大，并且球体加工好后是起密封作用的关键零件，加之其为不等壁厚零件，所以对于加工好的球体，不能采用加热球体借以热胀槽孔达到装配的目的，这是因为球体加热时将导致球体的热变形进而导致球体的精度被破坏。因此，只能采用冷却被包容件阀杆的冷装配方法，达到装配的目的。

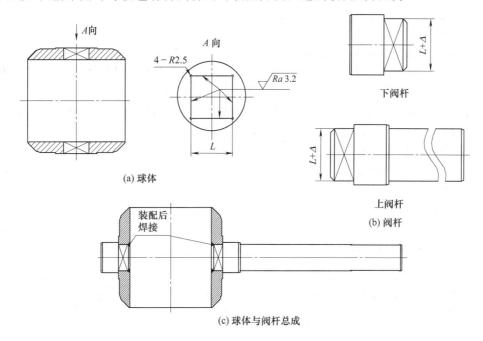

图 22-16　气动球阀阀杆和球体的冷装配

超低温阀门很多部件的配合也是采用冷装配工艺。

为达到冷装配的目的，需要有效地控制装配和过盈量的变化，使其达到能顺利装配的状态，就需要根据实际的条件和具体要求算出冷装配温度。

(1) 计算冷装配温度

冷装配时的温度应根据配合件的材料和配合尺寸及最大公差来确定。其计算公式如下

$$T = \frac{y_{\max} + \Delta}{\alpha \cdot d} - t$$

式中　T——冷装配时的温度，℃；

y_{max}——最大过盈值，mm；

Δ——冷装配的最小间隙值，mm；

α——被冷却材料的线性膨胀系数，1/℃；

d——装配件的配合尺寸，mm；

t——室温，℃。

(2) 冷装配最小间隙值 Δ

冷装配最小间隙值按表 22-12 选取。

表 22-12　冷（热）装配最小间隙值　　　　单位：mm

配合尺寸 d	≤3	3~6	6~10	10~18	18~30	30~50	50~80
最小间隙 Δ	0.003	0.006	0.010	0.018	0.030	0.050	0.059
配合尺寸 d	80~120	120~180	180~250	250~315	315~400	400~500	>500
最小间隙 Δ	0.069	0.079	0.090	0.101	0.111	0.123	—

(3) 检查配合尺寸

冷装前必须认真检查零件的配合表面并清理和擦干净，配合尺寸，圆根、台肩等相关部位是否符合配合和装配工艺要求，排除问题后方可进行冷装配工作。

冷装前应精确测量包容件的配合尺寸及被冷却件的尺寸，被包容件冷却后取出时应测量配合尺寸，达到适宜装配的条件方可进行装配。

(4) 冷却剂的种类和性能

① 干冰（固态二氧化碳）　能将零件冷至 -75℃，因它温度降低不多，只能适用于公差小（如 H7/k6 配合）的中型零件。用它做冷却剂时，在盛有酒精或丙酮的容器周围用干冰预冷，然后在冷却器内放些干冰，这样的混合液体就可以将零件冷到 -75℃。

② 液氮　能将零件冷至 -196℃，用它做制冷剂，可以对所有直径大于 50mm 的过盈配合零件进行装配。

(5) 零件冷却所需时间

零件冷却所需时间按下式计算

$$t = \alpha \cdot \delta + 6$$

式中　t——零件所需的冷却时间，min；

α——与材料有关的综合系数，见表 22-13；

δ——被冷却零件的特征尺寸，即为零件最大壁厚、半径、厚度，mm。

表 22-13　与材料有关的综合系数

冷媒介质	综合系数	零件材料			
		黄铜	青铜	钢	铸铁
液氮	α	0.8	0.9	1.2	1.3

(6) 冷装配操作及应注意问题

① 冷却时间是从零件浸入冷却液开始算起，零件浸入初期有强烈的"沸腾"现象，往后渐渐减弱以至"沸腾"消失，刚停止时只说明零件表面与冷却剂的温差很小，但并没有完全冷透，还需按零件壁厚尺寸的不同，相应的再透温一段时间。

② 零件透温后取出应立即装入包容件的相关部位，动作要迅捷沉稳，零件的夹持要注意同心不得歪斜，否则温度迅速回升，并在配合表面生成一层厚霜，会影响装入，甚至出现中途"抱住"的危险。纠正装配中产生的歪斜，允许用紫铜锤或木锤进行敲击校正。若工件是较软的铜件时，要使用木锤。

③ 如果一次要装的零件很多时，从冷却箱中取出一件，应随即放入一件，并补充足够的冷却剂，盖好箱盖。

④ 冷却箱内的冷媒介质要保持足够的高度，必须浸没零件的配合表面，但又不宜太满。挥发掉的冷却剂要及时补充、补足。

(7) 安全

① 操作时要穿戴好防护用品，才可进入现场和进行操作。要穿长袖衣、长腿裤，戴上护目镜和棉皮手套，扎好帆布脚盖。

② 往冷却箱放入和取出零件时，要使用工具，如钳子或用铁丝事先捆扎好，不得直接用手取放零件，以免灼伤。

③ 工件放入冷却箱时应平缓放入，避免使低温冷媒介质飞溅出伤人。当冷媒介质为液氮时，应用能承受－196℃的奥氏体不锈钢钢丝绳及吊钩进行起吊。

22.7.2　阀门部件的热装配

热装配是温差法的另一种装配工艺方法，与冷装配的方法相反，是把包容件加温，使其热胀后消除过盈并能增加装配间隙而把过盈装配转换成间隙装配。热装配方法适合于配合零件，尤其是过盈配合的零件。确定配合件采用热装方法，要根据零件的大小、配合尺寸公差、零件的材料、零件的批量、工厂现有设备状况等条件才能确定。

图 22-16 所示的气动球阀球体和阀杆的装配，因其属于无键连接并传递扭矩，也可以采用热装配的方法，但是在热装配之前，只加工出球体上和阀杆相配合的凹槽，球体热胀后即装入阀杆，待冷却至常温后将阀杆与球体进行角焊缝焊接，然后再去车球体表面及阀杆其余部位尺寸，相对冷装配而言，工艺较复杂。

对于一般轴与孔的装配，看其过盈量的大小、轴与孔件的材料来确定装配方法。一般过盈量大的应采用热装配方法。其过盈量不太大的，如果轴与孔件都是钢质材料，应优先考虑热装配，也可以选择压装方法，但压装的质量合格率远不及热装。对于一些较小的配合件，如最常见的滚动轴承等，一般采用热装配为宜，可以考虑采用油加温或电感应加热等方法装配。从以上可以看出热装配方法有时很少受条件制约，操作方法比较简单实用。

(1) 加热前的准备

① 零件的配合尺寸、直径、凸台、圆根、倒角等要复检无误，配合表面要处理干净，毛刺、碰伤、锈斑、黏结污物等要仔细清除干净。

② 热装带键的零件。带有平键时，要事先按轴和孔的键槽修配好平键，并固定到轴上；对于斜键或切向键，要利用导向键，以确保键槽正确的相互位置。

③ 热装配零件的相关件。装配前要看好图纸，注意热装零件里边是否有挡圈、垫片等其他零部件，要装前修配和试装无误，并校验合格后装配好。

④ 调整及刻线，做好有方向性要求的标记。热装配前找正相互位置，同时在明显处作出刻线标记和方向性要求的指示标记，以避免错位或装反。

(2) 加热温度、加热时间及热装配塞尺

① 加热温度的计算

$$T = \frac{y_{max} + \Delta}{\alpha \cdot d} + t$$

式中　T——轴套的加热温度，℃；

　　y_{max}——最大过盈值，mm；

　　　Δ——热装配的最小间隙值，参照表 22-12 选取，mm；

　　　α——被加热零件材料的线性膨胀系数，1/℃；

　　　d——装配件的配合尺寸，mm；

　　　t——室温，℃。

② 加热和保温时间的经验数据　零件的加热和保温时间与零件的壁厚、材质、表面积和加热方式有关，一般可按每 10mm 需 10min 的加热时间；每 40mm 厚需 10min 的保温时间，将加热时间及保温时间相加即为工件加热和保温总时间。

③ 热装配塞尺　热装配前要做一只热装配塞尺，用以测量和确认加热工件是否达到了装配条件。校验尺的制作要满足使用轻便和不易变形的条件。操作时可以在距离热源较远处，精确测得被测部位的热胀状况。制作时，塞尺可以用金属棒，也可以用金属板，塞尺的名义尺寸即实际尺寸，应等于被测部位直径公称尺寸加配合处的最大过盈 Δ_1，加上装配时必需的最小间隙 Δ_2，并用卡尺对好塞尺后锁定卡尺，以便在塞尺使用过程中随时校验有无精度走失的情况，确保塞尺测得结果准确无误。在测量时为了使操作者远离热源，可以在尺身上焊接一个手柄，其结构如图 22-17 所示。

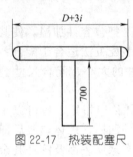

图 22-17　热装配塞尺

（3）热装配操作及应注意的问题

① 加热零件热透后，测量尺子能自由通过，并经复验确认测得结果准确无误时，才能终止加热，进行热装配操作。

② 热装配。达到热装配条件后，要立即进行热装配，动作要快而准确，一次装配到位，中途不许停留，如果发生故障，不允许强迫装入，排除故障后重新加热，再进行热装配。

③ 相关零件。与热装配相关的零件，由于受装配顺序、方向等原因影响，一般应完全冷却到正常温度后再装配，但特殊零件除外。

④ 一般精度要求较高的零件，在油中加热比较合适，因为加热比较均匀，同时不产生氧化皮。

⑤ 零件加热时必须注意：加热温度不应大于该件淬火后的回火温度。

⑥ 当有同材质的构件，如铜导向套、铜螺母等作为被包容件而采用热装法装配时，要特别注意下列问题。

包容件加热往往由于其质量大、含热量大、散热慢，当被包容件铜套组装后由于其质量相对较小，又是有色金属，导热和升温很快，很短的时间内其温度就升至与包容件相近，有色金属的线性膨胀系数较黑色金属大，因此在很大的热应力作用下，在配合处铜件表面产生塑性变形，其变形量取决于升温大小和包容件与被包容件两种材质线性膨胀系数的差值大小，相差越大，温升越高，所产生的塑性变形量就越大；因为是热装，故此加热的温度一般都比较高，其结果在铜件表面产生的受压塑变量，往往都会超过其想配合的过盈量，因此，在热装配冷却下来后，配合部位不仅原来的过盈量消除了，而且还出现了间隙，成为无法补救的废品。没认识和理解这一问题的时候，有人还可能怀疑是自己起初测量时不准确或测量结果有误。在实际过盈很大的情况下，不采取热装而改用压装，同样会因为相应的压入力过大造成铜构件配合表面塑性变形并使压装结果达不到配合性能的要求。为此，必须想出积极妥善的办法，针对主要矛盾和障碍，采取有效措施加以克服，就会得到较理想的效果。根据热装后铜构件快速升温而产生巨大热应力会造成配合失败的主要问题，想办法控制铜套升温，就避免产生热胀力，铜件表面产生塑性变形的条件就不存在，从而热装就会成功。所以关键的问题就是控制和限制铜构件的升温。因此在热装后立即采取对铜构件的快速冷却，用高压强制水循环制冷，与此同时对包容件采用风冷和水冷的方式，使其热量快速散掉。这样就能使被包容的铜构件热装配获得成功。

（4）消除由于冷却收缩而产生轴向间隙的方法

在热装后，由于冷却收缩的结果，往往都会在孔与轴的轴向定位台肩处出现轴向间隙，实质是装配没到位、定位不可靠而出现的问题。因此要在热装中消除这种现象，让间隙消除，装配到位。

① 撞击法　零件热装后，在冷却过程中，用锤敲击或用重物撞击加热零件，直到冷却后消除间隙为止，撞敲击时，要在撞击部位垫铜板或木方，以防损伤零件。这种方法适用于中小零件。

② 螺栓拉紧法　零件热装后，在冷却过程中，用螺栓拉紧加热零件，直到冷却后消除间隙为止，这种办法基本上用于较小零件。

③ 压重物法　零件热装后，在冷却过程中，用重物压在加热零件上，直到冷却后消除间隙为止。这种方法使用时有一定的局限性，因为加重物要适当，太小不起作用，太大还有一定难度。大的套类和环类零件，在压力机上顶压不方便可采用这种方法。

④ 在压力机上顶压的方法　零件热装后，在冷却过程中，在压力机上随时给压，直到冷却后消除间隙为止。

在采用上述几种方法时，为了加速冷却过程，可风吹加热零件。但必须注意到易裂的合金钢材料不可用。

(5) 零件加热方法

① 电感应加热　电感应加热适合于大型齿圈等零件的加热，而短粗的零件不宜用这种加热方法。因为这种形状的零件缠绕的电缆圈数要多，在绝缘材料不好的情况下，散热条件也不好，容易产生烟火。

② 电阻炉加热　电阻炉的炉腔较清洁，炉温控制较严格，升温和加热过程都能严格按工艺曲线进行调控，是一种较先进和科学的加热设施和方法。

③ 煤气炉加热　应注意的是零件进炉时，要用铁板或石棉板把孔口盖好，以防落入脏物；零件孔口不得正对喷火嘴，可朝炉门方向；炉内温度是通过控制煤气的通入量进行调整的，并按加热曲线进行。

④ 油箱中加热　零件在油箱中加热时，必须悬挂或用支架或隔栅垫起，不可与箱底直接接触，以免受热不均。零件的配合表面必须全部浸没在油中，油面要低于油箱边缘100mm以上。油箱周围应排除易燃物，做好防火措施，加热时要随时检测油温的上升，严格控制油温不能超过油的闪点，以免引起火灾。各种加热油的闪点见表 22-14，该表列出了 5 种类型 20 多个型号加热用油的名称及其相对应的闪点，供选用时参考。

表 22-14　各种加热用油的闪点

名称	闪点/℃	名称	闪点/℃	名称	闪点/℃
10 号机械油	165	10 号车用机油	200	38 号过热气缸油	290
20 号机械油	170	15 号车用机油	210	52 号过热气缸油	300
30 号机械油	180	22 号透平油	180	62 号过热气缸油	315
40 号机械油	190	32 号透平油	180	72 号合成过热气缸油	340
50 号机械油	200	46 号透平油	195	65 号合成过热气缸油	325
70 号机械油	210	57 号透平油	195	33 号合成过热气缸油	300
90 号机械油	220	11 号透平油	215		
6 号车用机油	185	24 号透平油	240		

参考文献

[1] 沈阳高中压阀门厂. 阀门制造工艺. 北京：机械工业出版社，1984.

[2] 苏志东等. 阀门制造工艺. 北京：化学工业出版社，2011.

[3] Compressed Gas Association. Handbook of Compressed Gases Chapman and Hall. 4th ed. 1999.

[4] 靳兆文. 化工检修钳工实操技能. 北京：化学工业出版社，2010.

[5] 肖前蔚，李建华，吴天林. 机电设备安装维修工实用技术手册. 南京：江苏科学技术出版社，2007.

第23章

Chapter 23

阀门的试验

23.1 概述

阀门在总装完成后必须进行性能试验，以检验产品是否合乎设计要求和是否达到相应的产品标准所规定的质量要求。阀门的材料、毛坯、热处理、机械加工和装配的缺陷一般都能在试验过程中暴露出来。

试验是控制阀门质量的最重要也是最后的一道工序。就其实质来说，试验不属于装配过程。因为试验的目的不仅是检验装配的质量，而是对阀门全部生产过程中质量的总检验。

阀门性能试验的项目很多。有流量特性及压力特性试验，模拟寿命试验，耐火试验，高温及低温性能试验，驱动装置试验，灵敏性试验以及强度和密封性试验等。

在阀门生产过程中，没有必要也不可能逐台进行上述所有项目的试验。有些试验只在研制新产品时或应用户的特殊要求才进行。生产中只是对技术条件中所规定的项目才逐台进行试验，如强度试验和密封试验，这些通常称为阀门的压力试验。

由于阀门使用在流体管路上，故它首先应具有一定的强度，即在带压介质的作用下，不发生破裂、损坏或渗漏。其次，还应具有一定的密封性能。开启时，阀门的填料、垫片等部位不得渗漏。关闭时，介质的渗漏率也应在规定的范围内。这是对阀门产品最根本的性能要求。

阀门的渗漏使管路系统发生"跑、冒、滴、漏"，造成物资的损失和浪费。当输送易燃、易爆、有毒或放射性介质，阀门渗漏往往引起火灾、爆炸、中毒或污染等重大事故，使装置或工厂停产。因此，对出厂阀门必须逐台进行强度和密封试验。

阀门的试验主要用来检测阀门的安全性和可靠性，一般包括以下内容。

① 阀门的出厂试验　即在出厂前按照产品标准要求完成的试验。阀门出厂试验依阀门类型不同而有所不同，但主要为压力试验，包括壳体试验、密封性能试验和上密封试验（需

要做上密封试验的阀门）。

② 阀门抽检试验　包括管道工程施工验收规范规定的抽检试验和产品等级评定抽检试验等。

③ 产品特殊性能要求或用户要求的试验　如低温试验、耐火试验等。

④ 阀门的型式试验　是产品完成研制定型鉴定前对产品进行全性能及质量的全面鉴定。

23.2　阀门的压力试验

23.2.1　阀门的压力试验标准

阀门压力试验是阀门最基本的试验。每台阀门出厂前均应进行压力试验。阀门压力试验标准从体系上分为美系标准和欧系标准。美系阀门标准如美国石油协会（API）标准、阀门和管件工业制造商标准化学会（MSS）标准和美国机械工程师协会（ASME）标准，在20世纪80年代以前一直在阀门设计、制造和试验领域占主导地位。随着全球阀门产业的蓬勃发展，欧系标准及以欧系标准为基础的国际标准化组织（ISO）的阀门标准逐渐占据半壁江山。我国阀门压力试验标准大多参照这两个体系的标准。表23-1给出美系、欧系阀门常用压力试验标准及我国相关的标准。

表 23-1　阀门常用压力试验标准

国外标准	中国标准	一致性
ASME B16.34　Valves-flanged, threaded, and welding end	GB/T 12224 钢制阀门 一般要求	非等效
API 598 Valve inspection and test	GB/T 26480 阀门的检验与试验	修改采用
ISO 5208 Industrial valves-Pressure testing of metallic valves	GB/T 13927 工业阀门 压力试验	修改采用
EN 12266-1 Industrial valves-Testing of metallic valves-Part 1：Pressure tests, test procedures and acceptance criteria-Mandatory requirements		
MSS SP-61 Pressure testing of valves		
IEC 60534-4 Industrial-process control valves-Part 4：Inspection and routine testing	GB/T 17213.4 工业过程控制阀 第4部分 检验和例行试验	等同采用

GB/T 13927主要规定了闸阀、截止阀、止回阀、旋塞阀、球阀、蝶阀、隔膜阀等工业用金属阀门的压力试验。GB/T 26480标准适用于启闭件为非金属密封和金属密封的闸阀、截止阀、旋塞阀、球阀、止回阀和蝶阀的压力试验。其他阀类也可按产品标准规定参照这两项标准进行压力试验。目前钢制阀门一般按GB/T 26480标准进行压力试验。铁制和铜制阀门及阀门的锻件、铸件的壳体则按GB/T 13927标准进行压力试验。

当客户没有指定阀门的试验标准时，不同类型阀门的压力试验按照该阀门产品所规定的试验标准进行压力试验；当客户有规定时，则按照客户要求进行。如现在很多设计院，对于API 6D的管线球阀，要求泄漏量按照API 598标准的规定执行。

尽管大多数压力试验标准对于壳体试验没有规定打压上限，但在生产实践中，该压力应恰当控制，以不超过所要求的试验压力的6％为宜。

单纯的冷态壳体试验并不能完全检验出阀门承压件的某些内部缺陷。从实际发生的问题上看，很多情况是操作温度高于200℃时，阀体铸造缺陷才能够暴露出来。所以，阀门的检验应该结合适当的无损检测方法。

23.2.2　阀门压力试验的内容

(1) 压力试验项目

公称尺寸≤DN100（NPS 4）、公称压力≤PN250（Class 1500）及公称尺寸＞DN100

（NPS 4）、公称压力≤PN100（Class 1500）的阀门应按表 23-2 进行试验。

公称尺寸≤DN100（NPS 4）、公称压力＞PN250（Class 1500）和公称尺寸＞DN100（NPS 4）、公称压力＞PN100（Class 1500）的阀门应按表 23-3 进行试验。

表 23-2　压力试验项目（一）

试验项目	阀门类型					
	闸阀	截止阀	旋塞阀	止回阀	浮动式球阀	蝶阀 固定式球阀
壳体	需要	需要	需要	需要	需要	需要
上密封①	需要	需要	不适用	不适用	不适用	不适用
低压密封	需要	任选③	需要②	任选③	需要	需要
高压密封④	任选③、⑥	需要⑤	任选②、③、⑤	需要	任选③、⑥	任选③、⑥

① 所有具有上密封性能的阀门都应进行上密封试验，波纹管密封阀门除外。
② 对于油封式旋塞阀，高压密封试验是强制的，低压密封试验任选。
③ 当买方规定"任选"试验时，则除规定试验外还应进行该试验。
④ 弹性密封阀门经高压密封试验后，可能降低其在低压工况的密封性能。
⑤ 对动力驱动装置和手动装置操作的截止阀，包括截止止回阀，高压密封试验的试验压力应是确定动力装置尺寸所使用的设计压差的 110%。
⑥ 对于规定为双截断——排放阀门的所有阀门都要求进行高压密封试验。

表 23-3　压力试验项目（二）

试验项目	阀门类型					
	闸阀	截止阀	旋塞阀	止回阀	浮动式球阀	蝶阀和 固定式球阀
壳体	需要	需要	需要	需要	需要	需要
上密封①	需要	需要	不适用	不适用	不适用	不适用
低压密封	任选②	任选②	任选②	任选②	需要	任选②
高压密封③	需要	需要④	需要	需要	任选②、③	需要

① 所有具有上密封性能的阀门都应进行上密封试验，波纹管密封阀门除外。
② 当买方规定"任选"试验时，则除规定试验外还应进行该试验。
③ 弹性密封阀门经高压密封试验后，可能降低其在低压工况的密封性能。
④ 对动力驱动装置和手动装置操作的截止阀，包括截止止回阀，高压密封试验的试验压力应是确定动力装置尺寸所使用的设计压差的 110%。

API 598—2009 标准中，阀门的压力试验包括壳体试验、上密封试验、低压密封试验和高压密封试验（表 23-2 及表 23-3）。

在 GB/T 13927 及 ISO 5208 标准中，阀门的压力试验包括壳体试验、上密封试验和密封试验。

GB/T 13927 及 ISO 5208 标准将密封试验明确划分为低压密封试验和高压密封试验，但在一定的公称尺寸和公称压力范围内，用气体介质进行低压密封试验，也可选择用液体介质进行高压密封试验；当必须用液体介质进行高压密封试验时，也可选择用气体介质进行低压密封试验。

GB/T 13927 及 ISO 5208 规定，如订货合同规定有气体介质壳体试验的要求时，试验压力应不大于阀门在 20℃时允许最大工作压力的 1.1 倍，且必须先进行液体介质的壳体试验，在液体介质的合格后，才进行气体介质的壳体试验，并应采取相应的安全保护措施。在较小的公称尺寸（DN≤50mm）和公称压力（PN≤0.5MPa）下，允许用 0.5～0.7MPa 的气体介质进行壳体试验。而 JB/T 9092 及 API 598 则规定要用材料在 38℃时额定压力的 1.1 倍压力进行壳体试验。

另外，在最短试验持续时间及允许泄漏量方面，GB/T 13927 的规定与 GB/T 26480，也有明显的不同。

ISO 5208 和 API 598 是目前国际上权威性的阀门压力试验标准，许多国家都是参照这两项标准制定本国标准。

(2) 阀门试验压力

① 钢制阀门试验压力　对于钢制阀门，试验压力见表 23-4。

表 23-4　钢制阀门最小试验压力

试验介质	壳体试验	上密封试验	密封试验		
			蝶阀	止回阀	其他阀门
液体	1.5CWP	1.1CWP	1.1 倍 38℃时最大允许压力	1CWP	1.1CWP
气体	1.1CWP		0.5～0.7MPa		

注：CWP 为冷态，工作压力，即介质温度在 20～38℃时，阀门的最大允许工作压力。

② 铁制阀门试验压力　对于铁制阀门，试验压力见表 23-5。

表 23-5　铁制阀门最小试验压力

阀门材质	公称尺寸/mm	压力级	壳体试验压力/MPa	高压密封试验压力/MPa
灰铸铁	DN50～300	CL 125	2.5	1.4
		CL 250	6.1	3.5
	DN350～1200	CL 125	1.9	1.1
		CL 250	3.7	2.1
球墨铸铁		CL 150	2.6	1.7
		CL 300	6.6	4.4

(3) 压力试验方法

① 壳体试验　阀门的壳体试验是对阀体和阀盖等连接而成的整个阀门外壳进行的压力试验。其目的是检验阀体和阀盖的致密性及包括阀体与阀盖连接处在内的整个壳体的耐压能力。

每台阀门出厂前均应进行壳体试验。在壳体试验之前，不允许对阀门涂漆或使用其他防止渗漏的涂层。但允许进行无密封作用的化学防锈处理及给衬里阀门衬里。如果用户抽查库存阀门，则不再除掉已有涂层。

在试验过程中，不得对阀门施加影响试验结果的外力。试验压力在保压和检测期间应维持不变。用液体作试验时，应尽量排除阀门体腔内的气体。在达到保压时间后，壳体（包括填料函及阀体与阀盖连接处）不得发生渗漏或引起结构损伤。

密封阀门的进出口，阀门部分开启，向阀门壳体充入试验介质，排净阀门体腔内的空气，逐渐加压到 1.5 倍的 CWP，按照表 23-6 要求的时间保持试验压力，然后检查阀门壳体各处（包括阀体、阀盖连接法兰、填料箱等各连接处）是否有泄漏。对于可调阀杆密封结构的阀门，试验期间阀杆密封应能保持阀门的实验压力；对于不可调阀杆密封结构的阀门，试验期间不允许有可见的泄漏。

壳体试验的方法和步骤如下：封闭阀门进口和出口，压紧填料压盖，使启闭件处于部分开启位置；给阀腔充满试验介质，并逐渐加压到试验压力（止回阀类应从进口端加压）；保压达到规定时间后，检查壳体（包括填料函及阀体与阀盖连接处）是否有渗漏。

表 23-6　阀门试验持续时间

阀门规格		最短试验持续时间/s				
		壳体		上密封	密封	
NPS	DN	止回阀	其他阀门		止回阀	其他阀门
≤2	≤50	60	15	15	60	15
2.5～6	65～150	60	60	60	60	60
8～12	200～300	60	120	60	60	120
≥14	≥350	120	300	60	120	120

如订货合同有气体介质的壳体试验要求时，应先进行液体压力试验，试验结果合格后，排净阀腔内的液体，封闭密封阀门的进出口，阀门部分开启，将阀门浸入水中。向阀门壳体充入气体，逐渐加压到 1.1 倍的 CWP，按照表 23-6 要求的时间保持试验压力，观察水中有无气泡漏出。

注意，气体高压试验应采取相应的安全保护措施。壳体试验时，不应有结构损伤，不允许有可见渗漏通过阀门壳壁和任何固定的阀体连接处（如中法兰）。如果试验介质为液体，则不得有明显可见的液滴或表面潮湿；如果试验介质为气体，应无气泡漏出。

② 上密封试验　除订货合同另有规定外，对具有上密封结构的阀门，其上密封试验可由制造厂选择用高压试验或用低压试验。

试验时封闭阀门的进出口，松开填料压盖（如果阀门设计上有上密封检查装置，而且在不放松填料压盖的情况下能够可靠地检查上密封的性能，则不必放松填料压盖），阀门处于全开状态，使上密封关闭，给阀腔充满试验介质，并逐渐加压到规定的压力，按照表 23-6 要求的时间保持试验压力，然后检查上密封性能，不允许有可见的泄漏。

上密封试验可以在壳体试验前进行。

③ 密封试验　阀门在密封试验期间，除油封结构的旋塞阀外，其他结构阀门的密封面应是清洁的。为防止密封面被划伤，可以涂一层黏度不超过煤油的润滑油。

有两个密封副、阀体和阀盖有中腔结构的阀门（如闸阀、球阀等），试验时应将该中腔内充满试验压力的介质。

除止回阀外，对规定了介质流向的阀门，应按照规定的流向施加试验压力。

各类阀门的压力试验方法按照表 23-7 的要求进行，根据表 23-4 及表 23-5 规定的压力对阀门进行加压，并按照表 23-6 规定的时间维持此压力。在试验持续时间内，试验介质通过密封副的最大允许泄漏量参考表 23-8～表 23-10。

表 23-7　各类阀门的压力试验方法

阀类	试验方法
闸阀/球阀/旋塞阀	封闭阀门两端，启闭件处于微开启状态。给体腔充满试验介质，并逐渐加压到试验压力，关闭启闭件，释放阀门一端的压力。阀门另一端也按同样方法加压
	有两个独立密封副的阀门也可以向两个密封副之间的体腔充入介质并施加压力
截止阀/隔膜阀	应在对阀座密封最不利的方向上向启闭件加压。例如，对于截止阀和角式隔膜阀，应沿着使阀瓣打开的方向充入介质并施加压力
蝶阀	应沿着对阀座最不利的方向充入介质并施加压力，对称阀座的蝶阀可沿任一方向加压
止回阀	应沿着使阀瓣关闭的方向充入介质并施加压力

表 23-8　密封试验的最大允许泄漏率（GB/T 26480）

DN	所有弹性密封副阀门 /(滴或气泡/min)	除止回阀外的所有金属密封阀门		金属密封止回阀	
		液体试验[①] /(滴/min)	气体试验 /(气泡/min)	液体试验 /(mL/min)	气体试验 /(m³/h)
≤50	0	0[②]	0[②]	$3 \times DN/25$	$0.042 \times DN/25$
65		5	10		
80		6	12		
100～250		$2 \times DN/25$	$4 \times DN/25$		
300		20	40		
>350[③]		$2 \times DN/25$	$4 \times DN/25$		

① 对液体试验 1mL（cm³）相当于 16 滴。

② 对液体试验表示在每个规定的最短试验持续时间内无可见泄漏，对于气体试验表示在每个规定的最短时间内泄漏量小于 1 个气泡。

③ 对于规格大于 DN600 的止回阀，允许的泄漏率应由买方与制造厂商定。

表 23-9 密封试验的最大允许泄漏率（GB/T 13927）

试验介质	泄漏率单位	A级	AA级	B级	C级	CC级	D级	E级	EE级	F级	G级
液体	mm³/s	在试验压力持续时间内无可见泄漏	0.006×DN	0.01×DN	0.03×DN	0.08×DN	0.1×DN	0.3×DN	0.39×DN	1×DN	2×DN
	滴/min		0.006×DN	0.01×DN	0.03×DN	0.08×DN	0.1×DN	0.29×DN	0.37×DN	0.96×DN	1.92×DN
气体	mm³/s		0.18×DN	0.3×DN	3×DN	22.3×DN	30×DN	300×DN	470×DN	3000×DN	6000×DN
	气泡/min		0.18×DN	0.28×DN	2.75×DN	20.4×DN	27.5×DN	275×DN	428×DN	2750×DN	5500×DN

表 23-10 密封试验的最大允许泄漏率（API 598—2009）

阀门规格 DN	所有弹性密封阀门	除止回阀外的所有金属密封阀门		金属密封止回阀		
		液体试验/(滴/min)	气体试验/(气泡/min)	液体试验/(mL/min)	气体试验/(m³/h)	气体试验/(ft³/h)①
≤50	0	0	0	6	0.08	3
65	0	5	10	7.5	0.11	3.75
80	0	6	12	9	0.13	4.5
100	0	8	16	12	0.17	6
125	0	10	20	15	0.21	7.5
150	0	12	24	18	0.25	9
200	0	16	32	24	0.34	12
250	0	20	40	30	0.42	15
300	0	24	48	36	0.50	18
350	0	28	56	42	0.59	21
400	0	32	64	48	0.67	24
450	0	36	72	54	0.76	27
500	0	40	80	60	0.84	30
600	0	48	96	72	1.01	36
650	0	52	104	78	1.09	39
700	0	56	112	84	1.18	42
750	0	60	120	90	1.26	45
800	0	64	128	96	1.34	48
900	0	72	144	108	1.51	54
1000	0	80	160	120	1.68	60
1050	0	84	168	126	1.76	63
1200	0	96	192	144	2.02	72

① 1ft³ = 0.028m³。

23.2.3 阀门压力试验的一般要求

(1) 阀门压力试验设备的要求

压力试验设备应能承受一定的外部负荷，以抵御试验压力，同时不应使阀门受到外部应力从而影响试验结果。如使用端部对夹试验装置时，阀门制造厂应能证实该试验装置不影响被测阀门的密封性。对夹式止回阀和对夹式蝶阀等装配在配合法兰间的阀门，可使用端部对夹装置。对于两端对焊的阀门使用端部对夹装置时，其密封点应尽可能靠近焊接端，以避免焊接端承受过大应力。设备应能保持夹紧力与打压压力同步增加或减少。对于焊接端内口规则的阀门，也可以采用内胀式密封结构的盲法兰。

试验装置应能保证试验压力在保压和检测期间维持不变。用液体做试验时，应能尽可能排除阀门腔体内的气体。必要时，可考虑在阀腔预抽真空后再充液体。

(2) 压力试验介质要求

试验介质为液体或气体。如果试验介质为液体，可以是水、煤油或黏度不高于水的非腐蚀性液体。水中可以含有防锈剂。奥氏体不锈钢材料的阀门进行试验时，一般所使用的水含氯化物量应不超过 100mg/L。阀门制造商应该对打压用水进行检测并记录。也有一些标准对水的要求更高，如 API 6D 要求水中氯化物量含量应不超过 30mg/L。

试验介质为气体时，气体可以是空气、氮气或其他惰性气体。

试验的介质温度一般要求为 5~40℃，也有标准要求不超过 52℃。

(3) 压力试验的仪表要求

① 对于压力仪表的一般要求　试验所用的模拟或数字式压力仪表应是指示式或记录式的，但它必须以正确的方式安装，以能够表示被试组件的真实压力。压力仪表在测量试验压力时，其误差不应大于所测试验压力的 5%。对于模拟式压力表，应该在标度范围的 20% 到 80% 之间使用。

② 对于测量阀座泄漏量的仪表的一般要求　流量计的不精确度应不超过测量读数的 ±10%。阀门制造商在使用空气或氮气作阀座泄漏试验时，流量计用空气或氮气之一标定使用都可以接受。如果使用其他惰性气体，如氦气，则流量计必须使用氦气进行标定。

阀门制造商有责任保持测量仪表的精确度，并保存校准记录以备查验。

23.3　阀门的寿命试验

阀门寿命是阀门质量的综合反映。由于阀门使用工况千变万化，阀门生产厂很难按照实际工况对阀门进行寿命试验。通常，阀门制造厂通过静压寿命试验来检验阀门的综合性能，即在实验室条件下，阀门在受介质压力作用时，进行从全开到全关的循环操作的试验。阀门进行静压寿命试验，能保持标准要求性能的开关循环总次数作为判断阀门质量的一个重要指标。我国机械行业标准 JB/T 8858、JB/T 8861 与 JB/T 8863 分别规定了闸阀、截止阀、旋塞阀、球阀及蝶阀的静压寿命规程。

图 23-1 为阀门静压寿命试验系统原理图。试验介质为常温水。若需用空气作试验介质，应按阀门的额定压力控制试验时的开启压力。无论阀门是采用何种方式操作的，进行静压寿命试验时，其所配带的操作装置应与阀门一同进行启闭循环试验。手柄（轮）直接带动或由蜗轮减速机构带动的手动操作旋塞阀，应用寿命试验机的驱动机构带动旋塞阀的手柄（轮）

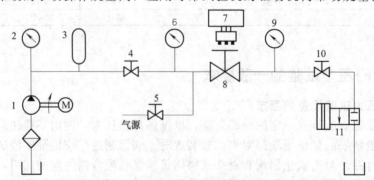

图 23-1　阀门静压寿命试验系统原理

1—往复泵；2—压力表；3—稳压容器；4—水系统阀；5—气系统阀；6—阀前压力表；
7—驱动机构；8—被测阀门；9—阀后压力表；10—阀后控制阀；11—液压泄放阀

或蜗轮减速机构的手轮，由电动、液动、气动或其他电液气联动装置驱动的阀门，应用其所配带的操作驱动装置带动阀门进行启闭循环试验。

静压寿命试验时，从全关保持密封位置为起点，阀门的开度应达到其实际开度的90%以上（旋塞阀、球阀要求100%）；从开启位置到关闭的过程，体腔内应充满介质并带压，介质压力为阀门公称压力的90%～100%；到达关闭位置后，阀的出口侧应将介质压力释放。阀门在试验介质的压力条件下开启。阀门有额定压力要求时，试验时应以额定压力为试验压力。

试验时，应控制启闭位置。应按以阀门操作试验测量得到的最大启闭力矩操作，操作力矩不得超过一人用阀门所配带的驱动手轮所能产生的力矩或产品标准规定的操作力矩。驱动机构的试验输出力矩重复偏差应小于5%。

静压寿命试验过程中，应根据密封副配对材料的特性，每启闭循环2000～3000次，进行一次密封性能和操作力矩的检查。密封性能合格后，继续试验；手动操作的阀门，若操作力矩有变化可予以调整，用其他配带操作机构的阀门，不能予以调整。

若阀门有流向安装要求时，应以要求的流向安装。

静压寿命试验次数的记录，应通过寿命试验机或电动、液动、气动或其他电液气联动装置驱动的行程开关所提供的信号，采用电磁计数器记录。

当发生下列情况时，应终止试验：密封试验检查时，密封性能不能符合标准要求；阀杆填料不能保持密封，阀体其他部位泄漏等；阀门的阀杆、轴套等零件磨损，不能正常启闭操作或启闭操作力矩发生较大的变化，不符合阀门操作扭矩的规定。

达到要求的试验次数后，阀门的性能符合标准要求时，以此试验次数为静压寿命试验次数。若试验期间，出现异常情况或性能不符合标准要求时，以终止前一次检查时所对应的启闭循环次数为静压寿命试验次数。

对于静压寿命试验的评估目前还没有统一的标准，有一些企业标准可供参考，如原石化通用机械工业局企业标准对阀门质量分3级。对于球阀，C级不规定寿命次数，A、B级以DN100为界线，≤DN100，A级为2万次，B级为1万次；＞DN100，A级为1万次，B级为6千次。对于软密封蝶阀，C级不规定寿命次数，A、B级以DN80为界线，≤DN80，A级为4.5万次，B级为3万次；＞DN80，A级为3万次，B级为2万次。

23.4　阀门的流量系数和流阻系数试验

流量系数是用于说明规定条件下阀门流通能力的基本系数。通过试验得出的准确的阀门流量系数对阀门的设计和选型有重大的指导意义。

基本的流量试验系统见图23-2。上游节流阀用来控制试验段入口压力，下游节流阀用于试验期间的控制。这两个阀一起用来控制试验段取压口前后的压差，并使下游压力保持一个特定值。上游阀安装位置应不影响流量测量的精度，而且当用液体进行试验时，应避免在

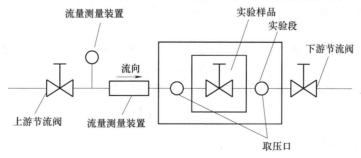

图23-2　基本的流量试验系统

上游阀处出现汽化。下游节流阀的公称尺寸可大于实验样品的公称尺寸，以保证阻塞流发生在试验样品内。

试验段由两段带取压口的直管段组成，口径与实验样品的公称尺寸一致。取压口的孔径至少为3mm，但不能超过12mm或公称通径的1/10（取其小者）。对于通用阀门和调节阀门的流量试验要求管道长度与取压口位置略有不同（见表23-11）。

流量测量仪表一般位于试验段上游，精确度应达到读数的±2%。系统中所有压力和压差测量的精确度应达到读数的±2%。流体入口温度测量的精确度应达到±1℃。

流量试验介质为一般5～40℃的水、空气或其他可压缩气体（饱和蒸汽不可用作试验流体）。水中可添加防腐剂和阻垢剂。

使用水做确定流量系数C的试验时，应在紊流，无空化区域内3个压差点（但不低于0.1bar，1bar＝0.1MPa）上进行流量测量。建议的压差是：① 恰好在空化点以下（刚开始空化）或实验设备可获得的最大值，取其中较小值；② 约为①所述压差的50%；③ 约为①所述压差的10%。

在阀门选定的行程下，通过试验段两端的取压口测量压力。通用阀门只需要测试在全开位置的数据，控制阀还需要5%、10%、20%、30%、40%、50%、60%、70%、80%、90%行程位置的数据。

记录下列数据：阀门行程；入口压力P_1；上、下游取压口的压差（P_1-P_2）；流体入口温度T_1；体积流量Q；大气压力；实验样品的结构描述（例如阀门型式、公称尺寸、公称压力、流向）。

表 23-11 试验段管道要求

类别	L_1	L_2	L_3	L_4
调节阀	2D	6D	≥18D	1D
通用阀	≥5D	≥10D	≥10D	≥10D

试验段管道要求

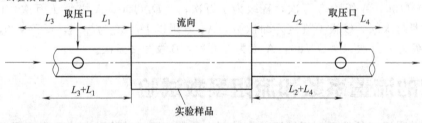

注：D为管道公称通径。若在管道中使用整流导叶，L_3可缩短到≥8D。

流量系数按照下面的公式计算

$$C=\frac{Q}{N_1}\sqrt{\frac{\rho_1/\rho_0}{\Delta P}}$$

对于规定温度范围内的水，$\rho_1/\rho_0=1$，当流量单位为m³/h，压力单位为bar（0.1MPa）时，$N_1=1$。

由于部分通用阀门试验时管道的压力损失不可忽略，在计算的时候要把这一部分减去

$$\Delta P=\Delta P_{测量}-\Delta P_{管道}$$

管道的压力损失可通过将实验阀门拆掉，用管道直接相连测得，也可用下列公式计算

$$\Delta P_{管道}=\lambda\frac{L}{d}\times\frac{\rho v^2}{2}$$

式中　d——管道内径，m；

　　　L——两个取压口之间的距离，m；

ρ——介质密度，kg/m³（对于水取 1）；

λ——沿程阻力系数，水流通过管段的摩擦损失，是与雷诺数有关的一个无量纲系数；

v——根据流量 Q 和管道内径 d 计算的平均水流速度，m/s。

23.5 阀门的耐火试验

23.5.1 耐火试验系统

由于某些阀门使用的工况存在发生火灾的风险，要求阀门在经过一定时间的火烧后仍然具有一定的操作性能和密封性能。耐火试验的目的是经过 30min 左右的火烧，验证阀门在火烧期间和之后的泄漏量在一个可接受的水平，同时阀门仍具有一定的操作性。30min 试验周期是正常情况下燃烧可以熄灭的最长时间。典型的阀门耐火试验的试验系统见图23-3。

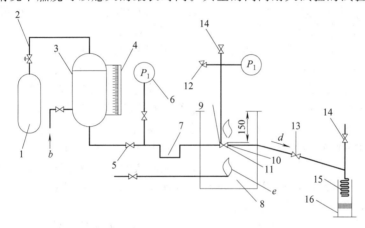

(a) 用压缩气体作为压力源

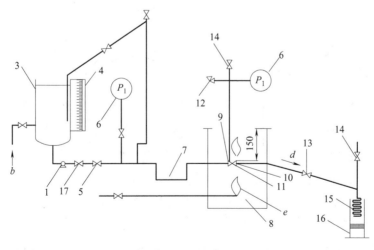

(b) 用泵作为压力源

图 23-3 典型的阀门耐火试验系统

1—压力源；2—压力调节阀；3—水罐；4—水位计；5,13—截止阀；6—压力表；7—阻气管；8—测试箱；
9—试验阀；10—测温块；11—温度传感器；12—与试验阀中腔相连的压力泄放阀和压力表；
14—排气阀；15—冷凝器；16—计量容器；17—止回阀

目前国内外针对阀门耐火试验的标准众多，而且试验方法及判断标准不尽相同，下面以典型的阀门耐火试验为例，说明试验的要求和程序。

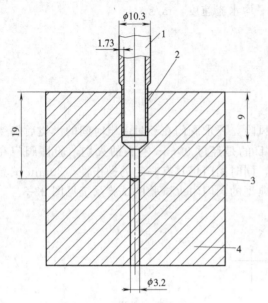

图 23-4　测温块的设计及尺寸
1—管；2—Rc 1/8 管螺纹；3—热电偶插孔；
4—立方体测温块（38mm）

与试验阀直接相连的进口侧管道公称尺寸的确定方法为：当试验阀的公称尺寸＜DN50 时应不小于试验阀公称尺寸的一半；当试验阀的公称尺寸≥DN50 时应不小于25mm。距试验阀至少 150mm 的管段都应处在火区内。试验阀出口侧管道的公称尺寸应在 DN15 至 DN25 之间，其设置应有一定的斜度。试验阀与试验箱壁之间应至少留150mm 的水平间隙，试验箱顶部至少比试验阀顶部高 150mm。安装试验阀时应使阀杆和通道均处在水平位置，但止回阀应按其正常的操作位置安装。

用水作为试验介质，用气体作为试验燃料。

试验过程中可以调整试验系统中除了试验阀以外的设备，以保证试验温度和压力值达到试验要求。

测温块用碳钢制成，其尺寸如图 23-4 所示。测温块的中心放置热电偶。对于公称尺寸≤DN150 的试验阀，应设置两个测温块，如图 23-5 所示。对于公称尺寸＞DN150 的试验阀，应设置 3 个测温块，如图 23-6 所示。

与试验阀门中腔相连的压力泄放阀用来防止试验阀门中腔积集的液体因汽化升空造成阀体破裂。压力泄放阀的整定压力为试验阀 20℃时最大允许工作压力的 1.5 倍。

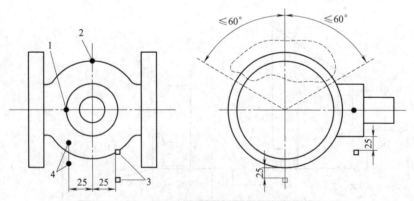

图 23-5　两个测温块和测量火区温度热电偶的设置
1—阀盖热电偶；2—阀体热电偶；3—火区测温块；4—火区热电偶

如图 23-3 所示，试验前，先将试验阀 9 处于部分开启位置，打开截止阀 5、排气阀 14 和截止阀 13，给系统注水并排除空气；系统注满水后关闭截止阀 13、排气阀 14；关闭试验阀 9 然后打开截止阀 13，用水对系统加压，压力为试验阀 20℃下最大允许工作压力的 1.1 倍。检查试验系统是否有泄漏，如有泄漏，应予消除。

如果阀门的进口侧密封副亦具有密封性，那么，当阀门关闭时，应测定出积集在阀门中

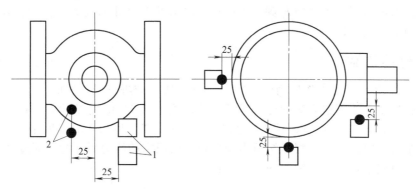

图 23-6　3 个测温块和测量火区温度热电偶的设置

1—测温块；2—火区热电偶

腔的水量，并记录该值。在耐火试验期间如果积集在阀门中腔内的水通过出口侧密封副流到了计量容器 16 中，在确定通过阀门密封副的泄漏量时，应将该水量从计量容器 16 收集的总水量中扣除。

23.5.2　高压试验

高压试验的压力按下述方法确定：对于公称压力（PN）级的试验阀，按表 23-12 的规定；对于其他试验阀，为其 20℃下最大允许工作压力的 75%。

将系统压力调整到上面规定的压力，在包括火烧和冷却的整个高压试验阶段均保持该压力值。允许有一次其最大值为试验压力 50% 的瞬时压力损失，但应在 2min 内恢复试验压力。记录水位计的读数，将计量容器中的水倒空。打开燃料供给阀，点火。点火后的 30min 为火烧期，在该期间应监测火区温度，要求两个热电偶的平均温度在 2 min 内达到 760℃，在火烧期余下的时间里平均温度应在 760～980℃，且两个热电偶的读数均不得低于 705℃。要求测温块中热电偶的平均温度在点火后 15min 内达到 650℃，在火烧期余下的时间里平均温度不得低于该温度，且各测温块中热电偶的读数不得低于 565℃。

表 23-12　阀门耐火试验的试验压力

公称压力 PN	高压试验的压力/MPa	低压试验的压力/MPa
1.0	0.8	
1.6	1.2	0.2
2.0	1.5	
2.5	1.9	
4.0	3.0	0.3
5.0	3.8	0.4
6.4(6.3)	5.0	0.5
10.0	7.7	0.7
15.0	11.5	
25.0	19.2	—
42.0	31.9	

在火烧期每隔 2min 记录一次压力、温度的读数，各热电偶的读数应分别记录。

火烧时间达到 30min 时关闭燃料供给阀。立即测定计量容器中所收集的水量，确定火烧期通过试验阀密封副的总泄漏量。继续收集计量容器中的水量。

用强制冷却或自然冷却的方法将试验阀冷却到外表温度≤100℃。记录下试验阀外表面冷却到 100℃所需的时间，试验阀内部温度可以比外表面高，但最好使内部温度与外表面温度达到平衡。当试验阀外表面冷却到 100℃时，记录下水位计的读数及计量容器中的水量，以确定试验阀的外泄漏量。

23.5.3 低压试验

对于 20℃下最大允许工作压力≤11MPa 的试验阀，应进行低压试验。

低压试验的压力按下述方法确定：对于公称压力（PN）级的试验阀，按表 23-12 的规定；对于其他试验阀，为其 20℃下最大允许工作压力的 7% 和 0.2MPa 两者中的大值。

在火烧结束阀门冷却后，将系统压力调整到上面规定的压力后，检测通过试验阀密封副的泄漏量及外泄漏量，检漏持续时间为 5min。

23.5.4 操作试验

耐火试验之后，在高压测试的试验压力下，阀门能从关闭状态打开到全开位置。操作阀门的力矩不超过正常操作阀门力矩或制造厂推荐的力矩。

当阀门处于开启状态，在高压下再次测量外泄漏量，各阶段允许的泄漏量见表 23-13。

表 23-13　试验阀的性能要求

试验项目	检测内容	试验持续时间/min	最大允许泄漏率 /(mL/min)
高压试验	试验阀密封副的泄漏率	30min 的火烧期	16DN
	试验阀的外泄漏率	30min 的火烧期 + 试验阀外表冷却到 100℃ 所需的时间	4DN
低压试验	试验阀密封副的泄漏率	5min	1.6DN
	试验阀的外泄漏率		0.8DN
操作试验	试验阀的外泄漏率	5min	8DN

23.6 阀门的逸散性试验

阀门的压力试验解决了阀门可见的外漏问题，包括阀体垫片处和填料处的泄漏。但随着对节约能源和环境保护的要求越来越高，人们对于生产装置中挥发性有机物（VOC）的逸散越来越重视。逸散是指任何物理形态的任意化学品或化学品的混合物，其从工业场所的设备中发生的非预期的或隐蔽的泄漏现象。据调查，生产装置中 VOC 逸散一半来自阀门，而阀门逸散主要来自阀门的填料密封。

23.6.1 阀门逸散性检测方法

阀门的逸散性检测主要检测阀门填料和阀体垫片处的微量泄漏。常用的泄漏检测方法如气泡法检漏可测出最小 10^{-3}atm·cc/s（1atm·cc/s=0.1Pa·m^3/s）级的漏率，压降法检漏可测出最小 10^{-4}atm·cc/s 级的漏率。而阀门的逸散一般在 10^{-5}atm·cc/s 级以下，用常规的泄漏检测方法无法检出，要使用氦气检漏设备才能检出。

氦气检漏的方法有局部检漏（喷气法与吸气法）和总漏率检测（真空法、吸气累积检漏与背压式检漏），对阀门出厂逸散性试验一般采取局部吸气检漏的方法，检测系统参考图 23-7。

被测的阀门应是全部装配结束，已按适用标准进行检验和试验合格的。在测试前，要对阀门进行清洗和干燥，确保被测试阀门所有表面清洁干净，无油迹、油脂、粉尘、湿气或任何在测试状态下有可能蒸发挥发的物质。试验阀门的端部密封、试验系统的各设备和管路连接处应密封可靠，在试验过程中不允许有影响检测结果的泄漏发生。

试验使用体积含量不低于 97% 的氦气，测试压力一般为 0.6MPa。测试温度为室温，在

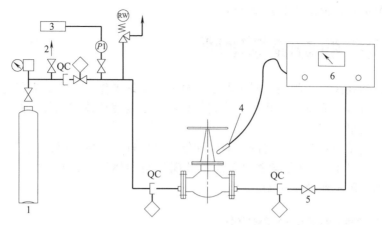

图 23-7　局部吸气检漏检测系统

QC—快速接头；1—氦气源；2—泄放阀；3—压力记录仪；4—吸枪；
5—抽真空截止阀；6—氦质谱仪

测试开始前使用真空泵将被测阀门抽成真空再充氦或使用置换空气的方法使阀腔充氦。

23.6.2　阀杆密封泄漏量的测量

将阀门处于半开，充入氦气加压到 0.6MPa。将吸枪置于距离探测源 1～2m 距离的任意地方，用以测量探测源周围的环境氦浓度并记录为本底噪声。测量单位采用百万分体积含量（1ppmv＝1mL/m³＝1cm³/m³），一般未受氦污染的空气中氦气浓度为 5ppmv。当附近有氦气泄漏干扰测量时，环境浓度可在靠近探测源的地方测出，但离探测源绝不能小于 25cm。然后用吸枪在阀杆密封处 1cm 左右缓慢移动（过远则灵敏度降低，过近则容易吸入阀门表面附着的粉尘，易造成吸枪过滤芯的堵塞），如图 23-8 所示。测量此时的阀杆密封处的泄漏量。然后在试验压力下全开和全关阀门 5 次。再次测量阀杆密封处的泄漏量。

用测得密封处的泄漏量扣除本底噪声即为阀杆密封处的逸散值，此值应符合表 23-14 的规定。

表 23-14　阀杆密封处的密封等级

等级	量值/ppmv	备　注
A	≤50	典型结构为波纹管密封或具有相同阀杆密封的部分回转阀门
B	≤100	典型结构为 PTFE 填料或橡胶密封
C	≤1000	典型结构为柔性石墨填料

注：1ppmv＝1mL/m³。

23.6.3　阀体密封泄漏量的测量

将阀门处于半开，充入氦气加压到 0.6MPa。将吸枪置于距离探测源 1～2m 距离的任意地方，用以测量探测源周围的环境氦浓度并记录为本底噪声。当附近有氦气泄漏干扰测量时，环境浓度可在靠近探测源的地方测出，但离探测源绝不能小于 25cm。然后用吸枪在阀体密封处 1cm 左右缓慢移动。测量此时的阀体密封处的泄漏量。

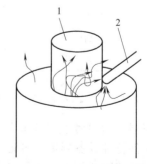

图 23-8　阀杆密封区局部吸气检测
1—阀杆；2—吸枪

用测得阀体密封处的泄漏量扣除本底噪声即为阀

体密封处的逸散值，此值应不超过 50ppmv。

23.7 阀门的防静电试验

软密封球阀和蝶阀由于阀座材料是非金属材料，有绝缘作用，会集聚静电。静电能引起火花，而火花又可能造成爆炸。防静电球阀、蝶阀就是能使球体或蝶板、阀杆和阀体之间导电，从而把静电引出。

阀门的防静电试验是验证阀门的防静电性能。试验选取新的干燥的阀门，至少经过 5 次启闭后，使用不超过 12V 的直流电源来测量关闭件与阀体以及阀杆/轴和与阀体之间的电阻。要求测得的电阻不能超过 10Ω。

23.8 阀门的型式试验

阀门的检验和试验通常分为出厂试验和型式试验，表 23-15 所列的 8 类阀门，出厂试验只做压力试验，即壳体试验、密封试验和上密封试验（有上密封性能要求的阀门）。如果客户订单有要求时，也可选作其他项目。阀门型式试验是产品完成研制定型鉴定前对产品进行全性能及质量的全面鉴定，包括表 23-15 所列的全部实验项目。

有下列情况之一时，一般应进行型式试验：新产品或老产品转厂生产的试制定型鉴定；正式生产后，如结构、材料、工艺有较大改变，可能影响产品性能时；正式生产时，定期或积累一定产量后，应周期性进行一次检验；产品长期停产后，恢复生产时；出厂检验结果与上次型式试验有较大差异时；国家质量监督机构提出进行型式试验的要求时。

表 23-15　各类阀门的检验和试验项目

阀门类型		闸阀	截止阀	节流阀	球阀	蝶阀	隔膜阀	旋塞阀	止回阀
检验和试验项目	壳体强度	√	√	√	√	√	√	√	√
	密封试验	√	√	—	√	√	√	√	√
	上密封试验	√	√						
	铸件质量	√	√	√	√	√	√	√	√
	连续无故障启闭运行	√	√	√	√	√	√	√	—
	最小阀体壁厚	√	√	√	√	√	√	√	√
	内腔清洁度	√	√	√	√	√	√	√	√
	最大启闭力矩	√	√	—	√	√	√	√	—
	防静电试验	—	—	—	—	—	—	—	—
	耐火试验	—	—	—					
	零部件检验	√	√	√	√	√	√	√	√
	流量试验	√	√	√	√	√	√	√	√

注：1. 有上密封性能要求的阀门需要进行上密封试验。

2. 其他类型阀门有耐火要求也可进行耐火试验。

在我国，阀门属于管道压力元件，阀门的生产实行制造许可证制度。阀门生产厂申请管道压力元件特种设备制造许可证，其阀门产品的型式试验还要符合 TSG D7002 压力管道元件型式试验规则的要求。必须进行型式试验的压力管道用金属阀门典型产品如下。

① 用于中等以上毒性介质、易燃易爆介质、高压（≥10MPa）、高温（≥425℃）的闸

阀、截止阀（节流阀）、球阀、蝶阀、旋塞阀、隔膜阀、柱塞阀、止回阀等。

② 低温阀门（闸阀、截止阀、球阀、蝶阀）。

③ 紧急切断阀（普通用紧急切断阀、低温用紧急切断阀）。

④ 调压阀（自动减压阀、气动调节阀、电动调节阀、电站调节阀）。

型式试验应在经国家质量监督检验检疫总局核准的检验机构进行。型式试验项目及内容见表23-16。

表 23-16 压力管道用金属阀门典型产品型式试验项目及内容

典型产品名称		型式试验项目及其内容	
		设计审查	检验与实验
闸阀		产品技术要求和性能说明,产品结构,强度校核计算(标准中没有确定值时),阀体、阀盖和阀杆等零件材料的选用及热处理工艺要求,密封面堆焊和其他有焊接处的技术要求;有无损检测时,无损检测方法、部位、检验与试验要求等	阀体表面质量,阀体标志,阀体和阀盖材料的化学成分,阀体最小壁厚,最小阀杆直径,阀杆硬度(HB),闸阀闸板密封面硬度,截止阀和止回阀阀瓣的硬度,壳体耐压强度和密封性能,阀门的带压开启-关闭操作性能(止回阀除外),钢质闸阀关闭件强度($DN \geqslant 200$),无损检测(仅适用于焊接阀和公称压力 $PN > 16.0MPa$ 的阀),球阀的防静电性能和耐火性能(仅适用于具有防静电和防火标志产品)
截止阀(节流阀)			
球阀			
旋塞阀			
止回阀			
蝶阀			
隔膜阀			
柱塞阀			
低温阀门	低温闸阀	产品技术要求和性能说明,产品结构,强度校核计算(标准中没有确定值时),阀体、阀盖和阀杆等零件材料的选用及低温处理工艺要求,密封面堆焊和其他有焊接处的技术要求;有无损检测时,无损检测方法、部位、检验与试验要求等	阀体表面质量,阀体标志,阀体和阀盖材料的化学成分,阀体最小壁厚,最小阀杆直径,常温条件下壳体耐压强度和密封性能,无损检测,低温状态下的带压开启-关闭操作性能,低温状态下的阀座密封性能
	低温截止阀		
	低温球阀		
	低温蝶阀		
普通用紧急切断阀		产品技术要求和性能说明,产品结构,强度校核计算(标准中没有确定值时),阀体、阀盖和阀杆等零件材料的选用及热处理工艺要求或低温处理规程要求(低温用紧急切断阀),密封面堆焊和其他有焊接处的技术要求;有无损检测时,无损检测方法、部位、检验与试验要求等	阀体表面质量,阀体标志,阀体和阀盖材料的化学成分,阀体最小壁厚,最小阀杆直径,常温条件下壳体耐压强度和密封性能,动作性能,过流行能,自然闭止性能,反复操作性能,易焊元件熔融性能,抗振动性能;低温用紧急切断阀除需要保证常温性能外,还需要保证低温介质条件下的动作性能和密封性能
低温用紧急切断阀			
调压阀	减压阀	产品技术要求和性能说明,产品结构,强度校核计算(标准中没有确定值时),阀体、阀盖和阀杆等零件材料的选用及热处理工艺要求,密封面堆焊和其他有焊接处的技术要求;有无损检测时,无损检测方法、部位、检验与试验要求等	阀体表面质量,阀体标志,阀体和阀盖材料的化学成分(钢质)或力学性能(铁质),基本误差、回查、死区,额定行程偏差,泄漏量,填料函及其他连接处密封性,耐压强度,额定流量系数,固有流量特性,动作寿命,耐工作振动影响(适用于电动调节阀),长期运行稳定性(适用于电动调节阀)
	气动调节阀		
	电动调节阀		

型式试验的抽样规则:用于型式试验的金属阀门样品为2件不同规格的阀门(一般应为大直径、低压力和小口径、高压力的组合)进行试验。一般情况下,阀门型式试验的抽样基数应不少于5件。当阀门样品型式试验不合格需要复验抽样时,应加倍抽取复验阀门样品。

同一种型号的压力管道用金属阀门型式试验的覆盖范围见表23-17。

型式试验的方法及验收要求见相关标准。

表 23-17　压力管道用金属阀门型式试验的覆盖范围

典型产品名称		覆盖范围
闸阀		同时满足公称压力和公称尺寸的产品
截止阀（节流阀）		(1) $DN^* \leqslant 2DN$
球阀		(2) 当 $PN \leqslant 6.4$MPa 时，$PN^* \leqslant 6.4$MPa
旋塞阀		当 6.4MPa$<PN \leqslant 16$MPa 时，$PN^* \leqslant 16$MPa
止回阀		当 16MPa$<PN \leqslant 35$MPa 时，$PN^* \leqslant 35$MPa
		当 $PN > 35$MPa 时，$PN^* \leqslant PN$
蝶阀		同时满足公称压力和公称尺寸的产品
隔膜阀		(1) $DN^* \leqslant 2DN$
柱塞阀		(2) 当 $PN \leqslant 2.5$MPa 时，$PN^* \leqslant 2.5$MPa
		当 $PN > 2.5$MPa 时，$PN^* \leqslant PN$
低温阀门	低温闸阀	同时满足公称压力和公称尺寸的产品
	低温截止阀	(1) $DN^* \leqslant 2DN$
	低温球阀	(2) 当 $PN \leqslant 4.0$MPa 时，$PN^* \leqslant 4.0$MPa
	低温蝶阀	当 $PN > 4.0$MPa 时，$PN^* \leqslant PN$
普通用紧急切断阀		同时满足公称压力和公称尺寸的产品
		(1) $DN^* \leqslant 2DN$
低温用紧急切断阀		(2) 当 $PN \leqslant 4.0$MPa 时，$PN^* \leqslant 4.0$MPa
		当 $PN > 4.0$MPa 时，$PN^* \leqslant PN$
调压阀	减压阀	同时满足公称压力和公称尺寸的产品
	气动调节阀	(1) $DN^* \leqslant 2DN$
		(2) 当 $PN \leqslant 4.0$MPa 时，$PN^* \leqslant 4.0$MPa
	电动调节阀	当 $PN > 4.0$MPa 时，$PN^* \leqslant PN$

23.9　常见阀门的试验

23.9.1　低温阀门的试验

低温阀门的测试分为常温试验和低温试验。其中低温试验为型式试验和客户要求的试验项目。

(1) 低温阀门试验要求

阀门进行低温试验前，应首先通过常温的压力试验项目。并且在试验前，应清除阀门及试验系统的水分、油脂和其他污染物。试验阀门应安装合适尺寸的执行机构，试验首选产品需要的执行机构。如果不能实现，可安装一个类似客户需要的执行机构，可提供同样的阀门出力与阀门行程。

冷却介质：温度大于−196℃的测试冷却液采用喷淋液氮（也有使用液氮与酒精的混合液），温度等于−196℃的测试冷却液为液氮。

测试温度：根据订单要求。温度±5℃之内的变化都不影响测试的有效性。阀体至少需安装一个热电偶。第二个热电偶应安装在填料区域。第三个热电偶应安装在阀门内部接近关闭件位置，如果无法实现，则需安装于压力管道的出口。应同时记录室温。

测试介质：氦气，工业级，纯度99.99%以上。但纯氮或99%氮混合1%氦的混合气可用于温度≥−110℃的阀座测试。

承压工装夹具（如测试法兰）：应适用于低温下的测试温度压力。

泄漏量测量仪表：精度应达到读数的±10％。常温测试的流量计可用氦气或氮气标定。允许使用空气标定的流量计测量氮气。低温测试的流量计应用氦气标定。

压力测量仪表：精度应达到读数的±5％。

按照图 23-9 所示系统连接阀门。阀门进口接测试介质，出口管道通大气或接低压损测量设备。按照下面步骤进行试验。

(2) 开/关阀门的阀座泄漏测试和操作测试

① 在冷却操作前，金属阀座阀门的关闭件应处于半开位置，软阀座阀门的关闭件应处于全开位置。操作阀门，并使用洁净的氦气或氮气来置换阀门内的空气和潜在的水汽。

② 将阀门浸入冷却介质，冷却介质至少要淹没阀体和阀盖的接头顶部。保持阀腔内置换气一定的压力，以防止水气进入。

③ 当阀体和阀内件达到指定温度时，关闭下游截止阀，终止气体置换。将阀门处于全开位置，保持足够时间使阀门处于热稳定状态。

④ 按照表 23-18 的规定逐渐增压到规定的压力，开关阀门 5 次作低温操作性能试验。

⑤ 半开阀门，在规定的试验压力下保持 15min，检查阀门填料、阀体和阀盖连接处的密封性。

⑥ 关闭试验阀门，打开下游截止阀。在当压力和泄漏值达到稳定状态时，测试并记录阀座泄漏量。

⑦ 在全压差下，全开并全闭阀门。测试并记录开启阀门所需的扭矩值。然后全开全闭阀门 4 次。检测并记录最终操作阀门时开启和关闭阀门的扭矩值。

⑧ 对于双流密封的阀门，完全减压并半开阀门。然后在阀门另一侧重复上述操作步骤。

⑨ 操作测试的结果应符合相应的规范要求，阀座泄漏测试的验收标准应符合表 23-19 中的规定。

表 23-18 阀座密封试验最大允许测试值及测试压力增量值

公称压力 PN	阀座密封试验最大允许测试值 p_c/MPa	测试压力增量值/MPa
16	1.6	0.4
20	2	0.5
25	2.5	0.5
40	4	1
50	5	1.25
100	10	2
150	15	3
150	16	4
250 及以上	25	5

(3) 止回阀的阀座泄漏测试和操作测试

① 在正常流向下安装阀门。

② 在冷却操作前，使用洁净的氦或氮来置换阀门内的空气和潜在的水汽。

③ 将阀门浸入冷却介质。保持阀腔内置换气一定的压力，以防止水气进入。

④ 当阀门达到指定温度时，关闭下游截止阀，终止气体置换。保持足够时间使阀门处于热稳定状态。

⑤ 在正向下将测试气体输入阀门，卸载阀座（密封）一次。然后在反向下输入测试气体，按照表 23-18 的规定逐渐增压到规定的压力。当压力和泄漏值达到稳定状态时，在反向下测试并记录阀座泄漏量。

表 23-19　低温性能的试验结果

试验项目		其他阀门	止回阀
填料密封性能试验	试验压力/MPa	p_c	—
	试验持续时间/s	900	
	结果	无可见泄漏	
垫片密封性能试验	试验压力/MPa	p_c	p_c
	试验持续时间/s	900	900
	结果	无可见泄漏	无可见泄漏
密封性能试验	试验压力/MPa	p_c	p_c
	试验持续时间/s	300	300
	泄漏率/(mL/s) 硬密封	$0.1DN$	$0.2DN$
	泄漏率/(mL/s) 软密封	无可见泄漏	无可见泄漏

⑥ 阀座泄漏测试的验收标准见表 23-19。

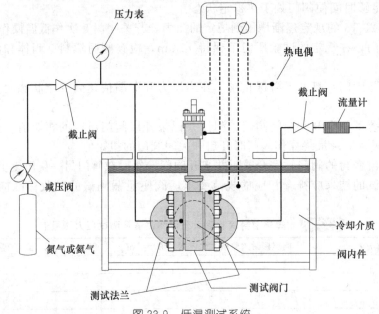

图 23-9　低温测试系统

低温试验完成后，将被测阀门从冷箱中取出，恢复到常温。在升温的过程中保持一定的置换压力。不可人为加热阀门到常温，但可用风扇吹室温空气到阀门来加速升温。

在阀门恢复到常温后，使用氮气或空气重复上述试验，检测并记录阀门的泄漏量、开关扭矩并将结果与低温试验数据进行比较。

23.9.2　真空阀门的试验

真空阀门试验与其他阀门试验的主要区别是对漏率的测量。

真空阀门漏率的定义是：针对于一个体积（V）不变的容器，单位时间（Δt）内压力的变化量（ΔP）与该容器体积（V）的乘积，即 $Q = V \times \Delta P / \Delta t$，单位为 Pa·L/s。

对漏率的测量使用氦质谱检漏法。测量装置如图 23-10 所示，将被测阀门出口与氦质谱仪相连接，为加快试验速度，氦质谱仪可并联辅助真空泵。

（1）阀门总体漏率 Q_m 的测试

按照图 20-10 所示连接被测阀门，阀门的另一侧用盲板封隔。将被测阀打开，启动抽真空辅助泵，待阀门腔体内的压力降到 5×10^{-1} Pa 时，接通氦检仪继续抽真空。当测试装置压力降至极限压力或接近极限压力，关闭通向辅助泵的阀门。记录此时氦检仪测得的漏率值 Q_1。

使用密质材料（如塑料薄膜）制成钟罩将阀门严密扣封，并向罩内充入氦气。记录此时氦检仪测得的漏率值 Q_n。

阀门总体漏率：$Q_m = Q_n - Q_1$

(2) 阀门正向漏率 Q_r 的测试

按照图 20-10 连接被测阀门，阀门的另一侧与大气相通。将被测阀关闭，启动抽真空辅助泵，待阀门腔体内的压力降到 5×10^{-1} Pa 时，接通氦检仪继续抽真空。当测试装置压力降至极限压力或接近极限压力，关闭通向辅助泵的阀门。记录此时氦检仪测得的漏率值 Q_1。

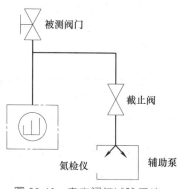

图 23-10 真空阀门试验系统

使用密质材料（如塑料薄膜）制成钟罩将阀门严密扣封，并向罩内充入氦气。记录此时氦检仪测得的漏率值 Q_n。

阀门正向漏率：$Q_r = Q_n - Q_1$

(3) 阀门反向漏率 Q_b 的测试

将阀门换向，重复上面的测试，阀门反向漏率：$Q_b = Q_n - Q_1$。

真空阀门的其他检验与试验如开关时间、平均无故障次数、动作要求和外观质量等与常规阀门检验与试验方法相同。

23.9.3 橡胶及塑料衬里阀门的试验

橡胶及塑料衬里阀门试验与其他阀门试验的主要区别是对衬里质量的检验与试验。包括衬里材料的检验、衬里完好性的检验和衬里附着性能的检验。

(1) 衬里材料检验

衬里材料应有出厂合格证及相应的检验报告。阀门生产厂可按照相应原材料所需的检验方法，对个别最主要的性能进行复检。

(2) 高频火花试验

通过高频火花试验来验证橡胶及塑料衬里的完好性，即利用高频电压击穿针孔或裂缝间空气产生电火花的原理检测衬里的完好性。

对橡胶衬里，试验的电压一般为每毫米衬里厚度 3kV，对于氟塑料衬里，检测电压最小值见表 23-20。

表 23-20 试验电压的最小值

衬里材料	聚偏氟乙烯/聚三氟氯乙烯		聚四氟乙烯/聚全氟乙丙烯/可溶性聚四氟乙烯	
衬里厚度/mm	2.5~4.0	>4.0	2.5~4.0	>4.0
电压值/kV	10	12	12	13

试验采用 5~20kV 高频火花检测仪，检测电极用 ϕ1.5~2.0mm 的不锈钢金属丝制作，在检测衬里面积较小，接缝及形状复杂部位时，应选用直型电极；检测面积较大且形状规则时，可使用扇形电极，电极与衬里接触部位长度不应超过 150mm。

试验前应保持衬里面清洁、干燥。将电极探头以不大于 100mm/s 的速度在衬里表面和接缝处扫描检测。检测时，探头在任一位置的停留时间不能过长。

检测时，探头与衬里间无火花出现且无报警，则认为衬里完好；如某处产生火花且报警，则认为该处有针孔类缺陷。

(3) 真空试验

真空试验可检验衬里的附着性能好坏。试验中将阀门一端连接盲法兰，另一端同真空泵和真空表相连，阀门处于全开位置。接通电源，真空泵均匀缓慢抽去阀体内腔空气，室温下真空度达到表 23-21 中的数值时，保压 15min。目视检查衬里没有发生吸扁、挠曲等变形失稳现象时为合格。

表 23-21 检验真空度最小值

阀门公称尺寸 DN	真空度/MPa	阀门公称尺寸 DN	真空度/MPa
25~100	0.07	250~500	0.05
125~200	0.06	550~1000	0.04

23.9.4 热塑性塑料阀门的试验

上面各小节描述了金属阀门的实验方法，对于非金属阀门的试验方法和要求与金属阀门有一定的区别。如热塑性塑料阀门，其阀门试验包括下面 4 个部分。

(1) 材料试验

用于确定生产阀门部件的热塑性塑料材料的长期耐内压性能的实验。材料应按照 GB/T 128252 规定的条件和要求进行定级。对于原材料生产商已经试验过的材料无需重新定级。

(2) 壳体压力试验

用于检验阀门中承压部件的性能的试验。壳体试验按照表 23-22 中的试验条件进行。

(3) 阀门整体的长期性能试验

用于检验阀门设计和连接是否会对阀门的长期性能产生不良影响的试验。阀门整体的长期性能试验按照表 23-23 中的试验条件进行。

(4) 阀门的密封性试验

用于检验阀门密封性能的试验。阀门的密封性试验按照表 23-24 中的试验条件进行。

表 23-22 壳体试验条件

材料	最短试验时间/h	试验压力 $P^{①}$/MPa	设计应力 σ_s/MPa	温度/℃	试验介质	
					内部	外部
ABS	1	3.12PN	8			
PE100	100	1.55PN	6.3			
PE80		1.59PN				
PPH		4.2PN	5	20±2	水	水或空气^{②}
PP-R-GR						
PP-B	1	3.2PN				
PP-R		3.2PN				
PVC-C		3.4PN	10			
PVC-U		4.2PN				
PVDF		2.0PN	6			

① 试验压力 P 由公式 $P=(\sigma_t/\sigma_s)PN$ 计算得出。σ_t 为试验条件下的诱导应力，σ_s 为设计应力。
② 如有争议，外部应为水。

表 23-23 阀门长期性能试验条件

材料	最短试验时间/h	试验压力 P/MPa	温度/℃	试验介质	
				内部	外部
ABS		0.55PN	60±2		
PE100		1.5PN			
PE80		1.5PN			
PPH		2.16PN	20±2		
PP-B	1000	1.5PN		水	水或空气
PP-R		1.52PN			
PP-R-GR					
PVC-C		0.39PN	80±2		
PVC-U		0.37PN	60±2		
PVDF		1.45PN	20±2		

注：对于隔膜阀，试验温度为 20℃，最大压力不应超过 1.5PN。

表 23-24 阀门密封件试验条件

试验	最短试验时间 /s		试验压力 /MPa	温度 /℃	试验介质	
					内部	水
阀座试验 (阀门关闭)	60		0.05	20±2	空气	空气
	$DN \leqslant 200mm$	15	1.1PN①		水②	空气
	$DN > 200mm$	30				
密封件试验 (阀门开启)	$DN \leqslant 50mm$	15	1.5PN①		水②	空气
	$DN > 50mm$	30				

① 最大试验压力为 $(PN+0.5)$MPa。
② 或者内部空气压力 $(0.6±0.1)$MPa，外部介质为水；若有争议，内部介质为水，外部应为空气。

23.9.5 阀门执行机构的试验

阀门的执行机构主要有手动执行机构、气动执行机构和电动执行机构。

(1) 手动执行机构的检验与试验

① 运转情况检查 在空载状态下，顺、逆时针分别转动手轮，使输出轴转动不得少于一圈（多回转手动装置）或不得小于 90°（部分回转手动装置）。转动次数不少于两次，检查手动装置的运转情况。

② 手轮转动方向和输出轴转动方向检查 在空载状态下，顺、逆时针分别转动手轮，检查手动装置输出轴的转动方向。

③ 机械限位机械检查 在空载状态下，把机械限位机构进行调整，紧固于极限位置（开和关），转动手轮，检查输出轴的运转行程。

④ 输出转矩或推力试验 手动装置仅承受转矩时，将手动装置安装在试验台上，顺时针转动手轮并逐渐加载，使手动装置输出至 1.2 倍铭牌转矩值。

手动装置同时承受转矩和推力时，将手动装置安装在试验台上，使手动装置输出轴轴线方向承受至 1.2 倍铭牌推力值。

⑤ 强度试验 手动装置仅承受转矩时，将手动装置安装在试验台上，顺时针转动手轮并逐渐加载，使手动装置输出至 2 倍铭牌转矩值，持续时间不少于 3s 后立即卸载，解体检查手动装置所有承载零件。

手动装置同时承受转矩和推力时，将手动装置安装在试验台上，使手动装置输出轴轴线方向承受至 2 倍铭牌推力值，持续时间不少于 3s 后立即卸载，解体检查手动装置所有承载零件。

手动执行机构的检验与试验结果应符合表 23-25 的规定。

表 23-25 手动执行机构的检验与试验

检验项目	出厂检验	抽查检验	型式检验	技 术 要 求
外观检查	√	√	√	手动装置外表面应平整、光滑，不得有裂纹、毛刺及磕碰等影响外观质量的缺陷 外表面涂漆层应附着牢固、平整、光滑、色泽均匀，无油污、压痕和其他机械损伤
内部情况检查	√	√	√	手动装置出厂前，箱体内部应清洁、无杂物，并应按规定要求注入润滑油或脂
运转情况	√	√	√	手动装置运转应平稳、灵活，无卡阻及异常声响现象
手轮方向	√	√	√	手动装置手轮转动方向（面向手轮看）、输出轴转动方向（沿输出轴轴线面向阀门看），顺时针为关，逆时针为开。且手轮上应有方向指示
机械限位	√	√	√	部分回转手动装置应设有机械限位机构，且应能可靠地调出所需全开与全关位置
输出转矩或推力试验	—	√	√	手动装置输出的允许转矩或推力值应是铭牌数值
强度试验	—	—	√	手动装置瞬时承受 2 倍铭牌转矩或推力时，所有承载零件不应有损坏现象

(2) 气动执行机构

气动执行机构的试验主要为动作性能试验、气室密封性试验、振动试验和动作寿命试验。动作性能试验包括基本误差、回差、死区、始终点偏差和额定行程偏差试验。试验的方法和要求如下。

① 基本误差　将规定的输入信号平稳地按增大或减少方向输入执行机构气室（或定位器），测量各点所对应的行程值，并按式（23-1）计算实际"信号-行程"关系与理论关系之间的各点误差，其最大值即为基本误差。

$$\delta_i = \frac{l_i - L_i}{L} \times 100\% \tag{23-1}$$

式中　δ_i——第 i 点的误差；

　　　l_i——第 i 点的实际行程；

　　　L_i——第 i 点的理论行程；

　　　L——阀门的额定行程。

除非另有规定，试验点应至少包括信号范围的 0、25%、50%、75%、100% 五个点。

② 回差　试验方法与基本误差相同，在同一输入信号上所测得的正反行程的最大差值的绝对值即为回差。

③ 死区　缓慢改变（增大或减小）输入信号，直到观察出一个可觉察的行程变化，记下这时的输入信号值；按相反方向缓慢改变（减小或增大）输入信号，直到观察出一个可觉察的行程变化，记下这时的输入信号值。上述两项信号值之差的绝对值即为死区，死区应在输入信号量程的 25%、50% 和 75% 三个点上进行试验。

④ 始终点偏差　将输入信号上、下限值分别加入执行机构气室（或定位器），测取相应的行程值，按式（23-1）计算始终点偏差。

⑤ 额定行程偏差　将输入信号加入执行机构气室（或定位器），使阀门至全行程，按式（23-1）计算额定行程偏差。

⑥ 气室密封性试验　将设计规定的额定压力的气源通入执行机构密封气室后，切断起源，观察在 5min 内气室内压力降低值。要求对薄膜气室内的压降不得大于 2.5kPa，汽缸气室内的压降不得大于 5kPa。对于无内漏可能的执行机构，可在气室的各密封处涂上肥皂水，检查有无泄漏，对于下规格的执行机构还可直接进入水中，检查有无泄漏。

⑦ 振动试验　阀门与气动执行机构按照工作位置安装在振动试验台上，输入 50% 信号压力，在 X、Y、Z 3 个方向进行振动频率为 10～55Hz，振幅为 0.15mm 和振动频率为 55～150Hz，加速度为 20m/s² 的正弦扫频振动试验，扫频应是连续和对数的，扫频速度约为 0.5 倍频程每分钟，并在谐振频率上进行 30min 的耐振试验，如无谐振点则在 150Hz 下振动 30min。试验后阀门及执行机构的基本误差、回差、气室密封性和填料函及其他连接处的密封性仍符合要求。重量超过 50kg 的阀门及执行机构可免于试验。

⑧ 动作寿命试验　在环境温度 5～40℃ 的条件下，将频率不低于每分钟一次的规定气压通入执行机构气室中，调节型阀门作 80% 的不包括关闭位置的额定行程的往复动作，加速试验后，测试阀门及执行机构的基本误差、回差、气室密封性和填料函及其他连接处的密封性；切断型阀门作额定行程的往复动作，加速试验后，测试阀门及执行机构的气室密封性和填料函及其他连接处的密封性。

气动阀门及执行机构的动作性能试验可接受的标准见表 23-26。

(3) 电动执行机构

电动执行机构的种类比较多，各结构型式对检验与试验的要求也不完全相同，表 23-27 给出普通型阀门电动装置、电站阀门电动执行机构、工业过程测量和控制系统用电动执行机构的出厂试验和型式试验项目。对电动执行机构的试验程序可参考 GB/T 24923、JB/T 8219、电力行业标准 DL/T 641 或其他相应的标准。

表 23-26 气动阀门及执行机构的动作性能试验　　　　　　　　　单位:％

项目			不带定位器					带定位器				
			A	B	C	D	E	A	B	C	D	E
基本误差			±15	±10	±8	±8	±8	±4	±2.5	±2.0	±1.5	±1.5
回差			—	—	—	—	—	3	2.5	2	1.5	1.5
死区			8	6	6	6	6	1	1	0.8	0.6	0.6
始终点偏差	气开	始点	±6	±4	±4	±4	±4	±2.5				
		终点	—	—	—	—	—					
	气关	始点	—	—	—	—	—					
		终点	±6	±4	±4	±4	±4					
额定行程偏差	调节型(金属密封)		±6	±4	±4	±4	±4					
	调节型(弹性密封)切断型		±6	±4	±4	±4	±4	±2.5				

注:1. A 类适用于特殊密封填料和特殊密封型式的阀门;E 类适用于带纯聚四氟乙烯填料的一般单双座阀门;B、C、D 类适用于各种特殊结构和特殊用途的阀门。

2. 表中的数值是相对于额定行程的百分数。

表 23-27 电动执行机构的出厂试验和型式试验项目

序号	项目	普通型阀门电动装置		电站阀门电动执行机构		工业过程测量和控制系统用电动执行机构	
		出厂试验	型式试验	出厂试验	型式试验	出厂试验	型式试验
1	外观检查	√	√	√	√	√	√
2	手轮(柄)方向	√	√	√	√	—	—
3	电气接线、导线	√	√	√	√	—	—
4	指示灯颜色	√	√	—	—	—	—
5	位置指示机构	√	√	√	√	—	—
6	噪声	—	√	—	√	—	—
7	绝缘电阻	√	√	√	√	√	√
8	耐电压试验	√	√	√	√	—	—
9	手电动切换	√	√	—	—	—	—
10	堵转转矩试验	—	√	—	√	—	—
11	公称转矩试验	√	√	—	—	—	—
12	转矩重复偏差	—	√	—	√	—	—
13	行程重复偏差	—	√	—	√	—	—
14	强度试验	—	√	—	√	—	—
15	寿命试验	—	√	—	√	—	—
16	外壳防护性能	—	√	—	√	—	—
17	爬电距离和电气间隙	—	—	—	√	—	—
18	位置输出信号检查	—	—	—	√	—	—
19	介电试验	—	—	√	√	—	—
20	最大控制转矩检查	—	—	√	√	—	—
21	设置转矩检查	—	—	√	√	—	—
22	最小控制转矩检查	—	—	√	√	—	—
23	基本误差试验	—	—	—	—	√	√
24	回差试验	—	—	—	—	√	√
25	死区试验	—	—	—	—	√	√
26	阻尼特性试验	—	—	—	—	√	√
27	振动试验	—	—	√	√	√	√

序号	项目	普通型阀门电动装置		电站阀门电动执行机构		工业过程测量和控制系统用电动执行机构	
		出厂试验	型式试验	出厂试验	型式试验	出厂试验	型式试验
28	长期运行稳定性试验	—	—	—	√	√	√
29	额定行程时间误差	—	—	—	—	—	√
30	时滞	—	—	—	—	—	√
31	间隙	—	—	—	—	—	√
32	惰走量	—	—	—	—	—	√
33	启动特性	—	—	—	—	√	√
34	绝缘强度	—	—	—	—	√	√
35	电源电压影响	—	—	—	—	—	√
36	温升	—	—	—	—	—	√
37	环境温度影响	—	—	—	—	—	√
38	湿热影响	—	—	—	—	—	√
39	运输环境影响	—	—	—	—	—	√

23.9.6 安全阀的试验

安全阀的试验包括壳体试验、性能试验和排量试验，具体项目见表23-28。

表 23-28 安全阀出厂试验及型式试验的试验项目

试验项目			出厂试验	型式试验
壳体强度			√	√
性能试验	密封性		√	√
	动作性能试验	整定压力	√	√
		排放压力或超过压力	—	√
		回座压力或启闭压差	—	√
		开启高度	—	√
		机械性能	—	√
排量或排放系数			—	√

(1) 壳体强度试验

壳体试验一般在装配前进行，封闭安全阀阀座密封面，在进口侧体腔加安全阀公称压力1.5倍的试验压力。当安全阀排放侧承受背压或安装于封闭的排放系统时，应在排放侧部位施加安全阀最大背压压力1.5倍的试验压力。对于向空排放的安全阀或仅在排放时产生背压力的安全阀，不需要再在其排放侧部位进行液压试验。

在试验达到上面规定的压力后的最短持续时间见表23-29，排放部位按照出口通径来确定。试验时无可见的渗漏及结构损伤为合格。

表 23-29 壳体试验的试验压力最短持续时间

公称尺寸 DN	公称压力 PN 或最大背压压力 P/MPa		
	≤4.0	>4.4~6.4	>6.4
	试验压力的最短持续时间/min		
≤50	2	2	3
>50~65	2	2	4
>65~80	2	3	4
>80~100	2	4	5
>100~125	2	4	6
>125~150	2	5	7

公称尺寸 DN	公称压力 PN 或最大背压压力 P/MPa		
	≤4.0	>4.4~6.4	>6.4
	试验压力的最短持续时间/min		
>150~200	3	5	9
>200~250	3	6	11
>250~300	4	7	13
>300~350	4	8	15
>350~400	4	9	17
>400~450	4	9	19
>450~500	5	10	22
>500~600	5	12	24

注：公称尺寸>DN600时，试验压力按比例增加。

壳体试验通常用适度纯净的水作为试验介质，避免使用气体进行试验。但在下列情况并经有关各方同意后，可用空气或其他适合的气体进行试验：设计和结构不适合于冲灌液体的阀门；使用工况不允许有任何微小水迹的阀门。

使用气体进行试验时要充分考虑气压试验的危险性，并采取足够的预防措施。

(2) 整定压力

整定压力试验介质按照表 23-30 的规定。

表 23-30 试验介质

安全阀适用介质	密封试验用介质
蒸汽	饱和蒸汽
空气或其他气体	空气或氮气
水或其他液体	水

升高阀门进口压力到预期整定压力的 90%，然后以每秒 2% 整定压力的速率或以一个可精确读取压力值所需的速率升压。观察并记录整定压力和其他有关的阀门特性值。然后降低进口压力直到阀门关闭。重复这一过程以计算阀门的整定压力。当测量的整定压力值没有向上或向下的增长趋势并且各测量值对计算整定压力的偏差在 1% 或 0.01MPa（取两者中较大值）之内时，可认为整定压力是稳定的。计算整定压力为整定压力确定和稳定之后 3 次测量值的平均值。

整定压力的极限偏差见表 23-31。

表 23-31 安全阀的整定压力极限偏差

用 途	整定压力 P/MPa	整定压力极限偏差/MPa
压力容器和管道用安全阀	≤0.5	±0.015
	>0.5	±3% 整定压力
蒸汽锅炉用安全阀	≤0.5	±0.015
	>0.5~2.3	±3% 整定压力
	>2.3~7.0	±0.07
	>7.0	±1% 整定压力

排放压力或超过压力、回座压力或启闭压差、开启高度和机械性能试验可与整定压力试验同时进行，他们与排量系数试验同属于型式试验内容，具体参见 GB/T 12241 和 GB/T 12242 的规定。

(3) 密封性试验

密封试验介质同整定压力试验。密封性试验前要先证实整定压力，然后按照表 23-32 设定试验压力。

表 23-32 密封试验的试验压力

安全阀适用介质	密封试验压力/MPa	
	整定压力≤0.3	整定压力＞0.3
蒸汽		90%整定压力或最低回座压力(取较小值)
空气或其他气体	比整定压力低 0.03	90%整定压力
水或其他液体		

① 用蒸汽进行试验,将进口压力升到密封试验压力并至少保持 3min。在黑色背景下目视或用听音的方法检查阀门泄漏并至少持续 1min。如未发现泄漏现象,则认为密封性合格。

② 用空气或氮气进行试验,安全阀排放口加装盲板,盲板上引出一 6mm 内径的漏气引出管。除漏气引出管外,安全阀其他部位应与外界处于完全封闭状态。将引出管垂直或插入水中至水面下 13mm 深。注意采取适当的措施以便阀门意外开启时释放阀体中的压力。

将进口压力升至密封试验压力,按照表 23-33 的规定时间保持此压力,然后在试验压力下观察并统计泄漏的气泡数至少持续 1min。

表 23-33 试验压力的最短持续时间

公称尺寸 DN	试验压力的最短持续时间/min
≤50	1
＞50～100	2
＞100	3

对于非金属弹性材料密封面的安全阀,应无泄漏现象(每分钟 0 个气泡),对于金属密封面的阀门,应不超过表 23-34 的允许值。

表 23-34 气体密封试验的最大允许泄漏量

常温下整定压力/MPa	最大允许泄漏量			
	流道直径≤7.8mm		流道直径＞7.8mm	
	气泡数/min	cm³/min	气泡数/min	cm³/min
≤6.9	40	11.8	20	5.9
＞6.9～10.3	60	18.1	30	9.0
＞10.3～13.0	80	23.6	40	11.8
＞13.0～17.2	100	29.9	50	14.6
＞17.2～20.7	100	29.9	60	18.0
＞20.7～27.6	100	29.9	80	23.6
＞27.6～38.5	100	29.9	100	29.9
＞38.5～41.4	100	29.9	100	29.9

③ 用水进行安全阀的密封试验时,首先向阀体出口侧体腔内充水,直到充满水自然溢出为止。将进口压力升高到密封试验压力。在试验压力下收集、计量溢出的水量并至少持续 1min。对于非金属弹性材料密封面的安全阀,应无泄漏现象,对于金属密封面的阀门,应不超过表 20-35 的允许值。

表 20-35 水或其他液体用安全阀密封试验允许泄漏量

公称尺寸 DN	最大允许泄漏量/cm³·h⁻¹
＜25	10
≥25	10×(DN/25)

蒸汽、水或其他液体用安全阀出厂前密封性试验允许用空气或氮气试验来代替。

23.9.7 减压阀的试验

减压阀的试验项目见表 23-36。

表 23-36 减压阀的试验项目

试验项目	出厂试验	型式试验	检验方法
壳体强度	√	√	依据 GB/T 13927
密封试验	√	√	
调压试验	√	√	依据 GB/T 12245
流量试验	—	√	
流量特性试验	—	√	
压力特性试验	—	√	
连续运行试验	—	√	

减压阀的壳体强度和密封试验与其他阀门类似，需注意承压壳体进行试验时，不包括敏感元件（膜片、波纹管）。

调压试验要求为给定的调压范围，出口压力应能在最大值与最小值之间连续可调，不得有卡阻和异常振动。其他型式试验参见 GB/T 12245。

23.9.8 疏水阀的试验

疏水阀的试验项目见表 23-37。

表 23-37 疏水阀的试验项目

试验项目	出厂试验	型式试验	检验方法
壳体强度	√	√	
动作试验	√	√	
最高工作压力试验	—	√	
最高工作背压试验	—	√	依据 GB/T 12251
排空气能力试验	—	√	
最大和最小过冷度试验	—	√	
漏气量试验	—	√	
热凝结水排量试验	—	√	

疏水阀的动作试验：向疏水阀通入蒸汽时，疏水阀应关闭，再引入一定负荷率的热凝结水时，疏水阀应开启（开启所需时间随疏水阀的型式而异），凝结水排出后疏水阀应重新关闭。至少进行 3 个完整的循环，本试验才算完成。

对于密封副低于密闭浮子并具有设计水封功能的机械型疏水阀可用空气和水进行试验。

对于盘式疏水阀在进口处于完全蒸汽状态时，其阀片跳动频率不大于 3 次/min。

对于过冷度较大的疏水阀其关闭过冷度不大于设计给定值。

疏水阀的其他试验请参考 GB/T 12251《蒸汽疏水阀　试验方法》。

23.10 阀门试验设备

目前，国内一些阀门制造厂阀门试验时使用的动力源，主要是由高压和中压泵以及额定压力从 0.8～35MPa 的气体压缩机供给的。这些设备可以满足常温强度和密封试验的需要。高温蒸汽试验时，则用试验锅炉供给具有一定压力的高温蒸汽。除了使用动力源外，现在阀门制造厂普遍使用各种类型和规格的试验设备（试验台、试验架等）来代替人工装卸盲板、紧螺栓等工作，从而缩短了试验时间，并减轻了工人的劳动强度。

23.10.1 气动液压泵

气动液压泵是试验系统中一种小型轻便的动力设备，其直径为 230mm，高 393mm，重量约 20kg。该泵适合于产量较小的阀门厂和阀门修理部门使用。

气动液压泵的动力源是压缩空气，可直接与车间内压缩空气管路连接。泵前有调节阀、过滤器、注油器等。调节阀用以调节进入泵内的空气压力，由于泵的增压比是固定的，从而可将输出的液体压力调节至试验所需的数值。过滤器和注油器使进入泵内的空气洁净并含油，以保证液压泵长期正常运转。

气动液压泵的结构如图 23-11 所示。泵分为高压缸、低压缸及操纵装置等 3 部分。其工作时，低压空气经管嘴 7 进入低压缸使活塞 3 向上运动，活塞上部的废气经开启的锥形排气阀 5 从排气孔排出，高压活塞 12 被活塞 3 带动亦向上运动，此时单向阀 1 开启，液体进入高压缸。活塞 3 上升至一定位置后，撞块 2 撞击操纵杆 4 迫使滑阀 9 及导向阀 10 向上移动与阀盖 8 的锥形密封面贴合。导向阀 10 上移后，排气阀 5 在弹簧作用下将排气口关闭。从管嘴 7 进来的低压空气则从开启的导向阀 10 通过环槽由进气孔 6 进入活塞 3 的上方。由于活塞 3 上部的面积大于下部的环形面积，故活塞 3 与活塞 12 向下运动，高压缸的单向阀 1 关闭，单向阀 13 开启，高压液体则输送至试验系统。活塞 3 向下运动到一定位置后，撞块 2 下部撞击操纵杆 4，使导向阀 10、滑阀 9 及排气阀 5 回复到原始位置，于是活塞 3 又开始向上运动。如此自动往复运动，使液压泵不断输出高压介质。当操纵杆 4 处于下方位置时，低压空气经导向阀 10 及滑阀 9 上的小孔进入导向阀与阀盖 8 之间而形成阻尼气室，以防止排气阀 5 在弹簧作用下向上运动而改变整个操纵部分的正确位置。

当输入空气为 0.6MPa 时，输出液体的压力为 21.6MPa（增压比为 1∶36），可满足中压及一部分高压阀门压力试验的需要。

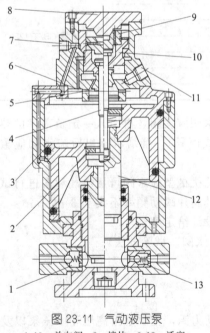

图 23-11　气动液压泵

1,13—单向阀；2—撞块；3,12—活塞；
4—操纵杆；5—排气阀；6—进气孔；7—管嘴；
8—阀盖；9—滑阀；10—导向阀；11—排气孔

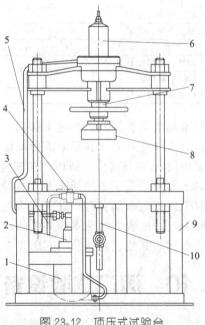

图 23-12　顶压式试验台

1—气缸；2—液压缸；3—压缩空气管路；
4—调节阀；5—高压管路；6—工作油缸；
7—活塞；8—盲板；9—工作台；10—排水管

23.10.2　顶压式试验台

中、小规格阀门的强度和密封试验普遍采用顶压式试验台。这种试验台可分为手动螺旋、液压或气压等类型。图 23-12 是一种用于 $DN50\sim200$ 阀门的液压试验台。

强度试验时，阀门侧放在工作台上，活塞端部的盲板将通路两端面压紧，试验介质经工作台中部注入。强度试验后，有的阀类（如闸阀）可将介质压力调整为密封试验压力，并将阀门关闭。把中腔充满带压介质的阀门从试验台上卸下，即可进行密封试验。

顶压式试验台工作时（图23-13），压缩空气经分配阀2进入汽缸3的下部，活塞4、5上升，使液压缸6内的高压油进入工作油缸7的上部，通过活塞8和盲板10将被测阀门顶压在工作台上。由于活塞4较活塞5的面积大得多，因此该试验台具有很大的压紧力。转动丝杆可调整盲板10至工作台的距离，以便试验不同结构长度的阀门。

被测阀门由自来水管路充水。为使内腔空气完全排出，充水时应将盲板上的排气阀（图23-14）打开。水充满后关闭排气阀，开动泵13使阀门保持一定的试验压力。试验后，残水经截止阀12排出。转换分配阀2，压缩空气进入气缸3的上部使活塞4向下运动，气缸3内的压缩空气又经管道11进入油缸7，使活塞8向上运动而松开被测阀门。调节阀1可调节进入气缸3的空气压力，从而可根据需要来改变压紧力的大小。

小型阀门采用顶压式试验台试验时，为提高试验效率，可预先将几台阀门的通道法兰相互紧固连接，成串地同时进行试验。

顶压式试验台操作方便，效率也较高。但由于试验时阀体两端直接受压紧力而容易引起密封面变形，以致影响试验的准确性。因此，压紧力不可过大。在保证阀门端面与工作台和盲板密封的前提下，压紧力愈小愈好。

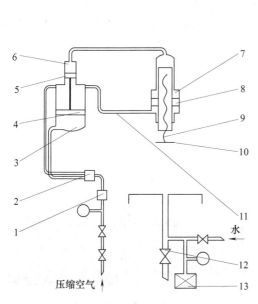

图 23-13　顶压式试验台工作原理
1—调节阀；2—分配阀；3—气缸；4,5,8—活塞；
6—液压缸；7—油缸；9—丝杆；10—盲板；
11—管道；12—截止阀；13—泵

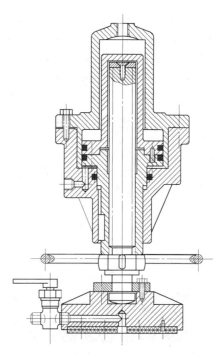

图 23-14　顶压式试验台的上部结构

23.10.3　夹压式试验台

使用夹压式试验台时，阀门通路一端法兰直接夹压在工作台上。由于阀门两端不受轴向压紧力，阀门密封面不会产生变形，因此试验比较准确。这种试验台适于大、中型阀门的强度和密封试验。

图 23-15 为立式夹压式试验台。阀门通路一端法兰用压板夹在工作台上后，将试验介质由工作台中部注入阀门内腔，当阀门关闭时可作密封试验。强度试验时，应将阀门另一端用盲板封堵，并将阀门开启。

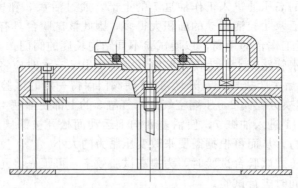

图 23-15　立式夹压式试验台

23.10.4　液压法兰式阀门试验台

图 23-16 为液压法兰式阀门试验台，其结构由机械系统、电器控制系统和液压系统 3 部分组成。该试验台特点是，夹爪直接夹紧法兰，对阀体没有外力影响。试验台一端可移动，因此试压时不受阀门长度限制。试压时，夹紧被测阀门两端法兰，将介质压力增压至强度试验所需要压力，对阀体、阀盖和中法兰进行强度试验。试验台另一端可翻转 90°进行密封试验。

23.10.5　液压蝶阀试验台

图 23-17 为液压蝶阀试验台，专门对蝶阀进行强度和密封试验。其装夹方式采用夹爪下拉式，结构形式有单式和套式，单式即一个液压站控制一个工作台，套式即一个液压站控制两个工作台。图 23-17 为套式液压蝶阀试验台。

图 23-16　液压法兰式阀门试验台

图 23-17　液压蝶阀试验台

参考文献

[1]　苏志东等. 阀门制造工艺. 北京：化学工业出版社，2011.

[2]　胡津康，杨念慈. 压力管道元件制造许可技术指南. 北京：中国标准出版社，2008.

[3]　Valve Magazine. Testing，Testing：Today's Valve Standards. Spring，2007，19（2）.

第**24**章

Chapter 24

阀门的涂漆

24.1 阀门涂漆的通用要求

24.1.1 表面处理

阀门涂漆表面应按以下要求处理。

① 阀门的待涂漆表面，应严格按油漆生产商所要求的底材处理要求或用户规定的油漆涂装表面处理要求进行预处理。

② 进行表面处理前应用适当的清洗剂清除污渍和油脂。

③ 表面处理须在高于露点温度 3℃以上，相对湿度 80％以下进行。

④ 如有特殊要求可进行喷砂或抛丸处理，处理后的表面应无氧化皮，铁锈等污物。

⑤ 表面处理后的阀门产品必须在 3h 内喷涂完成，超过 3h 必须再进行表面处理。

24.1.2 油漆涂装

油漆涂装时应按以下要求进行。

① 涂装条件应符合产品说明书的规定。

② 严格按体积比或重量比进行组配比。

③ 主剂和固化剂需分别使用动力搅拌机混合均匀。在主剂加入固化剂后，需使用动力搅拌机搅拌，此时根据需要按配比加入稀释剂混合后使用，稀释剂必须选用相对应的型号规格，不匹配的稀释剂不能随意使用。

④ 根据所选用的涂漆设备的不同（如刷子、辊子、手工喷涂或静电喷涂），涂层厚度的不同，选用的涂漆次数不同，一般要涂 3 次。

⑤ 若选用漆刷涂漆，涂刷方向应取先上下后左右进行涂刷，涂刷蘸漆不能过多，刷漆

距离不能拉得太大以免漆膜过薄。若选用喷涂时，应使喷枪来回移动，每次覆盖上次移动的一半，以保证各部位的漆膜厚度均匀。

⑥ 因阀门的启闭限位装置而造成的阀门局部遮盖，在涂漆时应随时启闭阀门进行涂漆（如球阀、旋塞阀的限位块位置等）。

⑦ 阀门 3 个法兰的背面及阀门底部必须涂装均匀，端法兰孔需用毛笔蘸环氧富锌防锈漆涂刷。

⑧ 涂刷的底漆需用砂布或砂纸将底漆修理光滑平整。

⑨ 油漆混合后可使用的时间，随油漆种类的不同，有不同的规定。是时间和温度的双重控制值，温度越高时间越短。

⑩ 应严格按油漆的可再涂装时间及干燥时间执行。

24.1.3 通用油漆喷涂厚度

对于阀门非加工面的涂漆厚度建议第一层涂环氧富锌防锈漆 $30\mu m$，第二层涂环氧云铁防锈漆 $20\mu m$，第三层涂环氧面漆，干膜厚度 $25\mu m$。

24.1.4 涂装注意事项

油漆涂装注意事项如下。

① 油漆混合后，超过可使用时间的油漆禁止使用。

② 喷漆用的压缩空气必须经过除油除水，在高于露点温度 3℃以上，相对湿度 80％以下方可进行涂装施工。

③ 涂装工具使用完毕后，应用稀释剂及时清洗干净，以避免固化后不易清理。

④ 严格遵守国家相关规定的安全注意事项。

24.1.5 检验

油漆涂装后应进行的检验项目如下。

(1) 表面检验

油漆涂装后所有表面必须无灰尘和氯化物。

(2) 目测检查

油漆涂层要连续平整，色泽统一，不起泡，无小孔，无刮痕或任何不规则。

(3) 油漆涂层厚度检测

湿膜厚度检测时，每批阀门需做 3 组厚度测量，每组测量 4 个点的数值，4 个点读数的平均值需与所述油漆涂层厚度的最小值一致，且每个读数不得小于最小厚度的 75％。干膜厚度检测需用无损检测仪，测量仪需每 8h 校准一次。

(4) 附着力检测

先用刀片在油漆涂层上划两个 15mm 的刀口，两个刀口需穿过油漆到钢材表面，且呈约 30°的 "X" 形状，再用刀片刮起交叉处的油漆涂层直到钢材表面，如果剥掉交叉处的油漆超过 "X" 临界线（"X" 临界线应为 2mm，除非需方另有说明）或剥落的薄片易碎，都视为测试失败。涂层表面呈蜂巢状致使油漆涂层附着力下降视为不合格。

(5) 抽样检验

阀门产品油漆质量检验抽样，按 GB/T 2828.1 一般检查水平。

(6) 检测记录

涂漆检验人员应每天填好 "油漆检验记录表"。

24.2 常用油漆的涂装规范

24.2.1 Carboguard891 油漆（卡宝佳得 891）

(1) 简介

① 类型　Carboguard891 油漆是一种交联环氧涂料。

② 特性　高固含量，原膜型水性涂料；漆膜外观及边缘保护优异；符合 FDA21CFR 175.300 准则，可用于与食物相接触的地方；AWWAC210-92 用于钢水管的内部涂装；4.5m³ 或更大的饮用水储罐。

③ 颜色　Carboguard891 油漆有白色（S800）、纯白色（1898）、灰白色（0794）和蓝色（4196），也可获得其他颜色。

④ 面漆要求　非浸泡环境下，面可涂丙烯酸醇酸、环氧或聚氨酯。

⑤ 平膜厚度　单层膜厚 $100\sim250\mu m$；单层涂装不能超过 $300\mu m$。

⑥ 混合后的理论固含量　体积百分数为 $75\%\pm2\%$。

⑦ 耐高温性能　持续 121℃；间歇 149℃；大于 93℃ 会有轻微的退色。

⑧ 限制　Carboguard891 油漆暴露在阳光下环氧系会失去光泽、退色、最后粉化，最好不暴露在阳光下。

(2) 底材和表面处理

通常要求底材表面必须清洁干燥，还需清除底材表面尘埃、油渍和污渍等残留物，以免影响漆膜的附着力。底材表面粗糙度 $Ra38\sim75\mu m$。

(3) 涂装条件

Carboguard891 油漆涂装条件见表 24-1。

表 24-1　Carboguard891 油漆涂装条件

状态	条件			
	涂装温度/℃	表面温度/℃	大气温度/℃	湿度/%
正常	16~29	18~29	16~32	0~80
最低	10	10	10	0
最高	32	52	43	80

(4) 固化时间

Carboguard891 油漆固化时间见表 24-2。

表 24-2　Carboguard891 油漆固化时间

表面温度/℃ （相对湿度 50%）	复涂时间/h	面涂或涂其他 面漆时间/h	浸泡环境最终 固化时间/d	最大复涂时间/d
10	12	24	20	60
16	8	16	10	30
24	4	8	5	30
32	2	4	3	15

注：以上数据是在膜厚 $100\sim150\mu m$ 时测得，如漆膜厚、通风不足、湿度大、温度低时需要延长固化时间。

24.2.2 Sigmakalon7402 漆（环氧富锌底漆 7402）

(1) 简介

① 类型　Sigmakalon7402 漆是一种胺固化环氧底漆。

② 特性 优良的防腐性,可用于不同油漆配套体系中作为底漆;快干性,可以在较短时间后覆涂;颜色为灰色、平光;密度约 2.2kg/L;固体含量约 55% (体积);推荐干膜厚度 25～50μm;表面干燥时间 20℃时 15min;覆涂间隔最小 6h,最大数月;完全固化时间 7d;基料闪点 29℃,固化剂闪点 26℃。

(2) 底材

底材为结构钢。喷砂处理达到 ISO 标准 Sa2.5 级,底材温度应高于 5℃,且至少高于露点 3℃,表面粗糙度达 $Rz40～70μm$。

(3) 覆涂时间间隔

Sigmakalon7402 漆覆涂时间间隔见表 24-3。

表 24-3 Sigmakalon7402 漆覆涂时间间隔

条 件	要 求			
底材温度/℃	10	20	30	40
最小间隔时间/h	8	6	4	3
最大间隔时间	没有锌盐和污物时,可达数月			

注:1. 干膜厚度是 35～50μm。

2. 因富锌底漆表面会生成锌盐,最好在覆涂前避免暴露于空气中过长时间。

3. 在清洁的室外环境中,最大间隔期为 14 天,但在海洋环境条件下间隔期要相应缩短。

4. 当要求较长的覆涂间隔期时,推荐在两天内用 SIGMARITE 封闭漆进行封闭在覆涂前,表面上可以看见的污物必须用高压水扫砂或机械工具清除。

(4) 固化时间

Sigmakalon7402 漆固化时间见表 24-4。

表 24-4 Sigmakalon7402 漆固化时间

底材温度/℃	表干时间/min	干硬时间/h	完全固化时间/d
10	40	4	20
15	30	2	10
20	15	2	7
30	10	1	5

注:施工及固化过程中必须有足够的通风。

24. 2. 3 Sigmakalon7427 漆(式码卡龙 7427)

(1) 简介

① 类型 Sigmakalon7427 漆是一种双组分厚浆型可覆涂云母氧化铁聚酰胺环氧漆。

② 特性 环氧厚浆型中涂层或画漆,用于暴露于大陆和海洋性大气中的钢铁和混凝土结构的重防腐层系统。即使经过长时间室外暴露也能用双组分油漆和传统油漆覆涂;对老化的环氧层有良好的黏附性;低温至 -10℃ 也能固化;抗水和防弱化学物质溅污;耐高温可达 200℃;密度约 1.4kg/L;固体含量约 63% (体积);基料闪点 26℃,固化剂闪点 24.5℃;推荐干膜厚度 100μm;表面干燥时间 2h;覆涂间隔最小 3h,最大无限制;完全固化时间 4d。

(2) 底材

底材的钢材表面喷砂处理至 ISO Sa2.5 级,底材温度至少高于露点 3℃,只要底材无水或冰,施工和固化温度允许低达 -10℃。

(3) 覆涂时间间隔

Sigmakalon7427 漆覆涂时间间隔见表 24-5。

表 24-5　Sigmakalon7427 漆覆涂时间间隔

项目	要求					
底材温度/℃	−5	5	10	20	30	40
最小间隔时间/h	36	10	4	3	2	2
最大间隔时间	没有时间限制					

注：CM 云铁环氧漆不能用焦油环氧漆覆涂。

Sigmakalon7427 漆与氧化橡胶漆、Sigma 丙烯酸面漆、聚氨胺 SigmadurHB 面漆、Sigmadur 光泽面漆、醇酸树脂漆的覆涂时间间隔见表 24-6。

表 24-6　Sigmakalon7427 漆与不同类型漆的覆涂时间间隔

条件	要求					
底材温度/℃	0	5	10	20	30	40
最小间隔时间/h	48	24	16	12	8	8
最大间隔时间	无时间限制,如覆涂光泽面漆应增加底漆					

（4）固化时间

Sigmakalon7427 漆固化时间见表 24-7。

表 24-7　Sigmakalon7427 漆固化时间

底材温度/℃	干硬/h	完全固化/d
−10	24～48	20
−5	24～30	14
0	18～24	10
5	18	8
10	12	6
15	8	5
20	6	4
30	4	3
40	3	2

注：施工与固化时需足够的通风量。

24.2.4　Sigmakalon7528 漆（可覆涂聚氨酯面漆 7528）

（1）简介

① 类型　Sigmakalon7528 漆是一种双组分脂肪族可漆聚氨酯面漆。

② 特性　优良的耐气候性，优异的保色性及保光性能，不易粉化、不易泛黄；即使经过长期大气暴露后仍可覆涂，坚韧，不易磨损；能抵抗矿物油及植物油、煤油和脂肪族石油产品的溅污，能抗轻度化学品的溅污；低温至−5℃也能固化；密度约 1.4kg/L；颜色为白和黑，其他颜色按需要调配，有光泽；固体含量约 56%（体积）；基料闪点 28℃，固化剂闪点 38℃；推荐干膜厚度 50～60μm；表面干燥时间 1h；覆涂间隔最小 12h，最大无限制；完全固化时间 7d。

（2）底材

底材的前涂层（环氧或聚氨酯）应干燥，除去所有污渍，并需有足够的表面粗糙度。底材要无水或冰，施工和固化温度允许低至−5℃。底材温度至少高于露点 3℃，施工及固化时的最大相对湿度 85%。

（3）配制

Sigmakalon7528 漆的混合体积比为基料：固化剂＝88：12，基料与固化剂混合温度需高于 15℃，否则应添加稀释剂以达到施工所需黏度。

(4) 稀释剂

推荐稀释剂为 91～88（闪点 28℃），稀释剂体积 10％～12％。

(5) 喷涂条件

喷嘴孔径为 1～1.5mm，喷出压力为 0.3～0.4MPa。

(6) 覆涂间隔时间

Sigmakalon7528 漆覆涂间隔时间见表 24-8。

表 24-8　Sigmakalon7528 漆覆涂间隔时间

条　件	要　　求					
底材温度/℃	−5	0	10	20	30	40
最小间隔时间/h	48	32	16	9	6	4
最大间隔时间	没有时间限制					

注：表面应干燥，并清除所有污渍。

(7) 固化时间

Sigmakalon7528 漆固化时间见表 24-9。

表 24-9　Sigmakalon7528 漆固化时间

底材温度/℃	干硬时间/h	完全固化/d
−5	48	20
0	24	16
10	12	10
20	6	7
30	5	5
40	3	3

注：施工与固化时需足够的通风量；如果刚喷涂完毕或固化期间发生结露，油漆表面可能会失去光泽或影响漆膜质量。

24.2.5　H06-4（702）环氧富锌防锈漆（Q/GHTD66）

(1) 简介

① 类型　H06-4（702）环氧富锌防锈漆是一种由锌粉、环氧树脂和聚酰胺固化剂等配制而成的双组分厚膜型环氧富锌防锈漆。H06-4（702）环氧富锌防锈漆用于港口机械、重型机械、石油开采和矿井设备、船舶水线以上船壳和甲板，桥梁、埋地管道、煤气柜外壁等钢铁结构的重防腐蚀涂装体系作防锈漆之用，是环氧型中间层漆和环氧面漆的最佳底漆。

② 特性　漆膜中含有大量的锌粉，具有阴极保护作用；具有优异的防锈性能和耐久性；具有优异的附着力和耐冲击性能；具有优异的耐磨性；具有广泛的耐油性和耐溶剂性能；能与大部分高性能防锈漆和面漆配套使用，干性快；颜色为灰色无光泽；密度约 2.3g/cm³（混合比）；配比为甲：乙＝91：9（重量比）；干膜厚度 80μm；湿膜厚度 160μm；理论用量 380g/m²；甲组分（基料）闪点 24℃，乙组分（固化剂）闪点 27℃；25℃时，表面干燥时间≤30min，实际干燥时间≤24h，完全固化时间 7d，熟化时间（25℃）30min；混合后适用期见表 24-10。

表 24-10　H06-4（702）环氧富锌防锈漆混合后适用期

条　件	要　　求		
气温/℃	5	20	30
适用期/h	24	8	6

注：气温高于 30℃以上时，甲乙组分混合后适用期随着气温的升高而缩短。

（2）覆涂时间间隔

H06-4（702）环氧富锌防锈漆覆涂时间间隔见表 24-11。

表 24-11　H06-4（702）环氧富锌防锈漆覆涂时间间隔

条　件	要　求		
底材温度/℃	10	25	30
最短时间间隔/h	48	24	16
最长时间间隔	3 个月		

注：1. 富锌底漆表面会形成锌盐（即碱式碳酸锌，俗称白锈），故在覆涂后道漆之前不应长时间暴露，如需较长的涂装间隔时间，建议尽快涂装 842 环氧云铁防锈漆作为封闭涂料，以减少二次除锈的工作量。

2. 在清洁的室内环境中放置数月或清洁的室外环境中放置 14 天，漆膜表面不会形成锌盐，但在工业大气和海洋气候环境中，则会很快产生锌盐，涂装后道漆的间隔时间应尽量缩短。

3. 在有锌盐的富锌底漆表面，应采用喷砂或动力工具除锈法进行二次除锈处理，并除去所有的油污和杂质。

（3）表面处理

① 清洗　有氧化皮钢材应喷砂处理至 Sa2.5 级，表面粗糙度 $Ra30\sim75\mu m$ 或采用酸洗处理至除尽全部氧化皮、铁锈，并进行彻底的中和、水洗和钝化。除锈前需除尽表面的油污、焊接飞溅，并打磨焊缝和尖角。

本产品不推荐用于手工除锈的钢铁表面，但除锈良好，达到 St3 级的小面积修补除外。

② 修补　涂有富锌底漆的漆膜表面，如漆膜表面受到机械损伤，已损坏到富锌底漆并出现局部锈蚀的部位，应采用局部喷砂除锈至 Sa2.5 级，或采用弹性砂轮片打磨至 St3 级，才能进行富锌底漆的局部修补，如旧漆膜完好无损，只是漆膜粉化或受机械损伤，只要将漆膜以砂纸打毛，并除尽旧漆膜表面的油污和杂物，直接涂装中间层漆或面漆即可。如旧漆膜使用年限长久，已全面失效，则应喷砂处理至 Sa2.5 级，才能进行富锌底漆的涂装。

③ 底材温度　底材温度须高于露点以上 3℃。底材温度低于 5℃时，环氧和固化剂的固化反应停止，不宜在室外进行施工。

（4）涂装方法

涂装方法见表 24-12。

表 24-12　H06-4（702）环氧富锌防锈漆涂装方法

方法	稀释剂	稀释量	喷嘴直径/mm	喷出压力/MPa
无气喷涂	103 稀释剂	0～10% （以油漆重量计）	0.4～0.5	15.1～17.0
空气喷涂	103 稀释剂	0～10% （以油漆重量计）	2.0～3.0	0.3～0.6
滚涂/刷涂	103 稀释剂	0～10% （以油漆重量计）	—	—

（5）通风量

以 1kg 油漆或稀释剂为例，其最小通风量见表 24-13。

表 24-13　H06-4（702）环氧富锌防锈漆最小通风量　　单位：$m^3 \cdot min^{-1}$

要　求	油漆	稀释剂
达到爆炸极限下限(LEL)的 10%	84	210
达到安全卫生要求(TLV)	562	3500

（6）漆膜厚度及使用量

H06-4（702）环氧富锌防锈漆漆膜厚度及使用量（理论用量）见表 24-14。

表 24-14 H06-4 （702）环氧富锌防锈漆漆膜厚度及使用量（理论用量）

条　件	要　求		
干膜厚度/m	50	70	80
理论用量/g·m^{-2}	230	322	368

(7) 固化时间

H06-4 （702）环氧富锌防锈漆固化时间见表 24-15。

表 24-15　H06-4 （702）环氧富锌防锈漆固化时间

底材温度/℃	表面干燥/min	完全固化/d
10	≤50	＞20
15	≤40	15
25	≤30	7
30	≤15	5

注：1. 气温在 5~10℃之间能进行 H06-4 环氧富锌防锈漆的施工，但是固化速度很慢。

2. 气温低于 5℃时，因环氧树脂与固化剂的固化反应停止，不宜进行室外施工。

3. 在 H06-4 环氧富锌防锈漆的施工和固化期间需要充分的通风换气。

4. 为防止因溶剂的挥发而产生针孔，应使用 H53-42 环氧封闭。

24.2.6　842 环氧云铁防锈漆（Q/GHTD081）

(1) 简介

① 类型　842 环氧云铁防锈漆是一种以环氧树脂、聚酰胺树脂、灰色云母氧化铁、增稠剂组成的双组分防锈漆。842 环氧云铁防锈漆可作为环氧富锌底漆和无机锌底漆等高性能防锈漆的中间层漆和封闭涂层，以增强整个涂层的层间附着力。可以作为钢材喷锌层或镀锌钢材表面的封闭涂层漆，也可以用于铝合金表面作底漆之用，也可直接涂装在经喷砂处理的钢铁表面作防锈之用。

② 特性　842 环氧云铁防锈漆特性如下：在富锌底漆和钢铁的喷锌层上具有优良的附着力和封闭性能；在适当处理的镀锌钢材上具有良好的附着力；在喷砂钢铁及铝合金上有良好的附着力；对工业和化学大气环境有较好的耐候性；与后道漆膜具有良好的层间附着力，既能与环氧型、聚氨酯型和氯化橡胶型等涂料配套，也能与醇酸、酚醛等传统型漆进行配套；漆膜在长时间内能保持优良的抗冲性和柔韧性，且具有良好的耐磨性；颜色为灰色，无光泽；密度约 1.36g/cm^3（混合后）；配比为甲组分：乙组分＝6.9：1（重量比）；干膜厚度 30~100μm；湿膜厚度 66~220μm；理论用量 90~300g/m^2；甲组分（基料）闪点 27℃，乙组分（固化剂）闪点 27℃；25℃时表面干燥时间≤2h，实际干燥时间≤24h，完全固化时间 7d；熟化时间（20℃）30min；适用期（20℃）8h。

(2) 覆涂间隔时间

842 环氧云铁防锈漆覆涂间隔时间见表 24-16。

表 24-16　842 环氧云铁防锈漆覆涂间隔时间

条　件	要　求		
底材温度/℃	5	20	30
最短时间间隔/h	48	24	16
最长时间间隔	3 个月		

注：1. 建议涂装层数：无气喷涂一层，刷涂和滚涂 2~3 层，干膜厚度 30~120μm。

2. 前层配套用漆：702 环氧富锌底漆、703 环氧铁红底漆、704 无机硅酸锌底漆或 H06-4 （702）环氧富锌防锈漆。

3. 后层配套用漆：环氧面漆、氯化橡胶面漆、聚氨酯面漆、环氧沥青防锈漆、醇酸面漆或酚醛面漆等。

794　　阀门制造工艺手册

(3) 表面处理

涂 842 环氧云铁防锈漆前应根据实际情况进行表面处理。涂有锌粉底漆的钢铁应除净所有的油污、杂物和锌盐。镀锌钢材应以弹性砂轮片除净所有的油污、杂物和锌盐，如用于水下部位则必须采用清扫喷砂进行表面处理。未经暴过的喷锌钢材应除尽所有的油污、杂物和锌盐后以清扫级喷砂或以钢丝刷打毛。钢铁应喷砂处理至 Sa2.5 级。涂有车间底漆的钢材应采用清扫喷砂或动力工具二次除锈，除锈质量达到 St3 级。铝合金应船底部位采用清扫喷砂打毛，水线以上或陆上部位用砂纸打毛。可以配套的旧漆膜应除净所有的油污、杂物后将旧漆膜打毛。

(4) 底材温度

底材温度必须高于露点以上 3℃。

(5) 涂装方法

842 环氧云铁防锈漆涂装方法见表 24-17。

表 24-17　842 环氧云铁防锈漆涂装方法

方法	稀释剂	稀释量(以油漆重量计)	喷嘴直径/mm	喷嘴压力/MPa
无气喷涂	103 稀释剂	0～5%	0.4～0.5	20～25
空气喷涂	103 稀释剂	0～10%	2～3	0.3～0.4
滚涂/刷涂	103 稀释剂	0～3%	—	—

(6) 通风量

以 1kg 油漆或稀释剂的最小通风量见表 24-18。

表 24-18　842 环氧云铁防锈漆最小通风量　　　单位：$m^3 \cdot min^{-1}$

要　　求	油漆	稀释剂
达到爆炸极限下限(LEL)的 10%	68	1138
达到安全卫生要求(TLV)	210	3500

(7) 固化时间

842 环氧云铁防锈漆固化时间见表 24-19。

表 24-19　842 环氧云铁防锈漆固化时间

底材温度/℃	表面干燥/h	实干/h	完全固化/d
5	4	60	—
10	3	48	15
15	2.5	36	10
20	2	24	7
30	1	16	5

24.2.7　各色环氧面漆（Q/GHTD85）

(1) 简介

① 类型　各色环氧面漆是由环氧树脂、聚酰胺树脂为固化剂，钛白粉等着色颜料、体质颜料、助剂和溶剂等组成的双组分环氧面漆。用于环氧富锌底漆及环氧云铁防锈漆上作为保护钢铁结构的高性能涂料的配套面漆，与沿海盐雾气体接触的钢铁结构，钢筋混凝土表面和钢结构厂房等处作高性能保护涂料。

② 特性　各色环氧面漆特性如下：固体含量高，可制成厚膜型环氧面漆；漆膜坚韧具有优异的附着力、柔韧性、耐磨性和抗冲击性等物理性能；具有优异的耐用碱性，优良的耐水性、耐盐水性、耐油性和抗化学药品性能，优良的耐久性和防腐蚀性能；耐气候性略差，

经长时间暴晒后，表面将会发生轻微粉化，影响外观，但对保护作用影响不大；配比为甲组分：乙组分＝18∶5（重量比）；甲组分闪点27℃，乙组分闪点27℃；25℃时，表面干燥≤12h，实际干燥时间≤24h；完全固化时间7d；熟化时间是20℃时为30min；适用期限是20℃时为8h。

③ 颜色及外观　各色环氧面漆颜色及外观见表24-20。

表 24-20　各色环氧面漆颜色及外观

产品编号	产品代号	颜色及外观
09-17	841-1	米黄色、有光泽
09-18	847	浅绿色、有光泽
09-19	848	橘黄色、有光泽
09-20	850	绿色、有光泽
09-21	1021	淡黄色、有光泽
09-22	2004	橘黄色、有光泽
09-23	6002	中绿色、有光泽
09-24	6019	淡绿色、有光泽
09-25	6027	淡湖绿、有光泽
09-26	7035	淡灰、有光泽
09-27	9010	白色、有光泽
09-29		海蓝、有光泽
09-30		大红、有光泽
09-31		铁红、有光泽
09-32		黄色、有光泽

④ 施工参数　各色环氧面漆施工参数见表24-21。

表 24-21　各色环氧面漆施工参数

产品编号	密度/g·cm^{-3}	干膜厚度/μm	湿膜厚度/μm	理论用量/g·cm^{-2}
09-17	1.41	100	171	240
09-18	1.40	100	157	220
09-19	1.40	100	164	229
09-20	1.33	100	169	225
09-21	1.51	100	152	229
09-22	1.52	100	152	231
09-23	1.48	100	157	231
09-24	1.47	100	150	221
09-25	1.47	100	150	221
09-26	1.44	100	154	222
09-27	1.54	100	165	254
09-29	1.31	100	168	220
09-30	1.29	100	170	219
09-31	1.35	100	189	255
09-32	1.39	100	163	227

(2) 覆涂间隔时间

各色环氧面漆覆涂间隔时间见表24-22。

表 24-22　各色环氧面漆覆涂间隔时间

条　件	要　求		
底材温度/℃	5	20	30
最短时间间隔/h	48	24	20
最长时间间隔/d	14	7	5

(3) 底材温度

底材温度须高于露点以上 $3℃$。底材温度低于 $5℃$ 时，环氧与固化剂的反应停止，不宜进行室外施工。

(4) 涂装方法

各色环氧面漆涂装方法见表 24-23。

表 24-23　各色环氧面漆涂装方法

方法	稀释剂	稀释量（以油漆重量计）	喷嘴直径/mm	喷出压力/MPa
无气喷漆	103 稀释剂	0～5%	0.4～0.5	15～30
空气喷漆	103 稀释剂	0～10%	2.0～2.5	0.3～0.5
滚漆/刷涂	103 稀释剂	0～10%	—	—

注：1. 建议涂装层数：建议涂装层数为 1～2 层，干膜厚度 $100\mu m$，在混凝土表面无底漆时干膜厚度以 $250\mu m$ 左右为宜。

2. 前层配套用漆：前层配套用漆有 H06-4 环氧富锌底漆或 842 环氧云铁底漆。

3. 表面处理：上层漆的漆膜干燥并清除漆膜上所有污渍。

(5) 通风量

以 1kg 油漆或稀释剂的最小通风量为例。

① 油漆　各色环氧面漆的通风量见表 24-24。

表 24-24　各色环氧面漆的通风量　　　　单位：$m^3 \cdot min^{-1}$

产品编号	达到爆炸极限下限 （LEL）的 10%	达到安全卫生要求 （TLV）
09-17	53	883
09-18	46	766
09-19	50	828
09-20	47	786
09-21	41	684
09-22	41	684
09-23	44	741
09-24	41	689
09-25	41	691
09-26	44	740
09-27	47	787
09-29	55	924
09-30	49	17
09-31	63	1047
09-32	50	828

② 稀释剂　达到爆炸极限的下限（TLV）的 10% 时的最小通风量为 210m³/min。

24.2.8　Intergard400 油漆

(1) 简介

① 类型　Intergard400 油漆是一种双组分厚浆型环氧树脂漆，含有云母氧化铁颜料，以增强耐腐蚀性能，提高老化后的覆涂性能。这种防腐蚀原浆型底漆、中间漆或面漆，可以在高性能涂料配套方案中提供极强的防护作用，适合腐蚀性的环境，如海上设施、化工厂、石化厂、电站等。Intergard400 油漆常常用作现场最后涂覆之前的"运输保护层"，为了缩短涂覆间隔，应避免覆涂过厚，而且由于含有云母氧化铁颜料，较粗糙的表面纹理中可能存

在杂质，这些杂质也应彻底清理掉。

② 特性　Intergard400 油漆特性如下：低于 5℃的温度条件下无法充分固化，为了获得最佳性能，固化时的环境温度应高于 10℃；表面温度必须至少高于露点温度 3℃；暴露在大气环境中会发生粉化和退色，但对防腐蚀性能没影响；含有大量云母氧化铁的产品往往形成颜色较深的漆膜，因此，有些颜色需要涂覆两层才能使颜色均匀；颜色为天然氧化铁色、银灰色、淡灰色，亚光；密度为 $1.56\sim1.68$kg/L；干膜厚度为 $100\sim150\mu m$；湿膜厚度为 $167\sim250\mu m$；理论用量为在干膜厚 $125\mu m$ 条件下，$5.2m^2$/L；基料（A 组分）闪点 25℃，固化剂（B 组分）闪点 31℃，混合后闪点 25℃。

(2) 干燥时间及覆涂时间间隔

Intergard400 油漆干燥时间及覆涂时间间隔见表 24-25。

表 24-25　Intergard400 油漆干燥时间及覆涂时间间隔

底材温度/℃	表面干燥时间/h	实干/h	覆涂最小间隔/h	覆涂最大间隔
10	6	24	24	无限制
15	4	16	20	无限制
25	2	8	12	无限制
40	1	5	8	无限制

(3) 涂装方法

① 无气喷涂　喷嘴直径为 $0.48\sim1.63$mm，喷嘴处油漆压力＞17.6MPa。

② 空气喷涂　空气喷涂时推荐使用喷枪。

③ 刷涂　刷涂仅限于小范围，典型厚度为 $50\sim75\mu m$。

④ 滚涂　滚涂仅限于小范围，典型厚度为 $50\sim75\mu m$。

24.2.9　Interthan990 油漆

(1) 简介

① 类型　Interthan990 油漆是一种双组分丙烯聚胺酯涂料，长期覆涂性极佳。Interthan990 油漆可用于新结构的涂覆和原有结构的维修保养，适合多种环境，包括海上设施、化工和石化厂、桥梁、纸浆厂与造纸厂、发电厂等。

② 特性　Interthan990 油漆特性如下：本产品必须用推荐的 International 稀释剂稀释，如果使用其他稀释剂，尤其是含乙醇的稀释剂，会严重影响涂层的固化；底材温度低于 5℃时不能涂覆；在封闭的空间内使用 Interthan990 时，必须确保良好的通风；涂覆过程中或刚刚涂装完表面就发生水汽凝结，会使表面失去光泽，膜质变差；风化或老化后重涂时，务必彻底清理原有涂层，去除表面污渍，如油渍、盐晶、道路烟尘等，然后再重涂 Interthan990 油漆；可制成多种颜色，高光；体积固体粉含量 57%±3%；干膜厚度 $50\sim75\mu m$，湿膜厚度 $88\sim132\mu m$；在上述固体粉和干膜厚 $50\mu m$ 的条件下，理论涂布率 $11.4m^2$/L；基料（A 组分）闪点 34℃，固化剂（B 组分）闪点 49℃，混合后闪点 35℃；密度为 1.2kg/L；溶剂含量为 390g/L。

(2) 表面处理

所有待涂覆的表面均应清洁、干燥、无污染。涂漆之前所有表面均应根据 ISO 8504：1992 标准进行判定和处理。

(3) 干燥时间和覆涂间隔时间

Interthan990 油漆干燥时间和覆涂间隔时间见表 24-26。

(4) 涂装方法

① 无气喷涂　喷嘴直径为 $0.33\sim0.45$mm；喷嘴处油漆压力为＞15.5MPa。

② 空气喷涂　空气喷涂时推荐使用喷枪。

表 24-26　Interthan990 油漆干燥时间和覆涂间隔时间

底材温度/℃	表面干燥时间/h	实干/h	涂覆最小间隔/h	涂覆最大间隔
5	5	24	24	无限制
15	2.5	10	10	无限制
25	1.5	6	6	无限制
40	1	3	3	无限制

③ 刷涂　刷涂的典型厚度 $40\sim50\mu m$。

④ 滚涂　滚涂的典型厚度 $40\sim50\mu m$。

24.2.10　E06-1（704）无机硅酸锌防锈底漆

(1) 简介

① 类型　E06-1（704）无机硅酸锌防锈底漆是一种由烷基硅酸脂、锌粉、颜料、助剂和醇类溶剂等组成的双组分防锈底漆。E06-1（704）无机硅酸锌防锈底漆主要应用于海上平台、码头钢柱、矿井钢铁支架、桥梁、大型钢铁结构作高性能防锈漆用。

② 特性　E06-1（704）无机硅酸锌防锈底漆特性如下：锌粉具有阴极保护作用，防锈性能优异；干燥快，只需 1h 即能搬运和码放；优异的耐热性，漆膜可经受 400℃ 的高温，并且具有优良的低温固化性能；优良的耐油性及中性有机溶剂的性能；优异的耐冲击性能，优良的柔韧性，能与部分油漆体系配套；颜色为灰色，无光泽；密度约 $1.85g/cm^3$（混合后）；配比为甲：乙＝3：1（重量比）；干膜厚度为 $70\mu m$，湿膜厚度为 $170\mu m$；甲组分闪点 $-13℃$，乙组分闪点 $-13℃$；25℃ 情况下，表面干燥时间$\leqslant1h$，实际干燥时间$\leqslant24h$。

(2) 覆涂间隔时间

E06-1（704）无机硅酸锌防锈底漆最短涂装间隔在 8h 以上。涂漆前以布蘸 107 稀释剂擦拭 E06-1（704）漆膜表面以确定是完全固化，如有锌粉溶解在布上，表示漆膜尚未完全固化，还不能进行第二层漆的涂装，须继续干燥，在相对湿度低于 72% 时，可在漆膜上晒水，以促进漆膜固化；干燥至布上无色（不溶解）为止，表示漆膜固化，方可进行下层漆的涂装，最长涂装间隔时间无限制，但在覆涂前必须清除锌盐。

(3) 表面处理

钢材喷砂处理至 Sa2.5 级，表面粗糙度 $Ra30\sim70\mu m$。底材温度可在 $-20\sim50℃$ 的气温下进行施工。底材温度过高时（$\geqslant40℃$）必须用喷枪进行施工，但底材温度不得超过 60℃。底材温度须高于露点温度 3℃ 以上。

(4) 涂装方法

E06-1（704）无机硅酸锌防锈底漆涂装方法见表 24-27。

表 24-27　E06-1（704）无机硅酸锌防锈底漆涂装方法

方法	稀释剂	稀释量（以油漆重量计）	喷嘴直径/mm	喷出压力/MPa
无气喷涂	107 稀释剂	0~10%	0.4~0.5	15
空气喷涂	107 稀释剂	0~5%	—	—

(5) 通风量

以 1kg 油漆或稀释剂为例，其最小通风量见表 24-28。

表 24-28　E06-1（704）无机硅酸锌防锈底漆最小通风量　单位：$m^3 \cdot min^{-1}$

要　求	油漆	稀释剂
达到爆炸极限下限(LEL)的 10%	53	3815
达到安全卫生要求(TLV)	210	14000

24.3 埋地阀门涂漆规范

24.3.1 环氧煤沥青防腐蚀涂料

环氧煤沥青防腐蚀涂料具有优良的附着力、坚韧性、耐潮湿、耐水、耐化学介质，具有防止各种离子穿过漆膜的性能，具有与被涂物件同膨胀同收缩的特性。漆膜从不脱落、龟裂。

环氧煤沥青涂料耐水性优良，这是由于吸取了煤焦沥青的特点，而又具有环氧的耐腐蚀性能和机械强度，在海水、淡水中抗蚀性能最好。漆膜电性能好；对水、水蒸气渗透率很低，为优良的耐水涂料。

环氧煤沥青涂料之所以选用煤沥青，是因为它与环氧混溶较好，而石油沥青与环氧不相溶。一般煤沥青软化点低，制成涂料后耐水性能差，软化点高，漆膜发脆，因此以用中温煤沥青为宜。

环氧树脂采用 601，也可选用 6101（即 E-44 型）。固体环氧制成涂料强度好，液体环氧E-44 型涂料工艺方便，性能不如固体环氧。环氧与沥青比例以 1:1 为佳；如要求耐水性能好，可增加沥青量；如要求强度、耐腐蚀性能，可增加环氧量。

环氧沥青涂料近年来都发展低溶剂厚浆型（如 $HL-Q_2$ 厚浆型），涂刷一道厚度可达 $100\mu m$，省工，防腐效果好。

环氧煤沥青涂料主要用于石油、天然气管道埋地阀门等。在石油化工部门经十余年的应用，防腐效果最佳。

环氧煤沥青涂料有几个成熟配方，现介绍如下，供参考。

(1) 环氧煤沥青涂料配方一

第一个配方见表 24-29，为 H01-4 型配方。该涂料及其涂层的性质见表 24-30。

表 24-29　H01-4 型配方（质量比）

原料	环氧煤沥青底漆	环氧煤沥青清漆	原料	环氧煤沥青底漆	环氧煤沥青清漆
组分一			氯苯和甲苯混合溶剂	40	37.5
环氧树脂 E-44	25	31.25	组分二		
煤沥青	25	31.25	二乙烯三按	50	50
滑石粉	6.64	—	氯苯	50	50
云母粉	3.34	—	一组分与二组分质量之比	100:4	100:5

表 24-30　H01-4 型涂料及其涂层性能

项　目		性　能	项　目		性　能
技术指标	外观	棕黑色有光、平整	力学性能	剪切强度/MPa	无布 1.09
	黏度(涂-4 杯,25℃)/s	30~60			三层布 0.59
	细度/μm	50			一道底漆一道面漆 2.8
	干燥时间(25℃±1℃)/h	表干 3~4		剥离强度/MPa	钢板与三层布 0.077
		实干 24			布与布 0.079
	固体含量/%	55		抗冲击强度/N·cm·cm⁻²	无布 785
力学性能	附着力/级	≤3			三布四漆 1090
	柔韧性/mm	3	糊玻璃钢性能	密度/g·cm⁻³	1.60
	遮盖力/g·m⁻²	对水泥 200~250		抗压强度/MPa	1.163
		对钢铁 150~200		抗弯强度/MPa	1.467
	硬度	≥0.3		抗冲击强度/N·cm·cm⁻²	1.090

（2）环氧煤沥青涂料配方二

第二个配方见表 24-31。

表 24-31　环氧煤沥青涂料配方二（质量比）

原料	环氧煤沥青底漆	环氧煤沥青清漆	原料	环氧煤沥青底漆	环氧煤沥青清漆
组分一			锌黄	4.6	—
601 环氧树脂（60%溶液）	31.08	60	铝粉紫（65%）	2.8	—
煤沥青液（60%）	15.63	40	二甲苯/丁醇（7:3）	5.6	—
云母氧化铁	35.6	—	组分二		
硬脂酸铝	0.3	—	己二胺（50%乙醇液）	2.2	4

环氧煤沥青中环氧树脂与沥青比例为 6:4，环氧煤沥青云铁底漆中环氧树脂与沥青比例为 2:1；601 环氧树脂液（60%）是用二甲苯与乙醇（7:3）溶化而成；煤沥青液（60%）是由甲苯与环己酮按 9.3:0.7 溶化而成。底漆中加入片状颜料云母氧化铁及铝粉浆是为了增加耐水性。底漆中加入锌黄有利于提高防锈能力。硬脂酸铝为平光剂，可以防止沉淀，因此加入少量后可防沉淀。

环氧沥青云铁底漆与环氧煤沥青清漆配套使用，效果好。刷在水上部件时，可防止日光照射，在外层涂刷二层外用过氯乙烯铝粉涂料或在环氧沥青清漆中加 10%～15% 铝粉浆，可增加耐晒度，防止开裂，提高耐久性能。目前此涂料用于石油管道外壁、水库、电站上。

（3）环氧煤沥青涂料配方三

第三个配方见表 24-32。

表 24-32　环氧煤沥青涂料配方三（质量比）

原料	底漆	中层漆	面漆	清漆	原料	底漆	中层漆	面漆	清漆
组分一					混合溶剂	27.4	27.2	25.1	23
环氧 E-20	11.3	11.2	9.6	28.0	组分二				
轻质碳酸钙	30.2	31.5	15.8	—	聚酰胺树脂 300#	2.8	2.8	4.9	7.0
氧化铁红	11.3	10.5	5.2	—	二甲苯	2.8	2.8	4.9	7.0
四盐基锌铬黄	7.5	—	—	—	环氧、沥青质量比	1.7/1	0.8/1	0.8/1	0.8/1
煤沥青	6.7	14	24.5	35.0	环氧、聚酰胺质量比	4/1	4/1	4/1	4/1

注：混合溶剂为甲苯、环己酮、二甲苯、醋酸丁酯（4:3:2:1）组成。

以上配方配套涂层耐水、耐酸碱、抗渗性能优良，适用于涂刷输油管道外壁。

（4）环氧煤沥青涂料配方四

第四个配方为 HL-Q$_2$ 厚浆型，见表 24-33。

表 24-33　HL-Q$_2$ 型配方（质量比）

原料	HL-Q$_2$ 环氧煤沥青底漆	HL-Q$_2$ 环氧煤沥青面漆	原料	HL-Q$_2$ 环氧煤沥青底漆	HL-Q$_2$ 环氧煤沥青面漆
环氧树脂 E-44 型	27	28	云母粉	—	8
中温煤沥青	—	10	苯酚	2	2
煤焦油	27	25	混合溶剂	10	17
氧化铁红	10	—	固化剂	T703 或 T31	T703 或 T31
锌铬黄	10	—	环氧、沥青质量比	1:1	1:1.25
红丹	8	—	环氧沥青漆、固化剂质量比	100:（15～30）	10:（15～30）
滑石粉	—	10			

注：混合溶剂由甲苯、二甲苯、环己酮、丁醇（4:3:2:1，质量比）组成。

底漆生产工艺。将称量后的煤焦油放入熬炼锅中，小心加热熬炼，在 160～170℃驱除水分。冷却后称量，再加入调漆罐中，按比例称量环氧树脂，投入罐中搅拌均匀，依次加入铁红、锌铬黄，搅拌，加入混合溶剂。搅拌 1～2h，经齿轮泵送入砂磨机或胶体磨研磨制得成品，包装入库。

面漆生产工艺。将称量的煤沥青和煤焦油加入熬炼锅中，小心加热，完全溶化后搅拌30min。取出放入调漆罐，先加环氧树脂搅拌均匀，再加入熟铜油、滑石粉、云母粉搅拌均匀，最后加入混合溶剂，搅拌 30min。经齿轮泵送入砂磨机或胶体磨研磨，即得成品。

HL-Q$_2$ 厚浆型环氧煤沥青性能如表 24-34 所示，其耐蚀性可见表 24-35。

表 24-34 环氧煤沥青厚浆涂料的技术指标

检验项目	底漆	面漆	检验项目	底漆	面漆
外观	棕红色，有光泽	黑色，有光泽	细度/μm	80～90	80～90
密度/g·cm^{-3}	1.30	1.20	固体含量/%	>75	>78
黏度(涂-4 杯,25℃)/s	60～150	60～150	储存期/年	>3	>3

表 24-35 HL-Q$_2$ 型环氧煤沥青涂料的耐蚀性

介质	浓度/%	效果	介质	浓度/%	效果
硫酸	≤50	稳定	二氧化硫	气体	稳定
盐酸	≤30	稳定	硫化氢	气体	稳定
硝酸	<10	稳定	污水		稳定
磷酸	60	稳定	盐水		稳定
醋酸	10	稳定	海水		稳定
亚硫酸	任意	稳定	氯化物		稳定
硫酸盐		稳定	氢氧化铵	≤40	稳定
浓缩硝铵		稳定	硫酸铵	30	稳定
氢氧化钠	40	稳定	硫酸铜	20	稳定
氯化氢	气体	稳定			

注：不耐汽油、苯、甲苯、煤油、三氯乙烷、二氯乙烷、三硫化碳。

HL-Q$_2$ 厚浆型环氧煤沥青涂料用于钢管外防腐蚀时，具体结构如下：第一类，一般防腐，一层底漆，两层面漆，总厚度为 0.2～0.3mm；第二类，普通防腐，一层底漆，一层玻璃布，三层面漆，厚度为 0.4～0.5mm；第三类，加强防腐，一层底漆，两层玻璃布，四层底漆，厚度达 0.6～0.8mm。

以 φ720mm 的 1000m 管道所需涂料为例，采用普通防腐，需底漆 180kg，面漆 1447kg。另外，还需固化剂 226kg，玻璃布 2485kg，塑料布 790kg。

环氧煤沥青厚浆涂料的消耗定额如表 24-36 所示。

表 24-36 钢管外防腐蚀结构用环氧煤沥青厚浆涂料消耗定额 单位：kg·m^{-2}

材料	一般防腐	普通防腐	加强防腐	材料	一般防腐	普通防腐	加强防腐
底漆	0.08	0.08	0.08	溶剂	0.03	0.04	0.05
面漆	0.40	0.64	0.84	玻璃布	0.00	1.10	2.20
固化剂	0.07	0.10	0.13				

24.3.2 环氧沥青高氯化聚乙烯防腐蚀涂料

环氧沥青高氯化聚乙烯防腐涂料是由环氧树脂、煤沥青、煤焦油、高氯化聚乙烯进行改性后，加入填料、溶剂、助剂等物质的涂料。高氯化聚乙烯、煤沥青、煤焦油、环氧树脂有良好的相溶性，成膜后涂层吸收了高氯化聚乙烯的高弹性、低透气性、耐热性和较突出的耐候性，克服了沥青热流淌和冷脆的缺点；又吸收了沥青、环氧树脂的黏结性、憎水性和抗腐蚀性，克服了其附着力欠佳等缺点，具有良好的柔韧性，抗冲，耐磨，对金属、非金属（混凝土）的良好的黏结强度，适应冷热收缩，不脱落、不裂，耐久性、耐候性优良，且耐稀酸、耐碱、耐各种油品，耐海水、耐工业水腐蚀。这种涂料可广泛适应于石油、化工、冶金、电力、机械、建筑、海洋等行业的各种工业设备和设施防腐，而且还具有防火阻燃、防霉的作用。

环氧沥青高氯化聚乙烯涂料的配方和性能指标分别见表 24-37 和表 24-38。

表 24-37 环氧沥青高氯化聚乙烯涂料配方（质量比）

原料	底漆	面漆	原料	底漆	面漆
高氯化聚乙烯(HCPE)	21	23	云母氧化铁	8	8
环氧树脂	8	8	三氧化二铬	—	10
煤沥青	5	5	膨润土	1	1
煤焦油	5	5	二甲苯	31	30
滑石粉	5	2	丁醇	8	7
铁红	7	—	助剂	1	1

注：助剂为流平剂、分散剂、消泡剂等。

表 24-38 环氧沥青高氯化聚乙烯涂料及其涂膜性能指标

项目	底漆	面漆	项目	底漆	面漆
颜色	棕红	墨绿色	耐热性(110℃,20 天)	无变化	无变化
黏度(涂－4 杯)/s	40～50	45～60	耐 10% NaCl(200 天)	无变化	无变化
干燥时间(25℃)/h	表干 2	表干 21	耐汽油(60#,150 天)	无变化	无变化
	实干 24	实干 24	耐 10% HCl(180h)	无变化	无变化
冲击强度/N·cm·cm⁻²	500	500	耐 30% NaOH(60 天)	无变化	无变化
附着力/级	1	1			

24.3.3 环氧煤沥青涂料在涂装上的应用

环氧煤沥青涂料综合了环氧树脂与煤沥青的一些优点，多用于石油、天然气埋地阀门的外壁腐蚀。

环氧煤沥青防腐层中，环氧树脂与固化剂分子发生交联反应，形成三维立体大分子网络，固化后的环氧树脂网络是极其稳定的，防锈颜料、填料等都是无机材料，也不溶于油类。煤沥青可溶于芳香烃溶剂（如苯、甲苯、二甲苯等），但在烷烃（石蜡基原有的主要组成）中溶解性很差。

环氧煤沥青涂料是双组分涂料，甲组分为环氧煤沥青漆（底漆和面漆）；乙组分为固化剂，并和相应的稀释剂配套使用。环氧煤沥青、环氧煤沥青漆膜、环氧煤沥青防腐层技术指标分别见表 24-39～表 24-41。

表 24-39 环氧煤沥青涂料技术指标

项　目	底　漆	面　漆	试验方法
黏度(涂－4 杯,25℃±1℃)/s	60～100 常温型	80～150 常温型	GB/T 1723—1993
	40～80 低温型	80～120 低温型	GB/T 1723—1993
细度/μm	≤80	≤80	GB/T 1724—1979
固体含量	≥70%	≥75%	GB/T 1725—1979

涂料黏度与漆膜厚度、用量关系见表 24-42。

为适应不同腐蚀环境对防腐层的要求，环氧煤沥青层分为普通级、加强级、特加强级 3 个等级。其结构由一层底漆和多层面漆组成，面漆层间可加玻璃布增强。防腐层的等级与结构见表 24-43。

表 24-40 环氧煤沥青漆膜技术指标

项　　目		底　　漆	面　　漆	试验方法
表干时间(25℃±1℃)/h		≤1.0(常温型)	≤4.0(常温型)	GB/T 1728—1979
		≤0.5(低温型)	≤3.0(低温型)	
实干时间(25℃±1℃)/h		≤6.0(常温型)	≤16.0(常温型)	GB/T 1728—1979
		≤3.0(低温型)	≤8.0(低温型)	
颜色及外观		红棕色、无光	黑色有光	目测
附着力/级		1	1	GB/T 1720—1999
柔韧性/mm		≤2	≤2	GB/T 1731—1993
抗冲击强度/kg·cm		≥50	≥50	GB/T 1732—1993
硬度		≥0.4	≥0.4	GB/T 1730—1993
耐化学试剂	10%H_2SO_4(室温 3d)	漆膜完整、不脱落	漆膜完整、不脱落	GB/T 1736—1997
	10%NaOH(室温 3d)	漆膜无变化	漆膜无变化	
	3%NaCl(室温 3d)	漆膜无变化	漆膜无变化	

表 24-41 环氧煤沥青防腐层技术指标

项　　目	指　　标	试验方法	项　　目	指　　标	试验方法
剪切黏接强度/MPa	≥4	SYT 41—1989	吸水率(25℃,24d)	≤0.4%	
阴极剥离/级	1～3	SYT 37—1989	耐油性(煤油,室温 7d)	通过	
工频电气强度/MV·m^{-1}	≥0.2		耐沸水性(24h)	通过	
体积电阻率/Ω·m	≥1×10^{10}				

表 24-42 涂料黏度与漆膜厚度用量关系

涂料黏度(涂-4 杯, 25℃±1℃)/s	漆膜厚度 /μm	用量 /g·m^{-2}	涂料黏度(涂-4 杯, 25℃±1℃)/s	漆膜厚度 /μm	用量 /g·m^{-2}
20～30	25～30	150～180	70～80	80～90	280～310
50～60	60～70	200～250	90～100	90～100	310～320

表 24-43 防腐层等级与结构

等　　级	结　　构	干膜厚度/mm
普通级	一底漆三面漆	≥0.30
加强级	底漆-面漆-面漆-玻璃布-面漆-面漆	≥0.40
特加强级	底漆-2 道面漆玻璃布-2 道面漆玻璃布-2 道面漆	≥0.60

注："面漆-玻璃布-面漆"应连续涂敷，也可用一层浸满面漆的玻璃布代替。

　　环氧煤沥青防腐涂层的施工要求如下。

　　① 表面处理。喷砂处理表面达 Sa2 级满足要求，表面粗糙度 Ra 30～40μm 较适用。

　　② 常温固化型环氧煤沥青涂料，施工温度在 15℃以上；低温固化型环氧煤沥青涂料施工温度—8～15℃。施工时钢表面温度应高于露点 3℃以上，空气相对湿度低于 80%。有风沙、雨雪、云雾时停止露天施工。

　　③ 玻璃布选用经纬密度为 10×10 根/cm^2，厚度为 0.10～0.12mm，中碱(碱含量不大于 12%)，无捻平纹两边封边，带芯轴的玻璃布卷。中碱适用于沥青防腐涂层的加强物，不影响防腐质量。阀门公称尺寸与玻璃布宽度关系见表 24-44。玻璃布压边 20～25mm，布头搭接长度为 100～150mm。

表 24-44 管径与玻璃布宽度的关系

阀门公称尺寸 DN	≤250	250～500	≥500
布宽/mm	100～250	400	500

④ 防腐层电压检查　普通级 2000V，加强级 2500V，特加强级 3000V。

⑤ 用低压音频信号检漏仪测漏点，回填后检查，每 10kg 长度露点不多于 5 处。

环氧煤沥青在输油输气管道防腐上应用较多，经验比较成熟，使用效果良好。

参考文献

[1]　沈阳高中压阀门厂. 阀门制造工艺. 北京：机械工业出版社，1984.

[2]　苏志东等. 阀门制造工艺. 北京：化学工业出版社，2011.

第25章

Chapter 25

阀门的安装、维护及常见故障

25.1 阀门的安装

阀门安装的质量直接影响着阀门的使用。在安装的过程中必须结合每种阀门的特性严格按阀门安装使用手册进行。如果阀门安装不到位，轻则操作困难，重则可能导致系统瘫痪。

25.1.1 阀门的安装方向和位置

阀门的安装方向和位置应根据每种阀门的工作原理进行安装，同时也要兼顾使用和维护便利性，否则会影响阀门的正确使用及寿命。

许多阀门具有方向性，装倒或者装反，就可能会影响使用效果和使用寿命，或者致使阀门根本不起作用甚至造成危险。一般阀门安装时，介质流动方向应与阀体箭头方向保持一致。阀门的安装位置一定要便于操作与省力，即使安装时困难些也要为长期操作着想。最好阀门手轮与胸口齐平（一般距操作台面约 1.2m），这样启闭阀门比较方便省力。落地阀的手轮要朝上，以免操作困难，靠墙或设备的阀门，也要留出操作站立空间，严禁仰天操作。闸阀不要倒装（即手轮向下），否则一方面容易造成启闭卡阻，另一方面会使介质长期留存在阀盖空间，容易腐蚀阀杆，而且为某些工艺要求所禁忌，同时更换填料也极不方便；明杆闸阀不要装在地下；升降式止回阀要保证阀瓣处于垂直位置；旋启式止回阀要保证销轴处于水平状态，一般情况尽量安装在水平管道上，当需安装在垂直管道上时，应注意介质流向应为自下而上，反之则很难建立有效的密封；立式止回阀应装在垂直管路上；减压阀必须直立安装在水平管路上，不得倾斜。还有其他特殊类型的阀门在安装时均应考虑各种阀门的特性，避免给后续装置运行及操作留下安全隐患。

25.1.2 安装注意事项

（1）安装前必须仔细核对领用阀门的实体标识、合格证等是否齐全、是否符合使用要求，还应对阀门状态进行检查，最后对阀门进行清洗、试压和调试后安装到管道上。

① 检查阀门包装防护是否齐全，内腔、密封面及传动部件是否有污物附着，确认无误后方可启闭阀门。

② 检查连接螺栓是否均匀旋紧，防止泄漏。

③ 检查填料是否压紧，压紧程度能保证填料的密封作用，但又不得妨碍阀杆的旋转。

④ 阀门试压和调试应按相关标准进行（认为产品质量可靠、也可不进行试压，清洗后直接安装），不得违规超压或不按标准规范要求进行盲目试压，违规试压轻则造成阀门损坏，重则导致安全事故，应引起足够的重视。

（2）阀门在运输起吊安装过程中，吊索不允许系结在手轮上，起重点应放在腰部（如阀门设有专用吊装孔或吊装螺栓，应尽可能通过这些吊装部位进行吊装）；在运输起卸期间应注意轻提轻放，严禁撞碰敲打或重力抛掷，以防涂污外表面或损伤零件。

（3）螺纹连接的阀门，应将密封填料绳（加铅油或聚四氟乙烯生料带）包在管道螺纹上，避免包到管道内壁或阀门内壁上，以免阀内存积影响介质流通。

（4）安装法兰阀门时，要注意对称均匀地拧紧螺栓，阀门法兰与管子法兰必须平行，间隙合理，以免产生过大应力导致开裂。对于脆性材料和强度不高的阀门，尤其要注意。

（5）阀门连接的管路，一定要清扫干净，以防杂物擦伤阀门密封面。可用压缩空气吹去氧化铁屑、泥沙、焊渣和其他杂物。这些杂物，不但容易擦伤阀门的密封面，其中大颗粒杂物（如焊渣），还有可能堵塞小口径阀门通道，使其失效。

（6）不经常启闭的阀门，应该经常检查阀杆螺纹润滑情况，定期添加润滑剂，以防螺纹咬死；室外阀门要对阀杆加保护套，以防雪、雨及尘土对阀杆造成腐蚀，影响阀门正常启闭。

25.2　阀门的维护与操作

阀门的日常保养维护以及正确的操作方式对阀门的性能及其寿命会产生重要的影响。各类型阀门出厂时均附带有使用手册，各制造厂家会对各类阀门的保养维护及操作方式提出指导性意见，按规定保养维护能确保阀门处于良好的状态下运行，正确的操作阀门是杜绝安全生产事故的有效方法。

25.2.1　阀门使用过程的保养与维护

阀门在使用过程中应注意保养与维护，良好的保养与维护一方面能保证阀门可靠的运行，另一方面也能有效延长阀门的使用寿命。

（1）传动部件的清洁与润滑

① 阀杆螺纹作为阀门启闭传动部件的重要组成部分，其表面的清洁度及润滑程度直接影响着阀门的正常运行。要定期检查阀杆螺纹表面的清洁度，定期采用黄油、二硫化钼或石墨粉对阀杆螺纹进行润滑，以确保其传动性能的可靠性。即使是不经常启闭的阀门，也要定期转动手轮，对阀杆螺纹添加润滑剂，以防螺纹咬死。

② 如阀门采用机械传动，要定期检查轴承箱及变速箱内润滑油的状态，及时添加或更换润滑油，确保轴承、齿轮等传动部件处于良好润滑状态。

③ 要经常保持阀门的清洁。尤其是安装在外部环境比较恶劣的区域的阀门，要对阀杆加保护套，以防雨、雪、尘土等腐蚀阀杆造成阀门启闭卡涩。

（2）要经常检查并保持阀门零部件完整性

尤其是安装在室外的阀门，应采取必要的防护措施，避免阀门长期暴露在恶劣的环境中导致阀门锈蚀，严重的可能会使承压边界失效，最终导致严重的后果。

(3) 检查阀门的动作灵活性

目前，多数阀门都带有开关指示标志，操作阀门应先看清开关方向，同时起始位置不可用力过猛，阀杆的螺纹部分可涂一些管路上允许的润滑油进行润滑保养。

(4) 定期检查填料函部位是否有泄漏

如发现轻微渗漏，可通过压板、压套的再压紧来解决，但压板螺纹的再压紧过程应对称均匀压紧，防止压套歪斜卡死阀杆。在压紧过程结束后，应操作阀杆检查阀门的动作性能。

25.2.2 阀门的操作

对于阀门，不但要会安装和定期保养、维护，而且还要会操作。一般情况下，阀门的启闭遵循"逆开顺关"的原则，即逆时针旋转手轮为开启阀门，顺时针旋转手轮为关闭阀门。

(1) 无论是电动阀门还是气动阀门，在阀门设计时一般都会考虑手动功能，阀门的手动功能一般通过手轮或手柄来实现。阀门的手轮或手柄，是按照普通的人力来设计的，考虑了密封面的强度和必要的关闭力。因此在实际阀门启闭操作过程中不能用长杠杆或长扳手来扳动。有些人习惯于使用"F"形扳手，应严格注意，不要用力过大过猛，否则容易损坏密封面，或扳断手轮、手柄，对于部分通过伞齿轮或蜗轮蜗杆传动的阀门，采用加长杠杆或"F"形扳手来操作手轮，用力过大过猛可能导致伞齿轮或蜗轮蜗杆变形或损坏。

(2) 启闭阀门，用力应该平稳，不可撞击。某些采用撞击手轮启闭的高压阀门各部件在设计制造时已经考虑了这种冲击力，与一般阀门不能等同。

当阀门全开后，应将手轮倒转少许，使螺纹之间严紧，以免松动损伤。对于明杆阀门，要记住全开和全闭时的阀杆位置，以便于检查全开全闭时阀门状态是否正常。假如阀瓣脱落，或阀芯与阀座密封面之间嵌入较大杂物，全开全闭时的阀杆位置就要变化，届时就能非常容易发现故障以便及时采取进一步措施。

(3) 管路初用时，内部杂物较多，可将阀门微启，利用介质的高速流动，将其冲走，然后轻轻关闭（不能快闭、猛闭，以防残留杂质夹伤密封面），再次开启，如此重复多次，冲净脏物，再投入正常工作。

常开阀门，密封面上可能粘有脏物，关闭时也要用上述方法将其冲刷干净，然后正式关严。如手轮、手柄损坏或丢失，应立即配齐，不可用活络扳手代替，以免损坏阀杆四方，启闭不灵，以致在生产中发生事故。

(4) 某些介质，在阀门关闭后冷却，使阀件收缩，操作人员应于适当时间再关闭一次，让密封面不留细缝，否则，介质从细缝高速流过，很容易冲蚀密封面。

(5) 操作阀门时，如发现操作过于费劲，应分析原因，不能强行操作。若填料太紧，可适当放松；如阀杆歪斜，应通知维修人员修理。高温闸阀，在关闭状态时，关闭件受热膨胀，造成开启困难，如必须在此时开启，可将阀盖上的轴承压盖拧松半圈至一圈，消除阀杆应力，然后转动手轮。

(6) 操作高压阀门时，由于高压阀门管路压力甚高，在开车时，阀门前后压差很大，因此操作须十分仔细，开启时要慢慢逐渐打开。先稍稍打开一点，使高压流体慢慢充满阀后管路，等前后压力接近时，要按规定流量调大阀门开度。如系统带有旁通阀，开启主阀前应先打开旁通阀，等前后压力接近平衡时，再打开主管道上的大型高压阀门。

(7) 楔式闸阀与截止阀只做全开或全闭用，不允许做调节和节流用，以免冲蚀造成密封失效或缩短阀门使用寿命。

25.3　阀门常见故障及其处理

阀门通常由阀体、阀盖、填料、垫片、阀芯、阀杆、支架、传动装置等零件组成。阀门在使用过程中，会出现各式各样的故障。一般来说，一是与组成阀门零件多少有关，零件多则常见故障多；二是与阀门的设计、制造、安装、工况、操作、维修优劣有着密切关系。各个环节的工作都做好了，阀门故障就会大大减少。

25.3.1　阀门外泄漏故障

在各类装置上的阀门泄漏最为严重的就是外泄漏，在石油化工领域，管道及阀门工作介质通常是高温高压、带有腐蚀性或剧毒，一旦发生外泄漏，一方面会对周边环境造成影响，另一方面可能对工作人员的健康造成威胁，严重时甚至危及工作人员的生命安全。阀门系统中常见的外泄漏主要有以下几种情况。

(1) 壳体（阀体、阀盖）破损泄漏

壳体泄漏可发生在除填料及法兰密封的其他任何部位，泄漏的主要原因是由阀门生产过程中的铸造、锻造或焊接缺陷所引起的，如铸造质量不高，阀体和阀盖上有砂眼、松散组织、夹渣等缺陷，而焊接不良、焊接未熔合、应力裂纹等缺陷一般消除在制造厂内，现场发生此类泄露的现象较少。

此外，腐蚀介质的输送，流体介质的冲刷也可造成阀门各部位的泄漏，是阀门在装置上发生壳体破损泄露的主要原因。腐蚀主要以均匀腐蚀、浸蚀或气蚀的形式存在。

① 均匀腐蚀　均匀腐蚀是由环境引起的，凡是与介质接触的阀门表面，皆产生同一种腐蚀。金属表面腐蚀的外貌相同，经历同一时间，金属厚度的减薄也相同。阀门外壁一层层地腐蚀脱落，最后造成大面积穿孔。

② 浸蚀或气蚀　浸蚀或气蚀是由于流体介质在阀体内的流动所引起的。高速输送的液体压力会明显下降，当压力低于介质的临界压力时，液体就会出现气化现象，形成无数个气泡。这种气泡存在的时间有限，一到高压区，气泡又凝结为液体。凝结的过程中便会产生对阀体材料的浸蚀和冲击。冲击的能量足以造成管道的振动，同时把阀体金属表面腐蚀，呈蜂窝状。随着时间的推移，形成了腐蚀穿孔，导致泄漏事故发生。

针对壳体（阀体、阀盖）破损泄漏的处理措施如下。

① 如缺陷大小在标准许可的范围内，可采用挖补的方式进行，对于特殊材料在焊补前后可能需相应的热处理，焊补后需进行无损检测及壳体强度压力试验。

② 如缺陷大小超出标准允许焊补范围或工况不允许焊补的情况，需对相应部件进行更换。

由于此类问题一般均比较严重，在现场不具备相应条件时，通常需返厂进行维修。

(2) 法兰垫片密封失效

阀门的法兰密封一般是依靠其连接螺栓所产生的预紧力，通过各种垫片（如橡胶垫片、柔性石墨包覆垫片、金属柔性石墨缠绕式垫片、金属密封环等）达到足够的密封比压，来阻止被密封流体介质的外泄，属于强制密封。这种密封结构形式常见的泄漏有以下两种。

① 接触面泄漏　接触面泄漏的主要原因是密封垫片压紧力不足，法兰结合面上的粗糙度不符合要求，热变形和机械振动等都会引起密封垫片与法兰面之间密合不严而发生泄漏。另外，法兰连接后螺栓变形或伸长，密封垫片长期使用后塑性变形、回弹力下降、密封垫片材料老化、龟裂及变质等，也会造成垫片与法兰面之间密合不严或破损而发生泄漏。这种金

属面和密封垫片接触面上发生的泄漏称为"接触面泄漏"。无论哪种形式的密封垫片或哪种材料制成的密封垫片都可能出现接触面泄漏。

② 渗透泄漏　植物纤维（棉、麻和丝等）、动物纤维（羊毛或兔毛等）、矿物纤维（石墨、玻璃或陶瓷等）、化学纤维（尼龙、聚四氟乙烯等各种塑料纤维）、皮革和纸板等是制作密封垫片的常用材料。这些材料的组织纤维比较疏松，致密性差，很容易被流体介质浸透，特别是在流动介质的压力作用下，介质会通过纤维间的微小缝隙渗透到低压一侧。这种由于垫片材料的纤维之间有缝隙，流体介质在一定条件下能够通过这些缝隙而产生的泄漏现象称为"渗透泄漏"。渗透泄漏一般与被输送的流体介质的工作压力和物理性质有关。工作压力越高，泄漏量也会越大。介质黏性越小，则越容易发生泄漏。

针对此类问题的处理如下。

① 检查垫片是否有损伤，确认垫片无损伤后装回垫片重新均匀压紧，如采用的是柔性石墨等非金属垫片或金属柔性石墨缠绕垫，建议直接更换垫片。

② 检查接触面是否有划痕，如有轻微划痕，可通过研磨的方式去除划痕后，重新均匀压紧垫片（如采用非金属垫片，建议更换新的垫片）；如接触面划痕较深，则需进行补焊或者直接机加工去除划痕后再进行研磨，重新均匀压紧垫片（如采用非金属垫片，建议更换新的垫片）。

③ 尽可能地提高密封面的表面光洁度，光洁度越高，则密封副之间的间隙越小，介质分子通过的可能性也就越小，密封性能也就越好。

(3) 填料失效

填料装入填料函以后，经压盖对其施加轴向压力。由于填料的塑性，使其产生径向力，并与阀杆紧密接触，但这种接触并不是非常均匀的。有些部位接触得紧，有些部位接触得松，还有些部位没接触上。接触部位同非接触部位交替出现，形成了"迷宫"，起到阻止压力介质外泄的作用。填料密封的机理就是"迷宫效应"。

阀门在使用过程中，阀杆同填料之间存在着相对运动。这个运动包括转动和轴向移动。在使用过程中，随着开启次数的增加，相对运动的次数也随之增多，还有高温、高压和渗透性强的流体介质的影响，阀门填料函也是发生泄漏事故较多的部位。造成填料泄漏的主要原因是接触面泄漏，对于编织填料还会出现渗漏（压力介质沿着填料纤维之间的微小缝隙向外泄漏）。阀杆与填料间的接触面泄漏是由于磨损导致填料接触压力的逐渐减小，填料自身的老化等原因引起的，这时压力介质就会沿着填料与阀杆之间的接触间隙向外泄漏。随着时间的推移，压力介质会把部分填料吹走，甚至会在阀杆上冲刷出沟槽。在日常工程实践中，一般情况下填料泄漏故障通常表现为以下几种类型。

① 预紧力不足　填料安装在填料函中，预紧力通常是活节螺栓通过压板、压套等部件将预紧力传递给填料，填料被压缩后与填料函及阀杆紧密贴合形成密封副来达到密封的效果，预紧力不足是填料泄漏最为常见的一种表现形式，其产生的原因主要有：填料太少，填装时填料过少，或因填料逐渐磨损、老化和装配不当而减少了预紧力；无预紧间隙，压套几乎完全进入填料函，无进一步压缩填料的余量；压套卡阻，压套因歪斜，或直径过大压在填料函上面；螺纹咬合卡阻，由于螺纹烂牙、毛刺、锈蚀或杂质浸入，使螺纹拧紧时受阻，疑似压紧了填料，实未压紧。

相应故障的预防措施：按规定填装足够的填料，按时更换过期填料，正确装配填料，防止上紧下松，多圈缠绕等缺陷；填料压紧后，压套压入填料函深度为其高度的 $1/4 \sim 1/3$ 为宜，并且压套螺母和压盖螺栓的螺纹应该有相应预紧高度；装填料前，将压套放入填料函内检查一下它们配合的间隙是否符合要求，装配时应该正确，防止压套偏斜，防止填料露在外面，检查压套端面是否压到填料函内；经常检查和清扫螺栓、螺母，拧紧螺栓螺母时，应该涂敷少许的石墨粉或松锈剂；排除此类故障的方法如下。

关闭阀门或启用上密封后，修理好零件，添加填料，调整预紧力和预紧间隙；若阀门不能关闭，上密封失效的情况下，可采用机械堵漏法（如扩隙法和强压胶堵法的方法）进行堵漏，条件许可的情况下建议停车检修更换；检查压套卡阻的原因，若因压套毛刺或直径过大所引起的故障，应用锉刀修整至正常值为止；螺纹咬合卡阻，可用松锈剂或煤油清洗干净，然后修整螺纹至螺纹松紧适度为止。

② 压紧部件失效　通常，填料预紧力通过活节螺栓预紧力传递给压板及压套，进而传递给填料，当活节螺栓。压板、压套等部件失效时，也会导致填料缺少预紧力而产生泄漏，将此类现象统称为压紧部件失效。其产生的原因主要有：制造质量差，压板、压套螺母、螺栓、吊耳等件产生断裂现象；紧固件因振动而松弛，由于设备和管道的振动，使紧固件发生松弛；腐蚀损坏，由于介质和环境对紧固件的锈蚀而使其损坏；操作不当，用力不均匀对称，用力过大过猛，使紧固件损坏；维修不力，没有按时更换紧固件。

相应故障的预防措施：提高零部件制造质量，加强零部件使用前的检查；做好设备和管道的防振工作，必要时可在活节螺栓上加装自补偿机构，同时加强巡回检查和日常保养工作；涂好防锈油脂，做好各部件的防护工作；紧固零件时应该对称均匀，紧固或松动前应该仔细检查并涂以一定松锈剂或少许石墨；按时按技术要求进行维修，对不符合技术要求的紧固件及时更换。

排除此类故障的方法：关闭阀门或启用上密封后，确认填料不会因内压往外移动的情况下，按照正常方法修复紧固件；若阀门不能关闭，上密封失效的情况下，可采用"阀门的堵漏"中直形螺栓法、筒形螺栓法以及改换密封法和带压修复法等方法解决；一般紧固件松动和损坏，可直接修理和拧紧紧固件即可。

③ 阀杆密封面损坏　故障产生的原因：阀杆制造缺陷，硬度过低，有裂纹、剥落现象，阀杆不圆、弯曲等；阀杆腐蚀，阀杆密封面有残缺凹坑等现象；安装不正，使阀杆过早损坏；缺少防护措施，导致杂物进入阀杆密封面与填料间隙，在多次开关动作后，杂物在阀杆密封面剐蹭出划痕。

相应故障的预防措施：提高阀杆制造质量，加强使用前的验收工作，包括填料的密封性试验；加强阀杆防蚀措施，采用新的耐蚀材料，填料添加防蚀剂，阀门未使用时不添加填料为宜；阀杆安装应该与阀杆螺母、压盖、填料函同心；当阀门处于较恶劣的环境中时，加强对阀杆的保护，定期对阀杆进行清洁。

故障消除方法：轻微损坏的阀杆密封面可用抛光方法消除；阀杆密封面损坏影响填料泄漏时，需关闭阀门或启用上密封后研磨或局部镀层解决；阀杆密封面损坏后难以修复时，可采用更换阀杆或更换阀门等方法解决。

④ 填料失效　故障产生的原因：选用不当，填料不适合工况要求；组装不对，不能正确搭配填料，安装不正确，接头部位不搭接，上紧下松，甚至少装添料垫；系统操作不稳，温度和压力波动大而造成填料泄漏；填料超期服役，使填料磨损、老化、波纹管破损而失效；填料制造质量差，如填料松散、毛头、干涸、断头、杂质多等缺陷。

相应故障的预防措施：按照工况条件选用合适的填料，要充分考虑温度与压力间的制约关系；按技术要求组装填料，事先预制填料，一圈一圈错开搭接头并逐圈压紧，要防止多层缠绕，一次压紧等现象；平稳操作，精心调试，防止系统温度和压力的波动；严格按照周期和技术要求更换填料；使用时要认真检查填料规格、型号、厂家、出厂时间、填料质地好坏，不符技术要求的填料不能凑合使用。

故障处理方法：关闭阀门或启用上密封后，更换填料；采用阀门在线带压堵漏方法堵漏；更换填料或者更换阀门。

25.3.2 阀门内泄漏故障

阀门通过密封试验来确保阀门的密封性能满足工况及标准要求，在出厂时按相关阀门压力试验标准或客户要求进行试验，当泄漏量处于标准允许范围内时，则认为阀门密封合格；当泄漏量超出标准或用户允许的范围时，则认为阀门内泄漏。导致阀门内泄漏原因主要有如下几点。

(1) 启闭力不足

阀门的关闭力通常受操纵机构的输出力、阀杆与填料的摩擦力、启闭件的重力、介质力等方面的因素影响，操纵机构输出力小于实际启闭力，阀门无法获取密封所需的必须比压而导致泄漏。

故障产生的原因：①填料压缩过紧导致阀杆与填料间摩擦力过大；②运动部件配合部位加工精度不足导致运动部件间摩擦力过大或卡阻；③密封面擦伤、异物卡住；④传动部件卡阻、磨损、锈蚀。

相应故障的预防措施：①适当松填料压紧螺母1～2圈或选用低扭矩填料；②检查各运动部件的加工精度，确保运动部件间配合部位润滑良好，无卡阻；③做好阀门内腔及密封面的清洁，防止异物夹在密封面间划伤密封面或造成卡阻；④确保传动部位旋转灵活、润滑良好、清洁无尘，并定期检查。

(2) 密封面损伤

故障产生的原因：①密封面不平或角度不对、不圆，不能形成连续的密合线；②密封面材质选用不当或没有按照工况条件选用阀门，产生腐蚀、冲蚀、磨损等现象；③密封面堆焊和热处理没有按规程操作，因硬度低而磨损，因合金元素烧损而腐蚀，因内应力过大而产生裂纹；④表面处理的密封面产生剥落或因研磨量过大失去原有性能；⑤切断阀当作节流阀、减压阀使用，密封面被冲蚀；⑥启闭件到了全关闭位置，继续施加过大的关闭力，密封面被压坏、挤变形；⑦密封面间夹杂异物，导致密封面擦伤。

相应故障的预防措施：①密封面加工和研磨的方法应该正确，应该进行着色检查，印影圆且连续方可组装；②严格按照工况条件选用阀门或更换密封面，成批产品，应该做密封面耐蚀、耐磨、耐擦伤等性能试验；③堆焊和热处理应该符合规程、规范，应该有严格的质量检验制度；④密封面表面淬火、渗氮、渗硼、镀铬等工艺严格按其规程和规范技术要求进行，修理时，密封面渗透层切削量不超过1/3为宜；⑤作切断用的阀门，不允许作节流阀、减压阀使用，其关闭件应该处在全开或全关位置，若需调节介质流量和压力时，应该单独设置节流阀和减压阀；⑥关闭力应该适中，阀门关严后，立即停止关闭阀门，纠正"阀门关得越严越好"的错误操作方法。

故障处理方法：

①如划痕较浅，可对受损密封面进行研磨去除划痕；②如划痕较深，则需对密封面进行修补后重新研磨，严重时需返厂维修或更换相应部件。

25.3.3 阀门动作功能故障

(1) 阀杆动作故障

在阀门启闭过程中，有时感到有卡阻不灵活，启闭很费力，有时用正常的启闭力矩无法启闭，甚至启闭一段距离后就无法继续启闭。阀杆动作失灵的原因有：①操作过猛使螺纹损伤；②缺乏润滑或润滑剂失效；③阀杆弯扭；④表面光洁度不够；⑤螺纹配合公差不准，咬得过紧；⑥阀杆螺母或阀杆倾斜；⑦材料选择不当，例如阀杆和阀杆螺母为同一材质，容易咬住；⑧螺纹被介质腐蚀（指暗杆阀门或阀杆螺母在下部的阀门）；⑨露天阀门缺乏保护，阀杆螺纹沾满尘砂，或者被雨露霜雪所锈蚀；⑩阀杆与其他零件卡阻，如填料压盖、压板歪斜后碰到阀杆，填料安装不正确或压得过紧，阀杆与其他零件相互擦伤或咬死。

预防此类故障的方法：①严格按使用说明操作阀门，操作力不宜过大，开关到位后将手轮倒转一两圈，使螺纹上侧密合，以免介质推动阀杆向上冲击；②经常检查润滑情况，保持正常的润滑状态；③不要用长杠杆开闭阀门，习惯使用短杠杆的工人要严格控制用力分寸，以防扭弯阀杆（指手轮和阀杆直接连接的阀门）；④提高加工或修理质量，达到规范要求；⑤严格控制螺纹加工精度，防止螺纹配合过紧或过松导致螺纹发生咬合现象；⑥阀杆螺母不要采用与阀杆相同的材质；⑦材料要耐腐蚀，适应工作温度和其他工作条件；⑧在露天或周围环境较差的区域使用的阀门要对阀杆加装保护套；⑨常开阀门，要定期转动手轮，以免阀杆锈住；⑩正确安装填料及填料压套、压板，装配时阀杆无障碍碰擦，防止阀杆卡阻。

(2) 手轮及驱动装置损坏

手轮及驱动装置作为阀门的操纵机构，一旦损坏将直接影响阀门的启闭。单纯的手轮驱动，当手轮损坏时，一般可临时采用扳手或备用手轮进行操作；如驱动装置（包括伞齿轮驱动装置、电动、气动、液动驱动装置等）损坏，一般情况在现场很难修复，需返厂进行维修，可能导致阀门无法正常启闭。

导致手轮损坏的原因一般为外力撞击或采用长杠杆猛力操作所致，只要操作人员和其他有关人员注意，便可避免。

导致驱动装置损坏的原因主要有：①外力撞击或野蛮操作；②内部传动机构缺少必要的润滑，导致内部传动部件间摩擦力增大，甚至传动部件损坏（如轴承长期缺少润滑而锈蚀，齿轮缺少润滑油而干涩卡阻等）；③驱动装置与阀门装配不当（如互相配合间隙过大，装配不同轴等），互相干涉导致传动部件无法正常运转；④驱动装置外部输入动力源错误（如电动装置输入电压过高或过低，气动或液动装置输入压力过高等）。

预防此类驱动装置故障的方法有：①规范操作，杜绝野蛮操作；②定期检查润滑内部传动机构，避免传动部件因缺少润滑而过度磨损；③与驱动装置厂家做好接口尺寸及配合公差方面的统一，防止驱动装置与阀门配合部位互相干涉而影响使用；④驱动装置在连接外部输入动力源时应仔细阅读使用说明，防止接入错误的动力源。

参考文献

[1] GB/T 24919—2010 工业阀门安装使用维护一般要求.
[2] 王训钜. 阀门使用维修手册. 北京：中国石化出版社，1999.
[3] 张汉林等. 阀门手册使用与维修. 北京：化学工业出版社，2013.